"十二五""十三五"国家重点图书出版规划项目

China South-to-North Water Diversion Project

中国南水北调工程

● 前期工作卷

《中国南水北调工程》编纂委员会　编著

中国水利水电出版社
www.waterpub.com.cn
·北京·

内 容 提 要

本书为《中国南水北调工程》丛书的第一卷，由国务院南水北调办投资计划司、南水北调工程设计管理中心、长江勘测规划设计研究有限责任公司、中水淮河规划设计研究有限公司、黄河勘测规划设计有限公司等单位撰写。本书涉及南水北调前期工作的主要内容，共四篇十四章，分别为综合篇、东线篇、中线篇和西线篇。综合篇介绍了中国水资源特点、南水北调工程建设的必要性、前期研究、规划历程等内容；东线篇和中线篇从南水北调工程建设程序入手，从南水北调工程总体规划、项目建议书、可行性研究、初步设计四个阶段介绍了东、中线一期工程前期工作历程、工作内容和成果等内容；西线篇介绍了总体规划阶段主要内容。

本书内容丰富，体系完整，为社会公众了解南水北调前期工作提供了全面、系统、准确、翔实的资料参考和经验借鉴。

图书在版编目（CIP）数据

中国南水北调工程. 前期工作卷 / 《中国南水北调工程》编纂委员会编著. -- 北京：中国水利水电出版社，2018.12
　ISBN 978-7-5170-7206-5

Ⅰ. ①中… Ⅱ. ①中… Ⅲ. ①南水北调—水利工程
Ⅳ. ①TV68

中国版本图书馆CIP数据核字(2018)第284429号

审图号：GS（2018）6753号

书　　名	中国南水北调工程　前期工作卷 ZHONGGUO NANSHUIBEIDIAO GONGCHENG QIANQI GONGZUO JUAN
作　　者	《中国南水北调工程》编纂委员会　编著
出版发行	中国水利水电出版社 (北京市海淀区玉渊潭南路1号D座　100038) 网址：www.waterpub.com.cn E-mail: sales@waterpub.com.cn 电话：(010) 68367658 (营销中心)
经　　售	北京科水图书销售中心 (零售) 电话：(010) 88383994、63202643、68545874 全国各地新华书店和相关出版物销售网点
排　　版	中国水利水电出版社装帧出版部
印　　刷	北京中科印刷有限公司
规　　格	210mm×285mm　16开本　53.25印张　1368千字　20插页
版　　次	2018年12月第1版　2018年12月第1次印刷
印　　数	0001—3000 册
定　　价	280.00 元

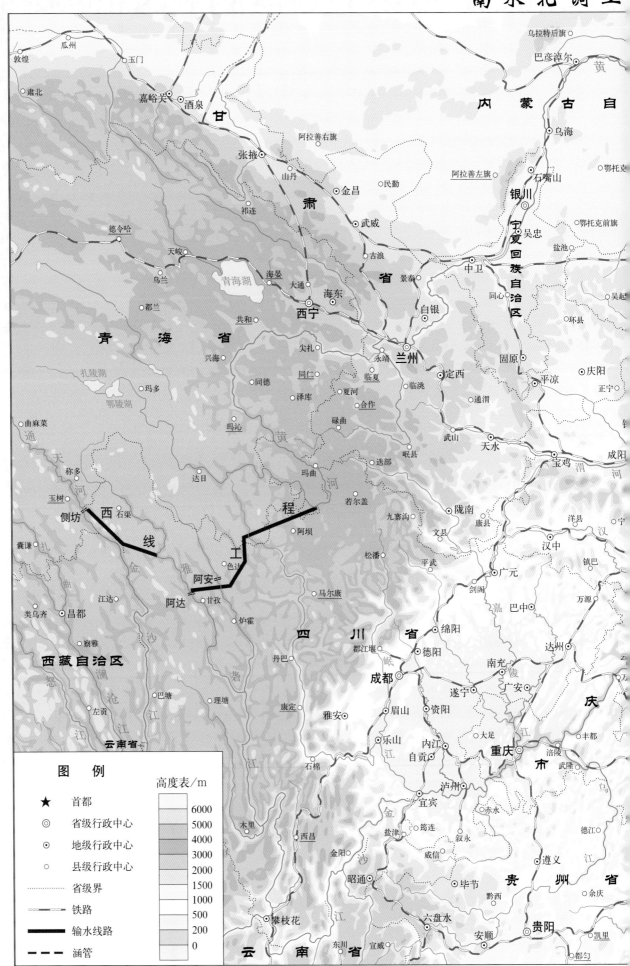

图 例

首都 ★

省级行政中心 ◎

地级行政中心 ⊙

县级行政中心 ○

省级界 ⋯⋯⋯

铁路 ┣━┫

输水线路 ━━━

涵管 ━ ━ ━

高度表/m

6000
5000
4000
3000
2000
1500
1000
500
200
0

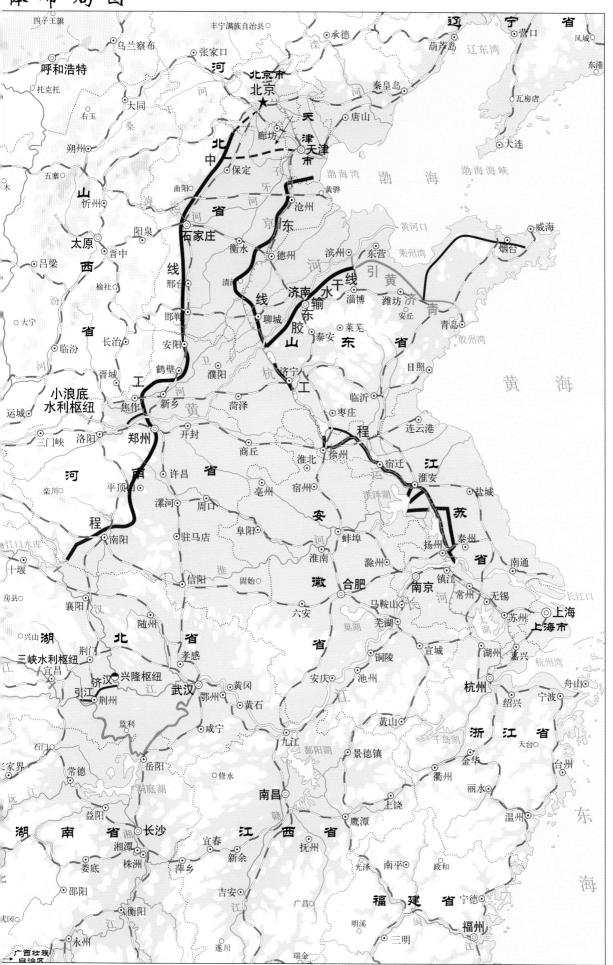

1952 年 8 月，黄河水利委员会首次组织查勘黄河源头和从长江上游通天河调水到黄河源的引水线路

1959 年，黄河水利委员会主任王化云查勘南水北调工程线路

1959 年，南水北调工程勘测队员合影

1978 年，黄河水利委员会组织考察黄河源头

1985 年，黄河水利委员会组织考察黄河源头

1989 年，国家计委和水利部组织查勘南水北调线路

1989年冬，水利部南水北调办公室组织中线引江查勘

1992年，水利部召开南水北调工程研讨会

1995 年，水利部总工朱尔明、副总工李国英听取谈英武南水北调西线工作汇报

1996 年，在南水北调论证会上谈英武介绍情况

1999年，水利部副部长周文智和黄河水利委员会主任鄂竟平考察黄河源头

2000年9月，钱正英、张光斗、潘家铮、徐乾清等院士、专家讨论《南水北调工程实施意见》

2000 年，水利部会同国家计委、建设部等召开南水北调前期工作座谈会

2002 年 2 月 8 日，南水北调工程总体规划专家座谈会召开

2002 年 12 月 27 日，南水北调工程开工典礼在北京人民大会堂举行

2004 年 10 月 11 日，南水北调东线穿黄河工程项目建议书评估现场查勘

2006 年，南水北调中线工程可行性研究阶段，长江设计院技术人员与地方工作人员座谈

2006 年，南水北调中线可研线路现场查勘

2006 年 5 月 17 日，南水北调东线第一期工程可行性研究报告调研及预评估会召开

2006 年 11 月 10 日，南水北调东线穿黄河工程初步设计投资评审现场查勘

2007年1月，南水北调工程设计管理中心与长江设计院签订勘察设计合同

2008年12月，南水北调中线陶岔渠首至鲁山段初步设计技术咨询会召开

2009 年 5 月，南水北调东线穿黄隧洞衬砌仿真实验现场查勘

2010 年 1 月，国家发展改革委对南水北调东线济南市区段工程初步设计概算调研

2010 年 3 月，南水北调中线沙河南至黄河南段鲁山北等 4 个单元初步设计审查会召开

2010 年 12 月，南水北调中线丹江口水库建设征地移民安置工程环境保护初步设计报告审查会召开

2011 年 4 月，南水北调中线焦作 1 段工程焦作城区桥梁变更现场查勘

2011 年 9 月，南水北调中线陶岔至沙河南段湍河渡槽现场查勘

2011 年 12 月，南水北调中线沙河南至黄河南段膨胀土变更现场查勘

2013 年 1 月，南水北调东线工程济平干渠待运行审查现场查勘

2013 年 5 月，南水北调东线工程刘山站待运行审查会召开

2015 年 5 月，南水北调中线增设调蓄工程研讨会在郑州召开

国务院南水北调办主任张基尧考察南水北调工程线路

国务院南水北调办主任张基尧考察南水北调中线穿黄工程

国务院南水北调办主任鄂竟平在南水北调东线工程现场调研

国务院南水北调办主任鄂竟平在南水北调东线引黄穿卫枢纽工程现场调研

国务院南水北调办副主任宁远考察河南省水利勘测设计研究有限公司

国务院南水北调办副主任张野在南水北调丹江口大坝加高工程施工现场调研

国务院南水北调办副主任蒋旭光在南水北调西线前期工作现场调研

施工中的南水北调中线穿黄工程

施工中的南水北调中线工程北京段 PCCP 管道

施工中的南水北调工程的渠道衬砌机

加高后的丹江口水库大坝工程

南水北调中线工程陶岔渠首及库区

南水北调中线工程兴隆水利枢纽

南水北调东线工程济平干渠

水是生命之源、生产之要、生态之基。中国水资源时空分布不均，南多北少，与社会生产力布局不相匹配，已成为中国经济社会可持续发展的突出瓶颈。1952年10月，毛泽东同志提出"南方水多，北方水少，如有可能，借点水来也是可以的"伟大设想。自此以后，在党中央、国务院领导的关怀下，广大科技工作者经过长达半个世纪的反复比选和科学论证，形成了南水北调工程总体规划，并经国务院正式批复同意。

南水北调工程通过东线、中线、西线三条调水线路，与长江、黄河、淮河和海河四大江河，构成水资源"四横三纵、南北调配、东西互济"的总体布局。南水北调工程总体规划调水总规模为448亿m^3，其中东线148亿m^3、中线130亿m^3、西线170亿m^3。工程将根据实际情况分期实施，供水面积145万km^2，受益人口4.38亿人。

南水北调工程是当今世界上最宏伟的跨流域调水工程，是解决中国北方地区水资源短缺，优化水资源配置，改善生态环境的重大战略举措，是保障中国经济社会和生态协调可持续发展的特大型基础设施。它的实施，对缓解中国北方水资源短缺局面，推动经济结构战略性调整，改善生态环境，提高人民生产生活水平，促进地区经济社会协调和可持续发展，不断增强综合国力，具有极为重要的作用。

2002年12月27日，南水北调工程开工建设，中华民族的跨世纪梦想终于付诸实施。来自全国各地1000多家参建单位铺展在长近3000km的工地现场，艰苦奋战，用智慧和汗水攻克一个又一个世界级难关。有关部门和沿线七省市干部群众全力保障工程推进，四十余万移民征迁群众舍家为国，为调水梦的实现，作出了卓越的贡献。

经过十几年的奋战，东、中线一期工程分别于2013年11月、2014年12月如期实现通水目标，造福于沿线人民，社会反响良好。为此，中共中央总书记、国家主席、中央军委主席习近平作出重要指示，强调南水北调工程是实现我国水资源优化配置、促进经济社会可持续发展、保障和改善民生的重大战略性基础设施。经过几十万建设大军的艰苦奋斗，南水北调工程实现了东、中线一期工程正式通水，标志着东、中线一期工程建设目标全面实现。这是我国改革开放和社会主义现代化建设的一件大事，成果来之不易。习近平对工程建设取得的成就表示祝贺，向全体建设者和为工程建设作出贡献的广大干部群众表示慰问。习近平指出，南水北调工程功在当代，利在千秋。希望继续坚持先节水后调水、先治污后通水、先环保后用水的原则，加强运行管理，深化水质保护，强抓节约用水，保障移民发展，做好后续工程筹划，使之不断造福民族、造福人民。

中共中央政治局常委、国务院总理李克强作出重要批示，指出南水北调是造福当代、泽被后人的民生民心工程。中线工程正式通水，是有关部门和沿线省市全力推进、二十余万建设大军艰苦奋战、四十余万移民舍家为国的成果。李克强向广大工程建设者、广大移民和沿线干部群众表示感谢，希望继续精心组织、科学管理，确保工程安全平稳运行，移民安稳致富。充分发挥工程综合效益，惠及亿万群众，为经济社会发展提供有力支撑。

中共中央政治局常委、国务院副总理、国务院南水北调工程建设委员会主任张高丽就贯彻落实习近平重要指示和李克强批示作出部署，要求有关部门和地方按照中央部署，扎实做好工程建设、管理、环保、节水、移民等各项工作，确保工程运行安全高效、水质稳定达标。

南水北调工程从提出设想到如期通水，凝聚了几代中央领导集体的心血，集中了几代科学家和工程技术人员的智慧，得益于中央各部门、沿线各级党委、政府和广大人民群众的理解和支持。

南水北调东、中线一期工程建成通水，取得了良好的社会效益、经济效益和生态效益，在规划设计、建设管理、征地移民、环保治污、文物保护等方面积累了很多成功经验，在工程管理体制、关键技术研究等方面取得了重要突破。这些成果不仅在国内被采用，对国外工程建设同样具有重要的借鉴作用。

为全面、系统、准确地反映南水北调工程建设全貌，国务院南水北调工程建设委员会办公室自 2012 年启动《中国南水北调工程》丛书的编纂工作。丛书以南水北调工程建设、技术、管理资料为依据，由相关司分工负责，组织项目法人、科研院校、参建单位的专家、学者、技术人员对资料进行收集、整理、加工和提炼，并补充完善相关的理论依据和实践成果，分门别类进行编纂，形成南水北调工程总结性全书，为中国工程建设乃至国际跨流域调水留下宝贵的参考资料和可借鉴的成果。

国务院南水北调工程建设委员会办公室高度重视《中国南水北调工程》丛书的编纂工作。自 2012 年正式启动以来，组成了以机关各司、相关部委司局、系统内各单位为成员单位的编纂委员会，确定了全书的编纂方案、实施方案，成立了专家组和分卷编纂机构，明确了相关工作要求。各卷参编单位攻坚克难，在完成日常业务工作的同时，克服重重困难，对丛书编纂工作给予支持。各卷编写人员和有关专家兢兢业业、无私奉献、埋头著述，保证了丛书的编纂质量和出版进度，并力求全面展现南水北调工程的成果和特点。编委会办公室和各卷编纂工作人员上下沟通，多方协调，充分发挥了桥梁和纽带作用。经中国水利水电出版社申请，丛书被列为国家"十二五""十三五"重点图书。

在全体编纂人员及审稿专家的共同努力下，经过多年的不懈努力，《中国南水北调工程》丛书终于得以面世。《中国南水北调工程》丛书是全面总结南水北调工程建设经验和成果的重要文献，其编纂是南水北调事业的一件大事，不仅对南水北调工程技术人员有阅读参考价值，而且有助于社会各界对南水北调工程的了解和研究。

希望《中国南水北调工程》丛书的编纂出版，为南水北调工程建设者和关心南水北调工程的读者提供全面、准确、权威的信息媒介，相信会对南水北调的建设、运行、生产、管理、科研等工作有所帮助。

南水北调工程是缓解中国北方水资源严重短缺的重大战略性基础设施，是事关中华民族永续发展的重大工程。经过半个多世纪的艰难论证和几代人的艰苦努力，南水北调东、中线一期工程先后于 2013 年、2014 年建成通水运行，这个构建中国大水网格局的人类调水工程奇迹，造福中国北方亿万人口的世纪工程，终于从梦想变为现实。

南水北调前期工作始于 1952 年毛泽东同志提出的"南方水多，北方水少，如有可能，借点水来也是可以的"宏伟构想。在长达数十年的勘测、规划设计过程中，历经了深入研究、反复论证、科学比选，凝聚了无数南水北调先辈们和广大勘测设计人员的心血，形成了一大批扎实的前期工作成果，为南水北调工程的建设、运行、管理提供了强有力的技术支撑。《前期工作卷》通过系统回顾、总结南水北调前期工作过程和成果，真实记录南水北调前期工作这段历史，为南水北调工程后续工作及其他大型调水工程建设提供全面、翔实的资料参考和经验借鉴。

《前期工作卷》共设置四个篇章，分别为综合篇、东线篇、中线篇、西线篇。其中，综合篇以时间为主线，从 1952 年毛主席提出南水北调宏伟设想到 2002 年南水北调工程开工建设，总体介绍了中国水资源特点、南水北调工程建设必要性、前期研究、规划历程等方面内容；东线篇和中线篇则以南水北调工程建设程序入手，从南水北调工程总体规划、项目建议书、可行性研究、初步设计四个阶段介绍了东、中线一期工程前期工作历程、工作内容及工作成果；西线篇则主要介绍总体规划阶段设计内容。为丰富文字内容及方便阅读，本卷在正文之前安排了反映前期工作的重要图片，正文之后附载了南水北调前期工作的大事记。

《前期工作卷》于 2012 年开始编纂，由国务院南水北调办投资计划司、南水北调工程设计管理中心、长江勘测规划设计研究有限责任公司、中水淮河规划设计研究有限公司、黄河勘测规划设计有限公司等单位的相关工作人员，历时六年编纂而成，尤其是主要撰稿人肖万格、张少华、崔荃等同志的亲力亲为，为本书成稿付出了大量心血。本卷从大纲起草、资料收集、编纂初稿到最终成果，经过反复讨论，多次修改完善，并经相关专家层层把关，共同完成了编纂工作任务。编纂大纲经过高安泽、张国良、汪易森、沈凤生、谢良华等同志的咨询，编纂初稿经过屠本、曹征齐、牛万军、阎红梅、关炜等同志的严格校核，最终成果经过汪易森等同志的认真审核。在此，向以上同志一并表示感谢！

鉴于南水北调工程前期工作时间跨度较长，有些资料难以查齐，加之认识水平及总结能力有限，不足之处难免存在，欢迎大家批评指正。

目 录

东线篇

西线篇

综 合 篇

第一章　中国水资源特征及缺水地区分布

第一节　中国水资源特征

我国水资源主要来自降水，全国年平均降水总量为 61889 亿 m^3，平均降水深 648mm。有 45％的降水转为地表和地下水资源量，其余 55％耗于蒸散发。以河川径流量为代表的地表水资源量为 27115 亿 m^3，折合径流深 284mm；地下水资源量 8288 亿 m^3。扣除地表和地下水重复计算的 7279 亿 m^3，水资源总量为 28124 亿 m^3，与河川径流量很接近。我国水资源最突出的优点是雨热同期，各地 6 月、7 月、8 月高温期一般也是全年雨水最多的时期。这就具备了作物生长的良好条件，加上我国人民的勤劳、智慧，才能在仅占世界 6％的陆地面积上，抚育了占世界 22％的人口。但同时我国水资源量、空间分布、时间分布等还不能满足人类生活、生产需要，随着社会生产力的发展，我们必须加深认识，采取相应的对策。

一、水资源分布特点

我国淡水资源总量与世界各国相比较，仅次于巴西、俄罗斯、加拿大、美国和印度尼西亚，居世界第六位，占世界总量的 5.8％，水资源总量是丰富的。按国土面积计算，平均每平方公里的产水量为世界陆地平均每平方公里产水量的 90％左右，也是比较丰富的。然而由于我国是世界上第一人口大国，人口约占世界人口的 22％；国土面积 960 万 km^2，占世界土地面积的 6.4％；耕地面积占世界的 7.2％，因此不但人均耕地面积低于世界平均水平，人均水资源占有量、耕地亩均水资源占有量均低于世界平均水平，其中人均水资源占有量仅为世界平均数的 26％，耕地亩均水资源占有量仅为世界平均数的 80％。因此，在研究开发利用我国水资源时，要看到我国水资源总量虽然较丰富，但亩均水资源量，特别是人均水资源量都是相当贫乏的这一基本现实。

南水北调工程前期规划论证阶段我国与世界主要国家水资源情况比较见表 1-1-1。该表所载资料年代较早，各项数据有些变动，特别是人口已有较大增长，中国人均水资源量在世界各国的排名已由 20 世纪 80 年代的第 88 位退后到 1995 年的第 110 位。

表 1-1-1　　　　　　　我国年径流总量、人均、亩均水资源量与国外比较表

国　　家	年径流量 /亿 m^3	年径流深 /mm	人均水资源量 /(m^3/人)	亩均水资源量 /(m^3/亩)
中国	27115	284	2630	1800
巴西	51912	609	42200	10701
苏联	47140	211	17860	1385
加拿大	31220	313	130080	4771
美国	29702	317	13500	1046
印度尼西亚	28113	1476	19000	13200
印度	17800	514	2625	721
日本	5470	1470	4716	8462
全世界	468000	314	10800	2353

二、水资源的空间分布特点——南方水多，北方水少

我国河川径流主要来自降水，因受海陆位置、气候条件、地形条件等因素的影响，我国水资源的地区分布很不均匀，总的趋势是从东南沿海向西北内陆递减，呈现南方水多、北方水少的基本状态。

影响我国大部分地区降水的是来自西太平洋的东南季风和印度洋、孟加拉湾的西南季风，雨季随这两个季风的进退而变化。我国年降水量超过 2000mm 的有东南沿海山丘区、台湾地区、海南东部山区、西南部分地区，平原地区略少，为 1600～1800mm。长江中下游地区大部分超过 1000mm，山丘区可达 1400～1800mm。淮河流域为 800～1000mm，山丘区可达 1000mm 以上。华北平原为 500～600mm，太行山、燕山山脉迎风坡可达 700mm。东北平原为 500～600mm，长白山区可达 500～1000mm，东北西部降水更少，仅 300～400mm。大西北沙漠区年降水量不足 25mm，河西走廊可达 400～500mm，阿尔泰山、天山等山地可达 600～800mm，新疆南部和藏北地区一般只有 100～200mm。藏东南和喜马拉雅山迎风坡降雨十分丰富，年降水量可达 5000mm 以上。

气候的干湿程度与水平衡诸要素关系十分密切，综合分带显示其形态与降雨分布相似。

降水量的地区分布不均影响我国水资源分布不均，且与人口、耕地的分布不相适应。南水北调工程前期规划论证阶段我国水资源分区各流域片的水资源量及其人均、亩均占有量的情况见表 1-1-2。

南方四片水资源总量占全国的 81%，而土地面积和耕地面积均为全国的 36% 左右；人口占全国的 54.4%，人均占有水量 4180m^3，约为全国均值 2730m^3 的 1.53 倍；亩均占有水量 4130m^3，为全国均值 1870m^3 的 2.2 倍。其中西南诸河片因水多、人少、耕地少，人均和亩均水量达全国均值的 14 倍和 12 倍。北方五片水资源总量只占全国的 14.4%，而国土面积、耕地面积和人口分别占全国的 28.2%、58.2% 和 43.5%，其中海滦河、黄河、淮河三片，水资源总量仅 2125.7 亿 m^3，只占全国的 7.5%，而国土面积占全国的 15.1%。且这三片多大平原，人口、耕地密集，人口占全国的 33.7%、耕地占全国的 38.5%，人均占有水量 637m^3，亩均占有

水量 360m³，远低于全国均值。其中海滦河流域片人均水量只有 430m³，亩均水量只有 251m³，分别为全国均值的 15.8% 和 13.4%。

表 1-1-2　　　　　　　　　　各流域片人均水资源量与亩均水资源量表

流域片名称		流域片面积占全国面积的百分数/%	水资源量/亿 m³	流域片水资源量占全国水资源量的百分数/%	流域片人口占全国人口的百分数/%	流域片耕地面积占全国耕地面积的百分数/%	人均水量/(m³/人)	亩均水量/(m³/亩)
内陆河片（含额尔齐斯河）		35.3	1303.9	4.6	2.1	5.8	6290	1490
北方五片	黑龙江流域片	9.5	1351.9	4.8	5.1	13.0	2630	679
	辽河流域片	3.6	576.7	2.1	4.7	6.7	1230	558
	海滦河流域片	3.3	421.1	1.5	9.8	10.9	430	251
	黄河流域片	8.3	743.6	2.6	8.2	12.7	912	382
	淮河流域片	3.5	961.0	3.4	15.7	14.9	623	421
	小计	28.2	4054.3	14.4	43.5	58.2	938	454
	其中：黄、淮、海三片	15.1	2125.7	7.5	33.7	38.5	637	360
南方四片	长江流域片	19.0	9613.4	34.2	34.8	24.0	2760	2620
	珠江流域片	6.1	4708.4	16.8	10.9	6.8	4300	4530
	浙闽台诸河片	2.5	2591.7	9.2	7.2	3.4	3590	4920
	西南诸河片	8.9	5853.1	20.8	1.5	1.8	38400	21800
	小计	36.5	22766.6	81.0	54.4	36.0	4180	4130
北方和南方片区合计		64.7	26820.9	95.4	97.9	94.2	2750	1860
合计		100.0	28124.8	100.0	100.0	100.0	2730	1870

注　此表来源于《中国水资源评价》（水利电力部水文局组织编写，1987 年由水利电力出版社出版）。

水资源在地区分布上的不均衡，是我国水资源开发利用中必须加以解决的重要困难问题，南水北调的构想缘于此，其可行性也在于此。

三、水资源时间分布特点

我国位于世界著名的东亚季风区，降水和径流的年内分配很不均匀，年际变化大，少水年和多水年持续出现。

降水的年际变化，随着季风出现的次数、季风的强弱及其挟带的水汽量在各年有所不同，年际间的降水量变化大，导致年径流量变化大，而且时常出现连续几年多水段和连续几年的少水段。各地最大年降水量和最小年降水量的比值不相同，西北地区（除新疆西北山地外）一般均超过 8，华北地区为 4～6，东北地区为 3～4，南方地区为 2～3，西南地区小于 2。降水的年际间的巨大变化造成某些地区有些年甚至连续几年的洪灾或旱灾。

河川径流量的年际变化除取决于降水外，还受地面条件、蒸发量大小、汇流面积大小等影响。降水量大时，往往地表吸收少，蒸发量也少，形成径流量所占比重就大；相反降水少，地表吸收多，蒸发量也大，形成径流量所占比重就小，结果使径流变化幅度比降水变化幅度更大。长江以南各河的最大年径流量与最小年径流量的比值（年径流量极值比）一般小于 5，而北方河流可高达 10 以上。金沙江为 1.8，潮白河为 19.3。

各年径流量的大小还与当年洪水大小有关，大洪水年的径流量大，反之则小。如海河在 1963 年 8 月出现特大洪水，当年河川径流量达 533 亿 m³，为多年平均径流量的 2.3 倍；而 1972 年海河几乎没有发生洪水，当年河川径流量仅有 99 亿 m³，不足多年平均径流量的一半。

很多河流出现连续多年的少水段和连续多年的多水段。宁夏境内河流出现了 1969—1976 年连续的少水段，比多年平均径流量少 20%。松花江出现 1898—1908 年连续 11 年和 1916—1928 年连续 13 年的少水段，其中 1916—1928 年比正常值少 41%，而 1922—1932 年连续多水段，平均年径流量比正常值多 41%。其他如长江、黄河、永定河等均出现过类似情况。

对我国绝大部分河流来说，径流的年内分配主要取决于降水的季节分配。冬季我国大部分地区少雨雪，各河流均为枯水季。我国北方冬季径流量占全年的比重，大部分地区为 4%～6%，南方地区一般为 6%～8%；长江和南岭之间及藏南、滇西也不过占到 10%。春季随着气温回升，径流量也开始增加，北方河流春季径流所占比例一般为 6%～8%，新疆西北因春季雨水多，加上冰雪消融可达 20% 以上，南方地区有些河流开始进入汛期。多数地区在夏季汛期 4 个月的径流量占全年的 60%～70%，长江以南、云贵高原以东的大部分河流，一般在 4—7 月最大 4 个月径流所占比重为全年的 60% 左右。我国北方河流，汛期径流更为集中，黄淮海平原和辽宁沿海，最大 4 个月径流占全年径流的 80% 以上，其中海河平原高达 90%，出现时间一般为 6—9 月。我国大部分地区秋季径流占全年的 20%～30%，秦岭、大巴山地区、西南地区可达 35%～45%，东部河流为 40%～50%，东南诸河一般情况下仅占 15%～20%。

降水和径流的年内、年际分配不均，是造成水旱灾害的主要原因。

四、水资源水质总体情况

我国河流的天然水质是相当好的，有明显的地带性规律，主要受补给来源、环境条件和人类活动影响。总的趋势为：从东南沿海湿润地区到西北内陆干旱地区，河流水体的矿化度逐渐增加，大多数河流为 50～1000mg/L。

由于人口不断增长和工业迅速发展，污水排放量不断增加，水体污染日趋严重。据统计，我国废水排放量已达 30 亿 t，其中有 80% 未作处理直接排入江河，造成全国 1/3 以上的河段受到污染，90% 以上城市水域污染严重，近 50% 的重点城镇水源地不符合饮水标准；全国被监测的 1200 多条河流中，已有 850 多条河流受到不同程度的污染。淮河、太湖的污染已引起全国的关注，长江的岸边污染也相当严重，已威胁到水资源的可持续利用。例如淮河 1993 年全流域污水排放总量为 24.48 亿 m³，平、枯水期污径比平均值为 1∶10，是临界值（1∶20）的 2 倍，沙颍河一般干旱年份枯水期污径比高达 1∶1.72。严重的水质污染和频繁的水污染事故破坏了水源，时常造成一些企业停产，产品质量下降；引污水灌溉导致土壤被污染，农作物早熟、减产；局部地区疑难病症发病率明显增高。水污染激化了边界纠纷，加剧了水资源短缺矛盾，严重制约了流域社会经济发展。

南水北调工程前期规划论证阶段，有关部门对我国主要江河水质监测和评价情况见表 1-1-3。从表 1-1-3 可以看出，各大江河中，水量丰沛的长江、珠江水系，由于稀释能力强，Ⅰ 类、Ⅱ 类水质河段所占的比例大于 25%；内陆水系由于经济发展程度低、污染小，Ⅰ 类、Ⅱ 类水质的河段近 2/3；而总体上看，全国Ⅳ类、Ⅴ类水质的河段约占 1/2。治理水环境、防治水质恶化是我国水源开发利用和保护所面临的一项极为紧迫而艰巨的任务。

表 1-1-3　　　　　　　我国主要江河水质评价情况（1993 年）

水系	水质评价河段数	其中符合标准河段的占比/%			污染类型
		Ⅰ类、Ⅱ类	Ⅲ类	Ⅳ类、Ⅴ类	
七大水系和内陆河流	120	25.0	27.0	48.0	有机污染（氨氮、COD、BOD、挥发酚）
长江	50	37.0	31.0	32.0	主要为有机物，部分为铜、砷化物
黄河	16	13.0	18.0	69.0	有机污染
珠江	7	29.0	40.0	31.0	氨氮、铜、砷化物
淮河	13	18.3	15.7	66.0	有机污染
松花江	6	0	38.0	62.0	汞、氨氮、挥发酚
辽河	8	0	13.0	87.0	有机污染
海河	16	0	50.0	50.0	
内陆河流	4	60.0	30.0	10.0	氨氮

五、节水和保护水资源的必要性

水既是自然资源，更是生命之源和环境要素，关系国计民生。我国已被联合国列为世界贫水国家之一，且水资源的地区分布和年际、年内分布不均衡，水体污染日趋严重。为了社会经济持续稳定发展，必须十分珍惜水资源，既要合理开发利用，又要做好节约和保护工作。要继续加强水利设施建设，为解决南方水多、北方水少的现实与社会生产力布局不相适应的矛盾，需要兴建南水北调工程，充分发挥有限资源的作用。节水和保护水资源是我国长期的基本国策。

第二节　中国主要缺水地区分布

一、干旱与缺水的关系

干旱与缺水既有联系又有区别。缺水一般出现在干旱或虽不属干旱但水资源不丰富的半干旱、半湿润的地区；在水资源丰富的地区也可能出现由于供水设施不够或水质污染而造成的设施型缺水或水质型（污染型）缺水；有的地区由于干旱，经济难以发展，对水的要求不高，缺水问题反而不突出。

一个地区是否属于干旱地区是指自然情况，多以降水量为标准来划分，未考虑社会经济发展水平和需水量。我国可划分为五个水资源条件不同的地带：①多雨-丰水带，指年降水量大于 1600mm，年径流深超过 800mm，年径流系数在 0.5 以上的地带，包括浙江、福建、台湾、广东等省的大部分，广西壮族自治区东部、云南省西南部、西藏自治区东南隅以及江西、湖南、四川西部的山地；②湿润-多水带，指年降水量 800～1600mm，年径流量 200～800mm，年径流系数 0.25～0.5 的地带，主要包括沂沭河下游、淮河两岸地区和秦岭以南汉水流域，长江中下游地区，云南、贵州、四川、广西等省（自治区）的大部分以及长白山地带；③半湿润-过渡带，指年降水量 400～800mm，年径流深 50～200mm，年径流系数 0.1～0.25 的地带，包括黄淮海平原，东北三省、山西省、陕西省的大部分，甘肃省和青海省的东南部，新疆北部和西部的山地，四川省西北部和西藏东部；④半干旱-少雨带，指年降水量 200～400mm，年径流深 10～50mm，年径流系数在 0.1 以下的地带，包括东北地区西部、内蒙古、宁夏、甘肃的大部分地区，青海、新疆的西北部和西藏的部分地区；⑤干旱-干涸带，指年降水量小于 200mm，年径流深不足 10mm，有的为无径流区的地带，包括内蒙古、宁夏、甘肃的荒漠和沙漠，青海的柴达木盆地，新疆的塔里木盆地和准噶尔盆地，西藏北部羌塘地区。

　　一个地区是否缺水是自然条件和社会经济条件的综合反映。自然条件主要是指降水、河川径流、地下水等因素；社会经济条件主要是指人口、发展和城镇化水平等。1996 年第三届国际自然资源会议建议以人均水资源量和水资源利用率这两个指标划分水资源丰富程度，分为丰富、脆弱、紧缺和贫乏四种情况，见表 1-2-1。

表 1-2-1　　　　　　　　　　　　　　国际水资源丰富程度指标

等级指标	丰富	脆弱	紧缺	贫乏
水资源利用率/%	<15	15～25	25～50	>50
人均水资源量/(m³/人)	>2000	1000～2000	500～1000	<500

　　综合分析表明，黄河流域、海河流域、淮河流域属于水资源贫乏紧缺地区；松花江、辽河流域属水资源脆弱区，其中人口集中、经济发达的辽河中下游地区属于水资源紧缺地区；长江流域、珠江流域及东南、西南地区属于水资源丰富地区。南水北调工程前期论证阶段我国各流域片的水资源利用程度见表 1-2-2。

表 1-2-2　　　　　　　　　　　　各流域片水资源利用程度表　　　　　　　　　　　　　　%

流域片名称	地表水控制利用率	水资源总量利用消耗率	平原区浅层地下水开采率
松辽片	19.5	18.6	42.5
其中：辽河流域	43.6	41.6	86.8
海河片	60.0	78.7	95.7
黄河片	91.4	53.3	31.0
淮河片	80.2	44.0	33.9
长江片	17.4	9.1	
珠江片	12.7	6.5	
东南诸河片	13.2	8.7	
西南诸河片	1.1	1.2	
内陆河片	40.6	27.0	

　　缺水除资源性缺水外，还有工程性缺水和污染性缺水。工程性缺水是指有水资源而工程设施不够造成的缺水；污染性缺水也是指有水资源，但没有保护好，使水资源受到污染不能满足

使用要求而造成的缺水。南水北调工程主要是解决资源性缺水问题。

二、缺水对社会经济发展的影响

缺水是水资源条件和社会经济条件的综合反映，一个地区的缺水状况是随着社会经济发展和人口增长而产生和发展的。例如河北省，从 20 世纪 60 年代初到 70 年代末，一方面随着上游地区用水量的增加，入境水量减少，使境内的河湖补给来源锐减，开始出现河道断流、湖泊干涸和地下水位下降现象；另一方面是地区社会经济发展，城市、工业和农业等用水量增加。这两方面的原因促使这一地区开始出现局部地区的缺水和短期的供水困难问题，并不断加重，但尚未形成全局性的水资源供需失衡状态。进入 80 年代，国民经济和社会发展进入一个新的时期，经济高速增长，需水量进一步增加，使该区域迅速进入了贫水经济运行阶段，全局性的环境干化、水质恶化、水源枯竭和城乡供水全面紧张，社会经济发展受到水资源环境的制约，农业和基础工业发展受阻，城乡发生水荒。至 80 年代末，该区域水环境进一步恶化，由此引起水与社会经济发展的恶性循环，严重制约了经济和社会的发展。从河北省缺水情况看，一个地区缺水程度是随着社会经济发展而发展的动态过程。

水资源丰富的区域影响社会、经济、环境发展的不是水量而是水质。只要能在经济发展过程中，使水资源开发利用与水污染防治相协调，水资源就不会成为区域内社会、经济、环境发展的约束条件；对水资源脆弱地区，水资源的质与量都将对区域内长期的社会、经济、环境发展产生影响；对水资源紧缺和贫乏地区，水资源从质到量都成为当前和未来社会、经济、环境发展的约束条件，甚至是发展过程中的"瓶颈"，对这些区域要进行水资源承载能力分析，解决缺水问题，是发展区域经济的战略措施。

一个地区的缺水程度不仅受区域水资源条件和社会经济发展水平的影响，还与水管理措施和管理水平有关，实施需水管理，确定合理水价，可以促进高效用水，节约用水，以缓解区域缺水程度。

一个地区水资源的承载力与水资源供给量、自然（土地、气候）条件、社会经济条件、用水状况、生活水平等因素有关。最大的水资源承载力是指在保证良好的生态环境的条件下，当地水资源已开发完毕，客水资源已得到充分的利用，工农业节水技术达到经济开发的合理限度，维护居民良好生活用水条件和工农业正常用水条件时，能承载的最大人口限度和经济发展水平。超过水资源承载能力，就属于缺水，就会出现水环境恶化现象并制约社会经济的发展。

三、西北是我国最干旱的地区

如上所述，在自然情况下，一个地区是否干旱主要由年降水量决定，年降水量 400mm 是半湿润与半干旱的分界标准。

降水是水资源的补给来源。年降水量 400mm 等值线自大兴安岭西侧起，经多伦、呼和浩特、兰州以南，绕过祁连山、青藏高原东南部、至中不（不丹）边境，斜贯中国大陆，将全国分为湿润区和干旱区两大部分。此线东南从半湿润带向湿润带过渡，多数地区湿润多雨，为主要农业区，其中东北长白山区年降水量可达 800～1000mm，秦岭、淮河一带为 700～800mm，长江中下游以南年降水量在 1000mm 以上，大部分山区为 1400～1800mm，东南沿海一些山丘、台湾大部分地区、海南省中东部以及西南部分地区超过 2000mm；此线以西除阿尔泰山、天山等山区年降水量为 600～800mm 外，绝大部分干旱少雨，多草原、荒漠，为主要牧业区。新疆塔里木盆地和青海柴达木盆地年降水量不足 25mm，是中国降水量最小的地区。

从以上的分析和比较可以看出：西北地区绝大部分属于干旱和半干旱地带，是我国最干旱的地区。其中属于半干旱地带（年降水量 200～400mm）的有内蒙古、宁夏、甘肃的大部分地区，青海、新疆的西北部和西藏部分地区。这一地带气温低，气候干燥，全年降雨日数只有 60～80 天，大部分地区以生长草类为主，是我国的主要牧业区，山地有森林分布，低地多草原，绿洲上有少量人造林木。属于干旱地带（年降水量小于 200mm）的有内蒙古、宁夏、甘肃的荒漠和沙漠，青海的柴达木盆地，新疆的塔里木盆地和准噶尔盆地，西藏北部羌塘地区。这一地带降水稀少，全年降水日数一般少于 60 天，沙漠盆地甚至不足 20 天，除局部地区受地下水影响，草类生长较好以外，大部分是植被稀疏的荒漠和寸草不生的沙漠。

西北内陆河地区，幅员辽阔，约占我国国土面积的 1/3，但由于干旱少雨等原因，造成人口稀少，工农业基础薄弱（不发达）。该地区是我国最干旱的地区，但还不是我国最缺水的地区，人均水资源量和人均用水量分别达 5270m³ 和 2353m³，在我国是比较高的。该地区开发潜力很大，如果要有更大的发展，除需引进技术、人力、资金等资源外，也需要解决好水的问题。因此，从长远看，随着该地区社会经济发展和人口增加，缺水问题也将会突显出来。开发大西北，首先需要解决水的问题，有了水，荒漠可以变绿洲。

四、华北平原缺水形势紧迫

华北平原年降水量多在 500～800mm，属于半湿润地带，在我国并不算最干旱的地区，比起西北地区来说，水资源量要丰富得多，为什么会是我国最缺水的地区呢？这与华北地区的社会经济发展及其在全国的地位有关。如前所述，缺水是水资源条件与社会经济条件的综合反映，华北平原虽然水资源比西北地区丰富，但人口密度、经济发展要比西北地区高得多，在国内属人均水资源量最少、水资源利用消耗率最高、最缺水的地区。

华北平原地理位置优越，地势平坦，光热资源充足，土地和矿产资源丰富，加之历史上水资源条件较好，一直是我国社会经济比较发达的地区。经过多年的建设和发展，华北平原内有首都北京、全国三大工业基地之一的天津，以及石家庄、保定、唐山等全国著名的工业城市，同时也是全国粮棉油生产基地和小麦主要产区；该区总面积虽只占全国的 3%，而人口却占全国的 17%，耕地占全国的 18%，国内生产总值、工农业总产值均占全国总量的 10% 以上，在我国政治、经济、文化等方面都有极其重要的战略地位。国内外生产力布局和社会经济发展的实践证明：国家生产力布局和地区社会经济的发展是一个地区的地理位置、资源条件（包括水资源）和社会条件的综合产物，水资源是其中的重要条件但不是唯一条件。因此，华北地区缺水问题亟待解决。

华北平原的缺水形势是随着人口增加、经济发展和人们生活水平提高而日趋严重的，过去虽也曾有"十年九旱"，但水环境一般还是好的，直至 20 世纪 50 年代，南运河、卫运河等河流上的航运还相当发达。从 60 年代开始出现的水危机，影响了本区的社会经济发展和生态环境。平原区绝大部分河道只有汛期排洪功能，成为季节性河道，80 年代干旱后，大部分河道常年断航，人们几乎忘却了华北平原还有内河通航的历史；地下水严重超采，地面下沉；水域稀释自净能力降低，水污染日趋严重。因此，自 60 年代以来，华北平原的社会经济发展，一定程度上是以过度利用资源、破坏环境为代价换来的。鉴于华北平原的地理位置、资源条件和在全国政治、经济、文化中的地位，水资源短缺已成为制约本区国民经济和社会发展的"瓶颈"。参考国外学者的研究成果，人均占有水资源量 $1000m^3$ 是实现现代化的最低标准。而黄、淮、海流域的人均水资源量在 80 年代也只有 $637m^3$，其中海滦河流域人均水资源量约 $430m^3$，1994 年资料显示人均水资源量只有 $353m^3$，且水资源利用率已经很高。1997 年水资源总量利用消耗率数据显示黄河达 53.3％、淮河达 44.0％、海河高达 78.7％，说明华北地区水资源进一步开发的潜力不大，特别是海河流域更是微乎其微，这也说明改善本区水环境、合理满足社会经济进一步发展对水资源要求，除加强本区域内的节约用水和水源保护外，还必须从外区调入水量。此外，胶东半岛缺水问题也很严重，其性质与华北平原相似。

第二章　实施南水北调工程的必要性

第一节　黄淮海流域水资源的自然特点

我国多年平均水资源总量为 28124.8 亿 m³，人均水资源占有量仅为 2730m³，为世界平均水平的 1/4，是世界上人均水资源占有量较低的国家之一。预计到 2030 年我国人口达到高峰时，人均水资源量仅有 1760m³，因此，水资源是我国十分珍贵的自然资源。水资源在区域分布上很不均匀，南方水多，北方水少。北方地区（长江流域以北）的人口、耕地、国内生产总值占全国的 47.1％、61.1％和 41.2％，而多年平均水资源总量占全国的 19.6％。水资源与人口、经济、耕地等资源和经济布局不相匹配。受季风影响，水资源年际变化大，降雨和径流的年内分配也很不均匀，主要集中在汛期。我国经常发生旱、涝及连旱、连涝现象，加重了水资源利用困难。

北方地区中的黄淮海流域是我国水资源承载能力与经济社会发展最不相适应的地区。该地区总面积 145 万 km²，约占全国的 15％，2000 年耕地面积为 7.0 亿亩，粮食产量为 1.7 亿 t，人口为 4.38 亿，地区生产总值为 31303 亿元，均超过全国的 1/3。区内土地资源丰富，光热条件好，有丰富的能源和矿产资源，是我国重要的粮食生产和工业基地，有北京、天津、石家庄、邯郸、新乡、郑州、平顶山、南阳、徐州、济宁、济南、青岛、烟台、太原、呼和浩特、西宁等大中城市，具有城乡优势互补的有利条件，在我国国民经济与社会发展中具有重要的战略地位。然而，黄淮海流域的水资源仅占全国的 7.2％。全年降水约集中在 6—9 月，特别是黄淮海平原，7 月、8 月两月的降水量可占全年的 60％～70％，且多以暴雨形式出现，造成汛期常发生洪涝灾害，非汛期又严重缺水。

黄河流域面积 79.5 万 km²，干流全长 5464km，从西向东跨越干旱、半干旱、半湿润三个气候带。黄河是我国西北、华北地区重要水源，全流域多年平均降水量为 452mm，多年平均河川径流量 580 亿 m³，可开采的地下水资源量 110 亿 m³，水资源总量占全国的 2.6％，2000 年人均水资源占有量为 633m³。上中游紧邻西北内陆干旱的戈壁沙漠，中部是黄土高原，有 43.3 万 km² 的严重水土流失区，天然植被稀少，生态环境脆弱，经济相对落后。

淮河流域总面积 33 万 km²，其中平原面积占 2/3，人口密度相对较高。全流域多年平均降水量 854mm，水资源总量 961 亿 m³，占全国水资源总量的 3.4%，2000 年人均水资源占有量为 478 亿 m³。该流域地处我国南北气候过渡带，降水年际、年内变化很大，旱涝交替出现。平原地区耕地集中连片，保证灌溉用水是促进粮食稳产和农村经济发展的关键。严重的水污染更加剧了水资源的供需矛盾。2000 年胶东地区人均水资源占有量仅为 330m³。水资源开发程度已高达 86%，遇大旱年份，水资源供需矛盾十分突出。

海河流域面积 31.8 万 km²，其中平原面积 12.9 万 km²，流域内人口密集，大中城市众多，其中首都北京是我国的政治、文化中心。该流域属于半干旱、半湿润气候区，多年平均降水量 539mm，多年平均水资源总量 372 亿 m³，占全国的 1.3%。2000 年人均水资源占有量仅为 292m³，不足全国人均水资源占有量的 1/7，比全国人均年用水量还低 138m³，缺水十分严重。

与黄河邻近的河西走廊黑河、石羊河流域年降水量仅 100mm 左右，而年蒸发量高达 2000mm，缺水十分严重，具体表现在河道断流加剧、尾闾干涸长度增加、湖泊消失、土地退化、草原沙化等。

第二节　水资源短缺严重制约华北经济社会可持续发展

20 世纪 80 年代以来，黄淮海平原发生持续干旱，缺水范围不断扩大，缺水程度不断加深，缺水危机日益严重。20 世纪 80 年代初期，缺水范围仅限于京津冀局部地区，到 2000 年缺水率超过 10% 的面积已占黄淮海流域总面积的 43%。海河流域的缺水面积占全流域的 70%，城市缺水问题更是日趋严重。持续多年的水资源短缺对经济社会和生态环境都产生了重大影响。

由于长期干旱缺水，尽管各地特别是黄淮海平原地区都加大了节约用水力度，但仍然不得不过度开发利用地表水、大量超采地下水、不合理占用农业和生态用水以及使用未经处理的污水，以维持其经济社会的发展，造成黄河下游断流频繁，淮河流域污染严重，海河流域基本处于"有河皆干，有水皆污"和地下水严重超采的严峻局面。随着黄河、淮河和海河三大流域的水资源开发利用率的提高，水资源承载能力与经济社会发展和生态环境保护之间的矛盾日趋尖锐。

黄河下游断流频繁。1972—1999 年的 28 年中，有 22 年出现断流。在 1999 年采取水资源调控措施之前，几乎年年断流，断流历时增加，断流河段延长。在 1997 年，利津水文站全年断流 226 天，断流河段上延到河南开封附近。断流造成黄河下游两岸居民生活和工农业生产用水困难。黄河下游得不到必要的输沙水量，导致主河槽泥沙大量淤积，河道泄洪能力大幅度下降，不仅增加了洪水威胁和治黄难度，还造成了一系列严重的生态环境问题。1999 年以后，虽然加强了水资源调控管理，未再出现断流，但因采取了封堵引水口门和控制抽水泵站等措施，对沿黄两岸工农业生产和居民生活的影响仍然较大。

淮河流域水质污染严重。根据《中国水资源公报（2000 年）》，淮河流域严重污染河长占调查评价河长的比例为 74%。工业和生活废污水是造成水体污染的主要根源，绝大多数有毒有害物质来自于工业废水，特别是靠近城市的河段污染尤为严重。此外因农业使用化肥、农药等形成的面源污染也越来越严重。水体污染不仅严重破坏了生态环境，而且加剧了水资源短缺，直接威胁着人民的身体健康和用水安全。

海河流域平原河道长期干涸，地下水超采严重。20 世纪 70 年代末以来，由于地表水长期过量开发利用，平原河道长期干涸，被迫大量超采地下水。根据国土资源部有关研究机构的分析，海河流域现状平均每年超采地下水 65 亿 m³，其中浅层地下水 35 亿 m³，深层地下水 30 亿 m³。20 多年来已累计超采 900 多亿 m³。地下水的长期超采，造成地下水位埋深大面积持续下降，京广铁路、津浦铁路沿线城市附近地下水漏斗不断加深和扩大，现在已基本连成一片，城市水资源日趋匮乏，局部地区水资源已接近枯竭。河北省东南部的衡水、沧州一带，由于长期饮用含氟量较高的深层地下水，氟骨病和甲状腺病等地方病蔓延，危害当地民众的健康。水资源的过量开发，导致河湖干涸、河口淤积、湿地减少、土地沙化以及地面沉降等生态环境问题日趋严重。

20 世纪 80 年代以来，北方地区持续干旱，严峻的缺水局面造成了巨大的经济损失，充分暴露了我国农村抗旱能力不足和城市供水系统的脆弱。尤其是在 1999—2000 年，北方发生了严重的连续旱灾。海河的主要河流多数断流，中小水库干涸。河北农村大片土地龟裂，庄稼枯死。河南郑州、洛阳、许昌等地河道断流，池塘见底，农作物大面积减产。淮河流域的持续干旱使供水和航运都受到严重威胁。北京、天津、石家庄、邯郸、邢台、衡水、沧州、廊坊、郑州、焦作、平顶山、济南、德州、威海、烟台、潍坊等大中城市发生供水危机。特别是天津市用水告急，不得不第 6 次引黄应急，烟台、威海等城市被迫限时限量供水，造成严重的经济损失和不良的社会影响。

人类活动和气候变化对水资源的数量、质量及其时空分布规律已经产生不同程度的影响，尤其是在干旱、半干旱的北方地区，影响比较明显。有关研究成果表明，黄淮海流域水资源总量呈减少趋势。1980—2000 年黄淮海流域持续偏旱长达 20 年之久，其平均径流量比 1956—1979 年的年平均值减少了 11.2%，约 190 亿 m³。因此，因水资源变化而出现的新情况和新问题，将会进一步加剧黄淮海流域缺水的紧张局面。

随着西北地区经济社会发展的逐步加快，黄河上中游支流开发和集雨工程的发展，各方面的用水量势必增大，黄河干流的水量将进一步减少。因此，黄河下游沿黄灌区的用水保证率将下降。

第三节　实施南水北调工程是解决
水资源问题的有效途径

大量事实以及研究成果表明：黄淮海流域水资源的严重短缺，已成为制约其经济社会持续发展的"瓶颈"。

地表水开发利用率已经过高，尤其海河流域多数河流干涸，增加供水的能力有限。2000 年，黄河流域河川径流的可供水量为 370 亿 m³，黄河地表水的实际消耗量已达 350 亿～380 亿 m³，对生态环境产生了较大影响，基本上没有扩大供水的潜力。在黄淮海流域范围内再进行区域间或流域间的调水，只能是"以贫济贫""效益搬家"，会进一步激化地区间、行业间的用水矛盾，绝非长久之计。

地下水严重超采，生态环境日趋恶化，必须加强有效控制。虽然地下水是较稳定和便于调剂的重要水源，但作为正常水源的浅层地下水，只有在维持开采量和补给量平衡的情况下，才不至于引发地质灾害和生态环境问题；深层地下水由于其赋存条件的特殊性，一般不应作为正常水源。当遇到严重干旱或连续干旱时，为减少干旱缺水造成的经济损失和社会影响，可适当超采地下水，以解燃眉之急，但只能是临时性的应急措施，被超采的地下水应在以后的丰水年里得到回补，实现采补平衡。海河平原主要靠大量超采地下水来缓解缺水矛盾，持续时间过长，超采数量巨大，已经带来一系列严重的地质灾害和生态环境问题，增加了水资源危机的严重性。因此，应该尽快以新的水源替代过度超采的地下水。

石油、水资源和粮食是我国 21 世纪可持续发展的三大重要战略资源，需要有战略储备。地下水是水资源的重要战略储备。但是，黄淮海平原超采地下水已经有 20 多年的历史，水资源的战略储备已消耗殆尽，应该尽快调水补源，扭转这种被动局面，并实施严格控制地下水超采的措施，使地下水资源得到恢复，成为可靠的战略储备，为我们的子孙后代留下宝贵的发展空间。

必须继续加强节水治污工作，要坚持不懈地把黄淮海流域建设成节水防污型社会。1980—2000 年，许多地区都逐步加强了节约用水、污水处理再利用、调整供水与用水结构、限制高耗水工业发展等方面的工作，并取得了较为明显的成效，特别是海河平原及胶东地区的节水工作一直处于全国领先水平。黄淮海流域农业实际灌溉定额的下降幅度为 27.7%，超出全国平均下降水平 14 个百分点。黄河、淮河和海河流域的农业灌溉渠系利用系数分别为 0.43、0.64、0.61，均高于全国 0.4 的平均水平；工业万元产值取用水量平均下降 8.7%，比全国平均下降幅度约高 2 个百分点；工业取用水量为 $41\sim75\text{m}^3/$ 万元，也低于全国 78$\text{m}^3/$万元的平均水平。但地区间也存在不平衡，浪费水的现象仍然存在。据分析，进一步加大节约用水力度，可以降低 7%～9% 的需水量。近年来，各地还加强了污水处理与再利用工作。截至 2000 年，黄淮海流域的城市污水集中处理率已达 22% 左右，高于全国平均水平近 8 个百分点，污水处理再利用量达 15 亿 m^3 左右。由于尚未建立节水、治污的有效机制和体制，仍然存在直接排放大量未经处理废污水的现象，其中相当一部分被当地或附近农业灌溉利用，污染了农产品；还有一部分直接渗入地下，污染了地下水。

随着经济社会的进一步发展、城市化进程的不断加快和人民生活质量的进一步提高，广大群众生态环境保护意识的增强，社会各界要求尽快解决缺水问题的呼声越来越高，人们普遍认为实施南水北调工程是实现 21 世纪黄淮海流域可持续发展的重要战略举措。黄淮海流域水资源短缺与经济社会发展、生态环境保护之间的矛盾，是仅靠节水和挖掘当地水资源潜力难以解决的。因此，必须在持续加大节水力度和污水资源化的同时，尽快实施南水北调工程，以水量丰沛的长江为水源依托，进行大范围的水资源合理配置，缓解黄淮海流域日益尖锐的水资源供需矛盾。

国内外许多已建调水工程的实践证明，建设跨流域调水工程是缓解缺水地区水资源供需矛盾、促进地区经济繁荣和社会发展与保护生态环境的有效途径，也是支撑缺水地区可持续发展的重要基础设施。南水北调关系国计民生、社会稳定，惠及子孙后代，有利于实施可持续发展战略，增强发展后劲，应尽早开工建设。

第三章　南水北调工程前期研究

第一节　1952—1961 年的探索阶段

1952 年，为解决黄河流域水资源不足的问题，黄河水利委员会（简称"黄委"）组织查勘黄河源，研究从通天河色吾曲—黄河多曲的调水设想，开始了从长江调水接济黄河的研究。10 月 30 日，毛主席视察黄河，在听取黄委主任王化云关于"引江济黄"设想的汇报后说："南方水多，北方水少，如有可能，借点水来也是可以的。"南水北调的宏伟设想第一次被提出。

1953 年 2 月，毛主席乘"长江舰"从武汉至南京视察长江，在 2 月 19 日听取长江水利委员会（简称"长委"）主任林一山汇报长江治理工作时再次提出："南方水多，北方水少，能不能从南方借点水给北方？"毛主席还指示要对汉江引水方案作进一步研究，组织人员查勘，一有资料就立即给他写信。之后，长委通过对引汉济黄线路查勘，提出在丹江口建水库自流引水经唐白河平原翻越江淮分水岭方城缺口，向东北经许昌等地区，由郑州附近入黄河的调水线路，并考虑把嘉陵江上游的水引到汉江，增加汉江水量的方案。林一山向毛主席写信汇报了这一查勘成果和规划设想。

之后，黄委在 1954 年 10 月编制的《黄河综合利用规划技术经济报告》中提出从通天河、汉江引水到黄河的可能性和设想。长江流域规划办公室（简称"长办"）在 1956 年 11 月完成的《汉江流域规划要点报告（送审稿）》中，对引汉济黄济淮的必要性、引汉济黄济淮方案、水量分配、引水时间、投资和经济效益作了全面分析，并提出修建丹江口水利枢纽作为汉江综合利用开发的第一期工程，推荐丹江口—方城线为引汉济黄济淮方案。1957 年长办还研究了从怒江、澜沧江 250m 高程连续抽水至柴达木盆地的设想。

1958—1973 年，按初期规模（蓄水位 157m）建成了丹江口水库（含陶岔闸和闸下游一段输水总干渠），为南水北调中线工程奠定了基础。长办还配合丹江口水利枢纽设计，进行了引汉渠首枢纽选择和引汉渠首至宝丰段的渠线选择工作。

1956 年淮河规划和 1957 年沂沭泗流域规划提出，在江苏省扬州市境内，利用淮河入江水道抽引长江水入洪泽湖，再经京杭运河逐级建站从洪泽湖抽水入骆马湖、南四湖，灌溉淮河下游地区 2530 万亩、沂沭河下游地区 989 万亩、南四湖地区 600 万亩，计 4119 万亩耕地。估计泵站装机容量约 30 万 kW。还研究了从裕溪口经裕溪河抽长江水入巢湖，再从巢湖抽水经南淝河过江淮分水岭，由东淝河、瓦埠湖入淮河的引江济淮线。

1958 年 8 月 29 日，在北戴河召开的中央政治局扩大会议上通过了有关指示，指出：全国范围的较长远的水利规划，首先是以南水（主要是长江水）北调为主要目的。这是"南水北调"第一次见于中央正式文件。

1959 年，黄委先后组织 7 个勘测设计工作队进行南水北调工作，其中三个队 400 人在西线进行全面查勘，引水河流扩大到怒江、澜沧江。7 月，长办编制完成了《长江流域综合利用规划要点报告》，其中第十篇为南水北调。报告分析了华北平原的缺水情况，提出从长江上、中、下游引水的南水北调总体格局是：上游从金沙江、怒江、澜沧江调水济黄；中游近期从丹江口水库调水，远景从长江干流调水济黄济淮；下游沿京杭大运河从长江调水济黄济淮并从裕溪口、凤凰颈调水济淮。

1960 年、1961 年，长办与黄委对引汉总干渠方城至黄河段进行联合查勘，基本选定了渠道走向。比较了陶岔（南线）、王岗（中线）、贾沟（北线）引水口和线路，推荐采用陶岔引水口方案。长办提出了《引汉总干渠丹江口至宝丰段初步设计阶段性报告》；北京勘测设计院编写了《黄、淮、海下游平原地区水量平衡初步研究报告》；江苏省水利厅编写了《江水北调东线江苏段工程规划要点》；华北有关省市提出本地区的需水量研究成果。

为了从根本上解决苏北地区用水，1957 年江苏省提出淮水北调、江水北调规划，并开始实施淮沭河（又称分淮入沂水道）工程，引淮水北上。1960 年 1 月，江苏省编报《苏北引江灌溉工程电力抽水站设计任务书》，提出"以京杭运河为纲，四湖调节，八级抽水"，计划中等干旱年抽引江水 160 亿 m³。估算泵站装机容量 25 万 kW。经批准后，1961 年 12 月开始建设江都泵站（泵站选址，原定在万福闸闸下右岸建滨江泵站，抽水经淮河入江水道入洪泽湖，并开始施工；为结合里下河地区排涝，移至现址）。泵站初定规模为 250m³/s，至 1969 年建成一站、二站、三站；1973 年，经水电部批准，增建江都四站，规模为 150m³/s，总规模增至 400m³/s，于 1977 年建成。此后，又陆续建成淮安站及以北各梯级泵站，为南水北调东线工程奠定了基础。

20 世纪 50 年代后期到 60 年代初期，经交通部协调，苏鲁两省进行了京杭运河整治和扩建工程，新辟位临运河、梁济运河，开挖南四湖湖西航道，渠化不牢河，整治中运河、里运河，在清江市（淮安市）南郊和扬州市东郊新开两段航道，建成微山、解台等 10 个梯级（水闸、船闸），为建设南水北调东线工程创造了有利条件。

第二节　1972—1979 年初步规划阶段

1972 年华北大旱，水资源危机初显，海河各水系几乎普遍断流，80%～90% 的大中型水库有效存水全部用完，地下水位大幅度下降，天津市工农业生产受到很大威胁，居民生活用水十分紧张，经济社会发展受到严重影响。为此，1973 年 7 月，国务院召开北方 17 省（自治区、直辖市）抗旱会议，研究对策，决定临时引黄济津，开始建设引滦工程。为从根本上解决华北缺水问题，抗旱会议后，水电部责成治淮规划小组办公室（1971 年成立，简称"淮办"，1977年 5 月改建为水利电力部治淮委员会，1990 年更名为水利部淮河水利委员会，简称"淮委"），黄委和第十三工程局组建南水北调规划组，研究近期从长江向华北调水的方案。以后又责成华东电力设计院研究供电方案。交通部结合南水北调规划研究发展京杭运河（长江—天津）航运的方案。

1974 年 7 月，水电部向国家计划委员会（简称"国家计委"）报送《南水北调近期规划任务书》，提出近期南水北调设想为东线调水方案，抽江水 1000m³/s，过黄河 400m³/s，一般年份抽江水 200 亿 m³，过黄河 100 亿 m³。南水北调规划组与各省市有关部门，对调水线路、主要枢纽、蓄水措施、沿线用水和排灌要求等多次进行调查研究。1974 年 7 月，在全国农机预备会上向各省市有关部门负责同志作了汇报，基本上明确了调水线路和工程规模。同年 12 月，水电部请苏、皖、鲁、冀、津 5 省（直辖市）水利部门共同研究，又对调水量和水量分配取得了一致意见。在这些工作基础上，于 1976 年 3 月编制完成了《南水北调近期工程规划报告（初稿）》。选定的调水方案是在江苏省扬州附近抽引长江水，大体上沿京杭运河逐级抽水北送，在位山附近与黄河立交，过黄河后，仍沿京杭运河自流到天津。规划重点是北调，并兼顾沿线地区工农业用水要求。供水范围包括苏、皖、鲁、冀和津 5 省（直辖市）的一部分。同月，水电部将《南水北调近期工程规划报告》送有关省市征求意见。

交通部于 1977 年 9 月提出了《结合南水北调近期工程发展京杭运河航运的规划报告（长江—天津段）初稿》。

1977 年 10 月，由水电部、交通部、农业部和一机部联合将《南水北调近期工程规划报告》上报国务院。经国务院批准，1978 年 5—7 月，由水电部牵头组织了现场初步审查，参加单位有国家计委、国家基本建设委员会、国家科学技术委员会、水电部、一机部、交通部、农林部、中国科学院（简称"中科院"）、总后军交部等部、委（院）、部分高校及苏、皖、鲁、冀、津等省（直辖市）。初步审查用一个月时间，沿调水干线进行现场查勘，广泛听取有关省（直辖市）和地县意见后进行讨论，提出审查意见，安排了下一步工作。初审肯定了以东线工程作为南水北调近期工程，并以京杭运河为输水干线送水到天津作为南水北调东线近期工程的实施方案。初审认为，规划方案的布局基本是合理的。但是规划只分配水量，未按省（直辖市）明确分配流量，没有做出灌区规划，黄河以北蓄水措施没有完全落实，局部调水线路还要进一步比较研究。随后，国家计委又向国务院报送了对规划报告进行现场初审的报告。

1979 年 2 月，长委提出《南水北调中线引汉工程规划要点》。

1979 年 3 月 29 日至 4 月 11 日，中国水利学会在天津召开南水北调规划学术讨论会，参加会议的有国家计委、中科院、水利部、各流域机构的领导干部、专家、学者 100 余人。会上长委提出引汉是长江中游引水方案的主要组成部分和先行。丹江口水库按初期规模（蓄水位 157m）建成为加速引汉续建工程创造了条件。规划丹江口水库按原设计续建（蓄水位 170m）年平均引水 230 亿 m³，可灌溉鄂、豫、冀三省 7000 万亩（其中河南省淮河流域 2400 万亩）农田，并提供 28 亿 m³（豫 18 亿 m³、冀 10 亿 m³）工业用水。规划引汉总干渠沿伏牛山南缘，经南阳、鲁山到桃花峪附近过黄河，黄河以北大体沿京广铁路到定县，全长 1030km（黄河以南 516km，穿黄段 3km，黄河以北—定县 511km），将来延长到北京。总干渠穿过大小河流 108 条，规划建平交工程 77 处。黄河以南建反调节水库（燕山水库）。总干渠也是拟议中的京广运河的一段，其工程规模为渠首流量 1000m³/s、过黄河流量 600m³/s、到定县唐河流量 200m³/s。

黄委勘测规划设计研究院（简称"黄委设计院"）提出了《关于南水北调的意见》。报告估算了华北、西北地区的需调水量，西北地区为 200 亿～300 亿 m³，中线农业灌溉和稀释黄河计 400 亿～500 亿 m³，东线 300 亿 m³。近期华北、西北地区需从长江引水约 1000 亿 m³。认为东、中、西线不能互相替代，条件成熟者应先办。建议中央成立南水北调的专门机构，以加强领导。会议对黄淮海地区的水资源开发、缺多少水、什么时候从外部调水进行讨论，也对调水线路的中、东线如何进一步规划，南水北调后对生态、环境的影响等都提出需要进一步研究。会后中国科学技术协会党组写报告向中央反映当前南水北调规划工作依据不足：水资源不清、盐碱化问题没解决、水污染问题等，并且综合经济效益、调水路线选择、调水后的生态平衡等很多重大问题都没解决。

为加强南水北调规划工作，1979 年 12 月 12 日，水利部决定：①规划工作按西、中、东线三项工程分别进行。黄委负责西线；长办负责中线，淮委、黄委、天津院配合；天津院负责东线，淮委参加，黄委配合。②为了统筹各线调水规划工作，并对整个南水北调进行综合研究，成立南水北调规划办公室。

此后，南水北调工程进入东、中、西线规划研究阶段。

第三节　1980—1994 年系统规划阶段

一、东线工程规划历程

1980 年、1981 年，海河流域连续严重干旱，华北水资源危机加重。1981 年秋，国务院召开京津用水紧急会议，决定密云水库不再向天津供水，临时引黄济津。随后，调整引滦规划，加快建设引滦工程。12 月，国务院召开治淮会议，要求研究编制抽引长江水 50～100m³/s 入南四湖的可行性研究报告。淮委于 1982 年年初安排编制可行性报告，并取得了初步成果。11 月 15 日，在《南水北调近期工程规划报告》和淮委工作成果的基础上，淮委致信中央领导，建议按照分期实施，先通后畅的办法实施南水北调东线工程。12 月 8 日，总理进行了批示。按照总理批示和水电部的要求，淮委在 1983 年 1 月提出了《南水北调东线第一期工程可行性研究报告》（简称《东线可行性研究报告》）。

1983 年 1 月，水电部组织审查了《南水北调东线第一期工程可行性研究报告》；2 月，水电部将《关于南水北调东线第一期工程可行性研究报告审查意见的报告》报国家计委并国务院。1983 年 2 月 25 日，总理主持召开国务院第 11 次会议，听取水电部关于南水北调东线第一期工程方案的汇报，会议批准了南水北调东线第一期工程方案，决定第一步通水、通航到济宁，争取同年冬开工。3 月，国务院发文给国家计委、国家经委、水电部、交通部、江苏省、安徽省、山东省、河北省、天津市、北京市和上海市。文件指出南水北调引水工程不仅能解决北方缺水问题，而且对发展航运有重要意义；1985—1986 年要通航到济宁，与新乡到菏泽的铁路水陆联运；南水北调东线一期工程列入国家"六五"重点项目。随即淮委在苏、鲁两省配合下开展东线一期工程设计，同时水利部水利水电规划设计总院（简称"水规总院"）开展编制南水北调东线第二期工程（调水到天津）的可行性研究报告。

在编制"设计任务书"期间，苏、鲁两省对《东线可行性研究报告》采用的调水规模、输水线路、少数泵站站址等陆续提出调整意见和要求，有些意见分歧较大。经有关方面多次补充、查勘、研究，多种方案比较论证，意见渐趋一致。1985年1月，淮委编制完成了《南水北调东线第一期工程设计任务书》。1985年3月，在国务院召开的治淮会议上，淮委作了汇报。4月水电部将《南水北调东线第一期工程设计任务书》审查意见报国家计委。之后中国国际工程咨询公司（简称"中咨公司"）对南水北调东线一期工程设计任务书进行了评估。评估主要意见为：由于工程方案没有一个总体规划，将来究竟能向华北调多少水没有落实。华北北部平原缺水问题已很突出，如按原上报方案实施，2000年难以送水到天津，势将影响京津冀地区国民经济的发展。建议请水电部编制南水北调东线工程的全面规划和分期实施方案，并进一步根据投资体制改革的精神提出集资办法，补充提出送水到天津的工程修改方案后，再行审批。1988年5月，国家计委将南水北调东线一期工程设计任务书审查情况报国务院。

根据国务院领导的指示精神和水利部的部署，由水利部南水北调规划办公室（1997年5月，更名为水利部南水北调规划设计管理局，简称"水利部调水局"）牵头，淮委、海河水利委员会（简称"海委"）、水利部天津水利水电勘测设计研究院（简称"天津院"）共同参加，并在有关单位的配合下，1990年5月编制了《南水北调东线工程修订规划报告》（简称《东线修订规划报告》）。

随后，水利部又于1990年11月提出了《南水北调东线第一期工程修订设计任务书》《南水北调东线第一期工程修订环境影响报告书》。1991年2月，开展东线一期工程总体设计工作开始，由天津院和淮委分别负责，以山东省济宁为界分段进行，计划用一年时间完成。

1993年9月，水利部组织审查了《东线修订规划报告》及《南水北调东线第一期工程可行性研究修订报告》，认为两个报告的规划方案合理，一期工程技术上可行，经济上合理，是缓解北方缺水的有效工程措施。

二、中线工程规划历程

1980年4月16日至5月16日，水利部组织南水北调中线查勘，由水利部副部长张季农带队，国家计委、建委、农委，中国科学院，交通部、铁道部、电力工业部、总后军交部及有关流域机构，鄂、豫、冀、京等省（直辖市）有关单位及水利部相关司局参加。从中线工程水源地丹江口水库至终点北京全线进行了查勘，并对今后规划和科研工作的计划进行了讨论。会议一致认为：华北缺水客观存在，南水北调势在必行，中线工程水源条件好，总干渠沿线地势平坦，地质条件简单，是一条较好的跨流域调水线路，应尽快提出规划报告。

1985年12月，长委完成《南水北调中线引汉规划报告》（初稿）。1987年9月，水电部对《南水北调中线规划报告》进行第一阶段审查，审查要求补充分析：①可调水量；②初期调水的地区；③水量调配；④分期实施方案；⑤工程投资估算；⑥关键技术的基础问题等。

1991年9月、11月，长委相继完成《南水北调中线工程规划报告（1991年9月修订）》《南水北调中线工程初步可行性研究报告》及19个专题报告。11月11—16日，水利部南水北调规划办公室、水规总院在京召开会议，对长委报送水利部的《南水北调中线工程规划报告（1991年9月修订）》及《南水北调中线工程初步可行性研究报告》进行了审查。审查原则同意这两项报告。主要结论是：同意长委推荐的丹江口大坝按后期规模一次性加高的近期引汉方案；进一步核实近期引汉方案的可调水量；同意规划报告选定的输水总干渠规划方案，工程实施按一次建成考虑，基本同意输水总干渠近期不结合航运的意见。要求长委对输水总干渠工程设计方案的一些技术问题和工程投资估算及经济分析评价作进一步研究。认为长委提交的报告加上审查意见可以作为国家决策比选南水北调中、东线的基础。

1993年1月，长委将"南水北调中线工程可行性研究报告"及"汉江可调水量分析""汉江中下游河势分析""丹江口水库完建工程库区淹没处理及移民安置规划""供水规划及调节计算""总干渠工程地质""总干渠工程""穿黄工程""环境影响评价""投资估算""经济分析与评价"等10项专题正式上报水利部，并抄报国家计委。同月，国家计委办公厅发函京、津、冀、豫、鄂、陕等省（直辖市）政府，征求对《南水北调中线工程可行性研究报告》的意见。

1994年1月，水利部组织审查了南水北调中线工程可行性研究报告。2月，水利部向国家计委报送了《关于报送南水北调中线工程可行性研究报告审查意见的函》，希望中央尽早决策，早日兴建南水北调中线工程。

三、西线工程规划历程

1980年4—11月，黄委组织对西线引水线路进行查勘。

1987年7月，国家计委通知水电部，决定将南水北调西线工程列入"七五"超前期工作项目，要求1988年年底完成南水北调西线工程初步研究报告；1990年年底完成西线工程雅砻江调水线路的规划研究报告；"八五"期间继续完成通天河和大渡河调水线路的规划研究工作，并于1995年完成西线工程规划研究。

1989年9月，水利部组织审查了《南水北调西线工程初步研究报告》。

1990年8月，黄委向国家计委报文，申请延长2年于1997年年底完成西线工程规划研究综合报告。10月，国家计委函复水利部，同意黄委提出的延长到1997年年底完成的建议。

1992年9月，水利部组织审查了南水北调西线《雅砻江调水工程规划研究报告》，审查认为：报告达到了超前期工作任务书的预期目标，可以作为下一步规划工作的基础。

第四节 1995—1998年论证阶段

1995年6月，国务院总理主持召开国务院第71次总理办公会议，研究南水北调问题。会议经过讨论，决定成立南水北调工程论证委员会（简称"论证委员会"）。论证委员会由水利部牵头，成员以长委、黄委和淮委为主，吸收有关部门和有关专家参加。论证委员会用一年时间拿出论证报告，由国家计委组织审查，并请有关同志主持审议后报国务院。随后水利部部署了南水北调工程论证工作。

一、南水北调工程论证

1995年11月，水利部发文成立南水北调工程论证委员会。

11月22—24日，南水北调论证工作第一次会议在北京召开。参加会议的有国务院、有关部委和有关省（直辖市）负责同志，南水北调论证委员会委员，顾问组成员，专家组成员及论证工作人员，新闻单位等代表。

11月23日，淮委、长委、黄委分别汇报了东、中、西三条线的工作成果。参加会议的全体同志学习了国务院第71次总理办公会议纪要，对论证工作纲要和南水北调工程三条线的方案进行讨论。专家组成员分规划、线路、环评、投资、经济五个专业组，对南水北调工程的宏观布局和各个方案的供水范围、线路走向、工程内容、投资估算、经济分析等问题进行了讨论。

通过这次大会，在以下几个问题上达成共识：①南水北调工程的目的和主要目标是为解决京、津等华北地区城市用水；②三条线各有各的供水范围，不存在淘汰那条线；③这次论证只论证如何上、如何实施；④资金的筹措同意由中央、地方共同负担，如何分摊，在论证中应有一个模式。会后，论证委员会组织专家对南水北调东、中线工程进行实地考察，各专业组投入紧张的论证工作。

1995年年底，长委和黄委分别完成了中线工程和西线工程的论证报告（草稿）。东线工作组于1996年1月提交了东线论证报告。

1996年1月24—26日，论证委员会召开第二次南水北调工程论证工作会议，讨论并修改《南水北调工程论证报告》（简称《论证报告》）。3月末，论证委员会向审查委员会报送《论证报告》（含8个附件：东、中、西线论证报告及规划、线路、环评、投资、经济等专题论证报告）。

论证认为：实施南水北调势在必行，尽快实施从长江调水是一项十分紧迫的任务。经多年勘测、规划、研究，形成了南水北调东、中、西线的总体规划布局；三条调水线路有各自的主要任务和供水范围，可互相补充，不能互相代替。

《论证报告》的结论主要意见是：①建议实施南水北调工程的顺序为中线、东线、西线；②建议国务院尽早决策，将南水北调中线工程的实施列入"九五"建设计划，早日兴建；③若国家财力允许，加高丹江口水库大坝、调水 145 亿 m³ 方案可作为近期实施方案；如近期建设资金筹措有一定难度，建议适当延长工期，以便降低年度投资强度；或者采取统一规划、分期实施方案。

二、南水北调工程论证报告审查

1996年3月30—31日，第一次南水北调工程审查委员会全体会议召开，宣布成立南水北调工程审查委员会（简称"审查委员会"）。审查委员会共计86人，确定了主任、副主任。审查委员会下设办公室，由国家计委副主任任办公室主任。邀请专家120人，分综合、规划、工程、经济、环境等五个专题审查组。会上，水利部部长钮茂生汇报了《论证报告》，淮委、长委和黄委代表汇报了东线、中线和西线三项调水工程。

第一次会议后，审查委员会办公室组织委员、专家考察中、东线工程。各专题审查组对本组的审查报告进行讨论、修改和补充完善。1996年7月，各专题组提出专题审查报告，由审查委员会办公室于1996年8月汇编成《南水北调工程专题审查报告》。在此基础上，审查委员会办公室先后提出了《南水北调工程审查报告》（简称《审查报告》）的讨论稿、送审稿和草稿，针对各方面对《审查报告》（讨论稿和送审稿）的不同意见，审查委员会领导专门召开会议进行了认真研究。审查委员会办公室会同论证委员会办公室、规划设计单位和有关省（直辖市），将不同意见分成京、津等华北地区缺水情况等 7 个方面，做了复核和专题研究论证工作。

1997 年 1 月，国家计委向国务院副总理报送了《南水北调工程审查报告（讨论稿）》。之后，国务院副总理主持召开了多次审查委员会常委会议和审查委员会第二次全体会议，审议《南水北调工程审查报告（讨论稿）》，并多方征求相关部门意见。1998 年 3 月，国家计委向国务院报送了《审查报告》。

《审查报告》同意《论证报告》关于我国北方缺水情况及影响的分析，认为水资源长期供应不足，已经成为制约这一地区经济社会和环境协调持续发展的重要因素。据预测，中线工程供水范围内，"到 2000 年和 2010 年一般年份缺水 162 亿 m^3 和 228 亿 m^3""建设南水北调工程是一项必要而紧迫的任务"。

《审查报告》同意《论证报告》提出的南水北调工程总体规划布局，关于三条调水线路按中东西顺序实施的结论，加坝调水 145 亿 m^3 方案作为中线工程的建设方案，选定的水源工程、输水工程和汉江中下游补偿工程的建设内容和规模。

审查调整了汉江中下游补偿工程项目，估算中线调水 145 亿 m^3 方案静态投资为 548 亿元，较《论证报告》的 518 亿元多 30 亿元。建议工程建设资金按 6∶4 的比例由中央和地方共同负担；国家财政性资金不低于总投资的 30%，国内外贷款额之和不超过工程总投资的 30%。

《审查报告》测算了四种资金组合的供水成本，计算到各省市分水口门，其还贷后的平均供水成本为：河南省 0.169～0.187 元/m^3、河北省 0.277～0.302 元/m^3、天津市 0.415～0.480 元/m^3、北京市 0.498～0.580 元/m^3。

《审查报告》的结论意见：同意《论证报告》的主要结论意见；中线工程的实施"可全面开工，一次建成""也可按分步实施方案进行建设，工程由南而北推进，逐段发挥效益"；东线工程"解决苏北和山东缺水问题是十分必要的""创造条件适时进行建设"。

最终，国务院没有批准《审查报告》和《论证报告》。

第四章　南水北调工程实施方案

第一节　总体规划阶段

2000年9月，水利部提出了《南水北调工程实施意见》，重点分析了北方地区面临的缺水形势，就南水北调工程的总体布局、近期实施方案、投资结构与筹资方式、生态建设与环境保护等主要方面进行了分析论证，并先后征求了国家计委、中咨公司和部分资深专家的意见。

2000年9月27日，国务院召开南水北调工程座谈会，国务院总理主持会议，听取了水利部关于《南水北调工程实施意见》的汇报和国家计委、中咨公司及与会专家的意见，对南水北调工作作了重要指示。会议指出，南水北调工程是解决我国北方水资源严重短缺问题的特大型基础设施项目，南水北调工程的规划和实施要建立在节水、治污和生态环境保护的基础上，务必做到先节水后调水、先治污后通水、先环保后用水。会议强调，南水北调工程的实施势在必行，但是各项前期准备工作一定要做好。关键在于搞好总体规划，全面安排，有先有后，分步实施。从此拉开了南水北调工程总体规划的序幕。

根据党的十五届五中全会通过的《中共中央关于制定国民经济和社会发展第十个五年计划的建议》中关于"加紧南水北调工程的前期工作，尽早开工建设"的精神，以及中央领导的一系列重要指示，国家计委、水利部于2000年12月21—23日在北京召开了南水北调工程前期工作座谈会，建设部、国家环境保护总局、中咨公司以及北京市、天津市、河北省、山东省、河南省、江苏省、湖北省政府的负责人出席了会议。会议部署了南水北调工程的总体规划工作，要求南水北调工程沿线各省（直辖市）抓紧编制城市水资源规划，重点开展节水、治污、供水、水资源配置和水价调整等专项规划，把"三先三后"的原则真正落到实处；总体规划要在认真做好水资源合理配置的基础上，开展需调水量预测与分析；依据"统筹兼顾、全面规划、分期实施"的原则，研究论证南水北调工程的总体布局和分期实施方案；按照适应社会主义市场经济体制的要求，进一步推进水利工程建设与管理体制的改革。要通过南水北调工程的兴建，促进节约用水、水污染防治和生态系统修复，保障经济社会的稳定、健康发展。

南水北调工程总体规划按照"节水治污""资源配置""总体布局"和"机制体制"四个部

23　　第四章　南水北调工程实施方案

分展开工作。

"节水治污"部分的工作重点是分析研究受水区和调水区的节水、治污以及生态环境保护三大问题，编制了《南水北调节水规划要点》《南水北调东线工程治污规划》和《南水北调工程生态环境保护规划》。

"资源配置"部分的工作重点是论证水资源的科学配置方案。通过分析北方受水区的缺水现状，研究规划水平年的需水要求，在充分考虑节水、治污、挖潜后的需调水量以及分析调水区水资源状况的基础上，确定合理的工程调水规模和方案，编制了《南水北调城市水资源规划》《海河流域水资源规划》和《黄淮海流域水资源合理配置研究》。

"总体布局"部分的工作重点是通过多种方案比选，论证工程总体布局和分期实施方案，编制了《南水北调东线工程规划（2001 年修订）》《南水北调中线工程规划（2001 年修订）》《南水北调西线工程规划纲要及第一期工程规划》和《南水北调工程方案综述》。

"机制体制"部分的工作侧重于研究南水北调工程的筹资方案、水价形成机制以及建设与管理体制，编制了《南水北调工程水价分析研究》和《南水北调工程建设与管理体制研究》。

《南水北调工程总体规划》（简称《总体规划》）是在上述四部分工作所形成的 12 个附件和 45 项专题研究的基础上经综合分析研究集成的。规划编制坚持民主论证、科学比选的原则，对社会各界和不少专家的建议进行了认真研究，对参与比选的重要线路都组织了现场复勘或查勘，补充或更新了大量基础资料。对 12 个附件开展了跨学科、跨部门、跨地区的技术协作。参与总体规划工作的单位，除了水利系统的 10 个规划、设计和科研单位外，还有国务院有关部（委、局、中心）的 14 个科研教育单位和南水北调东、中线工程沿线 7 省（直辖市）及 44 个地级市政府的计划、水利、建设、环保、国土、农业、物价等部门。参与规划与研究工作的涉及经济、社会、环境、农业、水利等众多学科的科技人员超过 2000 人。为了保证规划和研究成果的质量，水利部先后召开了近百次专家咨询会、座谈会和审查会，与会专家近 6000 人次，其中有中国科学院和中国工程院院士 30 人、110 多人次，广泛听取了专家们的意见和建议。此外，水利部有关部门和流域机构曾多次与沿线各省（自治区、直辖市）政府的有关部门交换意见，相互沟通。

南水北调工程总体规划与以往的规划相比较，主要有四个方面的特点：

（1）把生态建设与环境保护放在更加突出的位置。黄淮海流域是我国严重缺水地区。20 世纪 80 年代以来，由于长期干旱和经济社会的不断发展，水资源供需矛盾日趋尖锐，许多河道断流、湖泊干涸，地下水过量超采，地面沉降塌陷，水体严重污染，直接危及人民群众的身体健康，制约经济社会的可持续发展。总体规划强调南水北调的根本目标是改善和修复黄淮海平原和胶东地区的生态环境。同时，在保证调水区可持续发展的基础上，高度重视调水区的生态建设和环境保护，科学合理确定南水北调工程的调水规模。

（2）在水资源合理配置的基础上确定调水规模。南水北调工程的近期供水目标，主要是城市的生活和工业用水，同时兼顾农业和生态用水。解决农业缺水主要依靠发展节水灌溉、调整种植结构等措施，提高农业用水的效率。同时，将城市挤占的农业用水份额退还给农业，以及将城市污水处理达标后的水量部分供给农业。在丰水季节，通过合理调度还可直接向农业和生态补水。在充分考虑节水、治污和挖潜的基础上，合理配置受水区的生活、生产、生态用水。经论证，规划到 2050 年南水北调东、中线和西线工程多年平均调水规模分别为 148 亿 m³、130 亿 m³ 和

170 亿 m³，合计为 448 亿 m³。

（3）工程建设实行统筹兼顾、全面规划、分期实施。考虑到受水区的需水量增长是一个动态过程，节水、治污和配套工程建设将有一个实施过程，生态建设和环境保护也需要有一个观察和实践的过程，对南水北调工程的实施应当既积极而又慎重。经论证，东线和中线将分别按三期和二期建设，其一期工程可以先期实施。东线工程将在加强治污和水质保护的基础上，一期工程抽江规模 89 亿 m³（其中新增抽江规模 39 亿 m³，江苏现有的年调水能力 50 亿 m³），向山东供水 16.8 亿 m³。中线工程将以加坝扩容后的丹江口水库为水源，一期工程调水规模为 95 亿 m³，向黄河以北输水 63 亿 m³。东线和中线一期工程将分别于 2007 年和 2010 年前建成。西线工程要继续进行前期工作，规划分三期建设，一期工程将于 2010 年前后开工，年调水规模为 40 亿 m³。

（4）建立适应社会主义市场经济体制改革要求的建设管理体制和水价形成机制。按照"政府宏观调控、准市场运作、现代企业管理、用水户参与"的原则，分析论证了中央和地方共同出资建设，按各地需水量多少筹集地方资本金，组建有限责任公司作为南水北调主体工程项目法人的必要性和可行性；按照"还贷、保本、微利"和实行两部制水价的原则，论证了建立新的水价形成机制的重要性和现实性。东线和中线工程口门水价测算以及受水区用水户水价承受能力分析的成果表明，南水北调主体工程可以实现良性运行。

水利部于 2002 年 1 月完成了《南水北调工程总体规划（征求意见稿）》，并于 2002 年 2 月初分别送国家计委、财政部、农业部、建设部、交通部、国家环境保护总局 6 部（委、局）以及京、津、冀、豫、鄂、鲁、苏、皖、陕 9 省（直辖市）人民政府征求意见。与此同时，国家计委和水利部多次听取了有关部门和部分院士、专家的意见。2 月 25 日向全国政协进行了汇报。2 月 26 日向全国人大农业与农村委员会进行了汇报。

国务院有关部（委、局）、南水北调东线和中线工程沿线有关省（直辖市）人民政府和中国科学院、中国工程院部分院士及各方面专家基本同意《总体规划》提出的水资源配置、总体布局、工程规模、分期实施方案、工程投资估算和经济财务评价等。部（委、局）的意见相对比较集中在运营机制与管理体制上，地方政府的意见相对比较集中在工程规模与筹资方案上，但都共同希望尽早实施南水北调工程，在"十五"期间抓紧开工建设东线一期工程和中线一期工程，以缓解北方严重缺水的状况。

根据征求的各方面意见，水利部对《总体规划》进行了认真修改，于 2002 年 7 月完成了《总体规划》及 12 个附件，与国家计委联合呈报国务院审批。

一、南水北调工程总体布局与实施安排

（一）南水北调工程总体布局

长江是我国最大的河流，水资源丰富且较稳定，多年平均径流量约 9600 亿 m³，特枯年有 7600 亿 m³。长江的入海水量约占天然径流量的 94％以上。从长江流域调出部分水量，缓解北方地区缺水是可行的。这是南水北调工程选择以长江为水源的基本依据。同时，从长江调水地理条件优越。长江自西向东流经大半个中国，上游靠近西北干旱地区，中下游与最缺水的黄淮海平原及胶东地区相邻，兴建跨流域调水工程在经济技术条件方面具有显著优势。

从社会、经济、环境、技术等方面，在反复分析比较了50多种规划方案的基础上，逐步形成了分别从长江下游、中游和上游调水的东、中线和西线三条调水线路。总体规划经过进一步的分析论证，仍推荐东、中线和西线三条调水线路。通过三条调水线路与长江、黄河、淮河和海河四大江河的联系，逐步构成以"四横三纵"为主体的中国大水网。这样的总体布局，有利于实现我国水资源南北调配、东西互济的合理配置格局，对协调北方地区东、中部和西部可持续发展对水资源的需求，具有重大的战略意义。

全面分析研究我国的地势、山脉、水系、水土资源分布状况和经济社会现状及其发展趋势，是拟定以长江为水源的南水北调工程布局的依据。南水北调工程东、中线和西线三条线路的总体布局，可基本覆盖黄淮海流域、胶东地区和西北内陆河部分地区，基本可以安全、经济地解决北方缺水地区的需水与供水矛盾。西线工程布设在我国最高一级台阶的青藏高原上，居高临下，具有供水覆盖面广的优势。但是长江上游水量相对有限，且工程艰巨，投资较大，主要向黄河上中游和西北内陆河部分地区供水，相机向黄河下游补水。中线工程近期从长江的支流汉江引水，远景从长江三峡库区补水，从第三台阶的西侧通过，可自流向黄淮海平原大部分地区供水。东线工程位于第三台阶的东部，直接从长江干流下游取水，水量丰富，但因输水线路所处的地势较低，在黄河以南需逐级抽水北送，黄河以北可以自流，宜向黄淮海平原东部和胶东地区供水。

东、中线和西线三条线路，可利用黄河由西向东贯穿我国北方的天然优势，采取工程措施后可以与黄河相连接，并通过优化运行调度，实现南水北调工程和黄河之间的水量合理调配。东线工程可利用现有的东平湖退水闸或穿黄工程的南岸输水渠退水闸向黄河补充长江水，又可通过位山引黄渠道、胶东地区输水工程由黄河补充山东的部分用水量。中线工程一方面在穿黄工程南岸设置了退水闸，遇汉江、淮河丰水年，在黄河枯水时可向黄河补水；另一方面规划了从黄河待建的西霞院水库与中线总干渠的连接渠，遇汉江特枯年份，可引黄河水进入中线总干渠应急补水，提高黄河以北地区的供水保证程度。西线工程建成后，除向黄河上中游和西北内陆河部分地区补水外，也可通过黄河向东线和中线的输水渠道补水。随着黄河上游西北各省（自治区）的经济社会发展和用水量的增加，必将减少进入黄河干流和下游的水量。故在西线未实施前，由于东线和中线的实施，可补充下游沿黄两岸的供水不足，也有利于保证上游西北地区的用水，支持西部大开发。

随着"四横三纵"骨干水网的逐步形成和畅通，各流域和水系之间通过建设控制建筑物进行水力连接，运用现代化的测报、预报以及通信和监控手段，实现大范围的水资源优化调度，可较大幅度地提高各地区的供水保证程度和充分发挥南水北调工程的效益。

规划东、中线和西线到2050年调水总规模为448亿 m^3，可基本缓解受水区水资源严重短缺的状况，并逐步遏制因严重缺水而引发的生态环境日益恶化的局面。

东线工程从长江下游引水，水源丰沛，可利用现有泵站和河道，工程较简单，投资较小，易于分期建设。黄河以南需建13级泵站提水，总扬程65m。输水工程有90%以上可利用现有河道，沿线有洪泽湖、骆马湖、南四湖、东平湖等湖泊调蓄。沿线现有河道、湖泊均有行洪、排涝、航运和调水功能，省际和地区间水事矛盾多，运行管理较复杂。沿线水质污染严重，尤其是南四湖和东平湖周边地区污染特别严重，处理难度较大，这是实施东线工程的难点。

中线工程地理位置优越，可基本自流输水，工程投资较大；水源水质好（为Ⅱ类水），规划输水干线与现有河道全部立交，水质易于保护；输水渠线所处位置地势较高，可解决京、津、冀、豫4省（直辖市）京广铁路沿线的城市供水问题，还有利于改善生态环境；沿线省（直辖市）要求实施中线工程的积极性高。近期从丹江口水库取水，虽然可调水量比从长江干流取水相对较少，但已能满足近期北方城市缺水需要，技术经济条件优越。远景可根据黄淮海平原的需水要求，从长江三峡库区调水到汉江，有充足的后续水源。作为中线近期水源的丹江口水库，从保证调水并结合防洪的要求考虑，需要按正常蓄水位170m加高大坝，安置移民约25万人。为避免和减轻调水对汉江中下游工农业取水、航运和生态环境的影响，需要采取必要的工程措施。此外，输水总干渠上能够直接用于调蓄的在线水库较少，需要采取科学调度来保证供水。

西线工程从长江上游通天河和大渡河、雅砻江及其支流调水，与黄河上游距离较近，控制范围大，可向黄河上中游6省（自治区）及西北内陆河部分地区供水，也可向黄河中、下游相机补水，为西部大开发提供水资源保障，改善西部地区的生态环境，有效缓解黄河下游的断流问题。该工程引水的水源点多，调水区的水质好，但因地处长江上游，水量相对有限。为此，远景还可考虑从怒江、澜沧江等河流调水。西线工程位于青藏高原东南部，属高寒缺氧地区，自然环境较为恶劣，交通不便，且处于褶皱强烈、活动断裂较为发育的强地震带，地质条件较为复杂，工程技术难点相对较多，工程投资大。

三条调水线路虽各有其难点，但均可以克服和解决。在南水北调各个时期的前期工作中，分别对存在的问题进行了深入的分析研究，提出了解决方案。

综上所述，南水北调工程东、中线和西线三条调水线路，各有其合理的供水范围和供水目标，并与四大江河形成一个有机整体，可相互补充。实现"四横三纵"的总体布局，可充分发挥多水源供水的综合优势，共同提高受水区的供水保证程度。要解决黄淮海流域、胶东地区和西北内陆河部分地区的缺水问题，三条调水线路都需要建设。

（二）南水北调工程实施安排

为了使南水北调工程调水规模与经济社会发展的不同阶段及其经济、环境和水资源承载能力基本适应，《南水北调工程总体规划》提出了工程分期建设方案，在规划的50年期间内，南水北调工程将分三个阶段实施。

2002—2010年为实施南水北调工程近期阶段。2010年以前完成东线一、二期工程和中线一期工程，年总调水规模约200亿m³。主体工程静态投资1450亿元。与此同时，力争西线一期工程项目在2010年左右具备开工条件。南水北调东线一期工程和中线一期工程前期工作比较成熟，2002年可开工建设能够单独发挥效益的单项工程。

2011—2030年为实施南水北调工程中期阶段，主要是建设东线第三期、中线第二期工程和西线一、二期工程，年调水规模约增加168亿m³，累计达到368亿m³左右。主体工程静态投资1480亿元。同时，积极做好西线三期工程以及中线工程后续水源的前期工作。

2031—2050年为实施南水北调工程远期阶段，即实施西线三期工程，年总调水规模约增加80亿m³，累计达到448亿m³左右，主体工程静态投资约1930亿元。同时，积极做好西线工程后续水源建设的前期工作。

二、东线工程规划

东线工程利用江苏省已建的江水北调工程，逐步扩大调水规模并延长输水线路。从长江下游扬州附近抽引长江水，利用京杭大运河及与其平行的河道逐级提水北送，并连通起调蓄作用的洪泽湖、骆马湖、南四湖、东平湖。出东平湖后分两路输水：一路向北，在位山附近经隧洞穿过黄河，经扩挖现有河道进入南运河，自流到天津，输水主干线全长 1156km，其中黄河以南 646km，穿黄段 17km，黄河以北 493km；另一路向东，通过胶东地区输水干线经济南输水到烟台、威海，全长 701km。

江苏省从 1961 年建设江都泵站开始，经过 40 年的建设，在苏北地区初步建成抽引江水的江水北调工程和自流引江的东引工程两大供水系统，江水北调工程以江都抽水站为起点，以京杭运河为输水骨干河道，可输水至连云港、徐州及南四湖的下级湖。现已建成的江都、淮安、淮阴、泗阳、刘老涧、皂河、刘山、解台、沿湖等 9 个梯级 22 座泵站，总装机容量 18.5 万 kW。该工程具有抽江 400m³/s（考虑备用，实际抽江能力为 508m³/s）的规模，近 10 年平均抽江水量约 33 亿 m³，干旱年抽江水量可达 60 亿～70 亿 m³。截至 2000 年，已经具备向南四湖的下级湖输水 30m³/s 的能力。大部分抽水泵站可在汛期结合当地骨干排水河道进行排涝。东引工程以三江营和泰州引江河高港枢纽为引水口门，经新通扬运河、卤汀河、泰东河等河道向里下河地区和沿海滩涂垦区输水，引水能力为 715m³/s。此外，还可以利用通榆河一期工程输水 50m³/s 到苏北灌溉总渠以北地区。

东线工程前期工作始于 20 世纪 50 年代初，1972 年大旱以后，开始编制东线工程规划，于 1976 年完成《南水北调近期工程规划报告》，1990 年提出了《南水北调东线工程修订规划报告》，1992 年提出了《南水北调东线第一期工程可行性研究修订报告》。2001 年 11 月完成的《南水北调东线工程规划（2001 年修订）》是第二次规划修订成果。

（一）工程规模及水量分配

东线工程的主要供水范围是黄淮海平原东部和胶东地区，达 18 万 km²。主要的供水目标是解决津浦铁路沿线和胶东地区的城市缺水以及苏北地区的农业缺水，补充鲁西南、鲁北和河北东南部农业用水以及天津市的部分城市用水。东线工程除调水北送外，还兼有防洪、除涝、航运等综合效益，也有利于作为我国重要历史遗迹的京杭大运河的保护。

东线工程的水源地是长江干流的下游，水量丰富、稳定，水质良好，可调水量主要取决于工程规模。确定东线工程合理调水规模需要考虑在尽可能利用原有河道或扩大输水河道时，不对当地的防洪、排涝和航运产生较大影响，并具有经济技术合理性。

东线工程除解决沿线城市缺水，并可为江苏江水北调地区的农业增加供水，补充京杭大运河航运用水以及为安徽洪泽湖周边地区提供部分水量，据此确定东线工程的总调水规模为：抽江水量 148 亿 m³（流量 800m³/s）；过黄河水量 38 亿 m³（流量 200m³/s）；向胶东地区供水 21 亿 m³（流量 90m³/s）。

东线工程完成后，多年平均增加供水量 106.2 亿 m³（未包括江苏省江水北调工程的现状供水能力），扣除输水损失后，净增供水量 90.7 亿 m³。考虑江苏省江水北调工程已经发挥效益的现实，参照现行的调度原则，经过调节计算拟定了黄河以南各调蓄湖泊的北调控制水位，一般情况下，当湖泊水位低于控制水位时，受水区只使用新增泵站抽水能力抽引江水北调，湖泊内蓄水量供当地使用。

（二）工程线路

东线工程输水线路的地形是以黄河为脊背，向南北倾斜。在长江取水点附近的地面高程为3～4m，穿黄工程处约为40m，天津附近为2～5m。黄河以南需建13级泵站提水，总扬程约65m。输水线路通过洪泽湖、骆马湖、南四湖、东平湖四个调蓄湖泊。两个相邻湖泊之间的水位差在10m左右，各规划建设3级泵站。南四湖的下级湖和上级湖之间设1级泵站。东线工程输水线路共分为八段，黄河以南输水线路分为五段、13个梯级，另三段是穿黄工程段、黄河以北输水线路段和胶东地区输水线路段。

第一段长江至洪泽湖，该段利用现有的里运河和即将开挖的三阳河、潼河，以及淮河入江水道三路输水。

第二段洪泽湖至骆马湖，利用现有的中运河及徐洪河双线输水。

第三段骆马湖至南四湖，利用中运河接韩庄运河、不牢河以及房亭河三路输水。

第四段南四湖段，除利用全湖输水外，须在部分湖段开挖深槽，并在二级坝建泵站抽水入南四湖上级湖。

第五段南四湖以北至东平湖，扩挖梁济运河、柳长河输水，新建长沟、邓楼、八里湾3个梯级泵站，由八里湾提水至东平湖老湖区。

第六段穿黄河工程段，穿黄位置选在解山和位山之间，包括南岸输水渠、穿黄枢纽和北岸穿越位山引黄渠道埋涵三部分。

第七段黄河以北输水线路段，扩挖小运河，新开临清—吴桥输水干渠，在吴桥县城北入南运河，利用南运河输水至天津九宣闸，再经马厂减河入天津北大港水库。

从长江到天津北大港水库输水主干线长约1156km，其中黄河以南646km，穿黄段17km，黄河以北493km；分干线总长约795km，其中黄河以南629km，黄河以北166km。

第八段胶东地区输水线路段，从东平湖至威海市米山水库，分为三段，西段由东平湖经济南至引黄济青干渠的分洪道节制闸，长240km；中段利用现有引黄济青渠道，从分洪道节制闸至宋庄分水闸，长142km，有2级泵站；东段从引黄济青干渠的宋庄分水闸至威海米山水库，长319km，建7级泵站。其中，西段240km列入南水北调东线主体工程，其他段工程单独立项建设。

（三）调蓄工程

黄河以南利用洪泽湖、骆马湖、南四湖、东平湖进行水量调蓄，现状总调节库容33.9亿 m³，规划将洪泽湖蓄水位由现状的13.0m抬高至13.5m，骆马湖由23.0m抬高至23.5m，南四湖下级湖由32.5m抬高至33.0m。抬高三个湖泊的蓄水位后，总调节库容可增加至46.9亿 m³；规划并利用东平湖老湖区蓄水，调节库容2亿 m³。南四湖的上级湖和东平湖蓄水位是否抬高，需在可行性研究阶段进一步论证及确定。

黄河以北规划扩建河北的大浪淀、千顷洼和加固天津的北大港水库等，总调节库容约10亿 m³。

（四）泵站工程

东线工程利用现有的泵站 16 座，总装机容量 14.9 万 kW，规划在东线输水干线上新建泵站 51 座，新增总装机容量 52.9 万 kW。

（五）治污工程

为保证东线工程输水水质达到国家地表水 Ⅲ 类的要求，在东线规划区内，规划实施清水廊道工程、用水保障工程和水质改善工程，形成"治理、截污、导流、回用、整治"五位一体的治污工程体系。治污项目共 5 类 369 项，包括城市污水处理工程 135 项、截污导流工程 33 项、工业结构调整工程 38 项、工业综合治理工程 150 项、流域综合整治工程 13 项。

三、中线工程规划

中线工程从长江支流汉江丹江口水库陶岔渠首闸引水，沿线开挖渠道，经唐白河流域西部过长江流域与淮河流域的分水岭方城垭口，沿黄淮海平原西部边缘，在郑州以西孤柏嘴处穿过黄河，沿京广铁路西侧北上，可基本自流到北京、天津，受水区范围 15 万 km²。从陶岔渠首闸至北京团城湖，输水总干线全长 1267km，其中黄河以南 477km，穿黄段 10km，黄河以北 780km。天津干线从河北省徐水县分水向东至天津外环河，长 154km。

（一）可调水量与工程规模

根据 1956—1997 年水文系列分析，汉江流域水资源总量为 582 亿 m³，丹江口以上水资源总量为 388 亿 m³，占全流域的 66.7%。经对汉江上游用水消耗调查分析，预计 2010 年和 2030 年丹江口水库入库水量分别为 362 亿 m³ 和 356 亿 m³；考虑汉江中下游地区未来经济社会和生态环境的需水要求，在建设兴隆枢纽、引江济汉、改扩建沿岸部分引水闸站和局部整治航道工程后，2010 水平年丹江口水库多年平均需下泄水量 162.2 亿 m³，2030 水平年需下泄水量 165.7 亿 m³。据此，丹江口水库可调水量为 120 亿～140 亿 m³，保证率为 95% 的干旱年份可调水量为 62 亿 m³。总体规划确定中线工程的调水规模为 130 亿 m³ 左右。

中线工程分两期实施。一期工程多年平均调水量 95 亿 m³，渠首设计流量 350m³/s，加大流量 420m³/s，供水范围包括豫、冀、京、津。二期工程在一期工程的基础上扩大输水能力 35 亿 m³，多年平均调水量达到 130 亿 m³。

（二）水源工程

中线工程近期从丹江口水库引水，后期结合未来北方受水区需水要求的变化，将长江作为后续水源比选方案加以研究。

丹江口水库于 1958 年开工建设，1973 年建成初期规模，坝顶高程 162m，正常蓄水位 157m，相应库容 174.5 亿 m³，死水位 140m，相应库容 76.5 亿 m³。水库的主要任务是防洪、发电、供水、航运，为防洪而预留的库容为 55 亿～77 亿 m³。水电站总装机容量 90 万 kW，保证出力 24.7 万 kW，年发电量 38 亿 kW·h，是华中电网的主要调峰电站。在库区河南省淅川县境内建有陶岔引水闸和清泉沟引水隧洞，分别为河南省刁河灌区 150 万亩和湖北省清泉沟灌区 210 万亩农田供水，枯水年份的供水量约 15 亿 m³。

规划将丹江口水库大坝加高 14.6m，坝顶高程为 176.6m，正常蓄水位从 157m 提高至 170m，水库由不完全年调节提升为不完全多年调节，相应库容达到 290.5 亿 m³，新增库容 116 亿 m³。比较现状，新增防洪库容 33 亿 m³，新增兴利库容 49.5 亿～88.3 亿 m³。大坝加高后，一期工程的多年平均调水规模为 95 亿 m³，特枯年份调水量为 62 亿 m³，基本满足需调水量的要求；同时，可使汉江中下游防洪标准由 20 年一遇提高到 100 年一遇，两岸 14 个民垸 70 多万人可基本解除洪水威胁。丹江口水库的主要任务将调整为防洪、供水、发电、航运。

（三）输水工程

渠首在丹江口水库陶岔闸，沿伏牛山南麓山前岗垄、平原相间地带向东北方向延伸，在方城县城南过江淮分水岭垭口进入淮河流域，在鲁山县跨过（南）沙河和焦枝铁路经新郑市北部到郑州，在郑州以西约 30km 的孤柏嘴处穿越黄河，然后沿京广铁路西侧向北，在安阳西北过漳河，进入河北省，从石家庄西北穿过石津干渠和石太铁路，至徐水县分水两路，一路向北跨北拒马河后进入北京市团城湖，另一路向东为天津供水。

1. 输水工程形式比选

输水工程比较了全线渠道、全线管涵、明渠为主局部管涵等多种输水方式，还研究比较了黄河以北分高线、低线的输水线路。渠首分别研究了 800m³/s、630m³/s、500m³/s、350m³/s、250m³/s、150m³/s 等 6 种引水规模。对输水工程共研究比较了 6 类 30 多个方案。

明渠方案调水量大、工程投资少、水价低，并可在丰水年加大流量输水，便于兼顾农业和生态用水，但占地较多，水量损失较大，需要采用输水安全及质量保护设施。管涵方案水量损失小、占地少、输水安全性高，但投资大、水价高，且难以兼顾农业和生态用水，与明渠在同等输水规模条件下相比较，投资和水价均高出一倍以上。因此，管道方案一般适用于小规模输水。根据北方受水区的需水要求，经技术经济综合分析比较，总干渠采用以明渠为主、局部管涵的方案。

明渠全断面衬砌，与交叉河道全部立交。对地质条件复杂、人口聚集、高填方渠段和交叉建筑物密集的渠段，将采用管涵方式。如总干渠的北京段因交叉建筑物密集，天津渠线段因坡降较陡，需穿越大清河分蓄洪区等原因，规划采用管涵输水。

由于总干渠的调蓄工程较少，为了提高北调水的利用率，有专家提出黄河以北分高、低线输水的方案，高线给城市供高保证率的水，低线用引黄入淀线路供水到白洋淀，形成一条新海河，又称生态河。对此，在总体规划中进行了深入研究，考虑黄河以北有许多现有河道可以输水，可以通过总干渠设置的分水口向这些河、渠分水，现阶段不宜另开一条生态河，避免增加投资、占地和多消耗水量。规划还考虑从黄河西霞院水库至中线北平皋开挖连接渠，长约 60km，将黄河与中线总干渠相连接。因此，通过中线渠道与沿线河流、渠道交叉处的分（退）水设施，在汉江、淮河或黄河水量较丰时，可以向河道、渠道放水，给农业和生态扩大补水。

2. 输水总干渠

输水总干渠（含天津干线）穿越大小河流 686 条，其中集水面积大于 20km² 的 205 条。全线有交叉建筑物 1774 座，其中与河渠交叉建筑物 832 座，铁路交叉建筑物 42 座，公路桥 735 座，分水口门 73 处，节制闸 51 座，退水闸 38 处，泵站 3 座。

3. 穿黄工程

穿黄工程是中线总干线上规模最大、条件最复杂、单项工期最长的关键性交叉建筑物。几十年来，对穿黄线路和方式经过长期研究，曾比较了与黄河平交、立交和平立交多种方案，最后选择了立交。穿黄位置在伊洛河口—郑州铁路桥 54km 黄河河段内比较了桃花峪、牛口峪和孤柏嘴等 10 多条穿黄线路，选择了位于黄河郑州铁路桥以西约 30km，孤柏嘴附近的李村和满沟两条穿黄线，相距约 2km。工程结构型式研究了隧洞和渡槽两种方案。

（四）调蓄工程

中线工程的调蓄考虑了以下原则和措施：①将丹江口水库、汉江中下游及受水区的地表水、地下水作为一个大系统，统一进行供水调度，充分发挥丹江口水库的调蓄作用；②在受水区将现状已向城市供水的已有大中型水库参与调节计算，其中位置较高、中线工程不能直接充蓄的水库，可对受水区供水进行补偿调节；③对位置较低，中线工程可以直接充蓄，但不能向总干线输水的水库、洼淀，作为附近城市供水的调节水库；④增加在线调节水库，为提高北京、天津供水保证率，宜改扩建河北省徐水县境内的瀑河水库，调蓄库容 2.1 亿 m^3。

输水线路东西两侧现有向城市供水的水库和洼淀 19 座，总调蓄库容 67.5 亿 m^3；可充蓄的调节水库、洼淀调蓄库容 10.9 亿 m^3。

（五）汉江中下游治理工程

中线工程从丹江口水库多年平均调水为 130 亿 m^3 时，对汉江中下游生活、生产和生态用水将有一定的影响，通过兴建兴隆水利枢纽、引江济汉工程，改扩建沿岸部分引水闸站，整治局部航道等四项工程，减少或消除因调水产生的不利影响。规划确定的一期工程调水规模为 95 亿 m^3，对汉江中下游影响较小但考虑到环境问题的复杂性和敏感性，仍安排了汉江中下游上述四项治理工程项目；第二期工程将视环境状况变化等因素，再考虑兴建其他必要的水利枢纽。

四、西线工程规划

西线工程是在长江上游通天河、支流雅砻江和大渡河上游筑坝建库，开凿穿过长江与黄河分水岭巴颜喀拉山的输水隧洞，调长江水入黄河上游。

（一）可调水量与工程规模

西线工程的供水目标，主要是解决涉及青、甘、宁、蒙、陕、晋等 6 省（自治区）黄河上中游地区和渭河关中平原的缺水问题。结合兴建黄河干流上的大柳树水利枢纽等工程，还可以向临近黄河流域的甘肃河西走廊地区供水。

通过对规划区各调水河流 20 余处引水枢纽的分析研究，规划选定了三个调水区，即雅砻江的 2 条支流和大渡河的 3 条支流，多年平均径流量 61 亿 m^3，可调水量 40 亿 m^3；雅砻江阿达枢纽处多年平均径流量 71 亿 m^3，可调水量 50 亿 m^3；通天河侧坊枢纽处多年平均径流量 124 亿 m^3，可调水量 80 亿 m^3。规划区三个调水区多年平均总径流量 256 亿 m^3，可调水总量 170 亿 m^3，分别占引水枢纽处河流径流量的 65%～70%。

综合分析可调水量和缺水量，以及经济技术合理性等综合因素，规划确定西线工程调水规模为170亿 m³。西线工程分三期实施，一期工程年调水40亿 m³，二期工程增加年调水50亿 m³，三期工程增加年调水80亿 m³。

（二）工程规划

在通天河、雅砻江、大渡河三条河及其支流上的引水河段内共研究了20余座引水枢纽，分析比较了30多条引水线路。通过技术经济分析比较，淘汰了全部抽水和全部明渠方案，选择其中以自流和隧洞输水为主的5条引水线路。经综合选比，确定西线调水的工程布局为：从大渡河和雅砻江支流调水的达曲—贾曲自流线路（简称"达—贾线"）；从雅砻江调水的阿达—贾曲自流线路（简称"阿—贾线"）；从通天河调水的侧坊—雅砻江—贾曲自流线路（简称"侧—雅—贾线"）。

达—贾线：在大渡河支流阿柯河、麻尔曲、杜柯河和雅砻江支流泥曲、达曲5条支流上分别建引水枢纽，联合调水到黄河支流贾曲，年调水量40亿 m³，输水期为10个月。该方案由"五坝七洞一渠"串联而成，输水线路总长260km，其中隧洞长244km，明渠16km。

"五坝"即在5条引水河流上各建一座引水枢纽，即达曲的阿安、泥曲的仁达、杜柯河的上杜柯、麻尔曲的亚尔堂和阿柯河的克柯。坝高分别为115m、108m、104m、123m、63m，年引水量分别为7亿 m³、8亿 m³、11.5亿 m³、11.5亿 m³、2亿 m³。"七洞"即利用线路通过河流的地形，将输水隧洞自然分为七段，全长244km，其中达曲—泥曲段长14km、泥曲—杜柯河段长73km、杜柯河—结壤段长33km、结壤—麻尔曲段长3km、麻尔曲—阿柯河段长55km、阿柯河—若果郎段长16km、若果郎—贾曲段长50km。最长洞段73km，最大洞径9.58m。"一渠"即隧洞出口由贾曲到黄河的16km明渠。

阿—贾线：在雅砻江干流阿达建引水枢纽，引水到黄河支流的贾曲，年调水量50亿 m³。该方案主要由阿达引水枢纽和引水线路组成，枢纽大坝坝高193m，水库库容50亿 m³。引水起点阿达枢纽坝址高程3450m，由隧洞输水。在达曲接达—贾联合自流线路，平行布置输水隧洞一直到黄河贾曲出口，高程3442m。输水线路总长304km，其中隧洞288km（最长洞段73km，洞径10.4m）；明渠长16km。

侧—雅—贾线：在通天河上游侧坊建引水枢纽，坝高273m，输水到德格县浪多乡汇入雅砻江，顺流而下汇入阿达引水枢纽，布设与雅砻江调水的阿—贾自流线路平行的输水线路，调水入黄河贾曲，年调水量80亿 m³。侧坊枢纽坝址高程3542m，死水位3770m，雅砻江浪多乡入口处高程3690m。侧坊—雅砻江段输水线路长度204km，其中，两条隧洞平行布置，每条隧洞长202km，分7段，最长洞段62.5km，洞径9.58m；明渠2km。雅砻江—贾曲段线路与从雅砻江调水的阿—贾自流线路相同，线路长度304km，其中两条平行隧洞的长度288km，可分为8段，最长洞段73km，洞径9.58m。

五、南水北调工程总体规划成果

南水北调工程总体规划阶段的主要成果是《南水北调工程总体规划》、12个附件，以及45个专题研究成果，成果清单详见表4-1-1。

2002年8月23日，国务院总理主持召开国务院第137次总理办公会议，审议了《南水北调工程总体规划》。会议原则同意《南水北调工程总体规划》；同意成立国务院南水北调工程领导小组；同意通过提高水价建立南水北调工程建设基金；原则同意江苏三阳河工程和山东济平干渠工程在总体规划批准后，今年年内开工。要求国家计委、水利部根据会议提出的意见，对汇报稿作进一步修改后，提请中央政治局常委会审议。2002年10月9日，国务院总理主持召开国务院第140次总理办公会，复议并通过了丹江口水库大坝加高工程的立项申请，要求抓紧开展丹江口水库大坝加高工程库区淹没实物指标调查和移民安置规划工作。

表 4-1-1 　　　　　　　　　　南水北调工程总体规划成果清单

类别	报　告　名　称	编制单位
总报告	南水北调工程总体规划	国家计划委员会、水利部
附件1	南水北调节水规划要点	全国节约用水办公室 中国水利水电科学研究院 水利部南水北调规划设计管理局
专题报告1	农业节水研究	
专题报告2	工业节水研究	
专题报告3	城镇生活节水研究	
附件2	南水北调东线工程治污规划	中国环境规划院 水利部淮河水利委员会 水利部海河水利委员会 建设部国家城市给水排水工程技术研究中心 水利部南水北调规划设计管理局
专题报告1	南水北调东线工程（黄河以南段）治污规划	
专题报告2	南水北调东线工程（黄河以北段）治污规划	
专题报告3	南水北调东线工程城市污水处理专项规划	
附件3	南水北调工程生态环境保护规划	中国环境规划院 水利部南水北调规划设计管理局
专题报告1	长江口地区淡水资源开发利用与南水北调工程研究	
专题报告2	南水北调工程对长江口盐水入侵影响预估研究	
专题报告3	南水北调工程对长江口盐水入侵影响分析研究	
专题报告4	南水北调工程对长江口生态环境影响评估研究	中国环境规划院 水利部南水北调规划设计管理局
专题报告5	南水北调工程对长江口生态环境影响分析研究	
专题报告6	丹江口水库调水和汉江中下游工程对汉江中下游水文情势的影响研究	
专题报告7	南水北调中线工程对汉江中下游航运和灌溉影响研究	
专题报告8	南水北调中线工程对汉江中下游生态环境影响及防治对策研究	
专题报告9	南水北调中线工程环境影响综合评价研究	
附件4	南水北调城市水资源规划	南水北调城市水资源规划编制组
专题报告1	北京市南水北调水资源规划报告	
专题报告2	天津市南水北调水资源规划报告	
专题报告3	河北省南水北调水资源规划报告	
专题报告4	山东省南水北调水资源规划报告	
专题报告5	河南省南水北调水资源规划报告	

类别	报 告 名 称	编制单位
专题报告6	湖北省南水北调水资源规划报告	南水北调城市水资源规划编制组
专题报告7	江苏省南水北调水资源规划报告	
附件5	海河流域水资源规划	
专题报告1	海河流域水资源基本评价	
专题报告2	海河流域地下水资源现状评价及典型区环境地质效应分析	
专题报告3	海河流域水资源利用情况调查报告	
专题报告4	海河流域农业用水与节水研究	
专题报告5	官厅、潘家口水库天然入库径流分析与来水量预测	水利部海河水利委员会
专题报告6	海河流域环境用水研究	
专题报告7	海河流域水资源规划支持系统与可持续发展战略研究	
专题报告8	海河流域水资源供需平衡分析	
专题报告9	海河流域水资源管理与水价研究	
附件6	黄淮海流域水资源合理配置研究	中国水利水电科学研究院 水利部南水北调规划设计管理局
附件7	南水北调东线工程规划（2001年修订）	
专题报告1	水量调配	水利部淮河水利委员会 水利部海河水利委员会
专题报告2	管理体制与经济分析	
附件8	南水北调中线工程规划（2001年修订）	
专题报告1	汉江丹江口水库可调水量研究	
专题报告2	供水调度与调蓄研究	
专题报告3	总干渠工程建设方案研究	
专题报告4	生态与环境影响研究	水利部长江水利委员会
专题报告5	综合经济分析	
专题报告6	水源工程建设方案比选	
附件9	南水北调西线工程规划纲要及第一期工程规划	
专题报告1	地质勘察	
专题报告2	可调水量分析	
专题报告3	调水工程方案	水利部黄河水利委员会
专题报告4	环境影响分析	
专题报告5	供水目标及范围分析	
专题报告6	效益分析	

续表

类别	报 告 名 称	编制单位
附件 10	南水北调工程方案综述	水利部南水北调规划设计管理局 水利部天津水利水电勘测设计研究院
附件 11	南水北调工程水价分析研究	水利部发展研究中心 水利部南水北调规划设计管理局
附件 12	南水北调工程建设与管理体制研究	水利部发展研究中心 水利部南水北调规划设计管理局

按照国务院第 137 次和 140 次总理办公会议精神，国家计委和水利部对南水北调工程总体规划做了认真修改，并受国务院委托，于 2002 年 10 月 10 日向中共中央政治局常务委员会作了汇报，中央领导审议并通过了《南水北调工程总体规划》，并于 2002 年 12 月 23 日批复了《南水北调工程总体规划》。要求抓紧做好各项前期工作，尽早实施南水北调工程，早日通水，造福于人民。

12 月 27 日上午 10 时，南水北调工程开工典礼在北京人民大会堂和江苏省、山东省施工现场同时举行，国务院总理朱镕基在北京人民大会堂主会场宣布南水北调工程开工。从此，举世瞩目的南水北调工程将历史性地由规划阶段转入新的前期工作和部分单项工程实施阶段，东、中线一期工程正式开工建设。

第二节　东、中线一期工程项目建议书阶段

考虑到黄淮海流域的近期缺水主要集中在黄淮海平原和胶东地区，尤其是城市缺水严重，以及东线和中线的前期工作进展的实际状况，故选择先行实施东线和中线一期工程，以城市供水为主，兼顾农业、生态用水。

按照基本建设程序要求，同时考虑东、中线一期工程整体项目前期工作的进展，这一时期南水北调前期工作的程序：东、中线一期工程分别编制整体项目建议书和可行性研究报告；在整体项目建议书编制完成前，单项工程编制单项工程的项目建议书；在整体项目建议书编制完成后，单项工程不再编制单项工程的项目建议书，只编制单项工程的可行性研究报告；在整体可行性研究报告编制完成后，单项工程不再编制单项工程的可行性研究报告，只编制单项工程的初步设计报告。

根据前期工作进展情况，在 2001 年水利部编制的《南水北调工程总体规划（征求意见稿）》中选择了东、中线一期工程的多个单项工程作为先期开工项目。2002 年，水利部在征求多个部委、有关省（直辖市）意见后，经与国家计委研究，确定先期开工项目为东线一期三阳河、潼河、宝应（大汕子）站工程和东平湖—济南段输水工程，以及中线一期工程的丹江口水库大坝加高工程。随即上报了这 3 个单项工程的项目建议书和可行性研究报告，但丹江口水库大坝加高工程项目建议书在 2002 年没有得到批准，其余两个单项工程的前期工作得到了批准，并在国务院批准《南水北调工程总体规划》后开工建设。

2003 年 8 月，国务院南水北调工程建设委员会第一次全体会议原则同意 2003 年新开工中线石家庄—北京团城湖段、丹江口水库大坝加高和穿黄工程，东线骆马湖—南四湖段、韩庄运河段、南四湖水资源控制与监测、城市污水处理厂建设和骆马湖以南段工程等 8 个项目。

一、东、中线一期工程的单项工程划分

（一）单项工程的划分

2004 年 7 月，水利部经与负责南水北调工程前期工作的相关流域机构、省（直辖市）水利（务）局、相关设计单位反复协商，并与国务院南水北调工程建设委员会办公室协调，将东线一期工程划分为 16 个单项工程开展可行性研究工作，分别为：①三阳河、潼河、宝应站工程；②长江—骆马湖段（2003 年度）工程；③长江—骆马湖段其他工程；④骆马湖—南四湖段江苏境内工程；⑤韩庄运河段工程；⑥洪泽湖、南四湖蓄水影响处理工程；⑦南四湖水资源控制和水质监测工程、骆马湖水资源控制工程；⑧南四湖—东平湖段工程；⑨东平湖影响处理工程；⑩东平湖—济南段输水工程；⑪济南—引黄济青段工程；⑫穿黄河工程；⑬鲁北段工程；⑭通信、调度和管理专项工程；⑮江苏省境内截污导流工程；⑯山东省境内截污导流工程。

中线一期工程划分为 16 个单项工程开展可行性研究工作，分别为：①丹江口水利枢纽大坝加高工程；②陶岔渠首枢纽工程；③陶岔渠首—沙河南段工程；④沙河南—黄河南段工程；⑤穿黄工程；⑥黄河北—漳河南段工程；⑦穿漳河交叉建筑物；⑧漳河北—古运河南渠段工程；⑨京石段应急供水工程；⑩天津干线工程；⑪丹江口大坝加高库区移民安置工程；⑫通信、调度、管理专项工程；⑬汉江兴隆水利枢纽工程；⑭引江济汉工程；⑮汉江中下游部分闸站改造工程；⑯汉江中下游局部航道整治工程。

（二）先期开工的单项工程

2002 年开工项目为东线一期工程的东平湖—济南段输水工程，三阳河、潼河、宝应站工程。

2003 年开工的 7 个单项，分别是东线一期长江—骆马湖段（2003 年度）工程、骆马湖—南四湖段江苏境内工程、韩庄运河段工程、南四湖水资源控制和水质监测工程及骆马湖水资源控制工程；中线一期丹江口水利枢纽大坝加高工程、穿黄工程、京石段应急供水工程。

2004 年开工的 4 个单项，分别是东线一期南四湖—东平湖段工程、穿黄河工程；中线一期黄河北—漳河南段工程、漳河北—古运河南渠段工程。

2006 年开工的 4 个单项，分别是东线一期长江—骆马湖段其他工程；中线一期汉江兴隆水利枢纽工程、天津干线工程、穿漳河交叉建筑物。

二、单项工程项目建议书

（一）三阳河、潼河、宝应（大汕子）站工程

2002 年，江苏省计委向国家计委、江苏省水利厅向水利部、淮委向水利部同时上报了江苏省水利勘测设计研究院（简称"江苏省设计院"）编制的《南水北调东线第一期工程三阳河、潼河、宝应（大汕子）站工程项目建议书》。水规总院会同水利部调水局于 2002 年 7 月对该项

目建议书进行了审查，并通过了该项目建议书。之后，水规总院将该项目建议书审查意见上报水利部。

2002年8月，水利部向国家计委报送了《南水北调东线一期工程三阳河、潼河、宝应（大汕子）站项目建议书》及审查意见。国家计委于2002年8月向国务院上报了该工程项目建议书，并得到国务院的批准。9月，国家计委批准了该项目建议书。

（二）东平湖—济南段输水工程

2002年，山东省计委向国家计委（抄报水利部）、山东省水利厅向淮委（抄报国家计委及水利部）、淮委向水利部报送了山东省水利勘测设计院（简称"山东省设计院"）编制的《南水北调东线一期工程东平湖—济南段输水工程项目建议书》，淮委还同时上报了对该项目建议书的初审意见。2002年7月，水规总院会同水利部调水局对该项目建议书进行了审查，并通过了该项目建议书。之后，水规总院将该项目建议书审查意见上报水利部。

2002年8月，水利部向国家计委报送了南水北调东线一期工程东平湖—济南段输水工程项目建议书及审查意见。国家计委于2002年8月将该工程项目建议书上报国务院，得到国务院的批准。9月，国家计委批准了该项目建议书。

（三）丹江口水利枢纽大坝加高工程

2002年，长委向水利部上报了长江勘测规划设计研究院（简称"长江设计院"）编制的《南水北调中线一期丹江口水库大坝加高工程项目建议书》。2002年7月，水规总院会同水利部调水局对该项目建议书进行了审查，并通过了该项目建议书。之后，水规总院将该项目建议书审查意见上报水利部。8月，水利部向国家计委报送了丹江口水库大坝加高工程项目建议书及审查意见。

三、东、中线一期工程项目建议书

为抓紧落实2003年南水北调工程前期工作，适应东线一期工程已开工建设的形势，确保2007年东线一期工程通水和2010年中线一期工程通水的总体目标，水利部于2003年2月21—22日在北京主持召开了南水北调工程前期工作会议，全面部署了2003年南水北调工程前期工作。根据《水利部2003年南水北调工程前期工作会议纪要》，编制东、中线一期工程项目建议书、总体设计方案、可行性研究报告等技术文件是2003年南水北调工程前期工作的主要任务。

（一）东线一期工程

《南水北调东线第一期工程项目建议书》以《南水北调工程总体规划》的附件《南水北调东线工程规划（2001年修订）》为基础，以规划修订报告推荐的一期工程的建设方案为依据进行编制。编制工作由淮委、海委负责组织协调，以水利部淮河水利委员会规划设计研究院（简称"淮委设计院"）、天津院为总成单位，并对技术总负责，江苏省设计院、山东省设计院配合，共同编制完成。

2002年6月，水规总院会同水利部调水局对淮委报送的《南水北调东线第一期工程项目建议书》进行了初审。会后，设计单位根据初审意见对项目建议书进行了修改。2003年4月，水规总院对修改后的项目建议书进行了复审。2004 年 6 月，水规总院对淮委报送的经再次修改后的项目建议书进行了审查，并通过了该项目建议书。之后，水规总院将该项目建议书审查意见上报水利部。6 月，水利部向国家发展和改革委员会（简称"国家发展改革委"）报送了南水北调东线一期工程项目建议书及审查意见，国家发展改革委于 2005 年 10 月批复了《南水北调东线一期工程项目建议书》。

（二）中线一期工程

《南水北调中线一期工程项目建议书》以《南水北调工程总体规划》的附件《南水北调中线工程规划（2001 年修订）》为基础，以规划修订报告推荐的一期工程的建设方案为依据进行编制。编制工作由长江设计院承担。

2002 年 6 月，水规总院会同水利部调水局对《南水北调中线一期工程项目建议书》进行了审查。根据会议精神及有关方面意见，长江设计院对该项目建议书进行了完善和补充，并于 2003 年 3 月完成了项目建议书修订工作。4 月，水规总院对修订后的项目建议书进行了复审。会后，设计单位对项目建议书再次进行了修改，提出了《南水北调中线一期工程项目建议书》（修订本），于 2004 年 5 月上报水利部。水规总院审查通过了该项目建议书，并将该项目建议书审查意见上报水利部。5 月，水利部向国家发展改革委报送了南水北调中线一期工程项目建议书及审查意见，国家发展改革委于 2005 年 5 月批复了《南水北调中线一期工程项目建议书》。

四、东、中线一期工程总体设计方案

在项目建议书编制过程中，根据国务院南水北调工程建设委员会第一次全体会议精神，2003 年需要先期开工建设东线骆马湖—南四湖段江苏境内工程、中线京石段应急供水工程等 8 个单项工程的实际情况，《水利部 2003 年南水北调工程前期工作会议纪要》要求长委、淮委、海委在 2003 年组织编制完成《南水北调东线一期工程总体设计方案报告》和《南水北调中线一期工程总干渠总体设计》，在东、中线一期工程的项目建议书未批复前，作为开展下一步单项工程设计的依据，以便沿线各有关设计单位统一设计原则、设计标准、技术条件，衔接各系统之间的专业接口，控制总投资、设计质量和建设规模，协调工程建设进度，满足单项工程可行性研究报告审查的要求。

总体设计方案不是常规的设计阶段，考虑到各单项工程的基础资料不统一、时间偏紧等因素的制约，工作重点是确定主要的设计参数和工程布置方案。主要内容是：在工程总体布局下，明确单项工程的建设内容、任务和规模，复核工程主要设计参数、设计标准，确定工程选址、总体布置、主要建筑物结构型式等。

（一）东线一期工程总体设计方案

鉴于东线一期工程输水线路长，单项工程多，基础资料繁杂，新旧工程交叉等复杂情况，总体设计方案由淮委和海委负责，中水淮河规划设计研究院有限公司（简称"中水淮河公司"）和中水北方勘测设计研究有限责任公司（简称"中水北方公司"）为技术总负责单位，会同江苏省设计院、山东省设计院承担具体设计任务。

为组织、协调好东线一期工程总体设计方案工作，明确设计工作的内容和深度，中水淮河公司和中水北方公司编写了《南水北调东线第一期工程总体设计方案工作大纲（讨论稿）》。2003年4月，淮委组织召开了南水北调东线一期工程总体设计方案工作会议，对总体设计方案报告编制工作进行了动员、布置，并对工作大纲进行了认真讨论。会后，中水淮河公司和中水北方公司根据会议讨论情况，对工作大纲进行了修改。

从2003年5月开始，各设计单位按照工作大纲要求分别开展了单项工程的设计工作。8月，中水淮河公司牵头进行集中汇总工作，并编制完成总体设计方案报告。

2003年9月，水规总院对淮委上报的由中水淮河公司和中水北方公司联合编制的《南水北调东线第一期工程总体设计方案报告》进行了审查。会后，编制单位根据审查意见对报告进行了修改完善。2004年1月，水规总院组织有关单位及特邀专家对修改后的《南水北调东线第一期工程总体设计方案报告（修订稿）》进行了复审，并通过了该总体设计方案。2004年2月，水规总院印发了审查意见，要求各有关设计单位按照总体设计，做好下阶段设计工作。

（二）中线一期工程总干渠总体设计

《南水北调中线一期工程总干渠总体设计》包括总干渠总体布置、机电总体设计、施工总体设计三大部分。长江设计院为技术总负责单位，参加设计的单位有北京市水利规划设计研究院（简称"北京市水利院"）、天津市水利勘测设计院（简称"天津市水利院"）、河北省水利勘测设计院（简称"河北院"）、河北省水利勘测设计二院（简称"河北二院"）和河南省水利勘测设计院（简称"河南省设计院"）。

2003年6月，水规总院对长委上报的《南水北调中线一期工程总干渠总体设计（方案）》进行了审查。会后，长江设计院根据会议精神及有关方面的意见对总体设计报告进行了完善和补充，于8月重新编报了《南水北调中线一期工程总干渠总体设计》。水规总院对该总体设计方案进行了再次审查，并通过了该总体设计方案。2003年9月，水规总院印发了审查意见，要求各有关设计单位按照总体设计，做好下阶段设计工作。

五、东、中线一期工程项目建议书成果清单

南水北调工程项目建议书阶段涉及成果7大项，相关成果详见表4-2-1。

表4-2-1 南水北调工程项目建议书成果清单

序号	南水北调工程项目建议书阶段工作成果名称
（一）	单项工程项目建议书
1	南水北调东线第一期工程三阳河、潼河、宝应（大汕子）站工程项目建议书及附图、附件
2	南水北调东线一期工程东平湖—济南段输水工程项目建议书及附图、附件
3	丹江口水利枢纽大坝加高工程项目建议书
	附图：丹江口水利枢纽大坝加高工程项目建议书图册
（二）	东、中线一期工程项目建议书
1	南水北调东线第一期工程项目建议书
	附图：南水北调东线第一期工程图集
	附件：南水北调东线第一期工程投资估算

序号	南水北调工程项目建议书阶段工作成果名称
2	南水北调中线一期工程项目建议书
	附图：南水北调中线一期工程项目建议书图册
	附件：（1）中线一期工程水源专题研究报告
	（2）丹江口水库可调水量研究报告
	（3）建议 2002 年开工的项目
（三）	东、中线一期工程总体设计
1	南水北调东线第一期工程总体设计方案报告
	附件：（1）东平湖以南河道及蓄水工程汇总报告
	（2）东平湖以北及胶东段工程汇总报告
	（3）泵站工程汇总报告
	附图：（1）东平湖以南河道及蓄水工程汇总报告附图
	（2）东平湖以北及胶东段工程汇总报告附图
	（3）骆马湖水资源控制工程、南四湖水资源控制工程附图
	（4）泵站工程汇总报告附图
2	南水北调中线一期工程总干渠总体设计
	附表：南水北调中线一期工程总干渠总体设计附表集
	附图：南水北调中线一期工程总干渠总体设计附图集

第三节　东、中线一期工程可行性研究阶段

一、单项工程可行性研究

（一）三阳河、潼河、宝应（大汕子）站工程

三阳河、潼河、宝应站工程项目建议书审批后，2002 年又开展了可行性研究报告的编制工作。2002 年 9 月，江苏省计委、水利厅将江苏省设计院编制的《南水北调东线第一期工程三阳河、潼河、宝应站工程可行性研究报告》报送水利部，水规总院会同水利部调水局对该可行性研究报告进行了审查。在设计单位按照审查意见修改完善后，2002 年 10 月，水规总院将审查意见报送水利部，11 月水利部将该可行性研究报告及审查意见报送国家计委，12 月国家计委批准了三阳河、潼河、宝应站工程可行性研究报告。

（二）东平湖—济南段输水工程

东平湖—济南段输水工程项目建议书审批后，2002 年又开展了可行性研究报告的编制工

作。2002年9月,山东省水利厅将山东省设计院编制的《南水北调东线第一期工程东平湖至济南段输水工程可行性研究报告》报送水利部,水规总院会同水利部调水局对该可行性研究报告进行了审查。在设计单位按照审查意见修改完善报告后,2002年10月,水规总院将审查意见报送水利部,11月水利部将该可行性研究报告及审查意见报送国家计委,12月国家计委批准了东平湖—济南段输水工程可行性研究报告。

(三)骆马湖—南四湖段江苏境内工程

2003年9月,水规总院对淮委上报的由江苏省设计院和淮委设计院编制的《南水北调东线第一期工程骆马湖—南四湖段江苏境内工程可行性研究报告》进行了审查,在设计单位按照审查意见修改完善报告后,10月进行了复审并通过了该可行性研究报告,11月将审查意见报送水利部。12月,水利部将该可行性研究报告及审查意见报送国家发展改革委,2004年6月,国家发展改革委批准了骆马湖—南四湖段江苏境内工程可行性研究报告。

(四)韩庄运河段工程

2003年10月,水规总院对淮委上报的由山东省设计院和淮委设计院编制的《南水北调东线第一期工程韩庄运河段工程可行性研究报告》进行了审查,在设计单位按照审查意见修改完善报告后,11月进行了复审并通过了该可行性研究报告,随即将审查意见报送水利部。12月,水利部将该可行性研究报告及审查意见报送国家发展改革委,2004年6月,国家发展改革委批准了韩庄运河段工程可行性研究报告。

(五)南四湖水资源控制和水质监测工程、骆马湖水资源控制工程

2003年10月,水规总院对淮委报送的由淮委设计院、山东省设计院、江苏省设计院等单位共同编制的《南水北调东线第一期工程南四湖水资源控制和水质监测工程、骆马湖水资源控制工程可行性研究报告(修订稿)》进行了审查,在设计单位按照审查意见修改完善报告后,11月进行了复审并通过了该可行性研究报告,随即将审查意见报送水利部。12月,水利部将该可行性研究报告及审查意见报送国家发展改革委,2004年12月,国家发展改革委批准了南四湖水资源控制和水质监测工程、骆马湖水资源控制工程可行性研究报告。

(六)长江—骆马湖段(2003年度)工程

2003年10月,水规总院对淮委上报的由江苏省设计院编制的《南水北调东线第一期工程长江—骆马湖段(2003年度)工程可行性研究报告》进行了审查,在设计单位按照审查意见修改完善报告后,经过2003年12月和2004年4月的两次复审通过了该可行性研究报告,于2004年5月将审查意见报送水利部。2004年6月,水利部将该可行性研究报告及审查意见报送国家发展改革委,12月国家发展改革委批准了长江—骆马湖段(2003年度)工程可行性研究报告。

(七)东线穿黄工程

2003年7月,水规总院对海委上报的由中水北方公司编制的《南水北调东线第一期工程穿黄河工程可行性研究报告》进行了审查,在设计单位按照审查意见修改完善报告后,通过了该可

行性研究报告，于 2004 年 6 月将审查意见报送水利部。2004 年 7 月，水利部将该可行性研究报告及审查意见报送国家发展改革委，2006 年 3 月，国家发展改革委批准了东线穿黄河工程可行性研究报告。

（八）南四湖—东平湖段工程

2004 年 4 月，水规总院对淮委上报的由山东省设计院和淮委设计院共同编制的《南水北调东线第一期工程南四湖—东平湖段工程可行性研究报告》进行了审查，在设计单位按照审查意见修改完善报告后，11 月进行了复审并通过了该可行性研究报告，于 2005 年 5 月将审查意见报送水利部。2005 年 5 月，水利部将该可行性研究报告及审查意见报送国家发展改革委。

由于山东省交通部门提出该段工程调水应结合航运，并向国家发展改革委报送了该段航运工程项目建议书，由于水利部报送的东线一期南四湖—东平湖段工程可行性研究报告未考虑航运问题，导致报告一直没有批复。国家发展改革委发文要求水利部商交通部、山东省，以东线一期南四湖—东平湖段工程可行性研究报告为基础，编制调水结合航运的可行性研究报告。2007 年 12 月，水利部向国家发展改革委报送了南水北调东线一期工程南四湖—东平湖段输水与航运结合工程可行性研究报告及审查意见。

2004 年 11 月，山东省政协副主席李殿魁曾先后多次致信国务院领导和水利部等有关部门，就南水北调东线南四湖—东平湖段工程方案问题提出不同意见和方案。2004 年 11 月提出，山东的水资源比较丰富，基本不需要江水向城市供水；东线工程的功能应调整为"恢复大运河、小清河航运和改善黄淮海平原生态的综合功能"；将现有的"东调南下"工程倒过来，通过建设"鲁南运河"，使沂沭泗"脱淮入黄"，其水资源进入东平湖，实现"鲁水鲁用"。2006 年 2 月提出了"坚持以降河减闸，南北分流，以北为主，稳定畅泄原则设计梁济运河的方案"（简称"一级提水方案"）。2007 年 7 月提出了"采取'降河开隧'，依托南四湖就可以设计建设山东现代都江堰，两湖段不建提水泵站，实现南四湖水自流到北京的方案"（简称"零级提水方案"）。2008 年 3 月又提出了"降河减闸，去掉长沟泵站，开挖穿黄隧洞，既恢复京杭大运河，又基本建成山东现代都江堰"的方案（简称"二级提水方案"）。2008 年 10 月再次提出大汶河戴村坝水文站年平均水资源量近 12 亿 m^3，南四湖年平均南排水 20 亿 m^3 以上，通过工程措施使南四湖水自流、自调、自控，采取降河开隧（使穿黄隧洞可通航、通车），经东平湖调蓄可通过穿黄隧洞自流向天津、白洋淀供水。

水利部以及有关单位对李殿魁每一次来信提出的意见都非常重视，多次组织有关单位和专家对其所提方案进行认真的分析研究，并几次安排与他本人当面沟通、交换意见或复信说明情况。2005 年初，根据国家领导人的批示精神，水利部原总工程师高安泽和国务院南水北调工程建设委员会办公室（简称"国务院南水北调办"）总工程师汪易森等就李殿魁同志提出的南水北调东线以航运为主、"鲁水鲁用"等问题专程赴济南当面听取李殿魁的意见，并请山东省水利厅组织对其意见进行了分析研究。按照国务院领导批示，水利部会同国务院南水北调办组织有关单位和专家对李殿魁同志提出的意见进行研究后，向国务院报送了《水利部　国务院南水北调办关于李殿魁同志所提南水北调东线建设有关建议处理意见的报告》。水利部领导于 2007年 8 月专门向国家领导人书面汇报了有关情况和意见。水利部调水局于 2008 年 2 月专门复信李殿魁，将有关情况和意见向李殿魁做了解释和说明。

2007 年 10 月，国家发展改革委将中咨公司对南四湖—东平湖段输水与航运结合工程可行性研究报告的评估报告转送水利部、交通部、山东省，要求设计单位就工程布局进行优化，在可行性研究报告推荐的三级提水方案基础上，进一步深化一级提水方案，提高设计深度，同时也可与二级提水方案比较，认真研究降河减闸方案的合理性。在经过认真研究、比选、审查后，2008 年 6 月，水利部向国家发展改革委报送了南四湖—东平湖段输水与航运结合梯级方案论证专题报告及审查意见。

（九）长江—骆马湖段其他工程

2006 年 4 月，水规总院对江苏省水利厅报送的由江苏省设计院编制的《南水北调东线一期工程长江—骆马湖段其他工程可行性研究报告》进行了审核，结合东线一期工程可行性研究总报告的审查意见和相关单项工程的预审意见，提出了审查意见上报水利部。2006 年 6 月，水利部将该可行性研究报告及审查意见报送国家发展改革委。

（十）江苏淮安市、宿迁市、江都市截污导流工程

2005 年 5 月，水规总院对淮安市水利设计院编制的《南水北调东线第一期工程淮安市截污导流工程可行性研究报告》、宿迁市水利设计院编制的《南水北调东线第一期工程宿迁市截污导流工程可行性研究报告》进行了审查，7 月对扬州市水利设计院编制的《南水北调东线第一期工程江都市截污导流工程可行性研究报告》进行了审查。在设计单位按照审查意见修改完善报告后，江苏省水利厅将修改后的可行性研究报告报送水利部，水规总院于 2005 年 10 月进行了复审并通过了这三项工程可行性研究报告，于 2006 年 1 月将审查意见报送水利部。2006 年 1 月，水利部将该可行性研究报告及审查意见报送国家发展改革委，12 月国家发展改革委批复了江苏淮安市、宿迁市、江都市截污导流工程可行性研究报告。

（十一）山东宁阳县洸河截污导流工程

2005 年 12 月，水规总院对山东省南水北调工程建设管理局（简称"山东省建管局"）报送的山东省设计院编制的《南水北调东线一期工程宁阳县洸河截污导流工程可行性研究报告》进行了审查，在设计单位按照审查意见修改完善该报告后，水规总院通过了该可行性研究报告，于 2006 年 6 月将审查意见报送水利部。2006 年 6 月水利部向国家发展改革委报送了山东宁阳县洸河截污导流工程可行性研究报告及审查意见。

（十二）山东菏泽市东鱼河、薛城小沙河截污导流工程

2005 年 12 月，水规总院对山东省建管局报送的山东省设计院编制的《南水北调东线一期工程山东菏泽市东鱼河、薛城小沙河截污导流工程可行性研究报告》进行了审查，在设计单位按照审查意见修改完善该报告后，水规总院通过了该可行性研究报告，于 2006 年 11 月将审查意见报送水利部。2006 年 11 月，水利部向国家发展改革委报送了山东菏泽市东鱼河、薛城小沙河截污导流工程可行性研究报告及审查意见。

（十三）京石段应急供水工程

2003 年 8 月，长江设计院以水规总院审查通过的河北院编制完成的《南水北调中线总干渠

石家庄至北拒马河段工程可行性研究报告》和北京市水利院编制完成的《南水北调中线总干渠北拒马河至团城湖段工程可行性研究报告》为基础，编制完成了《南水北调中线京石段应急供水工程可行性研究报告》，由长委报送水利部。9月，水利部将该可行性研究报告及审查意见报送国家发展改革委，12月国家发展改革委批准了京石段应急供水工程可行性研究报告。

（十四）丹江口水利枢纽大坝加高工程

2003年8月，水规总院对长委以长规计〔2003〕510号文上报的由长江设计院编制完成的《丹江口水利枢纽大坝加高工程可行性研究报告》进行了审查，在设计单位按照审查意见修改完善该报告后，水规总院通过了该可行性研究报告，于10月将审查意见报送水利部。2003年11月，水利部将该可行性研究报告及审查意见报送国家发展改革委，2004年11月国家发展改革委批准了丹江口水利枢纽大坝加高工程可行性研究报告。

（十五）中线穿黄工程

2003年8月，水规总院对长委上报的由长江设计院和黄委设计院共同编制完成的《南水北调中线一期穿黄工程可行性研究报告》进行了审查，在设计单位按照审查意见修改完善报告后，于2004年5月进行了复审并通过了该可行性研究报告，随即将审查意见报送水利部。2004年5月，水利部将该可行性研究报告及审查意见报送国家发展改革委，11月国家发展改革委批准了中线穿黄工程可行性研究报告。

（十六）黄河北—漳河南段工程

2004年6月，水规总院对长委上报的河南省设计院编制完成的《南水北调中线一期黄河北至漳河南段工程可行性研究报告》进行了审查，在设计单位按照审查意见修改完善该报告后，于2004年8月进行了复审并通过了该可行性研究报告，9月将审查意见报送水利部。2004年9月，水利部将该可行性研究报告及审查意见报送国家发展改革委，并在上报文件中明确提出，要求设计单位对焦作矿区段线路进行专题比选后，另行报批。

2004年11月，河南省南水北调中线工程建设领导小组办公室（简称"河南省南水北调办"）将河南省设计院编制完成的《南水北调中线一期工程总干渠焦作矿区段线路比选报告》报送水利部，2005年6月，水规总院进行了审查并通过了该比选报告，随即将审查意见上报水利部。7月水利部将该比选报告及审查意见报送国家发展改革委，11月国家发展改革委批准了黄河北—漳河南段工程可行性研究报告。

（十七）漳河北—古运河南渠段工程

2004年8月，水规总院对河北院和河北二院共同编制完成的《南水北调中线一期漳河北至古运河南渠段工程可行性研究报告》进行了审查，在设计单位按照审查意见修改完善该报告后，于11月进行了复审。2005年5月又会同水利部调水局对长委上报的修订可行性研究报告进行了工程量和投资的核查，通过了修订后的可行性研究报告，并于8月将审查意见报送水利部。9月，水利部向国家发展改革委报送了中线一期漳河北—古运河南渠段工程可行性研究报告及审查意见，2006年5月，国家发展改革委批复了漳河北—古运河南渠段可行性研究报告。

（十八）汉江兴隆水利枢纽工程

2004 年 7 月，水规总院对湖北省水利厅上报的由长江设计院编制的《南水北调中线一期工程汉江兴隆水利枢纽可行性研究报告》进行了审查，在设计单位按照审查意见修改补充该报告后，于 2004 年 11 月进行了复审，2005 年 6 月进行了工程量和投资复核。2005 年 8 月，湖北省水利厅将《南水北调中线一期工程汉江兴隆水利枢纽可行性研究报告》（2005 年 8 月修订）上报水利部，水规总院审查通过了该可行性研究报告，于 10 月将审查意见报送水利部。2006 年 2 月，水利部向国家发展改革委报送了汉江兴隆水利枢纽工程可行性研究报告及审查意见。

（十九）天津干线工程

2004 年 7 月，水规总院对天津市水利院编制的《南水北调中线一期工程天津干线可行性研究报告》进行了审查，在设计单位按照初审意见修改补充该报告后，于 12 月进行了复审并通过了该可行性研究报告。2006 年 2 月，天津市人民政府向国家发展改革委、水利部、国务院南水北调办报送了《关于恳请单独审批南水北调中线一期工程天津干线可行性研究报告的函》，要求单独批复天津干线可行性研究报告。2006 年 3 月，水规总院将审查意见报送水利部，水利部将该可行性研究报告及审查意见报送国家发展改革委，2007 年 7 月，国家发展改革委批复了南水北调中线一期工程天津干线工程可行性研究报告。

（二十）穿漳河交叉建筑物

2005 年 2 月，水规总院对长江设计院编制的《南水北调中线一期工程总干渠穿漳河交叉建筑物可行性研究报告》进行了初审，会后设计单位根据初审意见和海委提出的洪水影响评价报告评审意见，对可行性研究报告进行了修改补充。2006 年，长委将修改后的可行性研究报告报送水利部。水规总院于 2006 年 10 月再次进行了审查。由于该工程与已批复并开工建设的相邻的安阳段工程的分界点发生变化，需要进行协调，水利部调水局将南水北调中线一期工程总干渠穿漳河交叉建筑物南岸起点的协调意见函复有关单位，设计单位根据变化情况，又进行了修改完善。水规总院基本同意修改后的可行性研究报告，于 2007 年 5 月提出了审查意见并上报水利部。2007 年 6 月，水利部向国家发展改革委报送了中线一期工程总干渠穿漳河交叉建筑物可行性研究报告及审查意见，2008 年 4 月，国家发展改革委批准了中线一期工程总干渠穿漳河交叉建筑物可行性研究报告。

二、东、中线一期工程总体可行性研究

2004 年 7 月，水利部印发通知要求，为保障南水北调工程前期工作规范、有序地进行，要抓紧开展东线、中线一期工程两个整体可行性研究报告的编制工作，按程序报国务院审批。该通知标志着东、中线一期工程可行性研究总报告的编制工作全面启动。

（一）东线一期工程

2004 年 7 月，水利部下达《关于进一步做好南水北调东、中线一期工程前期工作的通知》，要求淮委会同海委抓紧编制东线一期工程可行性研究总报告，2005 年年初完成。

2004年8月5日，水利部再次印发《关于进一步加强南水北调东、中线一期工程总体可行性研究工作的通知》，责成淮委会同海委负责组织南水北调东线一期工程可行性研究报告的编制工作，中水淮河公司和中水北方公司作为技术总负责单位。并要求参加此项工作的各单位严格按照可行性研究设计工作大纲的要求，按时向技术总负责单位提交达到设计深度要求的单项工程可行性研究成果，保障可行性研究总报告编制工作目标的按时实现。

2004年7月，中水淮河公司和中水北方公司编制完成了南水北调东线一期工程可行性研究总报告编制技术大纲，9月通过了水规总院的审查。11月，水利部向国家发展改革委报送了南水北调东线一期工程可行性研究报告编制技术大纲（代任务书）及其审查意见。

为明确分工，落实责任，按时完成南水北调东线一期工程可行性研究总报告编制工作，2004年8月，淮委会同海委主持召开了南水北调东线一期工程可行性研究总报告编制工作会议，讨论通过了《南水北调东线第一期工程可行性研究总报告编制工作方案》。

在工作大纲和工作方案的统一要求下，参加总体可行性研究报告编制的各设计单位，按项目分工分别开展了单项工程的可行性研究报告编制工作。

按照水利部的要求，水规总院于2004年12月对中水淮河公司和中水北方公司牵头承担的南水北调东线一期工程总体可行性研究报告进行了现场设计督查工作，重点对未经审批的单项工程可行性研究报告进行设计督查及初步评审。

2005年1月，淮委会同海委主持召开了南水北调东线一期工程可行性研究总报告编制汇总工作会议，各设计单位在单项工程可行性研究报告的基础上，开展了设计汇总和可行性研究总报告编写工作，于2005年3月编制完成了《南水北调东线第一期工程可行性研究总报告》，并上报水利部。2005年11月，水规总院对东线一期工程可行性研究总报告进行了审查，根据审查意见，设计单位对可行性研究总报告作进一步修订完善。

2005年12月，水利部向江苏省、山东省下发文件，要求苏鲁两省结合测算水价，在2006年1月确认各省的增供水量。2006年1月，江苏省、山东省分别复函水利部，承诺南水北调东线一期工程可行性研究总报告中计列本省的增供水量维持不变。

2006年2月，水利部向国家发展改革委报送南水北调东线一期工程可行性研究总报告及审查意见。

（二）中线一期工程

根据国务院2004年7月8日南水北调工程协调会议的精神，为从整体上全面推进南水北调工程前期工作，规范工程建设和前期工作程序，确保工程技术方案的统一性和完整性，要求编制南水北调中线一期工程整体可行性研究报告，并明确要求中线一期工程整体可行性研究报告于2005年初编制完成。之后，国务院南水北调工程建设委员会第二次全体会议又明确要求加快整体可行性研究报告的编制工作，以满足南水北调中线一期工程2010年通水的建设目标。同时，对工程总投资控制等提出了明确要求，强调对工程投资实行"静态控制、动态管理"的管理方式。

2004年8月5日，水利部再次印发通知，责成长委负责组织南水北调中线一期工程整体可行性研究报告的编制工作，明确长江设计院为技术总负责单位，其主要职责为：编制作为各相关设计院开展单项工程可行性研究、初步设计基础的总干渠总体设计及各类设计大纲，对全线主要设计原则、设计标准及设计条件进行统一规定。要求参加此项工作的各单位严格按照整体可行性研究设计工作大纲的要求，按时向技术总负责单位提交达到设计深度要求的单项工程可行性研究成果，保障整体可行性研究工作目标的按时实现。

2004年7月，长委向水利部报送了长江设计院编制的南水北调中线一期工程可行性研究设计工作大纲（代任务书），8月水规总院进行了审查，在设计单位根据审查意见对设计大纲进行修改完善后，10月水利部向国家发展改革委报送了南水北调中线一期工程可行性研究设计工作大纲（代任务书）及审查意见。

在工作大纲的统一要求下，参加总体可行性研究报告编制的各设计单位，按项目分工分别开展了单项工程的可行性研究报告编制工作。

鉴于在整体可行性研究报告编制前，已开展单项工程可行性研究和部分单项工程已完成初步设计并开工的现状，以及要求2005年年初完成整体可行性研究报告编制、设计周期短的客观实际，整体可行性研究工作重点突出成果的整体性、系统性及与总体设计的符合性，长江设计院对水文、地勘成果进行了全面整理、分析；对一期工程建设目标、任务、工程规模、总体布置进行了全面、系统的论证；对总干渠水面线及水力学设计作了进一步复核，对部分重要建筑物设计进行了典型复核；对总干渠供电、通信、计算机监控、安全及水质监测自动化系统的总体设计及施工组织总体设计进行了深化和优化；对工程占地及移民安置补偿单价和标准，进行了分析、协调，并按有关政策对补偿倍数进行了调整；对工程管理进行专题研究；对单项工程投资进行了分析、复核，并将单项工程不同的价格水平年统一调整至2004年三季度；进行了工程总体经济评价，并对全线水价进行了统一测算。同时根据南水北调中线一期工程项目建议书审查意见，对重点技术问题进行了深入论证研究，包括丹江口水库分期蓄水可行性论证、总干渠运行调度研究、总干渠冰期输水研究、焦作煤矿区线路比选、潮河段绕岗或切岗方案比选、陶岔渠首闸是否建电站方案等。

按照国务院南水北调工程建设委员会第二次全体会议精神，批准的整体可行性研究工程投资将作为南水北调中线一期工程投资"静态控制、动态管理"的依据。因此，南水北调中线一期工程整体可行性研究报告，以最新完成或批准的分段（项）工程可行性研究、单项工程初步设计成果为基础，其中，京石段应急供水工程（石家庄--北拒马河段、北京段）为已经国家发展改革委审批的初步设计成果；丹江口水利枢纽大坝加高工程、中线一期穿黄工程为已经水规总院审查的初步设计成果；漳河北—古运河南渠段、黄河北—漳河南段、天津干线、汉江兴隆水利枢纽和总干渠通信调度管理专项工程为已经水规总院审查的可行性研究成果；其余单项工程均为最新完成，但未经主管部门审定的可行性研究成果。

按照水利部的要求，水规总院于2004年11月对长江设计院承担的南水北调中线一期工程总体可行性研究报告进行了现场设计督查工作，重点对未经审批的单项工程可行性研究报告进行设计督查及初步评审。

2005年2月，《南水北调中线一期工程可行性研究总报告》编制完成，9月，水规总院对该可行性研究总报告进行了审查。会后设计单位根据审查意见对可行性研究总报告作进一步修订完善。

2005年11月，水利部就南水北调中线黄河以南工程按规划二期规模一次建成方案征求湖北省、陕西省的意见，湖北省、陕西省分别复函表示不赞成中线黄河以南工程按规划二期规模一次建成的方案。

2005年11月，湖北省人民政府要求将引江济汉工程的通航工程纳入中线一期工程可行性研究总报告，一并报批。考虑到湖北省交通部已经完成了引江济汉通航工程（专题）可行性研究报告，同时得到了交通部的认可，并承诺增加的投资由交通部和湖北省共同承担。为此，在南水北调中线一期工程可行性研究总报告中增加了引江济汉工程的通航工程。

2005年11月，水利部给京、津、冀、豫四省（直辖市）发函，要求各省市结合测算水价，再次确认各省的分配水量。同月，河北省、河南省分别复函水利部，承诺南水北调中线一期工程可行性研究总报告中计列本省的分配水量维持不变。12月，北京市复函水利部，承诺南水北调中线一期工程可行性研究总报告中计列本市的分配水量维持不变；天津市复函水利部，原则同意南水北调中线一期工程可行性研究总报告中计列本市的分配水量，希望调增天津市的分配水量。

2005年12月，水利部向国家发展改革委报送了南水北调中线一期工程可行性研究总报告及审查意见。

（三）东、中线一期工程可行性研究总报告修改审批

受国家发展改革委委托，2006年2月开始，中咨公司对南水北调中线一期工程可行性研究总报告进行评估，并提出了《关于南水北调中线一期工程可行性研究总报告的咨询评估报告》；5月开始，对南水北调东线一期工程可行性研究总报告进行评估，并提出了《关于南水北调东线一期工程可行性研究总报告的咨询评估报告》。2007年4月开始，国家审计署对南水北调工程进行了以东、中线一期工程可行性研究总报告为重点的全面审计，提出了《关于南水北调一期工程建设管理审计情况的报告》（简称《审计报告》）。

为落实评估和审计意见，2007年8月，水利部召开落实南水北调一期工程审计意见工作会议，对东、中线一期工程可行性研究总报告修改调整工作进行了专门部署。长委、淮委、海委组织相关设计单位对《审计报告》中提出的问题逐一进行了认真研究和整改，并结合中咨公司关于南水北调东、中线一期工程可行性研究总报告的评估意见，对东、中线一期工程可行性研究总报告的投资估算进行了修改和调整。在此基础上，水利部与国务院南水北调办于2007年9月专门召开了2007年第二次南水北调前期工作协商会议，就中线一期工程可行性研究总报告的投资估算修改调整的有关问题进行了充分沟通和协调，并达成了基本一致的意见。

根据两次会议要求，长江设计院针对评估报告和审计报告中提出的相关意见和建议，对可行性研究总报告投资估算进行调整，并对中线一期工程可行性研究总报告"第一篇　综合说明"和"第十二篇　工程投资估算"进行修订。重点是结合投资变化，对"第一篇　综合说明"中工程管理、工程建设征地、工程投资估算、经济评价等章节进行了修订，按照修订后的投资重新测算了水价。中水淮河公司和中水北方公司会同江苏省设计院、山东省设计院也再次集中工作，针对评估报告和审计报告中提出的相关意见和建议，对可行性研究总报告投资估算进行调整，并修改完成了《南水北调东线第一期工程可行性研究总报告综合说明（修订）》。

2007年10月，水利部向国家发展改革委报送了南水北调东、中线一期工程可行性研究总报告修改成果。2008年2月，水利部向国家发展改革委报送了南水北调东、中线一期工程可行性研究阶段水价测算补充说明。2008年11月，国家发展改革委分别批准了南水北调东线一期工程可行性研究总报告和南水北调中线一期工程可行性研究总报告。

三、东、中线一期工程可行性研究成果

南水北调工程可行性研究阶段成果包括单项工程可行性研究成果 20 大项、东线总体可行性研究成果 34 大项、中线总体可行性研究成果 25 大项，成果详见表 4-3-1。

表 4-3-1　　　　　　　　　南水北调工程可行性研究阶段工作成果清单

序号	南水北调工程可行性研究阶段工作成果名称
（一）	单项工程可行性研究
1	东线一期工程的单项工程
（1）	三阳河、潼河、宝应站工程可行性研究报告及附图、附件
（2）	东平湖—济南段输水工程可行性研究报告及附图、附件
（3）	南四湖水资源控制和水质监测工程、骆马湖水资源控制工程可行性研究报告及附图、附件
（4）	骆马湖—南四湖段江苏境内工程可行性研究报告及附图、附件
（5）	韩庄运河段工程可行性研究报告及附图、附件
（6）	长江—骆马湖段（2003 年度）工程可行性研究报告及附图、附件
（7）	东线穿黄河工程可行性研究报告及附图、附件
（8）	南四湖—东平湖段工程
	8-1 南四湖—东平湖段工程可行性研究报告及附图、附件
	8-2 南四湖—东平湖段输水与航运结合工程可行性研究报告及附图、附件
	8-3 南四湖—东平湖段输水与航运结合梯级方案论证专题报告
（9）	长江—骆马湖段其他工程可行性研究报告及附图、附件
（10）	江苏淮安市、宿迁市、江都市截污导流工程可行性研究报告及附图、附件
（11）	山东宁阳县洸河截污导流工程可行性研究报告及附图、附件
（12）	山东菏泽市东鱼河、薛城小沙河截污导流工程可行性研究报告及附图、附件
2	中线一期工程的单项工程
（1）	京石段应急供水工程可行性研究报告及附图、附件
（2）	丹江口水利枢纽大坝加高工程可行性研究报告及附图、附件
（3）	中线穿黄工程可行性研究报告及附图、附件
（4）	黄河北—漳河南段工程
	4-1 黄河北—漳河南段工程可行性研究报告及附图、附件
	4-2 焦作矿区段线路比选报告
（5）	漳河北—古运河南渠段工程可行性研究报告及附图、附件
（6）	汉江兴隆水利枢纽工程可行性研究报告及附图、附件
（7）	天津干线工程可行性研究报告及附图、附件
（8）	穿漳河交叉建筑物可行性研究报告及附图、附件
（二）	东线一期工程可行性研究总报告
1	东线第一期工程可行性研究总报告

序号	南水北调工程可行性研究阶段工作成果名称
（1）	总报告（上、中、下册）
（2）	水土保持报告
（3）	环境影响评价报告（上、下册）
2	图册
（1）	河道工程附图
（2）	泵站工程附图
（3）	蓄水、穿黄河及其他工程附图
（4）	工程地质报告附图（6册）
3	专题报告
（1）	工程水文
（2）	工程规模与水量调配
（3）	工程地质（上、下册）
（4）	建设征地及移民安置规划
（5）	工程管理
（6）	投资估算（上、下册）
（7）	经济分析
（8）	文物调查及保护专题报告
	专题报告8-1江苏省文物调查报告
	专题报告8-2江苏省文物保护专题报告
	专题报告8-3山东省文物调查报告
	专题报告8-4山东省文物保护专题报告
（9）	地质灾害危险性评估报告
	专题报告9-1江苏省境内工程地质灾害危险性评估报告
	专题报告9-2山东省境内工程地质灾害危险性评估报告
（10）	压覆矿产资源评估报告
	专题报告10-1江苏省境内工程压覆矿产资源评估报告
	专题报告10-2山东省境内工程压覆矿产资源评估报告
4	专项报告
（1）	三阳河、潼河、宝应站工程可行性研究报告
（2）	长江—骆马湖段（2003年度）工程可行性研究报告
（3）	长江—骆马湖段其他工程可行性研究报告
（4）	骆马湖—南四湖段江苏境内工程可行性研究报告
（5）	江苏境内截污导流工程可行性研究报告
（6）	东平湖—济南段输水工程可行性研究报告
（7）	韩庄运河段工程可行性研究报告

序号	南水北调工程可行性研究阶段工作成果名称
(8)	南四湖—东平湖段工程可行性研究报告
(9)	鲁北段工程可行性研究报告
(10)	济南—引黄济青段工程可行性研究报告
(11)	山东省境内截污导流工程可行性研究报告
(12)	穿黄河工程可行性研究报告
(13)	东平湖影响处理工程可行性研究报告
(14)	蓄水影响处理工程
	14-1 洪泽湖蓄水影响处理工程可行性研究报告
	14-2 南四湖下级湖蓄水影响处理工程可行性研究报告
(15)	南四湖水资源控制和水质监测工程、骆马湖水资源控制工程可行性研究报告
(16)	调度运行管理系统可行性研究报告
(17)	南水北调东线一期工程骨干网及首级施工控制测量工程可行性研究报告
(三)	中线一期工程可行性研究总报告
1	总报告 南水北调中线一期工程可行性研究总报告
(1)	第一篇 综合说明
(2)	第二篇 水文气象
(3)	第三篇 工程地质
(4)	第四篇 工程任务和规模
(5)	第五篇 工程总布置和主要建筑物（一）～（三）
(6)	第六篇 机电及金属结构
(7)	第七篇 工程管理
(8)	第八篇 施工组织设计（一）、（二）
(9)	第九篇 工程建设征地移民规划设计
(10)	第十篇 水土保持
(11)	第十一篇 环境影响评价
(12)	第十二篇 工程投资估算（一）、（二）
(13)	第十三篇 经济评价
(14)	图册
	第一册 工程总体布置
	第二册 主要建筑物（一）、（二）
	第三册 机电及金属结构
	第四册 施工组织设计（一）、（二）
(15)	南水北调中线一期工程可行性研究总报告总干渠总体布置附表集

序号	南水北调工程可行性研究阶段工作成果名称
2	附件
(1)	附件一　水文气象报告
	第一分册　水源工程
	第二分册　输水工程
	第三分册　汉江中下游治理工程
(2)	附件二　工程地质勘察报告（一）～（四）
	《工程地质勘察报告图册》（一）～（十六）；《工程地质勘察报告附表集》（一）、（二）
(3)	附件三　工程设计报告
	第一分册　丹江口水利枢纽大坝加高工程（一）～（三）；丹江口水利枢纽大坝加高工程图册
	第二分册　陶岔渠首闸工程；陶岔渠首闸工程图册
	第三分册　总干渠渠道及管涵；总干渠渠道及管涵图册（一）、（二）
	第四分册　总干渠河渠交叉建筑物（一）～（八）；总干渠河渠交叉建筑物图册（一）～（六）
	第五分册　穿黄工程（一）、（二）；穿黄工程图册
	第六分册　总干渠左岸排水建筑物；总干渠左岸排水建筑物图册
	第七分册　总干渠公、铁路交叉建筑物（一）、（二）；总干渠公、铁路交叉建筑物图册（一）、（二）
	第八分册　总干渠机电专项工程；总干渠机电专项工程图册
	第九分册　汉江兴隆水利枢纽工程；汉江兴隆水利枢纽工程图册
	第十分册　引江济汉工程（一）、（二）；引江济汉工程图册
	第十一分册　汉江中下游部分闸站改造工程（一）、（二）；汉江中下游部分闸站改造工程图册
	第十二分册　汉江中下游局部航道整治工程（一）、（二）；汉江中下游局部航道整治工程图册
(4)	附件四　工程建设征地移民规划设计报告
	第一分册　水源工程
	第二分册　输水工程
	第三分册　汉江中下游治理工程
	第四分册　文物保护规划
(5)	附件五　工程投资估算报告
	第一分册　水源工程
	第二分册　输水工程（一）～（三）
	第三分册　汉江中下游治理工程
3	专题报告
(1)	丹江口水库分期蓄水专题研究报告
(2)	总干渠水力学及调度专题研究报告
(3)	总干渠冰期输水专题研究报告
(4)	综合管理信息系统专题研究
(5)	总干渠黄河以南一次建成专题研究

第四节 东、中线一期工程初步设计阶段

自 2002 年起，南水北调单项工程初步设计工作全面展开。2008 年以前，南水北调东、中线一期工程初步设计工作由水利部组织项目审查、中咨公司组织项目评估、国家发展改革委组织项目概算评审。根据国务院南水北调建委会第三次会议确定的南水北调工程建设目标和国家发展改革委对调整南水北调东中线一期工程初步设计概算核定工作职责分工的意见要求，南水北调工程初步设计批复工作由水利部转交国务院南水北调办。国务院南水北调办委托水规总院承担南水北调初步设计报告审查工作。

单项工程初步设计组织工作由南水北调东线江苏水源有限责任公司（简称"江苏水源公司"）、南水北调东线山东干线有限责任公司（简称"山东干线公司"）、南水北调中线水源有限责任公司（简称"中线水源公司"）、中线干线建设管理局（简称"中线建管局"）以及湖北省南水北调管理局、淮河水利委员会治淮工程建设管理局（简称"淮委建设局"）等单位负责。其中，江苏水源公司组织了东线一期江苏段工程初步设计工作，山东干线公司组织了东线一期山东段工程初步设计工作，淮委建设局组织了东线一期省际段工程初步设计工作，湖北省南水北调管理局组织了中线一期湖北境内汉江中下游治理工程初步设计工作，中线水源公司组织了中线水源工程初步设计工作，中线建管局组织了中线一期干线工程初步设计工作。

一、东线一期工程初步设计

（一）江苏段工程

1. 初步设计项目划分

江苏境内及省界工程初步设计阶段项目划分调整为三阳河、潼河、宝应站工程，骆马湖—南四湖段江苏境内工程，长江—骆马湖段（2003 年度）工程，长江—骆马湖段其他工程，江苏省截污导流工程，东线江苏段专项工程，以及南四湖水资源控制和水质监测工程、骆马湖水资源控制工程，南四湖下级湖抬高蓄水位影响处理工程 8 个单项共计 40 个设计单元工程。在江苏水源公司成立前，江苏境内南水北调工程已完成 4 个单项共计 14 个设计单元工程的初步设计，江苏境内截污导流工程 4 个设计单元工程及江苏省文物保护初步设计由江苏省南水北调办公室组织。江苏水源公司负责剩余工程的初步设计共计 3 个单项、21 个设计单元。

2. 初步设计工作组织方式

在组织方式上，江苏水源公司根据前期工作实际情况分别采取了直接委托方式和设计招标的方式，以保证工程建设顺利实施。

（1）设计招标优选设计单位开展设计工作。因南水北调为跨流域水资源配置工程，前期工作涉及经济、社会、技术多个方面，存在利益的多层面、专业技术的复杂性和技术资料的延续性等因素。根据国家有关规定和南水北调工程特点，水利部和国务院南水北调办均未对设计单元工程勘测设计发包方式作强制性要求。但由于南水北调工程采取了新的建管体制和投融资机制，实行准市场运作。为提高工程勘察、设计质量水平，加强工程设计技术创新，需要通过市

场竞争，在全国范围内优选最具能力承担项目勘察、设计任务的单位，同时引进与南水北调工程建设管理目标相适应的先进设计理念、先进技术、先进工艺。2005 年 11 月，江苏水源公司对泗阳站、刘老涧二站、皂河二站三项设计单元勘测设计率先进行了公开招标的探索，这在南水北调系统中尚属首次，2008 年年底又继续开展了洪泽站、邳州站勘测设计公开招标。通过设计招标，引入了竞争机制，强化了设计单位的竞争意识、创新意识和服务意识。同时，有利于项目设计方案创新，激励工作积极性，起到了良好效果。

（2）委托设计单位开展设计工作。江苏省南水北调工程主要是利用、改造现有江水北调工程，并按规划要求开辟新的输水线路。20 世纪 60 年代，江苏省为了解决淮北地区工农业生产和人民生活用水短缺问题，从长江边做起，利用京杭大运河作为输水干河，串联洪泽湖、骆马湖、微山湖等调蓄湖库，沟通江、淮、沂三大水系，开始了江水北调工程建设，为南水北调东线工程的规划和实施提供了条件。江水北调、南水北调工程从项目建议书至可行性研究报告前期工作基本为江苏省水利厅委托相关设计单位负责开展工作。因此，江苏水源公司作为项目法人，在针对河道工程、影响处理工程和加固改造工程前期工作组织方式上，由于情况复杂，协调量大，初步设计采取直接委托方式；对于新建泵站工程，部分泵站工程考虑到工期较紧，招标周期长，亦采用委托方式，基本委托可行性研究报告编制单位负责开展初步设计以后阶段前期工作；对于涉及供电、交通、移民安置等专项设施初步设计，采用委托专业设计单位的方式，以保证工程建设顺利实施。同时，考虑南水北调工程的特殊性及重要性，项目法人应委托具有甲级资质的设计单位开展相关初步设计工作。

（二）山东段工程

1. 初步设计项目划分

南水北调东线一期工程山东段共包括韩庄运河段工程、南四湖下级湖抬高蓄水位影响处理工程、南四湖水资源控制及水质监测工程、南四湖—东平湖段输水与航运结合工程、东平湖输蓄水影响处理工程、穿黄河工程、鲁北段工程、济平干渠输水工程、胶东干线济南—引黄济青段工程、山东段截污导流工程、山东段专项工程 11 个单项、54 个设计单元工程。

山东段主体工程的建设内容可概括为："七站""六河""三库""两湖""一洞"。"七站"是指新建台儿庄、万年闸、韩庄、二级坝、长沟、邓楼、八里湾等七级泵站；"六河"是指韩庄运河、梁济运河、柳长河、小运河、七一·六五河、胶东输水干线渠道等六条河道；"三库"是指新建东湖、双王城和大屯三座调蓄水库；"两湖"是指处理和局部疏通南四湖、东平湖两个大型湖泊；"一洞"是指穿黄隧洞工程。

2. 初步设计组织工作方案

组织方式上，按照国务院南水北调办要求，山东干线公司结合山东省南水北调工程前期工作实际，采取了直接委托的方式和设计招标方式，以保证工程建设顺利实施。

初步设计具体承担情况：南水北调东线一期工程山东段工程中，南四湖—东平湖段工程（八里湾泵站工程设计由中水淮河公司承担）、济南—引黄济青段工程、鲁北段工程、济南—东平湖段工程、山东境内管理设施专项工程、截污导流工程和韩庄运河段工程（台儿庄泵站工程设计由中水淮河公司承担）以及南四湖水资源控制及水质监测工程中二级坝泵站工程初步设计阶段的勘测设计工作由山东省设计院承担；穿黄河工程、东平湖蓄水影响处理工程初步设计阶段的勘测设计工作由中水北方公司承担;南四湖下级湖抬高蓄水位影响处理工程,八里湾泵站工程,南四湖水资源控制及水质监测工程中姚楼河闸、杨官屯河闸、大沙河闸和潘庄引河闸工程初步设计阶段的勘测设计工作由中水淮河公司承担;台儿庄泵站工程初步设计阶段的勘测设计工作由中水淮河公司和山东省设计院共同承担;山东境内调度运行管理系统工程通过设计招标方式,由北京电信规划设计院有限公司和山东省设计院联合承担。

(三)省际段工程

1. 初步设计项目划分

南水北调东线一期苏鲁省际工程共划分为蔺家坝泵站、骆马湖水资源控制工程、台儿庄泵站、南四湖水资源控制工程姚楼河闸、潘庄引河闸、大沙河闸和杨官屯河闸共 7 个设计单元工程。

2. 初步设计工作组织情况

2003 年 5 月 6 日,水利部印发《关于印送东调南下及南水北调东线工程省部联席会议纪要的函》(水规计〔2003〕171 号),明确了东调南下续建工程及南水北调东线工程的建设管理和前期工作的分工。根据前期规划建议和省部联席会议纪要精神,淮委建设局负责南水北调东线苏鲁省际工程项目建设,中水淮河公司开始进行初步设计报告编制工作。

2004 年 12 月 7 日,国务院南水北调办在安徽省蚌埠市组织召开了南水北调东线苏鲁省界有关工程项目建设管理协调会议,并形成会议纪要,明确苏鲁省际工程由淮委建设局承担建设管理工作。根据《南水北调东线第一期工程苏鲁省界有关工程项目建设管理协调会议纪要》精神,鲁、苏两省的项目法人山东干线公司、江苏水源公司陆续与淮委建设局签订了委托建设管理协议,淮委建设局委托中水淮河公司进行 7 项工程的初步设计工作。

二、中线一期工程初步设计

(一)中线干线工程

1. 初步设计工作组织情况

(1)水利部前期工作。根据水利部安排,中线一期工程前期工作按 16 个可行性研究和 27 个初步设计分段、分项进行勘测设计工作。

(2)移交中线建管局组织管理的初步设计项目。根据国务院南水北调办安排,由中线建管局负责组织的初步设计项目有邢石段工程、邯邢段工程、穿漳河工程、黄河北—羑河北段工程、沙河—黄河南段工程、陶岔—沙河南段工程、陶岔渠首枢纽工程、天津干线工程 8 项工程以及干线工程的通信、监控、监测和管理专项工程。

(3)设计单元划分。根据国务院南水北调办批复的设计单元划分方案,南水北调中线干线工程共分 10 个单项工程 59 个设计单元。随着前期工作的开展、设计招标工作和工程建管模式的要求,需对原批复的设计单元进行调整。调整后仍为 10 个单项工程、72 个设计单元,其中京石段应急供水工程含 13 个设计单元;漳河北—石家庄段工程含 12 个设计单元;穿漳河工程含 1 个设计单元;黄河北—漳河南段工程含 13 个设计单元;穿黄工程含 2 个设计单元;沙河南—黄河南段工程含 11 个设计单元;陶岔渠首—沙河南段工程含 12 个设计单元;陶岔渠首枢纽含 1 个设计单元;天津干线工程含 4 个设计单元;其他工程含 3 个设计单元。

（4）中线干线工程初步设计组织。中线干线工程中京石段应急供水工程、穿黄工程、安阳段工程、黄河北—羑河北段工程和漳河北—石家庄南段工程的初步设计由水利部审批，投资概算报国家发展改革委评审中心评审。

陶岔渠首—沙河南段工程、沙河南—黄河南段工程、天津干线工程、陶岔渠首工程等72个设计单元工程初步设计由国务院南水北调办审批。

（5）初步设计承担单位。水利部、长委和各省市调水办曾对上述中线建管局组织管理项目的设计承担单位做出了安排。从工程设计的连续性、资料的保有情况和尊重历史等因素考虑，中线建管局接管初步设计组织管理工作后，对设计承担单位进行了分工。

1）漳河北—石家庄南段工程。邢石段高邑县和赞皇县段部分工程、邯邢段工程中临城县1段工程2个设计单元采用公开招标选择设计承担单位，其他段工程按原分工由河北院和河北二院承担设计工作。

2）穿漳河工程。按原分工由长江设计院承担。

3）黄河北—羑河北段工程。按原分工由河南省设计院承担。

4）陶岔渠首枢纽工程、陶岔渠首—沙河南段工程、沙河南—黄河南段工程、天津干线工程和专项工程采用公开招标方式选择设计承担单位。

5）专项工程。中线干线自动化调度与运行管理决策支持系统工程和冰期输水专题等，通过招标选择初步设计承担单位。

2. 前期工作管理情况

（1）中线建管局负责初步设计的组织管理工作，接受行政主管部门国务院南水北调办的监督和检查。主要工作有制定南水北调中线干线工程初步设计组织方案、招标工作方案、设计招标分标方案；负责组织进行勘测设计招标，与承担设计的单位签订勘测设计合同，支付设计经费，并委托技术总负责单位对初步设计质量进行技术把关；负责中线干线工程初步设计技术规定、初步设计报告和重大设计变更报告的组织编制、初审和报送。

（2）各承担设计单位为初步设计报告编制和成果质量的直接责任单位，按照合同约定和有关规程规范完成初步设计报告的编制工作，接受中线建管局和技术总负责单位的指导、监督和检查，接受国务院南水北调办的审查和评审。

（3）长江设计院在前期工作中为南水北调中线工程的技术总负责单位，中线建管局接管初步设计组织管理工作后，长江设计院受中线建管局委托，仍为中线干线工程的技术总负责单位。长江设计院负责"初步设计技术规定"的编制，跟踪初步设计过程，适时进行中间检查，对中线干线工程初步设计成果质量进行技术把关；对设计单位编制完成（或编制过程中）的单元工程初步设计进行技术咨询，并提出咨询意见，及时向中线建管局反馈初步设计中的有关意见。长江设计院承担的设计项目，由中线建管局委托其他有资质的单位或聘请专家进行技术咨询，并提出咨询意见。

（4）项目建设管理单位负责管辖范围内对工程设计的有关意见及建议，组织设计单位提出处理方案和措施；负责管辖范围内设计与建设之间有关问题的协调；负责管辖范围内初步设计阶段与有关行业部门的协调；负责管辖范围内配套工程与主体工程设计之间的协调。

（二）汉江中下游治理工程

根据南水北调工程初步设计单元工程项目划分的有关要求，汉江中下游治理工程4个单项工程划分为 9 个设计单元工程，其中，兴隆水利枢纽工程划分为 1 个设计单元工程，引江济汉工程划分为 5 个设计单元工程，部分闸站改造工程划分为 2 个设计单元工程，局部航道整治工程划分为 1 个设计单元工程。

根据设计工作进展，为加快前期工作进程，经过认真研究，湖北省南水北调管理局调整了引江济汉工程的初步设计单元划分工作，由原划分的 5 个设计单元调整为主体工程和自动化调度运行管理系统 2 个设计单元工程。同时将闸站改造工程由原来的谢湾、泽口闸改造和其他闸站改造工程 2 个设计单元合并为 1 个初步设计单元工程。

（三）中线水源工程

根据国务院南水北调工程建设委员会第二次全体会议关于调整工程项目初步设计组织管理工作的要求及水利部、国务院南水北调办有关要求，中线水源公司承担初步设计组织管理工作的项目包括丹江口水利枢纽大坝加高工程、陶岔渠首枢纽工程、丹江口大坝加高库区移民安置工程和通信、调度、管理专项工程。

1. 前期工作管理情况

中线水源公司在国务院南水北调办的指导、协调、监督下，具体负责南水北调中线水源工程初步设计组织工作，是水源工程初步设计的责任单位。承担组织水源工程初步设计阶段勘测设计和上报相关成果。

2. 初步设计工作组织情况

（1）初步设计单元工程的划分。南水北调中线水源工程划分为 4 个设计单元工程。分别为丹江口大坝加高工程、丹江口大坝加高库区移民安置工程、陶岔渠首枢纽工程和中线水源调度运行管理系统工程。

（2）初步设计组织情况。按 4 个设计单元组织设计工作。

1）丹江口大坝加高工程：丹江口大坝加高工程初步设计已于 2005 年 4 月 29 日经水利部批复，2005 年 9 月 26 日大坝加高工程正式开工建设。丹江口大坝加高工程复杂，属南水北调中线一期的控制性关键工程，由中线水源公司委托长江设计院进行设计。

2）陶岔渠首枢纽工程：陶岔渠首枢纽工程初步设计报告由南水北调工程设计管理中心根据国务院南水北调办的工作安排，委托长江设计院编制完成，并通过审批，由中线水源公司委托淮委建设局负责实施。

3）丹江口库区移民安置工程：长江设计院于 2004 年 10 月底初步完成丹江口库区建设征地及移民安置规划初步设计阶段各项工作，并在此基础上编制完成了库区移民安置规划报告。

4）中线水源调度运行管理系统工程：南水北调中线水源调度运行管理系统工程初步设计工作由中线水源公司委托长江设计院编制完成，并通过审批。

随着各单项工程、设计单元初步设计报告的批准，南水北调东中线一期工程建设全面展开，南水北调工程从此由前期工作阶段转入工程建设阶段。

东 线 篇

第五章 东线工程规划

第一节 修订规划的指导思想、原则和主要内容

20世纪90年代以来，北方地区大范围缺水、地下水超采严重、水环境污染和黄河断流等问题引起社会的广泛关注。特别是在20世纪90年代末期北方地区连续干旱，海河流域天津、沧州、衡水、德州，山东半岛济南、潍坊、青岛、威海、烟台，以及淮河流域的一些城市出现用水危机，造成严重的经济损失和社会影响，尽快解决北方水资源短缺问题的要求日益迫切。

南水北调工程是解决我国北方地区水资源短缺问题的重大战略措施，党中央、国务院对南水北调工作十分重视。为贯彻落实党的十五届五中全会通过的《中共中央关于制定国民经济和社会发展第十个五年计划的建议》确定的"采取多种方式缓解北方地区缺水矛盾，加紧南水北调工程的前期工作，尽早开工建设"的重大决策和国务院领导关于南水北调工作的指示，2000年12月21—22日，国家计委、水利部在北京联合召开了南水北调前期工作座谈会，部署了南水北调前期规划工作，并提出工作要点。根据水利部的安排，淮委负责会同海委编制《南水北调东线工程规划（2001年修订）》（简称《东线规划》）。

从20世纪50年代初提出"南水北调"的设想，经历近半个世纪的前期工作，对东、中、西三条调水线路进行了广泛深入的研究论证，形成了规划的总体格局。东线工程是我国南水北调总体布局中的重要组成部分，规划从江苏省扬州附近的长江干流引水，基本沿京杭大运河逐级提水北送，向黄淮海平原东部和山东半岛供水。

从20世纪70年代初开始，水利部组织有关部门研究东线调水方案，多次提出规划、可行性研究报告；1976年提出《南水北调近期工程规划报告》上报国务院，并进行了初审。在此基础上，于1983年提出《南水北调东线第一期工程可行性研究报告》，同年获国务院批准；在对1976年规划报告修改和补充的基础上，于1990年提出《南水北调东线工程修订规划报告》，1992年提出《南水北调东线第一期工程可行性研究修订报告》，1993年9月水利部审查通过了这两份报告。在此期间，广泛开展了专题科学研究工作，取得了许多重要成果，为科学比选东线调水方案打下了坚实基础。

《东线规划》是在历次规划及可行性研究等前期工作基础上进行的。随着我国经济和社会的发展，水资源可持续利用问题显得尤为重要，经济体制改革的深化也对工程的建设和运行管理提出了新的要求，这些都使本次规划与20世纪70年代、90年代初的规划相比，在环境条件、总体目标及管理体制等方面都有很大的变化；水量调配以及在此基础上的工程方案、投资匡算、出资办法、成本核算也需要根据新的情况和要求作进一步的研究。因此，本次修订规划的重点是依据北方地区社会、经济、环境条件以及水资源短缺的情势，按照"先节水后调水、先治污后通水、先环保后用水"的原则，论证东线工程的水资源优化配置和保护，修订供水范围、供水目标和工程规模；按照社会主义市场经济的要求，研究东线建设体制和运营机制，建立合理的水价体系；根据北方城市的需水要求，结合东线治污规划的实施，制定分期实施方案。

　　《东线规划》的主要内容有：①以合理配置水资源为目标，按照"先节水后调水、先治污后通水、先环保后用水"的要求，做好需调水量预测、水量调配、水质保护和工程布局及投资匡算工作；②结合水污染治理，按照先通后畅的原则，提出分期实施方案；③按照社会主义市场经济的要求，研究建设与管理的机制和体制；④研究合理的水价体系，促进节水和治污，为工程的良性运营创造条件。

第二节　东线工程规划成果

一、供水范围

　　东线工程的基本任务是从长江下游取水，主要为黄淮海平原东部和山东半岛补充水源，与引黄工程和南水北调中线工程一起共同解决华北地区水资源短缺问题，实现这一地区水资源的合理配置。

　　在20世纪70年代以来的规划、论证的基础上，根据对黄淮海东部平原及山东半岛社会经济发展及水资源状况的分析、预测和水资源合理配置的要求，结合输水沿线各省市规划需求，东线工程合理的供水范围大体分为三片：①黄河以南，包括江苏省里下河地区以外的苏北地区和里运河东西两侧地区，安徽省蚌埠市、淮北市以东沿淮、沿新汴河、沿高邮湖地区和山东省南四湖、东平湖地区；②山东半岛；③黄河以北，包括大清河以东南天津平原，河北省黑龙港东部平原、运东平原和山东省徒骇马颊河平原（简称"黄河以南供水区、山东半岛供水区和黄河以北供水区"）。

二、供水目标

　　东线工程的供水目标是补充津、冀、鲁、苏、皖等输水沿线城市生活、环境和工业用水，并适当兼顾农业和其他用水。

　　天津、济南、青岛、徐州等重要中心城市及调水沿线和山东半岛的大中城市的城市用水和重要电厂、煤矿用水是主要供水目标，并在城市用水中考虑了改善城市环境（绿化、河、湖）用水；兼顾航运用水，提高济宁—扬州段京杭运河的航运用水保证率；并向江苏省现有江水北调工程供水区和安徽省洪泽湖用水区提供农村生活、农村工业、农业灌溉用水；在满足上述供水目标的前提下，利用工程供水能力，在需要时向北方供给农业和生态用水。

三、线路规划

东线工程是利用江苏省江水北调工程，扩大规模向北延伸而成。充分利用了京杭运河及淮河、海河流域现有河道和建筑物，并密切结合防洪、除涝和航运等综合利用的要求。

黄河以南沿线有洪泽湖、骆马湖、南四湖、东平湖4个调蓄湖泊，湖泊与湖泊之间的水位差都在10m左右，形成4大段输水工程，各湖之间均设3级提水泵站，南四湖上、下级湖之间设1级泵站，长江—东平湖共设13个抽水梯级，地面高差40m，泵站总扬程65m。

现有河道输水能力大部分满足近期调水要求，并具有扩建潜力。南四湖以南已全部渠化，达到Ⅱ～Ⅲ级航道标准。江苏省江水北调工程从扬州到南四湖下级湖已建成9个梯级、22座泵站，总装机容量17.6万kW。根据现有河道可利用情况，南四湖以南采用双线或三线并联河道输水；南四湖以北基本为单线河道输水。具体输水线路安排如下：

长江—洪泽湖，由三江营抽引江水，分运东和运西两线，分别利用里运河、三阳河、苏北灌溉总渠和淮河入江水道送水。

洪泽湖—骆马湖，采用中运河和徐洪河双线输水。新开成子新河和利用二河从洪泽湖引水送入中运河。

骆马湖—南四湖，有3条输水线：中运河—韩庄运河、中运河—不牢河和房亭河。

南四湖内除利用全湖输水外，须在部分湖段开挖深槽，并在二级坝建泵站抽水入上级湖。

南四湖以北—东平湖，利用梁济运河输水至邓楼，建泵站抽水入东平湖新湖区，沿柳长河输水北送至八里湾，再由泵站抽水入东平湖老湖区。

穿黄位置选在解山和位山之间，包括南岸输水渠、穿黄枢纽和北岸出口穿位山引黄渠三部分。穿黄隧洞设计流量200m³/s，需在黄河河底以下70m打通一条直径9.3m的隧洞。

江水出东平湖经穿黄河工程过黄河后，接小运河至临清，立交穿过卫运河，经临吴渠在吴桥城北入南运河送水到九宣闸，再由马厂减河送水到天津北大港水库。

从长江到天津北大港水库输水主干线长约1156km，其中黄河以南646km，穿黄段17km，黄河以北493km；分干线总长795km，其中黄河以南629km，黄河以北166km。

山东半岛输水干线工程西起东平湖，东至威海市米山水库，全长701.1km，设7级提水泵站。自西向东可分为西、中、东三段，西段即西水东调工程；中段利用引黄济青渠段；东段为引黄济青渠道以东河段，第一、二期工程由北线送水至威海市米山水库，即利用山东省胶东地区应急调水工程，第三期工程新辟南线送水至荣成市湾头水库，增加输水线路287.4km。合计输水线路总长988.5km。

四、调水工程规划

（一）一期工程规划

南水北调东线一期工程利用江苏省江水北调工程，扩大规模，向北延伸，向山东省供水。工程范围包括黄河以南、鲁北、山东半岛三片和穿黄河工程。各区段工程布置及主要工程项目如下。

1. 东线水源工程

（1）引水口。东线工程在江苏省扬州附近的长江干流引水，与江苏省东引灌区共用三江营和高港两个引水口门。

规划自三江营引江水950m³/s，经江都西闸进入新通扬运河，其中江都站抽水400m³/s入里运河北送，另经江都东闸送水550m³/s到宜陵。自宜陵向北由三阳河、潼河向大汕子泵站送水100m³/s，其余送入里下河腹部河网。

高港位于三江营下游15km处，是泰州引江河入口。江苏省于1999年按300m³/s开通泰州引江河，建成高港泵站。在长江低潮位时，东线工程利用其作为向三阳河加压补水的输水线路。

（2）加压站。规划由江苏省已建成的高港泵站担负抽江加压任务，利用泰州引江河接新通扬运河（九里沟—宜陵河段）送水至三阳河口，以保证在冬春季节低潮位时，由三阳河向大汕子泵站提供充足的水源。

（3）里下河水源调整。江都站抽水主要用于里下河地区，为使江都站抽水能力尽量用于北调，结合三阳河输水，达到北调规模，需要调整里下河地区水源。规划按600m³/s规模续建泰州引江河二期工程，疏浚新通扬运河九里沟—宜陵河段，并按照原属北调灌区的面积调整到东引灌区的实际要求，对里下河腹部供水工程给予适当的补助。

2. 长江—洪泽湖

一期工程规划抽江水500m³/s，入洪泽湖450m³/s。利用里运河及三阳河、潼河两路输水，分别由江都站抽水400m³/s、大汕子站抽水100m³/s入里运河，到大汕子后，一路继续沿里运河北行，至淮安枢纽入苏北灌溉总渠，由淮阴站抽水300m³/s入洪泽湖；另一路向西经金宝航道、三河输水，由蒋坝站抽水150m³/s入洪泽湖。

该区段利用现有江都站，淮安一、二、三站，淮阴一、二站，并建设如下项目：

开挖三阳河北段及潼河，设计流量100m³/s。

疏浚自里运河南运西闸至金湖段的金宝航道，设计流量150m³/s。

扩挖自里运河北运西闸经白马湖、花河至淮安四站的淮安四站输水河道，设计流量100m³/s。

更新改造江都泵站（400m³/s）；建设大汕子一站（100m³/s）、淮安四站（100m³/s）、淮阴三站（100m³/s）、金湖北一站（150m³/s）、蒋坝一站（150m³/s）。

3. 洪泽湖—骆马湖

洪泽湖—骆马湖段采用中运河和徐洪河双线输水。

一期工程规划出洪泽湖350m³/s，入骆马湖275m³/s。利用中运河输水230～175m³/s（分别表示河道首、末端输水流量，下同），由皂河站抽水入骆马湖；徐洪河输水120～100m³/s，在土山站抽水接房亭河，向东入中运河。

该区段利用现有泗阳一、二站，刘老涧一站，皂河一站和沙集一站规划新建项目：①中运河影响处理工程，包括堤防加固和渗水影响处理；②徐洪河影响处理工程，包括河道护坡、险工段处理，重建金镇、三岔河大桥和拆建大口子涵洞等工程；③建设泗阳三站（70m³/s）、刘老涧二站（80m³/s）、皂河二站（75m³/s）、泰山洼一站（120m³/s）、沙集二站（60m³/s）、土山西站（100m³/s）。

现有皂河一站装有单机流量 $100\mathrm{m}^3/\mathrm{s}$ 混流泵两台，增建的皂河二站是作为一站的备用泵站，枢纽布置中包括邳洪河地涵、邳洪北闸等皂河站配套工程。

4. 骆马湖—南四湖

骆马湖—南四湖段利用现有河道中运河、韩庄运河、不牢河和房亭河输水。

一期工程规划出骆马湖 $250\mathrm{m}^3/\mathrm{s}$，入南四湖下级湖 $200\mathrm{m}^3/\mathrm{s}$。利用中运河输水至大王庙后，规划韩庄运河输水 $150\mathrm{m}^3/\mathrm{s}$，不牢河输水 $100\mathrm{m}^3/\mathrm{s}$。

该区段利用现有刘山一站、解台一站，其他规划工程项目为：①骆马湖以北中运河，按 $250\mathrm{m}^3/\mathrm{s}$ 规模疏浚邳县铁路桥—大王庙河段；②韩庄运河局部整治；③在韩庄运河建台儿庄一站（$150\mathrm{m}^3/\mathrm{s}$）、万年闸一站（$150\mathrm{m}^3/\mathrm{s}$）、韩庄一站（$150\mathrm{m}^3/\mathrm{s}$），在不牢河建刘山二站（$50\mathrm{m}^3/\mathrm{s}$）、解台二站（$50\mathrm{m}^3/\mathrm{s}$）和蔺家坝一站（$50\mathrm{m}^3/\mathrm{s}$）。

5. 南四湖

一期工程输水规模 $200\sim100\mathrm{m}^3/\mathrm{s}$。南四湖下级湖微山岛以南湖面宽阔，能满足输水要求；以北大部分湖段能满足一期工程规划的输水要求，但局部湖段需要疏浚。规划在二级坝建设计流量 $125\mathrm{m}^3/\mathrm{s}$ 的泵站提水入南四湖上级湖。

6. 南四湖—东平湖

一期工程输水规模 $100\mathrm{m}^3/\mathrm{s}$。利用梁济运河输水到邓楼，设泵站提水进入东平湖新湖区，沿柳长河输水到八里湾，再提水入东平湖老湖区。

梁济运河是一条排涝为主兼顾黄河东平湖滞洪区退水的河道，向北输水的能力较小；柳长河是东平湖新湖区内的排涝小河，现状基本不能输水。规划扩挖梁济运河、柳长河，新建长沟、邓楼、八里湾三级泵站，设计流量均为 $100\mathrm{m}^3/\mathrm{s}$。

7. 穿黄工程

穿黄工程是东线工程的关键项目，规划在解山和位山之间的黄河河底开挖隧洞。

穿黄工程由南岸输水渠段、穿黄河枢纽段、北岸穿引黄渠段等三部分组成，全长 16.89km。为避免与黄河行洪产生干扰，穿黄隧洞南岸黄河滩地采用埋管，堤外采用开挖明渠输水；北岸以埋涵方式在位山引黄渠渠底以下穿过，通过明渠渐变段与下游输水河道相接。

东线一期工程规划穿黄规模为 $50\mathrm{m}^3/\mathrm{s}$，其中穿黄河倒虹隧洞结合第二、三期输水规模，按设计输水流量 $200\mathrm{m}^3/\mathrm{s}$ 打通一条洞径为 9.3m 的隧洞，其余渠道开挖、滩地埋管、穿堤涵洞等建筑物均按 $50\mathrm{m}^3/\mathrm{s}$ 设计。

8. 鲁北输水线路

鲁北输水线路自穿黄隧洞出口开始，经聊城、临清输水到德州大屯水库，规划输水流量 $50\sim30\mathrm{m}^3/\mathrm{s}$。输水线路分为位山—临清、临清—大屯水库两段。

（1）位山—临清段。一期工程位山—临清段输水规模 $50\mathrm{m}^3/\mathrm{s}$。规划推荐采用小运河立交方案，线路自穿黄隧洞出口开始，向西北立交穿过位山三干，经聊城至临清邱屯闸，全长 104.16km，与位山引黄总干渠、徒骇河、马颊河等主要河道均采取立交方式。

（2）临清—大屯水库段。本段输水规模 $30\mathrm{m}^3/\mathrm{s}$，利用七一·六五河扩建输水。于邱屯闸上接小运河，沿位山三干六分干向北于师堤西北进入七一河，于夏津县城进入六五河，在六五河西岸姜庄村附近入大屯水库，全长约88km，其中六分干长约12km，利用七一·六五河约76km。七一·六五河现状排涝能力分别为 $14\sim22\mathrm{m}^3/\mathrm{s}$ 和 $22\sim105\mathrm{m}^3/\mathrm{s}$。

9. 山东半岛输水干线

山东半岛输水干线工程西起东平湖，东至威海市米山水库，全长 701km，分西、中、东三段。

（1）西段输水工程。西起东平湖青龙闸，东接引黄济青干渠，沿途经泰安、济南、滨州、淄博四市，全长 240km，输水规模 50m³/s。

东平湖—济南段全长 89.5km，利用原济平干渠扩挖。

济南—引黄济青干渠段全长 150.8km，利用小清河干流输水，穿过济南市区段采用清污分流方案。

（2）中段输水工程。利用现有引黄济青工程的一段渠道，自分洪道子槽上节制闸至宋庄分水闸，利用引黄济青渠道长 142.1km。该段现状输水能力 37～29m³/s，沿途经宋庄、王褚二级泵站提水。一期工程不扩大该段引黄济青渠道，仅对局部河段进行配套改造。

（3）东段输水工程。一期采用自引黄济青宋庄分水闸至威海市米山水库方案，全长 319km，输水规模 22～4m³/s；分别采用明渠、压力管道和暗渠输水，设 7 级泵站。

10. 蓄水工程规划

（1）洪泽湖。洪泽湖担负着拦蓄洪水、调节径流的作用，现状汛前限制水位 12.5m、汛后蓄水位 13.0m，相应调节库容 23.10 亿 m³，蓄水面积近 1700km²。

南水北调工程拟将洪泽湖蓄水位由 13.0m 抬高到 13.5m，增加调节库容 8.24 亿 m³。需对安徽、江苏沿湖圩区增加排水能力，修建截渗、排渗工程等。

（2）南四湖。南四湖由二级坝将其分为上、下两级湖。现状下级湖蓄水位 32.5m，相应蓄水面积 582km²，调节库容 4.94 亿 m³；上级湖蓄水位 34.2m，蓄水面积 583km²，调节库容 6.19 亿 m³。

规划将南四湖下级湖蓄水位由现状 32.5m 抬高到 33.0m，增加调节库容 3.06 亿 m³。蓄水位抬高后，需对渔、湖业生产适当扶持；滨湖地区渗水量增加，地下水位升高，涝渍灾害加重，需安排截渗和排渗工程。

（3）东平湖。东平湖是黄河下游的滞洪水库，分新、老湖区，总面积 632km²，其中老湖区 209km²。老湖区承纳大汶河来水，最高滞洪水位 44.8m（85 黄海高程），死水位 38.8m，不担负蓄水灌溉任务。

本次规划以不影响黄河防洪运用为原则，规划利用老湖区金山坝以东蓄水，正常蓄水位 40.3m，调节库容 2.1 亿 m³。需对围堤进行加固处理，安排堤后截渗排渗工程，并须妥善处理移民安置。

（4）东湖水库。东湖水库位于山东半岛输水干线西段中部，主要解决济南、滨州、东营、淄博等沿线城市用水的需要。新建水库位于济南市东北部小清河柴庄闸附近，距市区 30km。水库占地 1.95 万亩，设计蓄水位 27.7m，总库容 0.88 亿 m³。

（5）双王城水库。双王城水库位于寿光市北部天然洼地，紧靠山东半岛输水干线中段引黄济青输水渠。该库建于 1974 年，占地面积 1.15 万亩，库容 1206 万 m³，因水源不足，一直没得到正常利用，现已荒废。规划将水库围坝加固扩建，扩建后水库水面面积 13.8km²，库容达 1.1 亿 m³。围坝采用干砌石护坡，复合土工膜防渗处理，新建入库泵站、进出水闸等配套建筑物。

（6）大屯水库。为便于德州市及附近城镇用水，规划在山东省武城县大同乡恩县洼内新建大屯水库。大屯水库位于六五河以西，德武公路以南，丁王庄卜官庄以东，吕王庄以北，东西宽约5km。库区总面积40km²，其中一期工程规划面积22km²。规划正常蓄水位26.5m，总库容1.0亿m³，调蓄库容0.96亿m³。需修筑水库围堤，采用以黏性土为主的均质土坝。安排入库泵站工程、放水涵洞、截排渗等工程。

东平湖、大屯水库涉及征用土地和迁赔数量多，投资较大，调蓄效果也需进一步研究，规划阶段暂按这两座水库在一期工程中开始实施，在第二期工程中完成考虑。

11. 泵站与供电工程规划

（1）泵站规划。南水北调东线是利用江苏省江水北调工程，扩大规模并向北延伸，规划利用现有江都、淮安、淮阴、泗阳、刘老涧、沙集、皂河、刘山、解台9处泵站，共计16座，装机总容量14.85万kW，并对江都、淮安、泗阳、皂河、刘山、解台等泵站进行更新改造。一期工程利用的现有泵站装机统计见表5-2-1。

表5-2-1　　　　　　　　一期工程利用的现有泵站装机统计表

序号	泵站名称	装机台数	泵型	设计扬程/m	单机流量/(m³/s)	总装机流量/(m³/s)	单机功率/kW	总装机容量/kW
1	江都一站	8	立式轴流泵	8.5	10.0	80.0	1000	8000
	江都二站	8	立式轴流泵	8.5	10.0	80.0	1000	8000
	江都三站	10	立式轴流泵	8.5	13.8	138.0	1600	16000
	江都四站	7	立式轴流泵	8.5	30.0	210.0	3000	21000
2	淮安一站	8	立式轴流泵	3.88	8.0	64.0	800	6400
	淮安二站	2	立式轴流泵	3.88	60.0	120.0	5000	10000
	淮安三站	2	贯流泵	4.07	33.0	66.0	1700	3400
3	淮阴一站	4	立式轴流泵	4.7	30.0	120.0	2000	8000
	淮阴二站	3	立式轴流泵	4.4	34.0	102.0	3000	9000
4	泗阳一站	20	立式轴流泵	5.6	5.0	100.0	500/120	10000
	泗阳二站	2	立式轴流泵	5.6	33.0	66.0	2800	5600
5	刘老涧一站	4	立式轴流泵	3	38.0	152.0	2200	8800
6	沙集一站	5	立式混流泵	10.5	10.0	50.0	1600	8000
7	皂河一站	2	立式混流泵	5	100.0	200.0	7000	14000
8	刘山一站	22	立式轴流泵	6.7	2.8	61.6	280	6160
9	解台一站	22	立式轴流泵	6	2.8	61.6	280	6160
	合计	129				1671.2		148520

一期工程规划新建大汕子、淮安、金湖、淮阴等21座泵站，新增装机20.66万kW。新建泵站装机统计见表5-2-2。

（2）供电工程规划。一期工程按单电源设计，电源点在山东、江苏地方电网就近取电。供电工程包括扩建变电所和新建输电线路等。

表 5-2-2 　　　　　　　一期工程新建泵站装机统计表

序号	泵站名称	设计规模 /(m³/s)	水泵形式	设计扬程 /m	单机流量 /(m³/s)	配套功率 /kW	数量 /台	总装机容量 /kW	总装机流量 /(m³/s)
1	大汕子一站	100	立式混流泵	8.50	33.9	3400	4	13600	135.6
2	淮安四站	100	45°斜轴泵	5.00	25.4	1600	5	8000	127.0
3	金湖北一站	150	30°斜轴泵	3.60	32.0	2000	6	12000	192.0
4	淮阴三站	100	贯流泵	4.90	33.4	2500	4	10000	133.6
5	蒋坝一站	150	立式轴流泵	7.00	30.0	2600	6	15600	180.0
6	泗阳三站	70	立式轴流泵	6.70	30.0	2800	4	11200	120.0
7	泰山洼一站	120	贯流泵	4.40	30.0	2400	5	12000	150.0
8	刘老涧二站	80	立式轴流泵	4.30	37.5	2200	3	6600	112.5
9	沙集二站	60	混流泵	10.40	24.0	3000	4	12000	96.0
10	皂河二站	75	立式轴流泵	6.20	24.0	2000	3	6000	72.0
11	土山西站	100	45°斜轴泵	5.40	22.0	1600	6	9600	132.0
12	刘山二站	50	45°斜轴泵	6.30	19.5	2000	4	8000	78.0
13	台儿庄一站	150	45°斜轴泵	4.90	25.0	1600	7	11200	175.0
14	解台二站	50	45°斜轴泵	6.30	19.5	2000	4	8000	78.0
15	万年闸一站	150	立式轴流泵	6.40	25.0	2100	7	14700	175.0
16	蔺家坝一站	50	15°斜轴泵	2.10	25.0	1000	3	3000	75.0
17	韩庄一站	150	卧轴泵	4.00	25.0	1600	7	11200	175.0
18	二级坝一站	125	贯流泵	3.82	24.8	1400	6	8400	148.8
19	长沟一站	100	45°斜轴泵	4.22	26.0	1600	5	8000	130.0
20	邓楼一站	100	贯流泵	3.65	26.8	1500	5	7500	134.0
21	八里湾一站	100	45°斜轴泵	5.60	26.0	2000	5	10000	130.0
	合计						103	206600	2749.5

（二）第二期工程规划

二期工程增加向河北、天津供水，需在一期工程基础上扩大北调规模，并将输水工程向北延伸至天津北大港水库。

1. 黄河以南工程

二期工程黄河以南片工程布置，与一期工程一致，但相应扩大了河、湖输水能力并增建泵站。各区段在一期工程基础上新扩建项目分述如下。

（1）长江—洪泽湖。二期工程规模为抽江 600m³/s，入洪泽湖 550m³/s。需按设计流量 300～200m³/s 扩建三阳河、潼河；按设计流量 250m³/s 扩建金宝航道；增建大汕子二站（100m³/s）、金湖北二站（100m³/s）、蒋坝二站（100m³/s）。

（2）洪泽湖—骆马湖。二期工程规模为出洪泽湖 450m³/s，入骆马湖 350m³/s。将徐洪河输水规模扩大至 220～175m³/s，需增建泰山洼二站（100m³/s）、沙集三站（80m³/s）、土山东站（75m³/s）。

（3）骆马湖—南四湖。二期工程规模为出骆马湖 350m³/s，入下级湖 270m³/s。需按 350m³/s 规模疏浚骆马湖以北中运河；在不牢河上增建刘山三站（100m³/s）、解台三站（100m³/s）和蔺家坝二站（100m³/s）。

（4）南四湖段。二期工程输水规模为 270～200m³/s，需继续疏浚南四湖，增建二级坝二站（95m³/s）。

（5）南四湖—东平湖。二期工程输水规模为 200～170m³/s，扩建梁济运河、柳长河，增建长沟二站（100m³/s）、邓楼二站（100m³/s）、八里湾二站（70m³/s）。

（6）蓄水工程。第二期工程拟抬高骆马湖蓄水位增加调蓄库容。

规划骆马湖蓄水位由 23.0m 提高到 23.5m，增加调节库容 1.6 亿 m³。骆马湖抬高蓄水位后，需对大堤进行防渗、防浪加固处理。骆马湖南堤已于 1996 年由江苏省利用世行贷款进行了加固，本次需对东堤、北堤进行加固处理，湖内还有一部分搬迁安置工作。

（7）泵站与供电工程。二期工程黄河以南增建泵站 13 座，新增装机容量 12.05 万 kW。

泵站工程的负荷等级定为Ⅱ级，新建泵站枢纽工程的供电方案均按双电源规划，电源点仍在山东、江苏地方电网就近取电，对一期工程已建泵站和利用江苏省现有泵站未能达到双电源供电的，要结合新建工程给予改造。

二期工程增建泵站装机情况见表 5－2－3。

表 5－2－3　　　　　　　　　　　　二期工程增建泵站装机情况表

序号	泵站名称	设计规模 /(m³/s)	水泵形式	设计扬程 /m	单机流量 /(m³/s)	配套功率 /kW	数量 /台	总装机容量 /kW	总装机流量 /(m³/s)
1	大汕子二站	100	立式混流泵	8.5	33.9	3400	4	13600	135.6
2	金湖北二站	100	30°斜轴泵	3.6	32.0	2000	4	8000	128.0
3	蒋坝二站	100	立式轴流泵	7	30.0	2600	4	10400	120.0
4	泰山洼二站	100	贯流泵	4.4	33.0	2500	4	10000	132.0
5	沙集三站	80	混流泵	10.4	24.0	3000	4	12000	96.0
6	土山东站	75	45°斜轴泵	3.6	20.6	1600	5	8000	103.0
7	刘山三站	100	45°斜轴泵	6.3	19.5	2000	6	12000	117.0
8	解台三站	100	45°斜轴泵	6.3	19.5	2000	6	12000	117.0
9	蔺家坝二站	100	15°斜轴泵	2.1	25.0	1000	4	4000	100.0
10	二级坝二站	95	贯流泵	3.82	24.8	1400	5	7000	124.0
11	长沟二站	100	45°斜轴泵	4.22	26.0	1600	5	8000	130.0
12	邓楼二站	100	贯流泵	3.65	26.8	1500	5	7500	134.0
13	八里湾二站	70	45°斜轴泵	5.3	26.0	2000	4	8000	104.0
	合计						60	120500	1540.6

2．穿黄工程

二期工程规划穿黄规模 100m³/s，在一期工程已按 200m³/s 完成隧洞工程，本期结合三期工程输水规模，完成两岸输水工程。

3．黄河以北工程

（1）位山—临清段。该段规划输水规模为 100m³/s，在一期工程基础上，扩挖小运河。

（2）小运河—南运河段。本次规划推荐采用临吴线方案。在临清现穿卫立交枢纽附近扩建穿卫倒虹吸工程，扩大清临渠输水规模，利用清凉江输水至朱往驿（上述线路与 2000 年引黄济津输水线相同），经朱往驿闸转入清江渠、江江河、惠江渠、玉泉庄渠在吴桥县城北入南运河。穿卫出口至南运河段线路总长度 145.90km，其中清临渠、清凉江及清江渠—玉泉庄渠的长度分别为 38.6km、48.3km、59.0km，现状过流能力分别为 65m³/s、310m³/s、10～80m³/s。

（3）吴桥—九宣闸段。南运河是京杭运河的一段，吴桥—九宣闸长约 200km，按海河流域防洪规划，南运河承泄漳卫河系 50 年一遇洪水 150m³/s。东线工程可利用南运河输水。该段河道主槽十分弯曲，滩面高出河外地面 1.5～2.0m，捷地以上现状平槽过水能力约 200～120m³/s，捷地—九宣闸平槽过水能力 60～65m³/s；穿子牙新河滩地平交埝受行洪限制，不宜加高。沿河滩地多为园田，村庄比较密集，两岸城镇多横跨运河，切滩扩宽占地矛盾较大，不宜大规模扩挖。沿河枢纽有安陵、代庄、捷地、北陈屯、流河、九宣闸等节制（引水）闸，利用代庄节制闸控制，向大浪淀输水；经九宣闸可沿马厂减河向北大港水库输水。

二期工程输水规模吴桥—九宣闸为 75～50m³/s。南运河下段由于地面沉降、淤积严重，2000 年引黄济津九宣闸输水 50m³/s 时，南运河多处出现水上滩地的现象，拟对下段 61km 河道按底宽 20m 进行扩挖；南运河河道弯曲，险工多，多年无水，破坏严重。本次修订规划仅对扩挖段的现有险工，采取浆砌块石护坡方式予以整修加固，对非扩挖段险工暂不整修，视以后运行情况再定。此外，还需维修安陵节制闸、捷地分洪闸，翻修北陈屯枢纽，扩建流河闸（100m³/s），新建唐官屯闸（30m³/s）。南运河上现有第六屯桥、青县南桥和青县北环桥属危险桥需重建。南运河为半地上河，南水北调实施后将长期输水，水位与两岸地面基本持平，河道渗漏会抬高两岸地下水位，有可能形成土壤次生盐碱化，拟采取暗管和井排相结合的截、排渗措施。为检验截排渗效果，先在扩挖段实施。

（4）马厂减河段。马厂减河是南运河的一条分洪河道，九宣闸—独流减河长约 40.2km，现状平槽过水能力约 40m³/s。规划利用马厂减河上段经马圈引河输水入北大港水库，长39.843km，其中马厂减河 30.8km。当北大港水库水位低于 4.00m 时，北调江水可自流入库；当库水位高于 4.00m 时，改经已建姚塘子泵站提水入库。姚塘子泵站正常抽水能力 60m³/s。

二期工程规模为 50m³/s，九宣闸下水位 5.61m，马圈进水闸前水位 4.17m。马厂减河、马圈引河现状过水能力 30m³/s 左右，拟按底宽 20m 扩挖；为满足输水的要求，还需重建九宣闸，新建赵连庄节制闸；重建 1 座简易油管桥，对 11 座桥梁采取防冰加固措施。马厂减河设计水位较高，上段水位低于滩地 0.50m 左右，下段与滩面持平，马圈引河全线淹滩。为避免输水引发盐渍化，需在马厂减河右堤外、马圈引河两岸设置暗管截渗、排水。

二期工程黄河以北输水河道指标见表 5－2－4。

表 5-2-4　　　　　　　　　　　　　第二期工程黄河以北输水河道指标表

河道名称		河道长度 /km	设计水位 /m	输水规模/(m³/s)		开挖长度 /km	设计底宽 /m	设计底高程 /m
				现状	规划			
小运河	徒骇河以南段	44.50	35.21~31.39	25~70	100	104.16	24	30.92~27.20
	徒骇河—马颊河	28.80		基本淤废				
	马颊河以北段	30.86		5~20				
临清段		5.00	31.39~31.19	65	150	5.00	47	27.20~27.00
临吴渠	清临渠	38.60	29.58~26.21	65	150	38.60	28	25.24~21.87
	清凉江	48.30	26.21~21.88	310	150	48.30	现状	21.87~16.80
	清江渠—玉泉庄渠	59.00	21.88~17.15	10~80	75	59.00	4	16.80~12.07
南运河	吴桥—捷地	122.77	16.95~9.97	200~65	75	0.00	现状	11.45~3.77
	捷地—九宣闸	77.10	9.97~5.77	60~45	50	61.00	20	3.77~2.37
马厂减河		36.00	5.61~4.17	30	50	36.00	20	1.52~0.07
张千渠		65.51	26.21~21.50	0~25	40	65.51	7	21.87~17.50
河道总长		556.44				417.57		

(5) 张千渠分干线。向千顷洼输水需布设张千线。规划输水线路从清凉江张二庄闸上开始，沿南衡干渠向北至北白塔，新挖白郑新干渠，至石槐村南绕开大营镇入营南干渠，向西至邢王滩入娄官渠，由娄官渠向北再向西入索泸河，再向西北至仝庄闸前向西入南干渠，再入盐河故道，向北至王口闸入千顷洼。线路全长 65.51km。

规划输水流量 40m³/s，渠首水位 26.07m，入千顷洼水位 21.50m，纵坡 1/15000，边坡 1:2.5，底宽 7.00m，张二庄闸底板高程 21.87m，王口闸底板高程 17.50m，设计水深 4.00m。需扩挖南衡干渠、新挖白郑新干渠、扩挖营南干渠、娄官渠、南干渠、盐河故道及对索泸河利用段进行清淤。新建南衡渠首闸、郑庄挡水闸；重建邢王滩闸、刘郝村闸；加固维修仝庄闸、王口闸。新建、接长公路桥各 1 座，新建、重建生产桥 18 座，加固、接长生产桥 11 座。

(6) 蓄水工程。二期工程拟扩建千顷洼、大浪淀水库，加固北大港水库。

1) 千顷洼位于河北省冀县和衡水之间，是利用滏东排河以南的一片洼地建成的平原水库，引蓄滏阳河、滏东排河等来水，也能从卫运河经卫千渠引水，是衡水地区主要蓄水工程，除供衡水市生活工业用水外，还可给冀县、枣强、衡水、武邑四县部分农田提供抗旱灌溉水源。全库分东、西两洼。规划采用东洼蓄引黄、引江水。正常蓄水位 21.00m，总库容 1.23 亿 m³，调蓄库容 1.02 亿 m³。现有围堤标准低，需加高加固堤防，衬砌围堤内坡；为了存蓄沥水并满足引江自流入湖，新建自流入湖进水闸 1 座；在北围堤新建 60m³/s 退水闸 1 座；在盐河故道相应修建 1 座设计流量 120m³/s 的拦河闸；在卫千渠穿东截渗沟建 1 座设计流量 31m³/s 倒虹吸；开挖排沥连通渠，东西围堤外侧设截渗沟 19.8km。

2) 大浪淀水库位于南运河以东，沧州市东南，分东、西两淀，其中西淀面积 42km²，淀区地面高程 5.40~7.00m；1957 年引黄济卫工程兴建了简易蓄水工程，1972 年建成了代庄引水闸，1992 年在南运河上建成了代庄节制闸，1994 年利用西淀部分淀区建成大浪淀水库、代庄引水渠（30m³/s）、叶三拨枢纽（进水闸 30m³/s，扬水站 36.4m³/s，供水闸 10m³/s）、水库退水闸、向沧州供水泵站（2.5m³/s）及输水管道淀南和淀北排干等工程。现状规模水库面积 16.7km²，库容 1.00 亿 m³。规划对水库进行扩建，水库正常蓄水位 12.5m，库容增加到 2.54 亿 m³。新建东、西两侧围堤 17.9km；新建金刘庄退水闸、叶三拨枢纽进水闸及扬水站，扩挖代庄引水渠，布置南北截渗沟。

3）北大港水库位于天津市独流减河与马厂减河交汇处南侧，东临渤海，原是天然洼地，1982 年围堤成库。主要引蓄大清河及南运河来水，由独流减河及马厂减河引水入库，已建成设计抽水能力为 78m³/s 的姚塘子泵站 1 座，正常提水能力 60m³/s。20 世纪 80 年代以来，海河流域进入枯水时段，河道内水量较少。因此，北大港水库自建成后，从未达到过最高蓄水位，没有充分发挥效益。现状北大港水库存在以下问题：①受雨淋、风浪淘刷和冰凌剥蚀，部分堤段破坏较大，堤面产生大量雨淋沟、围堤沉陷，堤顶高程低于设计高程 0.50m 左右；②部分围堤裂缝，影响大堤安全；③部分泵站设施老化；④南围堤外的截渗沟已开挖 30 多年，现已严重淤堵；1974—1975 年开挖的西南围堤及西围堤外的截渗沟未连通，亦有淤积，另外，上述截渗沟均未设排水泵，亦无排水出路，无法控制沟内水位。2000 年冬季实施的引黄入津工程，对北大港水库部分围堤裂缝进行黏土灌浆处理，新建排咸涵闸 1 座（规模 50m³/s），并开挖了 7km 长的排咸沟。规划正常蓄水位 5.5m，调蓄库容 4.36 亿 m³，需加高加固围堤 54.5km，对西南围堤、南围堤和东围堤内坡进行衬砌，更新姚塘子泵站 15 台（套）机泵及相应的配电控制设备，新建出库供水闸，新挖姚塘子引水渠，修建首、尾闸各 1 座。疏浚南围堤、西南围堤及西围堤外的截渗沟并修建排水泵点。

（三）三期工程规划

三期工程在一、二期工程基础上扩大工程规模，增加北调水量，以满足供水范围内 2030 水平年国民经济发展对水的需求。

1. 黄河以南工程

（1）长江—洪泽湖段。三期工程抽江 800m³/s，入洪泽湖 700m³/s。在二期工程基础上增加运西线输水 200m³/s，设 4 个抽水梯级。在万福闸处设滨江站抽水入邵伯湖，在邵伯湖与高邮湖之间的杨庄漫水闸西侧建杨庄抽水站抽水入高邮湖，经淮河入江水道在金湖与运东线金宝航道来水汇合，再经入江水道上段（三河）于蒋坝抽水入洪泽湖。需扩建运西输水河道，包括疏浚高邮湖深槽、扩挖入江水道东偏泓；建设滨江站（200m³/s）、杨庄站（200m³/s）、金湖东站（150m³/s）和蒋坝三站（150m³/s）。

（2）洪泽湖—骆马湖段。三期工程规划出洪泽湖 625m³/s，入骆马湖 525m³/s。规划将中运河的输水规模增大至 405～350m³/s。由于中运河淮阴闸—泗阳段受两岸堤防限制，扩挖困难，故另新开洪泽湖—泗阳的成子新河，输水规模 175m³/s。需在成子新河新建泗阳西站（175m³/s）抽水入泗阳站前，在中运河增建刘老涧三站（175m³/s）、皂河三站（175m³/s）。

（3）骆马湖—南四湖段。三期工程规划出骆马湖 525m³/s，入下级湖 425m³/s。利用房亭河分送 100m³/s，增设单集、大庙二级泵站。并扩大中运河规模至 425m³/s，韩庄运河扩至 225～200m³/s，增建台儿庄二站（75m³/s）、万年闸二站（75m³/s）、韩庄二站（75m³/s）。

（4）南四湖段。三期工程输水规模 425～350m³/s。按调水要求疏浚南四湖，增建二级坝三站（155m³/s）。

（5）南四湖—东平湖段。三期工程输水规模 350～325m³/s。扩挖梁济运河、柳长河，增建长沟三站（150m³/s）、邓楼三站（150m³/s）、八里湾三站（155m³/s）。

黄河以南共增建滨江、杨庄、金湖、蒋坝等 17 座泵站，增加装机容量 20.22 万 kW。

2. 黄河以北工程

三期工程规划穿黄河规模为 200m³/s，到天津 100m³/s。输水线路与二期工程相同，在二期工程基础上扩建小运河、临吴渠、南运河、马厂减河，按 50m³/s 规模扩建七一·六五河。

为增加调蓄能力，拟扩建大屯水库，增加库区面积 18.0km²，使总库容达到 2.0 亿 m³；抬高千顷洼水库蓄水位至 23.5m，使总库容达到 2.23 亿 m³。

3. 山东半岛输水干线

三期工程按规模 90m³/s 扩建山东半岛输水干线西段 240km 河道。

五、挖压拆迁及移民安置规划

东线工程主要利用现有京杭运河及其他防洪、排涝河道，对不能满足输水要求的河段进行扩挖。黄河以南新建 51 座泵站，需扩挖河道、疏浚湖泊约 668km，利用洪泽湖、骆马湖、南四湖、东平湖蓄水；打通一条穿黄隧洞；黄河以北新扩挖河道 506km，新建扩建大屯、千顷洼、大浪淀、北大港等平原水库；山东半岛输水干线扩挖河道 240km，除利用现有玉清湖水库以外，新扩建东湖、双王城 2 座平原水库。

工程区域跨越江苏、山东、河北、天津 4 省（直辖市），其中挖压拆迁影响范围涉及 4 省的 18 个地市 59 个县（区）。一期工程迁移人口约 2.53 万人，二期工程迁移人口约 1.83 万人，三期工程迁移人口约 2.84 万人。

一期工程共计永久占地 15.94 万亩，临时占地 4.00 万亩，拆迁房屋 101.34 万 m²。征地及移民安置补偿静态投资 27.28 亿元，其中黄河以南 14.76 亿元，穿黄段及黄河以北 4.46 亿元，山东半岛输水干线 8.06 亿元。二期工程在一期工程的基础上，增加永久占地 19.15 万亩，临时占地 4.45 万亩，拆迁房屋 73.13 万 m²，增加征地及移民安置补偿投资 28.76 亿元。三期工程在二期工程的基础上，增加永久占地 11.59 万亩，临时占地 3.92 万亩，拆迁房屋 113.65 万 m²，增加征地及移民安置补偿投资 24.19 亿元。

六、水质保护规划

按照东线工程总体规划，水质保护规划范围覆盖对调水水质有影响的区域，包含 23 个市（地级市）、105 个县（市、区）。规划区域内各城镇对输水水质的影响方式和途径不同，按南水北调输水线路、用水区域和相关水域的保护要求，划分为输水干线规划区、山东天津用水保证规划区（含江苏泰州）、河南安徽水质改善规划区。

水质保护规划的总目标是确保输水干线的水质达到地表水环境质量Ⅲ类水质标准，在上级湖、梁济运河和柳长河氨氮略超Ⅲ类水质标准（1.0mg/L）。一期工程出东平湖的水基本符合Ⅲ类水质标准要求；由于黄河以北实施清污分流，无污染物进入输水河道，输水水质可以得到保障；一期工程实施后，沿线的水污染将进一步治理，二期工程输水全线水质可以达到Ⅲ类，到天津的水质可优于Ⅲ类。

七、环境影响分析

（一）有利影响

1. 改善水资源供需条件，促进经济社会的可持续发展

据有关部门预测，到 2030 年我国人口将达到 16 亿人，届时全国人均水资源总量比目前下降 1/4，京、津、冀地区仅为 $110\sim240m^3$，水资源短缺势必制约社会和经济的发展。南水北调工程实施后，能减轻受水地区对来量减少的黄河水和日益枯竭的地下水的依赖，从根本上改变北方水资源短缺状况。

2. 调水工程将改善沿线地区生态状况

北方地区生态状况日益恶化，调水将改善这种趋势。过去北方地区通过引黄解决水资源不足问题。但是长期的引黄造成河道淤积、耕地被占、土地沙化等一系列生态环境问题。东线工程实施后，将替代输水沿线城镇引黄工程供水，有利于改善引黄地区的生态环境，提高人民群众的生活质量。

3. 补充输水沿线地下水

黄河以北地区河流干枯现象较为普遍，可用水源逐年减少，地下水超采严重，漏斗面积不断增大，沿海地区地下水含水层受浅层咸水入侵面积不断扩大，不少地区出现地面沉陷、塌陷、裂缝等。东线工程建成后，可替换城市供水水源，减少深层地下水的开采量，加之常年输水，补充地下水源，对地面沉降等环境地质问题的缓解起到积极作用。

4. 社会效益明显

东线工程建成后，改善了沿线地区的投资环境，促进经济发展；为解决天津及沿线城市的生活用水紧张状况提供了安全保障，尤其是改善了供水范围内氟病区 600 多万居民的饮水水质，进一步促进社会安定团结和维系人与自然协调共存的良好局面，具有显著的社会效益。

（二）有关环境影响

1978 年，中科院和水电部提出了有关环境影响的 4 个研究课题，经过十几年的监测试验和研究，得出基本肯定的结论。

1. 调水对引水口以下长江河道及长江口的影响

南京水利科学研究院、华东师范大学等单位完成了《南水北调对河口海岸影响的预估》，主要研究结论是：东线工程调水量占长江径流量的比重很小，调水对引水口以下长江水位、河道淤积和河口拦门沙的位置等影响甚微，对长江口盐水上侵可采取"避让"措施解决。

2. 调水对北方灌区土壤次生盐碱化的影响

从 1978 年开始，中科院南京土壤所、土肥所、地理所等单位对南水北调灌区土壤次生盐碱化问题进行了研究。1983 年，国家科学技术委员会把灌区土壤次生盐碱化的可能性及预防对策作为主要研究课题列入国家攻关项目第七项、第三十八项，由中科院、水电部、农牧渔业部负责。1983 年，水电部科技司委托茌平县人民政府、山东省水科所、水文总站负责，水电部水科院水利所、农田灌溉研究所、华北水电学院等参加，开展了黄淮海平原中低产地区综合治理和综合开发科技攻关项目；提出了实验区引黄提灌井渠结合综合治理旱涝碱试验研究总结报告。经过研究及试验，认为黄淮海平原已经形成比较完善的排水系统，北方灌区次生盐碱化能够预防和控制。

3. 调水能否使血吸虫病流行区北移

1978 年，水电部委托江苏省血吸虫病防治研究所负责成立"南水北调对钉螺分布的影响及防止钉螺扩散科研协作组"，对钉螺是否会随水流向北迁移扩散、在北方生存繁殖和如何防止钉螺扩散等问题进行调查研究。于 1981 年和 1995 年分别提出《南水北调是否会引起钉螺北移的研究》《南水北调是否使钉螺适应北方环境并在那里生存繁殖的研究》。主要结论为：如果南水北调将钉螺移至北纬 33°15′以北地区，由于受多种不利环境因素影响，钉螺要在北方繁殖是非常困难的，在那里形成新的滋生地基本上是不可能的。江苏省几十年的江水北调的实践也证明调水不会使血吸虫流行区北移。

4. 调水对长江口及其附近海域、输水干线湖泊水生生物的影响

受淮委委托，中科院水库渔业研究所、中国水产科学研究院东海水产研究所从 1988 年开始，对东线工程对长江口及其邻近海域水生生物的影响进行调查研究。经两年多的野外考察和室内鉴定，初步评价结论认为东线调水对长江口及其附近海域水生生物不会有明显影响，对输水沿线湖泊的水生生物是有利的。

（三）环境保护投资估算

1. 施工期环境监测

东线工程施工期环境监测包括生态监测、水质监测、噪声监测、大气质量监测和放射性监测等。

生态监测包括动植物多样性、河道底质、水生生物、移民区生态环境监测等；水质监测包括移民及施工人员饮用水水质监测、施工用水水质监测、施工排水水质监测和生活污水质监测等；噪声监测包括施工现场、施工及管理人员生活区、施工场界、施工区附近敏感点监测等；大气质量监测包括施工粉尘、施工车辆废气对施工现场、施工及管理人员生活区、施工场界、施工区附近敏感点的影响监测等；放射性监测主要是监测工程施工所用外运材料有可能对本地放射性物质辐射水平产生的影响，以掌握工程施工对周围区域放射性的影响，保护施工区域内群众和施工人员的安全。

根据有关的收费标准，参照现有类似工程施工期环境监测的内容和费用情况，估算南水北调工程施工期环境监测投资如下：

（1）泵站工程。泵站工程需要监测的施工期环境内容较全面，基本包括了上述大部分监测内容。一、二、三期工程分别增建泵站 21 座、13 座、17 座，共 51 座，泵站工程平均施工期两年，按每个工程 40 万元/年估算，共需施工期环境监测投资 4080 万元。

（2）新挖河道工程。新挖河道工程施工期环境监测内容主要是部分生态监测、噪声监测和大气质量监测。其中施工机械噪声及废气监测是最主要的监测内容。南水北调工程包括各期重复实施部分，约计扩挖河长 1620km，施工区域大，影响范围大，需要监测的范围也大。按照 1 万元/km 的标准估算，共需施工期环境监测投资 1620 万元，其中一、二、三期工程分别为

400 万元、693 万元和 527 万元。

（3）蓄水影响处理工程。蓄水影响处理工程主要是移民，环境监测的内容主要是移民区生活环境监测，需要全面监测移民区生活饮用水源水质、移民区生态环境等。根据工程规划，一、二、三期工程的蓄水影响处理工程分别为 5 处、4 处和 2 处，按每处 15 万元估算，11 处蓄水影响处理工程环境监测共需投资 165 万元。

（4）截污导流工程。33 个截污导流工程主要是一些控制性闸坝，施工期需要监测的环境内容与泵站工程类似，但施工期略短。按照每个工程平均施工期一年半估算，共需施工期环境监测投资 1980 万元。

（5）河道疏浚工程。河道疏浚工程施工期需要监测的环境内容主要是生态监测、水质监测（特别是施工船舶排污对水质的影响）噪声监测等。根据南水北调工程河道疏浚工程的规模，参照现有疏浚工程施工期环境监测的内容和费用情况，估算南水北调工程河道疏浚工程施工期环境监测共需投资 280 万元。

（6）过黄河开挖工程。过黄河开挖工程需要监测的施工期环境内容也较全面，与泵站工程类似。按施工期两年半计算，共需施工期环境监测投资 100 万元。

以上施工期环境监测总需投资 8225 万元。

2. 施工期环境监理

根据国家有关建设项目环境管理规定和国家环保总局的要求，建设项目在建设期间应设专职的环境监理人员，负责工程建设期间的环境管理工作。根据南水北调的工程项目、范围、施工期估算，南水北调工程建设期间共需环境监理人员 120 人/年，按照 5 万元/（人·年），南水北调工程施工期环境监理总需投资 600 万元。

（四）结论与建议

经多年论证，东线工程的实施可以为水资源优化配置创造条件，改善北方津、冀、鲁、苏、皖等省（直辖市）部分地区水资源短缺状况，促进区域水环境治理，恢复和改善生态环境，实现水资源的可持续开发利用。东线工程不会产生大的不利环境影响，而且这些不利影响是完全可以防治的。

为使东线工程建成后达到预期目的，更好地实现经济、社会和环境效益，建议在已做工作的基础上，利用近年来积累的资料，进一步分析验证已经获得的环境影响评价成果，并在工程建设和运行过程中，加强环境监测和监理，落实各项环境保护措施，以确保工程规划目标的实现。

八、水土保持工程规划

（一）规划范围和规划目标

东线工程从长江至天津输水线路干支线总长 1939km，向山东半岛输水干线东平湖至引黄济青长渠道 240km，合计 2179km。工程建设影响范围涉及苏、鲁、冀、津 4 个省（直辖市）的 18 个市（地）59 个县（市、区）。根据工程施工工艺、水土流失情况等，水土保持工程规划范围划分为河道工程规划区、泵站工程规划区、蓄水工程规划区、穿黄工程规划区和移民安置及专项工程改建规划区，规划范围约 404km²。

在规划范围内要妥善处理弃土和施工过程中所排放的其他固体废弃物，防止弃土弃渣随意堆放；对工程建设范围内的水土流失，采取有效措施加以控制，使水土流失治理程度达到90％；加强水土保持绿化工程建设，使林草面积占工程建设范围内宜林宜草面积的90％，为东线工程沿线营造一个良好的生态环境带。

（二）工程规模及投资

南水北调东线一期工程水土保持投资 8499 万元，其中黄河以南投资 4550 万元，穿黄及黄河以北投资 1750 万元，山东半岛输水干线投资 2199 万元。工程规划治理水土流失面积 55km²左右，其中护坡和绿化种草 2200hm²（坡面积），栽树 420 万棵，其他防护措施 1000hm²（包括土地整治复耕等），水土保持专项工程护坡和河渠衬砌 10km，雨水防冲工程和排水系统 100km。

南水北调东线二期工程治理水土流失面积 35km²左右，其中护坡和绿化种草 1100hm²（坡面积），栽树 350 万棵，其他防护措施 500hm²（包括土地整治复耕等），水土保持专项工程护坡和河渠衬砌 10km，雨水防冲工程和排水系统 100km。水土保持投资 5140 万元，其中黄河以南投资 3750 万元，穿黄及黄河以北投资 1390 万元。

南水北调东线三期工程水土保持投资 10320 万元，其中黄河以南投资 6826 万元，穿黄及黄河以北投资 2240 万元，山东半岛输水干线投资 1254 万元。规划治理水土流失面积 60km²左右，其中护坡和绿化种草 2700hm²，栽树 500 万棵，其他防护措施 1000hm²（包括土地整治复耕等），水土保持专项工程护坡和河渠衬砌 15km，雨水防冲工程和排水系统 150km。

九、工程管理规划

（一）东线工程管理体制与机构设置

东线工程实行国家宏观调控、公司市场运作、用户参与管理的体制，既要适应市场经济的要求，又要贯彻水资源统一管理的原则。在政策法规的框架中协商，在协商的基础上决策，决策后能够贯彻执行。

1. 成立南水北调工程建设与管理机构

国务院组织有关部门和沿线省（直辖市）成立南水北调工程建设与管理领导机构（简称领导机构），下设办公室（设在水利部）。领导机构对工程实行统一领导，协调解决南水北调工程建设与管理中的重大问题，指导制定有关法规、政策和管理办法。

2. 组建供水公司

一期工程只涉及苏、鲁两省，可以组建江苏省供水公司和山东省供水公司，分别作为法人，以供水合同建立交接水的关系，管理各省境内工程和供水事宜。公司的组建分别以两省为主并控股，淮委、海委及黄委分别作为中央部分投资的代表参股山东省供水公司。

二期及之后的管理体制，可以采用在上述两公司基础上扩大股份的方式，也可以根据当时的情况与条件考虑合适的方式，规划阶段暂按建立东线总公司与江苏省供水公司分别作为法人的体制研究有关问题。

3. 组建南四湖供水管理处

南四湖跨苏鲁两省，现在主要由淮委沂沭泗水利管理局南四湖管理处管理，水资源分配存在现有水资源与外调水源的二次分配问题，无论入下级湖还是入上级湖，都有部分水源回用于调出省，且需与当地水源分别计量分配；南四湖周边有 31 个取水口门，其中江苏省 15 个，山东省 16 个，如不联合起来统一管理，无法管理到位；韩庄运河省界交接水也需协调监督。因此，应由淮委、江苏省和山东省共同组建相对独立管理的南四湖供水管理处，协调监督或直接负责南四湖供水及有关省界交接水工程（苏鲁省际边界工程及关键性控制工程）管理，以及不同水源的分配、计量、监控。管理处可以受领导机构的办公室的领导。

（二）建设期管理

1. 资金筹措

按照投资体制改革的要求，建设资金包括中央政府投资、地方政府投资、贷款。在批准立项之后，按照批准的中央与地方分担投资的份额分别注入资本金，由山东省供水公司和江苏省供水公司分别负责筹措相应贷款。

在工程建设过程中，应积极引进社会资金以及国外投资，鼓励各受水户参与投资。此外，还应积极研究募集资金的其他途径。

2. 建设期管理

工程项目建设管理中严格实行项目法人责任制、招标投标制、工程监理制、合同制等四项制度，严格按照招投标法、合同法进行工程项目建设和管理工作，提高工程质量，有效控制工程投资和工期。

（三）运营期管理

公司应按现代企业制度要求，充分发挥股东会、董事会及监事会的职能作用，建立科学的激励和约束机制。认真做好与运营相关的调水计划、水价的研究工作，加强合同管理，强化财务制度，以期减少运营成本，降低经营风险。

1. 水价制订原则

南水北调供水价格的制订，要兼顾供需双方的利益，即要考虑到各类用水户的承受能力，又要满足供水工程的固定成本、运营成本、归还贷款和获得合理利润的要求，采用容量水价和计量水价两部制水价可以较好地解决涉及各方面的问题。容量水价和计量水价可根据固定成本和运营成本及相关的取水量计算求得，也可根据供需双方协商确定。供水价格根据供需状况和水质及供水成本的变化适时调整。

2. 水费计收管理

容量水费及计量水费在确定当年水量调度计划后，在山东省供水公司与江苏省供水公司间签订的供水合同内核定，计划外水费由补充合同核定，其中容量水费在年初预交，其他水费在年终按实际发生的数量结算。

两公司所收水费根据国家有关规定制订办法使用。

3. 合同管理

公司根据各受水户用水要求，按照各年度调水计划合理安排供水规模和供水量，并与受水户签订供受水合同。供水、受水双方在供受水合同履行过程中均应严格遵守合同有关条款约定，履行供水和交纳水费的义务并享有各自的权利。

4.相关项目管理

公司除了供水以外所完成的其他任务如防洪、除涝、改善环境以及社会服务的监测、通信等，所需经费不能纳入供水成本的，应由有关部门分摊相应的费用。

东线工程利用了泄洪河道和防洪湖泊，这些河湖要同时满足输（蓄）水、防洪双重功能需要。在经营管理过程中，根据事权划分，公司与国家或各省、市防汛部门就管理方式、管理任务、管理费用等问题进行协商并达成书面协议，完成防汛管理工作，在防洪除涝管理工作中接受防汛指挥机构的指挥和防汛主管部门的指导。

5.工程管理

公司应参照有关规程规范的要求，结合各地方水利工程管理情况制定具体管理办法、管理措施及人员安排。在对工程实施管理过程中公司应充分运用现代化信息管理手段，人员力求精简。

6.水量调度管理

每年9月，在建管机构制订的调度原则指导下，由建管委员会办公室与有关省市和流域机构协商后提出年度调度方案，经建管委员会批准后执行。在调度方案的指导下，两省供水公司根据各受水户要求和实际需水量适当调整，形成年调水计划，由两供水公司签订调水合同，实施水量调度。

南四湖实行在南四湖供水管理处协调下的江苏供水公司与山东供水公司交水。

7.南四湖及韩庄运河供水管理

东线工程实施后，在维护当地水源分水原则不变情况下，为了有效控制向两省南四湖地区供水和向北调水，按调度计划实施边界交水，必须加强对南四湖的供水管理。

南四湖周边引水口均应有效控制。一期工程规划新建杨官屯河、大沙河和苏鲁边河的河口控制闸，并利用现有的复新河闸、苏北堤河闸、大王庄闸控制上级湖江苏用水。新建潘庄引河口控制闸，并利用韩庄闸、伊家河闸、老运河闸、胜利渠首闸、刘桥提水站，挖工庄闸控制下级湖山东用水。对未建闸的引水河口实施测流计量控制。二期工程规划在东鱼河、万福河、老万福河、西支河、白马河、洸府河等河口建控制闸。

韩庄运河省际交接水的管理，应结合骆马湖的水资源管理问题，采取可靠措施加以控制。

十、工程建设项目及投资估算

（一）一期工程

规划工程规模为抽江 $500\mathrm{m^3/s}$，过黄河 $50\mathrm{m^3/s}$，送山东半岛 $50\mathrm{m^3/s}$。在现有工程基础上扩建河湖输蓄水能力，增建泵站向北方调水。主要工程建设项目如下。

1.黄河以南段工程

扩挖三阳河和潼河、金宝航道、淮安四站输水河、骆马湖以北中运河、梁济运河和柳长河6段河道；疏浚南四湖；安排徐洪河、骆马湖以南中运河影响处理工程；对江都站上的高水河、韩庄运河局部进行整治；对江苏沿运、沿湖551座漏水涵闸进行处理。

抬高洪泽湖、南四湖下级湖蓄水位，治理东平湖利用其蓄水。

新建大汕子一站、淮安四站、淮阴三站、金湖北一站、蒋坝一站、泗阳三站、刘老涧二站、皂河二站、泰山洼一站、沙集二站、土山西站、刘山二站、解台二站、蔺家坝一站、台儿庄一站、万年闸一站、韩庄一站、二级坝一站、长沟一站、邓楼一站、八里湾一站21座泵站，更新改造江都站及现有淮安、泗阳、皂河、刘山、解台泵站。

2. 穿黄工程

结合东线二期工程，打通一条洞径9.3m的倒虹隧洞（输水能力200m³/s），按规划穿黄50m³/s规模建设两岸衔接工程。

3. 山东半岛输水干线工程

开挖山东半岛输水干线西段240km河道，新建东湖水库，扩建双王城水库。

4. 鲁北输水干线工程

自穿黄隧洞出口至德州大屯水库，扩建小运河和七一·六五河2段河道，新建大屯水库。

5. 专项工程

专项工程包括里下河水源调整工程、泵站供电工程、通信工程、截污导流工程、水土保持工程、水情水质管理信息自动化工程以及水量水质调度监测设施和管理机构生活、办公设施等工程。

南水北调东线一期工程共计增建泵站21座，增加装机容量20.66万kW。需完成土石方开挖1.87亿m³，土方填筑0.33亿m³，混凝土及钢筋混凝土192万m³，砌石262万m³，工程永久占地15.94万亩。

按2000年下半年价格水平估算，东线一期工程静态总投资177.23亿元（含截污导流工程17.25亿元），其中黄河以南119.31亿元，穿黄及黄河以北20.07亿元，山东半岛输水干线37.85亿元。

（二）二期工程

二期工程抽江水600m³/s，过黄河100m³/s，到天津50m³/s，送山东半岛50m³/s。在一期工程基础上扩大规模，工程建设范围延伸至河北省和天津市。

二期工程黄河以南工程布置与一期工程相同，再次扩挖三阳河和潼河、金宝航道、骆马湖以北中运河、梁济运河和柳长河5段河道；疏浚南四湖；抬高骆马湖蓄水位，续建东平湖蓄水影响处理工程；新建大汕子二站、金湖北二站、蒋坝二站、泰山洼二站、沙集三站、土山东站、刘山三站、解台三站、蔺家坝二站、二级坝二站、长沟二站、邓楼二站、八里湾二站等13座泵站。

穿黄工程，结合三期工程，按200m³/s完成两岸输水工程。

黄河以北扩挖小运河、临吴渠、南运河、马厂减河4段输水干线和张千渠分干线，扩建千顷洼、大浪淀水库，加固北大港水库，续建大屯水库。

二期工程共计增建泵站13座，增加装机容量12.05万kW。需完成土石方开挖1.58亿m³，土方填筑0.46亿m³，混凝土及钢筋混凝土130万m³，砌石172万m³，工程永久占地19.15万亩。

按2000年下半年价格水平估算，二期工程在一期工程基础上增加投资123.76亿元，其中黄河以南63.59亿元，穿黄及黄河以北60.17亿元。

（三）三期工程

三期工程抽江 800m³/s，过黄河 200m³/s，到天津 50m³/s，送山东半岛 90m³/s。在一、二期工程基础上，继续扩大调水规模，以满足 2030 年供水范围内国民经济和社会发展对水的需求。

三期工程黄河以南段，长江—洪泽湖区间增加运西输水线；洪泽湖—骆马湖区间增加成子新河输水线，扩挖中运河；骆马湖—下级湖区间增加房亭河输水线，扩挖骆马湖以北中运河、韩庄运河、梁济运河、柳长河；进一步疏浚南四湖；新建滨江站、杨庄站、金湖东站、蒋坝三站、泗阳西站、刘老涧三站、皂河三站、台儿庄二站、万年闸二站、韩庄二站、单集站、大庙站、蔺家坝二站、二级坝三站、长沟三站、邓楼三站、八里湾三站等 17 座泵站。

扩大山东半岛输水干线。

黄河以北段扩挖小运河、临吴渠、南运河、马厂减河和七一·六五河；扩建大屯水库，抬高千顷洼水库蓄水位。

三期工程共计增建泵站 17 座，增加装机容量 20.22 万 kW。需完成土石方开挖 2.14 亿 m³，土方填筑 0.25 亿 m³，混凝土及钢筋混凝土 167 万 m³，砌石 211 万 m³，工程永久占地 11.59 万亩。

按 2000 年下半年价格水平估算，三期工程在二期工程基础上再增加投资 115.50 亿元，其中黄河以南 80.23 亿元，黄河以北 22.04 亿元，山东半岛输水干线 13.23 亿元。

南水北调东线一、二、三期工程共计投资 416.49 亿元。

十一、经济分析

（一）国民经济评价

1. 工程效益

南水北调东线工程是解决黄淮海地区和山东半岛水资源短缺的重大举措。工程直接为受水地区城市工业和生活、农业以及航运补充水源，对受水地区社会稳定、生产发展、人民生活水平提高等都有直接和长远效益。工程还为生态供水，并改善水环境京杭运河的通航条件，具有巨大的环境效益和社会效益。

（1）净增供水量。净增供水量是根据南水北调东线工程供水范围内的预测需水量进行系列年供需平衡分析而得，详见表 5-2-5。表中的水量是因南水北调东线工程增加的净供水量（不包括江苏江水北调工程现状供水量）。

表 5-2-5　　　　　　　　南水北调东线工程净增供水量　　　　　　　　单位：亿 m³

区段 \ 工程	一期工程	二期工程	三期工程
江苏省	19.22	22.12	6.08
安徽省	3.29	3.43	1.82
山东省	16.81	16.86	20.31

续表

区段 \ 工程	一期工程	二期工程	三期工程
河北省		7.00	3.00
天津市		5.00	5.00
合计	39.32	54.41	36.21

注 二期为一、二期的总净增供水量；三期为在二期上的增加值。

（2）工程供水效益。

1）城市工业及生活供水效益。工业供水效益按供水定额、工业增供水量和供水分摊系数计算。

由于输水线路各段情况有别，供水分摊系数也不一样。本阶段输水总干线采用 1995—1998 年南水北调东线工程论证审查阶段的研究成果，为 1.0%～1.9%，山东半岛参考山东省的研究成果采用 2.0%。

万元产值取水量依照受水区城市水资源规划，按 2000 年价格水平对万元产值取水量定额预测 2010 水平年为：江苏 25m³/万元、山东 21m³/万元、河北 21m³/万元、天津 12m³/万元。

城市生活供水效益难以准确定量，本阶段暂按单方水工业供水效益乘以城市生活供水量估算。

2）航运供水效益。南水北调东线工程实施后，京杭运河扬州—济宁段的通航条件将得到较大改善，航运保证率大大提高，直接效益显著。

由于航运效益和航运配套投资都难以量化，本阶段只考虑了各段船闸耗水量，航运效益暂按船闸耗水量乘以工业供水单方水效益计算。

3）农业供水效益。黄淮海地区农田以中低产田居多。东线工程实施后，结合农业措施，可改善中低产田和发展灌溉面积，为保障区域粮食安全提供条件。

农业供水效益采用分摊系数法计算。农产品价格采用国内市场价，分摊系数采用 0.35～0.40（1995—1998 年南水北调东线工程论证审查阶段的研究成果），单方水供水效益 0.69～0.76 元/m³。

4）除涝效益。工程所建泵站还可结合面上排涝，可增加排涝面积 6800km²（其中耕地 716 万亩），可使其排涝标准由不足 3 年一遇提高到 5 年一遇以上，每亩增产粮食 17～22kg。因工程而增加的农业产值计为南水北调东线工程的除涝效益。

南水北调东线一、二、三期工程效益汇总见表 5-2-6。

表 5-2-6 　　　　　　　南水北调东线一、二、三期工程效益汇总 　　　　　　单位：亿元

项目 \ 工程	一期工程	二期工程	三期工程
城市工业和生活供水效益	86.39	155.13	152.27
航运供水效益	3.46	3.65	3.56
农业供水效益	6.15	7.55	0
除涝效益	0.58	0.58	0
效益合计	96.58	166.91	155.83

注 二期为一、二期的总效益；三期为在二期上的增加值。

2. 国民经济评价指标

国民经济评价中社会折现率采用12%，计算期包括建设期和生产期，建设期按工程实施进度安排确定，生产期按50年考虑，计算基准点定在工程开工的第一年年初，投入和产出均按年末发生。

南水北调东线各期工程的经济效益费用比、经济净现值、经济内部收益率等经济评价指标计算结果见表5-2-7。

表5-2-7   南水北调东线工程国民经济评价指标

评价指标	一期工程	二期工程	三期工程
经济效益费用比	1.43	1.57	1.71
经济净现值/亿元	122.43	192.68	231.70
经济内部收益率/%	17.51	19.45	19.98
单方水投资/(元/m³)	4.26	4.80	3.01
单方水效益/(元/m³)	2.46	3.07	4.29

根据南水北调东线工程的具体情况，选定以下敏感因素及变化幅度进行敏感性分析：①工程投资增加10%～20%；②供水量减少10%～20%；③达到设计供水规模的时间延长3年。敏感性分析计算结果见表5-2-8。

表5-2-8   南水北调东线工程敏感性分析计算结果

方　案		经济内部收益率/%	经济净现值/亿元	经济效益费用比/%
一期工程	投资增加10%	15.94	94.18	1.30
	投资增加20%	14.58	65.93	1.19
	供水量减少10%	15.78	81.94	1.29
	供水量减少20%	13.96	41.45	1.15
	投资增加10%，供水量减少10%	14.30	53.69	1.17
	投资增加20%，供水量减少20%	11.37	−15.06	0.96
	达到设计效益时间推迟3年	15.23	69.16	1.32
二期工程	投资增加10%	17.41	205.56	1.43
	投资增加20%	15.98	161.82	1.31
	供水量减少10%	17.24	180.63	1.41
	供水量减少20%	15.33	111.96	1.26
	投资增加10%，供水量减少10%	15.69	136.89	1.28
	投资增加20%，供水量减少20%	12.63	24.48	1.05
	达到设计效益时间推迟3年	14.74	101.71	1.26

方　　案		经济内部收益率 /%	经济净现值 /亿元	经济效益费用比 /%
三期工程	投资增加 10%	18.48	199.05	1.55
	投资增加 20%	17.14	166.41	1.42
	供水量减少 10%	18.32	175.88	1.54
	供水量减少 20%	16.52	120.07	1.37
	投资增加 10%，供水量减少 10%	16.86	143.24	1.40
	投资增加 20%，供水量减少 20%	13.85	54.78	1.14
	达到设计效益时间推迟 3 年	16.61	131.81	1.50

由表 5-2-7 可知，南水北调东线各期工程的效益费用比均大于 1，经济内部回收率均大于 12%，经济净现值均大于 0，满足国家规定的要求，说明一、二、三期工程在经济上都是合理的。

敏感性分析计算的结果表明，当投资、供水量等工程的敏感因素发生不利于工程的变化时，东线各期工程仍保持良好的经济效果，说明南水北调东线工程的经济风险较小。

（二）干线工程建设资金筹措建议

工程建设资金筹措与工程建设、营运、管理体制密切相关。按照南水北调东线工程规划推荐的管理体制方案，山东省供水公司与江苏省供水公司是独立的法人，产权应该明晰，资产不宜交叉。考虑到南水北调东线工程为农业和生态供水，尤其是考虑到东线一期工程有提供华北地区的战略性应急水源的任务，具有很强的公益性。据此，提出如下筹资建议。

南水北调东线一期工程安排了穿黄河工程，其功能是为向黄河以北供水服务，一期工程利用其向鲁北供水并在必要时向其他地区应急供水，二、三期也要利用其向河北、天津供水，其投资不宜由山东一省负担。因此，穿黄河工程投资由中央出资。干线其余工程投资推荐以下出资方案：江苏省按为本省供水投资的 32% 出资，并负责其境内工程投资 20% 份额的贷款；山东省按境内工程投资（扣除穿黄河工程投资）的 32% 出资，并负责其境内工程投资（扣除穿黄段工程投资）20% 份额的贷款；两省境内其他投资由中央负担。

（三）供水成本

按投资贷款占 20%，还贷期 25 年，利率 6.21%，电价 0.50 元/(kW·h) 计算。

一期工程调水出骆马湖的成本为 0.17 元/m³，出东平湖的成本为 0.41 元/m³，到临清的成本为 0.58 元/m³，到山东半岛供水至引黄济青干渠的成本为 0.65 元/m³。

二期工程调水出骆马湖的成本为 0.16 元/m³，出下级湖的成本为 0.24 元/m³，出东平湖的成本为 0.37 元/m³，到天津九宣闸的成本为 0.73 元/m³，到山东半岛供水至引黄济青干渠的成本为 0.64 元/m³。如果按向北方供农业和生态环境用水计，上述成本分别为 0.15 元/m³、0.22 元/m³、0.34 元/m³、0.66 元/m³ 和 0.61 元/m³。

（四）财务分析

财务基准收益率根据水利部水财〔1995〕281 号文《关于试行财务基准收益率和年运行费标准的通知》的有关规定，采用 6%。计算期包括建设期和生产期，建设期按工程实施进度安排确定，生产期考虑 50 年，计算基准点定在工程开工的第一年年初。

南水北调东线一、二期工程〔电价 0.50 元/(kW·h)〕的主要财务评价指标见表 5-2-9。

表 5-2-9　　　　　　　　南水北调东线一、二期工程主要财务评价指标

项　　目		全部投资回收期 /年	内部回收率 /%	借款偿还期 /年
一期工程	税前	38.10	2.12	25
	税后	39.15	1.96	25
二期工程	税前	37.86	2.26	25
	税后	41.62	1.65	25

财务分析结果表明，南水北调东线一期工程能做到"自负盈亏，略有盈余"。

（五）综合评价及政策建议

1. 综合评价

南水北调东线工程是解决黄淮海地区和山东半岛水资源短缺、实现水资源优化配置的重大举措，对受水地区经济发展、社会进步、人民生活水平提高和改善环境质量有直接和长远的效益。东线工程的实施将有力地支持黄淮海地区经济社会的可持续发展，生态环境不断恶化的状况将得到有效遏制，经济效益、社会效益和生态效益巨大。

南水北调东线各期工程效益费用比、内部回收率和经济净现值均满足国家规定的要求，工程在经济上合理。敏感性分析计算的结果表明南水北调东线工程的经济风险较小。

南水北调东线三期工程和二期工程用增量方案比较，增量方案效益费用比、内部回收率和经济净现值也满足国家规定的要求，说明三期工程在经济上更优。

南水北调东线工程的供水水价与受水区现有水源价格相比，有一定程度的提高，但都未超出受水区的承受能力，南水北调东线工程的供水水价是能够实施的。

2. 政策建议

（1）关于电价政策。电是南水北调东线工程的主要投入，电费约占工程供水成本的 50%，电价对工程的供水水价影响很大。

国家加大了能源基础设施的建设，能源供应紧张的状况得到了较大缓解，部分地区的电力供应已进入买方市场。随着三峡电站的建成发电和国家西电东送战略的实施，电力供应紧张状况将得到根本性扭转。南水北调东线工程是解决北方地区水资源短缺的重大举措，是具有公益性的基础设施，国家可以给工程配置合理的电力。

南水北调东线工程的供水目标主要是城市工业和生活供水，解决河流干涸、地下水严重超采等生态环境问题。一期工程泵站装机容量 20.66 万 kW，多年平均用电量 14.33 亿 kW·h；二期工程再增加装机 12.05 万 kW，多年平均增加用电量 9.94 亿 kW·h，多年平均装机利用小

时达到 5000~5500h，有条件多利用低谷电，少用或不用高峰电。对电力系统而言，工程在耗用电力的同时，也起到较好的填谷作用。因此，南水北调东线工程应该享受合理的电价。

建议国家给予南水北调东线工程用电上的优惠政策，将电价降到 0.30 元/(kW·h) 左右。

(2) 关于资本金利润率。资本金利润率的高低，对还贷后的水价影响很大。《水利工程水费核定、计收和管理办法》规定："工业水费，消耗水，按供水部分全部投资计算的供水成本加供水投资 4%～6% 的盈余核定水费标准""城镇生活水费一般按供水成本或略有盈余核定，其标准可以低于工业水费""农业水费按供水成本核定"。《水利产业政策》第 20 条也明确规定："新建水利工程的供水价格，要按照满足运行成本和费用、缴纳税金、归还贷款和获得合理利润的原则制定"。按照上述规定，并结合南水北调东线工程的实际情况，资本金利润率应适当低一些，以取 1% 为好。

(3) 关于两部制水价。为兼顾供水和受水双方的利益，采用两部制水价，将供水价格分解成容量水价和计量水价两部分。容量水价用于补偿供水的固定资产成本，不管是否用水都要向供水单位交纳容量水费。计量水费按计量基价和实际取水量计收，用多少水交多少钱，其用途是用于补偿供水工程的运营成本并获取微利。

(4) 关于投资政策。由于南水北调东线工程是跨流域跨地区的基础性设施，省（直辖市）之间经济关系也较为复杂，尤其是北方受水区距离远，相对风险大，不宜多承担南方的工程投资，建议加大中央投资比例。

(5) 关于水价政策。南水北调东线工程为解决北方地区缺水提供的水量是现有供水基础上的增量，成本比各地现有供水成本高一些，经济上是合理的。考虑到各用水户对高于现有供水水价部分有一个消化适应过程，而且工程又可为农业和生态补水，建议对部分资本金形成的资产在一段时间内不提取折旧。

十二、分期实施方案

完成东线工程总体规划的一、二、三期工程，基本解决供水范围内的水资源短缺问题，需投资 416.49 亿元，其中一期工程投资 177.23 亿元，二期工程投资 123.76 亿元，三期工程投资 115.50 亿元。考虑北方地区缺水形势和投资效益，结合东线治污规划实施步骤以及国家经济承受能力等综合分析，对东线工程实施方案提出如下建议。

东线工程由输水河道、泵站、蓄水、穿黄等单项工程以及供电、截污导流、管理工程等专项工程组成，各单项工程均可采用常规施工方法独立进行施工，实施进度可以灵活安排，如全线同时开工建设可在 4～5 年内完成全部工程。

但是，考虑受水区对水量和水质的要求，东线工程的建设应与治污规划的实施密切配合，根据"先节水后调水、先治污后通水、先环保后用水"三先三后的原则，前期以治污项目的实施为主，与治污措施的落实相结合，逐步展开调水工程建设。

一期工程规划在 2010 年以前完成，拟从 2002 年起前三年优先安排穿黄工程以及里运河、中运河、韩庄运河、梁济运河、柳长河一线泵站和河道工程，并实施向山东半岛供水工程的东平湖至济南段，完成投资约 73.43 亿元。利用江苏省江水北调工程，扩大至抽江 500m³/s，过黄河 50m³/s，向山东半岛供水 50m³/s，实现向黄河以南供水区和山东半岛部分地区增供水量约 15.0 亿 m³，并具备向黄河以北应急供水约 10 亿 m³ 的能力；后四年安排向山东半岛和鲁北供水及其他剩余工程，完成投资约 103.80 亿元，实现一期工程的供水目标。总工期 7 年。

二期工程主要是扩大北调规模，并将输水工程向北延伸至天津。工程规模扩大到抽江 600m³/s，过黄河 100m³/s，到天津 50m³/s，向山东半岛供水 50m³/s。可考虑大体与一期工程连续实施，此时，治污规划的主要项目也已基本完成。拟从 2009 年起，用 5 年工期完成二期工程，向河北、天津供水，投资 123.76 亿元。

三期工程主要在二期工程基础上扩大调水规模，以满足供水范围内 2030 水平年国民经济发展对水的需求。规划抽江 800m³/s，过黄河 200m³/s，到天津 100m³/s，向山东半岛供水 90m³/s，工程投资 115.50 亿元。规划在 2030 年以前生效，考虑投资强度，初步按每年投入 20 亿元左右安排建设项目，总工期 5 年。

第三节 东线治污工程规划

一、东线调水工程与治污工程

南水北调东线工程利用现有京杭运河及与其平行的河道输水，输水干线连接淮河、黄河和海河流域下游地区，沿线区域污染物将对输水水质造成严重影响，在南水北调通水前必须予以治理。为此，国家计委会同国家环保总局、水利部、建设部等部门共同编制了《南水北调东线工程治污规划》（简称《治污规划》）。

根据《治污规划》，东线治污以实现输水水质达Ⅲ类标准为目标，治理范围涉及苏、皖、鲁、豫、冀、津等 6 个省（直辖市），23 个地级以上城市，105 个县（市、区）。治污方案包括 5 类工程措施，分别是：城市污水处理工程、截污导流工程、工业结构调整工程、工业综合治理工程和流域综合治理工程。

由此可见，南水北调东线工程是由调水工程和治污工程 2 个体系组成。工程组成结构示意图如图 5-3-1 所示。

截污导流工程是《治污规划》提出的治污方案的重要组成部分，也是东线工程输水干线实行清污分流打造清水廊道的重要措施之一，为此，国务院批复的《南水北调工程总体规划》将与输水干线有关的截污导流工程投资纳入南水北调东线主体工程。

二、东线工程治污规划概要

（一）规划目标和范围

南水北调东线工程治污规划以实现输水水质达Ⅲ类标准为目标，以全面落实节水措施为前提，重在建立"治、截、导、用、整"五位一体的污水治理体系。

按照南水北调东线工程规划分期要求，2008 年前以山东、江苏治污项目为主，同时实施河北省工业治理项目；2009—2013 年以黄河以北河南、河北、天津治污项目为主，同时实施安徽省治污项目。

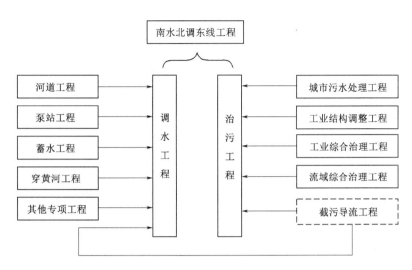

图 5-3-1 工程组成结构示意图

规划范围。按照南水北调工程输水线路、用水区域和相关水域的保护要求，将规划范围划分为输水干线规划区、山东天津用水规划区（含江苏泰州）和河南安徽规划区。三大规划区又进一步划分为 8 个控制区、53 个控制单元，以控制单元作为规划污染治理方案，进行水质输入响应分析的基础单元。

（二）治污方案

规划实施清水廊道、用水保障和水质改善三大工程。

1. 清水廊道工程

以输水主干渠沿线污水零排入为目标，投资 166.4 亿元，建设城市污水处理厂 104 座，辅以必要的截污导流工程及流域综合整治工程，输水干线区 COD 削减率达 62.1%，氨氮削减率达 53.2%，形成清水廊道，确保主干渠输水水质达Ⅲ类标准。清水廊道工程 2001—2008 年投资 133 亿元，可保证江苏、山东 39 个控制单元中的 17 个控制单元实现污水零排入，未实现污水零排入的 22 个控制单元排污量小于水环境容量；2009—2013 年投资 33.4 亿元，可保证河北、天津 8 个控制单元全部实现污水零排入。

2. 用水保障工程

以保障天津市区、山东西水东调水质为目标，投资 35.6 亿元，建设 5 座城市污水处理厂、3 项截污导流工程，COD 削减率为 18.5%，氨氮削减率为 34.1%。2001—2008 年投资 15.2 亿元，实现处理后污水对西水东调引水线路的零排入，达到本规划区内用水水质Ⅲ类的目标；2009—2013 年投资 20.4 亿元，实现处理后污水对天津市引水线路的零排入，达到本规划区内用水水质Ⅲ类的目标。

3. 水质改善工程

以改善卫运河、漳卫新河、淮河干流及洪泽湖水质为主要目标，投资 36.4 亿元，建设城市污水处理工厂 26 座，关闭 35 条年制浆能力在 2 万 t 以下的草浆造纸生产线，COD 削减率为 25.0%，氨氮削减率为 57.4%，可保证到 2013 年，淮河干流水质及入洪泽湖支流水质达Ⅲ类，河南卫运河断面 COD 浓度低于 70mg/L，避免对山东滨海地区的污染。

（三）治污工程项目和投资汇总

东线治污规划共安排 369 项治污工程，总投资 238.4 亿元，其中：城市污水处理工程 135 项，总投资 160.3 亿元；截污导流工程 33 项，总投资 32.3 亿元；工业结构调整 38 项，总投资 5.5 亿元；工业治理工程 150 项，总投资 19.0 亿元；流域综合整治工程 13 项，投资 21.3 亿元。

按照东线工程规划分期要求，一期工程（2008 年前）应完成治污项目 296 项，总投资 148.2 亿元，其中截污导流工程 17.25 亿元投资纳入主体工程。

上述治污工程的实施，对推动淮河、海河流域城市环境基础设施建设，促进工业结构调整，提高城市节水水平，发展现代农业等都将起到积极作用。《治污规划》有效实施的保障条件是建立筹资、建设、运行、管理的市场化机制。地方行政首长需运用行政、法律、经济手段，确保输水干线水质目标的实现。

三、南水北调东线工程治污规划审查意见

2001 年 12 月 14 日，水利部调水局在北京主持召开《治污规划》专家审查会。会议成立了由 9 位专家组成的专家组。会议听取了中国环境规划院关于《治污规划》的汇报。经过认真讨论，专家组审查意见如下。

（一）对《治污规划》的评价

（1）《治污规划》在以往工作和其他专题研究成果基础上，根据大量的资料和数据，对东线工程水污染问题和解决措施进行了系统研究，资料翔实、数据可信、重点突出、措施可行，达到了规划深度的要求，可作为南水北调总体规划附件。

（2）《治污规划》关于人均综合用水系数、废水排放系数、废水入河系数及生活污染物排放系数 4 个基本系数的确定科学合理，综合反映了环境、水利、城建部门的基础信息。

（3）《治污规划》将东线调水工程的影响区域，划分为输水干线区、山东天津用水区和河南安徽水质改善区，分别实施清水廊道、水质保障、水质改善三大工程，正确体现了规划编制的四项原则；将污染物总量控制方案作为实施治污规划的关键，立意深刻，具有较强的可操作性。

（4）《治污规划》关于"只要全面按时完成规划治污项目，东线输水水质可保证达到国家地表水环境质量标准Ⅲ类"的结论，经水质风险评价，结论可信，可以作为工程立项的决策依据。

（二）对《治污规划》的修改意见

对规划中工程项目的分期实施计划，征求有关单位的意见后，作适当修订。

（三）对《治污规划》的建议

鉴于治污是南水北调东线工程发挥综合效益的前提，因此治污规划必须得到落实，下列四个问题必须得到有关方面重视：

（1）国家在东线治污中的投资比例及导向性措施。

（2）提高污水处理收费标准的实施时间表和出台地方治污资金筹措政策。

（3）成立东线治污领导小组，明确职责和领导小组各成员单位的分工方案。

（4）东线治污的重点是山东，山东应尽早落实治污实施方案。

建议由规划编制领导单位国家计委、水利部、国家环境保护总局、建设部就上述问题的应对措施及全面推行新型治污机制的方案，尽快请示国务院。

第四节　规划阶段工作评述

一、本阶段主要工作

《东线规划》是在历次规划及可行性研究等前期工作基础上进行的。随着我国经济和社会的发展，水资源可持续利用问题显得尤为重要，经济体制改革的深化也对工程的建设和运行管理提出了新的要求，《东线规划》依据北方地区社会、经济、环境条件以及水资源短缺的情势，按照"先节水后调水、先治污后通水、先环保后用水"的原则，对东线工程的水资源优化配置和保护做了进一步论证，对供水范围、供水目标和工程规模进行了修订；按照社会主义市场经济的要求，对东线建设体制、运营机制及水价体系进行了研究；根据北方城市的需水要求，结合东线治污规划的实施，提出了相应的分期实施方案。

二、解决的主要问题

（一）调整了供水范围和供水目标

根据对黄淮海东部平原及山东半岛社会经济发展及水资源状况的分析、预测和水资源合理配置的要求，结合输水沿线各省市规划需求，调整了供水范围和供水目标。

1. 供水范围

1990年《东线修订规划》中提出东线工程供水范围包括江苏省除里下河腹部及其以东和北部高地以外的淮河下游平原；安徽省天长县部分地区、蚌埠闸以下沿淮河地区及淮北市以东的新汴河两岸；山东省南四湖周边、韩庄运河和梁济运河两侧、鲁北马颊河以北及位山三干以西部分地区；河北省黑龙港运东地区；北京、天津市区及近郊区。另外，还考虑给胶东重要城市补水。东线工程向北京供水，从长远来看不尽合理，但作为近期北京的一项补充水源，也是有可能的。

《东线规划》对供水范围进行了调整，将原先范围中的供水到胶东地区重要城市扩大为供水到整个山东半岛，提出东线工程从长江下游干流取水，基本沿京杭运河向北送水，考虑到北方水资源总体配置和东线工程位置以及地势因素，主要向黄淮海平原东部和山东半岛供水。供水范围分为黄河以南、山东半岛和黄河以北三片。

2. 供水目标

《东线规划》中提出的东线工程的任务包含四个方面：第一是供水，包括向天津以及输水沿线和山东半岛的大中小城镇提供居民生活及工业用水，结合当地水资源开发，提高现有灌区的供水保证率，远景达到发展和改善灌溉面积 7000 万亩；第二是航运，结合输水，逐步全面恢复和扩大京杭运河从扬州到天津的通航能力，初期先从长江通航到济宁，提高北煤南运的能力；第三是治涝，综合利用调水工程的设施，提高沿线低洼易涝地区的排涝能力；第四是改善环境，通过向供水范围长期缺水地区适当补水，扭转这些地区环境不断恶化的趋势，进而为改善环境创造条件，包括适当减少深层地下水的开采，恢复现有河道湖泊的生态环境，改良高含氟地下水地区城乡居民生活用水水质等。

《东线规划》中提出东线工程的主要供水目标是解决调水线路沿线和山东半岛的城市及工业用水，改善淮北地区的农业供水条件，并在北方需要时，提供农业和生态环境用水。根据本次规划提出的供水范围，将供水目标确定为补充天津、河北、山东、江苏、安徽、山东半岛等输水沿线城市生活、环境和工业用水；提高京杭运河济宁—扬州段航运用水保证率；向江苏省现有江水北调工程供水区和安徽省洪泽湖用水区提供农村生活、农村工业、农业灌溉用水；在满足上述供水目标的前提下，利用工程供水能力，在需要时，向北方供给农业和生态用水。

（二）拟定了工程规模及分期实施意见

在 1990 年《东线修订规划》中，以 2020 年作为规划水平年，规划的工程设计规模为抽江 1000m³/s，进南四湖 600m³/s，过黄河 400m³/s，进天津 180m³/s。根据所利用现有河道可能的扩挖限度以及各河段输水规模的相互适应，拟定抽江 1400m³/s，进南四湖 800m³/s，过黄河 700m³/s，进天津 250m³/s，作为远景调水规模。一期工程抽江 600m³/s，入上级湖 260m³/s，过黄河 200m³/s，到天津 100m³/s。

根据水资源规划以及 2000 年规划修订的供水范围和供水目标，《东线规划》中受水区内江苏省和安徽省的城市和农村缺水，山东省、河北省及天津市的城市缺水由南水北调工程调长江水解决，北方的农业和生态用水暂不正式列入需调水量。由此对工程规模进行了修订，提出南水北调东线工程仍分三期实施，以满足供水范围内 2030 水平年国民经济发展对水的需求。

（三）工程线路局部调整

1990 年《东线修订规划》中规划的输水线路为：由长江调水到天津输水主干线全长 1150km，其中黄河以南 651km，穿黄河段 9km，黄河以北 490km。工程在江苏扬州附近的长江干流上引水，主要引水口是淮河入长江水道（夹江）的出口三江营，另一引水口是京杭运河在长江北岸的出口六圩。充分利用已有的京杭运河局部加以扩挖和改建，同时利用与京杭运河平行的其他几条已成河道以及邵伯湖、高邮湖、洪泽湖、骆马湖、南四湖与东平湖等水域承担输水任务，在解山和位山之间穿过黄河后，经小运河和新辟位临运河至卫运河、南运河，接马厂减河送水至天津北大港水库。调水到天津后，也可抽水进北京，作为北京的一个补充水源。

《东线规划》根据修订后的供水范围、供水目标以及工程规模，对工程线路做了相应修订：①东平湖以南的输水线路没有大的变化；②增加了山东半岛输水干线（东平湖出湖闸至引黄济青），输水工程西起东平湖，东至威海市米山水库，全长 701.1km，设 7 级提水泵站。自西向东可分为西、中、东三段，西段即西水东调工程，中段利用引黄济青渠段，东段为引黄济青渠道以东河段；③对黄河以北输水线路进行了调整，江水出东平湖经穿黄河工程过黄河后，接小运河至临清后分成两路输水，一路沿七一·六五河输水至德州大屯水库，另一路立交穿过卫运河，经临吴渠在吴桥城北入南运河送水到九宣闸，再由马厂减河送水到天津北大港。另外增辟张千渠送水至河北千顷洼水库。

（四）提出工程管理方案

1. 管理体制

1990 年《东线修订规划》中，提出在社会主义市场经济体制条件下，南水北调东线工程这样重要的水利基础设施的管理和运营机制可采用业主负责制，由业主单位从集资、工程建设、运行管理、更新改造到还贷，全面负责，工程实行统一调度、分级管理、以集中管理为主的体制，并设立以下主要管理机构：

（1）南水北调工程管理委员会。在国务院领导下，由水利部牵头，成员由相关部委及有关省（直辖市）分管南水北调的领导组成。委员会是工程业主的代表。下设办公室，作为水利部的一个事业单位。委员会的组成与职权由国务院制定法规加以明确。

（2）南水北调东线工程管理总局。受业主委托，管理总局作为总经营单位全面负责本工程的管理和运营。

（3）省（直辖市）南水北调工程管理局。在各省（直辖市）政府领导下组成，负责完成管理总局分配的建设、管理和运营任务。

在《东线规划》中，既要按适应社会主义市场经济的要求，又要贯彻水资源统一管理的原则，提出在东线工程上实行"国家宏观调控、公司市场运作、用户参与管理"的体制：

（1）国务院组织有关部门和沿线省市成立南水北调工程建设与管理领导机构。

（2）组建供水公司。一期工程组建江苏省和山东省两供水公司。淮委、海委及黄委作为中央投资的代表参股山东省供水公司；两公司分别作为法人，以合同建立供水受水关系。二、三期工程分别采取扩股方式，在一期工程建管基础上组建南水北调东线供水总公司和江苏省供水公司，总公司与江苏省公司作为法人。

（3）由淮委、江苏省和山东省共同组建南四湖供水管理处，协调监督或直接负责南四湖供水及有关省界交接水工程（苏鲁省际边界工程及关键性控制工程）管理，以及不同水源的分配、计量、监控。

2. 建设管理

按照投资体制改革的要求，《东线规划》将东线工程建设资金由原 1990 年《东线修订规划》提出的全部由国家资本金投入，改为中央政府投资、地方政府投资、贷款组合投入。在批准立项之后，按照批准的中央与地方分担投资的份额分别注入资本金，由山东省供水公司和江苏省供水公司分别负责筹措相应贷款。

3. 运营管理

1990 年根据《东线修订规划》中提出管理体制和运营机制，整个工程体系各关键控制设施的运行和各时段分配给各省（直辖市）的水量实行统一调度。调水工程及工程所控制的水土资源是由南水北调东线工程管理局所经营的，其主要经营收入是水费。水费标准在国务院有关政策规定下由管理总局自主制定。

按照《东线规划》提出的东线工程管理体制，东线工程供水价格的制订，要兼顾供需双方的利益，即要考虑到各类用水户的承受能力，又要满足供水工程的固定成本、运营成本、归还贷款和获得合理利润的要求，采用容量水价和计量水价两部制水价。容量水价及计量水价在确定当年水量调度计划后，在山东省供水公司与江苏省供水公司间签订的供水合同内核定，计划外水费由补充合同核定，其中容量水价在年初预交，其他水费在年终按实际发生的数量结算。两公司所收水费根据国家有关规定制订办法使用。每年 9 月，在建管机构制订的调度原则指导下，由建管委员会办公室与有关省市和流域机构协商后提出年度调度方案，经建管委员会批准后执行。在调度方案的指导下，两省供水公司根据各受水户要求和实际需水量适当调整，形成年调水计划，由两供水公司签订调水合同，实施水量调度。

(五) 提出治污规划

1990 年《东线修订规划》中提出水质要求不低于Ⅲ类水质标准，根据水质保护要求，按照"以防为主，防治结合，综合治理，处理利用"的基本方针，制定了包括加强监督管理，控制新污染源的发展，限期治理重点污染源；逐步建设重点城镇污水处理设施，以及将处理好的污废水加以利用的综合防治方案。

《东线规划》按照"先节水后调水、先治污后通水、先环保后用水"的原则，提出了东线工程治污规划。南水北调东线工程治污规划以实现输水水质达Ⅲ类标准为目标，以全面落实节水措施为前提，重在建立"治、截、导、用、整"五位一体的污水治理体系。东线工程治污规划的有效实施、保障条件是建立筹资、建设、运行、管理的市场化机制。地方行政首长需运用行政、法律、经济手段，确保输水干线水质目标的实现。

三、主要技术结论

(一) 关于供水范围、供水目标

1. 供水范围

在 20 世纪 70 年代以来的规划、论证的基础上，根据对黄淮海东部平原及山东半岛社会经济发展及水资源状况的分析、预测和水资源合理配置的要求，结合输水沿线各省市规划需求，《东线规划》提出东线工程合理的供水范围有三片：①黄河以南，包括江苏省里下河地区以外的苏北地区和里运河东西两侧地区，安徽省蚌埠市、淮北市以东沿淮、沿新汴河、沿高邮湖地区和山东省南四湖、东平湖地区；②山东半岛；③黄河以北，包括大清河以东南天津平原，河北省黑龙港东部平原、运东平原和山东省徒骇马颊河平原。与 1990 年《东线修订规划》相比，《东线规划》在供水范围上将原先提出的胶东地区部分城市扩大到整个山东半岛。

2. 供水目标

东线工程的供水目标是补充天津、河北、山东、江苏、安徽等输水沿线城市生活、环境和工业用水，并适当兼顾农业和其他用水。

(1) 城市用水。天津、济南、青岛、徐州等重要中心城市及调水沿线和山东半岛的大中城市的城市用水和重要电厂、煤矿用水是主要供水目标，在城市用水中考虑改善城市环境（绿化、河、湖）用水。

（2）航运用水。提高济宁—扬州段京杭运河航运用水保证率。

（3）农村用水。江苏省现有江水北调工程供水区和安徽省洪泽湖用水区的农村生活、农村工业、农业灌溉用水。

（4）在满足上述供水目标的前提下，利用工程供水能力，在需要时，向北方供给农业和生态用水。

（二）关于工程规模

《东线规划》提出南水北调东线工程分三期实施：

一期工程利用江苏省江水北调工程，扩大规模，向北延伸，向山东省供水。工程范围包括黄河以南、鲁北、山东半岛三片和穿黄河工程。规划工程规模为抽江 $500m^3/s$，过黄河 $50m^3/s$，送山东半岛 $50m^3/s$。

二期工程增加向河北、天津供水，需在一期工程基础上扩大北调规模，并将输水工程向北延伸至天津北大港水库。二期工程抽江 $600m^3/s$，过黄河 $100m^3/s$，到天津 $50m^3/s$，送山东半岛 $50m^3/s$。

三期工程在一、二期工程基础上扩大工程规模，增加北调水量，以满足供水范围内 2030 水平年国民经济发展对水的需求。三期工程抽江 $800m^3/s$，过黄河 $200m^3/s$，到天津 $50m^3/s$，送山东半岛 $90m^3/s$。

（三）关于工程线路

东线工程利用江苏省江水北调工程，扩大规模、向北延伸而成。充分利用了京杭运河及淮河、海河流域现有河道和建筑物，并密切结合防洪、除涝和航运等综合利用的要求。

黄河以南沿线有洪泽湖、骆马湖、南四湖、东平湖四个调蓄湖泊，湖泊与湖泊之间的水位差都在 10m 左右，形成四大段输水工程，各湖之间均设 3 级提水泵站，南四湖上、下级湖之间设 1 级泵站，从长江至东平湖共设 13 个抽水梯级，地面高差 40m，泵站总扬程 65m。

现有河道输水能力大部分满足近期调水要求，并具有扩建潜力。南四湖以南已全部渠化，达到 Ⅱ～Ⅲ 级航道标准。江苏省江水北调工程从扬州到下级湖已建成 9 个梯级、22 座泵站，总装机容量 17.6 万 kW。根据现有河道可利用情况，南四湖以南采用双线或三线并联河道输水；南四湖以北基本为单线河道输水。具体输水线路安排如下：

长江—洪泽湖，由三江营抽引江水，分运东和运西两线，分别利用里运河、三阳河、苏北灌溉总渠和淮河入江水道送水。

洪泽湖—骆马湖，采用中运河和徐洪河双线输水。新开成子新河和利用二河从洪泽湖引水送入中运河。

骆马湖—南四湖，有三条输水线：中运河—韩庄运河、中运河—不牢河和房亭河。

南四湖内除利用全湖输水外，须在部分湖段开挖深槽，并在二级坝建泵站抽水入上级湖。

南四湖以北—东平湖，利用梁济运河输水至邓楼，建泵站抽水入东平湖新湖区，沿柳长河输水北送至八里湾，再由泵站抽水入东平湖老湖区。

穿黄位置选在解山和位山之间，包括南岸输水渠、穿黄枢纽和北岸出口穿位山引黄渠三部分。穿黄隧洞设计流量 $200m^3/s$，需在黄河河底以下 70m 打通一条直径 9.3m 的倒虹隧洞。

江水出东平湖经穿黄河工程过黄河后，接小运河至临清，立交穿过卫运河，经临吴渠在吴桥城北入南运河送水到九宣闸，再由马厂减河送水到天津北大港。

从长江到天津北大港水库输水主干线长约1156km，其中黄河以南646km，穿黄段17km，黄河以北493km；分干线总长约795km，其中黄河以南629km，黄河以北166km。

山东半岛输水干线工程西起东平湖，东至威海市米山水库，全长701.1km，设7级提水泵站。自西向东可分为西、中、东三段，西段即西水东调工程；中段利用引黄济青渠段；东段为引黄济青渠道以东河段。一、二期工程由北线送水至威海市米山水库，即利用山东省胶东地区应急调水工程，三期工程新辟南线送水至荣成市湾头水库，增加输水线路287.4km。合计输水线路总长988.5km。

（四）关于工程管理

1. 管理体制

《东线规划》提出：东线工程实行"国家宏观调控、公司市场运作、用户参与管理"的体制。

（1）国务院组织有关部门和沿线省（直辖市）成立南水北调工程建设与管理领导机构。

（2）组建供水公司。一期工程组建江苏省和山东省两供水公司。淮委、海委及黄委作为中央投资的代表参股山东省供水公司；两公司分别作为法人，以合同建立供水受水关系。二、三期工程分别采取扩股方式，在一期工程建管基础上组建南水北调东线供水总公司和江苏省供水公司，南水北调东线供水总公司与江苏省供水公司作为法人。

（3）由淮委、江苏省和山东省共同组建南四湖供水管理处，协调监督或直接负责南四湖供水及有关省界交接水工程（苏鲁省际边界工程及关键性控制工程）管理，以及不同水源的分配、计量、监控。

2. 关于建设管理

《东线规划》提出：东线工程建设资金包括中央政府投资、地方政府投资、贷款。在批准立项之后，按照批准的中央与地方分担投资的份额分别注入资本金，由山东省供水公司和江苏省供水公司分别负责筹措相应贷款。

3. 关于运营管理

（1）水价制定原则。《东线规划》提出：东线工程供水价格的制订，要兼顾供需双方的利益，即要考虑到各类用水户的承受能力，又要满足供水工程的固定成本、运营成本、归还贷款和获得合理利润的要求，采用容量水价和计量水价两部制水价可以较好地解决涉及各方面的问题。容量水价和计量水价可根据固定成本和运营成本及相关的取水量计算求得，也可根据供需双方协商确定。供水价格根据供需状况和水质及供水成本的变化适时调整。

（2）水费计收管理。《东线规划》提出：容量水费和计量水费在确定当年水量调度计划后，在山东省供水公司与江苏省供水公司间签订的供水合同内核定，计划外水费由补充合同核定，其中容量水费在年初预交，其他水费在年终按实际发生的数量结算。两公司所收水费根据国家有关规定制订办法使用。

（3）水量调度管理。《东线规划》提出：每年9月，在建管机构制订的调度原则指导下，由建管委员会办公室与有关省（直辖市）和流域机构协商后提出年度调度方案，经建管委员会批准后执行。在调度方案的指导下，两省供水公司根据各受水户要求和实际需水量适当调整，形成年调水计划，由两供水公司签订调水合同，实施水量调度。南四湖实行在南四湖供水管理处协调下的江苏供水公司与山东供水公司交水。

（4）南四湖及韩庄运河供水管理。南四湖跨苏鲁两省，现在主要由淮委沂沭泗水利管理局南四湖管理处管理，水资源分配存在现有水资源与外调水源的二次分配问题，无论入下级湖还是入上级湖，都有部分水源回用于调出省，且需与当地水源分别计量分配；南四湖周边有31个取水口门，其中江苏省15个，山东省16个，不联合起来统一管理，无法管好；韩庄运河省界交接水也需协调监督。由此在本次规划中提出，为了有效控制向两省南四湖地区供水和向北调水，按调度计划实施边界交水，必须加强对南四湖的供水管理，实行在南四湖供水管理处协调下的江苏供水公司与山东供水公司交水。一期工程规划新建杨官屯河、大沙河和苏鲁边河的河口控制闸，并利用现有的复新河闸、苏北堤河闸、大王庄闸控制上级湖江苏用水。新建潘庄引河口控制闸，并利用韩庄闸、伊家河闸、老运河闸、胜利渠首闸、刘桥提水站，挖工庄闸控制下级湖山东用水。对未建闸的引水河口实施测流计量控制。二期工程规划在东鱼河、万福河、老万福河、西支河、白马河、洸府河等河口建控制闸。

韩庄运河省际交接水的管理，应结合骆马湖的水资源管理问题，采取可靠措施加以控制。

（五）关于治污规划

南水北调东线工程治污规划以实现输水水质达Ⅲ类标准为目标，以全面落实节水措施为前提，重在建立"治、截、导、用、整"五位一体的污水治理体系。

按照南水北调东线工程规划分期要求，2008年前以山东、江苏治污项目为主，同时实施河北省工业治理项目；2009—2013年以黄河以北河南、河北、天津治污项目为主，同时实施安徽省治污项目。

治污规划按南水北调输水线路、用水区域和相关水域的保护要求，划分为输水干线规划区、山东天津用水规划区（含江苏泰州）和河南安徽规划区。三大规划区下划分8个控制区，53个控制单元，以控制单元作为规划污染治理方案、进行水质输入响应分析的基础单元。规划了清水廊道工程、用水保障工程及水质改善工程共三大工程。

清水廊道工程以输水主干渠沿线污水零排入为目标，投资166.4亿元，建设城市污水处理厂104座，辅以必要的截污导流工程及流域综合整治工程，输水干线区COD削减率达62.1%，氨氮削减率达53.2%，形成清水廊道，确保主干渠输水水质达Ⅲ类标准。清水廊道工程2001—2008年投资133亿元，可保证江苏、山东39个控制单元中的17个控制单元实现污水零排入，未实现污水零排入的22个控制单元排污量小于水环境容量；2009—2013年投资33.4亿元，可保证河北、天津8个控制单元全部实现污水零排入。

用水保障工程以保障天津市区、山东西水东调水质为目标，投资35.6亿元，建设5座城市污水处理厂、3项截污导流工程，COD削减率为18.5%，氨氮削减率为34.1%。2001—2008年投资15.2亿元，实现处理后污水对西水东调引水线路的零排入，达到本规划区内用水水质Ⅲ类的目标；2009—2013年投资20.4亿元，实现处理后污水对天津市引水线路的零排入，达到本规划区内用水水质Ⅲ类的目标。

水质改善工程以改善卫运河、漳卫新河、淮河干流及洪泽湖水质为主要目标，投资36.4

亿元，建设城市污水处理工厂 26 座，关闭 35 条年制浆能力在 2 万 t 以下的草浆造纸生产线，COD 削减率为 25.0％，氨氮削减率为 57.4％，可保证到 2013 年，淮河干流水质及入洪泽湖支流水质达Ⅲ类，河南卫运河断面 COD 浓度低于 70mg/L。

四、审查及批复情况

2001 年 11 月 21—23 日，水利部在北京主持召开了《东线规划》审查会。与会专家认为，东线工程已经论证多年，在党中央、国务院的关怀下，经过这次规划修订工作，制约工程建设的重大问题均已有较为明确的结论，建议国家尽早决策，争取在 2002 年启动建设一期工程。

2002 年 12 月 23 日，国务院对南水北调工程总体规划进行了批复。

第六章　东线一期工程项目建议书

第一节　水利部 2003 年南水北调
前期工作部署

为解决南水北调工程开工建设的紧迫性与总体项目建议书编制周期之间的矛盾，在南水北调工程总体规划审批过程中，选择了一部分项目单独履行报审程序，促进其尽早开工建设。

2002 年 12 月 23 日，国务院正式批复《南水北调工程总体规划》；12 月 27 日举行了工程开工典礼，南水北调工程由规划阶段转入实施阶段。为确保 2007 年东线一期工程通水和 2010 年中线一期工程通水的总体目标，水利部于 2003 年 2 月 21—22 日在北京主持召开了南水北调工程前期工作会议，全面部署了 2003 年南水北调工程前期工作。根据水利部有关会议纪要，编制东、中线一期工程项目建议书、总体设计方案、可行性研究报告等技术文件是 2003 年南水北调工程前期工作的主要任务。

一、前期工作组织分工

南水北调东线工程由淮委会同海委负责前期工作的组织协调。

淮委设计院和天津院为东线一期工程技术总负责单位，具体设计任务由淮委设计院、天津院以及江苏省、山东省设计院承担。东线一期工程项目建议书、可行性研究报告由淮委和海委负责联合报送。总体设计方案由技术总负责单位组织编制，由淮委和海委联合报送。

水利部要求抓紧开展 2003 年拟开工项目设计工作。山东南四湖—东平湖段工程、韩庄运河段工程由山东省设计院为主承担设计任务，设计成果由淮委和山东省联合报送；穿黄工程由天津院负责设计，设计成果由海委商淮委报送；南四湖水资源管理与水质监测工程由淮委设计院承担设计任务，设计成果由淮委负责报送。江苏骆马湖—南四湖段工程由江苏省设计院为主承担设计任务，设计成果由淮委和江苏省联合报送。第一批治污工程由江苏省、山东省计委负责报送。

二、东线一期工程总体设计方案

总体设计方案编制目的是为 2003 年拟开工项目的可行性研究报告审查提供依据，主要工作是论证工程规模和总体布局，开展输水线路方案比较，确定单项工程组成和设计参数。总体设计方案不是常规的设计阶段，但其成果最后纳入了东线一期工程项目建议书，构成项目建议书工作阶段的一部分。

2003 年 4 月，淮委组织召开了南水北调东线一期工程总体设计方案工作会议，对总体设计方案报告编制工作进行了动员、布置，并且对淮委设计院和天津院编写的《南水北调东线第一期工程总体设计方案工作大纲（讨论稿）》进行了认真讨论。

从 2003 年 5 月开始，各设计单位按照工作大纲要求分别开展了单项工程的设计工作。8 月中水淮河公司牵头进行集中汇总工作，并编制完成总体设计方案报告。

2003 年 9 月，水规总院对淮委报送的《南水北调东线第一期工程总体设计方案报告》进行了审查。会后，编制单位根据审查意见对报告进行了修改完善。2004 年 1 月，水规总院组织有关单位及特邀专家对修改后的《南水北调东线第一期工程总体设计方案报告（修订稿）》进行了复审，并通过了该总体设计方案。

三、东线一期工程项目建议书编制过程

东线一期工程项目建议书从 2002 年 6 月开始编制，2003 年一度转为总体设计方案的编制工作，至 2004 年 6 月完成《南水北调东线第一期工程项目建议书》（简称《东线项目建议书》）。

一期工程项目建议书以《东线修订规划》为基础，以规划修订报告推荐的一期工程的建设方案为依据进行编制。期间，相继完成的《南水北调东线第一期工程总体设计方案报告》以及 2003 年度、2004 年度计划开工的 6 个单项工程的可行性研究报告通过水规总院的审查，为加快完成东线一期工程项目建议书编制工作起到促进作用。

第二节　东线一期工程项目建议书成果

一、工程供水范围

东线一期工程的供水范围大体分为三片：①江苏省里下河地区以外的苏北地区和里运河东西两侧地区，安徽省蚌埠市、淮北市以东沿淮、沿新汴河地区，山东省南四湖、东平湖地区；②山东半岛；③黄河以北，包括山东省徒骇马颊河平原（以上三片分别简称为"黄河以南片、山东半岛和黄河以北片"）。供水区内分布有 21 座地市级以上城市和其辖内的 89 个县（市、区）。

江苏供水区主要为现有的江水北调供水区，供水范围包括淮安、宿迁、徐州、连云港 4 座地市级以上城市及其辖内的 20 个市（县）和扬州市辖内的 3 个市（县），以及 2847 万亩耕地。

安徽供水区为淮河蚌埠闸以下从淮河及洪泽湖引水的地区，供水范围包括蚌埠、淮北、宿州 3 座地市级城市和其辖内的 5 个县，以及 178 万亩耕地。

山东供水区包括鲁西南的南四湖、东平湖地区，鲁北的徒骇马颊河平原和山东半岛地区，

包括枣庄、济宁、菏泽、聊城、德州、济南、青岛、滨州、烟台、威海、淄博、潍坊、东营等13座地市级以上城市和其辖内的61个县（市）。

二、工程目标

东线一期工程的规划水平年为2010年。

东线一期工程的供水目标是补充山东半岛和山东、江苏、安徽等输水沿线城市的生活、环境和工业用水，并适当兼顾农业和其他用水。主要为：济南、青岛、徐州等重要中心城市及调水沿线大中城市的城市用水和重要电厂、煤矿用水；济宁—扬州段京杭运河航运用水；江苏省现有江水北调工程供水区和安徽省洪泽湖用水区的农村用水。

在满足上述供水目标的前提下，利用工程供水能力，在需要时向河北和天津应急供水。

各部门的设计供水保证率见表6-2-1。

表6-2-1 各部门供水设计保证率表

供 水 部 门			供水保证率/%
生活、工业、航运			97
农业灌溉	水田	淮河以南	95
		淮河以北	75
	旱作	下级湖以南	75

三、工程规模和调水量

（一）需调水量

以1998年为基准年，预测2010水平年东线一期工程需向供水区干渠分水口补充的水量为41.41亿 m^3，其中生活、工业及城市生态环境用水22.34亿 m^3，占53.9%；航运用水1.02亿 m^3，占2.5%；农业用水18.05亿 m^3，占43.6%。一期工程需调水量见表6-2-2。

表6-2-2 一期工程需调水量表 单位：亿 m^3

省 别		生活、工业及城市生态环境用水	农业用水	航运	小计
江苏		7.93	15.75	0.69	24.37
安徽		1.21	2.30		3.51
山东	鲁南	1.95		0.33	2.28
	山东半岛	7.46			7.46
	鲁北	3.79			3.79
	小计	13.2		0.33	13.53
合 计		22.34	18.05	1.02	41.41

损失水量：损失水量包括输水干线河道输水损失和调蓄湖泊蒸发渗漏损失，水资源供需分析中损失水量按需水量对待。东线一期工程多年平均全线总损失水量24.64亿 m^3，其中输水干

线河道输水损失 19.12 亿 m³，黄河以南湖泊蒸发损失 5.52 亿 m³。

（二）工程规模

1. 水量调配原则

（1）江水、淮水并用，淮水在优先满足当地发展用水的条件下，余水可用于北调。在淮河枯水年多抽江水，淮河丰水年多用淮水。

（2）按照水资源优化配置的要求，在充分利用当地水资源供水仍不足时逐级从上一级湖泊调水补充；当地径流不能满足整个系统供水时，调江水补充。

（3）黄河以南各调蓄湖泊，为了保证各区现有的用水利益不受破坏，参照现有江水北调工程的调度运用原则，经过调算拟定了各调蓄湖泊北调控制水位，一般情况下，低于此水位时，停止从湖泊向北调水。

（4）为保证城市用水，在湖泊停止向北供水时，新增装机抽江水量优先北调出省向城市供水，然后再向农业供水。

（5）根据黄河以北和山东半岛输水河道的防洪除涝要求，一期工程向胶东和鲁北的输水时间为 10 月至次年 5 月。

（6）东平湖江水补湖水位上限按 39.3m 控制，湖水位低于 39.3m 时调江水补湖。调节计算中考虑大汶河来水对东平湖蓄水位的影响，但不利用大汶河水量。

2. 工程规模确定

根据预测的当地来水、需调水量，采用 1956—1997 年 42 年系列进行水量调节计算，经多方案比较，确定东线一期工程抽江和各区段输水规模如下：抽江 500m³/s；进洪泽湖 450m³/s、出洪泽湖 350m³/s；进骆马湖 275m³/s、出骆马湖 250m³/s；入下级湖 200m³/s、出下级湖 125m³/s；入上级湖 125m³/s、出上级湖 100m³/s；入东平湖 100m³/s；山东半岛输水干线 50m³/s；位山—临清段 50m³/s；临清—大屯水库 30m³/s。

上述工程规模可以满足东线一期工程的供水目标要求。生活、工业、城市生态环境及航运用水的供水保证率可以达到 97%，农业用水较现状有所改善，洪泽湖以南用水基本可以满足，其他各区供水保证率在 75% 左右，均符合设计供水保证率。

各级泵站枢纽按设计流量计算，多年平均装机利用小时一般为 3700～5035h 较为适宜。

（三）调水量

1. 北调水量

按预测当地来水、需水和工程规模进行计算，多年平均抽江水量 88.52 亿 m³（比现状增抽江水 38.87 亿 m³），最大的一年已达 157.48 亿 m³；入南四湖下级湖水量为 22.69 亿～37.23 亿 m³，多年平均 30.00 亿 m³，入南四湖上级湖水量为 15.02 亿～21.21 亿 m³，多年平均 16.87 亿 m³；调过黄河的水量为 4.63 亿 m³；到山东半岛水量为 8.92 亿 m³。

2. 增供水量分配

上述规划调水量中包含了现有工程的可供水量。增供水量是由于兴建工程而增加的供水量，它反映了新建调水工程的效益。增供水量包括增加的抽江水量和因工程实施而增加的淮水利用量两部分水量。增供水量扣除各项损失为净增供水量。

工程多年平均增供水量 46.53 亿 m^3，其中增抽江水 38.87 亿 m^3。扣除各项损失后全区多年平均净增供水量 36.25 亿 m^3，其中江苏省 19.41 亿 m^3、安徽省 3.31 亿 m^3、山东省 13.53 亿 m^3。

四、工程等级和设计标准

（一）工程等级

南水北调东线工程为国家重点调水工程，按照《水利水电工程等级划分及洪水标准》（SL 252—2000)中关于水利水电工程等级划分的规定，并参照《南水北调东线第一期工程总体设计方案》及有关审查意见，工程等别为Ⅰ等，工程规模为大（1）型。

东线一期工程由河道、泵站、调蓄水库等单项工程组成，各单项枢纽工程建筑物的级别由工程的等别和建筑物的重要性确定。

1. 河道工程

（1）夹江堤防为 2 级。

（2）新通扬运河堤防为 3 级。

（3）里运河堤防级别：里运河东堤、西堤（大汕子隔堤—邵伯）为 1 级，西堤（大汕子隔堤—淮安）为 2 级；总渠以北里运河堤防同入海水道左堤为 2 级。

（4）苏北灌溉总渠堤防为 1 级。

（5）入江水道：里运河西堤（大汕子隔堤以下）为 1 级，入江水道上段堤防为 2 级，扬州城区段为 1 级，湖西大圩堤防为 5 级。

（6）二河：分淮入沂东堤堤防为 1 级，二河段西段洪泽湖堤防为 1 级。

（7）骆北中运河堤防为 2 级。

（8）房亭河堤防为 3 级。

（9）不牢河堤防为 3 级。

2. 泵站工程

东线一期工程新建泵站的主要建筑物级别为 1 级，次要建筑物级别为 3 级。加固改造泵站中淮安二站按 2 级，其他泵站按 1 级建筑物加固改造。利用现有不需要加固改造的泵站维持原建筑物的设计级别。位于防洪大堤上的建筑物，应不低于其堤防级别。

3. 蓄水工程

调蓄水库工程级别按其供水对象重要性，并结合总库容确定。各单项工程的建筑物级别见表 6 - 2 - 3。

表 6 - 2 - 3 各单项工程的建筑物级别

工程名称	工程等别	工程规模	主要建筑物级别	次要建筑物级别
大屯水库	Ⅱ	大（2）型	2 级	3 级
东湖水库	Ⅱ	大（2）型	2 级	3 级
双王城水库	Ⅱ	大（2）型	2 级	3 级

4. 穿黄工程

穿黄工程为Ⅰ等工程，工程规模为大（1）型，出湖闸、南干渠、埋管进口检修闸、滩地埋管、穿黄隧洞、穿引黄渠埋涵、出口闸等主要建筑物级别为 1 级，次要建筑物级别为 3 级。

5. 骆马湖、南四湖水资源工程

骆马湖水资源工程：控制闸为Ⅲ等中型工程，闸室及与两岸连接建筑物等主要建筑物为 3 级建筑物，次要建筑物为 4 级建筑物。

南四湖水资源工程：位于上级湖湖西大堤上的大沙河、姚楼河、杨官屯河控制闸的主要建筑物均为 1 级建筑物，次要建筑物为 3 级建筑物；位于下级湖湖东大堤上的潘庄引河闸主要建筑物为 2 级建筑物，次要建筑物为 3 级建筑物。

（二）工程设计防洪标准

1. 河道工程防洪标准

入江水道、苏北灌溉总渠防洪标准可达到 100 年一遇；骆马湖以南中运河基本以排涝为主；韩庄运河、骆马湖以北中运河防洪标准为 50 年一遇；南四湖总体防洪标准为 50 年一遇。

梁济运河的防洪标准采用与河道防洪规划一致的标准，防洪标准为 20 年一遇，堤防按东平湖退水 $1000\mathrm{m}^3/\mathrm{s}$ 加 5 年一遇除涝流量填筑。

柳长河防洪标准取决于东平湖滞洪区运用情况。根据黄委设计院 2001 年编制的《黄河流域（片）防洪规划》，黄河下游洪水经过防洪工程体系的联合调度后，东平湖滞洪区的启用几率为 30 年一遇～1000 年一遇，所以柳长河防洪标准定为不小于 30 年一遇。

鲁北输水河道防洪标准为 20 年一遇，其与徒骇河、马颊河交叉的主要建筑物防洪标准均为 50 年一遇，与赵王河、西新河等交叉的主要建筑物防洪标准均为 20 年一遇。

胶东输水干线济平干渠段长平滩区段输水工程按艾山 $7500\mathrm{m}^3/\mathrm{s}$ 设防，相当于 20 年一遇洪水标准，小浪底水库与三门峡、陆浑、故县四库联调，将使黄河下游同几率洪水流量有所减少；小清河干流段防洪标准和穿输水干渠的倒虹、渡槽的防洪标准均为 50 年一遇。

2. 泵站工程防洪标准

新建各泵站主要建筑物的防洪标准按 100 年一遇设计，300 年一遇校核；改造泵站主要建筑物的防洪标准按其级别参照《泵站设计规范》（GB 50265—2010）确定；其他建筑物按不低于所处河段或湖泊堤坝的现有和规划防洪标准设计。

3. 调蓄水库防洪标准

大屯水库围坝及建筑物的防洪标准，根据恩县洼滞洪区滞洪要求确定，即防洪水位为 24.82m；排水、除涝标准采用 5 年一遇。

东湖水库、双王城水库为平原围坝水库，无防洪任务；排水、除涝标准采用 5 年一遇。

4. 穿黄工程防洪标准

穿黄河工程的主要建筑物为 1 级，采用黄河位山段大堤的防洪标准，即 $11000\mathrm{m}^3/\mathrm{s}$，考虑黄河的淤积，2050 年相应的洪水位为 50.4m，相当于 1000 年一遇洪水标准。

5. 骆马湖、南四湖水资源控制工程防洪标准

骆马湖水资源控制工程：控制闸不挡洪，按泄洪标准 50 年一遇设计，相应洪水位 28.89m。

南四湖水资源控制工程：位于上级湖湖西大堤上的大沙河、姚楼河、杨官屯河控制闸按防御 1957 年洪水标准设计，相应洪水位 37.0m；位于下级湖湖东大堤上的潘庄引河闸按 50 年一

遇防洪标准，相应洪水位36.3m。

6. 洪泽湖、南四湖下级湖和东平湖影响处理工程防洪标准

洪泽湖、南四湖下级湖和东平湖影响处理工程由于工程范围大，建筑物分散，其防洪标准根据具体工程位置和工程规模等综合考虑确定。

（三）道路、桥梁设计标准

现有桥梁按现状或已批复的规划标准加固或复建，新建桥梁和道路设计标准在单项工程设计中根据具体情况分别确定。

五、工程总体布局

（一）工程布置原则

工程布置主要考虑以下原则。

（1）工程布置以淮河、黄河及海河流域现有水利工程为基础，充分利用现有河道、湖泊及建筑物，以节省工程投资。根据2003年4月16日水利部东调南下及南水北调东线工程省部联席会议精神，沂沭泗洪水东调南下续建工程和南水北调东线一期工程统筹安排同步建设，因此南四湖、韩庄运河和中运河省界—皂河段的工程布置，以沂沭泗洪水东调南下续建工程实施后的情况为基础。

（2）除穿黄工程考虑与二期工程结合外，其余单项工程均按一期工程调水规模设计，但在工程选线、选址上考虑为今后扩建留有余地。

（3）不改变现有河道与湖泊的防洪调度运用原则，湖泊调蓄运用水位首先满足各湖泊防洪要求；河道扩挖应满足防洪规划要求，在有防洪调度矛盾的地区不得随意增加洪水泄量。

（4）工程布置及设计的主要任务是以调水为主，兼顾排涝、航运和恢复交通等，在服从全局调水目标的前提下适当照顾地方排水灌溉的局部利益。

（5）各河段的输水位应结合地形、水文地质以及现状运用水位等条件合理确定，避免或减轻对现有工程的防洪、除涝、供水和航运功能的影响，便于利用已有的配套工程向用户供水。当由于输水、蓄水条件变化对环境产生影响时应作适当处理或补偿。

（二）输水路线

1. 长江—洪泽湖

（1）长江—大汕子输水路线。一期工程长江—大汕子段设计输水规模500m³/s，在设计调水位下，里运河江都—大汕子段输水能力为400m³/s。里运河东边是里下河地区，有三阳河等灌排河道；西边是高邮湖、邵伯湖，是淮河入江行洪通道。这两条线都可利用向北输水。但采用高邮湖、邵伯湖、三河的运西输水线，由于湖泊水位需分级控制，从长江—洪泽湖需设4级提水泵站，而且需增加高邮湖周边用水。而利用三阳河向北输水，穿过地势低洼的里下河地区，可以增加自流引水的河段长度，并可提高里下河地区排涝能力。三阳河是里下河地区尚未全部挖成的一条南北向引、排结合通航的人工河道，南自宜陵接新通扬运河，北至杜巷入潼河，全长66.5km，其中宜陵—三垛36.55km已按300～150m³/s的规模开挖完成，三垛以北至

杜巷 29.95km 尚未开挖。潼河为东西向河道，在杜巷与三阳河相接，向西至大汕子接里运河，全长 15.5km，需平地开河。

经比较，长江—大汕子段采用增加三阳河、潼河输水线路，增加引江规模 100m³/s，由三江营引水，经夹江、芒稻河、新通扬运河、三阳河、潼河自流到宝应站下，再由宝应站抽水入里运河，与江都站抽水在里运河大汕子处（南运西闸附近，潼河、金宝航道与里运河在该处近似十字相交）汇合。

（2）大汕子—洪泽湖输水线路。一期工程大汕子—洪泽湖段设计输水规模 450m³/s，在设计调水位下，大汕子南运西闸—北运西闸长 33.15km 河段现状输水能力为 350m³/s，北运西闸—淮安闸长 18.7km 河段现状输水能力仅为 250～200m³/s。

该段里运河滩地窄小，仅 10m 左右，若扩大输水规模需要退堤。退西堤河道开挖土方量大，需赔建灌排影响，投资大；东堤为 1 级堤防，堤顶为淮扬二级公路，各类建筑物密集，退东堤带来的影响更大。而且，里运河因历史原因仍遗留大量石工、沉柜、木桩，只能采用断航、人工开挖，施工期将对航运产生很大影响。考虑扩大里运河很难实施，南水北调东线工程除里运河线仍维持现状输水规模外，考虑另辟输水线路。输水线路是利用金宝航道线、里运河线和新辟的淮安四站新河双线输水。输水线路如下：

江都站和宝应站抽引的江水在里运河大汕子汇合后，一路沿里运河向北，输水至里运河北运西闸处再分两路输水，其中一路沿里运河继续向北维持输水规模输水至淮安站下，另一路通过北运西闸经新河至淮安站下，通过淮安站抽水入苏北灌溉总渠，然后经淮阴站抽水 300m³/s 入洪泽湖（或经二河直接北调）；一路向西经金宝航道、淮河入江水道三河输水，由洪泽站抽水 150m³/s 入洪泽湖。主要工程内容为：扩浚北运西闸至淮安四站站下的新河输水线，建设淮安、淮阴两座泵站，工程规模为 100m³/s；疏浚自南运西闸至金湖段的金宝航道，设计流量 150m³/s，建设金湖、洪泽两座泵站，工程规模为 150m³/s。

新河线：淮安四站新河输水线全长 29.8km，由运西河、穿湖段、新河三段组成，其中运西河长 7.47km，桩号 6+050 至北运西闸 5.55km 扩挖左（南）侧；桩号 6+050 至入湖口长 1.42km，扩挖右（北）侧，出土右侧。白马湖穿湖段长 2.3km，连接北运西河和新河，湖内抽槽，河湖分开送水，出土结合筑左隔堤，其余沿白马湖北堤分段堆放，为满足排涝、通航、补水等要求，左隔堤建有排涝滚水堰和补水闸（含通航孔）。新河段长 20.03km，恢复原设计规模，出土沿左（西）侧堆放，并结合筑圩堤。设计断面：运西河段设计河底高程 1.5m，底宽 25m，青坎宽 10m；穿湖段抽槽河底高程 1.0m，底宽 24m，滩面 10～30m；新河段河底高程 0.0m，底宽为 30～35m，青坎宽 5～10m。

金宝航道线：金宝航道采用半专线送水方案。

2. 洪泽湖—骆马湖

洪泽湖—骆马湖有中运河和徐洪河两条输水线路。

二河自二河闸—淮阴闸长 30km，是分泄淮河洪水入新沂河和向连云港送水的河道，现状输水能力为 500m³/s。中运河淮阴闸—皂河闸长 113.6km，是京杭运河的一部分，也是一条集航运、输水、排涝、行洪等综合利用的河道。中运河上已建有泗阳、刘老涧、皂河三级泵站，经二河和中运河可送水 150m³/s 入骆马湖。在洪泽湖北调控制水位不低于 11.9m 时，中运河淮阴闸—泗阳段向北输水能力最大为 230m³/s；泗阳—皂河段现有输水能力约 350m³/s。

徐洪河南起洪泽湖顾勒河口,北端在邳州市刘集镇与房亭河相交,全长120km,是防洪、排涝、供水、航运等综合利用河道。江苏省从1976年开始按5年一遇除涝、20年一遇防洪标准开挖,至1992年完成,并建成睢宁(沙集)泵站,在洪泽湖水位高于12.5m时可利用沙集站从洪泽湖抽水50m³/s北送徐州。南水北调东线工程规划设置三级提水,在调水设计水位下,徐洪河向北输水能力为220~200m³/s。

一期工程规划出洪泽湖350m³/s,入骆马湖275m³/s,需在现状基础上增加150~125m³/s调水规模。输水线路比较过利用中运河、徐洪河双线输水方案和利用中运河单线输水方案。

利用中运河单线输水,便于集中管理,但由于中运河淮阴闸—泗阳30.3km河段输水能力为230m³/s,扩挖受到滩地窄小、沿线影响大的限制,如满足出洪泽湖350m³/s的要求,必须按120m³/s规模另开洪泽湖—中运河泗阳站上的成子新河。成子新河线全长15km,其中12km在现有成子河基础上扩挖,3km在湖内抽槽。由于现状成子河较小,输水能力仅15m³/s左右,基本上为平地开河,工程量大,挖压占地多,工程投资大,而且南水北调东线二期工程还需再次扩挖;采用中运河、徐洪河双线输水,不需要扩挖河道,但需对徐洪河两岸影响工程进行处理,两条河道总的输水能力可满足东线一、二期工程输水要求,仅需相应增建泵站。

因此,一期工程采用中运河、徐洪河双线方案,利用中运河输水230~175m³/s,扩建泗阳、刘老涧、皂河三级泵站,由皂河站抽水入骆马湖;徐洪河输水120~100m³/s,新建泗洪站、扩建睢宁二站、新建邳州站。邳州站抽水入房亭河,向东流入中运河、骆马湖(或北送)。

3. 骆马湖—南四湖输水线路

骆马湖—南四湖设计输水规模250~200m³/s。骆马湖—南四湖地处苏、鲁两省边界,属沂沭泗流域,现有中运河、韩庄运河和不牢河等主要河道。该段河道既是沂沭泗河洪水下泄的重要通道,又是南水北调东线工程的主要输水线路,也是南北航运的黄金水道。一直存在省际洪水排泄和水资源调度管理的矛盾。

中运河和韩庄运河是南四湖和邳苍地区的排洪通道,也是京杭运河的一段。中运河皂河—大王庙河段长46.2km,现状基本达二级航道标准,在规划水位下可向北输水350~200m³/s。大王庙向北至苏鲁省界入韩庄运河;大王庙向西与不牢河相接。

不牢河位于江苏境内,全长71.2km,是一条排涝、防洪、调水、航运综合利用的河道,现状输水能力200m³/s,为二级航道标准。1984年建设了刘山、解台2级抽水站,抽水规模50m³/s。南水北调工程实施前该河段是江水北调向徐州供水的干线河道。

韩庄运河位于山东境内,全长55.4km(包括大王庙至省界段中运河长度),经沂沭泗洪水"东调南下"一期工程和京杭运河续建工程治理后,输水能力达150~260m³/s,为三级航道标准,并已形成台儿庄、万年闸、韩庄三个梯级。由于大王庙—台儿庄站下河段底高程已挖至17.0m,低于骆马湖湖底高程,存在骆马湖水资源控制问题,因此沂沭泗洪水东调南下一期工程兴建了中运河临时性水资源控制设施,其作用是在南水北调工程实施以前,控制通过韩庄运河引用骆马湖水资源。

东线一期工程规划出骆马湖250m³/s,入下级湖200m³/s。沂沭泗洪水东调南下续建工程拟按50年一遇防洪标准治理,扩挖中运河、韩庄运河。该工程实施后,上述河道的输水能力将满足调水要求。但是,对于大王庙以北选择哪条河作为主要输水线路问题,苏鲁两省存在分歧。为平衡两省利益，东线一期工程不牢河、韩庄运河采用相等的调水规模，均按125m³/s规模设计。不牢河段结合老站改造建设刘山、解台、蔺家坝三级泵站；韩庄运河段建设台儿庄、万年闸、韩庄三级泵站。

由于韩庄运河涉及省际交接水管理问题，为便于计量和保护骆马湖水资源，2003年4月16日，水利部在北京召开东调南下及南水北调东线工程省部联席会议，会议认为："在江苏省境内建设骆马湖水资源控制工程是必要的，骆马湖水资源控制工程不应影响沂沭泗河洪水南下；工程由淮委负责组织建设和运行管理，江苏省参加"。为此，在苏鲁省界处的江苏省境内中运河上建骆马湖水资源控制工程。

4. 南四湖

南四湖段规划输水规模200～100m³/s，主要利用湖内航道和行洪深槽输水，在二级坝建规模125m³/s的泵站，由下级湖提水入上级湖。南四湖现状基本满足一期工程规划的输水要求，但当湖水位接近湖泊死水位时局部段有阻水。经分析，上级湖南阳镇以北至梁济运河口段在水位33.3～32.8m时，不能满足输水100m³/s的要求，需要疏浚，疏浚长度34.00km。

利用南四湖输水的优点是：工程简单，投资省，便于今后扩建；可以利用湖泊调蓄，有利于提高供水保证率，减小工程规模；便于发挥环境和航运等综合效益。缺点是：水质有赖于南四湖周边治污效果，水资源管理难度大。

5. 南四湖—东平湖输水线路

一期工程输水规模100m³/s。南四湖—东平湖段输水线路是利用梁济运河、柳长河输水。

自梁济运河入南四湖口沿梁济运河北上至长沟，经长沟泵站后继续北上至邓楼泵站，经邓楼泵站提水进入东平湖新湖区，经柳长河至八里湾泵站，八里湾泵站提水进入东平湖老湖区，线路全长79.17km。为解决两岸交通、灌溉、排水等各种问题，需新建、改建各种建筑物158座，其中梁济运河段95座，柳长河段63座，交通管理道路全长79.17km。

6. 鲁北输水线路

鲁北输水渠道自位山穿黄河工程出口，经聊城、临清输水到德州大屯水库，位山—临清邱屯闸段设计输水规模50m³/s，临清—大屯水库段输水规模30m³/s。

(1) 位山—临清段输水线路。南水北调东线鲁北输水渠道位山—临清段利用小运河方案。方案布置如下：

扩挖小运河立交方案：扩大原小运河作为引江输水渠，基本沿现有河道布置，自位山穿黄隧洞出口后，穿过位山三干、徒骇河、西新河、马颊河，至临清邱屯闸，全长约96.8km。

工程全线共需新建、改建、重建和加固各类建筑物共389座。其中输水渠穿河、沟、渠倒虹3座，河、沟、渠穿输水渠倒虹21座，输水渠节制闸9座，分水闸7座，两岸排水涵闸、涵洞209座，跨输水渠渡槽11座，公路桥22座，交通桥102座，铁路桥加固5座。

(2) 小运河方案聊城段局部线路。小运河方案输水线路聊城段局部线路是利用周公河输水线路方案，即自姚庄向西北穿徒骇河、京九铁路进入周公河，至聊城市区北的十里铺接老周公河，线路长15.8km，新开渠道7.41km，扩挖周公河8.39km。

由于南水北调东线工程主汛期一般情况下不引水，其汛期排涝行洪功能不会受到影响，且河槽断面大，地势低洼，土方开挖量小，新征占地少、拆迁量小。

(3) 河道工程布置。鲁北输水线路自穿黄工程出口，经聊城、临清输水到德州的大屯水库，渠道沿小运河、周公河、七一·六五河布置，沿途穿过位山三干、徒骇河、西新河、马颊河等。

自位山穿黄隧洞出口向西北至阿城镇北夏家堂村，沿小运河向北穿七级镇，于崔庄北穿位山三干进入赵王河，至姚庄出赵王河，向西北新开挖河道，穿徒骇河进入聊城市西周公河，于聊城市区北出周公河向北穿西新河、马颊河至魏湾镇进入临清小运河至邱屯闸，经邱屯闸沿六分干向北于师堤西北进入七一河，至夏津县城西进入六五河，于草寺屯公路桥上进入大屯水库。全长 173.49km，其中利用现有河道长 135.11km，新开渠道（7 段）长 38.38km。

全线共需新建、改建、重建和加固各类建筑物共 542 座（包括移民影响处理工程建筑物 200 座，其中小运河 125 座，七一·六五河 75 座）。聊城段共 410 座，其中邱屯闸上小运河 389 座，包括各类涵闸、涵洞 216 座，节制闸 9 座，倒虹吸 24 座，渡槽 11 座，桥梁 124 座，铁路桥加固 5 座；邱屯闸下六分干上 21 座，包括各类涵洞 5 座，倒虹吸 2 座，桥梁 11 座，铁路桥加固 1 座，节制闸 2 座。德州段七一·六五河需修建各类建筑物 132 座，其中桥梁 53 座，各类涵洞 64 座，倒虹吸 1 座，支流口衔接工程 14 处。

另外利用小运河、七一·六五河输水对临清小运河灌区、德州七一·六五河灌区带来一定影响，需进行影响处理。

7. 胶东输水线路

胶东输水干线西段工程沟通东平湖和引黄济青干渠。

（1）胶东输水干线西段输水线路。从东平湖渠首引水闸引水，基本沿济平干渠与小清河布置，途经泰安、济南、滨州、淄博四市，至小清河分洪道子槽引黄济青上节制闸与引黄济青输水河连接，输水线路全长 239.765km，其中新辟输水渠段 131.825km，利用济平干渠扩挖段 41.987km，利用小清河穿越济南市区段 30.65km，利用小清河及分洪道子槽疏通扩挖段 35.303km。

（2）局部线路。

1）济平干渠段输水线路。济平干渠引湖闸闸址作为胶东输水干线的渠首引水闸闸址，在该闸址重建渠首引水闸。

东平、平阴境内的原济平干渠自 1959 年开挖以来，现状仍然基本完整，故输水线路选定在东平、平阴段利用原济平干渠扩挖。

长清、槐荫新辟输水渠段，本着确保输水工程防洪安全和尽可能少占黄河行洪滩地的原则，对输水线路提出了低线明渠输水。

2）济南—引黄济青干渠段输水线路。根据输水工程沿线实际情况，将输水线路分为三大段进行方案比较。

a. 济南段（小清河睦里庄跌水—柴庄闸）。该段输水工程自小清河睦里庄跌水接济平干渠工程后，即面临如何穿越济南市区的问题。对济南段输水线路，项目建议书阶段根据最新资料，并在以往工作的基础上，提出了利用小清河输水穿越济南市区。

小清河输水路线结合济南市城区规划及小清河防洪及生态综合治理工程的建设，并根据确定的小清河两岸排污（水）规模，南、北两岸分别自市区上游腊山河口、兴济河污水处理厂开始，在小清河两岸铺设排污（水）暗渠收集市区污（雨）水。为保证清污分流，在小清河干流济青高速公路桥下游 600m 处新建节制闸控制，两岸排污（水）暗渠从闸下排入小清河干流，节制闸以上利用主河槽输送清水。该方案利用小清河输水段自睦里庄跌水至济青高速公路桥下的孟家庄节制闸长约 30.3km；此后，输水线路从小清河左岸引出另辟新渠，至柴庄闸附近的小清河左堤外与下游输水渠段连接，新辟输水渠长约 19.7km。

b. 小清河柴庄闸—小清河分洪道段。小清河柴庄闸—小清河分洪道段输水线路全部为新辟明渠输水。根据现场查勘及小清河沿线地形等情况，采用沿小清河左堤外新辟渠道输水路线。

自小清河柴庄闸附近起，基本平行小清河左堤，沿堤外约 30.0m 新辟输水渠道（其中魏桥段采用堤外绕行方案），至小清河分洪道分洪闸闸下 100m，穿分洪道北堤入分洪道，全长 65.12km。

c. 小清河分洪道段。该段输水线路在分洪道内按输水规模开挖疏通分洪道子槽，即利用小清河分洪道子槽输水。

该输水线路自小清河分洪道分洪闸下入分洪道，按小清河分洪道治理方案即开挖偏槽生产堰方案，并结合现状分洪道内灌排系统实际情况，尽量靠分洪道北堤一侧开挖子槽，以减少与分洪道内灌排系统发生矛盾。过滨州市博兴县境内的 205 国道以后，输水线路接入已开挖的分洪道子槽，至引黄济青子槽上节制闸下，与引黄济青工程衔接。该输水段全长 34.61km，其中利用现有分洪道子槽输水段长 5.75km，新开挖子槽段长 28.86km。

（3）河道工程布置。胶东输水干线西段工程自东平湖渠首引水闸至小清河分洪道引黄济青子槽上节制闸，沿途经泰安、济南、滨州、淄博 4 市的 10 个县（市、区），输水线路全长 239.765km。全线为明渠自流输水，设计流量 50m³/s，加大输水流量 60m³/s。

济平干渠段总长 89.787km。东平湖渠首引水闸—平阴县贵平山口段利用原济平干渠扩挖，长清以下段沿黄河长清滩区边缘布设，穿孝里河、南北大沙河经济南市玉清湖水库东侧穿玉符河。出玉符河后接入小清河，利用小清河段需扩挖。

济南—引黄济青段线路总长 149.87km。自小清河睦里庄跌水起，输水线路利用小清河穿越济南市区，至济青高速公路桥下 600m 处的小清河干流上新建孟家庄节制闸，输水线路出小清河，沿小清河左岸新辟输水渠道至小清河柴庄闸附近，此后沿小清河左堤外新辟输水渠，至小清河分洪道分洪闸下穿分洪道北堤入分洪道，再开挖疏通分洪道子槽，至分洪道子槽引黄济青上节制闸与引黄济青输水渠连接。

输水渠全线共需新建（重建）各类交叉建筑物 273 座（包括移民影响处理工程建筑物 10 座）。其中各类水闸 34 座，倒虹吸 80 座，交通桥 137 座，铁路桥（涵）1 座，公路桥（涵）20 座，跌水 1 座。

（三）泵站工程

1. 泵站梯级设置

南水北调东线一期工程输水线路以黄河为脊背，分别向南、北倾斜，穿黄河处水位高于长江水位约 40m，因此根据地形条件，东线工程的输水方式东平湖以南需建泵站逐级提水北送，从东平湖向鲁北、胶东可采用自流输水。

泵站梯级的设置，主要根据地形条件和各级湖泊水位差确定。长江—东平湖输水主干线长约 617km，地形平缓，地面坡降 1/8000～1/10000。沿线利用洪泽湖、骆马湖、南四湖、东平湖 4 个调蓄湖泊，输水工程被湖泊分割为 4 大段，长江潮位和各湖泊蓄水位是泵站梯级布置的控制性水位。长江与洪泽湖以及其他湖泊之间的水位差都在 10m 左右，泵站提水的总扬程并不高，但由于沿线地势平坦，有的河段位于湖泊河网地区，为避免造成输水河道的高填方和深挖方，或造成高水位河段的涝渍影响，宜采用低扬程多级泵站输水，分级控制河道水位。根据东线现状情况，分两段叙述泵站梯级布置问题。

（1）长江—南四湖上级湖段。该段主要利用京杭大运河输水，调水工程的布置既利用现有航运梯级，又不能影响现有通航条件。中华人民共和国成立以来，经几十年的规划和逐步建设，京杭运河从扬州至济宁已建成 10 个航运梯级，里运河、中运河、不牢河已基本达二级航道标准，韩庄运河和南四湖东线航道已达三级航道标准，以上河段已全部渠化，并大部分建有复线船闸。江苏省江水北调工程从长江至徐州也建成 9 级抽水泵站。经多年运用和配套建设，与各梯级水位相适应，沿线已形成较为完善的灌溉、排涝系统。轻易改变已形成的格局，会对灌溉、排涝、防洪和航运等造成影响。因此，南水北调东线工程从长江至南四湖上级湖设置 10 个泵站梯级事实上已难以改变。

（2）南四湖上级湖—东平湖段。南四湖与东平湖段设计水位差 7.5m（梁济运河口为 32.8m，东平湖为 40.3m），河道长度 80.17km，其中梁济运河 57.89km，柳长河 22.28km。在 1976 年《南水北调近期工程规划》和 1983 年《南水北调东线第一期工程可行性研究报告》中该段设置济宁、长沟、邓楼、八里湾 4 个梯级，后因交通部要求，1984 年《南水北调东线第一期工程设计任务书》及以后的历次规划均采用 3 个梯级，即长沟、邓楼、八里湾。

该河段位于黄泛冲积平原，土层岩性主要为砂性土，局部有淤泥质壤土，存在边坡稳定和渗漏问题。梁济运河经过地区的地势低洼，易涝易碱，另外，该段提高水面坡降或加大深挖断面都有较大难度，因此，也不宜考虑设 2 个梯级。

综上所述，东平湖以南共设 13 个调水梯级，南四湖以南为双线输水，共设泵站枢纽 22 处（一条河上的每一梯级泵站不论其座数多少均作为 1 处），各枢纽设置如下所述。

长江—洪泽湖：

第一级　江都站 400m³/s，宝应站 100m³/s。

第二级　淮安站 300m³/s，金湖站 150m³/s。

第三级　淮阴站 300m³/s，洪泽站 150m³/s。

洪泽湖—骆马湖：

第四级　泗阳站 230m³/s，泗洪站 120mm³/s。

第五级　刘老涧站 230m³/s，睢宁站 110m³/s。

第六级　皂河站 175m³/s，邳州站 100m³/s。

骆马湖—南四湖：

第七级　台儿庄站 125m³/s，刘山站 125m³/s。

第八级　万年闸站 125m³/s，解台站 125m³/s。

第九级　韩庄站 125m³/s，蔺家坝站 75m³/s。

南四湖上级湖—下级湖：

第十级　二级坝站 125m³/s。

南四湖—东平湖：

第十一级　长沟站 100m³/s。

第十二级　邓楼站 100m³/s。

第十三级　八里湾站 100m³/s。

2. 现有泵站的利用改造

江苏省江水北调工程始建于 20 世纪 60 年代，现有泵站是在 40 多年中陆续建成的，大体分为两类：一类是设备比较完善的正规泵站，有江都、淮安、淮阴、泗阳、刘老涧、皂河、刘山、解台、睢宁等泵站，南水北调东线工程规划中考虑继续发挥这些站的调水作用；另一类是为抗旱灌溉或除涝而突击修建的临时性泵站或者设备简陋规模较小的泵站，如石港、蒋坝、高良涧越闸、沿湖等泵站，不宜用于南水北调工程。

在拟利用的现有泵站中，除 1993 年以后兴建的淮安三站、淮阴二站、泗阳二站、刘老涧一站、沙集一站设备较新外，其余泵站由于运行多年，不同程度地存在设备老化、运行效率低等问题。近几年江苏省已经对江都一、二站，淮安一站进行了改造。《南水北调东线工程规划（2001 年修订）》中提出对江都三、四站，淮安二站，泗阳一站，皂河一站，刘山一站，解台一站进行更新改造。

刘山一站、解台一站均建成于 1984 年，设计流量 50m³/s，均装有 20 台（套）单机流量 2.8m³/s 的立式轴流式泵机组，总装机容量均为 6160kW，其主机组、金属结构、主要电气设备已严重老化、损坏，性能达不到原设计要求，在 2002 年冬春向南四湖应急生态补水时，实际抽水流量仅为设计能力的 70% 左右。经方案论证，认为老站改造效果不好，建议废弃，新建设计流量为 125m³/s 的泵站。

泗阳一站建于 1983 年，装有单机流量 5.0m³/s 的水泵机组 20 台套，总抽水能力 100m³/s，装机容量 10000kW。存在机电设备老化严重，运行效率低等问题，但其上下游引河进出水条件很好。一期工程拟改造泗阳一站，新建泗阳三站。经方案比较，推荐采用拆除泗阳一站，利用泗阳一站上下游引河，新建设计流量为 164m³/s 的泗阳泵站。

综上所述，东线一期工程利用江苏省江水北调工程现有 6 个梯级上的 13 座泵站，总装机容量 13.11 万 kW，其中需对江都三、四站和淮安二站、皂河一站进行改造。

3. 新建泵站规模

根据各泵站枢纽设计规模和利用现有泵站的装机情况确定新建泵站的设计规模。需要提出的是，现有皂河一站装有单机流量 100m³/s 的立式混流泵机组 2 台（套），总抽水能力 200m³/s，由于单机流量大，没有备用机组，在水量调度上存在事故风险，故需新建皂河二站作为备用站。考虑皂河一站一台机组事故停机后只有 100m³/s 的抽水能力，为保证皂河枢纽设计流量达到 175m³/s，皂河二站按 75m³/s 装机，不设备用机组。

（四）蓄水工程

黄河以南的湖泊承担防洪任务，湖泊蓄水位在治淮、治黄规划中都制定了汛限水位。按照流域治理规划，淮河流域内的湖泊蓄水位还可抬高。东线工程各湖规划蓄水位，是经过对当地径流和引江水量调节计算分析确定的。

1. 洪泽湖水库

洪泽湖现状非汛期蓄水位 13.0m。据 1978—1997 年 20 年资料统计，有 16 年汛后蓄水位在

13.0m 以上。洪泽湖蓄水位从 13.0m 抬高到 13.5m，可增加调蓄库容 8.25 亿 m³。本次对洪泽湖蓄水位由 13.0m 抬高至 13.5m 进行了比较，结果如下。

洪泽湖当地入湖径流量大（2010 水平年多年平均 242.9 亿 m³），抬高蓄水位后，可增加当地径流的利用量。对洪泽湖 13.0～13.5m 库容的运用，比较了只拦蓄当地径流不抽江水补库和既蓄当地径流又抽江水补库两种运用方式，结果后一种运用方式较前一种运用方式多年平均增加供水量 0.11 亿 m³，但减少当地径流利用量 8.76 亿 m³。因此调度中采用前一种运用方式，即蓄水位在 13.0m 以上时，只拦蓄当地径流不抽江水补库。

抬高洪泽湖蓄水位的效益主要体现在增加当地径流的利用量、减少抽江水量方面，多年平均可减少抽江水量 5.9 亿 m³，另外在淮河偏枯年份还有一定的供水效益，多年平均可增加供水 0.03 亿 m³。由于减少了抽江水量，长江—洪泽湖各级泵站的装机利用小时多年平均可减少约 330h（抽江一级的装机利用小时已达 4900h 以上），大大提高了工程运行的安全度和供水的保证程度。另外从资源合理利用的角度看，抬高洪泽湖蓄水位提高了淮河水资源的利用程度，也减少了电能的消耗。

但抬高洪泽湖蓄水位造成影响区受洪泽湖顶托，涝水难以及时排出，使得该区排涝困难，加重沿湖圩区、通湖河道及影响区河湖两侧低洼地区涝渍灾害。

因此，一期工程洪泽湖非汛期蓄水位拟从 13.0m 抬高到 13.5m。

2. 骆马湖水库

一期工程骆马湖水库维持现状非汛期蓄水位 23.0m 不变，不需采取工程措施。

3. 南四湖水库

南四湖下级湖现状蓄水位 32.3m，调节库容 4.94 亿 m³，承担着本区供水和向北调水的双重调蓄任务。为增加向北调水的调节能力，一期工程拟将下级湖非汛期蓄水位抬高至 32.8m，增加调蓄库容 3.06 亿 m³。由于下级湖当地入湖径流较少（多年平均为 3.23 亿 m³），抬高蓄水位增加的库容主要用于调节北调的江水。

抬高下级湖蓄水位，会引起湖内渔、湖业生产条件的变化，对沿湖地区的排涝也略有影响，需补偿投资 3.5 亿元。但是，抬高下级湖蓄水位对解决南四湖地区长期干旱缺水和改善湖区生态环境具有长远效益。

下级湖非汛期蓄水位抬高以后，在东线一期工程其他条件不变的前提下，多年平均可增加供水 0.44 亿 m³，其中城市工业 0.18 亿 m³，农业 0.26 亿 m³。提高供水保证率、增加供水是工程的主要效益。

工业供水效益按供水分摊系数法计算，农业供水效益参照《利用世行贷款加强农业灌溉江苏省项目可行性研究报告》分析计算。南水北调东线一期工程工业增加供水效益为 7383 万元，农业供水效益为 546 万元，合计增加供水效益为 7929 万元。

列入南水北调东线一期工程的工程费用包括固定资产投资、年运行费和流动资金三部分。固定资产投资为 3.5 亿元；年运行费包括工程维护费、管理人员工资福利费、工程管理费、抽水电费和其他费用，为 2399 万元；流动资金按年运行费的 10% 计算，为 240 万元。

根据上述效益和费用进行经济分析，按建设期 3 年，生产期 25 年（机电设备的经济寿命），社会折现率 12% 计算，工程的效益费用比为 1.09，经济内部收益率为 13.71%，本工程（固定资产投资为 3.5 亿元）在经济上是可行的。

基于以上分析，下级湖非汛期蓄水位从现状的 32.3m 抬高到 32.8m 是非常必要的，在经济上也是可行的。

4. 东平湖水库

黄委明确东平湖老湖区 7—9 月汛限水位为 40.8m，10 月汛限水位为 41.3m，警戒水位为 41.8m，不担负蓄水灌溉任务。根据《南水北调工程总体规划》，东线一期工程利用东平湖老湖区蓄水，最低北调控制水位 39.3m，正常蓄水位为 40.3m，相应调节库容为 2.02 亿 m³。但是，东平湖滞洪区是确保黄河下游防洪安全的关键工程，南水北调东线工程调蓄运用涉及防洪和大汶河来水调度问题，而且滞洪区内有大量人口和耕地，淹没迁赔投资很大。根据以上情况，项目建议书阶段分析了东平湖蓄水的必要性和水量调度方式。

一期工程胶东输水干线渠首设计输水水位和穿黄工程进口设计水位都是 39.3m。根据 1968—1999 年水位资料统计，东平湖非汛期平均水位为 39.01m，低于上述设计水位。因此东平湖自然蓄水状况不能满足上述北调和东引的设计输水水位要求。一期工程需利用东平湖老湖区调蓄江水以保证胶东输水干线和穿黄工程的设计输水水位要求。

一期工程向胶东和鲁北的输水时间为 10 月至次年 5 月，需利用东平湖老湖区输水，输水期东平湖老湖区的应用条件是：蓄水位应不影响黄河防洪运用，并满足胶东输水干线和穿黄工程设计引水水位的要求。

根据上述应用条件，大汶河来水的蓄水水位根据黄委确定：蓄水上限 7—9 月按 40.8m 控制，10 月至次年 6 月按 41.3m 控制；长江水的补湖水位按胶东输水干线和穿黄工程的设计输水水位确定：湖水位低于 39.3m 时调江水补湖，补湖水位上线按 39.3m 控制。大汶河来水原则上不参与北调水量调节，当湖水位超过 39.3m、低于 41.3m 时抽水入湖水量等于抽出湖水量；湖水位低于 39.3m 时，抽水入湖水量等于抽出湖水量与需补湖水量之和。

5. 大屯水库

(1) 大屯水库工程选址。大屯水库库址选择了三个建库地点，分别为恩县洼东洼（大屯库区）、西洼（马庄库区）和减河右岸津浦铁路以西的沙扬河库区。

经三个库址的技术经济比较，恩县洼东洼地势低洼，土地利用率较低，淹没损失小，无搬迁任务；水库库址距离输水干线最近，便于引水、供水；交通等条件优越，库址较为理想，故推荐采用恩县洼东洼方案。

(2) 工程总体布置。大屯水库位于鲁北输水干线末端，供水范围主要为德州市德城区和武城县城区。

大屯水库最高蓄水位 27.46m，相应库容 6966 万 m³，设计死水位 21.00m，相应死库容 586 万 m³，水库调节库容 6380 万 m³。水库占地总面积 11.59km²，坝轴线以内面积 10.09km²。水库围坝采用以砂壤土、裂隙黏土为主的均质土坝，坝轴线总长 12.44km。

大屯水库在鲁北输水干渠的六五河左岸设引水闸引水，利用入库泵站提水入库，设计入库流量为 12.2m³/s。引江水通过水库调蓄后，向德州市的德城区、武城县城区全年均匀供水，利用出库泵站压力管道输水至城区、县城水厂。向德城区供水设计流量为 3.46m³/s，向武城县供水设计流量为 0.4m³/s。为防止水库蓄水后，引起库外浸没，在水库周围设有截渗沟。

大屯水库主要建筑物包括入库泵站、节制闸、引水闸、出库泵站、泄水闸等各类建筑物 14 座。渠首引水闸 1 座、六五河节制闸 1 座、入库泵站 1 座、出库泵站 1 座、泄水洞 1 座，围坝外侧截渗沟上涵管 8 座、引水渠上设交通桥 1 座。

（3）大屯水库与恩县洼滞洪区相互影响分析。大屯水库位于山东省德州市武城县恩县洼滞洪区东侧。恩县洼滞洪区是海河流域漳卫河上的最后一个安全保障，关系到津浦铁路及下游河北、山东等地的防洪安全，属国家防汛抗旱总指挥部直接调度。恩县洼位于山东省德州市武城县，在卫运河下游右岸四女寺村附近。恩县洼原设计滞洪水位 24.56m，蓄洪水量为 7.0 亿 m³，相应淹没面积 325km²。1972 年在蓄洪水量为 7.0 亿 m³ 不变的情况下，恩县洼滞洪水位调整为 24.82m，相应淹没面积 301km²。1954 年、1955 年及 1963 年漳卫河大洪水时曾利用该洼滞洪，总蓄水量 10.1 亿 m³，为保卫卫运河下游广大地区人民生命财产和京沪铁路的安全发挥了巨大的作用。大屯水库蓄水运用与恩县洼滞洪区分洪运用之间相互影响分析如下：

1）大屯水库对恩县洼滞洪区的影响。大屯水库建成后，库区及围坝占地总面积为 10.49km²，占设计滞洪面积 301km² 的 3.49%；原地面高程平均为 20.8m，滞洪水位按最高水位 24.82m 计算，减少滞洪量 4221 万 m³，占总滞洪量 7.0 亿 m³ 的 6.03%，影响较小。

大屯水库位于滞洪区东侧，紧邻陈公堤，距滞洪区进洪闸（西郑庄分洪闸）15km，距退水闸（牛角峪退水闸）9km，距离均较远，因此，大屯水库不会影响滞洪区进洪和退洪运用。

2）恩县洼滞洪区运用对大屯水库的影响。

对围坝的影响。大屯水库建成后，如果恩县洼滞洪运用，将使水库围坝处于洪水包围之中，洪水直接影响围坝安全，须采取有力的防护措施。设计中可以采取围坝外坡护砌的措施来克服这一不利影响。大屯水库库区距进洪闸、退水闸距离较远，不会直接受到洪水冲击，因此不必采取防冲措施。

对建筑物主要控制设备的影响。如果水库附属建筑物主要控制设备的放置高程低于滞洪水位，恩县洼滞洪时，这些设备将会受到洪水的浸泡，影响水库安全运行。所以需要提高水库附属建筑物主要控制设备的放置高程，确保水库安全运行。

对排渗沟的影响。恩县洼滞洪运用还会造成水库围坝排渗沟被淤积，在洪水退去后，要及时清淤，保障围坝排渗沟的正常运用，避免造成排渗沟外围土地盐碱化、沼泽化。

由以上分析，可见恩县洼滞洪区的运用对大屯水库的影响较小，而且可以采取有效的措施克服这些不利影响。

3）基本结论。综上所述，大屯水库对恩县洼滞洪区的影响很小，不会影响滞洪区的正常运用；虽然滞洪区滞洪将对水库安全运用造成一定影响，但是只要采取有效防护措施，这种影响也是完全可以消除的。

6. 东湖水库

（1）东湖水库工程选址。东湖水库根据引水、地质、迁占、筑坝材料、施工等条件，初步选定两个库址方案。方案一：水库位于济南市东北部，距市区约 30km，水库南北位于白云湖与小清河之间，东西位于井家排水沟与清云河和 309 国道之间，水库距济南国际机场 10km。方案二：水库位于胶东输水干线西段中部，紧靠小清河柴庄闸布置。在 309 国道以南 3km、小清河以北 1km 处，南距胶东干线 1.0km，西距济南国际机场 2km，东至引清干渠。

经综合比较分析，拟推荐方案一，东湖水库库址南北位于白云湖与小清河之间，东西位于井家排水沟与清云河和 309 国道之间。

（2）工程总体布置。库区位于济南市东北部，距市区约 30km，水库距济南国际机场 10km。水库南北位于白云湖与小清河之间，东西位于井家排水沟与清云河和 309 国道之间。水库枢纽工程由围坝、隔坝、分水闸、穿小清河倒虹吸、引水渠、入库泵站、放水洞、出库涵闸、截（排）渗沟以及东干渠、四干排改道等部分组成。围坝轴线总长 15.933km，最大坝高 10.0m。

新建东湖水库主要解决济南、滨州、淄博等沿线城市用水的需要，在引黄济青输水期调蓄江水。

东湖水库最高蓄水位 26.60m，相应库容 10476.7 万 m^3，设计死水位 18.70m，相应死库容 1096 万 m^3，水库调节库容 9380.7 万 m^3。入库泵站设计流量为 20.0m^3/s。

7. 双王城水库

双王城水库位于寿光市北部天然洼地，卧铺乡寇家坞村北，距市区约 31km，紧靠胶东输水干线中段引黄济青输水渠。原为废弃水库，拟将水库围坝加固扩建调蓄引江水量，在非引江时间向青岛、烟台、威海三市供水。

扩建的双王城水库充分利用现有库区占地，将现有水库库区向四周延伸后围筑而成。水库占地总面积 13.01km^2，其中原双王城水库占地面积 7.67km^2，扩建的水库占地面积 5.34km^2。水库围坝坝轴线总长 13.34km。坝型采用以砂壤土、壤土为主的均质坝。

双王城水库设计最高蓄水位 11.00m，相应最大库容 8780 万 m^3，死水位 4.50m，死库容 996 万 m^3，调节库容 7784 万 m^3。

双王城水库建筑物主要包括围坝、引水渠及渠首进口闸、供水渠及出口闸、入库泵站、供水泵站、供水洞及 2 座灌溉放水洞；另有 1 座引水渠上交通桥、1 座跨引黄济青输水河交通桥。

（五）穿黄工程

穿黄工程位于山东省东平和东阿两县境内，是南水北调东线工程从东平湖至黄河以北输水干渠的一段输水工程，全长 7.87km。

1. 穿黄工程输水线路

（1）输水线路方案选择。穿黄工程是南水北调东线工程的关键性项目。20 世纪 70—80 年代主要围绕其过黄河的方式和线路进行了多次比较研究。规划阶段以位山线为主要方案，柏木山线、黄庄线为比较方案又进行了深入比较。由于位山处黄河河床窄，基岩面较高，围岩成洞条件好；工程布置不改变黄河现状，不影响黄河行洪、排凌；运行管理方便；与黄河有关的总体规划布局矛盾少，经比选后，重点研究在解山和位山之间黄河河底开挖隧洞的立交方案。

20 世纪 80 年代末穿黄勘探试验洞的开挖成功，证明了位山线河底开挖隧洞方案是可行的，为穿黄工程最终选定位山线隧洞方案提供了有力依据。至此，南水北调东线工程关键技术问题得到了圆满解决，南水北调东线工程穿越黄河的方式、位置及线路已基本明确。

2000 年 1—6 月，穿黄探洞应急加固工程实施期间，已按穿黄隧洞断面完成了阻水帷幕灌浆工作，为穿黄隧洞在无水条件下施工开挖创造了有利条件。

（2）位山线局部线路。

1）南岸输水干渠线路。南岸输水干渠线路采用魏河线，魏河线在魏河村附近的东平湖玉斑堤上建出湖闸，输水干渠沿西偏北方向穿过银山封闭区，在子路村东南穿过黄河南大堤（子路堤），与穿黄枢纽进口衔接。

2）穿黄枢纽线路。穿黄枢纽段穿越黄河南岸行洪滩地与黄河主槽，涉及黄河行洪和原位山枢纽引河的利用等问题，采用了柏木山以东线路。

柏木山以东路线：由输水埋管穿过子路堤，通过埋管或渠道经柏木山东侧黄河滩地至黄河南岸解山村，与穿黄隧洞连接，此线路总长3770m。

2. 穿黄工程总体布置

穿黄工程由南岸输水渠段、穿黄枢纽工程及北岸穿位山引黄渠埋涵段等部分组成，线路总长7.87km。其中南岸输水干渠长2.71km，穿黄枢纽工程长4.44km，穿位山引黄渠埋涵段长0.72km。

穿黄工程从东平湖深湖区引水，于东平湖西堤玉斑堤魏河村北建出湖闸，开挖南干渠至子路堤，由输水埋管穿过子路堤、黄河滩地及原位山枢纽引河至黄河南岸解山村，之后经黄河河底穿黄隧洞穿过黄河主槽及黄河北大堤，在东阿县位山村以埋涵形式向西北穿过位山引黄渠渠底，与黄河以北输水干渠相接。

（六）分水口门布置

东线一期供水范围分为东平湖以南、鲁北和胶东三个供水区。

分水口的设置应充分考虑工程管理，现有工程、行政区划、水系等因素。为便于管理和调度，应尽量减少分水口门。山东半岛和鲁北片为新建工程，应根据用水需求规划布设取水口门。东平湖以南基本上利用现有河道、湖泊输水，沿输水干线的现有分水口门都有十几年甚至几十年的历史，在长期建设和运行过程中，其水源分配、供水范围已比较稳定，渠系配套建筑物的建设有一定的基础，并已形成较完善的灌溉排水系统，不宜轻易合并或废除。因此，东平湖以南地区原则上不增设新分水口门，可利用已有的配套工程向用户供水。

1. 东平湖以南分水口门规划

东平湖以南基本上利用现有河道、湖泊输水，沿线历史老灌区多，并已形成较完善的灌溉排水系统。沿输水干线、湖泊周边分布众多取水口门，因此，东平湖以南完全利用已有的配套工程向用户供水，不需新开辟分水口门。东平湖以南沿输水干线按灌区大片划分，分为江苏供水区、安徽供水区、鲁南（东平湖以南）三个供水区。

（1）江苏供水区。南水北调东线一期工程江苏供水范围分布在长江—南四湖地区，主要从洪泽湖、骆马湖、南四湖及长江—南四湖输水干线上取水。长江—南四湖基本上利用现有河道、湖泊输水，沿输水干线、湖泊周边分布众多取水口门，因此可利用已有的配套工程向用户供水，不需新开辟分水口门。现状的取水形式大致可分为四种：一是提水泵站，二是自流引水的涵闸，三是无控制的天然河道，四是分散灌区的小涵小站。

江苏境内灌区主要分布在京杭运河徐扬段两侧，总耕地面积2883万亩，其中需要由南水北调东线一期工程供水的灌溉面积为2847万亩，涉及扬州、淮安、盐城、宿迁、徐州和连云港6市。

江苏省南水北调沿线供水城市包括扬州、淮安、宿迁、徐州和连云港5市的23个县（区）。

（2）安徽供水区。安徽省属于洪泽湖供水区，主要通过淮河、怀洪新河及新汴河引水。安徽境内现状农业灌溉面积为 178 万亩，其中水田 78 万亩，一期工程规划灌溉面积仍采用现状灌溉面积。城市和工业供水包括蚌埠、淮北、宿州 3 座地市级城市和其辖内的 5 个县。上述城市和灌区均分布在淮河、怀洪新河及新汴河沿线。淮河、怀洪新河沿线分布众多取水口门，新汴河可利用团结闸站直接从洪泽湖取水，因此安徽供水范围内可利用已有的配套工程向用户供水，不需新开辟分水口门。

（3）鲁南（东平湖以南）供水区。鲁南片主要从韩庄运河、南四湖和梁济运河引水，共设分水口门 8 个。枣庄市从南四湖下级湖湖东取水，设 2 个取水口门，均为原有的提水泵站；济宁市主要从上级湖取水，设 5 个取水口门，其中南四湖上级湖周边 3 个，梁济运河沿线 2 个（位于南四湖上级湖—长沟站之间）；菏泽市在南四湖上级湖湖西设 1 个取水口门。枣庄市分别向薛城、滕州市供水；济宁市分别向市区（济宁电厂、运河电厂、煤矿 3 号井）、邹县电厂、兖州和曲阜、微山、鱼台、金乡、嘉祥、汶上、梁山供水；菏泽市向成武、巨野、单县供水。

2. 鲁北供水区分水口门规划

鲁北片从鲁北干线引水。共设分水口门 9 个，其中聊城设 6 个，德州设 3 个。聊城市分别向东昌府、临清、东阿、阳谷和莘县、茌平、冠县、高唐供水；德州市分别向夏津、武城、德城、平原、陵县、宁津、乐陵、庆云供水。

聊城市的东昌府、临清、阳谷、莘县、茌平、东阿、冠县、高唐 8 个县（市、区）由鲁北输水干线的小运河沿线引水，德州市的乐陵、夏津、陵县、宁津、平原和庆云 6 个县由七一·六五河沿线引水，德州市区和武城县位于鲁北输水干线末端，从六五河和大屯水库引水。

3. 胶东输水干线分水口门规划

山东半岛片从胶东干渠引水，规划在干渠上设分水口门 29 个，其中济南 5 个、滨州 6 个、淄博 1 个、东营 1 个、潍坊 3 个、青岛 2 个、烟台 10 个、威海 1 个。济南市分别向平阴、长清、市区（历下、市中、槐荫、天桥、历城）、章丘、济阳供水；滨州市分别向魏棉集团、邹平县城、滨州市区和沾化、博兴、惠民、阳信和无棣供水；淄博市分别向张店、周村、临淄、桓台供水；东营市分别向中心城、广饶、利津、垦利、河口供水；潍坊市分别向寿光、海化、市区（潍城、奎文、坊子、寒亭）和昌邑、高密供水；青岛市分别向市区、平度、黄岛和胶州、胶南、莱西、即墨供水；烟台市分别向市区（芝罘、福山、莱山、开发区）、牟平、莱州、招远、龙口、蓬莱、栖霞、莱阳、海阳供水；威海市分别向环翠、荣成、乳山供水。

六、工程淹没、占地处理

（一）工程影响范围及实物指标

1. 工程影响范围

南水北调东线一期工程（不含南四湖下级湖抬高蓄水位影响处理工程、洪泽湖抬高蓄水位影响处理工程和截污导流工程）影响范围总面积 256416 亩，其中施工临时用地影响范围总面积 37678 亩。本工程影响范围根据各项工程的用地范围和有关资料，在地形图上量算各类土地面积，并实地现场持图确定地类范围，必要时采用辅助测量定线。

（1）水库工程影响范围。

1）大屯水库。大屯水库工程影响范围包括水库及枢纽建筑物占地、引水渠占地、六五河改道占地、施工占地和管理单位建设占地及影响区。

大屯水库工程影响范围总面积（不含管理单位建设占地影响区）17281亩，全部为永久占地，涉及山东省武城县郝王庄镇、滕庄镇和武城镇等3个乡（镇）20个行政村。

2）双王城水库。双王城水库工程影响范围包括水库及其他工程占地、施工占地及影响区和管理单位建设占地及影响区。

双王城水库工程影响范围总面积（不含管理单位建设占地影响区）20060.39亩，其中：永久占地面积19513.19亩、临时占地面积547.20亩，涉及山东省寿光市的卧铺乡。

3）东湖水库。东湖水库工程影响范围包括水库及枢纽建筑物占地、引水渠占地及影响区、施工占地及影响区和管理单位建设占地及影响区。

东湖水库工程影响范围总面积（不含管理单位建设占地影响区）为23249.88亩，涉及山东省章丘市官寨镇、白云乡和历城区唐王镇等3个乡（镇）。

（2）东平湖蓄水影响工程。东平湖水库是黄河下游分蓄洪水水库，按照总体设计方案初步审查意见，东线一期工程东平湖控制蓄水位为39.3m。水库蓄水影响处理工程包括水库淹没补偿及蓄水影响处理两部分。其中工程部分主要有：围堤加固工程、堤外截渗排渗工程及相关的配套工程、济平干渠湖内引渠清淤。

东平湖蓄水影响处理工程涉及占地均为临时占地，共计1348亩。

（3）河道工程。

1）三阳河、潼河工程。三阳河、潼河工程影响范围包括河道工程占地及影响区、堤防及弃土占地及影响区、工程管理范围占地及影响区、丰收北干渠开挖占地及影响区、三中沟开挖占地及影响区和交叉建筑物占地及影响区。

三阳河、潼河工程影响范围总面积13743亩，涉及高邮市三垛、横泾、司徒、周巷、临泽与宝应县的夏集、氾水等7个乡（镇）。

2）高水河整治工程。高水河整治工程影响范围包括堤防复堤工程占地及影响区、弃土占地及影响区。

高水河整治工程影响范围总面积671.26亩，涉及江都市双沟镇、邵伯镇、泰安镇等3个乡（镇）。

3）金宝航道工程。金宝航道工程影响范围包括河道工程占地及影响区、堤防工程占地及影响区、弃土占地及影响区、料场占地及影响区、工程管理范围占地及影响区、建筑物工程占地及影响区和施工占地及影响区。

金宝航道工程影响范围总面积12684.23亩，涉及宝应与金湖堤防管理所，宝应县氾水镇，金湖县涂沟镇、银集镇、前锋镇等单位和乡（镇）。

4）淮安四站输水河道工程。淮安四站输水河道工程影响范围包括河道工程占地及影响区、排水水渠占地及影响区、弃土占地及影响区和移民建房安置占地及影响区。

淮安四站输水河道工程影响范围总面积3915.85亩，涉及楚州区的林集、南闸、三堡与宝应县的山阳等4个乡（镇）。

5）徐洪河影响处理工程。徐洪河影响处理工程影响范围包括湖区段抽槽工程占地及影区、堤外填塘固基占地及影响区、影响涵闸处理工程占地及影响区、民便河船闸占地及影响区和施工占地及影响区。

徐洪河影响处理工程影响范围总面积 2755 亩。

6）骆马湖以南中运河影响处理工程。骆马湖影响处理工程影响范围包括影响涵闸处理工程占地及影响区和施工占地及影响区。

徐洪河影响处理工程影响范围总面积 323.9 亩。

7）南四湖湖内疏浚工程。南四湖湖内疏浚工程影响范围包括弃土占地及影响区、施工占地及影响区。

南四湖湖内疏浚工程影响范围总面积 4146 亩，涉及任城区唐口乡。

8）梁济运河输水河道工程。梁济运河输水河道工程影响范围包括河道工程占地及影响区、交叉建筑物占地及影响区、弃土占地及影响区、输水导流工程占地及影响区、施工占地及影响区和移民建房安置占地及影响区。

梁济运河输水河道工程影响范围总面积 10844.7 亩，涉及济宁市任城区、市中区，梁山县和汶上县的 16 个乡（镇）。

9）柳长河输水河道工程。柳长河输水河道工程影响范围包括河道疏浚工程占地及影响区、新建堤防占地及影响区、弃土占地及影响区、管理用地占地及影响区、施工占地及影响区和移民建房安置占地及影响区。

柳长河输水河道工程影响范围总面积 4754.28 亩，涉及山东省梁山县的馆驿、小安山、徐集和东平县的商老庄等 4 个乡（镇）。

10）小运河输水工程。小运河输水工程影响范围包括河道工程占地及影响区、弃土占地及影响区、移民建房安置占地及影响区、影响处理工程占地及影响区和施工占地及影响区。

小运河输水工程影响范围总面积（不含管理单位建设占地影响区）19015.25 亩，涉及东阿、阳谷、东昌府、茌平、临清等 5 县。

11）七一·六五河输水工程。七一·六五河输水工程影响范围包括河道工程占地及影响区、移民建房安置占地及影响区、影响处理工程占地及影响区和施工占地及影响区。

七一·六五河输水工程影响范围总面积（不含管理单位建设占地影响区）6164.54 亩，涉及山东省临清、夏津、武城等 3 县。

12）济平干渠工程。济平干渠工程影响范围包括渠道工程占地及影响区、建筑物占地及影响区、施工占地及影响区和管理单位建设占地。

本工程永久占地 15966 亩，临时占地 377 亩。涉及山东省东平、平阴、长清和槐荫两县两区的 11 个乡（镇）。

13）济南—引黄济青段输水工程。济南—引黄济青段输水工程影响范围包括河道工程占地及影响区、弃土占地及影响区、移民建房安置占地及影响区和施工占地及影响区。

济南—引黄济青段输水工程影响范围总面积（不含管理单位建设占地影响区）17744.28 亩，涉及济南市槐荫区、天桥区、历城区等 3 区，及章丘、邹平、博兴、高青、桓台等 5 县。

（4）泵站、水闸工程。主要包括宝应站、淮安四站、淮阴三站、金湖站、洪泽站、泗洪站、睢宁二站、邳州站、泗阳站、刘老涧二站、皂河二站、刘山站、解台站、蔺家坝站、台儿庄站、万年闸站、韩庄站、长沟站、二级坝站、邓楼站、八里湾站等 21 个新建泵站、水闸工程，占地范围包括泵站枢纽占地及影响区、引河河道工程占地及影响区、弃土占地及影响区、施工占地及影响区和管理单位建设占地及影响区。

泵站、水闸工程占地影响区总面积 15343 亩。

（5）其他。

1）里下河水源调整补偿工程。

a. 卤汀河工程。卤汀河工程影响范围包括河道工程占地及影响区、堤防占地及影响区、工程管理范围占地及影响区和施工占地及影响区。卤汀河工程影响范围总面积 11940.57 亩，涉及海陵市的东郊、西郊镇和泰山总社，姜堰市的华港、淤溪和俞垛镇，兴化县的临城、陈堡、周庄和开发镇。

b. 大三王河工程。大三王河工程影响范围包括河道工程占地及影响区、堤防占地及影响区、工程管理范围占地及影响区和施工占地及影响区。大三王河工程影响范围总面积 2255.7 亩，涉及宝应县的柳堡、夏集镇。

2）南四湖—东平湖段输水河道灌区影响处理工程。灌区影响工程影响范围包括渠系调整占地及影响区、弃土占地及影响区和施工占地。

灌区影响工程影响范围总面积 2824.35 亩，涉及济宁市梁山县的小安山、馆驿、韩岗、韩垓、梁山镇、徐集等 6 个乡（镇）。

3）穿黄工程。穿黄工程影响范围包括建筑物、疏浚及影响区，渠道开挖占地及影响区，弃土占地及影响区，管理用地占地及影响区，施工占地及影响区和移民建房安置占地及影响区。

穿黄河工程影响范围总面积 7347 亩，涉及东平县斑鸠店镇、旧县乡和银山镇 3 个乡（镇）6756 亩，东阿县刘集镇位山村 575 亩，聊城市 16 亩。

4）南四湖水资源控制工程。

a. 姚楼河闸。永久用地共 198.16 亩，分为三个部分，即建筑物压地和管理征地范围、取土区和移民建房安置占地。姚楼河闸临时占地包括施工临时占地和取土区临时占地，共 45.40 亩。

b. 大沙河闸。永久用地共 780.32 亩，分为四个部分，即建筑物压地和管理征地范围、工程管理所占地（弃土区）、移民建房安置占地和后方基地。大沙河闸施工临时占地 88.55 亩，主要包括施工临时占地和土料场占地。

c. 杨官屯河闸。永久用地 261.14 亩，分为三个部分，即建筑物压地和管理征地范围、取土区和移民建房安置占地。杨官屯河闸临时占地包括施工临时占地和取土区临时占地，共 53.68 亩。

d. 潘庄引河闸。永久用地 129.34 亩，分为三个部分，即建筑物压地和管理征地范围、取土区和移民建房安置占地。潘庄引河闸施工临时占地 26.29 亩，包括施工临时占地和取土区临时占地。

5）骆马湖水资源控制工程。骆马湖水资源控制工程永久占地共 82.2 亩，其中控制闸占地 43.8 亩，弃土区占地 32.4 亩，管理、生活区占地 6 亩。弃土区占地为河滩林地，管理、生活区占地中 3 亩为建筑用地，3 亩为后方基地占地，控制闸占地为河滩耕地。

骆马湖水资源控制工程施工临时占地 69 亩，主要包括施工临时占地和取土区临时占地。

2. 主要实物指标

根据各单项工程（不含南四湖下级湖抬高蓄水位影响处理工程、洪泽湖抬高蓄水位影响处理工程和截污导流工程）实物指标调查成果汇总，南水北调东线一期工程影响范围内主要实物指标如下：

（1）土地。耕地 200264 亩，园地 6218 亩，林地 8685 亩。

（2）人口和房屋。设计水平年农村拆迁人口总户数 7038 户，农村搬迁总人口 24947 人，农村拆迁房屋总面积 795481m²，城镇房屋总面积 45094m²。

（二）农村移民安置

1. 移民安置规划目标与任务

（1）移民安置规划目标。农村移民安置规划紧密结合地区经济社会发展规划，使移民安置有利于区域自然资源的开发和社会经济的发展，将移民安置规划与工程影响区的基础设施建设、资源开发、经济发展、环境保护和治理相结合，妥善安排好移民的生产、生活。移民安置规划的基本目标是通过科学规划和实施，使移民生产生活逐步达到或超过原有的水平，并能够可持续发展。

（2）移民安置规划任务。

1）移民安置规划水平年。已开工项目和已审批项目按批准的设计水平年为规划水平年，水库工程和蓄水工程规划水平年一般为 2007 年，其他工程取控制性工程施工工期的中间年为规划水平年。

2）人口自然增长率。根据江苏省、山东省的实际情况，人口自然增长率一般情况下取不高于 8‰，除蓄水工程可适当考虑房屋增长外，其他工程一般不计算房屋增长。

3）生产安置任务。南水北调东线一期工程共永久征用耕地 200264 亩，直接影响到江苏、山东两省 42 个县（市）。影响区移民以耕地为主要生活来源，大部分单项工程以行政村为单位计算生产安置人口，少部分单项工程以乡或县为单位计算生产安置人口。经分析计算，设计水平年该工程生产安置人口 182974 人。

4）建房安置任务。农村建房人口以村民小组为单位进行计算，蓄水工程农村建房人口包括淹没影响人口和淹地不淹房经生产安置后需要搬迁的人口，河道工程农村建房人口包括征地影响人口和征地不拆房经生产安置后需要搬迁的人口，并考虑人口增长因素，计算规划建房人口。经分析计算，该工程建房安置人口总户数 7038 户，安置总人口 24947 人。

2. 生产安置规划

（1）安置村的土地整理。为保证土地调整的顺利进行，必须对安置村土地进行整理。土地整理按下述方式进行：

1）移民安置区土地整理措施：运用移民安置政策和资金，对移民安置区积极开垦宜农荒地，对小块土地进行整理，增加土地数量，对低产田进行改造，提高土地质量，有利于移民安置的土地调整。

2）土地整理的组织模式：按照县、乡（镇）两级政府组织、村级单位具体实施的组织模式，以乡村为单位，县有关单位领导和组织农民开展移民安置区的土地整理。

3）土地整理投资模式：将用于安置移民的土地补偿费、安置补助费作为主要的投入。对于影响村土地整理使用土地补偿资金的数量可以根据调整土地安置移民的数量进行核算。

4）土地整理模式：采用单一移民安置区土地综合整理的作业模式。结合移民安置，进行水利设施配套，建设高标准农田；将零星地块平整成大块农田，包括平坟填沟，土壤改良，道路、水利设施配套等。

（2）工程影响村的土地调整。工程建设影响村征地后人均耕地仍大于 0.5 亩，通过土地整理后，本村内安置。在全村范围内进行土地整理和调整的村，土地补偿费权益属于村所有。土地调整后剩余土地补偿资金，可用于村集体公共设施建设或开发生产项目，增加收入。

（3）种植结构调整及生产发展措施。在土地调整后，利用移民劳动力生产安置补偿费，对移民进行生产技术培训，转变农民就是种粮食的旧思想，灌输农业生产新技术，加强农业生产投入，强化种植高效农业的理念，在此基础上对安置区种植结构进行适当调整，积极引导安置区农民，发展种植业、养殖业和农副产品加工业，因地制宜适当发展乡镇企业和第三产业。

（4）加强移民安置区水利、交通等基础设施建设，改善移民安置区的生产生活条件。

（5）地方政府加强对于安置区生产的管理和引导，适当放宽政策，做好产品的销售服务工作。

（6）引导安置区农民积极外出务工。影响区内外出务工收入已成为农民收入的重要组成部分。农民外出务工人员由于缺乏专业技能，大多从事建筑施工等体力劳动，收入较低。因此，应对安置区内有一定文化素质的劳动力进行专业技能培训，如服装裁剪、家电维修等，使其掌握一门专业技能，增强农民工的市场适应能力，提高外出务工人员收入水平。

3．移民迁建规划

（1）安置方式。根据南水北调东线工程影响区的实际情况，农村移民建房安置分集中安置和分散安置两种。

根据工程影响区的土地资源和影响人口，当所搬迁的人口规模大于 40 户时，采用集中居民点安置。集中居民点的基础设施费利用南水北调东线占地工程补偿投资。集中居民点移民的建房方式：在移民获取房屋补偿后采用统一规划自拆自建，旧料归移民。

（2）居民点规划。分散建房一般在本村或邻村居民点周边或居民点附近选址，尽量利用空闲地或废弃的宅基地。

集中移民安置点的选择应尽量避免老居民拆迁，尽可能不占、少占耕地，新址应进行环境地质勘察，要求地质稳定，地形相对平缓，并方便移民的生产、生活。

（三）集镇、城镇迁建

1．规划原则

南水北调东线一期工程无水库整体淹没的集镇和城镇，仅有济南—引黄济青段小清河输水和穿黄河两项渠道工程分别穿过山东省济南市和东平县斑鸠店镇；因此只有工程占地涉及影响集镇、城镇的部分功能，集镇和城镇的迁建规划重点进行功能恢复规划。主要原则如下：

（1）规划应依据国民经济和社会发展规划以及当地的自然环境、资源条件、历史情况、现状特点，统筹兼顾，综合部署。

（2）正确处理好南水北调工程和集镇、城镇迁建的关系；使影响的集镇、城镇部分的迁建规划同整个集镇、城镇的总体规划相衔接。

（3）影响集镇、城镇部分迁建应按原规模、原标准和恢复原功能的原则进行；规划的主要目的是恢复原有功能，应在移民补偿投资内限额使用。

（4）集镇、城镇部分迁建规划应同农村移民规划、专项设施规划相衔接，做到不重不漏。

影响集镇、城镇部分迁建规划主要内容：调查集镇、城镇受影响的程度，初选新址地点；按迁建规划的人口规模初定新址用地规模；提出集镇、城镇对外交通及内部道路规划；进行公用设施、市政设施恢复改建规划，估算迁建补偿投资。

2. 新址选择要求

影响集镇、城镇部分的新址，应选择在地理位置适宜、能发挥原有功能、地形相对平坦、地质稳定、防洪安全、交通方便、水源可靠的地点，并为远期发展留有余地；并注意与集镇、城镇原有部分规划的衔接问题。

济南城区段居民新址结合市区城市规划确定。

3. 人口与用地规模

集镇、城镇规划安置人口应包括工程占地直接影响人口、农村建房安置中规划进城的人口数和以上部分自然增长的人口数。

用地标准集镇建议采用《村镇规划标准》（GB 50188—1993）中中心镇一级或二级人均建设用地指标，也可在分析该集镇原有建成区人均建设用地的基础上采用；城镇在分析原有建成区人均建设用地的基础上采用。

济南—引黄济青段小清河输水涉及济南城区搬迁人口 1.36 万人，房屋 27.2 万 m^2，城市房屋安置规划根据现状人均占有房屋及单位土地人口容量确定，济南市区需征用土地 700 亩。

山东省东平县斑鸠店镇影响迁建人口规模初定 378 人（其中农村进镇人口 64 人）。集镇用地标准为 $90m^2/人$，斑鸠店镇集镇用地规模为 51 亩。

4. 对外交通及内部交通规划

道路标准：集镇建议采用《村镇规划标准》（GB 50188—1993）中中心镇镇内道路标准，居民点内主干道路面进行硬化设计，对外交通视具体情况分别考虑。城镇对外交通及内部交通道路应结合原规模确定。

5. 公用设施、市政设施恢复改建规划

集镇、城镇公用设施、市政设施恢复改建规划包括给排水工程、供电工程、邮政、电信、广播电视、防洪工程、农贸市场、环卫、消防、绿化等项目，规划标准结合原有规模等级和标准，并参照相关行业技术标准确定。

（四）专业项目复建规划

专业项目规划主要包括交通设施中的等级公路、机耕路、渡口、码头和桥梁，电信设施中的光缆和电缆，广播电视设施中的传输线路和地面卫星接收设备，输变电设施中的输电线路和变压器，水利设施中的抽水站、灌溉渠道和涵闸等。

（1）工程影响的交通、电力、电信、广播电视、供水工程等专业项目，需复建的按原规模、原标准或恢复原功能的原则，提出补偿投资；因扩大规模、提高等级标准需要增加的投资，由有关单位自行解决。

（2）对于工程影响的水电站、泵站、灌溉干渠、水文站、较大的桥梁等设施，设计列入主体工程中，投资列入征地移民投资。

（3）对工程影响的文物古迹，由省级文物主管部门组织有资质的单位，提出地下文物勘探、发掘方案，地面文物搬迁、留取资料、原地保护的方案。

（4）工程影响的机耕道、渡口、小型桥涵、供水、供电等，结合居民点的布局，完成相关设施复建规划设计。

七、调水水质保护

（一）水质现状评价

根据 2000 年水质监测资料，南水北调东线治污规划区域按照《地表水环境质量标准》（GB 3838—2002）的 23 项指标进行评价，主要超标项目为氨氮、高锰酸盐指数（COD_{Mn}）、石油类、五日生化需氧量（BOD_5）、挥发酚和溶解氧（DO）等 6 项指标。

根据监测资料评价，调水区长江三江营断面（水源地）全年的水质良好，除氨氮为Ⅲ类水质标准外，其余所有监测指标均达到地表水环境质量Ⅱ类水质标准；输水区骆马湖以南，以氨氮超标为主；骆马湖以北至东平湖水质多项超标，为Ⅳ类、Ⅴ类和劣Ⅴ类；海河流域输水沿线水质全部为劣Ⅴ类；用水区规划控制断面现状水质为Ⅴ类和劣Ⅴ类。其中小清河柴庄闸污染严重，多项水质指标超过Ⅴ类标准。江苏泰州槐泗河断面石油类超标；河南、安徽规划区控制断面现状水质为劣Ⅴ类。

（二）一期工程治污项目

按照《东线规划》和《治污规划》分期实施要求，2007 年以前以山东、江苏治污项目为主，同时实施河北省工业治理项目。根据规划安排，2007 年前应完成治污项目 296 项，规划投资 148.2 亿元，其中截污导流工程 17.25 亿元投资纳入主体工程。

一期工程治污项目包括城市污水处理厂建设工程、截污导流工程、工业结构调整工程、工业综合治理工程、流域综合整治工程，共 5 类 296 项。

（1）城镇污水处理工程。2001—2007 年间新建、扩建城镇污水处理厂 78 座，新增污水处理能力 378.5 万 t/d。

（2）截污导流工程。实施截污导流工程 22 项。

（3）工业结构调整项目。工业污染源结构调整项目，关、停、并、转工业企业 38 家，包括关闭山东省 26 家企业的制浆能力 2 万 t 以下的制浆生产线。

（4）工业综合治理工程项目。规划 150 家企业实施清洁生产工程、达标再提高工程、企业污水回用工程。

（5）流域综合治理工程。规划实施调水源头生态功能保护区建设，河道清淤，南四湖、东平湖的生态建设；南四湖周边地区有机食品生产基地示范工程建设，石油类污染综合整治，城镇排水系统改造等项目。

（三）一期水质预测

1. 治污工程实施条件下的水质预测

在完成 296 项治污项目后，江苏、山东 COD 排放总量控制在 19.7 万 t，削减率为 61.5%，入输水干线规划区 COD 排放总量控制在 6.3 万 t，削减率为 81.2%；氨氮排放总量控制在 1.96 万 t，削减率为 60.3%，入输水干线规划区氨氮排放总量控制在 0.53 万 t，削减率为 84%。

输水干线规划区 38 个单元，有 20 个控制单元实现污水零排入。问题比较突出的南四湖未实现零排入的控制单元，每年尚余 2.0 万 t COD 入湖，小于 2.9 万 t 的容许纳污量，出南四湖的水质完全满足Ⅲ类水质标准。东平湖每年尚余 1.0 万 t COD 入湖，小于 1.8 万 t 的容许纳污量，也不会影响到过黄河和到山东半岛水质。

利用 CSTR 模型量采用一期工程规划调水量，污染源用治污项目实施后的入河量进行预测，结果表明：输水干线 DO、COD 基本达到Ⅲ类水质标准，氨氮在上级湖、梁济运河和柳长河略超Ⅲ类水质标准（1.0mg/L）。一期工程出东平湖的水基本符合Ⅲ类水质标准要求；由于黄河以北实施清污分流，无污染物进入输水河道，输水水质可以得到保障。

2. 水质风险预测

调水水质风险预测采用现状排污条件下的入河量和一期工程的规划调水量，来模拟预测水质，结果表明：主要污染物 COD 值在南四湖上级湖及其以北区域全部超过地表水Ⅲ类水质标准；南四湖上级湖以南区域在丰、平水年的 COD 值全部满足地表水Ⅲ类水质标准，枯水年的 COD 值在南四湖上级湖以南的房亭河段有超标；氨氮值在上级湖及以北区域全部超过地表水Ⅲ类水质标准，南四湖上级湖以南区域，在平、枯水年的氨氮在淮阴段略有超标；南四湖下级湖以南地区的水质预测结果与江苏省近年江水北调期间实测水质结果基本一致。

根据预测结果，在现状排污条件下，南水北调输水干线的调水水质不能满足调水水质要求，尤其是南四湖上级湖以北区域水质严重超标。因此，必须加快沿线水污染治理，全面落实治污规划，确保调水水质满足水质目标。

（四）水质保护对策措施建议

1. 落实责任制，加快实施治污规划，确保污染物控制目标的实现

沿线各省人民政府应按照《治污规划》的要求，以控制单元为基础，制订本行政区域内各控制单元的治污实施方案，确定输水干线水质目标与治理措施，并纳入地方国民经济和社会发展年度计划。

（1）沿线各省人民政府作为治污工作的责任主体，要全面落实治污责任制，加快实施治污规划，确保污染物控制目标的实现。

（2）建议国家建立相关的协调机制，保证治污规划按期实施。将南水北调东线水质保护目标以法律的形式予以明确，依法保护调水水质。对城镇点源污染、农业面源污染、船舶线源污染及河湖养殖等内源污染的防治等，从法律上做出明确详细的规定；尽快制订《南水北调东线治污工作目标考核办法》，对治污责任主体进行全面、及时的考核监督，促进各项治污措施的落实。

2. 加强对调水水质风险的防范与控制

（1）加强输水干线航运管理，制订落后船舶淘汰计划，强化船舶油污水、生活污水和垃圾的收集及处置，防止重大船舶运输事故的发生。

（2）建立水质监测系统预警预报系统，提高应急监测和预警预报能力。水质和水量监测系统要做到长期、有效的运行，要能够及时发现工程运行过程中发生的或可能发生的风险和问

题，并能及时作出预警预报，以便及时采取应急措施。

（3）制订调水水质应急预案。南水北调东线工程水质问题非常敏感，为防止因突发性水质污染造成严重后果，应该事先制订调水水质应急预案。通过水质监测系统，对水质进行实时监控，及时掌握水质变化情况，对可能发生的水质风险进行预测预报；对于发生的突发性污染，要按照申报及应急处理方案，及时采取补救措施，最大限度减轻污染的危害和后果，保证调水水质安全。

八、环境影响分析

（一）环境现状及评价

1. 环境现状

（1）水环境现状。

1）水质现状。根据 2000 年水质监测资料进行评价，调水水源地长江三江营断面全年水质良好，除氨氮为Ⅲ类水质标准外，其余所有监测指标均达到Ⅱ类水质标准。骆马湖以南，以氨氮超标为主；骆马湖以北至东平湖水质多项超标，为Ⅳ类、Ⅴ类和劣Ⅴ类；黄河以北输水沿线水质全部为劣Ⅴ类。

2）湖泊富营养化。东线调水工程沿线有洪泽湖、骆马湖、南四湖上级湖、南四湖下级湖和东平湖 5 个湖泊，处于中—富营养状况。15 个评价断面中，只有骆马湖的三分场和南四湖下级湖的微山湖区平均指数较高，为富营养区，大多数断面总磷浓度不高，是湖泊富营养化的限制因子。就单项而言，洪泽湖蒋坝的总磷含量较高，已达富营养化浓度，但多次监测的叶绿素 a 值为 1.35～3.96g/L，满足地表水水质Ⅱ类标准，其他各因子基本为贫营养或中营养，总氮是洪泽湖富营养化的限制因素。

3）底质污染现状。黄河以南湖泊底质的所有重金属铅、铬、镉均为Ⅰ类，个别监测点汞有轻度污染；黄河以北主要河流底质中大多数断面重金属的含量远低于标准值，少数断面有轻度污染。另外，为了解河道底泥冲刷对调水水质的可能影响，于 2000 年 12 月利用蔺家坝闸放水冲刷闸下河道，进行底泥冲刷实验，结果表明底泥对水质的影响较小，冲刷实验时河道各断面高锰酸盐指数、溶解氧、氨氮、亚硝酸盐、汞和砷 6 个指标均优于Ⅲ类水。

4）面源污染。南水北调东线工程实施后，黄河以北全部实施清污分流，只有黄河以南存在面源污染问题。

由于黄河以南输水河道均有堤防，调水期间的河道水位均高于周边地区，受面源污染影响的区域为洪泽湖、骆马湖和南四湖地区。据水质实测资料评价，洪泽湖和骆马湖的水质均为Ⅲ类或优于Ⅲ类，由于调水工程实施后，湖泊的运用水位抬高，水量交换时间较调水前缩短，水体自净能力显著提高，加之进入洪泽湖和骆马湖的支流大多有水闸控制。因此，可能受面源污染影响的区域为南四湖地区。

南四湖流域属水资源缺乏地区，多年平均径流深湖西地区只有 68mm，湖东地区约 200mm，且 80％的径流集中在汛期。南四湖入湖河流众多，直接入湖河流有 53 条。中华人民共和国成立以来，主要河流大部分经过不同程度的治理，修建了大量的水利工程，径流的控制程度很高。由于该地区以农业为主，缺水严重，非汛期的污废水基本上都积蓄在河道内用于灌溉。目前，影响南四湖水质的主要污染源仍然是工业废水和生活污水。根据调查研究，山东省境内南水北调区域面污染源 COD 的入河量占总量的 15.2%，南四湖流域面污染源 COD 的入河量占总量的 11.4%，而且主要集中在汛期。

由于东线一期工程的调水期以非汛期为主，加之南四湖堤防和河道水闸对水流的控制作用，可以认为面源污染对调水工程水质的影响很小。

5) 水环境功能。按照《淮河流域及山东半岛水功能区划报告》和《海河流域水功能区划报告》的要求，南水北调东线工程输水干线河流及调蓄湖泊全部为水源保护区。

(2) 现状主要环境影响。

1) 水资源短缺制约社会经济发展。南水北调东线供水范围内水资源量短缺，且年内年际变化大，降雨及径流多集中在夏季，造成一些地区枯水季节干旱灾害频繁，干旱缺水已成为制约工农业生产发展和城市居民生活改善的重要因素。

a. 水资源短缺制约工业发展。遇干旱年份，工矿企业供水没有保障，被迫实行限产、停产，严重制约了工业发展并造成巨大的经济损失。

南四湖地区规划已定的徐州、嘉祥、滕州等大型火电厂，均因水源等问题，未能兴建或扩建。

b. 水资源短缺是农业低产的根本原因。供水区土地平坦，气候温和，光热资源丰富，十分有利于小麦、玉米、棉花和各种杂粮的生长。但由于缺水，产量低而不稳。骆马湖以北的徐州、济宁两市经常缺水，遇干旱年有较大的成灾面积。即使在骆马湖以南，干旱对农业生产的威胁也一直是困扰经济社会发展的问题。

c. 水资源短缺严重影响城乡居民生活用水。黄河以北和山东半岛供水区城镇生活用水普遍不足，每遇干旱年定时、定量供水和排队等水的现象十分严重。如 2000 年出现的严重干旱，城乡供水全面告急，烟台、威海、济南、淄博、潍坊等城市约 400 万人饮水极度困难，被迫采取严格的限供措施，并大幅度提高水价。2001 年又持续干旱，缺水问题更为严重。

缺水城市供水水质恶劣。鲁北大部分地区，由于河道干涸，城镇生活用水主要靠抽取井深为 300~500m 的深层地下水，不仅难以保障供给，而且水中的氟含量偏高，儿童氟斑牙、成年人氟骨症多有发生。更为严重的是近些年有不少地方地下水遭受污染，造成人畜饮水困难，严重影响人民群众健康，已成为严重的社会问题。

2) 水环境恶化。随着经济建设的高速发展，人口不断增加，特别是城市人口急剧膨胀，大量未经处理的污水，直接或间接地排入河道，农业大量施用化肥、农药造成面源污染。靠近城市的河流绝大多数已成为纳污河，不仅破坏了水源，而且污染了环境。根据水质评价分析，淮河和海河流域有 70% 的河道现状水质均属于Ⅳ类以上水质，污染最严重的是邻近城市的平原中下游河道。更严重的是未经处理的污水大量被农田灌溉引用。污水渗入地下或用于农田灌溉，对地下水和农产品造成污染，并对人体健康造成威胁。

3) 地下水超采。徐州以北地区地下水大量开采后，均发生不同程度的地下水位下降，甚至造成地面沉降。以海河平原最为严重，除德州市南部常年引黄灌区外，其余地区已全部超采。由于深层地下水开采范围不断扩展，地面沉降范围逐步扩大。山东莱州湾地区由于地下水超采，造成海水入侵地下水的面积达 2000km²。这不仅给当地供水造成毁灭性打击，而且也成为长期的生态灾难。

4）生态环境恶化。由于自然及人为干扰导致生态环境恶化，河道断流或干枯、湿地的锐减、水环境功能下降，水生生物种类及数量明显减少，水污染事故时有发生。

a. 河道断流、湖淀干涸，入海水量大幅度减少。随着水资源利用程度的进一步提高，河道基本断流，湖淀干涸。历史上的许多渔苇之地已变成荒滩或耕地，大量湿地消失，生物多样性遭到破坏。入湖、入海水量大幅度减少。20 世纪 80 年代以来，洪泽湖、南四湖常运行在死水位以下。2002 年南四湖地区遇特大旱情，上级湖干涸，南四湖下级湖蓄水量仅有 2000 多万 m³，湖内生态系统受到严重损害。

b. 引黄的泥沙造成了严重的环境问题。山东省沿黄河地区和山东半岛主要依靠引黄补充水源，每年约引黄河水 75 亿 m³，一些年份还要超引。多年引黄引起河道严重淤积，威胁防洪排涝和河流生态；泥沙的堆积扩展更引起难以处理的后效，甚至在一些地区造成荒漠化，令人触目惊心；过量地引用黄河水也是造成黄河断流的重要原因。

2. 影响分析

从 20 世纪 70 年代初开始，水利部组织有关部门开展了东线环境影响研究：1978 年水电部和中科院组织开展了调水对长江口地区盐水入侵和河道淤积的影响、调水对供水区土壤次生盐碱化的影响、调水能否使血吸虫病流行区北移、调水对长江口及邻近海域和输水沿线湖泊洼淀水生生物的影响等 4 个课题研究。1987 年，水利部南水北调办公室编报了《南水北调东线第一期工程环境影响报告书》，并分别于 1990 年和 1993 年编制了《南水北调东线第一期工程修订环境影响报告书》。作为总体规划的一部分，2001 年水利部调水局和中国环境规划院编制了《南水北调工程生态环境保护规划》，并对南水北调工程对长江口生态环境影响进行分析研究。近期随着各单项工程的陆续建设，开工项目的环境影响评价已经国家环保总局批复，并完成了部分项目的单项环境影响评价。项目建议书分析结论主要依据已有研究成果。

（1）有利影响。

1）解决北方地区水资源短缺。2002 年由于沂沭泗流域持续干旱，特别是南四湖地区遭受 100 年一遇的特大旱情，部分地区甚至达到 200 年一遇，导致南四湖基本干涸，湖内 130km 的主航道全线断航，生物多样性受到严重影响，大部分物种濒临死亡，严重缺水还导致引黄及地下水的开采量不断增加。随着人口不断地增长和城市化进程加快，北方地区水资源短缺问题将会日益突出，势必进一步制约社会和经济的发展。南水北调东线工程实施后，能减轻受水区对来量减少的黄河水和日益枯竭的地下水的依赖，从根本上改变北方水资源短缺状况，促进社会安定团结和维系人与自然协调共存的良好局面。

2）增加水环境容量。淮河以北地区河流在枯水季节基本维持断流或干枯的状态，特别是黄河以北和山东半岛地区基本是有河皆干，有水皆污，水生态环境恶化严重，许多河流基本无水环境容量可言，即使是南水北调东线范围内最大的洪泽湖，在 2001 年淮河流域旱情严重的情况下，水位降至 10.52m（死水位以下），湖面萎缩至 381km²，蓄水量不足 1.4 亿 m³，比正常蓄水量减少九成以上，大部分湖底裸露，湿地生态严重被破坏。南水北调东线工程实施后，可使长江优质水源经输水干线进入各用水区，可长时间保持输水干线河湖及用水区河道的基本流态，恢复河道的基本功能，同时大大地增加了水环境容量和水环境的承载能力。

3）替代引黄水量，有助于解决黄河断流。由于黄河水挟带大量的泥沙，多年来的引黄淤积了河道，占用了大量的耕地，形成严重的沙质高地，导致生态环境日趋恶化；加之因干旱造成的河湖干枯等，给当地群众生产生活带来严重影响。东线工程实施后，将成为沿线城市的又一个水源，可替代引黄工程及引黄水量，有助于解决黄河断流问题，也有利于改善引黄地区的生态环境，改善沿线城镇河道湿地水质，为当地环境治理和促进当地旅游业的发展创造了条件，同时也美化了城市的整体环境，改善了人民群众的生活质量。

4）缓解地下水超采问题。黄河以北地区河流干枯现象较为普遍，可用水源逐年减少，地下水超采严重，漏斗面积不断增大，沿海地区地下水含水层受浅层咸水入侵面积不断扩大，不少地区出现地面沉陷、塌陷、裂缝等地质灾害。东线工程建成后，可替换城市供水水源，减少深层地下水的开采量，加之长年输水，对补充地下水源、地面沉降等环境地质问题的缓解起到积极作用。

5）促进节水治污。北方地区水资源的使用状况一直处在严重短缺与大量浪费现象并存的被动局面中。调水实施后，通过建立合理的水价机制，能有效转变人们的用水意识，通过调整生产力布局和产业结构，改变人们用水的思维方式和生活方式，最终实现节水型农业、节水型工业和节水型社会；同时为体现"三先三后"原则，要实现调水水质保护目标，又必须通过污染源治理、城镇污水处理厂建设、截污导流工程等综合措施，加快沿线的治污步伐。

6）防止调蓄湖泊富营养化，有效保护湿地生态系统良性循环。调水后，输水干线调蓄湖泊水环境得到有效改善，调蓄湖泊换水频繁，换水率将明显提高，可有效防止湖泊富营养化的发生。同时由于调蓄湖泊的平均蓄水位抬高，水面扩大，水生浮游动植物和底栖动物的种类及数量将有所上升，改善湿地鸟类的生存环境，同时对发展渔业生产十分有利，避免了湖泊干枯或死水位以下运行造成的生态灾难，有效保护湖泊生态系统的良性循环。

（2）主要不利影响。

1）关于调水使血吸虫病流行区北移问题。江苏省血吸虫病防治研究所从1978年开始进行南水北调是否会引起钉螺北移的研究，整个研究工作分三阶段。第一阶段（1978—1981年）研究结果认为：东线工程调水过程中，钉螺附着漂浮物随水流向北迁移的可能性存在，北移后钉螺在北纬33°15′以北地区形成新的分布区是受限制的。第二阶段（1991—1994年）和第三阶段（1995—1999年）的研究工作实际上是一个连续的过程，重点研究气候变暖情况下，钉螺北移后生存发展的可能性。实验室条件下研究结果表明，在北纬33°23′以北地区，钉螺不能生存；在北纬33°15′～33°23′之间，钉螺不能适应当地环境，其生存与繁殖能力逐年下降，种群呈逐渐消亡趋势，故难以形成新的钉螺分布区；在北纬33°15′以南地区，属于钉螺滋生地区。

2004年江苏省血防部门调查结果表明，南水北调东线水源区（在北纬33°15′以南地区的邗江、江都、扬州开发区、广陵区、高港区）江滩钉螺面积11.1km²。输水沿线区域钉螺面积3.4km²，阳性钉螺（带有血吸虫）面积0.007km²。

南水北调东线工程是江苏省江水北调工程基础上的扩大和延伸。从1961年江水北调开始，江苏省有关部门对调水工程能否引起钉螺北移问题进行了多年的监测和调查。根据所掌握的监测与调查结果，多年来的输水过程并未发现造成钉螺分布区北移，在调水区沿线也尚未发现新的血吸虫病患者。

钉螺扩散的主要途径是附着在水中漂浮物上随水流移动。在工程建设过程中，可以通过在输水渠道经过钉螺滋生地区时采取坡面硬化措施，在输水渠道进出口建闸门控制，并对沟渠进行必要的整治等措施，减小钉螺随输水水流扩散的几率；南水北调东线工程是通过抽水站提水向北送水，各级抽水站前均设有拦污栅，能有效地减少钉螺附着漂浮物随水流向北迁移的可能性；另外，东线输水干线兼顾调水和排涝功能，汛期时下泄洪水向南流入长江入海，也不会造成钉螺北移。

根据历史分布情况及实地调查结果，我国钉螺主要分布在北纬 33°15′ 以南地区，分布区最北点在江苏省宝应县。由于南水北调东线将实现远距离大规模的输水过程，随着全球环境的变化（温度波动、湿度改变等），为保证受水区人群健康和饮水安全，下一阶段需对调水是否能引起血吸虫病流行区北移问题进一步深入研究。

2）调水对长江口的影响。自 1978 年以来，10 多个科研教育单位就南水北调工程对长江口生态环境的影响进行了比较深入的分析研究。2000 年在南水北调工程总体规划中，水利部调水局又组织开展了长江口地区淡水资源开发利用与南水北调工程研究、南水北调工程对长江口盐水入侵影响预估研究、南水北调工程对长江口盐水入侵影响分析研究、南水北调工程对长江口生态环境影响评估研究、南水北调工程对长江口生态环境影响分析研究等专项研究。

长江口盐水入侵问题是因潮汐活动所致的、长期存在的自然现象，也受到人类活动的影响，与长江入海水量关系较大，多发生于 12 月至次年 4 月长江的枯水期。包括上海市在内的长江三角洲，是我国重要的经济发达地区，长江又是上海市和沿江两岸主要的供水水源。因此，应高度重视长江口的盐水入侵问题。

东线一期工程调水规模增加抽引长江水 100m³/s，新增抽水量仅占长江最枯月流量的 1.3%，年调水量仅占长江多年平均入海水量的 0.4%，对长江口盐水入侵基本无影响。当长江大通水文站流量小于 10000m³/s 时，采取"避让"措施，减少抽江水量，可基本消除调水对长江口盐水入侵的影响。

另外，长江三峡工程运行后，可使 1—4 月大通站流量增加 1000～2000m³/s，能缓解枯水期沿江抽水对长江口的影响。

大通站以下长江沿岸有数百个引水口和抽水站，引水流量超过 3000m³/s，但这些工程的抽引时间大部分与东线工程并不同步。今后需要加强水资源的统一管理，结合长江口综合治理项目，通过对各取水口引水量的有效控制和三峡下泄水量的合理调度，减轻或避免沿江取水对长江口盐水入侵的影响。

3）对湖泊水生生物的影响。从 1988 年开始，淮委组织中科院水库渔业研究所、中国水产科学研究院东海水产研究所等单位开展了东线工程对输水干线湖泊水生生物影响的调查研究。2004 年在单项工程评价中，对南四湖水生态环境的影响进行专题评价。

经研究初步评价结论，认为调水后黄河以南沿输水干线大部分调蓄湖泊的蓄水位将不变，但枯水期水位有所抬高；洪泽湖、南四湖下级湖蓄水位有所抬高，水面扩大，总体上有利于湖泊生态向良性方向发展。浮游动植物的种类及数量将略有上升，优势种群将发生局部调整，但不会发生显著变化。底栖动物种类及数量也将略有上升。水生维管束植物的面积、密度及总生物量将会有所下降，对鱼类的生长有利。从长远看，随着调水量的增加和向北延伸，调蓄湖泊的水生生物在数量上及种类上的差异将会逐渐缩小，同时长江流域的水生生物也可进入各调蓄湖泊。从生态完整性维护的角度看，工程的运营强化了湖泊生态完整性现状的维护能力，对湖泊湿地整体保护是有益的，同时枯水期水面的扩大，可减少人为的干扰。

4）截污导流工程对临近区域的影响。根据南水北调东线工程治污规划，一期工程确定了22项截污导流工程，分为截污回用和截污导流两种方式。

微山县截污回用工程等14项截污回用工程，由于未改变原污水排放路径，污水经处理后用于农灌，在本地消化利用，对环境影响不大。

里运河截污清安河导流工程等8项截污导流工程由于改变原污水排放路径，存在污染物转移问题，对接纳区的清安河、入海水道、柴沂河、新沂河、三八河、奎河、老通扬运河、漳卫新河、六六河、得民河、青年河、卫运河等河流将会产生一定影响。其中武城县截污导流工程、夏津县截污导流工程、临清市汇通河排水工程、德州市截污导流工程等导流水质略好于漳卫新河、六六河、得民河、青年河、卫运河等河流现状水质，对改变其季节性河流的特征和保持河流流态将起到一定的积极作用；里运河截污清安河导流工程和徐州市区尾水输送工程的导流水质与清安河、三八河、入海水道、奎河等现状水质基本接近，导流后对现状水质影响不大；宿迁市区尾水输送工程和江都污水处理厂尾水输送工程导流水质略差于柴沂河、老通扬运河等河流水质，工程实施后将对这些河流水质产生一定影响。

鉴于南水北调东线工程治污控制单元实施方案正在编制中，下阶段需要按照江苏、山东省人民政府批准的"南水北调东线工程治污控制单元实施方案"所确定的截污导流项目、规模和排污去向进一步论证对受纳水体的影响。

5）工程建设对居民生产生活的影响。南水北调东线一期工程共占地1.46万 hm²，拆迁房屋84.06万 m²，输水河道、穿黄河工程以及部分泵站等工程，永久占地和临时占地以及移民安置等都可能造成一定的环境影响。但工程占地及移民战线较长，环境容量大，通过土地的调整安排移民生产和生活，对沿线居民产生的影响不大。

6）施工期对环境的影响。

a. 施工期水、声、气、渣对环境的影响。各泵站、河道及其他工程施工中，直接影响是占用土地，破坏植被，造成水土流失等。同时施工及施工人员生活过程中产生的废水、废渣可能对环境产生不利影响，以及对南四湖生态保护区等敏感点产生影响。

施工区大气污染源主要是施工机械排放的尾气、土方开挖、材料运输及装卸产生的粉尘。施工现场大气污染可能给现场施工人员及周围居民造成不利影响。

施工噪声源主要包括机械和机动车辆产生的噪声，对现场工作人员及周围居民的身心健康和生产、生活构成一定影响。

b. 施工期对人群健康的影响。施工高峰期工地人员集中，劳动强度大，加之基础设施简陋，卫生条件相对较差，可能为传染病的暴发和流行提供了条件。在钉螺疫区涉水施工作业，有增加血吸虫病感染的可能。

（二）项目区的水土流失及其工程防治效果评价

南水北调东线一期工程地处我国东部预防保护区，根据江苏省人民政府《省政府关于划分水土流失重点防治区和平原沙土区的通知》和山东省人民政府《关于发布水土流失重点防治区的通告》，项目区跨越江苏省非重点防治区（长江—南四湖）、江苏省重点预防保护区（南四湖和骆马湖周边）、山东省重点治理区。项目范围内防护林网建设较多，河滩地植被较好，水土流失总体轻微。长江—南四湖段为苏北水网和淮河平原区，土壤为水稻土和黄潮土，属水土流失微度区，土壤侵蚀模数在 200t/(km² · a) 以下，局部沙土区在 500t/(km² · a) 左右；南四湖—黄河和东平湖—引黄济青段为黄泛平原微度和轻度流失区，水土流失以水力侵蚀为主，局部存在风蚀，土壤侵蚀模数在 200～500t/(km² · a)，局部地段达到 1500t/(km² · a)；黄河以北段为黄泛平原轻度流失区，水土流失主要为风蚀类型，土壤平均侵蚀模数在 500～1000t/(km² · a)。

根据遥感资料，一期工程项目涉及的 41 个县（市、区）内水土流失总面积 5437.6km²，其中轻度流失 3513.0km²，中度流失 1717.3km²，强度流失 207.3km²。

1. 工程水土流失影响评价

（1）水土流失影响因素分析。南水北调东线一期工程建设战线长，土方量大，挖损、堆垫面积广，现状植被将遭到破坏，并形成大范围的裸露地表，使大部分地区的水土保持功能降低或丧失。同时，工程建设的再塑作用改变了地貌地形，为水土流失的发生、发展创造了条件。

（2）工程水土流失特点。项目工程战线长、施工方式种类多强度大，并有众多土方开挖和回填，大面积破坏地表植被，增加地表裸露时间。

1）水土流失呈线状分布。

2）不同的施工方式和工艺造成工程水土流失强度不同。

（3）工程对水土流失的影响。

1）占地扰动和微地貌改变。南水北调东线一期工程总占地 1.46 万 hm²，除东平湖、大屯水库等蓄水工程淹没征地不增加水土流失外，河道挖压、泵站进出水渠道和施工导流明渠的开挖、弃土弃渣堆放等对微地貌都会产生改变，不同程度破坏原有植被、增加地面坡度、坡长，加剧水土流失；施工场地区道路、便道以及临时堆土占压区破坏原有植被增加地表裸露时间，使原有水土保持功能降低或丧失，加剧水土流失的发生。

2）弃土弃渣。南水北调东线一期工程开挖和扩挖河道约 632km，新建泵站 21 处，共开挖土方 1.72 亿 m³，将产生弃土约 0.89 亿 m³。弃土弃渣主要沿堤防背水侧堆放，南四湖疏浚弃土直接充填湖内，部分泵站弃土回填取土场，因此沿堤防堆放的弃土弃渣是水土流失产生的主要源地。

（4）工程布局对水土保持的影响。

1）选线、选址和工程布局。南水北调东线一期工程主要利用原有河道扩挖，建设区主要位于黄淮、黄河以及山前冲积平原区，不涉及崩塌滑坡危险区和泥石流易发区。

工程选址和工程布局不违背水土保持的要求。

2）施工工艺。土方开挖和填筑以 2.0m³、3.0m³ 斗容铲运机及 1m³ 挖掘机配 12t 自卸汽车挖运，水下拟用 120m³/h 绞吸式挖泥船开挖。土方机械化施工有利于加快进度、缩短水土流失时间，但机械施工可能增加土地扰动范围，应做好机械运行线路规划，避开植被良好区。

在施工工序方面，主体安排的护砌工程基本在土方工程完成后即开始施工，基本满足水土保持要求。但土方工程在施工时序上基本都在汛前完工，裸露的地表极易在雨季产生水土流失，因此在水土保持植物措施安排方面尽可能采取快速地表植被覆盖措施。

（5）主体设计中具有水土保持功能工程的分析和评价。受主体工程设计深度的影响，各单项工程缺乏典型设计，很多方案尚未确定，难以确切界定主体设计中具有水土保持功能的工程。主体设计中具有水土保持功能的工程如下：

1）泵站工程及闸坝。进出水渠段岸坡及翼墙为混凝土或砌石护坡，满足水土保持要求。

2）河道工程。

a. 高水河整治。为抗御船行波冲刷堤身，增建接长块石护坡。满足水土保持要求。

b. 徐洪河影响处理工程。沙集站上至废黄河北堤 24km 河段，分布有较厚的粉砂层和软黏土层，抗冲刷能力低，设计采取黏土护坡和干砌石护坡。黏土护坡不能满足水土保持要求。

金镇附近 5.1km 的险工段，设计堤坡采用草皮护坡，河坡采用干砌石护砌。满足水土保持要求。

c. 骆马湖以南中运河影响处理工程。对中运河局部冲刷严重的堤身，增做块石护坡。满足水土保持要求。

2. 初步评价结论

（1）南水北调东线工程可缓解北方地区的水资源危机，满足输水沿线严重缺水状况，减少对黄河水和地下水的依赖，可以保持输水干线河湖及用水区河道的基本流态，恢复河道的基本功能，增加水环境容量和水环境的承载能力，防止调蓄湖泊富营养化，促进水产养殖业的发展。改善输水区和供水区的水环境和生态环境。

（2）南水北调东线调水区长江三江营断面（水源地）现状全年的水质良好，符合调水水质要求；输水区骆马湖以南，水质尚可，部分断面氨氮超标；骆马湖以北至东平湖水质多项超标，为Ⅳ类、Ⅴ类和劣Ⅴ类；海河流域输水沿线水质全部为劣Ⅴ类；用水区规划控制断面现状水质为Ⅴ类和劣Ⅴ类。

（3）一期工程治污项目实施后，调水水质基本符合地表水Ⅲ类水质标准，其中主要污染物 COD 基本符合Ⅲ类水质标准，氨氮在南四湖上级湖、梁济运河和柳长河略超Ⅲ类水质标准（1.0mg/L），出东平湖的水基本符合Ⅲ类水质标准要求。若治污项目不实施（在现状排污）条件下，主要污染物 COD 值在南四湖上级湖及其以北区域全部超过地表水Ⅲ类水质标准；南四湖上级湖以南区域在丰、平水年的 COD 值全部满足地表水Ⅲ类水质标准，枯水年的 COD 值在南四湖上级湖以南的房亭河段略有超标。氨氮值在南四湖上级湖及以北区域全部超过地表水Ⅲ类水质标准；上级湖以南区域，在平、枯水年的氨氮在淮阴段略有超标。

（4）截污导流工程中回用工程由于未改变原污水排放路径，污水经处理后用于农灌，在本地消化，对环境影响不大。导流工程由于改变原污水排放路径，对部分接纳河流将会产生一定影响，但对改变其季节性河流的特征和保持河流流态将起到一定积极作用。

（5）东线一期工程调水规模仅增加抽引长江水 100m³/s，新增抽水量仅占长江最枯月流量的 1.3%，年调水量仅占长江多年平均入海水量的 0.4%。由于东线工程调水量占长江径流量的比重很小，调水本身对引水口以下长江水位、河道淤积和河口拦门沙的位置等影响较小。对长江口盐水上侵可采取"避让"措施加以解决。

（6）调水对血吸虫病流行区北移的影响，根据实验研究结果在北纬 33°23′以北地区，钉螺不能生存；在北纬 33°15′～33°23′之间，钉螺不能适应当地环境，其生存与繁殖能力逐年下降，种群呈逐渐消亡趋势，故难以形成新的钉螺分布区；在北纬 33°15′以南地区，属于钉螺滋生地区。所掌握的监测与调查结果，在近 40 余年的江水北调工程输水过程并未发现造成钉螺分布区北移，在调水区沿线也尚未发现新的血吸虫病患者。但下一阶段需进一步深入研究。

（7）由于工程占地及移民战线较长，环境容量大，永久（临时）占地和移民安置可以通过土地的调整安排移民生产和生活，对沿线居民生产生活产生影响较小。

（8）施工期水、声、气、渣都将对环境构成一定影响，但只要落实各项环保措施，管理到位，可以将环境影响降低到最小程度。

（9）工程建设过程中由于破坏现状植被、产生大量弃土弃渣，使部分地区的水土保持功能降低或丧失，造成一定的水土流失，并造成不利影响。工程建设通过规范施工行为和工程植物措施等，基本可以控制人为水土流失，工程完工后，水土流失综合治理程度达到95％，植被恢复系数达到98％。

（10）南水北调东线一期工程实施没有环境制约因素。根据国家环境影响评价法，下阶段需进行环境影响评价专项研究，编制环境影响报告书和水土保持方案，报主管部门审批。

九、工程管理

（一）东线一期工程管理体制与机构设置

按照国务院批复的《南水北调工程总体规划》，主体工程建设与管理体制要遵循"五个有利于"原则，即：有利于加强政府的宏观调控，实现水资源的优化配置；有利于建立"还贷、保本、微利"的水价形成机制，确保工程的良性运营，促进建立节水防污型社会；有利于建立产权明晰的现代企业制度，依法协调各方的利益关系；有利于建立民主协商和用水户广泛参与的制度，逐步完善"准市场"的水资源配置机制；有利于贯彻执行国家基本建设的法规和政策的原则。

东线工程实行政府宏观调控、准市场机制运作，用户参与管理的体制，既要积极推进逐步建立水的"准市场"配置机制，又要贯彻水资源统一管理的原则。根据国务院南水北调工程建设委员会批复的《南水北调工程项目法人组建方案》，并考虑历史情况、现状条件以及工程运用功能，对于东线一期主体工程，分别组建江苏水源公司、山东干线公司。

1. 江苏水源公司

南水北调东线江苏省境内工程是在江苏省历年兴建的引江工程基础上扩建、新建部分闸站和输水河道形成的，工程涉及原有资产的评估和新旧资产的组合，工程运行中又存在防洪、排涝、供水调度运行的诸多矛盾。为照顾现实，简化南北关系，有利于江苏省东线工程的顺利建设，由江苏省在现有的江水北调管理基础上组建江苏水源公司，作为项目法人承担南水北调东线江苏省境内工程的建设和运行管理任务。江苏境内东线工程的投资（资产）暂委托江苏省管理。

江苏水源公司下设江都、三河闸、总渠、骆运和徐州5个管理处，管理处以下根据工程性质，分别设立河道管理所和泵站管理所。

由于江苏水源公司的管理和运营涉及省际水事，淮委可派出代表作为独立董事参加董事会。

2. 山东干线公司

东线一期工程供水目标仅限于山东省境内，由山东省组建山东干线公司，作为一期工程的项目法人。山东境内东线工程的投资（资产）暂委托山东省管理。

东线二期工程延伸到河北省、天津市，二期工程追加中央、河北省和天津市投资，改组为由中央控股，山东省、河北省和天津市参股的南水北调东线干线有限责任公司，作为东线干线二期工程及三期工程的项目法人，负责二、三期工程建设和全部工程的运行管理。

2003 年 8 月，山东省机构编制委员会批复同意设立山东省建管局，为事业单位，内设办公室、建设管理处、政策法规处、水源保护处和计划财务处，作为工程建设的项目法人。

在山东干线公司成立之前，由山东省建管局负责山东省境内工程的建设和运行管理。根据山东省政府的建议，为便于工程管理，按照输水干线行政区划设置枣庄、济宁、泰安、聊城、德州、济南、胶东 7 个分局，分局下设管理处、所。山东干线公司成立后，可在山东省建管局的基础上，对上述管理机构进行适当调整，精简管理机构，以适应法人管理的要求。

3. 省界工程的管理

东线一期工程的苏鲁省界地区，既是南水北调东线工程的主要输水线路，又是沂沭泗河洪水下泄的重要通道，也是南北航运的黄金水道，工程情况复杂，省际之间水事矛盾突出。东线工程实施后，既要做好省际交水管理，又要协调调水与沂沭泗洪水防洪调度的关系，因此，《南水北调东线工程规划（2001 年修订）》强调了流域机构的统一管理。

根据 2003 年水利部有关文件，省界工程包括南四湖水资源控制和水质监测工程、骆马湖水资源控制工程、台儿庄泵站、蔺家坝泵站、二级坝泵站。该纪要还明确由淮委组建工程建设管理单位，负责工程的建设管理，其中骆马湖水资源控制工程以淮委为主、江苏省参加；二级坝泵站以淮委为主、山东省参加。

按《南水北调工程项目法人组建方案》，江苏水源公司和山东干线公司分别以合同方式委托淮委下属的专业化工程项目管理机构，具体承担苏鲁省界工程的建设管理，以确保省界工程顺利实施。苏鲁省界工程完工并通过验收后，工程及形成的资产按合同关系移交项目法人，并继续以合同方式委托淮委管理机构运行管理。

根据以上文件精神，在工程建设期，可由淮委组建建设管理单位，负责省界工程的建设管理；省界工程建成后，建议由淮委组建省际调水工程管理机构，负责省际调水工程的管理。

4. 人员编制

按照高效精干的原则，并考虑工程自动化程度较高及工程管理现代化的要求，初步拟定南水北调东线管理单位定员标准。

一期工程单项工程多且分散，总工期 5 年，初拟建设期管理人员 385 人。

东线一期工程正常运行期的管理人员，根据初步拟定的管理机构及运营管理体系进行编制。经综合分析现有管理工程情况及南水北调东线工程的特点，按单方流量定员 0.3 人考虑泵站管理人员；按每 3 千米定员 1 人考虑河道工程管理人员。

一期工程管理人员 1986 人，其中江苏水源公司管理人员 1178 人，山东干线公司管理人员 620 人，淮委省际调水工程管理机构的管理人员 188 人，各层次管理人员见表 6-2-4；一期工程利用的现有江苏省工程，其现有管理人员为 546 人（以上初步拟定的管理人员仅作为成本测算中管理费用测算的依据）。

（二）建设管理

为了给工程运行期的经营管理创造良好条件，必须做好工程的建设期管理。项目法人负责组织工程建设，具体落实在工程建设管理中的权力、义务和责任。工程项目建设管理中严格实行项目法人责任制、招标投标制、工程监理制、合同制等四项制度，严格按照招投标法、合同法进行工程项目建设和管理工作，提高工程质量，有效控制工程投资和工期，保证工程的顺利实施。

表 6 - 2 - 4　　　　　　　　　　　　　　　管 理 人 员 测 算 表

管理单位		管理人员数量	备　　注
江苏水源公司	总公司	50	
	分公司	75	5 个分公司，每个分公司按 15 人计
	泵站工程	785	宝应、淮安、淮阴等 13 座新建泵站，江都等 13 座原有泵站
	河道工程	268	约 800km 河道
	小计	1178	
山东干线公司	总公司	50	
	分公司	105	7 个分公司，每个分公司按 15 人计
	泵站工程	165	万年闸、韩庄、长沟、邓楼、八里湾 5 座新建泵站
	河道工程	180	约 540km 河道
	水库	120	3 座新建水库
	小计	620	
淮委省际调水管理机构	机关	20	
	泵站工程	96	二级坝、蔺家坝、台儿庄 3 座泵站
	骆马湖水资源控制	12	
	南四湖	60	包括杨官屯河闸、大沙河闸、姚楼河闸、潘庄引河闸和南四湖水质监测工程的管理
	小计	188	
合　　计		1986	

　　南水北调东线工程点多、线长、面广，建设项目繁多，为保证工程的顺利实施，在项目法人正式组建前，由江苏、山东两省组建建设管理单位，负责各省境内工程（不包括省界工程）的建设管理，两省在组建项目建设单位时，应按照市场机制的原则，择优选择专业化建设管理队伍。项目法人组建后，由项目法人以委托或招标方式，充分利用市场机制，择优选择有资质的专业化的单项工程项目建设管理单位，受项目法人委托进行建设管理。

　　南水北调是水资源配置工程，在批准立项之后，按照批准的中央与地方分担投资的份额分别注入资本金，由项目法人负责筹措相应贷款。根据国家有关政策法规，制订具体的建设与管理条例，使南水北调工程建设、管理更科学。

（三）运营管理

　　公司应按现代企业制度要求，充分发挥股东会、董事会及监事会的职能作用，建立科学的激励和约束机制。供水公司各级部门要根据国家颁布的有关法令、法规和政策，依法对工程实施管理，健全各种规章制度，积极引进和应用先进的管理技术和手段，使管理科学化、规范化。认真做好与运营相关的调水计划、确定供水保证措施，制定经济合理、切实可行的水费价格和征收制度。做好水量、水质监测及水费征收工作，加强合同管理，强化财务制度，以期减少运营成本，降低经营风险，保证工程的安全运行。

为了充分发挥调水工程的作用和合理利用水资源，利用先进的自动监控技术、通信技术、计算机网络技术和水资源配置方法，建立集水资源配置、监控、调度于一体的现代信息管理系统。

1. 水价制定及水费计收

（1）水价制定原则及方法。南水北调工程实行有偿供水。水费是工程运行的主要经济来源，是保证工程正常运行的基础。南水北调供水价格的制订，要兼顾供需双方的利益，既要考虑到各类用水户的承受能力，又要满足供水工程的固定成本、运营成本、归还贷款和获得合理利润的要求。因此，供水价格按照补偿成本、合理收益、优质优价、公平负担的原则制订，并根据供水成本、费用、水质及市场供求的变化情况适时调整。

水价制订采用容量水价和计量水价相结合的两部制水价，按照《水利工程供水价格管理办法》中的规定进行核定，在核定的基础上，征求用水户的意见，经双方协商确定。

（2）水费计收管理。容量水费及计量水费在确定当年水量调度计划后，在东线干线有限责任公司与东线江苏有限责任公司之间签订的供水合同内核定，计划外水费由补充合同核定，其中容量水费在年初预交，其他水费在年终按实际发生的数量结算。公司只负责干线工程的管理，以干线各分水口门为计量点，根据实际供水量，按照合同确定的水价计量征收水费，两公司所收水费应根据国家有关规定制订其使用和管理办法。

2. 合同管理

江苏水源公司与山东干线公司之间、有限责任公司与地方供水（股份）公司之间为水的买卖关系。公司根据各受水户用水要求，按照各年度调水计划合理安排供水规模和供水量，并根据《中华人民共和国合同法》，与受水户签订供受水合同，实行年度契约制，规定双方权利义务及法律责任。供水、受水双方在供受水合同履行过程中均应严格遵守合同有关条款约定，履行供水和交纳水费的义务并享有各自的权利。

3. 水量调度管理

根据各地区各部门不同时间的需水量，按照保证重点与统筹兼顾的调水目标，运用水价政策促进水资源的合理调度与分配。每年9月，在制订的调度原则指导下，由调水公司与有关省（直辖市）和流域机构协商后提出年度调度方案，经水利部批准后执行。在调度方案的指导下，两省供水公司根据各受水户要求和实际需水量适当调整，形成年调水计划，由两供水公司签订调水合同，实施水量调度。

南四湖实行在淮委省际调水管理机构协调下的江苏水源公司与山东干线公司之间交水。

4. 相关项目管理

公司除了供水以外所完成的其他任务如防洪、除涝、改善环境以及社会服务的监测、通信等，所需经费不能纳入供水成本的，应由有关部门分摊相应的费用。

东线工程利用了泄洪河道和防洪湖泊，这些河湖要同时满足输（蓄）水、防洪双重功能需要。在经营管理过程中，要符合流域防洪除涝要求，服从防汛部门的统一调度。

（四）建筑工程管理

1. 工程管理范围及保护范围

东线一期工程线路长，单项工程项目多，建筑物类型多，如输水河道、水闸、泵站、调蓄水库等，为保证输水工程安全和正常运行，应按照《堤防工程管理设计规范》（SL 171—1996）、《水库工程管理设计规范》（SL 106—2017）、《水闸工程管理设计规范》（SL 170—1996）等有关规范的规定，结合各工程所处的自然地理条件、土地利用情况、现状管理范围，规划确定工程的管理范围和保护范围，作为工程建设和管理运用的依据，以保证工程的安全。

（1）工程管理范围。工程的管理范围是管理单位直接管理和使用的范围，应包括：工程各组成部分的覆盖范围；为保证工程安全，加固维修、美化环境等需要，在工程建筑物覆盖范围以外划出的一定范围；管理和运行所必需的其他设施占地。主要建筑物管理范围如下：

1）输水河道护堤地宽度：现有河道维持现有的管理范围，不作调整；新挖河道为堤脚以外 5 ～20m。

2）蓄水工程：东平湖及以南原有湖泊维持现有管理范围，新建水库按围堤外侧排渗沟以外 3.0m 考虑。

3）泵站工程：建筑物覆盖范围以外 20m。

4）水闸工程：根据各水闸的级别分别确定上、下游及两侧宽度。

5）其他建筑物，如穿堤、跨堤交叉建筑物、倒虹吸工程、附属工程设施等，根据其重要性并参照其河道管理范围分别确定。

（2）工程保护范围。为了保证南水北调东线工程安全供水，在工程管理范围以外划定一定的宽度作为工程保护范围。在此范围内，禁止挖洞、打井、爆破等危及工程设施安全的活动，以保障工程安全运行。各建筑物保护范围根据各自情况分别确定。

2. 主要管理内容

公司应参照有关规程规范的要求，结合本工程情况制定具体管理办法、管理措施，各项工程应制定操作规程，健全各种规章制度。在对工程实施管理中公司应积极引进和应用先进的管理技术和手段，使管理科学化、规范化。

（1）输水河道。应根据河道级别、地形地质、水文气象条件及管理运用要求，做好堤防的工程观测及堤防保护，并做好分水口门的控制运用。

（2）蓄水水库。应进行堤防渗流观测、蓄水影响观测等，进行水位调度运用控制，并协调好蓄水与防洪运用的关系。

（3）抽水泵站。东线输水干线上的大量泵站是保证输水的重要节点，应制订泵站安全运行章程，定期进行设备监测与维修养护，使工程保持良好状态。

（4）管理信息系统。加强对通信设施的管理保护，为工程优化调度及信息传递提供保障。

（5）其他工程。公司对沿线的闸、桥、涵等各类建筑物均应制定管理要求，做好沿河、湖的水质监测。

（6）水情监测和水质监测。包括水位、流量等监测，掌握水质动态，监督污染治理，做好环境保护工作等。

（7）非运行期间，除做好工程的维护外，应搞好多种经营，增加职工收入。

（五）管理设施

1. 调度运行管理系统

该系统设施包括信息采集系统、通信和计算机网络系统、应用系统，是一个集信息采集、监控和传输等功能于一体的调度运行管理系统。该系统能为各级调水管理部门有效调度和管理提供科学依据和技术支持。

2. 观测设施

除了管理信息系统所涉及的水位、流量、水质监测等设施外，为了工程的安全，还需要进行工程观测，包括建筑物的位移观测、沉降观测、应力及应变监测、扬压力监测、堤防渗流观测等，根据需要配备必要的观测设施。

3. 交通设施

为了管理的方便，各级管理单位根据管理机构的级别和管理任务的大小，按有关标准，配置必需的交通工具。

4. 办公及生活设施

包括管理办公房屋及其附属设施、办公用品等，实现办公自动化。

南水北调东线一期工程拟定管理人员1986人，考虑利用江苏省现有江水北调工程的现有管理人员546人，需新增管理定员1440人，其中泵站枢纽及河道、水库等工程的管理人员所需的生产、生活设施、管理占地等，已在单项工程设计中考虑，故只对新增的分局以上管理定员300人估算生产、生活设施费用。

按有关规范规定，管理机构生产、生活区建设，包括各级管理机构办公用房建设、职工生活及文化福利设施建设，房屋建筑按每人60m²考虑，共计18000m²。根据各分局的设置，估算其占地面积，新增管理单位（管理局、分局）占地面积为120亩。按平均每亩征地费用30万元，房屋建筑按1500元/m²，生产及办公设备购置费按每人6.5万元计，管理单位总建设费用8250万元。

十、投资估算

东线一期工程由输水河道工程、泵站工程、蓄水工程、穿黄工程、专项工程等组成。

根据水利部调水局《关于抓紧修改南水北调东、中线一期工程项目建议书的通知》要求，东线一期工程分为三阳河、潼河、宝应站工程，长江—骆马湖段其他工程，江苏骆马湖—南四湖段工程，山东韩庄运河段工程，山东南四湖—东平湖段工程，穿黄河工程，东平湖蓄水影响处理工程，鲁北海河流域段工程，济平干渠工程，胶东济南—引黄济青段工程，南四湖水资源管理及水质监测工程，通信、调度专项工程等10段、12项工程，工程投资估算根据文件要求按10段、12项分别进行汇总编制。

东线一期工程需完成土石方开挖17210.71万m³（含穿黄洞挖工程3.55万m³）、土方填筑8305.61万m³、砌石方1246.55万m³、混凝土290.29万m³。按2004年一季度价格水平估算，工程静态总投资2141763万元。

十一、经济评价

（一）国民经济评价

1. 工程费用

（1）固定资产投资。南水北调东线一期工程固定资产投资包括主体工程投资、配套工程投资和更新改造投资三部分。

1）主体工程投资。按 2004 年一季度物价水平估算，东线一期工程主体工程静态总投资为 214.18 亿元，国民经济评价投资为 197.15 亿元。

2）配套工程投资。南水北调东线一期配套工程分农业配套工程和城市工业生活供水配套工程，城市工业生活供水配套工程包括干线分水口门至城市自来水厂的输水、净水工程和城市管网配水工程。

配套工程投资根据有关省（直辖市）的配套工程规划估算。江苏段供水区共需新增配套投资 15.9 亿元，山东段供水区共需新增配套投资 147.83 亿元，合计东线一期工程的配套工程投资为 163.73 亿元。

3）更新改造投资。东线一期工程更新改造投资共计 72.25 亿元（主体工程更新改造投资 23.13 亿元，配套工程更新改造投资 49.12 亿元），更新改造安排在工程运行期的第 24～26 年实施。

（2）年运行费。南水北调东线一期工程运行费包括主体工程年运行费和配套工程年运行费两部分。

主体工程（不含山东半岛输水线）的年运行费采用年财务总成本费用扣除固定资产折旧和贷款年利息支出而得，山东半岛输水线的年运行费按其投资的 2.5% 估算，主体工程运行费 8.09 亿元。

配套工程的运行费按配套投资估算。农业配套工程的运行费按配套投资的 1% 计算，水厂以上的配套工程运行费按配套投资的 3% 计算，水厂以下的配套工程运行费按配套投资的 10% 估算，配套工程年运行费为 10.99 亿元。

（3）流动资金。流动资金按工程年运行费的 10% 估列，为 1.91 亿元。

2. 工程效益

南水北调东线工程直接供水效益由增供水量计算而得。

（1）城市工业及生活供水效益。工业供水效益按分摊系数法计算，城市生活供水效益按单方水工业供水效益乘以城市生活供水量计算。东线一期工程多年平均城市及工业增供水量为 22.34 亿 m³，计算得知，东线一期工程城市及工业供水效益为 93.59 亿元。

（2）航运供水效益。航运效益暂按船闸耗水量乘以工业供水单方水效益计算，东线一期工程航运增供水量为 1.02 亿 m³，航运供水效益为 5.65 亿元。

（3）农业供水效益。农业供水效益按农业增供水量与单方供水效益计算，农业供水单方水效益参考《利用世行贷款加强农业灌溉江苏省项目可行性研究报告》分析计算，单方供水效益综合平均为 0.48 元。东线一期工程多年平均农业增供水量为 12.89 亿 m³，则农业供水效益为 6.19 亿元。

（4）除涝效益。东线一期工程所建泵站还可结合面上排涝，可增加排涝面积 6800km²（其中耕地 716 万亩），使其排涝标准由不足 3 年一遇提高到 5 年一遇以上，初步估算平均每亩可增产粮食 20kg，多年平均除涝效益为 1.79 亿元。

综合起来，东线一期工程多年平均供水效益为 107.22 亿元。

3. 国民经济评价指标

国民经济评价中社会折现率采用 12%，计算期包括建设期和生产期，建设期按工程实施进度安排确定，生产期按 50 年考虑，计算基准点定在工程开工的第一年年初，投入和产出均按年末发生。

东线一期工程的经济效益费用比、经济内部收益率、经济净现值等经济评价指标计算结果，见表6-2-5。

表6-2-5 南水北调东线一期工程国民经济评价指标

项　目	评价指标	备　注
经济效益费用比	1.56	社会折现率取12%
经济净现值/亿元	156.56	社会折现率取12%
经济内部收益率/%	20.17	
单方水投资/(元/m³)	5.91	估算静态总投资除以净增供水量
单方水效益/(元/m³)	2.96	估算工程效益除以净增供水量

选定以下敏感因素及变化幅度进行敏感性分析：①工程投资增加10%～20%；②供水量减少10%～20%。敏感性分析计算结果见表6-2-6。

表6-2-6 南水北调东线一期工程敏感性分析成果

方　案	经济内部收益率/%	经济净现值/亿元	经济效益费用比
基本方案	20.17	156.57	1.56
效益不变，投资增加10%	18.20	128.67	1.42
效益不变，投资增加20%	16.52	100.46	1.30
效益不变，投资减少10%	22.52	184.47	1.73
效益不变，投资减少20%	25.37	212.37	1.95
效益减少10%，投资不变	18.00	113.02	1.41
效益减少20%，投资不变	15.76	60.47	1.25
效益增加10%，投资不变	22.29	200.13	1.72
效益增加20%，投资不变	24.35	243.68	1.87
投资增加10%，效益减少10%	16.17	85.12	1.28
投资增加20%，效益减少20%	12.64	13.66	1.04

（二）主体工程建设资金筹措建议

根据国务院南水北调工程建设委员会印发的《南水北调工程项目法人组建方案》，南水北调东线一期主体工程要组建江苏水源公司和山东干线公司，分别负责江苏和山东境内工程的建设、营运和管理工作，两公司产权应该明晰。据此，本项目建议书提出如下筹资建议。

1. 工程建设资金筹措原则

（1）东线一期工程建设资金通过中央预算内拨款、南水北调工程基金和银行贷款三个渠道筹集。其中，中央预算内拨款占总投资的30%，贷款占总投资的45%，南水北调基金占总投资的25%。

（2）中央预算内拨款和中央的南水北调工程基金作为中央资本金；苏、鲁两省分享的工程建设期间的南水北调工程基金作为地方资本金。

（3）江苏水源公司和山东干线公司是独立的法人，两公司产权应该明晰，资产不交叉。

2．东线一期工程资金筹措方案建议

穿黄段工程投资和洪泽湖抬高蓄水位对安徽的影响处理工程投资由中央增加拨款出资；江苏负责其境内工程投资 45％份额的贷款，并负责筹措本省供水投资的南水北调工程基金，江苏境内其余工程投资由中央拨款和中央南水北调工程基金出资；山东负责其境内工程（穿黄河工程除外）投资 45％份额的贷款，山东境内工程（穿黄河工程除外）投资的 30％由中央拨款出资，山东境内其余工程投资由南水北调工程基金出资。

按照上述出资方案，东线一期工程主体工程投资中央出资 95.93 亿元（中央拨款 83.90 亿元，南水北调工程基金 12.03 亿元），江苏省南水北调工程基金出资 7.38 亿元，山东省南水北调工程基金出资 20.70 亿元，贷款 90.17 亿元（江苏水源公司和山东干线公司分别贷款 36.96 亿元和 53.21 亿元）。

（三）供水成本与供水水价

1．供水成本

初拟如下两个方案分析了东线一期工程供水成本，见表 6-2-7。

方案一：南水北调东线一期主体工程建设资金全部为资本金。

方案二：南水北调东线一期主体工程建设资金中资本金占总投资的 55％，其余 45％的投资为银行贷款，贷款利率 5.76％，贷款偿还期为 25 年。

表 6-2-7　　　　　　　　南水北调东线一期工程供水成本表　　　　　　　单位：元/m³

电　价	区　段	方案一	方案二
0.50 元/(kW·h)	出骆马湖	0.16	0.18
	出南四湖下级湖	0.26	0.28
	出东平湖	0.40	0.44
	到引黄济青	0.66	0.76
	到临清	0.58	0.66
	到德州	0.66	0.76
	全线平均	0.27	0.30
0.30 元/(kW·h)	出骆马湖	0.13	0.15
	出南四湖下级湖	0.21	0.23
	出东平湖	0.32	0.36
	到引黄济青	0.57	0.67
	到临清	0.50	0.57
	到德州	0.57	0.67
	全线平均	0.22	0.25

续表

电　价	区　段	方案一	方案二
实际电价	出骆马湖	0.19	0.20
	出南四湖下级湖	0.28	0.30
	出东平湖	0.43	0.47
	到引黄济青	0.70	0.80
	到临清	0.62	0.70
	到德州	0.70	0.80
	全线平均	0.29	0.32

2. 供水水价

东线一期工程供水综合水价按供水成本加利润计算，利润按单方水资本金乘以资本金利润率测算。在综合水价基础上，按《城市供水价格管理办法》的规定，测算东线一期工程两部制水价。电价按 0.50 元/(kW·h) 测算，东线一期工程供水水价见表 6-2-8 和表 6-2-9。

表 6-2-8　　　　　　　南水北调东线一期工程供水水价（方案一）　　　　　单位：元/m³

水　价　方　案		出骆马湖	出南四湖下级湖	出东平湖	到引黄济青	到临清	到德州	全线平均
资本金利润率1%	容量水价	0.04	0.07	0.12	0.27	0.22	0.27	0.08
	计量水价	0.13	0.22	0.32	0.51	0.45	0.50	0.21
资本金利润率4%	容量水价	0.04	0.07	0.12	0.27	0.22	0.27	0.08
	计量水价	0.18	0.28	0.46	0.86	0.72	0.85	0.30

表 6-2-9　　　　　　　南水北调东线一期工程供水水价（方案二）　　　　　单位：元/m³

水　价　方　案		出骆马湖	出南四湖下级湖	出东平湖	到引黄济青	到临清	到德州	全线平均
还贷期	容量水价	0.06	0.08	0.16	0.37	0.30	0.37	0.11
	计量水价	0.12	0.20	0.28	0.39	0.36	0.39	0.19
还贷后，资本金利润率1%	容量水价	0.04	0.07	0.12	0.28	0.23	0.28	0.08
	计量水价	0.14	0.21	0.32	0.49	0.44	0.48	0.22
还贷后，资本金利润率4%	容量水价	0.04	0.07	0.12	0.28	0.23	0.28	0.08
	计量水价	0.17	0.27	0.43	0.77	0.65	0.76	0.28

（四）财务评价

采用财务基准收益率6%分析计算得，南水北调东线一期工程 [电价 0.50 元/(kW·h)，资本金利润率1%] 的主要财务评价指标，见表 6-2-10。

项 目		全部投资回收期/年	内部回收率/%	借款偿还期/年
方案一	税前	38.87	1.88	—
	税后	43.71	1.23	—
方案二	税前	40.53	1.64	25
	税后	41.41	1.52	25

第三节　项目建议书阶段工作评述

一、本阶段主要工作

按照水利部南水北调前期工作部署，2002 年 6 月上旬，中水淮河公司在《南水北调东线工程规划（2001 年修订）》基础上编制完成《东线项目建议书》，水规总院于 2002 年 6 月 14—17 日在北京召开会议，对《东线项目建议书》进行了审查。会后中水淮河公司对《东线项目建议书》进行了修改，之后又根据国家计委的意见对东线工程的筹资方案、水价测算和建管体制等作了调整，于 2003 年 3 月提出《南水北调东线第一期工程项目建议书（修订稿）》（简称《东线项目建议书（修订稿）》）。2003 年 4 月 13—15 日，水规总院在北京对修改后的《南水北调东线第一期工程项目建议书（修订稿）》进行了复审，会议要求按照审查意见修改、完善。

2004 年 4 月 19 日，淮委会同海委在蚌埠召开了加快南水北调东线一期工程项目建议书编制工作会议，水利部调水局相关领导应邀参加了会议。会议讨论了加快南水北调东线一期工程项目建议书编制工作方案，对编制工作的质量和进度提出明确要求，会议还明确南水北调东线一期工程项目建议书由中水淮河公司、中水北方公司作为主编单位，江苏省设计院、山东省设计院为主要参编单位。

按照加快南水北调东线一期工程项目建议书编制工作方案，各设计单位，在已往取得的设计成果基础上，编写完成《南水北调东线第一期工程项目建议书（送审稿）》（简称《东线项目建议书（送审稿）》）。水规总院于 2004 年 6 月 16—20 日在北京召开会议，对《南水北调东线第一期工程项目建议书（送审稿）》进行了审查。根据审查意见，完成了《南水北调东线第一期工程项目建议书（送审稿）》修改工作。

《南水北调东线第一期工程项目建议书（送审稿）》在《东线规划》的基础上进一步研究了一期工程供水范围和需调水量，论证了工程规模，研究了调水工程布局，进一步研究了工程管理体制、机构设置，提出了管理机构建设初步方案。

二、解决的主要问题

（一）供水范围和供水目标

《东线规划》提出的供水范围和供水目标为：东线工程从长江下游干流取水，基本沿京杭运河向北送水，考虑北方水资源总体配置和东线工程位置以及地势因素，主要向黄淮海平原东部和山东半岛供水。供水范围分为黄河以南、山东半岛和黄河以北三片。主要供水目标是解决调水线路沿线和山东半岛的城市及工业用水，改善淮北地区的农业供水条件，并在北方需要时，提供农业和生态环境用水。

在项目建议书阶段，东线一期工程的供水范围大体分为三片：①江苏省里下河地区以外的苏北地区和里运河东西两侧地区，安徽省蚌埠市、淮北市以东沿淮、沿新汴河地区，山东省南四湖、东平湖地区；②山东半岛；③黄河以北山东省徒骇马颊河平原。东线一期工程的供水目标是补充山东半岛和山东、江苏、安徽等输水沿线城市的生活、环境和工业用水，并适当兼顾农业和其他用水。主要为：

（1）济南、青岛、徐州等重要中心城市及调水沿线大中城市的城市用水和重要电厂、煤矿用水。

（2）济宁—扬州段京杭运河航运用水。

（3）江苏省现有江水北调工程供水区和安徽省洪泽湖用水区的农村用水。

在满足上述供水目标的前提下，利用工程供水能力，在需要时向河北和天津应急供水。

（二）复核需调水量

《东线规划》提出：预测 2010 水平年需调水量 57.57 亿 m^3，其中黄河以南 32.56 亿 m^3，黄河以北 16.25 亿 m^3，山东半岛 8.76 亿 m^3。

按预测当地来水、需水和工程规模进行计算，多年平均抽江水量 88.52 亿 m^3（比现状增抽江水 38.87 亿 m^3），最大的一年已达 157.48 亿 m^3；入南四湖下级湖水量为 22.69 亿～37.23 亿 m^3，多年平均 30.00 亿 m^3，入南四湖上级湖水量为 15.02 亿～21.21 亿 m^3，多年平均 16.87 亿 m^3；调过黄河的水量为 4.63 亿 m^3；到山东半岛水量为 8.92 亿 m^3。

在项目建议书阶段，按预测当地来水、需水和工程规模进行复核，预测 2010 水平年南水北调东线一期工程需向供水区干渠分水口补充的水量为 41.41 亿 m^3，其中生活、工业及城市环境用水 22.34 亿 m^3，占 53.9%；航运用水 1.02 亿 m^3，占 2.5%；农业灌溉用水 18.05 亿 m^3，占 43.6%。

（三）工程总体布局调整

1. 骆马湖—南四湖下级湖输水线路调整

《东线规划》提出：出骆马湖 $250m^3/s$、入南四湖下级湖 $200m^3/s$。利用中运河输水至大王庙后，规划韩庄运河输水 $150m^3/s$，不牢河输水 $100m^3/s$。利用现有刘山一站、解台一站，规划 $250m^3/s$ 规模疏浚铁路桥—大王庙段中运河，对韩庄运河局部整治，新建台儿庄一站（$150m^3/s$）、万年闸一站（$150m^3/s$）、韩庄一站（$150m^3/s$）、刘山二站（$50m^3/s$）、解台二站（$50m^3/s$）和蔺家坝一站（$50m^3/s$）。

项目建议书阶段提出：出骆马湖 $250m^3/s$、入南四湖下级湖 $200m^3/s$。利用中运河输水至大王庙后，韩庄运河输水 $125m^3/s$，不牢河输水 $125m^3/s$。利用现有刘山一站、解台一站，规划提出的疏浚铁路桥—大王庙段中运河和韩庄运河整治工程纳入沂沭泗河洪水东调南下续建工程中，东线一期工程不再考虑；新建台儿庄一站（$125m^3/s$）、万年闸一站（$125m^3/s$）、韩庄一站（$125m^3/s$）、刘山二站（$75m^3/s$）、解台二站（$75m^3/s$）和蔺家坝一站（$75m^3/s$）。

2. 穿黄河工程

穿黄河工程是南水北调东线工程的关键性项目。20世纪70—80年代主要围绕其过黄河的方式和线路进行了多次比较研究。项目建议书阶段以位山线为主要方案，柏木山线、黄庄线为比较方案又进行了深入比较。由于位山处黄河河床窄，基岩面较高，围岩成洞条件好；工程布置不改变黄河现状，不影响黄河行洪、排凌；运行管理方便；与黄河有关的总体规划布局矛盾少，经比选后，重点研究在解山和位山之间黄河河底开挖隧洞的立交方案。

20世纪80年代末，穿黄勘探试验洞的开挖成功，证明了位山线河底开挖隧洞方案是可行的，为穿黄工程最终选定位山线隧洞方案提供了有力依据。至此，南水北调东线工程关键技术问题得到了圆满解决，南水北调东线工程穿越黄河的方式、位置及线路已基本明确。

2000年1—6月，穿黄探洞应急加固工程实施期间，已按穿黄隧洞断面完成了阻水帷幕灌浆工作，为穿黄隧洞在无水条件下施工开挖创造了有利条件。

针对选定的位山穿黄线路，又对南岸输水干渠和穿黄枢纽段进行了局部线路比选。

（1）南岸输水干渠线路比选。该段输水线路比较了魏河线和卧牛堤线两条线路。

魏河线在魏河村附近的东平湖玉斑堤上建出湖闸，输水干渠沿西偏北方向穿过银山封闭区，在子路村东南穿过黄河南大堤（子路堤），与穿黄枢纽进口衔接。

卧牛堤线在东平湖卧牛堤上建出湖闸，输水干渠沿西北方向穿过银山封闭区，在郑沃村西穿过黄河南大堤（郑铁堤），然后转向正北，经原位山枢纽引河进入老山和柏木山山口间的引渠，与穿黄枢纽进口相接。

考虑到魏河线渠道挖方量及占压农田较少，且该线交通方便，有利于工程建设和管理。推荐采用魏河线。

（2）穿黄枢纽线路比选。穿黄枢纽段穿越黄河南岸行洪滩地与黄河主槽，涉及黄河行洪和原位山枢纽引河的利用等问题，主要比较了柏木山以西和以东两种方案。

柏木山以西方案：在黄河子路堤修建涵闸，通过明渠与原位山枢纽引河相接，利用长866m的原位山枢纽引河段，从柏木山、老山之间原位山枢纽引河岸边通过滩地明渠、进口闸与穿黄隧洞连接，线路总长4366.4m。

柏木山以东方案：由输水埋管穿过子路堤，通过埋管或渠道经柏木山东侧黄河滩地至黄河南岸解山村，与穿黄隧洞连接，此线路总长3770m。

柏木山以西方案是在1990年南水北调东线工程修订规划阶段以前提出的。当时设计考虑可以利用866m的原位山枢纽引河段，节省部分投资。但由于此后当地持续对原位山枢纽引河实施引黄压淤造田工程，造成引河段河底高程持续抬高。截至2000年，该段河底高程已基本接近两岸地面高程，不再具备直接利用条件，如继续利用原位山枢纽引河段，需挖深约8～10m，投资较大，而且线路较长。柏木山以东方案引水线路较短，而且顺直，工程量相对较小，与当地压淤造田工程的继续实施干扰较少。因此推荐柏木山以东方案作为穿越黄河南岸行洪滩地的引水线路。

（四）工程管理体制与机构设置调整

《东线规划》提出：东线工程实行国家宏观调控、公司市场运作，用户参与管理的体制，既要适应市场经济的要求，又要贯彻水资源统一管理的原则。在政策法规的框架中协商，在协商的基础上决策，决策后能够贯彻执行。成立南水北调工程建设与管理机构，组建江苏省供水公司和山东省供水公司，以及组建南四湖供水管理处。国务院组织有关部门和沿线省（直辖市）成立南水北调工程建设与管理领导机构（简称"领导机构"），下设办公室（设在水利部）。领导机构对工程实行统一领导，协调解决南水北调工程建设与管理中的重大问题，指导制定有关法规、政策和管理办法；组建江苏省的供水公司和山东省的供水公司，分别作为法人，以供水合同建立交接水的关系，管理各省境内工程和供水事宜。公司的组建分别以两省为主并控股，淮委和海委及黄委分别作为中央部分投资的代表参股山东省供水公司；由淮委、江苏省和山东省共同组建相对独立管理的南四湖供水管理处，协调监督或直接负责南四湖供水及有关省界交接水工程（苏鲁省际边界工程及关键性控制工程）管理，以及不同水源的分配、计量、监控。管理处可以受领导机构办公室的领导。

在项目建议书阶段，根据国务院南水北调工程建设委员会批复的《南水北调工程项目法人组建方案》，并考虑历史情况、现状条件以及工程运用功能，对于东线一期主体工程，分别组建江苏水源公司、山东干线公司。由江苏省在现有的江水北调管理基础上组建江苏水源公司，作为项目法人承担南水北调东线江苏省境内工程的建设和运行管理任务。江苏境内东线工程的投资（资产），暂委托江苏省管理，由于江苏水源公司的管理和运营涉及省际水事，淮委可派出代表作为独立董事参加董事会；由山东省组建山东干线公司，作为一期工程的项目法人。中央在山东境内东线工程的投资（资产），暂委托山东省管理；东线一期工程的苏鲁省界地区，既是南水北调东线工程的主要输水线路，又是沂沭泗河洪水下泄的重要通道，也是南北航运的黄金水道，工程情况复杂，省际之间水事矛盾突出。东线工程实施后，既要做好省际交水管理，又要协调调水与沂沭泗洪水防洪调度的关系，在工程建设期，可由淮委组建建设管理单位，负责省界工程的建设管理；省界工程建成后，建议由淮委组建省际调水工程管理机构，负责省际调水工程的管理。

（五）截污导流

在规划阶段，根据《东线治污规划》一期工程实施截污导流工程 22 项，投资 17.25 亿元。在项目建议书阶段，江苏、山东省组织有关部门编制了各控制单元实施方案，对各单元的治污方案和截污导流措施进行了进一步的论证。

三、主要技术结论

（一）水源有保证

东线从长江下游引水，水量丰沛，水质良好，取水口三江营处多年平均径流量达 9050 多亿 m^3，最小年径流量为 6750 亿 m^3。三峡工程建成后，对 1—4 月枯水期大通站的流量可增加约 $1000\sim2000 m^3/s$，对调水更为有利。同时，多数年份淮河有余水北调，可减少抽江水量，降低供水成本。

（二）便于分期实施，先通后畅

东线工程在江苏省江水北调工程基础上逐步扩大规模并向北延伸。20 世纪 70 年代以来，设计过 10 多个规模不同、送水终点各异的方案。这样分期分步实施，逐步扩大供水范围，提高供水保证率，既可适应受水区经济和缺水形势的发展，逐步实现规划目标，而且前期工程不会给后期工程的实施带来不利影响。

（三）工程建设和运行风险小

东线工程穿黄隧洞施工技术问题已经解决，已没有其他技术难题。各单项工程，包括泵站、河道、涵洞等都不难实施；河渠输水位一般在地面以下，具有较强的抗震性能；分期建设，投资较小，建设及运行风险小。

（四）经济指标好

由于东线工程充分利用现有河流、湖泊和其他已有的水利工程，其工程量和投资都较小；黄河以南提水净扬程约 40m、总扬程仅 63m，故单方水的投资和供水成本都较小。一期工程效益费用比、内部回收率和经济净现值均满足国家规定的要求，工程在经济上合理。敏感性分析计算的结果表明南水北调东线一期工程的经济风险较小。

东线一期工程的供水水价与受水区现有水源价格相比，有一定程度的提高，但都未超出受水区的承受能力，南水北调东线一期工程的供水水价是能够实施的。

（五）具有综合利用效益

南水北调东线工程是解决黄淮海地区和山东半岛水资源短缺、实现水资源优化配置的重大举措，对受水地区经济发展、社会进步、人民生活水平提高和改善环境质量有直接和长远的效益。调水工程疏浚、扩挖输水河、湖，可提高洪泽湖和淮河下游、梁济运河、南四湖、韩庄运河和中运河的防洪除涝能力，还有利于退泄东平湖滞蓄的黄河洪水。部分泵站可结合抽排涝水，提高当地排涝能力。恢复并提高通航保证率。本工程的实施，将有力地支持黄淮海地区经济社会的可持续发展，生态环境不断恶化的状况将得到有效扼制，经济效益、社会效益和生态效益巨大。

（六）环境影响利大于弊

南水北调东线工程环境影响评价结论是利大于弊，不会产生大的不利环境影响，而且这些不利影响可以通过一定的措施得到减免。水污染问题是东线工程的关键，必须抓紧落实东线治污规划。

四、审查及批复情况

2002 年 6 月 14—17 日，水规总院在北京召开会议，对淮委报送的《东线项目建议书》进行了审查。会后，编制单位对《东线项目建议书》进行了修改，于 2003 年 3 月提出了《东线项目建议书（修订稿）》。2003 年 4 月 13—15 日，水规总院在北京对修改后的项目建议书进行复审，会议要求编制单位按照复审意见对《东线项目建议书（修订稿）》进一步修改、完善。2004 年 6 月 16—20 日，水规总院在北京召开会议，对淮委报送的经再次修改的《东线项目建议书（送审稿）》进行了审查，会议认为，该《东线项目建议书（送审稿）》是以国务院批准的《南水北调工程总体规划》及其附件《南水北调东线工程规划（2001年修订）》和已经颁发的有关文件为依据编制的，是在补充大量勘测设计工作和完成部分已经审定单项工程的基础上进行修改与完善后提出的，经审查，基本同意《东线项目建议书（送审稿）》。

　　水规总院将该项目建议书审查意见上报水利部。6月水利部向国家发展改革委报送了《南水北调东线一期工程项目建议书》及审查意见，2005年10月20日，国家发展改革委批复了《南水北调东线一期工程项目建议书》。

第七章　东线一期工程可行性研究

第一节　可行性研究组织工作回顾

一、单项工程的划分

2004 年 7 月，水利部提出合理确定南水北调单项工程的项目划分。水利部经与负责南水北调工程前期工作的相关流域机构、省（直辖市）水利（务）局、相关设计单位反复协商，并与国务院南水北调办协调，将东线一期工程划分为 16 个单项工程开展可行性研究工作。具体见表 7-1-1。

表 7-1-1　　　　　　　　　东线一期工程可行性研究阶段项目划分及编制单位表

序号	项目名称	主要工程内容	编制单位	备　注
1	三阳河、潼河、宝应站工程	三阳河、潼河河道工程、宝应站	江苏省设计院	2002 年开工项目
2	长江—骆马湖段（2003 年度）工程	江都站更新改造、淮安四站、淮阴三站、淮安四站输水河道工程	江苏省设计院	2003 年计划开工
3	长江—骆马湖段其他工程	泗阳站、刘老涧二站、皂河二站、淮安二站改造、皂河一站改造、高水河整治工程、江苏沿运闸洞漏水处理工程、骆马湖以南中运河影响处理工程、里下河水源调整补偿工程、金湖站、洪泽站、泗洪站、睢宁二站、邳州站、金宝航道工程、徐洪河影响处理工程	江苏省设计院	
4	江苏骆马湖—南四湖段工程	刘山站、解台站、蔺家坝站	江苏省设计院	2003 年计划开工
5	山东韩庄运河段工程	台儿庄站、万年闸站、韩庄站、韩庄运河支流控制工程	山东省设计院	2003 年计划开工

序号	项目名称	主要工程内容	编制单位	备 注
6	山东南四湖—东平湖段工程	长沟站、邓楼站、八里湾站、南四湖内疏浚工程、梁济运河工程、柳长河工程	山东省设计院	2004 年计划开工
7	穿黄河工程	穿黄河工程	中水北方公司	2004 年计划开工
8	东平湖蓄水影响处理工程	东平湖蓄水影响处理工程	中水北方公司	
9	鲁北段工程	小运河、七一·六五河、大屯水库	山东省设计院	
10	山东济平干渠工程	胶东输水干线济平干渠工程	山东省设计院	2002 年开工项目
11	济南—引黄济青段工程	济南—引黄济青段河道工程、东湖水库、双王城水库	山东省设计院	
12	南四湖水资源控制和水质监测工程、骆马湖水资源控制工程	姚楼河闸、杨官屯河闸、大沙河闸、潘庄引河闸、南四湖水资源监测工程、骆马湖水资源控制工程、二级坝站	中水淮河公司	2003 年计划开工
13	洪泽湖、南四湖下级湖抬高蓄水位影响处理工程	洪泽湖抬高蓄水位影响处理工程、南四湖下级湖抬高蓄水位影响处理工程	中水淮河公司	
14	调度运行管理系统	第一期工程调度运行管理系统	中水淮河公司、中水北方公司	
15	江苏截污导流工程	扬州、淮安、宿迁、徐州 4 项	江苏省设计院	
16	山东截污导流工程	临沂、枣庄、济宁、泰安、菏泽、德州、聊城、济南等 18 项	山东省设计院	

二、可行性研究编制组织情况

2004 年 7 月 2 日，水利部召开南水北调前期工作会议，研究部署了南水北调东、中线一期工程总体可行性研究报告的编制工作。会后，水利部先后下达了《关于进一步做好南水北调东线、中线一期工程前期工作的通知》和《关于进一步加强南水北调东中线一期工程总体可行性研究工作的通知》。淮委会同海委负责组织南水北调东线一期工程总体可行性研究报告的编制工作，要求相关省水利厅在总体可行性研究设计工作大纲的指导下，负责组织开展和完善可行性研究阶段各自相关的前期工作。要求东线一期工程总体可行性研究报告编制工作于 2005 年一季度完成。

水利部要求有关参加编制单位，严格按照总体可行性研究设计工作大纲的要求，按时向技术总负责单位提交达到技术深度要求的单项工程可行性研究成果；要求技术总负责单位对各单项成果的设计深度和质量进行严格审查，满足总体可行性研究要求后纳入总体可行性研究；同时要求水利部调水局、水规总院要进一步做好相关协调工作，水规总院应提前介入各设计单位的前期工作，及时给予指导帮助。

中水淮河公司和中水北方公司作为东线一期工程的技术总负责单位，负责编制工作大纲和工作细则，经审查批准后据此组织开展可行性研究报告编制工作；江苏省设计院、山东省设计院为主要参编单位，并且是各自境内工程的技术负责单位；沿线各地市水利局、设计院以及文物、环保、科研等相关单位参加可行性研究报告的编制工作。

中水淮河公司会同中水北方公司于 2004 年 7 月编制完成《南水北调东线第一期工程可行性研究报告编制技术大纲》，8 月 4—5 日，水规总院对该大纲进行了技术审查。2004 年 11 月，水利部向国家发展改革委报送了《关于报送南水北调东线第一期工程可行性研究报告编制技术大纲（代任务书）及其审查意见的函》。

2004 年 8 月 14—15 日，淮委会同海委在青岛主持召开南水北调东线一期工程可行性研究报告编制工作会议，会后淮委印发了《南水北调东线第一期工程可行性研究报告编制工作方案》。

在上述技术大纲和编制工作方案的统一要求下，中水淮河公司、中水北方公司和江苏省设计院、山东省设计院分别组织开展了专题研究和单项工程可行性研究报告编制工作。安徽省设计院以及江苏省扬州、淮安、宿迁、徐州市水利局设计院参加了有关设计工作。

文物调查及保护专题报告、地质灾害危险性评估报告和压覆矿产资源评估报告三项专题工作，以省为单元，由苏、鲁两省南水北调前期工作主管部门分别委托各省文化厅、国土资源厅相应专业部门承担，其成果经两省南水北调前期工作主管部门和相关行业主管部门审查认可后，提交技术总负责单位。

按照水利部要求，2004 年 12 月，由水规总院组织，技术总负责单位参加，分别在济南、扬州、蚌埠三地对编制工作进行了现场设计督察，重点对未经审批的单项工程可行性研究成果进行初步评审。

2005 年 1 月，中水淮河公司会同中水北方公司在蚌埠组织开展了设计汇总和可行性研究总报告的编写工作，各省市设计院及有关单位参加，并于 2005 年 3 月编制完成了《南水北调东线第一期工程可行性研究总报告》。

三、可行性研究工作历程

（一）单项工程可行性研究报告完成情况

1. 年度开工项目

为解决南水北调工程开工建设的紧迫性与整体项目建议书编制周期之间的矛盾，在南水北调工程总体规划审批过程中，选择了一部分年度开工项目，这些项目在整体工程项目建议书审批之前提前安排前期工作，单独履行报审程序，促进其尽早开工建设。年度开工项目见表 7-1-1 中备注栏。

2001 年，水利部在编制《南水北调工程总体规划》期间，积极筹备了 2002 年开工项目。经综合考虑单项工程前期工作情况，并征求有关部委、省（直辖市）意见，选定江苏三阳河、潼河、宝应站工程和山东济平干渠工程作为 2002 年开工项目。为此，江苏、山东两省分别组织编制了项目建议书、可行性研究报告以及初步设计工作。水利部和国家发展改革委按照基本建设程序组织了审批工作。经国务院同意，这两项工程于 2002 年 12 月 27 日正式开工建设。

东线一期工程开工之后，为满足单项工程开工规模的需要，确定了2003年计划开工4项，分别是长江—骆马湖段（2003年度）工程、江苏骆马湖—南四湖段工程、韩庄运河段工程、南四湖水资源控制和水质监测工程及骆马湖水资源控制工程；2004年计划开工2项，分别是南四湖—东平湖段工程、穿黄河工程。

至东线一期总体可行性研究编制之时，上述8个年度开工项目的可行性研究报告已经编制完成。需要说明的是，2004年计划开工的南四湖—东平湖段工程，由山东省设计院会同中水淮河公司于2004年4月编制完成《南水北调东线第一期工程南四湖—东平湖段工程可行性研究报告》，该报告未考虑结合航运问题。2006年，根据国家发展改革委《关于南水北调东线南四湖至东平湖段工程可行性研究报告编制工作的通知》要求，山东省组织按照调水结合航运的方案，重新编制了南四湖—东平湖段工程可行性研究报告，于2007年8月由山东省水利厅、山东省交通厅联合向水利部报送了《南水北调东线第一期工程南四湖—东平湖段输水与航运结合工程可行性研究报告》。

2. 其他项目

除年度开工项目以外，其他项目的可行性研究报告按照整体可行性研究报告编制工作统一部署开展工作。2004年下半年，各设计单位抓紧开展了其他8个项目的单项工程可行性研究报告。在充分利用以往规划、勘测、设计成果的基础上，至2014年12月全部完成。

（二）总体可行性研究报告编制情况

水利部要求技术总负责单位抓紧开展总体可行性研究中的专项工作。为此，由中水淮河公司会同中水北方公司按专业成立项目组，江苏、山东两省相应专业人员参加，开展了以下专题报告编制工作：

（1）工程水文。

（2）工程规模与水量调配。

（3）工程地质。

（4）建设征地及移民安置规划。

（5）工程管理。

（6）投资估算。

（7）经济分析。

（8）文物调查及保护专题报告。

（9）地质灾害危险性评估报告。

（10）压覆矿产资源评估报告。

此外，受淮委委托，淮河水资源保护科学研究所牵头，在有关单位协作下编制了《南水北调东线第一期工程环境影响报告书》；中水淮河公司会同中水北方公司牵头，在江苏省设计院、山东省设计院协作下编制了《南水北调东线第一期工程水土保持方案报告书》。

总体可行性研究报告编制阶段，加强了行政协调工作。针对东线一期工程矛盾较为突出的重大问题，水利部、有关流域机构、有关省进行了多次协商，协商意见在总体可行性研究报告中给予体现。主要问题有：江苏省里下河水源调整工程方案以及南水北调东线一期工程补偿经费问题；胶东输水穿济南市区段，采用小清河明渠输水还是暗涵输水方案比选问题；东平湖蓄水利用，在确保黄河下游防洪安全的前提下，水库蓄水位及控制运用问题；洪泽湖和南四湖下级湖抬高蓄水位，影响处理的范围、措施及补偿标准问题；东线工程的管理体制、投资分摊及水价测算等问题。

在以上各项工作基础上，完成了总体可行性研究报告编制工作。2005年3月，淮委将《南水北调东线一期工程可行性研究总报告（送审稿）》以及10个专题报告、16个单项工程可行性研究报告上报水利部。

第二节　可行性研究报告的主要成果

一、一期工程基本情况

南水北调东线一期工程利用江苏省江水北调工程，扩大规模，向北延伸，供水范围是苏北、皖东北、鲁西南、鲁北和山东半岛。规划工程规模为抽江500m³/s，入东平湖100m³/s，过黄河50m³/s，送山东半岛50m³/s。工程建成后，多年平均抽江水量87.66亿m³，调入南四湖下级湖29.70亿m³，过黄河4.42亿m³，送到胶东8.83亿m³。

调水线路从江苏省扬州附近的长江干流引水，有三江营和高港两个引水口门：三江营引水经夹江、芒稻河至江都站站下，是东线工程主要引水口门；高港是泰州引江河入口，在冬春季节长江低潮位时，承担经三阳河向宝应站加力补水的任务。

长江—洪泽湖，分别利用里运河、三阳河、苏北灌溉总渠和淮河入江水道送水。

洪泽湖—骆马湖，采用中运河和徐洪河双线输水。

骆马湖—南四湖，由中运河输水至大王庙后，利用韩庄运河、不牢河两路送水至南四湖下级湖。

南四湖内利用全湖及湖内航道和行洪深槽输水。

南四湖以北—东平湖，利用梁济运河输水至邓楼，接东平湖新湖区内开挖的柳长河输水至八里湾，再由泵站抽水入东平湖老湖区。

在山东省位山附近黄河河底打通一条穿黄隧洞。

出东平湖后分两路输水，一路向北穿黄河后经小运河接七一·六五河自流到德州大屯水库；另一路向东开辟山东半岛输水干线西段240km的河道，与现有引黄济青渠道相接，再经正在实施的胶东地区引黄调水工程送水至威海市米山水库。

调水线路总长1466.50km，其中长江—东平湖长1045.36km，黄河以北长173.49km，胶东输水干线长239.78km，穿黄河段长7.87km。

调水线路连通洪泽湖、骆马湖、南四湖、东平湖等湖泊输水和调蓄。为进一步加大调蓄能力，拟抬高洪泽湖、南四湖下级湖非汛期蓄水位，利用东平湖蓄水，并在黄河以北建大屯水库，在胶东输水干线建东湖、双王城等平原水库。规划总调蓄库容47.29亿m³。

东线工程供水区以黄河为脊背，分别向南北两侧倾斜。东平湖是东线工程最高点，与长江引水口水位差约40m。一期工程从长江—东平湖设13个调水梯级，22处泵站枢纽（一条河上的每一梯级泵站，不论其座数多少均作为一处），34座泵站，其中利用江苏省江水北调工程现有 6 处、13 座泵站，新建 21 座泵站。

为满足工程正常运行和调度管理要求，还需建设里下河水源调整补偿工程，截污导流工程，骆马湖、南四湖水资源控制和水质监测工程，调度运行管理系统工程等。

一期工程共计新增装机容量 23.52 万 kW，土石方开挖 2.16 亿 m³，土方填筑 0.99 亿 m³，混凝土及钢筋混凝土 430.52 万 m³，砌石 431.58 万 m³，工程永久占地 14.06 万亩，临时占地 9.05 万亩，拆迁房屋 166.98 万 m²。

截至 2005 年，一期工程的江苏段三阳河、潼河、宝应站工程和山东段胶东输水干线西段济平干渠工程于 2002 年年底开工，现已完建；在建工程有刘山、解台、蔺家坝、淮阴三站、淮安四站、万年闸、台儿庄等泵站工程和骆马湖水资源控制工程。东线一期工程设计总工期 7 年 5 个月。

南水北调东线一期工程静态总投资 260.48 亿元，建设期贷款利息为 23.42 亿元，总投资 283.90 亿元。

南水北调东线一期工程综合特性见表 7 - 2 - 1。

表 7 - 2 - 1   **南水北调东线一期工程综合特性**

项 目		单位	数量	备 注
水文	流域面积			
	长江大通站以上	万 km²	170	
	淮河水系	万 km²	19	
	沂沭泗水系	万 km²	8	
	山东半岛	万 km²	6	
	利用的水文年限			
	长江	年	50	1950—2000 年
	其他水系	年	42	1956—1997 年
	多年平均年径流量			
	长江大通站以上	亿 m³	9050	
	淮河水系	亿 m³	451	
	沂沭泗水系	亿 m³	145	
	山东半岛	亿 m³	103	
	大通站代表性流量			
	多年平均流量	m³/s	28700	
	最大月平均流量	m³/s	84200	
	最小月平均流量	m³/s	7220	
工程规模	年平均调水量			
	抽江	亿 m³	87.66	
	入南四湖下级湖	亿 m³	29.7	
	穿黄	亿 m³	4.42	
	山东半岛	亿 m³	8.83	
	设计引水流量			
	抽江	m³/s	500	
	入南四湖下级湖	m³/s	200	
	穿黄河工程	m³/s	50	
	送山东半岛	m³/s	50	

项　　目			单位	数　量	备　注
工程规模	输水线路长度	干支线总计	km	1466.5	
		东平湖以南	km	1045.36	
		黄河以北	km	173.49	
		山东半岛	km	239.78	
		穿黄河工程	km	7.87	
	泵站抽水总流量	小计	m³/s	4416.6	
		利用原有工程	m³/s	1455.4	包括改造泵站
		新增工程	m³/s	2961.2	
	泵站总装机容量	小计	万 kW	36.62	
		利用原有工程	万 kW	13.1	
		新增工程	万 kW	23.52	
	总调蓄库容	小计	亿 m³	47.29	
		利用原有工程	亿 m³	33.94	
		新增工程	亿 m³	13.35	
	总扬程		m	63	
	年抽水电量		亿 kW·h	9.33	
主体工程数量	新建泵站		座	21	
	扩挖河道长度	总计	km	632.57	
		东平湖以南	km	219.3	
		黄河以北	km	173.49	
		山东半岛	km	239.78	
	新建、扩建蓄水工程		座	6	
	穿黄河枢纽		座	1	
工程施工	主要工程量	土石方开挖	亿 m³	2.16	
		土方填筑	亿 m³	0.99	
		混凝土	万 m³	430.52	
		砌石	万 m³	431.58	
	施工期限	开工时间	年	2002	
		投产时间	年	2010	
		总工期	年	7.4	
占地及房屋拆迁	永久占地		万亩	14.06	
	临时占地		万亩	9.05	
	拆迁房屋		万 m²	166.98	

续表

项 目		单位	数 量	备 注
经济指标	静态总投资	亿元	260.48	
	其中:河道工程	亿元	115.88	
	泵站工程	亿元	58.66	
	蓄水工程	亿元	34.9	
	穿黄工程	亿元	5.83	
	南四湖、骆马湖水资源控制及水质监测工程	亿元	2.17	
	里下河水源调整补偿工程	亿元	12.5	
	管理工程	亿元	5.48	
	其他专项	亿元	2.78	包括血防和文物保护等
	截污导流工程	亿元	22.28	
	建设期贷款利息	亿元	23.42	
	总投资	亿元	283.9	
综合利用经济指标	单位供水量投资	元/m³	7.24	
	单位供水效益	元/m³	3.04	
	单位供水成本 全线平均	元/m³	0.46	
	单位供水成本 出骆马湖	元/m³	0.25	
	单位供水成本 出南四湖下级湖(江苏)	元/m³	0.32	
	单位供水成本 出南四湖下级湖(山东)	元/m³	0.3	电价取 0.5 元/(kW·h), 资本金利润率1%, 全部资金为税后值
	单位供水成本 出东平湖	元/m³	0.51	
	单位供水成本 到引黄济青	元/m³	0.99	
	单位供水成本 到临清	元/m³	0.79	
	单位供水成本 到德州	元/m³	1.12	
	经济内部收益率	%	15.95	
	财务内部收益率	%	2.22	
	贷款偿还年限	年	25	

二、工程水文

(一)气象

南水北调东线工程区跨北亚热带和南暖温带,大致以淮河为界,淮河以南属北亚热带湿润气候区;淮河以北属南暖温带亚湿润气候区,具有明显的季风气候特征。

多年平均降水量从南部的 1000mm 向北逐步递减,淮河流域 873mm,黄河一带为 600mm,山东半岛 700mm,海河流域鲁北片仅有 541mm。受季风气候影响,夏季降水集中,且多以暴雨形式出现，汛期降水量占全年的 60%～80% 左右。鲁北片 12 月至次年 2 月降水量不到全年的 4%，3—5 月降水量不到全年的 15%。

气温由南向北递减，年平均气温 11～16℃，1 月平均气温 −3.3～6℃，7 月平均气温 24～28℃，北部河流冬季封冻。无霜期 180～240 天。年日照时数为 2200～2800h，由南向北递增。

南水北调东线工程区冬季盛行偏北风，夏季盛行偏南风，并受热带气旋影响，5 月下旬至 6 月下旬，会出现干热风，对无灌溉条件下的小麦产量影响很大。

多年平均水面蒸发量由南向北递增，淮河流域为 900～1100mm，北部沿黄地区 1100～1200mm，黄河以北鲁北片 1200mm 左右。

陆面蒸发由南向北递减，淮河下游 800mm 左右、沂沭泗下游平原 600～700mm、黄河以北鲁北片 500mm 左右。

（二）径流

1. 沿线流域天然径流

长江是南水北调东线调水的主要水源。长江水量丰沛，大通水文站（以上流域面积 170 万 km²）多年平均天然径流量 9050 亿 m³，最大年径流量 13600 亿 m³，最小年径流量 6750 亿 m³。长江径流稳定，年际变化较小。

淮河流域包括淮河及沂沭泗两个水系，流域面积 27 万 km²。淮河水系多年平均天然径流量 451 亿 m³，最大年径流量 942 亿 m³，最小年径流量 119 亿 m³。沂沭泗水系多年平均天然径流量 145 亿 m³，最大年径流量 308 亿 m³，最小年径流量 17 亿 m³。径流的年际变化较大，年内分配不均，径流主要集中在汛期。

山东半岛多年平均天然径流量 103 亿 m³，最大年径流量 326 亿 m³，最小年径流量 41 亿 m³，径流的年际变化很大。

黄河以北海河流域的徒骇马颊河水系多年平均天然年径流量 15 亿 m³，最大年径流量 65 亿 m³，最小年径流量 1 亿 m³，径流的年际变化很大。

2. 主要调蓄湖泊径流量

洪泽湖以上汇水面积 15.8 万 km²，是供水区内蓄水量最大的湖泊。多年平均出湖径流量 300.47 亿 m³。最大出湖径流量 688.53 亿 m³，最小出湖径流量 44.05 亿 m³。

骆马湖汇集中运河及沂河来水集水面积 5.2 万 km²，为常年蓄水湖泊，多年平均出湖径流量 49.93 亿 m³，最大出湖径流量 206.3 亿 m³，最小出湖径流量为 0。

南四湖是南阳、独山、昭阳及微山四个相连湖泊的总称。多年平均出湖径流量 19.2 亿 m³，最大出湖径流量 92.8 亿 m³，最小出湖径流量为 0。

东平湖位于山东省东平县境内，大汶河下游入黄河处，是黄河下游南岸的滞洪区。大汶河戴村坝水文站 50%、75%、95% 不同保证率径流量分别为 5.64 亿 m³、2.89 亿 m³、0.77 亿 m³。

（三）受水区水资源量

江苏省受水区多年平均水资源总量 201.34 亿 m³，其中地表水 139.28 亿 m³，地下水 75.12 亿 m³，地表水与地下水之间重复计算量 13.06 亿 m³。

根据《21世纪初期山东省水资源可持续利用规划》成果，山东省南水北调受水区多年平均水资源总量219.11亿m³，其中地表水151.17亿m³，地下水117.62亿m³，地表水、地下水之间重复计算量49.68亿m³。

（四）设计洪水

1. 主要调蓄湖泊的设计洪水

洪泽湖100年一遇设计洪水位16.0m，淮河洪泽湖以上100年一遇洪水时，入江水道泄洪12000m³/s，分淮入沂3000m³/s，苏北灌溉总渠分洪800m³/s，入海水道分洪2270m³/s。

沂沭泗流域骆马湖以上分为沂沭河、南四湖、邳苍三地区，按沂沭河发生与骆马湖同频率洪水，南四湖和邳苍为相应洪水的地区组成，50年一遇时，骆马湖设计洪水位为25.0m，出湖流量7540m³/s。

南四湖50年一遇洪水位上级湖为37.0m，下级湖为36.5m，相应下泄流量5000m³/s。

东平湖接纳大汶河来水，同时担负着黄河遭遇特大洪水时滞蓄部分洪水的任务。大汶河戴村坝站100年一遇入湖洪峰流量9610m³/s。东平湖的石洼、林辛、十里堡3座分洪闸的分洪能力约为7500～8500m³/s。

2. 输水河道设计洪水

长江—骆马湖段区间地处淮河、沂沭泗水系下游，是淮沂洪水交汇处。淮河下游的防洪标准基本达到100年一遇，入江水道设计流量12000m³/s，苏北灌溉总渠设计流量800m³/s，淮河入海水道设计流量2270m³/s，分淮入沂分泄淮河洪水3000～4000m³/s，废黄河设计流量200m³/s。

不牢河起自蔺家坝节制闸，经过徐州市区、解台闸、刘山闸于大王庙入中运河。解台闸以上10年一遇、20年一遇设计流量分别为470m³/s、580m³/s，刘山闸以上10年一遇、20年一遇设计流量分别为869m³/s、1350m³/s。

韩庄运河是南四湖洪水的主要泄洪通道，韩庄运河干流现状防洪标准为20年一遇，设计防洪流量为4400m³/s（省界）。根据《沂沭泗河洪水东调南下续建工程实施计划》，韩庄运河干流规划防洪标准为50年一遇，规划设计流量5400m³/s（省界）。

南四湖—东平湖段梁济运河、柳长河，鲁北段小运河、七一·六五河，济南—引黄济青段输水河（渠）设计洪水标准为20年一遇～100年一遇，除涝标准为5年一遇～10年一遇。

穿黄河工程位于黄河下游，上距黄庄水位站2.36km，下距艾山水文站24.14km，黄河干流本河段设计流量11000m³/s。

济平干渠长平滩区段输水工程按艾山水文站流量7500m³/s设防，相当于20年一遇洪水标准。

3. 交叉河道（含交叉建筑物）设计洪水

长江—骆马湖段、韩庄运河段、南四湖水资源控制工程、南四湖—东平湖段、鲁北段工程、济平干渠段、济南—引黄济青段交叉河道（含交叉建筑物）较多，分别按相应的标准计算设计洪水。

4. 泵站设计洪水

泵站设计洪水标准为100年一遇，校核洪水标准为300年一遇，设计洪水成果根据流域防洪规划、地区洪水调度运用原则等确定。

5. 施工设计洪水

长江—骆马湖段的皂河站、刘老涧站、泗阳站、金湖站，不牢河段（江苏省骆马湖—南四湖段）的解台闸、刘山闸、蔺家坝闸，韩庄运河段的万年闸泵站、台儿庄泵站，南四湖水资源控制工程湖西姚楼河闸、大沙河闸、杨官屯河闸及湖东潘庄引河闸，南四湖—东平湖段的梁济运河，穿黄河工程，鲁北段的小运河及建筑物，济平干渠渠首引水闸及输水渠建筑物，济南—引黄济青段，施工设计洪水标准为 5 年一遇～20 年一遇。

三、工程地质

（一）区域地质概述

1. 地形地貌

东线一期工程区范围主要分布在黄河、海河和淮河冲积平原上。整个输水区以黄河为脊背，分别向南、北倾斜。穿黄河滩地地面高程约 40m；调水末端德州市地面高程约 22～25m；东至引黄济青干渠地面高程约 10～30m。输水线路横跨黄河、淮河、海河三大水系，穿越众多河流、洼地和湖泊。工程主要从平原区通过，区域地形平坦开阔，地貌类型为丘陵、山前冲洪积平原及黄、淮、海河冲积平原、冲积湖积平原。

2. 地层岩性

南水北调东线工程沿线主要为第四纪地层。外围山地丘陵出露的基岩主要为中朝准地台地层，南部江苏省部分地区沿线分布扬子准地台地层。

输水工程鲁西北丘陵区出露古生界寒武系、奥陶系灰岩；韩庄、万年闸泵站出露有二叠系黏土岩、砂岩，第三系砂质泥岩；台儿庄站出露奥陶系马家沟组灰岩。

第四系分布广泛，成因类型多。下更新统（Q_1）为湖相沉积；中更新统（Q_2）在皖北、苏北为一套经湿热化作用的红色地层；上更新统（Q_3）主要广泛分布在鲁西平原高阶地及皖北、苏北淮河的二级阶地，以粉质黏土和壤土为主夹中粗砂层，平原区土层厚度大，丘陵区土层厚度相对较薄，出露厚度 5～10m，底部存在中粗砂；黏性土层在中运河、韩庄运河、不牢河、梁济运河、柳长河段多夹礓石（砂姜）。华北以黄土状壤土为主。

全新统（Q_4）分布广泛，组成广大的冲积洪积、冲积湖积平原和河流一级阶地，主要分布在高邮湖、洪泽湖、白马湖、射阳湖、骆马湖、南四湖、东平湖等湖泊周边及韩庄运河、梁济运河两侧；里运河及涟水、沭阳以东多分布冲积夹海积及冲积-海积的海陆交互相地层。全新统主要有冲积、冲洪积、海积和湖积等类型，为淤泥质黏土、粉质黏土、壤土、砂壤土、粉细砂、中粗砂，厚度 2～10m。

3. 地质构造与地震

东线输水干线位于中朝准地台、扬子准地台两大Ⅰ级构造单元之中。

输水工程区域构造形迹复杂，以北北东向构造断裂为主，多被第四系地层掩埋。郯庐断裂带为本区最大断裂带，也是地震主要孕震带，新生代晚期仍有活动，地震活动特点是发震的频度低、强度大。郯庐断裂带以 NNE 向在宿迁金锁镇穿越徐洪河，在骆马湖西侧皂河泵站枢纽、东侧的宿迁穿越中运河。本区其他主要活动断裂带为：郯城断裂、汶泗断裂、峄山断裂、聊城-兰考断裂、曹县断裂、王老集断裂、陈家堡-小海断裂等。活动断裂对区域稳定有一定的影响，并有重新发震的可能。

场地周围100km范围地震活动主要受构造活动控制，多集中在中南部，具有震中原地重复等特征。据统计，近2500年内，输水干线两侧总宽度在499km范围内，共出现震级$M \geqslant 6$级地震4次，沿断裂常有5级以上地震发生。根据《中国地震动参数区划图》（GB 18306—2001），工程区分布于地震动峰值加速度为$0.05g \sim 0.30g$的区域，相当于地震基本烈度Ⅵ度、Ⅶ度和Ⅷ度区。

4. 水文地质条件

黄淮海平原区是一个微向黄海、渤海倾斜的沉积平原，形成了三大水文地质单元，即山前的冲洪积平原区、中部的冲积平原区和滨海的冲积海积平原区。区内广布深厚的第四系松散堆积物，含水层结构复杂，浅层水为潜水和微承压的淡水，深层承压水有淡水和咸水。按含水层的特征可分为山前冲洪积扇含水层、黄泛冲积平原含水层、黄泛平原废黄河故道含水层、苏北冲积平原含水层、湖泊洼地冲积湖积含水层、低山丘陵岩溶裂隙和孔隙潜水层7个不同水文地质单元。

（二）工程地质条件

1. 地层岩性

东平湖老湖区以南沿线地势向东南倾斜，地形平缓，地面坡降$1/8000 \sim 1/10000$；工程区自南向北穿越冲积平原、冲积洪积平原、冲积湖积平原、冲积扇平原。地层主要为第四系全新统与上更新统。部分表层分布河湖相淤泥、淤泥质土及人工堆土。上更新统为棕褐、灰黄、浅黄、褐灰色粉质黏土、黏土及砂土，含钙质结核、铁锰结核，厚$3.8 \sim 7.0$m（有的钻孔未揭穿），可塑～硬塑状态，分布于淮安四站输水河道、中运河、柳长河河道段，局部含淤泥质土。三阳河、潼河、大汕子—金湖段输水河道、淮安四站输水河道，主要为黏土、壤土组成，局部有粉砂透镜体与砂壤土、淤泥质黏土、淤泥质壤土、淤泥。中运河、徐洪河主要为壤土、砂壤土组成。韩庄运河、梁济运河、柳长河主要为壤土、黏土组成，局部有砂壤土、砂土、砂壤土夹淤泥、淤泥质壤土、淤泥质土。

鲁北段地形南高北低，由西南向东北缓缓倾斜，地面坡降在$1/10000$左右。地貌单元依次为冲积扇平原、冲积平原、冲积湖积平原。地层全部为第四系全新统地层，以壤土和砂壤土为主，黏土及粉砂次之，且多以透镜体状断续分布。河道两侧堤岸有人工填土，以壤土为主。

胶东输水干线西段地势西高东低，平均坡降为$1/8000$，地貌单元主要有黄河冲积平原、山前冲积平原、低山丘陵、山前剥蚀-溶蚀丘陵等。地层为寒武系九龙群灰岩、奥陶系石灰岩和第四系覆盖层。寒武系九龙群灰岩主要分布在东平、平阴县境内；奥陶系石灰岩主要分布在平阴县和长清区境内。第四系地层分布广泛，按成因类型可分为全新统冲积堆积的壤土及坡积洪积堆积的黏土。

穿黄河工程地处鲁中山区西北孤山残丘区，孤山残丘断续分布，山体高出地面$20 \sim 130$m，山间平原与黄河滩地开阔平坦，地面高程40m左右。穿黄河隧洞围岩主要为寒武系张夏组厚层状粗晶灰岩、鲕状灰岩、致密灰岩及豹皮状灰岩和崮山组薄层灰岩夹中厚层灰岩、页岩；两岸建筑物地基土按时代及成因类型自上而下为现代河流冲积层、冲积湖积层、下河流冲积层，岩性主要为壤土、砂壤土、黏土，局部夹粉细砂。

2. 工程水文地质条件

东平湖以南段地下水埋深为1.0～5.0m，年变幅1.0～4.0m。含水层为砾质中粗砂层、中细砂层、粉砂层及砂壤土。在运河附近潜水含水层与运河水力联系密切，地下水位随运河水位变化而变化。山东境内因超量开采地下水，已形成地下水位下降漏斗，如梁济运河东侧埋深达6.0～23.4m。

鲁北段地下水埋深一般为2.0～5.0m，小运河段埋深由南向北逐渐加大。主要含水层为砂壤土、粉砂及壤土。地下水补给主要来源于大气降水，受地形地貌影响，径流缓慢，以垂直蒸发为主要排泄途径。

胶东输水干线西段沿线地下水类型有第四系孔隙潜水和岩溶裂隙水。孔隙潜水分布于沿线第四系沉积层中，主要受大气降水补给，临黄河段主要接受黄河水的侧渗补给，以地下径流及人工取水为主要排泄途径，主要含水层为粉细砂、砾质粗砂。地下水埋深一般为2.5～7.0m。

穿黄河隧洞工程地表为黄河水，两岸松散土层为孔隙水，隧洞围岩张夏组灰岩为本区岩溶裂隙含水层，构造断层和溶隙构成黄河水与岩溶裂隙水补给连通，隧洞围岩水量充沛。

（三）天然建筑材料

1. 东平湖以南部分土料

河道工程所需筑堤和施工围堰的土料，可根据各土区各枢纽工程需要就地开采，沿线土料储量丰富。岩性主要为粉质黏土、重粉质壤土、黏土、重黏土、轻粉质壤土、砂壤土等。

泵站枢纽建筑物所需土料主要用于泵站枢纽建筑岸翼墙后回填和上、下游引水渠子堤填筑，可采用基坑和上下游引河开挖弃土。岩性主要为轻、中、重粉质壤土和粉质黏土、黏土等。

2. 东平湖以南部分砂石料

石料、砂料分布不均，除韩庄运河、梁济运河以及穿黄工程可由当地自产外，其余各单项工程的砂石骨料均需从外地购入。砂石料主要供应产地有山东省的东平、汶上、滕先、枣庄及江苏省的铜山、新沂、宿迁、邳县、镇江、盱眙、沭阳及仪征等地。运距均在数十千米以内，少数工程运距超过100～200km。

3. 东平湖以北（含东平湖）土料与砂石料

南水北调东线一期东平湖以北（含东平湖）段工程有穿黄河、胶东输水干线西段、鲁北渠3项输水工程，东平湖蓄水影响处理、东湖水库、双王城水库、大屯水库4座蓄水工程。

（1）土料。输水工程、蓄水工程筑堤（坝）所用土料主要从河道开挖弃土、河道两侧和水库库内取土，渠道地处黄泛冲积平原区，料源为第四系堆积松散土层，岩性主要为壤土、砂壤土、黏土，料源较为充足。

（2）砂石料。穿黄河工程块石料、粗骨料料场位于东平县斑鸠店南枣园、凤凰岭石料场，两料场勘察储量216万m³，满足工程用料需求。粗骨料需用石料轧制。

胶东输水干渠西段、鲁北段块石料场分布于输水线路沿线丘陵区的东平县、平阴县、长清区，料场主要岩性为奥陶系灰岩，厚层～巨厚层状，弱风化，质地坚硬，总储量大于80万m³，满足块石料规程要求。粗骨料需用灰岩轧制，料场位于东平县、平阴县、长清区的丘陵区十余个料场，料源充足，总储量大于 150 万 m³，灰岩质量满足粗骨料规程标准要求。

细骨料场分布于东平县、泰安市、长清区三地的东平县大清河砂料场、泰安市大汶河砂料场、长清区南大沙河砂料场。

四、工程任务与规模

（一）工程任务

根据《南水北调东线工程规划（2001 年修订）》，一期工程首先调水到山东半岛和鲁北地区，补充山东半岛和山东、江苏、安徽等输水沿线地区的城市生活、工业和环境用水，兼顾农业、航运和其他用水，并为向天津、河北应急供水创造条件。

东线一期工程的供水范围区内分布有济南、青岛、烟台、威海、淄博、潍坊、滨州、东营、聊城、德州、枣庄、济宁、菏泽、扬州、淮安、宿迁、徐州、连云港、蚌埠、淮北、宿州等 21 座地市级以上城市。

（二）供水区需调水量预测

以 1998 年为基准年，供需水量按 2010 水平年预测。东线一期工程需向供水区干渠分水口补充的水量为 41.41 亿 m³，其中：山东省 13.53 亿 m³，江苏省 24.37 亿 m³，安徽省 3.51 亿 m³。

一期工程多年平均全线总损失水量 24.77 亿 m³。其中输水干线河道输水损失 18.15 亿 m³，黄河以南 16.16 亿 m³，黄河以北 0.62 亿 m³，山东半岛 1.37 亿 m³，黄河以南需由一期工程供水水源补充的湖泊蒸发损失多年平均为 6.62 亿 m³。

（三）规划来水量预测

东线工程从长江下游取水，长江下游水量丰富、稳定，调水水源地长江三江营水质良好，达 Ⅱ 类水质标准。长江大通站最大年径流量 13600 亿 m³，最小年径流量为 6750 亿 m³，多年平均径流量达 9050 多亿 m³。一期工程规划年抽江水量约 90 亿 m³，仅占长江入海总水量的 1%。

淮河及沂沭泗水系来水，也是东线工程水源之一。预测 2010 水平年黄河以南洪泽湖、骆马湖和南四湖下级湖多年平均入湖水量分别为 242.9 亿 m³、32.5 亿 m³、3.2 亿 m³。

（四）工程建设规模

根据水量调度分析计算，一期工程各段设计输水规模如下：抽江 500m³/s；进洪泽湖 450m³/s、出洪泽湖 350m³/s；进骆马湖 275m³/s、出骆马湖 250m³/s；入南四湖下级湖 200m³/s、出南四湖下级湖 125m³/s；入南四湖上级湖 125m³/s、出南四湖上级湖 100m³/s；入东平湖 100m³/s；胶东输水干线 50m³/s；位山—临清段 50m³/s；临清—大屯 25.5～13.7m³/s。

（五）蓄水工程利用

东线一期工程在胶东输水干线拟建东湖、双王城水库；鲁北新建大屯水库。

洪泽湖非汛期蓄水位拟从现状 13.0m 抬高到 13.5m（废黄河高程基准），增加调蓄库容 8.25 亿 m³；南四湖下级湖非汛期蓄水位拟从现状 32.3m 抬高至 32.8m，增加调蓄库容 3.06 亿 m³。

东平湖为黄河的滞洪水库，现状没有蓄水任务，东线一期工程利用东平湖老湖区蓄水，蓄水位为 39.3m。

一期工程规划全线调节库容为 47.29 亿 m³。

蓄水湖泊特性指标见表 7-2-2。

表 7-2-2　　　　　　　　　　一期工程蓄水湖泊特性

名　　称	死水位/m	蓄水位/m		死库容/亿 m³	调蓄库容/亿 m³	
		汛期	非汛期		汛期	非汛期
洪泽湖	11.3	12.5	13.50	7.00	15.30	31.35
骆马湖	21.0	22.5	23.0	3.20	4.30	5.90
南四湖下级湖	31.3	32.3	32.80	3.45	4.94	8.00
东平湖	38.8	39.3	39.30	1.20	0.57	0.57
大屯水库	21.5		29.05	0.08		0.45
东湖水库	19.0		30.00	0.07		0.49
双王城水库	3.9		12.50	0.08		0.53
合计				15.08	25.11	47.29

注　洪泽湖、骆马湖水位为废黄河高程，其余为 85 国家高程。

（六）北调水量与水量分配

经水量调节计算，多年平均抽江水量 87.66 亿 m³（比现状增抽江水 38.01 亿 m³），最大的一年已达 157.39 亿 m³；入南四湖下级湖水量为 21.80 亿～37.82 亿 m³，多年平均 29.70 亿 m³；入南四湖上级湖水量为 14.46 亿～21.33 亿 m³，多年平均 17.52 亿 m³；调过黄河的水量为 4.42 亿 m³；到山东半岛水量为 8.83 亿 m³。

多年平均供水量 187.55 亿 m³，其中抽江水量 87.66 亿 m³，扣除损失水量后，多年平均净供水量 162.81 亿 m³。其中：江苏 133.70 亿 m³、安徽 15.58 亿 m³、山东 13.53 亿 m³。

多年平均净增供水量 36.01 亿 m³，其中：江苏 19.25 亿 m³，安徽省 3.23 亿 m³，山东 13.53 亿 m³。

五、工程总体布局

（一）工程等别与设计标准

1. 工程等别和建筑物级别

南水北调东线一期工程工程等别为Ⅰ等，工程规模为大（1）型。

输水河道工程高水河东堤及邵仙闸以北的西堤、济平干渠、济南—引黄济青段河道和鲁北小运河自桩号 24+000～58+000 长约 34km 的输水河道的主要建筑物级别为 1 级，其余输水河道的主要建筑物级别为 2 级，次要建筑物级别均为 3 级。

泵站除淮安二站主要建筑物按 2 级加固改造外，其他泵站主要建筑物均按 1 级新建或加固改造，次要建筑物级别均为 3 级。

大屯水库、东湖水库和双王城水库主要建筑物级别为 2 级，次要建筑物级别为 3 级。洪泽湖、南四湖下级湖和东平湖影响处理工程建筑物级别，根据具体工程位置和工程规模等综合考虑确定。

穿黄河工程主要建筑物级别为 1 级，次要建筑物级别为 3 级。

南四湖水资源控制工程位于上级湖湖西大堤上的主要建筑物为 1 级，次要建筑物为 3 级；位于下级湖湖东大堤上的主要建筑物为 2 级，次要建筑物为 3 级。

骆马湖水资源控制工程主要建筑物为 3 级，次要建筑物为 4 级。

2. 设计标准

输水河道交叉建筑物和堤防上的建筑物，其正常运用的洪水标准采用所在河道现有或规划的防洪标准。防洪标准为 20 年一遇～100 年一遇，除涝标准为 5 年一遇～10 年一遇。

新建泵站主要建筑物的防洪标准按 100 年一遇设计，300 年一遇校核；改造泵站主要建筑物的防洪标准按其级别参照《泵站设计规范》（GB 50265—2010）确定；其他建筑物按不低于所处河段或湖泊堤坝的现有和规划防洪标准设计。

大屯水库防洪标准采用 20 年一遇；东湖水库、双王城水库无防洪任务，排水、除涝标准采用 5 年一遇。洪泽湖、南四湖下级湖和东平湖影响处理工程的防洪标准根据具体工程位置和工程规模等综合考虑确定。

穿黄河工程的防洪标准为防御黄河下泄 11000m³/s 流量洪水，相当于 1000 年一遇标准。

南四湖水资源控制工程位于上级湖湖西大堤上的建筑物防洪标准按防御 1957 年洪水标准设计，相当于 90 年一遇；位于下级湖湖东大堤上的建筑物防洪标准为 50 年一遇。

骆马湖水资源控制工程控制闸不挡洪，按泄洪标准 50 年一遇设计。

3. 抗震设计

南水北调东线输水干线处于我国东部强烈地震活动区，工程区内地震基本烈度为 Ⅵ～Ⅷ度。根据《水工建筑物抗震设计规范》（SL 203—1997）的规定要求，Ⅶ度、Ⅷ度区内的建筑物和输水河道抗震设计采用地震基本烈度。

（二）河道工程布置

1. 长江—东平湖段河道工程布置

（1）长江—洪泽湖段。长江—大汕子段，设计输水规模 500m³/s，利用现状里运河输水 400m³/s，另外增加三阳河、潼河输水 100m³/s。由三江营引水，经夹江、芒稻河、新通扬运河、三阳河、潼河自流到宝应站下，再由宝应站抽水入里运河，与江都站抽水在里运河大汕子处汇合。

大汕子—洪泽湖段设计输水规模 450m³/s，经多方案比选，采用里运河、新河、金宝航道三线输水。其中，里运河输水 200m³/s，扩浚新河线输水 100m³/s，扩浚金宝航道线输水 150m³/s。

（2）洪泽湖—骆马湖段。一期工程规划出洪泽湖 350m³/s，入骆马湖 275m³/s。经单、双线方案比选，采用中运河、徐洪河双线输水方案。利用中运河输水 230～175m³/s，扩建泗阳、刘老涧、皂河三级泵站，由皂河站抽水入骆马湖；徐洪河输水 120～100m³/s，新建泗洪、邳州站，扩建睢宁二站，由邳州站抽水入房亭河，向东流入中运河、骆马湖。

（3）骆马湖—南四湖段。骆马湖—南四湖段设计输水规模 250～200m³/s。采用不牢河、韩庄运河双线输水，并且输水规模均按 125m³/s。不牢河段结合老站改造建设刘山、解台、蔺家坝三级泵站；韩庄运河段建设台儿庄、万年闸、韩庄三级泵站。

为保护徐州市对骆马湖现有水资源的使用权益，结合韩庄运河的交接水管理，在中运河苏鲁省界处建骆马湖水资源控制工程。

（4）南四湖。南四湖段规划输水规模 $200\sim100m^3/s$，主要利用湖内航道输水，在二级坝建规模 $125m^3/s$ 的泵站，由下级湖提水入上级湖。

对南四湖段输水线路，还比较了在湖外开挖输水明渠、湖外管道输水两种输水方案，但投资巨大。湖内航道输水方案投资省，可以充分利用湖泊调蓄能力，对改善湖区生态环境有利，因此，南四湖段输水线路仍推荐湖内航道输水方案。

（5）南四湖—东平湖段。南四湖—东平湖段输水规模 $100m^3/s$。该段输水线路比较了利用梁济运河、柳长河方案和利用洸府河和古运河方案。经比较推荐采用梁济运河、柳长河方案。

该段主要研究了是否通航的问题。2007 年 7 月 3 日，国家发展改革委召集山东省、水利部、国务院南水北调办、交通部和国家环保总局进行协调，确定南四湖—东平湖段输水与航运部分结合方案（即只结合航道和桥梁部分输水与航运共用工程），其他航运专用工程由交通部门专项报告报批。

2. 鲁北输水河道工程布置

鲁北输水工程分为位山穿黄枢纽出口—临清邱屯闸、临清邱屯闸—德州大屯水库两段。

可行性研究阶段，位山—临清段的输水线路比较了小运河方案、位山三干方案、位临运河方案、位山西渠系统等方案，推荐采用小运河输水方案；

临清—大屯水库段输水线路比较了七一·六五河方案、青年渠方案、新开渠道方案，推荐采用小运河输水方案。

3. 胶东输水干线河道工程布置

胶东输水干线比较了黄河南线、黄河北线、黄河河道输水三个方案，推荐选用黄河南线输水方案，全线为明渠自流输水，设计流量 $50m^3/s$，加大输水流量 $60m^3/s$。

济平干渠段，自东平湖渠首引水闸至小清河睦里庄跌水，输水线路沿黄河长清滩区边缘布设，线路总长 89.787km。

济南—引黄济青段，选定的线路全长 149.99km。其中，济南市区段输水线路方案的选择一直是济南—引黄济青段工程的重点和难点，经多方案比选最终选定小清河左岸新辟无压箱涵输水方案。

（三）泵站工程布置

从长江至东平湖输水主干线长约 617km，设计总水头差约 40.0m，沿途设 13 个梯级、共 34 座泵站逐级提水北调，其中利用江苏省江水北调工程现有 6 处、13 座泵站，新建 21 座泵站。

1. 泵站梯级设置

主要根据地形条件和各级湖泊水位差确定。从长江至南四湖上级湖段，已经形成了 10 个航运梯级，南四湖上级湖—东平湖段经方案论证采用 3 级提水为好，因此，东平湖以南段共设 13 个调水梯级，南四湖以南为双线输水，共设泵站枢纽 22 处。

2. 站址选择

可行性研究报告阶段，对 21 座新建泵站的站址又进行了重新论证、比选，在确保调水的基础上，通过技术经济比较，对泗洪站、睢宁二站、皂河二站和邓楼站站址作了合理调整，其他泵站站址仍维持项目建议书阶段站址位置，未作变动。

3. 泵站运行水位与扬程

根据三江营引水口长江潮位、湖泊控制运用水位以及河道设计水面线成果，分析确定泵站运行水位与扬程，见表 7-2-3。

表 7-2-3　　　　　　　　　泵站特征水位及扬程汇总表

序号	泵站名称	设计流量/m	站上水位/m				站下水位/m				扬程/m				防洪水位/m			
															100年一遇		300年一遇	
			设计	平均	最高	最低	设计	平均	最高	最低	设计	平均	最小	最大	站下	站上	站下	站上
1	江都泵站改造	400	8.50	8.30	8.50	6.00	0.70	1.90	5.00	−0.30	7.80	6.40	3.50	8.80	7.08	7.23	7.36	7.48
2	宝应站	100	7.60	7.45	8.00	6.00	0.00	0.26	1.20	0.00	7.60	7.19	4.80	8.00	4.00	9.00	4.00	9.00
3	淮安四站	100	9.13	9.05	9.58	8.50	4.95	5.00	6.00	4.25	4.18	4.05	3.13	5.33	6.91	10.80	8.00	11.20
4	淮阴三站	100	13.10	11.88	13.60	10.50	8.82	8.82	9.32	8.32	4.28	3.06	1.18	4.78	11.46	15.40	12.00	16.43
5	金湖站	150	7.80	7.70	8.00	7.50	5.45	5.65	6.05	5.25	2.35	2.05	1.45	2.75	7.94	12.00	8.40	12.00
6	洪泽站	150	13.10	12.64	13.60	11.40	7.10	7.10	7.60	7.10	6.00	5.54	3.80	6.50	14.21	16.00	14.21	17.00
7	泗阳泵站	164	16.55	16.30	17.05	16.05	10.25	10.75	13.25	10.25	6.30	5.55	2.80	6.80	15.99	16.83	16.42	17.08
8	刘老涧二站	80	19.55	19.25	19.55	18.65	15.85	15.85	16.85	15.85	3.70	3.40	1.80	3.70	18.89	19.22	18.97	19.28
9	皂河二站	75	23.00	22.70	23.50	20.50	18.30	18.10	19.30	17.80	4.70	4.60	1.20	5.70	23.50	25.00	26.00	26.00
10	泗洪站	120	14.50	14.10	15.50	12.75	10.76	12.49	13.29	10.50	3.74	1.61	0	4.74	18.33	18.59	18.84	19.08
11	睢宁二站	60	22.50	21.60	22.50	19.73	13.30	13.30	15.30	12.30	9.20	8.30	4.43	10.20	21.49	21.77	21.67	21.95
12	邳州站	100	23.40	23.00	23.80	21.03	20.20	20.20	22.50	19.20	3.20	2.80	—	4.60	23.50	27.84	26.00	28.05
13	刘山站	125	27.00	26.46	27.00	26.00	21.27	22.79	23.50	20.50	5.73	3.67	2.50	6.50	28.40	29.75	28.90	30.25
14	解台站	125	31.84	31.58	32.08	31.00	26.00	26.13	27.00	26.00	5.84	5.45	4.00	6.08	31.95	32.50	32.45	33.00
15	蔺家坝站	75	33.30	32.86	33.30	31.80	30.90	31.20	31.70	30.20	2.40	2.08	0.10	3.10	33.89	36.82	34.39	37.49
16	淮安二站改造	120	9.13	9.05	9.58	8.50	5.60	5.60	6.50	4.52	3.53	3.45	2.00	5.06	6.91	10.82	8.00	11.23
17	皂河一站改造	200	23.00	22.70	23.50	20.50	18.30	18.10	19.30	17.80	4.70	4.60	1.20	5.70	23.50	25.00	26.00	26.00
18	台儿庄站	125	25.09	25.03	25.50	24.80	20.56	21.80	22.50	19.50	4.53	3.23	2.30	6.00	30.40	30.75	31.09	31.49
19	万年闸站	125	29.74	—	29.83	29.65	24.25	—	24.79	24.02	5.49	5.49	4.86	5.81	33.17	33.52	33.78	34.18
20	韩庄站	125	33.10	32.60	33.10	31.40	28.95	28.95	29.15	28.95	4.15	3.65	2.25	4.15	35.97	36.62	36.60	37.29
21	二级坝站	125	34.10	33.81	34.40	32.90	30.89	31.91	32.42	30.58	3.21	1.99	0.48	3.82	36.82	36.82	37.47	37.47
22	长沟站	100	35.38	35.38	35.38	32.93	31.48	31.74	32.60	31.48	3.90	3.64	0.32	3.90	39.94	40.10	40.44	40.60
23	邓楼站	100	37.39	37.39	37.39	36.49	33.82	33.82	34.92	33.82	3.57	3.57	1.57	3.57	41.45	43.80	41.95	43.80
24	八里湾站	100	40.90	40.27	41.40	38.90	36.12	36.12	37.00	35.62	4.78	4.15	1.90	5.78	43.80	44.80	43.80	44.80

注　1. 站上、站下水位分别为泵站出水池、进水池水位。
　　2. 江苏境内泵站为废黄河高程；山东境内泵站为85国家高程。

(四) 蓄水工程布置

1. 洪泽湖抬高蓄水位影响处理工程

根据东线一期工程规划，洪泽湖非汛期蓄水位拟从 12.81m 抬高到 13.31m，可增加调蓄库容 8.25 亿 m^3。洪泽湖非汛期蓄水位抬高至 13.31m 后，影响面积达 1369.89 km^2，主要影响处理工程内容如下。

（1）滨湖圩堤防护工程。

（2）通湖河道影响处理工程。

（3）江苏影响处理区圩区排涝工程。

（4）安徽影响处理区洼地排涝工程。

2. 南四湖下级湖抬高蓄水位影响处理工程

东线一期工程拟将下级湖非汛期蓄水位由 32.3m 抬高至 32.8m，增加调蓄库容 3.06 亿 m^3。南四湖下级湖抬高蓄水位 0.5m 后，南四湖湖区蓄水条件发生了变化，对当地渔、湖民的生产、生活会产生部分负面影响，带来一些生产、生活上的困难。为了保持南四湖下级湖湖区及滨湖区不因抬高蓄水位而降低当地群众的生活水平，对南四湖下级湖湖区受影响的房屋、畜禽养殖场及生产、生活配套设施给予补偿。南四湖下级湖补偿范围为：西以湖西大堤为界、北以二级坝为界、东边以现有或规划的湖东堤为界（湖东无堤处按 33.3m 高程控制）、南边韩庄—蔺家坝区段按 33.3m 高程控制。

3. 东平湖蓄水影响处理工程

东平湖老湖区的应用条件是：蓄水位应不影响黄河防洪运用，并满足胶东输水干线和穿黄河工程设计引水水位的要求。根据黄委黄汛〔2002〕5 号文确定：蓄水上限 7—9 月按 40.8m 控制，10 月至次年 6 月按 41.3m 控制；长江水的补湖水位按胶东输水干线和穿黄河工程的设计输水水位确定：湖水位低于 39.3m 时调江水补湖，补湖水位上线按 39.3m 控制。

东平湖现状没有蓄水任务，规划利用东平湖老湖区蓄水。东平湖蓄水影响处理工程主要有以下三部分。

（1）围堤加固工程：包括混凝土截渗墙防渗、护坡表面喷射混凝土等。

（2）改建堂子排涝站 1 座。

（3）济平干渠湖内引渠清淤：主要是开挖一条从深湖区引水的通道。

4. 大屯水库

大屯水库位于德州市武城县恩县洼东部，占地面积 7.403 km^2，围坝坝轴线总长 9.405km，总库容 5256 万 m^3。主要建筑物包括围坝、引水闸、六五河节制闸、入库泵站、供水洞、泄水洞及围坝外侧利民河改道上涵管等。

5. 东湖水库

东湖水库位于济南市东北约 30km 处，小清河与白云湖之间，距济南国际机场 10km。水库占地面积 5.59 km^2，围坝坝轴线总长 8.393km，总库容 5549.39 万 m^3。东湖水库建筑物包括围坝、分水闸、穿小清河入库倒虹、入库泵站、穿小清河出库倒虹及泄水闸、出库闸等部分。

6. 双王城水库

双王城水库位于寿光市北部卧铺乡寇家坞村北天然洼地，始建于 1972 年，1974 年建成，原为一座中型水库。水库原设计以弥河为水源，无防洪要求，水库自建成后累计蓄水 4058 万 m³，后因水源严重不足，水库 20 多年未得到正常利用，现已荒废。

由于胶东输水干线西段末端村庄稠密，建水库工程迁占及移民安置工程量大，没有适宜的建库条件；而寿光市双王城水库库址处为荒碱地，不存在移民安置问题，虽然该水库处在胶东输水干线中段引黄济青输水河段，但距西段末端仅 50km，选用在双王城水库库址基础上的扩建方案。

双王城水库占地面积 7.79km²，围坝坝轴线总长 9.636km，总库容 6150 万 m³。双王城水库主要建筑物包括入库泵站、引水闸、节制闸、桥梁、涵洞等。

（五）穿黄河工程布置

穿黄河工程位于山东省东平、东阿两县境内，黄河下游中段。工程从深湖区引水，于东平湖西堤玉斑堤魏河村北建出湖闸，开挖南干渠至子路堤，由输水埋管穿过子路堤、黄河滩地及原位山枢纽引河至黄河南岸解山村，之后经穿黄隧洞穿过黄河主槽及黄河北大堤，在东阿县位山村转出地面，向西北穿过位山引黄渠渠底，与鲁北输水干渠相接。

穿黄河工程由南岸输水渠段、穿黄枢纽及北岸穿引黄渠埋涵段等部分组成。线路总长 7.87km。其中南岸输水渠段包括东平湖出湖闸、南干渠，全长 2.71km；穿黄枢纽段包括子路堤埋管进口检修闸、滩地埋管、穿黄隧洞，全长 4.44km；北岸穿引黄渠埋涵段包括隧洞出口连接段、穿引黄渠埋涵、出口闸及明渠连接段，全长 720m。

（六）东线一期工程分水口门布置

东线一期供水范围分为东平湖以南、鲁北和胶东三个供水区。

1. 东平湖以南分水口门规划

东平湖以南基本上利用现有河道、湖泊输水，沿线历史老灌区多，并已形成较完善的灌溉排水系统。因此，东平湖以南完全利用已有的配套工程向用户供水，不需新开辟分水口门。

2. 鲁北供水区分水口门规划

鲁北片从鲁北干线引水，划分为 10 个供水单元。分别向东昌府、临清、东阿、阳谷和莘县、茌平、冠县、高唐、夏津、德城、武城、平原、陵县、宁津、乐陵、庆云等供水。鲁北片共设分水口门 11 个，其中聊城设 8 个，德州设 3 个。

3. 胶东输水干线分水口门规划

山东半岛片从胶东干渠引水，共划分为 33 个供水单元。分别向平阴、长清、济南、章丘、济阳、魏棉集团、邹平县城、滨州市区和沾化、博兴、惠民、阳信、无棣、张店、周村、临淄、桓台、东营、寿光、青岛、烟台、威海等供水。山东半岛片设分水口门 29 个，其中济南 5 个、滨州 6 个、淄博 1 个、东营 1 个、潍坊 3 个、青岛 2 个、烟台 10 个、威海 1 个。

（七）水面线设计

1. 三江营引水口长江潮位

长江三江营是南水北调东线工程引水口门，引水方式分抽水和自流引水两种情况。江都站需保证全年抽水 400m³/s 的设计要求；与江都泵站同为第一级泵站的宝应站则要求通过三阳河、潼河自流引水 $100 m^3/s$ 至站下。

根据三江营旬平均潮位资料分析，取相应全年95%保证率的潮位0.88m作为确定江都泵站站下设计水位的设计潮位；取1966年6月下旬三江营平均潮位2.19m作为灌溉期自流引水的设计潮位。

2. 湖泊蓄水位和北调控制水位

（1）湖泊蓄水位。洪泽湖现状死水位11.3m，汛期蓄水位12.5m，非汛期蓄水位13.0m，规划将洪泽湖非汛期蓄水位抬高到13.5m；骆马湖现状死水位21.0m，汛期蓄水位22.5m，非汛期蓄水位23.0m，规划蓄水位保持现状不变；南四湖下级湖现状死水位31.3m，汛期蓄水位和非汛期蓄水位均为32.3m，规划将下级湖非汛期蓄水位抬高到32.8m。

（2）北调控制水位。为使当地用水利益不致因调水而受损害，调度中规定了湖泊不同时段的北调控制水位，当湖泊水位低于此水位时即停止从湖泊内抽水北调，使湖内在死水位以上保持一定的水量。在湖泊停止向北供水时，新增装机的抽江水量优先满足北方的城市供水，然后再向农业供水。湖泊北调控制水位见表7-2-4。

表7-2-4 湖泊北调控制水位表 单位：m

时间 湖泊	7月上旬至8月底	9月上旬至11月上旬	11月中旬至3月底	4月上旬至6月底
洪泽湖	12.0	12.0～11.9	12.0～12.5	12.5～12.0
骆马湖	22.2～22.1	22.1～22.2	22.1～23.0	23.0～22.5
南四湖下级湖	31.8	31.5～31.9	31.9～32.8	32.3～31.8
东平湖	39.3	39.3	39.3	39.3

注 南四湖下级湖、东平湖为85国家高程；洪泽湖、骆马湖为废黄河高程。

3. 航运渠化水位

京杭运河扬州至济宁已形成10个梯级，各河段已全部渠化。在调水工况下，不应影响渠化水位（最低通航水位）的要求。京杭运河渠化水位见表7-2-5。

表7-2-5 京杭运河渠化水位表

河 段		水位/m	河 段		水位/m
里运河	邵伯—淮安	6.00	不牢河	刘山—解台	26.00
	淮安—淮阴	8.50		解台—蔺家坝	31.00
中运河	淮阴—泗阳	10.50	韩庄运河	大王庙—台儿庄	19.80
	泗阳—刘老涧	16.00		台儿庄—万年闸	24.60
	刘老涧—宿迁	18.00		万年闸—韩庄	29.40
	宿迁—皂河	18.50		韩庄—南四湖下级湖	31.30
	皂河—大王庙	20.50	南四湖	下级湖	31.30
不牢河	大王庙—刘山	20.50		上级湖	32.80

注 里运河、中运河、不牢河为废黄河高程；韩庄运河、南四湖为85国家高程。

4. 东平湖引水水位

东线一期工程在低于东平湖汛限水位 40.8m 以下运用，汛期服从黄河防洪调度，非汛期首先调蓄大汶河来水，然后视东平湖水位情况决定调水入湖过程，不会对防汛造成影响。因此，穿黄工程和胶东输水干线从东平湖老湖区引水，深湖区设计水位取 39.3m。

5. 设计水面线

东线工程从长江引水，向北依次送到洪泽湖、骆马湖、南四湖、东平湖，长江潮位和各湖泊蓄水位是确定调水河道设计水面线的控制性水位。东线一期工程输水河（渠）道水面线（表 7-2-6）根据上述控制水位设计。

表 7-2-6　　　　　　　东线一期工程输水河（渠）道设计水面线

区段	河道名称	起讫地点	河道长度/km	输水水位/m	输水规模/(m³/s)
长江—洪泽湖	夹江、芒稻河	三江营—江都站西闸上	22.40	0.88～0.70	400（抽引）
				2.19～2.02	950（自流）
	新通扬运河	江都站西闸下—东闸上	1.46	1.97～1.94	950～550
		江都东闸下—宜陵	11.30	1.91～1.84	550
	三阳河	宜陵—杜巷	66.50	1.84～0.79	300～100
	潼河	杜巷—宝应站	15.50	0.79～0.17	100
	里运河	江都站—南运西闸	75.00	8.50～7.60	400
		南运西闸—北运西闸	33.15	7.60～6.43	350
		北运西闸—淮安闸	18.70	6.43～6.00	250
	淮安四站输水河道（新河）	运西河	7.47	6.43～6.15	100
		白马湖穿湖段	2.30	6.15～6.11	100
		新河段	20.03	6.11～6.08	100
				5.55～5.10	
	苏北灌溉总渠	淮安闸—淮阴一站	28.47	9.13～9.00	220
	京杭运河	淮安闸—淮阴二站	26.94	9.13～9.00	80
	金宝航道	南运西闸—金湖站	30.88	7.60/6.50～5.70	150
	入江水道	金湖站—洪泽站	39.96	7.62～7.50	150
洪泽湖—骆马湖	二河	二河闸—淮阴闸	30.00	11.80～11.50	230
	骆马湖以南中运河	淮阴闸—泗阳站	32.80	11.50～10.50	230
		泗阳站—刘老涧站	32.40	16.50～16.00	230
		刘老涧站—皂河站	48.40	19.28～18.50	230～175
	徐洪河	顾勒河口—泗洪站	16.00	11.90～11.60	120
		泗洪站—睢宁站	57.00	14.50～13.50	120～110
		睢宁站—邳州站	47.00	21.64～20.50	110～100
	房亭河	邳州东站—中运河	6.00	23.10～23.00	100

区段	河道名称	起讫地点	河道长度/km	输水水位/m	输水规模/(m³/s)
骆马湖—南四湖	骆马湖以北中运河	皂河站—大王庙	46.20	22.1～21.41	250
	不牢河	大王庙—刘山站	5.30	21.41～21.27	125
		刘山站—解台站	39.90	27.00～26.00	125
		解台站—蔺家坝船闸	26.02	31.84～31.5	125
	顺堤河	蔺家坝船闸—蔺家坝泵站	8.50	31.50～31.20	125～75
	以上为废黄河高程系统，以下为85国家高程				
	中运河、韩庄运河	大王庙—骆马湖水资源控制	7.80	21.24～21.16	125
	韩庄运河	骆马湖水资源控制—台儿庄站	11.20	21.16～19.80	125
		台儿庄站—万年闸站	16.74	25.00～24.80	125
		万年闸站—韩庄站	16.33	29.50～29.40	125
		韩庄站—老运河口	3.14	33.00～32.80	125
南四湖	下级湖	韩庄湖口—二级坝站	48.40	32.80～31.30	200～125
	上级湖	二级坝—梁济运河口	67.00	34.00～32.80	125～100
南四湖—东平湖	梁济运河	河口—长沟站	26.00	32.80～32.00	100
		长沟站—邓楼站	31.80	35.30～34.20	100
	柳长河	邓楼站—八里湾站	21.28	37.30～36.42	100
穿黄工程	穿黄工程	东平湖—位山	7.87	39.30～35.61	100
黄河以北	小运河	位山—邱屯闸上	96.92	35.61～31.39	50
	七一·六五河	邱屯闸下—大屯水库	76.57	31.24～21.00	25.5～13.5
胶东	济平干渠	东平湖渠首闸—睦里庄跌水	89.89	39.10～27.14	50
	济南—引黄济青段	睦里庄跌水—出小清河涵闸	4.57	26.10～25.89	50
		出小清河涵闸—入分洪道涵闸	110.80	25.74～10.61	50
		入分洪道涵闸—引黄济青闸	34.61	8.35～5.23	50
河道总长			1466.50		

六、河道工程设计

南水北调东线工程最大的优势是有京杭大运河贯穿南北，并且还有其他许多南北向的灌排河道。一期工程主要利用现有河道、湖泊输水，对尚不能满足输水要求的河段按规划工程规模进行扩建或安排影响处理工程。

输水河道总长度1466.5km，分三类情况。

第一类：现状河道的输水能力满足东线一期工程输水要求，不需安排工程。从南到北依次为夹江、芒稻河、新通扬运河江都东闸—宜陵段、三阳河宜陵—三垛、里运河、入江水道、苏北灌溉总渠、二河、骆马湖以北中运河、房亭河、不牢河及顺堤河、韩庄运河、南四湖南阳镇以南段，以上河段合计长约 567.25km，占一期工程河道总长的 39%。

第二类：现状河道输水能力已满足调水要求，但为安全运行或因调水后对沿线产生一定影响，需进行局部治理或影响处理措施。主要为高水河、徐洪河、骆马湖以南中运河、韩庄运河等，合计长约 258.81km，占一期工程河道总长的 18%。

第三类：现状河道不能满足一期工程输水要求，需疏浚扩大或新开河道，并安排沿线配套和影响处理工程。包括三阳河三垛—杜巷、潼河、金宝航道、淮安四站输水河、南四湖南阳以北至入湖口、梁济运河、柳长河、小运河、七一·六五河、胶东输水干线西段河道，合计长约 632.57km，占一期工程河道总长的 43%。

综上情况，东线一期工程包括河道工程 14 项，分述如下。

（一）高水河整治工程

高水河自江都抽水站至邵伯轮船码头，全长 15.2km。设计输水流量为 400m³/s。高水河部分堤段堤身单薄，堤后有深塘，堤坡陡立，坍塌严重，堤身背水坡多处有窨潮、渗漏、冒水等险情；运河堤防上狗獾活动频繁，狗獾洞较多；堤防大都没有护砌。高水河整治工程主要内容包括：河道疏浚、堤防除险加固、护坡、穿堤建筑物、沿线影响处理、管理道路等。

河道设计中心线仍维持现状河道中心线，底宽 50m，底高程-1.0m，河坡坡度 1:3。堤顶超高为 2.0m，堤顶宽度为 6~8m。高水河堤防护砌采用浆砌块石进行护砌，高水河沿线建筑物共 7 座。

（二）三阳河、潼河河道工程

三阳河南起新通扬运河宜陵北闸，北至杜巷与潼河相连，全长 66.5km。潼河东接三阳河，西至京杭大运河，全长 15.5km，其中泵站枢纽段 1.2km。

三阳河、潼河一期工程河道输水 100m³/s。工程起点为三垛镇向北经杜巷，沿潼河至终点宝应站下，疏浚及开挖河道全长 44.254km，河道开挖采用右侧成河方案。沿线共需新建、拆建桥梁 23 座，其中公路桥 8 座，跨河生产桥 15 座。

（三）金宝航道工程

金宝航道工程全长 66.88km，以淮河入江水道三河拦河坝为界分为两段：金宝航道段长 30.88km（裁弯后长 28.4km），三河段长 36km。设计输水流量 150m³/s。

三河段现状输水能力 150m³/s，河道不需疏浚。金宝航道段输水能力不能满足设计要求，需进行疏浚。金宝航道工程河道开挖疏浚长 18.7km；河坡及堤坡护砌长 64.91km（其中血防措施 49km）。沿线共需新建配套建筑物 7 座，跨河桥梁 7 座，沿线影响工程 36 座。

（四）淮安四站输水河道工程

淮安四站输水河道推荐新河中水位输水线方案。新河输水线利用现有河湖送水，从里运河北运西闸至淮安四站站下，全长 29.8km，分为运西河、白马湖湖区及新河三段。该段设计流量 100m³/s。运西河段全长 7.47km，白马湖湖区段抽槽长度 2.3km，新河段长 20.03km。

配套建筑物包括新建、配建、拆建桥梁公路桥和生产桥 11 座；加固北运西闸，拆建镇湖闸，在新建的隔堤上建排涝滚水堰和补水闸。影响处理工程共 35 座建筑物，包括建节制闸 17 座、涵洞 9 座、泵站 8 座和倒虹吸 1 座。

（五）徐洪河影响处理工程

东线一期工程利用徐洪河输水 120～100m³/s。为保证洪泽湖入徐洪河水流畅通，需对洪泽湖口段 2.6km 抽槽，另对徐洪河历史遗留工程进行续建配套，并对因南水北调长期输水水位抬高带来的沿线影响工程进行规划设计。

影响处理工程包括湖口段 2.6km 抽槽、堤防险工处理、干河粉质砂壤土段河坡防护、桥梁拆除重建 2 座、抬高水位带来的沿线影响工程共 18 座泵站、其他配套建筑物 4 座。

（六）骆马湖以南中运河影响处理工程

南水北调东线一期工程建成后，长期高水位运行，将对骆马湖以南中运河沿线的防洪、排涝、灌溉等带来一些不利影响。为确保工程安全、正常运行，消除险工隐患，需要对骆南中运河泗阳—皂河段采取必要的工程措施。

主要工程措施为：堤防复堤 2.2km；8 段堤防防渗险工处理，防渗工程长 16.7km；堤防护砌工程长 35.6km，其中，新建护坡 17.5km，加高 15.6km，对现状护坡损毁严重的 2.5km 进行拆除重建；建筑物工程共 35 座，包括穿堤建筑物 17 座，影响处理排涝和灌溉泵站 18 座。堤防管理道路 62.5km，维修道路 5.84km。

（七）江苏沿运闸洞漏水处理工程

沿运闸洞漏水处理工程包括更换或改造止水、更换闸门、更换门槽埋件、维修门槽埋件、闸门及埋件防腐处理、更换启闭机、启闭机维修以及涵闸拆除重建。

沿运闸洞漏水处理工程拟对沿输水线路的 250 座涵闸的漏水进行处理。其中 96 座涵闸进行闸门、启闭机更换或维修；145 座涵闸进行门槽埋件更换，闸门、启闭机更换或维修；1 座闸身损坏严重且不再发挥功能的涵闸进行废除复堤；8 座闸身损坏严重、存在严重安全隐患的涵闸进行拆除重建。

（八）韩庄运河支流控制工程

韩庄运河自微山湖出口韩庄起，至陶沟河口与中运河相接，全长 42.81km，该段设计输水流量 125m³/s。

韩庄运河在南水北调东线一期工程设计水位及流量下，省界（陶沟河口）—韩庄老运河口段可以满足向北调水要求，韩庄运河不需要开挖疏浚，存在的主要问题是两岸较大支流较多，河口地势低洼且无控制。为便于输水期间对水资源的控制，需在支流汇入口建魏家沟、三支沟和峄城大沙河 3 座橡胶坝。

（九）南四湖湖内疏浚工程

经分析计算，南四湖下级湖现状能满足南水北调东线一期工程输水要求，上级湖现状不能满足南水北调东线一期工程输水要求，必须进行扩挖疏浚。疏浚范围为南四湖上级湖南阳镇至梁济运河河口，疏浚长度 36km，设计底高程 29.3m，设计底宽 68m。

（十）梁济运河工程

梁济运河从南四湖湖口至邓楼泵站站下长 58.252km，设计输水流量 100m³/s。河道断面拟结合三级航道进行扩挖。

建筑物工程包括：新建支流口节制闸 7 处。重建交通桥 14 座，加固公路桥 2 座，提排站 55 座，涵闸 46 座。同时沿输水航道两侧设置导航、助航设施。

梁济运河是山东引黄灌溉的一条重要河道，南水北调工程利用梁济运河输水后，需对现有引黄灌区进行调整，另辟输水干渠全长 54.8km，其中陈垓灌区干渠长 8.3km，国那里灌区干渠长 46.50km，共需新建、改建各类建筑物 139 座。

（十一）柳长河工程

柳长河设计输水流量 100m³/s，输水工程长 20.984km。拟结合三级航道进行扩挖。沿线需新建、改建、加固各类建筑物 64 座，其中：公路桥 5 座，交通桥 9 座，支流口控制闸 3 座，提排站 27 座，涵闸 16 座，连接段 1 处，倒虹吸 2 座，渡槽 1 座。

（十二）鲁北输水工程

鲁北输水线路全长 173.49km，主要沿小运河、七一·六五河布置，利用现有河道长 135.11km，新开渠道（7 段）长 38.38km。

位山—临清段设计流量为 50m³/s，邱屯—大屯水库段设计流量为 25.5～13.7m³/s。穿黄枢纽出口水位为 35.61m，邱屯闸上水位为 31.39m，邱屯闸下水位为 31.24m，大屯水库入库泵站站前水位为 21.0m。

小运河 0＋000～10＋000 段，采用复式土渠断面，15＋800～17＋000 段采用直立式浆砌石挡土墙复式断面，24＋000～58＋000 段采用混凝土预制板全断面形式衬砌；其他渠段，均采用单式梯形断面土渠。

六分干采用土渠方案，七一·六五河段利用现有河道输水，需对河底污泥进行清淤。

河道工程全线共需新建、改建、重建和加固各类建筑物共 448 座，其中位山—临清段 327 座，临清—大屯水库段 121 座及灌区影响处理工程。

（十三）胶东输水干线西段济平干渠工程

济平干渠段全长 89.787km，设计输水流量 50m³/s。利用原济平干渠扩挖 42.106km，新辟输水线路 46.928km，扩挖小清河 0.753km。

济平干渠全线采用梯形断面，并进行全断面衬砌。

济平干渠沿线各类建筑物 184 座，其中水闸 18 座、倒虹吸 31 座、渡槽 13 座、各类桥梁 120 座、排涝泵站 2 座。

（十四）胶东输水干线西段济南—引黄济青段工程

济南—引黄济青段输水线路全长 149.99km。设计输水流量 50m³/s。

该段自睦里庄跌水至京福高速公路下游的节制闸长 4.578km，利用小清河输水；京福高速公路节制闸至小清河洪家园桥下长 23.277km，在小清河左岸建 3 孔 4.9m×4.4m 无压箱涵输水；自小清河洪家园桥下至小清河分洪道分洪闸下进入分洪道子槽，于左堤外新辟明渠 87.526km 输水；自分洪道分洪闸至引黄济青上节制闸长 34.609km，沿分洪道扩挖输水。

新辟输水河道采用全断面衬砌。工程沿线需新建各类交叉建筑物 287 座。

七、泵站工程设计

（一）现有泵站的利用及改造

江苏省江水北调工程始建于 20 世纪 60 年代，现有泵站是在 40 多年中陆续建成的，大体分为两类：一类是设备比较完善的正规泵站，有江都、淮安、淮阴、泗阳、刘老涧、皂河、刘山、解台、睢宁等泵站，南水北调东线工程规划中考虑继续发挥这些站的调水作用；另一类是为抗旱灌溉或除涝而突击修建的临时性泵站或者设备简陋规模较小的泵站，如石港、蒋坝、高良涧越闸、沿湖等泵站，不宜用于南水北调工程。

东线一期工程利用江苏省江水北调工程现有 6 个梯级上的 13 座泵站，总装机容量 13.105 万 kW，其中需对江都三站、江都四站和淮安二站、皂河一站进行改造。利用现有泵站工程装机统计见表 7-2-7。

表 7-2-7　　　　　　　　　　利用现有泵站工程装机统计表

序号	梯级	泵站名称	装机台数	泵型	设计扬程/m	单机流量/(m³/s)	总装机流量/(m³/s)	单机功率/kW	总装机容量/kW
1	1	江都一站	8	立式轴流泵	7.80	10.0	80.0	1000	8000
2		江都二站	8	立式轴流泵	7.80	10.0	80.0	1000	8000
3		江都三站	10	立式轴流泵	7.80	13.7	137.0	1600	16000
4		江都四站	7	立式轴流泵	7.80	31.2	218.4	3550	24850
5	2	淮安一站	8	立式轴流泵	3.88	8.0	64.0	1000	8000
6		淮安二站	2	立式轴流泵	3.53	60.0	120.0	5000	10000
7		淮安三站	2	灯泡贯流泵	4.07	33.0	66.0	1700	3400
8	3	淮阴一站	4	立式轴流泵	4.70	30.0	120.0	2000	8000
9		淮阴二站	3	立式轴流泵	4.40	34.0	102.0	2800	8400
10	4	泗阳二站	2	立式轴流泵	5.60	33.0	66.0	2800	5600
11	5	刘老涧一站	4	立式轴流泵	3.00	38.0	152.0	2200	8800
12		睢宁一站	5	立式混流泵	9.00	10.0	50.0	1600	8000
13	6	皂河一站	2	立式混流泵	4.70	100.0	200.0	7000	14000
合　计			65				1455.4		131050

注　江都三站、江都四站、淮安二站及皂河一站为更新改造后的扬程、流量及装机。

（二）新建泵站设计

根据各泵站枢纽设计规模和利用现有泵站的装机情况确定新建泵站的设计规模，并且考虑一定的备用机组。除利用江苏省江水北调工程现有 6 处 13 座泵站外，尚需新建 21 座泵站。新建泵站装机台数 95 台、装机容量 23.519 万 kW、装机流量 2981.2m³/s。新建泵站工程装机情况见表 7-2-8。

表 7-2-8　　　　　　　　　新建泵站工程装机情况表

序号	梯级	泵站名称	设计规模/(m³/s)	水泵形式	设计扬程/m	单机流量/(m³/s)	单机功率/kW	装机台数	总装机容量/kW	总装机流量/(m³/s)
1	1	宝应站	100	立式混流泵	7.60	33.4	3400	4	13600	133.6
2	2	淮安四站	100	立式轴流泵	4.18	33.4	2500	4	10000	133.6
3		金湖站	150	灯泡贯流泵	2.35	37.5	2500	5	12500	187.5
4	3	淮阴三站	100	灯泡贯流泵	4.28	34.0	2240	4	8960	136.0
5		洪泽站	150	立式轴流泵	6.00	37.5	3550	5	17750	187.5
6	4	泗阳站	164	立式轴流泵	6.30	33.0	3000	6	18000	198.0
7		泗洪站	120	灯泡贯流泵	3.74	30.0	2240	5	11200	150.0
8	5	刘老涧二站	80	立式轴流泵	3.70	29.4	2000	4	8000	117.6
9		睢宁二站	60	立式混流泵	9.20	23.0	3200	4	12800	92.0
10	6	皂河二站	75	立式轴流泵	4.70	25.0	2000	3	6000	75.0
11		邳州站	100	灯泡贯流泵	3.20	33.4	2240	4	8960	133.6
12	7	刘山泵站	125	立式轴流泵	5.73	31.5	2800	5	14000	157.5
13		台儿庄站	125	立式轴流泵	4.53	31.25	2400	5	12000	156.3
14	8	解台站	125	立式轴流泵	5.84	31.5	2800	5	14000	157.5
15		万年闸站	125	立式轴流泵	5.49	31.5	2650	5	13250	157.5
16	9	蔺家坝站	75	灯泡贯流泵	2.40	25.0	1250	4	5000	100.0
17		韩庄站	125	灯泡贯流泵	4.15	31.5	2000	5	10000	157.5
18	10	二级坝站	125	灯泡贯流泵	3.21	31.5	1850	5	9250	157.5
19	11	长沟站	100	立式轴流泵	3.90	33.5	2240	4	8960	134.0
20	12	邓楼站	100	立式轴流泵	3.57	33.5	2240	4	8960	134.0
21	13	八里湾站	100	立式轴流泵	4.78	25.0	2400	5	12000	125.0
合　计								95	235190	2981.2

八、蓄水工程设计

（一）洪泽湖抬高蓄水位影响处理

抬高洪泽湖蓄水位主要影响洪泽湖周边滨湖地区和沿湖干流回水，影响处理工程主要如下。

（1）通湖河道节制闸工程。本次通湖河道节制闸共有 6 座，其中新建 3 座，分别为新建赵公河闸、老场沟闸、张福河套闸；拆除重建 3 座，分别为五河闸、黄码河闸和高松河闸。

（2）圩区及洼地泵站工程。江苏省境内圩区排涝泵站共新建泵站 14 座、拆建泵站 71 座、改造泵站 62 座。安徽省境内洼地排涝泵站共有新建泵站 4 座、拆扩建泵站 10 座、改造泵站 42 座。

（3）滨湖圩区堤防防护工程。洪泽湖湖面开阔，风大浪高，沿湖堤防常年临水，直接处于风浪冲刷之下，为防止波浪冲刷堤坡，保护沿湖圩堤安全，拟在重点危险堤段的迎水面采用浆砌石护坡 52.54km。

（4）排水沟工程。疏浚开挖影响处理区排涝沟系总长 89.16km 及 8 座新建、拆除重建及扩建站的配套排涝干沟系。

（二）南四湖下级湖抬高蓄水位影响处理

南四湖下级湖抬高蓄水位后，湖内受影响的主要是移民迁建及其生产、生活配套设施。根据抬高蓄水位淹没实物指标及确定的湖区淹没处理补偿标准，经计算，南四湖下级湖影响处理工程补偿总投资为 36755 万元，其中山东省 19813 万元，江苏省 7918 万元，插花地 9011 万元，环保投资 13 万元。

（三）东平湖蓄水影响处理

东平湖蓄水影响处理工程主要包括围堤加固、堂子泵站改建及济平干渠湖内引渠清淤三部分。

（1）围堤加固工程。

1）堤基截渗工程。采用混凝土防渗墙措施对卧牛堤两端与山体接触部位和二级湖堤黑虎庙—解河口段堤基进行防渗处理，防渗墙厚度 30～40cm、深度为 15～19m，总长度为 3350m，总面积为 68140m²，搅拌桩总进尺为 170476 延米。

2）喷射混凝土。二级湖堤八里湾处护坡表面喷 10cm 厚混凝土，长度 1000m，喷射混凝土 1760m³。

（2）堂子泵站改建工程。堂子排灌站排涝设计流量为 3.6m³/s，排渗设计流量为 1.2m³/s，总提排设计流量为 4.8m³/s。潜水轴流泵型号为 700QZ-100，单机流量 1.2m³/s，配用电机功率 130kW，总装机 4 台。

（3）济平干渠湖内引渠清淤工程。从东平湖深湖区引水至济平干渠渠首引水闸需进行清淤，清淤长度约 9.91km，分为两段；从深湖区至青龙山山脚段，长 6.56km，与穿黄河工程共用，该段引渠在穿黄河工程清淤的基础上再加大断面，清淤底宽加大到 60m；剩余的 3.35km，清淤底宽为 30m。清淤量 108.88 万 m³。

（四）大屯水库

大屯水库建筑物主要包括围坝、六五河节制闸、引水闸、引水渠、入库泵站、泄水洞、供水洞及六五河利民河改道工程等。

1. 围坝工程

可行性研究阶段对水库蓄水深 6.05m、7.05m、8.05m、9.05m 和库底开挖蓄水方案 5 个方案进行了比较，经综合比较分析，推荐采用蓄水位 29.05m，蓄水深 8.05m 方案。

水库围坝长约 9.405km，水库占地面积 7.403km²。围坝坝顶高程 31.40m，防浪墙顶高程 32.40m，最大坝高 12.0m，坝顶宽度 7.5m。围坝坝型为复合土工膜防渗体斜墙土坝。

2. 六五河节制闸

六五河节制闸位于围坝东南角南水北调鲁北干线的六五河上，其主要作用是水库充库时下闸挡水，抬高水位，汛期提闸排涝。该闸设计挡水位 21.00m，排涝设计流量为 149.2m³/s，排涝设计闸上水位 22.55m。节制闸采用开敞式，共 5 孔，每孔净宽 5.0m，采用钢筋混凝土整体结构。

3. 引水闸

引水闸位于引水渠进口六五河左大堤处，引水闸设计流量为 12.65m³/s，闸上水位 21.00m，闸下水位 20.85m；六五河排涝时，引水闸挡水位 22.55m。该闸采用箱涵式，共设两孔，每孔净宽 2.0m。

4. 引水渠

引水渠全长 280m，设计流量为 12.65m³/s，起始水位为 20.85m，设计渠底比降 1/8000，水深 2.0m，底宽 4.0m，边坡均为 1：2。

5. 入库泵站

入库泵站位于围坝桩号 0+268.54 处，设 5 台机组，其中 1 台备用，设计流量 12.65m³/s，水泵型号 1000HD-9-2 型，总装机容量 1775kW。

6. 泄水洞

泄水洞位于围坝桩号 5+774.65 处，当水库发生险情时要求泄水洞在 15 天内能将水库库水位从最高水位 29.05m 降至 23.2m（1/3 库容时水位）。主要建筑物包括进口连接段、竖井、出库暗涵，出口连接段等。

7. 供水洞

供水洞位于围坝桩号 5+934.65 处，主要包括进口连接段、竖井、出库暗涵等。

8. 六五河、利民河改道工程

在六五河节制闸下游 600m 处，河道向西有一个弯道，影响筑坝，因此对六五河进行改道，改道长度为 1300m。河道开挖底宽 36m，边坡为 1：3.5。

由于水库占用了利民河东支的河道，影响上游地区的排涝，因此将利民河东支改道，改道段长 3523m。利民河设计流量 26.80m³/s，改道段底宽 18.4m。

（五）东湖水库

围坝轴线总长 8.393km，坝高约 13.0m。东湖水库建筑物主要包括围坝、分水闸、穿小清河入库倒虹吸、入库泵站、穿小清河出库倒虹吸及泄水闸、出库闸等部分。

（1）水库围坝设计。水库总库容为 5549.39 万 m³，相应水库水位为 30.0m，坝顶高程统一为 32.20m，在坝顶设置 1.0m 高防浪墙，则防浪墙顶高程为 33.20m。选择复合土工膜防渗体斜墙砂壤土坝，坝顶宽 7.5m，最大坝高 13.0m，在下游 26.0m 高程处设 2.0m 宽戗台，上游坝肩设防浪墙。

（2）入库泵站设计。本站选用 1200HD-9（0°）型立式混流泵 2 台和 900HD-9（+2°）型立式混流泵 3 台。配套电机型号为 2 台 YL630-14；3 台 YL450-10，其中 1 台 YL450-10 备用，泵站总装机容量 2610kW。最大设计流量 11.60m³/s。

（3）分水闸及穿小清河入库倒虹吸。分水闸位于南水北调输水干渠右岸。作用是东湖水库充库时，开启闸门引水；不充库时，关闭闸门，便于南水北调输水。闸后与穿小清河入库倒虹吸衔接，倒虹吸总长 350m 左右，钢筋混凝土结构，双孔。

（4）出库涵闸及穿小清河出库倒虹吸。引江水通过水库调蓄后，再经出库涵闸、穿堤（坝）涵洞、穿小清河出库倒虹吸，进入南水北调干渠，向滨州、淄博等市供水。

（5）出库闸。为向济南及章丘两市供水，在水库围坝设计桩号 3+517.58 和 6+303.0 处设出库闸两座，设计流量分别为 1.29m³/s 和 0.54m³/s。出库闸为单孔，净宽 1.5m。

（六）双王城水库

双王城水库主要建筑物包括泵站、水闸、桥梁、涵洞等各类建筑物 11 座。

（1）输水工程。引水渠全长 2067m，设计流量为 8.61m³/s，设计渠底比降 1/10000，水深 2.0m，底宽 2.5m，渠首渠底高程 0.6m，内边坡为 1：2.5，外边坡为 1：2。

供水渠全长 5271m，设计流量为 28.0m³/s，设计渠底比降 1/10000，水深 2.5m，底宽 7.0m，渠首渠底高程 0.79m，内边坡为 1：2.5，外边坡为 1：2。

（2）围坝工程。围坝采用以砂壤土、壤土为主的均质坝。除东南角坝（桩号 7+650～8+550）坝顶高程为 15.10m，防浪墙顶高程 16.10m 外，其余坝顶高程皆为 14.75m、防浪墙顶高程 15.75m；最大坝高 12.5m，坝顶宽度 7.5m，坝顶路面为沥青混凝土路面。

（3）入库泵站工程。双王城水库在桩号 0+000 处设入库泵站 1 座，设计流量 8.61m³/s。前池设计水位 2.39m，水库设计蓄水位 12.5m，死水位 3.9m。主厂房内设有 3 台 1000HD-9 型水泵和 2 台 800HD-12.5 型水泵，"一"字形排列。泵站总装机容量 1695kW。

（4）穿坝建筑物工程设计。穿坝建筑物工程设计包括供水洞、东灌溉洞、西放水洞三项工程设计，分别位于围坝桩号 8+108、7+459、2+435 外。

1）供水洞设计。供水洞的主要作用是向胶东地区和寿光市供水。设计供水流量为 28m³/s、日供水 5.48 万 t。据此确定供水洞采用 3 孔 2.5m×2.0m 和 1 孔 1.5m×2.0m（宽×高）的 4 孔钢筋混凝土箱涵，进口底高程 2.4m，洞底平坡。

2）东灌溉洞设计。东灌溉洞功能是满足水库以东 1.0 万亩土地的灌溉用水要求，当水库发生紧急情况时，可兼作泄水洞。设计灌溉流量 2m³/s。设计应急泄水流量 24m³/s。

3）西放水洞设计。西放水洞功能是水库需要紧急腾空时，满足水库泄水要求。水库紧急腾空要求：3 天下泄 1/3 库容，15 天内将水库水位从设计蓄水位降至 1/3 坝高水位即 7.3m 水位。按此要求确定西放水洞采用 1.5m×2.0m（宽×高）的三孔钢筋混凝土箱涵，进口底高程 3.5m，底坡平坡。

九、穿黄河工程设计

穿黄河工程建筑物主要包括东平湖出湖闸、南干渠、埋管进口检修闸、滩地埋管、穿黄隧洞、穿引黄渠埋涵、出口闸及明渠连接段。

1. 东平湖出湖闸

东平湖出湖闸包括出湖闸前疏浚段、涵闸段。闸前疏浚段总长 9000m，纵坡 1/35000，疏浚起点高程 34.80m，终点高程 34.54m。涵闸段长 150m，涵洞采用无压箱涵形式，为两孔一联的钢筋混凝土无压箱涵，共两联四孔。

2. 南干渠

南干渠长 2560m，纵坡 1/28500，渠道采用梯形断面，底宽 20m，边坡 1：3。渠首底高程 34.21m，渠末底高程 34.12m。在左侧堤顶建泥结碎石路面，作为巡堤路。

3. 滩地埋管进口检修闸

进口检修闸由斜坡段、直段、拦污栅段及闸室段组成，长 86.518m。闸室为涵洞式钢筋混凝土结构，闸底板高程 28.80m，闸孔尺寸为 7.5m×7.5m。闸门为平板钢闸门，启闭机采用固定卷扬启闭机，检修闸前设四道 2.97m×14m 回转式拦污栅。

4. 滩地埋管

滩地埋管全长 3768m，纵坡 1/2500，埋管进口底高程 28.80m，出口底高程 27.30m。埋管采用内圆外城门洞形现浇钢筋混凝土结构，埋管出口与穿黄隧洞进口埋管相接。埋管内径为 7.50m，壁厚 1.25m。

5. 穿黄隧洞

穿黄隧洞包括南岸竖井、过河平洞、北岸斜井及进、出口埋管总长 585.38m。衬砌采用钢筋混凝土结构，为圆形断面，洞径为 7.50m。除进出口地面段在岩石内明挖，现浇钢筋混凝土埋管外，其他均在寒武系灰岩中开挖隧洞，采用钢筋混凝土衬砌。隧洞采用喷锚支护与钢筋混凝土衬砌联合支护形式。

6. 隧洞出口连接段及穿引黄渠埋涵

隧洞出口设连接段，采用钢筋混凝土结构，长 20.00m，宽 13.60m，进口底高程 27.30m，连接段出口即穿引黄渠埋涵进口底高程 29.00m。穿引黄渠埋涵在位山引黄渠渠底通过，埋涵长 460m，为两孔有压钢筋混凝土箱涵，两孔一联，孔口尺寸为 5.0m×5.0m。埋涵进口底板顶高程 29.00m，出口底板顶高程 28.77m，纵坡 1/2000。

7. 出口闸及明渠连接段

出口闸段长 75.00m，闸底板顶高程 28.77m，出口闸为两孔有压涵闸，孔口尺寸为 5.0m×5.0m（宽×高）。埋涵出口设平板钢闸门，以调节埋涵出口流量，工作闸门前设检修门槽一道，均采用固定卷扬启闭机启闭。闸后接明渠连接段 165m。

8. 桥梁设计

穿黄河工程中的南干渠将横穿包括梁济公路在内的 5 条道路，计划修建名山桥、豆山桥、梁济公路桥（220 国道桥）、淹豆桥和城区西桥。设计标准为汽车-20 级、汽车-10 级。

十、南四湖水资源控制和水质监测工程、骆马湖水资源控制工程

（一）南四湖水质监测工程

南四湖水质监测工程主要内容包括水量监测、水质监测、南四湖水资源监测中心建设和水量水质数据传输网络系统。

1. 水量监测工程

南四湖水量监测所用超声波多普勒侧视测流（SL）仪平台共建设 13 座，位置均在南四湖

周围，地形均是平原地带，地质情况相近。水位观测设计包括水位测井的设计、遥测设备的配置，计量设备暂定采用水表进行计量。计划新增建的两个巡测基地分别为江苏省沛县巡测基地和山东省微山县巡测基地。

2. 水质监测工程

水质监测工程包括所有水质监测站设立站网标志、建设监测站房及建立水环境监测车载移动实验室。

3. 水资源监测中心建设工程

水资源监测中心办公设施及水质监测中心实验室面积 1000m²，水量监测中心面积 600m²，职工文化福利设施面积 220m²，并配置相应的设施设备。

4. 数据传输网络工程

根据通信方式的特点，考虑到南四湖区河网密布，遥测站点分散，地处偏僻，不具备租用公用网光纤电路条件，因此南四湖水量监测通信建设方案采取以超短波作为主信道，有线PSTN 作为备用信道。

在湖西的沛县、鱼台各建一个中继站，并对大洞山中继站（属江苏省徐州市水文局）进行改造；在湖东的微山县建一个中继站。拟新建南四湖水资源监测中心，扩展改造淮委水情信息中心、沂沭泗管理局水情信息中心的信息系统。

（二）南四湖水资源控制工程

根据工程规划，南四湖水资源控制工程包括大沙河闸、姚楼河节制闸、杨官屯河节制闸及潘庄引河闸。

1. 大沙河闸

大沙河闸由 1 座节制闸和 1 座船闸组成。节制闸共 14 孔，船闸 1 孔，包括船闸闸室总宽165.62m。闸室湖外侧墩顶为公路桥。

2. 姚楼河节制闸

姚楼河节制闸共 2 孔，每孔净宽 10.0m。公路桥位于闸室湖外侧墩顶。

3. 杨官屯河节制闸

杨官屯河节制闸共 2 孔，每孔净宽 10.0m，靠河南侧闸孔布置为船闸的上闸首。公路桥位于节制闸湖外侧墩顶。

4. 潘庄引河闸

潘庄引河闸共 1 孔，净宽 10.0m。闸室湖外侧墩顶为公路桥。

（三）骆马湖水资源控制工程

根据总体规划，骆马湖水资源控制工程主要是新建支河控制闸和中运河临时性水资源控制设施加固改造。

1. 新建支河控制闸设计

为有效控制骆马湖水资源，在 310 国道公路桥以北 305m（临时设施轴线以北 95m）处的支河上布置控制闸。控制闸共 4 孔，单孔净宽 8.0m。闸室顶部布置有交通桥、启闭机房等。控制闸门采用升卧式平面钢闸门，卷扬式平门启闭机。

2. 中运河临时性水资源控制设施加固改造设计

中运河临时性水资源控制工程于 1996 年建成。现状水上部分结构因船只撞击和人为因素遭到破坏。加固改造内容包括两岸岸墙顶部挡水墙、上下游水位观测井和护坡等。

十一、一期工程调度运行管理系统

南水北调东线一期工程调度运行管理系统是以采集输水沿线调水信息为基础，以通信、计算机网络系统为平台，以计算机监控系统和调度管理应用系统为核心的工程调度运行管理系统。

（一）系统组成

南水北调东线一期工程调度运行管理系统由信息采集系统、通信和计算机网络系统、计算机监控和视频监视系统、调度管理系统四部分组成。

（二）信息采集系统

1. 水文信息采集系统

江苏境内新建 18 处市、县际水量监测站，山东境内新建 4 处与梁济运河有水量交换的赵王河、泉河、郓城新河、琉璃河入河口控制站，2 处东平湖水位控制站，2 处东平湖出口控制站（向穿黄隧洞和济平干渠分水）以及鲁、冀省界的邱屯枢纽站。江苏省与山东省交界不牢河上的蔺家坝闸站（属江苏省）需要改造。关于泵站出口控制断面，有 5 处需要改造，27 处需要新建。山东境内新规划 26 处和东平湖以南已有 8 处分水口门需要新建水量监测站。另外，还需要在 12 个水情分中心（南四湖水情分中心除外）建设移动水文信息采集站等。

2. 水质信息采集系统

系统共设水质监测站点 196 处，其中邵伯湖、淮阴闸、台儿庄泵站入口、南四湖北出口和东平湖北出口 5 处设自动水质监测站，实现在线实时监测。其他站点采用取样到实验室做水质分析的方式监测水质。输水沿线江苏省扬州、淮安、徐州、宿迁，山东省枣庄、济宁、聊城、德州、济南、淄博等地市都有水环境监测中心可以利用，但山东省除济南外的其他 5 处水环境监测中心的设施设备需要改造和升级。

3. 泵站安全运行和视频信息采集系统

各泵站工程安全信息包括水位、流量、土压力、建筑物位移、沉降、底板扬压力等数据。泵站运行信息包括泵站上下游水位、机组启闭状态和抽水量、闸门开度和过闸流量、辅助系统设备和变电所设备的运行状态信息等。

（三）通信系统

1. 骨干通信网

南水北调东线一期工程采用合建和自建相结合的方式建设光缆线路。自建光缆选择 12 芯光缆，采用直埋、架空、沿电力线架设（OPGW 或 ADSS）管道等敷设方式，并尽量利用输水河道两岸敷设，自建光缆线路约 2100km。合建部分根据沿线公网现状可采用多种合建方式，合建光缆线路约 920km。

2. 二级接入通信网

根据工程特点和任务，二级接入通信网主要采用光纤通信系统或 IP 计算机通信网络。

3．调度交换通信网

调度交换系统组网根据工程管理模式拟按三级调度设置，一级为省调度中心、二级为调度分中心、三级为基层泵（闸）站。

（四）计算机网络系统

1．广域网方案

根据工程特点和调度管理的需要以及可靠性、安全性、经济性的需要，拟在各省调度中心分别配置 2 套核心路由交换机。2 套核心路由交换机快速切换，互为备用。在各分调度中心分别配置 1 套核心路由交换机，采用优化的树型结构方案分别与省调度中心和各泵闸站网络组成计算机广域网。

2．网络管理与安全系统

计算机网络系统的网络管理系统采用分布—集中式的管理模式。

安全系统建设主要内容包括配置防火墙、网段隔离、认证服务器、监听管理和审计、漏洞查找和安全评估、病毒防范、服务器的安全等 7 个方面的内容。

3．可靠性设计

采用公网上快捷、经济、合理的成熟技术作为广域网备用信道，从而保证网络信道的可靠性。路由设备支持 Dial backup、Dial on Demand 路由协议。当网络主连接失效时，能通过这些协议建立备用连接，保证网络的可靠访问。网络关键设备（路由器、网络管理、WWW、DNS、E－mail 等）采用双机备份，增加服务的可靠性。建立统一的网络管理中心和异地备用网络中心来对网络的资源、信息、配置、用户、性能、安全等进行管理，确保网络正常运行。配置双路供电，采用性能良好的 UPS 供电系统，网络系统要有良好的接地和避雷设施。

4．局域网络建设方案

调度中心的建设任务包括网络管理中心建设和局域网建设两部分。各调度分中心的建设任务主要是局域网建设。

调度中心、各调度分中心均建设以广域网核心路由交换机为核心，以千兆为主干，以快速以太网、交换以太网为分支的高速局域网络，分别承载监控网和调度管理网。

（五）计算机监控系统

1．系统层次结构

根据南水北调输水沿线的运行和调度管理的需要，结合管理机构的设置和江苏省江水北调工程调度运行管理的现状，计算机监控系统采用三层结构，即系统由 2 个省调度中心、13 个调度分中心和 95 个监控站构成。

2．系统组网方式

计算机监控系统共有 95 个监控站，分属 13 个调度分中心。13 个调度分中心中，除南四湖分调度中心属两省委托省界调水管理局管理外，其他 12 个分中心分属 2 个省调度中心管理。通信骨干层网络和接入层网络采用全光纤以太网结构，通信协议为 TCP/IP，IEEE802.3 标准。网络采用双向全双工工作体制。

（六）视频监视系统

根据南水北调东线一期工程运行管理的特点，视频监视系统分三级结构，第一级为输水沿线泵闸站视频监视系统；第二级为 13 个调度分中心；第三级为省调度中心，可对全线所管辖的任意视频监视点进行监视，但最多只可同时显示 16 路图像。三级之间通过设在省调度中心和调度分中心的主控计算机、分控计算机设置图像控制权限和图像浏览方式。

（七）调度管理应用系统

调度管理应用系统由调度信息服务子系统、调度运行管理子系统、视频会议管理子系统、水资源调度配置子系统、水资源调度模拟子系统等五个分析应用子系统和数据库系统组成。

1. 系统结构

（1）系统逻辑结构和层次结构。

（2）系统应用层。

（3）系统支撑层。

（4）系统人机接口层。

2. 系统应用平台的选择

（1）根据性能比较及南水北调东线调度运行管理系统的要求，推荐使用 ORACLE 数据库。

（2）地理信息系统（GIS）选用了 ERSI 公司的 ArcGIS。

（八）投资估算

按照 2004 年下半年价格水平计算，南水北调东线调度运行管理系统工程静态总投资为 46409 万元。

十二、里下河水源调整补偿工程

江都站抽水主要用于里下河地区，为了使江都泵站的抽水能力尽量用于向北调水，需要对里下河地区部分灌溉面积的供水水源进行调整。规划将原属江水北调工程供水的沿里运河、苏北灌溉总渠 2.5m 高程以下的灌溉面积调整为东引工程供水。结合江苏省东引工程布置，里下河水源调整工程主要内容为卤汀河工程、大三王河工程和灌区调整工程，共计拓浚骨干河道全长 67.58km，调整灌区 342.58 万亩，估算静态总投资 16.04 亿元。

里下河水源调整工程不仅是南水北调东线工程置换江都站抽水能力用于北调的关键工程，同时也具有改善里下河地区排涝、供水、航运等综合效益，故应对投资进行合理分摊。经水利部、淮委与江苏省协商，建议将里下河水源调整工程投资分为两部分，列入南水北调东线一期工程的补偿经费为 12.5 亿元，由江苏省包干使用，今后不再增加，南水北调东线二期工程中也不再考虑该工程内容；其余投资由江苏省自行解决。

十三、截污导流工程

（一）截污导流工程项目组成

国务院批复的《东线治污规划》，一期工程截污导流工程 22 项，纳入一期工程的截污导流投资为 17.25 亿元。

2003 年以来，根据国务院要求，江苏、山东两省分别组织沿线各市编制了《控制单元治污方案》，对各单元的治污方案和截污导流措施进行了进一步的论证。环保局、国家发展改革委分别组织专家进行了审查。

以《控制单元治污方案》为依据，由江苏省设计院和山东省设计院牵头，会同沿线各地市水利局设计院分别开展了截污导流工程可行性研究报告编制工作。

江苏段截污导流工程，包括江都市截污导流工程、淮安市截污导流工程、宿迁市截污导流工程和徐州市截污导流工程 4 项。

山东段截污导流工程在《东线治污规划》中确定为 18 项。山东编制的 27 个《控制单元治污方案》调整为 22 项。

（二）工程投资

苏鲁两省的截污导流工程与《东线治污规划》均有较大变化。根据国务院南水北调办综合司、水利部办公厅有关文件精神，对原规划项目建设内容、投资变动不大的，将成果纳入东线一期工程整体可行性研究；对原规划投资突破较大的项目，按原投资纳入整体可行性研究，超出部分或超出原规划的内容的项目，要专项上报审批。

江苏省江都、淮安、宿迁三项截污导流工程已完成可行性研究报告，并经过了水利部审查，按可行性研究报告编制投资列入主体工程；徐州市截污导流工程超出原治污规划的内容较多，仍按原投资 1.8 亿元列入主体工程。江苏截污导流工程合计投资为 7.52 亿元。

根据 2005 年 11 月山东省修改后的"控制单元治污方案"，山东段截污导流工程总投资按 14.75 亿元控制。

东线一期工程截污导流投资合计 22.27 亿元。

十四、工程管理

（一）东线一期工程管理体制

根据国务院南水北调工程建设委员会批复的《南水北调工程项目法人组建方案》，对于东线一期主体工程，组建江苏水源公司和山东干线公司，分别负责各自境内工程的建设、管理、运营，并保证向北方供水的水量和水质。

根据《关于南水北调东线江苏境内工程项目法人组建有关问题的批复》，江苏水源公司是由国家和江苏省共同出资设立的有限责任公司，作为项目法人承担南水北调东线一期工程江苏省境内工程的建设和运行管理任务。

根据《关于南水北调东线山东干线有限责任公司组建方案的批复》，山东干线公司为国家和山东省共同出资设立的有限责任公司，作为项目法人承担南水北调东线一期工程山东省境内工程的建设和运行管理任务。

根据《南水北调工程项目法人组建方案》，"东线一期工程的江苏和山东省界工程，地处苏鲁两省水事矛盾突出的地区，江苏水源公司及东线干线公司分别以合同方式委托淮委下属的专业化工程项目建设管理机构具体承担苏鲁省界工程的建设管理，以确保苏鲁省界工程顺利实施。苏鲁省界工程完工并通过验收后，工程及形成的资产按合同关系移交项目法人并继续以合同方式委托淮委管理机构运行管理。"

东平湖是黄河下游防洪的关键性工程，现由黄委山东河务局东平湖管理局负责管理。东线工程利用东平湖输水，与东平湖有关的单项工程有八里湾泵站出水闸、济平干渠渠首引水闸、穿黄工程出湖闸等。对上述工程的建设和运行管理，要在确保黄河大堤和东平湖大堤安全的前提下，精心设计，精心施工，并要处理好与黄河行蓄洪的关系，服从黄河防总的防洪统一调度，确保防洪安全。

截污导流工程是东线治污工程体系的重要组成部分，纳入调水主体工程一并实施，单项工程竣工后，由地方政府或其指定的机构进行管理。

（二）机构设置与人员编制

江苏水源公司设在南京，内部下设综合部、工程部、计划部、财务部、运营部、通信中心、调度中心等。根据管理的需要，江苏水源公司暂分区域设置 5 个直属分公司。考虑到江苏境内河道和分水口门管理现状以及南水北调的需要，暂按行政区划设扬州等 4 个二级管理机构。鉴于江苏境内工程管理的复杂性，本阶段暂按上述机构设置配置管理设施建设内容，下阶段根据工程的具体情况和管理的需要，对总公司直属分公司和各市二级机构设置问题继续进行研究。

山东干线公司设在济南，内部设置综合部、工程部、财务部、运营部 4 个部和通信中心、调度中心。总公司以下暂按行政区划设济南等 7 个管理局，管理局下设管理处（所），形成由总公司、沿线各市管理局、管理处（所）三级垂直管理的南水北调运营管理体系。

按《南水北调工程项目法人组建方案》，受江苏水源公司和山东干线公司委托，在工程建设期，由淮委下属的专业化项目建设管理机构——治淮工程建设管理局组建南水北调东线工程建管局，负责苏鲁省界（际）工程的建设管理；省界（际）工程建成后，由淮委组建南水北调东线省界（际）工程管理局负责省界（际）调水工程的运行管理。

按照人员精简高效的原则，初步拟定本工程管理机构编制定员为 3132 人，其中江苏境内工程编制 2007 人（利用现有管理人员 1307 人，新增 700 人），山东境内工程编制 853 人，省界（际）工程编制 272 人。

（三）工程管理范围

江苏境内工程管理范围为江苏境内的泵站工程、输水河道、配套建筑物、分水口门以及这些工程的维护管理设施，包括观测、交通、通信设施、测量控制标点及其他维护管理设施。

山东境内工程管理范围为山东境内的泵站工程、输水河道、配套建筑物、分水口门以及这些工程的维护管理设施，包括观测、交通、通信设施、测量控制标点及其他维护管理设施。

省界（际）工程管理范围包括南四湖水资源控制和水质监测工程、骆马湖水资源控制工程、台儿庄泵站、蔺家坝泵站和二级坝泵站。

（四）建设管理

江苏水源公司负责南水北调东线一期江苏境内工程（其中骆马湖水资源控制工程、南四湖水资源控制和水质监测工程、蔺家坝泵站委托南水北调东线工程建管局建设管理）的建设管理。

山东干线公司负责山东境内工程（不包括南四湖水资源控制和水质监测工程、台儿庄泵站、二级坝泵站）的建设管理。

省界（际）工程由江苏水源公司和山东干线公司委托淮委建设局具体负责建设管理。

穿黄工程具体的建设管理工作在征求山东干线公司意见后，由山东干线公司委托海委指定或组建的项目建设管理单位具体承担。

（五）运营管理

由水利部组织流域机构和两省水行政主管部门，研究提出水量调度方案，经水利部批准后执行。在调度方案的指导下，两省供水公司根据各受水户要求和实际需水量适当调整，形成年调水计划，由两供水公司签订调水合同，并由省界（际）工程管理局按照调水合同，实现省际计量交水。

南水北调工程实行有偿供水。供水价格按照补偿成本、合理收益、优质优价、公平负担的原则制订，并根据供水成本、费用、水质及市场供求的变化情况适时调整。

水价制订采用基本水价和计量水价相结合的两部制水价，按照《水利工程供水价格管理办法》（2003年水利部第4号令）中的规定进行核算，在核算的基础上充分听取有关方面的意见，经有关价格主管部门商水行政主管部门审批。

（六）管理设施及管理单位建设

南水北调东线一期工程拟建立调度运行管理系统。该系统由信息采集系统、通信与计算机网络系统、计算机监控与视频监视系统和调度管理应用系统等子系统组成。调度运行管理系统覆盖输水干线沿线江苏和山东两省范围内的泵站、闸站、输水河道、渠道、隧洞、湖泊、水库和重要的取水口、分水口，为各级调水管理部门有效合理地调度和管理水资源提供科学依据和技术支持。

按有关规范规定，为管理机构建设办公、生活设施。泵站枢纽及河道、水库等工程的管理设施已在单项工程设计中考虑。

江苏水源公司人员50人，建筑面积5000m²，征地12亩。

山东干线公司人员50人，建筑面积5000m²，征地12亩。

省界（际）工程管理局人员20人，建筑面积1200m²，征地8亩。

（七）工程年运行费用

为维持工程的正常运行，每年需要一定的工程运行费用，年运行费用包括工程维修费用、管理费用、抽水电费，根据有关规程规范，并参照类似工程测算。经测算，正常运行期间，年运行费用合计为8.79亿元。

工程年运行费用来源从公司征收的供水水费中开支，按照市场经济原则运行，自负盈亏。江苏水源公司和东线干线公司各自负责供水范围内各分水口门的水量计量及水费征收工作，各供水公司应制定具体的水费征收及使用办法。省界（际）工程管理局受两省委托负责省界

（际）工程的管理，不负责水费的征收，其管理运行经费应在两省征收的水费中予以解决。

十五、施工组织设计

（一）施工条件

南水北调东线一期工程共分成 16 个单项，工程内容包括河道工程，泵站工程，蓄水工程，穿黄工程，南四湖、骆马湖水资源控制工程，里下河水源调整补偿工程及截污导流工程等。工程施工有以下特点：

（1）施工线路长，工程量大，建筑物多而分散为本工程主要施工特点。

（2）工程总体规模大，但各单项工程分散且规模不大，除穿黄河工程有一定的施工难度外，其余各单项工程基本没有重大的技术难点。

（3）各施工项目基本独立，单项工程之间影响很小或无影响。因此工程既可全线同时施工，也可分期、分段建设。

（4）各单项建筑物施工场地布置条件好，临建工程量小，无公共性总体施工准备项目，不需要特殊施工机械设备。

（5）工程沿线交通便利，水电有来源，砂石料成品可通过就近外购解决。

（6）工程沿线地下水埋藏较浅，建筑物基础开挖及河道（水上）土方开挖均需采取措施降低地下水位，施工降水问题比较突出。

（二）施工导流

1. 河道工程施工导流

南水北调东线一期工程河道工程共有 14 项。河道开挖工程中高水河整治、金宝航道工程、南四湖湖内疏浚工程等 3 项主要采用挖泥船施工，无需导流，其余各河道开挖工程均需采取适当的导流措施。

2. 泵站工程施工导流

东线一期工程新建泵站 21 座和更新改造泵站 3 座。

江都站改造等 3 座泵站，其工程改造同正常检修工况，不存在导流问题。

睢宁二站和万年闸站、韩庄站、八里湾站等 4 座泵站为平地开河建站，预留土埂保护，无需导流。

宝应站、淮安四站、淮阴三站、洪泽站、皂河二站、邳州站、蔺家坝站、长沟站和邓楼站等 9 座泵站，泵站主体工程在大堤保护下施工无需导流，但枢纽中其他建筑物如进水闸等在枯水季节破堤施工或跨河施工，需设围堰保护。

金湖站、泗阳站、泗洪站、刘老涧二站、刘山站、解台站、台儿庄站和二级坝站等 8 座泵站，泵站位于河床内，或站址处地面高程不满足施工期防洪要求，需筑围堰保护施工。

上述泵站均为大（1）型泵站，工程等别为Ⅰ等，主要建筑物级别为 1 级，次要建筑物为 3 级。导流建筑物级别均为 4 级，次要建筑物相应的导流建筑物级别为 5 级、4 级和 5 级。土、石导流建筑物洪水重现期分别为 20～10 年和 10～5 年。

3. 蓄水工程导流

南水北调东线一期工程蓄水工程共有 6 项，仅有东湖水库穿小清河入库倒虹吸和出库倒虹吸、洪泽湖抬高蓄水位影响处理工程中的建筑物施工需要进行施工导流。

东湖水库主要建筑物级别为 2 级，临时导流建筑物级别为 4 级。施工导流洪水标准为 20～10 年重现期洪水。

洪泽湖抬高蓄水位影响处理工程安徽省境内主要建筑物为泵站工程，主要建筑物的等级为 1～3 级，相应的导流建筑物级别为 4～5 级，施工导流洪水标准为 10～5 年重现期洪水；江苏省境内各通湖河道工程中，张福河套闸、高松河闸为 3 级建筑物，赵公河闸、老场沟闸、五河闸、黄码河闸为 4 级建筑物，圩区排涝工程中的排涝泵站工程为 5 级建筑物。上述各建筑物相应导流建筑物级别均取为 5 级，导流标准采用非汛期 10 年一遇，导流时段为 11 月至次年 4 月。

4. 穿黄工程施工导流

穿黄工程为Ⅰ等工程，建筑物级别为 1 级，施工导流等临时建筑物级别为 4 级。黄河两岸外侧工程在黄河大堤保护下进行，工程施工不受黄河汛期洪水影响；破堤建筑物及滩地埋管受汛期洪水影响，可安排在非汛期施工，采用非汛期 20 年一遇洪水标准；穿黄隧洞黄河位山断面汛期 10 年一遇、20 年一遇洪水水位相差不大，采用 20 年一遇洪水标准增加的导流工程量较少，故采用 20 年一遇洪水标准。

5. 南四湖及骆马湖水资源控制工程施工导流

南四湖水资源控制工程中的施工导流临时挡水建筑物级别应为 4 级。根据永久建筑物规模、围堰规模、失事后果及使用年限等具体工程条件分析，确定施工导流建筑物级别降低为 5 级，相应设计洪水标准取为非汛期（10 月至次年 5 月）5 年一遇。

骆马湖水资源控制工程施工导流建筑物级别为 5 级，相应设计洪水标准取为非汛期（10 月至次年 5 月）5 年一遇，相应洪水位为 25.0m。

（三）对外及场内交通

工程范围内的铁路、公路交通发达，遍及城乡的公路网基本上可通达或接近各施工区段，县乡支线公路四通八达，堤顶防汛道路可直接至施工现场附近。各单项建筑物枢纽均可利用工程附近已有的乡村道路与附近公路网相通，施工前根据现场具体条件对部分路段进行整修。另外，对公路沿线的桥梁必要时进行加固改造或重建。工程沿线京杭运河徐州以南及淮河流域水运便利，在具备水运条件的单项工程附近修建临时码头，满足外来物资的卸货需要。

河道工程场内交通主要供土方施工机械使用。铲运机施工道路每 100～200m 布置一条土路，路面宽 3.5m，纵坡不应大于 8%；自卸汽车施工干道采用泥结碎石道路，路面宽 6.0m。建筑物场内交通道路主要为施工工厂、仓库之间的交通道路，下基坑道路以及通往取、弃土区的道路等。施工工厂、仓库之间的交通道路，下基坑道路采用泥结碎石路面，路基宽 7.0m，路面宽 6.0m；通往取、弃土区的道路采用简易土路，路面宽 7.0m。

（四）施工进度计划

根据《南水北调工程总体规划》，东线工程的建设应与治污项目的实施结合进行，按照"三先三后"的原则，随着治污措施取得成效逐步展开调水工程建设。原规划于 2007 年基本通水，但整体建设进度有所滞后。

东线一期工程中各单项工程沿线分散布置，均可采用常规施工方法独立进行施工，一般均可在 2～3 年内完成。工期较长的泗洪泵站工程和穿黄工程需跨 4 个年度完成，而且很难再压缩工期。在各单项工程中，2002 年已开工建设江苏段三阳河、潼河、宝应站工程和山东段济平干渠工程；2004 年年底开工建设刘山、解台、万年闸泵站；2005 年开工建设台儿庄、蔺家坝、淮阴三站、淮安四站等工程项目；剩余单项工程在 2007 年、2008 年陆续开工。从 2002 年 12 月开工，计划于 2010 年 4 月全部完工，总工期为 7 年 5 个月。

十六、建设征地及移民安置规划

（一）工程影响范围及实物指标

1. 工程影响范围

南水北调东线一期工程影响范围位于黄淮海平原的东部，南起江苏江都泵站，北至鲁北大屯水库。工程影响范围涉及江苏、安徽、山东三省，41 个县（市、区）。南水北调东线一期工程影响范围总面积 231075 亩，其中永久占地影响范围总面积 140583 亩，临时用地影响范围总面积 90492 亩。

2. 主要实物指标

根据各单项工程实物指标调查成果汇总，南水北调东线一期工程影响范围内主要实物指标如下：

（1）土地。工程占地总面积 231075 亩，其中永久占地 140583 亩，临时占地 90492 亩；永久占地中耕地 84045 亩，园地 1653 亩，林地 5126 亩。

（2）人口和房屋。设计水平年农村总户数 4965 户，农村搬迁人口 18189 人（不含东湖水库随迁人口），农村居民拆迁房屋面积 126.59 万 m^2，集镇居民拆迁房屋面积 12.4 万 m^2，城镇居民拆迁房屋面积 27.99 万 m^2。

（二）农村移民安置规划

1. 移民安置规划任务

南水北调东线一期工程共永久征用耕地、园地 83054 亩，直接影响到江苏、安徽、山东三省 41 个县（市、区）。影响区移民主要以耕地为生活来源，大部分单项工程以行政村为单位计算生产安置人口，少部分单项工程以乡为单位计算生产安置人口。经分析计算，设计水平年该工程生产安置人口 58578 人（不含截污导流），其中水库工程生产安置人口 8918 人，河道工程生产安置人口 36561 人，泵站工程生产安置人口 6441 人，其他工程生产安置人口 6658 人，农村建房安置总人口 18854 人。

2. 移民安置规划标准

生产安置标准在保证不降低移民生活水平的前提下，根据以下三个方面实际情况确定。

（1）根据安置区粮食生产的实际情况，保证移民有一份口粮田，一般考虑人均 0.5 亩，有条件的地方另考虑人均 0.4 亩经济田和人均 0.1 亩的生活用地，达到人均 1.0 亩左右。

（2）安置后移民人均耕地应与接受安置区原居民在安置后人均耕地数相当，选择地接受安置区的人均生产、生活用地一般应高于每人 1 亩。

（3）异地安置后移民人均耕地尽可能不低于征地前移民的人均耕地数。

根据江苏、安徽、山东有关建房用地规定，为保证标准的统一性，初步确定南水北调东线一期工程农村居民建房安置用地标准一般为 0.25 亩/户或人均综合用地标准为 70m²/人。

3. 安置规划

根据南水北调东线一期工程影响区的实际情况，移民生产安置共 64968 人，以农业安置为主，在保证移民有一份基本土地为依托的基础上，因地制宜，广开安置门路。农村移民生活安置人口共 22213 人，建房安置分集中安置和分散安置两种。

（三）集镇、城镇迁建规划

1. 新址选择要求

影响集镇、城镇部分的新址，应选择在地理位置适宜、能发挥原有功能、地形相对平坦、地质稳定、防洪安全、交通方便、水源可靠的地点，并为远期发展留有余地；并注意与集镇、城镇原有部分规划的衔接问题。

2. 人口和用地规模

集镇、城镇规划安置人口应包括工程占地直接影响人口、农村建房安置中规划进城的人口和以上部分自然增长的人口，城、集镇规划安置总人口 8955 人。

用地标准集镇建议采用《村镇规划标准》（GB 50188—1993）中中心镇一级或二级人均建设用地指标，也可在分析该集镇原有建成区人均建设用地的基础上采用；城镇在分析原有建成区人均建设用地的基础上采用，城、集镇规划总用地面积 1951 亩。

3. 对外交通及内部交通规划

道路标准：集镇建议采用《村镇规划标准》（GB 50188—1993）中中心镇镇内道路标准，居民点内主干道路面进行硬化设计，对外交通视具体情况分别考虑。城镇对外交通及内部交通道路应结合原规模确定。

4. 公用设施、市政设施恢复改建规划

集镇、城镇公用设施、市政设施恢复改建规划包括给排水、供电、邮政、电信、广播电视、防洪、农贸市场、环卫、消防、绿化等项目，规划标准结合原有规模等级和标准，并参照相关行业技术标准确定。

（四）专业项目复建规划设计

1. 专业项目规划

根据各单项工程影响区实物指标调查成果汇总，南水北调东线一期工程影响到的专业项目主要有如下几项。

（1）交通设施：包括机耕路、渡口、码头、船闸和桥梁。

（2）电信设施：包括光缆和电缆。

（3）广播电视设施：包括传输线路。

（4）输变电设施：包括输电线路和变压器。

2. 专业项目复建标准

南水北调东线一期工程所涉及各专业项目，复建标准按重置价进行补偿。

（五）库区及工程区清理规划

南水北调东线一期工程是一项跨流域的调水工程。为保证调水水质和工程的安全运行，防止水库水质污染，保护供水范围内人民群众身体健康，水库蓄水前必须对双王城、东湖、大屯三个新建水库进行库底清理。

水库库底清理包括：建筑物的拆除与清理、卫生清理、林木砍伐及林地清理，以及其他所必需的特殊清理。

库区清理范围为：双王城水库库区清理面积 7.79km²，东湖水库库区清理面积 5.59km²，大屯水库库区清理面积 7.41km²。

（六）移民投资估算

南水北调东线一期工程征地移民估算，依据国家、省（直辖市）有关规范与规定，根据调查实物量和分析确定的补偿单价，南水北调东线一期工程征地移民总投资 834044 万元，其中：暂列移民机构开办费 600 万元，文物保护费 10406 万元。

十七、水质保护

南水北调东线工程调水及水质目标的实现是节水、治污、生态环境保护与调水工程建设有机结合，该工程主要涉及输水干线规划区和山东江苏用水规划区，两大规划区由 5 个控制区、41 个控制单元组成；水质保护总目标是确保输水干线的水质达到《地表水环境质量标准》（GB 3838—2002）Ⅲ类水质标准，以促进沿线区域的产业结构调整，实现区域经济的可持续发展。

（一）现状水质

2004 年南水北调东线一期工程输水干线骆马湖及其以南水质基本良好，主要污染物为石油类；骆马湖以北至东平湖水质超标并逐步加重，以有机物、氨氮和石油类污染为主；黄河以北输水沿线水质全部为劣Ⅴ类，以有机物和氨氮污染为主；山东半岛输水干线总体水质为Ⅲ～Ⅴ类，以有机物和氨氮污染为主，小清河水质全部为劣Ⅴ类。

（二）污染源分析

2002 年治污控制单元 COD 和氨氮入河排污总量分别为 48.1 万 t 和 2.95 万 t，其中，城镇直接排入输水干线的主要污染物 COD 量为 32.18 万 t，氨氮为 2.65 万 t，城镇污染点源是导致输水干线水质污染的主要原因；面源污染主要影响南四湖流域和东平湖流域的汛期水质。

根据南水北调东线工程控制单元实施方案，将建设治污项目 355 项，总投资 196.9 亿元，其中包括 79 项城市污水处理工程、28 项截污导流工程、33 项流域综合治理项目、20 项工业结构调整项目以及 195 项工业污染治理项目等，预计到 2007 年项目实施后可削减 COD 排放量 46.89 万 t、氨氮 3.65 万 t。

（三）水质预测

依据 2002 年排污状况进行水质模拟，高锰酸盐指数和氨氮浓度在上级湖以北均严重超标。

高锰酸盐指数和氨氮在进入南四湖上级湖前能够满足Ⅲ类水质标准，南四湖上级湖以北段全部超标，水质为Ⅴ类和劣Ⅴ类。

在治污控制单元实施方案目标完成的条件下，输水干线基本达到全线高锰酸盐指数和氨氮指标满足地表水Ⅲ类的要求，除南四湖、东平湖个别预测点可能出现轻微超Ⅲ类水质标准外，总体上可以满足南水北调调水的需要。江苏、山东两省编制的《南水北调东线工程控制单元治污实施方案》基本有效可行，同时要针对南四湖、东平湖个别预测点超标的情况，做好面源污染的控制，减少面源污染进入输水干线。

（四）风险对策

水质现状评价、污染源评价以及水质预测结果表明，南水北调东线工程输水干线所接纳的污染源种类多、涉及范围大。复杂的污染源及其多种治污方式直接影响到水质达标情况，同时也带来了调水水质的风险。

1. 风险及后果

截污导流工程在调水期遇有暴雨超过截污导流工程3年一遇的工程设计标准时，会使得截污工程被迫开闸放水，从而使调水水质受到影响。鉴于输水河道同时承担排洪涝任务，汛期污染物将进入输水河道，调水初期水质风险较大。因此应加强调水初期供水水质监控，重点监控南四湖、东平湖出湖和鲁北段水质。

除此之外，还要考虑到其他水质风险，包括调水终点蓄水水库的水质安全、内源污染、船舶线源污染及湖泊的富营养化等。对于一些不可控的突发事故等，及早制订应急预案，防范风险。

2. 对策措施

针对上述风险，应加强对治污工程的组织、协调与监督管理，确保按期完成，合格验收，稳定运行；针对南四湖突发性降雨、黄河以北段初期调水、治污工程、沿线垃圾填埋场、桥梁交通运输等可能对水质产生的风险，制定相应的风险防范应急措施。

《南水北调东线工程治污规划》和《南水北调东线工程治污规划实施方案》是支撑南水北调东线工程调水水质的重要保障，各级政府和有关部门应该予以高度重视，确保工程的按期实施、完工，并达到预期削减能力。

十八、水土保持方案

南水北调东线一期工程是一项点多、线长、面广的系统工程，项目区黄河以南位于黄淮冲积平原微丘风沙区，现状无明显水土流失，土壤侵蚀强度为微度；山东半岛位于鲁中南中低山丘陵强度侵蚀区，黄河以北位于黄泛沙荒轻度风蚀区，均属山东省水土流失重点治理区。由于工程占地、施工期间土石方开挖、填筑、堆弃、调配运输等，预测水土流失防治责任范围16846.6hm²，损坏水土保持设施面积2853.66hm²，预测水土流失总量为997.19万t，新增963.61万t，可能会造成严重的人为水土流失和周边生态环境的恶化，工程水土流失重点防治区域为弃土场区。

根据南水北调东线一期工程总体布局、工程建设时序和工程造成的水土流失特点，结合项目区的自然条件、地形地貌等，工程水土流失防治分区分为项目建设区和直接影响区。其中项目建设区包括主体工程（河道治理、泵站工程、蓄水工程、水资源控制工程、穿黄工程）区、取土场区、弃土区和临建工程区等和直接影响区。根据水土保持工程设计原则，对不同分区采取不同的具体防护措施。水土保持综合防护体系，由预防措施、治理措施、临时防护措施和水工保护四大部分构成。其中，水土流失治理措施由工程措施、植物措施和土地整治三部分组成。水土保持措施防治面积 11455.7hm²，水土保持措施工程量主要有土地整治 742.26hm²，开挖排水沟土方 90.53 万 m³，混凝土护砌 74027.68m³，种草和草皮防护 4193.43hm²，栽种乔木 407.35 万棵。

南水北调东线一期工程水土保持方案新增投资 24204 万元。

十九、环境影响评价

（一）环境影响预测评价

1. 长江口盐水上侵影响预测评价

自 1978 年以来，多个科研教育单位就南水北调工程对长江口生态环境的影响进行了比较深入的分析研究。1978 年，中国科学院和水电部提出了有关环境影响的 4 个主要研究课题，当时对调水对引水口以下长江河道及长江口的影响的主要结论是：调水占长江径流量的比重很小，对引水口以下的长江水位、河道淤积和河口拦门沙的位置等影响甚微，对长江口盐水上侵可采取"避让"政策。1993 年，《南水北调东线第一期工程修订环境影响评价报告书》通过水利部预审，1995 年，《南水北调中线工程环境影响评价报告书》通过国家环保局审查等。

2000 年，在南水北调工程总体规划中，水利部调水局又组织开展了《长江口地区淡水资源开发利用与南水北调工程研究》《南水北调工程对长江口盐水入侵影响预估研究》《南水北调工程对长江口盐水入侵影响分析研究》《南水北调工程对长江口生态环境影响评估研究》《南水北调工程对长江口生态环境影响分析研究》等专项研究。

众多研究成果表明，长江口咸水上侵的长度与强度主要取决于上游来的径流量大小和潮差的大小，东线一期工程调水规模增加抽引长江水 100m³/s，多年平均抽江水量 87.68 亿 m³，新增的抽水能力仅占长江最枯月流量的 1.3%，年调水量不到长江多年平均入海水量的 1%，对长江口盐水入侵基本无影响。当 2030 年三期工程抽江规模达到 800m³/s 时，调水量约占长江多年平均入海水量的 1.6%，影响也很小。规划提出当长江大通水文站流量小于 10000m³/s 时，采取"避让"措施，减少抽江水量，可基本消除调水对长江口盐水入侵的影响。

2. 水文情势影响预测评价

从水资源的角度看，南水北调东线工程具有明显的正效益，解决了受水区国民经济发展的水资源短缺问题，同时对区域水资源配置条件有一定的改善作用，对城市工业用水与农业用水之间的水资源配置、经济用水与生态用水、不同流域之间水资源的合理配置均有不同程度的影响。南北受水区具有水文丰枯互补性，通过输水沿线各类工程和水库调蓄，使长江水与当地水联合运用、统一调度，实现水资源的优化配置和合理利用。

从长远讲，东线工程实施后，将成为沿线城市的一个水源，可替代引黄工程及引黄水量，有助于解决黄河断流问题。

由于东线一期工程调水流量仅比现状江水北调输水量的 $400m^3/s$ 多 $100m^3/s$，调水对河道和湖泊水文情势影响不大，影响因素仅表现为将延长输水河道输水的时间，局部河段和湖泊水位有小幅抬高。

3. 地表水环境影响预测评价

南水北调输水干线及其支流的水环境现状较差，特别是里运河及南四湖至东平湖区间和小清河的水质现状极差，根据流域水功能区划及调水治污规划要求，南水北调输水干线及其支流的水质必须达到Ⅲ类水质标准。因此，南水北调东线工程的实施，将对输水干线及其主要支流的水环境有着极大的改善作用。

江苏省截污导流工程主要是江都市、淮安市、宿迁市、徐州市尾水输送工程。上述城市的污水大部分经截污管道收集到污水处理厂处理达标后，经尾水输送工程导入下游河道，不会对南水北调东线工程水质产生影响，对导入河道水环境和区域内其他河流的整体水环境有一定的改善作用。因此，江苏省截污导流工程对地表水整体水环境有改善作用。

山东省截污导流工程以污废水处理达标排放为前提，因此从区域水环境上看，将起到整体改善当地水环境的作用。由于山东省截污导流纳污水域水环境现状普遍较差，因此处理后的尾水导入对其水质影响不大，且纳污水域无集中供水水源地，其水域功能为农业用水，因此尾水导入基本不会影响其使用功能。

山东省截污回用工程主要是将城市污水或部分工业废水经处理达标后，通过河道拦蓄或者建平原水库蓄水进行回用。因此，截污回用工程基本不会产生对其他水域的水环境影响问题。

4. 生态环境影响预测评价

工程施工将毁损部分生物量，影响部分动物的栖息环境，但其影响可以很快得以恢复或者消除。南水北调东线工程实施后，河道的输水水位稳定，部分河道扩挖和疏浚后，水域面积扩大，水位升高，补充了大量的生态用水，拓宽鱼类的活动空间，有利于鱼类资源发展。从长远看，一期工程对沿线生态环境的影响利大于弊。

5. 地下水及土壤盐渍化影响预测评价

南水北调一期工程实施后，对鲁北片供水区、南四湖湖东与梁济运河以东等地下水超采区减少地下水开采量，恢复地下水水位，减少地面沉降是有利的；对山东半岛沿海掖县、黄县、寿光等地下水超采区，减少地下水开采量，防止海水继续内侵也是有利的；对输水沿线局部低洼地带，两岸地下水位抬高产生影响，造成两岸一定范围内的沼泽化和盐渍化，但可以通过采取截渗、排水、防渗及护坡等工程措施，避免或者减轻渍涝灾害。

截污导流工程尾水灌溉可能带来一定程度的土壤次生盐碱化问题，但可以通过采取防治措施，避免或者减轻盐碱化危害。

6. 血吸虫病扩散北移预测影响评价

江苏省血吸虫病防治研究所从 1978 年开始进行南水北调是否会引起钉螺北移的研究，整个研究工作分三阶段：第一阶段（1978—1981 年）研究结果认为，东线工程调水过程中，钉螺附着漂浮物随水流向北迁移的可能性存在，北移后钉螺在北纬 $33°15'$ 以北地区形成新的分布区是受限制的。第二阶段（1991—1994 年）和第三阶段（1995—1999 年）的研究工作实际上是一个连续的过程，重点研究气候变暖情况下，钉螺北移后生存发展的可能性。实验室条件下研究结果表明，在北纬 33°23′以北地区，钉螺不能生存；在北纬 33°15′~33°23′，钉螺不能适应当地环境，其生存与繁殖能力逐年下降，种群呈逐渐消亡趋势，故难以形成新的钉螺分布区；北纬 33°15′以南地区属于钉螺滋生地区。

江苏省江水北调工程运行多年来尚无确切证据表明调水工程造成钉螺及血吸虫病的扩散，钉螺无明显北移迹象，迄今为止没有逾越北纬 33°15′的钉螺分布北界。

南水北调东线工程是一项涉及社会经济和自然生态的大型水利工程，其对生态系统及社会经济的影响是广泛的、长期的，对钉螺扩散和血吸虫病流行的影响也是多元而复杂的。因此，随着东线工程的逐步实施和运行，有必要继续对气温、土壤、水质、地下水及土壤次生盐碱化等有关因素进行深入研究，进一步对可能导致钉螺北移扩散的不利因素进行控制，最大限度地降低或避免不利影响，保障工程建设和运行。

7. 施工期环境影响预测评价

施工基坑排水量有限，就近排入河道或周边沟渠不会对地表水质造成明显的不利影响。混凝土拌和和养护废水、砂石料冲洗废水及含油废水和生活污水，经沉淀池沉淀和处理达标后排放对水环境影响很小。施工导流一般都在河道内导流或者开挖明渠向下游导流，不存在跨水系导流的问题，因此不会产生污染转嫁问题。施工期对输水沿线的河道、湖泊生态环境影响不大，而且是阶段性、区域性和可恢复的。

工程施工不可避免地对近距离内的噪声环境造成影响，但可以通过采取措施从时间和程度上减轻其危害。施工废气、粉尘对近距离内的大气环境造成影响，但粉尘污染可以通过洒水措施加以减免。

（二）环境保护措施

1. 运行期环境保护措施

主要针对工程运行期水质保护、生态环境、土壤盐渍化、血吸虫扩散北移等采取有效的环境保护措施。

2. 施工期环境保护措施

施工期采取的环境保护措施包括：①水环境保护措施；②大气环境保护措施；③噪声保护措施；④固体废物处置及其他环保措施。

（三）环境保护投资

环境保护投资采取与主体工程投资估算相一致的方法，估算环境保护专项投资 22143 万元（含血吸虫防护专项投资 11380 万元）。

（四）环境保护评价结论

南水北调东线一期工程的实施将发挥深远的社会、经济和环境效益，其正面影响远大于可能产生的负面影响。通过环境影响评价说明，对环境的不利影响都是局部和轻微的，且可以通过已成熟的环境保护措施减免或者消除其可能带来的环境危害。

南水北调东线一期工程的实施从环境角度分析是可行的。

二十、投资估算

（一）工程投资估算

2006 年 2 月，水利部向国家发展改革委上报了《南水北调东线第一期工程可行性研究总报告》，其工程静态总投资为 266.09 亿元。根据 2006 年中咨公司的评估报告和 2007 年国家审计署的审计报告提出的主要意见，水利部组织对上报的可行性研究投资进行了调整，提出东线一期工程可行性研究《投资估算（修订）》。

南水北调东线一期工程划分为 16 个单项，投资编制分为已审批工程、未审批工程两种情况。

1. 已审批工程投资编制

除南四湖—东平湖段工程之外，2002—2003 年度开工项目中的 7 项 22 个单元初步设计均已经国家发展改革委的批复。已审批工程按国家发展改革委批复投资计列，但蔺家坝、韩庄、二级坝泵站贯流泵价格按进口设备价格进行调整，参照蔺家坝招标价格增加设备调差。

2. 未审批工程投资编制

山东南四湖—东平湖段工程，可行性研究报告已经水利部审查通过，但未经国家发展改革委批复，采用山东省设计院编制的输水与航运结合工程可行性研究报告成果，投资分调水、航运两部分，调水工程部分投资纳入南水北调东线一期工程统筹安排，航运工程部分投资由交通部和山东省承担，并出具承诺意见。

2002—2003 年度开工项目之外的其他 8 项工程，投资按 2004 年下半年价格水平进行编制。

（1）主体工程生活及文化福利部分建筑工程、渠道工程取 0.5%、枢纽工程取 0.8%，取消内部观测费用。

（2）临时办公、生活及文化福利投资中全员劳动生产率由 8 万元/（人·年）调整为 10 万元/（人·年）。

（3）基本预备费费率由 12% 调整为 11%。

（4）特殊科研和专项费用考虑无工程措施输水河道测量及输水复核、文物保护前期工作经费、资源占压及地质灾害评估工作经费、南水北调对淮河流域防洪除涝影响分析、初设阶段审查费、总体可行性研究报告编制费。

（二）工程投资估算汇总

南水北调东线一期工程静态总投资 260.48 亿元，建设期贷款利息 23.42 亿元，总投资 283.90 亿元。

江苏省里下河水源调整工程估算静态总投资 16.04 亿元，其中 12.5 亿元计入东线一期工程总投资，其余投资由江苏省自行解决。

山东省南四湖—东平湖段结合航运方案静态总投资 33.56 亿元，其中调水工程部分投资 21.00 亿元计入东线一期工程总投资，航运工程部分投资 12.56 亿元由交通部和山东省承担。

投资估算汇总见表 7 - 2 - 9。

表 7 - 2 - 9　　　　　　　　南水北调东线一期工程投资估算汇总表　　　　　　　单位：万元

序号	工 程 项 目	静态投资总计	其　中				
			工程部分	其他	征地移民	水保	环保
1	三阳河、潼河、宝应站	91590	50424		39369	1567	230
2	长江—骆马湖（2003 年度）工程	89040	67549	1600	18679	697	515
3	长江—骆马湖段其他工程	535085	362656	12882	148154	7168	4225
4	江苏骆马湖—南四湖段工程	62470	54577		6837	716	340
5	韩庄运河段工程	76830	68327		7508	501	494
6	山东南四湖—东平湖段工程	335590	221030		109627	3868	1065
7	穿黄河工程	58305	44505	468	12353	465	514
8	东平湖蓄水影响处理工程	39761	4830		34490	268	173
9	鲁北段工程	295516	152210		139028	2928	1350
10	济平干渠工程	128006	83408		41991	2298	309
11	济南—引黄济青段工程	602605	376281		221967	3194	1163
12	南四湖、骆马湖水资源控制和水质监测工程	50358	46899		2732	365	362
13	洪泽湖、南四湖下级湖抬高蓄水位影响处理工程	95217	53975	0	40303	731	208
(1)	洪泽湖抬高蓄水位影响处理工程	58462	53975	0	3561	731	195
(2)	南四湖下级湖抬高蓄水位影响处理工程	36755	0		36742	0	13
14	工程管理信息系统	54750	0	54750			
15	其他专项	27844	0	5458	11006	0	11380
(1)	移民机构开办费	600	0		600		
(2)	沿线文物保护	10406			10406		
(3)	血吸虫北移防护工程	11380	0				11380
(4)	特殊科研及专项费用合计	5458	0	5458			
	合计	2542967	1586671	75158	834044	24766	22328
	其中：已审批工程	556599	415689	2068	129469	6609	2764
	未审批工程	1986368	1170982	73090	704575	18157	19564
16	截污导流工程	222789	0	222789			
	江苏省截污导流工程	75241	0	75241			
	山东省截污导流工程	147548	0	147548			
总计		2765756	1586671	297947	834044	24766	22328
南水北调总体可行性研究静态总投资		2604813					
建设期贷款利息		234200					
南水北调总体可行性研究总投资		2839013					

二十一、经济评价

（一）国民经济评价

南水北调东线工程是解决黄淮海地区和山东半岛水资源短缺、实现南北水资源优化配置的战略性工程。工程直接为受水地区城市工业和生活、农业以及航运补充水源，对受水地区社会稳定、生产发展、人民生活水平提高等都有直接和长远的效益。此外，工程还为生态供水，并改善京杭运河的通航条件；工程具有巨大的经济效益、社会效益和生态效益。

从国民经济角度分析工程的盈利能力，计算各项国民经济指标，经济内部收益率 15.95%，经济净现值 111.46 亿元，经济效益费用比 1.34。敏感性分析的结果表明，南水北调东线一期工程的经济风险较小；概率分析表明，南水北调东线一期工程整体有较强的抗风险能力。因此，从国民经济角度来看，本工程经济效果较好，社会效益显著，是合理可行的。

南水北调东线一期工程分省的效益费用比大于 1、经济内部回收率大于 12%，经济净现值大于 0，分省工程在经济上也是合理的。

（二）干线工程建设资金筹措

根据国务院批准的《南水北调工程总体规划》、国务院南水北调工程建设委员会批复的《南水北调工程项目法人组建方案》和国务院南水北调工程建设委员会第二次会议纪要以及有关主管部门的精神，南水北调工程建设资金由中央预算内拨款、南水北调工程基金和银行贷款三个渠道筹集。其中，中央预算内拨款占总投资的 30%，贷款占总投资的 45%，南水北调工程基金占总投资的 25%。

（三）供水水价测算

中咨公司在对南水北调东线一期工程可行性研究报告评估时，多数专家认为"苏鲁两省对工程水价及需调水量没有明确"。为此，水利部于 2006 年 8 月对东线一期工程苏鲁两省的需调水量和水价的有关问题作了进一步协调。经反复讨论与协商，就水价测算的有关问题达成一致意见，水利部与苏鲁两省签订的纪要中确定了水价计算的主要原则和方法。

南水北调东线一期工程的供水水价由供水总成本费用和利润构成。按照"谁受益、谁分摊"的原则，其成本费用在不同区段、不同功能之间进行分摊。单项工程在水价测算中按现有工程、新增工程两种情况进行处理。

1. 现有工程

利用现状条件输水的河道，在水价测算时考虑其运行维护费用。

利用的现有泵站，水价测算中考虑其固定资产折旧和运行维护费。

利用江苏省世界银行贷款建设的大运河监测调度系统工程，水价测算中考虑其固定资产折旧和运行维护费。

以上现有工程一般都具有调水、防洪除涝、航运等综合利用的功能，而调水功能又有现状调水和新增调水两种情况，因此，其成本费用首先按调水与航运功能分摊，再按现状调水和新增调水两部分分摊。

2. 新增工程

泵站更新改造项目包括江都站更新改造、淮安二站更新改造和皂河一站改造 3 个项目，贷款还本付息费用向北分摊。

为排涝增加的项目而增加的成本费用不向北分摊。

里下河水源调整、梁济运河灌区影响处理、鲁北段灌区影响处理、徐洪河影响处理、骆南中运河影响处理、沿运闸洞漏水处理等 6 个项目只考虑贷款的还本付息费用，并向北分摊。

拆除老站建新站项目包括泗阳泵站、刘山泵站、解台泵站。老站规模分摊的投资按现有泵站投资处理；增加规模的投资计为新增工程投资，成本费用向北分摊。

洪泽湖抬高蓄水位影响处理工程中安徽境内工程由中央出资建设，建成后交安徽省运营管理，不纳入水价测算；江苏境内工程的成本费用不向北分摊。

截污导流工程只考虑贷款还本付息费用，骆马湖以南截污导流工程的贷款还本付息费用不向北分摊，骆马湖以北的截污导流工程的贷款还本付息费用向北分摊（徐州市截污导流工程投资按 1.8 亿元计）；血防工程的成本费用不向北分摊。

其余工程成本费用向北分摊。

按水利部与苏鲁两省达成的水价测算原则和办法，经计算，净资产利润率 1% 时，南水北调东线一期工程江苏省境内非农业供水水价为：调水出骆马湖的水价为 0.26 元/m³，调水出下级湖的水价为 0.34 元/m³。

山东省境内非农业供水水价为：调水出南四湖下级湖的水价为 0.32 元/m³，调水出东平湖的水价为 0.54 元/m³，调水到小清河分洪道子槽引黄济青上节制闸的水价为 1.07 元/m³，调水到临清的水价为 0.86 元/m³，调水到德州的水价为 1.23 元/m³。

根据《水利工程供水价格管理办法》，"水利工程应逐步推行基本水价和计量水价相结合的两部制水价"，基本水价按补偿供水直接投资、管理费用和 50% 的折旧费、工程维护费的原则核定；计量水价按补偿基本水价以外的其他成本费用以及计入规定利润和税金的原则核定。

（四）财务评价

经财务评价分析，南水北调东线一期工程满足 25 年全部还清贷款，财务内部回收率是 2.22%（税后），能做到"还本付息、收回投资、保本微利"。

第三节　重要问题专题

一、截污导流工程

1. 前期工作概况

2003 年 9 月，国务院进一步明确了治污工作的指导思想、实施目标和职责分工等。由国务院南水北调办分别与江苏省、山东省人民政府签订治污目标责任书，明确各自在实施控制单元治污方案中的责任和义务。治污工作围绕《东线治污规划》确定的 41 个控制单元展开，要求江苏省、山东省组织有关部门编制各控制单元实施方案，对各单元的治污方案和截污导流措施进行了进一步的论证。

江苏省、山东省分别组织沿线各市于 2004 年编制完成了各省的《控制单元治污方案》，国家环保局、国家发展改革委分别组织专家进行了审查。

以《控制单元治污方案》为依据，由江苏省设计院牵头，扬州、淮安、宿迁各市水利局设计院分别编制完成了江都市、淮安市、宿迁市 3 项截污导流工程的可行性研究报告；山东省设计院在沿线各地市的配合下编制完成了菏泽市东鱼河、枣庄市薛城小沙河控制单元（包含薛城小沙河、薛城大沙河、新薛河三个截污导流工程）、泰安市宁阳县洸河、济宁市微山县等 4 个单项截污导流工程的可行性研究报告。

水利部于 2005 年 6 月、7 月、12 月组织专家分别对上述江苏、山东截污导流工程的可行性研究报告进行了预审。

2. 江苏段截污导流工程

南水北调东线一期工程江苏段输水干线穿越江都市、淮安市、宿迁市、徐州市等城区。大量未经处理或只经初步处理后的污水直接排入输水干线。为保证东线工程的送水水质，须对以上四市区段的污水进行综合治理，采取截污导流等工程措施来达到污水不入输水干线的目标。江苏段截污导流工程包括江都市截污导流工程、淮安市截污导流工程、宿迁市截污导流工程和徐州市截污导流工程四大项。

（1）江都市截污导流工程。南水北调东线一期工程两条输水干线均经过江都境内，其中一条通过泰州高港枢纽从长江引水，沿泰州引江河、新通扬运河、三阳河、潼河经宝应站送入大运河的输水线路水质受穿江都城区而过的新、老通扬运河水质的影响。

江都市截污导流工程主要解决污水处理厂尾水输送问题，拟按 4 万 t/d 规模通过压力管道将污水处理厂尾水南输至长江主江堤外双港，以减少城区排放污水对输水干线的影响。尾水输送管出水口布置在主江堤外双港（又名双江口），距三江营约 3km，距泰州引江河约 10km。

（2）淮安市截污导流工程。京杭运河在淮安段分为大运河、里运河两支，运河沿线两岸工厂林立，码头众多，居民密集，随着淮安经济和工农业生产的发展，两河的水污染问题日益严重，里运河已成为主城区的一条污水河。淮安市拟通过截污干管铺设工程、里运河清淤工程和清安河疏浚工程彻底解决两河的水污染对东线南水北调调水水质的影响。

1）截污干管铺设工程。拟将清浦、清河、开发区现状直接排入大运河、里运河的污水进行截流，分别送入淮安市的两个污水处理厂进行集中处理，达标后排入清安河，经入海水道排污专道入海，截污干管沿河道堤防或道路两侧布置。截污干管系统中共设 6 座中途提升泵站，分别是：引河路泵站、圩北路泵站、开发区泵站、石化厂泵站、运南泵站、城南泵站。

2）里运河清淤工程。按清除底泥污染、改善市区水环境为目标进行河道断面设计，以达到底泥不影响送水水质为控制标准进行清淤。

3）清安河疏浚工程。除局部为改善过流条件截弯取直外，其余段皆沿现状河道中心线进行，并结合清淤对局部河堤采用组合式护岸型式进行防护。

（3）宿迁市截污导流工程。宿迁城区段截污导流工程包括运西城区段污水口封堵与工业尾水收集系统工程和城南污水处理厂尾水输送工程两部分。

1）运西工业尾水收集系统。该系统负责收集运西地区运河路至运河堤顶路之间达标排放的工业废水，通过设计流量 0.25m³/s 的污水泵站提升后送至总尾水提升泵站。截污干管沿运河堤顶路西侧布设，泵站前的集污管采用钢筋混凝土管，根据流量分布情况，管道内径由30cm逐渐加大至90cm。泵站后截污干管采用球墨铸铁管，管道内径为60cm。

2）尾水输送系统。该系统负责将运西工业尾水和宿迁市城南污水处理厂尾水汇集后一起输送至新沂河总沭河口。工程布置方案为：在城南污水处理厂北侧新建设计流量0.85m³/s的总提升泵站1座，输送管道过中运河后城区段沿金沙江路布设，过二干渠后沿山东河东滩面布设，新沂河沿线沿南堤内堤脚滩地布设。城区段输送管道采用球墨铸铁管，山东河、新沂河沿线采用玻璃钢管。

（4）徐州市截污导流工程。徐州段截污导流工程拟将已列入《东线治污规划》中的荆马河、三八河污水处理厂的尾水处理工程及《东线治污规划》中遗漏的桃园河、贾汪区、邳州市尾水一并东调入海，即将柳新、贾汪、荆马河、三八河、邳州市污水处理厂处理后的尾水沿桃园河、老不牢河、彭河、中运河、湖东自排河、运南干渠、荆马河、三八河进入新沂河排污专道入海，线路总长度198km，新开河道89km，利用现状河道109km，投资约7.9亿元。

3. 山东段截污导流工程

《东线治污规划》确定的山东省截污导流工程有18项，2004年编制的山东段27个《控制单元治污方案》截污导流工程调整为22项。各截污导流工程分述如下：

（1）邳苍分洪道截污回用工程。通过陷泥河、南涑河上的拦河闸对临沂城区及罗庄区城市及企业达标排放的尾水进行拦蓄回用，并通过陷泥河、南涑河入邳苍分洪道处的蒋史汪橡胶坝和廖家屯拦河闸进行拦蓄回用。同时利用新建廖家屯拦河闸抬高邳苍分洪道蓄水位，回流入武河；在多福庄拦河闸上游，沂、武河距离最近处开挖导流沟入沂河，利用已建的沂河马头拦河闸进行拦蓄回用。

利用吴坦河、东泇河、白家沟、汶河等拦蓄工程对苍山县城污水进行拦蓄回用，并在东泇河小屯闸上游，利用现状沟网扩挖横向连通沟，将东泇河、白家沟回用余水导入吴坦河、汶河进行拦蓄回用。在吴坦河新建吴坦闸，将该河上游天然径流导入粮田河，通过粮田河上的城北闸导入燕子河，由燕子河入邳苍分洪道；在小汶河入汶河处利用已建三合闸，将汶河天然径流导入东宋沟，再由东宋沟入邳苍分洪道。

（2）小季河截污回用工程。在小季河上新建毛良、季庄拦河闸和季庄水库，拦截台儿庄区污水处理后的下泄尾水，并通过各拦河闸前为城市环境提供补充水源，闸前拦水可自流入东环河，由东环河送入北环河、西环河、月河、台兰渠。并对周围农田进行灌溉回用。

（3）峄城大沙河截污导流工程。在峄城大沙河上新建龚庄、裴桥节制闸，拦截峄城区污水处理厂和企业达标排放的下泄尾水，并对闸上回水段河道进行扩挖复堤；同时结合中水回用，通过新建提水泵站用于农业灌溉。

（4）薛城小沙河截污回用工程。在薛城小沙河新建朱桥橡胶坝，并利用该河已有拦河工程，联合下游湖口人工湿地拦截薛城区污水处理厂和企业达标排放的下泄尾水。

（5）新薛河截污回用工程。在新薛河上游洼地新建南岭水库，结合下游湖口人工湿地拦截山亭区污水处理厂下泄尾水。在该洼地南北两端各修筑一道黏土堤，两堤与东西两侧的高地衔接从而包围成库区，两堤间距200m。在新薛河支流小渭河新建渊子涯橡胶坝，拦截鲁南化工厂的达标下泄尾水。

（6）薛城大沙河截污导流工程。在薛城大沙河新建丁桥、挪庄橡胶坝，结合下游湖口人工湿地拦蓄薛城区污水处理厂和企业达标排放的下泄尾水。

（7）城郭河截污回用工程。拟在城郭河上利用已有和新建拦河橡胶坝，结合人工湿地拦蓄滕州市污水处理厂及企业达标排放的下泄尾水，并在拦河建筑物前新建提水泵站及引水渠灌溉回用。

（8）北沙河截污回用工程。拟在北沙河上新建西王晁等拦河橡胶坝，拦截滕州市沿岸企业达标排放中水，并利用已有、新建提水设施进行灌溉回用。

（9）曲阜市截污导流工程。曲阜市污水处理厂及企业直排达标的下泄尾水经输水管道排入沂河，通过在沂河下游新建郭家庄、大柳庄橡胶坝调节拦蓄，同时对沂河河段加宽河槽，拓宽滩地，修筑堤防，在橡胶坝上游新建提水泵站用于沿河两岸农灌。

（10）鱼台县截污导流工程。鱼台县截污及污水资源化工程主要充分利用西支河、幸福河现有河道，通过新建南环南拦河闸、幸福河涵闸和西支河涵闸，形成封闭的 L 形带状调蓄水库（唐马水库）拦蓄从污水处理厂排出的水，经 DN1000 钢筋混凝土管道和入库泵站进入水库。汛期南环南拦河闸开闸泄水，排入南四湖。

（11）梁山县截污导流工程。拟在梁山县运河以东、馆驿公路以北的郑垓农场区域，新建郑垓水库，拦蓄从梁山县污水处理厂排出的水，经入库泵站提排并通过 DN500 的管道进入水库拦蓄。为泄空水库，需在水库的西大堤新建闫楼泄水涵闸，汛前将水库中水泄入码柳沟，再通过张桥泄水闸（已建）排入梁济运河。考虑污水回用，需在水库的东大堤上新建陈庄引水涵闸，通过三分干渠引水灌溉。

（12）济宁市截污导流工程。该工程主要是拦截济宁市城区的尾水，防止通过洸府河、老运河进入南四湖。

在洸府河及其支流上，利用河道蓄水灌溉。在济宁市区污水处理厂附近改建提水泵站，通过管道将中水输送到洸府河下游东石佛拦河闸以上，在济宁市开发区污水处理厂附近新建提水泵站，通过管道将中水输送到洸府河支流蓼沟河排入洸府河下游；将南跃进沟东段与洸府河连通；打通蓼沟河、小新河和幸福河，并新建辛闸水库进行拦蓄。为确保输水干线水质，在南跃进沟东西两端建闸控制。利用沿线河沟渠对两岸农田进行灌溉。

（13）微山县截污回用工程。拟利用付村镇上的涝洼地，新建付村水库，拦截该县污水处理厂的下泄尾水，经 DN500 钢筋混凝土管道输送至张庄入库泵站，再由泵站进入水库。为泄空水库，需在水库的东南角新建汇子泄水涵闸，汛期通过汇子引河将水库中水排入南四湖；考虑污水回用，需在水库的东北角新建张庄放水涵闸，通过输水明渠和新建杨楼涵闸，将水引入老运河，以老运河为总干排灌溉回用。

（14）金乡县截污导流工程。拟将金乡县污水处理厂的下泄尾水，经输水管道由提水泵站排入大沙河，通过新建拦河闸，利用河道拦蓄和灌溉回用，剩余水量在非调水期间提闸放水，经新、老万福河入南四湖。

（15）嘉祥县截污导流工程。嘉祥县污水处理厂的尾水经输水管道沿城东开发区呈祥大道由入库提水泵站排入老赵王河，通过新建付庄拦河闸拦蓄，同时通过老赵王河龙桥、王窑庄处新建灌溉提水泵站农灌。

（16）东鱼河截污导流工程。东鱼河北支入东鱼河处新建王双楼闸拦截武城造纸厂下泄尾水，利用新建侯楼拦河闸和已有楚楼闸拦截定陶县污水处理厂的下泄尾水，利用雷泽湖水库拦蓄牡丹区污水处理厂的尾水，结合上游改建的裴河、马庄拦河闸拦蓄该子单元工业企业的下泄尾水；在团结河新建鹿楼、后王楼拦河闸拦蓄曹县污水处理厂的下泄尾水；利用东鱼河干流及胜利河拦蓄成武及单县下泄尾水。在东鱼河北支新建闸左右岸各建提水泵站1座和输水渠道1条，在团结河后王楼、鹿楼闸左右岸各建提水泵站1座和输水渠道1条。

（17）东平县稻屯洼截污导流工程。东平县稻屯洼截污导流工程主要拦截大汶河沿岸泰安、莱芜等县（市、区）污水处理厂及企业达标排放的中水，拟在稻屯洼南侧的大清河上新建橡胶坝拦截，并在橡胶坝上游北岸新建穿堤涵闸将中水引入稻屯洼人工湿地，在人工湿地和大清河之间开挖导流沟，将人工湿地处理后的中水导入大清河。

（18）宁阳县洸府河截污工程。在洸河上新建后许桥、泗店橡胶坝拦截宁阳县城部分企业达标下泄的尾水，在后泗店坝右岸新建提水泵站和输水管道，引水入东疏镇缺水区；在宁阳沟新建纸坊、古城橡胶坝拦截宁阳县城污水处理厂达标下泄的尾水，在古城橡胶坝左岸新建提水泵站和输水管道，引水入乡饮乡西部缺水区进行农田灌溉。

（19）古运河截污导流工程。聊城古运河截污导流工程的任务主要是将由河南省下排入金堤河、小运河的污废水进行改排，避免造成输水干线——小运河污染。利用已建的金堤河张秋闸和小运河刘楼节制闸，并通过在小运河叉口处新建马湾节制闸拦蓄，同时新开挖渠道与郎营沟连接，利用郎营沟排水至四新河，由四新河排入徒骇河。

（20）临清市汇通河排水工程。该工程的任务主要是将临清污水处理厂下泄古运河的尾水进行改排。通过在污水处理厂新建提水泵站加压后接输水管道，沿市区东环路西侧至红星路口，再沿红星路南侧至蝎子坑北，向南通入蝎子坑，对蝎子坑进行清淤扩挖，并利用涵管与古运河连通，在古运河南首新开挖河道至入卫新河，通过倒虹引水入胡家湾水库，用于农业灌溉。

（21）武城县截污导流工程。该工程是将武城县污水处理厂排放六五河的尾水改排入六六河，为防止对干线水质的影响，通过改建的六六河上的沙东、小杨庄拦河闸和堤下旧城河上的辛王庄拦河闸控制，利用六六河、赵庄沟、堤下旧城河等河道蓄水，由北岸的各个分水闸分水通过利民河北支、棘围沟、董前坡沟、改碱沟、头屯南干沟、洪庙沟等汇入利民河南支及利民河，通过在利民河下游新建高海、东支拦河闸拦蓄。

为防止排入马减竖河的废水进入堤上旧城河，进而污染干线水质，需在马减竖河穿堤上旧城河处新建马减竖河涵闸，使污水顺马减竖河向北，再将马减竖河北端与减河打通，在减河右岸修建三十里铺涵洞，让污水排入减河。

（22）夏津县截污导流工程。该工程是将夏津县污水处理厂原排入输水干渠的下泄尾水，由新开挖的导流沟改排入青年河三支，通过新建青年河拦河闸和仁育官庄节制闸拦蓄，再排入青年河、拐尔庄水库调蓄并用于农灌，为遇紧急情况泄空水库，在青年河与堤下旧城河之间新开挖导流沟，使中水通过堤下旧城河入赵庄沟、六六河、利民河，最后排入减河。

4. 截污导流工程总投资

南水北调东线一期可行性研究中列入主体工程的截污导流工程投资合计22.28亿元，其中江苏7.53亿元，山东14.75亿元。

二、血防工程

南水北调东线工程水源区及主要输水河道（如京杭大运河、三阳河、金宝航道等）及相关湖泊均涉及血吸虫病流行区。国务院南水北调办于 2004 年 6 月上旬组织水利、卫生等部门对南水北调东线工程项目区血吸虫病防治工作进行了现场专题调研，并在南水北调东线环境影响评价工作中设置血吸虫病北移扩散评价专题。

（一）东线血吸虫病流行区概况

南水北调东线工程主要输水河道（里运河、新通扬运河、三阳河、金宝航道）、湖泊（高邮湖、宝应湖、邵伯湖等）及相关流域均为血吸虫病流行区，涉及 11 个流行县（市、区）、85 个流行乡镇、604 个流行村。其中 8 个流行县已达血吸虫病传播阻断标准，1 个县达传播控制标准，2 个县尚未控制血吸虫病传播。有 440 个流行村达到血吸虫病传播阻断，132 个达到传播控制，有 32 个流行村尚未控制血吸虫病流行。

水源区有 24 个流行乡镇，216 个流行村。其中已达传播阻断流行乡人口 90.7 万人，流行村人口 75.6 万人；累计钉螺面积 7176.36 万 m^2，历史累计病人 113278 个；现有钉螺面积 945.74 万 m^2，现有阳性钉螺面积 147.38 万 m^2；现有血吸虫病人 364 个。

受水区 61 个流行乡镇，388 个流行村，流行乡人口 228 万人，流行村人口 116 万人；累计钉螺面积 16232.25 万 m^2，历史累计病人 238843 个；现有钉螺面积 253.66 万 m^2，现有血吸虫病人 36 个。

京杭大运河：江都段大运河 1978—1983 年连续查获钉螺，钉螺面积最多达 62 万 m^2（1982 年），1984 年后未再发现钉螺；邗江（扬州段）大运河 2003 年、2004 年发现钉螺；宝应段 1983 年后未发现钉螺；高邮段于 1977—1982 年对有螺石驳岸进行水泥灌浆勾缝处理，一度查不到钉螺，1993 年、1994 年、1998—2004 年在石驳岸破损处持续查到钉螺，钉螺面积近 2 万 m^2。三阳河：于 1977 年、1998 年查出钉螺面积 5.336 万 m^2、1.334 万 m^2。

金宝航道：1981 年首次发现钉螺，1981—1983 年、1992 年、1995 年钉螺面积分别为 13.33 万 m^2、13.33 万 m^2、13.33 万 m^2、14.0 万 m^2、16.0 万 m^2，1996 年及以后未再发现钉螺。

泰州引江河：1995 年开挖，全线护砌，未发现有钉螺。

（二）南水北调东线工程钉螺迁移扩散可能途径

南水北调东线工程徐州以南输水沿线有涵闸（洞）203 个，其中里运河宝应以南血吸虫病流行区沿输水线有 34 个涵闸（洞），均无防螺设施。在自流灌溉时存在有钉螺从输水河道向灌区扩散的可能，其中有 5 个为排灌型，存在排涝时钉螺由灌区向输水河道扩散的可能（如果相应灌区有钉螺滋生）。

调水时来自夹江、芒稻河的钉螺可随漂浮物由江都站抽水进入高水河、里运河向北扩散，并经南运西闸向金宝航道方向扩散。同时里运河钉螺可经沿河涵闸（洞）向里下河地区自流扩散；或者里下河地区钉螺通过向里运河排涝而进入输水河道扩散。

引水时来自夹江、芒稻河的钉螺可从江都西闸进入新通扬运河，或者经泰州引江河进入新通扬运河，再经卤汀河、泰东河等向里下河地区和东部沿海地区扩散。

高水河至中运河段 23 个船闸现状调查表明，船闸上游水位均高于下游。因此，钉螺通过吸附载体漂浮经船闸向上游扩散的可能极小。

（三）南水北调工程对血吸虫病扩散及北移的影响成果

（1）1978年以来，不同时期开展了人工北移钉螺笼养法实验观察，结果均表明钉螺在北纬33°15′以北新沂、徐州一线仍能存活一段时间，并有限度地进行繁殖，但无法保持种群的增长；山东德州和济宁一线人工北移钉螺可在较短时间内死亡，因此钉螺在北纬33°15′以北长期存活并形成滋生地是困难的。

（2）北纬33°15′以北地区到现在为止仍未有在自然界发现钉螺的报告。北移钉螺难以在北纬33°15′以北长期生存繁殖的原因可能与低温有关，随着全球气温逐渐变暖，北纬33°15′以北的部分地区已经具备了适宜钉螺滋生的温度条件，预测钉螺生长的适温区正在北移，但由于全球气候变暖的研究尚存在许多不确定性，而且钉螺在北纬33°15′以北地区除温度因素外，还存在着土壤有机质含量、腐殖质含量、全氮量和pH值等影响因素，综合来看，迄今为止对北纬33°15′以北地区自然环境中影响钉螺生存繁殖能力的因素还未被完全掌握。

（3）江苏省江水北调工程运行多年来尚未有确切证据表明调水工程造成钉螺及血吸虫病的扩散，究其原因除了钉螺喜固守于原来的滋生环境，其主动爬行迁移的距离极为有限，北调水流流速缓慢，运河航运繁忙，河道内船行波较大，泵站拦污栅阻拦漂浮物，河道内水流复杂等造成钉螺扩散相对困难外，还受到防治干预等人为因素的作用。

（4）南水北调东线工程实施运行后，调水量增加，输水时间延长，钉螺北移受调水影响的作用增大，水源区钉螺有可能通过水泵抽吸进入输水河道，以及通过运输及人畜携带的方式传播，造成钉螺的北移扩散，即存在着钉螺通过输水河道在一定范围内扩散的可能性，但已有的工程实践证明，这种可能性是可以通过工程和非工程措施加以控制和消除的。

（5）南水北调东线工程可能对血吸虫病流行产生影响的范围主要在原里下河血吸虫病流行区及北纬33°15′以北、徐州以南的部分地区。特别是可能通过江都西闸、新通扬运河自引江水灌溉而造成长江水系钉螺向该地区的扩散，南水北调东线部分涵闸（洞）也可成为里下河地区和输水河道之间钉螺扩散的双向通道，因此在工程建设运行中，要注意配套血防工程措施，同时要加强这些地区螺情、血吸虫病疫情的监控，并根据其具体情况，采取有效措施，及时防、控血吸虫病流行。

（6）鉴于南水北调是一项涉及社会经济和自然生态的大型水利工程，其对生态系统及社会经济的影响是广泛的、长期的，对钉螺扩散和血吸虫病流行的影响也是多元而复杂的。因此，随着东线工程的逐步实施和运行，有必要继续对温度、湿度、植被、水质、土壤、地下水及土壤次生盐碱化等有关因素进行深入研究，进一步对可能导致钉螺北移扩散的不利因素进行控制，最大限度降低或避免不利影响，保障工程建设和运行。

（四）钉螺扩散及北移的防控措施

南水北调东线工程实施后在水源区取水口、部分输水干线及其涵闸存在钉螺扩散的潜在危险，但这些危险（或风险）是可以采取工程和非工程的防控措施加以控制或消除的。

1. 河道硬化工程

（1）江都站东、西闸间进水引河全长1.5km，采取河岸硬化工程措施（已列入东线一期工程），可使钉螺失去土壤和植被而不能生存，防止进水口出现钉螺滋生地。

（2）新通扬运河江都东闸至泰州东郊段全长 30.6km，采用河岸硬化工程措施（新增工程项目）。作用为：①消灭现存河道钉螺（2004 年发现钉螺面积 0.6 万 m²）；②使钉螺失去土壤和植被而不能生存，防止引江水输入钉螺滋生，同时也作为沉螺区，使江都站或高港站引水输入的钉螺在此区域沉降，防止钉螺随江水东引经三阳河、滔汀河向里下河腹地扩散；③减少植物性漂浮物，使钉螺失去吸附的载体。

（3）高水河全长 15.2km，结合河道整治，进行河岸护砌整修。

（4）三阳河、潼河由三江营引水，经夹江、芒稻河、新通扬运河、三阳河、潼河自流到宝应站下，再由宝应站抽水入里运河，全长 81.3km。途经里下河血吸虫病流行区，与其相通的盐邵河等水系现有钉螺分布，钉螺扩散的可能性较大，因此采用护砌硬化措施（三阳河部分河段已经护砌），以防钉螺滋生和扩散。

（5）里运河高邮段全长 43km，现有钉螺 18925m²，需要消灭现有钉螺，防止北移扩散。为防止钉螺扩散，近期应采用药物灭螺及水泥灌浆勾缝处理。

（6）金湖泵站，引河硬化护砌，全长 650m。

（7）洪泽泵站，引河硬化护砌，全长 5km。

（8）金宝航道全长 30.75km，涂沟以东段 24.7km，由南运西闸与里运河相接，向洪泽湖输水 150m³/s。该河道途经血吸虫病流行区，环境复杂，采用河岸护砌硬化，可防止钉螺向洪泽湖扩散。

（9）芒稻河全长 7km，为江都站引水河，同时也是里下河地区自引江水通道。现状河道无护砌，有钉螺及阳性钉螺分布，水面漂浮物也多携带钉螺，危害较大。采用河岸护砌硬化可消灭现存钉螺，减少水面漂浮物，防止钉螺扩散。河道防螺治理工程情况详见表 7-3-1。

表 7-3-1　　　　　　　　　　　　河道防螺治理工程情况

河　道	长度/km	现　状	防螺工程	重要性（优先程度）
江都站东西闸引水河	1.5	部分护砌	河岸硬化	★★★★★
新通扬运河江都东闸—泰州东郊段	34.2	无护砌硬化	河岸硬化	★★★★★
高水河	15.2	大部分已护砌	整修护砌	★★★★
三阳河	45.5	部分护砌	河岸硬化	★★★★
潼河	36.5	已护砌 4.98km	河岸硬化	★★★★
里运河高邮段	43.0	块石驳岸	浆砌护坡	★★★★
金宝航道	30.75	基本无护砌	河岸硬化	★★★★
芒稻河	11.0	无护砌	河岸硬化	★★★

2. 涵闸防螺工程

东线里运河宝应以南血吸虫病流行区沿输水线有 34 个涵闸（洞），均无防螺设施，存在钉螺扩散的可能，需结合涵闸修建，增设防螺阻螺设施。主要方法是设置拦网和"沉螺池"。

3. 管理措施

（1）抽水泵站拦污栅、清污机管理。江都、宝应、金湖、蒋坝、淮安等泵站需确定专门人员定期清理拦污栅、清污机拦截的漂浮物，并检测其中有无钉螺，一旦发现钉螺即向有关部门报告，作进一步处理。同时，拦污栅、清污机拦截的漂浮物须集中处理（晒干焚烧或填埋），不得随意抛撒，以免钉螺扩散。

（2）控制调水时段和引江口门。控制调水时段：枯水期增调长江水，汛期减调长江水而增调淮水，以减少长江钉螺向输水河道扩散的风险。

除江都西闸和泰州引江河外，其他闸涵须进行严格管理，不得随意开启自引江水。

（3）施工期间加强对施工队的管理。工程队进驻前要主动与当地血吸虫病防治部门、卫生部门联系，了解当地血吸虫病流行情况，并在当地血吸虫病防治部门指导下采取必要措施。外来工程人员均要接受血吸虫病查治。工程队进入有螺区作业期间，应采用灭螺药物进行应急灭螺处理，同时对施工人员进行血吸虫病防治知识教育，提高健康保护意识，不接触有螺水体，如工作不得不接触疫水，则需在血吸虫病防治专业人员指导下采用防护措施（涂擦防护霜或穿防护服），并在接触疫水后定期检查，必要时在血吸虫病防治医生指导下进行预防服药。施工时对"有螺土"的处理要按照血吸虫病防治专业人员的要求进行，以防引起钉螺扩散。工程队作业区和生活区均要建造卫生厕所和安全的饮用水设施，以防疾病流行。

4．药物灭螺

水源区药物灭螺：每年春秋季采用氯硝柳胺乙醇胺盐喷粉法或喷洒法杀灭水源区钉螺，降低钉螺密度，减少钉螺扩散来源。每年灭螺面积 1000 万 m^2。

受水区（里下河地区）药物灭螺：每年药物灭螺 30 万 m^2。

5．高邮段大运河石驳岸钉螺处理

高邮段大运河西岸现有钉螺 4 处，东岸 2 处，钉螺面积近 2 万 m^2。该段石驳岸破损严重，环境复杂，常规药物灭螺难以奏效，拟采用混凝土灌浆勾缝灭螺。

6．无害化厕所

南水北调东线一期工程将于 2007 年运行调水，工程所涉血吸虫病流行区要加快改厕工作，以实现 70％以上无害化厕所为目标，需要改厕 48.8 万户。具体可选用三格化粪池进行粪便的无害化处理。

7．健康教育

南水北调东线工程沿线所涉区域要组织文化、教育、卫生、宣传等有关部门，加强血防健康教育，通过广播、电视、宣传单（画）、讲课、会议等多种形式，宣传血吸虫病防治知识及国家和地方有关法规和政策，把血吸虫病防治知识纳入工程沿线所涉区域中小学课本，发动群众和依靠群众，使广大群众直接参与到血吸虫病防治工作的各项活动当中去，不断提高广大干部群众搞好血吸虫病防治工作的自觉性和自我保健能力。在高危有螺地带设立警示牌，劝阻人们接触疫水、污染环境等行为。东线工程血吸虫病流行区健康教育每年覆盖率 60％以上，至2007 年达 100％。

（五）血吸虫病防治措施的实施

防控钉螺北移扩散采用工程和非工程措施，工程措施主要为河岸硬化护砌、涵闸防螺改建、拦网阻螺等。工程费用概算为 33108.8 万元，其中纳入一期工程 11380 万元，其余工程措施和非工程措施建议纳入当地血吸虫病防治规划。

三、南四湖—东平湖段输水与航运结合方案

1. 南水北调东线工程结合航运建设问题

东线工程以京杭大运河为主要输水干线，在规划设计中必然遇到与航运结合建设以及相互影响等问题。南水北调东线工程结合通航既有经济效益，又有利于我国重要的历史遗产京杭大运河的恢复，因此在东线工程总体规划中充分考虑了通航的要求。对于京杭运河扬州—济宁段，现状达二级、三级航道标准，南水北调工程布置以不影响现有通航条件并尽量改善为原则，输水河道的设计水深、设计底宽、设计流速等均考虑了相应河段的航运要求。在通航河道上因南水北调建设形成新的水位梯级的，南水北调工程均相应安排船闸建设，如泗洪泵站枢纽、南四湖水资源控制杨官屯闸、大沙河闸等。

济宁以北至东平湖，通过梁济运河、柳长河连接，全长 79.19km，目前没有通航。在南水北调工程总体规划和东线一期工程可行性研究报告编制过程中，对与航运结合问题一直缺乏航运方面的规划依据。因此，在 2005 年 5 月，水利部向国家发展改革委报送的南四湖—东平湖段工程可行性研究报告中，为避免盲目上马造成投资积压，该段河道断面和桥梁净高暂未考虑通航要求，但在泵站枢纽布置时考虑了预留船闸位置，为今后通航创造条件。

2. 南四湖—东平湖段输水与航运结合方案论证工作

山东省交通部门提出该段工程调水应结合航运，并向国家发展改革委报送了京杭运河续建工程（东平湖—济南段）项目建议书。2006 年 1 月，中咨公司对该项目建议书进行了咨询评估。2006 年 9 月，国家发展改革委要求水利部商交通部、山东省组织勘察设计单位，以现有东线一期南四湖—东平湖段工程可行性研究报告为基础，编制调水与航运结合的可行性研究报告。

3. 南四湖—东平湖段输水与航运结合方案审查情况

2007 年 7 月 3 日，国家发展改革委召集山东省、水利部、国务院南水北调办、交通部和国家环保总局进行协调，确定南四湖—东平湖段输水与航运部分结合方案（即只结合航道和桥梁输水与航运共用部分工程），其他航运专用工程由交通部门专项报告报批。

2007 年 8 月，由山东省水利厅、交通厅联合向水利部报送了《南水北调东线第一期工程南四湖—东平湖段输水与航运结合工程可行性研究报告》。9 月和 11 月，水规总院对该可行性研究报告进行了审查和复审。2007 年 12 月，水利部向国家发展改革委报送了南四湖—东平湖段输水与航运结合工程可行性研究报告及审查意见。

2007 年 10 月，国家发展改革委将中咨公司对南四湖—东平湖段输水与航运结合工程可行性研究报告的评估报告转送水利部、交通部和山东省，要求设计单位就工程布局进行优化，在可行性研究报告推荐的三级提水方案基础上，进一步深化一级提水方案，提高设计深度，同时也可与二级提水方案比较，认真研究降河减闸方案的合理性。在综合考虑了防洪除涝、运行管理、有关方面意见等因素基础上，经比选认为，南四湖—东平湖段调水与航运结合以三级提水方案更为经济合理。2008 年 6 月，水利部向国家发展改革委报送了《南水北调东线一期工程南四湖—东平湖段输水与航运结合梯级方案论证专题报告及审查意见》。

四、地质灾害危害评估报告

南水北调东线工程主要分布在江苏和山东两省境内，而且工程项目由江苏水源公司和山东

干线公司分别组织实施。为此，将工程分为江苏省境内工程和山东省境内工程两段分别进行地质灾害危险性评估。江苏省水利厅南水北调工程前期工作办公室以合同方式委托江苏省地质调查研究院对江苏省境内各单项工程进行评估，山东省建管局委托山东省地质环境监测总站对山东省境内各单项工程进行评估。

（一）评估概况

1. 评估依据

（1）《南水北调东线第一期工程可行性研究报告编制技术大纲》（中水淮河公司、中水北方公司，2004 年 8 月）。

（2）《南水北调东线第一期工程项目建议书》（中水淮河公司、中水北方公司等，2004 年 6 月）。

（3）《地质灾害防治条例》（国务院令第 394 号）。

（4）国土资源部《关于加强地质灾害危险性评估工作的通知》及附件《地质灾害危险性评估技术要求》（试行）。

（5）江苏省、山东省有关规划和报告。

2. 评估的目的和任务

评估工作的主要目的是在调查工程建设区地质环境背景、地质灾害发育特征的基础上，进行地质灾害危险性评估，为项目建设提供依据。评估工作的主要任务如下：

（1）调查研究拟建工程区的地质环境特征。

（2）基本查明拟建工程评估区范围内各种地质灾害分布发育特点及危害。

（3）分析论证评估区地质灾害危险性，并进行现状、预测及综合评价。

（4）根据评估结果对工程建设区的土地适宜性进行评价。

（5）针对灾害特点提出地质灾害防治对策与建议。

3. 评估方法

根据《地质灾害危险性评估技术要求》（试行），在调查研究地质灾害分布发育特征的基础上，结合各工程的建设特点，评估地质灾害对工程的影响及危险性。具体的评估工作方法如下：

（1）全面系统地收集利用已有的区域地质、工程地质、水文地质以及环境地质成果资料，特别是已有的地质灾害资料。

（2）对工程评估及其外围进行系统的地质灾害调查，查明各类灾害的分布范围、规模和稳定状况，对重点灾害进行详细测绘。

（3）根据各评估区内的地质环境特征，综合研究各类地质灾害的形成原因、形成机理，并预测其发展变化趋势。

（4）通过对地质灾害危险性现状评估，对工程建设引发或加剧地质灾害危险性以及工程建设可能遭受地质灾害危险性进行预测。

（5）在综合分析的基础上，对评估区的地质灾害危险性作出科学合理的评价，进而提出避免地质灾害的对策和建议。

4. 评估范围

根据《地质灾害危险性评估技术要求》（试行）和江苏、山东两省有关地质灾害评估工作要求，在充分考虑地质灾害分布发育特点的基础上，确定评估范围。地质灾害危害评估报告在各单项工程地质灾害评估报告的基础上汇总编制而成，各单项工程地质灾害评估报告分别于2002年11月至2005年9月编制完成，是在各单项工程可行性研究报告编制阶段成果的基础上编制的，其工程占地范围均为阶段成果。

由于洪泽湖蓄水影响处理工程和南四湖下级湖蓄水影响处理工程抬高蓄水位仅0.5m，洪泽湖由13.0m（江苏省境内采用废黄河高程）抬高至13.5m，南四湖下级湖由32.3m抬高至32.8m（山东省境内采用85国家高程），远低于洪泽湖100年一遇防洪水位16.0m和南四湖下级湖100年一遇防洪水位36.0m。特别是洪泽湖现状的运行蓄水位经常达到或超过13.5m，工程建成后，引发地质灾害的可能性没有改变，与现状一致，因此不需要进行地质灾害危险性评价。东平湖蓄水影响处理工程未改变现状的蓄水运用条件，因此也不需要进行地质灾害危险性评价。

5. 评估级别的确定

根据国土资源部《关于加强地质灾害危险性评估工作的通知》及附件《地质灾害危险性评估技术要求》（试行），地质灾害危险性评估分级是按地质环境条件复杂程度和建设项目重要性划分的。

南水北调东线一期工程横穿长江、淮河、黄河和海河四大流域，跨越江苏和山东两省，区内地貌类型众多；地质构造较复杂；水文地质条件简单～较复杂；工程地质条件一般～较好，局部较差；破坏地质环境的人类工程活动一般，局部发育；地质环境复杂，条件以简单～中等类型为主，局部为复杂类型。另外，南水北调东线一期工程是国家重点工程，建设项目投资巨大，属于重要建设项目。根据以上两个条件，确定南水北调东线一期工程地质灾害危险性评估级别为一级。

（二）地质灾害危险性综合评估及防治措施

1. 地质灾害危险性综合评估

（1）地质灾害危险性综合评估原则。地质灾害危险性综合评估是根据场地区内的地质灾害危险性现状评估及预测评估的结果，充分考虑场地区地质环境条件的差异，结合工程建设特征，对地质灾害危险程度和建设场地适宜性作出综合评估。综合评估本着"以防为主"的原则，主要采用定性分析法，两种或两种以上灾害就重不就轻来划分地质灾害危险性大小。

（2）地质灾害危险性综合评价。根据上述综合评估原则，结合对各单项工程存在的地质灾害类型所进行的现状评估和预测评估结论，对南水北调东线一期工程各单项工程场地区地质灾害危险性进行综合评估。

（3）建设场地适宜性评估。建设场地适宜性是一个相对的概念，从一定意义上讲，任何场地均可建设，只是为抵御不良地质条件、防治地质灾害所投入的资金不同而已。因此，建设场地适宜性主要从地质灾害危险程度、防治的难易及所投入的资金等综合考虑。

根据综合评估结果，南水北调东线一期工程各单项工程综合评估和建设场地适宜性评估结果见表7-3-2。

2. 地质灾害防治措施

地质灾害防治措施本着"预防为主，因地制宜"的原则，针对场地区地质灾害的特点、发展趋势和形成因素提出防治对策和措施，以保证工程安全、减缓或预防地质灾害的发生与发展。

表 7 - 3 - 2 南水北调东线一期工程各单项工程综合评估和建设场地适宜性评估结果汇总表

序号	工程名称	综合评估	建设场地适宜性
1	高水河	危险性小～中等	基本适宜～适宜
2	三阳河、潼河和宝应站	危险性小	基本适宜
3	卤汀河	危险性小	适宜
4	大三王河	危险性	适宜
5	金宝航道	危险性小	适宜
6	淮安四站输水河	危险性小	适宜
7	徐洪河	危险性小～中等	基本适宜～适宜
8	中运河	危险性小～中等	基本适宜～适宜
9	韩庄运河段工程	危险性小～大	基本适宜
10	南四湖—东平湖段工程	危险性小～中等	适宜
11	济平干渠	危险性小～中等	适宜
12	济南—引黄济青段河道	危险性小～中等	基本适宜～适宜
13	鲁北段输水工程	危险性小～中等	基本适宜～适宜
14	江都站改造	危险性小	适宜
15	淮安四站	危险性小	适宜
16	金湖站	危险性小	适宜
17	淮阴三站	危险性小	适宜
18	洪泽站	危险性小	适宜
19	泗阳站	危险性小	适宜
20	泗洪站	危险性小	适宜
21	刘老涧二站	危险性中等	基本适宜
22	睢宁二站	危险性中等	基本适宜
23	皂河二站	危险性中等	基本适宜
24	邳州站	危险性中等	基本适宜
25	刘山站	危险性小	适宜
26	解台站	危险性小	适宜
27	蔺家坝站	危险性小	适宜
28	东湖水库	危险性小～中等	基本适宜～适宜
29	双王城水库	危险性小～中等	基本适宜～适宜
30	大屯水库	危险性中等	基本适宜
31	穿黄河工程	穿黄隧洞危险性大	穿黄隧洞适宜性差
32	骆马湖水资源控制工程	危险性小	适宜
33	南四湖水资源控制工程（包括二级坝泵站）	杨官屯河闸、大沙河闸、姚楼河闸和二级坝泵站危险性为大，潘庄引河闸危险性为小	杨官屯河闸、大沙河闸、姚楼河闸和二级坝泵站适宜性差，潘庄引河闸适宜

（1）软土灾害的防治。工程场区内分布的软土层工程地质性质较差，工程施工时应根据地质勘探资料，采取合适的施工措施。设计上对软土层可采用真空预压、粉喷桩、挤密碎石桩等措施进行处理，重要的建筑物应采用混凝土灌注桩处理，并选择合适的持力层。

（2）地面沉降灾害的防治。地面沉降地质灾害的发生主要与人类不合理开采地下水有关，因此控制地下水的开采量和防止地下水位进一步下降是控制地面沉降的有效措施。措施如下：

1）不断强化地下水开采的管理。

2）设计上应考虑地面潜在沉降量因素，适当预留沉降量，增加堤防和建筑物的高度，提高对地面沉降的承受能力。

（3）砂土液化灾害的防治。砂土液化地质灾害的防治措施主要为采取抗液化措施对土体进行改良，或清除液化土层。防止砂土液化主要采取的措施有振冲挤密、围封（砂层范围和层厚较小的建筑物底部基础）、清除和采用粉喷桩、混凝土灌注桩进行基础处理等。

（4）河岸坍塌灾害的防治。首先应查明工程地质条件，选择合理的设计方案，进行边坡稳定性验算。其次在施工阶段要保证工程质量，制定好合理的施工工序和方法，防止施工过程中发生河岸坍塌灾害。另外需加强已防护河岸（或渠道）的岸坡保护，未防护段河岸（或渠道）应加强巡查，发现问题及时处理，保证河岸（或渠道）的稳定。

（5）地裂缝灾害的防治。由于河道工程的特殊性，其对地裂缝灾害的抵抗力较低，地裂缝对其的影响程度也较小。地裂缝对泵站、水闸、涵洞和桥梁等建筑物的影响程度较大。对于河道工程，地裂缝灾害防治主要是对岸堤、护坡进行监测，发现异常及时处理，防止溃堤。对于建筑物工程，可适当提高工程等级，增强工程的抗变形能力。

（6）岩溶塌陷灾害的防治。岩溶塌陷灾害的发生和发展是在一定的地质背景条件下，不合理开采岩溶地下水而诱发的。地质背景条件不能改变，只有从人类工程活动上解决。灾害的防治主要是控制岩溶水的开采，确保地下水水位稳定，不下降至基岩面附近，从而降低灾害发生的可能。

（7）膨胀土灾害的防治。膨胀土灾害防治的措施为河道开挖和建筑物基坑开挖施工尽量安排在少雨季节（冬季、春季），施工时遵循"快速开挖、快速夯实"的原则，防止工程建设过程中由于开挖导致边坡不稳定灾害的发生。

（8）滑坡灾害的防治。首先要查明边坡的稳定性，要对不稳定的边坡（危及工程施工和工程运行的边坡）进行适当的防治；其次对工程外侧一定范围内的采石取土等人类工程活动加以限制，以防止对本工程造成危害。

（9）采空沉陷灾害的防治。根据《中华人民共和国煤炭法》和《中华人民共和国矿产资源法》有关规定，待建和已建井矿山，对韩庄运河两岸的大堤应以其平面投影边界向两侧分别划定足够宽度的地面保护带，然后根据有关规定或开采规程，对第四系地层和基岩按一定的岩移角（向下斜切至各煤层）留设永久性保护煤柱，保证采空沉陷不影响工程的安全运行。

二级坝泵站主要建筑物位于二级坝水利工程管理范围内，在矿业部门采取保护措施的前提下是安全的。引水渠进口段位于煤矿开采区内，部分已发生不同程度的沉陷，沉降后扩大了输水断面，不会影响到引水渠引水、导流的功能。

（10）咸水入侵灾害的防治。为防止双王城水库蓄水后土壤次生盐渍化，应在围坝的外侧采取有效的截渗措施，如开挖截渗沟等。

总之，对南水北调东线一期工程各单项工程不需要采取特殊的灾害防治措施，只要选择合理的设计方案、施工方法得当、施工工序合理和对工程周边的人类工程活动适当加以限制，即可避免地质灾害的发生。

（三）结论与建议

1. 结论

南水北调东线一期工程是解决我国北方地区水资源严重短缺问题的重大战略举措，也是关系到我国经济社会可持续发展的特大型基础设施。工程包括河道工程、泵站工程、蓄水工程、水资源控制工程和影响处理工程等多个单项工程，根据调查，各工程区内地质灾害发育类型较多。经评估，主要结论如下：

（1）南水北调东线一期工程投资达200多亿元，为国家重点建设项目，各工程建设区地质环境复杂程度以中等类型为主，局部简单，复杂类型只局限于郯庐断裂带位置、韩庄运河段和南四湖—东平湖段，根据国土资源部《关于加强地质灾害危险性评估工作的通知》规定，本工程建设用地地质灾害危险性评估级别为一级。

（2）各单项工程建设区地质环境背景差异较大，地质灾害类型也不相同。根据调查和分析，评估区内地质灾害类型主要有：软土灾害、砂土液化、河岸坍塌、地面沉降、地裂缝、岩溶塌陷、膨胀土、滑坡和采空沉陷等。

（3）根据各单项工程评估结果，现状评估危险性除南四湖—东平湖段为中等外，其余均为小，预测评估工程建设引发或加剧地质灾害的危险性小。工程建成后在郯庐断裂带位置附近遭受地裂缝灾害危险性为中等，在地震高烈度区遭受砂土液化的地质灾害危险性为中等，在韩庄运河段遭受岩溶塌陷地质灾害危险性局部为中等、遭受采空沉陷地质灾害危险性局部为大；南四湖—东平湖段遭受砂土液化、地裂缝、地面沉降和岩溶塌陷等地质灾害的危险性为中等；济南—引黄济青段遭受砂土液化和地面沉降等地质灾害的危险性局部为中等；双王城水库遭受软土灾害和砂土液化等地质灾害的危险性局部为中等；鲁北段输水工程遭受砂土液化和地面沉降等地质灾害的危险性为中等；大屯水库遭受地面沉降地质灾害的危险性为中等；穿黄隧洞遭受岩溶塌陷的地质灾害的危险性和南四湖水资源控制工程的杨官屯河闸、大沙河闸、姚楼河闸及二级坝泵站遭受采空沉陷地质灾害的危险性为大外，其他地段的地质灾害危险性均为小。

（4）根据各单项工程综合评估结果，在地质灾害危险性小的评估区，土地进行工程建设的适宜性评估为适宜，在地质灾害危险性中等的评估区，土地进行工程建设的适宜性评估为基本适宜（如骆南中运河仰化镇—皂河镇段、徐洪河朱湖镇—房亭河段、睢宁二站、皂河二站、刘老涧二站、邳州站、济南—引黄济青段的局部、双王城水库的局部、东湖水库的局部和鲁北段输水工程、大屯水库等）。在韩庄运河段和南四湖—东平湖段的局部地段现状评估为不适宜，穿黄隧洞和南四湖水资源控制工程的杨官屯河闸、大沙河闸、姚楼河闸及二级坝泵站评估为适宜性差，但采取一定的工程措施后评估为适宜，可进行工程建设。

综上所述，南水北调东线一期工程评估区内进行工程建设的土地适宜性评估为基本适宜～适宜。对各种地质灾害不需要采取特殊措施，只要选择合理的设计方案和适当的施工方法、施工工序以及合理的管理措施后即可避免各种地质灾害，不影响南水北调东线工程的建设。

2. 建议

（1）进一步查清河道工程沿线及各建筑物工程的工程地质情况，特别是要查清软土、易液化砂土和隐伏岩溶状况，为工程设计和施工提供可靠依据。

（2）河道工程要选择合理的设计边坡，对分布有淤泥质软土和砂性土的，设计边坡要适当放缓，特殊地段要采取相应的加固、护坡措施和必要的护岸工程，避免发生河岸坍塌地质灾害。合理确定河道堤防的高度和边坡，填土要压实，避免不均匀沉降。

（3）对泵站等重要的建筑物工程要加强工程地质勘察，选择合理的持力层和基础处理方案，如采用钻孔灌注桩进行基础处理，施工时应加强泥浆护壁等措施，防止钻孔过程中土体坍塌。对于存在软土和易液化砂土层的工程，应结合工程特点采取合理可行的抗液化措施和软土处理措施。

（4）在河道工程开挖和建筑物工程基坑开挖施工时，应注意边坡稳定，同时应选择合理的施工降水方案，做好基坑排水，防止涌水、涌砂从而引起基坑渗透变形和边坡坍塌。同时应注意地下水位的变化，加强周围建筑物和地面沉降的观测，做好应急预案，一旦发现周围建筑物和地面出现沉降应及时采取"回灌"等措施，保证建筑物的安全。

（5）应加强与地震监测部门的联系，及时掌握郯庐断裂带等大的断裂带的活动情况，建议尽可能在重要建筑物的某些位置安置应力释放装置，发现异常及时维修。

（6）积极与地方政府联系，加强地下水的开采权管理和煤矿开采的管理，防止地面沉降灾害和采空沉陷灾害对工程产生影响。

（7）工程建成后运行期间，应加强对工程的监测，随时掌握情况，以便采取措施保护工程的安全。

五、压覆矿产资源评估报告

南水北调东线一期工程压覆矿产资源评估工作分别由江苏省水利厅南水北调前期工作办公室委托江苏省国土资源厅（具体由江苏省矿产资源储量评审中心编制报告）对江苏省境内工程进行评估，由山东省南水北调东线工程建设管理局委托山东省国土资源厅（具体由山东省第一地质矿产勘查院和山东省地质环境监测总站编制报告）对山东省境内工程进行评估。

（一）评估概况

1. 评估依据

（1）《中华人民共和国矿产资源法》（第三十一条和第三十三条规定）。

（2）江苏省国土资源厅《关于规范建设项目压覆矿产资源审批工作的实施意见》。

（3）《山东省实施〈中华人民共和国国土资源法〉的办法》。

（4）《南水北调东线第一期工程可行性研究报告编制技术大纲》（中水淮河工程有限责任公司、中水北方勘测设计研究有限责任公司，2004年8月）。

（5）江苏省、山东省有关规划和报告。

2. 评估方法

通过收集工程范围及周边地区的区域地质和矿产地质勘查成果等资料，绘制工程项目区矿产分布图或矿产资源压覆储量综合信息图，然后与工程位置和范围图比较，经综合分析研究后，得出建设项目压覆矿产资源情况结论，编制建设项目压覆矿产资源情况地质调查鉴定报告。

3. 评估范围

由于洪泽湖蓄水影响处理工程和南四湖下级湖蓄水影响处理工程抬高蓄水位仅 0.5m，洪泽湖由 13.0m（江苏省境内采用废黄河高程）抬高至 13.5m，南四湖下级湖由 32.3m 抬高至 32.8m（山东省境内采用 85 国家高程），远低于洪泽湖 100 年一遇防洪水位 16.0m 和南四湖下级湖 100 年一遇防洪水位 36.0m。特别是洪泽湖现状的运行蓄水位经常达到或超过 13.5m，工程建成后，压覆矿产资源的情况没有改变，与现状一致，因此不需要进行压覆矿产资源评价。东平湖蓄水影响处理工程未改变现状的蓄水运用条件，因此也不需要进行压覆矿产资源评价。

压覆矿产资源评估报告是在各单项工程压覆矿产资源评估报告的基础上汇总编制而成，各单项工程压覆矿产资源评估报告分别于 2002 年 11 月至 2005 年 9 月编制完成，是在各单项工程可行性研究报告编制阶段成果的基础上编制的，其工程占地范围均为阶段成果。

（二）评估结论

1. 江苏省境内工程

（1）三阳河、潼河和宝应站工程。项目地处苏北平原，里下河古潟湖平原区，地表为第四系覆盖。项目沿线及附近地区已发现矿产资源有石油、天然气、煤、泥炭、水泥用黏土、砖瓦黏土、矿泉水等。

煤、泥炭、水泥用黏土及矿泉水 4 种矿产资源均分布在项目征地范围之外，未被压覆。

项目沿线地区分布的下蜀组黏土，虽可作砖瓦黏土利用，但为普通黏土矿资源，且未做过系统普查评价工作。

项目工程（三阳河）纵贯高油凹陷油气田分布区（樊川镇—甸垛镇）真武油田樊川油井。该油气层埋深多在 2000m 以下，在其上地表建设河道对油田的开采影响不大。因此，建议建设单位可与石油部门联系，通过研究协商来获得南水北调工程建设与油气开发互不影响的解决办法。

（2）淮阴三站、淮安四站及输水河道工程。项目位于北东走向的苏北灌溉总渠南岸，地表为第四系地层，第四系及上第三系厚约 90～520m。第四系之下下伏基岩地层：断坳区为下第三系及白垩系含盐系地层，建湖断凸分布有震旦系、寒武系、奥陶系、志留系、泥盆系和石炭系地层。

项目位于洪泽盐盆地及淮安盐盆地的南缘，洪泽盐盆地下第三系阜宁组及淮安盐盆地白垩系上统浦口组中赋存有丰富的石盐、无水芒硝、硬石膏和天然碱矿产资源。已探明的具有工业价值的岩盐矿床均分布在项目北侧之外、苏北灌溉总渠以北地区，未被压覆。已发现的小型泥炭矿分布在项目北东侧，远离项目区，未被压覆。

（3）长江—骆马湖段其他工程和骆马湖水资源控制工程。项目南水北调长江—骆马湖段其他工程及骆马湖水源控制工程呈近北北西方向分布，地处苏北黄淮冲积平原区及里下河古潟湖平原区，地表均为第四系覆盖。第四系之下下伏地层：长江—邵伯湖地段为侏罗系—白垩系地层；邵伯湖—白马湖地段为第三系含油气地层；白马湖北为震旦系、寒武系及奥陶系地层；白马湖北—淮安市地段为第三系及白垩系含盐系地层；淮安市—泗阳—宿迁地段为下元古界胶东群、中元古界海州群及白垩系、第三系地层；宿迁—骆马湖一带为白垩系地层；骆马湖北—骆马湖水资源控制工程地段为上元古界淮河群地层。

项目沿线及附近地区已发现的矿产资源有：石油、天然气、煤、泥炭、岩盐（石盐、无水芒硝）、水泥用黏土、砖瓦黏土、耐火黏土、玻璃用石英砂（岩）矿、矿泉水等。

水泥用黏土、耐火黏土、玻璃用石英砂（岩）矿及矿泉水均分布在工程项目外，未被压覆。

项目沿线地区湖泊水网发育，广泛分布的第四系中赋存的砖瓦黏土矿为普通矿产资源，不属于国土资源部所界定的"重要矿产资源"；赋存的泥炭矿为普通矿产资源，已发现的 5 处泥炭矿点未被压覆。

洪泽站、金湖站、金宝航道工程、高水河整治工程及里下河水源补偿工程位于金湖凹陷（马坝油田—淮胜油田）、高邮凹陷（大巷油田—陈堡油田）、溱潼凹陷（溱潼油田）油田分布区。其中里下河水源补偿工程沿线分布沙埝小型油田、陈堡中型油田、周庄小型油田；高水河整治工程邻近赤岸小型油田及江都中型煤矿；金湖站及金宝航道工程邻近淮胜小型油田。上述工程虽位于油田分布区，但油田分布区中的主要工业油气层埋深多在 2000m 以下，在其上地表建设泵站及整治河道对油气田的开发影响不大。根据国土资源部下发的《关于规范建设项目压覆矿产资源审批工作的通知》（国土资发〔2000〕386 号）中对压覆矿产资源的界定，此种情况不作压覆处理。

骆南中运河影响处理工程及泗阳站、刘老涧二站、皂河二站工程均未压覆重要矿产资源。

徐洪河影响处理工程及泗洪站、睢宁站、邳州站工程均未压覆重要矿产资源。

骆马湖水资源控制工程未压覆重要矿产资源。

（4）刘山泵站、解台泵站和蔺家坝泵站工程。骆马湖—南四湖段沿线为黄淮冲积平原，地表为第四系冲积层所覆盖。第四系之下下伏地层：刘山站址为震旦系九里山组地层；解台站址为石炭～二叠系含煤系地层；蔺家坝站址为下第三系地层，其下隐伏石炭～二叠系含煤系地层。

项目成矿区划上处于丰沛铜含煤区中的九里山煤田区及贾汪煤田区。刘山站址下尚未发现具有工业价值的重要矿产资源；解台站址处于贾汪煤田潘家庵煤矿南部旗山煤矿井田南部边缘，压覆部分煤炭资源；蔺家坝站址位于马坡复向斜核部，其北侧为马坡煤矿，南侧为垞城煤矿，蔺家坝站址下第三系地层之下深部预测可能隐伏有石炭～二叠系含煤系地层，但尚未做地质勘查工作，尚未发现具有工业价值的煤层。

综上所述，解台站址位于旗山煤矿井田南部边缘，压覆旗山煤矿井田部分煤炭资源；刘山站与蔺家坝站址未压覆已发现的重要矿产资源。

2. 山东省境内工程

（1）韩庄运河段工程。南水北调东线一期工程韩庄运河段工程采用原韩庄运河现状河道输水，不扩挖、不改道，有利于减少和避免矿业权争议问题，选线方案较为合理。但是，韩庄运河西段的韩庄泵站和河道安全范围内压覆了 6000 多万 t 煤（已探明储量），而且已有大兴和福兴两个煤矿建成投产，预留安全煤柱后可能会给相关的矿业权人造成不同程度的困难和损失。工程新征土地仅韩庄泵站占压煤储量约 367.2 万 t，其余为原韩庄运河现状河道占压的储量。

（2）南四湖—东平湖段工程。南水北调东线一期工程南四湖—东平湖段工程基本利用现状湖泊或河道输水，在河道上或附近新建长沟、邓楼和八里湾泵站工程。通过调查分析，项目共压覆 2 个煤田、20 个煤矿的煤炭资源，供给压覆煤炭资源储量约 55653.5 万 t，并按新的分类标准进行了套改，其中能利用储量 44111.5 万 t，暂不能利用储量 5702.6 万 t，未划分级别及利用情况储量 5839.4 万 t。但项目压覆煤炭资源储量均为原有压覆，没有新增压覆储量。为保证工程建设和运行安全，建议各矿山企业在开采压覆煤炭资源前，应征得有关主管部门和建设管理单位同意并办理有关手续，最大可能地开发利用地下煤炭资源。

（3）东平湖—济南（济平干渠）段工程。南水北调东线一期工程东平湖—济南（济平干渠）段工程位于鲁中南低山丘陵区北部，黄河以南，东至济南，西接东平湖。通过调查分析，输水渠中心线两侧各 100m 以内及复堤、防洪堤占地范围内未设立矿业权。玉清湖水库征地范围内也无矿业权设立。

该项目在设计中为降低工程造价，避免大规模开挖，在选线过程中自然避开了高地、残丘，从而避免了压覆石灰石矿产资源。为保护土地资源，国家已禁止使用黏土烧制砖瓦，原有黏土砖瓦厂大都已经关闭，输水渠中心线两侧 100m 范围内现无黏土砖瓦厂。

齐河煤田普查区西以阳谷断层为界，东以推定的 F6 断层为界，跨黄河两岸。输水渠距离齐河煤田较远，不影响煤田开采。

根据南水北调对水质的要求，调水水质要求达到Ⅱ类或Ⅲ类以上标准，不会对长清—孝里的地下水源造成污染。输水渠运行水位低于地面以下 1.5m，高于地下水水位，不会排泄地下水，不影响地下水的开采利用。

（4）济南—引黄济青段工程。本工程只有山东淡水水产研究所地热、矿泉水采矿权被压覆，但该采矿权属流体矿产的开采，对南水北调东线一期工程济南—引黄济青段不会产生明显影响。除此外没有其他已探明矿产资源被压覆。另外，工程建成后，对山东淡水水产研究所地热、矿泉水的流体矿产开采也不会产生影响。

在本工程区的中西部，有两个沉积矿产预测区：即水寨Ⅲ级综合矿种预测区（Ⅲ综 1）和济阳Ⅲ级综合矿种预测区（Ⅲ综 2），经钻孔揭露，见到石炭、二叠系地层，已具备生成沉积矿产的古地理环境和沉积岩相。根据掌握的资料，预测区内断裂构造不发育，石炭～二叠系的稳定性未遭破坏。推测深部相应层位应有煤及其他矿产的赋存。

在本调查区的中东部，第四系之下隐伏有大面积新近系、古近系地层，古近系为主要生油岩层，推测其相应层位应有石油及天然气的赋存。

（5）济南—引黄济青段双王城水库工程。南水北调东线双王城水库工程地处沂沭断裂带西侧的维西凹陷内，地表被第四系松散堆积物覆盖。下部岩层自新至老依次为：上第三系黄骅群馆陶组和明化镇组，属陆源碎屑岩沉积，岩性为灰白色含砾砂岩、细砂岩，灰绿色细砂岩和棕红色泥岩；下第三系济阳群沙河街组以灰色泥岩为主、次为粉砂岩、细砂岩、油页岩、碳酸盐岩的细碎屑沉积，局部含石油和天然气；石炭～二叠系本溪组、太原组、山西组、石盒子组，属海陆交互相沉积。本溪组以灰色砂岩、杂色泥岩夹灰岩；太原组岩性为灰黑色泥岩，粉砂质泥岩，粉砂岩和灰色细、中粒砂岩；山西组由深灰色、黑色泥岩，粉砂质泥岩，粉砂岩和细、中粒砂岩及煤层组成；石盒子组岩性为黄绿色、灰绿色等杂色泥岩、粉砂质泥岩和紫灰色长石石英砂岩；寒武～奥陶系馒头组、张夏组、崮山组、炒米店组、三山子组、马家沟组，属海相碳酸盐岩沉积，岩性以灰岩、白云岩为主。

虽然区域上砂河街组含石油、天然气，石炭～二叠系含煤等矿产资源，但埋藏深度很大，且根据本次工作调查研究及向山东省国土资源厅和当地国土资源局咨询，库区内尚未发现上述矿种已探明的矿产资源储量，也没有矿业权设置，因此，双王城水库工程没有矿产资源压覆。

（6）济南—引黄济青段东湖水库工程。南水北调东线东湖水库工程区域上位于中朝准地台、鲁西断隆、鲁西断块隆起区之泰山—沂山断凸北部边缘，北距济阳坳陷南部边缘约 10km。地表被百余米的第四系堆积物覆盖，下部岩层自新至老依次为：上第三系黄骅群馆陶组和明化镇组，属陆源碎屑岩沉积，岩性为灰白色含砾砂岩、细砂岩，灰绿色细砂岩和棕红色泥岩。白垩系青山群为一套火山岩系，间夹正常沉积岩层，下部以灰绿色玄武安山岩夹火山凝灰岩、火山角砾岩，间有灰紫色安山质角砾熔岩；中部以粗安岩和粗安质角砾熔岩为主，夹多层凝灰岩；偶见熔结火山碎屑岩及正常火山碎屑岩夹层；上部以熔结火山碎屑岩、凝灰岩和熔结角砾凝灰岩为主，夹有少量火山集块角砾岩。石炭～二叠系太原组、山西组、石盒子组，属海陆交互相沉积，太原组岩性为深灰色、灰黑色泥岩，粉砂质泥岩，粉砂岩和灰色细、中粒砂岩；山西组由灰色、深灰色、黑色泥岩，粉砂质泥岩，粉砂岩和细、中粒砂岩及煤层组成；石盒子组岩性为黄绿色、灰绿色等杂色泥岩，粉砂质泥岩和紫灰色长石石英砂岩。寒武～奥陶系朱砂洞组、馒头组、张夏组、崮山组、炒米店组、三山子组、马家沟组，属海相碳酸盐岩沉积，岩性以灰岩、白云岩为主。

虽然区域上石炭～二叠系地层中含煤，但埋藏深度很大，且根据本次工作调查研究，库区内尚未发现煤炭已探明的矿产资源储量，也没有矿业权设置，因此，东湖水库工程没有矿产资源压覆。

（7）鲁北段输水工程。本工程对山东省聊城市阿城镇地区煤田普查、山东省临清市新华御临苑小区地热普查、山东省武城县时代花园小区地热详查和山东省夏津县华夏新城地区地热普查几个项目的探矿权形成压覆。其中地热水属流体矿产，基本赋存于1000m以下，其开采不会对本工程产生明显影响。预测南水北调东线一期工程鲁北段工程占压山东省聊城市阿城镇地区煤田普查探矿权范围内的煤炭资源量为17000万t，但聊城煤矿区边界距本工程的最短距离约1000m，聊城煤矿区煤层的盖层厚700～800m，煤层底板埋深约1000～1100m。即使将煤层的盖层安全坡度角均定为45°，经计算，各煤层安全距离也在1000m以内，因此不会对本工程形成影响。所以本工程没有不压覆聊城煤矿区的煤炭储量。

在工程安全影响范围内无采矿权设置。

根据以前的地质勘探成果和邻区煤矿地质勘探成果，推测在调查区的南部及两侧蕴藏有煤炭、煤层气和黏土等矿产资源。在调查区的中部、北部及两侧，第四系之下隐伏有大面积新近系、古近系地层，古近系为主要生油岩层，推测其相应层位应有石油及天然气的赋存。

（8）鲁北段输水大屯水库工程。武城县属黄泛平原，由于黄河及其支流历史上的多次决口改道所产生的河床沉积、河漫滩沉积等作用，微地貌发育较为复杂。习惯上根据相对高度及其他因素把武城县分为河圈地、河滩高地、高坡地、平坡地、洼坡地、浅平洼地、背河槽状洼地、沙质河槽地等地貌类型。武城县土壤以潮土类为主，占可利用面积的98.65%，其他为盐土类和风沙土类。

大屯水库工程地处华北平原区，位于鲁西北黄泛平原。地层分布以新生代地层为主，地表全部被厚度较大的第四系松散堆积物覆盖，第四系之下是厚度更为巨大的第三纪地层，仅在大屯水库东部较远处的付庄一带第四系、第三系之下有奥陶系马家沟组分布，除以上岩石地层外没有其他地质体分布。第四系松散堆积物可作为砖瓦黏土开发利用，不具备形成其他矿产的地质条件，是矿产资源的贫乏区，该建设项目没有压覆矿产资源。

经调查，大屯水库工程区及周围除仅有一家砖瓦黏土开发企业以外，没有其他已探明的矿产资源储量，并且也没有矿业权设置，一家县属小型砖瓦黏土矿山企业可搬迁或注销采矿权。

(9) 南四湖水资源控制和水质监测工程。南水北调东线一期工程南四湖水资源控制和水质监测工程项目主要为二级泵站和姚楼河闸、大沙河闸、杨官屯河闸及潘庄引河闸等工程。压覆的矿产资源主要为煤炭资源，不涉及其他矿产。工程涉及5家煤矿，压覆的煤炭资源属滕县煤田4个矿山企业，共压覆煤炭资源储量3962.1万t。其中：二级坝泵站压覆高庄煤矿2961.2万t；姚楼河闸压覆湖西煤矿212.3万t、龙固煤矿377.1万t；杨官屯河闸压覆姚桥煤矿411.5万t；大沙河闸虽位于龙东煤矿范围内，但不压覆煤炭资源；潘庄引河闸不压覆矿产资源。

二级坝泵站。高庄煤矿设计开采3上煤层、3下煤层、12煤层、16煤层。二级坝泵站压覆其中3上煤层1384.0万t、3下煤层1178.9万t、16煤层398.3万t，共计压覆储量2961.2万t。其中包含二级坝原有永久压覆961.6万t，新增压覆1999.6万t；新增压覆资源储量中，二级坝泵站压覆586.9万t，引水渠压覆1412.7万t。

姚楼河闸。姚楼河位于湖西煤矿与龙固煤矿交界处，共压覆两煤矿资源589.4万t。其中湖西煤矿212.3万t（3上煤层41.9万t、12煤层74.9万t、16煤层95.5万t），新增压覆12.2万t，200.1万t为原湖西大堤压覆转为永久性压覆储量。

姚楼河压覆龙固煤矿377.1万t（3上煤层31.4万t、12煤层150.8万t、16煤层194.9万t），新增压覆148.9万t，228.2万t为原湖西大堤压覆转为永久性压覆储量。

杨官屯河闸。杨官屯河闸压覆姚桥煤矿可采煤层共4层，即7煤层、8煤层、17煤层和21煤层，其中7煤层在河闸之下资源已采空。经计算，杨官屯河闸共压覆8煤层储量8.4万t，17煤层164.8万t，21煤层238.3万t。共计压覆411.5万t，均为新增压覆储量。

大沙河闸及潘庄引河闸。大沙河闸位于龙东煤矿矿区范围内，但该矿各煤层在大沙河闸处均缺失，因此，大沙河闸不压覆矿产资源。潘庄引河闸不压覆矿产资源。

(10) 穿黄河工程。南水北调东线穿黄河工程地处鲁中南山区与华北平原交界地带，西北部距聊城煤田的东南边缘约5km，东南紧邻泰山—蒙山凸起区。总体上以第四系分布区为主，在剥蚀低山丘陵区及孤山残丘处分布有古生界寒武系，自下而上为长清群馒头组；九龙群张夏组、崮山组、炒米店组及三山子组等。除以上岩石外，不具备形成其他矿产的条件，是矿产资源的贫乏区，该建设项目没有压覆矿产资源。

（三）建议

（1）南四湖水资源控制工程（包括二级坝泵站、杨官屯河闸和姚楼河闸）存在压覆煤炭资源问题，且均为永久性压覆。但南四湖水资源控制工程（包括二级坝泵站）主要建筑物均布置在现状水利工程（南四湖大堤和二级坝）的管理和保护范围内，根据《堤防工程管理设计规范》和《中华人民共和国水法》，为保证工程建设的顺利进行和工程的安全运行，各矿山企业不得开采压覆的矿产资源。

（2）工程压覆煤炭资源储量范围是按照一般规律的岩移角计算的，工程管理部门应督促各采矿权人在实际开采中根据实测的各矿井岩移参数进行核查，以准确确定工程的压矿范围，确保工程的安全运行。

（3）工程开始建设时，建设管理部门一定要向被压覆矿产资源的采矿权人了解井下开采情况，准确地确定矿产资源开采对工程的影响程度。

（4）对于新开采的矿井如影响南水北调工程安全的，工程管理部门应督促采矿权人进行防洪安全评价，并报主管部门（南四湖防洪主管部门为淮委）批准。

第四节　东线一期工程环境影响报告书

一、工作过程概述

根据《建设项目环境保护管理条例》《中华人民共和国环境影响评价法》规定，受淮委的委托，淮河水资源保护科学研究所承担南水北调东线一期工程环境影响报告书编制工作，淮河水资源保护科学研究所会同海河水资源保护科学研究所组织科研院校共19个单位共同组成了环境影响评价项目组。2002年6月，编制完成了《南水北调东线第一期工程环境影响评价工作大纲》。2002年8月，编制完成了《南水北调东线第一期工程环境影响评价工作实施方案》。2002年9月，国家环保总局环境工程评估中心批复了《南水北调东线第一期工程环境影响评价工作大纲》。

根据环评大纲批复中的内容要求和专题设置，评价项目组开展了本工程沿线及影响区的现状调查、工程分析、问题研究和影响预测评价等工作，在完成15个单项工程环境影响评价报告的基础上，编制完成了《南水北调东线第一期工程环境影响报告书》《南水北调东线第一期工程地表水环境影响评价》《南水北调东线第一期工程地下水环境影响评价》《南水北调东线第一期工程生态环境影响评价》《南水北调东线第一期工程战略环境影响评价》《南水北调东线第一期工程环境管理体系研究》《南水北调东线第一期工程血吸虫病扩散北移及对策研究》《江水北调工程环境影响回顾评价》共8个专题研究报告和《南水北调东线第一期工程山东省段截污导流工程环境影响报告书》《南水北调东线第一期工程江苏省段截污导流工程环境影响报告书》共2个专项报告。

2006年7月，国家环保总局环境工程评估中心主持召开了《南水北调东线第一期工程环境影响报告书》的技术评估会议。2006年11月，国家环境保护总局批复了《南水北调东线第一期工程环境影响报告书》。

二、评价范围、等级

1. 评价范围

南水北调东线一期工程主要影响因子评价范围见表 7-4-1。

表 7-4-1　　　　南水北调东线一期工程主要影响因子评价范围

环境要素	评价范围
水文情势	（1）南水北调东线输水干线长 1466.5km，包括里运河、中运河、三阳河、房亭河、徐沙河、不牢河、韩庄运河、梁济运河、柳长河、小运河、七一·六五河、赵王河、周公河、位山三干六分干、济平干渠、引黄济青干渠。 （2）调蓄湖泊及蓄水工程：洪泽湖、骆马湖、南四湖、东平湖、大屯水库、双王城水库及东湖水库。 （3）调水源头区：长江三江营以下。 （4）沿线主要平交支流
地表水	（1）干线区域：调水水源地长江三江营至高港段，输水干线主要河流包括夹江、泰州引江河、里运河、中运河、三阳河、房亭河、徐沙河、不牢河、韩庄运河、梁济运河、柳长河、小运河、七一·六五河、赵王河、周公河、位山三干六分干、济平干渠、小清河、引黄济青干渠、引黄济烟干渠。 （2）湖泊：洪泽湖、骆马湖、南四湖、东平湖。 （3）蓄水工程：大屯水库、米山水库、棘洪滩水库。 （4）主要支流及截污导流相关水域：老通扬运河、清安河、入海水道、山东河、新沂河、三八河、荆马河、邳苍分洪道、吴坦河、新涑河、陷泥河、燕子河、小季河、峄城大沙河、大沙河分洪道、陶沟河、十字河、新薛河、薛城大沙河、小沂河、薛城小沙河、城郭河、北沙河、泗河、万福河、洙赵新河、洙水河、西支河、复兴河、东鱼河、洸府河、大汶河、小运河、金堤河、马颊河、徒骇河、利民河、青年河
地下水及土壤	输水干线沿线两侧 500～2000m 以内、受水区、截污导流工程影响区。重点为输水沿线地下水位埋深较浅、易形成土壤次生盐碱化地区和供水区地下水漏斗明显的区域
生态	（1）生态完整性的评价是以输水干线两侧和蓄水湖泊所在的各个县市的部分陆域作为陆地评价范围；对水生生态系统完整性的评价是以输水河道、湖区和长江口作为评价范围。 （2）如有敏感生态保护目标，则扩大范围直至满足生态保护目标保护的需要。如各蓄水湖泊的自然保护区的评价是以整个保护区范围为评价范围的
血吸虫	（1）长江取水口区域。 （2）入、流出输水干线的主要支流河道区域。 （3）输水干线河道及湖泊区域。以宝应以南区域，德州、济宁、新沂、清江、宝应、洪泽等试验区为重点
施工	（1）水环境。水质评价范围包括河道工程中输水河道开挖和疏浚段水域，泵站工程、蓄水工程、水资源控制工程和穿黄河工程中施工废水和生活污水受纳区。 （2）大气环境。施工场地两侧各 1km 范围，施工营地、生产加工厂、土料场周围 500m 范围以内，主要运输道路两侧 100m 范围以内。 （3）声环境。工程施工区、生产加工厂、土料场周围 500m 范围以内，主要运输道路两侧 100m 范围；附近有居民点等敏感点的地方，评价范围适当调整放宽到敏感点附近

环境要素	评 价 范 围
移民安置	（1）江苏省的江都、宝应、高邮、金湖、淮安、海陵、姜堰、兴化、洪泽、泗洪、睢宁、泗阳、宿豫、邳州、贾旺、铜山等16个县（市）。 （2）安徽省的五河、明光、泗县、凤阳县共4个县。 （3）山东省的台儿庄、微山、峄城、任城、梁山、嘉祥、汶上、东平、东阿、阳谷、东昌府、茌平、临清、夏清、平阴、长清、槐荫、天桥、历城、邹平、博兴、高青、桓台、武城、寿光、章丘等26个县（市）
社会经济	整个输水区域与受水区域： （1）黄河以南。 江苏省：扬州的高邮市、宝应市、江都市，淮安市及市辖楚州、洪泽县、金湖县、涟水县、盱眙县，宿迁市及市辖泗阳县、泗洪县、沭阳县、宿豫县，连云港市及市辖赣榆县、东海县、灌云县、灌南县，徐州市及市辖贾旺、邳州市、铜山县、丰县、沛县、睢宁县、新沂市。安徽省：蚌埠市的五河、固镇，淮北市及市辖濉溪县，宿州市及市辖灵璧县、泗县。山东省：枣庄市及市辖滕州市、济宁市及市辖曲阜市、兖州市、邹城市、微山县、鱼台县、金乡县、嘉祥县、汶上县、梁山县，菏泽市的单县、巨野县、成武县。 （2）山东半岛。 济南市区及市辖章丘市、平阴县、商河县、济阳县，青岛市及市辖胶州市、即墨市、平度市、胶南市、莱西市，淄博市及市辖桓台县、高青县，潍坊市及市辖寿光市、昌邑市、高密市，滨州市及市辖博兴县、邹平县、惠民县、阳信县、沾化县、无棣县，东营市及市辖垦利县、利津县、广饶县，烟台市及市辖龙口市、莱阳市、莱州市、招远市、栖霞市、蓬莱市、海阳市，威海市及市辖荣成市、乳山市、文登市。 （3）鲁北地区。 德州市的夏津县、武城县、平原县、陵县、宁津县、乐陵市、庆云县、禹城市，聊城市及市辖临清市、阳谷县、东阿县、莘县、高唐县、茌平县、冠县
文物保护	（1）工程征地覆盖范围内。 （2）施工影响区附近存在文物点的，评价范围调整至文物点附近。 （3）水库蓄水或湖泊抬高蓄水位淹没范围内及因风浪浸没等可能影响的范围内

2．评价等级

根据《环境影响评价技术导则》评价分级要求，结合工程特点和工程影响区环境特征，确定水环境评价等级为一级，生态环境评价等级为一级，声环境和大气环境评价等级为三级。

三、环境现状和保护目标

1．地表水环境

（1）地表水水质。工程所涉及主要水体包括调水水源地长江三江营至高港段，输水干线主要河流夹江、泰州引江河、里运河、中运河、三阳河、房亭河、徐沙河、不牢河、韩庄运河、梁济运河、柳长河、小运河、七一·六五河、赵王河、周公河、位山三干六分干、济平干渠、小清河、引黄济青干渠、引黄济烟干渠，蓄水湖泊和蓄水工程洪泽湖、骆马湖、南四湖、东平湖、大屯水库、米山水库、棘洪滩水库等。

水质资料采用淮河流域水环境监测中心及江苏、山东两省监测单位2003—2004年的监测成果，共127个断面，包括常规监测断面和补充监测断面，其中骆马湖以南共37个、骆马湖—

南四湖 34 个、南四湖—东平湖 10 个、山东半岛 23 个、黄河以北 23 个。

根据有关水功能区划和规划要求，南水北调输水干线及支流入干线段均为调水保护区，水质按《地表水环境质量标准》(GB 3838—2002) Ⅲ类标准控制，支流其他河段按相应水功能区划目标控制。

长江三江营及高港枢纽两个调水水源地水质为Ⅱ～Ⅲ类，水质满足南水北调水质要求。

输水干线骆马湖以南段水质以Ⅲ类为主，少量断面水质超标；骆马湖及其以北至东平湖水质污染较重，为Ⅳ～劣Ⅴ类，以有机物、氨氮和石油类污染为主；黄河以北输水沿线水质全部为劣Ⅴ类，以有机物和氨氮污染为主；山东半岛输水干线总体水质为Ⅲ～Ⅳ类。各监测断面水质季节性变化明显，多数断面汛期水质普遍好于非汛期，氨氮受汛期、非汛期影响波动剧烈。

调水干线各控制单元支流超标严重，在评价的 41 个控制单元中，符合水质控制目标的只有新通扬运河（江都段）、新通扬运河（泰州段）、淮河盱眙段、沂河 4 个控制单元，其余 37 个控制单元不符合水质控制目标。

截污导流相关水域现状水质基本为Ⅴ～劣Ⅴ类。

根据淮河流域水环境监测中心 2003—2004 年的监测成果，对调水沿线长江三江营—东平湖段 21 个监控断面水质沿程变化分析，由南向北 COD_{Mn}、NH_3-N 浓度基本上呈增加趋势，具体如图 7-4-1～图 7-4-4 所示。

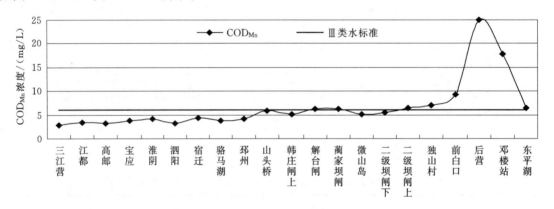

图 7-4-1　2003 年输水干线 COD_{Mn} 浓度年均值的沿程变化

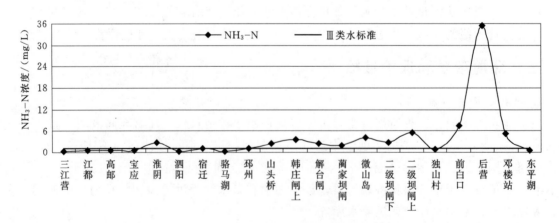

图 7-4-2　2003 年输水干线 NH_3-N 浓度年均值沿程变化

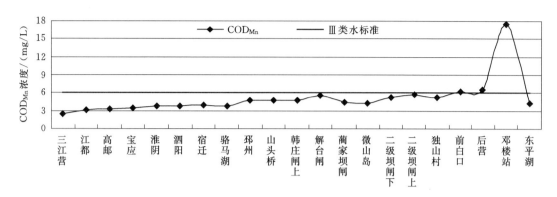

图 7-4-3　2004 年输水干线 COD_{Mn} 浓度年均值沿程变化

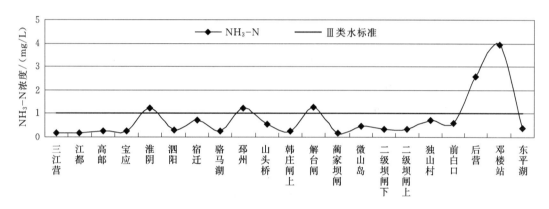

图 7-4-4　2004 年输水干线 NH_3-N 浓度年均值沿程变化

　　调蓄湖泊洪泽湖、骆马湖、南四湖和东平湖均处于中~富营养状况，19 个监测点中，洪泽湖成子湖湖心轻度富营养化，南四湖的微山岛中度富营养化，其余断面均处于中营养状态，详见表 7-4-2。

表 7-4-2　　　　　南水北调输水干线主要湖泊监测点营养化状况评价

湖泊	断面	叶绿素 /(mg/m³)	总磷 /(mg/L)	总氮 /(mg/L)	COD_{Mn} /(mg/L)	综合指数	营养类型
洪泽湖	蒋坝	3.24	0.144	1.35	4.56	49.17	中营养
	二河闸	1.35	0.052	0.78	3.91	39.30	中营养
	周原乡	3.96	0.017	0.25	5.41	36.62	中营养
	湖心	4.00	0.0125	1.74	3.68	40.44	中营养
	龙集北	2.00	0.045	2.70	4.20	45.20	中营养
	成子湖湖心	6.00	0.032	2.92	6.96	51.12	富营养
骆马湖	滨湖桥	7.24	0.027	0.19	4.71	38.73	中营养
	皂河闸	10.50	0.026	0.27	5.02	41.55	中营养
	湖心南	4.00	0.0125	2.80	3.12	41.22	中营养
	湖心北	6.00	0.0125	2.54	3.52	43.02	中营养

湖泊	断面	叶绿素/(mg/m³)	总磷/(mg/L)	总氮/(mg/L)	COD_{Mn}/(mg/L)	综合指数	营养类型
南四湖	微山岛	0.50	0.0125	0.72	4.48	62.41	富营养
	独山湖北区	3.33	0.005	1.11	9.71	40.50	中营养
	独山湖南区	2.33	0.005	1.67	9.29	40.49	中营养
	二级坝下	2.48	0.005	0.38	6.34	32.93	中营养
	二级坝上	0.50	0.0125	1.27	4.40	32.98	中营养
东平湖	湖心区	24.20	0.005	0.62	7.66	43.92	中营养
	湖心南	8.00	0.0125	9.52	4.16	49.94	中营养
	湖心北	6.00	0.0125	6.10	3.84	46.79	中营养
	东平湖出口	1.00	0.0125	5.84	3.60	39.90	中营养

（2）污染源。城镇点源和农业生产面源是区域内水质污染的主要原因。

根据 2004 年污染源监测资料，COD_{Mn} 入河排放量 24.62 万 t，NH_3-N 为 2.06 万 t，其中 COD_{Mn} 入河排放量中城镇污染源占 66.87%，面源占 32.84%，线源、内源仅占 0.29%；输水干线 NH_3-N 入河量也主要来自城镇污染源，9.43% 来自面源，线源、内源仅占 0.65%。

面源主要来源于农业化肥、农药使用，畜禽养殖，水土流失，农村生活污水，主要影响区域为南四湖，其次是东平湖流域。

2. 生态环境

（1）陆生生态。以 Landsat TM 影像数据为基础数据，采用野外调查与室内解译相结合的方法，得到南水北调东线一期工程输水沿线周边区域的土地利用及覆盖情况。黄河以南评价区各土地类型中，主要包括耕地 67.77%、林地 6.65%、草地 9.96%、水域 7.47%、居住地（包括城镇和农村居民用地 8.15%；黄河以北评价区各土地类型中，主要包括耕地 80.30%、林地 0.36%、水域 2.89%、居住地（包括城镇和农村居民用地）14.83% 及其他 1.62%；山东半岛评价区各土地类型中，主要包括耕地 72.74%、林地 6.65%、草地 9.97%、水域 2.50%、居住地（包括城镇和农村居民用地）8.14%。

东线一期工程沿线区域由于人类活动的长期影响，天然植被多数被人工植被取代，大部分地区为典型的农业生态类型。耕地和居住用地为该区域的主要用地类型，此外还分布有人工林和经济林，原生植被不复存在，残存的天然植被多系稀树灌丛和草本植物。区内野生动物种类较少，受保护的野生动物以鸟类为主，主要集中在几个大型蓄水湖泊。

（2）水生生态。东线一期工程沿线经过的水域主要有洪泽湖、骆马湖、南四湖、东平湖等 4 个蓄水湖泊和高水河、金宝航道、徐洪河、京杭运河、韩庄运河、梁济运河、柳长河、小清河、小运河等 9 条主要输水河道，输水河道承担着行洪、除涝、输水和航运任务。

输水沿线周边地区的自然生态系统受人类的干扰十分严重，景观破碎化程度较高。特别是沿线 4 个蓄水湖泊，湖滨地区基本被当地居民围垦和围湖养鱼；由于城镇居民生产、生活和农业灌溉用水大量挤占生态用水，再加上气候条件，湖泊湿地干枯现象较为严重。

洪泽湖为国家级自然保护区，以湿地生态系统和鸟类为主要保护对象。洪泽湖区共有浮游植物 8 门 141 属 165 种，浮游动物 91 种，水生高等植物 81 种，底栖动物 8 纲 39 科 57 属 76 种，鱼类 68 种，鸟类 15 目 44 科 194 种。国家一级保护鸟类有大鸨、白鹳、黑鹳和丹顶鹤 4 种；国家二级保护鸟类有白额雁、大天鹅、小天鹅、疣鼻天鹅、鸳鸯、灰鹤等 26 种。

骆马湖为县级自然保护区。骆马湖中部和东南部为敞水区，水深浪大，水生植物较稀少；湖西和西北部沿岸带水较浅，分布着大面积的芦苇草滩和大小不一的滩墩。骆马湖共有浮游植物 59 属，浮游动物 67 种，水生高等植物 18 种，鱼类共有 9 科 16 属 56 种。

南四湖为山东省省级湿地自然保护区，以鸟类为主要保护对象。南四湖是我国北方重要的湿地和鸟类栖息地，系微山湖、昭阳湖、独山湖和南阳湖的总称，陆生与水生生物丰富。该湖有浮游植物 8 门 46 科 116 属，浮游动物 249 种，水生维管植物 78 种，底栖动物 53 种，鱼类 16 科 53 属 78 种，鸟类 196 种，兽类 5 目 9 科 16 种。国家一级保护鸟类有大鸨和白鹳 2 种，国家二级保护鸟类有大天鹅、鸳鸯、长耳鸮、灰鹤和小杓鹬等 22 种。山东省重点保护鸟类 35 种，兽类中黄鼬、艾虎、獾、豹猫、赤狐为山东省重点保护动物。

东平湖为县级自然保护区。东平湖属于浅水草甸型湖泊，水生生物比较丰富。湖内有浮游藻类 7 门 35 科 67 属，浮游动物 69 种，水生植物 18 科 30 属 42 种，底栖动物 8 科 19 属 28 种，鱼类 9 目 15 科 44 属 56 种，鸟类 362 种。国家二级保护鸟类有大天鹅、小天鹅。

（3）水土流失。工程项目涉及 40 多个县（区），其中有 15 个县（区）范围内有轻度以上的水土流失，其余各县（区）均为微度侵蚀区。具有轻度以上水土流失的 15 个县（区），轻度以上水土流失总面积 5437.6km²，其中轻度流失 3513.0km²，中度流失 1717.3km²，强度流失 207.3km²。

黄河以南位于黄淮冲积平原微丘风沙区，现状无明显水土流失，土壤侵蚀强度为微度，侵蚀模数背景值 1000～200t/(km²·a)，侵蚀形式以面蚀和沟蚀为主。黄河以北属黄泛沙荒轻度风蚀区，侵蚀模数背景值 1500～400t/(km²·a)，属山东省水土流失重点治理区。山东半岛位于鲁中南中低山丘陵强度侵蚀区，土壤侵蚀模数背景值 1650～200t/(km²·a)，属山东省重点治理区。

3. 地下水和土壤环境

（1）地下水水质。水质资料采用淮河流域水环境监测中心 2004 年 12 月至 2005 年 1 月的补充监测成果，共 67 个采样点，其中骆马湖以南共 16 个、骆马湖—东平湖 24 个、山东半岛 10 个、黄河以北 17 个。

地下水水质按《地下水质量标准》（GB/T 14848—1993）Ⅲ类评价。

长江—骆马湖段沿线地下水水质为Ⅳ～Ⅴ类，主要污染物为 $NH_3\text{-}N$ 和总大肠菌群等。

骆马湖—东平湖段沿线地下水为Ⅳ～Ⅴ类，主要污染物为 $NH_3\text{-}N$、总硬度和溶解性总固体等。

山东半岛输水沿线地下水均为Ⅳ类，主要污染物为 $NH_3\text{-}N$、总硬度、大肠菌群和氟化物等。

黄河以北沿线地下水水质为Ⅳ～Ⅴ类，主要污染物为 $NH_3\text{-}N$、挥发酚和氯化物等。

（2）土壤盐渍化现状。现状盐碱地分布在大屯水库及周边地区、双王城水库周边地区。

（3）底泥质量。输水河道沿线底泥状况评价采用淮河流域水环境监测中心和海河流域水环境监测中心 2003 年的底泥监测成果，调水沿线共 60 个底泥监测点，其中黄河以南 41 个、山东半岛 7 个、黄河以北 12 个。

底泥质量评价采用《土壤环境质量标准》（GB 15618—1995）中的二级标准。土壤二级标准是为保障农业生产，维持人体健康的土壤限制值。

黄河以南段输水干线 41 个监测点中，有 30 个达到土壤二级标准，达标率为 72.3%。长江—骆马湖段底泥全部达标；韩庄运河韩庄闸上底泥达标；不牢河蔺家坝闸上底泥超标，超标因子为镉，其他因子均达标，解台闸上达标；南四湖微山湖、昭阳湖和南阳湖底泥达标，独山湖底泥镉略有超标。

南四湖监测的 14 条主要支流中，有 8 条支流底泥达标，达标率为 57.1%。万福河镉超标、洸府河汞超标，洙赵新河、薛城小沙河、复兴河、沿河镉略有超标。

山东半岛小清河底泥污染较重，黄台桥、鸭旺口、岔河和羊角沟底泥超标，超标因子有铬、镉、铜和汞等指标。

黄河以北 12 个底泥监测点全部达标。

4. 人群健康

南水北调东线输水沿线工程影响区域内常见传染病主要有病毒性肝炎、肺结核、细菌性痢疾、流行性出血热、麻疹、流脑、伤寒、百日咳等；常见地方病主要是个别地区的高碘性甲状腺肿和地方性氟中毒。

工程区域内血吸虫病流行区涉及 11 个流行县（市、区）、85 个流行乡（镇）、604 个流行村。其中 8 个流行县已达血吸虫病传播阻断标准，1 个县达传播控制标准，2 个县尚未控制血吸虫病传播。

南水北调东线一期工程区在大运河高邮段有钉螺分布，史料显示该河段在江水北调前即有钉螺存在，江水北调以来，钉螺分布范围有所增加，尚无有力证据证明钉螺已越过北纬33°15′。钉螺主要分布在大运河高邮段石驳岸，1977—1982 年曾采用水泥灌浆勾缝进行灭螺，1983—1992 年未查获钉螺，随着水泥勾缝破损增加，自 1993 年后又在原有螺地段陆续发现钉螺。

5. 文物古迹

经江苏省和山东省文物保护部门对调水沿线进行考古勘探、调查，发现文物共 230 处，其中江苏省 142 处，山东省 88 处，包括地面文物 43 处、古脊椎动物与古人类文物 10 处、地下文物 177 处。地面文物主要包括桥梁、船闸、涵洞、码头、船坞、河堤、古建筑群、石刻、纪念性建筑等；地下文物包括古遗址和古墓葬。

江苏省各级各类文物保护单位共 21 处，包括全国重点文物保护单位 1 处、省级文物保护单位 4 处、市县级文物保护单位 16 处。山东省各级各类文物保护单位共 16 处，省级文物保护单位 3 处、市县级文物保护单位 13 处。

四、江苏省江水北调回顾评价

1. 江水北调工程简述

江苏省江水北调龙头站——江都站从 1960 年初开始建设，从江都站开始，经过近几十年持续不断的建设，沿着 400 多 km 的京杭运河输水干线，逐步建成了江都、淮安、淮阴、泗阳、刘老涧、皂河、刘山、解台、沿湖等 9 个梯级，将长江水送入微山湖。江水北调工程串联洪泽湖、骆马湖、南四湖下级湖，沟通长江、淮河、沂沭泗三大水系，既可以引江水补充淮河、沂沭泗地区，也可以在淮河和沂沭泗水系间互相调度，形成了一个基本完整的网络。

1978—2001 年，年平均抽江水 33 亿 m^3，20 世纪 90 年代平均年抽引水量 46 亿 m^3，最多年份抽江水 70 亿 m^3。

2. 环境影响回顾评价

（1）水文情势变化。江水北调工程现有规模为抽江 $400m^3/s$、入洪泽湖 $200m^3/s$、入骆马湖 $150m^3/s$、入南四湖下级湖 $20m^3/s$，年平均抽江水 49.65 亿 m^3、入南四湖下级湖 2.75 亿 m^3。

江水北调工程实施后，大部分输水河道水位没有明显变化，工程建设对输水河道的水位影响不大。骆马湖以北河道工程建设后水位略有提高，主要原因是对沿线河道进行了治理，增加了河道的过水能力。湖泊水位情势的变化主要反映在洪泽湖和骆马湖，影响因素是堤防加固、蓄水位提高，使湖泊水位抬高，特别是把骆马湖改为长年蓄水水库，蓄水位由 21m 提高到 23m，水位变化较为明显。

从洪泽湖、骆马湖历年出湖水量过程来看，两湖主要排洪出口三河闸、嶂山闸近 20 年泄洪水量除 1991 年和 2003 年发生特大洪水外，其他年份明显小于五六十年代泄洪水量。

通过对部分站多年平均地下水水位过程分析，江水北调工程实施后地下水水位汛期略有抬高，幅度最大在 2m 左右，总体上地下水水位年内变化不大。江水北调工程的实施，较大程度地减少了苏北地区地下水的开发利用，有效扼制了地质灾害的发生。

（2）水环境影响。根据江苏省水环境监测中心水质监测资料，选取江水北调工程输水干线京杭运河江都站—淮安站段、淮安站—淮安二站段、解台站—沿湖站段三个代表性河段，在 1990 年前后、90 年代末至 2000 年初两个不同时期、不同调水量下，以 NH_3-N 为例，对调水对输水河道的水质影响进行分析表明，江水北调对沿线地表水水质有明显改善作用，作用大小与调水量正相关。

（3）生态环境影响。江水北调工程实施后，由于受水区水资源有了一定保障，工程沿线地区的绿化和湿地保护成效显著，有效地保护了工程沿线洪泽湖、骆马湖、南四湖等湿地的生物多样性。特别是 2002 年，沂沭泗地区久旱未雨，南四湖上级湖从 7 月开始干涸，下级湖 8 月基本干涸，为保护湖区生态系统，国家防汛抗旱总指挥部决定利用江苏省江水北调工程向南四湖进行紧急生态补水，从 2002 年 12 月 8 日至 2003 年 1 月 26 日，总计补水 1.1 亿 m^3，有效地保护了该地区的生态环境。

（4）土壤环境影响。中华人民共和国成立初期，滨海盐土和黄泛平原花碱土是江苏省粮棉生产中极大的制约因素。江水北调工程的建设带动了灌区的建设，使得淮北原来的盐碱化土地用上了矿化度较低的江水进行灌溉，由于灌区灌排系统的不断完善，降低了土壤的含盐量，改良了盐碱化土地。

（5）钉螺扩散影响。江水北调几十年以来输水干线的钉螺无明显北移迹象，迄今为止没有逾越北纬 33°15′ 的钉螺分布北界，也没有出现因调水而导致钉螺扩散的情况。

（6）社会经济影响。江水北调工程保障了缺水地区水资源的有效供给，苏北地区工业生产得到快速发展，实现了经济总量高速增长，提高了京杭运河苏北境内河道航运等级和航运能力，促进了苏北地区的农业结构转变，确保了苏北地区粮食安全，提高了部分城市的供水保证率，保障了社会安定。

五、环境影响预测评价

1. 水文情势影响

（1）对水资源量的影响。南水北调东线规划工程规模为抽江 500m³/s，入东平湖 100m³/s，过黄河 50m³/s，送山东半岛 50m³/s。

至规划水平年，南水北调东线一期工程实施运行后，与现状抽江相比多年平均增加抽江水量 38.03 亿 m³。按 1956—1997 年长系列调节计算，受水区多年平均净增供水量 36.01 亿 m³，较现状工程条件下增加可供水量 21.7%，江苏受水区城市增供水量 7.15 亿 m³，缺水率由 41.9% 降低到 0；山东受水区城市 2010 年增供水量 14.67 亿 m³，缺水率由 42.4% 降低到 18.8%。

（2）对输水沿线河道和调蓄湖泊的影响。东线一期工程长江—南四湖段除韩庄运河段外，基本利用现有江水北调输水河道通过局部扩挖疏浚输水。江苏段河道输水方向与现状江水北调调水方向一致，与汛期行洪排涝方向相反；山东段除梁济运河及其以南段调水期出现水流方向改变外，鲁北段与山东半岛段调水流向与现状水流方向一致。

河道设计输水流量较现状设计输水流量增加 0～110m³/s。大部分输水河道设计输水位有所抬高，一般抬高 0.17～0.89m，最大抬高 2.5m。总体上，工程对徐洪河、中运河山东段、南四湖以北输水河道流量、水位的影响较为显著，其他输水河段基本为现有江水北调输水通道，影响相对较小。

为了提高湖泊调蓄能力，规划洪泽湖非汛期蓄水位由 13.0m 抬高至 13.5m；将南四湖下级湖非汛期蓄水位由 32.3m 抬高至 32.8m；汛期限制水位及防洪调度运用办法不变。骆马湖、南四湖上级湖、东平湖不参与调蓄。

根据长系列调节计算，洪泽湖非汛期（10月至次年5月）各月多年平均水位均有抬高，水位抬高幅度 0.07～0.28m；骆马湖非汛期（10月至次年5月）10月、11月平均水位下降了 0.17m、0.03m，其余各月上升了 0.04～0.51m；南四湖下级湖非汛期（10月至次年5月）各月多年平均水位均有抬高，水位抬高幅度为 0.39～0.86m；东平湖非汛期（10月至次年5月）各月多年平均水位均有抬高，水位抬高幅度为 0.76～1.47m。

（3）对沿线防洪排涝影响。从总体上看，输水位一般都低于除涝水位，更低于防洪水位。但里运河、金宝航道局部河段、泗阳—刘老涧、皂河闸局部河段输水位高于地面高程，局部河段输水位高于除涝水位；小清河睢里庄跌水—京福高速节制闸段输水位高于除涝水位。若输水时发生暴雨，受输水位顶托的低洼地区及用作输水河道的主要排涝河道，存在因排水出路受阻造成涝灾的可能。

在工程规划中考虑了河道及蓄水工程的防洪排涝要求，在工程调度中明确调水工程必须服从防洪调度，通过雨情、水情预报和工程调度手段，当可能出现涝灾迹象时及时采取相应的调度方案，控制输水流量、水位，工程运行对沿线流域或区域防洪排涝的影响可以得到控制。

（4）对长江口的影响。南水北调东线一期工程全年调水量为 87.68 亿 m³，约为长江大通站多年平均径流量的 1%，调水流量约占长江大通站多年平均流量的 1.74%。尽管南水北调东线工程调水对长江入海水量影响甚微，但枯水年的枯水期仍会对长江口枯水期盐水上侵带来一定负面影响。在三峡工程运行后，1—4月会使大通站流量增加 1000～2000m³/s，若通过三峡工程的合理调度，南水北调工程对长江口盐水上侵产生的负面影响将得到缓解或抵消。

2．地表水环境影响

（1）污染源预测。根据江苏、山东两省编制的各治污规划控制单元治污实施方案中对2007年污染物排放的预测，以及各项治污措施包括截污导流工程对污染物的削减，可以预测出最后进入输水干线的主要污染物质量。

治污规划及控制单元实施污染物入河量见表7-4-3。

表7-4-3　　　　　　　　　治污规划及控制单元实施污染物入河量　　　　　　　　　单位：t/a

序号	控制区	控制单元名称	2002年污染物入河量		东线治污规划控制入河量		控制单元实施方案控制入河量	
			COD_{Mn} 入河量	NH_3-N 入河量	COD_{Mn} 入河量	NH_3-N 入河量	COD_{Mn} 入河量	NH_3-N 入河量
1	淮河江苏	新通扬运河（江都段）	2006	193	3729	358	3729	358
2	淮河江苏	北澄子河	1960	205	468	83	468	83
3	淮河江苏	入江水道	6083	66	341	78	341	78
4	淮河江苏	淮河盱眙段	1392	53	880	34	880	34
5	淮河江苏	老汴河（濉河）	1684	149	602	72	602	72
6	淮河江苏	大运河淮阴段	12450	679	0	0	0	0
7	淮河江苏	大运河宿迁段	8047	857	0	0	0	0
8	淮河江苏	大运河邳州段	7490	612	0	0	0	0
9	淮河江苏	不牢河	26910	1694	0	0	0	0
10	淮河江苏	房亭河	9262	636	5600	16	5600	16
11	淮河江苏	沛沿河	3693	307	3213	176	3213	176
12	淮河江苏	徐沙河	6558	296	1105	52	1105	52
13	淮河江苏	复兴河	3016	107	663	11	663	11
14	淮河江苏	新通扬运河（泰州段）	—	—	—	—	126	79
15	淮河山东	韩庄运河	2287	131	0	0	0	0
16	淮河山东	西支河	1252	116	0	0	0	0
17	淮河山东	洸府河	21543	3006	12640	1451	2589.4	184.1
18	淮河山东	老运河济宁段	10752	1096	0	0	0	0
19	淮河山东	洙水河	2402	171	383	29	383	29
20	淮河山东	赵王河	710	26	250	32	250	32
21	淮河山东	梁济运河（济宁段）	343	8	700	11	700	11
22	淮河山东	梁济运河（梁山段）	4480	348	0	0	0	0
23	淮河山东	邳苍分洪道	9850	587	2359	79	2359	79

序号	控制区	控制单元名称	2002年污染物入河量		东线治污规划控制入河量		控制单元实施方案控制入河量	
			COD_{Mn} 入河量	NH_3-N 入河量	COD_{Mn} 入河量	NH_3-N 入河量	COD_{Mn} 入河量	NH_3-N 入河量
24	淮河山东	峄城大沙河	5804	584	0	0	0	0
25	淮河山东	城郭河	11874	602	0	0	0	0
26	淮河山东	薛城小沙河	6782	480	0	0	0	0
27	淮河山东	老运河微山段	3679	285	0	0	0	0
28	淮河山东	白马河	4405	755	624	825	624	825
29	淮河山东	泗河	7245	370	1890	207	1890	207
30	淮河山东	东鱼河	4788	238	648	8	648	8
31	淮河山东	老万福河	3061	287	522	12	522	12
32	淮河山东	洙赵新河	11753	1237	2054	153	2054	153
33	淮河山东	泉河	2557	183	420	30	420	30
34	淮河山东	沂河	13536	837	12106	999	12106	999
35	黄河山东	东平湖	4961	383	993	134	993	134
36	黄河山东	大汶河	22978	1745	7444	326	—	—
37	海河山东	位临运河山东段	—	—			0	0
38	海河山东	小运河、七一·六五河	6595	316	0	0	0	0
39	海河山东	卫运河山东段	—	—	0	0	0	0
40	海河山东	南运河山东段	—	—	0	0	0	0
41	黄河山东	小清河	67620	6900	0	0	0	0

注 大汶河控制单元取消稻屯洼截污项目，拟设河口湿地净化工程（不包括在南水北调截污导流工程），湿地入湖水质按Ⅲ类水质控制。

（2）水质预测。采用CSTR模型主要模拟河流段的水质，采用EFDC和WASP模型分别模拟湖泊段的水动力过程和水质，通过上下游关系将河流模型和湖泊的输入输出相关联计算整个输水干线的水质变化。

根据水质评价和污染源评价结果，在预测中将COD_{Mn}指数和NH_3-N作为模拟对象，预测未来输水干线水质的沿程变化情况。

正常工况下，调水起点—南四湖下级湖入口段的COD_{Mn}和NH_3-N模拟结果如图7-4-5所示。

南四湖敏感点COD_{Mn}、NH_3-N预测结果如图7-4-6所示。在95%保证率水量条件下，COD_{Mn}为主要污染物，水质保持在Ⅲ类和Ⅳ类；NH_3-N浓度保持Ⅲ类及优于Ⅲ类。

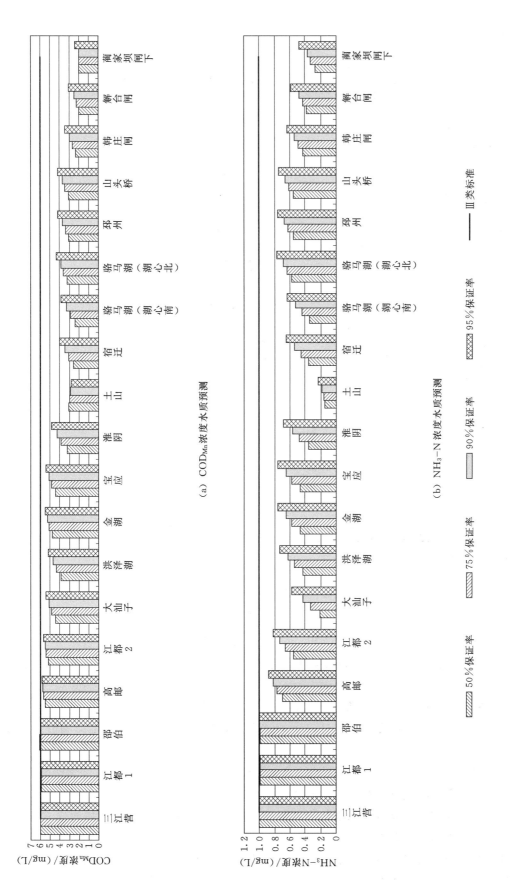

（a）COD_{Mn}浓度水质预测

（b）NH_3-N浓度水质预测

图 7-4-5　正常工况下水质预测（调水起点—南四湖下级湖入口）结果

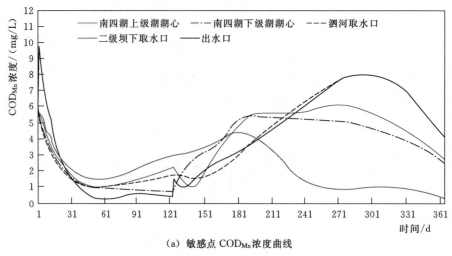

（a）敏感点 COD_{Mn} 浓度曲线

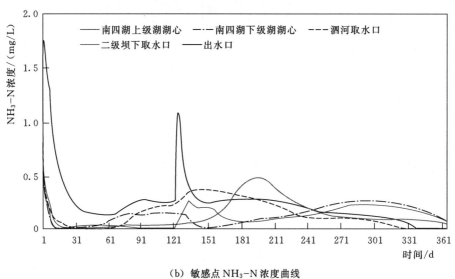

（b）敏感点 NH_3-N 浓度曲线

图 7-4-6　95％保证率南四湖敏感点 COD_{Mn}、NH_3-N 预测结果

正常工况下，上级湖以后河段的 COD_{Mn} 和 NH_3-N 模拟结果如图 7-4-7 所示。COD_{Mn} 在东平湖以及东平湖以后浓度比较高，不同保证率下有略微超过Ⅲ类标准值的情况出现，而 NH_3-N 则全部满足Ⅲ类标准。

（3）结果分析。由水质模拟结果看出，从三江营—洪泽湖，COD_{Mn} 和 NH_3-N 两项指标污物浓度逐渐降低，两项指标在 4 个保证率下均基本达到Ⅲ类水质标准。出洪泽湖能达到Ⅲ类水质要求。

从洪泽湖—骆马湖（湖心北）监测断面，COD_{Mn} 和 NH_3-N 两项指标浓度继续降低，经土山断面后，污染物浓度上升，但总体达到Ⅲ类水质的要求。

由骆马湖（湖心北）监测断面至解台闸及蔺家坝闸断面两路，COD_{Mn} 和 NH_3-N 浓度继续降低，总体达到Ⅲ类水质要求。

南四湖湖区全年大部分时间、空间，特别是主渠道基本达到Ⅲ类水质要求，空间Ⅲ类水质达标率随时间变化，但总体上在 70％以上。不达标时间主要集中在调水期结束，污染物经截污

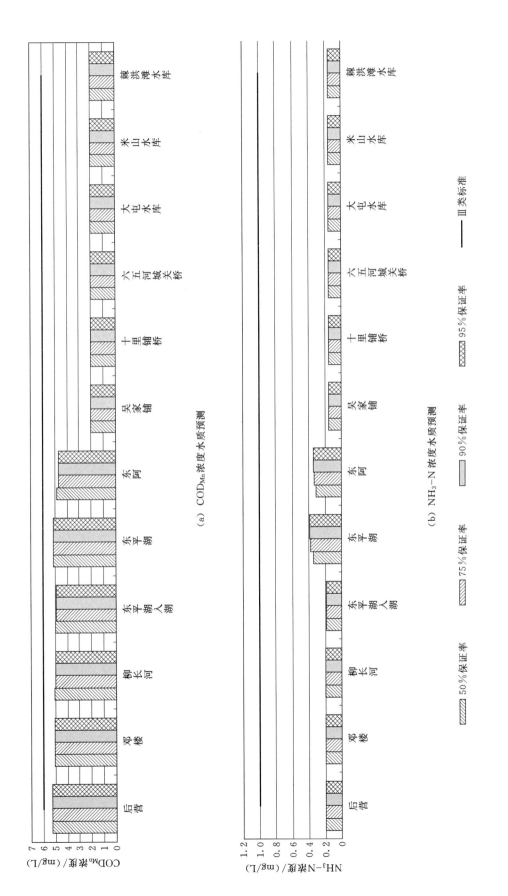

图 7 - 4 - 7　正常工况下水质预测（南四湖上级湖以后河段）结果

导流工程排入南四湖时，受每年 3 月、4 月温度回升，藻类生长繁殖等多方面因素的影响，导致污染物浓度升高；空间不达标点主要集中在各入湖排污口附近，特别是位于上级湖的成武县和单县交界处的东鱼河入湖口和位于下级湖滕州市的新薛河入湖口，主要由截污导流工程存储的污水排入引起。

南四湖以北段，在控制单元治污规划全面实施、各项治污措施正常投入运行条件下，输水干线 COD_{Mn} 和 NH_3-N 指标基本可以满足Ⅲ类水质要求。在个别时段，东平湖和东平湖以北附近局部水域 COD_{Mn} 会出现略微超标的情况，但可以达到Ⅳ类水质要求，且通过拟采取的大汶河入湖口湿地处理工程进一步削减入湖排污量后，东平湖及其下游段的水质超标问题可以避免。

新沂河北偏泓受纳水库的现状污染负荷已经超过河道本身的环境容量，徐州和宿迁增排的尾水水质虽然好于沭河来水，但增加了新沂河的污染负荷，且与江苏省水环境功能区划有所冲突。江都尾水在正常排放浓度下，不考虑江滩湿地处理功能，对出水口下游 750m 至上游 800m 范围内的近岸水域水质产生一定影响。淮安截污导流工程导入的清安河现状水质很差，导流尾水水质略优于河道现状水质，对其水环境不会产生不利影响，对入海水道的水质影响轻微。

鲁北段截污导流工程实施后由于导流中水量较小，对纳污河道影响很小；骆马湖—东平湖段截污导流工程都属于截污回用类工程，只是对中水进行拦蓄，基本上不对河道水质构成影响，相应的可以改善蓄污工程下游的水质。

治污措施不能按时、按量、按质完成，或者污染源的管理环节出了问题，导致污染负荷入河量超过控制量，输水干线均存在不能满足Ⅲ类水质标准的风险。由于山东段截污导流工程按 3 年一遇除涝标准设计，因此在调水期当遇到超过除涝标准的降雨条件时，也有可能出现调水水质不能达标的风险，如遇大面积突降暴雨，甚至会发生局部水污染事件。

3. 生态环境影响

（1）黄河以南及鲁北输水线。扩挖和疏浚工程会损伤局部区域的陆生植物和部分水生植物，造成一定的生物量损失，使自然生态系统生产力受到影响，但系统生产力的损失在生态系统可承受的范围内。

运行期调蓄湖泊将抬高湖泊水位，扩大水面面积，有利于维护湿地生态系统的功能。

（2）胶东半岛输水线路。施工占压致使施工区生物量降低，自然系统的稳定性受损。但施工区占评价区面积较小，其影响是可以接受的。

干渠的修建会对生活在当地的小型野生动物（没有受保护种）的栖息和移动产生影响。

（3）人工蓄水水库。水库建设将增加区域的水域面积，提高区域蒸散量，优化气候资源，改善局地气候条件，提高区域生态系统服务价值和生态环境质量，从区域水文过程的角度来看，水库建设有利于改善区域生态环境。

（4）洪泽湖。调水后，湖泊蓄水量增加，使湖区浮游植物增加，为浮游动物提供了较丰富的饵料，有利其生长繁殖。调水初期，水位抬升 0.5m，水生维管束植物的空间分布将发生变化，12.5m 高程以下的湿生和挺水植物受到影响，部分芦苇被淹死或受损。

（5）南四湖。对水生生物的影响和洪泽湖类似，湖泊生产力也会进一步提高。不同的是工程弃土堆放，会在南四湖内形成不连续的埝堤，对水生生态系统正常的能流、物流造成一定的阻隔。湖泊水位上升有可能使湖泊周围低洼地和含盐量背景较高区域的土壤产生沼泽化和次生盐渍化。水位抬升，蓄水面积扩大，缓解了湖区生境破碎化和岛屿化的进程，减少了人类干扰，对珍稀鸟类的保护有利。

4．水土流失

工程水土流失防治责任范围为16846.6hm²。经预测，工程施工将损坏水土保持设施面积为2853.66hm²，工程建设弃土、弃渣（石）总量为11965.60万m³，新增水土流失量963.61万t。工程水土流失重点防治区域为弃土场区。

5．工程占地和移民安置环境影响

（1）占地及影响人口情况。工程永久占地总面积136130亩，其中耕地81477亩，园地1577亩，林地4658亩，水塘12321亩及其他36097亩；工程临时占地87947亩。工程占地范围涉及江苏、山东和安徽三省的46个县（市）。

工程生产安置总人口为58578人，其中在本村调整土地的生产安置人口为45925人，占生产安置总人口的78.4%；出村安置人口为12653人，占21.6%。

移民建房安置人口共18854人（不含截污导流工程），其中集中安置人口9653人，占建房安置人口的51.2%；分散安置人口9201人，占48.8%。涉及农村搬迁人口18189人、非农业人口13978人，影响乡村工业企业318家；工程无水库淹没和工程整体占用城（集）镇，工程对城（集）镇的影响均为输水渠道穿过的带状影响，不涉及城（集）镇的整建制搬迁，共影响城（集）镇16个，影响人口8887人。

（2）对环境容量影响。工程占地最为集中的工程是大屯水库、东湖水库和双王城水库3座新建和扩建水库。工程实施后，双王城水库影响区人均耕地面积由现状的3.01亩减少为2.69亩，大屯水库影响区人均耕地面积由现状的2.64亩减少为1.61亩，2座水库工程占地影响区所涉及行政村环境容量可以满足。东湖水库影响区人均耕地面积由现状的1.59亩减少为0.92亩，人均耕地大部分达不到1亩，但能保证基本口粮田。

除3座新建和扩建水库集中占地外，河道和泵站等其他工程占地较为分散，对当地土地环境容量影响较小，所影响群众均可就地、就近安置。

总体来看，工程占地对涉及行政村人均耕地的影响较小，当地土地环境容量许可，在本行政村内调整土地或本乡镇内调整土地方案可行。

（3）移民安置对环境影响。农村移民安置包括专项设施迁建等对植被的影响不大，移民安置建设活动分散，对整个区域的水土流失影响较小。

可行性研究阶段移民安置规划，对排污企业和砖瓦窑厂的迁建尚无具体规划，下阶段设计中应防止排污企业的污染转移和不符合产业政策的砖瓦窑厂和其他污染企业的迁建。

东平湖影响处理工程生产发展规划中，采用取消网箱养殖，改成大湖网围养殖方式后，对东平湖湖区水质有一定有利影响。

南四湖下级湖抬高蓄水位影响处理工程生产发展规划中，应严格控制湖区水产和禽畜养殖规模，防止对调水水质的污染。

（4）对移民生产生活影响。移民住房质量、居住环境和基础设施都较搬迁前有所提高，通过提高当地农作物产量、增加高附加值的农产品比例、因地制宜地发展农副产品加工和乡镇企业和剩余劳动力外出务工等措施，耕地减少对移民安置区居民经济收入的影响可基本得到消除。

6．地下水和土壤环境影响

（1）输水沿线。工程实施后不会引起长江—洪泽湖段地下水动态的变化，也不会加剧其沼泽化。

泗阳站—皂河站段、徐洪河黄河北闸以北段、洪泽湖周边低洼地、南四湖下级湖堤防两侧低洼地，东平湖湖区卧牛堤和二级湖堤段地下水位抬高，部分地段可能造成两岸一定范围内的渍涝，严重的可发生沼泽化。

泗阳站—皂河站段调水后由于中运河水位抬升，将对河渠两侧地下水环境产生一定的影响。徐洪河输水后，黄河北闸以北段河水长时间处于较高水位会对两岸地下水位抬高产生较大的影响，可能造成两岸一定范围内的沼泽化。骆马湖—南四湖段在河渠两侧一定范围内地下水水位将有一定程度的抬高，但出现渍涝灾害的可能性不大。南四湖湖水位抬高后将导致距离湖岸内堤脚距离约 2km 范围内的地下水位有不同程度的抬升，在高程低于 33.0m 地势低洼的地方容易出现沼泽化。保持湖西顺堤河的水位对于保证堤外地下水位有非常重要的意义。工程运行期间由于调水引起的梁济运河两岸盐渍化的可能性较小。柳长河河渠两侧没有衬砌措施时，柳长河中段在距河渠 200～500m 范围内可能会出现盐渍化现象；河渠两侧边坡进行衬砌后，由于衬砌的阻水作用，调水对河渠两侧地下水影响较小，衬砌后地下水位变化不大，因此河渠两侧产生盐渍化的可能性较小。

南水北调东线一期工程实施后，在鲁北输水段主要将造成王庄闸以下输水河段两侧 200m 范围内的地下水水位升高，对其他区域地下水水位的影响不大。济平干渠全线进行了全断面衬砌，因此调水工程实施后，河渠输水对两侧地下水水位的影响较小。东平湖湖区卧牛堤和二级湖堤存在渗漏问题，水库蓄水后会对堤外浸没产生较大的影响。

大屯水库、东湖水库和双王城水库建成蓄水后将导致库周地下水位的升高，从而加重近周农田盐渍化。

大屯水库建成蓄水后将导致库周地下水位的升高，从而加重库周农田盐渍化。水库水位达到最高时，估计 150m 范围内受地下水的影响，形成地表径流。水库防渗采用坝体上游坡铺设复合土工膜和库底 350m 长水平铺塑相结合的防渗方案，在水库外围布设排渗沟，通过坝基向地下水渗透量约 18904～32353m³/d。通过采取治理措施，可有效减轻对周围土地的涝渍影响。

东湖水库蓄水后，南坝段坝后将会产生较大范围的浸没，工程增加了截排水等措施，浸没影响可以得到减轻。

天然状态下，双王城水库通过坝基的单宽流量为 5.25m³/(d·m)，通过整个坝基的流量为 55403.0m³/d。采取防渗措施后，通过坝基的单宽流量为 1.86m³/(d·m)，通过整个坝基的流量为 19628.0m³/d，减少渗漏量 64.6%。水库地势低洼平缓，地面平均高程 4.06m，低于水库正常蓄水位 12.50m，水库建成蓄水后，地下水水位将进一步壅高。库区南部坝后由于地下水水位埋深浅，现状已经发生浸没。水库蓄水后，尽管采取了防渗措施，坝外周边低洼地段一定范围还可能会发生涝渍浸没。

（2）调水对受水区地下水的影响。调水对减少南四湖湖东与梁济运河以东地区地下水开采量，恢复地下水水位，防止地面沉降将产生有利影响。可以缓解受水区工农业、生活用水矛盾，减少开采中深层水或承压水，对于保护天然承压水储水量有利。

由于水环境变化，对改善供水区内土壤水分状况，淋洗土壤盐分，增加农作物产量等都起到积极的作用，但也会改变供水区内的水盐平衡状况，对自然排水条件差，人工排水系统不配套、不完善的地区，有可能引起地下水位抬高而发生土壤次生盐渍或者渍涝情况。

供水实施后，可以解决或部分解决山东半岛片工农业与生活用水，减少地下水开采量，对防止海水继续内侵有利。

（3）截污导流工程对纳污河流沿线地下水的影响。江苏段及鲁北段截污导流工程，对于利用现有河道导流的，由于河道水质导流前后变化不大，甚至有所改善，因此对沿线地下水环境影响不大。但是对于徐州截污导流等工程中的新挖河道，如果不采取有效的防渗措施，导流将对输污河道两侧地下水质产生较大的不利影响；另外，鲁北段截污导流工程的拦水闸前及蓄水水库如果不采取有效的截渗措施，也会造成周边一定范围内的地下水污染。

对于黄河以南段山东省截污回用工程，由于拦蓄将使河、库水位抬高，因此必然会对两岸地下水水质产生影响。根据预测，在没有采取有效截渗措施的情况下，各项截污回用工程都将对两岸地下水环境造成不同程度的污染，影响范围多数在500m以内，个别工程可达1km以上。

（4）截污导流工程对土壤环境的影响。山东省截污导流工程的总体设计思路是将中水资源化，工程实施不会产生重金属富积问题；但如果没有完善的配套措施及有效的管理手段，中水灌溉可能对部分灌区土壤环境质量产生不利影响，即针对不同的灌区在经过一定时间的中水灌溉后可能导致土壤表层全盐量超出0.6％的盐渍化标准限值。

7. 血吸虫病扩散及钉螺北移的可能性

江苏省江水北调工程运行几十年来，尚未有确切证据表明调水工程造成钉螺及血吸虫病向北扩散，南水北调东线一期工程运行后不会产生有利于钉螺滋生的大环境的变化。

东线工程可能对血吸虫病流行产生影响的范围仍局限在原里下河血吸虫病流行区，及北纬33°15′以北、徐州以南的部分地区，通过江都西闸、新通扬运河自流引水而造成长江水系钉螺向该地区的扩散，南水北调东线部分涵闸（洞）也可成为里下河地区和输水河道之间钉螺扩散的双向通道。

8. 施工期环境影响

南水北调东线一期工程各单项工程在施工期间将对施工区环境产生一定的不利影响。从各单项工程的施工强度和施工区的环境背景特征分析，施工废水和生活污水对水质影响较小；施工运输车辆交通噪声等施工噪声对敏感点造成一定不利影响；交通运输扬尘对道路两侧的环境空气质量产生一定不利影响；施工期产生的生活垃圾和建筑垃圾若任意堆放，将污染空气，加大各种疾病的传播机会，一旦进入河流水体，将污染河段水体水质；施工人员相对较为集中，生活环境相对较差，易造成施工人员肠道传染病和病毒性肝炎的暴发和流行；江苏省部分施工河段有钉螺分布，施工人员涉水作业易造成血吸虫的感染，应采取相应的防疫措施。

各单项工程的施工期相对较短，施工产生的各种不利影响可采取相应的措施控制与减免。

9. 社会环境影响

（1）景观文物。工程对占地红线及附近的文物点可能产生不利影响，根据文物保护专题，需要对可能受影响的文物制订文物保护方案，使影响程度控制在可接受的范围内。

工程建设期将对沿线局部景观产生一定程度的破坏，但随着工程建成运行，输水河道沿线水环境得以改善，生态环境质量提高，沿线景观将有较大程度改善，有利于旅游资源的开发。

（2）地质灾害。工程建设后可能存在的地质灾害有：韩庄运河两岸2+500～9+400段及南四湖水资源控制工程大沙河、姚楼河闸址处于煤矿区，开采后可能引起地面强烈变形，韩庄泵站、运河输水工程及河堤将受到严重影响，地质灾害危险性大。穿黄工程穿黄段岩溶极易塌陷段，地质灾害危险性预测评估为危险性大，如不采取相应的措施加以预防和治理，工程建设和运行存在较大的风险。其他工程地质灾害危险性预测评估为小或中等，建设场地适宜性综合评价为适宜和基本适宜。在工程设计中已充分考虑了不良地质条件等因素，并提出工程建设区煤矿开采限制要求以及对工程周边的人类活动适当加以限制、加强监测和管理，可避免或减轻地质灾害的发生和对工程安全运行的影响。

（3）区域社会经济。南水北调东线一期工程多年平均供水效益为 107.22 亿元，其中城市工业和生活供水 93.59 亿元，航运供水效益 5.65 亿元，农业供水效益 6.19 亿元，除涝效益 1.79 亿元。对宏观经济方面，工程投资将产生后向总效益 317.20 亿元，后向净效益 109.45 亿元。2002—2007 年南水北调东线一期工程投资对劳动力的完全占用量为 382.3 万人，平均每年对劳动力的完全占用量为 63.71 万人。

工程为实现流域间优化调配提供战略性基础设施，为实现区域水资源优化配置奠定基础。南方地区水资源的优势和北方地区土地资源优势的配合，将促进要素的合理流动和资源潜力的发挥，为我国经济发展提供动力。

南水北调东线一期工程对于我国粮食安全的重要意义在于促进江苏省中低产田土地潜力的发挥和稳定山东省粮食生产。

南水北调一期工程及南水北调东线治污规划的实施，通过解决区域内水事矛盾促进区域内和谐社会的构建。各地方政府应把南水北调工程作为建立可持续发展的和谐社会的契机，在调整本地用水行为的过程中，通过完善制度建设，最终实现和谐社会的构建。

10. 环境风险分析

（1）治污规划实施存在不确定性，有关措施不能按时、按量、按质完成或管理环节发生问题，污染负荷入河量可能超过控制要求，输水干线均存在不能满足Ⅲ类水质标准的风险。

（2）在南水北调及沿线截污导流工程的运行调度过程中，在调水与非调水期的转换环节，存在较大的水质风险。

（3）由于山东段截污导流工程按 3 年一遇除涝标准设计，因此在调水期当遇到超过除涝标准的降雨条件时，可能出现调水水质不能达标的风险。

（4）南水北调东线调水水质风险因素较多，如面源污染及养殖、航运等内源污染问题，公路、航运交通干线存在水污染事故发生的可能。

六、环境保护措施

1. 水文情势影响对策

对于工程可能带来的对输水河道及调蓄湖泊防洪影响，采取加强监测、统一调度和管理的方式加以避免，包括加强水情监测、信息传输系统和流域机构、省防汛抗旱指挥部门对输水河道洪水进行统一调度管理，江水北调工程运行实践证明，通过合理统一调度，上述风险是可以避免的。

对于工程可能带来的输水沿线局部低洼地排涝影响，主体工程安排了相应的措施，主要有新建加固排涝涵闸，开挖水系调整排涝引河、水渠等。

2. 水质保护

运行期水质措施包括全面实施完成《南水北调东线治污规划》、合理规划沿线湖泊养殖规模和方式、实施船舶污染综合整治项目、加强运行期管理、编制风险防范措施和应急预案等措施。

3.生态环境保护

（1）陆生生态保护。优化施工用地，尽量避免破坏森林植被。限定施工区域，选择合理施工场地，尽量减少工程占地和地表植被的损失面积。施工活动中严禁烟火、狩猎。

地下水位较高地区要增加地下水的排泄系统，保证地下水的正常流动和排泄。

沿线安排的取、弃土场要合理选址，保留表层土壤，并用于施工后的表层复土。土方挖填工程进行合理平衡与调配，剩余土方应就近整平堆放，造田复耕。

（2）水生生态保护。各抽水泵站进水池前应加设拦鱼网，防护泵站对鱼类的损害。

南四湖上级湖航道的疏浚弃土场设计弃土顶高降到蓄水位下0.5m，以减缓弃土场形成的堤埝对以鱼类为主的水生动物运动的影响，也可以保持南四湖整体结构的美观。

维护人工蓄水区生态系统的生态基流，保护水库和引（输）水河道及其沿岸的生态系统。

合理控制湖泊水位，调节、保障岸边湿生带的水生植被生长环境。

洪泽湖、骆马湖和南四湖三个蓄水湖泊，建设相应的增殖放流站，定期向三个蓄水湖泊投放相应的鱼类苗种。

（3）水土保持。水土保持综合防护体系由预防措施、工程措施、植物措施和临时防护措施构成。水土保持的目标为扰动土地治理率达95%、水土流失治理程度97%、拦渣率97%、植被恢复系数98%、林草覆盖率28%。水土保持措施工程量主要有土地整治742.26hm²，开挖排水沟土方90.53万m³，混凝土护砌74027.68m³，种草和草皮防护4193.43hm²，栽种乔木407.35万棵。

4.占地与移民安置环境保护

合理调剂耕地安置移民，加强对移民饮用水的卫生管理、加强绿化、集中移民安置点设置污水处理和生活垃圾处理设施。

各集中居民点规划要纳入当地乡镇总体规划方案，防止居民点范围扩大和多占农田。

工业企业迁建规划应严格按规定审批。

新建蓄水工程进行库底清理。

严格控制南四湖下级湖和东平湖湖区养殖规模、养殖方式和养殖种类。

5.地下水和土壤环境保护

（1）输水沿线。采取适当的局部衬砌防渗、堤防截渗、低洼地截排水沟、提水等措施后，可减轻其不利影响。

水库采用截渗或坝体防渗、库外围布设排渗沟、排水泵站等措施后可减缓其不利影响。

（2）截污导流。采取截渗或衬砌防渗措施；加强对蓄污库周边居民自备井的水质监测，必要时采取集中取深层地下水的方式解决其用水问题。

（3）底泥处置。污染较重的底泥需要及时处理以确保有害及腐化发臭物质得到妥善处理或稳定，避免对环境造成二次污染。对于小清河底泥，其中含有重金属离子及有机污染物等污染物质，推荐采取安全填埋的方式对其进行处置。

6.施工保护措施

采用沉淀池处理生产废水，采用一体化生活污水净化装置、地埋式污水处理设施、化粪池等措施处理生活污水，设置油水分离器或隔油池进行含油废水的处理。

选用低噪声工艺和设备，并加强维修保养，降低噪声源；在城区及居民集中的施工段，在人们睡眠休息时间主要是 22 时至次日 6 时停止高噪声机械施工；对受施工噪声和交通噪声污染较为严重的学校、医院和集中居民点等噪声敏感点设隔声墙或者安装隔声玻璃进行噪声防护。

土方工程可以采取湿法作业；拌和系统安装除尘设施；加强对燃油机械设备的维护保养，安装尾气净化器；运输车辆控制车速，避免超载，运送多尘材料应覆盖；对于施工场地和交通运输扬尘，定时洒水降尘。

生活垃圾集中堆放，并按时集中清运处理；建筑垃圾及时堆放到指定位置处理；有毒有害废物按国家有关规定请专业部门进行处置。

施工人员进场前进行卫生检疫；加强施工期卫生宣传、管理工作。

7. 血吸虫防护工程措施

对存在钉螺迁移可能性较大的输水河岸护砌硬化；现有钉螺区采用药物灭螺及水泥灌浆勾缝处理；东线里运河宝应以南血吸虫病流行区沿输水渠道引水涵闸（洞），增设防螺阻螺设施。淮安、洪泽以南泵站需确定专门人员定期清理拦污栅并进行灭活处理，以免钉螺扩散；控制调水时段，减少长江钉螺向输水河道扩散的风险；采取宣传教育和血吸虫病流行区改厕工作；进入有螺区作业期间，应采用严格的预防措施。

8. 文物

需要采取保护措施的地下文物、古脊椎动物和古人类地点共有 74 处，对地下文物、古脊椎动物和古人类地点保护主要是进行考古勘探、考古发掘。总计勘探面积 1785946m²，需采取发掘保护措施的有 61 处，发掘面积 147712m²。需采取保护措施的地面文物共计 42 处，其中搬迁保护的项目 4 处，原地保护的项目 4 处，提请施工单位注意的项目 33 处，拆除重要构件保护 1 处。

9. 环境监测

根据工程和环境特点，结合各环境因子评价结果，建立了施工期、运行期和突发性环境事故监测体系，对施工区环境、移民安置区环境、地表水、地下水、生态环境和血吸虫病疫情进行监测，提出对突发性环境事件进行跟踪监测的要求。

七、环境保护投资

南水北调东线一期工程环境保护投资为 280289 万元，其中环境保护专项投资为 22328 万元，水土保持专项投资为 24766 万元，文物保护专项投资为 10406 万元，截污导流工程投资为 222789 万元。

八、公众参与

评价单位于 2004—2005 年分别以填写调查表、随机走访、座谈会、专业技术人员咨询及专家咨询会等多种形式广泛征求公众对南水北调东线工程兴建有关环境方面的意见和建议。累计共发出公众参与调查表 1200 份，收回有效问卷 1151 份，回收率 95.9%。

公众普遍关心的问题：移民安置补偿标准问题，输水水质保障问题，截污导流对周边地区影响问题，沿线地下水位抬高可能引起的环境问题、血吸虫病扩散问题、水价问题、对生态环境的影响等问题。

工程影响区公众调查结果：支持工程兴建的人占 97.48%，希望尽快建设；2.25% 的人对该工程的建设无所谓，没有人反对该工程的建设。

报告书针对公众提出的意见，大体分为三种途径处理：

（1）有关水质、地下水、血吸虫、生态等环境质量问题及环境保护方面的内容设置专题评价研究，并提出了减免不利环境影响的对策措施。

（2）有关工程建设安排、有关移民安置方面的意见和建议通过有关途径反映给工程建设部门及有关单位。

（3）有关问题对公众给予必要的说明。

九、评价结论和建议

1. 综合评价结论

南水北调东线一期工程是解决黄淮海地区和山东半岛水资源短缺、实现水资源优化配置的重大战略举措，工程实施将大大缓解该地区的缺水状况，促进输水沿线及相关区域的水污染治理，显著改善相关河流、湖泊的水环境和沿线生态环境。

工程对环境的不利影响主要是建设期施工活动占地及造成生物量减少、水土流失等，截污导流工程对受纳水体及局部地区土壤环境产生的不利影响，同时工程运行存在调水水质风险和局部地区钉螺扩散风险。在确保落实治污规划和实施方案提出的各项措施前提下，通过采取相应的环境保护措施后，可以减缓不利环境影响和降低水环境污染风险。从环境保护角度分析，南水北调东线一期工程建设是可行的。

2. 建议

国务院有关部门和地方人民政府制定南水北调东线水源保护法规并划定水源和输水干渠保护区。

治污和截污导流规划的实施对东线工程输水安全具有重要作用，建议沿线各级政府采取必要措施落实有关污染治理和截污导流任务。

建议国家有关部门专题研究东线工程河道输水与航运水质功能保护的协调问题。

建议有关部门立题研究长江水资源综合开发对长江口的影响问题（包括对长江口鱼类的影响）。

第五节　可行性研究阶段工作评述

一、本阶段主要工作

本阶段以《南水北调工程总体规划》和《东线项目建议书》为依据，在以往前期工作成果基础上，从技术、经济、社会和环境等方面对南水北调东线一期工程的可行性进行全面分析论证。

本阶段完成东线一期工程 16 个单项工程及其所含全部单元工程的可行性研究阶段工作，设计深度和质量基本达到一致水平，解决了以往前期工作长期存在的各单项工程之间设计深度和进度不一致问题。重点开展了方案比选，选定输水线路和枢纽工程建设场址，确定工程设计标准和设计参数等，按照有关技术标准完成各个专业设计工作。

本阶段加强开展了专项工作。完成 10 个专题报告，其中《文物调查及保护专题报告》《地质灾害危险性评估报告》和《压覆矿产资源评估报告》为本阶段新增加内容，满足了有关行业行政许可要求。重点开展了工程管理、经济评价、移民安置、环境影响、投资估算等专项设计工作，为东线一期工程重大关键问题的决策提供基础。根据可行性研究阶段审批要求，编制完成《南水北调东线第一期工程水土保持方案报告书》和《南水北调东线第一期工程环境影响报告书》。

本阶段突出了协调工作。水利部领导及规计司、调水局、水规总院、流域机构与沿线有关省（直辖市）进行了大量协调工作，针对南水北调东线工程长期存在矛盾的重大关键问题取得协商意见，保障了南水北调东线工程前期工作的顺利开展。

二、解决的主要问题

（一）工程规模

在南水北调总体规划阶段，国家发展改革委和水利部专门组织了北京、天津、河北、江苏、山东、河南、湖北等 7 省（直辖市）44 个地级及以上城市开展了《南水北调城市水资源规划》。2001 年 3 月，水利部办公厅致函 7 省（直辖市）人民政府办公厅，要求根据城市水资源规划成果提出对南水北调工程 2010 年和 2030 年需调水量的意见。《南水北调城市水资源规划》和各省（直辖市）提出的需调水量是南水北调东线工程确定调水规模的依据。

可行性研究阶段进一步复核了工程规模和调水量，但确定工程规模的依据没有变化，仅在个别计算条件上略有调整。与规划阶段相比，除骆马湖—南四湖段由不牢河输水 100m³/s 和韩庄运河输水 150m³/s 调整为两河平均各自输水 125m³/s 外，各区段工程规模均未变化；因计算原因调水量成果有小幅变化，但水量调配的原则没有变化。

2005 年 12 月，水利部要求苏鲁两省结合测算水价确认各省的增供水量。2006 年 1 月，苏、鲁两省分别回函水利部，承诺南水北调东线一期工程可行性研究总报告中计列本省的增供水量维持不变。

（二）工程布局和建设方案

1. 进一步确定工程建设内容

在东线一期工程总体布局框架下，结合设计工作深入遇到的实际情况，在项目建议书阶段和可行性研究阶段均对一期工程的建设内容进行了反复论证和个别调整，以满足工程建设和运行管理需求。与规划阶段相比，可行性研究阶段增加了骆马湖水资源控制工程、南四湖水资源监测工程、梁济运河引黄灌区影响处理工程、鲁北输水河道灌区影响处理工程。减少了骆马湖以北中运河扩挖工程，该项目列入沂沭泗洪水东调南下二期工程中。

增加了血吸虫病防护工程措施。在长江—洪泽湖区段，结合一期工程对输水河道、泵站引河进行河岸整修、硬化护砌，计入一期工程血吸虫病防护投资 1.15 亿元。其他血吸虫病防护措施及投资建议列入全国水利血防规划。

2. 进一步确定输水线路和建筑物的建设场址

长江—南四湖段输水线路，主要利用现有河道及其已形成的航运梯级，可行性研究阶段进一步论证了规划输水线路的合理性、可行性；南四湖以北输水线路基本为新扩建工程，而且水质保护任务艰巨，可行性研究阶段进行了大量方案比选。

南四湖段输水线路，比较了在湖外开挖输水明渠、湖外管道输水两个方案，经比较仍推荐湖内航道输水方案。

鲁北位山—临清段输水线路，比较了小运河方案、位山三干方案、位临运河方案，确定采用小运河输水方案。

胶东线穿济南市区段，比较了江水走明渠还是走暗涵的多个方案，最终选定在小清河左岸新辟无压箱涵输水方案。

可行性研究阶段在补充勘探测量和调查基础上，经多方案综合比选，完成了一期工程全部建筑工程的选址工作。

3. 解决江苏里下河水源调整工程的投资补偿问题

里下河水源调整补偿工程是自 20 世纪 80 年代以来南水北调东线规划和江苏东引规划长期存在矛盾的工程，主要分歧是对该工程定位和国家投资补偿额度。可行性研究阶段对里下河地区有关规划的实施方案和效益进行综合分析，在此基础上，2005 年 1 月水利部、淮委与江苏省再次进行协商，达成一致意见，里下河水源调整工程由东线一期工程补偿 12.5 亿元，由江苏省包干使用，其余投资由江苏省自行解决。

4. 确定了南四湖—东平湖段调水与航运结合实施

该段是否与航运结合的问题讨论了多年，但因 2005 年以前一直缺少有关航运规划的正式意见，故河道设计没有考虑通航要求。2006 年 9 月，根据山东省和交通部的要求，国家发展改革委要求编制南四湖—东平湖段输水与航运结合可行性研究报告。2006 年 11 月，中咨公司对东线一期工程评估报告中认为，该段恢复通航有利于地方经济发展，同时建议在恢复通航情况下对"三级提水"和"降河减闸"作进一步比选。2007 年 9 月，水利部对该段重新编制的可行性研究报告重新组织了审查。至此，南四湖—东平湖段工程调水与航运结合实施成为定论。

5. 协调洪泽湖等湖泊蓄水影响处理工程限额设计问题

洪泽湖和南四湖下级湖拟将非汛期蓄水位抬高 0.5m，东平湖拟按 39.3m 蓄水利用。因各地要求的淹没影响处理补偿费用比规划阶段估算值有很大增幅，影响了工程的经济合理性。考虑南水北调工程有利于湖泊水位长期稳定，对改善湖区生态和生产环境具有长远效益，而地方要求的处理内容不少属历史遗留问题，南水北调工程不能全部满足。对于洪泽湖和南四湖下级湖抬高蓄水位影响处理工程，根据经济效益分析成果，淮委分别与苏皖两省、苏鲁两省协商采用限额设计，可行性研究阶段进一步确定了相应原则下的影响处理范围、标准和主要措施；对于东平湖蓄水影响处理工程，经水利部流域机构、山东省有关部门协商，将正常蓄水位由规划阶段的 40.8m 降低至 39.3m，以此水位确定蓄水影响处理工程措施及其投资。

（三）工程静态总投资

单项工程的可行性研究工作跨越 6 个年头，而期间我国物价水平、政策性变化很大。各单项工程之间存在设计深度和审查进度不一致，价格水平不同问题。在 16 个单项工程几十个单元工程中，有些项目刚刚完成可行性研究阶段工作，而有些项目的初步设计已经国家发展改革委批复，还有一部分项目已开工建设。如何汇总东线一期工程总投资不是简单问题。

总体可行性研究投资估算按照 2004 年下半年价格水平，对于国家发展改革委已审批可行性研究或初步设计的项目按照审批的投资计列，价格水平未达到 2004 年下半年的，按照 2004 年下半年价格水平增加材料调差和设备调差，征地标准由被征用前三年平均亩产值的 10 倍调整为 16 倍；对于国家发展改革委未审批项目，按 2004 年下半年价格水平编制投资估算。按此计算，一期工程可行性研究静态总投资为 266.09 亿元。

2006 年 5 月，中咨公司对东线一期工程总体可行性研究进行评估，要求对国家发展改革委已审批项目直接采用批复投资，取消设备调差和材料调差。2007 年 4 月，国家审计署组织对东线一期工程可行性研究进行了审计。根据国家审计署的审计报告和中咨公司的评估报告中提出的主要意见，水利部组织对上报可行性研究投资进行了调整计算，于 2007 年 9 月提出《南水北调东线第一期工程可行性研究总报告综合说明（修订）》，一期工程可行性研究静态总投资调整为 260.48 亿元。

三、审查批复情况及主要技术结论

（一）单项工程可行性研究报告审批过程

1. 年度开工项目的审批情况

总体可行性研究报告批复前，年度开工项目的可行性研究报告分别履行了报批程序。2002—2007 年期间，水规总院对编制单位提交的单项工程可行性研究报告分别组织了审查、复审，并且经水利部将审查意见报送国家发展改革委，由国家发展改革委批复。年度开工项目的可行性研究报告审批情况见表 7 - 5 - 1。

南四湖—东平湖段工程的可行性研究报告，于 2005 年 5 月通过水利部审查报国家发展改革委。由于对该段工程是否结合航运问题存在争议，导致一直没有批复。按照国家发展改革委的要求，2006 年山东省组织按照调水结合航运的方案重新编制了南四湖—东平湖段工程可行性研究报告。2007 年 8 月由山东省水利厅、交通厅联合向水利部报送了《南水北调东线第一期工程南四湖—东平湖段输水与航运结合工程可行性研究报告》，9 月和 11 月水规总院进行了审查和复审。2007 年 12 月，水利部向国家发展改革委报送了《南四湖—东平湖段输水与航运结合工程可行性研究报告及审查意见》。

2. 其他项目的审查情况

2004 年 7 月，水利部明确提出，要规范、有序地开展南水北调工程前期工作。要抓紧开展东、中线一期工程两个整体可行性研究报告的编制工作，按程序报国务院审批。在上述年度开工项目之外的其他单项工程可行性研究工作也要继续抓紧完成，但不再分别履行基本建设报批程序，而是由设计总成单位对其设计深度和质量进行严格审查后，认为满足整体可行性研究报告要求的，纳入整体可行性研究报告。整体可行性研究经国务院批复后，单项工程初步设计即依据整体可行性研究编制并审批。在整体可行性研究审批过程中，根据供水目标对工期的要求，如果需要新开工个别单项工程，可按照基本建设程序对个别单项工程的可行性研究实行单独审批。

对其他 8 个项目的可行性研究报告，主要在 2005 年 4—10 月经水规总院会同有关单位逐项进行预审和复审，使其符合可行性研究阶段设计深度和质量要求。

表 7-5-1　　　　　　东线一期工程年度开工项目可行性研究报告审查情况表

序号	项目名称	水规总院审查	水利部可行性研究上报	国家发展改革委批复
1	三阳河、潼河、宝应站工程	2002 年 9 月审查	2002 年 11 月	2002 年 12 月
2	山东济平干渠工程	2002 年 9 月审查	2002 年 11 月	2002 年 12 月
3	江苏骆马湖—南四湖段工程	2003 年 9 月审查，10 月复审	2003 年 12 月	2004 年 6 月
4	韩庄运河段工程	2003 年 10 月审查，11 月复审	2003 年 12 月	2004 年 6 月
5	南四湖水资源控制和水质监测工程、骆马湖水资源控制工程	2003 年 10 月审查，11 月复审	2003 年 12 月	2004 年 12 月
6	长江—骆马湖段（2003 年度）工程	2003 年 10 月审查，12 月复审，2004 年 4 月再次复审	2004 年 6 月	2004 年 12 月
7	穿黄河工程	2003 年 7 月审查	2004 年 7 月	2006 年 3 月
8	南四湖—东平湖段工程	2004 年 4 月审查，11 月复审	2005 年 5 月	
		（输水与航运结合方案）2007 年 9 月审查，2007 年 11 月复审	2007 年 12 月	

（二）总体可行性研究报告审批过程

2005 年 3 月，淮委将总体可行性研究报告上报水利部之后，水规总院首先对年度开工项目以外的其他 8 个单项工程可行性研究报告、主要专题报告进行了预审。根据预审意见，设计单位对单项工程可行性研究报告和专题报告进行了修改和补充，并据此对总体可行性研究报告进行了修改和补充，于 2005 年 10 月向水规总院提交修改后的《南水北调东线第一期工程可行性研究总报告》。

2005 年 11 月 15—20 日，水规总院在北京主持召开了《南水北调东线第一期工程可行性研究总报告》审查会。会后，有关设计单位根据审查意见再次对可行性研究总报告进行了修改完善。2006 年 2 月，水利部向国家发展改革委报送了《南水北调东线一期工程可行性研究总报告及其审查意见》。

2006 年 5—7 月，中咨公司对《南水北调东线一期工程可行性研究总报告》进行了评估。

2007 年 4—6 月，国家审计署南京办和南水北调山东段审计组分别对江苏、山东境内的南水北调工程进行了审计。

根据国家审计署的审计报告和中咨公司的评估报告中提出的主要意见，水利部组织对水利部上报的可行性研究投资进行了调整计算，于 2007 年 9 月提出《南水北调东线第一期工程可行性研究总报告综合说明（修订）》。

2008 年 11 月，国家发展改革委报请国务院批复了《南水北调东线一期工程可行性研究总报告》。

（三）主要技术结论

（1）黄淮海平原东部和胶东半岛地区经济发达，在全国占有十分重要的地位。该地区降雨少、径流丰枯变化大，枯水期严重缺水，并经常出现连续干旱情况，制约了地区经济社会的可持续发展。为缓解这一地区日益严重的水资源供需矛盾，实现水资源优化配置，改善受水区用水条件，减少地下水超采，修复生态，保护环境，在继续加强节水和水污染防治的同时，实施南水北调东线一期工程是十分必要的。

（2）项目区水文站点较多，水文系列较长，已获得的资料代表性和可靠性较好，采用的设计洪水推求方法可行。在充分利用现有资料和以往规划设计成果的基础上，分别按输水河道、交叉建筑物、泵站工程和调水影响补偿工程等几个方面进行了设计洪水计算，提出的水文分析报告基本满足可行性研究深度的要求。

（3）经各设计单位多年勘察工作，东线一期工程的地质条件已基本清楚，存在的主要地质问题已基本查明。《南水北调东线一期工程可行性研究总报告》中各类建筑物、河道护坡地质参数建议值可作为可行性研究阶段的设计依据。下阶段应进一步对邻近郯庐大断裂高地震烈度区的工程进行抗震分析；对建筑物场址存有液化土层或煤矿采空区应予以重视。

（4）南水北调东线一期工程的任务是补充苏北、鲁南、鲁北、胶东半岛及安徽部分地区的城市生活、工业和环境用水，兼顾农业、航运和其他用水，并为向天津市应急供水创造条件。《南水北调东线一期工程可行性研究总报告》提出东线一期工程的供水范围和抽江 500m³/s、入南四湖 200m³/s、供鲁北和胶东各 50m³/s 的工程规模是合适的。

（5）《南水北调东线一期工程可行性研究总报告》提出的东线一期工程总体布局基本合适。报告对输水线路方案进行了较充分的论证，提出的南四湖段采用湖内输水方案、东平湖段利用老湖区输水方案、胶东干线济南市区段线路采用箱涵输水、鲁北段利用现有小运河和七一·六五河的输水线路基本可行。

（6）东线一期工程输水河道、泵站、涵闸、水资源控制及蓄水工程等别和设计标准选择基本合适。《南水北调东线一期工程可行性研究总报告》中各泵站、水库、闸等主要建筑物布置和型式基本合理，需疏浚和新开挖河道的布置和断面型式基本合适。

（7）《南水北调东线一期工程可行性研究总报告》提出的东线一期工程施工总工期为 89 个月，其中单项工程工期最长的泗洪站计划工期为 44 个月，穿黄工程计划工期为 36 个月。下阶段应进一步优化施工总进度。

（8）东线一期工程新建、改建的各泵站初选装机台数、泵型及主要参数以及附属、辅助设备系统的选型及布置基本合理。对灯泡贯流式机组引进国外先进水力设计技术、关键部件或机组是必要的。

（9）《南水北调东线一期工程可行性研究总报告》提出的各单项工程供、配电设计基本合理，全线自动化调度运用管理系统配置符合建设运用管理要求，确定的信息采集、通信、监控、调度运用管理系统是可行的。

（10）《南水北调东线一期工程可行性研究总报告》提出的工程建设征地范围及补偿标准是合适的。主要实物指标调查成果达到可行性研究深度要求，可以作为可行性研究阶段征地移民安置规划基础。移民安置指导思想、依据和原则符合国家现行有关政策，确定的补偿标准基本合理。下阶段需进一步落实移民安置规划。

（11）《南水北调东线一期工程可行性研究总报告》根据国家批准的《南水北调东线工程治污规划》，在完成江苏、山东两省《治污控制单元实施方案》前提下，预测规划水平年调水水质可基本满足国家地表水环境质量Ⅲ类水质要求，其综合评价结论基本可信。

污染治理是南水北调东线工程成败的关键，建议进一步完善、落实治污控制单元实施方案和资金，确保污水处理、截污导流、回用等治污工程的及时实施，以保证东线工程，特别是南四湖、东平湖水质安全。应注重水质风险防范。

（12）《南水北调东线一期工程可行性研究总报告》关于环境影响的综合评价结论基本可信。工程实施将缓解受水区域的缺水，促进输水沿线及相关区域的水污染治理，改善相关河流、湖泊的水环境和生态状况。对环境的主要不利影响是受纳截污导流水体地区水环境的影响，北纬33°15′以南地区可能新增滋生钉螺的条件，以及施工期污染等。以上不利影响均可采取相应环境保护对策措施得到控制和减缓，从环境保护角度分析，工程建设是可行的。

（13）《南水北调东线一期工程可行性研究总报告》从水土保持角度对工程总体布置、弃土弃渣场设置原则、场址选择以及主体工程施工组织设计等方面的评价结论基本可信。水土流失防治责任范围界定、防治目标、治理分区及防治措施和临时防护措施总体布局合理可行。

（14）《南水北调东线一期工程可行性研究总报告》提出的东线一期工程分别组建江苏水源公司和山东干线公司负责各自境内工程建设和运营管理，苏鲁省界（际）工程的建设与管理由项目法人委托淮委下属的机构承担的管理体制是合适的。

鉴于东线江苏境内工程是在江苏省江水北调工程基础上建设的，为统筹兼顾，发挥工程综合效益，有利于工程运行管理，下一步需深入研究工程运行机制，保证工程良性运行。

（15）可行性研究阶段投资估算编制原则、依据符合现行水利行业有关政策。按2004年下半年价格水平编制的静态总投资基本合适。

（16）应进一步研究工程投资分摊方案，分析不同资金筹措方案时的供水水价，经与有关方面共同协商研究后提出推荐意见。

第八章 东线一期工程初步设计

第一节 初步设计组织工作回顾

一、初步设计编制组织工作

根据《关于进一步加强南水北调东、中线一期工程初步设计工作的通知》精神，为有效组织工程建设，促进前期工作，结合南水北调东、中线一期工程可行性研究总报告和各项目法人单位报送的初步设计组织工作方案，南水北调东、中线一期工程共划分为 34 个单项工程、173 个设计单元工程，其中东线一期工程 17 个单项工程、88 个设计单元工程，中线一期工程 17 个单项工程、85 个设计单元工程。

之后，根据南水北调工程审批进度和工程建设实际需要，国务院南水北调办对南水北调东、中线一期主体工程项目划分进行了修订。

原江苏长江—骆马湖段其他工程洪泽湖抬蓄水影响处理工程分解为洪泽湖抬高蓄水影响处理工程安徽省境内工程和洪泽湖抬高蓄水影响处理工程江苏省境内工程 2 个设计单元工程。新增 1 项其他专项的单项工程，内含东线一期管理设施专项总体初步设计方案、东线一期设计运行管理系统工程总体初步设计方案和其他 3 个设计单元工程。

东线一期工程初步设计阶段，济南—引黄济青段高青县陈庄村东发掘出文物，为避让陈庄遗址，绕开其保护范围和建设控制范围，增加陈庄输水线路设计单元。

南水北调东线一期工程初步设计阶段共划分为 18 个单项工程、93 个设计单元工程。

南水北调东线一期工程项目划分及初步设计编制工作分工见表 8 - 1 - 1。

表 8 - 1 - 1　　　南水北调东线一期工程项目划分及初步设计编制工作分工

单 项 工 程		设 计 单 元 工 程		初步设计编制 工作分工
序号	名　　称	序号	名　　称	
一	三阳河潼河宝应站工程	1	三阳河、潼河河道工程	江苏省
		2	宝应站工程	

单 项 工 程		设计单元工程		初步设计编制
序号	名　　称	序号	名　　称	工作分工
二	江苏长江—骆马湖段 （2003）年度工程	3	江都站改造工程	江苏省
		4	淮阴三站工程	
		5	淮安四站工程	
		6	淮安四站输水河道工程	
三	骆马湖—南四湖段 江苏境内工程	7	刘山站工程	江苏省
		8	解台站工程	
		9	蔺家坝站工程	淮委
四	江苏长江—骆马湖段 其他工程	10	高水河整治工程	江苏省
		11	淮安二站改造工程	
		12	泗阳站工程	
		13	刘老涧二站工程	
		14	皂河二站工程	
		15	皂河一站改造工程	
		16	泗洪站工程	
		17	金湖站工程	
		18	洪泽站工程	
		19	邳州站工程	
		20	睢宁二站工程	
		21	金宝航道工程	
		22	里下河水源补偿工程	
		23	骆马湖以南中运河影响处理工程	
		24	沿运闸洞漏水处理工程	
		25	徐洪河影响处理工程	
		26	洪泽湖抬高蓄水影响处理工程江苏省境内工程	
		27	洪泽湖抬高蓄水影响处理工程安徽省境内工程	淮委与安徽省 有关单位合作
五	江苏省截污导流工程	28	淮安市截污导流工程	江苏省
		29	宿迁市截污导流工程	
		30	扬州市截污导流工程	
		31	徐州市截污导流工程	
		32	泰州市截污导流工程	

单项工程		设计单元工程		初步设计编制工作分工
序号	名　称	序号	名　称	
六	东线江苏段专项工程	33	江苏省文物保护工程	江苏省
		34	血吸虫北移防护工程	
		35	东线江苏段调度运行管理系统工程	淮委、江苏省
		36	东线江苏段管理设施专项工程	
七	南四湖水资源控制、水质监测工程和骆马湖水资源控制工程	37	二级坝泵站工程	山东省
		38	姚楼河闸工程	淮委
		39	杨官屯河闸工程	
		40	大沙河闸工程	
		41	潘庄引河闸工程	
		42	南四湖水质监测工程	
		43	骆马湖水资源控制工程	
八	南四湖下级湖抬高蓄水位影响处理工程	44	南四湖下级湖抬高蓄水位影响处理工程	山东省
九	东平湖输蓄水影响处理工程	45	东平湖输蓄水影响处理工程	
十	胶东干线东平湖至济南段工程	46	胶东干线东平湖至济南段工程（济平干渠）	
十一	山东韩庄运河段工程	47	台儿庄泵站工程	淮委
		48	万年闸泵站工程	山东省
		49	韩庄泵站工程	
		50	韩庄运河水资源控制工程	
十二	南四湖—东平湖段工程	51	长沟泵站工程	淮委
		52	邓楼泵站工程	
		53	八里湾泵站工程	
		54	梁济运河段工程	
		55	柳长河段工程	
		56	南四湖湖内疏浚工程	
		57	灌区影响处理工程	
十三	胶东干线济南—引黄济青段工程	58	济南市区段工程	山东省
		59	明渠段工程	
		60	东湖水库工程	
		61	双王城水库	
		62	陈庄输水线路	

| 单 项 工 程 | | 设计单元工程 | | 初步设计编制 |
序号	名　　　称	序号	名　　　称	工作分工
十四	穿黄河工程	63	穿黄河工程	山东省
十五	鲁北段工程	64	小运河段工程	山东省
		65	七一·六五河段工程	
		66	灌区影响处理工程	
		67	大屯水库工程	
十六	山东段截污导流工程	68	邳苍分洪道截污回用工程	山东省
		69	小季河截污回用工程	
		70	峄城大沙河截污导流工程	
		71	薛城小沙河截污回用工程	
		72	新薛河截污回用工程	
		73	薛城大沙河截污导流工程	
		74	城郭河截污回用工程	
		75	北沙河截污回用工程	
		76	曲阜市截污导流工程	
		77	鱼台县截污及污水资源化工程	
		78	梁山县截污及污水资源化工程	
		79	济宁市区截污导流工程	
		80	微山县截污回用工程	
		81	金乡县中水截蓄资源化工程	
		82	嘉祥县中水截蓄工程	
		83	东鱼河北支截污回用工程	
		84	洸府河宁阳县截污工程	
		85	古运河截污导流工程	
		86	临清市汇通河排水工程	
		87	武城县截污导流工程	
		88	夏津县截污导流工程	
十七	东线山东段专项工程	89	东线山东段调度运行管理系统工程	淮委、山东省
		90	东线山东省文物专项工程	山东省
		91	东线山东段管理设施专项工程	淮委、山东省
十八	苏鲁省际管理设施和调度运行管理系统工程	92	苏鲁省际工程管理设施专项工程	淮委
		93	苏鲁省际工程调度运行管理系统工程	

二、单项及设计单元工程划分

南水北调东线一期工程项目划分经历三个阶段。

第一阶段是根据《关于进一步加强南水北调东、中线一期工程初步设计工作的通知》，南水北调东、中线一期工程共划分为 34 个单项工程（东线 17 个、中线 17 个），173 个设计单元工程（东线一期 88 个、中线一期 85 个），其中由地方发展改革委负责批复的东线截污导流工程 25 个，由国务院南水北调办或水利部审批 148 个。

第二阶段是根据国务院南水北调建委会三次会议确定的南水北调工程建设目标和国家发展改革委要求，按照国务院批复的东、中线一期工程总体可行性研究和东、中线一期工程初步设计审查审批进度和工程建设的实际需要，国务院南水北调办对南水北调东、中线一期主体工程项目划分方案进行了修订，南水北调东、中线一期工程在原 34 个单项工程、173 个设计单元工程的基础上，经增列和合并，修订为 35 个单项工程、179 个设计单元工程（东线 92 个、中线 87 个，含截污导流工程），东线一期工程由 17 个单项工程、88 个设计单元工程修订为 18 个单项工程、92 个单元工程，原江苏长江—骆马湖段其他工程洪泽湖抬蓄水影响处理工程分解为洪泽湖抬高蓄水影响处理工程安徽省境内工程和洪泽湖抬高蓄水影响处理工程江苏省境内工程 2 个设计单元工程。新增 1 项其他专项的单项工程，内含东线一期管理设施专项总体初步设计方案、东线一期设计运行管理系统工程总体初步设计方案和其他 3 个设计单元工程。中线一期工程仍为 17 个单项工程，设计单元工程由 85 个修订为 87 个。

第三阶段是根据《关于印发南水北调东线一期山东境内工程前期工作协调会议纪要的函》，东线胶东干线济南至引黄济青段单项工程中新增陈庄输水线路设计单元工程。

至此，南水北调东线一期工程共划分为 18 个单项工程、93 个设计单元工程，中线一期工程含 17 个单项工程、87 个设计单元工程，共 35 个单项工程，180 个设计单元工程。

东线一期工程初步设计单项及设计单元划分见表 8-1-2。

表 8-1-2　　　　　　　东线一期工程初步设计单项及设计单元划分

单项工程		设计单元工程		设计单位
序号	名　称	序号	名　称	
一	三阳河潼河宝应站工程	1	三阳河、潼河河道工程	江苏省设计院
		2	宝应站工程	
二	江苏长江—骆马湖段（2003 年度）工程	3	江都站改造工程	江苏省设计院
		4	淮阴三站工程	
		5	淮安四站工程	
		6	淮安四站输水河道工程	
三	骆马湖—南四湖段江苏境内工程	7	刘山站工程	江苏省设计院
		8	解台站工程	
		9	蔺家坝站工程	淮委院
四	江苏长江—骆马湖段其他工程	10	高水河整治工程	江苏省设计院
		11	淮安二站改造工程	

单 项 工 程		设计单元工程		设计单位
序号	名　　　称	序号	名　　　称	
四	江苏长江—骆马湖段其他工程	12	泗阳站工程	江苏省设计院
		13	刘老涧二站工程	
		14	皂河二站工程	
		15	皂河一站改造工程	
		16	泗洪站工程	
		17	金湖站工程	
		18	洪泽站工程	
		19	邳州站工程	
		20	睢宁二站工程	
		21	金宝航道工程	
		22	里下河水源补偿工程	
		23	骆马湖以南中运河影响处理工程	
		24	沿运闸洞漏水处理工程	
		25	徐洪河影响处理工程	
		26	洪泽湖抬高蓄水影响处理工程江苏省境内工程	
		27	洪泽湖抬高蓄水影响处理工程安徽省境内工程	淮委院与安徽院合作
五	江苏省截污导流工程	28	淮安市截污导流工程	江苏省
		29	宿迁市截污导流工程	
		30	扬州市截污导流工程	
		31	徐州市截污导流工程	
		32	泰州市截污导流工程	
六	东线江苏段专项工程	33	江苏省文物保护工程	江苏省设计院
		34	血吸虫北移防护工程	江苏省
		35	东线江苏段调度运行管理系统工程	淮委院、江苏省设计院
		36	东线江苏段管理设施专项工程	
七	南四湖水资源控制、水质监测工程和骆马湖水资源控制工程	37	二级坝泵站工程	山东省设计院
		38	姚楼河闸工程	淮委院
		39	杨官屯河闸工程	
		40	大沙河闸工程	

续表

单项工程		设计单元工程		设计单位
序号	名　称	序号	名　称	
七	南四湖水资源控制、水质监测工程和骆马湖水资源控制工程	41	潘庄引河闸工程	淮委院
		42	南四湖水质监测工程	
		43	骆马湖水资源控制工程	
八	南四湖下级湖抬高蓄水位影响处理工程	44	南四湖下级湖抬高蓄水位影响处理工程	淮委院
九	东平湖输蓄水影响处理工程	45	东平湖输蓄水影响处理工程	天津院
十	胶东干线东平湖—济南段工程	46	胶东干线东平湖—济南段工程	山东省设计院
十一	山东韩庄运河段工程	47	台儿庄泵站工程	淮委院
		48	万年闸泵站工程	山东省设计院
		49	韩庄泵站工程	
		50	韩庄运河水资源控制工程	
十二	南四湖—东平湖段工程	51	长沟泵站工程	淮委院
		52	邓楼泵站工程	
		53	八里湾泵站工程	
		54	梁济运河段工程	山东省设计院
		55	柳长河段工程	
		56	南四湖湖内疏浚工程	
		57	灌区影响处理工程	
十三	胶东干线济南—引黄济青段工程	58	济南市区段工程	山东省设计院
		59	明渠段工程	
		60	东湖水库工程	
		61	双王城水库	
		62	陈庄输水线路	
十四	穿黄河工程	63	穿黄河工程	天津院
十五	鲁北段工程	64	小运河段工程	山东省设计院
		65	七一·六五河段工程	
		66	武城灌区影响处理工程	
			夏津灌区影响处理工程	
			临清灌区影响处理工程	
		67	大屯水库工程	
十六	山东段截污导流工程	68	邳苍分洪道截污回用工程	山东省设计院
		69	小季河截污回用工程	

单 项 工 程		设计单元工程		设计单位
序号	名　称	序号	名　称	
十六	山东段截污导流工程	70	峄城大沙河截污导流工程	山东省设计院
		71	薛城小沙河截污回用工程	
		72	新薛河截污回用工程	
		73	薛城大沙河截污导流工程	
		74	城郭河截污回用工程	
		75	北沙河截污回用工程	
		76	曲阜市截污导流工程	
		77	鱼台县截污及污水资源化工程	
		78	梁山县截污及污水资源化工程	
		79	济宁市区截污导流工程	
		80	微山县截污回用工程	
		81	金乡县中水截蓄资源化工程	
		82	嘉祥县中水截蓄工程	
		83	东鱼河北支截污回用工程	
		84	洸府河宁阳县截污工程	
		85	古运河截污导流工程	
		86	临清市汇通河排水工程	
		87	武城县截污导流工程	
		88	夏津县截污导流工程	
十七	东线山东段专项工程	89	东线山东段调度运行管理系统工程	淮委院、山东省设计院
		90	东线山东省文物专项工程	山东省设计院
		91	东线山东段管理设施专项工程	淮委院、山东省设计院
十八	苏鲁省际管理设施和调度运行管理系统工程	92	苏鲁省际工程管理设施专项工程	淮委院
		93	苏鲁省际工程调度运行管理系统工程	

三、初步设计招投标情况

在组织方式上，对于河道工程、影响处理工程和加固改造工程，由于情况复杂，协调量大，初步设计采取直接委托方式；对于新建泵站工程初步设计以招标为主，部分泵站工程考虑到工期较紧，招标周期长，亦采用委托方式；对于涉及供电、交通、移民安置等专项设施初步设计，采用委托专业设计单位的方式，以保证工程建设顺利实施。

1. 设计招标形式

因南水北调为跨流域水资源配置工程，前期工作涉及经济、社会、技术多个方面，存在利益的多层面、专业技术的复杂性和技术资料的延续性等因素。根据国家有关规定和南水北调工程特点，水利部和国务院南水北调办均未对设计单元工程勘测设计发包方式作强制性要求。但南水北调工程采取了新的建管体制和投融资机制，实行准市场运作。为提高工程勘察、设计质量水平，加强工程设计技术创新，就需要通过市场竞争，在全国范围内优选最具能力承担项目勘察、设计任务的单位，同时引进与南水北调工程建设管理目标相适应的先进设计理念、先进技术、先进工艺。2005年11月，江苏水源公司对泗阳站、刘老涧二站、皂河二站3项设计单元工程勘测设计率先进行了公开招标的探索，这在南水北调系统中尚属首次，2008年年底又继续开展了洪泽站、邳州站勘测设计公开招标。山东干线公司对山东境内调度运行管理系统工程进行了公开招标。通过设计招标，引入了竞争机制，强化了设计单位的竞争意识、创新意识和服务意识。同时，有利于项目设计方案创新，激励激励工作积极性，起到了良好效果。

2. 委托形式

南水北调工程主要是利用、改造现有江水北调工程，并按规划要求开辟新的输水线路。南水北调工程从项目建议书至可行性研究报告，前期工作基本为淮委、江苏、山东省水利厅委托相关设计单位负责开展工作。

在针对河道工程、影响处理工程和加固改造工程前期工作组织方式上，由于情况复杂，协调量大，初步设计采取直接委托方式；对于新建泵站工程部分泵站工程考虑到工期较紧，招标周期长，也采用委托方式，基本委托可行性研究报告编制单位负责开展初步设计以后阶段前期工作；对于涉及供电、交通、移民安置等专项设施初步设计，采用委托专业设计单位的方式，以保证工程建设顺利实施。同时，考虑南水北调工程特殊性及重要性，项目法人应委托具有甲级资质的设计单位开展相关初步设计工作。

南水北调江苏境内工程是基于江苏省江水北调工程基础上扩大规模和向北延伸，输水干线是在原有河道基础上疏浚整治，泵站工程是在已有9个梯级基础上扩大规模。江苏省境内设计单元工程中河道类工程三阳河、潼河、金宝航道、淮安四站输水河道、高水河整治、徐洪河影响工程、骆南中运河影响工程、洪泽湖抬高蓄水位影响处理工程、沿运闸洞漏水处理工程、里下河水源调整工程、南四湖下级湖抬高蓄水位影响处理工程均属于现有河道整治扩挖工程，泵站工程江都站、淮安二站、皂河一站工程均属于现有泵站技术改造工程，调度运行系统和管理设施涉及东线运行管理体制机制，技术条件复杂，根据《工程建设项目勘察设计招标投标办法》，经主管部门批准后，其勘测设计任务可不进行公开招标。

江苏省境内新建14个泵站工程初步设计组织方式中，2005年江苏水源公司组建前，由江苏省水利厅前期办按国家流域机构前期工作任务计划委托完成宝应站、淮阴三站、淮安四站、刘山站及解台站初步设计工作，蔺家坝站初步设计由淮委委托完成；剩余8个泵站，除泗洪站、金湖站及睢宁二站3个泵站工程，由于施工期长、技术条件复杂等因素，初步设计采用委托方式外，其余刘老涧二站、皂河二站、泗阳站、洪泽站及邳州站5个泵站工程初步设计均采用公开招标方式。一期工程江苏境内设计单元工程初步设计组织情况详见表8-1-3。

表 8-1-3　　　　　　　　　　一期工程江苏境内设计单元工程初步设计组织情况

| 单项工程 | | 设计单元工程 | | 初步设计组织方案 | | 备注 |
序号	名称	序号	名　　称	水利部组织	项目法人组织 （根据办调水〔2005〕32号交接方案）	
一	三阳河潼河宝应站工程	1	三阳河、潼河河道工程	委托		
		2	宝应站工程	委托		
二	江苏长江—骆马湖段（2003年度）工程	3	江都站改造工程	委托		
		4	淮阴三站工程	委托		
		5	淮安四站工程	委托		
		6	淮安四站输水河道工程	委托		
三	骆马湖段—南四湖段江苏境内工程	7	刘山站工程	委托		
		8	解台站工程	委托		
		9	蔺家坝站工程	委托		
四	江苏长江—骆马湖段其他工程	10	高水河整治工程		委托	
		11	淮安二站改造工程		委托	
		12	泗阳站工程		招标	
		13	刘老涧二站工程		招标	
		14	皂河二站工程		招标	
		15	皂河一站改造工程		委托	
		16	泗洪站工程		委托	
		17	金湖站工程		委托	
		18	洪泽站工程		招标	
		19	邳州站工程		招标	
		20	睢宁二站工程		委托	
		21	金宝航道工程		委托	
		22	里下河水源补偿工程		委托	
		23	骆马湖以南中运河影响处理工程		委托	
		24	沿运闸洞漏水处理工程		委托	
		25	徐洪河影响处理工程		委托	
		26	洪泽湖抬高蓄水影响处理工程江苏省境内工程		委托	

续表

单项工程			设计单元工程		初步设计组织方案		备注
序号	名称	序号	名　称	水利部组织	项目法人组织（根据办调水〔2005〕32号交接方案）	
五	东线江苏段专项工程	27	江苏省文物保护工程	委托		
		28	血吸虫北移防护工程		委托	
		29	东线江苏段调度运行管理系统工程		委托	
		30	东线江苏段管理设施专项工程		委托	

南水北调山东境内工程基本利用现有河道输水，部分渠段根据需要开挖新渠，山东干线公司结合南水北调工程前期工作实际，除山东境内为调度运行管理系统工程采用公开招标外，其余均采用直接委托的方式，以保证工程建设顺利实施。

省际段工程共7个设计单位工程，根据前期规划建议和省部联席会议纪要精神，由淮委建设局委托中水淮河公司进行7个设计单位工程的初步设计工作。

第二节　江苏境内工程初步设计

一、三阳河、潼河、宝应站工程

三阳河、潼河、宝应站工程主要作用是将江都水利枢纽的新通扬运河和泰州引江河自引的江水输送至宝应站下，在冬春季节长江潮位较低时辅以泰州引江河江边的高港加力站抽水，通过宝应站送入京杭大运河，为南水北调东线一期工程增加抽江100m³/s规模的水源工程，并可以结合提高里下河地区的排涝能力。

本工程需开挖三阳河、潼河河道44.25km，新建宝应泵站枢纽一座，相应实施跨河桥梁和沿线影响处理工程，同时进行移民安置工作。

1. 三阳河、潼河河道工程

三阳河、潼河是利用三阳河、潼河将江水输送至宝应站，用于北调，以逐步解决北方地区的缺水情势，工程实施后增加100m³/s的抽江规模，使南水北调东线一期工程抽江规模达到500m³/s，并可以结合提高里下河地区的排涝能力。

本工程开挖三阳河、潼河河道44.25m，其中三阳河（三垛—杜巷）河道长29.954km，潼河河道长14.3km；三阳河、潼河沿线共需新建、拆建桥梁23座，其中公路桥8座，跨河生产桥15座。

2. 宝应站工程

宝应站工程位于江苏省扬州市境内，为南水北调东线新增的水源工程，与江都水利枢纽共同组成东线第一梯级抽江泵站，实现一期工程抽江500m³/s规模的输水目标。泵站总装机4台套导叶式混流泵（备用机组 1 台），配 4 台套立式同步电机，设计调水流量为 100m³/s。

二、江苏长江—骆马湖段（2003）年度工程

1. 江都站改造工程

江都水利枢纽地处江苏省江都市境内，位于京杭大运河、新通扬运河和淮河入江尾闾芒稻河的交汇处，工程始建于 1961 年，至 1977 年建成。它既是江苏省江水北调的龙头，也是国家南水北调东线工程的源头，集泄洪、灌溉、排涝、引水、通航、发电、改善生态环境等多项功能于一体，4 座抽水站共装有大型立式轴流泵机组 33 台套，装机容量 5 万 kW，抽江流量 400m³/s，是我国乃至远东地区规模最大的电力排灌工程。

江都站改造工程主要包括江都三站、江都四站更新改造，江都变电所更新改造，江都西闸除险加固，东、西闸之间河道疏浚，江都船闸加固等 6 项工程。江都三站设计流量为 100m³/s，装机 10 台，装机容量 16000kW；四站设计流量为 180m³/s，装机 7 台，装机容量 24850kW。

2. 淮安四站工程

淮安四站位于淮安市楚州区境内，与已建成的淮安一站、淮安二站、淮安三站共同组成东线第二梯级抽江泵站，实现抽水 300m³/s 目标。泵站总装机 4 台套立式全调节轴流泵（备用机组 1 台），配 4 台套立式同步电机，设计调水流量为 100m³/s。

3. 淮阴三站工程

淮阴三站工程位于淮安市清浦区境内，与现有淮阴一站并列布置，和淮阴一站、淮阴二站和拟建的洪泽站共同组成南水北调东线第三梯级抽江泵站。泵站采用 4 台直径 3.3m 的贯流泵，设计调水流量为 100m³/s。

4. 淮安四站输水河道工程

淮安四站站下新河输水河道利用现有河湖送水，从里运河北运西闸至淮安四站站下，全长 29.8km，分为运西河、白马湖湖区及新河三段，运西河长约 7.5km，输水线所经湖区（穿湖段）长 2.3km，新河段长约 20km。输水干线主要控制建筑物有北运西闸、镇湖闸以及新河北闸。

三、骆马湖—南四湖段江苏境内工程

1. 刘山站工程

刘山站位于江苏省不牢河线，是南水北调东线工程的第七级泵站，位于邳州市宿羊山镇境内，设计流量 125m³/s。主体工程采用闸站合建布置形式，包括泵站（机组 5 台套，含备用机组 1 台）、节制闸（设计流量 828m³/s）、刘山闸拆除建公路桥等工程。导流工程包括导流河、导流闸（设计流量 564m³/s）和跨导流河公路桥等工程。

2. 解台站工程

解台站是南水北调东线工程的第八级泵站，工程位于江苏省徐州市贾汪区境内。主体工程为闸站合建布置形式，其中泵站工程设计流量 125m³/s，泵站共装机 5 台套立式全调节轴流泵（其中备用机组 1 台），配 5 台立式同步电动机。节制闸工程为 3 孔，设计行洪流量 500m³/s。

四、江苏长江—骆马湖段其他工程

1. 高水河整治工程

高水河位于扬州市的江都市和邗江区境内，河道自江都抽水站至邵伯轮船码头，全长

15.2km，南承江都站引河，北接里运河，东邻邵仙河、盐邵河，西邻运盐河、金湾河，古运河横贯其中，是江都站向北送水入里运河的输水河道，也是沟通里运河与芒稻河的通航河道。该河道与三阳河、潼河一起承担南水北调东线一期工程向北输水 500m³/s 的任务，并兼有行洪、排涝及航运功能。

高水河整治工程主要建设内容是拓浚河道 3.3km，加高培厚堤防 2 段、防渗处理 4 段、填塘固基 5 处；块石护坡整修约 24km；沿线 12 座穿堤建筑物，4.2km² 排涝影响处理工程，完善管理道路 12km 和管理设施。

2. 淮安二站改造工程

江苏省淮安第二抽水站（淮安二站）位于淮安市楚州区南郊三堡、京杭大运河和苏北灌溉总渠的交汇处，是淮安水利枢纽工程的重要组成部分，也是南水北调的第二级泵站之一。其主要功能是调水、排涝。淮安二站设计流量 120m³/s，共装机 2 台套，单机设计流量 60m³/s，总装置机容量 10000kW。

主要加固内容包括更换 2 台主机泵，更新电气设备及辅机系统，增设微机监控系统、微机保护系统、视频监视系统，更换检修门、拦污栅及其油压启闭系统，站身及翼墙加固，主厂房加固维修，开关室改造并将控制楼接长，公路桥拆除重建；下游引河清淤等。

3. 泗阳站工程

泗阳站建于江苏省泗阳县城东南约 3km 处的中运河上，是南水北调东线一期工程第四级泵站，该站主要功能是与泗阳二站一起，通过中运河并经刘老涧站、皂河站向骆马湖输水 175m³/s，并向沿线供水、灌溉、改善航运。

新建泗阳泵站位于原泗阳一站下游约 377m，设计流量 164m³/s，装机 6 台套（其中备用机组 1 台套），总装机容量 18000kW。

4. 刘老涧二站工程

刘老涧二站建于江苏省宿迁市东南约 18km 处的中运河上，是南水北调东线一期工程第五梯级泵站，该站主要功能是与刘老涧一站一起，通过中运河并经皂河站向骆马湖输水 175m³/s，并向沿线供水、灌溉、改善航运条件。工程主要建设内容为：新建刘老涧二站，重建刘老涧节制闸（保留老闸作为交通桥），新建站内交通桥、变电所和清污机桥，扩挖上、下游引河河道。

新建泵站位于刘老涧老闸下游约 250m。采用闸站结合布置形式，泵站设计流量 80m³/s，装机 4 台套（含备用机组 1 台），总装机容量 8000kW。节制闸按原规模，设计流量 500m³/s。

5. 皂河一站改造工程

皂河一站位于江苏省宿迁市宿豫区皂河镇北骆马湖西堤上，是南水北调东线一期工程第六级泵站之一，主要功能是与新建皂河二站一起，向骆马湖调水 175m³/s，并结合邳洪河和黄墩湖地区排涝。皂河一站装机规模 200m³/s，安装 2 台套立式混流泵机组，单机流量 100m³/s，总装机容量 14000kW。

皂河一站更新改造主要工程内容包括泵站混凝土结构修补、下游工作桥拆建、交通桥维修、护坡拆建、控制室改造，新建清污机桥，新建引水闸及邳洪河地涵、公路桥，水泵机组更新更新改造，泵站电气设备改造，新建变电所，闸门、启闭机更新改造等。

6. 皂河二站工程

新建皂河二站位于皂河一站北侧 330m 处，泵房与一站在一条直线上，装机规模 75m³/s，安装 3 台套立式轴流泵机组，单机设计流量 $25\mathrm{m}^3/\mathrm{s}$，总装机容量 6000kW。

皂河二站工程主要建设内容包括泵站、下游公路桥、清污机桥、邳洪河北闸、变电所以及管理设施等。新建邳洪河北闸，设计流量 $345\mathrm{m}^3/\mathrm{s}$。

7. 泗洪站工程

泗洪站位于江苏省泗洪县朱湖乡东南的徐洪河上，是南水北调东线一期工程第四级泵站之一，主要功能是与睢宁、邳州泵站一起，通过徐洪河向骆马湖输水，并结合徐洪河地区的排涝，改善航运。泵站设计流量 $120\mathrm{m}^3/\mathrm{s}$，安装贯流泵机组 5 台套，单机设计流量 $30\mathrm{m}^3/\mathrm{s}$，总装机容量 10000kW。

泗洪站枢纽主要建设内容包括泵站、进水挡洪闸、船闸、徐洪河节制闸、利民河排涝闸以及管理设施等。

8. 金湖站工程

金湖站位于江苏省金湖县银集镇境内，三河拦河坝下的金宝航道输水线上，是南水北调东线一期工程第二级泵站之一，主要功能是向洪泽湖调水 $150\mathrm{m}^3/\mathrm{s}$，与里运河的淮安泵站、淮阴泵站共同满足南水北调东线一期工程入洪泽湖流量 $450\mathrm{m}^3/\mathrm{s}$ 的目标，保证向苏北地区和山东省供水要求，并结合宝应湖地区的排涝。金湖站设计流量 $150\mathrm{m}^3/\mathrm{s}$，安装贯流泵机组 5 台套（其中备用机组 1 台套），单机设计流量 $37.5\mathrm{m}^3/\mathrm{s}$，总装机容量 11000kW。

金湖站工程主要建设内容包括新建金湖泵站、上下游引河、站下清污机桥、站上公路桥；结合淮河入江水道整治工程，拆除重建三河东、西偏泓闸和套闸，对三河漫水公路进行维修加固。

9. 洪泽站工程

洪泽站是南水北调东线一期工程的第三级泵站，工程的主要任务是与金湖站联合运行，通过金宝航道、入江水道三河段向洪泽湖调水 $150\mathrm{m}^3/\mathrm{s}$，与淮阴泵站共同达到入洪泽湖流量 $450\mathrm{m}^3/\mathrm{s}$ 的目标，向洪泽湖周边及以北地区供水，并结合宝应湖、白马湖地区排涝。洪泽站设计流量 $150\mathrm{m}^3/\mathrm{s}$，装机 5 台套，其中备用 1 台，总装机容量 17500kW。

洪泽站工程由主体工程和影响工程组成，其中主体工程主要建设内容为新建泵站厂房、开挖上下游引河和扩挖引河口外河道、新建引河进水闸和挡洪闸、新建洪金排涝地涵、修建泵站永久交通道路以及血防护坡工程；影响工程包括洪金南干渠改线和泵站引河南侧封闭圈灌排体系调整，主要内容为新建洪金南子渠改线段相应的配套建筑物，在引河南侧新建排涝站涵、灌溉渠首及灌排水系调整。

10. 邳州站工程

邳州站是南水北调东线一期工程的第六级泵站，工程的主要任务是与泗洪站、睢宁泵站一起，通过徐洪河输水线向骆马湖输水 $100\mathrm{m}^3/\mathrm{s}$，与中运河共同满足向骆马湖调水 $275\mathrm{m}^3/\mathrm{s}$ 的目标，并结合房亭河以北地区的排涝。邳州站设计流量 $100\mathrm{m}^3/\mathrm{s}$，装机 4 台套（含备用机组 1 台），总装机容量 8960kW。

邳州站工程主要建设内容为：新建泵站厂房、变电所，开挖上下游引河，新建清污机桥、交通桥，配套建设刘集南闸，修建泵站对外交通道路，补偿建设双杨灌溉涵洞等。

11. 睢宁二站工程

睢宁二站枢纽工程位于江苏省徐州市睢宁县沙集镇境内的徐洪河线路上，是南水北调东线工程的第五级泵站枢纽。主要功能是通过徐洪河抽引泗洪站来水，沿徐洪河向北输送到邳州站。睢宁站枢纽梯级设计流量 110m³/s，睢宁一站现状规模 50m³/s，南水北调拟新建睢宁二站设计流量为 60m³/s，安装 4 台立式混流泵（含备用机组 1 台），单机流量 23.0m³/s，总装机容量 12800kW。

睢宁二站建设内容为：新建睢宁二站，改建睢宁一站主要变电设施、清污机桥，修建对外交通道路和桥梁。睢宁二站布置在一站西侧，工程主要建设内容包括上下游引河、清污机桥、进水池、主泵房、控制室、检修间、出水池、施工交通桥、临时施工桥和管理区等。

12. 金宝航道工程

金宝航道工程位于江苏省扬州市宝应县和淮安市金湖县、盱眙县、洪泽县和省属宝应湖农场境内，全长 30.88km（裁弯取直后全长 28.40km），设计输水流量 150m³/s。该河道是沟通里运河与洪泽湖，串联金湖站和洪泽站，承转江都站、宝应站抽引的江水，是运西线输水的起始河段，具有输水、航运、排涝、行洪综合功能。

金宝航道工程主要任务是拓浚金宝航道河道，满足通过运西线向洪泽湖输水 150m³/s 的要求，结合改善宝应湖地区的排涝和通航条件。主要工程内容包括扩浚金宝航道，配套建设大汕子枢纽、振兴圩套闸、涂沟南套闸、涂沟北节制闸、桥梁及沿线影响工程处理、血防工程等。

13. 里下河水源补偿工程

根据南水北调工程总体规划，为使江都泵站抽水流量尽量北送，以保证南水北调东线一期工程的供水目标，需实施里下河水源调整工程，将原由江水北调工程供水的沿里运河和苏北灌溉总渠的部分灌溉面积调整为由里下河东引工程供水。里下河水源调整工程由水源工程和灌区调整工程组成，其中水源工程主要建设内容是拓浚卤汀河，扩挖新通扬运河，开挖拓浚大三王河，新建大三王河节制闸；灌区调整工程涉及扬州、淮安、盐城三市，主要建设内容是疏浚引河，新建提水泵站，灌区水系调整等。

水源工程实施骨干河道卤汀河、大三王河，其中卤汀河总长 55.9km，大三王河 11.68km，因河道开挖、疏浚，需相应实施跨河桥梁和沿线影响处理工程。

灌区调整工程需在原灌区尾部疏浚引河，集中或分散设站，调整工程措施主要为：集中建 30m³/s 的阜宁泵站、50m³/s 的北坍泵站，分散建 0.5～10.5m³/s 流量不等的提水泵站 33 座，共需疏浚引水河、渠 23 条，相应建涵、闸、桥等小型影响配套建筑物工程。

14. 骆马湖以南中运河影响处理工程

骆马湖水资源控制工程的主要任务为：正常情况下保证东调南下工程泄洪、南水北调工程调水和航道通航；在南水北调工程非调水期，在一定条件下，对骆马湖水资源实施有效控制。骆马湖水资源控制工程主要包括现状中运河临时性水资源控制设施加固改造、新建控制闸和新开挖支河河道（结合东调南下续建工程泄洪）。

15. 沿运闸洞漏水处理工程

京杭运河扬州段北起宝应小涵洞，南迄邗江六圩，长 125.79km。至 1987 年，京杭运河河道已达二级航道标准，并可向北输水 400m³/s。京杭大运河堤防属Ⅰ级堤防，是江苏省里下河地区的防洪屏障，又是江苏省南水北调输水干道，也是南北方水运交通的主要航线，它是一条具有水运、灌溉、调水、防洪等多功能综合利用的河道。扬州市沿运闸洞分布在宝应、高邮、江都、邗江 4 个县（市），按类型分为灌溉引水洞、自来水厂取水口及船闸，其中绝大多数为灌溉引水洞。

南水北调东线一期工程利用江苏省境内的高水河、里运河、苏北灌溉总渠（阜宁腰闸闸上）、中运河、徐洪河、不牢河等河道输水，沿线现有的众多涵闸大多建于20世纪60—70年代，由于年久失修，多数闸门和启闭机破损，漏水严重。为减少水资源流失，提高输水效益，须对输水线路沿线的170座存在漏水问题的涵闸进行处理，将涵闸漏水量控制在规范允许范围之内，以减少水源流失，提高输水效益。沿运闸洞漏水处理工程分布于苏北境内南水北调东线工程的输水线路上，隶属长江、淮河和沂沭泗三大水系。

沿运闸洞漏水处理措施以对闸门、启闭机和埋件进行更换、维修为主；少数漏水严重危及工程安全的涵闸进行拆除重建，水电站原则上只进行维修加固。涵闸按处理方式分为三大类（按原可行性研究的分类方式分为四类，原第三类废除复堤项目，地方政府已安排实施完毕）：第一类为闸门、启闭机更换或维修，此类涵闸有40座；第二类为门槽埋件更换，闸门、启闭机更换或维修，此类涵闸有120座；第三类为拆除重建，对10座涵闸闸身损坏严重、存在严重安全隐患的涵闸按原规模进行拆除重建。

16．徐洪河影响处理工程

徐洪河南起洪泽湖北岸的顾勒河口，北至房亭河，全长约120km，设计输水流量为120～100m³/s，与中运河共同承担南水北调东线一期工程出洪泽湖350m³/s、入骆马湖275m³/s的调水任务。

河道主要建设内容包括湖口段抽槽2.5km、湖区清障2.0km²，堤身加固约6km，堤（河）坡防护约57km，拆建西沙河口孟河头桥，新建陈集北闸，拆建泗河地涵、苏洼地涵、白门楼闸、圮桥闸，改建民便河闸为套闸等水源控制工程，新建古邳引河两侧洼地泵站、拆建滩面淹没灌排泵站等影响处理工程，修建堤顶管理道路82.9km。

17．洪泽湖抬高蓄水影响处理工程

根据南水北调东线一期工程规划，洪泽湖正常蓄水位从13.0m提高到13.5m，可增加淮河利用水量，提高供水保证率。本工程的任务是根据洪泽湖抬高蓄水位的影响范围，结合该地区的实际情况，进行圩区和洼地排涝泵站及骨干排水河（沟）等工程建设，从而减轻或消除洪泽湖抬高蓄水位对周边地区的不利影响，使洪泽湖蓄水位顺利抬高到13.5m，确保南水北调东线一期工程的顺利实施。

洪泽湖抬高蓄水位影响处理工程安徽境内主要包括影响区洼地排涝泵站及骨干排涝河沟工程等。安徽省洪泽湖影响处理工程的主要措施是改建、拆除重建和新建排涝泵站，疏挖排涝沟。涉及安徽省的泵站共52个站点，其中，新建排涝站4座，拆除重建及扩建13座，加固维修和技术改造35座，总计安排新建、拆除重建及技改共52座排涝（灌）站，总装机容量29963kW。

本工程江苏境内主要是安排部分滨湖圩堤防护工程、圩区及洼地排涝工程和通湖河道影响处理工程，尽量解决因洪泽湖抬高蓄水位而带来的不利影响。主要工程为滨湖堤防防护工程，防护长度为48.45km，其中淮安市防护长度为26.3km，宿迁市防护长度为22.15km。通湖河道影响处理工程，五河闸、黄码河闸、高松河闸拆除重建。圩区排涝工程，江苏影响处理圩区规划新建、拆建、更新改造泵站126座，总设计流量141.21m³/s，装机容量12806kW，其中新建泵站8座，设计流量4.87m³/s，装机容量431kW；拆除重建泵站91座，设计流量100.6m³/s，装机容量9097kW；维修加固泵站27座，设计流量35.89m³/s，装机容量3278kW。

五、江苏省截污导流工程

江苏省截污导流工程包括淮安市截污导流工程、宿迁市截污导流工程、扬州市截污导流工程、徐州市截污导流工程、泰州市截污导流工程。

初步设计阶段新增泰州污水处理厂尾水输送工程1项，调整了徐州、淮安、宿迁的尾水导流工程规模和投资。5项截污导流工程全部建成后，每年中水回用量约9363t，导走量约19739t，化学需氧量削减量33534t，氨氮削减2420t。

六、东线江苏段专项工程

1. 江苏省文物保护工程

南水北调江苏境内控制性文物保护项目保护方案分三批编制。

第一批：《南水北调一期工程江苏段2005年控制性文物保护项目方案》包括白马湖一区二窑明代墓、杨庄古生物化石地点、周湾古生物化石地点等10项。

第二批：《南水北调东线一期工程江苏段第二期控制性文物保护项目保护方案》，涉及控制性文物共15项。

第三批：《关于南水北调东、中线一期工程初步设计阶段文物保护方案》，文物多为面积大，文化内涵丰富的地下遗址、墓葬或重要的地面古建筑，涉及江苏境内控制性文物共8项。

2. 血吸虫北移防护工程

南水北调东线一期工程血吸虫病北移扩散防护工程的主要任务是通过控制钉螺北移扩散防控措施，如河道硬化工程、河道防螺拦网工程、涵闸防螺工程，加强抽水泵站拦污栅及清污机管理、水源区和受水区药物灭螺及里运河高邮段石驳岸灌浆勾缝灭螺处理等防控措施加以控制或消除。

2006年，国家环保总局对《南水北调东线第一期工程环境影响报告书》批复意见中指出："为防止钉螺扩散导致血吸虫病蔓延，应对可能导致钉螺北移扩散的不利因素进行控制"。2007年经国务院批准的《南水北调东线第一期工程可行性研究报告》中确定将5项防钉螺北移扩散专项措施列入南水北调东线主体工程，分别为高水河河岸整修、里运河高邮段石驳岸整修及灌浆勾缝、金宝航道硬化护砌、金湖泵站引河硬化护砌、洪泽泵站引河硬化护砌。

3. 东线江苏段调度运行管理系统工程

东线江苏段调度运行管理系统的建设任务是开发建设覆盖南水北调东线工程江苏段的业务应用系统、应用支撑平台和基础设施。系统的建设目标为：保证工程安全、稳定运行和科学调度管理提供技术支撑，充分发挥工程的综合效益。

调度运行管理系统与南水北调东线一期江苏境内主体工程同步建成，具备实时掌握江苏境内泵站出口，省市县际交水断面，干线水文站的水量、水位、水质、工程运行等调水信息，具备调水沿线泵站、干线重要控制建筑物、重要取水口门等工程的远程监控、严格管理，具备来水量预测预报、水源优化调度、调水过程的全线监控和各级管理部门之间的异地会商。实现江苏境内工程调度运行的信息采集自动化、运行监控网络化、分析处理智能化、决策支持科学化，全面提高工程调度运行的现代化管理水平，达到江苏境内南水北调工程与江水北调工程的统一调度、联合运行，充分发挥工程的调水、防洪、排涝、灌溉、航运等综合效益。进一步加强调水工程的精细化管理，实现江苏境内水资源优化配置和工程优化运行，全面实现南水北调东线的调水目标。

东线工程江苏段按调度中心、调度分中心二级调度，总公司、分公司和管理所三级管理的工程调度管理模式，江淮分公司设置调度数据灾备中心。南水北调与江水北调工程实行统一调度、联合运行。

该工程按调度中心、调度分中心二级调度，总公司、分公司和管理所三级管理的工程调度管理模式，采集江苏段 9 个梯级各泵站、重要控制建筑物、重要分水口门运行信息，实现对调水沿线重要工程的实时控制；系统总体框架包含采集传输层、网络层、数据资源层、应用支撑层、业务应用层、应用交互层、运行管理体系、信息安全体系和技术标准体系等。

4. 东线江苏段管理设施专项工程

南水北调一期江苏境内工程管理机构按三级设置，在南京设立一级机构南水北调东线江苏水源有限责任公司；在扬州、淮安、宿迁、徐州分别设立江淮、洪泽湖、洪骆、骆北等 4 个直属分公司，设立扬州和宿迁两处泵站应急维修养护中心，共设 5 个二级机构；分公司下设 13 个泵站管理所、6 个河道管理所以及 27 个交水断面管理所（初步设计新建 19 处）等共 46 个三级管理机构。

根据相关管理功能要求，建立专业档案管理中心、泵站应急维修中心两个专项管理机构。

一级机构江苏水源总公司结合省调度运行中心、档案管理中心布置，其办公和辅助生产等用房 7157m²、调度中心用房 3540m²、工程档案管理用房 3998m²，总建筑面积为 14695m²，管理用地面积 17.8 亩。

直属分公司结合调度分中心布置，另考虑调度运行灾害备份要求，在江淮分公司增设数据备份中心。江淮、洪泽湖、洪骆、骆北 4 个直属分公司的办公和辅助生产等，以及调度分中心、会议和档案管理用房总建筑面积分别为 3516m²、3416m²、3416m²、3575m²。管理用地面积分别为 5.3 亩、5.2 亩、5.2 亩和 5.4 亩。

工程永久占地包括省调度中心、直属分公司、泵站应急维修中心（扬州所、宿迁所），以及金湖站、洪泽站、泗洪站 3 个管理单位办公、生活区永久征地，分别位于相应省、地、县级市，征地面积共计 73.9 亩，另 19 个交水断面管理所各征用农业用地 1 亩，合计 19 亩。

第三节　山东境内工程初步设计

一、东平湖输蓄水影响处理工程

项目建设的任务是对南水北调东线一期工程利用东平湖蓄水而产生的蓄水影响问题进行处理和补偿，确保东平湖老湖区安全蓄水，从而实现向胶东和鲁北输水的目标，保障南水北调东线一期工程正常运行。

东平湖位于山东省东平县境内，是黄河下游分蓄洪水水库，1963 年在湖中修筑二级湖堤，将整个湖区分为新湖区和老湖区。在最高滞洪水位 44.80m 时，总库容 39.65 亿 m³。此时东平湖总面积 627km²，其中新湖区 418km²，老湖区面积 209km²。东线一期工程利用东平湖蓄水水位为 39.3m。蓄水影响处理包括蓄水影响补偿和工程处理措施两部分，工程措施包括围堤加固工程、排涝排渗泵站拆除重建工程、济平干渠湖内引渠清淤工程等。

二、胶东干线东平湖至济南段工程

南水北调东线一期工程东平湖—济南段输水工程建设的主要任务就是贯通东平湖—济南段输水干线，缓解济南市的供水危机，恢复泉城的自然风貌，为胶东输水干线的全线贯通奠定基础，为今后淄博、潍坊、青岛、烟台、威海等胶东地区重点城市调引长江水创造条件。输水渠设计流量 50m³/s，加大流量 60m³/s；渠首闸按远期工程规模建设，设计流量 90m³/s，校核流量 100m³/s。

南水北调东线一期工程东平湖—济南段输水工程，输水渠总长 89.787km，其中利用现有济平干渠扩挖段长 42.106km，新辟渠道长 46.928km，扩挖小清河段 0.753km。输水渠全线均为明渠自流输水，设计流量 50m³/s，加大流量 60m³/s。沿途经东平、平阴、长清、槐荫 4 县（区），其中东平县 5.775km、平阴县 36.331km、长清区 43.516km、槐荫区 4.165km。

全线共设各类交叉建筑物 185 座，其中水闸 18 座，包括渠首引水闸 1 座、防洪闸 2 座、节制闸 1 座、分水闸 4 座、泄水闸 2 座、进洪闸 6 座、浪溪河灌溉引水闸 1 座、玉清湖水库截渗沟涵闸 1 座；输水渠倒虹 10 座，河沟、管道穿输水渠倒虹 21 座，跨输水渠渡槽 14 座；输水渠跨河交通桥 3 座，跨输水渠公路桥 9 座，跨输水渠交通桥 96 座，人行便桥 12 座；排涝站 2 座。

三、山东韩庄运河段工程

1. 万年闸泵站工程

万年闸泵站是南水北调东线一期工程第八级泵站，是韩庄运河段第二级泵站，枢纽工程的主要任务是接力台儿庄泵站的提水，继续提水由万年节制闸下到闸上，满足韩庄泵站提水要求，以实现南水北调东线一期工程的梯级调水目标。站下引水闸和出口防洪闸需满足泵站枢纽防洪及大堤交通的要求。泵站设计流量 125m³/s，选用 3000ZLQ32-5.2 型立式轴流泵 5 台（其中备机 1 台），水泵叶轮直径 3080mm，单机设计流量 31.5m³/s。

泵站工程主要由主泵房，副厂房，安装间，进、出水池，进、出水渠，清污机闸，引水闸，站上出口防洪闸，引水渠及出水渠，新老枣徐桥等组成。

2. 韩庄泵站工程

韩庄泵站是南水北调东线工程第九级泵站，是韩庄运河段最后一级泵站，枢纽工程的主要任务是通过韩庄运河提水入南四湖的下级湖，以实现南水北调东线一期工程的梯级调水目标。泵站设计流量 125m³/s，选用齿轮箱后置式灯泡贯流泵 5 台（其中备机 1 台），水泵叶轮直径 2950mm，单机设计流量 31.5m³/s。

工程主要建筑物由泵站主厂房、副厂房、前池、出水池、引水闸、引水渠、出水渠、交通桥、排涝渠及排涝涵洞等工程组成。

3. 韩庄运河水资源控制工程

韩庄运河段工程是南水北调东线一期工程的重要组成部分，其基本任务是承接江苏中运河来水，并经新建的三级泵站提水，送水入南四湖。韩庄运河水资源控制工程位于韩庄运河运北魏家沟、三支沟、峄城大沙河三条支流上，其主要作用是防止韩庄运河输水时水流倒漾于各支流造成水资源浪费、农田浸没。

魏家沟、三支沟、峄城大沙河三座橡胶坝主要由取水管道，橡胶坝段，上下游连接段，充、排水泵站等组成。

四、南四湖至东平湖段工程

1. 长沟泵站工程

长沟泵站是南水北调东线工程的第十一级泵站，泵站的任务是将调入南四湖上级湖的江水逐级提水北送至东平湖，再经东平湖水库调蓄后，输水至山东半岛和鲁北地区以及天津和河北的冀东地区，解决这些地区的水资源紧缺问题，实现济宁港—东平湖按照三级航道通航的目标。泵站设计流量100m³/s，选用3100ZLQ-4型立式轴流泵4台，水泵叶轮直径3100mm，单机设计流量33.5m³/s。

工程主要建筑物由主厂房、副厂房、变电站、引水闸、出水闸、梁济运河节制闸、引水渠、出水渠等建筑物组成。

2. 邓楼泵站工程

邓楼泵站是南水北调东线工程的第十二级泵站，工程位于山东省梁山县梁济运河和东平湖新湖区南大堤相交处。泵站设计流量100m³/s，选用3100ZLQ-4型立式轴流泵4台（其中备机1台），水泵叶轮直径为3100mm，单机设计流量33.5m³/s。

工程主要建筑物由泵站主厂房、副厂房、出水机房、变电所及引水渠、引水闸及拦污设施、出水涵闸、出水渠、梁济运河节制闸、泵站防洪围堤、管理设施及生活福利设施等组成。

3. 八里湾泵站工程

八里湾泵站位于山东省泰安市东平县境内，是南水北调东线工程第十三级泵站，也是最后一级泵站。泵站站址位于东平湖新滞洪区（新湖区），泵站主要任务是抽调邓楼泵站来水入东平湖，再经东平湖向鲁北、胶东供水，满足南水北调工程的调水任务，并适当结合当地排涝。泵站设计流量100m³/s，选用3100ZLQ34-4.8型立式轴流泵4台（其中备机1台），水泵叶轮直径为3100mm。

工程主要建筑物沿水流方向依次有进水引渠、清污机桥、前池、进水池、泵房、出水池、公路桥、出水渠，另有防洪堤和站区平台等。

4. 梁济运河段工程

南四湖—东平湖段输水与航运结合工程是南水北调东线工程和京杭运河建设工程的重要组成部分，是连接胶东输水干线、鲁北输水干线并进而向天津和河北送水的纽带，同时打通南四湖—东平湖的航道，实现南四湖—东平湖的通航目标。梁济运河段工程的基本任务是与南四湖湖内工程、柳长河段工程结合，将调入南四湖上级湖的江水逐级提水北送至东平湖，再经东平湖水库调蓄后，输水至山东半岛和鲁北地区以及天津和河北的冀东地区，解决这些地区的水资源紧缺问题，实现济宁港—东平湖按照三级航道通航的目标。

梁济运河输水与航运结合线路平面布置为沿现状梁济运河扩大，从湖口—邓楼全长56.256km，在现状工程基础上按输水流量100m³/s进行扩宽挖深，河道拓宽。

梁济运河输水渠段沿线共需新建、重建、加固主要交叉建筑物19座，包括重建生产桥14

座、加固公路桥 3 座，西侧新建支流口交通桥 2 座（赵王河、郓城新河）；支流口、排灌站和涵洞引（退）水口连接段处理工程共 110 处，其中新建支流口连接段工程 7 处、排灌站引（退）水口连接段处理工程 60 处、涵洞引（退）水口连接段处理工程 43 处。

5. 柳长河段工程

柳长河段工程的基本任务是与南四湖湖内工程、梁济运河段工程、长沟泵站、邓楼泵站、八里湾泵站结合，将调入南四湖上级湖的江水逐级提水北送至东平湖，再经东平湖水库调蓄后，输水至山东半岛和鲁北地区以及天津和河北的冀东地区，解决这些地区的水资源紧缺问题，实现济宁港—东平湖按照三级航道通航的目标。

柳长河输水航道线路长 20.984km，其中新开输水河道长 6.185km，利用现状河道长 14.799km。为便于工程的管理和运用，在输水渠道西侧新修沥青路面 21.188km，需新建、改建、重建、维修加固各种建筑物 62 座（处）。

6. 南四湖湖内疏浚工程

南四湖湖内疏浚工程的基本任务是与梁济运河段工程、柳长河段工程、长沟泵站、邓楼泵站、八里湾泵站一起将调入南四湖上级湖的江水逐级提水北送至东平湖，再经东平湖水库调蓄后，输水至山东半岛和鲁北地区以及天津和河北的冀东地区，解决这些地区的水资源紧缺问题，实现济宁港—东平湖段按照三级航道通航的目标。

南四湖湖内疏浚工程位于南四湖上级湖，工程全长约 28.987km，输水工程疏浚底高程为 29.30m，设计输水河道边坡 1∶5。

7. 灌区影响处理工程

南水北调东线一期工程利用梁济运河及柳长河输水，并拆除郭楼闸。利用梁济运河及柳长河输水，将使柳长河失去灌溉输水功能，截断了柳长河以东地区的引黄水源，使 12.98 万亩的灌区无法正常灌溉。郭楼闸拆除后，将使陈垓、国那里 27.03 万亩的灌区失去原有的灌溉条件。引黄灌区影响处理工程的主要任务是充分利用现有沟渠，通过扩大现有工程的输水规模、新挖渠道和改建建筑物等工程措施，建成输水干渠，替代柳长河和梁济运河的输水功能，消除南水北调东线一期工程利用梁济运河及湖内柳长河输水对灌区带来的不利影响。

南水北调东线一期工程利用梁济运河、柳长河输水对引黄灌区灌溉影响涉及梁山县国那里、陈垓两个引黄灌区，两引黄灌区总的设计灌溉面积为 94.07 万亩，其中国那里引黄灌区设计灌溉面积为 38.89 万亩，陈垓引黄灌区设计灌溉面积为 55.18 万亩。受南水北调工程影响的引黄灌区面积为 40.01 万亩，大致可划分为三片：第一片为柳长河以东、东平湖新湖区围堤以北，属国那里灌区，灌区面积 12.98 万亩；第二片为梁济运河以东，东平湖新湖区围堤以南，属国那里灌区，面积 13.33 万亩；第三片为梁济运河以西，湖外柳长河以南，220 国道以东，属陈垓灌区，面积 13.7 万亩。

输水线路总长 49.25km，其中国那里输水干渠长 41.04km，利用现有沟渠扩挖 26.698km，新开挖渠长 14.342km。需对现已废弃的王庄村以北—李官屯段的四分干进行疏通整治，长 5.55km；陈垓输水干渠长 8.207km，其中利用现有沟渠扩挖 7.618km，新开挖渠长 0.589km。国那里、陈垓两引黄灌区输水干渠渠首设计引水流量分别为 23.0m³/s 和 8.0m³/s。同时疏通四分干。

灌区影响处理工程共需新建改建各类建筑物 106 座，其中陈垓灌区 31 座、国那里灌区 75 座。

五、胶东干线济南至引黄济青段工程

1. 济南市区段工程

济南市区段工程是济南—引黄济青段工程的首段工程，工程建设的主要任务是：连接已建成通水的济平干渠工程，为济南—引黄济青段工程全线顺利实施创造良好条件，为胶东地区重点城市调引长江水奠定基础，实现南水北调工程总体规划的供水目标。工程设计流量为 $50m^3/s$，加大流量为 $60m^3/s$。

济南市区段输水工程可划分为利用小清河输水段和新辟输水暗涵段，其主要建设内容为：小清河河道工程、补源管道工程、输水暗涵工程、建筑物工程（新建 2 座生产桥，重建 3 座公路桥，新建睦里庄节制闸、京福高速下节制闸、出小清河涵闸）。

工程自睦里庄跌水至济南市东的小清河洪家园桥下，全长 27.914km，其中，睦里庄跌水至京福高速下节制闸前渠段利用小清河河道输水，长 4.645km；京福高速节制闸前至济南市东的小清河洪家园桥下，在小清河左岸新辟输水暗涵，长 23.269km。为满足输水暗涵引水水位要求，在京福高速公路下游 100m 的小清河上新建节制闸，并在小清河左岸新建出小清河涵闸。为解决输水暗涵建成后市区北部的排水问题，确保主要排水口直排入小清河，根据济南市城市总体规划，输水暗涵以局部下卧方式穿越沿途与之交叉的 10 处排水沟。

2. 明渠段工程

明渠段输水工程为济南—引黄济青段工程的 1 个设计单元工程，上接济南—引黄济青济南市区段输水工程，下接济平干渠工程，中间与陈庄输水线路设计单元衔接，工程建设的主要任务就是连接胶东输水干线西段已建成通水的济平干渠工程，为济南—引黄济青段工程全线顺利实施创造良好条件，从而贯通整个胶东输水干线，为胶东地区重点城市调引长江水奠定基础，实现南水北调工程总体规划的供水目标，有效缓解该地区水资源紧缺问题。工程设计流量为 $50m^3/s$，加大流量为 $60m^3/s$。

济南—引黄济青明渠段上接济南市区段输水暗涵出口，下至小清河分洪道上节制闸接入引黄济青工程，全长 122.470km，其中沿小清河左岸新辟明渠输水段长 87.808km；入小清河分洪道后，利用新开和疏挖后的分洪道子槽输水段长 34.662km。明渠段工程长度为 111.165km（不含陈庄输水线路设计单元工程 11.305km），其中沿小清河左岸新辟明渠输水段长 76.590km；入小清河分洪道后，利用新开和疏挖后的分洪道子槽输水段长 34.575km。

工程主要建设内容（不含陈庄输水段 111.305km 输水明渠及相关建筑物内容）为：新挖、疏挖输水明渠，渠道护砌；修建沿线节制闸、分水闸和涵、桥、倒虹吸等建筑物；安全防护工程、堤顶管理道路建设。明渠段新建各类交叉建筑物共 396 座，重建交叉建筑物 5 座。明渠段共新建 40 处灌排渡槽、82 处灌排倒虹，新建、恢复灌溉渠道（包括利用界沟）40.474km，新挖、恢复灌排沟 14.29km，新建分水、排涝闸 4 座，路涵 32 处。

3. 陈庄输水线路工程

胶东干线济南—引黄济青段明渠段工程是南水北调东线一期工程胶东输水干线西段的组成部分，是连接济南市区段工程与引黄济青输水渠、贯通胶东地区调引长江水的输水通道，工程实施后，可实现向山东省胶东地区城市生活工业及高新农业供水的目标。

由于在济南至引黄济青明渠段陈庄村附近发掘陈庄遗址，根据有关各方研究决定，将陈庄

遗址段（渠道桩号 76＋590～87＋895）11.305km 输水明渠进行改线，并作为独立设计单元工程进行设计，即为陈庄输水线路工程。

陈庄输水线路设计单元工程的主要任务为：避让陈庄遗址，绕开其保护范围和建设控制范围，连接济南—引黄济青明渠段和下游小清河分洪道子槽段。工程上接济南—引黄济青段明渠段工程上段末端桩号 76＋590，下接明渠段下段起点桩号 87＋895，该段工程改线后总长 13.225km，新开挖输水渠道全长 13.225km，其中梯形明渠段长 13.030km，东寺节制闸长 0.060km，入分洪道涵闸段长 0.135km。输水渠上共布置各类交叉建筑物 46 座，包括水闸 3 座（其中节制闸 2 座、分水闸 1 座）、跨渠公路桥 6 座、跨渠生产桥 9 座、跨渠人行桥 4 座、穿渠倒虹 22 座（其中排水倒虹 13 座、田间灌排影响倒虹 9 座）、田间灌排影响渡槽 2 座，新建灌排渠沟 4.651km。

设计输水流量 $50 m^3/s$；加大输水流量 $60 m^3/s$。辛集洼分水口设计分水流量 $16 m^3/s$。

主要建设内容为：输水渠工程和节制闸、分水闸，穿渠倒虹吸、跨渠桥梁等交叉建筑物工程。

4. 东湖水库工程

东湖水库位于济南市东北部约 30km 处，主要是为了调蓄干线引江水量，解决干线输水与支线取水之间时空分配矛盾，提高干线输水保证程度。根据干线分水口用水过程分配表，东湖水库调蓄水量主要是解决济南、滨州、淄博等市工业和城市生活用水的需要，保障南水北调东线胶东输水干线完成供水目标。

水库设计最高蓄水水位 30.00m，相应最大库容 5377 万 m^3，死水位 19.00m，死库容 678 万 m^3。水库年入库水量 8785 万 m^3，入库泵站最大设计流量 $11.6 m^3/s$；年供水量 8097 万 m^3。

东湖水库采用泵站提水充库，涵闸控制出库的运行方式。围坝轴线总长 8.125km，最大坝高 13.7m。主要建筑物为：水库围坝、分水闸及穿小清河倒虹、入库泵站和入（出）库闸、章丘放水洞、济南放水洞、排渗泵站、截渗沟等。

5. 双王城水库

双王城水库位于寿光市北部的卧铺乡寇家坞村北废弃水库处。双王城水库的供水对象主要为青岛市、潍坊市及寿光市的城市生活和工业用水，另外还包括寿光市水库周边地区的高效农业用水。双王城水库为中型平原水库，水库设计最高蓄水位 12.50m，相应最大库容 6150 万 m^3，设计死水位 3.90m，死库容 830 万 m^3，水库调节库容 5320 万 m^3。年入库水量 7486 万 m^3，出库水量 6357 万 m^3（包括向胶东地区年出库水量 4357 万 m^3，向寿光市城区年供水量 1000 万 m^3，水库周边地区高效农业年灌溉水量 1000 万 m^3，设计灌溉面积 2 万亩），蒸发渗漏损失水量 1128 万 m^3。水库围坝坝轴线总长 9.636km，水库占地总面积 $7.42 km^2$，原有的双王城水库占地面积 $5.74 km^2$，需扩建的水库占地面积 $1.70 km^2$。

双王城水库主要建筑物包括围坝、渠道、截渗沟及泵站、水闸、桥梁、涵洞、倒虹、涵管等各类建筑物 17 座。

六、穿黄河工程

东线穿黄河工程是南水北调东线的关键性控制项目，工程主要任务和作用是建设南水北调东线穿黄河隧洞，连接东平湖和鲁北输水干渠，实现调引长江水至鲁北地区，同时具备向河北省、天津市应急供水的条件。该工程位于山东省泰安市东平县和聊城市东阿县两县境内，在东平湖内开挖 9.0km 引渠从湖区引水，于玉斑堤魏河村北附近建出湖闸，由南干渠至子路堤东的滩地埋管进口检修闸，经滩地埋管穿过子路堤、黄河滩地及原位山枢纽引河至黄河南岸解山村，之后采用隧洞（585.38m）穿过黄河主槽和黄河北大堤，在东阿县位山村附近采用箱涵穿过位山引黄渠渠底，经出口闸和连接明渠与黄河北岸输水干渠相接，主体工程从东平湖出湖闸至黄河北岸出口闸全长 7.87km。

穿黄河工程由南岸输水干渠（包括东平湖出湖闸、南干渠）、穿黄工程（包括埋管进口检修闸、南岸滩地埋管、穿黄隧洞）和北岸穿引黄渠埋涵段（包括穿引黄渠埋涵、出口闸）组成。

七、鲁北段工程

1. 小运河段工程

鲁北输水工程是南水北调东线工程的重要组成部分，是实现向山东鲁北地区送水的重要保证，是实现向河北、天津应急调水的连接纽带。小运河段工程的基本任务是将调入东平湖的江水通过穿黄隧洞工程后北送至鲁北地区，同时具备向河北、天津应急调引江水的条件。

鲁北小运河段输水河道利用临清小运河蜿蜒向西北直至临清东进入位山三干邱屯闸上，小运河段工程工程规模为 50m³/s。输水河道线路全长 98.21km，其中利用现状河道 58.134km，新开河道 40.076km。

鲁北小运河段输水工程沿线需新建、改建、加固各类建筑物 398 座，其中新建分水闸 7 座，新建、重建节制闸及枢纽 8 座（处），新建、重建、改建各类桥梁 133 座，生产桥 102 座，倒虹 23 座（处），涵闸 110 座，新建渡槽 8 座，重建七级分干枢纽工程 1 处、铁路桥 6 座。新建交通管理道路 99.422km，周公河两岸截污管道 17.471km。

2. 七一·六五河段工程

七一·六五河段作为南水北调东线工程鲁北段输水线路之一，是山东省鲁北输水工程的重要组成部分，是江水北调临清、德州的输水通道，主要任务是将调入小运河的江水继续北送至临清、德州，实现向山东聊城北部地区和德州地区送水的目的，解决这些地区的水资源紧缺问题。

七一·六五河段输水线路全长 77.014km，其中需扩挖河道 12.84km，利用七一·六五河现状河道长 64.174km；需新建、改建、加固各类建筑物 171 座，其中公路桥 10 座、生产桥 43 座、人行桥 3 座、铁路桥 1 座、分水闸 2 座、节制闸 9 座、涵闸 98 处、橡胶坝 1 座、穿输水渠倒虹 4 座。

3. 灌区影响处理工程

（1）夏津灌区影响处理工程。夏津灌区影响处理工程的主要任务是充分利用现有沟渠，对原有灌溉渠系进行调整，通过调整水源和扩大现有工程输水规模、扩挖（新挖）渠道、改建（新建）建筑物等措施，建成输水干渠，替代引位济德工程、七一·六五河的输水功能，消除南水北调东线输水工程利用引位济德输水线路、七一·六五河对夏津县灌区带来的不利影响，满足受影响灌区的灌溉供水要求。

夏津县灌区影响处理工程共需新建、拆除重建、改建、加固维修各类建筑物 52 座（处）。生产桥 32 座，其中新建 2 座、拆除重建 29 座、改建 1 座（闸改桥）；穿涵 14 座，其中新建 1

座、拆除重建 12 座、改建 1 座（桥改涵）；水闸 3 座，其中新建渠首引水闸 1 座、拆除重建改碱中沟对口节制闸 1 座、加固维修 1 座；泵站 2 座，其中拆除重建 1 座、新建 1 座；跌水 1 处为新建。

（2）武城县灌区影响处理工程。武城县灌区影响处理工程的主要任务是充分利用现有沟渠，通过扩大现有工程的输水规模和新建、改建建筑物等工程措施，建成输水干渠，替代六五河现有的各种功能，消除南水北调东线一期工程利用六五河输水对灌区带来的不利影响。

武城县灌区现有两大水源，一是西侧的卫运河，二是东侧的黄河水。修建六五河史堂倒虹吸，连接堤上旧城河和调水沟，沟通堤上灌区和堤下灌区，是恢复灌区现有功能的关键工程。武城县灌区需治理的输水线路总长 20.965km，其中沙河沟长 8.556km，利民河西支长 10.981km，调水沟长 1.428km，引黄灌区调水沟设计引水流量为 20m³/s；引卫灌区沙河沟进水闸设计引水流量为 19.4m³/s。

灌区影响处理工程共需新建、重建各类建筑物 41 座，其中：进水闸 1 座、节制闸 2 座、分干分（挡）水闸 18 座、公路穿涵 1 座、公路桥 1 座、生产桥 15 座、泵站 3 座。另外，需要进行维修加固的各类建筑物 15 座，其中进水闸 1 座、挡水闸 1 座、分水闸 1 座、公路桥 5 座、生产桥 7 座。

（3）临清市灌区影响处理工程。临清市灌区影响处理工程的主要任务是解决由于南水北调鲁北段输水工程利用小运河和六分干输水而产生的灌溉影响，充分利用现有沟渠，通过扩大现有工程的输水规模，扩挖、新挖渠道和改建、新建建筑物以及调整灌区等工程措施，构成新的输水干渠，替代小运河和六分干原有的输水功能，消除南水北调东线一期工程鲁北段输水工程干线利用小运河及六分干对灌区带来的不利影响。临清市灌区影响处理工程输水线路总长 30.53km，其中王坊分干输水干渠长 17.863km，裕民渠输水干渠长 12.665km。王坊分干输水干渠渠首设计引水流量 10.6m³/s，裕民渠输水干渠渠首设计引水流量 17.7m³/s。

临清市灌区影响处理工程共需新建、改建、重建各类建筑物 50 座，包括桥梁 38 座，其中公路桥 9 座、生产桥 29 座，各类水闸 11 座，泵站 1 座。

4. 大屯水库工程

大屯水库位于山东省德州市武城县思县洼东侧，鲁北输水线路末端，作为干线末端调蓄水库列入一期工程建设项目，其主要任务是调蓄南水北调东线向德州市德城区和武城县城区城市居民及工业供水的水量，解决两县区引水时空分配矛盾，提高受水区各用水户的用水保证率。水库围坝南临郑郝公路，西侧为利民河东支，东侧为六五河。

水库设计正常蓄水水位 29.8m，总库容 5209 万 m³，死水位 21.00m，死库容 745 万 m³。水库年入库水量 13334 万 m³，入库泵站设计流量 12.65m³/s；年供水量 10919 万 m³。

大屯水库主要建筑物包括围坝、渠首进水闸、六五河节制闸、入库泵站、德州供水洞、武城供水洞等。

八、山东段截污导流工程

截污导流工程在山东省又称中水截蓄导用工程，共有 21 个项目，涉及 17 个控污单元，分布在全省 7 个市、30 个县（市、区）。工程建设的主要目的是将污染治理达标后的中水进行"截、蓄、导、用"，在调水期间使其不进入或少进入调水干线，以保证干线工程输水水质。截污导流工程由山东省设计院组织编制。

山东段截污导流工程共有 21 个设计单元，包括临沂市邳苍分洪道截污导流工程、枣庄市小季河截污导流工程、枣庄市峄城大沙河截污导流工程、枣庄市薛城小沙河截污导流工程、枣庄市薛城新薛河截污导流工程、枣庄市薛城大沙河截污导流工程、滕州市城漷河截污导流工程、滕州市北沙河截污导流工程、曲阜市截污导流工程、鱼台县截污导流工程、梁山县截污导流工程、济宁市截污导流工程、微山县截污导流工程、金乡县截污导流工程、嘉祥县截污导流工程、菏泽市东鱼河截污导流工程、宁阳县洸河截污导流工程、聊城市古运河截污导流工程、临清市汇通河截污导流工程、武城县截污导流工程、夏津县截污导流工程。

九、东线山东段专项工程

1. 东线山东段调度运行管理系统工程

山东段调度运行管理系统由水量调度系统、信息监测与管理系统、工程管理系统、综合会商系统、综合办公系统、应用交互与应用支撑平台、数据资源管理平台、信息采集系统、计算机网络系统、通信系统、系统运行实体环境等组成。

山东干线公司管理机构设置及职能为山东境内干线工程实行山东干线公司、沿线各市管理局和泵站、水库、县（市、区）管理处三级垂直管理的南水北调运营管理模式。一级管理机构为设置在济南的山东干线公司，二级管理机构为在各地市设的管理局，三级管理机构为在泵站、水库和干线工程经过的县（市、区）设的管理处。

2. 东线山东省文物专项工程

南水北调山东境内控制性文物保护项目保护方案分三批编制。

第一批：根据《南水北调一期工程文物保护工作协调小组第二次会议纪要》精神和国家文物局《关于上报南水北调一期工程控制性文物保护项目方案的通知》要求，结合山东省南水北调工程建设实际，将 2005 年计划开工的南水北调东线一期工程南四湖—东平湖段和穿黄工程列为 2005 年文物保护控制性项目。第一批涉及控制性文物共 7 项。

第二批：根据国务院南水北调办向业主单位下发的《关于尽快组织上报南水北调工程第二批控制性文物保护项目保护方案及投资概算的通知》要求，结合国务院南水北调办及国家文物局 2006 年 10 月 13 日在北京召开的南水北调东中线工程文物工作会议精神以及山东文物点的基本情况，编制单位将南四湖—东平湖段以外的发掘面积超过 3000m^2、发掘难度较大、需要长期发掘、有可能影响工程进展的遗址（墓地）列为 2006 年控制性项目。这些遗址包括济南至引黄济青段的胥家庙遗址、陈庄遗址、南显河遗址、东关遗址、寨下遗址；双王城水库库区的 07 遗址、SS8 遗址等 7 个项目作为南水北调山东段文物保护的第二期控制性项目，并将之前垫付资金发掘勘探的济平干渠段一并列入，编制完成了《南水北调东线一期工程山东段第二期控制性文物保护项目保护方案和投资概算》。2006 年 11 月 20 日，国务院南水北调办与国家文物局在郑州联合组织专家对第二批控制文物保护项目方案和投资概算进行了审查。第二批涉及控制性文物共 19 项。

第三批：2009 年 7 月 13 日，山东省建管局邀请文物及水利部门的有关专家，对山东省文化厅南水北调文物保护工作办公室与山东省文物考古研究所联合编制的《南水北调东线一期工程山东省文物保护工作初步设计报告》进行了初审。2009 年 8 月 24—28 日，国务院南水北调办会同国家文物局在河北组织召开了南水北调东、中线一期工程初步设计阶段文物保护方案和概算评审审查会，对山东省文化厅南水北调文物保护工作办公室与山东省建管局联合上报的工作方案及概算进行了评审。第三批涉及控制性文物共 41 项，多为面积大、文化内涵丰富的地下遗址、墓葬或重要的地面古建筑。

3. 东线山东段管理设施专项工程

山东干线公司负责南水北调东线工程山东省境内干线工程供水计划、调度计划和运营管理；负责偿还贷款、供水成本核算、供水计量，水费征收、结算、使用和管理；负责主体工程资产管理。一级管理机构为山东干线公司，二级管理机构在重点市设管理局（分公司），三级管理机构为在泵站、水库和干线工程经过的重点县（市、区）设管理处。

山东省境内南水北调工程管理机构设置三级：一级管理机构为山东干线公司，二级管理机构为 7 个地市管理局（分公司）及工程应急抢险维护济南、济宁、聊城分中心，三级管理机构为 32 个设在泵站、水库及县（市、区）管理处。

东线一期工程山东段管理用地共 128 亩，其中山东干线公司用地 18 亩，7 个二级管理局（分公司）28 亩，河道、泵站、水库等管理处 70 亩，南四湖水资源监测等其他 12 亩。生产用地 25 亩，其中济南、济宁、聊城 3 个工程应急抢险维护中心分别 8 亩、9 亩、8 亩。东线一期工程山东管理单位管理用房面积共 42211.07m²。

第四节　苏鲁省际工程初步设计

一、南四湖水资源控制及水质监测工程和骆马湖水资源控制工程

南四湖水资源控制工程是南水北调东线一期工程省际间水资源管理的重要组成部分。水资源控制工程建设内容包括姚楼河闸、杨官屯河闸、大沙河闸、潘庄引河闸 4 座水资源控制闸。

1. 姚楼河闸工程

姚楼河闸位于姚楼河的入湖口处，闸轴线距湖西大堤约 150.0m，闸两侧通过姚楼河堤与湖西大堤连接。姚楼河闸共两孔，单孔净宽 10.0m，采用钢筋混凝土框架式结构，底板厚 1.6m，底板顶面高程 31.30m。中墩厚 1.2m，边墩厚 1.0m，墩顶高程为 40.0m，与湖西大堤堤顶高程（二期加固工程实施后的堤顶高程）相同。闸室顺水流向长 16.0m，垂直水流向宽 21.2m。

2. 杨官屯河闸工程

杨官屯河闸位于杨官屯河的入湖口处，闸轴线距湖西大堤约 130.0m，闸两侧通过杨官屯河堤与湖西大堤连接。控制闸共两孔，闸室总净宽 20.0m，北侧闸室净宽 8.0m，南侧闸室净宽 12.0m，南侧闸室兼作船闸（Ⅶ级航道）的上闸首。闸室采用钢筋混凝土筏式底板，两孔一联整体框架式结构，闸底板厚 1.5m，底板顶高程 29.8m，顶板平均厚 0.9m，顶板顶高程 40.0m；中墩厚 1.2m，边墩厚 1.0m；闸室顺水流方向长度 17.0m，垂直水流方向宽度 23.2m。闸室采用钢筋混凝土灌注桩基础。在闸顶上游侧布置公路桥，下游侧布置检修桥、启闭机平台、排架、启闭机房等，闸室南侧布置桥头堡。

3. 大沙河闸工程

大沙河闸位于大沙河的入湖口处，闸轴线距湖西大堤约 130m，闸两侧通过大沙河河堤与湖西大堤连接。大沙河闸布置一座 14 孔节制闸和一座Ⅵ级航道船闸。节制闸每孔净宽 10m，闸室采用钢筋混凝土开敞式结构，整体筏式底板，7 跨两孔一联，底板厚 1.8m，底板顶面高程 30.8m（85 国家高程），中墩厚 1.5m，缝墩厚 1.0m。闸室顺水流向长 18.0m，垂直水流向宽 164.62m，包括船闸上闸首总宽 184.64m。

4. 潘庄引河闸工程

潘庄引河闸位于南四湖湖东大堤与潘庄引河的交汇处附近（湖东堤以东 1000m 处至 104 国道以东），1 孔闸室，净宽 10.0m，采用钢筋混凝土框架式结构，底板厚 1.8m，闸室顺水流向长 17.0m，垂直水流向宽 12.4m。闸室顶部布置有公路桥、人行便桥和工作桥，工作桥上设启闭机房。

5. 南四湖水质监测工程

南四湖水质监测工程建设内容主要包括水量监测、水质监测、南四湖水资源监测中心和水质水量数据传输网络系统等。

6. 骆马湖水资源控制工程

骆马湖—南四湖段地处苏、鲁两省边界，有中运河、韩庄运河和不牢河等主要河道。该区段是沂沭泗河洪水下泄的重要通道，又是南水北调东线工程的主要输水线路，也是南北航运的黄金水道。南水北调东线工程实施后，为协调防洪、航运、蓄水、供水等调度运用的矛盾，保证南水北调东线工程的正常运行，兴建南四湖水资源控制工程和水质监测工程、骆马湖水资源控制工程。

骆马湖水资源控制工程的主要任务为：正常情况下保证东调南下工程泄洪、南水北调工程调水和航道通航；在南水北调工程非调水期，在一定条件下，使骆马湖水资源得到有效控制。

骆马湖水资源控制工程主要包括现状中运河临时性水资源控制设施加固改造、新建控制闸和新开挖支河河道（结合东调南下续建工程泄洪）。新建控制闸属Ⅲ等中型建筑物。

二、二级坝泵站工程

二级坝泵站是南水北调东线工程的第十级泵站，二级坝泵站枢纽工程从南四湖下级湖提水入南四湖上级湖，以实现南水北调东线工程的梯级调水目标。泵站设计流量 125m³/s，选用后置式灯泡贯流泵 5 台（其中备机 1 台），水泵叶轮直径 3000mm，单机设计流量 31.5m³/s。

工程主要建筑物有泵站主厂房、副厂房、变电所、进水闸、引水渠、出水渠、二级坝公路桥、引水渠交通桥等。

三、蔺家坝泵站工程

蔺家坝泵站是南水北调东线一期工程的第九级泵站，位于江苏省徐州市铜山县境内，主要任务是抽前级解台站来水入南四湖下级湖，以满足南水北调向北调水，并结合郑集河以北、下级湖湖西大堤以外 190km² 低洼地排涝。蔺家坝泵站设计流量 75m³/s，多年平均运行小时数为 4136h，选用后置灯泡贯流泵 4 台（其中备机 1 台），水泵叶轮直径 2850mm，单机设计流量 25m³/s。

蔺家坝泵站主要建筑物有：主泵房、副厂房、安装间、清污机桥、进水前池、出水池、防洪闸和进、出水渠等。

四、台儿庄泵站工程

台儿庄泵站工程为南水北调东线一期工程的第七级泵站，位于骆马湖—南四湖区间，是山东省韩庄运河段工程的组成部分，主要任务是从骆马湖或中运河抽水通过韩庄运河向北输送，以满足南水北调东线工程向北调水的任务，实现南水北调东线工程的梯级调水目标。泵站设计流量 $125m^3/s$，选用 3000ZLQ32－5.2 型立式轴流泵 5 台（其中备机 1 台），水泵叶轮直径 3000mm，单机设计流量 $25m^3/s$。

台儿庄泵站工程主要由主泵房、副厂房、安装间，进、出水池，进、出水渠，清污机桥和交通桥等组成。

五、南四湖下级湖抬高蓄水位影响处理工程

南水北调东线一期工程拟定输水规模：入南四湖下级湖 $200m^3/s$，入上级湖 $125m^3/s$，将南四湖下级湖汛后蓄水位由现状 32.3m 抬高到 32.8m，相应增加调节库容 3.06 亿 m^3，多年平均可增供水量 4400 万 m^3。下级湖蓄水位抬高后，在东线一期工程其他条件不变的前提下，多年平均可增加供水 0.44 亿 m^3。工程的任务是根据南四湖抬高蓄水位的影响范围，结合南四湖下级湖的特点，因地制宜，合理布置和规划，解决渔、湖民居住安置和生产恢复问题，进行水利设施、交通设施、造船厂等设施的加固改造，从而减轻或消除下级湖抬高蓄水位对周边地区的不利影响，确保南水北调东线一期工程的顺利实施。

南四湖下级湖通过蓄水位影响处理工程包括分布在山东省微山县、江苏省沛县和铜山县三个县 126 座泵站，其中山东省微山县 40 座，江苏省沛县 56 座，铜山县 30 座；91 个渡口和码头采取加固处理；318 个桥、涵、闸工程；17 处造船厂船厂台基加固等。

六、苏鲁省际专项工程

1. 东线苏鲁省际调度运行管理系统工程

南水北调东线一期工程调度运行管理系统的任务是保证南水北调东线一期工程安全、可靠、长期、稳定的经济运行，合理调配区域内水资源。

调度运行管理系统由水量调度系统、泵（闸）站监控系统、综合会商系统、信息监测与管理系统、工程管理系统、综合办公系统、应用支撑平台、信息采集系统、通信系统、计算机网络系统、计算机监控与视频监视系统等系统组成。其中计算机监控与视频监视系统可在江苏、山东、省际机构内分别实现对管辖范围内的泵站及重要泵（闸）站（分水口门）的实时监控和视频监视；水量调度系统在统一的通信网络及计算机平台上，根据采集的各种数据信息，运用计算机控制处理技术、数据库分析技术等现代先进技术，实现对全线各类信息全方位、多层次、多任务、多功能的采集、分析、处理和存储，实现系统的调度运行管理功能。

南水北调东线一期工程苏鲁省际工程主要有蔺家坝泵站工程、台儿庄泵站工程、二级坝泵站工程、南四湖水资源监测工程、姚楼河闸工程、杨官屯河闸工程、大沙河闸工程、潘庄引河闸工程、骆马湖水资源控制工程，各工程管理建设目标为"无人值班、少人值守"方式。

苏鲁省际工程管理机构设置如图 8-4-1 所示。

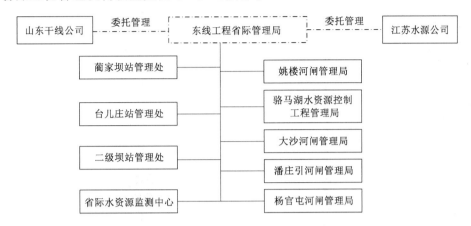

图 8-4-1　苏鲁省际工程管理机构设置

2. 东线苏鲁省际管理设施专项工程

管理设施专项的任务是构建南水北调东线一期苏鲁省际工程管理的组织机构和工程管理体系，具体负责苏鲁省际工程的运行管理，以保证苏鲁两省交接水管理及防洪除涝等综合利用功能的正常运用，保证工程正常发挥效益。

东线一期省际工程位于江苏、山东省际地区，包括骆马湖水资源控制工程、台儿庄泵站工程、蔺家坝泵站工程、南四湖水资源控制和水质监测工程、二级坝泵站工程等。其中南四湖水资源控制和水质监测工程由南四湖水资源控制和南四湖水量、水质监测等 2 项工程组成，南四湖水资源控制工程包括大沙河闸、姚楼河闸、杨官屯河闸和潘庄引河闸等 4 个子项，南四湖水量、水质监测工程包括水量监测、水质监测、水资源监测中心以及水量、水质数据传输网络等工程子项。

省际工程管理机构按两级管理设置。省际管理局为一级管理机构，根据管理需要，省际管理局下设立大沙河闸管理局、姚楼河闸管理局、杨官屯河闸管理局、潘庄引河闸管理局、骆马湖水资源控制工程管理局、台儿庄泵站管理处、蔺家坝泵站管理处、二级坝泵站管理处、省际水资源监测中心等 9 个二级管理机构。

省际工程管理机构管理设施包括省际管理局（一级机构）管理设施和 9 个二级管理机构的管理设施。省际管理局建设地点选在徐州市，规划建筑用地面积 11 亩（其中省际管理局建设用地为 7 亩）。

第五节　初步设计阶段工作评述

一、本阶段主要工作

在国务院批准的可行性研究报告的基础上，遵循国家有关政策法令，按有关规程、规范进行初步设计编制工作。编制初步设计报告时，认真进行了调查、勘察、试验、研究，取得了可靠的基本资料。初步设计做到了安全可靠，技术先进，密切结合实际，节约投资，注重经济效

益。本阶段主要工作内容如下：

（1）复核工程任务及具体要求，确定工程规模，选定水位、流量、扬程等特征值，明确运行要求。

（2）复核工程所在区的自然概况，包括地理位置、水系、地形等情况，气象、水文、泥沙、水质及地下水的资料情况，各项主要特征值及分析成果。

（3）复核区域构造稳定，查明建筑物工程地质，岩土物理力学性质和参数，天然及人工建筑材料调查试验成果，提出相应的评价和结论。

（4）复核工程的等级和设计标准，确定工程总体布置，主要建筑物的轴线、线路、结构型式和布置、控制尺寸、高程和工程数量。

（5）确定泵站的装机容量，选定机组机型、单机容量、单机流量及台数，确定接入电力系统的方式、电气主接线和输电方式及主要机电设备的选型和布置，选定开关站的型式，选定泵站电源进线路径、距离和线路型式，确定建筑物的闸门和启闭机等的型式和布置。

（6）提出消防设计方案和主要设施。

（7）选定对外交通方案、施工导流方式、施工总布置和总进度、主要建筑物施工方法及主要施工设备，提出天然（人工）建筑材料、劳动力、供水和供电的需要量及其来源。

（8）确定淹没、工程占地的范围，核实淹没实物指标及工程占地范围的实物指标，提出淹没处理、移民安置规划和投资概算。

（9）提出水土保持和环境保护措施设计。

（10）拟定工程的管理机构，提出工程管理范围和保护范围以及主要管理设施。

（11）编制初步设计概算。提出概算的编制原则和依据、工程静态总投资、总投资和分年度投资、投资构成。

二、解决的主要问题

南水北调东线一期工程主要由输水河道工程、泵站工程、蓄水工程、穿黄工程、水资源控制工程、里下河水源调整补偿工程、截污导流工程等单项工程组成。初步设计阶段解决的主要技术问题按工程类型分别叙述如下。

1. 河道工程

南水北调东线河道工程在设计和施工过程中结合工程实际情况，开展了一系列研究、创新，研究成果在南水北调东线发挥了重大作用，取得了显著的经济、社会和生态效益。

（1）大型渠道混凝土机械化衬砌成型技术与设备。该研究项目实现了混凝土衬砌连续作业，形成了我国机械化衬砌成型技术体系与施工技术标准；提高了我国机械化衬砌设备的国际竞争力；推动了南水北调东、中线衬砌渠道全部采用机械化衬砌。

（2）南水北调东线济平干渠工程关键技术研究与应用。研究成果在济平干渠工程建设中全部得到应用和实施。土石方量减少 460 万 m³，工程占地减少 2976 亩，节省工程投资 1.65 亿元。实测资料表明，输水渠输水能力、防渗、防扬压、防冻胀等效果均优于设计指标。

（3）大型渠道设计与施工新技术研究。开展了渠道边坡优化技术研究，高水头深挖方渠段的边坡稳定及安全技术研究，渠道防渗漏、防冻胀、防扬压的新型材料和结构型式研究，大型渠道机械化衬砌施工技术研究，渠道混凝土衬砌无损检测技术研究，高性能混凝土技术研究，大型渠道清污技术及设备研制，渠道沿线生态环境修复技术研究，基于虚拟现实的长距离渠线优化与土石方平衡系统研究等9项。研究成果在施工中得到广泛应用。

（4）南水北调东线济平干渠工程生态修复设计研究与应用。研究成果形成了大型渠道生态修复的新模式，解决了渠道非过水边坡及整个工程范围内的生态修复问题，在济平干渠工程得到成功应用，实现了工程建设与自然景观、生态景观的有机结合。

（5）济平干渠高边坡稳定分析和加固技术研究。研究成果解决了大型渠道土质高边坡稳定分析和边坡治理中的多项关键技术问题，形成了大型渠道土质高边坡稳定分析和边坡治理的完整技术体系，在南水北调东线发挥了重大作用，取得了显著的经济、社会和生态效益。

（6）完成建筑物物理模型、数学模型试验项目。

1）济南市区段输水暗涵物理模型试验及水力仿真研究。为保证济南市区段输水工程输水安全和运行安全，并为施工图设计提供可靠依据，对济南市区段23km长输水暗涵进行了物模试验，主要对输水暗涵流态、流速、水深、水面线、流量、沿程水头损失、局部（渐变段、折线段）水头损失等进行观测与分析。

2）南四湖二维流场数值模拟与应用研究。南四湖湖内地形情况复杂，为了真实反映南四湖输水流动分布和污染物的输移扩散情况，对南四湖输水的平面流动分布以及污染物的输移扩散情况进行模拟。

（7）徐洪河影响处理工程数值模型计算。为保证徐洪河一期工程输水规模，在徐洪河影响处理工程湖口段抽槽初步设计工作过程中，通过对湖口段抽槽范围、汇流情况、冲淤情况进行数模计算分析，进一步论证了湖口段抽槽的合理性，确定抽槽断面、抽槽长度和汇流清障范围，分析抽槽段的冲淤情况，并结合数模分析结论，从节省工程投资和占地角度合理确定抽槽断面和清障范围。

（8）河道疏浚工程技术方案优化。在初步设计阶段，对河道疏浚工程技术方案进行了优化和方案比选。如里下河水源调整工程着重对卤汀河的规模及两头延伸进一步补充论证；河线及排泥场位置根据新地形、新情况进行优化调整，响应国策做到少占耕地，尽量减少疏浚土方和拆迁移民量，大大节省了工程投资。

金宝航道工程通过河道设计断面的优化，从投资、施工条件、土地占用等多方面进行比较，经分析，对涂沟以下段约11km长的输水河道断面进行了优化，优化后的工程设计在工程投资、永久土地占用等方面均有显著减少。

高水河整治工程为现有河道、堤防的加固工程，因河道、堤防成因复杂，地形地理条件恶劣，使得加固方式繁杂、施工条件艰苦。设计单位通过优化设计，分段平衡，合理利用弃土，设计合理施工工期，将现状复杂的河道整治分割成若干段，逐段解决。堤防加固方式有复堤加固、堤后填塘固基加固、堤后加后戗防渗处理、堤防高压旋喷防渗处理、堤防多头小直径深层搅拌桩防渗处理、堤防狗獾洞处理。河道开挖弃土结合堤防防渗后戗填筑，一土两用，节省占地。

（9）输水河道工程施工方案优化。淮安四站输水河道工程设计的难点是穿湖段抽槽的施工围堰填筑、新河段开挖的施工降水措施。为了解决施工中的难点，在设计阶段合理选定穿湖段施工方案、围堰的填筑方案、新河段施工的降水措施方案等。

徐洪河既是南水北调重要输水线路，也是一条南北向的重要航道，施工期不能断航，可通过沿线建筑物控制保证最低通航水位。为此进行了多种施工方案比选。

金宝航道位于宝应湖地区，该地区原为淮河的洪水走廊，区域表层有厚度不等的淤泥质黏土，区域土料含水率较大，对于含水率较大的淤泥质黏土施工方法，江苏境内尚无类似施工经验可以借鉴。为搞好施工组织设计，确保金宝航道工程能够顺利实施，通过走访施工经验丰富的专家，实际调查类似河道的施工实况，确定了合理的施工方案。

（10）金宝航道优化排泥场布置。在金宝航道工程初步设计中，弃土区布置不仅关系到工程建设投资，而且也关系到地方群众的切身利益。通过走访地方群众、征求地方政府意见，以及方案比较，从投资、技术的可行性，地方政府和当地群众的意见综合考虑，金宝航道弃土区主要利用沿线的鱼塘布置，少部分利用基本农田布置。这样的布置方式不仅减少了对基本农田的占用，通过填塘造田，还能增加土地面积。

2. 泵站工程

南水北调工程具有泵站工程数量多、泵型多、扬程低、流量大、运行时间长、可靠性要求高等特点，工程建成后将成为国内乃至全球大型泵站数量最集中的泵站群。在初步设计过程中，针对南水北调泵站工程的特点和泵站工程建设技术上的重点和难点，在贯流泵装置模型研究开发、泵装置优化水力设计及应用、泵站工程设计选型等方面采取多种措施，提高了设计成果质量。

（1）水泵水力模型开发。在南水北调东线一期工程新建21座泵站中，其中约1/3泵站采用贯流泵，江苏境内有5座泵站选用了灯泡贯流泵，设计扬程为2～4m。由于国内对灯泡贯流泵的基础研究工作尚不成熟，江苏水源公司结合金湖站、泗洪站、邳州站等泵站工程的设计和建设需要，组织设计和科研单位开展了低扬程大流量水泵装置水力特性、模型开发及试验研究，取得了显著的成果。研究开发的四组贯流泵装置水力模型中GL-2008-01和GL-2008-02最优工况点效率分别达到79.4%和81.9%，空化比转速达到1100以上；GL-2008-03和GL-2008-04最优工况点效率分别达到82.2%和80.7%，空化比转速超过900。以上装置模型综合性能良好，可以满足南水北调东线工程贯流泵站设计选型及工程建设的需要。另外，通过CFD分析，以及大量的模型试验研究，比较全面地掌握了贯流泵装置的水力特性，可有效指导贯流泵装置的工程应用。通过开发灯泡段参数化实体造型软件，结合CFD分析，基本实现了贯流泵装置的多工况自动优化设计，大幅度提高了水力模型开发效率，具备了针对不同泵站运行工况特点进行专门化开发贯流泵装置水力模型的能力。

研究开发的水泵装置模型GL-2008-01应用于南水北调工程金湖站和泗洪站初选模型。

（2）泵装置水力设计优化。立式泵装置已在大型泵站中得到广泛应用。该装置型式具有技术成熟、运行稳定、可靠性高、安装检修方便和投资省、维护费用少等优点，在设计、制造及运行、管理等方面积累了丰富的经验。对于年运行时数较多且重要性比较突出的大型泵站，立式泵装置是较为理想的泵装置型式。南水北调东线工程新建的21座泵站中，有2/3采用立式泵装置。因此，进一步优化这种泵装置的水力性能，使其能在南水北调东线工程低扬程、大流量泵站中得到更好的应用具有十分重要的意义。在江苏省南水北调泵站设计及建设中，逐步形成了如下的研究方法：①用CFD方法对进水流道和出水流道分别进行优化水力设计研究；②用模型试验方法对进水流道和出水流道分别进行流态观察和水力损失测试；③再用CFD方法对由进出水流道优化方案组成的泵装置进行性能检验；④用模型试验方法对泵装置性能进行最终检验。

在初步设计工作中，立式泵装置优化水力设计已应用于南水北调东线工程的宝应泵站、刘山泵站、解台泵站、淮安四站、刘老涧二站等新建泵站，经泵装置模型试验检验，泵装置效率均达到了国务院南水北调办 2005 年出台的《南水北调泵站工程水泵采购、监造、安装、验收指导意见》关于泵装置效率的指标。其中，宝应泵站泵装置试验和现场测试结果都表明，该站泵装置效率已超过 80%。其他泵站也都取得较好的装置性能。本项研究成果还成功应用于江都三站进水流道的改造，取得较好的效果。

（3）泵站工程设计选型。南水北调东线工程规划设抽水泵站 30 处、13 个梯级，总扬程65m，设计总抽水能力 10200m³/s，总装机容量 1017.7MW，沿线经洪泽湖、骆马湖、南四湖和东平湖等调蓄湖泊。为合理选用水泵装置及配套动力机的结构型式，提高设备供水可靠性、节省运行与管理费用，充分发挥工程效益，在水泵形式与性能，水泵配套电机功率备用系数，机组轴线形式，机组传动方式，进、出水流道及断流方式，机组工况调节方式等泵站设计选型方面开展了研究工作。

经过研究分析，得到如下结论：①梯级泵站在规划时，梯级数、上下梯级间的间距及各级扬程应适当，并应结合现有实际情况综合确定，以保证泵站与河道工程投资及运行费用最省；②选用叶轮直径 $D=2.2\sim3.3$m，配套功率 $P=1.0\sim3.0$MW，单站台数 $4\sim8$ 台较为合适，并且 1 台备用；③优先选用立式机组，直联传动。竖井式贯流泵机组结构简单，便于安装检修和运行维护，对于扬程 4.5m 以下的泵站可以考虑采用；④由于混流泵功率曲线比较平缓，机组起动和停机断流比较容易，高效区宽，同等情况下应优先采用混流式叶轮，并采用平直管出水流道、快速闸门断流；如果采用轴流式叶轮，应采用虹吸出水流道、真空破坏阀断流方式；⑤南水北调东线工程梯级泵站扬程大都在 10m 以下，水泵配套电机应采用较大的功率备用系数，扬程越低，功率备用系数越大；⑥在保证流量、扬程及可靠性使用要求的前提下，应根据泵站特征扬程及运行时数，计算比较泵站选用多种可行方案时设置不同工况调节方式实施变工况优化运行的设备与运行总费用，定量优化选择水泵机组及其工况调节方式。

（4）长沟泵站、邓楼泵站流道优化设计与模型试验研究。山东省建管局与山东干线公司、山东省设计院、扬州大学、中水北方公司联合组成课题组，进行"南水北调东线长沟泵站、邓楼泵站流道优化设计与模型试验研究"课题研究，研究的目的在于优选水泵模型、优选进水流道和出水流道、适当抬高叶轮中心高程以降低工程投资。

在给定的水位资料和土建控制尺寸范围内，对 2 种转轮和 4 种流道组合进行 CFD 优选，并采用 CFD 技术对不同叶轮中心安装高程进行水泵装置性能的比较。2 种转轮分别是：TJ04－ZL－19 水泵模型转轮、TJ04－ZL－06 水泵模型转轮。4 种流道组合分别是：肘形进水流道＋直管式出水流道、肘形进水流道＋低驼峰式出水流道、肘形进水流道＋虹吸式出水流道、钟形进水流道＋低驼峰式出水流道。

研究结果表明：采用优化的肘形进水流道配低驼峰式出水流道或虹吸式出水流道，与平直管式出水流道相比，水泵叶轮中心高程可以提高 1.99m，既大幅减少了工程开挖量，节省了工程建设投资，又降低了出水流道的水力损失，提高了装置效率。

根据 CFD 技术对流道研究结果，对"肘形进水流道＋低驼峰式出水流道"和"肘形进水流道＋虹吸式出水流道"两种优选方案分别配 TJ04－ZL－19 水泵模型转轮和 TJ04－ZL－06 水泵模型转轮进行了装置模型试验。为便于观察流道内部的水流运动状态，首次在水泵装置模型试验中采用透明有机玻璃制造进、出水流道，因有机玻璃流道不能承受安装变形、负压变形和试验中的振动，所以，同时用钢板焊接制作了进、出水流道以用于装置模型试验，透明流道用于流态观测。

课题研究取得了理想成果，根据装置模型试验成果，推荐邓楼泵站采用 TJ04－ZL－06 水泵模型转轮，配肘形进水流道＋虹吸式出水流道，水泵叶轮安装高程为 29.45m。推荐邓楼泵站采用 TJ04－ZL－06 水泵模型转轮，配肘形进水流道＋虹吸式出水流道，水泵叶轮安装高程为 29.45m。该课题研究的水泵装置不但提高了水泵叶轮安装高程，节省了工程投资，同时大幅提高了水泵装置效率，研究成果达到了国际先进水平。

（5）泵站主厂房的振动特性及结构动静应力分析。为了分析清楚泵站主厂房的振动特性及结构动静应力，初设阶段设计单位联合有关院校或科研单位，对泵站主要结构进行了相关计算和研究，主要研究内容包括：

1）结构自振特性分析。结构固有频率和振型分析，计算明确泵站的自振特性；泵站结构振源分析和共振校核，分析泵站结构强迫振动的动力状态及动力稳定性，判别结构出现共振的可能性；提出防止共振的建议措施。

2）结构动力响应分析。

3）地震分析，按反应谱理论计算地震情况下主厂房的动力响应，分析其动变形和动应力。

（6）建筑与环境规划设计。按照"文化主题突出、地域环境协调、资源节约优化"的原则，在开展江苏南水北调工程管理功能规划的基础上，深入开展南水北调工程建筑与环境总体规划设计研究，提出总体规划、设计导则、典型设计等成果。从"站点-分区-廊道"三个系统及沿线整体、水利设施系统以及站点内部系统三个层面对南水北调东线江苏段进行统筹规划。

区域层面以"和谐发展"为导向的水利与周边社会经济、自然生态系统的关联互动关系：通过研究水利基础设施和周边社会经济发展、自然生态系统、城镇建设、新农村建设发展的作用，构建了围绕水利基础设施建设的"运河文化线路、水利遗产廊道、景观游憩廊道、城镇经济廊道"四位一体的廊道体系。对于促进国家大型基础设施建设与周边经济社会发展的融合、实现和谐发展具有重要引导作用。

总体层面构建"统筹协调"为特点的水利基础设施区域整体系统：研究参照城镇体系规划的理论与理念，通过分析沿线各站点的建设环境与站点规模等，构建了站点分级分类体系和分区系统，明确各站点的定位、功能、规模与特色，形成有机联系、统筹布局和发展的水利站点系统。

建设实施层面构建以"集约建设"为目标的综合水利基础设施建筑环境管理体系：采用通则性控制与特色性引导的方式，以水利基本要求和城市强制性规定为依据，对绿线、蓝线、紫线、黑线及交通设施等要素进行控制，划定可供站区建设的用地范围，对标志性建筑的建筑型制、建筑色彩、建筑高度等要素进行引导，从通则性控制、特色性引导两个方面共 8 个属性提出控制要求，构建了整体层面与节点层面的控制性图层与建筑设计导则。

成果在南水北调东线一期工程江苏境内泵站及河道工程建筑与环境设计中应用，并作为国务院南水北调办、江苏省南水北调工程以及其他水利工程建设管理部门进行建设管理的重要依据，研究提出的控制导则已经成为水利工程建筑与环境设计的重要依据，对提升大型水利工综合功能与总体形象发挥了重要的指导作用。

3. 蓄水工程

（1）平原水库坝基截渗。东湖水库是山东省所建平原水库中蓄水深度最深、围坝高度最高的平原水库。对于水库蓄水后的坝基渗透变形和坝后沼泽化次生灾害问题是设计控制的关键和重点。根据东湖水库地质情况，坝基存在壤土层，结构较密实，渗透系数平均值为 0.052m/d，具弱透水性，可以作为相对不透水层。针对地质条件选用合适的垂直截渗施工工艺。

为保证坝基截渗工程的可靠性、合理控制工程造价，防止水库蓄水后，对坝后村庄及土地产生浸没，影响到附近居民的生产和生活，全坝段坝基采用薄混凝土防渗墙，墙厚 0.3m，插入壤土层 1.0m。围坝为复合土工膜防渗体土坝，复合土工膜与薄混凝土防渗墙紧密结合，对防渗墙顶部进行专门处理。

同时，水库常年蓄水后，为保护大坝安全和防止引起库外农田盐碱化和渍涝，及时排除水库围坝后的渗水及部分涝水，水库东、西、北三侧围坝利用现有的四干排水沟、井家排水沟及小清河作为截（排）渗沟，在水库南侧设截（排）渗沟，使水库周围形成完整的排水体系。

（2）入库、出库建筑物合二为一布置。为减少穿坝建筑物，降低围坝安全风险，东湖水库入库、出库建筑物联合布置，即干渠水流入库与水库放水返回干渠共用穿小清河倒虹和穿坝涵闸，即入库、出库建筑物合二为一布置。这样布置使得水库充水及放水的水流流程是相反方向，且流量差别较大，入库和出库功能混合后压力箱和前池的边角可能存在回流，两种工况流态的好坏是工程设计的关键，影响到水泵机组的运行平稳性、装置效率及建筑物的结构尺寸。针对设计方案枢纽布置，山东省设计院委托山东大学对东湖水库入库泵站及入（出）库涵闸布置进行水工模型试验，通过水工模型试验，分析泵站运行情况下枢纽的进出水流态特性，了解建筑物布置的合理性，并通过水工模型试验提出改善水流条件的措施，为设计提供试验数据。

入库、出库建筑物合二为一布置减少了穿坝建筑物，节省了工程投资，同时又满足设计要求，使最终的设计方案更为安全、合理。

（3）大面积土工膜铺装排气措施。大屯水库工程地质情况复杂，各透水层间水力联系密切，透水性差别较小，可视为均质透水体，即坝基无相对隔水层。水库防渗问题是本工程的难点和重点。可行性研究、初步设计阶段对大屯水库进行了水平铺膜、库盘铺膜、混凝土防渗墙方案等多方案比较、专题论证，最终确定采用库盘铺膜与坝坡铺膜相结合的防渗方案，总铺膜面积约 50 万 m^2。

采用大面积土工膜防渗而无排气措施的水库，在实际运行过程中都曾发生过突然集中排气的现象。需采取可靠的排气压重工程措施，确保土工膜防渗安全可靠。为此，山东省设计院联合浙江大学、河海大学对大屯水库库区渗流稳定、应力应变及库底铺膜的排水、排气问题进行理论技术研究。重点对大屯水库复合土工膜下非饱和土中孔隙气场（包括气压、气量、流速等）的产生、变化规律、最不利情况等进行分析计算，进行气场及渗流场耦合分析计算，研究水库横断面不同位置的气压变化规律，以确定不同位置土工膜上的覆土厚度，并优化排气设施布置等。同时为验证理论分析和数值模拟计算的准确性，在工程现场进行了原位模型试验。

通过现场原位模型试验、理论分析和数值模拟计算，摸清了土工膜下非饱和土中孔隙气场的产生机理、变化规律，为优化膜下排气措施布置、合理安排施工次序、施工速度和水库控制运用等提供了依据。根据试验、数值模拟结果，设计提出库盘复合土工膜防渗排水排气措施：库盘膜上覆土厚度不小 0.9m，在靠近库区围坝附近区域膜上覆土厚度取 1.2m，排气沟间距 75m，逆止阀间距 150.0m，矩形布置。

4. 穿黄工程

（1）线路选择。线路的选择成功地避开了大量村庄，最大限度地减少移民，减小对当地的影响。滩地埋管位于黄河滩地上，采用单线埋管的方式，不仅减少永久占地、节省投资，还可避免穿黄工程受到黄河洪汛、凌汛的影响。

（2）隧洞开挖。穿黄隧洞在黄河底部约 70m 处穿过，其穿越地层水文地质条件复杂，黄河水、孔隙水和岩溶裂隙水"三水连通"，隧洞开挖过程中可能出现大量涌水。隧洞开挖的难点和重点是有效控制黄河水的渗漏通道。

设计中采用在斜井和平洞段预注浆堵水、竖井段进行帷幕灌浆的方案避免或减少隧洞开挖过程中出现大涌水。

由于在 1999—2000 年的探洞除险加固过程中，斜井和平洞段已按大洞断面进行了帷幕灌浆，设计时既要考虑前次灌浆的作用，也不能忽略洞壁已有灌浆溶蚀析出物的现状，因此确定了洞周均布 6 孔，根据钻孔情况实时补孔的方案，在确保工程安全的同时减少工程投资。

竖井段在 1999—2000 年的探洞除险加固时未进行帷幕灌浆，根据探洞施工及除险加固工程的经验，确定浆液扩散半径为 4.0m，共布 13 孔，从地面直接进行灌浆作业，形成封闭帷幕圈。

为了及时封闭渗漏通道，预注浆设计采用水泥或水泥、水玻璃双液浆，最大注浆压力 3MPa，以确保抵消内水压力和注浆阻力，保证灌浆效果。

（3）穿引黄渠埋涵施工。穿引黄渠埋涵工程段地下水位高于埋涵建基面，且受黄河水尤其受引黄渠水的直接补给，因此地下水量充沛。砂壤土、粉砂以及引黄渠底淤积的粉砂层，透水性较强，估算基坑开挖渗水量 3609～4508m³/d，埋涵前段长 45m 崮山组灰岩、页岩裂隙发育，根据探洞崮山组灰岩每延米涌水 3.96m³/h，预测基坑渗水量 4270m³/d，因此对地下水的控制是工程施工中的难点和重点。

设计中采用了轻型井点降水，共布置井点管 12 套（每套 50 根），井点间距 2.5m，井点分 2～3 级布置，确保将地下水位降至现浇混凝土底面 0.5m 以下，保证混凝土干地施工条件，确保工程质量。

5. 水资源控制工程

（1）骆马湖水资源控制工程。初步设计阶段，骆马湖水资源控制工程通过对 5 个方案的初步比选，即加固改造与新建控制闸结合方案、滩地挖河布置方案、控制闸与船闸结合布置方案、控制闸与船闸分建布置方案、控制闸结合套闸布置方案。最后确定加固改造与新建控制闸结合方案。该方案的优势为：①结合沂沭泗河洪水东调南下续建工程，不减少中运河泄洪断面，确保安全泄洪；②正常运用情况下，保证南水北调工程调水通畅和正常通航；③控制工程运用期间（非调水期）有效控制骆马湖水资源；④对现有建筑物的影响小，方便施工，管理运行灵活方便，节约工程投资。该方案较好地实现了对骆马湖水资源的有效控制，并且建筑物型式简单、可靠，对泄洪、调水、通航没有影响，投资最省。

（2）南四湖水资源控制工程大沙河闸工程。大沙河闸工程通过对节制闸和船闸分建、合建方案的比选，确定采用节制闸和船闸并列合建布置的方式，船闸上闸首和节制闸的启闭机布置在同一启闭机房里，并在船闸引航道与河道主河槽之间设导航墙，改善水流条件。这种布置方式土方开挖、回填工程量小，节省投资，船闸和节制闸水流相互干扰少。经过模型试验和实际运行证明，此布置方式不仅水流条件好，而且运行管理安全、方便。

大沙河闸工程船闸闸门应保证通航安全、运行平稳，经过方案对比采用双扉门方案。这种闸门的优点是可以互为检修且降低了排架高度。对于输水廊道，考虑上、下游水头较小，采用加厚闸墩（闸墩厚度达 4m），在闸墩里布置输水廊道的方法，两侧的输水廊道对冲消能，有效地解决了闸室充、放水时对过闸船只的冲击问题。

三、主要技术结论

一期工程从扬州附近长江干流取水，输水到黄河以北的德州市大屯水库和胶东地区威海市米山水库。主要利用现有河道工程，调水与防洪、航运相互结合，已有的江水北调工程和新建的调水工程同时并存。初步设计阶段工程供水范围、供水目标、输水线路、工程规模、北调水量及分配、调水工程布局与可行性研究阶段基本没有变化，仅在胶东输水线路济青段为避让陈庄遗址，绕开其保护范围和建设控制范围，输水线路适当调整，线路长度较可行性研究阶段增加约 2km。

1. 长江—洪泽湖段

长江—洪泽湖段河道分为两段：长江—大汕子段和大汕子—洪泽湖段。

（1）长江—大汕子段。长江—大汕子段设计输水规模 500m³/s，现状里运河江都—大汕子段输水能力为 400m³/s。由于扩大里运河很难实施，本段里运河线仍维持现状输水规模，增加的规模需考虑利用其他输水线路。

长江—大汕子段采用增加三阳河、潼河输水线路，增加引江规模 100m³/s，由三江营引水，经夹江、芒稻河、新通扬运河、三阳河、潼河自流到宝应站下，再由宝应站抽水入里运河，与江都站抽水在里运河大汕子处汇合。

（2）大汕子—洪泽湖段。大汕子—洪泽湖段设计输水规模 500～450m³/s，里运河大汕子（南运西闸）—北运西闸段现状输水能力为 350m³/s，北运西闸—淮安闸段现状输水能力仅为200m³/s，需在现状基础上增加入洪泽湖 250m³/s 的输水规模。通过方案比选，一期工程输水线路仍维持东线工程规划方案，即采用金宝航道、新河、里运河三线输水，新河输水线和金宝航道线分别按输水 100m³/s 和 150m³/s 扩浚，淮安四站、淮阴三站分别按输水 100m³/s 新建，金湖一站、洪泽一站分别按输水 150m³/s 新建。

江都站和宝应站抽引的江水在里运河大汕子汇合后，一路沿里运河向北，输水至里运河北运西闸处再分两路输水：一路维持现状输水规模沿里运河继续向北输水至淮安站下；另一路100m³/s 通过北运西闸经新河至淮安四站下，通过淮安四站抽水入苏北灌溉总渠，然后经淮阴站抽水 300m³/s 入洪泽湖（或经二河直接北调）。一路向西经金宝航道、淮河入江水道三河输水，由洪泽站抽水 150m³/s 入洪泽湖。主要工程内容为：扩浚北运西闸—淮安四站站下的新河输水线，新建抽水规模为 100m³/s 的淮安、淮阴两座泵站；疏浚自南运西闸—金湖段的金宝航道，设计流量 150m³/s，新建抽水规模为 150m³/s 的金湖、洪泽两座泵站。

2. 洪泽湖—骆马湖段

一期工程规划出洪泽湖 350m³/s，入骆马湖 275m³/s，需在现状基础上增加 150～125m³/s 调水规模。输水线路采用中运河、徐洪河双线输水方案：利用中运河输水 230～175m³/s，扩建泗阳、刘老涧、皂河三级泵站，由皂河站抽水入骆马湖；徐洪河输水 120～100m³/s，新建泗洪、邳州站、扩建睢宁二站，由邳州站抽水入房亭河，向东流入中运河、骆马湖。

3. 骆马湖—南四湖段

骆马湖—南四湖设计输水规模 250～200m³/s。输水线路利用现有中运河、韩庄运河和不牢河等主要河道。

一期工程不牢河、韩庄运河采用相等的输水规模，均按 125m³/s 规模设计。不牢河段结合老站改造建设刘山、解台、蔺家坝三级泵站；韩庄运河段建设台儿庄、万年闸、韩庄三级泵站。

为保护徐州市对骆马湖现有水资源的使用权益，结合韩庄运河的交接水管理，在中运河苏鲁省界处建骆马湖水资源控制工程。

4. 南四湖段

南四湖段规划输水规模 200～100m³/s，主要利用湖内航道输水，在二级坝建规模 125m³/s 的泵站，由南四湖下级湖提水入南四湖上级湖。

5. 南四湖—东平湖段

南四湖—东平湖段输水规模 100m³/s。该段输水线路采用梁济运河、柳长河方案。自梁济运河入南四湖口沿梁济运河北上至长沟，经长沟泵站后继续北上至邓楼泵站，经邓楼泵站提水进入东平湖新湖区，经柳长河至八里湾泵站，八里湾泵站提水进入东平湖老湖区，线路全长 79.17km。

6. 穿黄河工程段

穿黄河一期工程按一、二期结合 100m³/s 规模进行建设。

穿黄河工程位于山东省东平、东阿两县境内，黄河下游中段。工程从深湖区引水，于东平湖西堤玉斑堤魏河村北建出湖闸，开挖南干渠至子路堤，由输水埋管穿过子路堤、黄河滩地及原位山枢纽引河至黄河南岸解山村，之后经穿黄隧洞穿过黄河主槽及黄河北大堤，在东阿县位山村以埋涵方式，向西北穿过位山引黄渠渠底，与鲁北输水干渠相接。

穿黄河工程由南岸输水渠段、穿黄枢纽及北岸穿引黄渠埋涵段等部分组成，线路总长 7.87km。其中南岸输水渠段长 2.71km，穿黄枢纽段长 4.44km，北岸穿引黄渠埋涵段长 720m。

7. 鲁北输水线路

鲁北输水工程分为两段：位山穿黄枢纽出口—临清邱屯闸段和临清邱屯闸—德州大屯水库段。

鲁北输水线路主要沿小运河、七一·六五河布置，自位山穿黄工程出口后，穿过位山三干、徒骇河、西新河、马颊河进入大屯水库。具体走向为：自位山穿黄工程出口向西北至阿城镇东夏家堂村南，新开渠道进入小运河，沿小运河向北穿七级镇，于崔庄北穿位山三干进入赵王河，沿赵王河向北至姚庄出赵王河，向西北新开挖渠道，经倒虹穿徒骇河进入聊城市西周公河，于聊城市区北十里铺出周公河向北穿西新河、马颊河至魏湾镇西进入临清小运河，向西至临清东进入位山三干邱屯闸上，经邱屯闸沿六分干向北于师堤西北进入七一河，于夏津县城西进入六五河，于草屯寺公路桥上进入大屯水库。输水线路全长 173.49km。

全线需新建、重建、改建、维修、加固节制闸，渡槽，桥梁等建筑物。

8. 胶东输水线路

胶东输水干线西段工程沟通东平湖和引黄济青输水渠道。胶东输水干线西段工程全线为明渠自流输水，设计流量 50m³/s，加大输水流量 60m³/s。输水线路全长 239.777km，分为济平干渠和济南—引黄济青两段。

（1）济平干渠段。济平干渠段自东平湖渠首引水闸至小清河睦里庄跌水，线路总长 89.787km。其中东平湖渠首引水闸—平阴县贵平山口，利用原济平干渠扩挖 42.106km；长清以下段沿黄河长清滩区边缘布设，穿孝里河、南北大沙河经济南市玉清湖水库东侧穿玉符河，新开挖渠段长 46.928km；出玉符河后接入小清河，利用小清河段扩挖 0.753km。

（2）济南—引黄济青段。济南—引黄济青段线路全长 149.99km。自小清河睦里庄跌水起，利用小清河输水，至小清河京福高速公路下游约 150m 处新建的节制闸，长 4.578km；自小清河京福高速公路节制闸上的小清河左岸新建出小清河涵闸，输水线路出小清河，沿小清河左岸埋设无压箱涵输水，暗渠侧墙作为小清河左岸岸墙，沿途穿越虹吸干河、北太平河、华山沟等支流，至小清河洪家园桥下，输水暗渠长 23.277km；洪家园桥下暗渠出口以后，改为新辟明渠输水，其中，洪家园桥至小清河柴庄闸附近，沿小清河左岸新辟输水明渠，长 22.324km；南寺庄闸后沿小清河左堤外新辟输水渠，长 65.202km，至小清河分洪道分洪闸下穿分洪道北堤入分洪道；进入小清河分洪道后，开挖疏通分洪道子槽长 34.609km，至分洪道子槽引黄济青上节制闸与引黄济青输水河连接。

全线需建设水闸、倒虹、交通桥等建筑物。

初步设计阶段，2009 年山东省考古研究所在高青县陈庄村东（济南—引黄济青明渠段）设计桩号 82+590～82+790 工程范围内出土大量文物。为避让陈庄遗址，将济南—引黄济青段输水线路适当调整，绕开陈庄遗址保护范围和建设控制范围，线路长度较可行性研究阶段增加约 2km。陈庄输水线路设计单元工程线路连接济南—引黄济青明渠段和下游小清河分洪道子槽段。

9. 蓄水工程布置

（1）洪泽湖。洪泽湖非汛期蓄水位从 13.0m 抬高到 13.5m，增加调蓄库容 8.25 亿 m³。

（2）南四湖下级湖。南四湖下级湖非汛期蓄水位从 32.3m 抬高至 32.8m，增加调蓄库容 3.06 亿 m³。

（3）东平湖。一期工程向胶东和鲁北的输水时间为 10 月至次年 5 月，需利用东平湖老湖区输水，输水期东平湖老湖区的应用条件是：蓄水位应不影响黄河防洪运用，并满足胶东输水干线和穿黄工程设计引水水位的要求。湖水位低于 39.3m 时调江水补湖，补湖水位上线按 39.3m 控制。

（4）大屯水库。新建的大屯水库位于恩县洼，最高蓄水位 29.05m，总库容 5256 万 m³，调节库容 4499 万 m³。

（5）东湖水库。新建的东湖水库位于济南市东北约 30km 处，小清河与白云湖之间，距济南国际机场 10km，最高蓄水位 30.0m，总库容 5549 万 m³，调节库容 4871 万 m³。

（6）双王城水库。扩建的双王城水库位于寿光市北部卧铺乡寇家坞村北天然洼地。最高蓄水位 12.50m，总库容 6150 万 m³，调节库容 5320 万 m³。

10. 泵站工程

一期工程从长江—东平湖设 13 个梯级、共 34 座泵站，其中利用江苏省江水北调工程现有 13 座泵站，新建 21 座泵站。

四、初步设计审查及批复情况

南水北调东、中线一期工程 180 项初步设计单元中，除东线 25 项截污导流工程设计单元由地方组织审查外，其余 155 项初步设计单元均由水规总院审查。其中水利部批复的设计单元 30 项，地方批复 25 项，国务院南水北调办负责批复 125 项。

南水北调东、中线一期工程初步设计审批历经两个阶段，其中 2003—2006 年初步设计审查由水利部委托水规总院进行审查，并由水利部负责初步设计报告的批复。2006—2011 年，初步设计审查工作由国务院南水北调办委托水规总院进行审查，由国务院南水北调办进行初步设计批复。

（一）水利部委托初步设计审查组织情况

为把好南水北调工程前期技术质量关，使南水北调工程的设计报告质量能够满足国家规程、规范要求，保证国家拟定的开工项目能够按期开工，水规总院专门组建了南水北调东、中线一期工程初步设计项目审查组，并建立了审查工作机制。

（二）国务院南水北调办委托初步设计审查组织情况

2009 年，根据国务院南水北调建委会三次会议确定的南水北调工程建设目标和国家发展改革委有关要求，南水北调工程初步设计批复工作由水利部转交国务院南水北调办。根据国务院南水北调办《关于印发〈加强初步设计管理提高初步设计质量工作措施〉的通知》的要求，国务院南水北调办委托水规总院承担南水北调初步设计报告审查工作。

东线一期工程初步设计审查情况见表 8-5-1。

表 8-5-1　　　　　　　　　东线一期工程初步设计审查情况

单项工程		设计单元工程		审查批文
序号	名　称	序号	名　称	
一	三阳河、潼河、宝应站工程	1	三阳河、潼河河道工程	水利部 2003 年"关于南水北调东线第一期工程三阳河、潼河、宝应站工程初步设计的批复"； 国家计委 2003 年"国家计委关于核定江苏省三阳河、潼河、宝应站工程初步设计概算的通知"； 国家发展改革委 2005 年"国家发展改革委关于调增南水北调东、中线一期工程三阳河、潼河及宝应站等 19 项单项工程征地补偿投资概算的通知"
		2	宝应站工程	

单项工程		设计单元工程		审 查 批 文
序号	名　　称	序号	名　　称	
二	江苏长江—骆马湖段（2003年度）工程	3	江都站改造工程	水利部 2005 年"关于南水北调东线第一期工程长江—骆马湖段（2003 年度）工程江都站改造工程、淮安四站工程、淮安四站输水河道工程、淮阴三站工程初步设计的批复"； 国家发展改革委 2005 年"国家发展改革委关于核定南水北调东线一期工程长江—骆马湖段（2003 年度）工程初步设计概算的通知"
		4	淮阴三站工程	
		5	淮安四站工程	
		6	淮安四站输水河道工程	
三	骆马湖—南四湖江苏境内工程	7	刘山站工程	水利部 2004 年"关于南水北调东线第一期工程骆马湖—南四湖段江苏境内工程刘山泵站初步设计的批复"； 国家发展改革委 2004 年"国家发展改革委关于核定南水北调东线骆马湖—南四湖段江苏境内工程刘山泵站初步设计概算的通知"
		8	解台站工程	水利部 2004 年"关于南水北调东线第一期工程骆马湖—南四湖段江苏境内工程解台泵站初步设计的批复"； 国家发展改革委 2004 年"国家发展改革委关于核定南水北调东线骆马湖—南四湖段江苏境内工程解台泵站初步设计概算的通知"
		9	蔺家坝站工程	水利部 2004 年"关于南水北调东线第一期工程蔺家坝泵站工程初步设计的批复"； 国家发展改革委 2004 年"国家发展改革委关于核定南水北调东线第一期工程蔺家坝泵站工程初步设计概算的通知"； 国务院南水北调办 2010 年"关于南水北调东线第一期工程蔺家坝泵站工程机电设备重大设计变更的批复"
四	江苏长江—骆马湖段其他工程	10	高水河整治工程	国务院南水北调办 2009 年"关于南水北调东线一期工程长江—骆马湖段其他工程高水河整治工程初步设计报告（技术方案）的批复"； 国务院南水北调办 2010 年"关于南水北调东线一期工程长江—骆马湖段其他工程高水河整治工程初步设计报告（概算）的批复"
		11	淮安二站改造工程	国务院南水北调办 2009 年"关于南水北调东线一期工程长江—骆马湖段其他工程淮安二站改造工程初步设计报告（技术方案）的批复"； 国务院南水北调办 2010 年"关于南水北调东线一期工程长江—骆马湖段其他工程淮安二站改造工程初步设计报告（概算）的批复"
		12	泗阳站工程	国务院南水北调办 2009 年"关于南水北调东线一期工程长江—骆马湖段其他工程泗阳站改建工程初步设计报告（技术方案）的批复"； 国务院南水北调办 2009 年"关于南水北调东线一期工程长江—骆马湖段其他工程泗阳站改建工程初步设计报告（概算）的批复"

单项工程		设计单元工程		审 查 批 文
序号	名　称	序号	名　称	
四	江苏长江—骆马湖段其他工程	13	刘老涧二站工程	国务院南水北调办 2009 年"关于南水北调东线一期工程长江—骆马湖段其他工程刘老涧二站工程初步设计报告（技术方案）的批复"； 国务院南水北调办 2009 年"关于南水北调东线一期工程长江—骆马湖段其他工程刘老涧二站工程初步设计报告（概算）的批复"
		14	皂河二站工程	国务院南水北调办 2009 年"关于南水北调东线一期工程长江—骆马湖段其他工程皂河二站工程初步设计报告（技术方案）的批复"； 国务院南水北调办 2009 年"关于南水北调东线一期工程长江—骆马湖段其他工程皂河二站工程初步设计报告（概算）的批复"
		15	皂河一站改造工程	国务院南水北调办 2009 年"关于南水北调东线一期工程长江—骆马湖段其他工程皂河一站更新改造工程初步设计报告（技术方案）的批复"； 国务院南水北调办 2009 年"关于南水北调东线一期工程长江—骆马湖段其他工程皂河一站更新改造工程初步设计报告（概算）的批复"
		16	泗洪站工程	国务院南水北调办 2009 年"关于南水北调东线一期工程长江—骆马湖段其他工程泗洪站枢纽工程初步设计报告（技术方案）的批复"； 国务院南水北调办 2009 年"关于南水北调东线一期工程长江—骆马湖段其他工程泗洪站枢纽工程初步设计报告（概算）的批复"
		17	金湖站工程	国务院南水北调办 2010 年"关于南水北调东线一期工程长江—骆马湖段其他工程金湖站工程初步设计报告的批复"
		18	洪泽站工程	国务院南水北调办 2010 年"关于南水北调东线一期工程长江—骆马湖段其他工程洪泽站工程初步设计报告的批复"
		19	邳州站工程	国务院南水北调办 2010 年"关于南水北调东线一期工程长江—骆马湖段其他工程邳州站工程初步设计报告的批复"
		20	睢宁二站工程	国务院南水北调办 2010 年"关于南水北调东线一期工程长江—骆马湖段其他工程睢宁二站工程初步设计报告的批复"
		21	金宝航道工程	国务院南水北调办 2010 年"关于南水北调东线一期工程长江—骆马湖段其他工程金宝航道工程初步设计报告的批复"
		22	里下河水源补偿工程	国务院南水北调办 2010 年"关于南水北调东线一期工程长江—骆马湖段其他工程里下河水源补偿工程初步设计报告的批复"

单项工程		设计单元工程		审 查 批 文
序号	名 称	序号	名 称	
四	江苏长江—骆马湖段其他工程	23	骆马湖以南中运河影响处理工程	国务院南水北调办 2009 年"关于南水北调东线一期工程长江—骆马湖段其他工程骆马湖以南中运河影响处理工程初步设计报告（技术方案）的批复"； 国务院南水北调办 2010 年"关于南水北调东线一期工程长江—骆马湖段其他工程骆马湖以南中运河影响处理工程初步设计报告（概算）的批复"
		24	沿运闸洞漏水处理工程	国务院南水北调办 2011 年"关于南水北调东线一期工程长江—骆马湖段其他工程沿运闸洞漏水处理工程初步设计报告的批复"
		25	徐洪河影响处理工程	国务院南水北调办 2010 年"关于南水北调东线一期工程长江—骆马湖段其他工程徐洪河影响处理工程初步设计报告的批复"
		26	洪泽湖抬高蓄水影响处理工程江苏省境内工程	国务院南水北调办 2010 年"关于南水北调东线一期工程长江—骆马湖段其他工程江苏省洪泽湖抬高蓄水影响处理工程初步设计报告（技术方案）的批复"； 国务院南水北调办 2011 年"关于南水北调东线一期南四湖下级湖抬高蓄水位影响处理工程初步设计报告的批复
		27	洪泽湖抬高蓄水影响处理工程安徽省境内工程	国务院南水北调办 2010 年"关于南水北调东线一期工程长江—骆马湖段其他工程洪泽湖抬高蓄水影响处理工程（安徽省境内）工程初步设计报告（技术方案）的批复"
五	江苏省截污导流工程	28	淮安市截污导流工程	江苏省发展改革委 2006 年批复
		29	宿迁市截污导流工程	
		30	扬州市截污导流工程	
		31	徐州市截污导流工程	
		32	泰州市截污导流工程	
六	东线江苏段专项工程	33	江苏省文物保护工程	国家发展改革委 2005 年"国家发展和改革委员会关于核定南水北调东、中线一期工程控制性文物保护项目概算的通知"； 国家发展改革委 2007 年"国家发展和改革委员会关于核定南水北调东、中线一期工程第二批控制性文物保护项目概算的通知"； 国务院南水北调办 2009 年"关于南水北调东、中线一期工程初步设计阶段文物保护方案的批复"； 国务院南水北调办 2005 年"关于南水北调东、中线一期工程控制性文物保护方案的批复"； 国务院南水北调办 2007 年"关于南水北调东、中线一期工程第二批控制性文物保护方案的批复"
		34	血吸虫北移防护工程	国务院南水北调办 2011 年"关于南水北调东线一期江苏专项工程血吸虫病北移扩散防护工程初步设计报告的批复"

单项工程		设计单元工程		审 查 批 文
序号	名 称	序号	名 称	
六	东线江苏段专项工程	35	东线江苏段调度运行管理系统工程	国务院南水北调办 2011 年"关于南水北调东线一期江苏境内调度运行管理系统工程初步设计报告的批复"
		36	东线江苏段管理设施专项工程	国务院南水北调办 2011 年"关于南水北调东线一期江苏境内工程管理设施专项工程初步设计报告的批复"
七	南四湖水资源控制、水质监测工程和骆马湖水资源控制工程	37	二级坝泵站工程	水利部 2005 年"关于南水北调东线第一期工程二级坝泵站工程初步设计的批复"
		38	姚楼河闸工程	水利部 2005 年"关于南水北调东线一期工程南四湖水资源控制工程姚楼河闸、杨官屯河闸工程初步设计的批复"
		39	杨官屯河闸工程	
		40	大沙河闸工程	水利部 2006 年"关于南水北调东线第一期工程南四湖水资源控制工程大沙河闸、潘庄引河闸工程初步设计的批复"； 国家发展改革委 2006 年"国家发展改革委关于核定南水北调东线第一期工程南四湖水资源控制工程大沙河闸、潘庄引河闸初步设计概算的通知"； 国务院南水北调办 2009 年"关于东线南四湖水资源控制工程姚楼河闸、杨官屯河闸（山东部分）、潘庄引河闸征地拆迁补偿投资的批复"； 国务院南水北调办 2009 年"关于东线南四湖水资源控制工程姚楼河闸、杨官屯河闸、大沙河闸（江苏部分）征地拆迁补偿投资的批复"
		41	潘庄引河闸工程	
		42	南四湖水质监测工程	水利部 2006 年"关于南水北调东线第一期工程骆马湖水资源控制工程和南四湖水资源监测工程初步设计报告的批复"
		43	骆马湖水资源控制工程	
八	南四湖下级湖抬高蓄水位影响处理工程	44	南四湖下级湖抬高蓄水位影响处理工程	国务院南水北调办 2011 年"关于南水北调东线一期南四湖下级湖抬高蓄水位影响处理工程初步设计报告的批复"
九	东平湖输蓄水影响处理工程	45	东平湖输蓄水影响处理工程	国务院南水北调办 2011 年"关于南水北调东线一期东平湖输蓄水影响处理工程初步设计报告的批复"
十	胶东干线东平湖—济南段工程	46	胶东干线东平湖—济南段工程	水利部 2003 年"关于南水北调东线一期工程东平湖—济南段输水工程初步设计报告的批复"； 国家计委 2003 年"关于核定山东省济平干渠工程初步设计概算的通知"
十一	山东韩庄运河段工程	47	台儿庄泵站工程	水利部"关于南水北调东线第一期工程台儿庄泵站工程初步设计、韩庄运河段水资源控制工程初步设计的批复"； 国家发展改革委 2004 年"国家发展改革委关于核定南水北调东线第一期工程韩庄运河段台儿庄泵站工程、水资源控制工程初步设计概算的通知"； 国务院南水北调办 2009 年"关于南水北调东线一期济平干渠工程、台儿庄泵站、万年闸泵站工程价差报告的批复"； 水利部 2004 年"关于南水北调东线第一期工程韩庄、万年闸泵站枢纽工程初步设计的批复"
		48	韩庄运河水资源控制工程	
		49	万年闸泵站工程	
		50	韩庄泵站工程	

单项工程		设计单元工程		审查批文
序号	名　称	序号	名　称	
十二	南四湖—东平湖段工程	51	长沟泵站工程	国务院南水北调办 2009 年"关于南水北调东线一期南四湖—东平湖段输水与航道结合工程长沟泵站工程初步设计报告（技术方案）的批复"； 国务院南水北调办 2009 年"关于南水北调东线一期南四湖—东平湖段输水与航道结合工程长沟泵站工程初步设计报告（概算）的批复"； 国务院南水北调办 2010 年"关于南水北调东线一期南四湖—东平湖段输水航道结合工程长沟泵站、邓楼泵站、八里湾泵站和引黄灌区影响处理等设计单元工程临时占地耕地占用税的批复"
		52	邓楼泵站工程	国务院南水北调办 2009 年"关于南水北调东线一期南四湖—东平湖段输水与航道结合工程邓楼泵站工程初步设计报告（技术方案）的批复"； 国务院南水北调办 2009 年"关于南水北调东线一期南四湖—东平湖段输水与航道结合工程邓楼泵站工程初步设计报告（概算）的批复"； 国务院南水北调办 2010 年"关于南水北调东线一期南四湖—东平湖段输水航道结合工程长沟泵站、邓楼泵站、八里湾泵站和引黄灌区影响处理等设计单元工程临时占地耕地占用税的批复"
		53	八里湾泵站工程	国务院南水北调办 2009 年"关于南水北调东线一期南四湖—东平湖段水航道与结合工程八里湾泵站工程初步设计报告（技术方案）的批复"； 国务院南水北调办 2009 年"关于南水北调东线一期南四湖—东平湖输段输水与航道结合工程八里湾泵站工程初步设计报告（概算）的批复"； 国务院南水北调办 2010 年"关于南水北调东线一期南四湖—东平湖段输水航道结合工程长沟泵站、邓楼泵站、八里湾泵站和引黄灌区影响处理等设计单元工程临时占地耕地占用税的批复"
		54	梁济运河段工程	国务院南水北调办 2010 年"关于南水北调东线一期南四湖—东平湖段输水航道结合工程梁济运河段工程初步设计报告的批复"
		55	柳长河段工程	国务院南水北调办 2010 年"关于南水北调东线一期南四湖—东平湖段输水航道结合工程柳长河段工程初步设计报告的批复"

单项工程		设计单元工程		审查批文
序号	名称	序号	名称	
十二	南四湖—东平湖段工程	56	南四湖湖内疏浚工程	国务院南水北调办 2009 年"关于南水北调东线一期南四湖—东平湖段输水航道结合工程湖内疏浚工程初步设计报告（技术方案）的批复"； 国务院南水北调办 2010 年"关于南水北调东线一期南四湖—东平湖段输水航道结合工程湖内疏浚工程初步设计报告（概算）的批复"； 国务院南水北调办 2010 年"关于南水北调东线一期南四湖—东平湖段输水航道结合工程湖内疏浚工程占地耕地占用税的批复"
		57	灌区影响处理工程	国务院南水北调办 2009 年"关于南水北调东线一期南四湖—东平湖段输水航道结合工程引黄灌区影响处理初步设计报告（技术方案）的批复"； 国务院南水北调办 2009 年"关于南水北调东线一期南四湖—东平湖段输水航道结合工程引黄灌区影响处理工程初步设计报告（概算）的批复"； 国务院南水北调办 2010 年"关于南水北调东线一期南四湖—东平湖段输水航道结合工程长沟泵站、邓楼泵站、八里湾泵站和引黄灌区影响处理等设计单元工程临时占地耕地占用税的批复"
十三	胶东干线济南—引黄济青段工程	58	济南市区段工程	国务院南水北调办 2008 年"关于南水北调东线第一期工程济南—引黄济青段济南市区段输水工程初步设计报告（技术部分）的批复"； 国务院南水北调办 2008 年"关于南水北调东线第一期工程济南—引黄济青段济南市区段输水工程初步设计报告的批复（概算）"
		59	明渠段工程	国务院南水北调办 2010 年"关于南水北调东线一期胶东干线济南—引黄济青段工程明渠段工程初步设计报告的批复"
		60	东湖水库工程	国务院南水北调办 2009 年"关于南水北调东线一期胶东干线济南—引黄济青段工程东湖水库工程初步设计报告（技术方案）的批复"； 国务院南水北调办 2009 年"关于南水北调东线一期胶东干线济南—引黄济青段工程东湖水库工程初步设计报告（概算）的批复"
		61	双王城水库	国务院南水北调办 2009 年"关于南水北调东线一期胶东干线济南—引黄济青段工程双王城水库工程初步设计报告（技术方案）的批复"； 国务院南水北调办 2009 年"关于南水北调东线一期胶东干线济南—引黄济青段工程双王城水库工程初步设计报告（概算）的批复"

单项工程		设计单元工程		审　查　批　文
序号	名　　称	序号	名　　称	
十三	胶东干线济南—引黄济青段工程	62	陈庄输水线路	国务院南水北调办 2011 年"关于南水北调东线一期胶东干线济南—引黄济青段陈庄输水线路工程初步设计报告的批复"
		63	穿黄河工程	水利部 2007 年"关于南水北调东线第一期工程穿黄河工程初步设计的批复"； 国家发展改革委 2007 年"国家发展和改革委员会关于核定南水北调东线一期工程穿黄河工程初步设计概算的通知"
十四	鲁北段工程	64	小运河段工程	国务院南水北调办 2010 年"关于南水北调东线一期鲁北段工程小运河段工程初步设计报告的批复"
		65	七一·六五河段工程	国务院南水北调办 2010 年"关于南水北调东线一期鲁北段工程七一·六五河段工程初步设计报告的批复"
		66	灌区影响处理工程	国务院南水北调办 2010 年"关于南水北调东线一期鲁北段工程大屯水库工程初步设计报告的批复"
		67	大屯水库工程	国务院南水北调办 2010 年"关于南水北调东线一期鲁北段工程大屯水库工程初步设计报告的批复"
十五	山东段截污导流工程	68	临沂市邳苍分洪道截污导流工程	山东省发展改革委 2008 年批复
		69	薛城小沙河截污导流工程	
		70	新薛河截污导流工程	
		71	薛城大沙河截污导流工程	
		72	枣庄市小季河截污导流工程	
		73	枣庄市峄城大沙河截污导流工程	
		74	滕州市城郭河截污导流工程	
		75	滕州市北沙河截污导流工程	
		76	曲阜市截污导流工程	
		77	金乡县截污导流工程	
		78	嘉祥县截污导流工程	
		79	鱼台县截污导流工程	
		80	济宁市截污导流工程	
		81	微山县截污导流工程	

续表

单项工程		设计单元工程		审查批文
序号	名　称	序号	名　称	
十六	山东段截污导流工程	82	梁山县截污导流工程	山东省发展改革委 2008 年批复
		83	菏泽市东鱼河截污导流工程	
		84	宁阳县洸河截污导流工程	
		85	聊城市金堤河截污导流工程	
		86	临清市汇通河截污导流工程	
		87	武城县截污导流工程	
		88	夏津县截污导流工程	
十七	东线山东段专项工程	89	东线山东段调度运行管理系统工程	国务院南水北调办 2011 年"关于南水北调东线一期山东境内调度运行管理系统初步设计报告的批复"
		90	东线山东省文物专项工程	国家发展改革委 2005 年"国家发展和改革委员会关于核定南水北调东、中线一期工程控制性文物保护项目概算的通知"; 国家发展改革委 2007 年"国家发展和改革委员会关于核定南水北调东、中线一期工程第二批控制性文物保护项目概算的通知"; 国务院南水北调办 2009 年"关于南水北调东、中线一期工程初步设计阶段文物保护方案的批复"; 国务院南水北调办 2005 年"关于南水北调东、中线一期工程控制性文物保护方案的批复"; 国务院南水北调办 2007 年"关于南水北调东、中线一期工程第二批控制性文物保护方案的批复"
		91	东线山东段管理设施专项工程	国务院南水北调办 2011 年"关于南水北调东线一期山东境内工程管理设施专项工程初步设计报告的批复"
十八	苏鲁省际管理设施和调度运行管理系统工程	92	苏鲁省际工程管理设施专项工程	国务院南水北调办 2012 年"关于南水北调东线一期苏鲁省际工程管理设施专项工程初步设计报告的批复"
		93	苏鲁省际工程调度运行管理系统工程	国务院南水北调办 2012 年"关于南水北调东线一期苏鲁省际工程调度运行管理系统工程初步设计报告的批复"

中 线 篇

第九章 中 线 工 程 规 划

第一节 修订规划的指导思想及规划方案

一、指导思想与规划原则

南水北调中线工程是解决我国北方京、津、冀、豫 4 省（直辖市）水资源严重短缺问题的特大型基础设施，建设的目的是通过跨流域的水资源合理配置，保障经济、社会与人口、资源、生态、环境的协调发展。南水北调中线工程前期规划始于 20 世纪 50 年代初。50 年来，长委会同有关单位开展了大量前期工作，积累了丰富的勘测、水文、科研和规划设计成果。在以往工作的基础上，从 2000 年开始对中线工程规划进了修订。规划修订的基本指导思想是"坚持可持续发展战略，正确处理经济发展同人口、资源、环境的关系，改善生态环境和美化生活环境，改善公共设施和社会福利设施"。

规划按照"先节水后调水、先治污后通水、先环保后用水"的原则进行。在进行水资源供需分析时，以节水为前提确定受水区保障社会经济发展和提高人民生活水平合理的供水量；在输水线路和工程规划时，以防治污染为重点，总干渠与河流、沟渠、道路交叉均采用立交布置，并在两侧采用防护林、护栏、截流沟等防污布置，保证输水水质；在确定调水规模和汉江中下游工程时，首先保证丹江口库区、汉江中下游地区生态环境质量不恶化，汉江中下游干流供水区的供水保证程度不降低。近期目标重点解决城市缺水，将原来城市不合理占用的部分水资源转还给农业。加大城市污、废水的处理力度，使污水资源化，遏制环境恶化的趋势。

二、规划范围

（一）水源区规划范围

1. 丹江口水库

丹江口水库的大坝及库区涉及鄂、豫两省的 5 个市（县），初期工程水库淹没处理范围为

813km²。丹江口水库大坝加高，正常蓄水位抬高到170m，将增加淹没处理范围370km²。库区的发展与大坝加高紧密相关，而且对保护水源水质起着至关重要的作用。

2. 汉江中下游工程区

"汉江中下游工程"指为消除调水对汉江丹江口水库大坝以下地区生态、供水、航运造成不利影响且与当地治理开发相结合的新建工程。选择不同的工程方案，使丹江口水库下游的补水过程不同，对中线工程调水量、调水过程、总投资都具有显著的影响。汉江中下游工程区全部位于湖北省境内，从丹江口到河口的武汉市，干流河道长600余km，由干流供水和补水范围2.35万km²。

（二）受水区规划范围

南水北调中线工程主要解决京津华北平原的缺水问题。中线工程总干渠位于黄淮海平原的西部边缘，位置较高，可以向黄淮海平原的主要地区供水。规划修订进一步明确中线工程近期（2010年）与后期（2030年）规模的主要供水目标为北京、天津、石家庄、郑州等130余座城镇。从面积上看，这些城镇虽仅占控制受水区总面积的很小部分，但其所占的缺水量比例却达到60%～79%。

黄河以南的范围，西以总干渠为界，东抵豫、皖省界，北临黄河，南达鄂豫省界和淮河流域的汝河，面积4.8万km²，长江、淮河流域分别占20%和80%。黄河以北的范围，西侧仍以总干渠为界；东侧由南至北分别以黄河、卫河、漳卫新河为界，最东侧直抵渤海湾；北侧则是中线工程最重要的受水城市——北京、天津。黄河以北受水区面积10.3万km²，约占受水区总面积的68%。

三、规划目标

（一）规划水平年

以2000年为现状水平年，2010年为近期规划水平年，2030年为后期规划水平年，对2050年进行远景展望。

（二）水源区规划目标与任务

1. 丹江口水库运行目标与任务

丹江口水库现状条件下的水利任务依次为：防洪、发电、灌溉、航运等。实施南水北调后，水库的任务将改变为防洪、供水、发电、航运等，即供水将成为优先于发电的任务，丹江口电站结合汉江中下游的用水和生态需水发电，丰水期还可利用弃水发电，但不再专为发电泄水。

远景汉江中下游梯级工程建成后，可调水量将进一步增加。丹江口水库可为华北地区改善生态环境和农业生产条件提供更多的水量。

丹江口水库作为中线工程水源地的龙头水库，大坝加高后，调节库容将达98.2亿～190.5亿m³，在供水调度中将起重要的调蓄作用。结合在总干渠上采用现代化的渠道控制技术，解决输水系统的调蓄问题。

2. 丹江口库区开发目标与任务

按国家有关法律、政策和规程，安置水库大坝加高的移民。由于丹江口水库初期工程移民大部分后靠，又有部分外迁人口返回，使库区周边人口密集，土地资源少，环境容量小。因此，大坝加高后移民以外迁安置为主。通过做好移民安置工作，促进库周经济社会的建设和发展，使库区早日脱贫致富。以保护水质、治理水土流失为中心进行库区建设，确保中线工程水源的水质满足城市生活用水的要求。

3. 汉江中下游工程规划目标

不同的工程条件，汉江中下游地区生活、生产、生态用水需要丹江口水库下泄的流量有较大的差别，这将直接影响丹江口水库北调的水量和过程。因此，汉江中下游工程规划目标是：采取必要而合理的工程条件，满足汉江中下游区生活、工业、农业、生态和航运的要求，减缓调水对汉江中下游地区的不利影响。

（三）受水区规划目标与任务

以 2001 年国家计委、水利部会同建设部、国家环保总局、中咨公司成立专家组审查通过的《南水北调城市水资源规划》为基础，按照水资源优化配置的原则，分配调水量和调水过程；考虑当地水、外调水联合运用，涵养地下水，满足受水区城市高保证率的供水要求；在满足 2010 水平年和 2030 水平年城市用水的前提下，进行输水工程总体方案比选，寻求经济、可行的建设规模和方案。

四、规划方案

在以往的研究中，中线工程的基本方案为加高丹江口水库大坝，输水总干渠采用明渠一次建成，渠首设计流量 $630\text{m}^3/\text{s}$，加大流量 $800\text{m}^3/\text{s}$，多年平均调水量 145 亿 m^3。根据水利部的统一布置，按照"先节水后调水、先治污后通水、先环保后用水"的原则，此次规划修订，中线工程按水源选择、丹江口水库大坝近期是否加高、汉江中下游工程建设项目、总干渠建设方案、工程建设分期等问题，组合成 4 大类共 19 个具有代表性的方案，进行了综合比较。

（一）方案简述

中线工程规划方案可分为引汉类方案和引江类方案两大类。引汉类方案指以汉江为水源的各种调水方案，以汉江为水源的方案又可按丹江口水库大坝加高、大坝不加高、总干渠分期方式分为三类。引江类指以长江为水源的各种调水方案，代表方案包括从大宁河引水和引江济汉提水至王甫州。

1. 以汉江为水源的方案

（1）丹江口水库大坝加高、总干渠分期建设方案。

1）方案 I-1。近期渠首设计流量 $350\text{m}^3/\text{s}$，后期 $630\text{m}^3/\text{s}$；近期多年平均（陶岔）调水量 97.1 亿 m^3，后期 120 亿～140 亿 m^3；近期改建陶岔渠首；输水工程全线采用明渠，后期采用断面扩挖方式；近期汉江中下游修建兴隆枢纽、引江济汉、部分闸站改造等 3 项工程。

2）方案 I-2。近期渠首设计流量 $350\text{m}^3/\text{s}$，后期 $630\text{m}^3/\text{s}$；近期多年平均（陶岔）调水量

82 亿 m³，后期 120 亿～140 亿 m³；近期改建陶岔渠首；输水工程全线采用明渠，后期采用断面扩挖方式；近期汉江中下游修建兴隆枢纽、部分闸站改造等 2 项工程。后期修建引江济汉工程。

3）方案Ⅰ-3。近期渠首设计流量 350m³/s，后期 500m³/s；近期多年平均（陶岔）调水量 97.1 亿 m³，后期 110 亿～125 亿 m³；近期改建陶岔渠首；输水工程全线采用明渠，后期采用断面扩挖方式；近期汉江中下游修建兴隆枢纽、引江济汉、部分闸站改造等 3 项工程。

4）方案Ⅰ-4。近期渠首设计流量 350m³/s，后期 500m³/s；近期多年平均（陶岔）调水量 97.1 亿 m³，后期 110 亿～125 亿 m³；近期改建陶岔渠首；输水工程全线采用明渠，后期采用断面扩挖方式；近期汉江中下游修建兴隆枢纽、部分闸站改造等 2 项工程。后期修建引江济汉工程。

5）方案Ⅰ-5。近期渠首设计流量 350m³/s，后期 630m³/s；近期多年平均（陶岔）调水量 97.1 亿 m³，后期 120 亿～140 亿 m³；近期改建陶岔渠首；输水工程以明渠为主，为避免与市区地表建筑物有干扰，北京段输水工程采用管涵；为有利于行洪，天津干线在大清河分洪道采用管涵；后期输水工程采用断面扩挖方式；近期修建汉江中下游修建兴隆枢纽、引江济汉、部分闸站改造等 3 项工程。

6）方案Ⅰ-6。近期渠首设计流量 350m³/s，后期 350m³/s；近期多年平均（陶岔）调水量 97.1 亿 m³，后期 128 亿 m³；输水工程全线采用明渠，一次建成；近期改建陶岔渠首，汉江中下游修建兴隆枢纽、引江济汉、部分闸站改造等 3 项工程。后期修建汉江中下游渠化工程，不需扩建输水工程。

7）方案Ⅰ-7。近期渠首设计流量 350m³/s，后期 500m³/s；近期多年平均（陶岔）调水量 97.1 亿 m³，后期 110 亿～125 亿 m³；近期改建陶岔渠首；输水工程近期全线采用明渠，后期采用管涵；近期汉江中下游修建兴隆枢纽、引江济汉、部分闸站改造等 3 项工程。

8）方案Ⅰ-8。近期渠首设计流量 350m³/s，后期 630m³/s；近期多年平均（陶岔）调水量 97.1 亿 m³，后期 120 亿～140 亿 m³；近期改建陶岔渠首；输水工程近期全线采用明渠，后期黄河以南修建"三堤两渠"、黄河以北增加低线；近期汉江中下游修建兴隆枢纽、引江济汉、部分闸站改造等 3 项工程。

（2）丹江口水库大坝近期不加高或少加高方案。依据《汉江流域规划》，丹江口水库大坝加高是提高汉江中下游防洪标准的根本措施，也是综合利用汉江水资源的重要措施，即使不实施南水北调，丹江口水库大坝也需要加高。考虑到与三峡移民安置错峰，制订了后期加高的方案，主要研究近期不加高丹江口水库大坝的情况下为缓解北方城市缺水问题的过渡措施，其中方案Ⅱ-1发电服从调水，由于丹江水库大坝不加高，此方案的发电效益将受到较大影响。方案Ⅱ-2维持发电量与方案Ⅰ-1的发电量相同，即与加坝近期调水方案的发电量相同，适当照顾了发电效益。方案Ⅱ-3则研究仅按防洪要求加高大坝的合理性，各方案如下。

1）方案Ⅱ-1。近期渠首设计流量 350m³/s，后期 630m³/s；近期多年平均（陶岔）调水量 97.1 亿 m³，后期 120 亿～140 亿 m³；近期修建陶岔渠首一级泵站；输水工程全线采用明渠，后期采用断面扩挖方式；近期汉江中下游修建兴隆枢纽、引江济汉、部分闸站改造等 3 项工程。后期修建丹江口大坝加高工程。

2）方案Ⅱ-2。近期渠首设计流量 350m³/s，后期 630m³/s；近期多年平均（陶岔）调水量

34.8亿 m³，后期120亿～140亿 m³；近期修建陶岔渠首一级泵站；输水工程全线采用明渠，后期采用断面扩挖方式；近期汉江中下游修建兴隆枢纽、引江济汉、部分闸站改造等三项工程。后期修建大宁河泵站，输水规模180m³/s；扩建陶岔泵站，增加输水规模175m³/s。后期修建丹江口大坝加高工程。

3）方案Ⅱ-3。近期渠首设计流量350m³/s，后期630m³/s；近期多年平均（陶岔）调水量67.8亿 m³，后期122.8亿 m³；近期丹江口大坝加高至170m；修建陶岔渠首一级泵站；输水工程全线采用明渠，后期采用断面扩挖方式；近期汉江中下游修建兴隆枢纽、部分闸站改造等2项工程。后期修建大宁河泵站，输水规模180m³/s。

（3）丹江口水库大坝加高，一次建成类方案。

1）方案Ⅲ-1。渠首设计流量500m³/s；多年平均（陶岔）调水量110亿～125亿 m³；近期改建陶岔渠首；输水工程全线采用明渠；汉江中下游修建兴隆枢纽、引江济汉、部分闸站改造等3项工程。

2）方案Ⅲ-2。渠首设计流量630m³/s；多年平均（陶岔）调水量120亿～140亿 m³；近期改建陶岔渠首；输水工程全线采用明渠；汉江中下游修建兴隆枢纽、引江济汉、部分闸站改造等3项工程。

3）方案Ⅲ-3。渠首设计流量630m³/s；多年平均（陶岔）调水量120亿～140亿 m³；近期改建陶岔渠首；输水工程全线采用明渠，黄河以北高低线分流，高线渠道向城市供水，流量265m³/s，低线利用部分河道输水，流量135m³/s；汉江中下游修建兴隆枢纽、引江济汉、部分闸站改造等3项工程。

4）方案Ⅲ-4。渠首设计流量350m³/s；多年平均（陶岔）调水量97.1亿 m³；近期改建陶岔渠首；输水工程黄河以南采用明渠，黄河以北采用管涵；汉江中下游修建兴隆枢纽、引江济汉、部分闸站改造等3项工程。

5）方案Ⅲ-5。渠首设计流量300m³/s；多年平均（陶岔）调水量82亿 m³；近期改建陶岔渠首；输水工程全线采用管涵；汉江中下游修建兴隆枢纽、引江济汉、部分闸站改造等3项工程。

2. 以长江为水源的方案

（1）方案Ⅳ-1。近期渠首设计流量350m³/s，后期500m³/s；近期多年平均（陶岔）调水量86.7亿 m³，后期136.4亿 m³；丹江口水库大坝不加高，从大宁河抽水至丹江口水库，再利用陶岔渠首接总干渠输水；不考虑与丹江口水库联合调度，汛期引丹江口水库弃水，非汛期通过大宁河输水系统从长江三峡水库引水；近期修建陶岔渠首泵站；输水工程全线采用明渠，后期采用断面扩挖方式；大宁河近期泵站输水规模360m³/s，后期扩建至540m³/s；汉江中下游不需要增建工程。

（2）方案Ⅳ-2。近期渠首设计流量350m³/s，后期500m³/s；近期多年平均（陶岔）调水量88.5亿 m³，后期143.5亿 m³；丹江口水库大坝不加高，从大宁河抽水至丹江口水库，再利用陶岔渠首接总干渠输水；与丹江口水库联合调度，以丹江口水库调水为主、大宁河引水补充；近期修建陶岔渠首泵站，输水规模175m³/s；后期泵站扩建，增加输水规模175m³/s；输水工程全线采用明渠，后期采用断面扩挖方式；大宁河近期泵站输水规模180m³/s，后期扩建至360m³/s。

（3）方案Ⅳ-3。渠首设计流量680～830m³/s；多年平均（陶岔）调水量223亿～280亿m³；丹江口水库大坝加高，利用引江济汉渠将长江水抽至兴隆，再沿汉江干流的梯级枢纽将水逐级抽至王甫州，将原丹江口水库必须下泄的水量替换出来，增加陶岔北调水量；近期改建陶岔渠首；汉江中下游修建渠化梯级，各梯级修建泵站。

（4）方案Ⅳ-4。渠首设计流量600m³/s；多年平均（陶岔）调水量145亿m³；从三峡水库的小江抽水，穿越长江与汉江的分水岭大巴山，以高架渡槽跨越汉江，用107km的特长隧洞穿越汉江与黄河的分水岭秦岭，引水经渭河入黄河。

中线工程规划修订主要方案特性指标见表9-1-1。

表9-1-1　　　　　　　　　　中线工程规划修订主要方案特性指标

方案编号	渠首设计流量/(m³/s)		陶岔调水量/亿 m³	投资/亿元		供水成本/(元/m³)	
				小计	总计	全线	陶岔
Ⅰ-1	近期	350	97.1	926.9	1171.1	0.441	0.068
	后期	630	120～140	244.2		0.407	0.051
Ⅰ-2	近期	350	82	883.9	1171.0	0.482	0.075
	后期	630	120～140	287.1		0.407	0.051
Ⅰ-3	近期	350	97.1	924.6	1080.5	0.428	0.068
	后期	500	110～125	155.9		0.404	0.055
Ⅰ-4	近期	350	82	881.7	1080.5	0.482	0.075
	后期	500	110～125	198.8		0.404	0.055
Ⅰ-5	近期	350	97.1	917.4	1161.5	0.469	0.068
	后期	630	120～140	244.1		0.424	0.051
Ⅰ-6	近期	350	97.1	956.9	1074.4	0.441	0.068
	后期	350	128	147.5		0.308	0.049
Ⅰ-7	近期	350	97.1	926.9	1679	0.441	0.068
	后期	500	110～125	752.1		0.653	0.055
Ⅰ-8	近期	350	97.1	926.9	1358.3	0.441	0.068
	后期	630	120～140	431.4		0.468	0.051
Ⅱ-1	近期	350	81.2	786.3	1261.4	0.420	0.016
	后期	630	120～140	475.0		0.458	0.088
Ⅱ-2	近期	350	34.8				
	后期	630	120～140				
Ⅱ-3	近期	350	67.8	820.6	1121.5	0.620	0.060
	后期	630	122.8	300.9		0.564	0.205
Ⅲ-1	500		110～125	984.8	984.8	0.369	0.055
Ⅲ-2	630		120～140	1055.6	1055.3	0.359	0.051

续表

方案编号	渠首设计流量 /(m³/s)		陶岔调水量 /亿 m³	投资/亿元		供水成本/(元/m³)	
				小计	总计	全线	陶岔
Ⅲ-3	630		120～140	1062.7	1062.7	0.362	0.051
Ⅲ-4	350		97.1	1300.7	1300.7	0.814	0.068
Ⅲ-5	300		82	1592.2	1592.2	1.025	0.073
Ⅳ-1	近期	350	86.7	989.2	1290.2		0.508
	后期	500	136.4	301.0			0.478
Ⅳ-2	近期	350	88.5	876.0	1177.0		0.243
	后期	500	143.5	301.0			0.297
Ⅳ-3	630～830		223～280	1161.3	1161.3		0.217
Ⅳ-4	600		145	1198.8	1198.8		1.053

（二）方案初选

小江引水（Ⅳ-4）涉及中、东、西三条线的总体协调问题，供水目标亦不明确，且抽水扬程达 400m，工程艰巨，投资巨大，运行费用极高，只能作为远景调水的研究方案。

大宁河引水方案（Ⅳ-1、Ⅳ-2）水量充足，对汉江的影响小，但仍要抽水扬程 245m，隧洞长达 82km。深埋长大隧洞和大型地下泵房与洞室群的设计与施工均存在一定的技术难度，高水头、大流量水泵机组还需要进行研制，且运行费用高，可作为后期扩建工程方案研究。

抽江水至王甫州方案（Ⅳ-3）需要建成汉江中下游全部梯级和丹江口水库大坝加高工程，不确定因素较多，工程建设周期长，因此，不宜作为近期实施方案。

从方案Ⅰ-1与Ⅰ-2的对比可见，建与不建引江济汉工程对调水量有显著影响。建设引江济汉工程，才能使北调水量满足近期受水区城市的需求，并能有效减免因调水造成沙洋至武汉段水量减少引起的不利影响，改善下游河段生态环境。因此，推荐建引江济汉工程的方案。

方案Ⅲ-4、Ⅲ-5以管（涵）输水为主；Ⅰ-7为后期全线采用增建管道扩建的方案。以现在的技术经济指标分析，管道投资高、运行费用大，检修也很困难，因此，不宜作为近期建设方案。

综上所述，中线工程近期宜选择以汉江为水源的方案；明渠输水具有较明显的优势；兴建引江济汉工程，北调水量才能满足近期受水区城市的需求。以下将重点论述采用明渠或明渠为主、局部管涵方式从汉江引水的各种方案。

第二节 中线受水区需调水量及水量分配

一、受水区经济社会概况

中线工程受水区指规划由中线工程补水，进行水资源供需分析的计算范围。根据自然条件、行政区划并考虑与南水北调东线和安徽省引江济淮线规划的补水范围衔接。

已建并自成体系的湖北省清泉沟灌区，作为水源区现有设施不再列入中线工程受水区。河南省刁河灌区也属于水源地区已建工程，在供水和投资政策上应与清泉沟灌区相同，但该灌区属引汉总干渠供水的组成部分，规划中仍列入中线工程受水区。

中线工程受水区位居全国中心地带，其受水范围内的北京市，既是全国政治、经济和科学文化中心，又是全国交通的总枢纽；天津市是北方海陆交通枢纽、重要工业基地和首都的出海门户；此外，还有河北省石家庄、邯郸、邢台、保定、沧州、衡水、廊坊等7个省辖市及其范围内的92个县（市），河南省郑州、南阳、平顶山、漯河、驻马店、周口、许昌、开封、商丘、焦作、新乡、鹤壁、安阳、濮阳等13个大中城市和60个县（市），是河北、河南两省的主要经济区。

受水区资源丰富，经济发达，是我国重要的工业基地和粮棉油的重要产区；城市化进程快，交通发达，重要的铁路干线纵横区内：南北向有京广、京九、焦枝等铁路线，东西向有京津、石德、陇海等铁路；以城市为中心的公路网四通八达。

中线工程受水区是我国人口、耕地、工农业生产较集中、经济基础较好的地区，在全国经济发展中占有重要地位。据1997年资料统计，受水区总人口约10759万人，占全国总人口的8.7%，其中城镇人口3066万人，城市化率为28.5%；国内生产总值8029亿元（黄河以北占77%），工业总产值10936亿元（黄河以北占81%）分别占全国的10.7%和9.6%；耕地12189万亩（黄河以北占64%），有效灌溉面积9003万亩，粮食产量5013万t，分别占全国的8.6%、11.7%、10.1%。受水区不同水平年社会经济发展情况见表9-2-1。

表9-2-1　　　　　南水北调中线工程受水区不同水平年社会经济发展情况

省（直辖市）	水平年	面积/万km²	耕地/万亩	总人口增长率/‰	城镇人口/万人	城镇人口增长率/‰	城镇化率/%	GDP/亿元	GDP增长率/%	工业产值/亿元	工业产值增长率/%	有效灌溉面积/万亩
河南	现状		5348.8		1063.2		21.9	2523.4		2993.8		3524.5
	2010	5.9	5245.4	7.4	1902.2	45.8	35.6	6456.6	7.5	7604.2	7.4	4147.5
	2030		5141.5	6.2	3169.3	25.8	52.3	14701.4	4.2	18695.0	4.6	4279.9
河北	现状		5699.0		759.0		19.4	2359.2		3718.4		4437.0
	2010	6.3		7.5	1872.0	71.9	43.5	6040.5	7.5	10112.0	8.0	4520.0
	2030			5.0	2596.0	16.5	54.6	17293.7	5.4	32429.0	6.0	4520.0
北京	现状		513.5		723.0		66.6	1710.1		1661.0		513.0
	2010	1.7		11.7	973.2	23.1	77.0	4905.0	8.0	5116.0	9.0	481.0
	2030			2.9	1100.0	6.1	81.5	14562.0	5.6	14923.0	5.5	460.0
天津	现状		628.0		521.0		57.6	1336.4		2562.6		528.0
	2010	1.2		16.4	840.0	40.6	76.4	3740.0	9.0	8400.0	10.4	560.0
	2030			8.4	1020.0	9.8	78.5	13200.0	6.5	30000.0	6.6	560.0
合计	现状		12189.3		3066.2		28.5	8029.1		10935.8		9002.5
	2010	15.1		8.5	5587.4	47.2	46.5	21142.1	7.7	31232.2	8.4	9708.5
	2030			5.7	7885.3	17.4	58.6	59757.1	5.3	96047.0	5.8	9819.9

二、受水区水资源

（一）水文气象特性

受水区位于北纬 32°～40°，东经 111°～118°，地跨长江唐白河流域及淮河流域上中游地区，海河流域的漳卫南、大清河、子牙河、永定河等支流水系横贯其中。

受水区从南到北为湿润、半湿润的亚热带和半湿润、半干旱的暖温带两个气候带，总的属大陆性季风气候，四季分明。夏季受太平洋副热带高压控制，多东南风，炎热多雨；冬春受西伯利亚和蒙古高压控制，盛行西北风，气候干燥少雨。

受水区多年平均降水总量 959 亿 m³，相应降水深 624mm。降水量主要集中在汛期，约占全年降水量的 70％左右。降水的年际变化较大，年降水量最丰值与最枯值之比为 2.3～3.5；年降水量 C_v 值 0.2～0.4；1 月月平均降水在 13mm 以下；7 月月平均降水在 130mm 以上。年平均气温 11.5～14.9℃，1 月平均气温不到 1℃，7 月平均气温 25.8～27.6℃。极端最高气温一般在 40℃以上，极端最低气温－27.4℃。区内春季升温快，4 月月平均气温均在 13℃以上；10 月气温明显下降。水面蒸发能力平均为 1150.6mm。

受水区多年平均降水量自南向北递减，南部唐白河区 785mm，淮河区 760mm，海河区 550mm。降水量在汛期 6—9 月的集中程度自南向北递增，唐白河区约占年降水量的 60％，淮河区 60％～70％，海河区 70％～85％。年降水量极值比，河南最小为 2.3，北京最大为 3.5，单站甚至可达 5～7 倍，并经常出现连续枯水年。

受水区年均陆面蒸发深度：唐白河区 622.6mm，淮河区 645.0mm，海河区 503.4mm。水面蒸发能力呈现由南向北递增趋势：唐白河区 1073.0mm，淮河区 1106.4mm，海河区 1190.1mm。

（二）水资源

1. 径流

受水区多年平均天然径流量 112 亿 m³，相应径流深 72.9mm，其中海河区最小，仅 50.7mm；唐白河区最大，为 167.8mm；淮河区为 96.0mm。径流年际变化较降水年际变化更大，如河北省的最大与最小值之比达 5.3。径流的年内分配很不均匀，6—7 月径流量占全年的 60％～90％，海河流域大部分地区高达 90％以上。

2. 地下水资源

受水区多年平均地下水资源量 182.1 亿 m³，相应模数 11.8 万 m³/km²。

3. 当地水资源总量

受水区地表水资源量 112 亿 m³，地下水资源量 182.1 亿 m³，扣去两者的重复量 42.8 亿 m³，水资源总量为 251.3 亿 m³，现状人均水资源量仅为 234m³。

4. 入境水量

自受水区外部入境的水量年均约 153.5 亿 m³（未计天津），相应径流深 100mm。随着各河流上游工农业的发展，用水量增加，入境水量呈逐渐减少趋势。

5. 水资源总量

加上入境水量,受水区水资源总量为 404.8 亿 m^3,现状人均水资源量为 $376m^3$,表明受水区范围水资源贫乏,属于资源性缺水地区。

三、受水区水资源供需分析

(一)原则与依据

贯彻水资源优化配置方针,遵循水资源可持续利用原则,既要考虑对水量与水质的需求,也要考虑水资源条件的约束;充分考虑污水处理回用;坚持开源节流并举,节水优先的原则,保障经济社会的可持续发展。

(二)社会经济发展指标预测

1. 人口增长

预计中线工程受水区范围,1997—2010 年人口年均增长率为 8.5‰,黄河以北年均增长率为 9.4‰。2010—2030 年,人口年均增长率为 5.7‰,其中黄河以北为 5.3‰。据此测算,2010 年中线工程受水区内总人口将达到 12015 万人,其中黄河以北达到 7766 万人;2030 年总人口将达到 13460 万人,其中黄河以北达到 8639 万人。受水区城镇人口将由现状的 3066 万人增长到 2010 水平年的 5587 万人,城市化率由现状的 29% 提高到 47%,其中黄河以北的城市化率达到 53%。2030 水平年城镇人口增加到 7885 万人,城市化率为 59%,黄河以北的城市化率达到 63%。

2. 国内生产总值(GDP)

预测 2010 水平年受水区 GDP 将达到 21142 亿元,年均增长率 7.7%,其中黄河以北为 16622 亿元;2030 水平年 GDP 进一步增加到 59757 亿元,年均增长率 5.3%,其中黄河以北为 45056 亿元。

3. 工业总产值

预测到 2010 水平年,工业总产值为 31232 亿元,年均增长率 8.4%,其中黄河以北为 25937 亿元。2030 水平年,工业总产值将上升到 96047 亿元,年均增长率 5.8%,其中黄河以北为 83267 亿元。

4. 有效灌溉面积

中线受水区现状耕地面积 12189 万亩(黄河以南 4364 万亩,黄河以北 7825 万亩),有效灌溉面积为 9003 万亩,占总耕地面积的 74%。2010 水平年,有效灌溉面积约为 9709 万亩,年增长率 0.58%;2030 水平年达到 9820 万亩,年均增长率 0.06%。

(三)用水定额分析

现状用水定额。现状水平年,受水区城镇生活用水定额为 226L/(人·日),农村生活用水定额 74L/(人·日);工业用水重复利用率 65%～85%,基本接近发达国家水平(75%～85%),用水定额 $54m^3$/万元;农业灌溉毛定额为 $265m^3$/亩。

用水定额预测中线工程受水区属资源性缺水地区,节水不仅可以抑制需水增长,减轻供水压力，还可以减少污水排放量。在水资源供需规划中节约用水应放在首要地位。

预测 2010—2030 年，受水区生活用水定额平均为 248～287L/（人·日）。

工业用水定额平均为 26～12m³/万元。

综合灌溉毛定额（不包括菜田灌溉）为 232～210m³/亩。

受水区不同水平年主要用水定额见表 9-2-2。

表 9-2-2　　　　　　　　南水北调中线工程受水区不同水平年主要用水定额

省（直辖市）	水平年	生活用水定额 /［L/（人·日）］		工业用水定额 /（m³/万元）	农业灌溉毛定额 /（m³/亩）	
		城镇	农村		$P=50\%$	$P=75\%$
河南	现状	175	55	80.0	285.0	332.0
	2010	217	80	47.0	241.0	274.0
	2030	263	100	28.0	209.0	242.0
河北	现状	177	45	46.0	229.0	294.0
	2010	193	55	27.0	218.0	266.0
	2030	249	70	13.0	202.0	244.0
北京	现状	347	128	59.0	296.0	312.0
	2010	360	148	16.0	251.0	280.0
	2030	401	152	6.0	245.0	276.0
天津	现状	231	91	30.0	326.0	392.0
	2010	311	130	11.0	275.0	300.0
	2030	334	150	4.0	260.0	280.0
受水区	现状	226	74	54.0	260.0	315.0
	2010	248	106	26.0	232.0	272.0
	2030	287	143	12.0	210.0	246.0

（四）规划水平年需水

2010 水平年受水区总需水量为 460 亿 m³（$P=50\%$），其中黄河以北为 322 亿 m³。城镇生活需水占 11%，工业占 17%，环境占 11%，农业灌溉占 47%，农村生活、林牧副渔等占 14%。2030 水平年需水量为 520 亿 m³（$P=50\%$），其中黄河以北为 360 亿 m³。城镇生活需水占 16%，工业占 22%，环境占 10%，农业灌溉占 37%，农村生活、林牧副渔等占 15%。

受水区不同水平年需水量详见表 9-2-3。

（五）可供水量预测

受水区可供水主要来自水库供水、河道引提水、地下水、外流域引水（不含规划的南水北调）、污水处理回用、海水利用等。另外，参照国家环保局有关全国 100 多座城市用水回归的分析，将河南、河北两省城镇生活 60% 的需水作为回归水，可用于农业灌溉。根据预测，2010

水平年 $P=50\%$ 的可供水量为 332 亿 m^3，$P=75\%$ 的可供水量约为 309 亿 m^3。2030 水平年，$P=50\%$ 可供水量为 358 亿 m^3，$P=75\%$ 的可供水量为 333 亿 m^3。

受水区不同水平年可供水量见表 9－2－4。

表 9－2－3　　　　　南水北调中线工程受水区不同水平年需水量　　　　　单位：亿 m^3

省（直辖市）	水平年	城镇生活	工业	环境	农村生活	农业灌溉		林牧渔副或其他		合计	
						$P=50\%$	$P=75\%$	$P=50\%$	$P=75\%$	$P=50\%$	$P=75\%$
河南	现状	6.78	23.93	0.22	11.03	98.66	115.03	8.00	10.16	148.63	167.16
	2010	15.07	35.42	7.97	14.51	96.99	110.30	12.30	15.16	182.26	198.44
	2030	30.46	53.05	11.87	16.47	84.80	98.37	17.42	21.77	214.08	231.99
河北	现状	4.90	17.10	0.00	6.83	98.56	126.54	14.25	14.25	141.65	169.63
	2010	13.19	27.30	28.36	7.50	94.95	115.86	14.25	14.25	185.55	206.46
	2030	23.55	42.16	28.36	9.63	87.43	105.61	13.69	13.69	204.82	222.99
北京	现状	9.17	9.87	1.01	1.69	13.40	14.10	4.05	4.35	39.19	40.19
	2010	12.79	8.41	10.6～9.0	1.62	10.12	11.28	5.65	6.15	49.18	49.25
	2030	16.10	8.35	12.25～11.6	1.39	9.31	10.49	7.18	7.72	54.59	55.65
天津	现状	4.40	7.69	0.50	1.27	14.88	17.90	3.12	3.12	31.86	34.88
	2010	9.54	9.24	2.10	1.23	13.75	15.00	7.27	7.27	43.13	44.38
	2030	12.43	12.20		1.53	13.00	14.00	7.85	7.86	47.01	48.02
合计	现状	25.25	58.59	1.73	20.82	225.50	273.57	29.43	31.89	361.32	411.85
	2010	50.58	80.37	49.03～47.43	24.87	215.80	252.44	39.47	42.83	460.12	498.52
	2030	82.55	115.75	52.48～51.83	29.02	194.55	228.47	46.14	51.04	520.50	558.66

表 9－2－4　　　　　南水北调中线工程受水区不同水平年可供水量　　　　　单位：亿 m^3

省（直辖市）	水平年	地表水		地下水		污水处理回用		回归水	海水利用	其他		合计	
		$P=50\%$	$P=75\%$	浅层	中深层	$P=50\%$	$P=75\%$			$P=50\%$	$P=75\%$	$P=50\%$	$P=75\%$
河南	现状	44.34	37.53	54.00	14.51							112.85	106.04
	2010	52.50	47.03	63.98	8.50	3.09	3.09	9.04				137.11	131.64
	2030	61.05	53.65	67.21	5.60	6.31	6.31	18.28				158.45	151.05
河北	现状	21.84	12.66	61.51	2.87	1.37	1.37			4.01	4.01	91.60	82.42
	2010	22.81	12.67	61.51	4.70	13.76	13.76	7.91		4.70	4.22	115.39	104.77
	2030	21.24	11.63	61.51	6.71	13.76	13.76	14.13		4.01	4.01	121.36	111.75
北京	现状	15.45	11.71	17.54	8.79	0.10	0.10			0.21	0.21	42.09	38.35
	2010	14.55	11.21	17.54	8.79	6.45	6.45			1.47	0.95	48.80	44.94
	2030	12.05	8.71	13.21	8.79	8.00	8.00			4.47	2.95	46.52	41.66

续表

省（直辖市）	水平年	地表水		地下水		污水处理回用		回归水	海水利用	其他		合计	
		P=50%	P=75%	浅层	中深层	P=50%	P=75%			P=50%	P=75%	P=50%	P=75%
天津	现状	16.67		7.83					0.30	6.91		31.71	8.13
	2010	17.57	14.87	5.42		5.15	5.45		0.57	1.98	1.07	30.69	27.38
	2030	19.19	13.37	5.42		6.28	6.67		0.66			31.55	28.12
合计	现状	98.30	61.90	140.88	26.17	1.47	1.47		0.30	11.13	4.22	278.25	234.94
	2010	107.43	85.78	148.45	21.99	28.45	28.75	16.95	0.57	8.15	6.24	331.99	308.73
	2030	113.53	89.36	147.35	21.10	34.35	34.74	32.41	0.66	8.48	6.96	357.88	332.58

（六）水资源供需平衡

通过受水区水资源供需平衡分析，2010 水平年，$P=50\%$ 的缺水量为 128 亿 m^3，与现状比，缺水量年增长率为 3.4%；2030 水平年，$P=50\%$ 的缺水量为 163 亿 m^3，与 2010 水平年比，缺水量年增长率为 1.2%。

受水区不同水平年供需平衡见表 9-2-5。

表 9-2-5   南水北调中线工程受水区不同水平年供需平衡

省（直辖市）	水平年	需水量		可供水量		缺水量	
		P=50%	P=75%	P=50%	P=75%	P=50%	P=75%
河南	现状	148.63	167.16	112.85	106.04	35.78	61.12
	2010	182.26	198.44	137.11	131.64	45.15	66.80
	2030	214.08	231.99	158.45	151.05	55.63	80.95
河北	现状	141.65	169.63	91.60	82.42	50.05	87.21
	2010	185.55	206.46	115.39	104.77	70.16	101.68
	2030	204.82	222.99	121.36	111.75	83.46	111.25
北京	现状	39.19	40.19	42.09	38.35	0.00	1.84
	2010	49.18	49.25	48.80	44.94	0.38	4.31
	2030	54.59	55.65	16.52	41.66	8.07	13.99
天津	现状	31.86	34.88	31.71		0.15	
	2010	43.13	44.38	30.69	27.38	12.44	17.00
	2030	47.01	48.02	31.55	28.12	15.46	19.90
合计	现状	361.32	411.85	278.25	234.94	83.07	
	2010	460.21	498.52	331.99	308.73	128.13	189.79
	2030	520.50	558.66	357.88	332.58	162.62	226.08

（七）缺水量分析

在规划修订过程中，各省（直辖市）在进一步加强节水、治污和生态环境保护的基础上，制定了详尽的节水规划、治污及污水处理回用规划，采用的各部门用水定额一般为节水定额，同时还考虑了生活用水的部分回归利用。

另外，中线工程受水区水资源总量（不含入境水量）251.3 亿 m³，2010 水平年总人口 1.2 亿人，人均水资源量 209.0m³；加上入境水量 153.5 亿 m³ 后，人均水资源量为 337m³，远远低于 2010 年全国人均供水 450m³ 的标准，总体上反映了受水区缺水的严重程度。

四、受水区城市需调水量

中线工程以城市生活、工业供水为主要目标，兼顾环境和农业，受水区需调水量根据南水北调供水范围内城市水资源规划成果确定。中线工程沿线的河南、河北、北京、天津按照"三先三后"的原则，分别编制完成了城市水资源规划报告，并已通过了由国家计委、水利部会同建设部、国家环保总局、中咨公司成立的专家组的审查。以此为依据，分析计算中线工程的需调水量。

（一）受水城市

受水城市为：北京全市；天津的中心城区、滨海区、新四区、武清区及蓟县、宝坻县、宁河县、静海县四县城及建制镇；河北省的邯郸、邢台、石家庄、保定、衡水、廊坊 6 个省辖市及其范围内的 18 个县级市和 70 个县城；河南省的南阳、平顶山、漯河、周口、许昌、郑州、焦作、新乡、鹤壁、安阳、濮阳 11 个省辖市及 30 个县级市和县城。

（二）中线工程城市水资源供需平衡

需水量预测。中线工程受水区城市 2010 水平年总需水量为 149 亿 m³，其中生活 49 亿 m³，工业 56 亿 m³，环境 23 亿 m³，其他 21 亿 m³；2030 水平年总需水量 202 亿 m³，其中生活 79 亿 m³，工业 73 亿 m³，环境 28 亿 m³，其他 22 亿 m³。

可供水量。中线工程受水区城市 2010 水平年可供水（95％）约 71 亿 m³，2030 水平年可供水（95％）约 74 亿 m³。

供需平衡。由于中线工程受水区南北长 1000 多 km，跨四大流域，具有水文情势丰枯互补的客观条件，出现同为保证率 95％枯水年的机遇较少。按照 $P = 95\%$ 同频率相加，考虑调水规模可偏于安全。据此测算：2010 水平年，$P = 95\%$ 缺水 78 亿 m³，缺水率为 52％；2030 水平年 $P = 95\%$ 缺水 128 亿 m³，缺水率为 63％。各水平年城市水资源供需平衡成果见表 9 - 2 - 6。

表 9 - 2 - 6　　　　　各水平年城市水资源供需平衡成果表（95％）　　　　单位：亿 m³

省（直辖市）	水平年	需水量	可供水量	缺水量
河南	2010	41.23	11.49	29.73
	2030	64.97	15.25	49.72
河北	2010	35.18	6.51	28.67
	2030	52.13	9.09	43.04
北京	2010	49.25	42.13	7.12
	2030	55.65	38.65	17

续表

省（直辖市）	水平年	需水量	可供水量	缺水量
天津	2010	23.14	10.68	12.46
	2030	29.58	11.21	18.37
合计	2010	148.8	70.81	77.98
	2030	202.33	74.2	128.12

（三）中线工程城市水量配置

根据上述城市净缺水量并经有关部门考虑南水北调各线路间协调，中线工程受水区各省（直辖市）调水量配置（算至陶岔毛水量）见表9-2-7。

表9-2-7　　　　　　　　　　中线工程调水量配置表　　　　　　　　单位：亿 m³

省（直辖市）	水平年	调水量（陶岔）	备　　注
北京	2010	12	
	2030	17	
天津	2010	10	
	2030	10	
河北	2010	35	
	2030	48	
河南	2010	38	含现状引丹灌区引水量
	2030	55	
受水区合计	2010	95	
	2030	130	

按上述水量配置，中线工程实施后，基本可满足受水区城市需水要求，将城市不合理挤占的农业、生态用水归还给农业与生态。另外，受水区还可通过进一步的节水、治污、加强管理、水资源的优化调配等，提高水的利用效率，增加农业与生态供水。

第三节　丹江口水库可调水量

丹江口水库可调水量是中线工程规划的关键。根据城市水资源规划成果，受水区主要城市近期缺水量78亿 m³，后期缺水量128亿 m³。可调水量以此要求为依据，研究丹江口水库大坝加高与否、汉江中下游工程措施、输水总干渠渠首规模与可调水量的关系。

一、汉江流域水资源

（一）流域概况

汉江是长江中下游最大的支流，发源于秦岭南麓，流经陕西、湖北两省，于武汉市汇入长江，干流全长 1577km，流域面积约 15.9 万 km^2，包括陕西、河南、湖北、四川、重庆及甘肃省（直辖市）的部分地区。干流丹江口以上为上游，长约 925km，集水面积 9.52 万 km^2；丹江口至皇庄为中游，长约 270km，集水面积 4.68 万 km^2；皇庄至河口为下游，河段长 382km，集水面积 1.70 万 km^2。下游河道两岸均筑有堤防。

（二）水文气象特征

汉江流域属东亚副热带季风气候区。冬季受欧亚大陆冷高压影响，夏季受西太平洋副热带高压影响，气候具有明显的季节性，冬有严寒，夏有酷热。流域多年平均降水量 883.8mm，其中上游约 800～1200mm，中游 700～900mm，下游约 900～1200mm。降水年内分配不均匀，5—10 月降水占全年的 70%～80%，7 月、8 月、9 月三个月占全年降水量的 40%～60%。流域内多年平均气温 12～16℃，月平均气温 7 月最高，为 24～29℃。1 月最低，为 0～3℃。极端最高气温在 40℃ 以上，极端最低气温为 −17～−10℃。流域多年平均水面蒸发能力 893mm，最大值出现在 6 月、7 月，可达 100～200mm，最小值出现在 1 月小，仅 18～31mm。陆面蒸发量 513mm。流域多年平均风速为 1.0～3.0m/s，最大风速为 24.3m/s。风向具有明显的季风特点，冬季以东北风为主，夏季以东南风为主。

（三）水资源

1. 水资源总量

据 1956—1997 年资料统计，全流域年均降水总量 1405 亿 m^3（降雨深 883.8mm），丹江口水库以上 848 亿 m^3（降雨深 890.5mm）；全流域地表水资源量 566 亿 m^3，丹江口以上地表水资源量 388 亿 m^3；全流域地下水资源量为 188 亿 m^3，丹江口以上约 111 亿 m^3。扣除地表、地下水重复水量 172 亿 m^3，水资源总量 582 亿 m^3，丹江口以上 388 亿 m^3。

2. 水资源评价

汉江流域年均径流量 566 亿 m^3，水资源总量 582 亿 m^3，与黄河水资源量相近。现状耗水量约 39 亿 m^3，出境水量 527 亿 m^3，耗水量仅占天然径流量的 7%，说明流域水资源量较丰富，有余水可供北调。20 世纪 90 年代，汉江流域发生了历史上较长的枯水期。1991—1998 年丹江口以上年均径流量 297.4 亿 m^3，约为多年平均值的 76.6%。经过对这一连续枯水段的降雨-径流关系深入分析，径流系数没有发生变化，因此，枯水段主要是因为降雨减少引起的，可以排除流域下垫面发生系统变差的因素和人类活动的因素。

二、汉江中下游地区需水情况分析

（一）汉江中下游干流供水范围基本情况

汉江中下游干流供水范围指以汉江干流及其分支东荆河为水源或补充水源的区域。该区域面积约 2.35 万 km^2，北起汉北河以北 20～30km 的丘陵边缘，南以四湖总干渠为界，东至武汉市，西南到潜江市市界，包括襄樊市、荆门市、孝感市和武汉市所辖的 19 个县（市、区），天门市、潜江市、仙桃市 3 个直管市，以及"五三""沙洋""沉湖"等农场的全部或部分范围。

汉江中下游沿岸的江汉平原温湿多雨、土地肥沃，是湖北省重要的经济走廊，也是我国重要的粮棉基地之一，其中武汉市是湖北省经济和政治中心。调水不能影响该地区的经济发展，不能恶化当地的生态环境。

根据汉江中下游地区的水系、行政区划、水利工程布局等因素，将汉江中下游干流供水范围划分为上、中、下三个大区，再划分为 15 个灌区、16 个县级以上城市及 1 个工业区。按 1997—1999 年统计年鉴资料计算，区内耕地面积 1217.8 万亩，有效灌溉面积 985.7 万亩；总人口 1526.4 万人，其中非农业人口 658.9 万人，城市化率达 43％。工业总产值 1629.4 亿元。

（二）主要经济社会发展指标预测

1. 工业产值增长率

根据《湖北省国民经济和社会发展第十个五年计划纲要》，"十五"期间，本区年新增产值 120 亿元以上，预测现状至 2010 水平年城市工业产值年均增长率为 10.54％；2011—2030 水平年为 5.83％；现状至 2010 水平年乡镇工业产值年均增长率为 10％，2011—2030 年为 4.5％。

2. 人口增长率及城镇化水平

根据湖北省提出的在 2030 年以前实现人口零增长的目标，2011—2030 水平年人口年均增长率取为 4.5‰。据此预测 2010 年前农业人口年均增长率为 2.6‰，非农业人口年均增长率为 20.3‰，2011—2030 年农业人口年均增长率为 −11.1‰，非农业人口年均增长率为 17.4‰。

3. 灌溉率发展预测

本区灌溉率（有效灌溉面积与总耕地面积之比）较高，现状已达 81％，规划 2010 水平年灌溉率提高到 95％，2030 水平年及其以后仍维持在 95％的水平。

4. 经济社会发展预测

根据上述发展规划和预测，汉江中下游干流供水范围内 2010 水平年总耕地面积 1217.8 万亩，灌溉面积 1157 万亩。总人口 1725 万人，其中非农业人口 828 万人，城市化率 48％。工业总产值 5463 亿元。2030 水平年总耕地面积与灌溉面积不再增加。总人口达 1887 万人，其中非农业人口 1169 万人，城市化率 62％。工业总产值 14932 亿元。

（三）汉江中下游干流供水范围水资源供需分析

1. 需水量

根据经济社会发展指标和各类用水定额，测算得汉江中下游干流供水区现状、2010 及 2030 水平年需水量分别为 127.3 亿 m^3、151.1 亿 m^3 及 160.7 亿 m^3。

汉江中下游干流供水范围内多年平均年需水量见表 9-3-1。

表 9-3-1　　　　　汉江中下游干流供水范围内多年平均年需水量　　　　　单位：亿 m^3

水平年	农业需水	工业需水	生活需水	其他需水	合计
现状	81.5	33.9	8.7	3.3	127.3
2010	85.0	47.8	13.4	4.83	151.1
2030	74.9	61.1	18.7	6.07	160.7

2. 供需平衡分析及干流取水量

汉江中下游干流供水范围内共有大型水库1座，中型水库33座，小型水库346多座，大小湖泊25个，塘堰4.7万多口，总兴利库容13.88亿 m³；引提水泵站设计流量112m³/s（非汉江干流取水）。汉江中下游干流供水范围划分成各不相同的小区，各小区内分片、分时段进行需水量和当地可供水量的供需对口分析，得现状、2010水平年、2030水平年当地径流供水量分别为23.8亿 m³、33.3亿 m³、35.7亿 m³；其中，城市供水量分别为3.36亿 m³、5.36亿 m³、6.89亿 m³。各小区的缺水量按全部由汉江干流补充，求得相应水平年需引汉江干流补充的水量，多年平均分别为103.5亿 m³、117.8亿 m³、125.0亿 m³，见表9-3-2。

表9-3-2　　　　　　　　汉江中下游干流供水范围供需平衡　　　　　　　　单位：亿 m³

水平年	需水量				当地径流供水量				需引汉江水量			
	多年平均	$P=50\%$	$P=85\%$	$P=95\%$	多年平均	$P=50\%$	$P=85\%$	$P=95\%$	多年平均	$P=50\%$	$P=85\%$	$P=95\%$
现状	127.3	127.2	144.5	164.1	23.8	22.9	23.9	18.7	103.5	104.3	120.6	145.3
2010	151.1	150.4	168.8	184.8	33.3	34.3	31.7	26.4	117.8	116.1	137.1	158.4
2030	160.7	159.1	177.0	191.8	35.7	36.6	32.0	28.8	125.0	122.5	145.0	163.0

（四）丹江口水库补偿下泄过程设计

1. 设计原则及工程条件

汉江中下游河道现状工程条件下，大型自流灌区正常取水需要汉江水位达到一定高程，即必须维持相应的流量。如罗汉寺闸要达到设计流量120m³/s时要求汉江流量不能小于1500m³/s；兴隆闸设计引水40m³/s时要求汉江流量不小于1260m³/s；泽口闸设计引水150m³/s时要求汉江流量不小于1245m³/s；谢湾设计引水40m³/s时要求汉江流量不小于1750m³/s；东荆河灌区在汉江流量达880m³/s时才开始进水。为了在调水同时，满足或改善中下游的用水条件，规划在汉江中下游安排相应的工程措施。

共考虑了四种工程措施，分别计算各种方案需要丹江口水库补偿下泄的过程：①汉江中下游维持现状工程条件；②汉江中下游兴建兴隆水利枢纽、沿岸部分闸站改扩建及局部航道整治；③在上述工程基础上增建引江济汉工程；④再增加全部梯级渠化。

2. 河道外用水要求

汉江中下游沿干流共有城镇水厂和工业自备水源216座，农业灌溉引提水闸站241座，总引提水能力约1060m³/s，总装机容量约10.3万 kW。较大的灌区有罗汉寺、兴隆、谢湾、泽口、三河连江灌区以及东荆河灌区（从汉江的分流河道东荆河取水）。

在进行长系列计算时，由各闸站需引汉江水的过程从闸站水位-流量关系曲线上查得各闸站取水对汉江干流水位的要求，再按不同的汉江中下游工程条件将水位转换为对流量的要求，一并考虑在需丹江口水库下泄的过程中。

3. 河道内用水要求

河道内用水主要包括环境用水及航运用水。

（1）环境用水。20世纪90年代以来，汉江沙洋以下长约300km的河段发生过三次"水华"（1992年2月、1998年3月、2000年2月）。初步分析认为，"水华"发生与近年汉江氮、磷等营养物质浓度显著增长有直接的关系。汉江枯水期的凯氏氮和总磷均大大超过了藻类大量繁殖的临界值（$TP>0.015\mathrm{mg/L}$，$TN>0.3\mathrm{mg/L}$），成为产生"水华"最基本的营养物质条件。此外，水温增高，流速减缓，是促使"水华"发生的外部条件。保护汉江中下游河道水质的根本出路在于严格限制污水的直接排放。考虑到汉江中下游地区为经济较发达地区，人口稠密，工业、农业生产十分发达，且造成"水华"发生的氮、磷含量高常常起因于面污染源，因此，汉江中下游河道维持必要的流量对保护生态环境非常重要。据分析，在现状污染不继续恶化的前提下，无引江济汉工程时，由于丹江口水库加坝调蓄作用加强，调水后发生"水华"的几率不超过调水前。建引江济汉工程，使汉江河道的流量保持在$500\mathrm{m^3/s}$以上，可大大改善汉江沙洋以下河段水环境，控制住春季"水华"的发生。

（2）航运用水。现状情况下，丹江口—襄樊的航道基本达到Ⅵ级通航标准，襄樊—汉口的航道基本达到Ⅳ级通航标准。近期航运规划目标是将丹江口—襄樊河段提高到Ⅴ级航道标准，襄樊—汉口河段全面达到Ⅳ级航道标准。远景规划目标是汉口—丹江口河段达到Ⅲ级航道标准。按Ⅴ级航道标准，丹江口—襄樊段设计通航保证率为90%～95%。现状条件下（初期引水15亿$\mathrm{m^3}$，下同），相应此保证率的流量为480～$460\mathrm{m^3/s}$；襄樊—汉口段按Ⅳ级航道考虑，设计保证率为95%～98%，现状相应此保证率的流量襄樊—利河口为410～$360\mathrm{m^3/s}$，利河口—泽口段为400～$333\mathrm{m^3/s}$，泽口—汉口段340～$200\mathrm{m^3/s}$。由于航运与环境需水大部分重复，因此，在拟订丹江口水库补偿下泄过程时，满足环境用水的同时，一般也能满足航运用水，如丹江口水库最小下泄流量为$490\mathrm{m^3/s}$时，泽口以上河段流量一般都不小于$500\mathrm{m^3/s}$，泽口—汉口河段流量都不小于$300\mathrm{m^3/s}$。

4. 支流及区间来水

汉江中下游地表水资源量多年平均约为179亿$\mathrm{m^3}$，下游受两岸堤防阻隔，直接汇入干流水量较少，因此，计算中仅考虑黄家港至皇庄段支流汇入汉江干流的水量。经分析计算，1956—1997年丹江口至皇庄区间的各支流来水量年均约106.2亿$\mathrm{m^3}$，扣除各水平年的耗水量，预测2010水平年、2030水平年支流来水年均103.7亿$\mathrm{m^3}$、96.8亿$\mathrm{m^3}$。

5. 回归水

汉江中下游两岸河道外引走的水量除部分消耗外，相当部分通过地表及地下水的形式回到汉江干流河道内。火电用水为贯流式取水，大部分回到汉江干流，回归系数取0.9；一般工业和生活用水在钟祥以上大部分回到汉江干流，回归系数取0.8；钟祥以下回到汉江干流的量较小，回归系数取0.55；农业灌溉用水回归系数取0.175。

6. 丹江口水库补偿下泄过程设计

采用流量平衡法，按前述条件以旬为单位由下而上，逐片累加需汉江补给的流量，逐段扣除上游断面的回归水及相关断面的支流来水，即得到需要丹江口水库下泄的水量。汉江中下游兴建不同的工程条件下，要求丹江口水库补偿下泄的水量也将不同。

各工程条件多年平均要求丹江口水库补偿下泄水量见表9-3-3。

从上述结果可知，汉江中下游工程对丹江口水库下泄水量有显著影响。以2010年为例，单纯从需要补充的水量来看，丹江口水库年均只需下泄151.1亿$\mathrm{m^3}$水量（表9-3-1）就可以满足汉江中下游地区的需要，但如果汉江中下游河道维持现状，则丹江口水库需要下泄270.6

亿 m³ 的水才能满足要求，即 44％的水量仅仅为了维持取水的水位和航运需要的水深，这还不包括南河、蛮河、唐白河三大支流汇入干流的近 100 亿 m³ 水量。如果建设兴隆枢纽和引江济汉工程，并对部分沿江取水闸站改造，对航道进行整治（即 4 项工程），则需要丹江口下泄的水量为 162.2 亿 m³（表 9-3-3），比不新建工程减少 40％。

表 9-3-3　　　　　　　　　　丹江口水库补偿下泄水量　　　　　　　　单位：亿 m³

工　程　条　件	2010 水平年			2030 水平年		
	年平均	$P=85\%$	$P=95\%$	年平均	$P=85\%$	$P=95\%$
现状工程条件	270.6	298	341.2	295.9	331.4	376.8
兴隆、闸站、航道改建	218.1	243.9	267.3	219.2	244.5	270.21
兴隆、闸站、航道改建、引江济汉	162.2	173.3	185.0	165.7	179.4	193.7
全部梯级建成				76.4	89.9	103.8

另外，如果不建引江济汉工程，需要丹江口下泄的水量为 218.1 亿 m³，比建引江济工程增加 26％。因此，引江济汉工程可以显著减少汉江中下游地区需要丹江口水库下泄的补充水量，这对于增加可调水量、改善北调水过程及汉江中下游生态环境是非常有益的。

三、丹江口水库调度与可调水量

根据丹江口水库上游来水和中下游需水，考虑水库的调蓄作用，通过水库调度确定丹江口水库陶岔闸的可调水量过程。

（一）丹江口水库的建设规模与任务

丹江口水库始建于 1958 年，20 世纪 60 年代初国家经济特别困难时期，决定分期建设，1973 年建成了初期规模。水库特征指标见表 9-3-4。

表 9-3-4　　　　　　　　　　丹江口水库特征指标表

项　　目	水　库　条　件	
	现　状	最终规模
坝顶高程/m	162.0	176.6
正常水位/m	157.0	170.0
相应库容/亿 m³	174.5	290.5
死水位/m	140.0	150.0
相应库容/亿 m³	76.5	126.9
极限消落水位/m	139.0	145.0
相应库容/亿 m³	72.3	100.0
主汛期—汛后调节库容/亿 m³	48.7～102.2	98.2～190.5
夏-秋季防汛限制水位/m	149.0～152.5	160.0～163.5
预留防洪库容/亿 m³	77.2~55.0	110.0～81.2

注　中线工程水源区丹江口水库高程系统采用吴淞高程，汉江中下游工程高程系统采用黄海高程，输水工程高程系统采用 85 国家高程基准。陶岔处高程系统转换关系：吴淞高程＝85 国家高程基准＋1.696m＝黄海高程＋1.62m。

1. 初期规模水利任务

丹江口水库初期规模坝顶高程 162m，正常蓄水位 157m，极限死水位 139m，兴利库容 49 亿～103 亿 m³（汛期—汛后）。现状情况下，丹江口水库的主要任务为防洪、发电、灌溉、航运。

（1）防洪。防洪库容 55 亿～77 亿 m³（秋季—夏季），在汉江发生 20 年一遇以下洪水时，通过水库拦蓄，保证民垸不分洪；在发生 1935 年洪水时，水库削峰配合 14 个民垸分蓄洪、启用杜家台分洪区、利用东荆河自然分流，保证遥堤和两岸干堤的安全。

（2）发电。装机容量 900MW，保证出力 247MW，原设计年发电量 38 亿 kW·h。丹江口水库电站是华中电网的主要调峰电站。

（3）灌溉。主要承担湖北清泉沟灌区和河南刁河灌区共 360 万亩耕地的供水任务，75％干旱年供水量约 15 亿 m³。

（4）航运。改善库区航运条件，调节下泄流量。

2. 最终规模水利任务

丹江口水库按最终规模建成后，正常蓄水位 170m，兴利库容 98 亿～191 亿 m³（汛期—汛后）。水库的主要任务为防洪、供水、发电。

（1）防洪。防洪库容 81 亿～110 亿 m³（秋季—夏季），当汉江发生 1935 型洪水时，通过水库调蓄，辅以杜家台分洪区和东荆河分洪，汉江中下游少数民垸少量蓄洪便可保证遥堤及干堤的安全。

（2）供水。丹江口水库大坝加高后，首要的兴利任务是供水，在满足汉江中下游干流供水区和清泉沟用水的前提下，向北方调水。

（3）发电。结合下泄水量发电，电站在系统中主要担负调峰、调频任务。大坝加高后，由于水头增加，配合已建成的王甫州枢纽运行，可以更好地承担日调峰任务。

（二）丹江口水库入库水量

丹江口水库以上流域的地表、地下水均排泄入汉江，上游引用后回归水仍进入汉江干流，因此，由丹江口水库天然径流量中扣除不同水平年上游的耗水量即得丹江口水库相应水平年的入库水量。

1. 丹江口水库以上耗水量分析

丹江口水库以上即汉江上游现状（1999 年）灌溉面积 420 万亩，工业总产值 871.6 亿元，总人口 1133.7 万人（非农业人口 204.1 万人），城市化率约为 18％，牲畜 1089.2 万头，实际年耗水量为 19 亿 m³。

考虑到丹江口以上主要为山丘区，有效灌溉面积很难再增加，预测 2010 水平年、2030 水平年有效灌溉面积均为 430 万亩。现状至 2010 年工业年均增长率为 7％，总产值 1834.55 亿元；人口年均增长率为 10‰，达到 1264.9 万人（城市化率 37.8％）；牲畜 1215.2 万头。2010—2030 年工业年均增长率为 5％，2030 年总产值 4682.6 亿元；人口年均增长率为 5‰，达到 1397.5 万人（城市化率 50％）；牲畜 1504.8 万头。

2010 水平年和 2030 水平年农业 75％保证率的灌溉定额分别为 540m³/亩、490m³/亩（水利用系数 0.7），工业万元产值用水定额分别为 70m³ 和 50m³，人口用水定额分别为 220～

80L/（人·日）和 300～120L/（人·日），牲畜用水定额均按 40L/（人·日）计算。

按上述指标计算，2010 水平年，50%～95% 频率的耗水量为 22.10 亿～24.30 亿 m³；2030 水平年，50%～95% 频率的耗水量为 27.5 亿～30.2 亿 m³。

2. 入库水量计算

丹江口水库以上已建成黄龙滩、石泉、安康三座水库。丹江口水库的天然入库过程计算：还原丹江口水库及上述三座水库的总蓄水变量，加上丹江口水库的蒸发渗漏量、清泉沟和陶岔的引水量、丹江口水库以上的耗水量及下泄过程。

规划修订采用 1956—1997 年系列，该系列年均丹江口水库天然入库水量为 387.8 亿 m³，与 1933—1997 年系列相比，均值减小 5.6 亿 m³，偏小 1.4%，其他各频率的年入库水量也偏小 1.4%。据水文分析，1956—1997 年水文系列属于不完整的偏枯水文系列，据此计算的可调水量是偏于安全的。扣除相应水平年上游地区的规划耗水量和丹江口水库的蒸发渗漏损失，得到丹江口水库 2010 水平年和 2030 水平年的年均入库水量，分别为 362 亿 m³ 和 356.4 亿 m³。

（三）可调水量

丹江口水库可调水量除与来水量外还与大坝是否加高、汉江中下游工程措施、总干渠的输水能力等密切相关。根据方案研究，近期建成引江济汉工程，才能满足受水区的需调水量要求。无论从改善汉江中下游河道生态环境还是从提高供水保证率方面分析，均必须修建引江济汉工程。丹江口水库可调水量主要方案特性（表 9-3-5）如下。

（1）丹江口水库大坝加高，汉江中下游建兴隆枢纽、引江济汉工程，对因调水后汉江水位下降不能正常工作的部分闸站进行改建、整治局部航道（简称"4 项工程"），总干渠渠首设计流量 350m³/s、加大流量 420m³/s。此调水方案涵盖了表 9-1-1 中"Ⅰ"类方案的近期调水方案，结合表 9-1-1 的编号，称此方案为"Ⅰ-1（近）"。

（2）大坝加高，汉江中下游工程同上，渠首设计流量 630m³/s、加大流量 800m³/s，称此方案为"Ⅰ-1（后）"，它基本涵盖了表 9-1-1 中渠首设计流量 630m³/s 规模的调水方案（包括一次建成的方案Ⅲ-2）。

表 9-3-5　　　　　　　　　丹江口水库可调水量主要方案特性

大坝状态	水平年	方案编号	渠首设计流量/(m³/s)	极限死水位/m	渠首泵站	汉江中下游工程	入库水量/亿 m³	入库水量平衡/亿 m³				
								下游供水量	清泉沟供水量	陶岔引水量（可调水量）	发电弃水量	弃水量
大坝加高	2010	Ⅰ-1（近）	350	145	无	4 项	362	160.8	6.3	97.1	40.3	57.5
	2030	Ⅰ-3（后）	500	145	无	4 项	356.4	165.8	11.1	110（125）	28.9	40.6
	2030	Ⅰ-1（后）	630	145	无	4 项	356.4	162.8	11.1	121（140）	24.6	36.9
	2030	Ⅰ-6（后）	350	145	无	建成全部梯级	356.4	78.5	11.2	128	70.2	68.5

大坝状态	水平年	方案编号	渠首设计流量/(m³/s)	极限死水位/m	渠首泵站	汉江中下游工程	入库水量/亿m³	入库水量平衡/亿m³				
								下游供水量	清泉沟供水量	陶岔引水量（可调水量）	发电弃水量	弃水量
不加坝或少加坝	2010	Ⅱ-1（近）	350	139	一级	4项	362	161	6.1	81.2	48.1	64.8
	2010	Ⅱ-2（近）	350	145	无	4项	362	162.2	6.2	34.8	82.9	74.7
	2010	Ⅱ-3（近）	350	139	一级	4项	362	161.2	6.1	84.2	62	48.5

（3）大坝加高，汉江中下游工程同上，渠首设计流量 500m³/s、加大流量 630m³/s，此方案计算了表 9-1-1 中"Ⅰ-3""Ⅰ-4"方案中后期规模及总干渠一次建成渠首设计流量 500m³/s 规模的调水方案，称之为"Ⅰ-3（后）"。

（4）大坝加高，汉江中下游全部梯级建成，渠首设计流量 350m³/s、加大流量 420m³/s，此方案是针对表 9-1-1 中"Ⅰ-6"方案的后期调水设计的，称之为"Ⅰ-6（后）"。

（5）大坝不加高，汉江中下游建成 4 项工程，渠首设计流量 350m³/s、加大流量 420m³/s。陶岔渠首修建一级泵站，设计流量 200m³/s，前池最低水位 139m，最大扬程 10m。此方案是针对表 9-1-1 中"Ⅱ-1"方案的近期调水设计的，称之为"Ⅱ-1（近）"。

（6）大坝不加高，发电量控制与方案"Ⅰ-1（近）"相同，显然不能满足近期北方需要，只反映调水和发电的关系，称此方案为"Ⅱ-2（近）"。

（四）水库调度及可调水量

根据丹江口水库的综合利用任务，每年 5 月起至 6 月 21 日，库水位必须逐渐降低到夏季汛限水位（加坝、不加坝分别为 160m 和 149m）。到 8 月 21 日，库水位允许逐渐抬高到秋季汛限水位（加坝、不加坝分别为 163.5m 和 152.5m）。10 月 1 日以后，可逐渐充蓄到正常蓄水位。

引水调度采取分区方式，拟订了加大引水区、设计引水区、降低引水区、限制引水区。加大引水区接近汛限水位，当库水位落在此区时，按总干渠加大流量引水；设计引水区在加大区之下，按总干渠设计流量引水；限制供水区是为了保证汉江中下游用水和北调水不会中断而设定的引水流量限制线；降低引水区是为引水流量平稳过渡而设置的，目的是使引水流量不至于出现大起大落的情况。

引水调度未考虑受水区的需水过程，但考虑了以"年均调水量最大"或"以枯水年调水量最大"两种不同的目标。前者是在满足汉江中下游用水的前提下尽量多调水，后者水库蓄水一般保持相对较多的状态，以备枯水期和枯水年有一定的水可以调出，此种调度方式多年平均弃水量较大。

各方案调水量见表 9-3-5。由此可见，近期各类方案中只有加坝方案的调水量［Ⅰ-1（近）］，可以达到 97 亿m³，扣除输水损失后能满足 2010 年受水区的需水要求。不加坝或少加坝方案的可调水量扣除输水损失后，与受水区缺水 78 亿m³ 相比，缺口较大，不能满足受水区近期的需水要求。

后期调水的诸方案中，Ⅰ-1（后）如果不刻意追求最小年的调水量，而以多年平均调水量最大为目标，则年均调水量可达 140 亿 m³ 以上，能满足受水区城市的用水要求；Ⅰ-3（后）渠首设计流量 500m³/s 与 Ⅰ-6（后）渠首设计流量 350m³/s 方案，调水量较受水区的要求还有差距。

（五）丹江口水库大坝加高调水才能满足受水区的基本要求

加高大坝调水方案在总干渠渠首设计流量 350m³/s 的条件下，可以调出水量 97 亿 m³，保证率 95% 的水量为 61.7 亿 m³。由于南北水文情势丰枯互补，从逐旬调度结果看，生活供水的保证率可以达到 95% 以上，工业供水保证率可以达到 90% 以上，能满足受水区的需水要求。

不加坝近期调水方案可调水量约 82 亿 m³，扣除损失后，到用户的水量约 65 亿 m³，与受水区需要的水量 78 亿 m³ 相比，存在较大的差距。在专题研究中，不加坝方案可调出水量约 88 亿 m³，但需要降低丹江口水库的死水位到 130m，渠首需建两级泵站，这将会给库区带来一系列问题。

四、调水对汉江中下游的影响

以代表现状的丹江口水库初期规模引水 15 亿 m³（简称"现状设计"）的各项指标和状态作为比较基础，研究各代表方案调水对汉江中下游带来的影响。在各主要调水方案中，汉江中下游只选择了"建 4 项工程"与"后期建成全部梯级"两种状态。后者需要丹江口水库下泄补充的水量少，航运条件与河道外用水条件都可以满足并优于"现状设计"的各控制性指标。对于不加坝的近期调水方案〔Ⅱ-1（近）〕，由于调水量少于加坝的调水量，对汉江中下游影响也相对较小。因此，重点研究大坝加高、汉江中下游建成 4 项工程的调水方案对汉江中下游河道内、外用水的影响。

（一）对干流水情与河势的影响

1. 干流流量的变化

调水后干流的枯水流量加大，中水流量（600～1250m³/s）历时减少，干流流量趋于均化；引江济汉工程显著加大了兴隆以下河段中枯水的流量，中水历时延长。

2. 干流水位的变化

根据下泄流量过程分析，调水后黄家港河段水位多年平均下降 0.29～0.45m，襄樊河段水位多年平均下降 0.31～0.51m，沙洋河段由于兴建兴隆枢纽，水位多年平均上升 1.63～1.77m；仙桃河段如无引江济汉工程，水位多年平均下降 0.35m，兴建引江济汉工程，水位多年平均上升 0.11m。

3. 干流河势的变化

根据下泄流量过程分析，各调水方案下泄过程均呈均化趋势，洪、中水造床流量减少使中下游河床变化总趋势向单一、稳定、窄深、微弯型发展。下泄流量的减少，使得仍在冲刷的下游河床冲刷强度减弱。

（二）调水对汉江中下游河道外用水的影响

汉江中下游采取必要的工程措施后，丹江口水库的下泄水量可以较好地满足中下游河道外的需水要求，工业、城乡和农业供水的保证率不论是近期还是后期调水规模，均较现状有明显提高，多数取水闸、站的供水保证率都接近100%。兴隆枢纽回水影响范围以上的河段由于水位略有降低，部分取水泵站的耗电量将有所增加。

（三）调水对汉江中下游河道内用水的影响

调水后，汉江中下游枯水流量有所增加，特枯流量出现的天数减少；实施引江济汉工程后，下游航道状况有所改善；河势向单一、稳定、微弯型发展，这些变化对航运有利。交通部门规划，2020年后，结合梯级建设，逐步实现丹江口—汉口河段Ⅲ级航道贯通，最小水深为2m，航行1000t级船舶组成的4000t级船队。如此航运条件，只有全部梯级建成后才能实现。各调水方案均不影响梯级渠化后的航运条件。加高大坝调水，汉江中下游航道整治流量较现状有所降低，要达到相同标准，整治参数须作相应调整，如整治线宽度要缩窄，整治建筑物要加长，工程量会增加。

（四）汉江枯水年可调水量与对策简析

42年长系列计算结果表明，丹江口水库大坝加高近期调水方案的年最小调水量53.6亿m³。由于水源区与受水区水文情势存在较强的丰枯互补性，引汉水与当地水联合运用，可以使受水区的供水保证率达到规定的要求。如果水源区与受水区同时遭遇特大干旱（这样的机遇较少），一方面，受水区的用水量必然会相应压缩；另一方面，还可以采取非常措施加以解决，如将丹江口水库死水位短时间由145m降至140m（相应库容23.5亿m³）等。

第四节　引汉水与当地水联合运用规划

一、中线工程供水特点

中线工程输水总干渠长达1425km（包括天津干线），像一条纽带把北调水源和受水区当地的各种水源融为一体，相互补偿，实现大范围长距离的水资源优化配置。

1. 水质优良、可以自流供水

丹江口水库水质优良，总干渠采用新建输水渠道或管道，与河渠全部立交，可以确保输送的水不被污染。华北平原地势西高东低，输水总干渠布置在平原西侧，居高临下可覆盖华北平原的大部分地区，实现自流供水。

2. 水文情势丰枯互补的有利条件

中线工程总干渠跨越长江、淮河、黄河、海河四大流域，水源区与受水区降水、径流年内分配和年际变化均很大。以水源区、受水区40个雨量站为代表，采用1954—1998年共45年的降雨资料进行丰枯遭遇分析，按水资源评价标准，汉江与淮河流域、海河流域同枯、同偏枯的几率为17.8%～11.1%，其中同枯的几率不足7%，多数年份南北水文情势是可以互补的。

水源区与受水区同时发生连续偏枯或枯水年的几率较少，还没有出现连续枯水年遭遇的情况。对于中线调水最不利的情况为南北同枯，而这种情况发生的几率不到7%，即使遭遇，中线工程仍可调出水量 50 亿 m³ 以上，对北方受水区仍有补偿作用。

中线工程水源区和受水区（尤其是海河流域）降水变化具有较好的互补性，这是中线工程北调水与当地水源联合运用、丰枯互补的客观有利条件。

3. 受水区有条件实现引汉水与当地水的联合运用

受水区及其周边地区，已建有众多蓄水工程，其中大中型水库近 30 座，大多具有向城市供水的任务；有些蓄水工程随着上游及周边地区经济社会的发展和自然资源条件的变化，长期蓄水不足。在中线工程调水量较多时，当地水库可存蓄当地径流或充蓄北调水，以备调水量少时使用。华北平原广泛分布有良好的地下含水层，是容积很大的地下水库。中线工程实施后，一般年份可以控制开采地下水，使现在超采的地下水得以休养生息；遇枯水年时可多开采一些地下水。

4. 中线工程常年供水

受水区城市生活、工业为常年均衡用水，而中线工程可以通过丹江口水库调度实现常年供水，因此调出的水量大部分能被直接利用，需要调蓄的库容相对较小。

二、调蓄运用原则与条件

中线工程是一个庞大的水资源系统工程。系统的运行目标是多水源协作，使各种水源均得到充分、合理的利用，达到城市供水高保证率的要求。如何实现这一目标，受水区现有水库能否满足调蓄需要，这是调蓄运用要研究的问题，也是中线工程的关键技术问题之一。

（一）调蓄运用基本原则

为充分发挥丹江口水库的调蓄作用，将丹江口水库、汉江中下游及受水区作为一个整体进行供水调度及调节计算。总原则：在满足汉江中下游防洪和用水的条件下，按北方受水区需水进行调度；北方需调水应综合考虑受水区当地的地表水、地下水与北调水联合运用及丰枯互补的作用。

（1）丹江口水库首先根据上游来水，在满足汉江中下游防洪、用水、湖北清泉沟引丹灌区、河南刁河灌区用水后，再按北方需要调水。规划修订在丹江口水库可调水量研究的基础上，进一步研究按需调度，其水量可被受水区完全利用，同样工程条件下按受水区需要调度，结果比"可调水量"要小。

（2）受水区仅选用现状已向城市供水的大中型水库参加调蓄计算，并将调蓄水库分成三类：

1）"补偿调节水库"，其位置较高，只能调蓄当地径流，对用水片起补偿调节作用。如河南的鸭河口、昭平台，河北的东武仕、黄壁庄，北京的密云、官厅，天津的于桥水库等均属于此类水库。

2）"充蓄调节水库"，其位置较低，既可以调蓄当地径流，也可以充蓄北调水，但充蓄的北调水只能通过该水库的供水系统向附近的城市供水，不能回到总干渠，如河南的白龟山水库、尖岗水库、常庄水库，河北的白洋淀、千顷洼等。

3）"在线调节水库"，为既可充蓄入库，又能在需要时向总干渠供水的水库。在线调节水库必须具备的条件是：离总干渠近，续建的配套工程简单；具有一定的调蓄库容；水库水质好。在线水库还可在总干渠输水中断时应急供水，对重要城市来说这种保障尤为必要，如河北的瀑河水库。

（3）引汉水与当地水源联合运用方式：

1）当地水库上游来水先充蓄水库到限定库容后的余水首先供水；同时，为避免地下水开采使用年际间变化过大（造成机井浪费和维修困难），再适当开采部分地下水。

2）若用户需水不满足，则依次由充蓄调节水库、北调水、补偿调节水库、地下水供水。

3）北调水有余，则向充蓄调节水库充库。

（4）水库最大供水流量不超过现状供水能力，且供水量不超过"北方城市水资源规划"中测算的地表水可供水量。

（5）地下水多年平均允许开采量即为年均计划控制开采量。

（6）在线水库既可充蓄北调水，又可以返回到总干渠，起到直接调节北调水过程的作用。

（二）调蓄运用基本条件

1. 受水区范围及城市需水量

受水区范围已在"第一节"详细说明。按照各省（直辖市）城市水资源规划，中线工程供水范围内2010年城市总需水约131亿 m^3，2030年总需水189亿 m^3。需水中未包括北京市的农业需水（调节计算中考虑由地下水供）。

2. 调蓄工程

据统计，受水区具有向城市供水功能的大、中型水库和注淀有19座，其中河南8座、河北7座、北京2座、天津1座，另有1座水库为河南、河北两省共用。总的调蓄库容67.5亿 m^3，其中黄河以南13.3亿 m^3，黄河以北54.2亿 m^3。

充蓄调节水库总调蓄库容10.9亿 m^3，补偿调节水库总调节库容56.65亿 m^3。在线水库拟选择新建瀑河水库的上库。

瀑河水库位于保定地区的徐水县，总干渠从瀑河水库的上游库区通过，可直接输水入瀑河水库。瀑河水库可自流向天津供水，向北京供水则需提水入总干渠。瀑河流域面积不大，多年平均来水0.45亿 m^3，新建的瀑河水库上库的调节库容为2.1亿 m^3，大部分库容可以用于北调水的调蓄。瀑河水库距离北京和天津市相对较近，作为北京、天津两市的事故备用水库，对提高两市的供水保证程度有非常重要的作用。规划瀑河水库上库作为北京、天津两市的专用调蓄水库。原瀑河水库的下库主要用于防洪。

受水区地下水的补偿调节作用很重要。虽然主要城市都有地表水水库，但大多数用水片还需靠地下水库进行补偿调节。

3. 分水口门

根据受水区涉及的城市和供水目标，在总干渠沿线共布置60个分水口门（未含北京末端），其中河南32个（黄河以南20个、黄河以北12个）；河北28个（包括向天津干线分水的口门）。

4. 总干渠输水损失

中线工程总干渠采用全线全断面衬砌，且总干渠与当地河渠交叉工程采用全立交形式。根据国内输水工程实测输水损失资料及实验成果，陶岔—北京的输水损失系数采用0.15。

5. 丹江口水库入库系列

丹江口水库入库水量按 2010 年和 2030 年两个水平年计算（分别扣除了规划水平年的上游耗水），系列为 1956 年 5 月至 1998 年 4 月（以旬为时段）。

6. 汉江中下游需水及清泉沟需水

汉江中下游现状、2010 水平年和 2030 水平年需水量分别为 127.3 亿 m³、151.1 亿 m³ 和 160.7 亿 m³。清泉沟主要为农业用水，2010 水平年和 2030 水平年需水量分别为 7 亿 m³ 和 11 亿 m³，需水系列同为 1956 年 5 月至 1998 年 4 月。

7. 受水区调蓄水库的入库径流过程

受水区各调蓄水库的入库径流过程为 1956 年 5 月至 1998 年 4 月（以旬为时段），其过程均已还原并扣除了上游规划水平年的耗水。

8. 渠道运行控制方式

为了有效地进行控制，总干渠上规划有 60 余座节制闸，并采用闸前常水位控制方式。因此，利用现代技术进行集控，可以保证总干渠对需水变化做出快速响应，满足实时供水要求，使丹江口水库可以按需调度，也是保证引汉供水与当地水源联合运用的基本条件之一。

三、调度模型设计及调节计算

（一）调蓄运用模型设计

将丹江口水库、汉江中下游用户、清泉沟引丹灌区、受水区调蓄水库、用水片（按分水口和相对独立的供水渠系划分）概化成供水网络系统。

其中汉江中下游概化为一个片；受水区共分 63 个用水片，其中河南省 31 片、河北 30 片、北京与天津各 1 片，各用水片内有生活、工业和"其他"需水并由北调水源、充蓄调节水库、补偿调节水库和地下水共同供水。

根据概化的供水网络图和供水原则，建立数学模型，进行长系列（1956 年 5 月至 1998 年 4 月）模拟计算，计算时段为旬。计算目标为各用户供水达到规划要求的保证率（生活 95% 以上，工业 90% 以上）。

（二）调节计算结果与分析

1. 调节计算方案

近期：以表 9-3-5 中的 I-1（近）为代表，即汉江中下游建兴隆、引江济汉、闸站改造、局部航道整治，总干渠渠首设计流量 350m³/s，可调水量约 97 亿 m³。

后期：以表 9-3-5 中的 I-1（后）为代表，即汉江中下游工程同上，渠首设计流量 630m³/s，可调水量 120 亿～140 亿 m³。

根据南水北调总体布局，天津市由中线和东线工程共同供水，中线工程近期与后期分配给天津的毛水量（陶岔）均为 10 亿 m³。调蓄计算中未考虑与东线工程供水进行联合调度。

2. 计算结果分析

（1）近期与后期北调水量。两方案汉江中下游供水的时段保证率为 95% 左右，供水满足程度在 97% 以上。近期与后期总干渠关键点的控制流量见表 9-4-1。两方案北调水量情况见表

9-4-2。各方案北调水直接供用户的水量占调出水量的98％以上，充蓄当地调节水库的水量仅占调出水量的2％左右，表明利用丹江口水库的调蓄作用可以满足按需调度的要求，可避免调出的水在受水区被迫弃掉。

表 9-4-1   总干渠关键点的控制流量   单位：m^3/s

控制点	近期	后期	控制点	近期	后期
渠首	420	800	北京段渠首	70	70
穿黄	320	500	天津段渠首	70	70
河北段渠首	280	395			

表 9-4-2   北 调 水 量 表 情 况   单位：亿m^3

方 案		陶岔调出水量			多年平均供水	
		多年平均	P＝75％	P＝95％	直供水量	充库水量
丹江口水库大坝加高	近期	94.93	90.50	62.55	93.72	1.21
	后期	131.29	101.40	42.43	130.58	0.71

注 包括河南刁河灌区用水。

（2）供水结果分析。

1）近期调水方案。受水区城市2010年净缺水量78亿m^3，近期年均毛调水量（不含向刁河灌区供水）为89.6亿m^3，可满足受水区城市缺水需求。各城市生活供水时段保证率达到96％以上，工业供水时段保证率大部分城市在95％以上；供水满足程度（供水/需水）一般在95％以上。

2）后期调水方案。受水区2030年净缺水128亿m^3，方案Ⅰ-1后期年均毛调水量126.4亿m^3（不含刁河灌区），不能完全满足受水区的缺水需要。一般生活供水时段保证率只能达到85％以上，工业供水时段保证率一般在81％以上；各城市供水满足程度在85％以上。在专题研究中，研究了本方案如略减少枯水年调水量，则多年平均可调水量超过140亿m^3，因此，进一步优化水资源调度方式，供水量和供水的保证程度可以提高。

（3）枯水年供水分析。

1）水源区枯水年。1966年为汉江枯水年，以近期方案为例，北调水量少，仅57亿m^3，但与当地水源共同供水，供水满足程度可达到76％。该年总净供水量114.5亿m^3，其中中线工程供水占44％，地表供水占39％，地下水供水占18％，当地水源为主要供水水源。

2）海河流域枯水年。仍以近期方案为例，1981年北方为枯水年，但北调水量达114.2亿m^3，与其他水源共同供水，使受水区的供水满足程度达89％。在总净供水量131.4亿m^3中，北调水占70％，当地地表水占15％，地下水占15％，该年以中线工程调水为主要的供水水源。以上分析表明，中线调水与当地水源可以丰枯互补，保证供水，即使遇枯水年仍能达到一定的保证率。

（4）在线水库。新建瀑河水库上库调节库容2.1亿m^3。两方案瀑河水库充蓄北调水0.22亿～0.33亿m^3，返回总干渠的净水量为0.3亿m^3左右。因丹江口水库调节能力强，且各时段按需调度，故需当地水库调蓄的水量小。从瀑河水库历年调蓄运用情况分析，该水库经常处于满蓄状况，有利于作为事故备用水库。如果中线工程发生意外中断供水，瀑河水库的蓄水可以保证北京、天津中心城区约一个月的供水。为保证北京、天津供水，宜将瀑河水库按在线水库要求建设。

（5）结论。

1）丹江口水库大坝加高后的调蓄作用显著，在满足汉江中下游防洪和用水条件下，利用渠道集控的快速响应效果，可按照北方需要实时调整供水量。

2）前述的水资源联合调度方式和调蓄运用原则，统筹考虑了中线工程调水、当地地表水、地下水，并合理发挥了当地水利设施的调蓄作用。中线调水与当地水资源可以丰枯互补，充分发挥各种水源的效益，且各种水源共同供水的保证率较高。尤其是遇枯水年，这种多水源共同供水的效益更加明显。

3）新建的瀑河水库上库，作为在线水库对供水调度较有利。在总干渠输水中断检修时，可保持向北京、天津供水不中断。

第五节　工　程　规　划

中线工程可以分为水源区工程和输水工程两大部分。水源区工程主要由丹江口水库大坝加高工程和汉江中下游工程组成。从长江引水的工程将作为后期或远景方案考虑，可暂缓作详尽的规划。

一、水源区工程规划

（一）丹江口水利枢纽后期续建工程

丹江口水库大坝按原规划加高完建，正常蓄水位170m，相应库容290.5亿 m^3；校核洪水位174.35m，总库容339.1亿 m^3；航运过坝建筑物按300t级改建。

1. 枢纽布置

丹江口水利枢纽后期续建工程由挡水建筑物、电站厂房、通航建筑物等组成。挡水建筑物由混凝土重力坝和左、右岸土石坝组成，总长3446m，其中58个混凝土坝段总长1141m，坝顶高程176.6m；右岸土石坝采用新坝线，全长882m；左岸土石坝全长1423m，坝顶高程177.6m。电站厂房位于25～32坝段下游，装机6台，单机容量150MW，总装机容量900MW。通航建筑物位于混凝土坝右岸连接坝3坝段上，采用垂直升船机与斜面升船机接力运用方式。垂直升船机与水库相连，斜面升船机接下游航道，二机之间用中间渠道相连，可供错船。坝址上游约25km处的库区左岸丹唐分水岭处，增设一个副坝（均质土坝）。

2. 主要建筑物续建方案

混凝土坝段采用下游贴坡、坝顶加高的嵌固方案，加高高度14.6m，加高后最大坝高达117m。14～24坝段为表孔溢流坝段，每个坝段长24m，溢流坝堰顶高程加高至152m。8～32坝段为河床坝段，其100.0～117.0m高程以下坝体断面已按最终规模建成，因此，河床各坝段无水下工程。左、右岸混凝土连接坝段的坝体加高，均从建基面开始，在下游面贴坡加高。右岸土石坝为黏土心墙坝，最大坝高60m，上游坝坡1：2.75～1：2.5，下游坝坡1：2.5～1：2.25，坝顶宽度10m，坝顶上游侧设 1.4m 高的防浪墙。左岸土石坝采用黏土心墙和黏土斜墙相结合的形式，最大坝高 71.6m，在初期工程土石坝的基础上加高延长，上游坝坡 1：2.75～1：2.5，下游坝坡 1：2.5～1：2.25，坝顶宽度 10m，坝顶上游侧设 1.4m 高的防浪墙。通航建筑物按 300t 级扩建，主要项目为机电部分更新改造和土建部分的加高增厚。库区副坝位于左岸丹唐分水岭处，距大坝约 25km，为均质土坝，长 500m，坝顶高程 177.6m。主要工程量为：土石方 640 万 m³，混凝土 127.7 万 m³，钢筋钢材 12160t，接缝灌浆 9438m²。

（二）汉江中下游工程

1. 兴隆枢纽工程规划

兴隆枢纽的开发目的主要是壅高水位、增加航深，以改善回水区的航道条件，提高罗汉寺闸、兴隆闸及规划的王家营灌溉闸和两岸其他水闸、泵站的引水能力，无发电功能。兴隆枢纽是汉江干流规划中的最下一个梯级，位于湖北省天门市（左岸）和潜江市（右岸）。正常蓄水位 36.5m，过船吨位 500t，水库回水至华家湾库段长 71km，属平原河槽型水库，河道弯曲，坡降平缓。枢纽布置采用一线式，自左至右布置左土坝段、泄水闸段、连接段、船闸段、右土坝段，坝轴线总长 2825m，其中左坝段长 910m，泄水闸段长 900m，连接段长 74m，船闸段长 36m，右坝段长 905m。主要工程量为：覆盖层土方开挖 976.63 万 m³，回填 364.24 万 m³，混凝土 43.48 万 m³，干砌石 15.32 万 m³，混凝土防渗墙 32.65 万 m²，钢筋 14198t，钢材 9654t。工程施工总工期 4 年。

2. 引江济汉工程规划

引江济汉工程从长江引水补充汉江兴隆至河口段的流量，以满足该河段灌溉、航运和生态用水的要求，初拟渠首设计引水流量 500m³/s。

引江济汉工程拟从枝江县七星台镇（沙市上游）的大布街长江引水，经长湖上游，在潜江市的高石碑入汉江，渠线长约 82.68km。渠道在拾桥河相交处分水入长湖，由长湖进田关河补济东荆河，东荆河上另建三处壅水低坝向东荆河灌区供水。干渠底宽 98m，内坡 1：2.5，渠底纵坡 1/32680。主要建筑物包括大布街进水闸、汉江高石碑出水闸、与沮漳河及拾桥河平交的节制闸船闸、东荆河的中革岭壅水橡胶坝、黄家口壅水橡胶坝、冯口壅水橡胶坝、渠渠交叉建筑物、公路桥等建筑物共 128 座。主要工程量：土方 9804 万 m³，钢筋混凝土 33 万 m³，水泥土衬砌 124 万 m³。

3. 闸站改造规划

谢湾闸和泽口闸灌溉面积较大，为保证调水后该两灌区的正常引水，考虑在渠首增建泵站。初估谢湾泵站装机容量 3.2MW，泽口泵站装机容量 15MW。调水后，尚有 14 座水闸和 20 座泵站从汉江取水的保证程度较"现状设计"有所降低。据此估算需改建水闸的总引水流量约 146m³/s，需改建的泵站总装机约 10.5MW。另有部分泵站由于水位的下降增加了扬程，估算年均增加用电量 986 万 kW·h。

4. 局部航道整治工程规划

汉江中下游不同河段的地理条件、河势控制以及浅滩演变有着不同特点。近期航道治理仍按照整治与疏浚相结合、固滩护岸、堵支强干、稳定主槽的原则进行。汉江中下游航道整治工程以丹襄段内的马家洲滩群（全长 14km）和襄利段内的芝麻滩三滩滩群（全长 26km）为典型河段。治理措施为：拟定调水后整治流量为 $600\sim700\text{m}^3/\text{s}$，相应整治线宽度束窄至 260m，将原有丁坝延长，并适当增加疏浚工程。以典型滩段增加的工程量为依据，估算调水后全河段增加整治工程量 90.5 万 m^3，增加疏浚工程量 108.68 万 m^3。

5. 其他梯级工程规划

汉江中下游共规划了 7 座梯级，由上至下分别为王甫州枢纽、新集枢纽、崔家营枢纽、雅口枢纽、碾盘山枢纽、华家湾枢纽、兴隆枢纽。其中王甫州枢纽已建成，兴隆枢纽拟在近期建设。

二、输水工程规划

（一）明渠方案

总干渠线路的选择和勘测工作始于 20 世纪 50 年代。多年来，长委及总干渠沿线各省（直辖市），对总干渠工程地质进行了大量深入的研究，施测了 $1:2000\sim1:5000$ 的带状地形图，反复进行了现场调研、选线，对推荐的渠线按照初步设计要求的深度进行了地质勘探，并开展了大量的试验研究工作。

1. 定线原则

（1）确保工程安全。选定线路既要保证总干渠工程自身的安全，又要确保不因工程失事而殃及周边地区；尽量避开暴雨中心区，远离山前暴雨径流集中出流区，合理确定总干渠水位。

（2）保护供水区水质。渠线布置要尽量避开污染源，尽量布置在城市上游。

（3）力争自流输水。为便于向北京、天津及京广铁路沿线大中城市供水，渠线尽可能布置于高处。

（4）优化技术经济指标。渠道选线应尽量沿等高线行进，力求水面平地面，避免深挖高填，避免穿越城镇及集中的居民点。

2. 主要线路方案

中线工程主要是向北京、天津及京广铁路沿线大中城市供水。黄淮海平原在黄河以南接嵩山、伏牛山，黄河以北紧临太行山，平原地势南高北低、西高东低，由西南往东北倾斜，中线工程水源居平原南端。宏观上可以判断输水线路布置在平原的西部边缘，供水效果最佳。

（1）黄河以南线路。从丹江口水库引水，必须经过唐白河地区跨越江淮分水岭，连接穿黄工程，线路上存在三个控制点。

1）总干渠渠首。从丹江口水库引水的引汉总干渠陶岔渠首闸已于 1973 年建成，闸后也已建成 8km 渠道。

2）方城垭口。由唐白河地区进入淮河流域需穿越江淮分水岭。该段分水岭由西部的伏牛山脉和东部桐柏山脉构成，恰好在方城附近突然下陷，形成一个宽达数公里低而平坦的缺口，地理上称"南襄隘道"或方城垭口，地面高程仅约 150m，宋代曾试图沟通江淮漕运，集十万民工挖河未果，遗迹尚存。此处确认为引汉总干渠必经之地。

3）黄河工程位置。穿黄工程规模大，技术要求高，除满足连接黄河南北的输水要求外，还要从工程本身的技术经济进行综合比较，可供选择的范围大约在郑州西，黄河铁路桥以上30km 以内，输水干渠线路将与其适应。按主要控制点，根据地形条件、渠道水位顺势布置，黄河以南渠线基本沿伏牛山、嵩山东麓，布置在唐白河及黄淮平原的西部，还作了若干局部渠段的技术经济比选。

（2）黄河以北线路。自黄河以北至北京曾研究过多条线路，新开渠道主要有不同高度的三个方案。此外，还研究了利用现有河渠方案。

1）高线。自黄河北岸经焦作、辉县北至潞王坟、然后沿京广铁路西侧，经安阳、邯郸、石家庄至唐县北进入低山丘陵区，穿雾山口北行至拒马河入北京地界，再经房山至良乡北过京广铁路及永定河，向北至团城湖。

2）低线。起点同高线。过沁河后，渠线东移，至思德堡跌水穿过京广铁路，沿铁路东侧北行，至大兴县南狼各庄提水至玉渊潭。

3）高低线。为避免唐县至北拒马河段低山丘陵区的大量石方开挖，在唐县以南用高线，在唐县淑吕附近与高线分开，经完县、满城，穿南、北拒马河，进北京过永定河后，渠线转向东北，在芦城南穿京广铁路，提水入玉渊潭。

4）利用现有河渠线。黄河以北利用部分现有河渠沟通，引水入白洋淀，再逐级提水到北京的方案也作过具体研究，主要方案包括利用滏阳河方案、利用卫河方案、利用文岩渠方案。

5）方案评述。新开渠道三个方案，渠线基本沿太行山山前丘陵和倾斜平原通过，主要为第四系土层，部分为岩石，地震烈度区划为Ⅵ～Ⅷ度，工程地质条件差异不大，工程量相差不多。低线不能向海河区各缺水城市自流供水，水质无保证，运行费高，与铁路干扰大，有明显缺点，予以放弃。高线与高低线各有利弊，工程量接近。但高低线不能向北京市自流供水，需建扬程约30m、流量40m³/s的抽水站，增加管理运行费用。利用现有河渠方案较全部新开渠节省投资，但线路偏离了京广铁路沿线的城市和工业基地，且通过白洋淀向北京市提水不仅运行费高，水质也将受到污染，难以达到城市用水要求。从保证供水的水质、建成后的运行费用等方面的综合比较，在黄河以北线路方案中，新开渠高线方案最优。

（3）天津干线线路。共研究过6条线路，其中4条利用现有河、渠输水。基于水质和运行管理方便考虑，推荐"新开淀北线"方案，起点为西黑山，终点延伸至外环河，线路长153.8km。

3. 控制点流量及水位

（1）控制点流量。陶岔渠首：近期设计流量350m³/s，加大420m³/s；后期设计流量630m³/s，加大800m³/s。穿黄：近期设计流量265m³/s，加大320m³/s；后期设计流量440m³/s，加大500m³/s。北京段渠首：近期设计流量60m³/s，加大70m³/s；后期设计流量60m³/s，加大70m³/s。天津段渠首：近期设计流量60m³/s，加大70m³/s；后期设计流量60m³/s，加大70m³/s。

（2）控制点设计水位。陶岔渠首147.38m；穿黄工程南岸起点118.50m，北岸终点107m；北京段渠首60.3m；天津段渠首65.27m。

4. 总干渠主要特征参数

总干渠渠道纵坡1/10000～1/30000，天津干线纵坡1/1000～1/20000；渠道采用梯形横断面，分级设置马道。挖方渠道一级马道或填方渠道堤顶宽度一般为5m，其他各级马道宽为2m。堤顶（或一级马道）超高按加大流量水位以上1.5m计；渠道边坡系数经稳定分析计算确定，一般为2～3。岩石段和特殊土渠段，结合试验确定。渠道全线进行混凝土衬砌，糙率取

0.015。渠道底宽按选定的设计水深、纵坡、边坡及糙率等条件，用明渠均匀流公式计算确定。

5. 交叉建筑物

（1）河渠交叉建筑物。交叉断面以上集流面积大于 20km² 时，布置河渠交叉建筑物，形式可分为：梁式渡槽、涵洞式渡槽、渠道暗渠、渠道倒虹吸、排洪涵洞、排洪渡槽、河道倒虹吸等 7 种。全线共布置河渠交叉建筑物 163 座。

（2）左岸排水建筑物。交叉断面以上集流面积小于 20km² 时，布置左岸排水建筑物。分为上排水（渡槽）和下排水（倒虹吸或涵洞）。全线共布置左岸排水建筑物 467 座。

（3）渠渠交叉建筑物。总干渠与设计流量大于 0.8m³/s 的现有灌溉渠道相交，均布置渠渠交叉建筑物。其形式主要有渡槽、暗涵、倒虹吸。全线共布置渠渠交叉建筑物 194 座。

（4）铁路交叉建筑物。铁路交叉建筑物包括渠道暗渠、渠道倒虹吸、铁路桥三种形式。全线共布置铁路交叉建筑物 39 座。

（5）跨渠公路桥。总干渠与已建、在建、拟建的乡级以上公路交叉均设公路桥梁；村与村之间的交通，视具体情况适当设置桥梁。全线共布置跨渠公路桥 689 座。

（6）控制建筑物。控制建筑物包括分水口门、节制闸、退水闸。全线共布置分水口门 60 座、节制闸 49 座、退水闸 36 座。

（7）其他建筑物。其他建筑物指总干渠在穿越山丘高地、局部低洼地或通过地面建筑设施密集地区设置的隧洞、渡槽、暗渠、倒虹吸等建筑物。此类建筑物共布置 24 座。

6. 总干渠总体布置结果

总干渠（含天津干线）总长 1427.1km，其中，陶岔渠首至冀京界（北拒马河）长 1192.9km，北京段（北拒马河—团城湖）长 80.4km，天津干线全长 153.8km，总干渠（含天津干线）共布置河渠交叉、左岸排水、渠渠交叉、公路桥等各类建筑物 1897 座。

7. 明渠建设方案

明渠方案总干渠分段设计流量由供水调节计算确定，主要研究了如下建设方案。

（1）渠首设计流量 350m³/s、全高线方案，即表 9-5-1 中的 I-1 近期方案，简称"I-1（近）"。

（2）渠首设计流量 500m³/s、全高线方案，即表 9-5-1 中的方案 III-1。

（3）渠首设计流量 630m³/s、全高线方案，即表 9-5-1 中的方案 III-2。

（4）渠首设计流量 630m³/s、高低线分流方案，即表 9-5-1 中的方案 III-3。

（二）全管（涵）方案

（1）定线原则。线路尽量短而顺直；尽可能沿现有公路布置，以利于施工与维护；避免大的地形起伏，避开不良工程地质段；尽可能靠近受水城市；尽量避免管线穿过城镇和大的居民点。

（2）主要线路方案。管线起于已建成的 8km 引丹干渠的末端——下洼，于方城垭口穿越江、淮分水岭，直抵黄河南岸的孤柏嘴（多年研究表明，此点河势稳定，对黄河的影响小），黄河南管线总长 376.6km。穿黄河段采用双线隧洞方式，长约 7.2km。过黄河后线路径直延伸至新乡的崔庄，之后基本沿 107 国道前行，终点为北京的团城湖，总长 676.2km。天津管线起于徐水县固城镇南，终点为天津市的外环河，全长 124km。另在瀑河水库附近，伸出一条管道引水入瀑河水库进行调蓄，管线长 19.5km，管线总长 1203.5km。线路越过 88 条河流，30 次穿越铁路，133 次与高等级公路交叉。

（3）管材选择。经对铸铁管、预应力钢筒混凝土管（即 PCCP 管）、普通箱涵、玻璃钢管等综合比较后，确定当内水压力大于 0.2MPa 时，采用 PCCP 管；当内水压力小于 0.2MPa 时，采用混凝土箱涵。

（4）主要设计指标。管首设计流量 300m³/s；采用 PCCP 管的线路长 645.5km、混凝土箱涵段线路长 534.2km，隧洞长 23.8km；加压泵站 11 座，总扬程 277m，总装机 713.3MW，即表 9-5-1 中的 Ⅲ-5 方案。

（三）管涵渠结合方案

黄河以南采用明渠，渠首设计流量 350m³/s，线路与"全明渠方案"中黄河以南线路相同，长度为 476.9km。黄河以北管涵起于穿黄隧洞出口的南平皋，管首设计流量 250m³/s。线路至新乡的崔庄后与全管涵线路会合，管涵总长 819.5km，其中 PCCP 管段长 309.5km。穿黄采用双线隧洞方式，长约 7.2km。管线共越过 48 条河流，20 次穿铁路，104 次与高等级公路交叉。线路上共布置了泵站 8 座，总扬程 233m，总装机 477.5MW。本方案即为表 9-5-1 中的 Ⅲ-4。

（四）局部管涵方案

在总干渠局部地段，研究了采用管涵输水的方案。

1. 包嶂山段

包嶂山位于黄河以南，总干渠经过处的地面高程约 160m，需挖深 50m；采用"绕岗"方案，线路长度增加 22km，且地质条件相对较差。若采用管涵方案，可以避免深挖方和长距离绕岗的施工难度，但由于此段位于总干渠的前段，流量大，主要北调的水量均要由此通过，因此抽水的运行费用较大，导致全线水价增加较多。综合比较后，推荐采用"绕岗"明渠输水方案。

2. 黄河—新乡管涵输水方案

穿黄工程北岸出口地面高程较低，为了维持总干渠的水位，避开高填方渠道施工难度和对当地水系产生的不利影响，总干渠明渠线路不得不向西绕行。如果过黄河后，至新乡采用管涵，线路长度可以大大缩短。但由于管涵投资较明渠大，运行费增加较多，且向焦作等城市供水较困难。综合比较后，仍采用向西绕行的明渠方案。

3. 北京、天津渠段采用管道方案

北京段为干渠末段，流量最小，且为了避免与其他基础设施的矛盾，大部分渠段均须置于地下，而且，北京段采用管道输水，起点水位可降低 5m，使黄河以北总干渠增加 5m 水头，这将有利于黄河以北渠道工程的布置。北京段采用管道输水，管材为 PCCP，管道长 74.8km；管首布置 1 座泵站，设计扬程 34m，总装机 36MW。

天津干线主要向天津市供水，因干渠穿越清南分洪区，与当地的排洪有一定的矛盾，若采用管道，可以较好地解决这一矛盾。因此，天津干线采用明渠与管道结合输水方案，即进入天津市境内和穿越清南分洪区及其相邻渠段采用管道，其余渠段仍采用明渠。天津干线渠首仍位于西黑山，明渠段长 93.14km，管道段长 60.68km，管材为 PCCP；共布置 2 座泵站，设计总扬程为 33m，总装机 36.4MW。明渠段共布置各类建筑物 32 座。北京段管道、天津段局部管道输水的方案编号为表 9－5－1 中的 I－5 的近期。

（五）工程量与投资

各代表方案的主要特征与投资见表 9－5－1，主要工程量见表 9－5－2。

表 9－5－1　　　　　　　　　　　各代表方案的主要特征与投资

分类	建设方案	描述	渠首设计/加大流量/(m³/s)	投资/亿元
全明渠	I－1（近），加坝 350m³/s	线路总长 1425.2km，水位 147.4～49.8m	350/420	711.5
	III－1，加坝 500m³/s 一次建成		500/630	767.3
	III－2，加坝 630m³/s 一次建成		630/800	836.3
	III－3，加坝 630m³/s 高低线分流	黄河以北分流到现有河、渠	630/800	843.6
全管涵	III－5，加坝 300m³/s 全管涵	年均引水量 82 亿 m³	300	1376.9
局部管道	I－5（近），加坝 350m³/s 局部管道	北京段管道天津段局部管道	350/420	702.1
管涵渠	III－4，加坝 350m³/s 黄河以北管涵	黄河以南明渠、以北管涵	350/420	1085.4

表 9－5－2　　　　　　　　　　　总干渠建设方案主要工程量

分类	方案编号	土石方开挖/万 m³	土石方填筑/万 m³	建筑物混凝土/万 m³	钢材/万 t	钢材/万 t	衬砌混凝土/万 m³	PCCP 管/万 m	方涵段长度/万 m	泵站装机/MW	占地范围/亩
全明渠	I－1（近）	71257	14433	1070	71	3.9	731				205623
	I－3（近）	71208	14396	1067	71	3.9	731				207721
	III－1	78466	13922	1131	76	4.1	761	12.38		36.4	225109
	III－2	88037	14108	1230	82	4.4	866	12.38		36.4	240935
	III－3	88007	15702	1250	81	5.3	820				263683
全管涵	III－5	48793	28734	3379	232	2.7	107	212.06	53.42	713.3	24100
管涵渠	III－4	58016	23705	3639	252	3.2	287	106.67	51.00	477.5	95547
局部管道	I－5（近）	68340	14447	893	61	3.4	681	27.79		72.4	192808

（六）输水工程建设方案比较

1. 明渠与管道的比较

从表 9－5－1 可见，全管涵方案（III－5）的投资较流量规模 2 倍于它的明渠方案（III－2）还高，因此全管涵方案不宜作为近期输水工程的建设方案。管涵渠方案中 III－4 与 I－1（近）明渠方案，都能满足中线近期工程的输水要求，但前者的投资是后者的 1.7 倍，增加投资多达 443.1 亿元。再则，管涵施工难度大、检修困难，运行费用高；明渠的施工与检修较方便，水价明显降低，且建成后的明渠犹如纵贯江、淮、黄、海的蓝色纽带，必将成为华北平原上壮丽的人文景观。综上所述，近期总干渠工程宜选择以明渠为主的方案。

2. 输水线路比较

在全明渠的 3 个建设方案中，投资依此相差 50.3 亿元、57.4 亿元。高低线方案Ⅲ-3 与同规模（630m³/s）全高线方案Ⅲ-2 相比，投资基本相同，但前者黄河以北高线渠道只能满足近期供水要求，后期还需要扩建总干渠。而全高线方案Ⅲ-2 可以较好地兼顾近期、后期供水，而且也能分别利用规划的"引黄入淀"工程、民有渠、石津干渠等将水供向低线的河道，以形成多条"生态河"，这种补给现有河道的方式更均匀、更灵活。由此可见，全高线方案Ⅲ-2 更具优势。

3. 近期输水工程方案比选

按照中线受水区城市水资源规划成果和中线水资源联合运用的计算结果，总干渠渠首设计流量 350m³/s 规模只能满足近期调水的要求，后期总干渠需要扩建。如果受水区需水增长较快，总干渠按方案Ⅲ-1 或者Ⅲ-2 一次建成为宜。但考虑到需水量、缺水量的计算存在较大的不确定因素，且各方意见不一致，为减小投资不能充分发挥效益的风险，推荐近期总干渠建设方案在Ⅰ-1（近）和Ⅰ-5（近）中选择。方案"Ⅰ-1（近）"和"Ⅰ-5（近）"的差别仅在于北京、天津段输水工程是采用明渠还是采用管道。北京、天津段采用管道，分别解决了总干渠穿越市区的困难和影响当地排洪的矛盾，且可以增加黄河以北明渠段的水头，总体上减轻了输水工程的布置难度，且局部管道方案与全明渠方案的投资也相差不大。因此推荐以明渠自流输水为主、局部渠段采用泵站加压管道输水的组合方案（Ⅰ-5）。规划阶段暂按北京市、天津市境内和天津干线通过清南分洪区内段采用管道，估算工程量和投资，下阶段再作进一步研究。

第六节 近期工程建设方案比选

近期建设方案比选的任务就是在前述各节论述的基础上，进一步分析论证，提出一个布局合理、规模适宜、技术经济较优，能为有关方面共同接受的近期实施方案。近期建设方案涉及调水水源、丹江口水库大坝加高或不加高、汉江中下游工程以及总干渠建设方案等问题。关于调水水源，从长江引水技术难度大、投资多、工期长、运行费高，中线工程近期从长江调水不现实，仍从汉江丹江口水库引水为宜。总干渠建设方案，经比选采用高线线路、明渠输水为主的方案。关于汉江中下游工程，从提高汉江水资源有效利用率和改善中下游生态环境考虑，确定近期实施项目为建设兴隆枢纽、部分闸站改扩建、局部航道整治和引江济汉工程，远期再考虑逐步实现梯级渠化。因此，主要对丹江口水库大坝加高与不加高、总干渠近期建设规模问题作进一步论述与比选。

一、丹江口水库大坝加高与不加高方案比选

丹江口水库是综合利用水库，现已建成初期规模，在实施南水北调中线工程后水库的首要任务仍是防洪，其次才是供水和发电。根据中线工程供水目标，近期调水规模年调水量 90 亿～100亿 m³ 较为合理。因此必须从满足中线供水目标和水库各项综合任务要求，以及水库淹没及移民等方面，对丹江口水库大坝是否要在近期加高进行论证。丹江口水库大坝加高方案指大坝按最

终规模完建，水库正常蓄水位从初期规模 157m 提高到 170m；近期总干渠渠首设计流量 350m³/s，加大流量 420m³/s。丹江口水库大坝近期不加高，正常蓄水位维持 157m，死水位 139m，总干渠渠首建一级泵站，在丹江口水库水位较低时向总干渠内抽水，总干渠近期规模与加坝方案相同。丹江口水库大坝不加高研究了两种代表方案，见表 9 - 6 - 1。一种是不考虑发电对调水的限制，即表 9 - 6 - 1 的方案Ⅱ - 1；另一种是考虑发电对调水的限制，在发电量与加坝方案相同的条件下调水，即表 9 - 6 - 1 的方案Ⅱ - 2。

表 9 - 6 - 1　　　　　　　　加坝与不加坝可调水量及发电量比较表

方案	计算条件	总干渠近期规模（设计/加大）/(m³/s)	可调水量/亿 m³		多年平均发电量/(亿 kW・h)
			多年平均	95%年份	
Ⅰ - 1	加坝	350/420	97.1	61.7	33.8
Ⅱ - 1	不加坝	350/420	81.2	37.8	28.9
Ⅱ - 2	不加坝发电量与Ⅰ - 1同	350/420	34.8	13.7	33.8
	Ⅰ - 1减Ⅱ - 1差值	350/420 *	15.9	23.9	4.9
	Ⅰ - 1减Ⅱ - 2差值	350/420 *	62.3	48.0	0

注　* 表示调水量受发电制约，总干渠规模已不是控制条件。

丹江口水库是汉江干流的控制性工程，具有巨大的综合效益。经国家批准的《汉江流域规划要点报告》(1956 年 11 月编制) 从防洪、调水及其他综合利用方面考虑，经过科学论证确定丹江口水利枢纽的建设规模为水库正常蓄水位 170m。后在建设过程中，因为各种原因，决定先建成初期规模，先期发挥效益。同时，也考虑了后期加高的措施，施工中坝下游面已预留键槽，以解决新老混凝土结合的技术问题。此外，襄渝铁路等重大基础设施建设中，也充分考虑了丹江口水库最终规模，在 170m 淹没线以上选线选址，因此后期淹没范围中没有铁路等重大基础设施。丹江口水库大坝不加高时，其调节库容仅为 48.7 亿～102.2 亿 m³，既要除害，为汉江中下游预留防洪库容，又要兴利，尤其要满足北方日益严峻的缺水要求，初期规模难以胜任。为了汉江中下游的长治久安，为了京津华北地区社会、经济可持续发展，丹江口水库按原规划加坝完建非常必要，并且时机已经成熟。

从汉江中下游防洪方面分析，丹江口水库大坝的防洪作用从某种程度上说是无法替代的。丹江口水库维持现有规模不加高，为防御 1935 年特大洪水，除依靠丹江口水库调蓄和杜家台分洪工程分洪外，还需运用中游全部 14 个民垸适时适量分洪，在短短几天内运用 14 个民垸分洪，临时转移搬迁八九十万人，难度很大。很难做到适时适量分洪，一旦分洪不及时，洪水失控，将危及汉北平原重点防洪区安全，并对武汉市造成威胁。同时运用分蓄洪的损失也很大，即使在分蓄洪区安全设施已完善的条件下，分洪一次损失仍有 20 亿元。为使分蓄洪区能灵活运用，应参照移民建镇办法对分蓄洪区进行安全建设，将需投入巨额资金，并安置大量人口。加高丹江口水库大坝，依靠丹江口水库调蓄和杜家台分洪工程配合运用，基本上不运用民垸分洪，就能有效地防御 1935 年特大洪水，因此将丹江口水库大坝加高作为近期拟建的防洪项目是非常正确的。

从满足受水区供水目标方面分析，加坝调水近期可完全满足受水区城市缺水要求，后期根据中线受水区缺水的增长，采用扩大输水总干渠规模，也能基本满足北方工业、城市发展的要求，且调水较均匀。不加坝调水，近期调水量与受水区城市缺水还有差距，仍存在缺口，水量过程的均匀性也较差，且后期要满足受水区缺水的要求，也必须加坝才能解决。

从对丹江口电站发电影响分析，现状多年平均发电量为 39.2 亿 kW·h，加坝调水多年平均发电量为 33.8 亿 kW·h，比现状约减少 5.4 亿 kW·h，但发电容量效益将增加 15 万 kW。不加坝调水多年平均发电量为 28.97 亿 kW·h，将比现状减少 10.3 亿 kW·h，且容量效益因水头降低也有减少，对丹江口电站发电效益影响较大。

从水源工程投资看，加坝方案工程和移民等总投资 145.9 亿元，不加坝方案，分蓄洪区安全建设费达 157.9 亿元，比加坝方案还多 12 亿元。

从移民方面分析，加坝动迁人口近 30 万人；不加坝对汉江中游分蓄洪区进行安全建设也有 61 万人要搬迁，只是搬迁的难度低于库区移民。加坝移民有难度，但如前所述，只要精心工作，移民是可以安置好的。如加坝问题长期不定，迟迟不移民，库区建设、库区群众的生产生活都将受到严重影响，长期陷入困境。湖北、河南两省各级政府、库区群众都积极要求尽快确定加坝调水方案，尽快组织移民搬迁，他们有能力做好移民安置工作，支持南水北调，促进库区和安置区社会经济发展。

综上所述，丹江口水库大坝加高能有效地控制汉江干流洪水，根本改善汉江中下游防洪条件，可较好地满足受水区近期需水要求，经济指标也较优越。加高丹江口水库大坝库区移民虽有难度，但移民安置已制定了规划方案，且得到各级政府与库区群众的支持，只要精心工作移民是能安置好的。因此，推荐近期实施加高丹江口水库大坝的调水方案。

二、总干渠近期建设规模比选

前述比选，明确近期推荐加高丹江口水库大坝，总干渠全高线并以明渠自流为主、局部管道的方案的调水方案。在以上已选定方案的基础上对近期建设规模从以下三个方案中比选。

（1）方案 I-5 为分期建设方案：近期加高丹江口水库大坝，以明渠为主，渠首设计流量 350m³/s，加大流量 420m³/s。陶岔多年平均可调水量 97 亿 m³；后期扩建总干渠，渠首设计流量 630m³/s，加大流量 800m³/s，陶岔多年平均调水量 131 亿 m³。总干渠以明渠为主，只在末端北京、天津境内采用管道，天津干线通过清南分洪区段也采用管道，由此可优化河北段的布置，故总投资与全明渠方案 I-1 相近。

（2）方案 III-1 为一次建成方案：加高丹江口水库大坝，总干渠为明渠，渠首设计流量 500m³/s，加大流量 630m³/s，陶岔多年平均调水量 120 亿 m³。

（3）方案 III-2 为一次建成方案：总干渠为明渠，渠首设计流量 630m³/s，加大流量 800m³/s，陶岔多年平均调水量 131 亿 m³。

上述三个方案，均包括丹江口水库大坝加高和汉江中下游建设项目，主要差别在于满足受水区的需水要求与经济指标两方面。

1. 满足受水区需水要求分析

中线工程主要为城市供水，要求较高的保证率。根据城市水资源规划，中线受水区近期 2010 水平年净缺水 78 亿 m³，后期 2030 水平年净缺水 128 亿 m³，考虑总干渠的损失，近期与后期分别要求陶岔渠首调出水量为 95 亿 m³、120 亿～140 亿 m³。方案 I-5 近期陶岔多年平均调水量均为 95 亿 m³，保证率 95％年份调水量 63 亿 m³，调水过程较均匀，调水量与受水区当地地表水、地下水配合运用，可以满足受水区近期水平的用水要求，后期可根据调水量的利用情况及受水区经济、社会、环境发展对水的增长要求，对总干渠进行扩建。

2. 经济指标分析

调水方案Ⅰ-5、Ⅲ-1和Ⅲ-2的经济指标见表9-6-2。

表9-6-2　　　　　　　　　　中线工程建设调水方案的经济指标

指标 ＼ 方案	Ⅰ-5 "局部管涵分期 350～630"	Ⅲ-1 "一次建成500"	Ⅲ-2 "一次建成630"
(1) 陶岔年均调水量/亿m³	131.3	120.0	131.3
其中：近期	94.9		
(2) 静态总投资/亿元	1161.6	984.8	1055.3
其中：近期	917.4		
(3) 年效益/亿元	606.21	546.19	606.21
其中：供水效益	599.69	539.67	599.69
防洪效益	6.52	6.52	6.52
发电效益			
(4) 经济内部收益率/%	15.99	15.89	15.65
(5) 经济净现值/亿元	438	453	455
(6) 经济效益费用比	1.33	1.33	1.32
(7) 经济净现值率	33.2	33.4	33.6
(8) 水效益/(元/m³)	4.81	4.79	4.81
(9) 水投资/(元/m³)	9.21	8.64	8.37
其中：近期	10.24		
(10) 水成本/(元/m³)	0.424	0.369	0.359

注　1. 表中分期方案的经济指标为近期与后期工程整体评价指标。
　　2. 表中成本按集资方案贷款20%、资本金80%测算。

从投资分析，调水方案Ⅰ-5近期投资917.4亿元，分别比方案Ⅲ-1和Ⅲ-2减少67.4亿元和137.9亿元。方案Ⅰ-5近期投资加上后期总干渠扩建的投资，总投资为1161.6亿元，与调水规模相同的方案Ⅲ-2相比，增加106.3亿元。应该指出，同样的投资，近期支出与后期支出，其经济价值是不同的。从单方水投资看，调水方案Ⅰ-5近期为10.24元/m³，分别比方案Ⅲ-1和Ⅲ-2多1.60元/m³和1.87元/m³。调水量规模较小的方案，单方调水量的投资也较高。

从调水成本分析，调水方案Ⅰ-5的水成本为0.424元/m³，分别比方案Ⅲ-1和Ⅲ-2高0.055元/m³和0.065元/m³。

从国民经济评价指标分析，调水方案Ⅰ-5经济内部收益率15.99%，经济净现值438亿元，经济效益费用比1.33，与方案Ⅲ-1和Ⅲ-2相比，各项指标基本相近，互有优劣，但都大于国家规定的要求，在经济上都是合理的。还应当指出，上述经济评价指标是建立在受水区城市 2010 年净缺水 78 亿 m³、2030 年净缺水 128 亿 m³ 的预测值基础上的。由于影响受水区用水增长的因素较多，需水预测存在不确定性，经济指标也存在一定的不确定性。

综合上述分析，分期建设方案Ⅰ-5 与一次建成方案Ⅲ-1、Ⅲ-2 相比，调水量都可以满足受水区城市近期的用水要求，经济指标也相近，但近期投资要少 67.4 亿～137.9 亿元。分期建设方案近期建设规模较小，投资较少，后期可根据近期调水量利用情况和需水进一步增长要求，适时扩建总干渠，增加调水量，在需水预测存在不确定性和长距离调水缺乏经验的情况下，投资风险相对较小。因此，采用分期建设方案较为稳妥。本阶段推荐方案Ⅰ-5，即近期加高丹江口水库大坝，调水 95 亿 m³，总干渠分期建设并以明渠自流为主，末端进入北京、天津市境内以及天津干线穿越分洪区段采用管道输水。

三、推荐的近期实施方案

通过前述比选结果，推荐丹江口水库大坝加高，并建设汉江中下游相关工程，总干渠以明渠为主局部采用管道，多年平均调水量 95 亿 m³。

（一）近期建设项目及规模

1. 水源工程

加高完建丹江口水利枢纽，正常蓄水位由 157m 提高到 170m，相应库容由 174.5 亿 m³ 增加到 290.5 亿 m³。混凝土坝坝顶高程由 162m 加高到 176.6m，两岸土石坝坝顶高程加高至 177.6m，并向两岸延伸至相应高程。垂直升船机由 150t 级提高至 300t 级。大坝加高增加淹没处理面积 370km²，淹没线以下人口 24.95 万人（2000 年）、房屋 709 万 m²、耕园地 23.43 万亩。

2. 汉江中下游工程

汉江中下游兴建四项工程。

（1）兴隆枢纽。汉江中下游规划的梯级渠化中最下游一级，为低水头拦河闸坝，主要任务是改善回水河段内两岸涵闸引水及干流航运条件。正常蓄水位 36.5m，上游回水段长约 71km 可与上一级梯级华家湾衔接。拦河闸坝轴线长 2825m，其中泄水闸段 900m，船闸段 36m，其余为连接段。

（2）部分闸站改扩建。汉江中下游干流两岸有部分闸站原设计引水位偏高，汉江中低水位时引水困难，需进行改扩建，据调查分析，有 14 座水闸（总计引水流量 146m³/s）和 20 座泵站（总装机容量 10.5MW）需进行改扩建。较大的谢湾和泽口闸，则在闸前增设泵站，装机分别为 3.2MW 和 15MW。

（3）局部航道整治。为改善航道条件，需继续加大航道整治维护的力度。

（4）引江济汉工程。从长江干流沙市上游大布街处引水，经湖北在潜江市高石碑入汉江，设计流量初定为 500m³/s，长约 82km，主要为明渠。进出口需设闸控制，沿线与河渠、道路等交叉建筑物 128 座。此项工程主要为汉江中下游生态、环境以及灌溉航运增加新水源。

3. 输水工程

采用高线明渠自流为主的局部管道方案。总干渠流量规模：陶岔渠首 350～420m³/s（设计流量—加大流量）、过黄河 265～320m³/s、进河北 235～280m³/s、进北京 60～70m³/s、天津干线渠首 60～70m³/s。总干渠（含天津干线）总长 1427.1km，其中，陶岔渠首至冀京界（北拒马河）长 1192.9km，北京段（北拒马河—团城湖）长 80.4km，天津干线（西黑山—外环河）全长 153.8km，总干渠与天津干线上各类建筑物（河渠交叉、道路交叉，节制闸、分水闸、退水闸、隧洞等）共 1750 座，另外北京段设 1 座泵站、天津段设 2 座泵站。控制工期的工程为穿黄河隧洞。

（二）主要工程量和投资

近期实施方案主体工程主要工程量：土石方 95179 万亿 m³，混凝土及钢筋混凝土 1805 万 m³，钢筋钢材 72.9 万 t，PCCP 管长度 27.79 万 m，淹没及永久占地 46.04 万亩。静态总投资 917.4 亿元（2000 年年底价格）。主要工程量和投资见表 9 - 6 - 3。

表 9 - 6 - 3　　　　　　　　　　近期实施方案主要工程量和投资

项　　目	水源工程（丹江口水库大坝加高）	汉江中下游工程	输水工程	合　计	备　注
土石方/万 m³	640.0	11345.00	83194.0	95179.00	
混凝土/万 m³	128.0	77.00	1601.0	1805.00	
钢筋钢材/万 t	1.3	4.90	66.7	72.90	
淹没及永久占地/万亩	23.5	4.04	18.5	46.04	耕园地
静态投资/亿元	146.8	68.60	702.1	917.40	

第七节　近期实施方案经济分析与评价

一、评价依据和参数

1. 规程规范和有关技术文件

(1)《建设项目经济评价方法与参数》（第二版）（简称《方法与参数》），国家计委、建设部 1993 年 4 月。

(2)《水利建设项目经济评价规范》（SL 72—1994），水利部 1994 年 3 月。

(3)《水利工程水费核订、计收和管理办法》，国务院 1985 年 7 月 22 日。

(4)《水利产业政策》，国务院 1997 年 10 月 28 日。

(5)《关于改革水价促进节约用水的指导意见》，国家计委、建设部、水利部 2000 年 9 月 17 日。

(6)《南水北调工程水价分析研究技术大纲》。

2. 主要经济参数

(1) 价格和价格水平：经济评价中投入物和产出物的价格均采用 2000 年年底价格。其中，国民经济评价原则上按影子价格调整，财务评价采用与工程投资估算相同的价格。

（2）社会折现率：统一采用《方法与参数》规定的 12%。

（3）计算期和计算基准年：计算期包括建设期和生产期。根据主体工程建设实施总进度安排，建设期为 56 个月，计算中按 5 年考虑；生产期采用 50 年。计算基准年定在中线工程开工的第一年，并以第一年年初作为资金时间价值计算的基准点，投入物和产出物除当年借款利息外，均按年末发生和结算。

（4）效益和费用计算范围：按照国民经济评价与财务评价的要求，遵循"效益与费用计算口径对应一致"的原则，国民经济评价中的效益和费用包括主体工程和配套工程的全部费用和效益；财务评价中只计算主体工程的费用和效益。总干渠陶岔渠首调水量中包括刁河灌区现状引水量，但不计效益，也不分摊投资。

（5）供水效益发挥过程：考虑到近期工程建成通水后，供水负荷有一个逐步增长的过程，在经济评价中暂假定工程建成后的第 10 年达到近期设计供水规模 95 亿 m³；同时，在敏感性分析中还考虑了达到近期设计供水规模的时间再推迟 5 年的情况。

二、国民经济评价

国民经济评价是从国家整体角度分析、计算项目对国民经济的净贡献，据以判别项目的经济合理性。

（一）工程费用

国民经济评价中，中线工程费用包括主体工程投资、配套工程投资和相应的年运行费，以及流动资金和更新改造费。

1. 主体工程投资调整计算

推荐近期实施方案主体工程静态总投资为 917.423 亿元。采用影子价格进行调整计算，并扣除工程投资中属于国民经济内部转移支付的计划利润、税金等有关费用，调整后的影子投资为 844.0 亿元。

2. 配套工程投资估算

中线工程供水目标主要为工业及城市生活供水，配套工程投资包括总干渠分水口至城市自来水厂的输水、净水和配水工程投资。其中总干渠分水口门至城市自来水厂的输水配套投资，采用各省、市估算的成果；自来水厂的净配水工程投资，根据各省（直辖市）典型地区、典型自来水厂的投资估算资料，采用扩大指标估算，综合平均的单方水投资为：河南省、河北省 5~6 元/m³，北京市、天津市 12~15 元/m³。初步估算配套工程投资为 610.5 亿元，其中总干渠分水口门至城市自来水厂的输水配套投资为 158.1 亿元，自来水厂的净配水工程投资为 452.4 亿元。

3. 年运行费用估算

主体工程年运行费包括动力费、工资福利及劳保统筹费和住房基金、工程维护费、管理费、水源区维护费及其他费用等，按分项计算求得；自来水厂的净配水工程的年运行费参照受水区有关城镇自来水厂年运行费占其工程投资的比例；输水配套工程的年运行费参照主体工程年运行费率（约占固定资产投资的 2.5%）计算。年运行费用为 93.9 亿元，其中主体工程 21.9 亿元，配套工程 72 亿元。

4. 流动资金估算

主体工程和输水配套工程流动资金需要量，暂按其年运行费的 12.5％估算；自来水厂净配水工程根据《给排水概预算与经济评价手册》规定，按其年运行费的 25％估算。流动资金为 21.0 亿元，其中主体工程 2.7 亿元，配套工程 18.3 亿元。

5. 更新改造费

各类工程设施的经济使用年限为：钢筋混凝土坝、隧洞、渡槽、渠道等 50 年，机电设备和金属结构 20～25 年，桥、闸混凝土建筑物 30～40 年。更新改造费在其使用期满的前一年按更新改造计划投入。

（二）工程效益

中线工程的效益主要为向京津华北地区提供工业及城市生活用水、环境及其他用水所产生的经济、社会和环境效益，同时丹江口水库大坝加高后对汉江中下游地区的防洪、发电、航运等将产生不同程度的有利和不利影响。

1. 供水效益

采用国内供水工程规划设计中惯用的分摊系数法计算工业供水效益。分摊系数根据受水区工矿企业发展规划和水源规划资料中供水工程折算费用占总折算费用（包括工矿企业和供水工程）的比例计算分析与确定。生活单方水供水效益按与工业供水单方水效益相同计算。在分析计算中，受水区工业万元产值取水量采用各省（直辖市）城市水资源规划报告的成果，北京市为 16m³/万元，天津市为 11m³/万元，河北省为 27m³/万元，河南省为 47m³/万元。据此分析计算得工业及城市生活年供水效益为 449.74 亿元，其中，河南省 85.69 亿元，河北省 160.15 亿元，北京市 99.8 亿元，天津市 104.1 亿元。

2. 防洪效益

丹江口水库大坝后期完建后，可增加防洪库容 32.8 亿 m³（夏汛期）～26.3 亿 m³（秋汛期），配合杜家台分洪和堤防作用，可使汉江中下游地区的防洪标准由 20 年一遇提高到 100 年一遇，大大减少了该地区的洪灾损失。防洪直接经济效益按有、无丹江口水库大坝加高情况下减少的洪灾损失计算，防洪间接经济效益参考国内外有关资料，按直接洪灾损失的 20％计算。减少的直接洪灾损失按减淹面积乘亩均综合损失指标计算。根据 1992 年湖北省水利勘测设计院对汉江中下游地区洪灾损失的调查资料，考虑 1990—2000 年间的洪灾损失增长率和物价上涨率，并参考 1998 年大洪水长江中游溃决堤垸实际的洪灾损失资料，综合分析得出按 2000 年底价格水平估算的洪灾损失（包括间接损失）综合指标：民垸 8349 元/亩，杜家台分洪区 5052 元/亩，洲滩 1836 元/亩，江汉平原 10386 元/亩。据此求得多年平均防洪经济效益为 6.52 亿元，其中直接效益 5.22 亿元，间接效益 1.3 亿元。

3. 对发电的影响分析

丹江口水库大坝加高后，由于发电水头增大，电站机组出力受阻的情况将得到改善，装机容量可全部发挥效益，可提高容量效益约 150MW；但向北调水 95 亿 m³ 后，由于发电流量减少，将减少电站多年平均发电量 5.4 亿 kW·h。初步分析，其增加的容量效益与减少的电量效益大体相当，故在国民经济评价中未考虑对丹江口发电效益的影响。

4. 对航运的影响分析

丹江口水库大坝加高后，坝上游深水航道可由现状 95km 延长到 150km，淹没库区滩险，减少航道整治投资；变动回水区除水库消落期外，滩险和航道等航运条件更趋均匀。调水后，在保证下泄通航最小流量和采取相关工程措施后，基本可以满足航运要求；尤其是在实施了引江济汉等工程后，下游航道状况将有较大改善，但其效益难以量化，故在国民经济评价中亦未计入这部分效益。

（三）国民经济盈利指标分析计算

根据中线近期实施方案的费用和效益，编制国民经济效益费用流量表，据此求出近期实施方案的经济内部收益率为 14.66%，大于 12%；经济净现值为 282 亿元，大于 0；经济效益费用比为 1.24，大于 1，各项指标均优于国家规定的基准值，工程在经济上是合理的。中线工程国民经济评价指标计算成果见表 9-7-1。

表 9-7-1　　　　　　　　中线工程国民经济评价指标计算成果表

方　案	经济内部收益率/%	经济净现值/亿元	经济效益费用比
基本方案	14.66	282	1.24
投资增加 10%	13.46	165	1.13
投资增加 20%	12.40	47	1.03
供水量减小 10%	13.34	136	1.12
供水量减小 20%	12.01	2	1.01
达到设计效益时间再推迟 5 年	13.45	149	1.14

从表 9-7-1 中可以看出：当各项敏感因素发生不利于工程的变化时，近期实施方案的经济内部收益率均大于 12%，经济净现值均大于 0，经济效益费用比均大于 1，说明中线工程具有一定的抗经济风险的能力。

三、财务评价

从设想拟组建的中线供水总公司的角度对中线主体工程进行财务评价，不包括总干渠分水口以下配套工程的财务评价［配套工程的财务评价由各有关省（直辖市）另作专题报告］。

（一）资金筹措方案

主体工程资金筹措按以下两个方案考虑。

（1）方案一：丹江口加高工程（含库区淹没补偿）投资采用贷款 20%，中央资本金 80%；输水工程投资采用贷款 20%，资本金 80%（其中：中央 60%，地方 40%）。

（2）方案二：丹江口加高工程（含库区淹没补偿）全部采用中央资本金；输水工程投资贷款 20%，资本金 80%（其中：中央 60%，地方 40%）。

两个方案中，贷款的年利率采用 6.21%（现行国内银行中长期贷款年利率），偿还期为 25年；汉江中下游工程投资全部由国家拨款。

重点以筹资方案一作为基本方案进行供水成本和水价测算，同时对方案二的供水成本和水价也进行了测算，供分析比较。

（二）工程投资分摊

根据南水北调中线工程建设与运行管理体制设想，拟组建由国家控股的供水总公司负责总干渠工程的建设与运行管理，按"产权明晰、权责明确、利益共享、风险共担"的运行机制，丹江口加高工程（含库区淹没补偿工程）投资和汉江中下游工程投资进入中线工程建设总投资中（资金筹措时要考虑），但不进入中线工程供水总公司资产中，其形成的新增资产由水源工程公司（汉江集团）和湖北省负责运作和管理。因此，工程投资分摊只考虑对输水工程投资进行分摊。根据"谁受益、谁分摊"的原则，只为某一地区服务的工程投资由该地区承担；同时为两个或两个以上地区服务的共用工程投资由各有关省（自治区、直辖市）按规划分配新增加的设计毛供水量的比例分摊。分摊计算结果见表9－7－2。

按照筹资方案一估算，中线主体工程静态总投资917.43亿元，需中央政府投资523.0亿元，占57.01%；地方政府投资224.67亿元，占24.49%；贷款169.77亿元，占18.5%。中央政府与地方政府分担中线工程投资分摊及资金来源综合成果见表9－7－2。

表9－7－2　　　　　　　　中线工程投资分摊及资金来源综合成果表

（筹资方案一）　　　　　　　　　　　　单位：亿元

项　目		投资分摊			资金来源			
		发生在本区的投资	参与分摊地区	本区分摊投资	贷款	资本金		
						中央	地方	小计
输水工程	河南省	404.44	河南、河北、北京、天津	94.18	18.84	45.21	30.14	75.35
	其中：黄河南	250.48	河南、河北、北京、天津	26.28	5.26	12.61	8.41	21.02
	黄河北	153.96	河南、河北、北京、天津	67.91	13.58	32.60	21.73	54.33
	河北省	212.66	河北、北京、天津	265.59	53.12	127.48	84.99	212.47
	北京市	36.21	北京	189.48	37.90	90.95	60.63	151.58
	天津市	48.48	天津	152.83	30.57	73.36	48.90	122.26
	小计	702.08		702.08	140.42	337.00	224.67	561.66
丹江口加高工程（含水库移民补偿）		146.75		146.75	29.35	117.40		117.40
汉江中下游工程		68.60		68.60		68.60		68.60
合计		917.43		917.43	169.77	523.00	224.67	747.67

注　表中汉江中下游工程投资由国家拨款。

（三）供水成本

中线工程建成后将实行分级管理，输水工程由供水总公司代表国家管理，输水总干渠分水口以下由地方供水公司管理，只测算输水总干渠分水口的供水成本和水价。

水源工程公司（汉江集团）与供水工程总公司之间的关系是买卖水的合同关系，因此，需按水源工程和输水工程两大部分分别核算其供水成本和水价。

1. 水源工程供水成本

水源工程供水成本包括丹江口水库大坝加高工程（含库区淹没补偿）投资所形成的固定资产的折旧费、丹江口水库大坝加高工程维护费、水源区维护费（包括水库移民后期扶持基金和汉江水环境保护费）、保险费、利息支出和其他费用。水源工程的年经营成本（年运行费）为不包括折旧费、利息净支出等费用在内日常运行管理费。水源工程年供水成本费用估算见表9-7-3。

表9-7-3　　　　　　　　水源工程年供水成本费用估算表

序号	项　目	方案一		方案二	计　算　条　件
		还贷期	还贷后		
1	折旧费/亿元	3.261	3.261	3.141	按丹江口加高工程（含库区移民补偿）固定资产投资的2.14%计算
2	工程维护费/亿元	0.302	0.302	0.302	按丹江口加高工程固定资产投资的1.5%计算
3	水源区维护费/亿元	1.896	1.896	1.896	水库移民后期扶持基金按25万移民和400元/(人·年)计算；汉江水环境保护费按陶岔水量和0.01元/m³计算
4	保险费/亿元	0.367	0.367	0.367	按丹江口加高工程固定资产投资的0.25%计算
5	利息支出/亿元	1.436	0	0	经营期计入成本的固定资产贷款利息和流动资金贷款利息
6	其他费用/亿元	0.257	0.257	0.257	按2~4项之和的10%计算
7	供水成本费用合计/亿元	7.519	6.083	5.962	1~6项之和
	其中：经营成本/亿元	2.822	2.822	2.822	2~4项与6项之和
8	供水成本/(元/m³)	0.084	0.068	0.067	按陶岔出口新增供水量计算
	其中：水经营成本/(元/m³)	0.031	0.031	0.031	按陶岔出口新增供水量计算
9	供水价格/(元/m³)	0.118	0.081	0.083	还贷期水价按满足偿还贷款要求测算，还贷后水价按供水成本加资本金利润率1%计算

根据水利部有关规定，水资源费应计入供水成本，规划修订国家尚未颁布出台统一的水资源费征收标准，尤其是对像南水北调这样的大型跨流域调水工程如何征收水资源费尚无明确规定，因此，供水成本中暂未计入水资源费，但中线工程实施后的水源工程供水成本中应包括水资源费。

2. 输水工程供水成本

输水工程供水成本包括水源工程水费、动力费、工资福利及劳保统筹费和住房基金、输水工程维护费、折旧费、管理费、保险费、利息支出和其他费用。输水工程的年经营成本（年运行费）为不包括折旧费、利息净支出等费用在内的日常运行管理费。分项成本费用计算结果见表9-7-4。

序号	项 目	方案一		方案二		计 算 条 件
		还贷期	还贷后	还贷期	还贷后	
1	水源工程水费/亿元	9.375	7.257	7.43	7.43	按水源区水价乘以陶岔出口新增供水量计算
2	动力费/亿元	1.928	1.928	1.928	1.928	按泵站提水的耗电量和电价 0.5 元/（kW·h）计算
3	工资福利及劳保统筹费和住房基金/亿元	0.212	0.212	0.212	0.212	按 1500 人，工资 1 万元/(人·年)，福利 14%，劳保统筹 17%，住房基金 10%计算
4	输水工程维护费/亿元	8.799	8.799	8.799	8.799	按输水工程投资扣除征地费用后的 1.5%计算
5	折旧费/亿元	15.702	15.702	15.702	15.702	按输水工程固定资产的 2.14%计算
6	管理费/亿元	0.423	0.423	0.423	0.423	按工资福利等的 2 倍计算
7	保险费/亿元	1.755	1.755	1.755	1.755	按输水工程固定资产的 0.25%计算
8	利息支出/亿元	8.644	0.147	8.05	0.123	经营期计入成本的固定资产贷款利息和流动资金贷款利息
9	其他费用/亿元	1.312	1.312	1.312	1.312	按上述 2、3、4、6、7 项之和的 10%计算
10	年成本费用合计/亿元	48.132	37.533	45.609	37.683	1～9 项合计
	其中：年经营成本/亿元	23.802	21.685	21.857	21.857	按上述 1～4、6、7、9 项之和计算
11	供水成本/(元/m³)	0.602	0.469	0.57	0.471	按总干渠分水口门新增供水量计算
	其中：水经营成本/(元/m³)	0.298	0.271	0.273	0.273	按总干渠分水口门新增供水量计算

按资金筹措方案一测算的供水成本如下：

（1）水源工程。按多年平均北调水量计算，还贷期年供水总成本费用 7.519 亿元，单方供水成本 0.084 元/m³（按分水口新增水量计算，下同）；还贷后年供水总成本费用 6.083 亿元，单方供水成本 0.068/m³。

若多年平均北调水量减少 10%～20%，还贷期年供水总成本费用为 7.420 亿～7.322 亿元，单方供水成本 0.092～0.102 元/m³；还贷后年供水总成本费用 5.984 亿～5.886 亿元，单方供水成本 0.074～0.082 元/m³。

（2）输水工程。按多年平均北调水量计算，还贷期年供水总成本费用 48.132 亿元，单方供水成本 0.602 元/m³；还贷后年供水总成本费用 37.533 亿元，单方供水成本 0.469 元/m³。

若多年平均北调水量减少 10%～20%，还贷期年供水总成本费用为 48.054 亿～47.975 亿元，单方供水成本 0.668～0.750 元/m³；还贷后年供水总成本费用 37.434 亿～37.335 亿元，单方供水成本 0.520～0.584 元/m³。

（四）水价测算

按照"还本付息、收回投资、保本微利"对水源区和受水区总干渠的供水价格进行测算。

1. 综合水价测算

（1）水源工程水价。还贷期水价按满足偿还贷款要求测算；还贷后水价按供水成本加资本金利润率 1% 测算。

（2）输水工程分水口门水价。还贷期水价按满足偿还贷款要求测算；还贷后水价，考虑中线工程主要供水目标为城市生活及工业，按供水成本加资本金利润率 1%、4% 分别测算。中线工程供水成本和水价测算结果见表 9-7-5。

表 9-7-5　　中线工程供水成本和水价测算结果　　单位：元/m³

| 项目 | | | 水源工程 | 全线平均 | 河南省 | | | 河北省 | 北京市 | 天津市 |
					全省	黄河以南	黄河以北			
方案一	还贷期	供水成本	0.084	0.602	0.262	0.18	0.355	0.572	1.194	1.183
		水价	0.118	0.606	0.264	0.182	0.358	0.576	1.202	1.191
	还贷后	供水成本	0.068	0.469	0.210	0.149	0.280	0.443	0.926	0.919
		经营成本	0.031	0.271	0.140	0.113	0.171	0.246	0.519	0.519
		水价 资本金利润率 1%	0.081	0.540	0.235	0.162	0.318	0.513	1.070	1.061
		水价 资本金利润率 4%		0.750	0.309	0.200	0.434	0.722	1.502	1.486
方案二	还贷期	供水成本	0.067	0.570	0.250	0.172	0.338	0.542	1.129	1.119
		水价	0.083	0.575	0.251	0.174	0.340	0.546	1.137	1.127
	还贷后	供水成本	0.067	0.471	0.212	0.151	0.282	0.445	0.928	0.921
		经营成本	0.031	0.273	0.142	0.115	0.173	0.248	0.522	0.522
		水价 资本金利润率 1%	0.083	0.541	0.237	0.164	0.320	0.515	1.072	1.062
		水价 资本金利润率 4%		0.752	0.311	0.202	0.436	0.724	1.504	1.487

按资金筹措方案一测算的水价（按多年平均北调水量计算）如下：

（1）水源工程。还贷期水价 0.118 元/m³，还贷后按供水成本加 1% 资本金利润率测算的水价为 0.081 元/m³；若多年平均北调水量减少 10%～20%，还贷期水价为 0.130～0.146 元/m³，还贷后按供水成本加 1% 资本金利润率测算的水价为 0.089～0.099 元/m³。

（2）输水工程。还贷期全线平均水价为 0.606 元/m³，到北京为 1.202 元/m³；还贷后全线平均按供水成本加 1%、4% 资本金利润率测算的水价为 0.540～0.750 元/m³，到北京为 1.070～1.502 元/m³。若多年平均北调水量减少 10%～20%，还贷期全线平均水价为 0.672～0.754 元/m³，到北京为 1.334～1.499 元/m³；还贷后全线平均按供水成本加 1%、4% 资本金利润率测算的水价为 0.598～0.935 元/m³，到北京为 1.188～1.875 元/m³。

2. 容量水价和计量水价测算

容量水价用于补偿供水的固定资产成本，不管用户是否用水都需足额缴纳；计量水价用于补偿供水的运行成本。计算结果见表 9-7-6。

计算结果表明：还贷后的容量水价相当于综合水价的 26%～36%，计量水价相当于综合水价的 74%～64%；还贷期间的容量水价约相当于综合水价的 50%，计量水价约相当于综合水价的 50%。

表 9-7-6　　　　　　　中线工程容量水价和计量水价测算结果　　　　　　　单位：元/m³

项目			水源工程	全线平均	河南省 全省	河南省 黄河以南	河南省 黄河以北	河北省	北京市	天津市
方案一	还贷期	容量基价	0.052	0.302	0.107	0.055	0.166	0.301	0.620	0.610
		计量基价	0.066	0.303	0.157	0.126	0.192	0.275	0.581	0.581
		综合水价	0.118	0.606	0.264	0.182	0.358	0.576	1.202	1.191
	还贷后 资本金利润率1%	容量水价	0.036	0.196	0.069	0.036	0.108	0.195	0.403	0.396
		计量水价	0.045	0.344	0.166	0.126	0.211	0.317	0.667	0.665
		综合水价	0.081	0.540	0.235	0.162	0.318	0.513	1.070	1.061
	资本金利润率1%	容量水价		0.196	0.069	0.036	0.108	0.195	0.403	0.396
		计量水价		0.554	0.240	0.164	0.326	0.527	1.100	1.090
		综合水价		0.750	0.309	0.200	0.434	0.722	1.502	1.486
方案二	还贷期	容量基价	0.035	0.295	0.104	0.054	0.162	0.294	0.606	0.596
		计量基价	0.048	0.279	0.147	0.12	0.178	0.252	0.531	0.531
		综合水价	0.083	0.575	0.251	0.174	0.340	0.546	1.137	1.127
	还贷后 资本金利润率1%	容量水价	0.035	0.196	0.069	0.036	0.108	0.195	0.403	0.396
		计量水价	0.048	0.345	0.167	0.128	0.213	0.319	0.669	0.666
		综合水价	0.083	0.541	0.236	0.164	0.320	0.515	1.072	1.062
	资本金利润率1%	容量水价		0.196	0.069	0.036	0.108	0.195	0.403	0.396
		计量水价		0.556	0.242	0.166	0.328	0.529	1.101	1.091
		综合水价		0.752	0.311	0.202	0.436	0.724	1.504	1.487

（五）用水户承受水费能力的初步分析

为了便于南水北调工程实施后供水区水资源的统一调度管理，促进节约用水，各省（直辖市）规划逐步提高城市供水价格。据受水区 4 省（直辖市）预测：到 2005 年，北京市、天津市、河北省和河南省城市综合水价将分别调整到 6 元/m³、5 元/m³、3.1 元/m³、2.6 元/m³；到 2010 年河北省和河南省城市用户的综合水价都将调整到 4 元/m³ 左右，北京市、天津市水价将在 5～6 元/m³ 基础上逐步提高。

对水费承受能力的初步分析结果表明：现状水价水平下，各省（直辖市）城市居民人均水费支出占其可支配收入的比例在 0.72%～1.2%，工业水费支出占其产值的比例在 0.6%～1.5%；2005 年、2010 年水价水平下，居民人均水费支出占其可支配收入的比例分别为 1.2%～1.8% 和 1.8%～2.2%，工业水费支出占其产值的比例分别为 1.0%～2.2% 和 1.2%～2.5%，均低于国内外衡量用水户承受水费能力的标准，说明 2005—2010 年水价调整后，城市居民生活和工业用水是可以承受的。据初步测算，2010 年左右中线工程建成通水后，到供水区各城市用水户的水价水平与各省、市调价后的水价水平相当，因此，中线工程的供水价格城市用水户是可以承受的。

（六）财务评价

财务评价包括供水收入、利润及税金估算，财务盈利能力分析，清偿能力分析和盈亏平衡分析。

1. 供水收入、利润及税金估算

（1）供水收入。按净供水量乘以单方水水价计算。

（2）税金。暂不考虑征收增值税或营业税以及以此为计征基础的城市维护建设税和教育费附加。所得税按利润总额的 33% 计征。

（3）利润。

$$利润总额（税前利润）＝供水收入－总成本费用$$

$$税后利润＝税前利润－所得税$$

按规定，从税后利润中提取 10% 的法定盈余公积金和 5% 的公益金后为企业所得到的未分配利润。

2. 财务盈利能力分析计算

盈利能力分析主要计算财务内部收益率、资本金利润率等。计算结果见表 9-7-7。

表 9-7-7 中线工程近期实施方案财务评价指标计算结果表

方　案		财务收入 /亿元	利润总额 /亿元	税后利润 /亿元	财务内部收益率/%		借款偿还期 /年
					所得税后	所得税前	
方案一	资本金利润率 1%	43.15	5.62	3.76	0.13	0.36	25
	资本金利润率 4%	57.88	22.47	15.05	1.27	1.85	25
方案二	资本金利润率 1%	43.30	5.62	3.76	0.15	0.40	25
	资本金利润率 4%	58.03	22.47	15.05	1.22	1.78	25

3. 清偿能力分析计算

按满足借款偿还条件核定水价计算，中线供水工程可按时还清借款本息。

4. 盈亏平衡分析

盈亏平衡分析计算结果表明当供水量达到设计供水规模的 54% 左右时，中线工程可以做到盈亏平衡。财务评价结果表明：按上述筹资方案和水价标准，中线工程建成后可以做到"还本付息、收回投资、保本微利"。

四、综合效益分析

（一）对可持续发展战略的影响

随着人口增长和经济社会的快速发展，我国水资源短缺矛盾日益严重，在许多地区已成为制约经济社会发展的制约因素。2000 年我国出现了中华人民共和国成立以来最严重的干旱，严重影响了工农业生产和人民生活。在这场持续的大旱中，京津华北地区的旱情尤为严重，天津市不得不紧急采取引黄济津来临时解决水供应问题。因此，如何以水资源的可持续利用保障经济社会的可持续发展是当前我国迫切需要解决的重大问题。

实施南水北调中线工程是解决北方地区资源性缺水问题的战略措施，通过在全国范围内合理配置水资源，将南方地区的水资源优势转化为经济优势，以水资源的优化配置支持北方缺水地区经济社会的可持续发展，从而支持全国经济社会的可持续发展。

（二）对地区经济社会发展的影响

南水北调中线工程实施后，将对京津华北地区、汉江中下游地区和水库淹没区的经济社会发展产生深远影响。

1. 改善京津华北受水区的缺水状况

（1）改善受水区生产条件，促进工业基地的建设和发展。受水区蕴藏有丰富能源资源和矿产资源，是全国铁路、公路密度最大的地区之一，综合运输能力强，是理想的能源、原材料工业生产基地。中线工程实施后，水资源条件得到改善，将促进老工业基地的改造和发展，发挥传统工业优势和潜力，促进生产力布局合理调整，并建设发展新的工业基地，实现区域经济持续、快速、健康发展。

（2）改善城市供水条件，提高受水区人民生活质量。受水区城市人均生活用水量不仅低于发达国家水平，很多城市还低于全国平均水平，有的城市甚至不到全国城市人均用水量的1/3。随着人口的增加、人民生活质量的提高，城市生活用水缺口还将扩大。中线工程实施后，将为受水区提供优质水，提高城市居民的生活质量。

（3）增强受水区农业发展后劲。华北平原具有发展农业的有利自然条件，是我国小麦、棉花、油料和烟草等多种经济作物的重要产区。由于城市用水挤占农业用水现象日趋严重，使得农业生产长期受干旱缺水的威胁和影响，农业优势得不到发挥。中线工程实施后，可不继续挤占甚至将原来城市挤占农业的水量还给农业，解决农业用水不足问题，增强受水区农业发展后劲。

2. 汉江中下游地区利大于弊

丹江口水库大坝加高后，可提高汉江中下游的防洪标准，由现状遇20年一遇以上洪水就需分洪，提高到遇1935年洪水（约100年一遇）基本不分洪，汉北平原和武汉市的安全得到保障。汉江中下游近期兴建兴隆枢纽、引江济汉工程及闸站改造工程等，可基本满足汉江中下游工农业、航运、生态环境等用水要求。实施中线工程，采取上述工程措施后，不仅可消除调水所带来的不利影响，还可为本地区的经济社会发展创造条件，促进该地区经济社会的可持续发展。

3. 水库淹没区移民安置

丹江口水库大坝加高，将增加水库淹没移民24.95万人，淹没耕园地23.43万亩，对库区经济发展造成不利影响。但采取开发性移民措施，可以较好地解决移民安置问题，并可促进水库周边地区和移民安置区的产业结构调整，有利于库区经济良性循环。

（三）对生态与环境的影响

1. 显著改善受水区的生态与环境

缺水不仅影响经济社会发展和环境质量，而且影响人民身体健康和社会安定。中线工程实施后，受水区将减少对地下水的开采，大大改善受水区的水环境，为受水区经济、社会和环境协调发展创造良好条件。

2. 对水源区的生态与环境有利有弊

丹江口水库大坝加高后，可提高汉江中下游的防洪能力，增加了河道枯水期泄流量，改善枯水期水质；水库水面扩大，有利于渔业发展；但水库淹没和移民对环境将带来不利影响。

第八节 中线工程生态保护和环境影响分析

按照工程对生态环境的影响特性，划分为调水区、输水区和受水区，重点研究调水区的移民环境和调水对汉江中下游的影响。

一、丹江口库区生态与环境影响

（一）加坝方案影响

1. 移民

丹江口水库大坝加高 13m，淹没涉及河南、湖北 2 省 5 个县（市、区）的 48 个乡镇、5 个城镇、工业企业 106 家。在移民迁移线以下人口约 30 万人，淹没耕园地 23.43 万亩。

（1）不利影响。由于水库淹没，使土地资源进一步减少，特别是湖北郧县、郧西县及十堰市移民环境容量不足，人均耕园地仅 0.54～0.96 亩。按移民安置规划，大量移民外迁后，环境容量可以承受，但需引起高度重视。移民安置、城镇迁建和库区建设过程中对木材、薪炭的需求，可能引起森林资源的减少，降低森林覆盖率，应采取措施防止生态系统恶化。在移民安置、城镇迁建时，需进行大量基础设施建设，库区地形坡度大，在移民开发垦殖土地中，可能产生水土流失；移民迁建改变了居民特别是外迁水库移民的传统习惯，将对移民心理造成不利影响。可能会对当地社会稳定产生影响，应引起重视。

（2）有利影响。由于工程建设和大量移民资金投入，为库区经济发展和环境整治带来难得的机遇，数十亿元资金的注入，对调整经济布局与农村产业结构、改善基础设施将发挥积极作用；移民生产条件的改善，吸收大量劳动力就业，为促进发展当地第三产业及其他经济创造了条件。此外，厂矿迁建也为调整工业布局以及环境治理创造了条件。

2. 水质

丹江口水库现状水质符合地表水环境质量标准 I～II 类标准，能满足各类功能用水的要求。库区水质没有出现明显的分层现象，丰水期水质较平、枯水期略差。主要污染物为有机物，主要污染来源为支流面源。入库点源污染负荷总量约 8000t，其中，十堰市污染负荷比约为 39%，其次是丹江口市（坝上）约为 26%，淅川约为 17%，郧县约为 15%，郧西县约为 3%。入库点源污染负荷中，COD 为主要污染物，其负荷比约为负荷总量的 70%。干支流入库污染物量主要受降雨径流大小影响，丰水期入库量大于枯水期和平水期。入库污染物主要为有机物，其中汉江所占比重最大，其次为堵河，两者占全部年入库 COD 总量的 80% 以上。丹江口水库现为中营养状态，局部库湾氮、磷等营养元素富集程度较高。

预计今后水库仍为中营养状态，但氮、磷浓度已达中营养化标准的上限。尤其是局部库湾，加高大坝后，库内水流变缓，水体交换性能变差，加上被淹及土地中营养物质的溶出，可能增加水体中氮、磷的含量，促进氮、磷等营养元素的富集，进而造成局部库湾水体的富营养化。

经预测分析，老灌河、神定河环境容量小，而且老灌河距陶岔引水口较近，对陶岔的水质影响较大，应引起重视。

3. 生物

（1）对水生生物和鱼类的影响。加坝后，库容增加 116 亿 m^3，水库水生生态环境将会发生变化，给鱼类繁殖提供了数量众多、生境多样的繁殖场所；水库淹没的草地、农田等可向水体释放的营养元素，有利于浮游生物及各类水生生物栖息繁衍。随着水位提高，库容增大，库区流态趋于平缓，汉江库区浮游植物将逐步演化为具有湖泊特征的群落。水库浮游植物的种类组成、季节变化以及现存量不会发生明显变化。丹江口水库鱼类资源中，产漂流性卵的鱼类占很大比例，由于水位抬高，流速减缓，白河、前房和郧县三处产卵场规模缩小甚至消失，可采用人工放流等措施，保护鱼类资源。对水库产黏性卵鱼类繁殖不会产生明显影响。

（2）对陆生生物的影响。加坝调水，对陆生植物的影响因素主要是水库淹没、工程施工及移民安置。据调查，正常蓄水位 170m，将淹没用材林 1.68 万亩。移民迁建安置对森林有一定不利影响，但库区局地气候改善，补偿资金投入，对经济林发展将带来有利影响。受直接淹没影响的有国家三级重点保护植物野大豆，省级保护植物岩山树、狭佩兰，但均不属库区特有种。库区古大树种中高程 170m 以下有 3 棵，170～200m 有 23 棵，200～500m 有 74 棵，应加强管理和保护。加坝后水面扩大，对两栖类、水禽增殖有利，穿山甲等珍稀动物数量也可能增加。水位上升，鼠类等有害动物随之上迁，密度增高，带来不利影响。

4. 水土流失

水库淹没使土地资源减少，库区移民安置中开垦荒地、建房等生产生活活动可能使森林面积减少，并产生新的水土流失。对木材的需求可能引起森林资源的减少，导致生态环境恶化。大坝加高施工期间土方开挖和填筑、土料场的取土及弃渣等，将产生水土流失，对施工区环境会造成一定影响。加坝施工工期长、工程量大、动用土石方量多，从而会破坏了施工区的地表植被，改变原有的地面坡度，使原有稳定的地表受到扰动，因而在短期内会加剧施工区的水土流失。

（二）不加坝方案影响

对于丹江口水库大坝不加高方案，由于并不改变水库的特征水位，故基本不对库区的生态环境造成不利影响。

二、汉江中下游及河口区生态与环境影响

（一）加坝显著改善了汉江中下游地区的防洪形势

大坝加高，防洪库容大幅度增加，遇 100 年一遇洪水时，皇庄洪峰流量由现状的 28730m^3/s 减至 20555m^3/s，沙洋洪峰流量减至安全流量 18400m^3/s，沙洋以上将不再启用民垸分洪；遇 10 年一遇洪水时，沙洋流量由 16025m^3/s 减至 11114m^3/s，不再需要启用杜家台分洪工程，大

大减小了分蓄洪区的直接经济损失，为分蓄洪区人民带来更为稳定安全的生产、生活环境。

由于洪峰削减，大水浸滩机会大大减少，有利于河势稳定和洲滩利用，在汉江下游不致因洪水作用而频繁发生撇弯切滩，从而使河道达到相对稳定河势，不仅有利于航运事业发展，而且有利于岸边防护和堤防的安全。

洪峰流量减少，有利于遏制血吸虫病蔓延。汉江中下游地区的钟祥、天门、潜江、仙桃、汉川等县（市）仍为血吸虫病重疫区，现有患者 10.1 万人，有螺面积达 2.4 亿 m^2。分蓄洪区许多湖泊呈冬陆夏水状态，滩地杂草丛生、洪涝灾害都有利于钉螺滋生和蔓延扩散。大坝加高后洪水得到进一步控制，减少洪水引起钉螺扩散的机会，有利于血吸虫病防治。

（二）中下游工程方案的影响

1. 对水文情势的影响

"无引江济汉"方案实施后，丰水年及平水年中下游河道全年流量减小幅度较大，枯水年及少数平水年全年内流量减小幅度不明显；枯水年及少数平水年的枯水期（12 月、1—3 月）全部或一定时段内流量有不同程度的增加，其他时段则有不同程度的减少。该方案由于兴隆枢纽的兴建，工程影响河段范围内水位较目前将有不同程度的抬升，水面变得较为宽阔，流速有所减缓。

"有引江济汉"方案实施后，沙洋以上河段与"无引江济汉"方案基本一致，沙洋以下河段由于引江济汉工程的兴建，将有 $300\sim500\text{m}^3/\text{s}$ 的流量进入汉江沙洋以下河段，其流量将有大幅度增加，年内流量变化过程较平缓。

2. 水质

汉江中下游枯水期水质比丰水期、平水期水质差，主要污染物为氨氮、总磷等，表现为明显的点源污染特征。主要的污染河段为襄樊市钱营—武汉江段。

"无引江济汉"方案实施后，由于枯水年及少数平水年枯水期（12 月、1—3 月），汉江中下游流量有不同程度的增加，部分年度增加的幅度还较大，对此期间水质的改善作用比较明显，襄樊江段及仙桃—武汉江段总氨、总磷浓度下降 5%～20%，少数年份水质将从现状的Ⅳ类变为Ⅲ类。平水期及丰水期由于汉江中下游流量有所降低，该期间部分河段水体中污染物浓度较现状有所升高，但幅度较小，大约为 5%，但不会引起大部分江段水质类别的变化。兴隆枢纽兴建后，枢纽及其回水区域内水体容积增加，稀释作用加强，总体水质将得到改善，但由于该水域流速减缓，不利于污染物扩散及自净，枢纽及其回水区域内的排污口附近局部水域污染物浓度将有所升高。

"有引江济汉"方案实施后，沙洋以上河段水质变化与无引江济汉方案实施基本一致。沙洋以下河段由于引江济汉工程的实施，有 $300\sim500\text{m}^3/\text{s}$ 流量进入汉江，水体中氮、磷浓度将有较大幅度下降，浓度下降范围为 20%～60%，水体质量将由Ⅳ类转为Ⅱ～Ⅲ类；丰水期、平水期沙洋以上河段由于流量减少，该期间部分河段水质浓度将较现状上升约 5%，兴隆枢纽及其回水区域总体水质将得到改善，沙洋以下河段水质由于引江济汉工程流量增加幅度较大，水质改善比较明显，由Ⅳ类好转为Ⅱ～Ⅲ类。

"水华"是富营养化水体中有些藻类大量繁殖的现象。20 世纪 90 年代以来由于汉江中下游部分河段水体出现富营养化，导致三次比较严重的"水华"事件，对沿岸经济发展和社会生活产生了一定程度的损害，调水对汉江中下游"水华"发生的影响受到当地政府和居民的广泛关注。采用 WQRRS 模型，用 1957—1997 年长系列水文资料，按照调水前后汉江中下游水体富营养化及藻类生长状况进行逐年模拟计算，结果表明由于水库调节作用，在没有引江济汉工程的情况下，春季"水华"调水前为 13 年，调水后为 11 年，调水不会增加春季"水华"发生的次数。

引江济汉工程方案实施后，由于有 $300\sim500\text{m}^3/\text{s}$ 的流量自沙洋河段进入汉江，使发生"水华"的沙洋—武汉江段流量大幅增加，由于流量增大，一方面水流流速增大不利于藻类生长繁殖；另一方面对水体内污染物浓度的稀释与自净作用加强，汉江中下游"水华"出现年度与年内持续时间将大幅度减小，"水华"基本得到控制。

3. 河口生态

（1）对汉江河口的影响。各种调水方案对汉江河口生态的主要影响均类似，只是程度不同。中线调水后，汉江全段冲刷总量减少约 2/3，河床粗化向河口地带发展，对汉江口边滩的淤积作用将进一步减弱。加坝后，汉江洪峰进一步削减，大流量出现的天数减少，河口河势更趋稳定，崩滩崩岸强度减小，变化范围缩小，这对武汉市防洪有利。从水量和航深的角度来说，调水不会降低河口段航运的基本要求，但可能会影响营运效益；对已整治航道的影响将增加整治工程量。

（2）对长江河口的影响。长江河口，上受长江干流径流变化、下受海潮入侵的影响，是生态环境极为复杂和敏感地区。长江河口的年径流量约为 10000 亿 m^3，中线工程的调水量相对而言很小，在年际天然变幅之内，因此，调水后不会对长江口生态环境产生明显影响。

4. 泥沙及河床冲淤

"无引江济汉"方案实施后，汉江中下游的总水量减少。对于大坝加高方案，水库淤积加大，下泄沙量减少，年内水沙分配趋均匀。

丹江口水库大坝加高，中下游洪峰流量进一步被削减，洪水时间缩短，流量的年内变幅变小，河道的比降也变小，使河势朝稳定的趋势发展。此外，由于造床流量减小，河槽将朝窄深方向发展，河宽变小。

"有引江济汉"方案实施后，丹江口坝下至沙洋河段泥沙及河床冲淤状况与"无引江济汉"方案的相同，但沙洋以下河段增加了引江的 $300\sim500\text{m}^3/\text{s}$ 流量，可能会使造床流量增大，对沙洋—仙桃段的河势产生一定影响，对仙桃以下河段的影响较小。

5. 水生生物

调水后下泄水量减少，浮游动物易形成高峰，若遇上连阴雨或雾天，又会大量死亡，也将导致水质恶化。汉江中下游工程建成后，水流变缓，有较多的食物来源和隐蔽场所，更利于底栖动物的生长，因此，该江段底栖动物将有上升趋势。实施汉江中下游工程以后，对产漂流性卵鱼类的影响进一步扩大，而对产黏性卵鱼类的生长有利。

"有引江济汉"方案实施后，沙洋以上河段浮游动、植物，底栖动物，鱼类的数量和种类与"无引江济汉"的情况类似。沙洋以下河段是"水华"发生河段，实施引江济汉工程后，下泄流量增加，水体交换时间变短，不益于藻类的生长繁殖和聚集，浮游藻类的数量可能会减少或维持现状，将有助于减少"水华"的发生几率。沙洋以下河段流量增大，流速增加，不利于营养物质在江底沉积，浮游动物和底栖动物的数量会减少。同时，将有利于喜急流生境的鱼类种群和产漂流性卵的鱼类的生长和繁殖，鱼类资源将会增加。

（三）对策措施与建议

（1）制定汉江中下游污染综合防治规划，结合水功能区划与水资源保护规划对汉江干流及支流进行综合治理。

（2）制定和完善汉江中下游河道综合整治规划和防洪体系，促进该区域经济社会全面发展。

（3）保护汉江中下游鱼类资源，促进渔业发展。

三、总干渠沿线及受水区生态与环境影响

（一）近期方案的影响

1. 经济社会

调水后可改善受水区长期干旱缺水造成的自然、社会和生态环境问题，有力地促进区内的经济社会持续发展，主要反映在以下几个方面。

（1）增加城市生活、工业用水，有利于调整生产力布局，提高工业生产水平和产品质量；改善卫生条件，促进城市的治理和绿化美化。

（2）缓解水资源供需矛盾，减少水事纠纷，促进社会团结和稳步发展。

（3）增加农业灌溉，改善农业生产和生态环境，有利于农业的稳定发展；减少有害物质在土壤和农产品中富集，保护土壤环境和人群健康。

（4）减轻受水区大量超采地下水状况，缓解以城市为中心的地下水下降漏斗的发展，控制地面沉降及其对建筑物和环境的危害。

（5）改善受水区饮用水水质，有利于防止氟斑牙、氟骨病的发生，减少传染病的流行。

（6）改善沿线调蓄水体生态环境，有利于水资源综合利用。可改善白洋淀连续干淀的现象。

2. 占地与拆迁

（1）占地对土地资源的影响。输水渠道占地随着工程完工将变成建筑用地；而渠道两边将新建林带，这有利于森林覆盖率的提高。临时占地主要用于弃土堆放、施工场地等，且以弃土堆放占地为主，可随工程完工而逐步恢复利用。在完工的当年即可种植经济林、果树等，或首先进行土壤熟化后种旱作物。因此，总干渠临时占地对沿线土地利用的影响主要表现在利用方式上的变化。如果采取措施恢复农业利用，其对土地生产力影响是短期的。同时，渠道输水工程占地呈带状分散分布，总体上对区域土地利用结构不产生明显影响。采用管道输水方案的永久占地则很少，有利于输水沿线土地资源的保护。

（2）对植被的影响。总干渠挖压占地、料场开采及加工系统占地等对植被造成一定破坏，减少植被覆盖面积。因输水总干渠沿线地区植被覆盖率低，为绿化美化保护环境，渠线两侧规划有防护林带。随水源条件改善，农田林网和果园经济林将得到发展。因此，工程对区域植被影响不大。

（3）对农业生产的影响。输水工程沿线区是我国小麦、水稻、棉花等的重要生产区。输水

工程挖压占地与拆迁将进一步减少耕地，影响农业生产，增加土地承载压力，特别是占地涉及村组影响相对较大。但从总体上分析，耕地损失及对土地利用的影响不大，因此对农业生产也不会产生明显影响，且受水区通过水利设施配套建设，可以弥补占地损失影响。采用管道输水工程其影响则是暂时的，完建后经过复垦可以减免对农业生产的影响。

（4）对生活环境的影响。在总干渠施工过程中爆破、开挖、填筑、材料运输等将产生大量粉尘、废气和噪声；渠线附近人群活动急剧增加，外来人员大量涌入；原有道路、交通的负担将加大，加上占地迁建等，将会在短期（建设期）内对沿线居民生产生活环境带来不利影响。但由于线路较长，影响较分散。工程兴建也为拆迁安置和区域居民对外交流提供了机会，还可形成新的道路、建立相互联系的新途径与新方式；原有农村自然景观也会发生显著变化，总干渠及各类建筑物将形成新的人文景观，这些对改善渠线附近居民生活环境是有利的。

3. 水质

总干渠与铁路、公路的多处交叉点均存在水质受突发性污染事故的潜在威胁，应加强防范。采用管道输水方案则更有利于避免外来污染对输水水质的影响。

4. 地下水与土壤

（1）总干渠对左岸地下水排泄的影响。总干渠走向与黄淮海平原山前洪冲积扇地下水流向大致成正交，在局部地下水位较高地段，输水渠道可能阻滞左岸地下水的排泄，可以采取井渠结合、实行地表水和地下水联合运用的方式加以控制。

（2）渠道渗漏对地下水和土壤环境的影响。总干渠渠道全线衬砌，但仍会有少量的水渗漏，对沿线地下水和土壤产生一定的影响，特别对局部低洼地可能产生不利的影响。

5. 水土流失

调水工程实施后空气湿度将有增加，有利于林业发展及植被的生长，对水土流失的治理有利。

工程的不利影响主要为：施工、拆迁、建房等活动对植被造成一定程度的破坏，降低植被覆盖面积；需要大量木材，可能减少区域的林木资源；土石方开挖量大，弃土、弃渣多，若堆放处理不当，遇雨将会产生较严重的水土流失，且流失的泥沙将直接排入河道，影响河流水质。

6. 冰期输水

总干渠郑州以北地区，冬季冰盖下控制流量输水，水体复氧能力降低，对干渠水质有可能产生不利影响；由于冰盖上停留沙尘，开江期污染物会随冰融化而污染水质。应对冰情及冰的危害进行监测和研究，及时采取措施控制。管道输水则有利于减免冰害的影响。

（二）后期工程环境影响

总干渠后期扩建的方式有明渠扩挖、三堤两渠、先土渠后衬砌、高低线分流、先渠道后管道等多种形式，各方案对环境的影响如下。

1. 对土地资源的影响

明渠扩挖占用土地呈窄带状，对涉及乡镇的影响相对不大，有可能通过调节土地资源，增加受益土地效益，弥补占用土地的损失。在相同输水规模的条件下，窄深断面明渠占用的土地较宽浅断面明渠少，而宽浅断面明渠占用的土地又较"三堤两渠"方案少。"高低线分流"方案也要占用一定的土地，且其土地价值一般较高。无论采用何方案，需充分考虑时间间隔，减少两次临时征地及施工对土地资源的重复影响。

2. 水质

"高线"位于沿线各大中城市以西，位于河流的上游，利于水质保护。"低线"位于各大中城市以东，较易受到排放污水的影响，需要采取更为严格的水质保护措施。

3. 水土流失

"三堤两渠"方案水土流失影响范围和程度最大，"先渠道后管道"方案水土流失影响范围和程度最小，其他方案介于两者之间。

（三）对策措施与建议

（1）保护供水水质，确保中线工程的供水效益。
（2）工程建设和拆迁安置应保护土地资源，制定环境保护规划。
（3）系统规划，合理排灌，保护土壤环境。
（4）做好施工区污染治理，落实环境管理措施。

四、总体评价结论

南水北调中线工程地理位置优越，水源水质好，水量可靠，总干渠能自流输水。工程建成后可较大地缓解京、津及华北地区水资源短缺的状况，有利于改善该地区生态环境，促进社会经济持续发展。该工程不仅是一项大型水利工程，而且是一项宏伟的生态环境工程。

规划的各种方案对生态环境的影响范围、影响因子、影响特征和影响程度不尽相同，但其共同特点是有利影响主要集中在受水区，不利影响主要集中在水源区和汉江中下游地区。调水量越大，受水区生态环境的效益越大，而对汉江中下游和水源区的影响也相对增大。对生态环境的不利影响都可通过采取措施得到减免，在环境保护方面尚未发现影响工程决策的制约因素。

第九节 规划阶段工作评述

一、主要工作

南水北调中线工程前期研究始于 20 世纪 50 年代初。50 年来，长委会同有关单位开展了大量前期工作，积累了丰富的勘测、水文、科研和规划设计成果。1987 年完成了《南水北调中线工程规划报告》，1991 年编制了《南水北调中线工程规划报告》（1991 年 9 月修订）。修订报告推荐丹江口水库大坝加高、调水 145 亿 m^3 的方案。在规划报告的基础上，1992 年提出了《南水北调中线工程可行性研究报告》，水利部在经过专题评审修改的基础上，于 1994 年组织了审查并通过了可行性研究报告。1995 年国家环保局审查并批准了《南水北调中线工程环境影响报告书》。1995—1998 年，根据国务院第 71 次总理办公会议的精神，由水利部和国家计委分别组织专家对南水北调工程进行了全面论证和审查，长委提出了《南水北调中线工程论证报告》，又对中线加坝调水和不加坝调水的多个方案进行了补充研究，仍推荐大坝加高调水 145 亿 m³ 的方案。长委和有关省（直辖市）还开展了初步设计准备工作，对部分主体工程按初设深度要求进行了水文、地形测量、地质勘探，并针对主要技术问题开展了科学实验研究，取得多项重要成果。

2000 年 9 月，水利部提出了《南水北调工程实施意见》，重点分析了北方地区面临的缺水形势，就南水北调工程的总体布局、近期实施方案、投资结构与筹资方式、生态建设与环境保护等主要方面进行了分析论证，并先后征求了国家计委、中咨公司和部分资深专家的意见。2000 年 12 月 21—23 日，国家计委、水利部在北京召开了南水北调工程前期工作座谈会，部署了南水北调工程的总体规划工作。

按照水利部统一部署，长委开展了南水北调中线工程规划修订工作。此次规划修订，是在以往多年的工作基础上，以坚持国民经济可持续发展战略、正确处理协调人口、资源、环境之间关系，实现水资源优化配置为原则；以解决受水区城市生活、工业供水为主、适当兼顾生态与农业用水为目标，按国家宏观调控、市场机制运作、用水户参与的要求，重点研究工程的建设规模、分期方式与运行管理体制等问题。

（一）规划修订的主要思路与特点

（1）按照"先节水后调水"原则和"将城市不合理挤占的农业与生态用水返还于农业与生态，农业新增用水靠降低灌溉定额、提高水利用系数加以解决"的思路，在充分考虑节水治污的前提下进行水资源综合平衡。

（2）按照"先生态后调水"的原则，在满足汉江干流供水区未来发展需水量和中下游河段环境与生态、航运需水量，以及合理安排兴建补水、壅水工程和必要的灌溉、航运设施改扩建工程的前提下，制定"以满足汉江中下游用水为先"的水库调度规则，按汉江多年平均来水量偏小的水文系列推求可以北调的水量。

（3）按照受水区不同水平年的缺水量确定调水量和工程规模，并研究工程一次建成与分期建设的经济合理性及技术可行性。

（4）在拟订丹江口水库的规划方案时，既充分考虑实现调水的目标，同时也十分注重发挥水库的综合利用效益；既注重丹江口水库大坝加高移民安置的艰巨性，同时也看到其推动地区经济发展，扶持库区人民群众摆脱贫困的巨大作用。在充分比选的基础上，确定丹江口水库大坝的最终建设规模。

（5）根据城市供水均匀、稳定的特点，充分发挥丹江口水库的调蓄作用，在计算可调水量时，以尽量增加枯水年调水量为目标。为保证供水均匀可靠，适当增加在线水库，提高调水的均匀性，基本做到"按需供水"。

（6）输水工程以明渠自流方式为主，按"宜渠则渠，宜管则管"的原则，采取局部渠段管道输水方式，优化输水工程的总体布置。

（7）按"还本付息、收回投资、保本微利"原则确定水价，充分考虑用水户对水价的承受能力。

（8）集思广益，多方案比选。广泛听取各方面专家的意见，按照从长江干流引水方案、汉江中下游工程选择、输水工程分期方式及线路与形式等内容进行分类，组合成 40 余个总体方案，进行工程量与投资的比较，从中初选出 20 个方案，供进一步比选，最终筛选出推荐方案。

（二）主要规划内容

1. 受水区需调水量规划

中线工程规划受水区包括唐白河平原及黄淮海平原的西中部，南北长逾 1000km，总面积 15.1 万 km^2。在这一区域内，2010 水平年，缺水量约 128 亿 m^3，其中城市缺水量为 78 亿 m^3；2030 水平年，缺水量将达到 163 亿 m^3，其中城市缺水量 128 亿 m^3。中线工程近期、后期调水量按城市缺水量确定。

2. 水源工程方案比选

（1）研究了从三峡库区大宁河、香溪河、龙潭溪引水，经丹江口水库北调的方案。各方案水源部分的投资均为丹江口水库大坝加高投资的 2～5 倍。由于要提水，成本水价较丹江口水库大坝加高的水价高 9 倍左右。考虑到丹江口水库大坝加高调水量近期可达到 97 亿 m^3，完全可以满足 2010 年城市缺水 78 亿 m^3 的需求，与从长江干流调水的方案相比，投资小、工程简单、工期短、运行费低，故推荐中线近期工程仍从汉江引水。对于后期，丹江口水库调水量可达 140 亿 m^3，将根据受水区需调水量要求，再研究后期或远景从长江干流增加调水量的方案。

（2）对丹江口水库大坝加高与不加高调水的方案进行了比较。加高大坝调水，最小调节库容达到 98 亿 m^3，对近期调水量可以进行完全调节，基本做到"按需供水"；不加坝调水，调出的水量小，到达用户的年净供水量约 65 亿 m^3，与净需调水量 78 亿 m^3 的差距较大，而且 95% 保证率的净供水量不足 30 亿 m^3，调水过程极不平稳，难以满足城市供水要求。

（3）研究了丹江口水库正常蓄水位抬高到 161m 的方案。由于汛限水位没有改变，该方案调出的水量与过程基本与不加坝调水方案相同，不能满足城市供水的需水量和高保证率的要求。综合比较结果，仍推荐大坝按规划的最终规模加高。

3. 可调水量规划

（1）汉江流域地表水资源总量 566 亿 m^3，现状总耗水量 39 亿 m^3，其中丹江口水库大坝以上，地表水资源量 388 亿 m^3，预计 2010 年上游耗水量约 23 亿 m^3，中下游需水库下泄补充 162 亿 m^3，在剩余的 203 亿 m^3 水中规划调走 95 亿～97 亿 m^3。

（2）将丹江口水库、汉江中下游及受水区作为一个整体进行供水调度及调节计算，在近期可调水 97 亿 m^3 中，有效水量 95 亿 m^3，生活供水保证率达 95% 以上，工业供水保证率达 90% 以上。近期有效调水量分配如下：北京 12 亿 m^3，天津 10 亿 m^3，河北 35 亿 m^3，河南 38 亿 m^3（含刁河灌区现状的 5 亿 m^3 水）。

（3）调水工程实施后对汉江中下游的影响有利有弊：干流河段的枯水流量有所加大；兴隆以下河段中水历时延长，沙洋河段、仙桃河段多年平均水位均有所上升，但部分河段中水历时减少，黄家港河段、襄樊河段水位有所降低；中下游河床总体上将向单一、稳定、窄深、微弯型发展，河床冲刷强度减弱，航运条件有所改善，但整治流量较现状有所降低，整治工程量将有所增加；干流供水区的供水保证率均有明显提高，但部分取水泵站的耗电量也将有所增加。

4. 输水工程方案比选

（1）总干渠线路比选。主要对黄河以北总干渠线路布置高线或高低分流线进行了比选。研究结果表明，高低分流线方案的投资与高线明渠方案的投资基本相同，但高低分流线方案的后期还需要增加投资，且低线部分的水质没有保障，管理极为困难，水的调配基本无法控制；而高线可以较好地兼顾近期、后期城市供水的需要，并能相机向低线河道供水，形成多条"生态河"，因此，从长远考虑，推荐高线方案。

（2）总干渠结构型式比选。重点进行了明渠、管（涵）、管（涵）渠结合布置方案的比较。结果表明：管（涵）输水虽具有便于管理的优点，但由于投资高、需要多级加压导致运行费用大、检修困难，因此，全线采用或大量采用管（涵）方式的难度较大。在北京、天津市区和穿过大清河分蓄洪区总长135km的地段采用管道，避免了明渠与当地其他基础设施的矛盾，还可增加明渠段的水头，有利于输水工程的总体优化。因此，推荐总干渠局部管道的结构型式。

（3）总干渠一次建成与分期建设比选。输水工程一次建成和分期建设方案技术上均可行，经济评价指标相近。但分期建设方案不仅投资较少，更重要的是在需水预测存在不确定性和缺乏长距离调水经验的情况下，投资风险相对较小，故推荐输水工程分期建设方案。

5．环境影响评价

中线工程建成后可较大地缓解京津华北平原水资源短缺的状况，有利于改善这一地区的生态环境，促进经济社会持续发展。中线工程是一项宏伟的生态环境工程。工程的有利影响主要集中在受水区，不利影响主要集中在水源地区；而对生态环境的不利影响均可通过采取措施得到减免。在环境保护方面尚未发现影响工程决策的制约因素。

二、主要技术结论

（一）尽早开工建设南水北调中线工程十分必要

历史和现状以及预测表明，我国华北地区水资源贫乏，缺水形势发展十分迅速，京津华北平原由基本不缺水发展到严重缺水仅经过了20多年的时间。预测结果显示，这一缺水矛盾将日益严重。未雨绸缪，建设南水北调中线工程，为京津华北平原增加可靠的水源，使一旦发生供水危机时，不至于临渴掘井，对于维持社会的稳定和经济社会的可持续发展是极为重要的。

南水北调中线工程地理位置优越，能够把汉江丹江口水库的优质水以基本自流的方式送到京津华北平原，可有效地缓解华北水资源危机，社会、经济、环境效益巨大。同时，丹江口水库大坝加高还可以提高汉江中下游地区的防洪标准，改善丹江口电站运行条件，推进库区群众早日脱贫致富。

南水北调中线工程是一项利国利民的宏伟工程，尽早开工建设十分必要。

（二）中线工程调水量是合理的

南水北调中线工程的调水量和建设规模，应合理满足受水区的需水要求。《南水北调城市水资源规划》在充分考虑节水、污水处理回用的前提下，按照将城市不合理挤占农业、生态用水，归还农业、生态的思路，预测中线工程受水区主要城市2010水平年缺水量78亿 m³，2030水平年缺水量128亿 m³。该规划所采用的水重复利用率明显高于全国平均水平，安排了大量资金进行用水设施的改造，并考虑污水处理回用、海水淡化利用等增加当地供水量的措施。规划修订以此为依据，确定近期与后期的调水规模和建设方案是科学合理的。

（三）加高丹江口水库大坝是调水与防洪的共同需要

丹江口水库大坝加高调水，具有较大的调节库容，可以满足近期、后期受水区城市的需调水量要求，且调水过程可以较好地与受水区的需求及当地来水相适应，可减少受水区调蓄的负担。同时，丹江口水库大坝加高，可使汉江中下游防御 1935 年型洪水（汉江中下游地区的设计防洪标准）时，基本不需民垸分洪，为分蓄洪区 80 余万人口、80 余万亩耕地的长治久安提供了基本保障。当发生超标准洪水的情况时，还能减轻汉江中下游地区的灾害损失。因此，加高丹江口水库大坝是调水和防洪的共同需要，并对丹江口电站机组运行有一定的改善，是综合治理和开发汉江的重要措施。

水库正常蓄水位提高至 161m 的方案，若不抬高汛限水位，则对调水没有改善；若要抬高汛限水位，则按规划的最终规模建成最优。

大坝加高引起的库区约 25 万移民安置虽有一定难度，但采取以外迁为主的安置方式，可以有效地解决初期移民后靠造成的库周人口密度过大、环境容量不足的问题，是库区脱贫的机遇，也是彻底解决丹江口水库初期移民遗留问题的根本措施。

因此，近期加高丹江口水库大坝是调水和防洪的共同需要。

（四）总干渠分期建设是适宜的

中线工程既可以按解决受水区主要城市近期缺水 78 亿 m³、后期缺水 128 亿 m³ 的规模分期建设，也可以一次建成后期规模。两种方式经济上都是合理的，经济效益指标相近，但各有不同的特点。一次建成方案初期投资大，总投资较少；分期建设方案总投资较大，初期投资小。为节省初期投资，减少投资积压，并综合考虑后期需水预测成果有一定程度的不确定性、工程规模偏大时投资风险较大等因素，总干渠采用分期建设方案，近期按 350m³/s 的规模建设是适宜的。

（五）输水方式以明渠自流为主是合理的

管（涵）输水方式安全性好，运行时受外界干扰少，但其造价太高；中线工程输水流量大，需用大直径管道，其运输、安装、检修均十分困难，且运行费用高，供水水价高。明渠比其他输水形式容易施工，投资少，规划中采取的工程布置和封闭管理措施能做到"保质保量"输水。因此，近期以明渠输自流水为主，局部渠段采用管道输水方式是合理的。

（六）总干渠宜采用高线方案

中线工程近期主要解决受水区的城市缺水问题，而主要大城市均位于京广铁路沿线，因此总干渠宜沿高线布置。在一般干旱年份，如需向总干渠以东地区的农业应急供水和向河道补给生态用水，可利用各分水闸、退水闸分流，不需要另沿低线重新布置一条总干渠。

（七）工程技术上是可行的

丹江口水库大坝在初期工程建设时已为后期完建做了充分准备，不存在水下施工项目，技术上无困难。穿黄工程已作了充分研究，渡槽或输水隧道技术上都是可行的。输水渠道及其建筑物国内外均有较多成功建设的先例。汉江中下游各项工程也属常见的水工建筑物，技术上无大的难度。

中线工程前期研究工作已持续进行了半个世纪，积累了大量的勘测、水文、科研、设计资料，特别是从 20 世纪 90 年代以来，部分主体工程已按初步设计深度的要求做了工作。修订规划确定方案后便能较快地提出相应的设计方案。

（八）经济合理，水价适中

中线工程为华北地区经济社会可持续发展提供了水资源供给保障，是一项战略性的重要基础设施。推荐方案的各项经济评价指标均达到和超过了国家规定的标准。中线工程的水价用水户可以承受。工程建成后可以做到"还本付息、收回投资、保本微利"。兴建中线工程经济上合理，财务上可行。

（九）中线工程是一项宏伟的生态环境工程

中线工程各种规划方案对生态的影响范围、影响因子、影响特征和影响程度不尽相同，但其共同特点是：有利影响主要集中在受水区，不利影响主要集中在水源地区。对生态环境的不利影响都可通过采取措施得到减免，在环境保护方面尚未发现影响工程决策的制约因素。工程建成后可较大地缓解京津华北平原水资源短缺的状况，有利于改善地区生态环境，促进经济社会持续发展。中线工程是一项宏伟的生态环境工程。

（十）中线工程社会支持率高

兴建中线工程受到受水区政府和人民的广泛支持，深受缺水困扰的受水区人民和政府强烈地企盼南水北调中线工程能早日开工建设。北京市人民政府、河北省人民政府及河南省人民政府均发文表明了尽早开工建设中线工程的迫切愿望，并对有关问题作出了明确的承诺。水源地区的湖北省也顾全大局，表示一如既往地支持中线工程的建设。水源区、受水区人民和各级政府的支持是中线工程建设及运行能够获得成功的重要保障。

三、规划修订专题研究

中线工程规划的基础是受水区的需水量预测。为此，国家计委和水利部共同组织开展了南水北调工程区内城市水资源规划，提出了《南水北调城市水资源规划》。除此之外，在规划修订过程中，还针对中线工程中的一些重大技术问题开展了专题研究，编制提出了《汉江丹江口水库可调水量研究》《供水调度与调蓄研究》《总干渠工程建设方案研究》《生态与环境影响研究》《综合经济分析》《水源工程建设方案比选》六个专题报告。

（一）汉江丹江口水库可调水量研究

丹江口水库可调水量研究结果表明，汉江水资源总量较丰富，有水可供北调，可调水量的多少除水文气候等自然条件外，还受丹江口水库大坝加高与否、丹江口水库的任务和调度方式、汉江中下游需水量和相关的工程措施、引汉总干渠规模等因素影响。

遵循"三先三后"的原则和新资料、新思路，规划修订时进一步对丹江口水库可调水量进行了专题研究，主要研究和修订的内容如下：

（1）水文资料由论证阶段采用的1956年5月至1991年4月延长为1956年5月至1998年4月，增加了1991年以后的枯水时段，使计算的调水量更可靠。

（2）对汉江流域工农业、城乡生活需水量现状及预测进行了复核修正。

（3）改进了丹江口水库调度图，进一步研究了枯水年的调度方案。

（4）按照是否加坝、汉江中下游工程措施、总干渠不同规模，分类组合成多种调水量方案，还初步估算了在丹江口水库大坝不加高的情况下为提高汉江中下游防洪能力的综合措施所需投资。

研究成果经筛选后提出不加坝（丹江口初期规模）调水方案15个，引汉总干渠陶岔渠首年均可调水量54.6亿～149.7亿 m³；加坝（丹江口完建规模）调水方案17个，年均可调水量陶岔渠首82亿～198.3亿 m³。

近期建设方案，根据受水区城市水资源规划成果，2010水平年需调水量80亿～90亿 m³，与之适应的引汉总干渠渠首设计引水流量为350m³/s。按照发电服从调水、调水服从生态、生态服从安全的原则，汉江中下游宜建兴隆梯级、部分闸站改扩建、局部航道整治和引江济汉工程。按上述条件，为一并解决汉江中下游防洪问题，首推加坝调水方案，陶岔渠首可调水量97亿 m³，该方案既能较好地满足北方受水区近期2010水平年需水要求，与远期调水方案易于衔接，又可使汉江中下游达到防御1935年型大洪水标准。除害兴利并重，达到满足汉江中下游防洪安全与合理配置水资源的双重目的。

（二）供水调度与调蓄研究

中线工程按照近期引汉，后期加大引汉、远景引江的步骤分期实施，即近期从汉江丹江口水库调水，后期视发展需要扩建总干渠，加大丹江口水库的调水量，远景直接从长江干流引水北调。针对引汉水量的调蓄运用进行了专题研究。

南水北调中线工程受水区南北长达1200余 km，涉及江、淮、黄、海四大流域，各流域的丰、枯时间多不同步；中线工程的水源工程丹江口水库在满足自身防洪和汉江中下游的供水要求后，向北调出的水量过程与中线受水区的需水过程不完全适应。由于受水区一般均有一定量的地表与地下水源，因此，合理利用各种水源，实现水资源的优化配置，使受水区各用水户用水能得到充分保证，是中线工程供水调度及调蓄运用研究的重点。另外，供水调度还直接影响工程规模的确定，多种水源配合使用，可以显著减小需调水量的峰值及输水工程的规模。

南水北调中线工程规划各个阶段，均对调蓄工程运用方式进行过研究。研究成果表明：中线工程调水与受水区当地水资源联合运用是实现水资源优化配置的有效途径，并且在技术上也是可行的。

根据南水北调供水范围内城市水资源规划成果，2010年受水区内北京、天津、河北、河南4省（直辖市）的城市缺水量约78亿 m³；2030年缺水约128亿 m³。据此，中线工程近期调水90亿 m³左右（渠首规模350m³/s），可满足2010年京、津、冀、豫城市缺水需要；而后期调水120亿～140亿 m³（渠首规模630m³/s），可基本满足2030年城市缺水需要。

根据新资料及新的规划思路，再次对中线工程的供水调度及调蓄运用进行了专题研究。主要研究及修订的内容如下：

（1）水源区及受水区水文资料由 1956—1991 年系列延长为 1956—1998 年系列。

（2）中线受水区的范围及需水量按沿线各省（直辖市）的城市水资源规划进行了调整与修正。

（3）现有调蓄工程只选用已具备向城市供水功能的大中型水库。

（4）研究了部分调蓄工程作为在线水库（即中线调水既可充蓄进水库，水库也可直接向输水总干渠补水）的作用。

（5）对丹江口水库大坝加高与不加高的近期及后期主要调水方案，进行了北调水源与当地水源的联合运用、调蓄工程的选择及运用、总干渠渠道规模等方面的研究。同时，初步研究了总干渠渠道控制运行方式。

（6）供水调度及调节计算考虑丹江口水库的调蓄作用，并按需进行调度。

主要研究结果如下：

（1）中线工程近期与后期的北调水量 98％ 左右均直接供给城市用户，约 2％ 的水量需当地的水利工程进行调蓄；中线工程的北调水量与受水区当地水源联合运用，丰枯互补，可以有效地实现水资源的优化配置，提高供水保证程度。

（2）新建瀼河水库上库（调节库容 2.1 亿 m³）作为在线水库，在总干渠可能发生事故的情况下，可保障北京、天津城市供水。

（3）中线工程总干渠上采用自动化控制的 40 余座节制闸，在满足调度控制及渠道运行安全的要求下，结合自动控制，可以在渠道流量变化时快速响应，满足实时供水的要求。

（三）总干渠工程建设方案研究

南水北调中线工程主要向黄淮海平原供水，终点为北京、天津。总干渠黄河以南的线路受已建陶岔渠首位置、江淮分水岭方城垭口和过黄河的适宜范围控制，总的走向单一明确。黄河以北的线路，在以往各阶段的工作中曾比较过利用现有河渠输水和新开渠道两类方案。新开渠道中又比较过京广铁路西侧的高线和铁路东侧的低线以及两者相结合的高低线三种方案。从保证供水的水质目标、建成后的运行维护费用等方面综合考虑，选择了高线全自流方案。专题研究仍以此为基础开展工作。

中线工程近期（2010 年）将向北方供水 80 亿～90 亿 m³，后期（2030 年）将供水 120 亿～130 亿 m³。考虑到北方地区需水增长的历程，针对总干渠多种规模的一次建成方案、多种形式的分期建设方案进行了专题研究，重点对总干渠分期实施的近期建设方案及后期扩建方式等问题进行研究，并提出近期建设方案和后期扩建方式的推荐意见。研究的主要方案如下。

1. 一次建成方案

（1）渠首设计流量 630m³/s，加大流量 800m³/s，高线自流，输水形式为明渠。

（2）渠首设计流量 500m³/s，加大流量 630m³/s，高线自流，输水形式为明渠。

（3）渠首设计流量 630m³/s，加大流量 800m³/s，黄河以南高线自流，黄河以北高低线分流。

2. 分期实施方案

（1）近期渠首设计流量 350m³/s（加大流量 420m³/s），后期渠首设计流量 630m³/s（加大流量 800m³/s）。

（2）近期输水形式研究了全明渠方案、全管涵方案、管涵渠结合方案（黄河以南明渠、黄河以北管涵）、明渠与局部结合管道方案（北拒马河以南明渠、北京管道、天津局部管道）。

（3）后期扩建的方式，重点进行了以下两方面研究：对近期明渠方案，采取后期扩宽、三堤两渠、新增管涵和增设低线（黄河以北）输水等方案；对近期管涵方案，则通过新增管涵来满足后期输水要求。

此外，还对宽浅断面后期挖深、小断面后期渠堤加高、先土渠后衬砌等方案进行了研究，结果表明尽管其技术可行，但存在经济和环境方面的问题。对如何使后期扩建施工不影响输水，或把对输水的影响减小到最低程度的问题，专题报告也做了初步研究。

（四）生态与环境影响研究

南水北调中线工程规模巨大，涉及面广，影响的环境因素众多，对水源区、受水区和输水区沿线的生态环境带来深远影响。本专题研究的目的就是根据南水北调中线工程规划原则，针对工程规划各种方案，主要是近期方案，作出生态环境影响分析，对于重要影响区，主要环境因素，特别是重大环境问题，作出明确回答，参与规划方案的比选和决策。

专题研究充分利用以往工作成果，尤其是后期完成的科研专题成果，补充更新社会经济、生态环境及水质监测资料，针对南水北调中线工程的调水工程方案，分析其对生态与环境的影响，对重要环境影响因子及社会各界所关注的环境问题，如调水对汉江中下游"水华"发生机理的影响等，运用实地调查与补充监测、定性分析与定量计算模拟实验的方法，加以重点研究。

专题研究的指导思想为，突出重点，兼顾一般，即在分析范围上突出调水对汉江中下游及河口区的影响；在分析系统上突出调水对生态环境系统的影响，兼顾调水对社会环境系统的影响；在分析因子上突出调水对库区移民、水库水质、汉江中下游的生态环境及"水华"、总干渠的征地拆迁与水质、河口生态等重要环境因子的影响，并兼顾调水对其他一般环境因子的影响。

（五）综合经济分析

对南水北调中线工程的社会、经济和环境效益、国民经济评价和财务评价，以及供水成本和水价在中线工程规划的各阶段都做了大量工作，提出了各阶段推荐方案的国民经济评价和财务评价指标，以及在不同筹资方案和水价政策情况下的供水成本和水价。专题研究在以往工作的基础上，对中线工程调水规划方案的综合经济效益、供水成本和水价等进行了全面深入的研究与分析计算，主要研究内容如下。

（1）根据经济社会可持续发展战略的要求，分析了兴建南水北调中线工程的必要性和迫切性。

（2）对规划提出的各种可能调水方案中7个有代表性的方案进行了国民经济合理性分析和主要财务指标计算；并对一次建成和分期建设方案进行了经济比较。

（3）重点对中线工程近期实施推荐方案进行了国民经济评价和财务评价。

（4）根据社会主义市场经济理论，初步研究了南水北调中线工程建设与运行管理机制、融资方案、供水价格及水费计收管理办法。

（六）南水北调中线水源工程建设方案比选

中线水源工程建设方案专题研究，其范围只限水源地区，不包括引汉总干渠，重点研究内容如下。

（1）丹江口大坝加高的调水方案。

（2）近期丹江口大坝不加高的引汉和引江的水源建设方案比选。

1）降低丹江口水库死水位，结合汉江中下游工程措施。

2）大宁河引江方案，从三峡水库提水入汉江。

3）龙潭溪引江方案，从三峡库区提水绕荆山开渠接引汉总干渠。

4）香溪河引江济汉方案，从三峡库区用长隧洞引水至汉江王甫洲以下河段，置换丹江口水库下泄水量北调。

通过上述方案比选，无论从技术经济方面还是从管理运用方面来看，仍是引汉方案最优，尤其是近期北方需调水 90 亿 m^3 左右，汉江水源可以满足要求，因此，中线工程近期仍应以汉江丹江口水库为水源地。

（3）对近期丹江口是否加坝进行了方案比较，加坝综合效益大，推荐丹江口大坝加高方案。

（4）对后期水源工程的比选分析，认为调水 140 亿 m^3 或更多时还不需从三峡水库引水，如需调水量继续增长，则需进一步研究从长江扩大引水量的各种方案。

四、审查及批复意见

（一）中线工程规划修订专题报告评审

水利部调水局于 2001 年 7—8 月组织有关专家对长委编制的《汉江丹江口水库可调水量研究》《供水调度与调蓄研究》《总干渠工程建设方案研究》《生态与环境影响研究》《综合经济分析》《水源工程建设方案比选》六个专题报告分别进行了评审。评审意见认为，各专题报告资料翔实，研究的技术路线正确，方法科学合理，工作深度达到了规划阶段的要求。同时，也提出了修改和补充的意见。长委在此基础上，编制《南水北调中线工程规划修订报告》（送审稿）。

（二）南水北调中线工程规划修订报告审查

2001 年 9 月 22—24 日，水利部在北京主持召开了《南水北调中线工程规划（2001 年修订）》（简称《规划》）审查会。出席会议的有中国科学院、中国工程院的部分院士和中国社会科学院、中国地质科学院、国务院发展研究中心、国家计委、科学技术部、农业部、国土资源部、建设部、铁道部、交通部、国家环保总局、国家林业局、中咨公司、中国科学院地理科学与资源研究所、中国环境科学研究院、中国水科院、清华大学、天津大学、武汉大学、河海大学、北京市、天津市、河北省、河南省、湖北省以及水利部及有关司局委院的专家和代表。会议成立了专家组，听取了长委关于《规划》的汇报，分规划、工程与投资、经济与环境三个组，对《规划》进行了认真深入的讨论，主要审查意见如下。

（1）《规划》遵照"三先三后"的原则，认真考虑了专家对有关中线调水的六个专题（"丹江口水库可调水量""供水调度与调蓄""总干渠工程建设方案""生态与环境""综合经济分析""水源工程建设方案")的评审意见,并征求了沿线各省(自治区、直辖市)的意见。《规划》的基础资料丰富翔实,方案比选较为全面,达到了规划阶段的深度要求。建议根据本次会议的审查意见,对有关问题作进一步的分析研究,将修改完善后的《规划》作为南水北调工程总体规划的附件,上报国家审批。

(2)与会的专家与代表一致认为,随着人口的增长、城镇化水平的提高和经济社会的快速发展,京、津和华北地区的水资源严重短缺问题已十分突出。为尽快遏制生态环境的不断恶化,保障经济社会的可持续发展,在进一步加大产业结构调整力度和加强节水、治污工作的同时,必须继续抓紧中线工程的前期工作,尽早开工建设。鉴于中线工程已做了大量的前期工作,也有专家建议在不违背国家基建程序的前提下,加快审批进程。

(3)关于供水目标问题。多数专家和代表同意《规划》提出的近期供水目标主要为受水区的城市生活和工业用水,并通过水资源的优化配置和污水处理回用,置换出原来被城市用水占用的农业和生态用水。有的专家认为,置换的主要是地下水,这对改善生态环境意义重大,但对农业用水的问题还应进一步研究落实。也有专家和代表认为,供水目标不宜过于单一,还应考虑包括一部分用于农业灌溉和维持生态的必要水量,并建议国家出台农业和生态用水的水价政策。

(4)关于可调水量问题。多数专家和代表同意《规划》结合工程布置方案对丹江口水库的可调水量分析。也有专家建议对上游增加取水应有足够的估计,在可调水量上留出一定余地。

(5)关于调水规模问题。多数专家和代表认为,受水区城市的缺水量预测成果,是在沿线各省市的城市水资源规划(包括节水规划、治污规划、地下水控采规划和水价调整规划)基础上完成的,水源区和受水区的降水丰枯遭遇分析成果也基本合理,同意《规划》提出的近期调水 95 亿 m³、后期调水 130 亿~140 亿 m³ 的调水规模。也有专家和代表认为预测的城市缺水量可能偏大,建议做进一步的复核。也有专家和代表认为预测缺水量可能偏小,建议在调水规模上留有余地。在水量分配问题上,部分省(自治区、直辖市)代表要求局部调整中线的供水范围,适当调增本省(自治区、直辖市)的中线分配水量。

(6)关于丹江口水库的大坝加高问题。多数专家和代表认为,为增加丹江口水库的调节能力,提高枯水年向城市供水的保证率,同时结合汉江下游防洪的需要,并解决原有水库移民的遗留问题,同意《规划》提出的按原设计加高丹江口水库大坝的方案,并建议进一步核定各项实物指标,抓紧编制移民安置规划。沿线各省(自治区、直辖市)的代表一致要求加高大坝,湖北、河南两省的代表表示积极做好移民安置工作。也有专家认为大坝加高后的移民数量多,安置难度大,同时考虑到汉江中下游的防洪还可采取其他方案,故应对大坝加高的时机和规模作进一步论证。

(7)关于工程的分期建设问题。多数专家和代表认为,考虑到城市供水系统的工程配套、需水量的增长和水价到位,均有一个渐进过程,加上 2030 水平年需水量预测具有不确定性,为尽可能避免资金积压和减少投资风险,同意《规划》推荐的分两期建设方案。沿线各省(自治区、直辖市)代表和部分专家认为,一次建成方案(陶岔引水 500m³/s)的总投资与分期建设中的近期方案所需投资差别不大,建议采用一次建成方案,并进一步加强对陶岔引水 630m³/s 方案的研究。

（8）关于输水线路布置和工程型式问题。多数专家和代表同意《规划》推荐的近期以高线明渠为主、局部采用管涵的线路布置方案，并建议在下阶段工作中进一步优化线路布置，在特殊地质条件地区和高填方区，亦采用管涵型式。也有专家和代表从城市供水安全、防止污染和减少蒸发渗漏损失出发，建议进一步考虑全线或黄河以北线路采用管涵方案的可行性。也有专家认为对管涵的造价估算偏紧，建议予以复核。此外，鉴于线路经过暴雨频发区，也有专家建议补充相关的工程风险分析及对策的内容。

（9）关于穿黄工程问题。与会专家和代表认为，穿黄工程的技术要求高，又是建设工期的控制性工程，建议抓紧组织专项审查，尽快选定隧洞或渡槽方案，争取作为单项工程尽早开工建设。

（10）关于环境影响问题。与会专家和代表同意《规划》的环境影响分析结论，在采取《规划》提出的对策措施后，不存在影响工程立项决策的环境制约因素，对于改善受水区的生态环境条件有着显著的作用。多数专家与代表认为，对于调水后对汉江中下游带来的不利影响，《规划》已做了较充分的考虑，所安排的兴隆枢纽、引江济汉、沿岸部分闸站改建与局部航道整治等4项工程措施和非工程措施合理可行。也有专家建议，《规划》要适当补充库区水质保护和工程水土保持的规划内容。

（11）关于调蓄与调度问题。多数专家和代表基本同意《规划》提出的引汉江水与当地水互为补偿的调度原则和分析模型，同意《规划》选定的参与调节计算的补偿水库和在线调节水库。也有专家认为由于沿线水库权属、功能不同和水价差别，调蓄分析和调度方式可能过于理想，建议调蓄计算要注意可操作性，并要留有余地。也有专家建议进一步研究增加在线调节水库的可能性。

（12）关于从长江干流调水的方案。多数专家和代表认为，从长江调水的各方案，虽然具有水源稳定可靠等优点，但投资大，运行费用高，并有一定的技术难度，宜作为远景后续调水方案考虑。也有专家建议考虑在引江线路结合布置梯级电站，将三峡电站的低谷电转化为负荷高峰电，将可获得一定的调峰效益，应对该方案做必要的分析研究。

（13）关于投资估算和经济分析问题。有关专家和代表认为，《规划》采用的依据、标准和方法、参数，符合现行的规程、规范要求。近期实施方案的投资估算、经济评价和水价测算成果，可以作为工程方案比选和决策的基本依据之一。有些专家认为部分工程量偏少、单价偏低、投资偏紧，建议对工程投资估算进行修改。也有代表认为投资估算应包括城市供水配套工程的投资。

（14）关于建设管理体制和运行机制问题。有关专家认为《规划》提出的政府宏观调控、市场机制运作、用水户参与管理的基本思路，原则符合建立社会主义市场经济体制的要求；提出的资金筹措方案和水费征收办法，原则可行。也有省（自治区、直辖市）代表建议进一步核实省市间的投资分摊方案。有的代表认为对于建设管理的机构设置等问题，应做进一步研究。

（三）南水北调工程总体规划批复意见

2002年国家计委、水利部编制完成了《南水北调工程总体规划》，将《南水北调中线工程规划（2001年修订）》作为其附件之一。2002年12月23日，国务院对南水北调总体规划做出了批复，主要批复意见如下。

（1）原则同意《南水北调工程总体规划》（简称《规划》）。根据前期工作的深度，先期实施东线和中线一期工程，西线工程继续做好前期工作。《规划》中涉及的建设项目，按基本建设程序审批。

（2）要按照"先节水后调水，先治污后通水，先环保后用水"的原则，进一步落实有关节水、治污和生态环境保护的政策和措施，实现节水、治污和生态环境保护的各项目标。尤其是南水北调东线各省（直辖市），要切实加大治污力度，保证水质，确保供水安全。

（3）科学确定调水规模是实施南水北调工作的基础。要综合考虑北方受水区水资源的供需状况和生态环境建设的要求，在《规划》提出的调水规模基础上，按照责权结合的原则，认真研究水价、用水权、筹资方案等因素，在立项阶段进一步核实工程调水规模。

（4）南水北调工程是跨流域、跨省（自治区、直辖市）的特大型水利基础设施，具有公益性和经营性双重功能，要通过多种渠道筹集建设资金。对南水北调主体工程，在使用国家财政预算内资金和银行贷款的同时，要通过提高现行城市水价建立南水北调工程基金。基金方案既要考虑工程建设对投资的需求，还要考虑各类用水户的承受能力。请国家财政部、水利部提出具体方案，报国务院审批。

（5）同意成立南水北调工程领导小组，领导小组下设办公室负责日常工作。办公室依托在水利部，编制、经费单列，直接对领导小组负责。同时，要按照政企分开、政事分开的原则，按照现代企业制度组建南水北调工程项目法人。具体机构设置和人员组成另行办理。

（6）南水北调工程是缓解我国北方水资源严重短缺局面的重大战略性基础设施，关系到今后经济社会可持续发展和子孙后代的长远利益。国务院有关部门和省、自治区、直辖市人民政府要高度重视，加强协作，密切配合，认真做好各项工作，使南水北调工程尽早实施并发挥效益。

第十章　中线一期工程项目建议书

第一节　中线一期工程建设的依据、任务和条件

一、建设的依据、任务

（一）建设的依据

1. 中线工程 2001 年规划修订

（1）规划修订主要内容。规划修订是在水利部提出的我国水资源配置"四横三纵"体系总体规划基础上进行的。在充分考虑节水、治污、生态保护的前提下，考虑近期、兼顾长远，提出了南水北调工程适宜的调水规模。规划水平年：近期为 2010 水平年，后期为 2030 水平年。中线工程供水目标：主要向城市供水，兼顾农业和生态。经预测，中线工程受水区城市近期净缺水 78 亿 m³，后期净缺水 128 亿 m³。中线工程调水规模：一期 95 亿 m³，后期 130 亿 m³。

（2）一期工程建设方案。中线一期工程由水源工程、输水工程和汉江中下游治理工程组成。输水工程总干渠渠首引水规模为 350～420m³/s。

1）水源工程。丹江口水库大坝按最终规模加高，坝顶高程由现状的 162m 加高到 176.6m，正常蓄水位由 157m 提高到 170m，相应库容达到 290.5 亿 m³，增加 116 亿 m³，由年调节水库变为不完全多年调节水库。大坝加高增加淹没处理面积 370km²，涉及河南的淅川县和湖北的丹江口市、郧县、张湾区、郧西县，淹没线以下人口 24.95 万人、房屋 709 万 m²，耕园地 23.45 万亩（均为 2000 年指标）。陶岔引水闸为向北方调水的渠首，该闸于 1973 年建成，已发挥了向河南刁河灌区供水的效益。陶岔引水渠首随丹江口水库大坝加高需要相应加高加固。

2）输水工程。输水总干渠利用有利地形条件，经长江流域与淮河流域的分水岭——方城垭口，沿唐白河平原北部和黄淮海平原西部边缘布置，大部分渠段与京广铁路平行（从河北省徐水县西黑山至天津外环河）。总干渠以明渠为主、局部采用管涵；明渠段与交叉河流全部立交。

3) 汉江中下游治理工程。为减少或消除调水对汉江中下游产生的不利影响，并改善和保护中下游的生态环境，需兴建兴隆水利枢纽、引江济汉工程、改扩建沿岸部分引水闸站、整治局部航道。

2. 南水北调总体规划及国务院批复意见

国家计委及水利部编制的《南水北调工程总体规划（2002 年 9 月）》采用了中线工程规划（2001 年修订）的主要方案及成果，明确中线工程分期建设。一期主体工程包括丹江口水库大坝按正常蓄水位 170m 加高；随着水库蓄水位逐渐抬高，分期分批安置移民；兴建 1400 余 km 的输水总干渠和天津干线，分别输水到河南、河北、北京、天津；多年平均年调水量 95 亿 m³，枯水年为 62 亿 m³；建设穿黄工程，输水规模为 265m³/s，向黄河以北输水水量为 63 亿 m³；汉江中下游兴建兴隆水利枢纽、引江济汉工程、改扩建沿岸部分引水闸站、整治局部航道；改扩建瀑河水库；同时加强汉江上游地区水污染防治和水土保持工作。一期主体工程静态总投资 920 亿元（2000 年底价格水平）。

2002 年 12 月 23 日，国务院原则同意《南水北调工程总体规划》，并批复根据前期工作的深度先期实施东线和中线一期工程。

（二）建设的任务

根据国务院批准的《南水北调工程总体规划》，南水北调工程"以城市供水为主，兼顾农业和生态用水，有效控制地下水超采和保护水资源，初步建立节水防污型城市，基本遏制因缺水引起的生态环境恶化趋势"。

1. 水源工程建设任务

（1）丹江口水库。丹江口水库大坝按最终规模加高完建，即在现有基础上加高 14.6m，坝顶高程达 176.6m，正常蓄水位由 157m 提高到 170m，相应库容达到 290.5 亿 m³，增加库容 116 亿 m³，由年调节水库变为不完全多年调节水库；兴利库容增加 49.5 亿～88.3 亿 m³，防洪库容增加 33 亿 m³。丹江口水库现状条件下的水利任务依次为：防洪、发电、灌溉、航运等。实施南水北调后，水库的任务将转变为防洪、供水、发电、航运等，即供水将成为优先于发电的任务，丹江口电站结合汉江中下游的用水和生态供水发电，丰水期可利用弃水发电，但不再专为发电泄水。

（2）丹江口库区移民。由于丹江口水库初期工程移民大部分后靠，又有部分外迁人口返回，使库区周边人口密集，土地资源少，环境容量小，即使不加坝，为解决现状环境容量不足，也需外迁一定数量的移民。大坝加高移民以外迁安置为主，可妥善解决好长期遗留下来的移民问题，使库区早日脱贫解困。

（3）汉江中下游工程。在不同的工程措施条件下，汉江中下游需要丹江口水库下泄的流量有较大的差别，这将直接影响丹江口水库北调的水量和过程。虽然一期工程调水 95 亿 m³ 对汉江中下游影响较小，但考虑到环境问题的复杂性和敏感性，建设兴隆水利枢纽、引江济汉工程、改扩建沿岸部分引水闸站、整治局部航道，以减少或消除因调水产生的不利影响。

2. 受水区建设任务

受水区按照一期工程规模兴建输水工程，并利用沿线已建的大中型水库及扩建瀑河水库进行调蓄，通过现代化的控制手段，将丹江口水库的优质水安全、可靠地输送到受水区范围内的城市，向生活、工业供水。在汉江水量较丰时，可利用输水总干渠与沿线河流、渠道交叉处的分、退水设施，向河道、渠道放水，解决部分生态与农业缺水问题。控制运行调度中考虑水资源优化配置的原则分配调水量和调水过程；考虑当地水、外调水联合运用，涵养地下水，满足受水区城市高保证率的供水要求。

3. 后期工程和应急水源

后期（2030 年左右）工程需扩大输水规模，渠首设计流量增加到 500 m³/s。扩建部分可以采用明渠或管道方式输水。

根据已建成的一些大型跨流域调水工程的经验，输水工程建成后，促进了统一的大规模水市场的形成，大大提高了相关地区抵御旱灾的能力，也使多水地区的水资源得以充分利用。中线总干渠建成后贯通江、淮、黄、海四大流域，沿途众多水库都可以成为总干渠这条"长藤"上的"瓜"库，还可以与黄河连通，向黄河相机补水。

二、建设条件

（一）水文

1. 水文气象工作概况

南水北调中线工程水文工作早期主要配合引丹济黄线路方案比选及引丹灌渠（包括清泉沟渠首、陶岔渠首）设计开展水文工作，完成了水源区丹江口水库初步设计水文气象专题研究以及总干渠沿线十几条典型交叉河流的设计洪水、水位流量关系分析工作，1987 年完成了中线工程规划有关水文分析工作。1988—1993 年进行可行性研究设计时，在中线线路方案比选、工程布置优化工作中，对总干渠主要交叉河流开展了历史洪水和近期大洪水的调查、水面线、大断面测量工作，分析计算了设计洪水、施工洪水、水位流量关系及泥沙等水文成果；采用 1956—1990 年水文系列对水源区和受水区进行水资源评价；分析了丹江口水库天然入库水量和 2000 年、2030 年耗水量，为中线工程可调水量的分析计算提供了依据。

1993 年后，开展了中线工程初设、论证及规划修订工作。长委制定了工作大纲及技术要求，与北京市、天津市、河北省、河南省分渠段分工合作，开展了大规模的水文分析工作，对总干渠全线各交叉河流进行了历史洪水和近期大洪水调查，做了相应的断面和水面线测量；选择十几条典型河流设立临时水文站，进行了水位、流量、泥沙等项目的观测，收集了大量的水文资料；对中小流域洪水查算手册的参数进行了补充、复核和检验。在上述工作的基础上，提出了总干渠各交叉河流的设计洪水、施工洪水、水位流量关系、泥沙等水文成果，并邀请有关水文专家对上述成果进行了审查。此外，对受水区水资源评价进行了复核。

2000 年以来，又对水文系列进行了延长，对上游水库的影响进行了还原，复核了丹江口水利枢纽后期续建工程设计洪水、径流、水位流量关系等有关成果。对水源区水资源进行了评价，据 1956—1997 年系列（日历年至 1998 年）分析计算，汉江流域水资源总量为 582 亿 m³，多年平均地表水资源量为 566 亿 m³，丹江口水库多年平均入库水量为 388 亿 m³，2010 水平年丹江口水库净入库水量为 366 亿 m³（扣除上游 75% 保证率的耗水量），说明水源区水资源较为丰富。

在此期间，还开展了汉江中下游引江济汉、兴隆水利枢纽、闸站改造以及航道整治等有关水文工作，分析计算了引江济汉长江入水口、汉江出水口水位流量关系，提出了兴隆水利枢纽设计洪水、径流、泥沙等水文成果。

综上所述，南水北调中线工程开展了大量的水文工作，分析计算成果可满足编制中线工程项目建议书的要求。

2. 总干渠工程水文概况

总干渠沿线跨越江、淮、黄、海四大流域。唐白河流域暴雨天气系统以切变线和切变线低涡为主，约占67%，其次是台风。流域暴雨一般发生在6—9月，主要集中在7、8两月，占全年雨量的38%。多年平均暴雨日在2天以上，暴雨历时一般1～3天，遇特殊天气形势，可达5天，流域上游迎风坡区为常年暴雨地带。上游支流潘河的杨集站"75·8"最大24h、72h雨量分别达843.2mm、1048.8mm。

淮河流域属典型季风气候区域，暴雨天气系统主要有涡切变、台风、低槽冷峰、北槽南涡、切变线等，以涡切变最多、台风次之。涡切变为淮河梅雨期的主要系统，常发生在6—7月，虽降雨强度不很大，但总雨量大，易产生全流域性大洪水，如1931年、1954年洪水；登陆台风移动和台风倒槽产生局部性大暴雨，易造成严重的洪灾。如"75·8"暴雨，暴雨中心泌阳林庄24h降雨1060mm，最大3天降雨1605mm，郭林最大24h雨量1054.7mm。

海河流域地处温带半干旱、半湿润季风气候区，暴雨天气系统主要有切变线、低涡、西风槽、黄河气旋、台风等。以切变线类型最多，但产生大暴雨和特大暴雨多为台风和西风槽，此外，在太行山、燕山的迎风坡区，地形增强因素显著。如"63·8"暴雨，獐么站最大1天降水950mm，最大7天降雨2050mm。

总干渠西侧之伏牛山、太行山山前地带是我国主要的暴雨区之一，如著名的"75·8""63·8"暴雨就发生在这里。暴雨发生时间主要集中在7月、8月，特大暴雨洪水一般发生在7月下旬和8月上中旬。其特点是强度大，雨量集中，多年平均最大24h雨量可达100～150mm，变差系数C_v多在0.7～0.8，年际变化较大。

总干渠沿线洪水均由暴雨形成，洪水发生时间与暴雨一致。自南向北唐白河水系洪水发生在6月下旬至8月中旬；淮河流域为6—8月，大洪水多集中在7—8月；海河流域多为7—8月，大洪水集中在7月下旬至8月上旬，少数年份洪水可以迟至9月，如1943年9月漳河大洪水和1871年9月永定河、大清河、子牙河水系大洪水。但著名的"63·8""75·8""96·8"特大洪水均发生在8月。

总干渠多穿越于山前地带，除较大河流外，交叉河流洪水过程一般为陡涨陡落、峰形较尖瘦，一次洪水过程历时一般3～7天，跨渠排水的小河流一般在1天之内。受暴雨影响，洪水洪量较为集中，一般为单峰，若遇长时间间断暴雨，也可形成双峰或复峰。洪峰流量的年际变化较大，一般由南往北递增，海河流域变差系数都大于1.0，暴雨中心地区C_v更大，甚至可以达到1.5～2.0。

总干渠沿线穿越大小河流659条，其中集水面积大于20km²的交叉河流205条，除29条河流有实测流量资料外，绝大多数为中小流域，水文资料缺乏。总干渠沿线交叉河流上游兴建了众多的大中小型水库，除黄河外，有大型水库18座，中型水库40余座，这些水库对交叉河流的洪水有较明显的调洪削峰作用。因此，交叉河流设计洪水，依资料条件可分为有实测资料河流的设计洪水、无实测资料地区设计洪水以及无水库影响或有水库影响的交叉河流设计洪水等几种类型。有实测流量资料的交叉河流设计洪水一般采用经插补延长实测流量资料加历史洪水分析计算；无实测流量资料河流，一般用暴雨洪水查算图表，由设计暴雨间接推算设计洪水；受上游水库影响的交叉河流设计洪水，一般先计算交叉河流天然设计洪水，再考虑洪水地区组成，分析计算出受上游水库调蓄影响的设计洪水。

（二）地质

1. 地质工作基本情况

20 世纪 90 年代以前，长委与沿线省（直辖市）地矿局等单位先后进行了规划阶段的工程地质勘察和科研工作，于 1982—1986 年陆续提交了陶岔—方城段、方城—黄河段、黄河北岸—北京段规划阶段的工程地质勘察报告，1987 年、1988 年长委汇总编制了总干渠规划阶段的工程地质报告。

1990 年 10 月后，长委开展了渠线卫片及航片的地质解译、穿黄工程区的工程地质勘察、特殊类土的初步研究等项工作，并委托有关单位进行了渠道通过煤矿区工程地质问题、渠线区域构造稳定性与地震烈度区划的专题研究以及穿黄工程区地震基本烈度的复核工作。同时，沿线省（直辖市）的水利勘测单位也开展了大型河渠交叉建筑物的勘察工作。在此基础上，长委于 1991 年 9 月和 1992 年 11 月，分别提交了总干渠初步可行性和可行性研究阶段的工程地质报告。

1994 年起，总干渠工程初步设计阶段的勘测工作全面展开，长委和沿线省（直辖市）的水利勘测单位先后进行了渠线 1/5000、交叉建筑物 1/5000～1/2000 的工程地质勘察、天然建材的详查、穿黄工程区工程地质和水文地质专门试验、膨胀土工程地质特性专题研究等项工作；委托有关单位进行了穿黄工程区以及总干渠黄土工程地质特性的研究，黄河以北高烈度区内重大工程场地地震安全性评价、设计地震动参数确定、地震烈度复核等工作，并编制了总干渠（含天津干线）1/100 万系列地震地质图件；开展了渠道通过煤矿区有关工程地质问题的研究以及黄河以北段水文地质评价与预测的研究等。各项外业工作于 1996 年年底基本完成，到 2001 年为止，资料成果的整编工作已基本结束，其中全线物探成果、大型代表性河渠交叉建筑物的工程地质勘察成果和各项专题研究的成果已通过了长委会同水规总院组织的审查验收。

丹江口水利枢纽的初期工程已于 1973 年竣工，1974 年长委提交了初期工程竣工地质报告。1990 年起，长委开展了丹江口水利枢纽后期续建工程初步设计阶段的工程地质勘察，对构造稳定性、水库岩溶渗漏等问题进行了专题研究，并提交了相应的报告。

早在 20 世纪 50 年代，长委便进行了汉江流域的规划研究。1991 年进行了兴隆枢纽规划阶段的勘察工作并提出了相应的勘察报告。1996—1997 年长委又开展了可行性研究阶段的勘察工作。

2001 年以前，引江济汉工程区范围内仅进行过区域地质测绘工作。2001 年年底，长委开展了引江济汉工程的初步研究工作，在三条引水线路两侧各 2.5km 的范围内以及高线方案的进、出口节制闸部位进行了工程地质测绘和勘探工作。

2. 区域地质概况

南水北调中线工程位于中国三级巨大地形阶梯中第三级阶梯的西缘，湖北、河南、河北、北京、天津 5 省（直辖市）境内，跨越长江、淮河、黄河、海河四大流域。区内地形总体上西高东低、南高北低，西部为中低山区，由南向北分布有荆山、武当山、伏牛山、箕山、嵩山和太行山脉，山顶高程一般 1000～2000m；山前丘陵、岗地地面高程一般 100～400m；东部除局部地区有残丘分布外，为宽广的平原区，由南向北分布有江汉平原、南襄盆地和淮、黄、海平原，地面高程多在 100m 以下，其中南襄盆地的东部和南部分布有桐柏山和大洪山，山顶最高高程 1000～1100m。

区内从太古界到新生界的地层均有分布，且以第四系地层分布最广，并有多期的岩浆活动。第四纪以前各时代地层的岩类有：沉积岩类主要有石灰岩、白云岩、砾岩、砂砾岩、砂岩、页岩、黏土岩、泥灰岩和煤层等；变质岩类主要有片岩、片麻岩类、石英岩、大理岩、千枚岩、混合岩和变质岩浆岩等；岩浆岩类主要有花岗岩、闪长岩、安山岩、安山角砾岩、粗面岩、流纹岩、火山碎屑岩等。第四系成因复杂，岩性变化较大，主要为冲积、洪积、湖积、残积、坡积、冰碛或以上混合成因的碎石土、砂性土和黏性土，局部有风成砂性土分布。

工程由南向北跨越扬子准地台、秦岭褶皱系、中朝准地台三个一级构造单元，两湖断坳、上扬子台坪、南北秦岭褶皱带、豫西断隆、山西断隆、华北断坳七个二级构造单元，地质构造复杂。

中朝准地台区域构造的基本格局为由一系列北北东至北东向深断裂和北西向大断裂控制的呈北北东向展布的断陷盆地和隆起，并伴有广泛的岩浆侵入活动。秦岭褶皱系构造格架为一系列北西西向深断裂与北东向断裂控制的呈北西西向展布的断陷盆地和隆起。扬子准地台的构造格架为北西-北西西向、北东-北东东向的褶皱带和叠加在其上的断陷盆地，并伴有强烈的岩浆活动。

晚第三纪以来，区内新构造运动强烈，西北部太行山区强烈上升，东北部由多个断陷盆地组成的华北平原强烈下降，从地层分析，垂直差异幅度达 2000～5000m。中部、南部则表现为山地的和缓隆起和平原的较强沉降，地貌差异相对较小。这一系列相间排列的拗陷和隆起，其活动特点明显继承了晚第三纪的构造轮廓，使平原区沉积了较厚的第四纪堆积物。但是第四纪以来，南襄—江汉盆地具间歇性拗陷的特点，并具不均一性。

根据国家地震局对工程场地地震安全性评价以及地震烈度区划边界核定的结果，总干渠、天津干线经过地区的地震基本烈度以Ⅵ度、Ⅶ度为主，部分段为小于Ⅵ度或大于Ⅷ度；丹江口水利枢纽、兴隆水利枢纽的地震基本烈度为Ⅵ度。根据中国地震烈度区划图（1990 年版），引江济汉工程区的地震基本烈度为Ⅵ度。另据 2001 年版《中国地震动峰值加速度区划图》，总干渠、天津干线经过地区地震动峰值加速度多为 $0.05g$～$0.15g$，部分段为 $0.20g$ 或小于 $0.05g$；丹江口水利枢纽、兴隆水利枢纽和引江济汉工程区的地震动峰值加速度为 $0.05g$。

（三）关键技术问题研究

中线工程历经长期的规划研究，对于工程建设和运行中的有关技术问题积累了大量的研究成果。

针对水源工程，重点进行了丹江口大坝加高及调水对库区淤积及下游河道冲淤变化影响、新老混凝土结合、大坝结构应力及水力学模型试验研究。在丹江口水库大坝加高研究工作中，先后三次进行了新老混凝土结合现场试验，并在试验过程中埋设了大量的仪器，对加高部位进行原型观测，取得了第一手资料。

输水工程重点进行了渠道衬砌材料、衬砌渠道糙率调查及原型观测、总干渠输水损失分析、冰期输水、特殊土（膨胀土、砂土、黄土等）的土力学问题研究、膨胀土渠坡失稳早期预报、交叉建筑物进出口段水力学及泥沙试验研究。

长委早在20世纪60—70年代即开展了引汉、引丹灌区工程中的膨胀土问题的研究。80年代，对膨胀土的工程特性和处理措施进行了大量的现场试验，取得了一批有价值的研究成果。90年代，长委联合了国内数家知名的高等院校和科研院所，应用现代的非饱和土理论开展了南水北调膨胀土渠坡稳定的理论研究工作，并进行了大规模现场试验及其对策专题研究；同时对总干渠沿线中等湿陷性黄土、可能产生砂土液化的特殊渠段的处理措施进行了研究。概括起来，对于强膨胀土可采用抗滑桩、土工织物和排水、尽量防止膨胀土含水量发生变化的措施。对于中等膨胀土，边坡比取1:3时可达到规范规定的稳定要求。对于湿陷性黄土段可采用预湿法施工及强夯。对于可能产生砂土液化段采用换基或强夯处理。总干渠所通过的局部煤矿采空区，现已基本稳定。为保证安全，混凝土衬砌板采用柔性连接，下铺土工布防渗。

在长距离输水系统的水力学研究方面，开展过不同形式的交叉建筑物（如板梁式与涵洞式渡槽、河道及渠道的倒虹吸、暗渠等五种类型）对总干渠输水的影响及有关泥沙问题的研究，包括河流受总干渠的影响及对上下游河道影响的研究。

穿黄工程重点进行了穿黄河段的河势分析及工程布置论证、地基土工程特性、隧洞水工模型试验、隧洞开挖面稳定性、隧洞与土相互作用的静动力分析及衬砌结构的仿真模型试验、渡槽方案结构的静动力分析工作。针对穿黄隧洞衬砌问题，进行了1:6整环、1:1接头刚度仿真模型试验研究。

前期研究工作已按初步设计要求作过总体布置和单项工程设计，按一期工程规模重新设计也具备了有利条件。

第二节　中线一期工程建设规模

一、调水规模

（一）受水区城市缺水量

1. 供水对象与范围

中线工程的供水目标是以城市生活、工业供水为主，兼顾生态和农业用水。主要供水的城市为：北京市、天津市；河北省的邯郸、邢台、石家庄、保定、衡水、廊坊6个省辖市及15个县级市、59个县；河南省的南阳、平顶山、漯河、周口、许昌、郑州、焦作、新乡、鹤壁、安阳、濮阳11个大中城市及30个县级市、县城。

上列城市的经济建设在京、津、冀、豫占有重要的主导地位，是区域政治、经济、文化的中心。据1999年资料统计，中线工程受水区城市范围总人口约3468万人，其中黄河以北城市人口约2736万人，占总人口的79%；国内生产总值6375亿元，工业总产值8109亿元，其中黄河以北均占88%。

2. 受水区水资源

受水区从南到北跨越湿润、半湿润的亚热带和半湿润、半干旱的暖温带两个气候带，总面积约 15 万 km²。多年平均降水总量 959 亿 m³，相应降水深 624mm。多年平均地下水资源量 182.13 亿 m³，地表水资源量 112 亿 m³，扣去两者的重复水量 42.83 亿 m³，水资源总量为 251.30 亿 m³，加上入境水量 153.53 亿 m³，水资源总量为 404.8 亿 m³，现状人均水资源量仅为 376m³，属于资源性缺水地区。

3. 城市缺水量

中线工程受水区城市现状人均生活用水量比全国同类城市约少 12.8%～29.4%，工业用水重复利用率比全国平均水平高 16%。受水区的节水措施已在全国处于先进水平。

在充分考虑节水、治污、挖潜、严格控制地下水开采等措施的基础上，经预测，2010 水平年受水区城市缺水 78 亿 m³，其中河南 30 亿 m³、河北 29 亿 m³、北京 7 亿 m³、天津 12 亿 m³。受水区城市可供水（$P=95\%$）70.81 亿 m³，其中地表水 15.75 亿 m³，占 22%；地下水 32.87 亿 m³，占 46%；污水处理回用 11.71 亿 m³，占 17%；其他（引黄、引滦、海水利用等）10.48 亿 m³，占 15%。

（二）水源区可调水量

1. 汉江流域水资源

汉江是长江中游最大的支流，全长约 1577km，流域面积 15.9 万 km²。干流丹江口以上为上游，长 925km，集水面积 9.52 万 km²，占全流域面积的 60%；丹江口—钟祥为中游，长 270km，集水面积 4.68 万 km²；钟祥—汉口为下游，长 382km，集水面积 1.70 万 km²。按 1956—1998 年同期资料统计，全流域年均降雨深为 883.8mm，水资源总量为 582 亿 m³，地表水资源量为 566 亿 m³，地下水资源量为 188 亿 m³，两者重复水量为 172 亿 m³。丹江口以上水资源总量为 388 亿 m³，占全流域的 66.7%；丹江口以下水资源总量为 194 亿 m³，占全流域的 33.3%。

2. 丹江口水库 2010 水平年入库水量与耗水量

（1）丹江口以上流域 2010 水平年耗水量。丹江口以上 2010 水平年总需水量保证率为 50% 时为 40.95 亿 m³，耗水量为 22.07 亿 m³；保证率为 75% 时，总需水量为 43.96 亿 m³，耗水量为 23.06 亿 m³；保证率为 95% 时，总需水量为 46.11 亿 m³，耗水量为 24.26 亿 m³。

（2）2010 水平年入库水量。丹江口水库天然水库水量扣除 2010 水平年的上游耗水量（不含水库本身损耗）即为 2010 水平年的净入库水量，其值为 362 亿 m³。

3. 需丹江口水库补偿下泄水量

（1）汉江中下游干流供水规划范围。汉江中下游干流供水规划范围包括汉江中下游地区以汉江干流及其分支东荆河为水源或补充水源的区域。该范围包括襄樊市、荆门市、孝感市和武汉市所辖的 19 个县（市、区）和天门市、潜江市、仙桃市 3 个直管市，以及"五三""沙洋""沉湖"等农场的全部或部分范围，面积约 2.35 万 km²。该区域是湖北省重要的经济走廊，也是我国重要的粮棉基地之一，其中武汉市是湖北省经济和政治中心。

（2）干流规划供水范围水资源供需分析。预测汉江中下游干流供水范围内 2010 水平年总耕地面积 1217.8 万亩，灌溉面积 1157 万亩。总人口 1725 万人，其中非农业人口 828 万人，城市化率 48%。工业总产值 5463 亿元，其中电力及磷矿工业总产值 62 亿元。2010 水平年总需水量为 151.1 亿 m³，见表 9-3-2；缺水量为 117.8 亿 m³。缺水量将全部从汉江干流或东荆河引水补充，见表 9 - 3 - 3。

（3）丹江口水库补偿下泄过程。

1）河道外用水要求：河道外用水为汉江中下游干流供水规划范围的缺水量，由分布在汉江中下游沿岸的各种取水设施供水。

2）河道内用水要求：① 环境用水：汉江中下游地区为经济较发达地区，人口稠密，工、农业生产发达，面源污染使水体氮、磷含量高是引发"水华"的主要原因。据初步分析，控制仙桃断面汉江河道的流量保持在 500m³/s 以上，可大大改善沙洋以下河段水环境，控制住春季"水华"的发生。② 航运用水：现状丹江口—襄樊的航道基本达到Ⅵ级通航标准，襄樊—汉口的航道基本达到Ⅳ级通航标准。近期航运规划目标是：将丹江口—襄樊河段提高到Ⅴ级航道标准，使襄樊—汉口河段全面达到Ⅳ级航道标准。按各段航道通航标准，拟订丹江口水库最小下泄流量为 490m³/s，考虑汉江中下游支流来水，控制泽口河段流量不小于 500m³/s，汉口入长江河段流量不小于 300m³/s。

3）丹江口水库补偿下泄过程设计：为了研究不同工程措施条件下对丹江口水库补偿下泄过程的影响，拟定了三种工程措施条件推求丹江口水库补偿下泄的过程：① 汉江中下游维持现状工程条件；② 汉江中下游兴建兴隆水利枢纽、沿岸部分闸站改扩建及局部航道整治；③ 在上述工程基础上增建引江济汉工程。各工程条件多年平均要求丹江口水库补偿下泄水量见表 10 - 2 - 1。

表 10 - 2 - 1　　　　　　　　　　丹江口水库补偿下泄水量　　　　　　　　　　单位：亿 m³

工　程　条　件	2010 水平年		
	年平均	$P = 85\%$	$P = 95\%$
现状工程条件	270.6	298	341.2
兴隆、闸站、航道改建	218.1	243.9	267.3
兴隆、闸站、航道改建、引江济汉	162.2	173.3	185.0

综合考虑受水区的需水要求及可行的建设规模，并保证汉江中下游工农业用水和生态环境的需要，以汉江中下游兴建四项工程为条件确定丹江口水库补偿下泄过程。

4. 丹江口水库可调水量

丹江口水库可调水量是指汉江流域水资源在不同的工程措施条件下，丹江口水库按"发电服从调水、调水服从生态、生态服从防洪安全"的原则拟定控制水位和调度规则，在满足水源区用水要求的前提下，对应不同输水工程规模从汉江丹江口水库调出的水量。

丹江口水库的可调水量，国内有关设计、科研、管理单位和大专院校都曾参与做了大量研究工作。2001 年南水北调中线工程规划修订报告，进一步对可调水量进行了系统研究，共提出不加坝（丹江口初期规模）调水方案 14 个、加坝（丹江口完建规模）调水方案 15 个。综合考虑，推荐加坝、汉江中下游建四项工程、总干渠设计流量 350m³/s、加大流量 420m³/s、可调水量 97 亿 m³ 方案。

项目建议书阶段仍采用规划修订推荐的调水方案，相应的丹江口水库防洪限制线为：5 月初至 6 月 21 日，库水位逐渐降低到夏季汛限水位 160m；8 月 21—31 日逐渐抬高到秋季汛限水位 163.5m；10 月 1 日以后，逐渐充蓄到正常蓄水位。此外，还拟订了另外两个加坝方案作进一步比较。丹江口水库工程特征参数见表10-2-2。

表10-2-2　　　　　　　　　　丹江口水库工程特征参数

项　　目	现　　状	坝顶高程170m时	坝顶高程173m时	最终规模
坝顶高程/m	162	170	173	176.6
正常蓄水位/m	157	161	165	170
相应库容/亿m³	174.5	206.4	241.6	290.5
死水位/m	140	140	150	150
相应库容/亿m³	76.5	76.5	126.9	126.9
极限消落水位/m	139	139	145	145
相应库容/亿m³	72.3	72.3	100	100
主汛期—汛后调节库容/亿m³	48.7～102.2	48.7～134.1	60.5～141.6	98.2～190.5
夏—秋汛防洪限制水位/m	149～152.5	149～152.5	155～158.5	160～163.5
预留防洪库容/亿m³	77.2～55	110～81.2	110～81.2	110～81.2

引水调度采取分区方式，拟订了加大引水区、设计引水区、降低引水区、限制引水区。加大引水区为汛限水位以上区域，当库水位落在此区时，按总干渠加大流量引水；设计引水区在加大区之下，按总干渠设计流量引水；降低引水区是为引水流量平稳过渡而设置的，目的是使引水流量不至于出现大起大落的情况；限制引水区是为了保证汉江中下游用水和北调水不中断而设定的引水流量限制线。

汉江中下游建兴隆枢纽、引江济汉工程，对因调水后汉江水位下降不能正常工作的部分闸站进行改建，整治局部航道（即四项工程）。考虑丹江口水库不同的正常蓄水位、总干渠不同规模、渠首取水方式，组合成以下方案：

方案1：丹江口水库大坝加高，总干渠渠首设计流量350m³/s、加大流量420m³/s。

方案2：大坝加高，渠首设计流量500m³/s、加大流量630m³/s，此方案为方案1的后期规模及总干渠一次建成调水方案。

方案3：大坝不加高，渠首设计流量350m³/s、加大流量420m³/s。陶岔渠首修建一级泵站，设计流量200m³/s，前池最低水位139m，最大扬程10m。

方案4：大坝加高，正常蓄水位161m，夏、秋季汛限水位与现状相同，分别为149m和152.5m，防洪按发生1935年洪水时汉江中下游民垸基本不分洪调度，陶岔渠首修建一级泵站，设计流量200m³/s，前池最低水位139m，最大扬程10m。

方案5：大坝加高，正常蓄水位165m，夏、秋季汛限水位分别为155m和158.5m，防洪按发生1935年洪水时汉江中下游民垸基本不分洪调度。

方案6：大坝加高，正常蓄水位172m，夏、秋季汛限水位分别为162m和165.5m，防洪按发生1935年洪水时汉江中下游民垸基本不分洪调度。

丹江口水库可调水量主要方案见表10-2-3。

六个调水方案中，方案1的调水量可以达到97.1亿m³，扣除输水损失后能满足2010年受水区的需水要求。方案3、方案4、方案5的调水量只能达到81.2亿m³、84.2亿m³、86.1亿

m^3，扣除输水损失，到用户的水量为 67 亿～69 亿 m^3，与受水区缺水 78 亿 m^3 相比，缺口较大，不能满足受水区近期的需水要求。方案 6 的调水量满足需水要求，但蓄水位抬高至 172m，超过了原库区周边重大基础设施选线选址时的控制高程，库区淹没损失大不宜采用。方案 2 为方案 1 的后期规模及总干渠一次建成调水方案，其调水量达 110 亿～125 亿 m^3，但需要总干渠建成设计流量 500m^3/s、加大流量 630m^3/s 的规模，不符合总干渠分期建设方案要求。

表 10-2-3　　　　　　　　　　丹江口水库可调水量主要方案

方案	正常蓄水位/m	水平年	渠首设计/加大流量/(m^3/s)	极限死水位/m	渠首泵站	汉江中下游工程	入库水量/亿 m^3	汉江中下游水量/亿 m^3 下游供水量	发电利用弃水	弃水量	清泉沟供水量/亿 m^3	陶岔引水（可调水量）/亿 m^3 多年平均	95%	最小年份
1	170	2010	350/420	145	无	4 项	362	160.8	40.3	57.5	6.3	97.1	61.7	53.6
2	170	2030	500/630	145	无	4 项	356.4	165.8	28.9	40.6	11.1	110(125)	49.3(40)	43.5(34)
3	157	2010	350/420	139	有	4 项	362	161	48.1	64.8	6.1	81.2	37.8	36
4	161	2010	350/420	139	有	4 项	362	161.2	62	48.5	6.1	84.2	37.8	36
5	165	2010	350/420	145	无	4 项	362	161.5	51.9	56.4	6.2	86.1	49.7	36.9
6	172	2010	350/420	145	无	4 项	362	164.3	35.9	52.9	6.3	102.6	69.1	64.5

综合分析，加高大坝调水方案 1，在总干渠渠首设计流量 350m^3/s 的条件下，可以调出水量 97.1 亿 m^3，保证率 95% 的水量为 61.7 亿 m^3，是各调水方案中能较好满足受水区需水要求的方案，项目建议书可调水量论证推荐其为一期实施方案。

（三）北调水量配置

根据南水北调总体规划，天津市由中线和东线工程共同供水，中线工程一期分配给天津的毛水量（陶岔）为 10 亿 m^3。调蓄计算中未考虑与东线工程供水进行联合调度。

根据供水调度原则，经长系列调节计算，一期工程多年平均调出水量 95 亿 m^3，75% 保证率调出水量约 91 亿 m^3，特枯年份 95% 保证率调出水量约 62 亿 m^3。经 42 年逐旬调节计算，在与当地各种水源联合供水、相互补充的前提下，各受水城市生活供水保证率达 95% 以上，工业供水保证率达 90% 以上，"其他"类供水保证率达 80% 以上，可以满足受水区的要求。一期工程调水方案多年平均供水情况见表 10-2-4。

表 10-2-4　　　　　　　　一期工程调水方案多年平均供水情况　　　　　　单位：亿 m^3

省（直辖市）		总净需水量	各水源净供水量 北调水	当地水 地表水	地下水	其他	小计	北调水量 陶岔	分水口门
河南	刁河灌区	3.67	3.60				3.60	6.00	5.99
	南阳	7.01	2.23	2.72	0.45	0.95	6.35	2.35	2.32
	漯河	1.31	1.21		0.02	0.05	1.28	1.35	1.32

省（直辖市）		总净需水量	各水源净供水量					北调水量	
			北调水	当地水			小计	陶岔	分水口门
				地表水	地下水	其他			
河南	周口	1.44	1.27		0.04	0.09	1.40	1.44	1.40
	平顶山	3.91	2.30	1.30	0.03	0.19	3.81	2.51	2.43
	许昌	2.75	1.65	0.56	0.03	0.13	2.37	1.76	1.68
	郑州	7.83	6.17	0.43	0.07	0.91	7.58	6.94	6.55
	焦作	2.80	2.53		0.08	0.17	2.78	2.89	2.69
	新乡	4.92	4.09		0.18	0.61	4.88	4.72	4.35
	鹤壁	2.69	2.28		0.01	0.38	2.67	2.71	2.48
	濮阳	1.59	1.12		0.14	0.30	1.56	1.31	1.19
	安阳	4.98	3.18	1.36	0.10	0.26	4.90	3.72	3.38
	小计	44.90	31.63	6.37	1.15	4.04	43.18	37.69	35.78
河北	邯郸	4.36	3.19	0.20	0.52	0.41	4.33	3.52	3.18
	邢台	3.89	3.41		0.32	0.01	3.74	4.05	3.62
	石家庄	9.54	7.32	0.50	1.15	0.37	9.34	8.86	7.78
	衡水	3.12	2.81	0.02	0.00	0.23	3.06	3.53	3.09
	保定	12.84	10.59	0.35	1.12	0.68	12.74	13.01	11.26
	廊坊	1.43	1.28		0.00	0.13	1.41	1.72	1.47
	小计	35.18	28.60	1.07	3.11	1.84	34.61	34.70	30.39
北京		31.22	9.76	7.32	6.72	7.40	31.20	12.38	10.52
天津		23.14	8.00	9.12	1.21	2.96	21.29	10.15	8.63
合计		134.44	77.98	23.88	12.19	16.24	130.29	94.93	85.32
黄河南		27.92	18.42	5.01	0.64	2.32	26.39	22.35	21.69
黄河北		106.52	59.56	18.87	11.55	13.92	103.90	72.57	63.63

注 河南省分配水量中含现状刁河灌区设计引水量 6 亿 m³。

通过长系列调节计算，对瀑河水库作为在线调节水库的作用进行了分析研究，结果表明：瀑河水库对于中线工程调峰补枯，提高北京、天津等城市的供水保证程度有一定的作用，但在一期工程调水 95 亿 m³ 时其作用不是很显著。因此，瀑河水库可视一期工程运行需要适时建设。

二、工程规模

中线一期工程包括丹江口水库大坝加高、输水总干渠、汉江中下游工程三大部分。一期工程多年平均调水量 95 亿 m³。

（一）丹江口大坝加高工程规模

丹江口水库的特征水位由北调供水要求、汉江中下游地区的防洪目标、汉江中下游地区的需水等因素确定。

1. 丹江口水库特征水位研究概况

在丹江口水库规划设计之初，从淮河流域、黄河流域总的水资源量分析，预计在不远的将来这些流域会出现供水不足的局面，丹江口水库以其优越的地理位置将成为跨流域调水的水源，因此《汉江流域规划要点报告》确定丹江口水库在首要满足汉江中下游地区防洪要求外，第二位的任务是供水，以下依次为发电、航运等。

对水库正常高水位，分析论证了 160～185m 的各个方案。经分析比较：165m 方案虽然也能满足当时规划的 64 亿 m³ 引水的要求，但保证率 95％ 的引水量只有 30 亿 m³，考虑到远景还要"引汉济淮济黄"，推荐 170m 方案。1958 年，国家正式审定批准了丹江口水库正常蓄水位为 170m 的方案。之后，需要从丹江口水库调出的水量增加到 100 亿 m³，长委论证结果是丹江口正常蓄水位应该抬高到 172.5m。

20 世纪 60 年代初，国家发生严重的经济困难，要求丹江口水库分期建设。长委提出初期正常蓄水位为 155～160m，后期再提高到 170m，最好为 175m。1966 年国务院正式批复丹江口大坝初期规模正常蓄水位定为 155m，坝顶高程 162m。作为临时性过渡措施，初期汉江中下游由 14 处民垸分蓄洪来解决 1935 年洪水的防御问题。之后，为了协调解决防洪、供水、发电的矛盾，将正常蓄水位提高到 157m。

丹江口水库初期工程自 1968 年投入运行以来，在防洪、发电、灌溉方面取得了巨大的效益，汉江中下游的经济与社会得以迅速发展。到 2001 年末，水库以上共发生大于 10000m³/s 的洪水 71 次，经水库调洪后，平均削峰率达 75％，保障遥堤安全度汛 2 次（1975 年 8 月、1983 年 10 月）。避免民垸分蓄洪 9 次，避免杜家台开闸分洪 15 次，减轻长江干流（汉口段）防洪负担和武汉市防洪压力 3 次。但防洪与兴利、发电与供水的矛盾仍十分突出，由于丹江口电站和引丹灌区均按正常蓄水位 170m 方案建设，初期规模运行水头减少 13m，调节库容减少 116 亿 m³，导致丹江口水库长期在低水位状态下运行，原来设计的自流灌区——河南刁河灌区和湖北引丹灌区（规划面积共 360 万亩），不得不在渠首建泵站提水。

此后，陆续研究了将正常蓄水位抬高到 160m、161m 的方案，相应汛限水位也随之抬高。1996 年，又研究了正常蓄水位抬高到 161m 的方案，相应的汛限水位为 154～157m。两次研究的结论为：此类方案较 170m 正常水位方案虽可减少移民数量，但不能解决汉江中下游地区的防洪问题，也不能满足京津华北地区国民经济和社会发展对水资源供应的需要，因此，维持原推荐正常蓄水位 170m 为最终规模方案。

2001 年在对中线规划进行修订时，进一步研究了大坝加高到 170m、正常蓄水位 161m、防洪限制水位维持不变的方案，即丹江口只按解决汉江中下游防洪问题加坝，由此造成调水不足的问题采用建设堵河梯级水库群、从长江三峡抽水等措施解决。研究表明，此类方案存在如下问题：一是堵河上的梯级水库控制流域面积有限，增加北调水量有限，必须从三峡水库抽水满足北方受水区需求，但需要建 200m 以上扬程的大流量泵站和深埋长隧洞，兴修 4 个梯级水库，工程十分艰巨，前期工作基础差，且高扬程抽水，水价高，非一般用户能够承受；二是为减小调水对三峡水库的影响，抽水应集中在丰水期进行，仍需要通过丹江口水库调蓄。因此，规划修订报告仍推荐大坝按最终规模一次建成的调水方案。

2. 死水位

死水位的确定与兴利任务的要求紧密相关。供水方面，既要考虑尽量增强水库调蓄能力（降低死水位），又要考虑供水能基本自流，减少运行成本；发电方面，适当抬高死水位也较为有利，同时还需要兼顾库区及周边的生态环境，因为过大的水库消落深度不利于库周的生态环境保护。

经 42 年系列供水调度计算，结果表明水库有 28 年的水位在 150m 以上，有 36 年在 148m 以上，有 3 年降至 145m。另外输水总干渠渠首到北京团城湖总长约 1271.6km，按全线基本自流考虑，在设计引水流量条件下，丹江口水库最低的水位要求为 150m（包括引渠、过闸水头损失）。综合考虑选定死水位为 150m。150m 水位以下，尚有 127 亿 m³ 的库容，为使一般枯水年供水连续，不遭受大的破坏，确定极限死水位为 145m。

3. 防洪限制水位

防洪限制水位既要能保证水库在汛期有必需的兴利库容蓄水以备枯季使用，同时也要留有充分的防洪库容，保证汉江中下游地区的防洪安全。丹江口水库年均来水量 388 亿 m³，经过长系列演算，要满足一期工程年均调水量 95 亿 m³ 和汉江中下游需要丹江口水库下泄 162 亿 m³ 两项任务，丹江口主汛期的防洪限制水位应在 160m 以上，即主汛期的调节库容需达到 98.2 亿 m³。由于秋汛相对夏汛要小，为了充分利用径流，增加调水的稳定性，秋汛的汛限水位适当抬高到 163.5m。防洪限制水位比较见表 10-2-5。

表 10-2-5　　　　　　　　丹江口水库最终规模防洪限制水位比较表

项　　目	夏/秋汛限水位/m	158/161.5	160/163.5	162/165.5
洪水位/m	$P=1\%$	170.2	171.7	173.4
	$P=0.1\%$	170.9	172.2	173.9
	$P=0.01\%+20\%$	173.1	174.35	175.9
可调水量/亿 m³	多年平均	92.2	97.1	101.6
	95%年份	52.4	61.7	65.6
	最小年份	50.6	53.6	59.1

4. 各主要频率洪水的防洪高水位

根据汉江流域防洪规划，中下游地区的防洪标准为防御 1935 年型洪水。1935 年丹江口入库洪峰流量 54000m³/s，加上区间洪水，到碾盘山洪峰流量达 70000m³/s，而碾盘山的安全泄量只有 20000～21000m³/s，河口武汉附近只有 5000～9000m³/s（受长江水位的顶托）。防洪体系（堤防、东荆河分流 5000m³/s、杜家台分洪 5300m³/s）配合 14 个民垸（面积 1110km²，有效容积 35.1 亿 m³）分蓄洪 25 亿 m³，方可防御 1935 年型洪水。由于 14 个民垸内有耕地 88.6 万亩，人口 73.36 万人（1991 年统计），其中包括钟祥、宜城两座县级城市，分蓄洪的安全转移极为困难，一旦洪水来临，要在短时间内利用这些民垸分洪几乎不可能。届时，遥堤可能会决口，1935 年的悲剧将重演，生命财产的损失将无法估量。

丹江口水库加高后，遇 1935 年型大洪水（最大 7 天洪量 129 亿 m³），考虑预报期为 12～24h，预报精度 0.7～0.8（入库取预报小值）；丹—碾区间洪水预报期 24h，预报精度 0.8（取预报大值），当碾盘山夏季预报洪水大于 5000m³/s、秋季预报洪水大于 10000m³/s 时，丹江口水库开始预泄，按此调度可使最大下泄流量减至 5960m³/s，中游仅个别民垸分蓄洪即可保障遥堤安全。杜家台分蓄洪区使用机会由现状的 5～10 年提高到 15 年使用一次。另外，丹江口水库防洪能力的提高，也有利于减轻长江干流（汉口段）防洪负担和武汉市的防洪压力。

按上述洪水调度方式和前述的汛限水位，20 年一遇防洪高水位为 169.4m，1935 年洪水防洪高水位为 171.6m，后者预留防洪库容为 110 亿～81.2 亿 m³。

5. 正常蓄水位选定

正常蓄水位论证仍遵循规划修订的条件，即：①使调水过程稳定可靠；②丹江口枢纽已按 170m 规模完成了水下部分施工；③库区重大厂矿选址、铁路选线、重要公路交通骨干线定线以及重大经济、建设等，均建在正常蓄水位 170m 对应的回水水面线以上。

共拟定 161m、165m、170m 三个蓄水位方案进行比较，特征参数和计算结果见表 10-2-6。

表 10-2-6　　　　丹江口水库正常蓄水位比较表

项目		坝顶高程	170m	173m	176.6m
正常高水位/m			161	165	170
夏—秋汛限水位/m			149/152.5	155/158.5	160/163.5
可调水量/亿 m³		多年平均	84.2	86.1	97.1
		95%年份	37.8	49.7	61.7
		最小年份	36	36.9	53.6
库区淹没损失		淹没房屋/万 m²	93.89	425.85	708.57
		淹没耕地/万亩	10.77	17.07	23.43
		规划动迁人口/万人	13.47	20.34	29.61
		补偿投资/亿元	71.33	103.24	123.96
投资		大坝加高工程总投资/亿元	91.84	125.15	146.75
		中线工程总投资/亿元	862.52	895.83	917.43
		单方水投资/(元/m³)	10.24	10.40	9.45

161m、165m 蓄水位方案预留防洪库容与 170m 方案相同，但多年平均可调水量分别为 84.2 亿 m³、86.1 亿 m³，95%年份可调水量为 37.8 亿 m³、49.7 亿 m³，这均不能满足城市供水的要求，且稳定性差。

此外，为减少丹江口水库移民，专门研究了在不改变丹江口水库的防洪、供水效益（即与正常蓄水位 170m 防洪、供水效益相同）的前提下，降低水库的正常蓄水位至 165m、增建陶岔渠首泵站［简称 165m（加泵站）方案］的方案。经社会、经济、技术、环境等综合比较，170m 方案较优。

考虑到 20 年一遇防洪高水位已达 169.4m，项目建议书仍确定丹江口大坝加高工程正常蓄水位为170m。

（二）汉江中下游工程规模

1. 兴隆水利枢纽

兴隆水利枢纽是汉江中下游规划的梯级渠化中最下游一级，其回水河段内两岸现有兴隆闸、兴隆二闸、罗汉寺闸及规划的王家营引水闸，控制灌溉面积约278万亩。调水后在未建兴隆枢纽条件下，该河段多年平均水位下降约0.4m，供水保证率由实际运行条件下的83.24%～89.56%，下降为73.08%～82.20%。建设兴隆枢纽后可抬高该河段枯水位1.63～1.77m，改善灌溉引水和航道条件。

兴隆枢纽正常蓄水位36.5m，上游回水段长约71km，可与上一级梯级华家湾衔接。拦河闸坝轴线长2825m，其中泄水闸段900m，船闸段36m，其余为连接段。初步选定枢纽通航建筑物为单线一级，可通过现行船队和规划一顶四驳2000t级及以下船队。

2. 引江济汉工程

引江济汉工程是从长江荆江河段附近引水到汉江兴隆以下河段，以解决东荆河灌区的水源及改善兴隆以下河段的灌溉、航运及河道内生态用水的条件。

汉江下游现状条件下2—3月曾出现过三次"水华"现象。根据数学模拟分析研究，"水华"现象的发生与水质污染、河道流量、流速、环境温度等综合条件有关，其中河道流量、流速条件是主要的控制条件。研究表明，2—3月长江汉口水位低于17m的保证率为80%，在流量为500m³/s左右的条件下，沙洋以下河道内水体全部交换所需时间小于"水华"发生的临界时间。因此，通过引江济汉工程引水，在丹江口水库下泄流量较少时补济水量，使仙桃控制断面的流量在2—3月大于500m³/s的历时保证率达到95%，可基本保证调水后不具备发生"水华"的条件。

东荆河是汉江下游自然分流的河道，当汉江流量为800m³/s时东荆河才开始分流。调水后汉江出现800m³/s以上的几率减少，需要由引江济汉工程向东荆河灌区补水。

引江济汉工程引水规模的大小与中线工程调水规模（丹江口水库下泄水量）及东荆河灌区的需水、汉江兴隆以下河段河道生态及航运需水有关。经分析，在调水量达到120亿～140亿m³规模之前，引江济汉工程引水350m³/s，结合丹江口水库的下泄，可以使东荆河灌区及兴隆河段以下农业用水保证率不低于80%，城镇用水保证率不低于98%。而且还可以使兴隆以下河段中水流量（600～800m³/s）的通航历时保证率基本达到现状水平，并改善现状条件下的生态环境用水条件，可基本控制"水华"的发生。如远景调水规模达到180亿m³，结合汉江中下游梯级渠化，则引江济汉工程引水规模为500m³/s。

考虑远景调水的需要及调水对生态环境影响的不确定因素，并尽可能地改善汉江下游航运条件，初步拟定工程最大设计流量为500m³/s。

对应南水北调中线一期工程，如不考虑引江济汉工程近远期结合，设计流量500m³/s是偏大的。可行性研究阶段应结合技术经济比较，对引江济汉工程规模作进一步论证。

3. 部分闸站改扩建

汉江中下游干流沿岸分布有水闸和取水泵站共计457座，其中公用及自备水厂216座，农业提灌站218座，灌溉水闸23座。按地域分布，丹江口6座，襄樊107座，荆门17座，荆州地区 88 座，孝感 115 座，武汉 124 座。

按照调水后取水保证率低于现状的水闸（或泵站）则需进行改造的原则，通过对其中 102 座典型闸站的供水分析，初步估算汉江中下游部分水闸改造总设计引水流量为 146m³/s，部分泵站改造总装机为 1.05 万 kW，新增（谢湾和泽口）泵站装机 1.82 万 kW。

4. 局部航道整治

整治规模制定原则：汉江中下游近期的航道治理按照整治与疏浚相结合、固滩护岸、堵支强干、稳定主槽的原则进行。对已整治河段，由于调水后的影响，需进行二次整治，增加整治工程量；对未整治河段，以调水前规划整治的标准为基础，考虑调水后达到相同整治标准所增加的工程量。

（1）丹江口—襄樊河段。该河段航道全长 113.8km，共有滩群 10 个，2000 年需治理的滩群有 8 个。对于调水产生的影响，拟实施第二次整治工程，相应的整治线宽度需缩窄到 260m 左右。共需增加丁坝 30 座，长度 12184m；调整顺坝 11 座，增加坝长 919m；延长丁坝 36 座，增加坝长 3775m。同时对部分滩段进行疏浚。

（2）襄樊—皇庄河段。该河段航道全长 136.0km，有 13 个滩群。滩群的整治工程已于国家"八五"期间完成，整治流量为 1250~1400m³/s，整治线宽度 480~550m。调水工程实施后，需对 13 个滩群的整治线宽度进行缩窄，实行第二次的枯水整治。13 个滩群共需增加丁坝 61 座，加长 126 座。同时对部分滩段进行疏浚。

（3）皇庄—兴隆河段。该河段航道全长 105km，有滩段 10 个。其中邓家滩以上至皇庄河段航道长 44.86km，按照整治线宽度由原来的 380m 缩窄至 290m，需增加坝长约 8350m。

（4）兴隆—河口段。该河段航道全长 274km，整治线宽度选用 290m，整治措施包括筑坝与护岸 6188m、疏浚 1 处。

（三）总干渠工程规模

中线总干渠全长 1273.35km，其中，渠首—北拒马河段长 1192.93km，采用明渠输水。北京段长 80.43km，采用管涵输水，其中管道段长 58.98km，暗涵段长 21.45km。天津干线全长 153.82km，其中明渠长 93.12km、管道长 60.7km。陶岔渠首—北京团城湖渠段共布置各类建筑物 1745 座，天津干线共布置各类建筑物 124 座。

总干渠规模与可调水量、水源调度方式、供水范围内需水要求、当地供水能力、调蓄工程布置等紧密相关。总干渠分段流量系根据引汉水源与当地水源（地表水、地下水）的联合调度计算的结果确定。通过长系列（1956 年 4 月至 1998 年 4 月）逐旬调节计算，得到总干渠各段的逐旬流量过程。为使工程规模合理，同时又能满足供水要求，总干渠各段采用两个流量标准，即设计流量与加大流量。设计流量选用相应段长系列流量过程中保证率 80%~90% 的流量（由大到小排频）；加大流量即为该系列中出现的最大流量。

经调节计算分析，总干渠主要控制段规模为：渠首段设计流量 350m³/s，加大流量 420m³/s；穿黄河段设计流量 265m³/s，加大流量 320m³/s；进河北设计流量定为 235m³/s，加大流量定为 265m³/s；北京段、天津段相同，首段设计流量均为 50m³/s，加大流量均为 60m³/s。天津干线约 130km 的渠段均位于河北省境内，为节约工程投资，经协商，天津干线为河北省沿天津干线沿线地区带水约 1.2 亿 m³（口门水量），最大流量约 5m³/s。总干渠各段规模见表 10-2-7。

表 10 - 2 - 7　　　　　　　　　一期工程总干渠分段流量表

序号	渠段起止地点	起止点桩号	渠道流量/(m³/s)		备　注
			设计	加大	
1	陶岔—宋营	0+0～80+404	350	420	
2	宋营—徐庄	80+404～106+585	340	410	
3	徐庄—四家营	106+585～213+810	330	400	
4	四家营—孟坡	213+810～338+469	320	380	
5	孟坡—三官庙	338+469～396+924	310	370	
6	三官庙—贾寨	396+924～430+272	300	360	
7	贾寨—郑湾	430+272～440+739	290	350	
8	郑湾—茹寨	440+739～454+499	270	330	
9	茹寨—A点	454+499～474+122	265	320	
10	穿黄段	474+122—493+422	265	320	
11	S点—墙南	493+422～535+497	265	320	
12	墙南—老道井	535+497～610+342	260	310	
13	老道井—候小屯	610+342～667+828	250	300	
14	候小屯—南流寺	667+828～711+969	245	280	
15	南流寺—漳河	711+969～729+665	235	265	豫冀界
16	漳河—吴庄	729+665～795+697	235	265	
17	吴庄—赞善	795+697～814+816	235	250	
18	赞善—南大郭	814+816～837+483	230	250	
19	南大郭—田庄	837+483～967+591	220	240	
20	田庄—中管头	967+591～1033+250	170	200	
21	中管头—郑家佐	1033+250～1101+944	135	160	
22	郑家佐—西黑山	1101+944～1119+328	125	150	天津干线渠首
23	西黑山—东楼山	1119+328～1128+958	100	120	
24	东楼山—三岔沟	1128+958～1191+051	60	70	
25	三岔沟—北拒马河	1191+051～1192+927	50	60	冀京界
26	北拒马河—南干渠	119+927～1254+602	50	60	
27	南干渠—团城湖	1254+602～1273+353	30	35	
28	天津干线渠首		50	60	

第三节　主要建筑物布置

　　南水北调中线一期工程主体由水源工程、输水工程、汉江中下游工程三大部分组成，各部分主要建筑物布置分述如下。

一、丹江口水利枢纽工程布置

丹江口大坝加高工程包括大坝枢纽和陶岔渠首闸加高扩建两部分。陶岔闸是丹江口水库的挡水建筑物，现已按初期规模建成。陶岔闸为丹江口水库的副坝，主坝加高后，由于溢洪道堰顶抬高，各频率洪水防洪高水位均不同程度抬高，因此，陶岔闸必须与主坝加高工程进度相协调，以保证附近地区的防洪安全。

（一）丹江口水库大坝加高工程

1. 设计标准

丹江口水利枢纽大坝加高工程正常蓄水位 170m，校核洪水位 174.35m，总库容 339.1 亿 m³，电站装机 900MW，过坝建筑物可通过 300t 级驳船。根据其规模，枢纽定为Ⅰ等工程。大坝、电站及其引水建筑物和通航建筑物的挡水部分等主要建筑物均定为 1 级建筑物。通航建筑物的其他主要部分定为 2 级建筑物，次要部分及下游消能防冲及护岸工程为 3 级建筑物。1 级建筑物洪水标准按 1000 年一遇洪水设计，按可能最大洪水（10000 年一遇洪水加大 20％）校核。大坝地震设计烈度定为Ⅶ度。

2. 坝线及枢纽总布置

丹江口枢纽大坝加高工程是在初期工程的基础上进行加高，各建筑物轴线除右岸土石坝需改线另建、左岸土石坝尖山段坝轴线需局部调整以及左坝端坝线需向左延伸 200m 外，其余轴线均与初期工程相同。

丹江口水利枢纽大坝加高工程挡水建筑物由河床及岸边的混凝土坝和两岸土石坝所组成，总长 3446m。电站厂房位于 25～32 号坝段下游，通航建筑物布置在 3 号坝段的位置，泄水建筑物包括泄洪深孔和溢流表孔，均布置在河床中部，位于 8～24 号坝段。此外在上游库区内离陶岔渠首约 10km 处布置有董营副坝，在左坝头穿铁路处离左岸土石坝坝头 200m 左右设有左坝头副坝，两副坝均为均质土坝。

3. 枢纽建筑物布置

（1）混凝土坝。混凝土坝加高 14.6m，大坝加高后混凝土坝顶高程 176.6m，最大坝高 117m。具体情况如下：右联混凝土坝和左联混凝土坝在初期工程中从基岩面起均按初期要求的坝体尺寸设计和施工，大坝加高工程在大坝下游面从基岩面浇筑贴坡混凝土。深孔坝段在初期工程中高程 120m 以下坝体已按后期运用条件设计和施工，只需加高及加厚高程 120m 以上的下游面坝体。表孔坝段高程 100m 以下坝体已按后期运用要求施工，需浇筑抬高堰顶和闸墩。厂房坝段只需加高坝顶及加厚高程 102m 厂坝平台以上的下游坝体。

（2）土石坝。右岸土石坝新坝线位于老坝线下游，轴线根据地形条件确定顺山脊向右与张蔡岭高地相接，坝型为黏土心墙坝，最大坝高 60m。左岸土石坝在初期工程中已经过加固处理，其防渗体均能满足后期运用水头要求，大坝加高工程加高坝顶和扩大下游坝体，并向左端延长 200m。最大坝高 71.6m。

（3）电站厂房。电站厂房为坝后式厂房，初期工程土建部分均按后期运用要求设计并建成。电站原装机六台，单机容量 150MW，总容量 900MW。丹江口大坝加高、正常蓄水位提高后，水头条件发生了变化，电站的运行水头大幅度提高，除了 3 号水轮机设计水头按后期电站能量特性设计外，其他水轮机设计水头均按初期能量特性确定。为加高后机组安全、经济运行，应对除3号机外的5台水轮机和4号、5号发电机及其附属设备，部分电站辅助设备系统进行改造。

（4）通航建筑物。升船机初期工程规模为150t级，大坝加高工程按300t级规模扩建，过坝方式及总体布置不变，通航建筑物需改建的部分主要有：①垂直升船机承重支墩的墩身、墩帽要相应加高、扩大；②斜面升船机上、下游斜坡道需延长，相应的轨道梁需重建；③改造驼峰系统及绳道；④改建升船机机房；⑤扩建外港；⑥近期增设3艘港作轮；⑦金属结构及机电设备需重建或改建。扩建后的升船机推轮过坝时，年单向通过能力为96.2万t；推轮不过坝时，年单向通过能力为140万t。

（5）副坝。董营副坝位于库区左岸，离陶岔渠首约10km处，为均质土坝，坝长265m，最大坝高5m。左坝头副坝位于左岸土石坝左坝头200m穿铁路处，为均质土坝，坝长190m，最大坝高5m。

4. 主要工程量

枢纽主要工程量：混凝土浇筑量128.62万m^3，混凝土拆除量4.50万m^3，设备拆除量6270t，钢筋8271t，金结安装12656t，土方填筑536万m^3，土石方开挖77.77万m^3。

（二）陶岔渠首枢纽工程

陶岔枢纽工程位于河南省淅川县九重乡陶岔村，丹唐分水岭汤山禹山垭口南侧，是南水北调中线的渠首工程，也是丹江口水库的副坝工程。初期工程于1969年动工兴建，1973年建成，向河南省南阳刁河灌区供水，过水能力可满足南水北调中线引汉需要。

初期工程枢纽由引渠、引水闸及其两岸连接建筑物和下游消能建筑物组成，按Ⅰ等工程设计。设计蓄水位和校核洪水位与丹江口水库相同，分别为157.0m和161.4m。坝顶高程162.0m，轴线全长140m，引水闸为5孔涵洞式混凝土建筑物，总宽约40m。水闸两岸连接建筑物为黏土心墙堆石坝。

引渠自陶岔闸首开始，自东北向西北经张梅冲、杨湾至库区，全长4.4km。

1. 工程规模

总干渠渠首一期工程设计引水流量350m^3/s，加大流量420m^3/s，后期引水设计流量630m^3/s，加大流量800m^3/s。

2. 工程布置及主要建筑物

（1）工程等别及洪水标准。陶岔闸属丹江口水库的主要挡水建筑物之一，陶岔枢纽的主体——引水闸和两岸连接非溢流坝定为1级建筑物，下游消能防冲设施及导墙等定为3级建筑物。防洪标准与丹江口大坝相同，即设计洪水为1000年一遇，校核洪水为可能最大洪水（10000年一遇洪水加大20%）。陶岔枢纽的正常蓄水位170m，设计洪水位172.2m，校核洪水位174.35m。

（2）闸址及坝型选择。对于原闸加高扩建和易址重建引水闸两方案，均进行了重力坝和堆石坝的坝型比较。从工程地质条件看，原闸址地质条件较重建闸址的地质条件更为有利；从施工条件看，原闸堆石坝加高方案不影响刁河灌区3—4月和7—9月的引水灌溉，施工导流相对简单，临时工程费用最低；从水力学条件看，原闸堆石坝加高扩建方案引水闸为箱涵式，水工断面模型试验结果表明洞内水流流态复杂，但由于水闸为 5 孔闸，原设计最大过流能力远大于引水规模，可以通过调节开闸孔数，加大出闸单宽流量来调节闸门后水流流态，以改善水流击打闸门的不利状况。在扩建工程中还需采取工程措施，使接长后的原涵闸在水力条件方面满足设计要求；原闸加高扩建方案可保留原闸下游的电灌站，占地补偿投资较易址重建少。因此，项目建议书暂推荐陶岔渠首采用原闸堆石坝加高方案。

（3）枢纽总体布置。枢纽布置自左至右依此为左岸堆石坝（长 110m）、引水闸坝段（长42m）、右岸堆石坝（长 110.5m），坝轴线全长 262.5m。经计算，在特殊组合和正常组合中，以设计洪水位时确定的坝顶高程最高，为 177.8m，考虑坝顶预留竣工后的沉降超高，坝顶计算高程取 178.0m。设计坝顶高程为 176.6m，同时在坝顶上游设高 1.4m 的防浪墙。

（4）枢纽建筑物。

1）堆石坝：加高后的堆石坝上游坝坡 1：1.7，下游坝坡 1：1.5，上、下游坝坡在高程162.0m 处设置马道，上游马道宽 2.5m，下游马道宽 4.0m，兼作大坝检修和在其上设置排水沟。黏土心墙防渗，顶部盖重层厚度采用 3m，心墙顶高程定为 173.6m，心墙顶部水平宽度为 3m。

2）引水闸：闸门竖井用混凝土加高，顺水流方向总长为 83.3m。闸底板加厚 1.5m，改造后的底板厚度为 3.5m，底坎高程 141.5m，孔口尺寸 5.2m×6.0m（高×宽）。每孔设有 1 扇潜孔弧形工作闸门，弧门半径 12m，支铰高程暂定为 150.50m，每扇弧形工作闸门配一套 2×630kN 的液压启闭机。在弧形工作闸门前设 1 扇平板事故检修闸门，5 孔共用一扇事故检修闸门，由设在坝顶的一台 2×630kN 双向门机通过抓梁操作。

3. 主要工程量

堆石填筑 17.46 万 m³，土石回填 8.3 万 m³，黏土回填 1.33 万 m³，黏土心墙 4.84 万 m³，反滤料 1.64 万 m³，土石方开挖 19.66 万 m³，混凝土 4.42 万 m³，钢筋 2560t，混凝土防渗墙1820m²，帷幕灌浆 8800m。

二、总干渠工程布置

（一）工程等别和防洪标准

1. 工程等别

南水北调中线总干渠是特大型输水建筑物，根据《水利水电工程等级划分及洪水标准》（SL 252—2000），中线工程为 I 等工程。总干渠及其上的主要构筑物按 1 级建筑物设计，其他建筑物或建筑物的某些部位的设计标准可根据实际情况在初步设计中确定。铁路、公路等建筑物的标准尚应参考相关专业的规范拟订。

2. 防洪标准

（1）渠道。根据总干渠的重要性，确定渠道的防洪标准按 50 年一遇洪水设计，100 年一遇洪水校核。部分渠段的防洪标准如需要提高或降低时，必须进行论证。

（2）河渠交叉建筑物与跨渠排水建筑物。河渠交叉建筑物：100 年一遇洪水设计，300 年一遇洪水校核。跨渠排水建筑物：50 年一遇洪水设计，200 年一遇洪水校核。穿黄河工程：300 年一遇洪水设计，1000 年一遇洪水校核，并保证 10000 年一遇洪水正常下泄。建筑物的泄洪断面尺寸，应根据各河流的具体情况和泄洪条件，经过调洪演算合理确定。

3. 抗震设计要求

总干渠（含天津干线）处于我国地震发生较为频繁的地带，其中，穿过Ⅵ度以下区的渠段长约 773km，穿过Ⅶ度区的渠段长约 516.8km，穿过Ⅷ度区的渠段长约 114km。Ⅵ度地震区的渠道和主要建筑物采取适当的抗震措施。Ⅶ度及Ⅶ度以上地震区内的建筑物以及高填方、高边坡和不良地质段渠道应作抗震设计。Ⅷ度地震区的隧洞工程应作抗震设计。穿黄工程按地震危险性分析提供的地震动参数值作为地震设防标准。

（二）渠道工程总布置

2001 年规划修订明确中线工程分期建设，考虑到北京市大部分渠道均埋于地下（暗渠、倒虹等），将北京市段全部改为管道，靠泵站加压减小过水断面，以减轻施工难度。天津干线通过大清河流域分洪区和市区的渠段也改为管道。考虑到北京改管道后必须建泵站加压，将总干渠在北京市与河北省交界处（北拒马河）的水位设为 55.3m，如此，北京段泵站总扬程增加 5m，增幅约 15%，但总干渠黄河以北段的水头相应增加 5m，总投资节约 1%。总干渠线路在以往长期规划的基础上进行了较大调整，黄河以南过潮河的线改为"绕岗方案"，黄河以北唐县以下的线路配合京冀边界水位下调而向东移。总干渠终点分别延伸到北京市的团城湖和天津市的外环河，水位分别为 48.57m 和 1.46m。

此后，沿线各省（直辖市）慎重地对改线段进行了研究，长江设计院也结合穿黄工程水头优化工作对全线水头分配进行了研究，提出了《南水北调中线工程总干渠水头分配优化研究》报告，并经水利部水规总院多次组织专家会议审查了有关成果，达成共识；在不动线的前提下，黄河以南增加水头以 0.5m 为宜，黄河北岸水位抬高控制在 3m 以内。经与沿线有关省（直辖市）协商确定黄河南岸水位调整为 118m，黄河北岸水位调整为 108m；北拒马河的水位调整为 60.3m。

1. 总干渠总布置

输水总干渠沿唐白河平原北部及黄淮海平原西部布置，经伏牛山南麓山前岗垄与平原相间的地带，沿太行山东麓山前平原及京广铁路西侧的条形地带北上，跨越长江、淮河、黄河、海河四大流域，沿线经过河南、河北、北京、天津 4 省（直辖市）。陶岔渠首至北京团城湖全长 1273.4km，渠首设计流量 350m³/s，加大流量 420m³/s。渠首至北拒马河段长 1192.9km，采用明渠输水。

北京段长 80.4km，采用管涵加压输水方案。具体布置为：北拒马河—永定河为压力管道，其中包括西甘池、崇青 2 座隧洞，永定河—西四环线末为城区暗涵，西四环线末—团城湖为明渠。管道段长约 56km，隧洞段长 3km，低压暗涵段长 20.6km，明渠段长 0.8km。

天津干线全长 153.8km。因天津干线穿越清南分洪区，干渠末段位于天津市区，为避免与当地的行洪排涝的矛盾，减少对城市土地的占用，经研究比较，天津干线采用明渠与管道相结合的布置形式。具体布置为：天津干线渠首—容城南张堡东为明渠，容城南张堡东—霸州辛庄东北为压力管道，霸州辛庄东北—武清许家堡为明渠，武清许家堡—外环河为压力管道。明渠段累计长 93.12km，管道段累计长 60.7km。

陶岔渠首至北京团城湖渠段共布置各类建筑物 1745 座，天津干线共布置各类建筑物 124 座。

中线一期工程总干渠建筑物统计情况见表 10-3-1。

表 10－3－1　　　　　　　　　　中线一期工程总干渠建筑物统计表

形式			陶岔—沙河南	沙河南—黄河南	黄河北—漳河南（含黄河段）	漳河北—北拒马河（含漳河段）	北京段	天津干线	合计
河渠交叉建筑物		梁式渡槽	5	3		10			18
		涵洞式渡槽	4	5	2	6			17
		渠道倒虹吸	11	17	29	23	1	5	86
		暗渠			5	2	1		8
		排洪涵洞	2			6			8
		排洪渡槽	1	2		1			4
		河道倒虹吸	7	5	6	6			24
		小计	30	32	42	54	2	5	165
左岸排水建筑物	上排水	≥10km²	2	4	1	5			12
		≤10km²	5	17	8	48		2	80
	下排水	≥10km²	21	10	10	31		18	90
		≤10km²	66	66	54	101		6	293
	入渠		1						1
	小计		95	97	73	185		26	476
渠渠交叉建筑物		渡槽	10	7	40	26			83
		倒虹吸	32	19	20	29		4	104
		涵洞	2	1	2	4			9
		分水闸		2					2
		小计	44	29	62	59		4	198
铁路交叉建筑物		铁路桥	2	6	10	5		2	25
		渠倒虹		2	3	4	12	1	22
		暗渠		4		2			6
		小计	2	12	13	11	12	3	53
公路交叉建筑物		汽-超20	8	29	22	28	1	2	90
		汽-20	17	27	49	49		12	154
		汽-10（7m）	78	31	32	40		3	184
		汽-10（4.5m）	35	66	48	138		49	336
		小计	138	153	151	255	1	66	764
控制建筑物		分水口门	11	11	14	33	7	9	85
		节制闸	10	10	12	23	3	7	65
		退水闸	10	9	10	18	2	2	51
		小计	31	30	36	74	12	21	204

续表

形式 \ 数量 \ 渠段		陶岔—沙河南	沙河南—黄河南	黄河北—漳河南（含黄河段）	漳河北—北拒马河（含漳河段）	北京段	天津干线	合计
其他建筑物	隧洞				7	2		9
	泵站					1	2	3
	小计				7	3	2	12
合计		340	353	377	645	30	124	1869

2. 总干渠控制点水位与分段流量

（1）主要控制点水位。陶岔渠首总干渠设计水位与丹江口水库的运行水位、渠首地形条件有关，渠首工程也已建成，基于充分利用丹江口水库调节库容的综合考虑，选定渠首设计水位147.38m。北京末端的水位为48.57m，天然总水头98.81m。总干渠水头分配总的原则是：在将总水头分配到建筑物与渠道上时，力求总投资最省。总干渠水头分配在如下各类建筑物上：

1）各类需分配水头的河渠交叉建筑物。

2）少数作渠穿河工程的跨渠排水建筑物。

3）隧洞、暗渠等"其他建筑物"。

4）铁路、公路交叉建筑物中的渠道倒虹吸、暗渠。

5）单独设置的节制闸。

6）明渠的沿程损失。

考虑总干渠沿线地面高程、建筑物形式、建筑物长度以及对水头增减的敏感性等因素，采用动态规划的方法确定总干渠主要控制点水位。

（2）总干渠分段流量。总干渠分段流量根据北调水源与当地水源长系列逐旬联合调节计算确定。

总干渠控制点水位与分段流量见表10-3-2。

表10-3-2　　　　　　　　总干渠主要控制点水位及分段流量表

控制点	设计水位/m	设计流量/(m³/s)	加大流量/(m³/s)
陶岔渠首	147.38	350	420
沙河南岸	132.37	320	380
黄河南岸	118	265	320
黄河北岸	108	265	320
漳河南岸	92.31	235	265
漳河北岸	92.09		
西黑山	65.27	125	150
		100	120
北拒马河南岸	60.3	50	60

3. 渠道线路布置

（1）定线原则：①选定线路既要保证总干渠工程自身的安全，又要确保不因工程失事而殃及周边地区；②渠线布置尽量避开污染源，尽量布置在城市上游，避免穿越城镇及集中的居民点；③为便于向北京、天津及京广铁路沿线大中城市供水，利用自然条件尽可能自流输水，渠线尽可能布置于高处；④尽量保持渠线顺直，转弯半径不小于5倍的水面宽。

（2）主要线路方案比选。总干渠黄河以南线路受总干渠渠首、方城垭口、穿黄工程位置等主要控制点约束，渠道按水位和地形条件，顺势布置，除局部渠段线路可以进一步比选外，渠线已基本确定。黄河以北线路曾研究过多种方案，比选过新开渠线路和利用现有河渠线路方案，其中新开渠线路主要有高线、低线和高低线。综合比较，高线方案能较好地满足一期工程的开发目标，且得到沿线受水城市的一致赞同，项目建议书仍推荐选用新开渠高线方案。

（3）总干渠渠首至北京段推荐方案。总干渠起于丹江口水库陶岔渠首，沿伏牛山南麓山前岗垅与平原相间的地带向东北向行进，经方城垭口江淮分水岭进入淮河流域；线路在鲁山县过沙河后向东北，采用绕岗线路过包嶂山，经郑州市西郊穿过邙山后在李村处过黄河。黄河北岸总干渠始于穿黄工程末端南平皋，往西穿过沁河，经焦作市东南、辉县市城北至潞王坟，沿京广铁路西侧经淇县、安阳西至丰乐镇过漳河；经邯郸西、邢台西—石家庄西北过石津干渠和滹沱河；从唐县北经吴庄隧洞过漕河，向北行至北拒马河中支南岸。北拒马河中支以南线路为新开明渠，北拒马河中支以北线路为管道，线路折向东北方向，进入北京市区，往北经五棵松路过永定河引水渠至终点团城湖。线路全长1273.4km，其中，陶岔渠首—黄河南岸渠线长474.1km，穿黄段长19.3km，黄河北岸至北拒马河南段渠线长699.5km，北京段长80.4km。

（4）天津干线线路。天津干线线路曾研究过6个线路方案，分别是民有渠方案、新开淀南线、沙河干渠线、新开淀北线、易水干渠线、涞水—西河闸线。经过比较与协商，选定新开淀北线作为天津干线的推荐线路。该线路方案为：渠首位于河北省徐水县西黑山村北，线路经东黑山村西南往东，过白沟河后继续向东至终点外环河。天津干线全长153.8km。

4. 渠道断面设计

（1）渠道纵坡。总干渠起点设计水位147.38m，黄河南岸水位118m，北岸水位108m，北拒马河中支南岸（京冀边界）水位60.3m。总干渠建筑物总长100.8km，损耗水头33.44m，明渠长1071.27km，损耗水头43.64m，明渠平均纵坡1/24500。根据各控制点水位，合理分配各个建筑物和明渠的水头，按明渠均匀流确定各渠段纵坡为：①渠首—黄河以南1/25000；②黄河以北—北拒马河中支1/18000～1/30000。

（2）渠道横断面布置。渠道过水断面均为梯形，根据地面高程与渠道水位的关系，渠道横断面分为三种形式，即全挖方断面、全填方断面和半挖半填断面。挖方渠道一级马道或填方渠道堤顶宽度按运行管理要求，一般为5m，其他各级马道宽为2m。对全挖方渠道，一级马道以上每隔6m设一级马道；对填方渠道堤外坡，堤顶以下每隔6m设一级马道。在挖方渠道开口线、填方渠道坡脚线以外，各留12m宽的林带和保护区。

（3）总干渠挖填状况。黄河以南渠道以全挖方和半挖半填为主，最大挖深约46m，位于河南省淅川县，全挖方段渠道长约190km，半挖半填渠道长约252km，两者占黄河以南渠道长度的93%，全填方渠道长约35km。黄河以北渠道以全填方和半挖半填为主，最大填高约15m，位于河北省临城县，全填方渠道长约100km，半挖半填渠道长约358km，两者占黄河以北至北拒马河中支南岸渠道长度的65%，全挖方渠道长约246.9km。

（4）渠道衬砌。总干渠渠道全线过水断面采取混凝土衬砌。衬砌厚度一般10cm。渠道糙率采用 0.015。

（5）渠道边坡。根据地形、地质条件对各类渠段选择典型断面进行边坡稳定计算，对特殊土渠段，还结合试验确定稳定边坡。计算结果表明，总干渠边坡系数一般取 2.0～3.0 可以满足稳定要求，少数特殊土渠段为 3.5，岩石渠段一般为 0.7。对于放缓边坡仍不能稳定的极少数渠段，采用其他工程措施处理。填方渠段边坡系数一般采用 2.0。

（6）渠道水深和底宽。根据确定的渠道纵坡，结合地形地质条件，按不同地段选择有利于渠道及建筑物布置的水深。渠道底宽按选定的设计水深、纵坡、边坡、糙率及分段设计流量等条件，用明渠均匀流公式计算确定。对拟定的渠道各断面的水深和底宽均按实用经济断面的公式进行复核调整，使其宽深比基本合理。按上述方法拟定的黄河以南渠道水深为 8.0～7.0m，黄河以北水深为 7.0～3.8m；渠道底宽 6.3～35.6m。

（7）渠道渠堤（或一级马道）高程的拟定。渠堤超高须满足渠道内安全输水和防御渠道外洪水两个条件。对挖方渠道，渠堤高程为渠道加大水位加 1.5m；对填方渠道，除了考虑加大水位外，还需考虑渠堤外侧洪水的影响。渠堤高程需在渠堤外设计洪水位以上 1.0m 及校核洪水位以上 0.5m。

5. 北京段输水形式的研究

总干渠北京段总长约 80km，2001 年前规划为全自流方式输水，由于要多次穿过铁路线、地铁线、高等级公路等，60% 以上的渠段均埋于地下。2001 年规划修订时，考虑到北京段处在总干渠末段，流量较小，将北京段改为全管道泵站加压形式输水，以减小过水断面，节省投资。

对北京段输水形式比较了三个方案。方案一：全管涵不考虑小流量自流；方案二：全管涵考虑小流量（$Q \leqslant 25\text{m}^3/\text{s}$）自流；方案三：管涵渠相结合。通过比较，方案一工程静态投资最省，但总运行费用最高，方案三工程静态投资最高，方案二工程静态投资介于两者之间，但总运行费用最低。综合考虑运行管理的方便和运行费用，推荐方案二。

6. 天津段输水形式的研究

2001 年规划修订时，因天津干线需穿越河北大清河分蓄洪区，为避免与当地行洪排涝的矛盾，并减少对城市土地的占用，经研究比较，天津干线采用明渠与管道相结合的布置形式，即通过大清河分洪区和天津市境内渠段采用管道，其余渠段仍采用明渠。

考虑到天津干线具有较大的落差（约 64m），为充分利用水头，并解决输水与洪涝矛盾，减少永久占地，减少建筑物数量，方便管理，研究了天津干线全部采用管涵输水方案。从技术上两方案均满足供水要求，全管涵方案拆迁占地较少，但投资较高。从减少永久占地、方便今后运行管理等考虑，采用全管涵方案。

（三）河渠交叉建筑物布置

总干渠沿线穿过众多大小河流，河渠交叉点以上流域面积大于 20km^2 时，其跨河建筑物划为"河渠交叉建筑物"。交叉形式分为：梁式渡槽、涵洞式渡槽、渠道暗渠、渠道倒虹吸、河道倒虹吸、排洪涵洞、排洪渡槽等 7 种。前 4 种形式需占用总干渠水头，后 3 种不占用总干渠水头。总干渠全线共布置河渠交叉建筑物 160 座，其中，梁式渡槽 18 座，涵洞式渡槽 17 座，渠道暗渠 8 座，渠道倒虹吸 81 座，排洪涵洞 8 座，排洪渡槽 4 座，河道倒虹吸 24 座。天津干渠共有河渠交叉建筑物 5 座。各类建筑物主要特性如下所述。

（1）梁式渡槽。渡槽梁底高程高于河道校核洪水位 0.5m 以上。梁式渡槽槽身不挡水，主要组成部分包括：进口渐变段、进口连接段、上部槽身、下部承重结构、出口渐变段等。

（2）涵洞式渡槽。在通过河道设计洪水时，上部渡槽输送渠水，下部涵洞宣泄河道洪水，槽身部分挡水。挡水高度由上游允许壅水高度和河道通过校核洪水时渡槽自身的安全确定。主要组成部分包括：进口渐变段、进口连接段、上部槽身、下部涵洞、出口渐变段等。

（3）渠道暗渠。河底高程高于渠道水位。在通过加大流量时，暗渠水位以上净空高不小于 0.5m，以保证无压流状态。主要组成部分包括：进口段（渐变段、检修闸、连接段）、管身段、出口段等。

（4）渠道倒虹吸。当河、渠水位条件限制不适合作上述 3 种形式，且河道流量很大或泥沙问题不宜作河穿渠工程时，均可作此种形式。渠道倒虹吸的埋深需考虑河道冲刷影响。主要组成部分包括：进口段（渐变段、检修闸、连接段）、管身段、出口段等。

（5）河道倒虹吸。河流 100 年一遇的洪峰流量小于或相当于渠道设计流量，且河流泥沙条件允许作河道倒虹吸时，可选此种形式。主要组成部分包括：进口段（渐变段、连接段、沉砂池或拦沙坎）、管身段、出口段（下游连接段、消力池与渐变段）等。

（6）排洪涵洞。河道设计流量较小，且河道校核洪水位能满足洞内净空高不小于 0.5m 时，可建排洪涵洞。排洪涵洞的主要设计内容与河道倒虹吸相似，其区别在于排洪涵洞是无压流，而河道倒虹吸是有压流。

（7）排洪渡槽。河道设计流量较小，且渡槽梁底高程能满足高于渠道加大水位 0.5m，可建此种形式。排洪渡槽与梁式渡槽的主要设计内容基本相同。

（四）穿黄工程布置

1. 穿黄工程地理位置

根据总干渠线路布置以及渠道控制水位要求，结合黄河南北两岸地形和黄河河道特征等条件，南水北调中线过黄河线路可供选择的范围为郑州以西，上至汜水河口下至邙山头约 30km 的河段内，该河段宽 4～11km，呈藕节状，纵比降约 0.24‰，南岸为一带状分布的黄土丘陵—邙山，山脊高程 130～224m。北岸南平皋以西为青风岭土岗，高程 107～112m，以东有黄河大堤保护，堤顶高程 106～103m，堤后为广阔平原，地面高程 106～96m。

2. 穿黄工程过河线路

穿黄线路自下游向上游有孤柏嘴线、李村线和李寨线，结合隧洞和渡槽两种过河型式、对黄河不同行洪宽度束窄比较，经大量的河工模型试验与研究表明，在孤柏嘴线和李村线修建隧洞或渡槽，对黄河河势的影响无本质差别，考虑到黄河河势的不确定性以及河道部门对河势控导工程的规划意见，采用李村线作为穿黄工程过河线路。

3. 过河建筑物选型

穿黄工程就隧洞和渡槽两种基本的结构型式进行了同等深度的比较，因隧洞方案在对黄河河势影响、抗震性能、工程建设条件较优，工程投资较小，因此，以隧洞方案作为穿黄工程推荐方案。

4. 工程布置及主要建筑物

穿黄工程南岸起自荥阳县王村乡王村化肥厂南的 A 点，终点为温县南张羌乡马庄东的 S

点，A 点和 S 点北京坐标系坐标见表 10-3-3。

表 10-3-3　　　　　　　　　　　穿黄工程起止点坐标

控　制　点		A	S
坐标/m	X	3859513.34	3870778.83
	Y	38433903.60	38419017.86

工程主要建筑物自南向北包括南岸连接明渠、进口建筑物、穿黄隧洞、出口建筑物、北岸河滩明渠、北岸连接明渠、金属结构布置等部分，全长 19.3km，此外还有控导工程。

（1）南岸连接明渠。南岸连接明渠位于邙山黄土丘陵区，为挖方渠道，长度 4958.57m；渠道底宽 12.5m，渠底纵坡 1/8000，坡比 1：2.25，采用混凝土衬砌和土工膜防渗；渠顶高程 120m，以上为黄土边坡，坡高 20～50m，综合坡比为 1：2.6。

（2）进口建筑物。进口建筑物包括截石坑、进口分流段、进口闸室段、退水建筑物和斜井段，分布长度 700m。进口闸设双孔闸室，各设一道事故检修闸门；斜井段又称邙山隧洞，双洞直径为 6.9m；隧洞下端与穿黄隧洞相连；隧洞进口设退水隧洞，退水泄入黄河主河床；退水闸室设有检修闸门和挡水门各一扇。

（3）穿黄隧洞。北岸和南岸施工竖井之间的穿黄隧洞段长 3450m，双洞直径为 6.9m，南岸起点断面中心高程为 69.90m，北岸终点断面中心高程为 65.00m。隧洞外层为装配式普通钢筋混凝土管片结构，厚 40cm，内层为现浇预应力钢筋混凝土整体结构，厚 45cm，内、外层衬砌由弹性防水垫层相隔。隧洞布置有完善的渗漏水与渗压力、衬砌变形与应力以及隧洞沉降等监测设施，能随时监控隧洞运行和检修期工作状态。盾构隧洞采用泥水平衡盾构机自北向南推进。

（4）出口建筑物。出口建筑物位于黄河北岸河滩，南接盾构隧洞，北连北岸河滩明渠，由出口竖井、闸室段（含侧堰段）、消力池段及出口合流段等组成，分布长度 227.9m。出口竖井内部除布置流道外，尚布置隧洞检修排水设施和部分监测设施；出口闸室左边墙设有露顶侧堰，闸室内设有平板检修闸门和弧形工作闸门，通过调节闸门开度可满足总干渠对 A 点水位的要求。闸后的消力池可消除各级流量闸后剩余水头。出口建筑物地基采用碎石振冲桩处理。

（5）北岸河滩明渠。北岸河滩明渠位于黄河北岸低漫滩和高漫滩上，为填方渠道，分布长度 6127.5m；渠道底宽 8m，内坡 1：2.25，纵坡 1/10000。其间有新蟒河渠道倒虹吸和老蟒河倒虹吸等交叉建筑物。少数低漫滩渠段地基存在砂土地震液化问题，天然状态下可能液化深度为 12m，采用挤密砂桩处理。

（6）北岸连接明渠。北岸连接明渠位于黄河以北阶地，过水断面与河滩明渠相同，为半挖半填渠道，分布长度 3835.74m；渠道底宽 8.0m，内坡 1：2.25，纵坡 1/10000，地基为 Q_3 黄土状粉质壤土，无砂土震动液化问题。

（7）金属结构布置。隧洞进口检修闸过水断面尺寸 6m×7m，设两扇定轮式平面事故检修门，操作条件为动水闭门，静水启门。出口段上游布置叠梁检修门，挡水口门尺寸 6m×9m，闸门静水启闭。出口下游布置两扇表孔斜支臂弧形工作门，挡水口门尺寸 6m×18.5m，有局部开启的要求。在穿黄工程南岸设有一扇退水平面工作闸门和一扇退水平面检修闸门。退水闸工作门孔口尺寸 6m×5.2m，闸门动水启闭。退水闸检修门孔口尺寸 6m×9m，静水启闭。

（五）左岸排水建筑物总布置

1. 建筑物选型

交叉断面以上集流面积在 20km² 以下的河流，其穿渠建筑物称为左岸排水建筑物。左岸排水建筑物的防洪标准为 50 年一遇设计、200 年一遇校核。总干渠及天津干线上左岸排水建筑物共计 476 座，其中总干渠上 450 座，天津干线上 26 座。根据水文、地形资料，并按照工程安全、方案可行、经济合理的原则，将左岸排水建筑物分为入渠、倒虹吸、涵洞和渡槽四种型式。入渠仅有排子河跌水 1 处。

2. 工程布置

（1）排洪渡槽。排洪渡槽一般由进口引渠段、进口渐变段、槽身段、出口渐变段、出口消能段、出口引渠段等组成。总干渠（含天津干线）共布置排洪渡槽 92 座。其总体布置主要考虑以下原则：① 排洪槽轴线与河沟的走向一致，以平顺其进、出口水流条件，并尽可能与总干渠轴线正交，以减少建筑物长度；②工程建成后，在常遇洪水下不恶化上游现有的防洪排涝条件；③确定排洪槽的设计流量时，适当考虑河沟的滞洪作用。

（2）倒虹吸及涵洞工程。倒虹吸（或涵洞）工程一般由进口引渠段、进口渐变段、管身段、出口渐变段、出口消能段及出口引渠段等组成。总干渠（含天津干线）上共有河穿渠倒虹吸及涵洞 383 座。此类建筑物布置的主要原则为：①轴线与河沟的走向一致，以平顺其进、出口水流条件，并尽可能与总干渠轴线正交，以减少建筑物长度；②工程建成后，不恶化常遇洪水时上游的防洪除涝条件；③依据设计洪水和校核洪水并适当考虑河沟的滞洪作用确定倒虹吸孔口尺寸；④进、出口段的布置，在保证工程安全运用的前提下尽可能简化设计，进口不设拦污栅，原则上不设沉沙池，进、出口不设检修闸和工作闸门。

（六）公路桥总布置

为解决总干渠两岸交通连接问题，需因地建设跨渠公路桥。公路桥的设计标准根据公路等级的不同分为 3 级：汽-超 20、汽-20 和汽-10。跨总干渠渠道的汽-超 20、汽-20 公路桥所连接的公路均为一、二级公路，公路桥的桥面行车宽度根据各公路实际情况拟定；汽-10 公路桥所连接的公路一般为连接乡与乡之间的道路，公路等级为三、四级，一般三级公路所对应的汽-10 公路桥桥面行车宽度为 7.0m，四级公路所对应的汽-10 公路桥桥面行车宽度为 4.5m。各种类型公路桥桥长由总干渠渠道开口宽度决定。

各级别公路桥工程布置主要包括桥位选择、轴线选择和结构型式确定等。

1. 公路桥的桥位选择原则

（1）保证当地公路畅通。

（2）方便生产和生活。

（3）不对总干渠渠道产生不利影响。

（4）和当地的整体规划及主管部门的意见相协调。

（5）适当考虑当地的远景规划。

2. 公路桥布置及轴线选择原则

（1）桥梁纵轴线应尽量与总干渠渠道轴线正交，需斜交时，其交角不宜小于 45°。

（2）桥梁纵轴线布置尽量以原公路走向为基础，减少引道放线长度和工程量。

（3）桥头行车道、引道布置应尽量减少占用农田、减少拆迁。

（4）桥面纵坡采用 3‰，引道或道路纵坡最大采用 5%。

（5）桥梁布置应满足总干渠引水及使用要求，同时要适当考虑远景规划和发展要求。

（6）公路改线转弯半径尽量控制在 100m 以上。

3. 结构型式确定原则

（1）安全、经济、合理、因地制宜、就地取材、方便施工。

（2）总跨径和桥下净空应满足总干渠过流要求，主梁底高程至少应在总干渠渠道加大水位以上 0.5m。

（3）桥梁结构便于制造，便于检查和维修。

（4）桥型和周围环境相协调。

（5）尽量采用新结构、新材料、新工艺。

总干渠上共布置 698 座公路桥，其中汽-超 20 桥 88 座，汽-20 桥 142 座，汽-10 桥 323 座。天津干线上共布置 66 座桥，其中汽-超 20 桥 2 座，汽-20 桥 12 座，汽-10 桥 52 座。

（七）铁路交叉建筑物总布置

总干渠穿过了 39 条现有或规划中的铁路，其中Ⅰ级以上级别的干线有 9 条，其余线路均为地方铁路。总干渠穿越已建、在建、拟建的铁路时，采用铁路桥或交叉建筑物。铁路交叉建筑物型式为渠道倒虹吸和渠道涵洞两种。总干渠上共有 23 座铁路桥，21 座渠道倒虹吸，6 座渠道涵洞；天津干线有 2 座铁路桥，1 座涵洞。

铁路桥的工程布置主要包括桥位选择、轴线选择、结构型式确定等。主要遵循的原则是：不对总干渠产生不利影响，与主管部门的规划相协调，桥型和周围环境协调，尽量采用新结构、新材料、新工艺等。

当铁路高程不够时，则在交叉处设置渠道倒虹吸或渠道涵洞。渠道倒虹吸和渠道涵洞的工程布置主要包括建筑物纵轴线确定、进出口渐变段和闸室段布置、倒虹吸管身或涵洞洞身横断面结构型式确定等。建筑物布置的主要原则是：保证铁路安全，有利于总干渠运行维护。

（八）渠渠交叉建筑物总布置

总干渠沿渠线穿越多条灌溉渠道，为了不过大影响当地的灌溉系统，对设计流量大于 0.8m³/s 的渠道，在与总干渠交叉处设置渠渠交叉建筑物。小于 0.8m³/s 的渠道，一般采用调整渠系或采用井灌解决。渠渠交叉建筑物不占用总干渠水头，长度根据总干渠开口宽确定，结构型式主要分为渡槽、倒虹吸、涵洞三种，主要根据灌溉渠道设计水位、渠底高程和总干渠加大水位、渠底高程之间的关系确定。当灌溉渠道渠底高程高于总干渠加大水位且两者之间的净距满足总干渠过流要求时，交叉建筑物采用渡槽；当灌溉渠道设计水位低于总干渠渠底高程且两者之间的净距满足净空要求时，采用涵洞；当不满足前面两条件时，则采用倒虹吸。

总干渠共布置渠渠交叉建筑物 194 座，其中渡槽 83 座，倒虹吸 100 座，涵洞 9 座，分水闸 2 座；天津干线共布置渠渠交叉建筑物 4 座，均为倒虹吸（详见表 10-3-1）。

（九）控制工程总布置

1. 控制模式

总干渠上的主要控制建筑物是节制闸、分水口门、退水闸等，而最主要的是沿线分布的节制闸。控制建筑物的作用是调控各渠段的流量与水位，按用水户要求分配水量，防止渠道漫溢等。为了实现对渠道水位和流量的控制，须设置足够数量的节制闸。节制闸的间距根据渠道的特性、调度灵活性的要求确定。一般节制闸的间距越小，调度越灵活，对需水变化的响应越迅速，但会增加工程费用，还要消耗一定的水头。

两个节制闸间的渠道称为渠段。整个渠道由节制闸分为一个个短的渠段，水流通过节制闸，从上游渠段向下游渠段输送。每个渠段类似于一个小水库，输水渠道可以概化为由这些小水库串联而成，通过控制这些小水库而控制整个渠道水流。

不同的控制方式，渠段中水位不动点的位置不同，据此可分为渠段下游常水位（或称闸前常水位）、上游常水位（或称闸后常水位）、等容量和控制容量四种运行方式。四种渠道控制方式各有优缺点，需要根据输水工程的具体条件、输水要求、经济合理性进行取舍。

根据南水北调中线工程的实际情况和渠道特性，初步确定输水总干渠采用闸前常水位运行方式。国内外的大型跨流域调水工程一般也采用这种控制方式。

2. 分水口门

分水口门按以下原则布置：①以城市生活、工业用水为主，相机补充河湖生态用水；②为便于管理和控制，分水口门不宜设置太多；③尽量结合现有水利工程渠系，并充分利用现有水库、洼淀调蓄；④适当考虑行政区划和水系；⑤分水闸结构布置依据以上原则，总干渠全线共设 85 处分水口门（含天津西黑山口门），平均 18km 1 处分水口门。河南段 36 处，河北段 33 处，北京段 7 处，天津干线 9 处。

3. 节制闸

节制闸的具体位置是根据节制闸所控制的分水口门的水位要求，结合控制运行，并考虑退水要求设置的。在黄河以南，总干渠水深均在 7m 以上，节制闸密度按分水口门前最低水位与正常水位差不超过 2m（黄河以北不超过 1.5m）设置。节制闸一般结合河渠交叉建筑物设置，其水头损失含在相应建筑物水头内，仅西黑山分水口门下游专设一座单独的节制闸，以保证天津干线的正常供水。总干渠共设置 65 座节制闸，平均 27km 1 座。河南段节制闸 32 座，河北段 23 座，北京段 3 座，天津干线 7 座。

4. 退水闸

为了确保总干渠安全，满足检修要求，总干渠在重要建筑物、高填方段及重要城市的上游，设置退水闸。退水闸按事故退水设计，其设计流量按所处渠段设计流量的 50％选取。紧急情况下，部分规模较大的分水口门亦可作退水用。退水闸退水均泄入大的河流，退水流量相对河流流量较小，不会对河道的水流产生大的影响。正常情况下，退水闸很少使用，紧急情况下需要能快速开启。退水闸位于总干渠的两侧渠堤上，与河渠交叉建筑物结合设计。总干渠共设退水闸 51 座，河南段 29 座，河北段 18 座，北京段 2 座，天津干线 2 座。

（十）隧洞布置

总干渠在穿越山丘高地时需设置隧洞，隧洞采用双洞布置。此类建筑物共 9 座，7 座在河北，2 座在北京。最长的为釜山隧洞，长 2645m。

三、汉江中下游工程布置

（一）兴隆水利枢纽

兴隆水利枢纽位于汉江下游湖北省潜江、天门市境内，上距丹江口 378km，距规划的上游梯级华家湾 70.84km，下距河口约 274km。坝址控制流域面积 144219km^2，实测多年平均径流量 505 亿 m^3。枢纽主要任务是壅高水位，改善汉江沿岸灌溉和河段航运条件。

1. 工程规模

兴隆枢纽正常蓄水位 36.5m，现状灌溉面积 196.8 万亩，规划灌溉面积 327.6 万亩；枢纽通航建筑物为单线一级，可通过现行船队和规划一顶四驳 2000t 级及以下船队。

2. 工程等级及设计标准

兴隆水利枢纽位于汉江下游平原区，根据工程规模，按《防洪标准》（GB 50201—1994）及《水利水电工程等级划分及洪水标准》（SL 252—2000）对平原、滨海区水库工程的规定，其工程等级为一等。考虑兴隆水库为季节性（枯季）挡水、平原河槽性水库，挡水水头低（最大水头 5m），工程等级可降低一等，确定枢纽为二等工程，主要建筑物为 2 级。洪水标准采用 100 年一遇洪水设计，洪峰流量为 19400m^3/s；500 年一遇洪水校核，洪峰流量 21600m^3/s。兴隆枢纽库坝区地震基本烈度为 Ⅵ 度。

3. 坝址选择

通过比较，选定坝址位于兴隆闸下约 1.9km，主河槽位于河床右侧，宽 680m，高程 26～31.5m。两岸滩地呈不对称分布，滩面高程 30～38m。右岸岸坡较陡，崩坍严重，大堤以内为一级阶地，阶面高程 32.5～33.7m。

4. 枢纽布置

根据坝址地形、地质条件及河势，经初步比较，枢纽布置采用一线式，船闸布置在主河床，偏右岸。枢纽自左至右依次布置左岸土坝、泄水闸、船闸、右岸土坝，坝轴线总长度 2825m，其中左岸连接坝段 910m，泄水闸段 900m，泄水闸与船闸连接段 74m，船闸段 36m，右岸连接坝段 905m。

5. 主要建筑物

（1）泄水闸。泄水闸建在粉细砂层上，为平底型闸，闸高 20.5m，闸顶高程 44.21m，闸底板高程 26.21m，建基面高程 23.71m。共设 48 孔，每孔净宽 15m，闸墩厚 3m，两孔一缝，泄水闸两端设箱式混凝土挡土墙，并结合闸门检修建为检修门门库；泄水闸前缘总长度（含岸墙）为 900m。基础采用混凝土灌注桩处理，混凝土防渗墙防渗。

（2）土坝。为黏土心墙砂砾石坝，心墙接混凝土防渗墙。坝顶高程 44.21m，坝顶宽 8m，最大坝高 20.5m，上下游坝坡均为 1∶3，上游坝坡采用混凝土护坡，下游采用干砌石护坡。

（3）船闸。船闸布置在右侧主河槽。船闸基础为粉细砂层，基础采用混凝土灌注桩处理，采用混凝土防渗墙防渗，船闸采用整体式结构，建基面高程 20.21m。

6. 主要工程量

覆盖层土方开挖 976.63 万 m^3，回填 364.24 万 m^3，混凝土 43.48 万 m^3，干砌石 15.32 万 m^3，

混凝土防渗墙 32.65 万 m²，钢筋 14198t，钢材 9654t。

（二）引江济汉工程

引江济汉工程从长江荆江河段引水，补济汉江下游兴隆枢纽以下河段流量。工程的主要任务是解决东荆河灌区的灌溉水源、满足和改善汉江干流兴隆以下河段的灌溉、航运条件及河道内的生态用水条件。

1. 线路比选

引江济汉工程线路规划有三条比较方案，分别称高线、低线及利用长湖线。

高线方案渠首位于长江左岸湖北省宜昌枝江市七星台镇大布街，距上游七星台镇约2.5km，干渠向东穿过下百里洲、沮漳河、荆江大堤等，从荆州城北面穿过汉宜高速公路，在纪南城东边沿长湖西缘北上穿荆沙铁路，在潜江市高石碑镇南穿过汉江干堤入汉江，渠道全长约 82.68km。渠道在拾桥河相交处由拾桥河分水入长湖，经长湖东缘的刘岭闸出湖入田关河，由田关河闸和田关泵站入东荆河。

低线渠首位于沙市下游盐卡粮库码头下约 200m，长江左岸，干渠向东南绕过沙市农场，转东北穿过西干渠，经汉宜高速公路后，于红旗码头上游约 2km 处破汉江干堤入汉江。干渠经田关河时分流入东荆河，供东荆河灌区灌溉。线路全长约 65km。

利用长湖线的渠首与低线相同，仍为盐卡，干渠绕沙市农场、穿西干渠的线路与低线相同，穿西干渠后与低线线路分开而一直向北，穿汉宜高速公路后，在长湖南边入长湖，经长湖东边出湖入田关河后，一部分入东荆河，另一部分为新开渠呈东北向入汉江，线路出口距下游东荆河分流口约 1.5km，距上游红旗码头约 3.2km。利用长湖线新开渠全长 29.48km，其中盐卡—长湖段 18.06km，田关闸—汉江段 11.42km。

三条线路各自存在不同的优势和劣势。高线线路长，占地多，沿线交叉建筑物多，交叉建筑物规模也较大，但与江汉油田干扰少；低线线路较短，占地少，沿线交叉建筑物少，交叉建筑物规模也较小，但对江汉油田的干扰最大，实施困难较大；利用长湖线路新开渠线路最短，占地最少，沿线交叉建筑物也较少，但无自流能力，且对江汉油田的干扰也较大，同时带来了长湖泥沙淤积的问题。综合考虑上述因素和工程地质条件，初步推荐高线方案。

2. 工程布置

（1）渠道布置。渠道初拟最大流量 500m³/s。渠道断面采用梯形断面，进口渠底高程30.82m，出口渠底高程 27.85m，渠道底宽 98m，内坡 1：2.5，渠底纵坡 1/32680，堤顶宽左岸为 5m、右岸为 3m，外坡 1：3，在挖方超过设计堤顶高程以上每 6m 设一级 2m 宽的平台，为了减少输水渗漏损失及减小渠道糙率，全断面采用混凝土衬砌，厚 0.1m。

（2）交叉建筑物布置。渠道进口在长江干堤上布置大埠街进水闸。最大流量 500m³/s。布置 12 孔 4.1m×5.1m（宽×高）箱涵式水闸，每四孔一联，共 3 联，闸底板高程 30.82m。闸室长 20m，涵箱长 80m。渠道出口在汉江干堤上布置高石碑出水闸，与进水闸一样布置 12 孔4.1m×5.1m 箱涵式，闸底板高程 28.03m。

（3）河渠交叉工程。高线沿线穿过大小河流及沟渠 65 条。其中流量较大的有沮漳河、拾桥河、笔架河、西荆河，其余均为当地灌溉的排水渠道，流量较小。根据地形、水位条件，渠道与沮漳河、拾桥河交叉采用平交型式。渠道与其余河流、沟渠交叉均采用立交型式，全部布置为河倒虹吸。

（4）路渠交叉工程。根据调查资料统计，渠道沿线与较高等级公路交叉共20处（7m以上面宽），铁路交叉1处。主要为汉宜高速公路、318国道、207国道、荆沙铁路，以及正在建设中的襄荆高速公路等。考虑到渠道建成后，较高等级公路应恢复原来水平，一般等级公路可根据原来位置作相应调整，使之便于生产、生活。参照当地交通状况，项目建议书阶段公路桥密度按1.5km左右布置1座，共55座，另建铁路桥1座。

（5）节制工程。为满足东荆河沿岸取水设施取水水位的要求，拟在东荆河冯家口、中革岭、黄家坝建3座橡胶坝。

（6）建筑物总布置。引江济汉工程建筑物共计约133座，其中水闸8座，恢复当地河流通航船闸3座，东荆河橡胶坝3座，倒虹吸63座，公路桥55座，铁路桥1座。

3. 主要工程量

土方开挖7991万 m^3，土方填筑1213万 m^3，建筑物混凝土32.5万 m^3，衬砌混凝土123万 m^3，钢筋1.77万 t，钢材0.26万 t。

（三）部分闸站改扩建工程

通过汉江中下游兴隆水利枢纽及引江济汉工程的建设，可以集中解决部分主要灌区的水位下降问题，但对于分散分布的其他闸站需根据调水后的河势、水情进行改造。

对灌溉面积较大的谢湾闸和泽口闸，为改善其灌溉保证程度，规划在闸前兴建泵站。根据灌溉面积及需水量，初估谢湾泵站装机容量约3.2MW，泽口泵站装机容量约15MW。其他需改造的闸站规模，按估算总引水流量约146 m^3/s、总装机约10.5MW进行投资估算，另外未改造泵站由于水位下降，初步估算多年平均将增加用电约986kW·h。

（四）局部航道整治工程

汉江中下游近期的航道治理按照整治与疏浚相结合、固滩护岸、堵支强干、稳定主槽的原则进行。典型滩段整治工程如下：

（1）丹江口—襄樊河段。该河段航道全长113.8km，共有滩群10个，其中需治理的滩群有8个。航道整治标准为Ⅳ级，黄家港站整治流量为1200 m^3/s，襄阳站为1280 m^3/s。整治线宽度上段为300m、350m，下段为400m。整治措施主要是筑坝、护岸、疏浚、切滩等。对于调水产生的影响在拟整治工程措施基础上再实施第二次整治工程。整治措施为：增加筑坝数量、延长丁坝长度、调整顺坝位置等。本河段需要整治的8个滩群共增加丁坝30座，长度12184m；调整顺坝11座，增加坝长919m；延长丁坝36座，增加坝长3775m。同时对部分滩段进行疏浚。

（2）襄樊—皇庄河段。该河段航道全长136.0km，有13个滩群。滩群的整治工程已于国家"八五"期间完成。调水工程实施后，需对13个滩群的整治线宽度进行缩窄，实行第二次的枯水整治。共增加丁坝61座，加长126座。同时对部分滩段进行疏浚。

（3）皇庄—兴隆河段。该河段航道全长105km，有滩段10个。实施兴隆水利枢纽后，兴隆梯级正常蓄水位的回水末端可至马良以上2km的邓家滩。邓家滩以上至皇庄河段为水库脱水段，此段航道长44.86km，其中共有6个滩段。整治线宽度由原来的380m缩窄至290m，增加坝长约8350m。

（4）兴隆—河口段。该河段航道全长 274km。中线一期工程实施后，仍存在引江济汉工程出口至兴隆不衔接段的问题。不衔接段的整治线宽度选用 290m，整治措施包括筑坝与护岸 6188m、疏浚 1 处。

调水后典型段航道整治工程增加整治工程量 90.5 万 m³，增加疏浚工程量 108.68 万 m³。

四、工程量汇总

工程量按三大部分统计，即丹江口水库枢纽后期续建工程（含陶岔）、总干渠工程、汉江中下游工程。中线一期工程主要工程量为：土石方开挖 81391 万 m³，土石方填筑 19990 万 m³，建筑物混凝土 1305 万 m³，衬砌混凝土 867 万 m³，钢筋钢材 901541t。总干渠工程分项建筑物工程量见表 10-3-4，各项工程主要工程量见表 10-3-5。

表 10-3-4　　　　　　　　中线一期工程总干渠工程分项建筑物主要工程量汇总表

项　目	分　段	陶岔—沙河南	沙河南—黄河南	黄河北—漳河南	漳河南—古运河	古运河—北拒马河	北京段	天津段	合计
明渠	挖方/万 m³	13579	13537	11216	10256	10098			58687
	填方/万 m³	3585	2127	1969	2657	1321			11659
	衬砌混凝土/万 m³	154	135	152	150	121			712
河渠交叉建筑物	挖方/万 m³	434	429	840	645	632			2979
	填方/万 m³	276	260	480	425	513			1954
	混凝土/万 m³	119	158	110	120	107			613
	钢筋、钢材/t	95527	125102	85573	95319	80662			482182
左岸排水建筑物	挖方/万 m³	566	511	435	428	458			2398
	填方/万 m³	256	232	196	193	249			1125
	混凝土/万 m³	51	46	40	39	44			220
	钢筋、钢材/t	34516	31215	26523	26053	33231			151538
渠渠交叉建筑物	挖方/万 m³	59	11	19	23	33			146
	填方/万 m³	47	9	17	9	18			101
	混凝土/万 m³	10	1	2	1	2			16
	钢筋、钢材/t	5278	520	956	874	1104			8731
铁路交叉建筑物	挖方/万 m³		4	9	103	3			119
	填方/万 m³		1	4	77				81
	混凝土/万 m³		2	3	16	0.3			21
	钢筋、钢材/t		1340	1803	9493	139			12775
控制工程建筑物	挖方/万 m³	209	194	234	119	47			803
	填方/万 m³	7	7	7	8	11			41
	混凝土/万 m³	8	6	6	4	3			27
	钢筋、钢材/t	7291	6338	5869	4260	1182			24941

项　目	分　段	陶岔—沙河南	沙河南—黄河南	黄河北—漳河南	漳河南—古运河	古运河—北拒马河	北京段	天津段	合计
其他建筑物	挖方/万 m³					348			348
	混凝土/万 m³					26			26
	钢筋、钢材/t					20927			20927
管涵渠工程	挖方/万 m³						1456	3095	4551
	填方/万 m³						1143	1369	2512
	建筑物混凝土/万 m³						82	49	131
	渠道衬砌混凝土/万 m³							31.6	32
	钢筋、钢材/t						69644	27749	97393
	PCCP 管/万 m						11.65	12.75	24
	加压泵站/MW						60	39.8	99.8

注　北京段为管涵方案，天津段为管涵渠方案。

表 10-3-5　　　　　　中线一期工程主要工程量汇总表

项　目		土石方开挖/万 m³	土石方填筑/万 m³	建筑物混凝土/万 m³	衬砌混凝土/万 m³	钢筋钢材/t	永久占地/亩	PCCP管/万 m	加压泵站/MW	改造泵站总装机/MW	增加整治量/万 m³	增加疏浚量/万 m³
总干渠工程	陶岔—沙河南	14846	4172	189	154	142611	47600					
	沙河南—黄河南	14686	2637	213	135	164515	44200					
	穿黄工程	1752	365	41		35451	5173					
	黄河北—漳河南	12753	2672	161	152	120723	40000					
	漳河南—古运河	11573	3369	181	150	135999	51070					
	古运河—北拒马河	11621	2121	182	121	137245	50600					
	北京段	1456	1143	82		69644	1252	12	60			
	天津干线	3095	1369	49	32	27749	11000	13	40			
	小计	71782	17848	1098	744	833937	250895	25	100			
汉江中下游工程	兴隆水利枢纽	1521	360	42		23852	970					
	引江济汉工程	7991	1213	33	123	20266	35812					
	部分闸站改造									29		
	局部航道整治										91	109
	小计	9512	1573	75	123	44118	36782			29	91	109
水源工程	丹江口大坝加高	78	536	129		20927	256400					
	陶岔渠首	20	32	4		2560	6600					
	小计	98	568	133		23487	263000					
总　计		81391	19990	1305	867	901541	550677	24	100	29	91	109

第四节　投资估算、资金筹措及经济评价

一、投资估算

以水利部《关于发布〈水利建筑工程预算定额〉〈水利建筑工程概算定额〉〈水利工程施工机械台时费定额〉〈水利工程设计概（估）算编制规定〉的通知》《关于发布〈水利水电设备安装工程预算定额〉和〈水利水电设备安装工程概算定额〉的通知》，国家计委、建设部《关于发布〈工程勘察设计收费管理规定〉的通知》以及《水利水电项目建议书编制暂行规定》为主要依据编制中线一期工程投资估算。

中线一期工程由水源工程（包括丹江口大坝加高、陶岔渠首工程）、输水工程（包括河南陶岔渠首—沙河渠段、沙河—黄河南渠段、穿黄工程段、黄河北—漳河渠段、漳河—古运河段、古运河—北拒马河段、北京输水渠段、天津输水渠段、全线供电、通信、自动化监控系统）、汉江中下游治理工程（包括引江济汉工程、兴隆水利枢纽工程、沿岸部分引水闸站改扩建工程、局部航道整治工程）和总干渠文物保护及挖掘费四部分组成。以 2002 年年底价格水平为基础，同时计入工程主要材料如水泥、油料、钢筋等 2002 年 12 月至 2004 年 1 月间的价差，按 2004 年 1 月市场价格水平编制的中线一期工程静态总投资为 11053297 万元（详见表 10 - 4 - 1）。由于部分单项或已完成可行性研究、或已完成初步设计审查，或已开工建设，因此投资估算作如下处理：

表 10 - 4 - 1　　　　　南水北调中线一期工程静态总投资汇总表　　　　　单位：万元

序号	工　程　项　目	工程建设投资	水库淹没及工程占地处理投资	环保专项及水土保持专项投资	合计
一	水源工程	240367	1612208	43992	1896567
1	丹江口大坝加高（坝区）	213263	25824	6050	245137
2	移民安置（库区）		1585420	37491	1622911
3	陶岔渠首工程	20817	964	451\	22232
4	工程用主要材料价差	6287			6287
二	输水工程	7184789	1161932	99535	8446256
1	河南陶岔渠首—沙河渠段	1072765	199443	14497	1286705
2	沙河—黄河南渠段	1093362	256713	14740	1364815
3	穿黄工程段	309573	14000	2175	325748
4	黄河北岸—漳河渠段	1034126	296512	14562	1345199
5	漳河—古运河段	964376	181830	12069	1158275
6	古运河—北拒马河渠段	930843	135961	25613	1092417
7	北京输水渠段	566888	40695	7886	615468

续表

序号	工 程 项 目	工程建设投资	水库淹没及工程占地处理投资	环保专项及水土保持专项投资	合计
8	天津管道	792005	36778	7993	836776
9	工程用主要材料价差	258569			258569
10	瀑河水库				
11	供电、通信、监控（不含京石应急段）	162283			162283
	供电系统	82162			82162
	自动化监控系统	36129			36129
	通信系统	43992			43992
三	汉江中下游治理工程	484613	168411	48450	701474
1	引江济汉	278676	145142	24779	448597
2	兴隆水利枢纽	142452	23269	12737	178459
3	沿岸部分引水闸站改扩建	33431		5719	39150
4	局部航道整治	15193		5215	20408
5	工程用主要材料价差	14862			14862
四	总干渠文物保护及挖掘费		9000		9000
	静态总投资合计	7909769	2951551	191977	11053297

（1）水源工程中，丹江口大坝加高工程，按初设审查后修改的投资计列（其中基本预备费改按15％计取），库区移民安置投资按2003年调查实物指标及由长江设计院提交的《南水北调中线一期工程丹江口水利枢纽大坝加高工程初步设计阶段建设征地移民规划设计规划框架报告（不防护方案尚未正式审查）》投资计列。

（2）穿黄工程为一期工程规模，按可行性研究修改的一期规模方案工程（隧洞）投资计列（其中基本预备费改按18％计取）。

（3）输水工程中，京石段作为应急工程已开工实施，投资按已审定的可行性研究方案投资计列；天津干线按全管涵方案计列投资；陶岔渠首—沙河渠段、沙河—黄河南渠段、黄河北—漳河渠段、漳河—古运河段按设计工程量乘工程单价计算，基本预备费按18％计取。

此外，由于南水北调中线一期工程具有规模巨大、范围广、工期长、管理难度大等特点，而《水利工程设计概（估）算编制规定》中未对这类特大型工程作明确规定，特别是在工程勘测设计、科研、建设管理、建设监理、生产设施、生产准备等建设管理过程中确需发生的费用在现行规定中未体现或计算标准偏低。因此建议对此类费用根据研究成果和相关规定作进一步调整。

二、资金筹措

南水北调工程是一项协调人口、经济、环境、资源发展的特大型基础设施工程，以社会效益为主兼有经济效益，公益性较强。资金筹集方案以中央预算内拨款（或中央国债）、南水北调基金和银行贷款分别筹集工程静态投资中的30％、25％和45％，其中南水北调基金由中央和地方按3：7的比例共享为代表（简称"方案一"）。详见表10－4－2。

表10－4－2　　　　　　　　　　　中线一期工程资金构成表

部门或地区		工程投资或分摊投资	资金来源					
			中央预算拨款或中央国债	南水北调基金			贷款	小计
				中央	地方	小计		
水源工程（含丹江口加高及移民补偿，渠首工程）/亿元		189.66	104.31				85.35	189.66
输水干渠/亿元	河南省	105.70	19.64	10.37	24.18	34.55	51.51	105.70
	黄河以南	28.52	5.30	2.80	6.52	9.32	13.90	28.52
	黄河以北	77.18	14.34	7.57	17.66	25.23	37.61	77.18
	河北省	298.89	55.55	29.30	68.38	97.68	145.66	298.89
	北京市	244.60	45.46	23.98	55.96	79.94	119.20	244.60
	天津市	196.33	36.49	19.25	44.92	64.16	95.68	196.33
	小计	845.52	157.14	82.90	193.44	276.33	412.05	845.52
汉江中下游工程/亿元		70.15	70.15					70.15
合计/亿元		1105.33	331.60	82.90	193.43	276.33	497.40	1105.33
比例/％			30.00	7.50	17.50	25.00	45.00	

在建设资金中，水源工程55.00％利用中央预算内拨款（或中央国债），45.00％采用银行贷款；输水工程18.59％利用中央预算内拨款（或中央国债），32.68％由地方通过建立南水北调基金筹集，48.73％采用银行贷款；汉江中下游工程全部利用中央预算内拨款（或中央国债）。

测算中，在以往工作成果的基础上，选取了如下具有代表性的资金筹集方案进行供水成本和供水价格的测算，以作分析比较。

（1）丹江口加高工程投资采用贷款20％，中央资本金80％；输水工程投资采用贷款20％，资本金80％（其中，中央60％，地方40％）；汉江中下游工程投资全部由国家拨款（简称"方案二"）。

（2）丹江口加高工程投资全部采用中央资本金；输水工程投资采用贷款20％，资本金80％（其中，中央60％，地方40％）；汉江中下游工程投资全部由国家拨款（简称"方案三"）。

三、经济评价

经济评价和分析主要包括国民经济评价、财务评价和综合评价。

（一）采用的主要经济参数

1. 价格和价格水平

经济评价中投入物和产出物的价格均采用2004年1月价格。国民经济评价原则上按影子价格调整；财务评价采用与工程投资估算相同的价格。

2. 社会折现率

统一采用《建设项目经济评价方法与参数（第二版）》规定的 10%。

3. 计算期和计算基准年

计算期包括建设期和生产期。根据中线一期主体工程建设实施进度安排，建设期按 8 年考虑；生产期采用 50 年。计算基准年定在中线工程开工的第一年，并以第一年年初作为资金时间价值计算的基准点，投入物和产出物除当年借款利息外，均按年末发生和结算。

4. 效益和费用计算范围

按照国民经济评价与财务评价的要求，遵循"效益与费用计算口径对应一致"的原则，国民经济评价中的效益和费用包括主体工程和配套工程的全部费用和效益；财务评价中只计算主体工程的费用和效益。总干渠陶岔渠首调水量中包括刁河灌区现状引水量，但不计其效益也不分摊投资。

5. 供水效益发挥过程

考虑到一期工程建成通水后，供水负荷有一个逐步增长的过程，在经济评价中暂假定一期工程建成后的第 1 年（即开工后第 9 年）达到设计供水负荷的 30%，第 13 年（即开工后第 18 年）达到设计供水规模 95 亿 m³；同时，在敏感性分析中还考虑了达到设计供水规模的时间再推迟 5 年的情况。

（二）国民经济评价

1. 工程经济效益

中线一期工程建成后，可为京津华北地区提供工业及城市生活用水，产生巨大的经济、社会和环境效益，同时丹江口水库大坝加高后对汉江中下游地区还具有防洪、发电、航运等效益。

（1）供水效益。采用分摊系数法分析，中线一期工程运行后可取得工业及城市生活供水经济效益约为 447.93 亿元，其中，河南省 83.93 亿元，河北省 160.10 亿元，北京市 99.78 亿元，天津市 104.12 亿元。

（2）防洪效益。丹江口大坝后期完建后，可增加防洪库容 32.8 亿 m³（夏汛期）～26.3 亿 m³（秋汛期），配合杜家台分洪和堤防，可使汉江中下游地区的防洪标准由 20 年一遇提高到 100 年一遇，大大减少了该地区的洪灾损失。遇 1935 年特大洪水（约 100 年一遇洪水），中下游民垸基本可不分洪，可确保遥堤安全，避免江汉平原大面积淹没和大量人口死亡的毁灭性灾害。按有无对比，可取得多年平均防洪经济效益为 6.52 亿元，其中直接效益 5.22 亿元，间接效益 1.30 亿元。

（3）发电效益。丹江口大坝加高后，由于发电水头增大，电站机组出力受阻的情况将得到改善，装机容量可全部发挥效益，可提高容量效益约 150MW；但向北调水 95 亿 m³ 后，由于发电流量减少，将减少电站多年平均发电量 5.4 亿 kW·h。增加的容量效益与减少的电量效益大体相当。

（4）对航运的影响。丹江口大坝加高后，坝上游深水航道可由现状 95km 延长到 150km，淹没库区滩险，减少航道整治投资；变动回水区除水库消落期外，滩险和航道等航运条件更趋均匀。调水后，在保证下泄通航最小流量和采取相关工程措施后，基本可以满足航运要求；尤其是在实施了引江济汉等工程后，下游航道状况将有较大改善，但其效益难以量化，故在国民经济评价中亦未计入这部分效益。

2. 工程经济费用

国民经济评价中，工程经济费用除包括主体工程投资及其年运行费、流动资金及更新改造费，还需包括配套工程投资及其相关费用。

（1）主体工程投资调整计算，中线一期工程的主体工程静态总投资为 1105.33 亿元，扣除工程投资中属于国民经济内部转移支付的计划利润、税金等有关费用，调整后的影子投资为 1016.9 亿元。

（2）配套工程投资估算，中线一期工程的供水目标主要为工业及城市生活供水，配套工程投资包括总干渠分水口至城市自来水厂的输水、净水和配水工程投资。其中总干渠分水口门至城市自来水厂的输水配套投资，采用各省（直辖市）估算的成果；自来水厂的净配水工程投资，根据各省（直辖市）典型地区、典型自来水厂的投资估算资料，采用扩大指标估算，综合平均的单方水投资为：河南省、河北省 $5\sim6$ 元/m^3，北京市、天津市 $12\sim15$ 元/m^3。初步估算一期工程的配套工程投资为 607.8 亿元，其中总干渠分水口门至城市自来水厂的输水配套投资 158.1 亿元，自来水厂的净配水工程投资为 449.7 亿元。

（3）年运行费用估算，主体工程年运行费包括动力费、工资福利及劳保统筹费和住房基金、工程维护费、管理费、水源区维护费及其他费用等，按分项计算求得；自来水厂的净配水工程的年运行费参照受水区有关城镇自来水厂年运行费占其工程投资的比例（约占固定资产投资的 10% 左右）计算；输水配套工程的年运行费参照主体工程年运行费率（约占固定资产投资的 2.5%）计算。一期工程年运行费用为 75.5 亿元，其中主体工程 24.3 亿元，配套工程 51.2 亿元。

（4）流动资金估算，主体工程和输水配套工程流动资金需要量尚无明确规定，暂按其年运行费的 12.5% 估算；自来水厂净配水工程根据《给排水概预算与经济评价手册》规定，按其年运行费的 25% 估算。一期工程流动资金为 15.1 亿元，其中主体工程 3.0 亿元，配套工程 12.1 亿元。

（5）更新改造费，根据《规范》的有关规定，各类工程设施的经济使用年限为：钢筋混凝土坝、隧洞、渡槽、渠道等 50 年，机电设备和金属结构 $20\sim25$ 年，桥、闸混凝土建筑物 $30\sim40$ 年。更新改造费在各类工程设施使用期满的前一年按更新改造计划投入。

3. 国民经济评价指标

结合工程建设进程和供水效益发挥过程，按照费用与效益计算口径对应一致的原则，编制中线一期工程国民经济效益费用流量表，计算出工程的经济内部收益率 13.11%，大于社会折现率 10%。同时按社会折现率 10% 计算经济净现值约 442 亿元，大于 0；经济效益费用比 1.36，大于 1。说明工程在经济上是合理的。

4. 经济敏感性分析

尽管南水北调设计方案经过多年研究与比较，其工程投资、工期和工程效益的测算基础较为扎实，但是，为了考察某些因素发生不利变化对评价指标的影响，对工程投资增加 10% 或 20%、供水量减少 10% 或 20%、达到供水设计水平的时间推迟 5 年等不利影响进行敏感性分析，以检验国民经济评价结论的可靠性。经分析计算，这些因素的不利变化均不改变上述的评价结论，即中线一期工程的建设在经济上是合理的，具有较好的经济抗风险能力。

（三）财务分析

以水源工程和输水总干渠工程为核算单位，通过输水工程投资在受水区各省市之间的合理分摊，估算水源工程出库和受水区各省（直辖市）输水总干渠分水口门处平均供水成本和供水价格，并据此进行财务分析。

1. 投资分摊

根据南水北调中线工程建设与运行管理体制设想，按照"产权明晰，权责明确，利益共享，风险共担"的运行机制，拟组建由国家控股、各省（直辖市）参股的中线供水总公司，负责输水总干渠工程的建设与运行管理；组建国家独资的水源公司负责水源工程（含丹江口加高工程、库区淹没处理、陶岔渠首工程）的建设与运行管理；湖北省负责汉江中下游工程建设与运行管理。由于输水总干渠工程由中央和4省、直辖市共同投资建设，因此需将其工程投资在各受益省、直辖市间进行分摊。

根据"谁受益、谁分摊"的原则，只为某一地区服务的专用工程投资由该地区自行承担；同时为两个或两个以上地区服务的共用工程投资由各受益省（直辖市），提出按其规划分配的新增设计毛供水量（即不含向河南刁河灌区现状的供水量）中参与分摊的毛供水量的比例进行投资分摊，计算公式为

$$I_k = \sum_{i=1}^{k} \left(\frac{W_k}{\sum\limits_{j=i}^{m} W_j} C_i \right) \quad (k = 1, 2, \cdots, m)$$

式中 I_k 为第 k 段应分摊的工程投资额；C_i 为第 i 段输水工程共用部分工程总投资额；W_k、W_j 为第 k 或第 j 段参与分摊的毛供水量。各段分摊本段工程投资时，本段毛水量按 $1/2$ 计；m 为输水工程总分段数。

输水总干渠工程投资中河南省、河北省、北京市和天津市分别分摊 105.71 亿元、298.89 亿元、244.60 亿元和 196.33 亿元，详见表 10-4-3。

表 10-4-3　　　　　　　　　中线一期工程输水工程投资分摊综合成果表

工　程　投　资		河南省	河北省	北京市	天津市	合计
河南省黄河以南	参与分摊的水量/亿 m³	23.52	34.70	12.38	10.15	80.75
	水量比例/%	29.12	42.97	15.33	12.57	100.00
	分摊投资/亿元	82.04	121.05	43.19	35.41	281.69
穿黄工程	参与分摊的水量/亿 m³	15.34	34.70	12.38	10.15	72.57
	水量比例/%	21.14	47.82	17.06	13.99	100.00
	分摊投资/亿元	6.89	15.58	5.56	4.55	32.57
河南省黄河以北	参与分摊的水量/亿 m³	7.67	34.70	12.38	10.15	64.90
	水量比例/%	11.82	53.47	19.08	15.64	100.00
	分摊投资/亿元	16.78	75.94	27.09	22.21	142.03

工 程 投 资		河南省	河北省	北京市	天津市	合计
河北省西黑山以南	参与分摊的水量/亿 m³		18.21	12.38	10.15	40.74
	水量比例/%		44.70	30.39	24.91	100.00
	分摊投资/亿元		82.92	56.37	46.22	185.51
河北省西黑山以北	参与分摊的水量/亿 m³		0.86	12.38		13.24
	水量比例/%		6.50	93.50		100.00
	分摊投资/亿元		3.40	48.92		52.32
北京市	参与分摊的水量/亿 m³			12.38		12.38
	水量比例/%			100.00		100.00
	分摊投资/亿元			63.47		63.47
天津市	参与分摊的水量/亿 m³				10.15	10.15
	水量比例/%				100.00	100.00
	分摊投资/亿元				87.94	87.94
分摊投资合计		105.71	298.89	244.60	196.33	845.53

2. 供水成本

根据中线一期工程建成后实行的统一调度和分级管理的模式,测算了水源工程、输水总干渠分水口的供水成本和水价。

(1) 水源工程供水成本。以水源工程投资为基础估算供水成本,供水成本包括燃料、材料及动力费、折旧费、工程维护费、库区维护及建设基金、工资福利及劳保统筹费和住房基金、管理费、固定资产保险费、水资源费、丹江口加高后发电损失补偿、利息净支出和其他费用。其中,水资源费鉴于当时国家未出台对像南水北调这样的大型跨流域调水工程如何征收水资源费的明确规定,暂未计入供水成本中;丹江口加高后发电损失补偿鉴于当时对其补偿方式和补偿计量标准仍在研究中,故也未计入供水成本中。经估算,推荐的筹资方案下,水源工程还贷期年供水总成本费用 11.779 亿元,单方供水成本 0.161 元/m³,还贷后年供水总成本费用 8.435 亿元,单方供水成本 0.095 元/m³,经营成本 0.030 元/m³,详见表 10 - 4 - 4。

表 10 - 4 - 4　　　　　　　　　水源工程年供水成本费用估算表

序号	项　目	方案一		方案二		方案三	计 算 条 件
		还贷期平均	还贷后	还贷期平均	还贷后		
1	材料、燃料及动力费/亿元	0.146	0.178	0.146	0.178	0.178	按陶岔出口新增供水量乘以 0.002 元/m³ 计算
2	折旧费/亿元	5.657	5.657	5.359	5.359	5.121	按水源工程(丹江口加高工程库区移民、陶岔渠首)固定资产的 2.7% 计算

序号	项　　目	方案一		方案二		方案三	计　算　条　件
		还贷期平均	还贷后	还贷期平均	还贷后		
3	工程维护费/亿元	0.547	0.547	0.547	0.547	0.547	按水源工程（丹江口加高工程、陶岔渠首）固定资产的2%计算
4	库区维护和建设基金/亿元	0.732	0.889	0.732	0.889	0.889	按陶岔出口新增供水量乘以0.01元/m³计算
5	工资福利及劳保统筹费和住房基金/亿元	0.032	0.032	0.032	0.032	0.032	按150人，工资1.5万元/（人·年），福利14%，劳保统筹17%，住房基金10%计算
6	管理费/亿元	0.292	0.329	0.292	0.329	0.329	按1、3、4、5项之和的20%计算
7	固定资产保险费/亿元	0.068	0.068	0.068	0.068	0.068	按水源工程（丹江口加高工程、陶岔渠首）固定资产的0.25%计算
8	利息净支出/亿元	3.780	0.142	1.736	0.142	0.142	经营期计入固定资产贷款利息和流动资金贷款利息
9	其他费用/亿元	0.525	0.593	0.525	0.593	0.593	不属于上述费用的其他费用
10	供水成本费用合计/亿元	11.779	8.435	9.437	8.137	7.899	1~8项合计
	其中：年经营成本/亿元	2.343	2.636	2.343	2.636	2.636	按上述1、3~7、9项之和计算
11	单方供水成本/（元/m³）	0.161	0.095	0.126	0.092	0.089	按出陶岔多年平均水量计算
	其中：单方年经营成本/（元/m³）	0.032	0.030	0.032	0.030	0.030	按出陶岔多年平均水量计算

（2）输水总干渠分水口供水成本。以输水总干渠投资为基础计算各受水省（直辖市）分水口门处平均供水成本。供水成本包括水源工程水费、材料、燃料及动力费、工资福利及劳保统筹费和住房基金、工程维护费、折旧费、管理费、固定资产保险费、利息支出和其他费用。年经营成本（年运行费）为不包括折旧费、利息净支出等费用在内的日常运行管理费。

按多年平均北调水量计算，还贷期年供水总成本费用76.626亿元（其中经营成本39.394亿元），单方供水成本1.214元/m³（其中经营成本0.603元/m³）；还贷后年供水总成本费用52.176亿元（其中经营成本31.433亿元），单方供水成本0.658元/m³（其中经营成本0.396元/m³），详见表10-4-5。

3. 水价测算

南水北调工程公益性强、社会效益显著，是受水地区经济社会可持续发展的特大型基础设施工程，供水价格应遵循"还本付息、收回投资保本微利"的原则，在补偿供水生产成本、费用及依法计税基础上，按净资产利润率计提 1% 的利润。由于 2004 年新颁布执行了《水利工程供水价格管理办法》，因此，按其相关规定在补偿供水生产成本、费用及依法计税基础上，再按国内商业银行长期贷款利率 5.76% 加 2 个百分点计提资产利润核算供水价格。水源工程和输水工程的供水价格测算如下。

表 10 - 4 - 5　　　　　　　　输水工程年供水成本费用估算结果表

序号	项　目	方案一		方案二		方案三		计　算　条　件
		还贷期平均	还贷后	还贷期平均	还贷后	还贷期平均	还贷后	
1	原水费/亿元	17.050	9.478	13.401	9.654	8.067	9.795	按水源区水价乘以陶岔出口新增供水量计算
2	动力费/亿元	1.588	1.928	1.588	1.928	1.588	1.928	按泵站提水的耗电量和电价 0.5 元/(kW·h) 计算
3	工资福利及劳保统筹费和住房基金/亿元	0.317	0.317	0.317	0.317	0.317	0.317	按 1500 人，工资 1 万元/(人·年)，福利 14%，劳保统筹 17%，住房基金 10% 计算
4	工程维护费/亿元	14.374	14.374	14.374	14.374	14.374	14.374	按输水工程投资扣除征地费用后的 2% 计算
5	折旧费/亿元	20.518	20.518	19.089	19.089	19.089	19.089	按输水工程固定资产的 2.14% 计算
6	管理费/亿元	1.628	1.662	1.628	1.662	1.628	1.662	按 2～4 项的 10% 计算
7	固定资产保险费/亿元	0.898	0.898	0.898	0.000	0.898	0.000	按部分输水工程投资 0.25% 计算
8	利息净支出/亿元	16.713	0.224	3.628	0.258	3.589	0.211	经营期计入固定资产贷款利息和流动资金贷款利息
9	其他费用/亿元	3.500	2.776	3.131	2.794	2.597	2.808	不属于上述费用的其他费用
10	成本费用合计/亿元	76.586	52.176	58.054	50.076	52.148	50.184	1～8 项合计
11	单位供水成本/(元/m³)	1.214	0.658	0.889	0.631	0.798	0.633	按多年平均分水口门水量计算
	其中：单位经营成本/(元/m³)	0.603	0.396	0.541	0.387	0.451	0.389	按多年平均分水口门水量计算

（1）综合水价测算。

1）水源工程水价，还贷期水价按满足偿还贷款要求测算；还贷后水价分别按供水成本加净资产利润 1% 和 7.76% 测算，结合表 10-4-6。

表 10-4-6 　　　　　　中线一期工程水源工程供水价格汇总表　　　　　　单位：元/m³

方　案		方案一	方案二	方案三
还贷期		0.245	0.183	0.110
还贷后	净资产利润率为 1%	0.107	0.109	0.110
	净资产利润率为 7.76%	0.186	0.224	0.254

　　从测算成果看，还贷期供水价格是随着贷款比例的减少而降低的，而还贷后的供水价格则相反，贷款比例越低，供水价格反而提高，净资产利润率越高，供水价格相应提高。

　　2）输水工程口门水价。还贷期水价按满足偿还贷款要求测算，同时考虑水费收入偿还贷款本息的 45% 和水费收入偿还全部贷款本息两种情形；还贷后水价也按供水成本加净资产利润 1% 和 7.76% 测算，详见表 10-4-7。

表 10-4-7 　　　　　　输水工程分水口平均供水成本和水价汇总表　　　　　　单位：元/m³

方案	项　目			全线平均	河南省			河北省	北京市	天津市
					全省	黄河南	黄河北			
方案一	还贷期	供水成本	水费偿还 45% 贷款本息	0.920	0.391	0.268	0.527	0.834	1.891	1.862
			水费偿还 100% 贷款本息	1.173	0.498	0.342	0.672	1.064	2.411	2.375
		水价	水费偿还 45% 贷款本息	0.920	0.391	0.268	0.527	0.834	1.891	1.862
			水费偿还 100% 贷款本息	1.872	0.795	0.546	1.073	1.699	3.848	3.790
	还贷后	供水成本		0.658	0.284	0.199	0.380	0.596	1.345	1.326
		经营成本		0.396	0.197	0.154	0.246	0.355	0.775	0.767
		水价（资本金利润率为 1%）		0.712	0.303	0.208	0.408	0.646	1.464	1.442
		水价（资本金利润率为 7.76%）		1.082	0.426	0.271	0.598	0.987	2.270	2.231
方案二	还贷期	供水成本		0.889	0.378	0.259	0.509	0.807	1.826	1.798
		水价		1.243	0.528	0.363	0.713	1.129	2.555	2.516
	还贷后	供水成本		0.643	0.281	0.198	0.373	0.582	1.310	1.291
		经营成本		0.399	0.200	0.156	0.248	0.357	0.778	0.770
		水价（资本金利润率为 1%）		0.728	0.309	0.212	0.417	0.661	1.496	1.473
		水价（资本金利润率为 7.76%）		1.304	0.501	0.310	0.714	1.193	2.753	2.703
方案三	还贷期	供水成本		0.798	0.340	0.234	0.458	0.725	1.638	1.613
		水价		1.153	0.491	0.338	0.662	1.047	2.366	2.331
	还贷后	供水成本		0.644	0.282	0.199	0.375	0.584	1.311	1.292
		经营成本		0.401	0.201	0.158	0.250	0.359	0.780	0.773
		水价（资本金利润率为 1%）		0.729	0.311	0.214	0.419	0.662	1.497	1.474
		水价（资本金利润率为 7.76%）		1.306	0.503	0.312	0.715	1.194	2.754	2.704

总体上还贷期和还贷后供水价格的变化趋势与水源工程一致。从受水各省（直辖市）供水价格看，越往北，供水价格越高，尤以北京市最高，为河南省平均值的 4.5 倍、全线平均水平的 1 倍。另外，还贷期利用除水费以外资金（如南水北调工程基金等）偿还贷款本息，可有效地降低供水价格，如果水费偿还贷款本息的 45%，相应的还贷期供水价格将降低 50% 左右。

（2）容量水价和计量水价测算。根据 1998 年国家计委、建设部发布的《城市供水价格管理办法》分析测算了容量水价和计量水价，其中容量水价用于补偿供水的固定资产成本，不管用户是否用水都需足额缴纳；计量水价用于补偿供水的运行成本。从分析测算结果看，还贷后的容量水价相当于综合水价的 30%～50%，计量水价相当于综合水价的 70%～50%。

（3）用水户承受水费能力的初步分析。以国内外衡量用水户承受水费能力的标准，即工业用水水费约占工业产值的 3%、城镇生活用水水费约占家庭平均收入的 2.5%～3%，结合受水区水资源统一调度管理的初步研究成果，初步分析在现状水价水平下，各省（直辖市）城市居民人均水费支出占其可支配收入的比例为 0.72%～1.2%，工业水费支出占其产值的比例为 0.6%～1.5%；2005 年、2010 年水价水平下，居民人均水费支出占其可支配收入的比例分别为 1.2%～1.8% 和 1.8%～2.2%，工业水费支出占其产值的比例分别为 1.0%～2.2% 和 1.2%～2.5%，均低于国内外衡量用水户承受水费能力的标准，说明 2005—2010 年水价调整后，城市居民生活和工业用水是可以承受的。据初步测算，2010 年左右中线工程建成通水后，到供水区各城市用水户的水价水平与各省（直辖市）调价后的水价水平相当，因此，中线工程的供水价格是适宜的。

4. 财务评价

中线一期工程的财务评价分别以水源公司、中线供水总公司为财务核算单位，进行供水收入、利润及税金，财务盈利能力与偿债能力分析。

（1）供水收入、利润及税金。供水收入按多年平均分水口门水量乘以所测算的全线平均供水价格（按还贷期和还贷后实行不同的供水价格）估算；税金暂未考虑征收增值税或营业税，以及以此为计征基础的城市维护建设税和教育费附加，仅考虑按利润总额的 33% 计征所得税；利润中利润总额（税前利润）为供水收入与总成本费用之差，税后利润为税前利润与所得税之差，税后利润中按规定提取 10% 的法定盈余公积金和 5% 的公益金，企业所得到的未分配利润还贷期用于偿还贷款本息，还贷后为企业留利。

（2）财务盈利能力与偿债能力分析。盈利能力分析主要考察工程投资的盈利水平，清偿能力分析主要考察工程在计算期内各年的财务状况及偿还债务的能力。根据编制的中线一期工程损益表、借款还本付息计算表、项目财务现金流量表分析计算财务内部收益率等指标（详见表 10-4-8），结果表明，若按净资产利润率 1% 核算供水价格，中线一期工程无论是水源工程还是输水工程，其财务内部收益率（所得税后）仅为 1%～4%，盈利能力很弱，仅能做到如期还本付息、保本微利。

5. 汉江中下游工程年运行费

汉江中下游工程（包括兴隆枢纽、引江济汉工程、闸站改造和局部航道整治工程）四项工程是中线一期工程不可或缺的部分。工程兴建后，丹江口水库下泄水量可基本满足汉江中下游灌溉、航运、生态环境等用水要求。按照中线一期的建设管理模式，该工程由国家投资，湖北省负责建设与运行管理，其年运行管理费不计入中线工程的供水成本中。

表 10-4-8　　　　　　　　　中线一期工程财务评价指标计算成果表

方　案		财务收入/亿元	利润总额/亿元	税后利润/亿元	财务内部收益率/%		借款偿还期/年
					所得税后	所得税前	
水源工程	方案一	9.478	1.953	1.308	1.49~7.62	2.05~8.67	25
	方案二	9.654	2.395	1.605	2.58	3.23	25
	方案三	9.795	2.748	1.841	1.33	1.75	25
输水工程	方案一	56.585	4.335	2.904	2.88~3.95	3.44~4.97	25
	方案二	57.739	50.975	2.232	2.49	3.36	25
	方案三	57.847	51.082	2.232	2.49	3.35	25

（四）综合评价

由于水利工程是社会的基础设施，与经济社会发展关系密切，但很多经济因素很难定量，为了全面分析工程对经济社会发展的影响，项目建议书借鉴其他水利工程的经验，在进行项目国民经济评价和财务评价外，初步分析了中线一期工程建成后对受水区和调水区具有的社会、经济、环境等综合效益，主要体现在以下几方面：

（1）实施南水北调中线工程是解决北方地区资源性缺水问题的战略措施，通过在全国范围内合理配置水资源，将南方地区的水资源优势转化为经济优势，以水资源的优化配置支持北方缺水地区经济社会的可持续发展，从而支持全国经济社会的可持续发展。

（2）实施南水北调中线工程将对京津华北地区、汉江中下游地区和水库淹没区的经济社会发展产生深远影响。

1）改善京津华北平原受水区的缺水状况。改善受水区生产条件，促进工业基地的建设和发展；改善城市供水条件，提高受水区人民生活质量；增强受水区农业发展后劲。

2）调水对汉江中下游地区利大于弊。丹江口水库大坝加高后，配合杜家台分洪和堤防，可使汉江中下游地区的防洪标准由 20 年一遇提高到 100 年一遇，大大减少该地区的洪灾损失。汉江中下游近期兴建兴隆枢纽、引江济汉工程及闸站改造工程等，可基本满足汉江中下游工农业、航运、生态环境等用水要求。

3）对水库周边地区是一难得的发展机遇。丹江口水库大坝加高，将增加水库淹没移民22.35 万人，淹没耕园地 25.64 万亩，对库区经济发展造成不利影响。但采取以外迁安置为主的方式和实行开发性移民措施，可以较好地解决移民安置问题，并可从根本上解决丹江口库区长期以来遗留的老移民问题，有利于库区尽早摆脱贫困状态。

（3）实施南水北调中线工程将显著改善受水区的生态与环境，为受水区经济、社会和环境协调发展创造良好条件。对水源区的生态与环境有利有弊：丹江口大坝加高后，可显著提高汉江中下游地区的防洪能力；增加河道枯水期泄流量，改善枯水期水质；扩大水库水面，有利于渔业发展；但水库淹没和移民对环境将带来不利影响。

第五节　项目建议书主要技术问题

一、丹江口水库大坝加高方案研究

（一）加高形式选择

国外已进行了大量的混凝土坝加高，有很多成功的经验。采用加高的方式各种各样，主要有后帮整体式、后帮分离式、前帮整体式、前帮加后帮式、预应力锚索加高式和坝顶直接加高式等。加高的方式以后帮整体式最为普遍，即在老坝体下游面及其顶部加筑新混凝土。

丹江口大坝初期工程的河床坝段建基面、基础防渗帷幕、纵缝预留键槽等均按水库正常蓄水位 170m 加高工程规模设计和施工。

丹江口大坝加高工程考虑其地理位置、气温变化特点、初期大坝各种坝段结构特点、功能要求、大坝加高高度、初期工程已具备的加高条件和工程措施等实际情况，选择丹江口大坝坝顶加高约 15m，坝后贴坡厚度 5～14m 方案。通过研究混凝土大坝加高后新老混凝土结合面应力状态、新老混凝土结合面的影响范围和深度，经充分论证，确定丹江口大坝加高方式为后帮贴坡整体重力式方案。

（二）加高方案

丹江口水利枢纽大坝加高工程枢纽布置与初期工程布置相比，仅右岸土石坝改线新建，最大坝高 117m，其他部分变化不大，大坝加高后总长 3442m。大坝加高后坝顶高程将由现在的 162m 加高到 176.6m，全线加高 14.6m，正常蓄水位抬高到 170.0m，校核洪水位为 174.4m，水库总库容 339.1 亿 m³。

河床混凝土坝坝顶加高 14.6m，下游面贴坡扩大坝体，左岸土石坝加高培厚，左坝肩向左延长 200m，右岸土石坝改线新建，新建右岸土石坝为黏土心墙砂壳坝，长度 877m，最大坝高 60m。

电站厂房装机及布置无变化，仅进行水轮机组改造工作，通航建筑物由初期的 150t 升船机扩建为 300t 升船机，其总体布置不变。

二、在线调蓄水库——瀑河水库

（一）概况

瀑河水库位于河北省徐水县城西北 25km 处的瀑河上，为上下库联合运用形式，上库以调蓄引江水为主，下库以防洪为主。枢纽由上库大坝、溢洪道、输水洞和泄水洞，下库大坝、输水洞、溢洪道和东邵副坝组成。上库校核洪水位为 64.4m，与瀑河段总干渠内的设计水位相同，正常蓄水位为 63.8m，总库容为 2.54 亿 m³，兴利库容为 2.32 亿 m³，下库正常蓄水位为 45m，总库容为 0.82 亿 m³，兴利库容为 0.53 亿 m³。上库为Ⅱ等工程，洪水标准采用 500 年一遇设计、5000 年一遇校核；下库为Ⅲ等工程，洪水标准采用 100 年一遇设计、2000 年一遇校核。

瀑河水库存在的主要问题：一是现状坝基存在渗漏问题，二是现规模调蓄库容小。瀑河水库要作为南水北调中线工程的"在线"调蓄水库，需对该库进行加固扩建。

（二）瀑河水库调蓄作用分析

瀑河水库位于中线总干渠的尾部，北距北京市区约 140km，南距天津干线约 10km。总干渠在瀑河附近的设计水位具备向瀑河水库自流充蓄的条件；坝址以上瀑河流域内仍为经济不发达的农业区，库区的污染较小，可以保证供水的水质。从地理位置、高程、水位关系方面分析，瀑河水库具备作为中线工程在线调蓄水库的条件。"在线调蓄水库"，为既可充蓄北调水入库，又能在需要时向总干渠供水的水库。

瀑河水库多年平均来水 0.45 亿 m^3，现状水库库容 0.98 亿 m^3，防洪库容 0.685 亿 m^3，兴利库容 0.29 亿 m^3。规划在现水库上游库区建新坝，将该水库分为上库和下库，并抬高蓄水位。新建上库调蓄库容 2.32 亿 m^3，专供中线调蓄运用，重点保障总干渠末端北京、天津、廊坊等重要城市的供水。下库用于防洪。瀑河水库的来水首先供瀑河水库片（主要为农业用户用水，不计入中线供水范畴），余水充蓄上库。

对瀑河水库的作用，分总干渠正常供水和非正常供水两种情况进行分析。总干渠非正常供水一般为停水检修或发生事故中断供水。总干渠不同供水情况下对瀑河水库的平均利用情况详见表 10-5-1。

表 10-5-1　　　　　　　　　　　瀑河水库的平均利用情况

总干渠供水情况	水库连接条件	丹江口水库/亿 m^3			充瀑河水库/亿 m^3	北京市			
		北调水		弃水		北调水/亿 m^3	缺水时段/亿 m^3	时段保证率/%	供水满足程度/%
		直供	充库						
正常供水	在线	93.74	1.52	98.32	0.44	9.99	38	97.5	99.6
	不在线	93.92	1.01	98.69		9.96	88	94.2	99.2
非正常供水	在线	89.57	2.29	101.41	1.02	9.76	95	93.7	98.7
	不在线	89.87	1.14	102.32		9.54	246	83.7	97.3

1. 正常供水

考虑瀑河水库不在线条件，通过长系列调节计算，北调水直接供给用户的水量占调出水量的 98% 以上，充蓄沿线调蓄水库的水量仅占调出水量的 2% 左右，表明丹江口水库的调蓄作用较大。考虑瀑河水库在线调蓄作用，总干渠末端城市供水保证率提高 2% 左右。以北京市为例，瀑河水库不在线，北京市总供水时段保证率为 94.2%，供水满足程度达 99.6%。瀑河水库在线，北京市供水时段保证率提高 3%，供水满足程度提高 0.4%。

水源区遇枯水年（1966 年），瀑河水库在线丹江口水库调出水量 62.6 亿 m^3，瀑河水库供水 1.97 亿 m^3，减少北京缺水时段 7 个，减少天津缺水时段 9 个。受水区枯水年（1991 年），京津廊坊地区需调水量增大，瀑河水库在线可供水 0.80 亿 m^3，减少北京缺水时段 5 个，减少天津缺水时段 7 个。瀑河水库在线在一定程度上可以减小北京、天津、廊坊等总干渠末端城市的缺水量及缺水时段。

2. 非正常供水

对瀑河水库在总干渠停水检修时的调蓄作用进行分析。长系列模拟总干渠每年 12 月下旬开始停水，持续 40 天，共计停水 168 个时段。瀑河水库在线，停水时段向总干渠多年平均供水 0.80 亿 m³，与瀑河水库不在线相比，减少北京市缺水时段 136 个、天津市 133 个、廊坊市 103 个。

新建瀑河水库上库库容 2.32 亿 m³，在长系列调节计算过程中，多数时段处于满蓄状态。根据城市水资源供需平衡分析，2010 水平年京津廊坊 40 天平均缺水约 2.2 亿 m³。若在停水前预先将瀑河水库蓄满，基本可以承担京、津、廊坊 3 市 40 天的应急供水，此特性基本满足事故备用水库的要求。

3. 小结

综上所述，北调水与当地水联合调度，可满足受水区城市供水保证率要求。瀑河水库在线对于中线工程调峰补枯，事故备用，提高北京、天津等城市的供水保证程度有一定作用；但在一期工程调水 95 亿 m³ 时其作用不是很显著。瀑河水库工程静态总投资为 15.98 亿元（2004 年价格水平）。考虑新建水库的复杂性及有关方面意见，瀑河水库可在中线工程通水运行后，根据中线工程对在线调蓄水库的需要适时进行建设。

（三）工程方案

根据瀑河水库工程现状、南水北调中线工程总干渠瀑河段布置方案、瀑河水库区域地形地质条件等情况，初步拟定 4 个瀑河水库加固扩建方案，经比较，推荐方案为：现状水库水平防渗，大坝加固，坝顶高程不变；在现坝上游 4km 处建新坝形成上库，上库最高洪水位 64.4m。实行上、下库联合运用，下库以防洪为主；上库以调蓄南水北调水量为主，兼有防洪作用。

总干渠在瀑河附近设分水口门，自流放水充库，另在新建上坝附近自流引水进入天津干线，建一泵站扬水入总干渠。两项均需修建连接渠道。这些配套工程一并计入瀑河水库加固扩建工程中。

（四）建设规模

下库库容 0.82 亿 m³，兴利库容为 0.53 亿 m³；上库库容 2.54 亿 m³，兴利库容为 2.32 亿 m³；总库容为 3.36 亿 m³，总兴利库容为 2.85 亿 m³；水库淹没耕地 4.0 万亩，人口 3.0 万人。

瀑河水库主要工程指标见表 10-5-2。

表 10-5-2　　　　　　　　　　瀑河水库主要工程指标表

项　　　目	下　库	上　库	合　　计
坝顶高程/m	49.50	67.10	
防浪墙顶高程/m	49.50	68.10	
最高洪水位/m	46.90	64.40	
正常蓄水位/m	45.00	63.80	

项　　目	下　库	上　库	合　计
总库容/亿 m³	0.82	2.54	3.36
兴利库容/亿 m³	0.53	2.32	2.85
可供引江中线调蓄库容/亿 m³		2.32	

（五）工程布置

1. 上库布置

上库大坝坝基地层为黏性土、砂、卵砾石及软质岩为主的多层结构，覆盖层最大厚度为49.1m，大部分为透水性较强的卵砾石层。坝基防渗采用混凝土垂直防渗墙与坝肩灌浆帷幕相结合的形式。防渗墙最大深度为48.10m，总面积为8.23万 m²，墙体厚度0.8m。大坝采用均质土坝，坝后部分利用岩石开挖弃渣填筑，坝顶宽6.5m，坝顶高程为66.5m，最大坝高31.5m，坝顶长度为2370m，上、下游坝坡采用干砌石护坡，坝体土石方填筑为422.89万 m³。

东邵副坝坝顶高程为66.5m，最大坝高6.5m，坝顶长度为364m，天然铺盖可满足防渗要求，不需另外采取防渗措施。

上库溢洪道工程由引渠段、闸室段、陡槽段、挑坎段四部分组成。

泄水洞位于右坝肩，由引水渠、进水塔、洞身段、出口闸室段、消力池段和尾渠段六部分组成，全长1730.5m。

上库输水洞位于左岸坝肩，由引水渠段、进水塔段、洞身段和出口消能段四部分组成，全长1292m，后接天津干线连接段。

2. 下库布置

下库坝体加固将坝体原戴帽加高的部分拆除，对坝顶高程不足的部分填齐，使原主副坝坝顶高程统一到48.5m，整修后的坝顶顶宽仍为5m，上下游坝面重新铺筑干砌石护面，在下游坡脚设置贴坡排水。采用铺盖补强与下游排渗减压相结合的防渗措施。

下库溢洪道将原溢洪道的堰顶高程降低2m，溢流净宽仍保持32m。保留原溢洪道渥奇段之后的消能建筑物。重建部分包括引渠段、闸室段、陡槽段和渥奇段。闸室段长12.0m，闸室总宽度36.5m。

下库输水洞主要建设项目为更换闸门和启闭机室。

3. 与总干渠、天津干线的连接

瀑河水库为了达到调蓄和供水的作用，需要设置三个连接段，分别为充库连接段、北京连接段和天津连接段。

充库连接段由总干渠吕村分水闸分水，输水规模为70m³/s，工程项目包括跌水段、海漫段和尾渠段。

北京连接段由西邵泵站扬水，泵站和渠道的设计流量为30m³/s。连接段总长6.634km，底宽2.5m，设有10座跨渠建筑物，分别为泵站1座、排水渡槽2座、倒虹吸1座、涵洞3座和交通桥3座。

天津连接段设计流量为40m³/s，取水口设在上库左岸，渠道总长12.455km，底宽为2m，沿线跨渠道的建筑物有 10 座，分别为桥梁 9 座，倒虹吸 1 座。

三、北京段输水型式比选

（一）输水线路

2001 年前南水北调中线规划为全线全自流方式输水，北京段线路布置原则是能自流输水，线路基本沿等高线布置。北京段线路在北京房山区惠南庄过北拒马河中支南进入北京境内，经半壁店、房山县、北坊村、贺照云至良乡北过京广铁路，在吴庄子附近穿过永定河，往北经五棵松路入永定河引水渠至玉渊潭，全长约 76km。

2001 年规划修订时，比较了全线管涵输水方案和黄河以南明渠、黄河以北管涵输水方案，研究结果表明，对于大流量、长距离输水工程，全线管涵输水方案是不经济的，但对于流量小的渠段，采用管涵输水是经济可行的。鉴于北京段处在总干渠末段，流量较小，且明渠方案北京段要多次穿过铁路线、地铁线、高等级公路等，建筑物总长约 50.65km，占北京段总干渠全长的 63%，将北京段采用管涵输水，只需设一级加压泵站，不致引起过高的运行费，还可节省投资、减少该段工程永久占地及对城市建设的干扰。经方案比较，2001 年规划修订推荐方案为明渠与局部管道相结合的输水形式，陶岔渠首至北拒马河中支采用明渠输水，北京段采用管道输水。为减少唐县至北拒马河段石方开挖量，减少工程投资，需增加总干渠水头，提出了将北拒马河中支南岸水位降低 5m，渠线向东移动的方案。北京段管道线路长约 75km，起点为北拒马河南岸，线路穿过北拒马河向东北，经长沟东、北务村东，于七贤村北穿过牤牛河，贾家疙瘩过大石河，于闫仙垡南过永定河，在鹅房村东南折向北，经西四环到达团城湖。北京段起点水位 55.3m，终点水位 48.57m，设 1 级加压泵站，装机容量 3.6 万 kW。

《南水北调工程总体规划》报告征求有关省（直辖市）的意见时，北京市、河北省均表示不同意改变唐河以北总干渠线路及北拒马河处总干渠水位，要求恢复到 1997 年总干渠总体布置时的水位和线路。因唐河以北总干渠东移及降低北拒马河处总干渠水位方案存在的主要问题是：高填方渠段增加，影响当地行洪排涝；供水方式改变，增加供水成本；占压拆迁量增加，安置费用加大；水位降低，影响在线调蓄水库；北京段的起点水位降低 5m，线路起点东移了 2.5km，新线路与北京市总体规划发生矛盾，同时北京失去部分自流条件，运行费用明显增加。

2003 年 2 月，由水规总院和水利部调水局主持，河南、河北、北京 3 省（直辖市）设计院、天津院及长江设计院参加，在北京对中线总干渠线路和水头分配进行了研究，提出了《南水北调中线工程总干渠线路水头分配优化研究》。水规总院多次组织专家会议审查了有关成果，认为总干渠"较大范围地改线，将会引起拆迁安置、运行、前期工作等费用的增加，延长前期工作周期，影响工程进展等较多问题"；在不动线的前提下，黄河以南增加水头以 0.5m 为宜，黄河北岸水位抬高控制在 3m 以内。经与沿线有关省（直辖市）协商，确定黄河南岸水位调整为 118m，黄河北岸水位调整为 108m。由于大幅度动线将引起诸多问题，同时为减小北京市的运行费用、不影响天津段的总水头，将北拒马河的水位仍调整回到 60.3m。总干渠线路仍采用 1997 年确定的线路，将终点由玉渊潭改为团城湖，线路长约 80km。

由于工程布置的需要及沿线条件的变化，在 1997 年总体布置的线路基础上，对 3 段局部线路进行了优化及调整，包括甘池至天开段线路、崇青隧洞段线路、穿永定河段线路。调整后，线路南起与河北省相接的北拒马河中支南，向北穿山前丘陵区、房山城区西北关，经羊头岗过大石河、崇各庄，于黄管屯南穿京广铁路，向东从长阳化工厂的东南侧过小清河在距小清河左堤 150m 处，平行小清河左堤向东北方向至高佃村西，折向东穿过高佃村至大宁水库副坝下游斜穿永定河，在卢沟桥镇的东侧穿京广铁路及京西编组站等铁路环，然后沿京石高速公路南侧往东，在大井村西穿京石公路，在岳各庄环岛拐弯往北进入西四环路，穿过莲花河、五棵松地铁，永定河引水渠，直至颐和园团城湖，北京段输水线路全长 80.306km。

（二）输水形式比选

对北京段输水形式做了进一步分析，比较了全管涵不考虑小流量自流（方案一）、全管涵考虑小流量自流（方案二）和管涵渠相结合（方案三）三个方案。北京段首段设计流量为 $50\mathrm{m}^3/\mathrm{s}$，加大流量为 $60\mathrm{m}^3/\mathrm{s}$。

方案一和方案二均为管涵加压输水方案，具体布置为：北拒马河—永定河（长约 58.98km）为压力管道，其中西甘池隧洞长 2.015km、崇青隧洞长约 1.0km，永定河—西四环线末（长约 20.612km）为城区暗涵，西四环线末—团城湖（长约 0.834km）为明渠。方案一不考虑小流量自流，管道埋深一般为 2～3m，局部穿河流处考虑冲刷深度确定埋深。方案二因考虑满足小流量（$Q\leqslant25\mathrm{m}^3/\mathrm{s}$ 时）全线自流，管道埋深一般为 5～7m，局部埋深大于 10m。

方案三为管涵渠相结合，即北拒马河—贺照云（长约 48.48km）为全自流形式，贺照云—永定河（长约 10.5km）为压力管道，永定河—卢沟桥（长约 2.695km）为暗涵，卢沟桥—西四环线末（长约 17.917km）为城区浅埋暗挖涵洞，西四环线末—团城湖（长约 0.834km）为明渠。

方案二和方案三满足小流量（$Q\leqslant25\mathrm{m}^3/\mathrm{s}$）时全线自流，其泵站实际满负荷运行天数为 80 天，而方案一需全年运行。

三个方案主要工程量比较见表 10-5-3。

表 10-5-3　　　　　　　　　北京段各方案主要工程量比较表

方案	土方开挖/万 m³	土方填筑/万 m³	石方洞挖/万 m³	石方开挖/万 m³	衬砌混凝土/万 m³	混凝土/万 m³	钢筋/t	PCCP 管/万 m	总装机/MW	静态投资/亿元
方案一	985.91	891.4	7.76	302.3		88.35	74471	11.65	58.6	53.17
方案二	1005.6	1142.7	7.76	442.27		82.48	69644	11.65	60	60.07
方案三	2168.47	1011.03	15.22	385.96	8.13	155.45	98886	2.1	18.8	61.62

从工程静态投资分析，方案一投资最省，方案三投资最高，方案二投资介于两者之间；从总运行费用分析，方案一总运行费用最高，方案二总运行费用最低。综合考虑运行管理的方便和运行费，北京段输水形式推荐方案二，即全管涵考虑小流量自流，$Q\leqslant20\mathrm{m}^3/\mathrm{s}$ 全线管涵自流，$Q>20\mathrm{m}^3/\mathrm{s}$ 设泵站加压扬水。

（三）工程布置

根据北京段全线管涵方案的特点，在渠首北拒马河暗渠出口设加压泵站，通过泵站加压提高管道水流的工作压力，从加压泵站至永定河西岸布置压力管道（初选预应力钢筒混凝土管PCCP），管道长约55.4km。在永定河西岸大宁水库副坝下设调压池，大宁调压池—团城湖长21.29km，采用低压暗涵输水方式，依次为永定河倒虹吸、卢沟桥倒虹吸和西四环倒虹吸。西四环路以后设有794m明渠将水送入团城湖，与京密引水渠来水汇合。

1. 泵站布置

惠南庄泵站距北京段渠首约1.7km，在北拒马河北支的北岸Ⅰ级阶地上，惠南庄村东，为一级建筑物，设计流量50m³/s，加大流量60m³/s，通过机组型式和台数的比较，出水压力管道为2-DN4000mmPCCP时，泵站设计装机台数为8台，其中2台为备用，总流量60m³/s，总扬程63m。单泵设计流量10m³/s，配套电机功率7500kW，泵站总装机容量60MW。

北拒马河中、北支暗渠的末端即泵站的起点，泵站段出水管末端与两条DN4000mm的PCCP输水干管相接，整个泵站段长度477.80m。泵站按正向进水布置，暗渠从南侧进入泵站前池，加压后由北侧出水，经压力管道输水至出水池—大宁调压池。

为了更好地与引水明渠相衔接，保持进池水流顺畅，流速均匀，设置泵站前池。明渠底过渡段以约40°的扩散角及1:12.5的纵坡与泵房前池相连，两侧边坡1:2.5，前池为梯形，底和边坡均采用混凝土衬砌，厚度15cm。

根据选定的泵型，进水池采用全隔墩式矩形池。进水池的容积按满足秒换水系数30计算，并满足水泵进口距大于4倍进水喇叭口直径的要求。进水池宽度按进水喇叭口的最小间距大于3.5倍喇叭口直径计算，并满足选定泵型的流道及安装宽度要求。进水池入口处设检修闸门及相应的启闭设备。

泵房的结构与所选定的泵型、进水池水位变幅、地质等因素有关，结合水泵流道和进水池布置，采用墩墙式湿室型布置方式。泵房由主泵房、辅机房、安装检修间等组成。主泵房长110m，宽21m，内布置8台立式单级单吸蜗壳式离心泵机组（6用2备），每4台水泵（3用1备）的出水管与一根DN4000mm压力管道相接。辅机房布置在主泵房下游测，长度110m，宽度18m，内设中控室、微机室、通信室及其他管理设施。安装检修间布置在主泵房两端。

水泵出水口后设出水管道。出水管道采用压力钢管，管径φ2.6m，布置液压式蝶阀和逆止阀。

由于水泵机组数量较多，而出口输水管道孔数为2孔内径4.0m的PCCP管，需设置压力水箱集中出流，再分流入下游输水管道。压力水箱采用钢筋混凝土矩形结构型式，厚1.5m。

2. 管道布置

北京段管道设计流量为50m³/s，经对普通钢筋混凝土圆管、预应力钢筒混凝土管（PCCP）和玻璃钢管三种管材进行经济适用条件分析，在小流量情况下，预应力钢筒混凝土管（PCCP）投资最省，且能承受较大的内水压力，因此选用预应力钢筒混凝土管（PCCP）。

为提高供水安全度，布置了2条管道，管径采用4.0m，管压采用0.6MPa。考虑防冻保温和顶部复耕要求，管道埋深一般为2.0m，穿河流处管道埋深还考虑河流冲刷深度要求。管与地基采用砂垫层过渡。

四、天津干线输水形式比选

（一）输水线路

天津干线主要向天津市供水，首部位于河北省徐水县西黑山村西，线路经东黑山村西南往东，经南孙各庄南、大赤鲁村北、至高林营村南穿过京广铁路，经北张村北、沙河村西南、北城村南往东，在北剧村东北穿过津保公路，于东、西李家营之间穿过大清河，经辛许村南、大高村南，至白玛村西再次穿过津保公路，经李洪庄南，至叶庄入龙江渠，至堂二里后继续向东穿过子牙河、津浦铁路至天津市外环河。天津干线全长 153.817km，其中在河北省范围内长度 131.670km，占总长度的 85.6%。在河北省境内路经保定地区的徐水县、容城县、雄县、高碑店市及廊坊地区的固安县、永清县、霸州市、安次县。在天津市内线路总长 22.147km，路经武清、北辰、西青 3 区。

（二）输水形式比选

因天津干线穿越清南分洪区，明渠形式与当地的排洪有一定的矛盾，若采用管道，可以较好地解决这一矛盾。2001 年规划修订时，从减少占地、避免对当地行洪排涝等方面考虑，采用了部分明渠部分管道的方案，即进入天津市境内和穿越清南分洪区及其相邻渠段采用管道，其余渠段仍采用明渠。

针对天津干线特点，比较了明渠与管道相结合（方案一）及全管涵输水（方案二）两种方案。天津干线首段设计流量为 50m³/s，加大流量为 60m³/s。

方案一，考虑到天津干线穿大清河分滞洪区及部分市区的实际困难，将其中的 60.7km 明渠改为管道。具体布置为：天津干线渠首—容城南张堡东（长约 48.2km）为明渠，容城南张堡东—霸州辛庄东北（长约 38.8km）为压力管道，霸州辛庄东北—武清许家堡（长约 44.92km）为明渠，武清许家堡—外环河（长约 21.897km）为压力管道。明渠段累计长 93.12km，管道段累计长 60.697km。本方案输水流量小于 15m³/s 时可自流。

方案二，因天津干线具有较大的自然落差（约 64m），考虑充分利用水头、减少永久占地、方便管理等情况，对天津干线全部采用管道（或涵管）输水。本方案在输水流量小于 40m³/s 时可全线自流。

具体布置为：天津干线渠首—武清许家堡（长约 132km）采用 2 根内径为 4.0m 的 PCCP 管，在河北容城境内（距渠首约 54km）和河北永清境内（距渠首约 101km）分别设加压泵站；武清许家堡—外环河采用 2 孔方涵，方涵段长 21.817km（钢筋混凝土方涵较 PCCP 管投资小）。

天津干线两个方案主要工程量及投资比较见表 10-5-4。

表 10-5-4　　　　　　　　天津干线两个方案主要工程量及投资比较表

方　案	方案一	方案二	方　案	方案一	方案二
土方开挖/万 m³	3083.48	3133.66	钢筋钢材/万 t	2.77	4.67
土方洞挖/万 m³	11.17	40.27	PCCP 管/万 m	12.75	27.72
土方填筑/万 m³	1369.39	2408.21	止水长度/万 m	5.33	7.69
砂垫层/万 m³	53.56	113.93	工程永久占地/万亩	1.02	0.18
混凝土/万 m³	48.61	55.96	泵站装机/MW	54.72	85.12
衬砌混凝土/万 m³	31.6		总投资/万元	69.39	97.11

从技术方面比较，两方案都能满足供水要求，但方案二投资大，因此从技术经济上讲，方案一优。但天津市考虑到方案二较方案一永久占地少 0.9 万亩，且今后运行管理方便等优点，要求采用方案二。项目建议书推荐方案一即管渠结合输水方式，下阶段可对两方案作进一步综合比选，以确定最终输水形式。

（三）工程布置

1. 明渠段布置

渠首—容城南张堡东明渠段中，前 18.6km 渠道纵坡为 1/800～1/1000，以下渠道纵坡为 1/3000～1/5000；霸州辛庄东北—武清许家堡明渠段中，前 12.3km 渠道纵坡为 1/15000，以下渠道纵坡为 1/25000。渠道过水断面为梯形，渠首—容城南张堡东明渠段边坡系数为 2.0，霸州辛庄东北—武清许家堡明渠段边坡系数为 2.5。干渠上各类建筑物共有 127 座，其中河渠交叉建筑物 5 座，跨渠排水建筑物 26 座，渠渠交叉建筑物 4 座，铁路交叉建筑物 3 座，公路桥 66 座，分水闸 9 座，节制闸 7 座，退水闸 5 座，加压泵站 2 座。

2. 管道段布置

一级泵站位于河北省容城县，距渠首约 48.2km，设计流量 $50m^3/s$，加大流量 $60m^3/s$，设计扬程 33.1m，共设 6 台立式离心泵，单泵流量 $10m^3/s$，总装机容量 28.2MW。二级泵站位于天津市境内，距渠首约 131.92km，设计流量 $45m^3/s$，加大流量 $55m^3/s$，设计扬程 19.9m，共设 6 台立式离心泵，单泵流量 $9.2m^3/s$，总装机容量 15.6MW。考虑到多数时间一条管输水即可，故两泵站均不考虑备用机组。

管道段采用 2 根内径 4.0m 的 PCCP 管，工压 0.4～0.6MPa，糙率 $n=0.0125$，管间净距 1.0m。管道埋深一般为 2～2.5m，穿河流处埋至冲刷线以下。沿线每 5km 设一蝶阀，并设蝶阀井；每 1km 设一气阀和检修孔，结合大型河渠进行布置；管道上有 4 处分水口，分别设分水阀。

五、穿黄工程方案比选

（一）工作历程

早于 20 世纪 50 年代，长江设计院便开始南水北调中线工程的规划设计，对穿黄工程进行了长时间的研究工作。1994 年 4 月，南水北调中线工程前期工作会议在石家庄召开，根据会议精神和国家计委、水利部指示，黄委承担了南水北调中线穿黄渡槽的设计工作。

根据总干渠线路布置以及渠道控制水位的要求，可供选择的范围为郑州以西，上至汜水河口下至邙山头约 30km 的河段，曾自下游向上游对牛口峪线、孤柏嘴线、李村线和李寨线比较，基于大量的研究工作，最后集中到孤柏嘴矶头附近约 2.6km 的范围内的孤柏嘴线和李村线进行过河线路和过河建筑物的方案比选工作。2002 年 12 月 20—21 日水利部调水局召开会议，对穿黄线路和水头分配进行审查。会后水利部调水局要求长江设计院和黄委设计院根据会议精神，组织编制《南水北调中线穿黄工程方案比选主要设计条件与标准》，并要求"对穿黄工程的技术经济、施工条件、运行管理等进行综合分析后，提出穿黄工程方案"。

2003 年 1 月 28 日，长江设计院与黄委设计院（简称"两院"）正式签订合作协议，组成联合项目组。2003年2月27日至3月4日，两院在郑州市召开设计协商会，统一设计标准，就隧洞过河方案和渡槽过河方案进行综合比较；并商定，由长江设计院重点研究李村线（以下简称上线）隧洞方案和孤柏嘴线（以下简称下线）渡槽方案，黄委设计院则重点研究上线渡槽方案。其后两院共同编制《南水北调中线穿黄工程方案综合比选报告》（以下简称《综合比选报告》）上报水利部。

（二）主要设计条件与标准

（1）工程范围。工程南岸起点为河南省荥阳县王村乡王村化肥厂南的A点（坐标$X=3859513.34$，$Y=38433903.60$），北岸终点为温县南张羌乡马庄东的S点（坐标$X=3870778.83$，$Y=38419017.86$）。

（2）工程规模。南水北调中线一期工程由丹江口水库调水95亿m^3，相应过黄河的设计流量为265m^3/s，加大流量为320m^3/s；后期调水120亿～140亿m^3，穿黄工程设计流量为440m^3/s，加大流量为500m^3/s，在此正常运行期间，最小流量约为42m^3/s。穿黄工程方案比选按最终规模进行，设计流量和衔接水位详见表10-5-5。

表10-5-5　　　　　南水北调中线穿黄工程设计流量和衔接水位

项　　目	设计流量/(m^3/s)	线路比较阶段控制点水位/m			方案比较阶段控制点水位/m		
		南岸A点	北岸S点	水位差	南岸A点	北岸S点	水位差
设计流量	440	118.15	111.25	6.9	118	108	10
加大流量	500	118.74	111.84	6.9	118.49	108.49	10

注　表中水位为85国家高程系统。

（3）设计洪水。穿黄工程按300年一遇洪水设计，按1000年一遇洪水校核，施工导流按20年一遇洪水设计。

（4）地震设计加速度。穿黄工程地震设计基本烈度为Ⅶ度。按50年超越概率5%的地震动标准进行设防。相应基岩面地震加速度为0.158g，地表的地震加速度应根据工程位置的地形、地质条件推算。

（5）过流表面糙率。渠道表面糙率为0.015，穿黄隧洞表面糙率为0.0135。

（6）抗滑稳定安全系数。建筑物允许抗滑、抗浮、抗倾及开挖边坡抗滑稳定安全系数，详见表10-5-6。

表10-5-6　　　　　　　开挖边坡抗滑稳定安全系数

荷载组合		抗滑稳定标准			抗浮稳定标准	抗倾稳定标准	开挖边坡安全标准	渠道堤坡安全标准
建筑物级别		1	2	3、4、5				
基本组合		1.35	1.30	1.25	1.10	1.50	1.25	1.3
特殊组合	Ⅰ	1.20	1.15	1.10	1.05	1.30	1.15	1.2
	Ⅱ	1.10	1.05	1.05		1.20	1.05	1.0

注　1. 特殊组合Ⅰ适用于施工情况、检修情况及校核洪水位情况。

2. 特殊组合Ⅱ适用于地震情况。

（三）孤柏嘴线穿黄隧洞方案

考虑到孤柏嘴线北岸无须设置新蟒河交叉建筑物，需作砂土地震液化处理的渠段长度亦较短，退水建筑物可设于南岸滩地，均较李村线为有利，故隧洞方案以孤柏嘴线为代表重点说明。

孤柏嘴线隧洞方案自南向北，分为南岸连接明渠（含邙山隧洞）、南岸河滩明渠（含退水闸）、穿黄隧洞、北岸河滩明渠（含老蟒河河道倒虹吸）和北岸连接明渠等五大段，各段长度分别为 5533.89m、331.00m、4196.90m、3004.94m 和 6619.84m；此外北岸设有防护堤，南岸有孤柏嘴护山湾工程。

孤柏嘴线穿黄隧洞方案主要工程特性见表 10－5－7。

表 10－5－7　　　　　　　　孤柏嘴线穿黄隧洞方案主要工程特性表

项　　目			单位	数　值
水力指标	黄河	设计流量	m^3/s	14970
		校核流量		17530
		设计水位	m	104.70
		校核水位		106.62
	总干渠	设计流量	m^3/s	440
		校核流量		500
		A点设计水位	m	118.00
		S点设计水位		108.00
		A点校核水位		118.49
		S点校核水位		108.49
分段长度	南岸连接明渠（A—邙山隧洞进口）		m	3782.83
	邙山隧洞段	进口段	m	100
		隧洞段		1100
		出口段		100
	南岸连接明渠（邙山隧洞出口—G1）		m	451.06
	南岸河滩明渠		m	331
	过黄河建筑物	进口段	m	252.9
		盾构隧洞段		3500
		出口段		444
	北岸河滩明渠		m	3004.94
	北岸连接明渠		m	6619.84
总长度			m	19686.57
盾构隧洞直径			m	8.2

续表

项 目		单位	数 值
主要工程量	明挖	万 m³	1499.13
	洞挖	万 m³	84.90
	填方	万 m³	528.21
	砌块石	万 m³	25.73
	混凝土	万 m³	56.44
	钢筋	t	37507.00
	钢绞线	t	7350.00
	金结	t	723.00
	紫铜止水	万 m	4.07
	橡胶止水	万 m	49.47
	压浆	万 m²	23.60
地基处理	挤密砂桩	万 m	36.44
总工期		月	51
总造价		亿元	25.5004

1. 南岸连接明渠

南岸连接明渠位于邙山黄土丘陵区,由两段组成,分居邙山隧洞南、北两侧,均为挖方渠道,渠道底宽12.5m,渠底纵坡1/25000,渠顶以下两侧边坡为1∶2.25,采用混凝土衬砌和土工膜防渗。连接明渠南段边坡最大坡高55m,地下水位为113.0~138.0m,综合坡比定为1∶2;北段边坡最大坡高约45m,地下水位135m,综合坡比定为1∶1.7;在渠道两侧边坡体内各布置了1条2.5m×3.0m(宽×高)的排水洞,洞底高程与明渠底部高程相同。

邙山隧洞位于南岸连接明渠南、北段之间,洞长1300m,圆形断面内径8.8m,衬砌厚度90cm,采用带盾壳支护的掘进机施工。

2. 南岸河滩明渠与退水闸

南岸河滩明渠位于南岸河滩,为填方渠道,地面高程约102.0m,堤顶高程为120.00m,最大堤高约18m,主要利用邙山一带的Q₃黄土填筑,段长331m,采用混凝土衬砌和土工膜防渗;渠堤顶宽5m,内、外渠坡均为1∶2.25。外坡于高程109.0m以下用块石护坡,以上用草皮护坡。明渠基础浅层为中、细砂互层,在地震荷载作用下易发生液化。在外坡脚范围按挤密砂桩处理成复合地基,在渠底至内坡脚范围布置排水管,以解决地震荷载作用下基础液化、承载力降低等问题。

退水闸设计流量132.5m³/s,设在南岸河滩明渠的右侧,退水泄入黄河主河床。退水闸室净宽10m,布置一扇平板工作闸门。

3. 穿黄隧洞

结合地形和地质条件,穿黄隧洞按南竖北斜双线布置,包括隧洞进口建筑物、过河隧洞段和出口建筑物,共长4196.90m。立面和平面布置示意图如图10-5-1和图10-5-2所示。

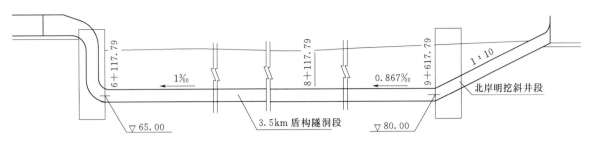

图 10-5-1　孤柏嘴线穿黄隧洞方案过黄河建筑物立面布置示意图

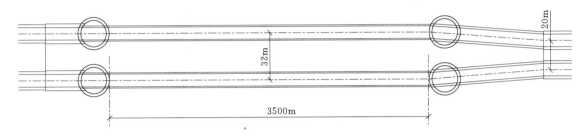

图 10-5-2　孤柏嘴线穿黄隧洞方案过黄河建筑物平面布置示意图

（1）隧洞进口建筑物。进口建筑物位于黄河滩地上，包括截石坑、进口渐变段、进口闸室段和竖井段，共长 252.90m。其中进口闸室按一线一室布置，闸室内设有事故检修平板闸门一座。进口竖井段由盾构机出发井改造而成。建筑物地基采用水泥搅拌桩作基础处理。

（2）过河隧洞段。双线穿黄隧洞中心间距 32m，单段长 3500m，起点中心高程为 65.00m，终点中心高程为 80.00m。隧洞直径为 8.2m，外层为装配式普通钢筋混凝土管片结构（厚 45cm），内层为现浇预应力钢筋混凝土整体结构（厚 45cm），内、外层衬砌由弹性防水垫层相隔。隧洞内衬按 9.6m 分段，与进、出口竖井衔接的洞段以及距进口竖井约 1.9km 处的地层变化洞段（在此范围内，隧洞自 Q_2 亚黏土进入 Q_{41} 中、细沙层）适当局部加密。盾构隧洞出口在新蟒河以北，穿黄隧洞在新蟒河河床中通过。

（3）出口建筑物。出口建筑物除完成盾构隧洞出口至北岸河滩明渠段的水力过渡外，主要是控制不同流量下闸前水位，保证隧洞进口上游渠道水位变动在允许范围内。

出口建筑物位于新蟒河以北，由斜井段、闸室段（含侧堰段）、消力池段、合流段等组成，共长 444m。出口斜管段埋于北岸河滩，具涵管结构，纵坡 1:10，检修期可供车辆和人员通行。出口闸室共设三室，两边室与中室隔墙上设有露顶侧堰，闸室段的两边孔上游侧各设有平板检修闸门，下游侧设有弧形工作闸门，以实现控制进口闸前为常水位的要求。中室不设闸门，与下游消力池段相通。出口合流段长度 100m，渠顶高程 113.70m，为钢筋混凝土结构，侧墙内侧为扭曲面，外侧为直立墙，墙外填筑 Q_3 黄土。出口建筑物地基处理方式与进口建筑物基本相同。

4. 北岸河滩明渠

北岸河滩明渠长度为 3004.94m，位于黄河北岸低漫滩和高漫滩上。明渠采用宽浅式梯形断面，由填筑土堤形成，内坡 1:2.25，底宽 31.6m，纵坡 1/30000，采用混凝土衬砌和土工膜防渗，基础处理方案与南岸河滩明渠段同，仅外侧坡脚采用挤密砂桩，横向分布宽度改为 30m，其中坡脚外侧宽度为 10m，内侧宽度为 20m。

老蟒河以箱涵型式从明渠下方穿越，与明渠立体交叉。

5. 北岸连接明渠

北岸连接明渠段长 6619.84m，过水断面与河滩明渠相同，纵坡 1/30000。因渠段位于黄河以北阶地，无沙土液化问题，仅采用混凝土衬砌和土工膜防渗。

（四）李村线穿黄隧洞方案

李村线隧洞方案自南向北，分为南岸连接明渠、穿黄隧洞（含邙山隧洞）、北岸河滩明渠（含新蟒河渠道倒虹吸与老蟒河河道倒虹吸）、北岸连接明渠等四大段，各段长度顺序为 4710.40m、4707.90m、6127.50m 和 3832.63m，共长 19378.43m；此外北岸设有防护堤，南岸设穿越邙山长 800.00m 退水洞和孤柏嘴护山湾工程。

结合地形和地质条件，李村线穿黄隧洞按南斜北竖双线布置，包括进口建筑物、邙山隧洞段、过河隧洞段和出口建筑物，共长 4707.90m，结构型式与孤柏嘴线隧洞类同。立面布置示意图如图 10-5-3 所示。

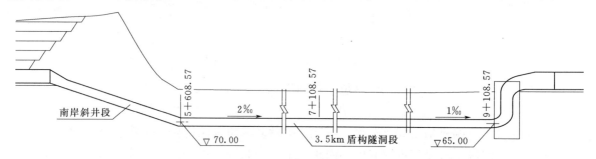

图 10-5-3　李村线穿黄隧洞方案过黄河建筑物立面布置示意图

表 10-5-8　　　　　　　　　李村线隧洞方案主要工程特性

项　目			单位	数　值
水力指标	黄河	设计流量	m³/s	14970
		校核流量		17530
		设计水位	m	105.21
		校核水位		106.86
	总干渠	设计流量	m³/s	440
		校核流量		500
		A 点设计水位	m	118.00
		S 点设计水位		108.00
		A 点校核水位		118.49
		S 点校核水位		108.49
分段长度	南岸连接明渠（A—邙山隧洞进口）		m	4710.40
	过黄河建筑物	进口段	m	230
		邙山隧洞段		750.00
		盾构隧洞段		3500
		出口段		227.90
	北岸河滩明渠		m	6127.50
	北岸连接明渠		m	3832.63

项 目		单位	数 值
总长度		m	19378.43
盾构隧洞直径		m	8.2
主要工程量	明挖	万 m³	1485.17
	洞挖	万 m³	83.31
	填方	万 m³	406.26
	砌块石	万 m³	30.19
	混凝土	万 m³	52.49
	钢筋	t	35564
	钢绞线	t	7350
	金结	t	723.00
	紫铜止水	万 m	3.31
	橡胶止水	万 m	49.47
	压浆	万 m²	23.60
地基处理	挤密砂桩	万 m	49.78
总工期		月	51
总造价		亿元	25.8061

（五）李村线穿黄渡槽方案

通过对梁式结构、拱桁架类结构、斜拉类结构三大类型渡槽的十余种形式综合比选，推荐以预应力简支薄腹梁渡槽为代表方案，主要工程特性见表 10-5-9。

表 10-5-9　　　　　　　李村线穿黄工程渡槽方案工程特性表

项 目		单位	数 量
水力参数	设计流量	m³/s	500
	南岸衔接点（A）水位	m	118.59
	北岸衔接点（S）水位	m	108.59
	渡槽始端水位	m	116.92
	渡槽末端水位	m	111.92
	渡槽单槽过水断面（宽×水深）	m×m	11×5.01
	渡槽内流速	m/s	4.54
建筑物长度	南岸明渠	m	5377.56
	进口段	m	231
	渡槽段	m	3500
	出口段	m	200

续表

项 目		单位	数 量
建筑物长度	北岸明渠	m	9991.07
	穿黄工程总长度	m	19299.63
穿黄渡槽	断面外尺寸（槽数×宽×高）	槽数×m×m	2×12.2×6.8
	渡槽始端底板高程	m	111.91
	渡槽末端底板高程	m	108.17
	单槽重量（含水重）/槽自重	10kN	5630/2880
	单基础槽墩（个数×内径×外径）	个×m×m	2×2.5×4.5
	单基础桩（排数×每排根数）	排×根	2×4
	支座吨位	10kN	1750
	桩直径（槽墩）	m	2
	桩长（槽墩）	m	61～73
	桩直径（两岸槽台）	m	2.2
	桩长（两岸槽台）	m	71～75
工程量	明挖	万 m³	2555.27
	填方	万 m³	518.9
	石方	万 m³	56.6
	混凝土	万 m³	75.63
	桩基造孔	万 m	7.60
	钢筋	10^5 kN	4.17
	钢材	10^5 kN	0.14
	钢绞线及钢丝	10^5 kN	1.15
	1750t 盆式支座	个	560
	复合止水	万 m	78.03
地基处理	碎石振冲桩	万 m	8.17
	压盖	万 m³	67.99
总工期		月	50
总造价		亿元	28.3182

李村线穿黄渡槽方案从南到北主要建筑物有南岸连接渠道，进口建筑物（包括节制闸、退水闸），穿黄渡槽，出口建筑物，北岸连接渠道及新、老蟒河交叉建筑物等，设计轴线全长 19.2996km。

1. 南岸连接渠道

南岸连接渠道长 5377.56m，梯形断面，底宽 25m、渠内边坡 1：2、纵坡 1/25000；渠内采用厚 10cm 混凝土衬护，渠顶以上为黄土人工高边坡，开挖高度 20～70m，按多级大平台坡型设计，综合坡比 1∶2。

2. 进口建筑物

节制闸长 20m，按宽顶堰双孔布置，单孔宽度 11m，工作门采用平板钢闸门，检修门为叠梁门。闸前设有进口收缩段、闸后连接段与渡槽相接。

退水闸位于节制闸的右侧，主要任务是满足渡槽及下游渠道的检修要求。该闸为宽顶堰两孔布置，单孔闸宽 8m，长 23m，采用弧形工作闸门。闸室后接陡槽，退水入黄河。

3. 穿黄渡槽

穿黄渡槽为双槽，独立平行布置，中心线间距 21m；单孔跨度 50m，每槽各 70 跨；单槽按输水加大流量 250m³/s 设计，过水断面（槽净宽×水深）11m×5.01m，为梁槽结合的薄腹梁三向预应力混凝土结构，梁高 7m，腹板及底板厚度 0.6～0.8m；槽顶设置横梁，间距 5m。渡槽下部结构由槽墩、南北岸槽台及灌注桩基础组成。每个槽墩承台下布置双排桩，每排 4 根，共 8 根，间排距 5.2m，桩径 2m，桩长在 61～73m。渡槽体型布置如图 10-5-4 所示。

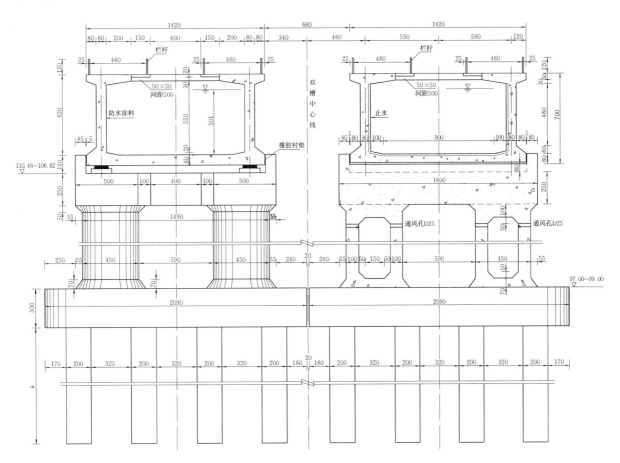

图 10-5-4　矩形薄腹梁渡槽体型布置图

4. 出口建筑物

出口设检修闸室，沿北岸槽台黄河上、下游方向布置导流堤。检修闸用于渡槽检修时挡下游回水。闸室长 15m，双孔布置，单孔宽度 11m，采用叠梁钢闸门。闸后以长 100m 的渐变段与北岸渠道相衔接。

5. 北岸连接渠道

北岸连接渠道长 9991.07m，渠底宽 20m，最大填方高度 12.0m，内外边坡 1∶3，纵比降 1/15000，渠内采用厚 0.1m 混凝土衬护，土工膜防渗。

6. 新、老蟒河交叉建筑物

新蟒河交叉建筑物上部为矩形过水槽，断面尺寸 20m×6.08m，下部为 12 个与干渠轴线斜交的新蟒河箱涵，单孔尺寸 5.5m×5m，用于导泄新蟒河洪水。老蟒河交叉建筑物为单孔涵洞，矩形断面，尺寸 4.5m×5m，全长 190m，于渠道下方通过。

（六）穿黄隧洞方案施工组织设计

1. 施工条件

（1）主要工程量。土方开挖 1584.03 万 m^3，其中土方明挖 1499.13 万 m^3，洞挖 84.90 万 m^3；土方填筑 528.21 万 m^3；混凝土 56.44 万 m^3，其中穿黄隧洞混凝土 19.92 万 m^3，渠道及建筑物混凝土 36.52 万 m^3；钢筋 3.75 万 t，钢绞线 0.735 万 t。

（2）施工场地。南岸漫滩宽约 0.5km，高程 101.5～102.7m，北岸漫滩宽约 3.6km，高程 101.0～102.5m。均有利于施工场地布置。

（3）对外交通。南岸距陇海铁路上街站 9km，北岸距焦作站 62km，对外交通较为便利。

（4）主要建材。水泥由郑州长城铝业水泥厂供应，钢材及其他物资均由郑州市场采购。

（5）天然建筑材料。南岸有东竹园块石料场，距穿黄工程约 20.0km；北岸有丹河砂砾料场，运距约 60km，储量、质量满足工程要求。

2. 施工导流

（1）导流标准。采用 20 年一遇全年最大日平均流量 $Q=11210m^3/s$。

（2）导流方式。地上结构物汛期采用水工建筑物临时断面挡水；穿黄隧洞采用加高进、出口施工竖井供汛期挡水，全年施工。

3. 穿黄隧洞施工

（1）隧洞掘进及外衬施工。泥水加压式盾构机在南端竖井内安装后，向北掘进，同时不断安装管片环，以形成外衬，进入北端竖井后拆除，月平均进尺 200m。

（2）隧洞内衬施工。拟用穿行式钢模台车由隧洞中部向出、进口方向同时进行，两个工作面月进尺共 300～380m。

（3）闸室施工。进、出口闸室和渐变段混凝土建筑物，断面不大，可采用 10t 左右小型轮胎吊车配 1～2m^3 卧罐或混凝土泵垂直运送混凝土。

4. 明渠施工

（1）开挖施工。分台阶采用 2～3m^3 挖掘机直接开挖，辅以 120～180 马力❶推土机集渣，由 15～20t 自卸汽车装运，将开挖料弃至渣场。

（2）填筑施工。渠堤填筑最大高度 15m，采用分区分层填筑，2～3m^3 挖掘机配 15～20t 自卸汽车装运，推土机平料，采用 20t 轮胎碾碾压。

（3）混凝土施工。渠道混凝土衬砌采用衬砌机施工。

---

❶ 1 马力＝735 瓦

5. 邙山隧洞施工

(1) 开挖施工。采用开敞半机械式盾构机，由北向南施工。

(2) 衬砌混凝土施工。洞身采用穿行钢模台车进行衬砌施工。

6. 施工总进度

按拟定的施工方法，穿黄隧洞方案总工期为 51 个月。

7. 工程投资

孤柏嘴线隧洞方案与李村线隧洞方案工程投资分别为 25.5004 亿元和 25.8061 亿元。

（七）李村线渡槽方案施工组织设计

1. 施工条件

(1) 主要工程量。土方开挖 2555.27 万 m^3，石方开挖 56.60 万 m^3；土方填筑 518.90 万 m^3；混凝土 75.63 万 m^3，桩基造孔 7.6 万 m，渠道及建筑物混凝土 36.52 万 m^3；钢筋 4.17 万 t，钢绞线 1.15 万 t。

(2) 施工场地。南岸为邙山临河，岸坡 40°～50°，无漫滩，不宜布置施工场地。北岸漫滩宽约 7～8km，高程 102.0～103.0m，有利于施工场地布置。

(3) 对外交通、主要建材、天然建筑材料。与隧洞方案相同。

2. 施工导流

(1) 导流标准。与隧洞方案相同。

(2) 导流方式。采用滩面过水导流方式。

3. 穿黄渡槽及明渠施工

(1) 下部结构施工。修筑钢栈桥，然后钻孔灌注桩，再承台、墩身施工。

(2) 上部结构施工。滩地段采用满堂红支架立模施工，主河槽段采用移动支架造桥机施工，浇筑混凝土后，再进行预应力施工。

(3) 闸室和明渠施工。与隧洞方案类同。

4. 交叉建筑物施工

新蟒河箱涵和老蟒河涵洞施工：均明挖形成基坑后，浇筑混凝土，再修筑渠道。

5. 施工总进度

按拟定的施工方法，穿黄渡槽方案总工期为 51 个月。

6. 工程投资

李村线渡槽方案概算为 28.318 亿元。

（八）方案比选

1. 穿黄隧洞方案评述

孤柏嘴线或李村线隧洞方案与穿黄河段河势、防洪均无实质性相互影响；工程布置满足中线总干渠规划要求；盾构隧洞技术性能好，施工技术成熟；由于设置了健全的安全监测系统，可以做到防患于未然；通过采取措施，达到与地面结构相近的检修条件；隧洞位于地下，与地面结构相比，可免受温度、冰冻、大风、意外灾害等不利因素影响，耐久性好，检修维护相对简单，这对穿黄工程长期安全运行是十分有利的。李村线隧洞方案和孤柏嘴线隧洞方案都是可行的方案，而以孤柏嘴线隧洞方案略优。

2. 穿黄渡槽方案评述

渡槽上部结构为简支预应力混凝土矩形槽，结构简单，受力明确，安全可靠；下部结构为混凝土灌注桩，在黄河下游桥梁工程中广泛采用；渡槽施工技术成熟，施工过程中不确定和不可预见因素少；作为地面建筑物，运行管理、检修方便；工程规模宏大，可以成为具有较高开发价值的旅游资源；渡槽在地面经受风吹日晒，抗老化是渡槽的主要研究课题。

3. 方案比选

2003 年 5 月 24—26 日，水规总院审查了《综合比选报告》，确认在提出的南水北调中线穿黄工程规模和建设条件下，上述三个方案在技术上均是可行的，经综合比选，上线隧洞方案相对更为合理，可以在下阶段工作中作为推荐方案。

第六节　项目建议书阶段工作评述

一、本阶段主要工作

按照水利部的布置，长江设计院从 2002 年开始编制南水北调中线一期工程项目建议书的工作，于 2002 年 6 月编制完成《南水北调中线一期工程项目建议书》（征求意见稿）及其附件：①《中线一期工程水源专题研究报告》；②《丹江口水库可调水量研究报告》；③《建议二○○二年开工的项目》。项目建议书以《南水北调中线工程规划（2001）修订》和国务院关于《南水北调工程总体规划》批复意见为基础，以规划修订报告推荐的一期工程的建设方案为依据，进一步明确了中线一期工程的开发目标、任务和规模，阐明了中线工程优越的建设条件和扎实的设计基础。2002 年 6 月，水规总院会同水利部调水局对《南水北调中线一期工程项目建议书》进行了审查。根据会议精神及有关方面意见，长江设计院对该项目建议书进行了完善和补充，并于 2003 年 3 月完成了项目建议书修订工作。4 月，水规总院对修订后的项目建议书进行了复审。会后，设计单位对项目建议书再次进行了修改，提出了《南水北调中线一期工程项目建议书》（修订本），于 2004 年 5 月上报水利部。中线一期工程项目建议书主要工作内容如下。

（一）阐明了中线一期工程建设条件

水文方面，数十年来，完成了水源区丹江口水库初步设计水文气象专题研究；总干渠沿线交叉河流的设计洪水、水位流量关系分析工作；汉江中下游引江济汉、兴隆水利枢纽、闸站改造以及航道整治等有关水文工作；分析计算成果可满足中线工程相关设计要求。

地质方面，20 世纪 90 年代以来，长委与沿线省（直辖市）地矿局等单位先后进行了大量工程地质勘察和科研工作，完成了总干渠沿线地质勘察工作、丹江口水利枢纽后期续建工程初步设计阶段的工程地质勘察、兴隆枢纽的地质勘察工作、引江济汉工程的地质勘察工作。勘察成果满足设计要求。

关键技术问题研究方面，主要进行了丹江口大坝加高及调水对库区淤积及下游河道冲淤变化影响、新老混凝土结合、大坝结构应力及水力学模型试验研究；总干渠输水损失分析、冰期输水、特殊土（膨胀土、砂土、黄土等）的土力学问题研究；膨胀土渠坡失稳早期预报；交叉建筑物进出口段水力学及泥沙试验研究。

（二）进一步明确了一期工程的任务和规模

1. 一期工程建设任务

南水北调中线一期工程的建设任务是向受水区城市提供生活、工业用水，缓解城市用水与农业、生态用水的矛盾，将城市不合理挤占的农业、生态用水归还于农业与生态，基本控制大量超采地下水、过度利用地表水的严峻形势，遏制生态环境继续恶化的趋势，促进该地区社会、经济可持续发展。

2. 一期工程建设规模

（1）供水范围。按照《南水北调中线工程规划（2001年修订）》确定的南水北调中线一期工程主要供水城市为北京、天津；河北省的邯郸、邢台、石家庄、保定、衡水、廊坊等6个省辖市及15个县级市、59个县；河南省的南阳、平顶山、漯河、周口、许昌、郑州、焦作、新乡、鹤壁、安阳、濮阳等11个大中城市及30个县（市）。

（2）调水量及分配。中线一期工程多年平均调水量为95亿 m^3（含刁河灌区引水）。水量分配方案为河南省 37.69 亿 m^3（含刁河现状用水量6亿 m^3），河北省 34.70 亿 m^3，北京市 12.38 亿 m^3，天津市 10.15 亿 m^3。

（3）流量规模。总干渠渠首设计流量为 350m^3/s，加大流量为 420m^3/s；穿黄工程设计流量为 265m^3/s，加大流量为 320m^3/s；总干渠豫冀交界处设计流量为 235m^3/s，加大流量为 280m^3/s；北京段、天津段渠首设计流量为 50m^3/s，加大流量为 60m^3/s。

（三）对一期工程的主要建筑物作了设计布置

1. 丹江口大坝

丹江口水库大坝及陶岔渠首枢纽工程在原址加高续建，混凝土坝加高 14.6m，大坝加高后混凝土坝坝顶高程 176.6m，最大坝高 117m。右岸土石坝新坝线位于老坝线下游，最大坝高 60m。左岸土石坝加高坝顶和扩大下游坝体，并向左端延长 200m。最大坝高 71.6m。

2. 陶岔渠首

陶岔渠首枢纽在原有建筑物基础上加高续建。对于原闸加高扩建和易址重建引水闸这两个方案，均进行了重力坝和堆石坝的坝型比较。项目建议书暂推荐陶岔渠首采用原闸堆石坝加高方案。枢纽布置自左至右依此为左岸堆石坝（长 110m）、引水闸坝段（长 42m）、右岸堆石坝（长 110.5m），坝轴线全长 262.5m。设计坝顶高程为 176.6m，同时在坝顶上游设高 1.4m 的防浪墙。

3. 总干渠工程

总干渠引水线路采用新开渠线高线方案，即自陶岔渠首，沿伏牛山南麓山前岗垅与平原相间地带向东北经方城垭口，至郑州市西郊穿过郊山过黄河；北岸采用高线新开渠沿京广铁路西侧过瀑河调蓄水库向北进入北京市，穿永定河引水渠至终点团城湖；天津干线线路采用新开淀北线，自徐水县西黑山村北渠首向东至天津市终点外环河。

总干渠采用明渠输水方式，北京段暂推荐为全涵管小流量自流方案，天津段采用明渠与管道相结合形式。

4. 汉江中下游工程

（1）兴隆水利枢纽。兴隆枢纽正常蓄水位 36.5m，枢纽通航建筑物为单线一级，可通过现行船队和规划一顶四驳 2000t 级及以下船队。坝轴线总长度 2825m，其中左岸连接坝段 910m，泄水闸段 900m，泄水闸与船闸连接段 74m，船闸段 36m，右岸连接坝段 905m。

（2）引江济汉工程。比较了高线、低线及利用长湖线，初步推荐高线方案。渠道全长约 82.68km。最大流量 500m³/s。

（3）部分闸站改扩建工程。对灌溉面积较大的谢湾闸和泽口闸，为改善其灌溉保证程度，规划在闸前兴建泵站。根据灌溉面积及需水量，初估谢湾泵站装机容量约 3.2MW，泽口泵站装机容量约 15MW。

（4）局部航道整治工程。汉江中下游近期的航道治理按照整治与疏浚相结合、固滩护岸、堵支强干、稳定主槽的原则进行。

（四）对环境影响作了分析评价

中线一期工程环境影响分析按照丹江口库区、汉江中下游及河口区、总干渠沿线及受水区 3 部分进行，分别对有利影响和不利影响作了详尽分析。总体评价结论为：南水北调中线工程地理位置优越。丹江口枢纽续建工程完建后，从水库引水，水质好、水量可靠，全线能自流输水，是缓解京、津、华北地区水资源危机，促进经济社会可持续发展，改善生态环境的良好方案。南水北调中线工程规模巨大，也必然对环境带来一定不利影响，主要是水库淹没与移民、总干渠占地与拆迁、工程对生态的影响、施工对环境的影响、对汉江中下游生态环境的影响等，应认真对待，采取有效措施加以解决；其他的不利影响，采取有效措施，可将不利影响减小到最低限度。在环境保护方面，没有影响工程决策的制约因素。

（五）估算了一期工程总投资

天津干线采用全管涵方案，按 2002 年年底市场价格水平编制工程静态总投资为 1077.4 亿元（不含瀑河水库投资）。工程静态总投资中包括工程建设投资、水库淹没及工程占地处理投资、环境保护及水土保持专项投资。

为了便于分析价格水平对工程投资的影响，将工程用主要材料水泥、油料、钢筋按 2004 年 1 月市场价格水平编制与按 2002 年 12 月价格水平计算的价差列入工程建设投资，则考虑工程用主要材料价差后按 2004 年 1 月市场价格水平编制的工程静态总投资为 1105.3 亿元（不含瀑河水库投资）。

瀑河水库工程静态总投资为 15.98 亿元。

若天津干线采用管渠方案，则按 2002 年年底市场价格水平编制工程静态总投资为 1061.8 亿元（不含瀑河水库投资）。按 2004 年 1 月市场价格水平编制的工程静态总投资为 1086.6 亿元（不含瀑河水库投资）。

（六）经济分析与评价

中线一期工程国民经济评价结果表明，工程实施后具有较好的经济效益，多年平均可获得供水效益 447.93 亿元，防洪效益 6.52 亿元。工程的经济内部收益率 13.11%，经济净现值 442

亿元，经济效益费用比 1.36，各项指标均优于国家规定的基准值，在经济上是合理的。财务评价结果表明：中线一期工程建成后可以做到"还本付息、收回投资、保本微利"。

二、主要技术结论

（一）尽快开工建设南水北调中线一期工程十分必要而紧迫

我国华北地区水资源贫乏，随着社会经济的快速发展，缺水形势发展十分迅速。京津华北平原由基本不缺水状态发展到严重缺水状态仅经过了 20 多年的时间。预测结果显示，这一缺水矛盾还将日益严重。解决这一矛盾，必须充分挖掘节水潜力，同时实施南水北调工程。2002年 12 月，南水北调工程已正式开工，抓紧完成南水北调中线工程各阶段前期工作，履行有关的报批立项程序，争取中线早日动工，这对于防止京津华北平原暴发供水危机、维持社会的稳定和经济社会的可持续发展、改善生态环境都是极为重要的。

南水北调中线工程地理位置优越，能够把汉江丹江口水库的优质水，基本以自流的方式送到京津华北平原，可有效地缓解华北水资源危机，社会、经济、环境效益巨大。同时，丹江口水库大坝加高不仅有效地解决了中线输水的调蓄问题，同时大大提高了汉江中下游地区的防洪标准，为该地区经济发展提供了可靠的安全保障。南水北调中线工程是一项利国利民的宏伟的战略性工程，尽早开工建设十分必要。

（二）丹江口大坝加高条件成熟

丹江口大坝加高是提高调水过程稳定性、保证汉江中下游地区供水、解决中线调蓄库容的根本措施；是提高汉江中下游防洪标准的根本途径；同时也是从根本上解决库区移民遗留问题的有效措施。丹江口大坝初期规模建设时就已经按最终规模完成了水下部分的施工，加高大坝不存在大的技术难题。丹江口大坝按最终规模扩建，是一项综合效益高、深得民心的工程。

（三）前期工作基础好，具备开工条件

中线工程历经 50 年的研究，特别自 20 世纪 90 年代以来，国家、各级地方政府已经投入了大量前期经费，进行了详细的地质勘探、地形测量、水文测验、科学试验和设计，基础工作扎实，主要技术问题都能够解决。丹江口大坝加高已完成初步设计，穿黄工程研究达到初步设计深度，总干渠线路已取得沿线各级政府的认同，并进行了现场定线，所留出的建设"廊道"以省级政府的文件进行了确认。总之，中线工程已具备开工的社会条件和技术支持条件，可以在较短时间内按开工要求提交设计图纸。

（四）工程任务与规模

一期工程建设的基本任务是解决受水区城市缺水问题，缓和城市挤占生态与农业用水的矛盾，控制大量超采地下水、过度利用地表水的严峻形势，遏制生态环境继续恶化的趋势。丹江口水库的主要任务是，在首先满足汉江中下游地区防洪要求前提下，以供水为主，而供水又以满足汉江中下游用水为先，发电只是在向下游供水时、或当水库发生弃水时进行；汉江中下游工程的基本任务是消除和减轻调水对汉江中下游用水与环境可能产生的不利影响，适当改善用

水条件；输水工程的主要任务是安全可靠地将北调水输送到各分水口门，通过与补偿调蓄、充库调蓄、在线调蓄水库及地下水的联合运用，稳定可靠地满足用户需求。一期工程年均调水量95亿 m³，输水总干渠渠首设计流量 350m³/s，引江济汉设计流量 500m³/s。

（五）淹没与占地处理

丹江口大坝加高后，库区移民迁移线下人口约 22.36 万人，淹没耕地约 25.64 万亩；坝区永久占地 1337 亩，需迁移人口 2331 人；总干渠工程永久占地约 17.71 万亩，影响人口约 2.72 万人；汉江中下游工程总占地约 3.7 万亩，影响人口 0.25 万人。丹江口水库移民中，外迁约 21.07 万人，其余采取防护区、后靠等措施安置。采取这些措施，移民可以得到妥善安置，并可解决长期以来遗留的老移民问题，有利于库区群众早日摆脱贫困状态。总干渠工程和汉江中下游工程的移民均可沿线就近安置。

（六）环境影响

中线工程既是一项战略性基础设施工程，又是一项宏伟的环境工程。一期工程实施后，将显著改善受水区的生态环境，缓解这一地区的供水危机。对水源区的生态环境有利有弊。丹江口水库蓄水容积增加，有利于改善水库水质，但移民安置可能在短期内引起水土流失；汉江中下游地区防洪状况有明显改善，河道趋于稳定，枯水流量有所增加，但总下泄量减少，可能影响稀释自净能力和航运效益。不利影响采取措施后可得到减免，中下游兴建兴隆、引江济汉工程及闸站改造和局部航道整治工程后，基本满足了工农业、航运、生态环境等的用水要求。

（七）工期

丹江口大坝加高施工需 66 个月，为一期工程中工期最长的项目。穿黄工程施工需 56 个月，为输水工程的控制工期。

（八）经济评价

一期工程总投资 1105.33 亿元，多年平均可获得供水效益 447.9 亿元，防洪效益 6.52 亿元。据此计算，经济内部收益率为 13.11%，经济净现值 442 亿元，经济效益费用比 1.36，各项指标均优于国家规定的基准值，经济上是合理的。

三、审查及批复意见

（一）审查意见

2002 年 6 月 14—18 日，水规总院在北京召开会议，对《南水北调中线一期工程项目建议书》进行了审查。长江设计院根据会议精神及有关方面意见对报告进行了完善和补充，并于2003 年 3 月完成了项目建议书修订工作。水规总院于 2003 年 4 月 12—14 日对修订后的《南水北调中线一期工程项目建议书》进行了复审，会后，长江设计院按照复审意见对项目建议书再次进行了修改，并于 2003 年 6 月上报。经审查，基本同意该项目建议书。主要审查意见如下。

1. 项目建设的必要性和任务

（1）项目建设的必要性。京津华北平原是我国政治、经济、文化中心，其社会经济发展在我国占有极其重要地位。该地区水资源严重匮乏，是我国人均水资源量最少、水资源利用程度最高的地区。随着人口的增加、经济的发展，水资源供需矛盾日益突出。致使该地区产生了严重的生态环境问题，区域性缺水已成为该地区社会经济发展最突出的全局性制约因素。为缓解这一地区日益尖锐的水资源供需矛盾，在加大节水力度和污水资源化的同时，实施南水北调中线工程是缓解京、津、冀、豫4省（直辖市）京广铁路沿线的城市缺水矛盾和支撑该地区国民经济与社会可持续发展的战略性举措，建设该工程是必要的。

（2）项目建设任务。南水北调中线一期工程的建设任务是向受水区城市提供生活、工业用水，缓解城市用水与农业、生态用水的矛盾，将城市不合理挤占的农业、生态用水归还于农业与生态，基本控制大量超采地下水、过度利用地表水的严峻形势，遏制生态环境继续恶化的趋势，促进该地区社会、经济可持续发展。

2. 建设条件

（1）水文。

1）同意本阶段丹江口水库采用1956—1998年天然径流系列计算的多年平均年径流量为388亿 m³。下阶段应对20世纪末的枯水期进行补充分析。

2）基本同意总干渠和天津干线经过的主要交叉河流的设计洪水成果。下阶段应补充近年暴雨、洪水等资料，复核设计洪水成果。

（2）工程地质。

1）南水北调中线一期工程渠线工程地质条件基本查明，主要工程地质问题基本明确，工程地质勘察深度可以满足项目建议书阶段的要求。

2）渠线跨越扬子准地台、秦岭褶皱系、中朝准地台等不同地质构造单元，多数渠段区域构造稳定条件较好。本阶段同意暂按《中国地震动参数区划图》（GB 18306—2001）确定工程区地震基本烈度。渠道工程区地震动峰值加速度为 $0.05g \sim 0.20g$，相当于地震基本烈度Ⅵ～Ⅷ度。由于（GB 18306—2001）与1996年长江委和国家地震局联合绘制的1∶100万《南水北调中线震中分布及沿线地震烈度分区图》在部分地段存在差异，下阶段应对差异段进行专门复核。

3）渠道工程沿伏牛山、太行山东麓由南向北，跨越江、淮、黄、海四大流域，穿越了不同的地质地貌单元，地层岩性复杂多变，多数渠段工程地质条件较好，部分渠段工程地质条件较差。位于膨胀岩土区、黄土区和软土区的渠道工程，需要考虑必要的工程处理措施；渠道应尽可能绕避煤矿采空区，并在下阶段继续研究渠线通过煤矿部门确认的稳定采空区的可行性；对压煤区应制定严格的限制开采措施；各交叉建筑物区尚未发现影响工程建设的重大工程地质问题，工程兴建是可行的。

4）根据现有勘察资料，瀑河水库新建库区库周大部分为渗透性较弱的基岩，封闭条件较好，基本具备成库条件。下阶段应进一步查明论证库盆的封闭性，明确防渗工程措施。

5）据现阶段勘察，兴隆枢纽、引江济汉、部分闸站改扩建等工程，其工程地质条件基本可以满足工程建设要求，下阶段应补充适量地质勘察工作，进一步查明工程地质条件。

6）天然建筑材料储量和质量基本可以满足工程建设要求。

3. 建设规模

（1）按照《南水北调中线工程规划（2001 年修订）》确定的南水北调中线一期工程主要供水城市为北京、天津；河北省的邯郸、邢台、石家庄、保定、衡水、廊坊等 6 个省辖市及 15 个县级市、59 个县；河南省的南阳、平顶山、漯河、周口、许昌、郑州、焦作、新乡、鹤壁、安阳、濮阳等 11 个大中城市及 30 个县（市）。

（2）同意南水北调中线一期工程设计水平年为 2010 年，丹江口水库设计入库径流量为 362 亿 m^3（天然径流量扣除水库上游 75% 保证率的用水量和水库蒸发渗漏损失），多年平均调水量为 95 亿 m^3（含刁河灌区引水）。

（3）同意丹江口水库大坝加高后，水库承担的任务为防洪、供水、发电、航运。

基本同意丹江口水库大坝加高的规模。丹江口水库大坝加高后初拟正常蓄水位为 170m；汛期限制水位夏季为 160m，秋季为 163.5m；死水位为 150m。

（4）基本同意中线一期工程的水量分配方案为河南省 37.69 亿 m^3（含刁河现状用水量 6 亿 m^3），河北省 34.70 亿 m^3，北京市 12.38 亿 m^3，天津市 10.15 m^3。

原则同意按照满足各省（直辖市）分配水量初拟的总干渠主要控制断面输水规模。总干渠渠首设计流量为 350 m^3/s，加大流量为 420 m^3/s；穿黄工程设计流量为 265 m^3/s，加大流量为 320 m^3/s；总干渠豫冀交界处设计流量为 235 m^3/s，加大流量为 m^3/s；北京段、天津段渠首设计流量为 50 m^3/s，加大流量为 60 m^3/s。下阶段应根据受水区用水过程进一步复核各渠段的输水规模。

（5）基本同意在调水总干渠中布置在线调蓄水库。下阶段应进一步论证瀑河水库兴建的必要性，复核工程规模。

（6）同意兴隆枢纽、引江济汉、部分闸站改扩建、局部航段整治四项工程作为调水的补偿工程。下阶段应研究论证各项工程的建设规模。

4. 主要建筑物布置

（1）工程等别和标准。

1）南水北调中线一期工程为Ⅰ等工程。丹江口水库大坝等主要建筑物、陶岔渠首枢纽主要建筑物、穿黄工程、总干渠及其交叉建筑物为 1 级建筑物；瀑河水库上库主要建筑物应为 1 级建筑物。

2）基本同意丹江口水库及陶岔渠首枢纽主要建筑物防洪标准为 1000 年一遇洪水设计，10000 年一遇洪水加大 20% 校核。

瀑河水库上库防洪标准为 500 年一遇洪水设计，5000 年一遇洪水校核。

穿黄工程为 300 年一遇洪水设计，1000 年一遇洪水校核。

总干渠河渠交叉建筑物为 100 年一遇洪水设计，300 年一遇洪水校核；汇水面积等于及小于 20km^2 的左岸排水建筑物防洪标准为 50 年一遇洪水设计，200 年一遇洪水校核。

天津干线京广铁路西河渠交叉建筑物防洪标准同总干渠，铁路东河渠交叉建筑物为 50 年一遇洪水设计，200 年一遇洪水校核，下阶段应进一步复核各建筑物的洪水标准。

3）除丹江口水库加高工程等场地基本烈度提高Ⅰ度采用Ⅶ度作为设计烈度外，其他工程段主要建筑物的地震设计烈度原则上与建筑物所在场地基本烈度相同，穿黄工程鉴于其重要性，对采用设计烈度是否提高，下阶段应补充论证工作。

4）下阶段对汉江中下游工程的工程等别，建筑物级别和设计标准应根据其功能、规模及运用等要求补充工作。

（2）工程总布置。

1）工程选址、选线。①同意丹江口水库大坝及陶岔渠首枢纽工程在原址加高续建；②本阶段总干渠引水线路选择进行了方案比选工作，黄河以南线路在跨黄河之前包崤山渠段的切岗和绕岗两条线路比选，下阶段尚应继续补充工作，黄河以北线路的新开渠线和利用现有河渠线路的比选中，新开渠线中的高线方案，可以满足一期工程开发目标，水源保护条件好，自流输水，基本同意初定的高线方案，下阶段应对渠线通过煤矿采空区等不良地质段补充论证局部改线的可行性，进一步落实穿过焦作城区需局部调整渠线的范围和位置；③原则同意瀑河水库作为总干渠在线调蓄水库的初选坝址，下阶段应做进一步的方案论证；④基本同意天津干线经6条线路比选，初定新开淀北线作为本阶段天津干线的推荐线路；⑤原则同意汉江中下游工程兴隆水利枢纽的初选坝址及引江济汉工程渠线初定的高线方案，下阶段应对坝址、渠线作深入比选工作。

2）工程选型。①同意丹江口水库大坝及陶岔渠首枢纽在原有建筑物基础上加高续建；②基本同意总干渠初定的明渠输水方式，北京段暂推荐采用全涵管小流量自流方案，天津段采用明渠与管道相接合形式；下阶段北京段应对全涵管方案应与明渠方案作进一步比选，天津段应进一步研究采用全管道方案的可行性。

3）工程总布置。基本同意总干渠线路总体布置。即自陶岔渠首，沿伏牛山南麓山前岗垅与平原相间地带向东北经方城垭口，至郑州市西郊穿过郊山过黄河；北岸采用高线新开渠沿京广铁路西侧过瀑河调蓄水库向北进入北京市，穿永定河引水渠至终点团城湖；天津干线线路采用新开淀北线，自徐水县西黑山村北渠首向东至天津市终点外环河。

（3）主要建筑物。

1）丹江口水库大坝加高在初期工程的基础上进行，基本同意左右岸土石坝轴线的局部调整，以及各建筑物加高的结构型式及基础处理措施。

2）基本同意初选的陶岔渠首枢纽坝线、坝型、枢纽总布置及建筑物基本形式。

3）基本同意穿黄工程过黄河线路选择的河段范围，穿黄工程隧洞方案及渡槽方案研究均已满足本阶段的深度要求，过河建筑物形式需待方案比选后确定，同意本阶段暂以隧洞方案作为穿黄工程投资估算的依据。

4）基本同意初拟的总干渠断面型式、渠道全线过水断面采用混凝土衬砌及各不良地质渠段采用的处理措施。下阶段应对各段渠道底坡、断面形式进一步优化，对冬季输水问题应作进一步研究。

5）原则同意瀑河水库初选坝型和建筑物布置，下阶段应进一步研究瀑河水库与总干渠的相互关系。

6）原则同意暗管输水线路段的布置及断面形式。下阶段对输水管材、管径进行优选。

7）基本同意初选的渠道交叉建筑物基本形式和跨渠排水建筑物布置。

8）下阶段应对汉江中下游工程各建筑物布置、形式作进一步研究论证。

（4）电工。

1）基本同意初拟的总干渠供电方案，拟在沿线设置35kV开关站和架空线路构成专用供电系统。电源分别引自沿线所在地区变电所，北京及天津等区段的泵站用电负荷较大，可采用

110kV 供电。

2）原则同意初拟的中线工程自动化监控系统功能设计方案。下阶段进一步确定北京及丹江口调度中心的设置。沿线可根据运行管理需要设置分控中心、现地监控站，构成多层分布式系统。控制调度中心站应具备监测及技术支持的功能，下阶段应论证单独设置武汉监测及技术支持中心站的必要性。

3）基本同意沿中线总干渠设置一套以 SDH 光纤传输系统为主的专用通信网络，备用通信方式可优先考虑利用公用通信设施。

5. 工程施工

（1）基本同意主体工程主要施工方法及主要设备选型。

（2）基本同意各单项工程施工进度安排及工期安排，丹江口大坝加高工程工期 5.5 年，为单项工程中最长施工工期，可以作为总工期的控制因素。穿黄工程为输水干渠控制性工程，施工难度大，应尽早开工。

6. 水库淹没处理及工程永久占地

（1）同意丹江口水库库区耕地的征用和人口、房屋的迁移分别采用 5 年一遇和 20 年一遇的设计洪水标准，林地按正常蓄水位确定的水库淹没影响处理范围。

（2）原则同意项目建议书阶段在 1990 年进行全面调查、2000 年进行抽样复核推算的丹江口水库库区淹没影响主要实物指标成果。下阶段应按规范要求对各项实物指标进行全面调查复核。

（3）基本同意丹江口库区农村移民安置的原则和初步方案。即以大农业安置为主，第二、第三产业安置为辅的原则，并在考虑库区土地资源利用和环境容量偏紧的条件下，以外迁到受益区安置为主、少数就近后靠的安置方式。

（4）基本同意水库淹没影响处理补偿投资估算编制的原则、依据和方法。

1）项目建议书阶段耕地的补偿安置补助倍数暂按 10 倍计列。

2）调整耕地占用税和耕地开垦费。

3）勘测设计费按 2.5％计列。

4）基本预备费按 20％计列。

5）鉴于库周人均耕地占有量偏小，大部分移民需外迁安置，按实物指标计列的安置费用不能满足移民安置的需要，故需增列库区移民安置补助费。

6）适当调整专项、防护工程、滑坡、坍岸处理费用。

7）适当调整移民搬迁费。

（5）基本同意输水总干渠工程占地处理范围。项目建议书阶段暂采用的各项实物指标下阶段应根据规范要求进行全面调查、复核；提出移民的生产、生活安置的初步方案；提出文物保护措施。

7. 环境影响

（1）南水北调中线一期工程建成后，对缓解京津及华北地区水资源短缺，实现水资源优化配置，改善受水区生态环境，促进该地区经济社会可持续发展具有重要的战略意义。从环境保护角度，没有影响工程建设的制约因素，兴建南水北调中线工程是必要的，可行的。

（2）基本同意工程对环境影响分析的初步结论。工程对环境的不利影响主要是汉江中下游因调水引起水文情势变化引发的生态环境问题、丹江口水库淹没与移民、总干渠占地与拆迁、施工对环境的影响等。在采取补偿及有效的环境保护对策措施后，不利影响可得到缓解或消除。

（3）基本同意由于工程建设可能造成的水土流失影响的初步分析结论和水土流失防治责任范围、水土流失防治措施的内容。

（4）丹江口水库库区及上游水污染防治和水土保持是保证南水北调中线调水水质的重要措施，下阶段应结合有关规划深化丹江口水库库区及上游水污染防治、水资源保护及水土保持有关工作内容。

8. 工程管理

（1）同意对工程建设与运行管理体制制定的"政府宏观调控、准市场机制运作、现代企业管理、用水户参与"的基本原则。

（2）下阶段应进一步明确工程管理范围和保护范围。

9. 投资估算

（1）基本同意投资估算的编制原则和依据。

（2）需调增总干渠办公用房、永久供电线路、永久公路等项投资；需核减丹江口枢纽机电设备投资。

（3）应根据工程方案调整，增加总干渠北京段工程投资；下阶段需核实瀑河水库及天津段工程投资，调减一期工程勘测设计费。

（4）经调整，按2002年年底价格水平初步估算南水北调中线一期工程静态总投资为1105亿元。

10. 经济评价

（1）国民经济评价。基本同意国民经济评价采用的方法及编制依据。南水北调中线一期工程建成后，可基本解决受水区城市生活、工业用水问题，并缓解了城市挤占生态与农业用水矛盾，遏制生态环境继续恶化的趋势；可提高汉江中下游防洪标准，满足汉江中下游用水要求，改善汉江中下游通航条件，具有较好的社会、环境和经济等综合效益。经国民经济初步分析，经济内部收益率大于12%，建设本项目在经济上是合理的。

（2）财务评价。

1）同意结合初拟的工程管理机构设置方案，分别对南水北调中线一期工程中的丹江口水库大坝加高、输水总干渠等有财务收入部分做财务评价，提出相应的财务评价指标。

2）本阶段初拟的资金筹措方案为丹江口水库大坝加高工程利用贷款45%，资本金55%；输水工程利用贷款49.08%，资本金50.920%；汉江中下游工程投资全部为中央拨款。

3）按上述资金筹措方案，贷款年利率为5.76%，贷款偿还期为25年，经本阶段初步测算，水源工程供水成本还贷期为0.115元/m³，还贷后为0.084元/m³；贷款偿还期按满足偿还贷款要求，还贷后按供水成本加资本金利润率1%测算，水源工程水价还贷期为0.115～0.236元/m³，还贷后为0.094元/m³。输水工程全线平均供水成本还贷期为0.794～1.072元/m³，还贷后为0.582元/m³；贷款偿还期按满足偿还贷款要求，还贷后按供水成本加资本金利润率1%测算，输水工程水价还贷期为0.974～1.526元/m³，还贷后为0.63元/m³。

下阶段各项成本费用及水价复核应结合受水区各省（直辖市）的水价承受能力，进一步研究南水北调中线一期工程采用容量水价、计量水价的运行机制及合理比例。

（二）批复意见

2004年5月，水利部向国家发展改革委报送了南水北调中线一期工程项目建议书及审查意见，经中咨公司评估，国家发展改革委于2005年5月批复了《南水北调中线一期工程项目建议书》。批复意见如下。

（1）南水北调中线一期工程是缓解京津及华北地区缺水的重大战略性基础设施，对于保证和促进水资源调入区的经济发展、环境改善和社会发展与稳定具有重要的战略意义。该工程从长江支流汉江上的丹江口水库引水，沿黄淮海平原西部伏牛山和太行山山前平原开渠输水，为沿线郑州、安阳、保定、北京、天津等大中城市自流供水。该工程的建设任务是改善受水区用水条件，通过水资源优化配置和污水处理回用，改善农业生产条件，控制地下水超采，改善生态环境。供水目标为以城市生活和工业供水为主，兼顾生态和农业。

（2）在可行性研究阶段要经过进一步研究和论证，做好以下工作：

1）关于责权结合和调水规模。《国务院关于南水北调工程总体规划的批复》提出，在《规划》提出的调水规模基础上，按照责权结合的原则，认真研究水价、用水权、筹资方案等因素，在立项阶段进一步核实工程调水规模。据此，需要将调水量的用水权分配与有关省（直辖市）所承担的建设资金、贷款偿还、基本水价等责任实行统筹考虑，请有关省（直辖市）出具责权结合的意见，在此基础上进一步核定工程调水规模。

2）关于基本水价和计量水价。根据国家计委与水利部联合上报国务院的《关于审批南水北调工程总体规划的请示》和有关规定，为保证工程建成后正常运营、还本付息，实行两部制水价，即分为基本水价和计量水价；按地方承诺的多年平均调水量，确定每年应交纳的基本水费，用于补偿工程的固定成本；每年按合同确定规模内的实际取水量缴纳计量水费，用于补偿工程的变动成本；超出合同确定的取水量另行计价。为了测算和落实银行贷款，并防止工程建成后难以正常运行，需要进一步测算基本水价、计量水价，并请用水地区承诺应交纳的基本水费。

3）关于投资测算和筹措方案。所报项目建议书投资估算为1105亿元，较规划阶段总投资920亿元有较大幅度增加。为准确掌握总投资，落实国务院要求的"静态控制，动态管理"原则，需在可行性研究阶段对各单项工程投资和总投资数进一步核算，并协商提出筹措方案。同时，需要与《规划》阶段提出的投资分项进行对比和说明。

4）关于项目法人的定位。按照南水北调工程建设委员会第二次全体会议纪要，要按照政企分开、政事分开的原则，严格实行项目法人责任制；项目法人必须承担起筹资、建设、运行、还贷、资产保值增值的责任。前期工作阶段应落实上述有关要求，项目建议书、可行性研究报告的编制工作，与项目法人治理结构及其应承担的责任关系密切，需进一步协商和落实责任主体及其有关责任。

为确保项目法人责权一致，使项目法人真正愿意而且能够承担起筹资、建设、运营、还贷及资产保值增值责任，应参考中咨公司评估报告中关于项目法人组建方案的意见，研究分析水源公司、干线工程建管局、丹江口水利枢纽管理局三个单位的相互关系和存在的矛盾和问题，根据投资体制改革方向的要求，按照有利于统一调度管理和调动各方积极性相结合的原则，研究提出管理体制方案。

5）关于中央与地方的事权和责任划分。南水北调工程对缓解日益严重的水资源紧缺、生态恶化状况和长远的可持续发展具有重要意义，是跨流域、跨省（直辖市）、具有经营性和公益性双重功能的特大型战略性水利工程，也是一项十分复杂的系统工程。从这一性质出发，在落实建设资金、完善各级项目法人治理结构、法人之间签订合同、出资额与股权相结合、确定管理体制及运行机制、征地补偿和移民安置、配套工程与骨干工程的衔接、按期停止超采地下水、工程沿线文物保护、丹江口水库上游水污染防治和水资源保护、汉江中下游各项工程、完善有关法律法规和政策等方面，既要有中央的积极性，也要充分调动沿线省（直辖市）及其所属有关地区的积极性，在搞好宏观调控的同时，各级要充分发挥市场机制的作用。这些工作，需在进一步研究论证并与多部门、多层次协商的基础上，优化方案并落实事权和责任。

6）有关工程一、二期结合的问题。中咨公司在评估报告中认为，南水北调这样的特大型工程，必须考虑长远；一期工程以 2010 年作为设计水平年太近，应考虑 2020 年、2030 年的缺水情况；一期工程完成后，二期工程的两个扩建方案（渠道加宽、新建一条渠道或管道）难度都很大；黄河以南渠道按二期规模一次建成较为合理，其理由是黄河以南渠道设计流量如果由 350m³/s 增加到 500m³/s，投资仅增加 10% 左右（20 多亿元），而调水能力可以达到《规划》中提出的二期规模 130 亿 m³，比建议书中提出的 95 亿 m³ 增加 35 亿 m³，一方面可以利用渠道多余的过流能力在汛期将丹江口水库弃水补给黄河下游；另一方面在黄河以北地区缺水严重时，可以利用黄河和黄河以北现有河道向北方供水。

中咨公司在评估报告中还推荐引江济汉工程一次建成 500m³/s 的规模，可以满足二期调水 130 亿 m³ 的需要，比满足一期调水的规模 350m³/s 只增加 5.5 亿元投资，可使兴隆以下航道的中水流量有较大改善。中咨公司同时建议，进一步研究汉江中下游引江济汉、兴隆枢纽、航道整治等工程完成后，增加北调水量的可能性。

在可行性研究阶段，请参考中咨公司的上述评估意见，对两种方案进行同等深度的研究、比选。

请水利部根据上述意见，商有关部门及地方进一步做好论证优化方案和协商落实责任等工作，编制可行性研究报告，按程序报批。

第十一章 中线一期工程可行性研究

第一节 可行性研究组织工作回顾

一、可行性研究报告编制组织情况

根据国务院 2004 年 7 月 8 日南水北调工程协调会议精神，为从整体上全面推进南水北调工程前期工作，规范工程建设和前期工作程序，确保工程技术方案的统一性和完整性，要求编制《南水北调中线一期工程整体可行性研究报告》。之后，国务院南水北调工程建设委员会第二次全体会议又明确要求加快整体可行性研究的编制工作，以满足南水北调中线一期工程 2010 年通水的建设目标。同时，对工程总投资控制等提出了明确要求，强调对工程投资实行"静态控制、动态管理"的管理方式。

在水利部和长委的领导和组织下，可行性研究总报告由长江设计院负责主编，相关省（直辖市）设计院参与编制。

（一）可行性研究总报告编制依据

（1）国务院南水北调工程建设委员会第二次全体会议纪要中明确要加快南水北调前期工作，努力保证实现中线工程 2010 年通水的工程建设目标，需加快编制东线、中线工程可行性研究报告，作为对工程投资实行"静态控制、动态管理"的依据。

（2）水利部 2004 年 7 月 20 日印发的通知中明确提出抓紧开展东、中线一期工程整体可行性研究工作，按程序报国务院审批。对于未经审查的单项工程，由设计总成单位对其设计深度和质量进行审查后，认为满足整体可行性研究要求的，纳入可行性研究总报告。

（3）水利部 2004 年 8 月 5 日再次印发通知，责成长委负责组织南水北调中线一期工程可行性研究总报告的编制工作，并要求参加此项工作的各单位严格按照可行性研究总报告设计工作大纲的要求，按时向技术总负责单位提交达到设计深度要求的单项工程可行性研究成果，保障可行性研究总报告编制目标的按时实现。

（4）水利部 2004 年 12 月 2 日印发通知，要求努力做好可行性研究总报告的编制工作，并明确可行性研究总报告由长江设计院主编，各省（直辖市）设计院参与编制，并以此为基础，权益共享，责任共负。

（5）可行性研究总报告编制还依据下列文件：

1）国家及有关部委、省（直辖市）政府颁布的法规、政策、技术规程规范等。

2）国务院批复的《南水北调工程总体规划》。

3）《南水北调中线一期工程项目建议书（修订本）》及审查、评估意见。

4）《南水北调中线一期工程总干渠总体设计》及审查意见。

5）已审查、批复的单项工程初步设计报告；已审查的分段（项）工程可行性研究报告及审查意见。

6）国家发展改革委关于南水北调中线一期工程项目建议书的批复意见。

（二）编制原则和指导思想

（1）以最新成果为基础。南水北调中线工程前期工作研究长达半个世纪，积累了丰富的基础资料，提出了大量的成果。2002 年 12 月国务院批复了《南水北调工程总体规划》，2004 年 8 月，《南水北调中线一期工程项目建议书（修订本）》通过了中咨公司的评估。其间，按照水利部的部署，各有关设计单位相继开展了各分段（项）工程的可行性研究和单项工程的初步设计等工作，其中京石段应急供水工程（石家庄—北拒马河段、北京段）中部分单项工程相继开工建设。按照国务院南水北调工程建设委员会第二次全体会议精神，批准的可行性研究总报告工程投资将作为南水北调中线一期工程投资"静态控制、动态管理"的依据。因此，南水北调中线一期工程可行性研究总报告以最新完成或批准的分段（项）工程可行性研究、单项工程初步设计成果为基础，其中，京石段应急供水工程、丹江口水利枢纽大坝加高工程、中线一期穿黄工程为已经国家发展改革委审批的初步设计成果；黄河北—漳河段为已经水利部水规总院审定的可行性研究成果；其余单项工程均为按水规总院审查意见及复核意见修改后的可行性研究成果。

（2）强化总体设计，突出成果的整体性和系统性，对重点技术进行深入论证。南水北调中线一期工程可行性研究总报告主要遵循水利水电工程可行性研究报告编制规程及有关规范，并结合工程特点进行编制。

鉴于在可行性研究总报告编制前，已开展单项工程可行性研究和部分单项工程已完成初步设计并开工的现状，以及要求 2005 年年初完成可行性研究总报告编制、设计周期短的客观实际，工作重点突出成果的整体性、系统性及与总体设计的符合性，长江设计院对水文、地勘成果进行了全面整理、分析；对一期工程建设目标、任务、工程规模、总体布置进行了全面、系统论证；对总干渠水面线及水力学设计作了进一步复核，对部分重要建筑物设计进行了典型复核；对总干渠供电、通信、计算机监控、综合管理信息系统的总体设计及施工组织总体设计进行了深化和优化；对工程占地及移民安置补偿单价和标准进行了分析、协调，并按有关政策对补偿倍数进行了调整；对工程管理进行专题研究；对单项工程投资进行了分析、复核，并将价格水平年统一调整至 2004 年三季度；进行了工程总体经济评价，并对全线水价进行了统一测算。同时根据南水北调中线一期工程项目建议书审查意见，对重点技术问题进行了深入论证研究，包括丹江口水库分期蓄水可行性论证、总干渠运行调度研究、总干渠冰期输水研究、焦作煤矿区线路比选、潮河段绕岗或切岗方案比选、陶岔渠首是否建电站方案等。

在对总干渠各分段（项）工程与总体设计符合性及重要问题技术进行分析和典型复核后，长江设计院及时将有关意见反馈相关设计院，部分得到了响应，但也有部分因已经审查或批复，以及各单位对相应设计标准规范掌握方面的差异，一时尚难取得统一意见，对其中一些较为重要的技术问题，在报告中以"建议"等方式作了说明，以便在审查或下阶段设计中进行必要的论证和深入研究。

（三）可行性研究阶段单项工程划分

单项工程划分见表 11 - 1 - 1。

表 11 - 1 - 1 单项工程划分一览表

序号	项目名称	设计阶段	主要设计单位	审查、审批情况
1	丹江口大坝加高工程	初步设计	长江设计院	已经发展改革委审批
2	丹江口大坝加高水库移民安置规划	可行性研究	长江设计院	已经水规总院审查
3	陶岔渠首枢纽工程	可行性研究	长江设计院	已经水规总院审查
4	陶岔—沙河南段	可行性研究	长江设计院	已经水规总院审查
5	沙河南—黄河南段	可行性研究	河南省设计院	已经水规总院审查
6	穿黄河工程	初步设计	长江设计院、黄委设计院	已经发展改革委审批
7	黄河北—漳河南段	可行性研究	河南省设计院	已经水规总院审查
8	穿漳河工程	可行性研究	长江设计院	已经水规总院审查
9	漳河北—古运河段	可行性研究	河北二院、河北院	已经中咨公司评估
10	京石段应急供水工程（河北段）	初步设计	河北院	已经发展改革委审批
11	京石段应急供水工程（北京段）	初步设计	北京市水利院	已经发展改革委审批
12	天津干线	可行性研究	天津市水利院	已经水规总院审查
13	总干渠供电、通信、监控	可行性研究	长江设计院	已经水规总院审查
14	汉江兴隆水利枢纽	可行性研究	长江设计院	已经水规总院审查
15	引江济汉工程	可行性研究	湖北省设计院、长江设计院	已经水规总院审查
16	汉江中下游部分闸站改造	可行性研究	湖北省设计院	已经水规总院审查
17	汉江中下游局部航道整治	可行性研究	湖北省交通规划设计院	已经水规总院审查
18	总干渠水力学及调度专题	可行性研究	长江设计院	已经水规总院审查
19	总干渠冰期输水专题	可行性研究	长江设计院	已经水规总院审查

（四）可行性研究报告编制组织工作

南水北调中线工程前期研究始于 20 世纪 50 年代初。50 余年来，长委会同有关单位始终不渝地按照中央的指示，坚持开展中线工程的勘探、测量、规划、设计与科研工作，积累了丰富、翔实、可靠的基础资料与成果。

1985 年以前，中线工程的工作重点是宏观规划。其间提出了各种调水规模的设想、输水线路所通过的控制点、大的线路比较方案，并对总干渠是否结合通航要求进行了比较。1987 年提出了《南水北调中线工程规划报告》，1991 年对此报告进行了修订，推荐丹江口大坝加高、调水 145 亿 m³、渠首设计流量 630m³/s、加大流量 800m³/s 的方案，明确供水范围增加天津市，总干渠不考虑通航，采用新开渠高线方案，所有交叉建筑物采用立交型式。随后，以此规划报告为基础，由长委负责并组织沿线有关省（直辖市）设计院、有关科研单位与大专院校，对中线工程开展了大规模的前期工作，陆续提出了《南水北调中线工程初步可行性研究报告》《南水北调中线工程可行性研究报告》及有关专题研究报告。1994 年，可行性研究报告通过了水利部组织的审查。1995 年国家环保局审查并批准了《南水北调中线工程环境影响报告书》；1995—1998 年，根据国务院第 71 次总理办公会议的精神，水利部和国家计委分别组织专家对南水北调工程进行了论证和审查，同时对中线工程丹江口大坝加高和不加高等多个方案进行了补充研究。1997 年，长委编制了《南水北调中线工程总干渠总体布置》，据此，长江设计院与各有关省（直辖市）设计院分别完成了调水规模 145 亿 m³ 方案有关输水总干渠分段初步设计。

2001 年，按照水利部统一部署，长江设计院对中线工程规划再次进行修订，编制完成了《南水北调中线工程规划（2001 年修订）》报告。规划修订报告经多方案比较，推荐丹江口大坝按最终规模加高（正常蓄水位 170m），汉江中下游兴建兴隆水利枢纽、引江济汉、部分闸站改造和局部航道整治四项工程，输水工程分期建设并以明渠为主、辅以局部管涵，一期工程年均调水 95 亿 m³、后期调水 120 亿～140 亿 m³ 的方案。其后，根据水利部的指示，在长委的组织下，长江设计院于 2002 年 6 月编制了《南水北调中线一期工程项目建议书》，同月，水规总院和水利部调水局对该报告进行了审查。2004 年 8 月，项目建议书通过了中咨公司的评估。2005 年 5 月，国家发展改革委批复了南水北调中线一期工程建议书。

2002 年 12 月 23 日，国务院原则同意了总体规划，并批复根据前期工作的深度，先期实施东线和中线一期工程。为缓解北京地区的供水危机，国家发展改革委于 2003 年批准先行实施南水北调中线一期工程京石段应急供水工程，同年 12 月，京石段的永定河倒虹吸、滹沱河倒虹吸工程开工建设，标志着南水北调中线工程由规划研究进入实施阶段。

南水北调中线工程规划论证历时较长，按照历史沿革形成的工作分工，长委负责前期工作组织，长江设计院主导完成调水 145 亿 m³ 方案的规划、可行性研究、初步设计等以及调水 95 亿 m³ 方案的总体规划修订、论证和中线一期工程项目建议书编制及修订等前期工作。2003 年根据工程开工建设的计划要求，有关部委决定分段（项）开展可行性研究和初步设计，分段（项）进行审查及报批，并进行了相关部署，明确长江设计院为技术总负责单位，其主要职责为：编制作为各相关设计院开展单项工程可行性研究、初步设计基础的总干渠总体设计及各类设计大纲，对全线主要设计原则、设计标准及设计条件进行统一规定。之后，长江设计院及各省（直辖市）设计院分别开展了分段（项）工程可行性研究及初步设计，水规总院对分段（项）工程设计组织了审查，并分别报批。至 2004 年下半年，丹江口大坝加高工程，汉江兴隆水利枢纽、总干渠黄河以北渠段和总干渠供电、通信、监控系统单项可行性研究完成。

2004 年 8 月，根据国务院有关会议精神，水利部部署展开了中线一期工程整体可行性研究相关工作，并明确要求中线一期工程可行性研究总报告编制于 2005 年年初完成。

长江设计院以各有关设计单位最新完成或批准的分段（项）工程可行性研究、单项工程初步设计成果为基础，于 2005 年 2 月上旬完成中线一期工程可行性研究总报告的编制工作，成果体系由总报告、专题报告、附件、附表集等（共计 106 册）组成。

可行性研究总报告上报水利部后，水利部随之组织对尚未审查的分段或分项工程和分专题报告进行了审查。2005 年 4 月 24—27 日，针对分段（项）可行性研究审查中存在的一些问题，水利部在武汉和北京召开了南水北调中线一期工作整体可行性研究审查准备工作会议，会议要求抓紧安排准备工作，并明确各有关设计单位在原工作的基础上结合水规总院对分段、分项审查的意见，在可行性研究总报告审查前修改、补充、完善，长江设计院据此对可行性研究总报告进行修编。2005 年 9 月下旬，可行性研究总报告通过了水规总院组织的审查。长江设计院按照审查意见，再次对可行性研究总报告体系进行了补充、完善，并根据审查意见以及国家发展改革委对《南水北调中线一期工程项目建议书（修订本）》的批复意见和水利部指示精神，在可行性研究总报告体系中增加两项专题研究报告：综合管理信息系统专题研究与总干渠黄河以南渠道一次建成专题研究，即成果体系由 108 册组成。

2006 年 1 月，水利部完成对可行性研究总报告的审查，并向国家发展改革委报送了修订后的《南水北调中线一期工程可行性研究总报告》（简称《中线可行性研究总报告》）（2005 年 12 月编制）。2006 年 2—3 月，中咨公司受国家发展改革委委托，对《中线可行性研究总报告》进行了评估，并提出《关于南水北调中线一期工程可行性研究总报告的咨询评估报告》。2007 年 4—7 月，国家审计署对南水北调工程进行了以《中线可行性研究总报告》为重点的全面审计，提出了《关于南水北调一期工程建设管理审计情况的报告》。为落实评估和审计意见，水利部和国务院南水北调办于 2007 年 9 月 21 日在北京召开"2007 年南水北调工程第二次前期工作会议"，确定对《中线可行性研究总报告》进行修订。

根据会议要求，本次修订主要针对评估报告和审计报告中所提出的相关意见和建议，对《中线可行性研究总报告》投资估算进行调整，并对《中线可行性研究总报告》"第一篇　综合说明"和"第十二篇　工程投资估算"进行修订。会议确定的投资估算调整原则如下：

（1）本着科学合理、勤俭节约的原则，一方面打足投资，不留缺口；另一方面精打细算，严格审核，调整《中线可行性研究总报告》投资。

（2）在水利部上报国家发展改革委的《中线可行性研究总报告》基础上，根据审计署的审计报告及相关材料，以及中咨公司对《中线可行性研究总报告》的评估意见，结合实际调整完善可行性研究投资估算报告。

（3）已经批复可行性研究或初步设计的项目（截至 2007 年 9 月），按批复的投资计列。但因征地移民政策发生变化而增加的投资，计入工程静态总投资。

（4）按有关要求，属重复计列的投资一律扣除，费率计取严格执行有关规程规范，并合理计取。

根据上述会议精神和原则，长江设计院对南水北调中线一期工程投资估算进行了调整，并针对投资变化，对"第一篇　综合说明"中工程管理、工程建设征地、工程投资估算、经济评价等章节进行了修订，按照修订后的投资重新测算了水价。

修订后的工程静态总投资为 13652178 万元。

二、可行性研究工作历程

（一）各单项工程可行性研究报告完成情况

1. 水源工程

（1）丹江口大坝加高工程。长江设计院于 2002 年 12 月完成《丹江口大坝加高工程初步设计报告》，2003年9月，按照基本建设程序规定，编制完成《丹江口大坝加高工程可行性研究报告》，并对初设报告进行了修订。2004年1月，中咨公司对可行性研究报告进行了评估，会后，根据有关专家意见，长江设计院编制提出了《丹江口大坝加高正常蓄水位165m（加泵站）专题论证报告》，2004年4月，国家发展改革委、水利部、国务院南水北调办联合召开了丹江口大坝加高正常蓄水位方案比选专家座谈会，多数专家肯定专题论证报告成果，赞成丹江口大坝加高按正常蓄水位170m方案建设。2004年12月，长江设计院再次对初步设计报告进行了修编，并通过了水规总院审查，2005年1月24—29日，国家发展改革委评审中心组织对初步设计概算进行评审。

（2）丹江口大坝加高水库移民安置规划设计。2003年2月9日新春伊始，长江设计院即开展了丹江口大坝加高水库淹没实物指标外业调查工作，共分26个调查小组，经过800余名调查人员的共同努力，历时78天，于4月27日提前完成。长江设计院于7月上报了《南水北调中线一期工程丹江口水利枢纽大坝加高工程初步设计阶段水库淹没实物指标调查报告》并通过水规总院审查。在完成水库淹没实物指标调查外业工作后，经与两省协商，长江设计院组织200余名设计人员于2003年6月底、7月初分批赴库区五县，开展了库区安置规划及外迁安置区环境容量调查，并抓紧开展了农村移民安置规划、城镇迁建规划设计、工业企业迁建规划、专业项目复建规划及防护工程设计工作。为满足南水北调中线工程开工建设需要，在以上工作的基础上，长江设计院于2003年10月提出《南水北调中线一期工程丹江口水利枢纽大坝加高初步设计阶段建设征地移民规划设计框架报告》并上报水利部。2004年，长江设计院重点进行了水库移民安置规划设计，并按水利部要求，组织人员赴库区对部分实物指标进行了抽样复核，编制完成《丹江口大坝加高工程水库淹没实物指标抽样复核报告》。完成了丹江口水库移民安置规划报告初稿，长委于2004年11月邀请有关专家对报告初稿进行了咨询，长江设计院根据专家意见对报告进行了修改，完成了规划设计报告（征求意见稿），2004年12月，长委又召开了征求意见会，征求河南、湖北两省各级有关部门的意见，长江设计院根据征求的意见，再次对报告进行了修改，完成规划设计报告（送审稿），上报水利部审查，成果已汇入整体可行性研究报告。

（3）陶岔渠首枢纽工程。长江设计院在以往工作基础上，重新编制了陶岔渠首枢纽工程可行性研究设计工作大纲，重点对原址加高和异址重建两方案进行深入比选，推荐异址重建方案，同时对建不建电站方案进行了比选，推荐建电站方案，已完成可行性研究设计。2005年4月水规总院对《南水北调中线一期工程陶岔渠首闸可行性研究报告》进行预审，2005年5月进行核查和复核，成果已汇入整体可行性研究报告。

2. 总干渠工程

（1）京石段应急供水工程。为保证2008年向北京应急供水，北京市水利院和河北院按照有关要求，编制完成京石段应急供水工程可行性研究报告，并通过水规总院审查和中咨公司评估。在此基础上，于2004年完成初步设计报告编制，已经国家发展改革委审批。

（2）漳河北—古运河渠段。河北二院及河北院已完成可行性研究报告编制，并经过水规总院审查。

（3）穿漳河工程。穿漳工程的设计与南水北调中线一期总体工程设计工作同步开展进行，长江设计院于2000年12月完成了穿漳工程初步设计（初稿），并于2003年年底完成了《南水北调中线一期工程总干渠漳河交叉建筑物型式比选简要报告》（简称《简要报告》）。2004年4月由水规总院主持在北京召开了《简要报告》审查会，肯定了"涵洞式渡槽方案与渠道倒虹吸方案在技术上均是可行的"，但"从对河道冲淤变化及上、下影响方面考虑，倒虹吸方案较优"，并建议在可行性研究阶段"……结合线路水头优化和建筑物结构完善、优化，经综合比选择优选定"；为此2004年6月水利部调水局组织相关部门及专家在北京召开了"穿漳工程"建筑物型式和水头变更问题协调会，并于同年10月发文确定了穿漳工程的设计水头分别由河南、河北调出7cm、3cm，设计水头由原22cm增加到32cm。在此基础上2004年年底长江设计院完成了《南水北调中线一期工程总干渠穿漳河交叉建筑物可行性研究报告》，报告明确了推荐方案为渠道倒虹吸方案。2005年2月水规总院在北京主持召开了"南水北调中线一期工程总干渠漳河交叉建筑物可行性研究报告预审查会"，意见基本同意了"穿漳工程"的线路、建筑物型式和总体布置方案，并建议尽快完成防洪影响评价和审批工作。2005年3月，中水北方公司完成《南水北调中线一期工程总干渠穿漳河交叉建筑物洪水影响评价报告》（简称《防洪评价报告》），同年6月，海委在河北省邯郸市组织专家对《防洪评价报告》进行了审查，确定了防洪影响评价的内容：同意"穿漳工程"建筑物结构型式及总体布置，2005年7月完成单项可行性研究报告编制。成果已汇入整体可行性研究报告。

（4）黄河北—漳河南渠段。河南省设计院已完成可行性研究报告编制，并经过水规总院审查。

（5）一期穿黄工程。长江设计院和黄委设计院穿黄工程联合项目组于2003年4月完成《南水北调中线穿黄工程方案综合比选报告》并上报水利部。2003年5月，水规总院组织专家对报告进行了审查，审定穿黄工程采用李村线隧洞方案。2003年7月，联合项目组提出《南水北调中线一期穿黄工程可行性研究报告》。为了对方案作进一步比选，根据水利部要求，联合项目组补充完成中线一期穿黄工程渡槽方案专题报告，并上报水利部。水规总院于2004年2月14—15日在北京召开了穿黄工程比选讨论会。会后，联合项目组于2004年3月编制完成《南水北调中线一期穿黄工程方案比选报告》，水规总院于3月在北京主持召开了方案比选审查会，审查意见中明确提出隧洞方案相对合理，可在可行性研究阶段工作中作为推荐方案。联合项目组严格按计划要求于5月8日前提出《南水北调中线一期穿黄工程可行性研究报告》。水规总院于5月对可行性研究报告进行了复审，6月3—10日，中咨公司对《南水北调中线一期穿黄工程可行性研究报告》进行了评估，获得较高评价。可行性研究报告评估后，联合项目组根据可行性研究审查和评估意见，抓紧编制初步设计报告，于2004年6月完成《南水北调中线一期穿黄工程初步设计报告》，水规总院于2004年7月在北京组织召开会议对报告进行了审查，联合项目组根据审查意见对报告进行了补充、完善，并于8月将修改后的报告报送水利部。2005年1月，国家发展改革委对初设概算进行了评审。成果汇入整体可行性研究报告。

（6）沙河南—黄河南渠段。河南省设计院完成可行性研究设计，成果汇入整体可行性研究报告。

（7）总干渠陶岔—沙河南渠段。长江设计院于2004年3月编制完成《南水北调中线一期工程总干渠陶岔—沙河段可行性研究报告工作大纲》，并抓紧开展了设计工作。2005年4月水规总院对《南水北调中线一期工程总干渠陶岔—沙河段可行性研究报告》进行了预查，长江设计院对成果进行了修订，2005年7月完成单项可行性研究报告编制。设计成果已汇入整体可行性研究报告。

3. 汉江中下游工程

（1）兴隆水利枢纽。受湖北省委托，长江设计院承担了汉江中下游治理工程中的兴隆水利枢纽工程设计，于 2004 年 5 月完成《兴隆水利枢纽可行性研究报告》编制。2004 年 7 月，水规总院对报告进行了审查，会后，长江设计院根据审查意见对报告进行修改完善，并通过水规总院复审。设计成果已汇入整体可行性研究。

（2）引江济汉工程。湖北省设计院完成《引江济汉工程可行性研究报告》编制，并请水规总院咨询，修订后成果已汇入整体可行性研究。

（3）闸站改造及航道整治工程。湖北省设计院完成可行性研究设计，成果已汇入整体可行性研究。

4. 有关专题及专项工作

（1）总干渠通信、监控、供电专题可行性研究。2003 年 11 月，长江设计院完成总干渠通信、监控、供电专题可行性研究报告编制，水规总院对报告进行了审查，长江设计院根据审查意见对报告进行了修订补充，并于 2004 年 4 月完成可行性研究报告修编。2004 年 9 月，水规总院在北京组织对报告进行了复审，基本同意专题报告的主要设计内容。

（2）总干渠冰期输水。长江设计院于 2005 年 2 月完成《南水北调中线一期工程总干渠冰期输水专题研究》，于 2005 年 3 月通过水规总院审查，并根据审查意见对报告进行了补充、修订。成果已汇入整体可行性研究。

（二）总体可行性研究报告编制情况

从完善南水北调中线一期工程建设程序考虑，确保工程的整体性，为工程一期投资实行"静态控制、动态管理"提供依据，按照水利部的部署，由长江设计院负责编制《南水北调中线一期工程可行性研究报告》。为此长委和长江设计院于 2004 年 7 月编制完成了《南水北调中线一期工程可行性研究设计工作大纲（代任务书）》（简称《工作大纲》），对整体可行性研究报告的编制原则、工作指导思想、主要工作内容、工作分工及组织关系、成果体系、进度控制及经费计划提出原则意见和要求。2004 年 8 月 4—5 日，水规总院主持对工作大纲进行了审查。会后长江设计院根据审查意见对工作大纲进行了修改、完善，并印发有关单位作为工作依据。为保证整体可行性研究成果设计质量，并促使工作顺利开展，长江设计院在工作大纲的基础上，又编制完成《南水北调中线一期工程可行性研究报告编制工作方案》，对工作内容、技术标准、组织分工作了进一步明确。2004 年 9 月 2 日，长委在武汉召开会议，对整体可行性研究工作进行了全面部署和动员。9 月 17—18 日，长委再次在汉主持召开了南水北调中线一期工程环境影响复核报告书与水土保持总体方案报告书编制工作会议，全面部署有关工作，明确了任务、进度、职责及技术要求。

在全体参编人员的共同努力下，于 2005 年 2 月 5 日提出了南水北调中线工程整体可行性研究报告，可行性研究报告由总报告、附件、附表集及专题报告组成，共 106 册，其中文字超过2000 万字，图纸近万张。整体可行性研究报告以国务院南水北调工程建设委员会纪要，水利部有关文件及国家和有关部委、省（直辖市）政府颁布的法规、政策、技术规程规范及已审定批复的相关意见为依据，以最新成果为基础，并强化总体设计，突出成果的整体性和系统性，对重点技术问题如"引汉济渭"对一期工程可调水量的影响、移民与征地拆迁补偿标准、概算编制、焦作矿区线路、新郑包嶂段线路等进行了深入论证研究。

（三）总体可行性研究报告成果

南水北调中线一期工程整体可行性研究成果由总报告、附件、专题报告及附表集组成。

总报告由《南水北调中线一期工程可行性研究总报告》及附图册组成。总报告分为13篇进行论述，依次为：第一篇　综合说明；第二篇　水文气象；第三篇　工程地质；第四篇　工程任务和规模；第五篇　工程总布置和主要建筑物（一）～（三）；第六篇　机电及金属结构；第七篇　工程管理；第八篇　施工组织设计（一）、（二）；第九篇　工程建设征地移民规划设计；第十篇　水土保持；第十一篇　环境影响评价；第十二篇　工程投资估算（一）、（二）；第十三篇　经济评价。附图册共4册，分别为：第一册　工程总体布置；第二册　主要建筑物（一）、（二）；第三册　机电及金属结构；第四册　施工组织设计（一）、（二）。

总报告附件共5册，分别为：附件一　《水文气象报告》；附件二　《工程地质勘察报告》及附图册、附表集；附件三　《工程设计报告》及附图册；附件四　《工程建设征地移民规划设计报告》；附件五　《投资估算报告》。

专题报告3册，分别为：①《丹江口水库分期蓄水专题研究报告》；②《总干渠水力学及调度专题研究报告》；③《总干渠冰期输水专题研究报告》。

附表集1册，为《南水北调中线一期工程可行性研究总报告总干渠总体布置附表集》。

三、可行性研究报告审批过程

长委组织长江设计院等设计单位于2005年2月编制完成了《可行性研究总报告》并上报水利部。在此之前，国家及有关部门分别对京石段应急供水工程、穿黄工程和丹江口水利枢纽大坝加高工程的可行性研究报告及初步设计报告分别进行了批复。自可行性研究总报告上报以来，水规总院于2005年4月基本完成分项、分专题的预审工作。对可行性研究总报告按工程分项、输水总干渠按分段及专题进行了预审。各设计单位根据预审意见对分项、分段可行性研究报告和专题报告进行了修改、补充和完善。

2005年9月24—29日，水规总院在北京主持召开会议，对《中线可行性研究总报告》进行了审查。参加会议的有60位特邀专家，国家发展改革委投资司、农经司，国务院南水北调办投资计划司、经济与财务司、建设管理司、环境与移民司、国土资源规划司，国家文物局文物保护司，国家防汛抗旱总指挥部办公室，中咨公司，水利部办公厅、规划计划司、建设与管理司、水资源管理司、水土保持司、移民局、调水局、长委、黄委、淮委、海委，中线建管局、中线水源公司、汉江集团公司、湖北省南水北调管理局，河南省发展改革委、水利厅、南水北调办、移民办，河北省水利厅，北京市水务局、南水北调办，天津市发展计划委员会、水利局、南水北调办，湖北省发展和改革委员会、水利厅、南水北调办、移民局，长江设计院、河南省设计院、河北院、河北二院、北京市水利院、天津市水利院、湖北省设计院、湖北省交通规划设计院、长江科学研究院等单位的领导、专家和代表。会议成立了审查技术委员会。与会人员听取了《中线可行性研究总报告》技术总负责单位长江设计院的汇报，并分组进行了讨论。会后，设计单位根据会议讨论意见，又对《中线可行性研究总报告》进行了修改和完善。经审查，基本同意该《中线可行性研究总报告》。2008年10月，国家发展改革委对《中线可行性研究总报告》进行批复。

第二节 中线一期工程水文与地质条件

一、水文

（一）概况

1. 汉江流域

汉江是长江中游的重要支流，发源于秦岭南麓，流经汉中盆地与褒河汇合后始称汉江，于武汉入汇长江，全流域集水面积 159000km²，干流全长 1577km。丹江口以上为上游，丹江口至钟祥为中游，钟祥以下为下游。丹江口水利枢纽位于湖北省丹江口市汉江干流与支流丹江汇合处下游约 800m，控制流域面积 95200km²。兴隆水利枢纽坝址和引江济汉工程出水口位于汉江下游，其中兴隆水利枢纽位于湖北省天门市（左岸）和潜江市（右岸），上距丹江口水库坝址 378km，下距河口 274km；引江济汉工程出口在兴隆水利枢纽坝址下游 3km 左右的高石碑。中华人民共和国成立以来，汉江流域干、支流相继建成石门、石泉、黄龙滩、安康、丹江口、王甫洲等水利枢纽，对汉江流域径流的年内分配和洪水调节产生积极有利的影响。

2. 输水工程

南水北调中线工程是一项特大型长距离跨流域调水工程，总干渠从丹江口水库陶岔渠首引水，跨江、淮、黄、海四大流域，穿过大小河流 705 条，至终点北京市团城湖，全长 1276.414km。天津干线从河北省徐水县西黑山村西分水，至天津市外环河，全长 155.531km，穿越大小河流 49 条。

3. 引江济汉工程交叉河流

引江济汉工程从长江上荆江河段引水到汉江兴隆河段，进口为长江龙洲垸，出口为汉江高石碑。

龙洲垸位于沮漳河出口下游，上距陈家湾水位站 3.34km，下距沙市水文站 13.76km。出口高石碑位于汉江下游，上距沙洋（三）站 27.1km，下距泽口站 31.85km。引江济汉工程沿线穿越的主要河流有：太湖港、港南渠、纪南渠、龙会桥河、拾桥河、殷家河、西荆河、兴隆河等。

（二）气象

南水北调中线工程水源区域属亚热带季风气候，四季分明，具有霜期短，日照长，雨量充沛等特点，区内多年平均降水量 1070mm，多年平均蒸发量 1240mm 左右，多年平均气温16.2℃，极端最高气温 40℃以上，极端最低气温为－15℃左右，风向以东北风及偏北风为主，夏季以偏南风为主，年平均风速 2.4～2.6m/s。

南水北调中线总干渠地处东亚季风气候区，受季风进退影响，四季分明。自南至北分属湿润、半湿润、半干旱地区，全线多年平均降水深 653.8mm，但各地区间差别较大，具有从南向北、从山区向平原及山间盆地递减的趋势。水面蒸发的地区分布规律与降水相反，呈南低北高趋势。多年平均气温从南部14.8℃向北部11.8℃递减。年平均风速的地区分布和时程变化规律性不明显,多数地区的年平均风速在2m/s左右。多年各月最大冻土深度以丰台站68cm为最大。

(三) 水文基本资料

汉江流域水文记录始于1929年,但仅限于干流中下游的少数水位站。到1935年增设了安康、白河、郧县、襄阳等控制性水文站达10余处,雨量站30多个。中华人民共和国成立后,汉江干、支流又增设了大量水文站、水位站,整个流域水文、水位站已达180多个,雨量站760多个。

总干渠沿线穿过的数百条大小河流中,交叉断面上、下游设有水文站的河流共35条(包括水库出库站),其中长江流域3条,淮河流域7条,黄河流域2条,海河流域23条。1995—2003年,各设计院为检验无实测流量资料河流采用水力学方法拟定的水位流量关系精度,在典型河流上设立专用水文站,收集实测水位、流量等资料。

引江济汉工程区域内水文资料丰富,其进口河段长江上、下游分布有宜昌、枝城、沙市水文站,马家店、陈家湾水位站;松滋口有新江口、沙道观水文站;太平口有弥陀寺水文站;沮漳河上设立有猴子岩(远安)、河溶、万城水文站;拾桥河上设有韩家场水文站。汉江出口河段上、下游分布有皇庄、沙洋水文站,兴隆闸、泽口水位站。

(四) 径流

1. 汉江

汉江丹江口以上流域1956—1998年多年平均降水量890.5mm,丹江口多年平均天然入库水量387.8亿m³,约占汉江流域的70%。其中年最大天然入库水量为1964年的795亿m³,最小年入库水量为1997年的169亿m³,两者比值4倍以上。丹江口入库径流以汛期为主,5—10月来水量占年内来水总量的79%以上。

兴隆水利枢纽径流由丹江口下泄径流与丹兴区间径流组成,丹江口坝址径流采用系列为1956—2000年,其多年平均径流量为365.3亿m³。丹兴区间主要支流为南河、唐白河,区间径流根据区间支流控制站实测资料进行分析计算,区间多年平均径流量为106亿m³(1956—2000年),兴隆水利枢纽径流量为471亿m³左右。

2. 引江济汉进口长江河段

引江济汉进口河段径流主要来自长江上游,根据实测资料统计,沙市站多年平均径流量为3925亿m³(1955—1998年),其中年径流量以1998年的4752亿m³为最大,最小年径流量为3206亿m³(1972年);沙市站水量年内分配不均,汛期5—10月多年平均径流量为3003亿m³,占全年的76.5%。

(五) 设计洪水

1. 暴雨洪水特性

长江流域洪水主要由暴雨形成。上荆江河段洪水来自于长江上游。上游宜宾至宜昌河段,有川西暴雨区和大巴山暴雨区,暴雨频繁。岷江、嘉陵江分别流经这两个暴雨区,洪峰流量甚大，暴雨走向大多和长江干流洪水流向一致，使岷江、沱江和嘉陵江洪水相互遭遇，易形成寸滩、宜昌站峰高量大的洪水。

汉江流域内各地均可出现暴雨，暴雨最多的地方是米仓山、大巴山一带，汉江洪水由暴雨产生，洪水的时空分布与暴雨一致。夏、秋季洪水分期明显是本流域洪水的最显著特征。从洪水的地区组成上看，夏汛洪水的主要暴雨区在白河以下的堵河、南河、唐白河流域，洪水历时较短，洪峰高，且常与长江洪水发生遭遇，如"35·7"洪水；而秋汛洪水则以白河以上为主要产流区，白河以上又以安康以上的任河来水量最大，并且秋季洪水常常是连续数个洪峰，其洪量也较大，历时较长，如"64·10""83·10"洪水。

南水北调中线工程总干渠西侧之伏牛山、太行山山前地带是中国主要的暴雨区之一，其最大 24 小时、3 天暴雨均值都比同纬度地区大。总干渠沿线地区多为暴雨区，暴雨频繁，雨量大。总干渠沿线具有雨季集中、暴雨历时不长、强度大等特点。总干渠沿线交叉河流的洪水均由暴雨形成，洪水发生时间与暴雨一致，多在 6—9 月。总干渠基本沿伏牛山、嵩山、太行山山脉山前地带北上，沿线交叉河流基本都位于山区，因此交叉河流洪水具有洪水过程陡涨陡落、峰形较尖瘦的山区性河流洪水特性。一次洪水过程历时一般不足 3 天，历时较长的特大暴雨可延长至 3～7 天。洪水洪量集中，3 天洪量可占 7 天洪量的 80% 左右，中小河流可超过 90% 以上。

2. 汉江设计洪水

水文资料系列截至 2000 年，将实测系列连同历史洪水一起作频率分析计算，历史洪水的排位与 20 世纪 60 年代中期初步设计阶段相同，计算了丹江口、丹碾区间、碾盘山年最大与秋季设计洪水，秋季洪水以每年 8 月 20 日作分期划分界限。

经复核，丹江口坝址年最大、秋季 7 天洪量设计值均比原采用成果偏小 5% 左右。原成果偏于安全，同时考虑到该成果已被广泛采用，因此丹江口坝址仍采用 1963 年设计成果。碾盘山、丹碾区间设计洪水采用 1994 年设计洪水成果。按 7 天洪量设计值放大各典型年入库洪水过程，分析计算得出丹江口入库设计洪水千年一遇洪峰流量为 79000m³/s，万年一遇洪峰流量为 98400m³/s，万年一遇加 20% 洪峰流量为 118000m³/s。

兴隆枢纽设计洪水由丹江口水库调洪后的下泄洪水过程线经洪水演进至碾盘山后与丹碾区间设计洪水过程线叠加而得，并考虑碾盘山至兴隆河段槽蓄影响。现状条件下，受汉江下游新城河段安全泄量（18400～19400m³/s）限制，当新城河段洪水超安全泄量时，必须通过中游 14 个民垸分蓄洪使该河段洪水降到安全泄量以内。丹江口大坝加高后，防洪控制点及其安全泄量基本不变，但民垸可基本不分洪。所以兴隆枢纽设计洪水 50 年一遇至 300 年一遇设计洪峰流量为 18400～19400m³/s。

3. 输水工程交叉断面设计洪水

输水工程沿线交叉河流设计洪水根据有无水文资料和交叉断面上游是否有水库调蓄影响分为有实测流量资料河流、无实测流量资料河流和受上游水库影响河流三种情况进行分析。

（1）有实测流量资料河流设计洪水。输水工程总干渠、天津干线沿线穿过的 705 条河流中，交叉断面上下游附近河段内设有水文站（不包括本工程专用站）的河流共 35 条，其中不考虑水库调洪影响直接采用水文站实测流量资料计算设计洪水的河流 13 条（拒马河 4 支计为 4 条河流），这些河流交叉断面设计洪水采用实测洪水系列加上历史洪水进行频率分析计算。

（2）无实测流量资料河流的设计洪水。输水工程沿线穿越无实测流量资料河流 670 条，这些河流交叉断面设计洪水，根据《水利水电工程设计洪水计算规范》（SL 44—1993）规定，对所在地区暴雨洪水图集进行检验修改的基础上，通过暴雨途径，依据图集进行分析计算。

（3）受上游水库调蓄影响河流的设计洪水。当交叉断面以上有大中型水库的调蓄影响时，应考虑水库的调蓄影响。总干渠沿线交叉河流中，需考虑上游水库影响的河流共 49 条，上游共建有大型水库 22 座、中型水库 39 座。其中无流量资料的河流 27 条，有流量资料的 22 条。49 条河流中，只需考虑 1 座水库调洪影响的河流 41 条，需考虑 2 座水库的河流 4 条，需考虑 3 座水库的河流 3 条，黄河需考虑 4 座水库调洪影响。采用频率组合方法分析计算设计洪水的地区组成，成果采用经各水库调洪计算后对交叉建筑物防洪最不利的洪水组成成果。

（4）穿黄工程设计洪水。输水工程总干渠由黄河南岸的河南省郑州市荥阳李村村西至河南省焦作市温县陈沟村西（习惯称为李村线）穿过黄河。穿黄断面以上黄河集水面积约 71.6 万 km^2，干流上游现已建 12 座大型水利水电枢纽，其中对穿黄河段的洪水有较大调蓄控制作用的主要是三门峡、小浪底两座水库。三门峡水库控制集水面积 68.84 万 km^2，占穿黄工程以上集水面积的 96%，防洪库容约 60 亿 m^3，小浪底水库控制集水面积 69.4 万 km^2，防洪库容约 40.5 亿 m^3。穿黄工程上游约 15km 处，支流伊洛河由右岸汇入。伊河、洛河上分别建有陆浑、故县两座大型水库，水库控制流域面积分别为 3492km^2、5370km^2，总库容分别为 13.86 亿 m^3、11.75 亿 m^3。

由于三门峡、小浪底水库对以三门峡以上河口镇—龙门区间和龙门—三门峡区间来水为主的"上大型"洪水有较大控制，对交叉断面设计洪水影响最大的是以三门峡—花园口区间来水为主的"下大型"洪水。

各设计依据站（区间）的设计洪水成果，在 1976 年、1980 年、1985 年、1994 年、1999 年分别将实测资料系延长至 1969 年、1976 年、1980 年、1989 年、1997 年进行分析计算，经过水利部多次审查，仍采用 1976 年成果。

穿黄断面设计洪峰流量采用典型年法计算。选取对穿黄断面设计起重要作用的 1954 年、1958 年、1982 年 3 年实测"下大型"洪水为典型年，经四库联合调度计算，成果以 1958 年型为大，1982 年型次之，1954 年型最小。为安全计，穿黄断面设计洪峰流量采用 1958 年型洪水的设计值。

4. 引江济汉工程设计洪水

（1）引江济汉进口长江河段。经复核，采用的长江宜昌站设计洪水参数仍与三峡初设成果一致。尽管加入了 1998 年大水，但因原实测系列长，并含有 1954 年特大洪水，而且宜昌站参与计算的历史洪水资料丰富，自 1153 年以来有多个大于 1998 年洪水的历史洪水（1998年 1 天、3 天、7 天洪量在实测系列中分别排第 15 位、23 位、7 位），因此系列延长后对原成果影响很小。三峡工程建成前，各进口断面设计洪水采用枝城设计洪水成果，考虑支流的加入与松滋口的分流，其中沮漳河相应来水 1300m^3/s，松滋口分流量按 20 世纪 90 年代多年平均洪峰分流比计算。

三峡工程建成后，分析计算出进口河段设计洪水成果，即遭遇 100 年一遇以下洪水，大埠街流量为 51000m^3/s、龙洲垸为 52300m^3/s。

（2）交叉河流设计洪水。针对引江济汉交叉河流水文基本资料的不同条件，分别采用不同的方法计算交叉断面的设计洪水成果，并根据交叉断面堤防现状、排涝成果对设计洪水成果进行分析，选用合理的设计洪水成果。

对无水文基本资料的西荆河、殷家河、拾桥河、太湖港等交叉河流采用设计暴雨推求设计洪水的方法分析计算交叉断面设计洪水成果；对其他河流如龙会桥河、夏家冲河、西湖港、广平港、合义港等交叉河流设计洪水，则采用平原湖区排水模数的经验公式计算设计洪峰流量。

（六）水位流量关系

1. 汉江各控制断面

丹江口坝址水位流量关系复核根据近年王家营水位站和黄家港实测流量资料进行修正。

由 1986 年以后各水文测站实测水位流量资料，分别建立黄家港、襄阳、皇庄、沙洋（三）、仙桃（二）站的水位流量关系。泽口水位站无实测流量资料，采用间接方法推求水位流量关系，即根据沙洋（三）站水位-流量关系曲线和沙洋至泽口水面比降［根据沙洋（三）水文站、兴隆水位站和泽口水位站同时段实测水位资料］，可求出泽口断面水位流量关系曲线。

根据兴隆坝址上游 1.6km 兴隆闸水位、兴隆坝址上游 24.5km 沙洋水文站和实测兴隆坝址大断面等水文资料拟定兴隆坝址水位流量关系；汉江高石碑水位流量关系拟定：流量采用沙洋实测流量（考虑传播时间），水位采用兴隆闸水位与泽口水位内插。

2. 输水工程交叉断面

总干渠沿线各交叉河流，资料条件差异较大，少数大的交叉河流有实测水文资料，绝大部分河流为无资料河流。对无资料河流，进行洪水水面线调查测量、河道河床及交叉断面附近地形地貌调查。根据调查测量的情况，确定各河流交叉断面水位流量关系的拟定方法。对于单一河道，水流较稳定时，采用曼宁公式直接推算，也有采用推水面线的方法推算；分叉或冲淤严重的复杂河道，或洪水期水流漫溢串流的河道，以及无明显沟槽的坡水区，如拒马河等，则采用二维非恒定流数学模型直接计算各频率设计水位。

对有实测流量资料的河流，尽量利用流域的实测水文资料，并结合水力学方法拟定交叉断面水位流量关系曲线。

为保证各交叉河流交叉断面水位流量关系的可靠性，自 1996 年以来，沿线各省（直辖市）均选择典型河流设立汛期临时专用水文站，进行水位和流量测验，以验证所拟定的水位流量关系的精度。

一般性河道单一、高洪时无串流漫流的交叉断面，设计水位由不同频率的设计洪峰流量查交叉断面处天然河道水位流量关系曲线计算。河道特性复杂，分叉、高洪时有漫流的河流，以及坡水区无明显沟道的河流，则应用二维数学模型直接计算不同频率设计流量下的设计水位。

3. 引江济汉工程交叉断面

（1）长江控制断面。影响沙市水位流量关系的因素主要有河段冲淤变化、下游变动回水顶托、洪水涨落率等，1967—1972 年下荆江裁弯引起本站水位流量关系发生系统变化。将沙市实测流量成果进行洪水涨落率改正和落差指数法综合后，最后转换成以莲花塘水位为参数的沙市水位流量关系簇。引江济汉进口水位流量关系是根据其所在位置内插水位与沙市站流量建立相关关系，分析拟定龙洲垸断面的水位流量关系。

（2）交叉河流控制断面。各交叉断面的水位流量关系主要根据实测大断面等资料，采用水力学推算水面线的方法推算。

(七) 泥沙

1. 汉江

丹江口水库泥沙以悬移质为主，来源于汉江干流、堵河及丹江。据1952—1967年16年实测资料分析，丹江口水库年平均入库泥沙1.00亿t，其中干流白河站为0.64亿t，占64%；堵河黄龙滩为0.11亿t，占11%；其余泥沙来自丹江及未控区间。丹江口水库建成运行后，将大部分来沙截于丹江口水库以内，出库泥沙仅为建库前的1%左右。

1975年堵河黄龙滩水库建成后，拦截堵河来沙，使黄龙滩输沙量大幅度减小，95%以上泥沙被拦在黄龙滩水库库内。

汉江干流安康水库1990年正式建成，亦大量拦截了干流泥沙，白河站年平均悬移质输沙量由1952—1990年的0.515亿t/年，减少到1990年以后的0.099亿t/年，因而丹江口入库泥沙大幅度减少。

丹江口建库前（1951—1968年），兴隆坝址年输沙量为1.2亿t，丹江口建库后（1968—2000年），丹江口以上来沙基本上全被拦在丹江口水库内，兴隆坝址年输沙量为0.16亿t，不到建库前的20%。

2. 输水工程

输水工程沿线穿过的705条河流中，交叉断面附近河段内有实测悬移质输沙资料的河流31条，占全线河流总条数的4.4%；所有河流均无实测推移质资料。

在31条有实测泥沙资料的河流中，根据各水文站实测泥沙资料分析计算年输沙量。对于无实测泥沙资料的河流，根据各条河流所在区域下垫面条件，参照相似条件河流实测年平均输沙模数，同时考虑上游有无大中型水库拦沙影响，由分区分类综合或侵蚀模数分区图，估算各河流的年均输沙模数、输沙量。

3. 引江济汉工程

沙市站多年平均输沙量为4.36亿t（1955—2001年），其中以1968年的6.56亿t为最大年输沙量，最小年输沙量为2.05亿t，发生在1994年。汛期5—10月沙量为4.16亿t，占年输沙量的93.7%。多年平均含沙量为1.13kg/m³，实测最大含沙量为13.1kg/m³，月平均含沙量以7月为最大，2月为最小。

拾桥河韩家场多年平均输沙总量为8.53万t。

(八) 冰情

总干渠沿线水文站少，有冰情观测资料的站更少。总干渠穿过的长江流域、淮河流域境内河流，交叉断面附近气候相对较温暖，冰情较少，无冰情观测资料。有冰情观测资料的最南面河流为黄河，其次为沁河。最北面有冰情观测资料的河流为永定河，其次为拒马河。总干渠海河流域内明渠段交叉河流冰情，南以沁河、北以拒马河实测资料为控制点，参照采用。

(九) 水情自动测报系统

1. 丹江口水库

丹江口水库为大型水库，担负着汉江中下游防洪任务，水库上游安康、黄龙水库至大坝近

4.7万 km² 的集水面积，是水库致洪的主要暴雨区，其暴雨特点是强度大、范围广、时间长、汇流时间短、库水位上升快。因此在安康至丹江口建立一个质量可靠、性能稳定的水情自动测报系统，准确地、实时地采集汉江中上游的水情信息，对丹江口水库的防汛调度是非常重要的。

结合原有水文站网布设和丹江口水库现存的水情自动遥测系统，以及丹江口水库大坝加高后，部分测站必须改建的情况，丹江口水情自动遥测系统需要新建 53 个遥测站，改建 25 个遥测站。

结合丹江口水库的综合作用及库区内已建的水文自动测报系统通信组网模式及运行情况，拟订在丹江口水库库区已建的测报系统仍采用超短波通信方式，对其设备设施进行改造，系统内其余的遥测站点，将根据现场通信线路的测试结果拟采用北斗卫星通信方式为数据传输主信道，公用程控电话（PSTN）通信网为备用信道。

2. 兴隆水利枢纽

兴隆水利枢纽水情自动测报系统的建设范围包括碾盘山至兴隆水利枢纽区间流域。兴隆水利枢纽水情自动测报系统的建设应以兴隆水利枢纽对航运、灌溉等综合工程的合理利用和防洪报汛的需求为主要目标，即用 1 年的时间，建立一个质量可靠，准确、实用、先进、开放、安全、易维护的水情自动测报系统，为水库的航运、灌溉调度提供实时准确的水雨情信息和发布有效的洪水预报。

兴隆水利枢纽水情自动测报系统由皇庄水文站、沙洋水文站、道口闸水位站、金刚口闸水位站、罗汉寺闸水位站、坝前水位站、坝下水位站组成。系统由遥测站、中心站组成，采取混合工作制式。中心站为兴隆，设置自动采集雨量、水位的遥测站。

（十）水文泥沙观测规划

1. 丹江口大坝加高工程

水文泥沙观测的范围是丹江口库区的常年回水区和变动回水区，主要观测项目有库区水下地形测量、库区固定断面观测、库区水位观测、库区泥沙调查等。

库区水道地形蓄水前施测 1 次，固定断面施工中期施测 1 次，坝区 15 组水尺观测，水文泥沙资料整编及管理等。

水质监测的范围为丹江口库区、南水北调中线工程渠首。监测内容包括 12 个入库及库区水质监测断面，开展调水前、施工期及建成后 28 项参数的监测，必要时还可考虑对苯类、有机氯农药、叶绿素 a、藻类等有机或生物参数进行监测。入库及库区水质断面汛期每月监测 1 次，枯季每月观测 2 次。若出现水质异常或突发性污染，将对相关水域进行加测或连续监测。

2. 引江济汉工程

水文泥沙观测的范围是长江枝城至公安段和汉江的兴隆至仙桃段，主要观测项目有水道地形测量、固定断面观测、河势及分汊河道勘测调查、进出口水位观测、进出口水沙测验等，增加项目为拾桥河的水文观测。规划在拾桥河上重新设立水文站，站址上移至拾桥镇。

在引江济汉工程长江干流取水口和汉江出口处各设置 1 个水质断面，以有效监控引江济汉水质，为引江济汉工程的建设和合理运行调度提供及时的科学依据。

二、地质

中线工程勘测工作最早可追溯到20世纪50年代初期。50年来，有关勘测单位开展了大量的勘测、试验工作，取得的勘测和专题研究成果也多次经过专家的审查与论证。总的来说，工程区范围内的工程地质条件已基本查明，不存在影响工程方案成立的工程地质问题。

中线工程历年完成的主要勘察工作量见表11-2-1。

表11-2-1 中线工程历年完成的主要勘察工作量表

项 目		单 位	水源工程	输水工程	汉江中下游治理工程	合 计
地质测绘	1:20万～1:200	km²	2435.88	26937.38	3351.75	32725.01
物探	地震	点（km²）		87198		87198
	电法		258	55818(1148)	555	56631(1148)
	地质雷达	m		47225		47225
	测井	m	961.2	21426.7		22387.9
钻探	机钻	m	86073.53	467298.93	20187.51	573559.97
	手摇钻		1085.3	47611.24	1683.9	50380.44
室内试验		组	4468	141321	3489	149278
原位试验	标贯、动探试验	段	765	166454	2326	169545
	旁压试验			524		524
	静力触探	m		16316.7	259.1	16575.8
水文地质试验	钻孔注(压、抽)水	段	5862	5512	228	11602
	试坑注水	个		841	11	852
	水质分析	组	3	2070	47	2120

（一）区域构造稳定性与地震

1. 区域地质背景

南水北调中线一期工程自北向南涉及华北准地台、秦祁褶皱系和扬子准地台3个一级大地构造单元、9个二级构造单元。构造线方向：华北地台区以北东和近东西向为主，秦祁褶皱系以北西向为主、东部转为北西西向，扬子准地台以北东向为主。各构造单元的分界断裂均为深大断裂，具有切割深和长期活动的特点，新构造期亦有不同程度的活动表现，地震活动较为频繁。

区域新构造活动的垂直差异运动塑造了强烈的地形差异，形成隆起与拗陷盆地。夷平面和河谷阶地的发育表明其隆起在时间上具有间歇性、在空间上显示出隆起幅度的差异和具掀斜运动的特点。山西断陷盆地、河北断陷盆地等均反映出区域新构造水平运动具有右旋剪切拉张活动的特点，其活动速率以山西断陷带及张家口—渤海断裂带最大，南部一般较小。

2. 地震活动性

区域地震活动与第四纪活断层关系密切，强震一般发生在晚更新世以来有活动的断裂上。工作区晚更新世以来的活动断裂基本位于山西构造带和华北平原构造区内。豫皖、秦岭、华南地震构造区内未发现晚更新世以来有明显活动的断裂，区内历史上发生的数次中强地震多与深部构造活动有关，而地表区域性的北西向断裂和北东向断裂相交汇的部位往往是中强地震的控震构造。

总体来看，区域地震活动的空间分布很不均匀，表现出明显的北强南弱的特点，地震活动主要集中在华北平原地震带和山西地震带的北部。区内的大地震多发生在北东向和北西向构造交汇点部位。由于华北地区处于大释放后的衰减过程中，未来百年工作区地震活动水平也不会太高。但工作区西北侧位于山西地震带内，这一区域未来有发生大地震的可能。

近场区内，输水工程主要穿越北京断陷、冀中断陷和临清凹陷、太行山东麓、黄河谷地附近的断裂及南阳盆地附近的断裂；水源工程近场区内主要发育北西西向断裂；兴隆水利枢纽近场区内的北北西向断裂为区域断裂的延伸部分，断裂的活动特征表现不明显。

输水工程近场区地震活动水平高，尤其是北京地堑和石家庄到焦作段破坏性地震比较密集，但近代中小地震活动的频次和水平均不高。

水源工程近场区地震活动较弱，近场范围内没有记录到 Ms 不小于 4.0 级的地震，只记录到小震 49 次（1970—2001 年），这些小震与断裂没有明显的联系。

兴隆水利枢纽近场区微震主要集中在沙洋—永隆河以北，潜北断裂两侧极少有微震发生。

3. 地震危险性分析

根据地震危险性分析结果，总干渠沿线：$0.20g$ 区长约 170.2km，$0.15g$ 区长约 203.7km，$0.10g$ 区长约 350.6km，$0.05g$ 区长约 437.6km，小于 $0.05g$ 区长约 114.3km，各区所占比例为 13.3%、16%、27.5%、34.2% 和 9%；天津干线沿线：$0.15g$ 区长约 43.2km，$0.10g$ 区长约 102.8km，$0.05g$ 区长约 9.5km，各区所占比例为 27.7%、66.2% 和 6.1%。

丹江口水利枢纽壅水建筑（大坝）的设防概率水准取 $P_{100}=0.02$（相当于年超越概率 0.0002），相应的基岩水平加速度峰值为 150g；非壅水建筑的设防概率水准取 $P_{50}=0.05$（相当于年超越概率 0.001），相应的基岩水平加速度峰值为 80g；一般建筑的设防概率水准取 $P_{50}=0.10$（相当于年超越概率 0.002），相应的基岩水平加速度峰值为 60g。

兴隆水利枢纽 50 年超越概率 10% 的场地基岩水平峰值加速度为 63.8g，相应地震基本烈度为 Ⅵ 度。

引江济汉工程、汉江部分闸站改造工程和局部航道整治工程 50 年超越概率 10% 的地震动峰值加速度为 0.05g，相应地震基本烈度为 Ⅵ 度。

（二）水源工程

1. 丹江口大坝加高

丹江口水利枢纽初期工程混凝土坝河床坝段及坝基处理均按大坝加高最终规模进行，经 30 余年蓄水考验，运行正常。

（1）水库区工程地质条件及评价。水库区无矿产淹没问题，浸没轻微，库区主要存在库岸稳定和丹唐分水岭部分地段可能渗漏问题，丹唐分水岭董营附近存在地形缺口，需修建副坝。

　　水库区丹江库段未见较大规模的崩滑体发育。汉江库段体积大于 5 万 m³ 的崩滑体有 38 处，其中最近的朝阳沟滑坡距大坝 25km，体积 28.2 万 m³；汉江库段郧县、均县盆地，丹江库段淅川、李官桥盆地两岸发育 K-E 红色碎屑岩及第四系堆积物的库段稳定性较差，存在塌岸问题，但属上库岸且距大坝 33.2km 以外，对大坝安全运行影响不大，对库区的淤积影响微弱，仅对水库移民搬迁及其安置有一定影响。

　　丹库丹唐分水岭地段为碳酸盐岩组成的低山～丘陵区，正常蓄水位 157m 时，无渗漏问题。蓄水位至 170m 时，除了陶岔渠首枢纽存在通过坝基与绕坝向总干渠的渗漏外，丹唐分水岭地段产生水库渗漏的可能性极小，即使渗漏，其渗漏量也较小。其中陶岔渠首枢纽坝基与绕坝渗漏由渠首防渗工程予以处理，其他地段可不进行专门处理。宜在大坝加高前、后加强对分水岭地带地下水的监测，根据监测成果确定处理措施。

　　库区拟对丹江口市武当山遇真宫进行防护，拟订了大、中、小 3 个围堤防护方案，存在的主要工程地质问题为堤基渗漏与渗透变形、浸没问题，部分地段还可能产生不均匀沉陷。3 个方案的地质条件大体相似。

　　董营副坝坝址区地层单一，为 Q_3 粉质黏土，厚达 50m，基本上呈硬塑状，水文地质条件简单，工程地质条件较好。

　　初期工程水库蓄水初期，水库区丹江库段碳酸盐岩分布区的地震活动一度有增加趋势，具水库诱发地震特征；蓄水后 8～32 年，总体上地震活动频度降低，强度减弱，并已趋稳定。大坝加高后，水体荷载的影响效应增加甚微，预计诱发地震震级不会超过蓄水前构造地震的水平。

　　（2）坝址区工程地质条件。坝区分布的地层有上元古界副片岩、扬子期变质岩浆岩、上白垩统碎屑岩及第四系堆积物。副片岩呈一系列 NWW 走向的倒转紧密褶皱，侵入其中的岩浆岩岩体内断裂构造发育，倾角一般 60°～85°，仅在右岸见有中缓倾角断裂。

　　坝区变质岩浆岩在沟谷底部一般为弱风化带，厚 2～6m；全、强风化带分布于谷坡及山脊地带，风化带厚度 15～26m；河床多为微新岩石，局部有厚 1～3m 的风化带，仅沿少数断裂风化带深达 11～21m。各类副片岩风化厚度在沟谷底部一般小于 5m；谷坡及山脊地带厚 5～20m；沿断裂局部地段（如 F_{217}）厚达 42m。上白垩统胡岗组底部砾岩抗风化能力较强，一般无明显风化带；砂岩及黏土岩遇水极易崩解，风化迅速，风化带厚度一般 3～4m。新鲜完整的变质岩浆岩力学强度较高，满足大坝对地基的要求。

　　坝区主要工程地质问题有断裂交汇带引起的不均匀沉降问题、坝基渗透稳定问题和大坝抗滑稳定问题等。

　　河床混凝土坝坝基岩体主要为微新变质岩浆岩，岩体中断裂构造发育，岩石较破碎。初期工程已按正常蓄水位 170m 的要求进行了专门的工程处理。初期工程竣工后，变形监测结果表明，大坝基础基本没有产生明显的沉陷变形，渗流变化符合一般规律，坝体稳定。大坝加高后，下游冲刷坑对坝基抗滑稳定影响甚微。31、32 坝段缓倾角裂隙较发育，对坝体抗滑稳定不利。

　　左岸混凝土坝连接段在初期工程中已对坝基有关地质缺陷进行了专门处理。加宽部位坝基为微新变质闪长玢岩及变质辉绿岩，力学强度较高，满足混凝土坝对坝基的要求。宜对延伸至加宽部位的 F_{697}、F_{1888} 等断裂及影响带岩体、建基面以下缓倾角裂隙较发育的部位（33、34 坝段)、41～44 等坝段加宽部位下游侧坝基微新岩体中局部存在的剥离裂隙密集带以及 34～38 坝段加宽部位防空洞等进行工程处理。

原左岸土石坝加宽部位上元古界副片岩及上白垩统碎屑岩强度均能满足土石坝要求。第四系覆盖层一般也可作坝壳地基，但先锋沟内坡洪积层中淤泥质黏土不宜作为土石坝坝基。

左岸土石坝延长段顺延于糖梨树岭山脊，地形平缓。坝基岩体为副片岩夹大理岩、黏土岩、泥质粉砂岩及透镜状砾岩，地质构造简单，岩体较完整，透水性微弱，岩石强度较高，可以满足土石坝对坝基的要求。宜将坝基防渗体置于碎屑岩和副片岩的弱风化岩体顶板，并对岩体中透水性较强的地段进行帷幕灌浆处理。

左岸自然坝段覆盖层较薄，基岩顶板高程 177m 左右，强、弱风化带较薄。宜对透水性较强地段进行帷幕灌浆处理。

左坝头副坝坝基岩体为含钙绿泥石片岩、砂质黏土岩及透镜状砾岩，地质构造简单，岩体较完整，透水性微弱，岩体强度较高，可以满足土石坝对坝基的要求。宜将坝体防渗心墙嵌入砂质黏土岩弱风化带中 0.5～1.0m，坝壳可置于强风化岩体上，对局部透水性较强岩体进行帷幕灌浆处理。

左岸土石坝下游挡土墙加宽部位及延长段地基可利用弱风化下部或微新变质岩浆岩和副片岩。开挖建基面上的断裂破碎带可进行挖槽回填混凝土处理。对于不能全部清除的剥离裂隙带应采取固结灌浆处理。

右岸混凝土坝连接段 1～7 坝段加宽部位坝基变质辉长辉绿岩力学强度较高，整体能满足混凝土坝坝基要求，宜将坝基置于微新岩体上。但断裂破碎带需进行适当开挖和固结灌浆处理。4～7 坝段下游加宽部位分布的中缓倾角断裂 F_1 和 1、5 坝段的缓倾角裂隙对坝体抗滑稳定不利。

右岸混凝土坝连接段右 1～右 13 坝段加宽部位坝基为变质辉长辉绿岩，微新岩体力学强度较高，整体能满足混凝土坝坝基要求，宜将坝基置于微新岩体上。但需对断裂破碎带进行适当开挖和固结灌浆处理。右 1、右 4 坝段缓倾角裂隙对坝体抗滑稳定不利。

右岸土石坝基本顺延西南山展布，坝基变质辉长辉绿岩透水性小，强风化带岩体强度较高，能满足土石坝的要求，可将土石坝基础置于强风化岩体上，但需采用帷幕灌浆防渗处理。张蔡岭一带，除清除表部第四系堆积物及风化岩体外，还应对该处强风化岩石组成的陡边坡按一定的坡比进行削坡，并清除表面松动岩块体。张家沟一带分布的淤泥质黏土不宜作为坝壳持力层，应予以挖除。

右岸土石坝下游挡土墙可利用弱风化变质辉长辉绿岩作为持力层，岩体中发育的断裂倾角都大于 80°，且构造岩胶结尚好，断裂规模小，对挡土墙的稳定不会产生不利影响。

（3）天然建筑材料。根据 1993 年、2001 年对天然建筑材料详查或复核成果，防渗土料储量 125.6 万 m³，砂砾石料储量 1657.8 万 m³，块石料储量 94.78 万 m³，储量、质量基本满足要求，其中砂砾料含有碱活性成分，需要采取必要的处理措施。各料场运距均在 13km 以内，交通便利，开采条件较好。由于地方正在大量开采，砂砾料的储量与质量将随时间发生变化，有必要进行详查。

（4）丹江口水库地震监测系统设计。丹江口工程库区（以下简称丹库）具有诱发水库地震的地质构造条件。为了监测加高工程蓄水后水库诱发地震的活动，拟建立由地震监测台网、深部地下水压力监测和分析预警三个子系统组成的水库地震监测预警系统。初拟在丹库设 7 个台站、汉库设 3 个台站、丹库与汉库兼用台站 1 个，在丹江口设中心站 1 个，另设中继站 3 个。同时拟在林茂山、凉水河、禹山等处布置 5～6 个监测孔，进行深部地下水压力监测，单孔深度 200m 左右。

地震监测台网应及早开工建设，以确保在加高工程蓄水前能收集 1～2 年库区微小地震活动资料。

2. 陶岔渠首枢纽

（1）地质概况。陶岔渠首枢纽工程位于汤山与禹山之间的垭口地带，汤山、禹山系冲洪积平原上的剥蚀残山，垭口处地面高程一般为 160～185m。

区内出露有奥陶系中统中厚层含紫红色、黑色条（纹）带灰岩、白云质灰岩、白云岩，白垩系～下第三系泥灰岩及下部底砾岩，第四系地层有下更新统（Q_1）、中更新统（Q_2）、全新统（Q_4）及人工填土（rQ），广泛分布于工程区。此外，还见有少量中～基性火成岩脉。

汤禹山背斜为坝址区主要构造形迹，受其影响，区内构造面走向以 NWW 为主，断裂、裂隙较为发育，但多为方解石脉充填或泥钙质胶结，一般性状较好。

坝基岩体中现代岩溶较发育，形态以石牙、溶沟为主，未见大型岩溶管道系统。岩体具中等～强透水性，透水性具明显的方向性和不均一性。顺岩层走向方向的渗透性大约是垂直岩层走向方向的 5～10 倍。岩体中地下水位的变化受大气降水及渠道水位的控制。

（2）上游引渠的工程地质条件。上游引渠开挖过程中，存在的主要工程地质问题为边坡稳定问题。一类滑坡发生于 Q_4 与 Q_1 或 Q_2 的层间界面，另一类滑坡发生于 Q_2 内部。初期工程开挖边坡较缓，滑坡处理较为彻底，预计蓄水后的渠坡稳定性总体上较好，但水位变动带内的渠坡可能会出现小规模失稳，应进行防护处理。预计蓄水后的渠坡稳定性总体上较好，但在 0＋000～2＋000 的水位变幅带、Q_2 与 Q_4 之间的结构面以及部分原滑坡位置仍可能出现小规模的失稳，需对其进行加固处理。

需对原护坡受损较为严重的渠坡段进行修复，对 172m 以下未进行护坡处理的渠坡进行护坡处理，修复消落水位以上的坡面排水系统。

（3）坝址区工程地质条件。坝区岩体强度高，勘探范围内各类碳酸盐岩均适宜建挡水建筑物。

对原坝线与原坝下游约 80m 处的下坝线及原坝上游 70m 处上坝线进行了比选，三者工程地质条件近似，上线略差，但均无影响建坝方案成立的地质问题，共同之处为基础下及两岸均无可靠的隔水层作为防渗依托。

推荐坝线（下坝线）处岩石强度满足建坝要求，工程地质条件一般较好，但存在坝基、绕坝渗漏问题，局部段可能存在坝基变形问题。需采取工程处理措施。

（4）天然建筑材料。工程所需各类建筑材料可就近采制，所选料场质量、储量满足需用，开采运输方便。

（三）输水工程

1. 地质概况

（1）地形地貌。沿线地形总体呈西高东低、南高北低之势。渠线西部伏牛山、箕山、嵩山和太行山脉的山顶高程一般为 500～2000m。东南部唐白河平原地面高程 120～147m；东侧淮、黄、海平原地面高程一般在 100m 以下；天津干线沿线地面高程 1.5～65m。

总干渠通过平原、岗地、丘陵、砂丘砂地的长度分别约为 586.074km、129.606km、522.567km、17.84km。天津干线丘陵段约长 1.6km，平原段约长 153.931km。

丘陵区主要分布于伏牛山、太行山脉的东麓，平原上则呈孤丘状。丘顶高程 100～400m，相对高差 50～250m。

岗地是由古老或较古老的山前冲洪积扇与冲洪积倾斜平原被冲沟、河流切割而形成，一般由上第三系软质碎屑岩，下、中更新统冲洪积含钙质结核（姜石）、铁锰质结核的粉质黏土、黏土组成。主要分布于陶岔—古运河段。

总干渠通过的河流冲积平原和山前冲洪积平原主要有唐白河冲湖积平原，淮、黄、海冲洪积平原和山前倾斜平原。地面高程由唐白河平原的 147m 降至海河平原北京团城湖的 46m、天津外环河的 1.5m。

总干渠通过的砂丘、砂地物质组成以细砂为主，另有粉砂、中砂和砂壤土。砂丘的相对高度 2～8m，顶部高程 140～160m。桩号 SH180＋331～SH186＋002、HZ093＋047～HZ097＋047 零星分布、SH162＋039～SH180＋332 断续分布。

（2）地层岩性。总干渠、天津干线勘测范围内主要出露和揭露的地层有太古界、元古界、古生界、中生界、新生界及岩浆岩。

太古界主要由各类片麻岩、片岩等组成。

元古界主要由安山玢岩、白云岩、白云质灰岩、泥灰岩、砂岩、粉砂岩、页岩、石英砂岩、板岩、千枚岩、片岩、大理岩等组成。

古生界主要由灰岩、白云质灰岩、砂质灰岩、页岩、粉砂岩、砂岩、煤层、铝土质页岩夹厚层铝土质泥岩及褐铁矿等组成。

中生界主要由砂岩、页岩、泥岩、砾岩等组成。

新生界第三系主要由砾岩、砂砾岩、砂岩、泥岩组成。其中上第三系（N）一般由具膨胀性的黏土岩、砂质黏土岩、泥灰岩和胶结较差的砂岩、砂砾岩、砾岩等组成。第四系下更新统（Q_1）为粉质黏土和含钙质结核黏土、壤土夹砾石层、砾质砂壤土、卵石、泥卵石、泥砾等，其中粉质黏土和黏土多具膨胀性。中更新统（Q_2）为黏土、含钙质结核粉质黏土、粉质壤土、壤土、卵石、泥卵石、碎石、泥砾、砾石等，其中黏土、部分粉质黏土具膨胀性。上更新统（Q_3）为黏土、粉质黏土、粉质壤土、砂壤土，局部为淤泥质黏土、中细砂、砾砂、泥砾、泥卵石、卵石、黄土状壤土、黄土状砂壤土。全新统（Q_4）为淤泥质黏土、粉质黏土、粉质壤土、壤土、砂壤土、粉砂、细砂、中砂、砾砂、卵石。

此外，沿线还分布有时代不明的辉长岩、闪长岩、闪长玢岩、辉绿岩和煌斑岩脉。

（3）水文地质条件。渠线地下水可划分为第四系孔隙潜水、孔隙承压水、基岩裂隙-孔隙承压水、岩溶裂隙水等类型，并以潜水为主。

土层中卵石层及砾砂层属强透水层，砂层具中等～强透水性，砂壤土具中等透水性；轻壤土及中壤土具弱透水性，局部具中等透水性；黄土状土、重粉质壤土具微～弱透水性，局部孔隙发育，具中等透水性；重粉质壤土具极微～中等透水性；粉质黏土、黏土地表一般呈弱～微透水性，下部土体则呈微至极微透水性。

砂岩、砾岩由于胶结物、成岩程度及裂隙发育程度的不同，一般具微～中等透水性。

灰岩、泥灰岩由于裂隙和岩溶发育程度不同，一般具弱～中等透水，局部微透水。

岩浆岩、变质岩由于风化程度、裂隙发育程度不同，透水性也不同，一般强风化带具弱～中等透水，弱～微风化带具微～极微透水性。

陶岔—北拒马河的部分段地下水或地表水对混凝土具腐蚀性；北京西四环段地下水对混凝土内钢筋及钢管具弱腐蚀性。天津干线牤牛河以东地下水对普通水泥具腐蚀性。

（4）物理地质现象。总干渠沿线发育的主要物理地质现象有冲沟、河岸崩塌、滑坡、岩溶、冻土、黄土潜蚀洞穴、泥（水）石流等，其分布与地形地貌、岩性、地理位置等密切相关。

2. 渠道工程地质条件及评价

（1）地质结构类型。总干渠沿线岩体类分为 7 个工程地质类别、14 个亚类，共 43 段，累计长 50.668km；土/岩体类分为 16 个工程地质类别、36 个亚类，共 190 段，累计长 302.634km；土体结构类分为 23 个工程地质类别、41 个亚类，共 398 段，累计长 744.613km；填方高度不小于 8m 的地基土体分为 4 种地基亚类，共 48 段，累计长 53.309km；填方高度小于 8m 的地基土分为 2 种地基亚类，共 8 段，累计长 5.992km。

天津干线岩体类分为 1 个工程地质类别、1 个亚类，共 1 段，长 0.195km；土/岩体类分为 2 个工程地质类别、2 个亚类，共 2 段，累计长 0.195km；土体结构类分为 4 个工程地质类别、5 个亚类，共 25 段，累计长 155.14km。

（2）主要工程地质问题。渠（管）道存在的主要工程地质问题有：渠道边坡稳定问题、饱和砂土振动液化问题、基坑涌水涌砂问题和渠道衬砌抗浮稳定问题、渠道渗漏问题、渠道通过煤矿区的特殊工程地质问题、高填方渠段地基稳定问题、泥（水）石流对渠道安全影响问题、浸没和次生盐碱化问题等。

1）渠道渗漏问题主要存在于明渠段，总干渠渠水位高于地下水水位且渠坡、渠底为中～强透水岩土体的渗漏段共 122 段，累计长 261.782km，应对其采取防渗措施。

2）渠道边坡稳定问题包括由膨胀土、湿陷性黄土状土、软黏土等特殊土组成的渠道边坡的稳定问题，砂性土组成的渠道边坡的稳定问题以及渠道高边坡的稳定问题。

a. 总干渠明渠段渠坡或渠底分布有膨胀性岩土体的渠段共有 186 段，累计长 331.927km。其中由强膨胀（岩）土与其他土、岩体组成的渠段有 11 段，累计长 18.521km；中等膨胀（岩）土与其他土、岩体组成的渠段有 65 段，累计长 142.12km；弱膨胀土与其他土、岩体组成的渠段有 110 段，累计长 171.286km。其中挖深小于 10m 的渠段长 208.614km，挖深为 10～15m 的段长 81.078km，挖深为 15～30m 的段长 37.671km，挖深大于 30m 的段长 4.55km。膨胀土主要分布在渠首—北汝河段、辉县—新乡段、邯郸—邢台段。此外，颍河及小南河两岸、淇河—洪河南、南士旺—洪河、石家庄、高邑等地也有零星分布。

b. 总干渠及天津干线有黄土状土分布的线路长 588.487km。分布有湿陷性黄土状土的渠坡累计长 353.359km，其中渠坡坡高小于 7m 的挖填段累计长 92.767km，地基为湿陷性黄土状土的填方段累计长 8.8km。黄土状土的湿陷性以弱～中等为主，均为非自重湿陷型，湿陷深度多在 5m 以内，湿陷最大深度约 8m。黄土状土的湿陷性对挖方渠段影响不大，可不考虑渠道的湿陷变形问题。半挖半填段和填方段因在原地层上增加了荷载，则要考虑湿陷变形对渠坡和渠基稳定的危害。

c. 渠道沿线软黏土分布的长度 60.968km，其中天津干线有 5 段，累计长 58.142km；南阳盆地分布有 2.826km。渠道边坡、临时边坡稳定性差。

综上所述，总干渠陶岔—北拒马河段渠坡稳定性较差或差的渠段有 126 段，累计长 365.391km，渠坡稳定性较好或好的渠段有 505 段，累计长约 672km。北京段临时边坡稳定性较差或差的段有 3 段，累计长 4.574km，临时边坡稳定性较好或好的有 41 段，累计长 52.67km。天津干线临时边坡稳定性较差或差的段有 11 段，累计长 100.535km，临时边坡稳定性较好或好的有 12 段，累计长 54.884km。

3）总干渠及天津干线存在饱和砂土振动液化问题的渠段分别有 17 段、2 段，长度分别为 51.625km、19km，其中液化等级为中等的渠段有 3 段，累计长 4.985km，可能液化或轻微液化的有 16 段，累计长 65.66km。应对上述液化渠段地基进行必要的处理。

4）渠道存在基坑涌水涌砂问题的渠段长 276.868km，需做好施工期地下水的排水、截水工作。

5）渠道由南向北通过河南省境内的禹州煤矿、郑州煤矿、焦作煤矿以及河北省境内的凰家煤矿、邢台煤矿、伍仲煤矿、邢台劳武联办煤矿、亿东煤矿、鑫丰煤矿、兴安煤矿、磨窝煤矿、邵明煤田区贾村乡第三煤矿、华懋煤矿、垒子煤矿，还需占压临城石膏矿部分资源。参照有关文献及煤矿区的建设经验，煤炭部门认为地下停采 3～5 年后，地表移动盆地可视为稳定，适宜作为建（构）筑物场地，但活动的采空区将对渠道的安全构成影响。

根据 2005 年的调查结果，渠线在禹州矿区通过 3.8km 稳定的采空区，压煤段的长度为 11.4km；焦作矿区段渠道绕矿区线通过采空区的长度约为 1.2km，压煤段的长度约为 14.81km。

根据 1995—1996 年的研究结果，渠线在郑州矿区压煤段的长度为 7.3km。

根据 1997 年的研究结果和 2003—2004 年的调查成果，渠道通过河北省境内矿区压煤段的长度为 11.37km。

6）总干渠高填方渠段（填方高度不小于 8m）有 48 段，累计长 53.309km。主要分布于河床漫滩、Ⅰ级阶地及古河道，地基土体主要由黏性土、黄土状土、砂性土组成，局部地段可能存在软土。由于上部荷载较大，土体多具中等压缩性，部分黄土状土具中等湿陷性，承载力较小，工程地质条件较差，需对地基进行加固处理。

7）历史上，焦作—沧河长约 100km 渠段内的河流曾发生过泥（水）石流，这些河流中也有大量的松散砂砾石堆积，暴雨期仍有形成泥（水）石流的可能。渠道设计时应充分考虑泥（水）石流的危害，以防止渠道的淤毁破坏。

8）总干渠及天津干线可能产生浸没及次生盐碱化问题的渠段有沙河南—黄河南渠段的辛集一带及潮河绕岗线段、黄河北—漳河南渠段焦作市府城一带、北京段惠南庄至大宁段以及天津干线部分段，累计长度约 87.487km。应在上述段做好对地下水的疏排和渠道、管涵的防渗处理。

9）此外，在北京瓦井河、牛口峪一带的灰岩分布区岩溶较为发育，部分地区可能发育有较大的溶洞，局部可能存在岩溶塌陷问题。

总干渠陶岔—北拒马河中支段工程地质条件好的渠段累计长度约 253km，工程地质条件较好的渠段累计长度约 358km，工程地质条件较差的渠段累计长度约 257km，工程地质条件差的渠段累计长度约 226km。北京段工程地质条件好的管涵段累计长 32.505km,工程地质条件较好的段累计长度约 17.672km,工程地质条件较差的段累计长度约 4.35km,北京段没有工程地质条件差的管涵段。天津干线工程地质条件好的箱涵段累计长 48.743km,工程地质条件较好的累计长度约 34.306km,工程地质条件较差的累计长 10.295km,工程地质条件差的累计长 57.642km。

3. 穿黄工程工程地质条件及评价

工程区南岸为邙山黄土丘陵台地,北岸为黄河、沁河冲洪积平原及黄土岗地。出露和揭露的地层中上第三系为黏土岩、砂岩、泥质粉砂岩、砂砾岩;第四系中更新统为粉质壤土、古土壤;上更新统为黄土、黄土状粉质壤土、黏土、壤土、细砂、中砂;全新统为砂壤土(夹壤土)、粉砂、细砂、中砂。地下水为孔隙水和孔隙裂隙水,黄河水及地下水适于饮用与灌溉,但新、老蟒河水质已遭受严重污染。

工程区存在的主要工程地质问题有饱和砂土振动液化问题、黄土高边坡稳定问题和洞室稳定问题。

根据液化可能性判别,河床和漫滩分布的 Q_4 砂壤土和粉砂、细砂在饱水条件下,可能产生地震液化。液化深度:河床 16m;北岸桩号 HH9+108~12+608 段 12.0m;桩号 HH12+608~15+500.23 段,洪水条件下 8.0m,自然水位条件下不存在振动液化。河床及北漫滩前缘为严重液化;桩号 HH7+808~10+208 为中等液化区;北漫滩桩号 HH10+208~12+308 为中等至严重液化区。

南岸邙山临河自然边坡较陡且紧邻黄河主槽,岸坡稳定性相对较差,需对岸坡特别是坡脚部位进行防护。南岸渠道开挖边坡高达 46~60m,由 Q_3 黄土状粉质壤土组成,其间夹抗剪强度低的黄土状粉质壤土,对渠坡稳定不利。渠坡宜采用阶梯式开挖,单级坡度宜为 1:0.5~1:0.6,坡高 7~10m,单级边坡坡脚 1/3 部分作块石护坡,整体坡度以不陡于 1:2.5 较为适宜。对于分布在坡腰、坡脚部的软塑状黄土状粉质壤土层可采取预排水措施或加固措施。

邙山隧洞和退水洞围土为 Q_3 黄土状粉质壤土和 Q_2 古土壤、粉质壤土,强度低,加之地下水的作用,人工开挖成洞条件较差。

选择李村线和孤柏嘴线进行线路比较。两条线路地质结构相似,工程地质条件相差不大。李村线同孤柏嘴线相比,存在邙山临河岸坡稳定问题。孤柏嘴线较李村线稍优。通过地质、水工、河势等方面综合比选,推荐李村线为穿黄工程的代表线路。

穿黄河盾构隧洞围土可分为三种类型:单一黏土结构、上砂下黏土结构和单一砂土结构。土体为 Q_2 粉质壤土、砂为 Q_4^1 砂层,长度分别为 1185m、1390m 和 875m。盾构隧洞设计应注意地层中存在的钙质结核、块石、古木,地层的变化,外水压力等问题。

南岸竖井位于黄河河床,地层由第四系全新统细砂、中更统粉质壤土、古土壤及上三系砂岩、黏土岩组成。竖井的工程地质条件相对较好。

北岸竖井位于黄河漫滩,主要由第四系全新统砂壤土、粉砂、细砂、中砂和上更统黏土、中砂、粉质壤土、粉砂、泥砾石层及上第三系砂岩、黏土岩组成。砂性土孔壁(或墙壁)稳定性差,需采取相应的固壁措施,并对竖井地下连续墙墙脚以下 17m 范围内进行灌浆加固。

南岸连接明渠段需挖深 19.3~46.6m,渠道边坡主要由 Q_3 黄土状粉质壤土组成。局部夹软塑状黄土状粉质壤土,对渠坡稳定不利,需采取处理措施。

南岸邙山隧洞段进口建筑物段挖深 40～60m，边坡由 Q_3 黄土、黄土状粉质壤土组成，夹饱和软黄土状粉质壤土，渠坡稳定性差。左、右检修闸持力层为 Q_3 黄土状粉质壤土，下伏 Q_2 古土壤和粉质壤土，土体强度较高，具微～弱透水性，工程地质条件较好。

邙山隧洞围土为 Q_3 黄土状粉质壤土或 Q_2 粉质壤土夹古土壤层、钙质结核富集层，采用盾构法施工较适宜。隧洞进口 40m 需人工成洞，围土强度较低，须采取处理措施。

北岸河滩明渠段为填方渠段，渠基主要为 Q_4^2 砂层，渠道应进行衬砌。局部段地基土存在液化问题，可采用挤密砂桩法处理。

青风岭明渠段以挖填为主。渠坡及渠底均为 alQ_3 黄土状粉质壤土，具非自重弱湿陷性，对渠道影响不大，填方高度大于 3m 的渠段需用强夯法处理地基。

4. 河渠交叉建筑物工程地质条件及评价

（1）梁式渡槽。场地地质结构为土/岩双层结构类型，地基上部主要为 Q_4、Q_3、Q_2 及时代不明（Q）的黏性土、砂性土、砾质土、黄土状土、泥砾、碎石土等。下伏 N 软岩，P_2、Pt_3 碎屑岩，Ar_n 变质岩，J_{xw_3}、J_{xw_4} 碳酸盐岩等。

各建筑物工程地质条件一般较好，大部分存在承台基坑涌水问题；部分建筑物地基存在沉降与不均匀沉降问题，少数场地存在黄土状土湿陷问题。

（2）涵洞式渡槽。场地地质结构有土体结构和土/岩双层结构两种类型。土体结构类型建筑物有 5 座，地基为 Q_4、Q_3、Q_2 黏性土、砂性土、砾质土、黄土状土等。土/岩双层结构类型建筑物有 4 座。地基上部为 Q_4、Q_3、Q_2 黏性土、砂性土、黄土状土、砾质土、泥砾等，下伏 N 软岩。

各建筑物工程地质条件一般较好，部分建筑物施工时应做好基坑排水、防洪及河水导流工作；少数建筑物地基承载力不足或存在地基不均匀沉降、黄土状土的湿陷、膨胀岩变形问题。

（3）排洪渡槽。场地为土体结构，地基为 rQ 人工填土，Q_4、Q_3、Q_2、Q_1 黏性土、砂性土、黄土类土、砾质土等。

各建筑物工程地质条件一般较好，少数建筑物存在膨胀土边坡稳定问题、砂土振动液化和承台基坑涌水问题。

（4）渠道倒虹吸。场地地质结构为土体结构和土/岩双层结构两种类型。土体结构类型建筑物有 60 座，地基为 rQ 素填土，Q_4、Q_3、Q_2、Q_1 黏性土、砂性土、黏性土、砂性土、砾质土、黄土类土、泥砾等。土/岩双层结构类型建筑物有 36 座，地基上部为 Q_4、Q_3、Q_2 黏性土、砂性土、砾质土、黄土状土等。下部主要为 N 软岩，E 碎屑岩，Z_1 变质岩，$\in$ 碳酸盐岩、碎屑岩，J_{xw_3} 碳酸盐岩，Q_{nx} 碎屑岩，O_{2m}、J_{xt} 碳酸盐岩以及岩浆岩。

各建筑物工程地质条件一般较好，大部分建筑物存在基坑涌水问题和汛期防洪导流问题。少数建筑物存在承压水对施工基坑底板顶托破坏、地基承载力不足、地基不均匀沉降、膨胀土、黄土状土湿陷、砂层振动液化等问题。个别倒虹吸可能存在岩溶塌陷或基坑边坡稳定问题。

（5）河道倒虹吸。场地地质结构为土体结构和土/岩双层结构两种类型。土体结构类型建筑物有 7 座，地基为 Q_4、Q_3、Q_2、Q_1 黏性土、砂性土、砾质土、黄土状土等；土/岩双层结构类型建筑物有 9 座，地基上部为 Q_4、Q_3、Q_2 黏性土、砂性土、砾质土、黄土状土等，下伏 N 软岩。

部分建筑物存在基坑涌水、不均匀沉降问题。少数建筑物地基存在液化、膨胀岩、黄土状土湿陷等问题。

（6）排洪涵洞。场地地质结构为土体结构和土/岩双层结构两种类型。土体结构类型建筑物有 7 座。地基为 Q_4、Q_3、Q_2、Q_1 黏性土、砂性土、砾质土、黄土类土、泥砾等。土/岩双层结构类型建筑物有 1 座，地基上部为 Q_4、Q_3 冲洪积黄土状土、黏性土、砂性土等，下伏 N_1 软岩。

部分建筑物存在基坑涌水问题，个别排洪涵洞存在黄土状土湿陷或不均匀沉陷问题。

（7）暗渠。场地为土体结构类型。地基为 Q_4、Q_3、Q_2 黏性土、砂性土、砾质土、黄土状土等。

部分暗渠存在基坑涌水、黄土状重粉质壤土湿陷和地基不均匀沉降问题。

5. 左岸排水建筑物工程地质条件及评价

（1）场地为岩体结构类型建筑物。

1）上排水建筑物。共 5 座排水渡槽，地基为 N_1 软岩或 $\in$ 灰岩、泥灰岩、页岩。

N_1 黏土岩、泥灰岩具弱～中等膨胀潜势，需考虑岩体膨胀性对建筑物的影响。

2）下排水建筑物。共计 13 座倒虹吸、涵洞 2 座。地基为 N 软岩，$\in$、O、Pt 碳酸盐岩，碎屑岩及 δ 闪长岩等。

N 黏土岩、泥灰岩一般具弱～中等膨胀潜势，建议采取防护措施。西郝村沟场区地下水对普通水泥有硫酸盐型弱腐蚀。

（2）场地为土/岩体结构类型建筑物。

1）上排水建筑物。共计 56 座排水渡槽、2 座渠倒虹。地基为 Q_4、Q_3、Q_2 黏性土、黄土状土、砂性土、砾质土、泥砾，N 软岩，T_1、O_2、P_{2sh}、C_{3t}、J_{xw}、$\in_{3g}$、$\in_{2x}$、Pt、Ar_n 碳酸盐岩、碎屑岩、变质岩等。

N 黏土岩具中等膨胀性，施工时需注意黏土岩胀缩变形问题。部分建筑物地基为可能液化土。个别建筑物地基岩溶发育，或存在湿陷性黄土状壤土。

2）下排水建筑物。共计 129 座倒虹吸、28 座涵洞。地基为 Q_1、Q_2、Q_3、Q_4 黄土状土、黏性土、砂性土、砾质土、泥砾，N 软岩，T_1、P_{2sh}、O_{2s}、J_{xt}、Q_{nx}、Pt、Ar_{th}碳酸盐岩，碎屑岩，变质岩及岩浆岩。

部分建筑物存在基坑涌水问题，或建基面下分布具中等膨胀潜势的黏土岩或湿陷性黄土状土。个别建筑物场区地下水对普通水泥有弱腐蚀性，或存在进出口临时边坡稳定问题、饱和砂土振动液化问题、不均匀沉陷问题，或岩溶较为发育。

（3）场地为土体结构类型建筑物。

1）上排水建筑物。共计 27 座排水渡槽，地基为 Q_3、Q_2、Q_1 黏性土、黄土状土、砂性土等。部分建筑物场地上部黄土状土具湿陷性，应注意对建筑物的影响。

2）下排水建筑物。共计 175 座倒虹吸、31 座涵洞。地基为 dlQ、Q_4、Q_3、Q_2、Q_1 黄土状土、黏性土、砂性土、泥砾等。

部分建筑物场地分布有湿陷性黄土状土或膨胀（岩）土。部分存在基坑涌水问题、不均匀沉降问题。曲沟倒虹吸地下水对普通水泥有硫酸盐型弱腐蚀。

3）河道改造。1 座，建筑物地基为膨胀土均一结构。

6. 渠渠交叉建筑物工程地质条件及评价

（1）灌渠渡槽。场地地基分为土体结构和土/岩双层结构两种类型。

土体结构类型场地的建筑物有 27 座，地基为 Q_4、Q_3、Q_2、Q_1 黄土状土、黏性土、砂性土、砾质土等。土/岩体结构类型场地的建筑物有 23 座，地基上部为 Q_4、Q_3、Q_2、Q_1 黄土状土、黏性土、砂性土、砾质土等；下部为 N_1 软岩，T_{1h} 碎屑岩，$\in$、J_{xw_1} 碳酸盐岩，Pt、Ar_n 变质岩及岩浆岩等。

建筑物地基工程地质条件一般较好，部分建筑物地基中分布有膨胀（岩）土，部分建筑物存在承台基坑涌水问题或桩基施工时砂层塌孔问题。

（2）灌渠倒虹吸。场地地基分为土体结构、土/岩双层结构和岩体结构三种类型。

土体结构类型场地的建筑物有 45 座，地基为 Q_4、Q_3、Q_2 黄土状土、黏性土、砂性土、砾质土等。土/岩体结构类型场地的建筑物有 26 座，地基上部为 Q_4、Q_3、Q_2 黄土状土、黏性土、砂性土、砾质土等，下部为 N_1 软岩，$\in$、J_{xt} 碳酸盐岩，Ar_n 岩浆岩等。岩体结构类型场地的建筑物有 3 座，地基由 N 软岩组成。

建筑物地基工程地质条件一般较好，部分建筑物地基中分布有膨胀（岩）土或湿陷性黄土状土，部分建筑物存在基坑涌水问题或不均匀沉降问题，个别建筑物场区地下水对混凝土具分解类碳酸盐型弱腐蚀性。

（3）灌渠涵洞。共有 6 座，地基为 Q_4、Q_3、Q_2、Q_1 黄土状土、黏性土、砂性土、砾质土等。建筑物地基工程地质条件一般较好，个别涵洞地基中分布有膨胀土、地基强度低，或存在振动液化的可能。

（4）暗渠。共有 1 座，地基上部为 Q_3 重粉质壤土、极细砂、卵石；下部为 N 砂岩，工程地质条件较好。

7. 铁路交叉建筑物工程地质条件及评价

25 座铁路桥场地地基工程地质条件较好，适宜作桩基或墩基。对于膨胀性岩（土）地基，需采取防护处理措施。

5 座渠道倒虹吸各场区的地基承载力满足要求，工程地质条件一般较好。部分场区分布有膨胀（岩）土或湿陷性黄土状土，部分场区存在振动液化等问题。

11 座渠道暗渠地基承载力均较高，采用天然地基可以满足设计要求。部分场区分布有膨胀（岩）土，京广线 II 存在基坑涌水问题，石太线暗渠存在基坑涌水问题，部分建筑物基坑存在临时边坡稳定问题。

8. 公路交叉建筑物工程地质条件及评价

（1）岩体结构场地。共 29 座。桥基持力层主要为 N 软岩、页岩、云母石英片岩、闪长岩、灰岩、强风化砾岩等。工程地质条件一般较好，N 软岩具膨胀潜势，宜做墩基。部分桥址存在承台基坑涌水等问题，灰岩地基应考虑施工排水问题。

（2）土/岩体结构场地。共 354 座。桥基上部多为黏性土、砂性土、砾质土等，下伏软岩或硬质岩。各桥址场地土、岩体承载力较高，工程地质条件一般较好，基岩可作为桩端及墩基持力层。部分桥址分布有湿陷性黄土状土或膨胀（岩）土，部分建筑物存在墩基基坑涌水、不均匀沉降等问题。此外，软岩裸露易快速风化，施工时应作好防护措施。

（3）土体结构场地。共 347 座。地基由黏性土、砂性土、砾质土、泥砾等组成，各桥址区

分布的 Q_2 粉质黏土多具膨胀性，做墩基持力层时，须考虑其影响；做桩基时，需考虑负摩擦效应。部分桥址分布有湿陷性黄土状土，部分桥址存在边坡稳定、振动液化、基坑涌水等问题，个别桥场区附近地下水对普通水泥具弱腐蚀性。

此外，穿黄工程还有公路桥 7 座。

9. 隧洞、非跨河暗涵及泵站工程地质条件与评价

（1）隧洞工程。输水工程共布置了 9 座隧洞，总长 11822m。其中古运河至北拒马河渠段有 7 座隧洞［分别为雾山（一）、雾山（二）、吴庄、岗头、釜山、西市、下车亭隧洞］；北京段有 2 座隧洞（分别为西甘池、崇青隧洞）。

隧洞进出口段为土/岩双层结构的有雾山（一）、雾山（二）、吴庄、岗头、釜山、西市、下车亭隧洞。上部为黄土状壤土、黏土、壤土、含碎石壤土、含黏土碎石、碎石；下部为燧石条带白云岩、白云质灰岩、砂岩、粉细砂岩等。雾山（二）隧洞进口段右侧边坡稳定性差，出口段左侧坡易产生掉块或塌滑。岗头隧洞洞脸稳定性较差。西市隧洞进口段右边坡与出口段边坡稳定性较差。下车亭隧洞进口段右边坡与出口段洞脸稳定性较差。

西甘池、崇青隧洞进出口段为岩体结构，西甘池隧洞岩性为大理岩夹滑石片岩；崇青隧洞岩性为砂岩、砾岩。西甘池隧洞出口洞脸稳定性较差；崇青隧洞进出口洞脸稳定性均较差。

隧洞洞身段总长 10806m，岩性为燧石条带白云岩、白云质灰岩、砂岩、粉细砂岩、砾岩、大理岩夹滑石片岩等。其中洞身为 Ⅱ 类围岩长 4917m，占总长的 45.50%；Ⅲ 类围岩长 3147m，占总长的 29.12%；Ⅳ 类围岩长 2267m，占总长的 20.98%；Ⅴ 类围岩长 475m，占总长的 4.40%。洞身段应考虑断层、裂隙密集带、溶蚀洞隙等部位存在封闭水体的可能性，应采取必要的排水措施，防止施工中发生涌水、突泥的问题。

（2）非跨河暗涵。2 座，均位于北京段。

1）卢沟桥暗涵。全长 0.527km，位于永定河冲洪积扇上，地基主要为 rQ 杂填土，Q_4、Q_3 砂壤土、壤土、粉细砂、卵砾石、卵石，仅在暗涵进口处揭露有黏土岩。

大部分暗涵进口段、部分涵身段基础底板置于杂填土上，该层结构松散，承载力低，建议进行工程处理。

2）西四环暗涵。长 12.64km，建筑物地基上部为人工填土及第四系冲洪积壤土、砂壤土、砂，下部为第四系冲洪积圆砾（卵）夹砂、壤土、砂壤土透镜体。地下水对钢筋、钢管呈弱腐蚀性。

暗涵进口明挖段边坡稳定性较差，应采取支护措施。局部洞身段可能存在不均匀沉降问题。

太平路—朱各庄段长 2120m，场地由全新统壤土、砂壤土、中细砂和圆砾组成。桩号 BT71+525.7～71+775.7 段穿越五棵松地铁，施工中应做好支护。此外，该建筑物已进入城区，应注意对其他建（构）筑物的影响，并做好施工排水准备。

（3）惠南庄泵站。场区地基上部为 Q_4 砂壤土、细砂，厚度 2m 左右；下部为 Q_4 卵石，揭露厚度最大 23m。

场地卵石分布稳定，厚度大，是前池、主泵房及副泵房基础的良好持力层。基坑挖深达 17.0m，存在临时边坡稳定问题，建议分级放坡开挖。

10. 控制工程地质条件及评价

（1）陶岔—北拒马河中支南渠段。

1）节制闸。地基为岩体结构的 2 座，建基面位于 N 软岩或白云岩中，承载力满足要求。

地基为土/岩体结构的共 22 座，上部为黏性土、黄土、卵石，下部除少数为硬质岩外，其余均为 N 软岩。工程地质条件一般较好，部分建筑物存在基坑涌水、临时边坡稳定、渗透稳定或地基强度较低等问题。

地基为土体结构的共 34 座。建基面位于黏性土、黄土状土、卵石中，工程地质条件一般较好。但黄土状土具湿陷性，需进行处理。个别建筑物存在基坑涌水问题或地基承载力偏低且压缩变形大。部分建筑物场区地下水对普通水泥有腐蚀性。

2）退水闸。地基为岩体结构的 2 座。建基面位于大理岩、白云岩中，承载力满足要求。

地基为土/岩体结构的 26 座。上部为黏性土、砂性土、卵石、泥卵石、黄土状土等，下部为软岩、硬质岩。部分建筑物地基分布有湿陷性黄土状土或膨胀（岩）土，部分建筑物存在基坑涌水、不均匀沉陷问题，部分退水闸地基抗冲刷能力差。

地基为土体结构的有 22 座。闸基位于黏性土、黄土状土中，承载力满足建筑物要求。但黄土状土具湿陷性，需进行处理。

3）分水口门。本渠段共 71 座。地基为土体结构和土/岩体结构，土层主要有黏性土、砂性土、砾质土、黄土状土等，基岩为软岩、硬质岩。地基工程地质条件一般较好，部分存在渗透稳定、抗冲能力差等问题，部分建筑物地基分布有膨胀（岩）土。

4）排冰闸。26 座排冰闸布置在黄河北—北拒马河中支南渠段，其中黄河北—漳河北 4 座、漳河北—古运河 9 座、古运河—北拒马河中支南 13 座；与退水闸结合的有 20 座、与河渠交叉建筑物结合的有 5 座、与左岸排水建筑物结合的有 1 座。

建筑物地基为土体结构的有 16 座、为土/岩体结构的有 9 座、为岩体结构的有 1 座。地基工程地质条件一般较好，少数建筑物存在黄土湿陷性、基坑涌水、不均匀沉陷、抗冲刷能力差等问题。

（2）北京段。

1）北拒马河中支节制闸、退水闸，永定河节制闸、南干渠分水口门。建基面位于卵石层上，工程地质条件较好，但闸室两侧的卵石层需护坡。

2）PCCP 管段分水口门。共布置 4 个分水口门。基础置于黄土状壤土、硬质岩之上，工程地质条件一般较好。

3）西四环段分水口门。共有分水口门 2 处，其中永引渠分水口兼作退水闸。分水口管道及蝶阀井基础均置于卵砾石层，可满足设计基础应力要求。

4）团城湖出口闸。闸基础位于黏性土上，承载力低，不能满足设计要求，下部粉砂层存在振动液化可能。

（3）天津干线。控制工程包括进口闸、1 座排冰闸、3 座退水闸、10 座分水口门、8 座保水堰、出口闸。其中西黑山进口闸（排冰闸）建基面位于黄土状壤土中，土层性质差，强度低，具轻微湿陷性。3 座退水闸地基为土体均一结构，工程地质条件一般较好，存在涌砂涌水及临时边坡稳定等问题。10 座分水口门地基为土体均一结构，徐水县郎五村南等 7 座分水口门地基为 alQ_4^2 壤土、粉砂、细砂，工程地质条件较好，霸州市信安镇等 3 座分水口门地基中分布有 mQ_4^2 壤土或淤泥质壤土，工程地质条件较差～差。出口闸坐落在 mQ_4^2 壤土中，承载力较低，存在基坑排水等问题。8 座保水堰均布置在土体结构地层中，工程地质条件一般或较好。

11. 天然建筑材料

输水工程渠道填方及导流围堰、渠坡衬砌及各类建筑物的天然建筑材料设计需要量为：土料5686.27万 m^3，砂料2059.34万 m^3，砾石料1467.23万 m^3，人工骨料2920.18万 m^3，块石料1424.04万 m^3。

共勘察了79个土料场、38个砂砾料场、46个人工骨料和块石料场，并对部分渠道挖方段弃土可使用方量进行了试验。查明勘察储量为：土料21645.54万 m^3；砂料7479.66万 m^3，其中活性砂料1080.8万 m^3；砾石料8042.94万 m^3，其中活性砾料3542.8万 m^3；人工骨料、块石料50726.93万 m^3，其中仅可用作块石料的储量为10317.6万 m^3。

截至2005年，部分料场正在开采中，随着时间的推移，储量将逐渐减少。

（1）填筑土料。除沙河—黄河南渠段小于设计需用量2倍外，其余渠段土料勘察储满足设计需用量。陶岔—漳河渠段未考虑挖方弃料方量。

沿线各料场分布基本均匀，多位于渠道线附近，运距为1～8km，各料场表面多为耕植土层，厚度多小于0.5m，开采深度一般为3～5m，除个别料场有砂夹层对开采有一定影响外，多数料场地下水对开采基本无影响。各料场一般有乡间道路相通。

土料一般为粉质黏土、粉质壤土、壤土或黄土状土，总体质量较好。但部分料场的粘粒含量和含水率偏高或偏低，可通过掺合料和晾晒等方法解决，不影响使用。

料场多为耕地，需考虑耕地复垦问题。

部分渠段对半挖半填或挖方段的弃土进行了勘察，但工作深度不一。需结合渠道勘察，对半挖半填渠段或挖方渠段弃料进行勘察或补充勘察，确定其质量和储量，并对勘察储量偏小的渠段进行补充勘察。

（2）砂、砾石料。陶岔—沙河南、沙河南—黄河南、古运河—北拒马河中支渠段及天津干线大部分砾料拟采用人工骨料代替。

当不考虑利用可疑活性骨料时，仅陶岔—沙河南、漳河北—古运河渠段、古运河—北拒马河中支渠段的砂料满足设计需用；穿黄工程、黄河北—漳河北、古运河—北拒马河中支渠段的砾料满足设计用量。当利用可疑骨料时，除黄河北—漳河北渠段的砂料外，其他各段砂砾料均满足设计需用量。

沿线各段料场分布不均匀，运距为1～30km，穿黄工程则多达60km，北京段运距也较远。

部分砂砾料场表层为砂壤土或粉细砂，厚度多为0.5～1.5m，开采深度一般为3～10m。除陶岔—沙河南渠段、沙河南—黄河南段多数料场需水下开采外，其他渠段各料场一般不受水的影响。各料场一般有乡间道（公）路相通。

料场的岩性一般为细～中砂、砾砂或砾卵石。部分料场含泥量较大，需经淘洗后方可使用。部分砂料场砂料粒径偏小或砾料中粒径大于40mm的含量较高，需破碎后方可利用。此外，有的料场还有部分指标达不到规程要求，但一般不影响使用。据已有的试验成果，部分砂料及多数砾料为可疑活性骨料，需进一步试验以确定其是否可以利用及利用条件。

除沙河南—黄河南渠段、黄河北—漳河北渠段、天津干线部分料场占用耕地、果园或树林外，其他料场一般多为荒地。

（3）人工骨料及块石料。人工骨料及块石料勘察储量满足设计需要。

沿线各段料场分布不均匀。天津干线附近无料源，需外运。其他料场一般运距为1～

30km。料场上覆风化层及无用夹层厚度小，一般不受地下水影响。各料场一般有乡间道（公）路相通，或距交通干线较近，运输方便。

料场的岩性一般为灰岩或砂岩，少数为白云岩或白云石大理岩。质量较好，除少数料场具有可疑碱活性仅可用于块石料外，其他料场的各项指标均满足要求，均可用于制备人工骨料或块石料。

（四）汉江中下游治理工程

1. 兴隆水利枢纽

（1）水库区工程地质条件。水库区位于江汉平原西北部，库区内河道蜿蜒，坡降平缓。库岸主要由第四系冲积层组成，其中稳定性较差库岸长 31.1km，占库岸总长的 21.1％；稳定性差的库岸段长 54.6km，占库岸总长的 37.0％，应对上述岸坡进行加固处理，同时加强对部分已护段的监测。

兴隆水库为河槽型水库，沙洋以下河段库水可通过堤基向堤内渗漏，但渗漏量小，对水库无明显影响。

水库蓄水后，库区左岸旧口以上、右岸沙洋县城及其以上河段基本不存在浸没问题；左岸旧口以下及右岸沙洋以下至坝址河段堤内现状条件下汛期存在轻微～中等浸没问题，局部较严重。水库按正常蓄水位运行时，浸没可能会加重，其中左岸旧口—沙洋大桥段影响宽度约 0.3～2.2km，总面积约 40km²，其中严重的浸没区约 12.3km²，较严重浸没区约 27.7km²。左岸沙洋大桥—坝址段影响宽度 2～3km，面积约 50km²；右岸沙洋—坝址段影响宽度 2～5km，面积约 40km²，两者均为严重浸没区。可利用现有沟渠系统、开挖排水沟来降低地下水位，或改善浸没区种植结构，以减轻浸没的影响。

兴隆水库不存在水库矿产淹没问题。同时库水增加荷载不大，水库正常运行的荷载条件与汉江状况相近，不存在水库诱发地震问题。

（2）坝址区工程地质条件。兴隆水利枢纽坝址区位于潜江与天门交界的汉江河段兴隆闸下游附近，本阶段选定上、下两个坝址进行比较，两坝址相距约 1100m。

坝址区广泛分布第四系冲积层，其中上更新统（alQ₃）为砂砾石，厚度 28.15～32.18m。全新统下段（alQ₄¹）为灰绿色粉细砂层，局部偶夹透镜状灰绿色砂壤土及灰绿色淤泥质土，厚 3.5～15.0m；底部有一层厚 1.2～2.0m 的含泥砂砾石层。全新统上段（alQ₄²）由灰绿色粉细砂层、灰黄色粉细砂夹砂壤土层、淤泥质土夹砂层、粉质黏土层、淤泥质黏土层、壤土层、砂壤土层等组成，厚度为 8～20m。此外，汉江两岸大堤及内外铺盖、子堤由人工堆积（rQ₄）的灰黄色壤土、粉质黏土及砂壤土等组成，最大厚度 6m。

下伏基岩为下第三系古新统荆河镇组（E_{jh}）含粉砂质泥岩，顶板高程 −20.42～ −33.07m。

坝址区地下水有孔隙潜水和承压水。地表水和地下水对混凝土一般不具腐蚀性。

坝址区的主要工程地质问题为地基承载力与抗冲刷能力低、渗漏与渗透变形、饱和砂土振动液化及人工边坡稳定等问题。应根据不同的工程地质问题采取相应的工程措施。

上、下坝址均没有影响坝址成立的重大工程地质问题，均适宜于建闸或当地材料坝。但上坝址分布有较厚的含砂淤泥，从地质角度看，下坝址地质条件略优，因此推荐下坝址。

泄水闸位于主河槽及左岸低漫滩部位，持力层为第②层全新统上段含泥粉细砂层，其下主要为粉细砂、砂砾石层和强风化基岩。含泥粉细砂层抗剪强度相对较小，承载力较低；粉细砂层存在轻微～中等液化潜势；粉细砂和砂砾石层具中等～强透水性，存在渗漏与渗透稳定问题；同时，第四系全新统松散堆积层抗冲刷能力较差。

船闸位于汉江左岸低漫滩中部，持力层主要为第③全新统下段细砂层，局部为第②全新统上段粉细砂层，其下为厚近50m的砂砾石层，下伏基岩埋深65m左右。全新统粉细砂层承载力较低，可能存在振动液化问题，粉细砂和砂砾石层具中等～强透水性，存在渗漏与渗透稳定问题。

电站厂房位于右岸漫滩与河槽的交界部位，持力层为第⑤全新统下段细砂层下部，其下为厚约31m的砂砾石层与砾砂层，下伏基岩埋深达60余m。全新统下段细砂层承载力较低，可能存在振动液化问题，且抗冲刷能力差，粉细砂和砂砾石层具中等～透水性，存在渗漏与渗透稳定问题，应对地基进行工程处理。

另外，在施工期间，泄水闸、船坝及电站厂房等部位均存在基坑涌水、基坑渗透破坏与基坑人工边坡的稳定等问题。

左岸滩地过流段跨越左岸高、低漫滩，滩地土体结构较松散，抗冲刷能力较弱。交通桥桥基地基为第①和②层，承载力较低，桥基宜采用桩基。

右岸滩地过流段位于右岸漫滩部位，滩地土体结构松散，抗冲刷能力较弱，需采取防冲措施；作为交通桥桥基，第①和②层承载力偏低，宜采用桩基，对于层厚5～6.5m的淤泥质粉质壤土应考虑负摩阻力。

围堰堰基中粉细砂、细砂层及砂砾石层具中等～强透水性，存在渗漏与渗透变形问题，需采取防渗措施。

导流明渠左侧为汉江干堤，明渠右侧紧邻纵向围堰，左侧距大堤中心线最近距离仅170m，明渠边坡由第四系松散堆积层组成，抗冲刷能力差，需对明渠进行护坡处理，以免导流时冲毁纵向围堰或左岸汉江干堤。

（3）天然建筑材料。坝址区左、右岸漫滩上各选有两个围堰填筑土料场，岩性主要为壤土和粉质黏土，质量基本满足要求，总储量为1000万m³，料场最远运距约1km，开采与运输方便。

防渗土料场位于沙洋县官垱镇大湾乡贾店村—白洋湖一带，土料为第四系上更新统（alQ₃）粉质黏土，质量较好，储量300万m³，满足设计需求。料场区距工程区15～20km，有乡村土路相连，交通便利。

区内缺乏天然砂砾石料，宜采用库区右岸马良山块石料加工人工骨料，其质量和储量基本满足要求。但该料场正在由民间大量开采，随着时间的推移，其储量将逐渐减少。

2. 引江济汉

（1）地质概况。工程区地处江汉平原中偏西部，地势总体较平坦，微向东南倾斜，地貌形态可分为垅岗状平原、岗波状平原、湖沼区，低洼冲积平原及人工地形区。区内主要出露地层为第四系全新统（Q₄）和上更新统（Q₃）冲积、湖积和冲洪积地层。全新统地层（Q₄）主要分布于渠线进出口段，中部在河湖附近零星出露，岩性有黏土、壤土、淤泥质土、砂壤土和砂土；黏性土一般呈软～可塑状，土的物理力学性质较差。上更新统地层广泛出露于渠线中部，岩性主要有黏土、壤土、砂壤土和砂土，黏性土呈硬～可塑状，土的物理力学性质较好。上更新统地层在进出口段下部也有分布，岩性以砂土为主。

工程区地下水可分为第四系孔隙潜水、孔隙承压水和基岩裂隙水。地下水的水化学类型主要为 $HCO_3 - Ca \cdot Na$ 及 $HCO_3 - Ca \cdot Mg$ 型，对混凝土不具侵蚀性。

（2）渠线工程地质条件及评价。

1）渠线工程地质条件。根据渠线出露的地层及其工程特性、地形地貌、水文地质条件和主要工程地质问题等，将各渠线工程地质条件分段评价为好（A）类、较好（B）类、较差（C）类和差（D）类4类。总体上看，渠线进出口段均为第四系全新统地层，地层结构复杂，土的物理力学性质较差，渠线工程地质条件一般为C～D类。渠线中部主要为第四系上更新统黏性土，底部常有几米至几十米厚砂土层，地层结构简单，土的物理力学性质较好，渠线工程地质条件一般为B～A类。

各比较渠线均存在施工涌水涌沙、渠道渗漏、渗透稳定、渠坡稳定、渠道两侧地下水位抬升（严重时会引起浸没问题）、地基不均匀沉降等问题。各比较渠线位置的不同，上述工程地质问题所出现的范围及严重性也不相同。另外，在渠线穿垅岗状平原的部分地段土体还存在弱膨胀性。

2）建筑物工程地质。本阶段对各渠线的主要交叉建筑物进行了勘察。部分交叉建筑物存在地基土渗透变形（破坏）、基坑涌水涌沙、开挖高边坡稳定性、地基不均匀沉降、地基承载力不足等问题。针对每个建筑物可能存在的工程地质问题，建议分别采取处理措施。如对大型交叉公路、铁路桥宜采用桩基础，以下伏砂砾石层（Q_3）作桩端持力层。

干渠如排拾桥河洪水时，需加高加固拾桥河堤防。现有拾桥河堤防堤身填土主要以黏土、壤土为主，局部夹淤泥质土和粉细砂，除左堤9+020附近外，大部分堤身填筑质量较好。堤基土层以二元结构为主，上部主要是 Q_3 黏土、壤土，局部分布有原河塘沉积的淤泥质土，但软土厚度小且不连续。在汛期和高水位情况下，部分堤基存在渗透变形问题。加高堤防时，部分堤基存在沉降变形问题。

东荆河马口、黄家口、冯家口3个橡胶坝坝址区地层均为第四系全新统冲积和湖积地层，岩性主要为黏土、壤土、淤泥质壤土、淤泥质黏土、砂壤土和粉细砂。各坝址主要工程地质问题是存在软基，坝基渗透变形和坝基抗滑稳定问题等，需根据不同的地质情况，分别采取相应的工程处理措施。

3）引江济汉线路比较。4条比选渠线处于同一区域构造单元上，工程地质条件变化不大。4条渠线各有优缺点，方案从技术上均可行。仅从工程地质条件角度比较，龙高Ⅰ线略优。

（3）天然建筑材料。工程所需土料宜采用 Q_3 黏性土，建议优先利用渠道开挖弃土，但必须剔除软土、砂土等质量较差的土层。本阶段针对不同渠线选择并勘察了一批土料场，其储量和质量基本能满足设计要求。

石料除外购外，还选择了八岭山石料场、荆江十里铺石料场、沙洋马良山石料场，岩性为玄武岩、灰岩等，其质量和储量可满足工程建设需要，但对整个引江济汉工程而言，石料源分布不均。

各渠线渠道开挖有大量弃土，可将一部分作为土料用于填筑渠堤及加固附近河道堤防，一部分就近堆放在渠道两侧。另外，本次勘察在沿渠线低洼地带圈定了部分弃渣场，施工时可选择使用。

3. 部分闸站改造

（1）地质概况。工程区地处汉江中下游，位于南襄盆地和江汉平原，地势总体北高南低，西高东低，汉江沿岸发育有一至三级阶地。

工程区内地层自元古界—新生界均有分布。出露的地层主要有：第三系—白垩系的砂岩、黏土岩及泥灰岩，第四系的黏性土（包括老黏土）、砂性土、砾质土和砂卵（砾）石层。

工程区以襄樊—广济断裂为界，分为南、北2个Ⅰ级构造单元，北为秦岭褶皱系，南为扬子准地台。

工程区地下水分为孔隙潜水和孔隙承压水、碎屑岩裂隙～孔隙承压水、基岩裂隙水和碳酸盐岩裂隙～岩溶水等几种基本类型。河水及地下水对混凝土均无侵蚀性。

（2）闸站改造工程地质条件及评价。

1）谢湾、泽口闸改造工程。工程区地基土层主要为粉质壤土、壤土、黏土、淤泥质土、砂壤土和粉细砂等，土体横向和垂向的分布变化较大。

泽口进水闸及泵站、徐鸳口进水闸、谢湾二级泵站以及谢湾倒虹管进水闸等建筑物地基浅部有砂性土分布，在高水头的地下水渗透下发生渗透变形与破坏的可能性较大，其他闸站址发生渗透变形与破坏的可能性较小。

各闸站址的持力层及下卧层的承载力标准值均大于设计应力，地基土层可以作为天然基础。除泽口站址的地基土层属高压缩性土，易出现不均匀沉降变形外，其他闸站址地基土层呈可塑状态，属中等或低压缩性土。

泽口泵站、徐鸳口进水闸、深江节制闸有可能发生滑移，其他闸站址发生滑移的可能性较小，设计时应进行抗滑稳定验算。

泽口进水闸及泵站、徐鸳口进水闸、谢湾二级泵站以及谢湾倒虹管进水闸基坑可能出现突涌、渗水及边坡失稳。

对泽口灌区排灌系统提出了4种组合方案。4种比较方案中各闸站址工程地质条件徐鸳口闸站址的工程地质条件相对较好，经设计和地质专业反复综合分析和比较后，优先推荐徐鸳口闸站＋谢湾二级泵站方案。

各闸站的土料场可利用汉江下游干堤除险加固工程的相关土料场。各土料场主要为壤土和黏土，质量较好，储量为250万～396万 m³，运距一般为1.1～5.9km，开采厚度大于3.0m，且开采条件较好，储量满足要求。对于开挖弃料，根据击实试验分析，其质量较好，可以作为部分回填料源。根据调查，工程区缺乏天然的砂石料和块石料料源，砂石料和块石料均需外购。

2）襄樊市闸站改造工程。共有9座需改扩建的泵站，各泵站基础地层主要为黏土、壤土、砂壤土以及岩石，承载力均能满足要求。

各泵站岸坡较稳定；但在局部迎流顶冲地段需进行护岸处理。

各泵站场地工程地质条件一般较好，但芦湾泵站有可能出现渗透变形与破坏。

各泵站建筑物基础开挖时，应考虑增加部分基础的开挖对原有边坡和建筑物基础稳定的影响，基础开挖时采取防护措施同时选择适当的开挖边坡，坡比以1∶2.5～1∶3.0为宜。

工程所需的天然建筑材料质量、储量均满足要求。各改造泵站施工时开挖的弃料多以黏土、壤土为主，其物理力学性质较好，质量能满足要求，填筑时应优先选用。

3）荆门市闸站改造工程。共有 7 座需改扩建的闸站，漂湖闸站基础置于全新统砂卵石层之上，地基承载力较高，地基抗沉降变形能力较强；站址区地势较高，内外水头差较小，故地基渗流基本稳定；站址区工程地质条件中等，无较大地质缺陷。由于泵站基础为透水性较强的砂卵石层，当泵房基础开挖时，基坑会出现大量渗水或突涌现象，因此，在施工时要采取防渗措施，注意降水排水。

双河闸站、中山闸站以及沿山头闸的基础置于白垩系上统弱风化红砂岩上，其岩体承载力较高，抗渗性较强；岩体边坡稳定性好，无不良的地质现象。

迎河泵站主泵房基础位于第一层全新统粉质黏土之中，地基土体黏性土层巨厚，属中等偏低缩性土，地基土体承载力较高，抗渗性较强，无不利地质灾害存在。

皇庄中闸闸基地层为二元结构，上部为粉质壤土、淤泥质壤土，下部为粉细砂、中砂及砂砾石。若采用天然地基，持力层主要为粉质壤土，部分为淤泥质土及粉细砂，应进行地基处理。若采用钻孔灌注桩，桩端持力层为中砂层或砂砾石层，单桩承载力应以静荷载试验结果进行调整。该闸基及近闸内渠极易产生管涌、流土等渗透变形。闸侧堤身填土不均匀，存在渗漏通道，透水性较大。

杨堤闸基础位于全新统粉质黏土之上，地基土层较厚，层位分布稳定，地基土体强度满足地基稳定性要求。地基土体渗透性微弱，不存在渗透变形问题。

工程所需的天然建筑材料可在附近或周缘开采或采购。各闸站址的开挖弃料也可以作为部分回填料。土料多为粉质黏土，其物理力学性质较好，可作为土料料源。

4）天门市闸站改造工程。共有 4 座需改扩建的闸站，所有闸站区地形平坦，地基主要由第四系松散堆积物组成。

闸基存在的主要工程地质问题是渗透变形、沉降变形与稳定问题。部分闸站基础、边墙及消能池有淤泥质土等软弱夹层分布，基坑开挖难度大，存在不均匀沉降变形、承载力及抗冲刷能力低问题。

对于拆除重建的闸站，应考虑原建筑物拆除后地基土体的卸荷回弹对土体的破坏。

工程所需的土料可以就近开采，质量、储量基本满足要求。砂、石料可从马良山采石场购买或从京山钱场调运，交通运输条件较好。

5）仙桃市闸站改造工程。共有 2 座需改扩建的闸站，其中卢庙闸址基坑开挖深度大于 5m，地基为淤泥质黏土和黏土，可能出现地基沉降和抗滑稳定问题。

鄢湾闸基坑开挖深度大于 5m，基础持力层为壤土层，承载力能满足设计要求。

对于拆除重建的闸站，应考虑原建筑物拆除后地基土体的卸荷回弹对土体的破坏。

各闸站址区堤内土场较多，土质为粉质壤土、壤土，抗渗性好，储量较大，完全能够满足围堰填筑要求。另外，开挖弃料也可以作为部分回填料源。工程区块石料、砂料缺乏，需要从外地购买。

6）孝感市、汉川市闸站改造工程。共有 7 座需改扩建的闸站，所有闸站区地形平坦，闸（站）基主要由第四系松散堆积物组成。

闸基存在的主要工程地质问题是渗透变形、沉降变形与稳定问题。部分闸站基础、边墙及消能池有淤泥质土分布，基坑开挖难度大，存在不均匀沉降变形、承载力及抗冲刷能力低等问题。

对于拆除重建的闸站，应考虑原建筑物拆除后地基土体的卸荷回弹对土体的破坏。

工程所需的土料，可以就近开采，土料场的质量、数量基本满足要求。另外，各闸站的开挖弃料也可以作为部分回填料源。工程所需的砂、石料均需外购。

4. 局部航道整治

汉江干流按河谷特征可分为三个典型河段，丹江口以上为上游，全长918km；丹江口至皇庄为中游，全长270km；皇庄以下为下游，长379km。

（1）丹江口—襄樊河段（117km）。受襄樊—广济大断裂带以及大洪山、荆山走向控制，该河段先后于茨河、襄樊两处发生偏转。河谷和南襄盆地多由岗状地形组成，高程大致为75～160m。更新统沉积物构成河谷的三、四级阶地，全新统沉积物分布于现代河槽及河漫滩平原。

丹江口水库建库后，河床质粗化，新集以上，河床质均由卵石覆盖，厚度一般为1～4m，粒径为22.5～64mm，已形成稳定的抗冲层，其下是细砾，中值粒径为3.25～8.5mm。新集以下，表层仍覆盖较厚的粗砂层。河床表层覆盖层由中砂或含砾中砂组成，层厚为1.2～3.4m，中值粒径为0.265～0.49mm。

（2）襄樊—皇庄河段（153km）。河谷由第四系全新统沉积物组成，上层为砂层和壤土、黏土层，下层为卵石层，下伏岩层在襄樊附近为震旦系灯影组灰岩和第三系红砂岩、在宜城以下为第三系砾岩、红砂岩。

洪山头以上砂质覆盖层较薄，主槽内大部分卵石出露，浅滩由卵石或砂卵石组成；洪山头以下砂质覆盖层较厚并沿程增加，河床质平均粒径为0.2～0.6mm。

本段河岸由粉砂或砂壤土构成（节点除外），结构松散，可动性较大，丹江口水库建成后，崩岸剧烈，经20世纪90年代整治后崩岸得到遏制。

（3）皇庄—兴隆河段（110km）。该河段处于汉江中游的河谷盆地带，河谷地层由第四系全新统沉积物组成，上层为砂层和壤土、黏土层，下层为卵石层，以下为第三系砾岩、红砂岩。河床由细砂组成，中值粒径0.2～0.225mm。

（4）兴隆—汉川段（194km）。位于汉江冲积平原，河谷地层上部由第四系全新统冲积亚砂土、粉细砂组成，厚3～10m；中部由第四系更新统冲积及冲湖积淤泥质粉细砂、细砂、砂砾石组成，一般厚30～80m；下部由第四系半胶结的砂层、砂砾石组成。河床由砂质组成，中值粒径0.12～0.25mm。

天然砂、砂砾料：砂砾料、卵石料可由汉江河道采取，黄沙可由汉江支流唐白河及长江支流巴河采购，储量、质量能满足工程要求。

块石、碎石料：可于汉江沿线谷城格垒嘴、襄阳、宜城印山、沙洋马良、钟祥利河口、京山雁门口等地采购。各料场质量、储量满足工程需求，均有完善的生产设备，可生产级配碎石、人工细骨料、块片石。

第三节　工程任务与规模

一、工程任务

南水北调中线一期工程总的工程任务是：从汉江丹江口水库引水，向北京、天津、河北、河南等省（直辖市）的城市生活、工业供水为主，兼顾生态和农业用水。一期工程建设包括水源工程、输水工程和汉江中下游治理工程。

（一）水源工程建设目标与任务

1. 丹江口水库大坝加高

丹江口水库大坝现有坝顶高程 162.0m，正常蓄水位 157.0m，库容 174.5 亿 m³。按最终规模加高完建，即在现有基础上加高 14.6m，坝顶高程达到 176.6m，正常蓄水位提高到 170.0m，相应库容达到 290.5 亿 m³，由年调节水库变为不完全多年调节水库；兴利库容增加 49.5 亿～88.3 亿 m³，防洪库容增加 33.0 亿 m³。丹江口水库加高完建后，其任务为防洪、供水（含灌溉）、发电、航运等。

2. 陶岔渠首闸

陶岔闸既是向北方受水区调水的渠首，也是丹江口水库的副坝。该闸于 1974 年建成，已发挥了向河南刁河灌区供水的效益。丹江口大坝加高后，为适应加高后的挡水和引水条件需移址重建。

3. 丹江口库区移民

由于丹江口水库初期工程移民大部分后靠，又有部分外迁人口返回，使库区周边人口密集，土地资源少，环境容量小，即使不加坝，为解决现状环境容量不足，也需外迁一定数量的移民。库区移民结合大坝加高以外迁安置为主，可妥善解决好长期遗留下来的移民问题。

（二）受水区建设目标与任务

受水区按照一期工程规模兴建输水工程，并利用沿线已建的大中型水库进行调蓄，通过现代化的控制手段，将丹江口水库的优质水安全、可靠地输送到受水区范围内的城市，主要向生活、工业供水。在汉江水量较丰时，可利用输水总干渠与沿线河流、渠道交叉处的分、退水设施，向河道、渠道放水，解决部分生态与农业缺水问题。控制运行调度中考虑水资源优化配置的原则分配调水量和调水过程；考虑当地水、外调水联合运用，涵养地下水，满足受水区城市高保证率的供水要求。

（三）汉江中下游治理工程建设目标与任务

调水后丹江口水库下泄水量减少，对汉江中下游地区两岸取水及航运将产生一定的影响，为减免调水对汉江中下游地区的不利影响，汉江中下游治理结合当地水利规划，采取必要而合理的工程措施，即兴建兴隆水利枢纽、引江济汉工程、改扩建沿岸部分引水闸站、整治局部航道四项措施，满足汉江中下游地区生活、工业、农业、生态和航运用水要求。

二、建设规模

（一）调水规模

调水规模主要研究三个方面的问题：一是受水区的城市缺水量，摸清需调水量规模；二是水源区可调水量，在优先满足丹江口水库上下游需水的前提下，水源区实际可调水量规模；三是北调水量配置，为实现输水调度和供水的均衡性，北调水量与当地水源进行联合调度，保证受水区的正常供水。

1. 受水区的城市缺水量

中线工程因其地理位置优势，供水覆盖范围广，可向唐白河平原和黄淮海平原西中部供水，受水区国土面积约 15 万 km²。主要供水范围为：北京市，天津市，河北省的邯郸、邢台、石家庄、保定、衡水、廊坊 6 个省辖市及 14 个县级市和 65 个县城，河南省的南阳、平顶山、漯河、周口、许昌、郑州、焦作、新乡、鹤壁、安阳、濮阳 11 个省辖市及 7 个县级市和 25 个县城。据 1999 年资料统计，中线工程受水区黄河以北的城市人口、国内生产总值和工业总产值占整个受水区的 80%左右。受水区多年平均水资源总量为 404.8 亿 m³。现状人均水资源量仅为 376m³，属于资源性缺水地区。在充分考虑节水、治污、挖潜、严格控制地下水开采等措施的基础上，经复核受水区城市 2010 年缺水约 78 亿 m³，其中河南省约 30 亿 m³，河北省约 29 亿 m³，北京市约 7 亿 m³，天津市约 12 亿 m³。

2. 水源区可调水量

南水北调中线工程从汉江丹江口水库引水，北调水量主要影响因素为丹江口水库的入库水量和汉江中下游用水要求。按照水源区优先的原则，在满足水源区用水的前提下向北方受水区调水。

（1）2010 水平年入库水量。根据上游地区 1999 年现状，考虑上游地区的发展，经复核，丹江口以上 2010 水平年（$P=50\%\sim95\%$）耗水量为 22.07 亿～24.26 亿 m³。丹江口水库 2010 水平年入库净水量为天然入库水量扣除 2010 水平年的上游耗水量（不含水库本身损耗），约为 366 亿 m³。

（2）2010 年汉江中下游用水要求。

1）河道外用水要求：汉江中下游干流供水规划范围包括襄樊市、荆门市、孝感市和武汉市所辖的 19 个县（市、区）和天门市、潜江市、仙桃市 3 个直管市，以及"五三""沙洋""沉湖"等农场的全部或部分范围，国土面积约 2.35 万 km²。经复核分析，该供水范围 2010 水平年多年平均需水量为 151.1 亿 m³；考虑汉江中下游地区当地径流供水后，2010 水平年多年平均需水量为 117.8 亿 m³。

2）河道内用水要求：为控制汉江干流沙洋以下河段春季"水华"的发生。经分析，仙桃断面汉江河道的流量应不小于 500m³/s；按丹江口—襄樊河段提高到 V 级航道标准、襄樊—汉口河段全面达到 IV 级航道标准，丹江口水库最小下泄流量为 490m³/s，考虑汉江中下游支流来水，控制泽口河段流量不小于 500m³/s，汉口入长江河段流量不小于 300m³/s。

（3）丹江口水库补偿下泄过程设计。针对项目建议书阶段拟定的三种工程措施条件：①汉江中下游维持现状工程条件；②汉江中下游兴建兴隆水利枢纽、沿岸部分闸站改扩建及局部航道整治；③在上述工程基础上增建引江济汉工程，复核丹江口水库补偿下泄的过程，复核结果与项目建议书阶段相同，见表 11-3-1。

表 11-3-1　　　　　　　　　丹江口水库补偿下泄水量　　　　　　　　　单位：亿 m³

工程条件	2010 水平年		
	多年平均	$P=85\%$	$P=95\%$
现状工程条件	270.6	298.0	341.2
兴隆、闸站、航道改建	218.1	243.9	267.3
兴隆、闸站、航道改建、引江济汉	162.2	173.3	185.0

（4）丹江口水库可调水量。针对项目建议书拟定的 6 个调水方案，分析丹江口水库可调水量，结论与项目建议书相同，见表 11－3－2。方案 1 在总干渠渠首设计流量 350m³/s 的条件下，可调出水量 97.1 亿 m³，保证率 95％的可调水量为 61.7 亿 m³，是各调水方案中能较好满足受水区需水要求的方案。综合分析推荐方案 1 为第一期实施方案。

表 11－3－2　　　　　　　丹江口水库可调水量主要方案特征表

方案	正常蓄水位/m	水平年	渠首设计/加大流量/(m³/s)	极限死水位/m	渠首泵站	汉江中下游工程	入库水量/亿m³	汉江中下游水量/亿m³			清泉沟供水量/亿m³	陶岔引水（可调水量）/亿m³		
								下游供水量	发电利用弃水	弃水量		多年平均	95%	最小年份
1	170	2010	350/420	145	无	4 项	362	161	40.3	57.5	6.3	97.1	62	54
2	170	2030	500/630	145	无	4 项	356.4	166	28.9	40.6	11.1	110（125）	49（40）	44（34）
3	157	2010	350/420	139	有	4 项	362	161	48.1	64.8	6.1	81.2	38	36
4	161	2010	350/420	139	有	4 项	362	161	62.0	48.5	6.1	84.2	38	36
5	165	2010	350/420	145	无	4 项	362	162	51.9	56.4	6.2	86.1	50	37
6	172	2010	350/420	145	无	4 项	362	164	35.9	52.9	6.3	103	69	65

3. 北调水量配置

中线工程北调水量是北方受水区的补充水源，丹江口水库入库水量年际、年内分配不均，在优先满足汉江中下游防洪和供水要求后，中线工程北调水量年际、年内则更不均匀；受水区当地的地表水库入库径流也存在年际、年内不均衡。北调水应与当地各种水源进行联合调度，实现丰枯互补，相互补偿，才能保证受水区的正常用水。北调水量与受水区调蓄水库、地下水联合调度模型、方法与项目建议书阶段同。主要调度原则：在满足汉江中下游防洪和用水的需求条件下，按北方受水区需调水进行调度；北方需调水综合考虑了受水区当地的地表水、地下水与北调水联合运用及丰枯互补的作用，以充分利用当地水，不超采地下水为原则。供水顺序依次为生活类、工业类、其他类。经 1956—1998 年逐旬长系列调节计算，中线一期工程经陶岔多年平均调出水量 94.93 亿 m³，其中河南省 37.70 亿 m³，河北省 34.71 亿 m³，北京市 12.37 亿 m³，天津市 10.15 亿 m³；75％保证率调出水量约 86 亿 m³，特枯年份 95％保证率调出水量约 61 亿 m³。北调水与当地各种水源联合供水、相互补充的情况下，各受水城市生活供水保证率达 95％以上，工业供水保证率达 90％以上，"其他"类供水保证率达 80％以上，可以满足受水区城镇供水保证率要求。

（二）工程规模

中线一期工程由水源工程、输水工程、汉江中下游治理工程三大部分组成，多年平均调水量 95 亿 m³。

1. 水源工程规模

水源工程包括两个部分的内容：一是丹江口大坝加高工程规模；二是陶岔渠首闸改造。

（1）丹江口大坝加高工程规模。丹江口大坝按正常蓄水位 170m 加高，相应库容由 174.5 亿 m³ 增加到 290.5 亿 m³。混凝土坝坝顶高程由 162m 加高到 176.6m，两岸土石坝坝顶高程加高至 177.6m。大坝加高增加淹没处理面积 302.5km²，淹没线以下人口 22.35 万人（2003 年）、房屋 621.21 万 m²、耕园地 25.64 万亩。

（2）陶岔渠首闸改造。陶岔渠首枢纽过流能力按满足近期、同时兼顾后期调水规模确定，陶岔渠首闸运行时，上下游水头差较大，具有一定的水能资源，有增建电站的条件。经论证电站装机 50MW，年发电量 2.5 亿 kW·h，电站投资不计入中线一期工程。

2. 输水工程规模

中线工程输水总干渠采用明渠与末端管涵相结合的输水方式。输水工程总干渠陶岔渠首至北京团城湖，全长 1276.557km，其中，渠首至北拒马河中支南长 1196.505km，采用明渠输水；北京段长 80.052km，采用 PCCP 管及暗涵输水。天津干线全长 155.419km，采用暗涵输水。输水工程总长 1431.976km。沿线共布置各类建筑物 1750 座，其中河渠交叉建筑物 164 座（含穿黄工程），左岸排水建筑物 463 座，渠渠交叉建筑物 136 座，铁路交叉建筑物 41 座，跨渠公路桥 736 座，分水口门 88 座，节制闸 61 座，退水闸 51 座，隧洞 9 座，泵站 1 座。总干渠分段设计流量（加大流量）为：陶岔渠首 350m³/s（420m³/s），穿黄河 265m³/s（320m³/s），进河北 235m³/s（265m³/s），西黑山分水闸（进天津）50m³/s（60m³/s），北拒马河暗渠（进北京）50m³/s（60m³/s）。

3. 汉江中下游治理工程规模

（1）兴隆水利枢纽。根据灌溉、梯级衔接、库区滩地淹没及浸没影响、防洪、发电等方面的综合比较，正常蓄水位推荐 36.2m，电站装机容量 37MW，枢纽通航建筑物按近期丹江口至汉口为 500t 级，远期通航标准为丹江口至汉口为 1000t 级，与Ⅲ级航道配套考虑，最大通航流量 10000m³/s，最小通航流量 420m³/s。

（2）引江济汉工程。进口为长江左岸龙州垸，出口为汉江高石碑，线路全长 67.1km，东荆河补水线路从拾桥河分水。引江济汉工程设计流量为 350m³/s，加大流量为 500m³/s。东荆河补水设计流量为 100m³/s，最大流量为 110m³/s。

考虑长江枯水期及三峡工程运行后河道下切的影响，渠首需建泵站。泵站的规模以考虑枯水期生态用水要求和灌溉期的灌溉用水要求综合确定，近期泵站规模确定为 200m³/s。

（3）沿岸部分闸站改扩建工程。根据调水后对闸站的影响分析，对沿岸调水后取水条件恶化、年灌溉保证率下降或完全失去了引水条件的 31 处引水闸站进行改造。闸站改造一般维持原规模不变，仅有少量排灌结合的闸站因其排水流量远大于灌溉流量，当改造方案为新建泵站时，其规模根据灌区的需水要求重新确定。闸站改造按灌溉保证率达到 80%～85%，城市生活用水、工业用水保证率达到 98% 设计。

（4）局部航道整治工程。南水北调中线工程的实施将导致汉江中下游局部航道通航水深降低，为消除对汉江中下游通航的影响，需对局部航道进行整治。汉江中下游局部航道整治工程规模为Ⅳ（2）级航道，以维持原通航 500t 级航道标准。丹襄段按Ⅳ（3）级航道标准进行设计。对丹江口—皇庄段进行调水后二次整治，主要将整治线宽度缩窄。丹江口—王甫洲段由 300m 缩窄到 260m、王甫洲—襄樊段由 350m 缩窄到 280m、襄樊—皇庄段由 480～500m 缩窄到 300m。

第四节　工程总布置和主要建筑物

中线一期工程由水源工程、输水工程和汉江中下游治理工程三大部分组成。水源工程包括丹江口大坝加高和陶岔渠首枢纽；输水工程包括明渠、管涵、各类建筑物；汉江中下游治理工程包括兴隆水利枢纽、引江济汉、部分闸站改造和局部航道整治。

一、水源工程

（一）丹江口大坝加高工程

1. 设计标准

丹江口水利枢纽正常蓄水位170m，校核洪水位174.35m，总库容339.1亿 m³；水电站装机900MW；过坝建筑物可通过300t级驳船。根据其规模，枢纽定为Ⅰ等工程。大坝、电站及其引水建筑物和通航建筑物的挡水部分等主要建筑物均定为1级建筑物。升船机定为五级，其主要建筑物为2级建筑物，次要建筑物为3级建筑物。

大坝加高工程洪水标准按1000年一遇洪水设计，按可能最大洪水（PMF）校核。电站厂房设计洪水标准为200年一遇，校核洪水标准为1000年一遇，下游消能防冲设施设计洪水标准为100年一遇，护岸工程设计洪水标准为50年一遇。大坝地震设防烈度定为Ⅶ度。

2. 工程总体布置

丹江口大坝加高工程包括右岸土石坝改线重建、左岸土石坝加高培厚、混凝土坝加高培厚、泄洪表孔堰顶抬高、通航建筑物扩建等。另在丹江口水库上游库区内离陶岔渠首枢纽约2.4km处的丹唐分水岭布置董营副坝1座。

丹江口大坝加高工程是在初期工程的基础上进行加高，各建筑物轴线除右岸土石坝需改线另建、左岸土石坝尖山段坝轴线需局部调整以及左坝端坝线需向左延伸200m外，其余轴线均与初期工程相同。

左、右岸土石坝均为黏土心墙石坝。电站厂房为坝后式厂房，初期工程已按大坝加高运用要求设计，并已完建；通航建筑物仍然采用初期工程的形式。

挡水建筑物总长3442m，其中混凝土坝长为1141m，坝顶高程在初期工程的基础上加高14.6～176.6m，最大坝高117m（厂房坝段27坝段）；土石坝坝顶高程176.6m，右岸土石坝长877m，最大坝高60m，左岸土石坝长1424m，最大坝高71.6m。

3. 主要建筑物

（1）混凝土坝。坝顶高程176.6m，根据每个坝段坝体挡水、挡土要求加高坝顶和扩大下游面坝体，加高后的最大坝高117m（位于27坝段）。

（2）两岸土石坝。坝顶高程176.6m，上游坝坡1∶2.75～1∶2.5，下游坝坡1∶2.5～1∶2.25，顶宽10m，上设1.4m高防浪墙（包括人行道高0.2m），上、下游护坡均采用预制混凝土块。右岸土石坝最大坝高60m；左岸土石坝最大坝高71.6m。加高后的下游混凝土挡土墙最大墙高50m，总长80m。

（3）电站厂房。包括引水建筑物、主厂房、副厂房、主变压器场地、安装场、尾水渠、操作管理大楼、开关站及厂外场地等，初期工程均按后期运用要求设计并建成，无需修改。电站装机6台，单机容量150MW，总装机容量900MW。

（4）升船机。初期工程按150t级规模设计，其基础按照2×150t级方案一次建成，设备则采用分期兴建。过坝方式为铁驳船干运，其他船湿运。大坝加高按300t级规模扩建，过坝方式及总体布置不变。

（5）副坝。在库区左岸距陶岔渠首枢纽约2.4km处布置有董营副坝，为均质土坝，坝长265m，最大坝高约3m，上游边坡1∶2.5，下游边坡1∶2.25。上游采用混凝土预制块护坡，下游采用草皮护坡。左坝头副坝位于距左岸土石坝左坝头200m穿铁路处，为均质土坝，坝长190m，最大坝高5m，上游边坡1∶2.5，下游边坡1∶2.25，上、下游均采用混凝土预制块护坡。

4. 混凝土坝加高新老混凝土接合措施

深孔坝段8～13坝段高程120m以下已全部按后期要求形成深孔，下游坡面直接贴坡加厚；厂房坝段25～32坝段及左联段的33坝段，在高程102m厂坝平台以上贴坡加厚；溢流坝段14～24坝段堰顶需由原高程138m升高至152m，闸墩升至坝顶，即堰体与闸墩接合面顶部2～3m留设浅宽槽，待新浇混凝土温度降至准稳定温度后，选择有利时机进行宽槽回填。大坝右岸7～右13坝段，除右11～右13坝段不需加高，右10坝段仅加高坝顶外，其余均需加高加厚。采用直接浇筑方案施工或直接贴坡浇筑方案施工。

5. 基础处理

将左右岸连接坝段原初期工程基础廊道的"排灌型"孔改建为完整的防渗帷幕和排水幕，防渗标准为透水率$q \leqslant 1Lu$。并对3～32坝段坝基排水孔全部进行孔深检测，对河床坝段重点检查，确定其是否产生淤堵、塌孔等破坏，对孔内沉积物取样分析鉴定。根据检测结果决定是否进行扫孔，或采取其他处理措施。

两岸混凝土坝后期加高需加宽坝趾基础，基础固结灌浆孔排距为2.5m×2.5m，深度为5～10m。新建右岸土石坝和左岸延长土石坝段基础防渗标准为$q \leqslant 5Lu$。

（二）陶岔渠首枢纽

1. 设计标准

陶岔渠首枢纽既是南水北调中线工程的渠首，又是丹江口水利枢纽的副坝，其主要建筑物引水闸、河床式电站、两岸非溢流坝、下游消能建筑物等挡水建筑物为1级建筑物。设计洪水标准为1000年一遇，校核洪水标准为可能最大洪水（万年一遇洪水加大20%）。闸下消能设计标准为丹江口水库设计洪水位，校核标准为丹江口水库校核洪水位，引水闸引加大流量420m³/s。

工程区地震基本烈度为Ⅵ度。工程抗震设防类别为甲类水工建筑物，在基本烈度的基础上提高Ⅰ度作为设计烈度，即按Ⅶ度设计。

2. 引水闸过流能力

以满足近期调水为主，并考虑后期调水规模，陶岔渠首枢纽过流能力设计的控制条件拟定为：①丹江口水库在死水位150m时，陶岔渠首枢纽应能满足一期工程设计流量350m³/s的过流要求；②丹江口水库水位156m时，陶岔渠首可满足一期工程加大流量420m³/s的过流要求。

3. 闸址、闸线、坝型选择

陶岔渠首枢纽闸址位于河南省淅川县陶岔村汤山、禹山之间的垭口地带，工程区主要地层为奥陶系中统、白垩系至下第三系及第四系岩层。初期工程于1969年1月动工，1974年4月建成，工程运行至今已30年，满足了初期工程的设计要求。丹江口大坝加高后，正常水位抬高至170m，陶岔渠首枢纽闸址区地形条件仍满足加高后的运用要求。

以现陶岔闸为中线，在上游约70m、下游约80m处各选择了一条闸线进行陶岔渠首枢纽的坝线比较。地形、地质资料表明，即使不考虑老闸利用，中、下闸线仍优于上闸线。

对于中线、下线，分别研究了土石坝方案和重力坝方案，就运行条件、施工条件、工程投资进行综合比较后，推荐采用下线重力坝方案。

4. 加设电站方案论证

陶岔渠首枢纽作为丹江口副坝，首先应满足丹江口大坝加高后挡水要求，同时满足南水北调中线工程引水要求。由于陶岔渠首枢纽闸前、闸后水位差较大，有利用水头发电的条件，故提出加设电站方案。

陶岔渠首枢纽不设电站方案的总投资为37552万元，而加设电站方案总投资为73288万元，增加35736万元。按电站装机容量50MW计算，单位千瓦投资为7147元/kW，电站经济指标较好，预计投产后电站收益有助于开发性移民的经济发展和稳定，故推荐采用加设电站方案。

5. 工程布置

闸室布置在右岸、厂房布置在渠道中间的布置方案。陶岔渠首枢纽坝顶高程176.6m，防浪墙顶高程177.8m，轴线长265m，共分15个坝段。其中1～5坝段为左岸非溢流坝，坝段宽均为16m，轴线长80m；6坝段为安装场坝段，坝段宽度为31m，轴线长31m；7～8坝段为厂房坝段，7坝段宽16m，8坝段宽19m，轴线长35m。9～10坝段为引水闸室段，各段宽均为15.5m，轴线长31m；11～15坝段为右岸非溢流坝，除11坝段宽为16m，其余均为18m，轴线长88m。

6. 主要建筑物

陶岔渠首枢纽工程主要建筑物包括挡水坝、引水闸、电站、交通桥改建。

（1）挡水坝。自左岸至右岸依次分为15个坝段，左岸1～5坝段、右岸11～15坝段为非溢流坝，左、右岸非溢流坝以横缝分为各自独立的结构，其基本剖面均为三角形，上游面直立，下游面坡比1：0.75，坝顶宽6m，设上游人行道及防浪墙，下游人行道及栏杆。坝体下部设基础灌浆廊道。

（2）引水闸。布置在渠道中部右侧，采用3孔闸，孔口尺寸为7m×6.5m（宽×高）。闸室上游面与左、右岸非溢流坝上游面在同一平面内，闸室顶宽23.1m。上游侧设交通通道宽6m，交通道下游设门机，门机下游侧设工作闸门启闭机房。闸后设消力池，消力池顺水流向长50m，宽36m，池底高程139.5m。

引水闸边孔为整体式结构，中孔孔中分缝。每段宽15.5m，中墩厚2.5m，孔口宽7m，闸总宽31m。闸室顺水流向长38.5m，引水闸闸底板厚2.5m，底板顶高程140m，底板上游段设基础灌浆廊道。

（3）电站。采用河床径流式电站，机组型式为灯泡贯流式，安装2台25MW发电机组，装机容量为 50MW。厂房左侧设有安装场。

机组段长共 35.0m，安装场长 31.0m，电站厂房总长 66.0m。厂房宽度为 62.2m，坝顶平台宽 18.0m，主厂房净宽 17.50m，副厂房净宽 6.9m，尾水平台宽 9.7m。

（4）交通桥改建。原陶岔闸下游有一交通桥，距闸轴线约 100m，由于引水闸下游出水渠要求需要拆除重建。

7. 基础防渗

坝基及两岸一定范围进行垂直防渗。其中坝基及两岸基岩采用帷幕灌浆，两岸基岩顶面高程以上、设计水位以下的覆盖层区域采用混凝土防渗墙。大坝上游至老闸间灰岩出露带岩溶发育范围采用混凝土封闭。坝基及上游一定范围内揭露的岩溶洞穴采用混凝土回填。对汤山岩溶地段采用帷幕灌浆的方式处理。

二、输水工程

（一）建筑物级别与设计标准

1. 建筑物级别

南水北调中线总干渠是特大型输水建筑物，依据《水利水电工程等级划分及洪水标准》（SL 252—2000），南水北调中线工程为 I 等工程，总干渠渠道及各类交叉建筑物和控制工程等主要建筑物按 1 级建筑物设计，附属建筑物、河道防护工程及河穿渠建筑物的上下游连接段等次要构筑物按 3 级建筑物设计，临时建筑物按 4～5 级建筑物设计。

总干渠与公路、铁路交叉建筑物的设计标准，除满足本行业的标准、规范要求外，还应满足相关专业的设计标准和规定。

北京段、天津干线的管道（管涵）及管道附属建筑物，包括泵站、分水口建筑物、连通建筑物、阀井建筑物、排水和排气建筑物等，以及各类交叉建筑物均为 1 级建筑物；压力管线穿越河道时管顶的河道防护工程、隧洞进出口的防护工程等次要工程为 3 级建筑物；临时建筑物为 4～5 级建筑物。

2. 洪水标准

穿黄工程设计洪水标准为 300 年一遇，校核洪水标准为 1000 年一遇。集水面积大于 $20km^2$ 的河渠交叉建筑物防洪标准按 100 年一遇洪水设计，300 年一遇洪水校核；集水面积小于 $20km^2$ 的左岸排水建筑物防洪标准按 50 年一遇洪水设计，200 年一遇洪水校核。

一般建筑物的施工洪水标准按非汛期（10 月至次年 5 月）考虑，重现期分别为 5 年和 10 年，对于重要建筑物专门研究确定。

3. 地震设防标准

建筑物的地震设计烈度与工程区地震基本烈度相同，对于重要的建筑物进行专门的地震安全评价。地震基本烈度按国家地震局分析预报研究中心编制的《南水北调中线工程沿线设计地震动参数区划报告（2004 年 4 月）》划定。总干渠各渠段地震动参数见表 11-4-1。

（二）总体布置

1. 总干渠线路

中线工程总干渠从河南省淅川县陶岔渠首枢纽开始，渠线大部位于嵩山、伏牛山、太行山山前、京广铁路以西。渠线经过河南、河北、北京、天津4个省（直辖市），跨越长江、淮河、黄河、海河四大流域，线路总长1431.945km。

表 11-4-1　　　　　　　　　　　　总干渠各渠段地震动参数表

序号	工程段	设计桩号	长度/km	地震基本烈度	地震动峰值加速度 g
1	陶岔—沙河南	0+000～88+000	88.000	Ⅵ	0.05
		88+000～103+000	15.000	Ⅶ	0.10
		103+000～145+000	42.000	Ⅵ	0.05
		145+000～239+085	94.085	＜Ⅵ	＜0.05
2	沙河南—黄河南段	239+085～258+939	19.854	＜Ⅵ	＜0.05
		258+939～331+258	72.319	Ⅵ	0.05
		331+258～473+833	142.575	Ⅶ	0.10
3	黄河北—漳河南段	493+138～512+953	19.815	Ⅶ	0.10
		512+953～591+316	78.363	Ⅶ	0.15
		591+316～706+003	114.687	Ⅷ	0.20
		706+003～730+700	24.697	Ⅶ	0.15
4	漳河北—古运河段	731+722～794+167	62.445	Ⅶ	0.15
		794+167～898+181	104.014	Ⅶ	0.10
		898+181～968+971	70.790	Ⅵ	0.05
5	古运河—北拒马河段	968+971～1133+471	164.500	Ⅵ	0.05
		1133+471～1183+471	50.000	Ⅶ	0.10
		1183+47～1196+362	12.891	Ⅶ	0.15
6	北京段	1196+362～1220+862	24.500	Ⅶ	0.15
		1220+862～1276+414	55.552	Ⅷ	0.20
7	天津干线	XW0+000～9+523	9.5230	Ⅵ	0.05
		XW9+523～112+300	102.777	Ⅶ	0.10
		XW112+300～155+531	43.231	Ⅶ	0.15

　　总干渠线路基本走向为：从陶岔渠首枢纽起，沿伏牛山南麓前岗垄与平原相间的地带向东北行进，经南阳北跨白河后，于方城垭口东八里沟过江淮分水岭进入淮河流域。在鲁山县过沙河，往北经郑州西穿越黄河。经焦作市东南、新乡西北、安阳西过漳河，进入河北省境内。经邯郸西、邢台西，在石家庄西北过石津干渠和滹沱河，至唐县进入低山丘陵区和北拒马河冲积扇，过北拒马河后进入北京市境，终点为团城湖。陶岔渠首—团城湖总干渠长1276.414km，其中陶岔—北拒马河明渠段长1196.362km，北京段长80.052km。

　　天津干线采用新开淀北线方案，渠首位于河北省徐水县西黑山村北，从总干渠分水后渠线在高村营穿京广铁路，在霸州市任水穿京九铁路，向东至终点天津市外环河。天津干线长155.531km。

2. 输水形式

中线一期工程的输水形式研究过全明渠方案、全管涵方案、管涵渠结合方案、明渠结合局部管道方案。经比较，采用明渠与局部管道相结合的输水形式。具体方案为：陶岔—北拒马河渠段采用明渠方案，北京段采用 PCCP 管和暗涵相结合的输水形式、天津干线段除西黑山进水闸至陡坡段为明渠外，其余均采用暗涵输水形式。

3. 总干渠主要控制点流量规模

陶岔渠首枢纽设计流量 350m³/s、加大流量 420m³/s，穿黄河设计流量 265m³/s、加大流量 320m³/s，北拒马河（进北京）设计流量 50m³/s、加大流量 60m³/s，天津干线渠首设计流量 50m³/s、加大流量 60m³/s。

4. 总干渠主要控制点设计水位

陶岔渠首枢纽（闸下水位）147.38m、黄河南岸 118.00m、黄河北岸 108.00m、北拒马河 60.30m、北京团城湖 48.57m、天津干线渠首 65.27m、天津外环河 0.00m。

5. 水头分配

以陶岔渠首枢纽和北京团城湖设计水位为控制，将总水头在黄河南北两岸的明渠和建筑物上进行分配，力求总投资最省。总干渠水头分配方案主要根据水头优化计算结果并与各地方协商调整而得出。总干渠总水头 98.81m，黄河以南分配水头 29.38m，黄河以北分配水头 59.43m，穿黄工程分配水头 10m。

陶岔—北拒马河段采用明渠输水，总水头 87.08m，其中渠道分配水头 45.01m，建筑物分配水头 42.07m。

6. 建筑物分类及布置条件

总干渠与大量江、河、沟、渠、公路、铁路相交，形成各类交叉建筑物、控制建筑物、隧洞、泵站等。建筑物分类及布置条件与项目建议书阶段相同。

总干渠共布置各类建筑物 1796 座，其中陶岔—北拒马河段长 1196.362km，各类建筑物共 1747 座，详见表 11-4-2。北京段长 80.052km，各类建筑物共 20 座；天津干线长 155.531km，各类建筑物共 29 座，详见表 11-4-3。

表 11-4-2 总干渠工程各类建筑物统计表（陶岔—北拒马河段）

形式		陶岔—沙河南	沙河南—黄河南	穿黄工程	黄河北—漳河南	穿漳工程	漳河北—古运河	古运河—北拒马河	合计
河渠交叉建筑物	梁式渡槽	5	3				6	3	17
	涵洞式渡槽	4	4		1				9
	渠道倒虹吸	12	18	2	30	1	13	16	92
	暗渠				4			2	6
	排洪涵洞	2					4	2	8
	排洪渡槽	1					3		6
	河道倒虹吸	6	5	1	2		3		17
	小计	30	32	3	37	1	29	23	155

形式		陶岔—沙河南	沙河南—黄河南	穿黄工程	黄河北—漳河南	穿漳工程	漳河北—古运河	古运河—北拒马河	合计
左岸排水建筑物	渡槽	9	21		13		23	22	88
	倒虹吸	74	66		58		56	65	319
	涵洞	17	12				12	18	59
	暗渠				1				1
	河道改道	1							1
	小计	101	99		72		91	105	468
渠渠交叉建筑物	渡槽	9	4	2	5		16	16	52
	倒虹吸	32	6		17		8	11	74
	涵洞	2	1				2	2	7
	小计	43	11	2	22		26	29	133
铁路交叉建筑物	铁路桥	1	5		17		1	1	25
	倒虹吸		2				3		5
	暗渠	2	4				4	1	11
	小计	3	11		17		8	2	41
公路交叉建筑物	公路-Ⅰ级	21	38		28		18	5	110
	公路-Ⅱ级 折减公路-Ⅱ级	121	119	7	122		131	126	626
	小计	142	157	7	150		149	131	736
控制建筑物	分水口门	11	13		15		18	14	71
	节制闸	10	13	1	10	1	11	13	59
	退水闸	9	9	1	9	1	11	11	51
	排冰闸				3	1	9	13	26
	小计	30	35	2	37	3	49	51	207
隧洞	隧洞							7	7
	小计							7	7
合　计		349	345	14	335	4	352	348	1747

表 11－4－3　　　　　　**总干渠工程各类建筑物统计表（北京段、天津段）**

形　式		北京段	天津段	合　计
河渠交叉建筑物	渠道倒虹吸	3	5	8
	暗渠	1		1
	小计	4	5	9

续表

形　式		北京段	天津段	合　计
左岸排水建筑物	涵洞		1	1
	小计		1	1
隧洞	小计	2		2
泵站	小计	1		1
跨渠公路桥	小计	1		1
控制建筑物	分水口门	7	10	17
	节制闸	2		2
	退水闸	2		2
	保水堰井		8	8
	溢流堰		3	3
	出口闸	1	1	2
	排冰闸		1	1
	小计	12	23	35
合　计		20	29	49

（三）渠道工程

1. 渠道断面型式

总干渠明渠段均采用梯形断面，根据沿线各渠段水位、渠底高程跟地面高程的相对关系，将各渠段横断面型式分为全挖方断面、全填方断面、半挖半填断面三种类型。

2. 渠道断面要素

渠道边坡系数一般为 2.0～2.5，特殊段为 3.0～3.5；渠道设计水深为 8.0～3.8m；渠道底宽为 7.0～29.0m；根据渠道加大水位或渠外洪水位加上相应的超高确定堤顶或一级马道的高程。

渠道纵坡分别为：陶岔—沙河南段 1/25000～1/25500，沙河南—黄河南段 1/23000～1/28000，黄河北—漳河南 1/20000～1/29000，漳河北—古运河段 1/17000～1/30000，古运河—北拒马河段 1/16000～1/30000。

3. 渠道衬砌与排水

渠道全线均采用混凝土衬砌，衬砌范围为过水断面的渠底和边坡，边坡衬砌填方渠段护至堤顶，挖方渠段护至一级马道。衬砌板厚度一般 8～10cm，特殊段 22cm。根据需要，在衬砌板下加设复合土工膜防渗。

为防止地下水扬压力对衬砌的破坏，渠道衬砌板以下设置了排水措施，分别为：暗管集水，地下水自流外排；集水井集水，地下水抽排；渠坡设暗管集水，逆止式集水箱自流内排。

4. 渠道防冻胀设计

根据渠道的设计冻深和冻胀量计算结果，黄河以南的渠道不需作防冻胀设计，黄河以北的渠道需作防冻胀设计。采取置换和保温两种防冻胀措施，置换措施：用非冻胀性土置换渠床原状土，分不同部位，换填砂砾料厚一般为 21～46cm；保温措施：在衬砌体下铺设一定厚度的泡沫板，用来削减或消除渠床土的冻胀，分阴坡和阳坡，保温板厚一般为 3～7cm。

5. 特殊渠段设计

总干渠渠道沿线所经过的特殊地质渠段包括膨胀性（岩）土渠段、饱和砂土渠段、湿陷性黄土渠段以及煤矿采空区渠段，针对特殊渠段的不同特性采用相应的工程措施进行处理。

（1）膨胀性（岩）土渠段。陶岔—北拒马河段膨胀土渠段累计长约 332km（弱膨胀土渠段累计长 171km，中、强膨胀土渠段累计长 161km），对于浅层失稳采用迎水面黏性土铺盖方案，弱膨胀土一级马道以下断面换填黏性土厚度 1.0m，中强膨胀土全开挖断面换填黏性土，换土厚度分别为 2.0m、2.5m；对于边坡滑动失稳可分别采用抗滑桩和挖除渠坡顶部土体减载两种方案。

（2）饱和砂土渠段。总干渠沿线需作处理的饱和砂土段总长度为 25.69km（未计穿黄工程），根据不同的条件分别采用强夯法、挤密砂桩法、复合载体夯扩桩法、换土法处理。

（3）湿陷性黄土渠段。总干渠全线中、强湿陷性黄土渠段累计长 332.82km（未计穿黄工程），挖方渠段不需处理，半挖、半填渠段根据渠底基面的自重应力与附加应力之和与渠基下土的湿陷起始压力的大小，采用强夯法对湿陷性黄土渠段进行处理，基础处理范围超出基础外缘的宽度为设计处理深度的 1/2～2/3。

（4）煤矿采空区渠段。总干渠由南向北依次通过禹州市煤矿、郑州煤矿、焦作煤矿等大小数十座矿井，以压煤区为主，仅有少量经过已经稳定的采空区。压煤区的渠道设计，对于渠道本身没有特殊要求，对于以后煤矿开采时，要求给渠道留出足够的保护宽度及一定的保护煤柱，方能保证渠道的运行安全。经计算，总干渠穿越煤矿区渠线地面受保护宽度一般为渠道左右外轮廓线 10～20m 范围内，保护煤柱宽度一般为 230～1530m。为适应地表变形，稳定采空区的渠道设计可采用预制混凝土衬砌。

6. 运行维护道路

总干渠左、右岸均布设运行维护道路，其中左岸为泥结石路面，右岸为沥青路面。路面布置在左、右岸挖方渠道一级马道和填方渠段堤顶。沥青路面宽 4m，采用 5～6cm 厚沥青面层，土渠段路基为 20cm 厚 3：7 灰土，石渠段基层为碎石，厚 15cm。泥结碎石路面宽 4.0m，采用 15～20cm 厚泥结碎石面层，下铺 20cm 厚稳定土基层。

7. 渠坡防护设计

挖方渠段一级马道以上坡面和填方渠段背水坡面需要进行防护。防护措施为坡面排水与植物护坡相结合的坡面防护。

特殊土（湿陷性黄土、膨胀岩土）坡采用现浇混凝土六角框格护砌（格内底部填土，上部填碎石，并种草和灌木等），预制混凝土六角框格边长为 0.2m，厚 0.1m。

河滩地的渠道外坡采用干砌块石护砌，护砌范围为渠外设计洪水位加 0.5m 超高，上部用浆砌石封顶，下部设浆砌石脚槽。

8. 渠外保护带设计

渠外保护带包括截流沟、防护堤、防护林带、保护围栏。

截流沟一般按构造设计，采用深 1m、底宽 1m、边坡 1：1.5 的梯形断面。在截流沟穿过道路或河堤时，采用埋设钢筋混凝土涵管。

防护堤一般设置标准堤。标准堤断面为堤高 1m，堤顶宽 1m，边坡 1：1.5。

防护林带布置在挖方渠道开口线或填方渠道外坡脚线外侧，每侧宽度为8m。

截流沟外侧设保护围栏，围栏采用金属网，每2m设一混凝土柱（断面为0.3m×0.3m），柱高3m，其中深入地下1m，柱间用金属网连接，金属网高2m。

（四）管涵工程

1. 北京段

北京段采用小流量自流和大流量加压的管涵输水方案。输水工程全长80.052km，分为PCCP管段和低压暗涵段。PCCP管段由北拒马河至大宁调压池，长58.738km。主要建筑物包括北拒马河暗渠、惠南庄泵站、PCCP管（钢筒混凝土管）、西甘池隧洞、崇青隧洞。低压暗涵段由大宁调压池至终点团城湖，长21.314km。主要建筑物包括大宁调压池、永定河倒虹吸、卢沟桥暗涵、西四环暗涵、明渠段。为保证输水安全和供水要求，北京段还布置了必要的通气孔、退水闸、检修闸及分水口等建筑物。

2. 天津干线

通过对全管涵输水和管渠结合输水两种方案的比选，推荐全管涵方案。对全管涵输水方案比较了不同管涵形式的全自流和加压两种输水方式，推荐全箱涵无压接有压全自流方案。

天津干线全长155.531km，由无压输水段和有压输水段组成。无压输水段长11.985km，主要建筑物包括进口引水渠、西黑山进口闸、宽矩形槽、无压箱涵、东黑山陡坡、调节池。有压输水段长143.494km，主要建筑物包括有压箱涵，王庆坨水库连接井、分流井、外环河出口闸。

为保证输水安全和供水要求，天津干线还布置了必要的保水堰、通气孔、退水闸、检修闸及分水口等建筑物。

（五）河渠交叉工程

1. 交叉建筑物分类

从总干渠与交叉河流的相对位置分，可划分为两大类交叉建筑物：其一为渠穿河类建筑物，即通过修建人工输水通道让总干渠穿过（或跨越）天然河流；其二为河穿渠类建筑物，即通过修建人工排洪通道让天然河水穿过（或跨越）总干渠。

交叉建筑物的结构型式分为7种，即梁式渡槽、涵洞式渡槽、渠道倒虹吸、暗渠、排洪渡槽、河道倒虹吸、排洪涵洞。前4种属总干渠穿河流建筑物，后3种属河流穿（跨）总干渠建筑物。总干渠全线共有河渠交叉建筑物164座，分类汇总见表11-4-4。

2. 交叉建筑物布置原则

（1）在河道防洪、河势条件允许情况下，可考虑对天然河道作适当的缩窄，但行洪断面

表11-4-4　河渠交叉建筑物分类总表

单位：座

建筑物型式	总干渠穿（跨）天然河流	天然河流穿（跨）总干渠
梁式渡槽	17	
涵洞式渡槽	9	
排洪渡槽		6
渠道倒虹吸	100	
河道倒虹吸		17
排洪涵洞		8
暗渠	7	
共　计	133	31
总　计	164	

应根据调洪演算成果和防洪影响评价确定。

（2）考虑到运行期间交叉建筑物检修要求，所有渠穿河交叉建筑物的独立输水通道不少于两条，以便于轮换检修，提高输水保证率。

（3）渠穿河交叉建筑物的输水能力应按满足总干渠运行要求；对于河穿渠交叉建筑物行洪能力，应通过调洪演算，按满足设计洪水和校核洪水的行洪要求，同时相应 20 年一遇洪水，上游水面壅高不超过 30cm（当洪水未出河槽或经过论证对附近居民点无淹没影响时，其壅高值可适当抬高），确定行洪槽（孔）断面。

（4）布置在安阳以北渠段上的渠穿河交叉建筑物，应考虑防冰、排冰措施，以满足冰期输水要求。

（5）对于渠穿河交叉建筑物，为减少交叉建筑物耗用水头，在交叉建筑物两端应布置渐变段，以便将上游渠段水流平顺导入交叉建筑物，再平顺送入下游渠段。

（6）应根据总干渠运行调度要求，对结合为节制闸的闸门，应按运行调度要求参与水流控制；对未结合为节制闸的闸门，不参与水流控制，可设计为检修闸门或事故检修闸门。

3．建筑物轴线选线原则

（1）交叉建筑物轴线位置应根据总干渠总体最优的原则确定，要尽量避让现有村庄和重要建筑物。

（2）交叉断面处的天然河道主槽应水流集中，稳定性好，岸坡稳定。

（3）轴线位置选择应考虑工程建成后壅水对上游造成的淹没影响，并通过综合比较确定。

（4）交叉建筑物轴线应与两岸总干渠渠线平顺连接；对于渠穿河类交叉建筑物轴线宜与天然河道主流相垂直。

（5）应结合不同型式的建筑物对地形、地质条件的要求，选择相对较优的轴线位置。

（6）交叉位置应方便施工导流和施工场地的布置。

4．交叉建筑物选型原则

（1）渠穿河建筑物。涵洞式渡槽一般要求总干渠水位高于河道洪水位，否则涵洞式渡槽的槽壁因支挡外水过高，除增加工程量外，还将使技术条件复杂化；梁式渡槽则不仅要求总干渠设计水位高于河道校核洪水位，而且槽下净空应满足规范要求；暗渠水力条件与渠道类似，为无压输水建筑物，适用于地面高程较低，同时总干渠水位低于河道洪水位情况；渠道倒虹吸是一种普遍适用于总干渠与河流立体交叉的建筑物型式，应根据实际条件，经研究比较后选用。

（2）河穿渠建筑物。排洪渡槽适用于河道水位高于总干渠渠堤情况，同时槽下至总干渠加大水位之间的净空不小于 0.5m。排洪涵洞适用于河道洪水位较低的情况。宣泄常遇洪水时为明流，宣泄大洪水时为压力流。河道倒虹吸是一种普遍适用的河穿渠建筑物，应根据实际条件，经研究比较后选用。

（3）小流量穿大流量。在符合上述立体交叉原则的前提下，当总干渠设计流量小于河道 20 年一遇洪峰流量时，宜采用渠穿河的交叉型式；对于季节性河流，当其 20 年一遇洪峰流量小于总干渠设计流量时，宜采用河穿渠的交叉型式。根据以上原则，设计过程通常选出两种以上建筑物型式进行方案比选，基于运行安全、技术可靠、施工方便、经济合理等因素综合选定。

5．交叉建筑物工程布置

（1）主体建筑物。

1）渡槽。主要进行单槽跨度、结构型式比较，要求综合考虑渡槽的工程规模、工程地形与地质条件、上游壅水影响、槽下净空、结构受力、施工等条件，经方案比选后确定。主跨槽身可采用矩形槽或 U 形槽简支梁结构，滩地段可采用上槽下涵的组合结构，两岸连接段可采用落地槽结构。

当渡槽跨度小于或等于 20m 时，一般选用普通混凝土结构，当渡槽跨度大于 25m 时选用预应力结构，跨度为 20～25m 时经综合比较后选定。

对于下部结构，多采用槽墩支承桩基础；基桩多按摩擦桩设计，当持力层为基岩时，则按摩擦端承桩或端承桩设计。

2）涵管。渠道倒虹吸涵管布置大致有两种，其一埋于河床最低冲刷线以下，对上方河床一般不再防护；其二埋于河床最低冲刷线以上，需对上方河床采取适当防护措施。

经对涵管的形式和孔数进行分析比较后，多推荐采用二孔一联或三孔一联的箱形结构，根据其埋置深度、外部水、土压力、内水压力、运行工况等确定其截面尺寸。

3）隧洞。隧洞9座，其中古运河至北拒马河中支段有 7 座隧洞，均为无压隧洞；主要根据总干渠水位条件和地形、地质条件确定，采用城门洞形断面。北京段有 2 座隧洞，选用圆形断面，双层衬砌，独立工作；内衬为 PCCP 压力管道，为预应力结构，主要承受内部水压力；外衬主要承受外部地层压力和外水压力，为普通钢筋混凝土结构。

（2）进、出口渐变段。对于采用渠穿河的各类交叉建筑物中，为减少水头损失，在交叉建筑物进、出口均设置渐变段，以改善渠道与交叉建筑物之间的水流衔接条件。渐变段一般按直线扭曲面或曲线扭曲面设计。

渐变段侧墙为挡土建筑物，设计中主要考虑了两种形式，即重力式结构和扶壁式结构，设计中需结合挡土高度及地基条件，经综合分析后确定。

（3）闸室段。在大型河渠交叉建筑物中，凡采用河穿渠交叉型式的河流，其枯水季节流量很小，甚至断流，具备干地检修条件，故均未设检修闸室。对于渠穿河交叉建筑物，考虑供水不断条件下检修，每条槽（孔）的进、出口均需设置检修闸。在总干渠总体设计中，要求兼具控制流量和上游水位功能的闸门称为节制闸。对于渠道倒虹吸，节制闸一般布置在出口，渡槽、暗渠则一般布置在进口，闸室闸孔数目及单孔宽度与输水通道相同，以便于相互连接。

检修闸和节制闸按开敞式水闸设计。检修闸门一般为平板门，节制闸设一道可供调节流量和水位的弧形工作闸门，闸后应同时布置消能段，按底流消能设计。

有部分渠道倒虹吸出口配置了弧形闸门，但并非是总干渠总体设计所要求的节制闸，亦未考虑纳入远程自动控制系统全开或全关方式工作。

（4）退水闸。退水闸包括闸室段、泄槽段、消力池段。退水闸闸室段与输水建筑物的闸室段基本相同，但应根据退水闸背向河流的特点，进行结构布置、稳定分析和结构设计。对于填筑渠道上的退水闸，其侧墙和底板下方需进行专门防渗处理。

泄槽段结构一般按底板扬压力大小，采用 U 型整体结构设计或按底板与侧墙相隔的分离式结构设计，其中分离式结构中，侧墙可根据挡土墙高度和地形、地质条件选择重力式或扶壁式挡土墙。

退水闸的消力池结构尺寸主要由水跃计算确定，其结构设计与泄槽类同。

（5）地基处理。河渠交叉建筑物因其地基条件、结构受力特点、地基问题各异，概括起来大体包括砂土震动液化、地基变形、膨胀土渠坡稳定、建筑物地基承载能力不足等问题，均需因地制宜采取相应的地基处理措施。主要有：强夯法、深层搅拌法、振冲法、挤密砂桩法、换填法和放坡开挖减载等。

（6）河道防护。河道防护主要包括河床防冲保护、堤防恢复与河岸防护、控导工程等。河岸防护的范围与河渠交叉部位的地形、地质条件、河道缩窄、河势等因素有关。设计中按以下情况分别确定：

1）无缩窄或缩窄度较小的河床、堤防或岸坡。对于渠穿河类建筑物，原则上只对临河建筑物表面进行浆砌块石保护，对于河穿渠建筑物则根据交叉建筑物出口流速，确定保护范围，再作相应的保护。

2）缩窄度较大的岸坡。对于渠穿河类建筑物，原则上除需对临河建筑物表面进行浆砌块石保护外，渠道倒虹吸还应根据河道行洪横向水流及归槽水流特点选择合适的裹头型式，并需根据埋置深度，决定是否需对工程范围的河床表面进行防护；对于河穿渠建筑物则需恢复原河堤，并根据建筑物出口流速和下游河势要求，整治下游河道，并作相应的保护。

（六）穿黄工程

1. 穿黄线路

长江设计院和黄委设计院均对穿黄工程做了大量的勘测、设计和科研工作，进行过多条过河线路比较。最后集中到孤柏嘴矶头附近约 2.6km 的河段范围内就李村线和孤柏嘴线进行比较，考虑到黄河河势的不确定性以及河道部门对河势控导工程的规划意见，经综合比较，穿黄工程线路采用李村线。

2. 过河建筑物方案

过河建筑物重点研究隧洞方案和渡槽方案。两方案经技术经济等因素的综合比较，从隧洞方案对黄河冲淤变化、河势影响、生态与环境影响、施工及运行风险相对较小，且为该河段开发留有较大余地等方面考虑，推荐穿黄工程采用隧洞方案。

3. 穿黄工程布置方案

穿黄工程设计流量下可利用水头为 10m。对隧洞方案的研究表明，过河隧洞进、出口采用一斜一竖的布置方案，既可保证隧洞有良好的运行与检修条件，同时工程投资亦较节省。根据李村线地形、地质、工程规划、工程运用和检修条件，总体布置主要研究了以下三个方案。

方案一：南斜北竖（南岸斜井进、北岸竖井出）、南岸退水。

方案二：南斜北竖（南岸斜井进、北岸竖井出）、北岸退水。

方案三：南竖北斜（南岸竖井进、北岸斜井出）、南岸退水。

方案三的工程规模最大，与方案一相比，运行上无明显优点，故予放弃；方案二的工程投资较方案一略少，但因退水设施布置在北岸，隧洞进口事故门一旦关闭，便失去为南岸渠道退水的功能，未能达到工程规划要求，故推荐方案一。

在推荐的总体布置方案中，对隧洞过河建筑物布置研究了双洞过河方案和单洞过河方案。无论双洞方案或单洞方案，均能满足总干渠的运用要求，均是技术可靠、施工可行的方案。在投资上单洞方案较省，但考虑到双洞方案隧洞规模相对较小、施工技术难度较低、施工风险较小，按期建成更有保证；投入运用后，双洞方案运用将更加灵活，自身输水保证率高。为了确保中线工程按时通水，并考虑到穿黄工程是中线工程中的关键性工程，应有更高的运用灵活性，故推荐采用双洞方案。

在隧洞方案中，邙山隧洞上接进口闸室，下连穿黄隧洞入口。考虑到加长斜井段长度，有利于减少高边坡渠段长度，为此，提出 4 个斜洞段长度（470m、800m、1150m、1550m）。经综合比较，推荐采用斜洞长度为 800m 的方案。

穿黄工程推荐方案主要建筑物自南向北包括南岸连接明渠、进口建筑物、穿黄隧洞、出口建筑物、北岸河滩地明渠（布置有跨渠交叉建筑物）、北岸连接明渠，此外还有北岸导流堤。

（七）左岸排水建筑物

1. 总体布置

沿线共布置左岸排水建筑物 469 座：陶岔—沙河南段 101 座、沙河南—黄河南段 99 座、黄河北—漳河南段 72 座、漳河北—古运河段 91 座、古运河—北拒马河中支段 105 座，天津干线段 1 座。

左岸排水一般布置为河穿渠建筑物，按照交叉河流与总干渠的相对高程关系，分为倒虹吸、涵洞、渡槽 3 种形式。排水渡槽适用于河道水位高于总干渠渠堤，且槽底至总干渠加大水位间净空不小于 0.5m；排水涵洞适用于河道水位较低的情况，涵洞宣泄常遇洪水时为明流，宣泄较大洪水时为有压流；排水倒虹吸则适用于河沟底部高程在总干渠渠底附近或位于总干渠渠底与校核洪水位之间。对于少数流量较大、推移质较多的河道，经方案比较选择渠穿河建筑物型式。

全线共布置排水倒虹吸 314 座，排水涵洞 60 座，排水渡槽 87 座，渠穿河工程 7 座（其中渠道倒虹吸 5 座，暗渠 1 座，涵洞式渡槽 1 座），右岸河道改道工程 1 座（项目建议书阶段为入渠处理）。

2. 排水倒虹吸布置

总干渠沿线共布置左岸排水倒虹吸 314 座，倒虹吸设计排洪流量 6.0～558.5m³/s。排水倒虹吸一般由进口段、管身段、出口段等部分组成。

进口段一般由连接段、渐变段两部分组成。进口连接段为原排水沟或坡水区与建筑物进口的连接部分，采用浆砌石、干砌石或铅丝笼护砌。排水沟处建筑物的连接段一般为梯形断面。坡水区排水倒虹吸连接段左右两侧采用梨形导流堤、开挖进出口引渠等工程措施，以改善水流流态，增加倒虹吸的过流能力。进口渐变段翼墙为钢筋混凝土重力式或悬臂式挡土墙结构，依据各个工程的地形和汇流条件，分别采用八字墙、圆弧墙、扭曲面型式。当河沟推移质较多时，倒虹吸渐变段前端（与连接段相接处）可根据实际河沟情况设置沉砂池、拦砂坎。

倒虹吸管长度由总干渠渠道断面参数及工程区地形地质条件决定。当河沟不明显或者较小时，一般选定倒虹吸管身轴线与总干渠轴线正交。经布置，左岸排水倒虹吸管身长最小为 64.00m，最大为 184.42m。

管身均采用箱形断面，断面尺寸根据河道流量及调洪演算结果确定。建筑物管身单孔过水断面尺寸最小为 2.0m×2.0m，最大断面尺寸为 4.8m×4.8m，孔数 1～12 孔。多孔的采用二孔一联或者三孔一联形式。顶板以上填土厚度一般不小于 1.0m。

出口段一般由出口渐变段及出口连接段组成,其布置与进口段相似。出口段一般不需设消力池,采取防冲措施即可。

3. 排水涵洞布置

总干渠沿线共布置左岸排水涵洞共 60 座,涵洞设计排洪流量 10.0～513.3m³/s。排水涵洞一般由进口段(含连接段及渐变段)、洞身段、出口段(含渐变段及连接段)等部分组成。

左岸排水涵洞进、出口段的布置与排水倒虹吸基本一致。

洞身段为钢筋混凝土箱形结构,断面尺寸根据河道流量及调洪演算结果确定。管身孔数 1～9孔,断面尺寸最小为 2.0m×2.0m,最大 4.6m×4.6m。洞身纵坡一般为 0～1/200。洞身长 41.40～227.11m。

4. 排水渡槽布置

总干渠沿线共布置左岸排水渡槽共计 87 座,渡槽设计排洪流量 10～416m³/s。排水渡槽一般由进口引渠、进口段、槽身段、出口段(含连接段及渐变段)、出口尾渠等部分组成。

(1) 进口引渠。用于平顺汇集上游来水,有侧面汇流时采用圆弧斜降墙布置,无侧向汇流时采用八字形或圆弧形翼墙。引渠断面采用梯形断面,渠底基本不护砌,只对引渠边坡用浆砌石或干砌石护砌。渐变段翼墙型式有八字墙、圆弧形两种形式。渐变段侧墙结构型式采用重力式和悬臂式挡土墙两种,底部采用浆砌石或混凝土护砌。

(2) 进口段。为矩形断面,采用钢筋混凝土结构。对于宽度较大的连接段,侧墙与底板采用分离式结构;宽度较小的,侧墙与底板采用整体式结构。

(3) 槽身段。由上部槽身结构、支撑结构和基础组成。上部槽身结构为矩形槽结构,结构型式有普通钢筋混凝土、预应力钢筋混凝土多侧墙矩形槽和普通钢筋混凝土、预应力钢筋混凝土多纵梁、下承式预应力桁架拱矩形槽五种类型。断面尺寸根据河道流量及调洪演算结果确定,槽身采用单槽、二槽或三槽一联,一般为 1～6 槽,单槽宽 2.5～20m,侧墙高 1.15～4.9m,跨度 10～50m;槽身一般与总干渠正交,槽身长 28.00～266.67m。

槽身纵向支撑一般为简支;下部支撑一般采用薄壁墩结构或钢筋混凝土重力墩,基础采用底板扩大基础和桩基础两种形式。

(4) 出口段。结构型式同进口连接段,长度 5.26～32.6m。连接段侧墙局部加厚,基础加宽,上部架设跨槽交通桥。出口渐变段设置斜坡或平坡与下游消能设施或下游河道连接。

经过水力计算,排水渡槽出口流速一般不大,只需布置防冲设施;如需要设下游消能设施的,则在连接段之后设置,以减小水流对下游河道的冲刷。如古运河—北拒马河段 7 座排水渡槽设有消能设施,为钢筋混凝土消力池和浆砌石海漫、防冲槽。消力池长 15～26m,深 0.6～1.4m。

(5) 出口尾渠。位于渐变段或消力池后。

5. 其他形式排水工程

包括 1 座右岸河道改道工程及 7 座渠穿河建筑物。

(1) 右岸河道改道工程。原为南排河坡水入总干渠工程,建于 1974 年,位于总干渠4+405处,坐落在右岸。为保证总干渠水质,通过新修排水引渠,将坡水送入总干渠右岸的引丹干渠。

（2）渠穿河建筑物。均布置在河南省境内，其中 2 座位于黄河以南南阳市靳庄水库上游，为娃娃河渠道倒虹吸和梅溪河渠道倒虹吸。这 2 座交叉建筑物若布置为河穿渠型式，则建筑物出口底高程低于靳庄水库死水位，难以满足左岸排水要求。另外 5 座位于黄河以北，分别为午峪河渠道倒虹吸、旱生河渠道倒虹吸、小凹沟渠道倒虹吸、辉县东河暗渠及淤泥河涵洞式渡槽。因河道设计流量较大（均在 500m³/s 以上），河床宽浅，卵石多，布置河穿渠工程拦沙、沉沙工程量大，不经济。渠穿河工程布置有进口检修闸、管身段（槽身段）、出口检修闸、出口渐变段等，同时对河岸进行了相关的整护。

左岸排水建筑物一般不消耗总干渠水头，而上述 7 座渠穿河建筑物则需占用总干渠水头，其布置及设计原则与同类型交叉建筑物相同。

（八）渠渠交叉建筑物

1. 总体布置

南水北调中线总干渠穿越的灌区较多，规模大小不一。根据中线一期工程总体设计，设计流量大于 0.8m³/s 的灌溉渠道当与总干渠交叉时，则布置为渠渠交叉建筑物（渡槽、倒虹吸、暗渠等），对于设计流量小于 0.8m³/s 的灌溉渠道，一般不单独设置交叉建筑物，经合并后再布置交叉建筑物或采取灌区改造、调整水源等补偿措施，其补偿投资计入工程投资。全线共有 133 座渠渠交叉建筑物，均在陶岔—北拒马河中支明渠段内。设计流量一般在 0.8~70m³/s，大于 100m³/s 的仅有白桐干渠（124m³/s）。

建筑物的设计流量按原所在灌区渠道的设计标准考虑。

渠渠交叉建筑物不占用总干渠水头，根据灌渠的渠底高程、水位与总干渠的渠底高程、水位的相互关系，将渠渠交叉建筑物分为渠渠交叉倒虹吸、渠渠交叉涵洞和渠渠交叉渡槽三种形式。当灌渠底部高程在总干渠校核水位加 0.5m 以上时，一般布置为渠渠交叉渡槽；当灌渠底板低于总干渠渠底较多时，宜布置为渠渠交叉涵洞；当灌渠底部高程在总干渠渠底附近或位于总干渠渠底与校核水位之间时，可布置为渠渠交叉倒虹吸。全线共布置渠渠交叉倒虹吸 74 座，渠渠交叉涵洞 7 座，渠渠交叉渡槽 52 座。

为了不致因修建渠渠交叉建筑物过多地壅高原灌渠上游水位，交叉建筑物的水头损失一般应不大于 0.2m。

2. 渠渠交叉倒虹吸与涵洞

建筑物一般由进口渠道护砌段、进口渐变段、管身段、出口渐变段、出口渠道护砌段等组成。建筑物轴线多与总干渠正交。进口渠道护砌段分为梯形断面和矩形断面，均采用浆砌石护砌。进、出口渐变段一般采用浆砌石直线扭曲面或混凝土八字墙护砌型式，渠渠交叉倒虹吸和涵洞管身断面多为箱形和圆形两种，出口渠道护砌段视渠道衬砌型式分为梯形断面或矩形断面。

3. 渠渠交叉渡槽

渡槽轴线应尽量与总干渠轴线正交，并与上、下游渠道平顺连接。

渡槽纵向尽可能采用较大跨度以减少渡槽对总干渠的阻水影响，槽墩阻水面积应控制在渠道过水面积的 5% 以内；纵梁底高程不得低于渠道加大流量水位加 0.5m，在有流冰的渠段，梁底不得低于流冰面以上 0.75m。纵向多采用简支结构，个别的采用肋拱结构支撑。槽身断面采用矩形槽、U 形槽两种形式。

渠渠交叉渡槽一般由进口引渠、进口渐变段、槽身段、出口渐变段、出口尾渠护砌等几部分组成。

（九）总干渠控制工程

1. 分水口门

根据中线一期工程确定的供水目标，确定分水口门位置和规模，分水口门设置根据总干渠走向、各城市规划自来水厂位置、沿线地形、河流水系和水利工程情况，因地制宜，合理布设，并适当考虑行政区划，有利于工程管理；口门位置与管线布置紧密结合，使输水管道线路最短，力求工程投资最省。全线共设置 71 座分水口门，其中河南省 39 座，河北省 32 座（含西黑山分水口门）。分水口门设计水位由其下游总干渠节制闸闸首水位决定。

对于分水流量相对较大的分水口门采用开敞式水闸或无压涵洞式水闸，全线共布置 3 座开敞式水闸、3 座无压涵洞式水闸；分水流量小的分水口门均采用有压涵洞式水闸，全线共布置 64 座（不含西黑山分水口，该口门设计计入天津干线）。

2. 节制闸

节制闸按满足调节总干渠水位的要求确定，控制的渠段长度尽可能均衡，并与大型交叉建筑物相结合布置，其相对位置主要取决于大型交叉建筑物的结构型式和运用以及检修要求。

总干渠共设 59 座节制闸，其中西黑山节制闸系专为天津干线分水调度运用而设置的，其附近无大型交叉建筑物，因此单独布置在位于总干渠上的天津干线西黑山分水口门下游，其余节制闸均结合交叉建筑物布置。

3. 退水闸

退水闸主要是担负事故、检修退水的任务。退水闸设计流量为所处渠段设计流量的 50%。从利于工程运用、管理和确保大型交叉建筑物的安全考虑，退水闸一般布置在大型交叉建筑物或节制闸的上游，总干渠的右岸侧与大型交叉建筑物结合布置。

总干渠共设 50 座退水闸，磁河古道、曲逆河中支和瀑河退水闸单独设计，其余退水闸均与大型交叉建筑物联合布置。

（十）公路交叉建筑物

1. 总体布置

与总干渠（含天津干线）交叉的公路有高速公路、国道、省道、地方道路等，公路级别种类繁多，其中高速公路和国道有许南高速、洛开高速、郑晋高速、石太高速、津保高速、京深高速、北京西四环和 104 国道、106 国道、107 国道、112 国道、207 国道、307 国道、309 国道、310 国道、311 国道、312 国道等。为保证沿线公路的畅通，方便当地居民生产、生活，根据复建原则，对公路交叉建筑物进行了归并，计有公路桥 736 座（未包括移民步行桥），公路涵洞 1 座，其中属大桥类的有 176 座。公路交叉建筑物根据汽车荷载等级的不同分为两级：公路-I 级和公路-II 级。各渠段公路交叉建筑物统计情况见表 11-4-5。

表 11 - 4 - 5   各渠道公路交叉建筑物统计情况表

渠 段	长 度/km	公路-Ⅰ级(含城-A级)	公路-Ⅱ级(含折减公路-Ⅱ级)	小计
陶岔—沙河南段	239.085	17	125	142
沙河南—黄河南段	234.748	38	119	157
穿黄工程段	19.305	0	7	7
黄河北—漳河南段	237.562	28	122	150
漳河北—古运河南段	237.249	18	131	149
古运河南—北拒马河段	227.391	5	126	131
北拒马河—团城湖段	80.052	0	1	1
天津干线段	155.531	0	0	0
合　　计		106	631	737

公路桥布置时，对二级及以上等级跨渠公路桥一般按既有公路路线走向布置，三级及以下等级跨渠公路桥一般按渠桥正交布置。

公路桥长度主要由交叉处渠道开口宽度、两岸接线标高、交叉型式及要求确定。根据布置，公路桥跨径总长为 25～315m，单孔最大跨径为 120m，全线公路桥跨径总长合计 65070m。

由于交叉公路级别种类繁多，全线跨渠桥行车道宽度有近 30 种类型，并以净-4.5、净-5、净-7、净-9 和净-15 居多，分别有 278 座、52 座、160 座、77 座和 51 座，其余各类为 118 座。全线最宽的是郑州市的京广路（贾寨北）、大学路（郑寨南）和中原路 3 座跨渠桥，桥面总宽为 60m。

2. 公路桥

全线以简支梁桥为主，为适应不同地形、地质、环境和交叉处总干渠条件，部分断面还选择了先简支后连续宽幅空心板桥、先简支后连续小箱梁桥、悬臂挂梁桥、槽型简支梁桥、等截面连续箱梁桥、变截面连续箱梁桥、钢筋混凝土连续钢构桥、上承式双曲拱桥、下承式桁架拱桥、下承式系杆拱桥、钢管混凝土系杆拱桥等多种结构型式。

（1）上部结构。简支梁桥上部结构以装配式预应力混凝土工型组合梁、T 形梁和空心板结构为代表型式。按公路桥涵标准跨径设计，单孔跨径分别采用 13m、16m、20m、25m、30m、35m 和 40m，根据交叉处总干渠条件，分别采取等跨和不等跨组合。

（2）下部结构。下部墩台一般平行于总干渠轴线布置，即与总干渠水流流向一致。桥墩型式有：柱式桥墩、薄壁式桥墩和重力式桥墩。基础形式采用钻孔灌注桩基础和阶梯状扩大基础。

3. 公路涵洞

西釜山西公路涵洞是全线唯一一座公路下穿总干渠的交叉建筑物。选用公路涵洞型式下穿总干渠底部。涵洞轴线与总干渠中心线交角为 63.5°，涵洞全长 163.9m，其中洞身段 106.2m，为一联两孔，单孔尺寸为 500cm×500cm。

4. 暗挖穿越公路

天津干线在穿越京深高速公路、津保高速公路、京广公路（107 国道）、京开公路（106 国道）和西青道（112国道）5处时，采用浅埋暗挖法穿越，大管棚夯管管幕法施工工艺。

（十一）铁路交叉建筑物

1. 总体布置

铁路交叉建筑物采用原位复建、临时便线过渡或原位加固方案，保证施工期铁路畅通。

总干渠（含天津干线）先后穿越西宁铁路、焦枝铁路、京广铁路、陇海铁路、新月铁路、京九铁路、津霸铁路、津浦铁路等多条铁路线，共交叉61处。由于漯南铁路和定曲铁路现已拆除，而平禹铁路与总干渠交叉工程已由铁路部门自行负责设计与建设，因此，实际交叉为58处。其中北京管道段12处和天津干线段4处加设防护涵洞穿越，陶岔—北拒马河明渠段42处采取41座铁路交叉建筑物穿越。

根据明渠段渠道型式和设计要素，结合铁路线现状和周边自然条件，铁路交叉建筑物中铁路桥25座、铁路暗渠11座、铁路倒虹吸5座，其中铁路暗渠、倒虹吸需占用渠道水头，铁路桥不考虑水头损失。陶岔—北拒马河段铁路交叉建筑物统计情况见表11-4-6。

表11-4-6 陶岔—北拒马河段铁路交叉建筑物统计情况

渠　段	长度/km	铁路桥	铁路暗渠	铁路倒虹吸	小计
陶岔—沙河南段	239.085	1	2	0	3
沙河南—黄河南段	234.748	5	4	2	11
穿黄工程段	19.305	0	0	0	0
黄河北—漳河南段	237.562	17	0	0	17
漳河北—古运河南段	237.249	1	4	3	8
古运河南—北拒马河段	227.391	1	1	0	2
合　计		25	11	5	41

由于铁路设计的专业要求和行业特性，全线铁路交叉建筑物设计由铁道部门的专业设计院负责，沿线水利设计院配合完成。

2. 交叉建筑物结构

（1）铁路桥。上部结构一般采用预应力混凝土简支梁桥，下部桥墩选用实体圆形或圆端形桥墩，桥台采用耳墙式桥台。基础根据地质情况采用扩大基础或桩基础。桥梁施工时，铁路运行采用临时便线方案过渡，待桥梁建成及既有铁路改建完成后，恢复既有铁路行车。

（2）穿铁路暗渠。主要由进口渐变段、渠身段、出口渐变段组成。渠身段为钢筋混凝土框架结构，箱形断面，净宽6.6～8.8m，净高6.6～12.9m，孔数3～4孔。设计水头0.06～0.11m。

（3）穿铁路倒虹吸。主要由进口渐变段、渠身段、出口渐变段组成。渠身段为钢筋混凝土框架结构，方形断面，净宽5.9～6.5m，净高5.9～6.5m，孔数3～6孔。设计水头0.08～0.12m。

3. 穿越防护结构

穿越铁路的涵洞或倒虹吸工程均采用外部防护结构与内部输水管涵分离布置的方式，保证列车运行的震动荷载不影响管涵的输水安全。

三、中线干线工程分段总体布置

（一）陶岔渠首—沙河南段工程

1. 工程规模

（1）总干渠流量规模。陶岔—沙河南段总干渠是中线输水工程的起始段，总干渠输水设计流量为 $350\sim320\text{m}^3/\text{s}$，加大流量为 $420\sim380\text{m}^3/\text{s}$。

（2）分水口门规模。渠段共设置 11 个分水口门，总分水流量为 $161\text{m}^3/\text{s}$，口门最小分水流量为 $1\text{m}^3/\text{s}$，最大分水流量为 $100\text{m}^3/\text{s}$。

2. 渠段工程总布置

陶岔—沙河南段总干渠线路受陶岔渠首、方城垭口和过沙河交叉建筑物三个控制点的控制，渠线的总体走向是由西南向东北，起点为陶岔，终点为薛寨，沿线经过河南省南阳市和平顶山市的 8 个县（市、区），线路全长 239.085km，其中渠道长 229.113km，建筑物长 9.972km。

本渠段起止控制点设计水位分别为 147.38m 和 132.37m，总水头差为 15.01m，其中，渠道占用水头 9.18m，建筑物占用水头 5.83m。

本渠段共布置各类建筑物 348 座，其中河渠交叉建筑物 30 座、左岸排水建筑物 100 座、渠渠交叉建筑物 43 座、控制建筑物 30 座、路渠交叉建筑物 145 座。

3. 主要建筑物

（1）渠道工程。渠道纵坡为 1/25000，渠道过水断面为梯形断面，渠道设计水深为 8.0～7.0m，边坡系数土渠段 2.0～3.5、石渠段 1.5，底宽 10.5～25.5m，综合糙率 0.015。渠道采用全断面混凝土衬砌，土渠渠坡混凝土衬砌厚度 10cm，渠底 8cm；石方渠段采用模筑混凝土，衬砌厚度为 25cm。在强渗漏、全填方、半填半挖及膨胀土等特殊渠段，在混凝土衬砌下铺设复合土工膜防渗（二布一膜）。

陶岔—沙河南渠段需设排水设施的渠段累计长 169.322km。采用内排（渠坡设暗管集水，逆止式集水箱自流内排）、自流外排（暗管集水，地下水自流外排入河沟）和抽水入渠（集水井集水抽排至渠内）三种排水形式，其中内排段长 99.248km，自流外排段长 42.951km，抽水入渠段长 27.123km。

陶岔—沙河南渠段通过膨胀土区总长达 160.351km，针对膨胀土渠段计算失稳边坡，采取抗滑桩或挖除渠坡顶部土体减载处理方案。对于浅层失稳情况，采取在设计开挖断面的基础上，分别向渠坡外超挖，换填黏性土料。本渠段强、中弱膨胀土的换土厚度分别为 2.5m、2.0m 和 1.0m，中、强膨胀土全开挖断面换土，弱膨胀土仅对一级马道以下断面换土处理。

（2）河渠交叉建筑物。共布置 30 座河渠交叉建筑物，其中梁式渡槽 5 座、涵洞式渡槽 4 座、渠道倒虹吸 11 座、河道倒虹吸 7 座、排洪涵洞 2 座、排洪渡槽 1 座。

1）梁式渡槽。共 5 座。渡槽设计为双槽，各渡槽总长 175～1160m，其中槽身段长 60.0～730.4m。渡槽结构型式为梁板结构，槽身过水断面为矩形，单槽的过水断面为 8.15m×9.5m～14.0m×7.73m（宽×高）。

下部结构由槽墩、承台及桩基组成，槽身支座采用盆式橡胶支座。槽墩为实体墩，端部为半圆形；桩基为灌注摩擦桩。

2）涵洞式渡槽。共 4 座。上部渡槽为双槽布置，单槽净过水断面为 12.6m×6.8m～8.93m×8.2m。下部涵洞三孔一联，单孔尺寸 4.5m×5.4m～6.1×7.0m，计 5～10 联。

3）排洪渡槽。共 1 座。采用梁式渡槽跨越总干渠，轴线总长 419.16m。其中槽身段长度为 87m，单跨 29m，矩形 2 槽布置，分三跨跨越总干渠。槽身采用多纵梁、横梁组成的承载体系，纵梁为预应力结构，下部为空心薄壁墩加钻孔灌柱桩结构。

4）渠道倒虹吸。共 11 座。单座渠倒虹吸管身长 86.05～1132.09m，为箱形钢筋混凝土结构，管数 4 孔，单孔尺寸 6.45m×6.45m～6.8m×6.8m（宽×高），管身壁厚 1.0～1.4m。

5）河道倒虹吸。共 7 座。单座管身段长 95～314.1m，为箱形钢筋混凝土结构，管数 4～10 孔，单孔尺寸 4.2m×4.2m～5.2m×5.2m（宽×高），管身壁厚 0.8～1.2m。

6）排洪涵洞。共 2 座。单座管身段长 116.44～120.00m，为箱形钢筋混凝土结构，分别为三孔一联和七孔三联布置，单孔尺寸 4.7m×5.8m 和 3.0m×4.0m（宽×高）。

（3）左岸排水建筑物。本段共布置了 100 座左岸排水建筑物，其中排水倒虹吸 72 座、排水渡槽 8 座，排水涵洞 17 座，渠道倒虹吸 2 座（由于靳庄水库的正常水位高于河道的设计水位，使得靳庄水库附近的娃娃河与梅溪河无法采用河穿渠形式，所以这两处的排水建筑物采用渠道倒虹吸形式），1 个河道改道工程（南排河位于总干渠右岸，原为坡面水入总干渠。为保证渠道水质，通过新修排水引渠，将坡面水送入总干渠右岸的引丹干渠）。

排水渡槽槽身采用 1～3 槽，单槽宽 6.00～12.85m，侧墙高 2.10～2.77m，跨度 17.5～25.0m，槽身总长 75～260m。基础采用扩大基础和桩基础。

排水倒虹吸管身断面均采用箱形断面，孔数 1～12 孔，最大断面尺寸 5.0m×5.0m。倒虹吸管身长 61.00～131.94m。

排水涵洞孔口尺寸为 2.4m×2.4m～3.6×3.6m，孔数 1～12 孔。涵洞洞身长 86.31～227.11m。

（4）渠渠交叉建筑物。共布置 43 座渠渠交叉建筑物，其中倒虹吸 32 座、涵洞 2 座、渡槽 9 座。交叉建筑物设计流量 0.8～125m³/s。

灌渠渡槽槽身采用钢筋混凝土矩形槽，均为单槽布置。矩形槽断面为 3m×1.5m～1m×1m，槽身长 77.5～100m。下部支撑形式有重力墩、排架或肋拱。渡槽基础根据上部荷载和地基承载力采用扩大基础和重力式拱墩形式。

灌渠涵洞和倒虹吸管身采用钢筋混凝土箱形结构。孔数 1～8 孔，孔口尺寸为 1.2m×1.2m～3.0m×3.0m。

（5）公路交叉建筑物。布置公路桥共计 142 座，平均 1686m 一座。其中公路-Ⅰ级公路桥 17 座，公路-Ⅱ级公路桥 125 座。公路桥均采用单幅桥，行车道宽度有 7 种，分别为：净-16.0（1 座）、净-15.5（3 座）、净-15.0（1 座）、净-12.0（5 座）、净-9.0（7 座）、净-7.0（51 座）、净-4.5（74 座）。

（6）铁路交叉建筑物。陶岔—沙河南段总干渠先后穿越西宁铁路西北联络线、西宁铁路正线、西宁铁路西南联络线和焦枝铁路线，共交叉 4 处。根据交叉处渠道设计要素，结合铁路线现状和周边自然条件，设 3 座铁路交叉建筑物。其中，铁路桥 1 座，即焦枝线铁路桥；铁路暗渠 2 座，即西宁铁路西南联络线暗渠、西宁铁路西北联络线暗渠。

（7）控制建筑物。共布置 30 座，其中退水闸 9 座、节制闸 10 座、分水闸 11 座。

1）退水闸。9 座退水闸分别设在刁河、湍河、严陵河、潦河、白河、清河、贾河、澧河、澎河。设计退水流量 $175\sim160m^3/s$。

2）节制闸。均结合河渠交叉建筑物布置。结合渠道倒虹吸布置的节制闸（2 座）设在渠道倒虹吸的出口；结合梁式渡槽（4 座）和涵洞式渡槽（3 座）布置的节制闸设在建筑物进口。

3）分水闸。均布置在总干渠右岸。分水闸处总干渠最低控制水位按分水闸下游节制闸处设计水位确定，分水流量从 $1\sim100m^3/s$ 不等，除肖楼、澎河分水口分水流量较大，分别采用开敞式和无压箱涵式外，其余 9 座分水口门皆为有压圆涵式分水闸。分水口门中心线一般与总干渠中心线成正交，仅河南肖楼分水角为 $31°$。

（二）沙河南—黄河南段工程

1. 工程规模

（1）总干渠流量规模。总干渠沙河南—黄河南渠段设计流量为 $320\sim265m^3/s$，加大流量为 $380\sim320m^3/s$。

（2）分水口门设置与规模。布设分水口门 13 座，总分水流量为 $50m^3/s$，口门最小分水流量为 $1m^3/s$，最大分水流量为 $12m^3/s$。其中泵站 2 座，分水闸 9 座，闸站结合 1 座。

2. 渠段工程总布置

本渠段起点位于沙河南平顶山市鲁山县薛寨村北，终点位于黄河南岸即穿黄工程进口段始点 A 点，渠线途经平顶山市、许昌市和郑州市的 11 个县（市、区）。线路总长 234.748km，其中，渠道长 215.366km，建筑物累计长 19.382km。

起止点控制设计水位分别为 132.37m 和 118.0m，总水头差为 14.37m。渠道占用水头 8.414m，建筑物占用水头 5.956m。

总干渠各类建筑物共计 344 座，其中河渠交叉建筑物 32 座、左岸排水建筑物 97 座、铁路交叉建筑物 11 座、公路交叉建筑物 157 座、控制建筑物 33 座、渠渠交叉建筑物 13 座、流槽 1 处。

3. 主要建筑物

（1）渠道工程。渠道纵坡 $1/23000\sim1/28000$，设计横断面为梯形断面，设计水深为 7.0m，边坡系数土渠段 $2.0\sim3.5$，底宽 $13.0\sim26.0m$，综合糙率 0.015。渠道采用全断面混凝土衬砌，潮河绕岗线沙地和地下水位高的渠段采用贴坡式浆砌石挡土墙，采取在混凝土衬砌板或挡土墙下铺设二布一膜复合土工膜加强防渗，根据不同情况设置排水设施。

（2）河渠交叉建筑物。共布置 32 座，其中梁式渡槽 5 座（渠道渡槽 3 座、河道渡槽 2 座），涵洞式渡槽 4 座，渠道倒虹吸 18 座，河道倒虹吸 5 座。

1）梁式渡槽。各渡槽总长为 $7770\sim355m$，跨河部分均为预应力混凝土矩形槽结构型式，横向双联布置，每联两槽，共 4 槽，单槽净宽 7m，净高 $7.9\sim8.2m$，双联间两侧墙内壁相距 8.75m，跨径 30m。其中沙河渡槽总长为 7770m，由沙河梁式渡槽、第一段涵洞式旱渡槽、大郎河梁式渡槽和第二段涵洞式旱渡槽四大段联合组成输水建筑物工程。

2）涵洞式渡槽。共 4 座。上部槽身长度 $43.69\sim149.0m$。下部涵洞根据河床地形、地质条件和泄洪流量大小布置孔数和洞身过水断面尺寸。

3）渠道倒虹吸。共 18 座。单座渠倒虹吸管身长 80～790m，管数 4 或 6 孔，单孔尺寸 6m×6m～7.0m×7.4m（宽×高），管身壁厚 1.0～1.4m。

4）河道倒虹吸。共 5 座。单座管身段长 56.6～171.6m，为箱形钢筋混凝土结构，管数 2～6 孔，孔径均为 6m×6m，管身壁厚 0.9～1.2m。

5）河道渡槽。共 2 座，设计流量 64.0m³/s，校核流量 72.0m³/s，单槽，底宽 5.0m，槽深 4.25m，建筑物全长分别为 197.80m 和 200.20m，其中槽身段长度均为 80m，上部为预应力钢筋混凝土矩形槽结构，下部为单排架支承、钻孔灌注桩基础。

（3）左岸排水建筑物。共计 97 座，其中排水倒虹吸 66 座、排水渡槽 21 座、排水涵洞 10 座。通过调洪演算本渠段河道不串流的 69 座，其中排水倒虹吸 46 座、排水渡槽 15 座、排水涵洞 8 座；串流的（包括左岸排水之间串流及左岸排水与河渠交叉河流串流）28 座，其中排水倒虹吸 19 座，排水渡槽 6 座、排水涵洞 2 座。

排水倒虹吸设计排水流量 10～390m³/s，校核排水流量 11～516m³/s，管身长度 84.535～184.42m。管身断面均采用箱形断面，建筑物管身单孔过水断面尺寸最小为 2.0m×2.0m，最大为 4.0m×4.0m，孔数 1～4 孔。

排水渡槽槽身上部结构型式有预应力混凝土矩形双槽、单槽和下承式预应力桁架拱矩形槽。槽身长度根据渠道断面布置，最短的 54.8m，最长 157.5m，跨数 2～7 跨，其中单跨跨度 20.0～31.8m，单槽宽 3.0～6.0m，侧墙高度 2.90～4.90m。槽身下部均为排架支承结构，基础形式根据地质条件采用扩大基础或钻孔灌注桩基础。

排水涵洞设计排洪流量 10～240m³/s，管身长度 41.4～169.33m。

（4）铁路交叉建筑物。铁路交叉工程共 12 处，其中平禹铁路桥由铁路部门负责设计与投资建设，另外 11 处包括铁路桥 5 座、铁路暗渠 4 座、铁路渠道倒虹吸 2 座。

铁路桥桥长为 91.4～237m。

铁路暗渠管身长度为 61.6～161m，均为 3 孔、孔径 7.5m×8.5m～8.7m×8.8m，暗渠管壁厚度 0.9～1.0m。

铁路渠道倒虹管身段长均为 130m。管身段采用矩形箱涵结构，6 孔，分为 3 联，单孔孔径 6.1m×6.1m，管身壁厚 0.8～0.9m，管身外加护管。

（5）公路交叉建筑物。共设置公路桥 157 座，其中公路-Ⅰ级公路桥 38 座，公路-Ⅱ级公路桥 119 座。

单桥桥长为 30～300m，桥长 100m 以上的桥 77 座。单孔跨径为 25～40m。单行车道宽度 4.5m，多行车道宽度 7～27.5m，以净-15、净-9、净-7 和净-4.5 为主。

（6）渠渠交叉建筑物。共 13 座，其中灌渠渡槽 4 座、灌渠倒虹吸 6 座、灌渠暗渠 1 座、渠改线 2 座。灌渠流量 1～15.6m³/s。

灌渠渡槽槽身段为简支结构，跨数 5～9 跨，跨径采用 18m 和 15m 两种。上部结构采用矩形槽。矩形槽断面为 1.5m×1.4m～4m×2.5m。支承结构采用排架柱结构。基础均为钻孔灌注桩，桩径分别为 1m 和 1.2m。

灌渠倒虹吸单座长 98～132m，除白沙东干灌区倒虹吸为 2 孔外，其他均为单孔，孔径从 1.2m×2m（宽×高）～2.5m×2.5m（宽×高）不等。管身壁厚 0.4～0.55m。

灌渠暗渠进口设防洪闸，闸段长 4m，暗渠洞身段长 107.5m，单孔，孔径 1.6m×2m，管身壁厚 0.4m。

渠改线建筑物分别为昭北干一分干分水闸和昭北干二分干分水闸，结构型式相同，均为 2 孔开敞式进水闸，单孔净宽 2.5m，闸门为 2.5m×2.8m，闸室段长 9m。

（7）控制建筑物。共计 34 座，其中退水闸 9 座、节制闸 12 座、分水口门 13 座。

1）退水闸。均结合河渠交叉建筑物布置，与河渠交叉建筑物组成枢纽，分别向沙河、北汝河、兰河、颍河、沂水河、双洎河、十八里河、贾峪河、索河退水，设计退水流量 132.5～160m³/s。

2）节制闸。节制闸结合渠道倒虹吸布置的有 8 座，节制闸设在渠倒虹的出口；结合渡槽布置的有 4 座，设在建筑物进口闸室，均为开敞式钢筋混凝土结构，闸室段顺水流方向长为 15～25m。

3）分水口门。共 13 座，其中泵站 2 座，分水闸 10 座，闸站结合 1 座。除新郑市李垌、郑州市郑湾 2 座分水闸布置在总干渠左岸外，其余 11 座均位于右岸。分水闸采用穿堤箱涵的结构型式。闸轴线均与总干渠渠线垂直，布置在总干渠的岸边。

（三）穿黄河工程

1. 推荐方案

项目建议书阶段穿黄工程通过对过河线路、过河建筑物比选，推荐采用李村线盾构隧洞方案；可行性研究阶段通过穿黄隧洞双洞方案和单洞方案比较，推荐选用双洞方案；通过对过河隧洞布置方案优选，推荐采用南斜北竖，退水建筑物在南岸的总体布置方案，如图 11-4-1 所示。

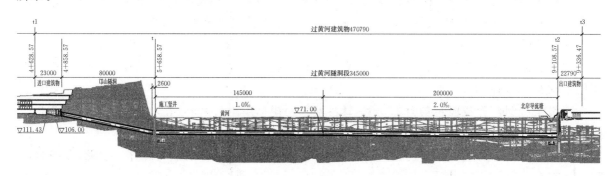

图 11-4-1　穿越黄河输水隧洞纵剖面图

2. 工程布置及主要建筑物

穿黄工程选定方案为南岸斜井进口，北岸竖井出口方案，退水设施在南岸，主要建筑物自南向北包括南岸连接明渠、进口建筑物、穿黄隧洞、出口建筑物、北岸河滩明渠（其间布置有新蟒河渠道倒虹吸和老蟒河河道倒虹吸）和北岸连接明渠等六部分，此外还有北岸导流堤。

（1）南岸连接明渠。位于邙山黄土丘陵区，为挖方渠道，长度 4628.57m；渠道底宽 12.50m，渠底纵坡 1/8000，坡比 1∶2.25，采用混凝土衬砌和土工膜防渗；渠顶高程 120.00m，以上为黄土边坡，综合坡比 1∶2.60。

（2）进口建筑物。包括截石坑、进口分流段、进口闸室段、退水建筑物和斜井段，分布长度 1030.0m。其中斜井段又称邙山隧洞，为一圆形斜洞，直径为 7.0m；隧洞上端设有渐变段与进口闸室相接，下端与穿黄隧洞相连；退水建筑物包括闸前段、退水闸室、退水隧洞、消力池、砌石海漫、块石护底等6段，退水泄入黄河主河床。

（3）穿黄隧洞。北岸和南岸施工竖井之间的穿黄隧洞段长3450.00m（南岸施工竖井于施工后期拆除，行洪口门宽度仍保持3500.00m），隧洞直径为7.00m，南岸起点断面中心高程为72.45m，北岸终点断面中心高程为67.00m。隧洞外层为装配式普通钢筋混凝土管片结构，厚40cm，管片宽度1.60m；内层为现浇预应力钢筋混凝土整体结构，厚45cm，标准分段长度为9.60m，隧洞内衬在与北岸和南岸施工竖井衔接的洞段以及地层变化洞段将局部加密；内、外层衬砌由弹性防水垫层相隔。隧洞布置有完善的渗漏水与渗压力、衬砌变形与应力以及隧洞沉降等监测设施，能随时监控隧洞运行和检修期工作状态。盾构隧洞采用泥水平衡盾构机自北向南推进。

（4）出口建筑物。位于黄河北岸河滩，由出口竖井、闸室段（含侧堰段）、消力池段及出口合流段等组成，分布长度227.9m。闸后的消力池可消除各级流量过闸后的剩余水头，出口建筑物地基采用碎石振冲桩处理，桩底高程91.0m。

（5）北岸河滩明渠。全长6127.5m，为填方渠道，最大填方高度9.7m，渠底宽度8.0m，渠底纵坡1/10000，边坡内外坡比1：2.25。穿黄段桩号12＋608以南渠道地基主要为砂壤土、粉细砂，砂土震动液化采用挤密砂桩方案处理。穿黄段桩号12＋608以北渠段无砂土振动液化问题。

新蟒河渠道倒虹吸位于北岸滩地，穿黄段总干渠在桩号11＋768.32附近以倒虹吸型式从新蟒河下方穿越，形成立体交叉建筑物，总长647.0m，其中倒虹吸管长437.0m。新蟒河渠道倒虹吸按双管布置，单管为矩形断面6.9m×6.9m。地基存在砂土震动液化问题，经方案比较采用振冲碎石桩进行加固处理。

老蟒河在北岸河滩明渠穿黄段桩号14＋593.31附近以倒虹吸管形式从渠道下方穿越，形成立体交叉建筑物。老蟒河倒虹吸轴线与河滩明渠轴线夹角63.88°，共布置3孔倒虹吸管，每孔断面为6.9m×6.9m（宽×高）。

（6）北岸连接明渠。位于黄河以北阶地，过水断面与河滩明渠相同，为半挖半填渠道，分布长度3835.74m；渠道底宽8.0m，内坡1：2.25，纵坡1/10000，地基为Q_3黄土状粉质壤土，无砂土震动液化问题，但存在非自重湿陷性，经方案比较，采用强夯法进行处理。

隧洞出口建筑物位于黄河北岸漫滩，滩面高程103.4m，只有大洪水才有上滩水流，为引导水流平顺通过穿黄隧洞断面，保护出口建筑物，在出口的上、下游设置了导流堤。导流堤上游长660m，下游长460m，均与明渠成74度夹角，堤顶高程为105m，堤顶宽度为10m。

（7）跨渠交叉建筑物。根据总干渠总体设计原则和穿黄工程移民安置规划，穿黄工程段跨渠公路桥和跨渠渡槽复建规模及标准见表11-4-7，其长度由渠道开口宽度、两岸接线高程、交叉型式及要求而定。

（8）穿黄河段控导工程。从穿黄河段防洪和河道治理及南水北调中线穿黄工程对黄河河势的要求出发，确定该河段的整治工程布设以防洪为主，满足河道排洪能力，适应小浪底水库投入运用后的水沙条件，稳定驾部控导工程及以下河段的河势，并考虑南水北调中线穿黄工程对黄河河势的要求，保证穿黄工程安全等为主要整治原则。

穿黄河段需加强和完善神堤至驾部之间的张王庄、金沟、孤柏嘴三处控导工程。鉴于孤柏嘴工程位于穿黄工程轴线上，列入穿黄工程进行设计。孤柏嘴工程采用钢筋混凝土灌注桩透水坝结构。工程全长 4000m，藏头段长 1500m，导流弯道段长 2000m，送流段长 500m。

表 11－4－7　　　　　穿黄工程段跨渠公路桥和跨渠渡槽复建规模及标准表

县（市）	线路名称	隶属关系	等级	桥面宽度/m	交叉桩号	桥渠荷载标准	备注
荥阳（南岸）	河沟北路	市	四级	4.5+2×1	1+414	公路-Ⅱ级	汽-10，履带-50
	李村南干渠		主干渠		3+003		
	石化路	市	二级	9+2×1.5	3+190	公路-Ⅱ级	汽-20，挂-100
	李村北干渠		主干渠		4+553		
温县（北岸）	4 号路	县	三级	7+2×1	11+031	公路-Ⅱ级	汽-20，挂-100
	司马路	县	三级	7+2×1	12+591	公路-Ⅱ级	汽-20，挂-100
	1 号路	县	二级	9+2×1.5	15+430	公路-Ⅱ级	汽-20，挂-100
	陈家沟西路	县	四级	4.5+2×1	16+309	公路-Ⅱ级	汽-10，履带-50
	新洛路	县	二级	9+2×1.5	17+899	公路-Ⅱ级	汽-20，挂-100

（四）黄河北至漳河南段工程

1. 工程规模

（1）总干渠规模。黄河北至漳河南总干渠设计流量为 $265\sim235\text{m}^3/\text{s}$，相应加大流量为 $320\sim265\text{m}^3/\text{s}$。

（2）分水口门规模。共设置 14 座分水口门，其中设在左岸 2 座，右岸 12 座，均为分水闸型式。总分水流量为 $66\text{m}^3/\text{s}$，口门最小分水流量 $1\text{m}^3/\text{s}$，最大分水流量 $16\text{m}^3/\text{s}$。

2. 总干渠工程总布置

本渠段起点位于总干渠穿黄工程的末端 S 点，终点为漳河南岸，途经河南省豫北地区焦作市、新乡市、鹤壁市、安阳市的 12 个市县，渠段全长 237.562km，其中渠道长 220.864km，建筑物长 16.697km。

渠段起止控制点设计水位分别为 108.0m 和 92.12m，总水头差为 15.88m。在总水头 15.88m 中，渠道占用水头 8.05m，建筑物占用水头 7.83m。

共布置各类建筑物 325 座，其中河渠交叉建筑物 42 座、左岸排水建筑物 70 座、铁路交叉建筑物 13 座、公路交叉建筑物 145 座、控制建筑物 33 座、渠渠交叉建筑物 22 座。

3. 主要建筑物

（1）渠道工程。渠道纵坡为 1/20000～1/29000，渠道设计横断面为梯形断面，渠道设计水深为 7.0m，边坡系数土渠段 2.0～3.5、石渠段 0.3，底宽 7.0～26.0m，综合糙率 0.015。渠道采用全断面混凝土衬砌，在强渗漏、全填方、半填半挖及煤矿区等特殊渠段，在混凝土衬砌下铺设二布一膜复合土工膜加强防渗。渠道在有冻胀渠段，防冻胀措施采用聚苯乙烯泡沫保温板。

（2）河渠交叉建筑物。共 42 座，其中涵洞式渡槽 2 座、渠道倒虹吸 33 座、暗渠 5 座、河道倒虹吸 2 座。

1）涵洞式渡槽。共 2 座。渡槽槽身长 28.6～97.3m，为双槽不分缝单隔墙钢筋混凝土矩形槽，槽身断面 8.6m×7.3m～9.2m×6.8m（宽×高），下部涵洞 4～11 孔，孔口尺寸 6.0m×4.9m～8.5m×9.5m（宽×高），深孔涵洞左右侧各为两联浅孔涵洞，孔口尺寸 7.0m×7.5m（宽×高），涵洞总宽度 28.6～97.3m，洞长 21.15～22.35m。渡槽进、出口布置检修闸各一座。

2）渠道倒虹吸。共 33 座。单座渠倒虹吸管身长 85～1015m，管数 3～4 孔，单孔尺寸 6.3m×6.3m～7.0m×7.4m（宽×高）。

3）暗渠。共 5 座。洞身段总长 1400m，单座长 150～450m，为箱形钢筋混凝土结构，峪河暗渠为 3 孔整体结构，孔径尺寸 7.0m×7.8m（宽×高）。其他 4 座暗渠洞身横向均为 4 孔，分两联，二孔一联，两联之间设沉陷缝，单孔孔径尺寸 5.8m×7.7m～6m×8.0m（宽×高）。峪河暗渠进口结合布置总干渠节制闸。

4）河道倒虹吸。共 2 座，均为 2 孔箱形钢筋混凝土结构。管身段长分别为 81m、101.5m，孔径分别为 4.3m×4.3m、4m×4m。

（3）左岸排水建筑物。本渠段左岸排水建筑物共计 70 座，其中排水倒虹吸 59 座、排水渡槽 11 座。设计排洪流量 6～390m³/s，校核排洪流量 7～468m³/s，

排水倒虹吸管身为箱形断面，长度 77～169m，孔径一般为 3m×3m～4m×4m，个别为 2.5m×2.5m，孔数 1～4 孔。

排水渡槽槽身长度根据渠道断面口宽为 36.2～125.0m，跨数 1～5 跨，其中单跨跨度 20.0～36.2m，单槽宽 2.5～6.0m，侧墙高度 2.35～4.5m。槽身下部均为排架支承结构，基础形式根据地质条件采用扩大基础或钻孔灌注桩基础。

（4）渠渠交叉建筑物。共 22 座，其中灌渠渡槽 7 座、灌渠倒虹吸 15 座。灌渠流量 0.8～12m³/s。

灌渠渡槽槽身段为简支结构，跨数 3～6 跨，跨度采用 18m 和 18.5m 两种。上部结构采用矩形槽。矩形槽断面为 1.5m×1.4m～4m×2.3m。支承结构采用排架柱结构。基础均为钻孔灌注桩，桩径 1.2m。

灌渠倒虹吸管身段总长 1560m，单座长 76～200m，除万金干渠和环山南干渠灌区倒虹吸为 2 孔外，其他均为单孔，孔径从 1.2m×2m（宽×高）到 2m×2.5m（宽×高）不等。

（5）公路交叉工程。共设置公路桥 145 座，其中汽车-超 20 级公路桥 27 座，汽车-20 级公路桥 39 座，汽车-10 级公路桥 79 座。公路桥上部梁体结构以装配式预应力混凝土 I 型组合梁结构为主。单桥桥长为 60～260m，单孔跨径为 25～40m。单行车道宽度 4.5m，多行车道宽度为 7～40.5m，以净-15、净-9、净-7 和净-4.5 为主。

（6）铁路交叉工程。共 13 处，其中铁路桥 12 座、铁路渠道倒虹吸 1 座。

铁路桥桥长为 81.4～158.0m。桥梁上部结构以预应力混凝土梁桥为主。下部墩柱为钢筋混凝土圆形桥墩，基础采用钻孔灌注桩，两端设置耳墙式桥台。

安大铁路渠倒虹管身段长 90.0m，管身段采用 4 孔矩形箱涵结构，单孔宽 6.5m，高 6.9m，管身壁厚 0.9～1.15m，倒虹吸管外设 1.0m 厚的护管，两者之间设 3cm 厚的泡沫板。

（7）控制建筑物。共计 33 座，其中退水闸 9 座、节制闸 10 座、分水闸 14 座。

1）退水闸。8 座退水闸结合河渠交叉建筑物布置，设计退水流量 132.5～117.5m³/s。另

有 1 座为独立布置的退水闸。

2）节制闸。节制闸结合渠道倒虹吸布置的有 8 座，节制闸设在渠道倒虹吸的出口。结合暗渠和涵洞式渡槽布置的各 1 座，节制闸设在建筑物进口。

3）分水闸。除温县北冷、焦作市墙南 2 座分水闸布置在总干渠左岸外，其余 12 座均位于右岸。分水流量从 1~16m³/s 不等，均采用穿堤箱涵的结构型式。分水闸轴线均与总干渠渠线垂直，布置在总干渠的岸边。

（五）穿漳河工程

总干渠穿漳河交叉建筑物（简称"穿漳河工程"），位于河南省安阳市安丰乡施家河村与河北邯郸市讲武城之间，是南水北调工程进入河北、北京的门户。东距京广线漳河铁路桥约 2.0km，距 107 国道约 2.5km，南距安阳市 17.0km，北距邯郸市 36.0km，其上游 11.4km 处建有岳城水库。

交叉断面地处漳河中游尾闸，两岸地势平坦，河谷形态为蝶形，河道呈 Y 形叉口。交叉断面处漳河 50 年一遇洪水位 83.81m，河底最低高程 75.00m（85 国家基准高程），100 年一遇洪水位 85.76m，300 年一遇洪水位 87.07m。漳河南岸总干渠设计水位 92.19m，加大水位 92.56m；北岸总干渠设计水位 91.87m，加大水位 92.25m，设计流量 235m³/s，加大流量 265m³/s，退水排冰闸按照渠道设计流量的一半考虑。

1. 工程布置

（1）工程轴线选择。工程轴线位置选择在 Y 形交叉下游约 200m 附近，主要基于如下理由：①尽可能与两岸总干渠平顺连接，以节省工程投资；②工程轴线位置处河道单一，主流集中，过河建筑物工程布置对河道的影响小；③尽可能减少工程对京广铁路桥下游河势的影响。

（2）工程型式选择。为确定合理的行洪口门宽度，分别进行了数学、物理模型试验。从工程与河势交互影响、技术经济等综合比较，确定行洪口门宽度为 470m。建筑物型式主要比较了渠道倒虹吸与涵洞式渡槽，从结构特性、运用方式、行洪影响、工程运用、施工条件等方面综合比较，采用渠道倒虹吸型式。

（3）推荐方案工程布置。穿漳河工程由南至北顺总干渠流向依次为南岸连接渠道、进口渐变段、进口检修闸段、管身段、出口节制闸段、出口渐变段、北岸连接渠道，其中南岸连接渠道设退水、排冰闸 1 座，拦冰索一道，轴线总长 1022m（水平投影）。

2. 主要建筑物

南岸连接渠道长 77m。与南岸总干渠结构型式一致，设有退水、排冰闸，进口渠道底板高程 85.19m，渠底宽 17.00m，渠道纵坡为 1/28000，渠顶高程 94.29m，内坡 1:2，为混凝土护坡，下设复合土工膜，外坡 1:1.5~1:3，采用浆砌石护坡。

退水闸设在南岸连接渠道，轴线与干渠轴线呈 58°斜交，退水闸孔口尺寸 4.5m×5.5m（宽×高），为平底实用堰，闸底和闸顶高程分别与渠底及渠顶高程相同，闸室长度 15m，排冰闸与退水闸并排设置，排冰闸孔口尺寸为 5m×0.6m（宽×高），排冰闸堰顶高程 91.59m。

进口渐变段为直线扭曲面型式，钢筋混凝土扶壁式挡土墙结构，长 49m，底宽 17~23.7m，顺水流向分 11.5m 共 4 段，坡面由 1:2 坡度斜墙渐变成直立式，挡土墙最大底宽 12m，底板厚 1.0m。

进口检修闸室为三孔一联的形式，为开敞式钢筋混凝土闸室，闸室长 18m，底板厚 2.5m，中墩厚 1.5m，边墩厚 1.5～2.0m，闸底高程 81.5m，闸顶高程 94.29m，闸孔尺寸为 6.9m×3 孔（孔宽×孔数），设平板事故门 2 扇，闸室两侧设门库 2 座。

管身段长 382m（水平投影），管顶埋深为 2.0m，管身为钢筋混凝土箱形结构，三孔一联，单孔尺寸 6.9m×6.9m（高×宽），顶板、底板、中隔墙及边墙厚均为 1.3m。

出口节制闸室为三孔一联的形式，长 28.0m，宽 22.8m，结构型式与进口检修闸基本相同。

出口渐变段，长 59.0m，底宽 23.7～24.5m，结构型式与进口渐变段相同。

北岸连接渠道长 209m。与北岸总干渠渠道结构型式一致，渠底宽 24.5m，渠道纵坡 i 为 1/26000，渠顶高程 93.47m，内外坡均为 1:2，内坡为混凝土护坡，下设复合土工膜。外坡靠河一侧采用干砌石护坡。

护岸工程范围为离穿漳河工程轴线以下 1.31～1.81km，长度约 500m。护岸由护脚平台、脚槽、坡身、排水沟等部分组成。

（六）漳河北至石家庄段工程

1. 工程规模

(1) 总干渠规模。总干渠设计流量为 235～220m³/s，加大流量为 265～240m³/s。

(2) 分水口门规模。共设置分水口门 18 处，总分水流量为 60m³/s，口门最小设计流量为 0.5m³/s，最大为 10.0m³/s。

2. 总干渠工程总布置

以冀豫交界处的漳河北为起点，沿京广铁路西侧的太行山东麓自南向北，经过河北省邯郸、邢台、石家庄 3 市及所属 11 个县（市），至向北京应急供水段起点古运河南为止，渠段长 237.248km。其中，渠道长 222.593km，建筑物长 14.655km。

起点（冀豫界的漳河北）设计水位为 91.870m，终点（京石应急供水工程起点的古运河南）设计水位为 76.408m，水头 15.462m。渠道长 222.593km，占用水头 8.954m；建筑物长 14.655km，占用水头 6.508m。

共布设各类建筑物 338 座。其中河渠交叉建筑物 29 座，左岸排水建筑物 91 座，渠渠交叉建筑物 22 座，路渠交叉建筑物 157 座；控制工程 39 座。

3. 主要建筑物

(1) 渠道工程。渠道设计横断面为梯形断面，土质渠段边坡一般采用 2.0～3.5，岩石渠段取 0.7。渠道设计水深为 6.0m，综合糙率采用 0.015，渠道底宽为 26.5～15.5m。

渠道采用全断面混凝土衬砌（石渠段为喷混凝土加砂浆抹面）防渗减糙，在强渗漏、全填方、膨胀土等特殊渠段，在混凝土衬砌板下铺设二布一膜复合土工膜加强防渗。地下水位低于渠底需要防冻胀的渠段铺设保温板，铺设保温板渠段长 148.053km；其余防冻胀的渠段与渠基排水措施结合，采用置换砂砾料，置换砂砾料渠段长 37.049km。

为了保证渠道边坡和衬砌板的安全稳定，根据不同的地形条件和土壤渗透系数，采用内排、自流外排和抽水外排 3 种排水形式。其中内排段长 38.511km，非膨胀土自流外排段长 10.144km，抽水外排段长 7.90km。

总干渠经过特殊地质结构的渠段 45.943km，其中膨胀土渠段 38.68km，砂土液化渠段 2.74km，湿陷性黄土渠段 4.53km。需采取不同地基处理措施，以保证总干渠安全运行。另有压煤渠段 10.37km，采取保护煤柱措施。

膨胀土渠段采取换土封闭和压重双重措施，换土厚度依据膨胀土的膨胀等级选取不同的厚度，强、中膨胀土的换土厚度分别为 2.5m、2.0m。

饱和砂土液化渠段选择投资最省的复合载体夯扩桩为推荐方案。

湿陷性黄土渠段选择强夯法作为推荐方案。

渠线经过已取得开采权的 10 座煤矿，压煤段总长 10.37km。渠段避开了邵明煤田采空区和邢台沙河市上郑村附近铁矿开采区，并从拟建北掌煤田首采区西侧边缘通过。

（2）河渠交叉建筑物。共 29 座，其中渠道梁式渡槽 6 座，渠道倒虹吸 13 座，排洪渡槽 3 座，河道倒虹吸 3 座，排洪涵洞 4 座。

1）渠道梁式渡槽。共 6 座。渡槽总长 299~827m，其中槽身段长 120~640m。单槽的过水断面为 7.0m×6.7m~7.0m×7.0m，三槽一联，渡槽纵坡 i 为 1/3400~1/4100。

渡槽均采用大跨度三向预应力钢筋混凝土结构，跨度为 30~40m，上部槽身均采用三槽互联、顶部设拉杆、底部加肋的矩形槽。下部支撑结构采用重力墩扩大基础或桩基础。

2）渠道倒虹吸。共 13 座。倒虹吸设计流量 235~220m³/s，加大流量 265~240m³/s。河道 100 年一遇设计洪峰流量 601~8840m³/s，300 年一遇校核洪峰流量 853~11390m³/s。

倒虹吸管身段长度 173~1940m。除南沙河倒虹吸分为南、北两段，中间连接明渠布置外，其余均布置为一段。

倒虹吸选用三孔一联或四孔两联的结构型式。孔口尺寸（孔数×宽×高）为 3×6.4m×6.4m、3×6.5m×6.5m 和 4×6.5m×6.7m。

3）排洪渡槽。共 3 座。槽身段长 79~92.5m，单槽净宽 5~20m，槽身纵坡 1/450~1/600，采用单槽和两槽布置方案。两槽布置方案采用多纵梁结构，单槽采用以墙代梁的结构型式。边墙高 2.0~4.0m。下部支承结构采用分离式钢筋混凝土薄壁槽墩，基础为灌注桩基。

4）河道倒虹吸。共 3 座。倒虹吸管身采用箱形结构，选用三孔一联或四孔两联的结构型式，孔口尺寸（孔数×宽×高）分别为 3×6.0m×6.0m、3×6.3m×6.3m 和 4×6.0m×6.0m。倒虹吸管身长度为 100~117m。

5）排洪涵洞。共 4 座。3 座排洪涵洞与总干渠斜交布置，1 座排洪涵洞与总干渠正交，洞身长度 102.5~140.0m。排洪涵洞结构型式采用钢筋混凝土箱涵，为三孔二联或三孔一联，孔口尺寸（孔数×宽×高）为 3×4.3m×4.3m~3×5.5m×5.5m。

（3）左岸排水建筑物。共 91 座，其中排水倒虹吸 56 座，排水涵洞 12 座，排水渡槽 23 座，排水流量为 8.0~221.4m³/s。

排水渡槽有简支梁式结构和拱结构，简支梁结构跨度 10~25m，拱结构跨度 34~50m。上部槽身为矩形断面，1~6 槽，单槽宽 4~20m，侧墙高 1.15~3.0m，槽身总长 36~140m。梁式结构槽身采用侧墙承重和底纵梁承重两种形式，对部分荷载和跨度较大者，主梁采用预应力混凝土结构，其余采用钢筋混凝土结构。下部结构采用薄壁墩、重力墩和上承式拱结构，基础采用扩大基础和桩基础。

排水倒虹吸及排水涵洞均为钢筋混凝土箱形结构，孔数 1～4 孔，最大断面尺寸（宽×高）5.2m×5.2m。管身长 64～148m。

（4）渠渠交叉建筑物。共 22 座，其中灌渠渡槽 13 座，灌渠涵洞 1 座，灌渠倒虹吸 8 座。设计流量 0.8～40m³/s。

灌渠渡槽有简支梁式结构和拱结构，简支梁式结构跨度 10～18m，拱结构跨度 48m。上部结构采用矩形槽、U 形槽和箱形槽 3 种形式。矩形槽断面（宽×高）为 3.2m×1.5m～1.3m×1.1m，箱形槽断面为 1.5m×1.5m。槽身长 54～145m。支承结构采用桩柱、排架柱、薄壁墩和肋拱，基础采用扩大基础和桩基础。

灌渠涵洞和倒虹吸的管身采用钢筋混凝土箱形结构。除民有南干渠涵洞为 3 孔、民有北干渠倒虹吸为 2 孔外，其余均为单孔结构，孔口尺寸（宽×高）为 1.2m×1.4m～3.8m×3.8m。

（5）控制工程。共 39 座，其中 10 座退水闸，11 座节制闸，18 座分水闸。

节制闸和退水闸均结合大型交叉建筑物布置，在大型交叉建筑物布置中统筹考虑。

18 座分水闸设计流量 0.5～10.0m³/s，其中 4 座分水闸位于总干渠左岸，14 座分水闸位于总干渠右岸。分水闸采用与总干渠正交布置方式，均设计为有压涵洞式。

（6）铁路交叉工程。总干渠共需穿越 8 条铁路线，其中国家准轨 4 条，地方准轨 4 条。交叉建筑物布置为：跨渠铁路桥 1 座，穿铁路渠道倒虹吸 3 座，穿铁路暗渠 4 座。

铁路倒虹吸进、出口以直线扭曲面的形式与渠道衔接，管身段采用普通钢筋混凝土箱涵结构。铁路倒虹吸为三孔一联或四孔两联，单孔断面尺寸为 6.5m×6.5m～5.9m×5.9m，均采用顶进框架法施工。

内东铁路桥桥身段采用预应力混凝土 T 形简支梁结构，两端设耳墙式桥台，全长 74.2m，布置成 3 跨，跨度分别为 16m、32m 和 16m，下部桥墩为普通钢筋混凝土圆形结构，井式基础。采用便线法施工，便线长度为 803m。

铁路暗渠进、出口通过直线扭曲面与渠道衔接，渠身段采用 3 孔彼此分离的矩形普通钢筋混凝土结构，3 孔矩形槽的断面断面尺寸（宽×高）分别为 11.0m×6.6m、12.0m×6.6m 和 11.0m×6.6m，采用顶进框架法施工。穿越石太铁路的两座暗渠为三跨连拱墙结构，边跨净空 8.7m×8.5m（宽×高），中跨净空 8.3m×8.5m（宽×高），断面为马蹄形曲墙带仰拱衬砌，衬砌厚度 0.6m，中隔墙厚 1.2m。

（7）公路交叉工程。共 149 座。其中，公路-Ⅰ级桥 18 座，公路-Ⅱ级桥 42 座，折减公路-Ⅱ级桥 89 座。

行车道宽以净-5、净-7 和净-9 为主，少数为 2×净-10.5、2×净-11、2×净-13.95 和净 7.5+15+7.5。

（七）京石段应急工程

1. 工程规模

京石段应急工程由中线总干渠古运河枢纽—北京团城湖渠段和应急供水连接工程组成。应急供水工程近期担负向北京市应急供水任务，中线全线通水后担负南水北调中线一期工程输水基本任务。总干渠规模、分水口门设置等仍以南水北调中线一期工程要求确定，应急供水连接工程规模以应急供水要求确定。

（1）总干渠规模。

1）古运河枢纽—冀京界段。京石段总干渠石家庄—北拒马河段设计流量为 $220\sim50\text{m}^3/\text{s}$，加大流量为 $240\sim60\text{m}^3/\text{s}$。

2）北京段。北京段渠首设计流量为 $50\text{m}^3/\text{s}$，加大流量为 $60\text{m}^3/\text{s}$。进市区设计流量为 $30\text{m}^3/\text{s}$，加大流量为 $35\text{m}^3/\text{s}$。

（2）分水口门规模。

1）古运河枢纽—冀京界段。共设 15 处，1 处在左岸，其余均在右岸。总分水流量为 $223\text{m}^3/\text{s}$（含天津干线 $50\text{m}^3/\text{s}$），分水口门流量为 $1.0\sim65.0\text{m}^3/\text{s}$。

2）北京段。北京段线路全长约 80km，沿线设 7 个分水口门，分水口门流量为 $2.0\sim35.0\text{m}^3/\text{s}$。

（3）应急供水连接工程规模。应急供水连接工程是指从岗南、黄壁庄、王快、西大洋等 4 座水库到南水北调总干渠的水源连通工程。岗南与黄壁庄为上下串联水库，黄壁庄、王快、西大洋各水库现状向下游灌区输水都设有输水总干渠，分别为石津渠、沙河及唐河总干渠，均与南水北调总干渠相交，且水位都高于南水北调中线总干渠输水水位。因此，在灌区输水总干渠与南水北调中线总干渠之间修建连接工程即可实现向北京应急供水。根据河北四水库应急供水分析成果，并结合北京市应急供水要求及北京市引水管道输水能力确定：岗南、黄壁庄水库应急工程连接段设计流量为 $25\text{m}^3/\text{s}$；王快、西大洋水库应急工程连接段设计流量均为 $20\text{m}^3/\text{s}$。

2. 总干渠工程总布置

（1）古运河枢纽—冀京界段。总干渠线路起点位于石家庄市西郊田庄村以西古运河暗渠进口前，途经 12 个县（市），终点至冀、京交界处，渠线总长 227.391km，其中建筑物长 24.875km，渠道长 202.516km。

起止点设计水位分别为 76.408m 和 60.30m，总水头差为 16.108m。其中，渠道分配水头 8.343m，建筑物分配水头 7.764m。

共布设各类交叉建筑物 322 座，其中隧洞 7 座，河渠交叉建筑物 23 座，左岸排水建筑物 103 座，渠渠交叉建筑物 33 座，路渠交叉建筑物 119 座，控制建筑物 37 座。

另外，公路与总干渠左堤外截洪排水沟及小青河改道的交叉工程称为公路交叉附属工程，共布设 34 座。

（2）北京段。北京段总干渠在北京房山区北拒马河中支南进入北京境内，穿房山山前丘陵区，房山城区西、北关，过大石河、小清河、永定河，穿丰台西铁路编组站北端进入市区，沿京石高速公路南侧向东至西四环，在岳各庄桥向北沿西四环路下北上，穿过新开渠、一线地铁五棵松站、永定河引水渠，直至总干渠终点团城湖。

北京段总干渠的路由已于 1995 年 4 月经首都规划委员会和原北京市规划局审查通过，并于 1996 年正式批准并预留了南水北调中线工程用地保护范围。已建成的北京西四环路也为南水北调中线工程预留了路由位置。

根据北京段总干渠的地形、地质及沿线用水户等实际情况，可行性研究阶段比选四种输水方式后，采用"管涵加压"输水形式及其工程总体布置。

"管涵加压方案"除末端外，沿线不设明渠。在北拒马河和河北省接口处设暗渠引水至惠南庄泵站；从惠南庄泵站采用压力管道输水加压至永定河西岸，在永定河西岸大宁水库副坝下设大宁调压池；大宁调压池以后采用低压暗涵自流输水方式，将水送入团城湖。保留 $Q \leqslant$ 20m³/s 自流输水的运行方式。

河北省与北京市界点处渠底高程 57.106m，相应设计流量 50m³/s 的水位高程为 60.726m，相应加大流量 60m³/s 的水位高程为 60.826m。总干渠终点团城湖正常蓄水位 49.0m，底高程 47.0m。

输水工程全长 80.052km，分为 PCCP 管段和低压暗涵段。PCCP 管段由北拒马河至大宁调压池，长 58.738km；低压暗涵段由大宁调压池至终点团城湖，长 21.314km。

3. 主要建筑物

(1) 古运河枢纽—冀京界段。

1) 总干渠工程。

a. 渠道工程。渠道纵坡大部分为 1/25000～1/20000。渠道横断面为梯形断面，渠道设计水深 6.0～3.8m，边坡系数土渠段 2.0～3.0、石渠段 0.7～1.0，底宽 24～7m，综合糙率 0.015。渠道采用全断面混凝土衬砌（石渠段为喷混凝土加砂浆抹面），在强渗漏、全填方及煤矿区等特殊渠段，混凝土衬砌板下铺设二布一膜复合土工膜加强防渗。渠道在有冻胀渠段采用聚苯乙烯泡沫保温板或置换砂砾料防冻胀。

b. 隧洞。7 座隧洞总长 9597m，其中洞身段长 8626m。除西市隧洞为单洞室布置外，其余均为双洞室结构。洞身断面除下车亭隧洞为无压马蹄形外，其余均为无压圆拱直墙形。单洞底宽为 6.6～7.8m，洞高为 6.77～8.62m。洞身段Ⅱ类、Ⅲ类围岩采用锚喷支护加局部减糙衬砌，Ⅳ类、Ⅴ类围岩和破碎带采用钢筋混凝土全断面衬砌。

c. 河渠交叉建筑物。共 23 座。其中梁式渡槽 3 座，渠道倒虹吸 16 座，暗渠 2 座，排洪涵洞 2 座。

渡槽长为 211～2300m，均为板梁式结构。单跨跨度为 20～30m。槽身采用矩形断面多槽（2～4 槽）布置，单槽底宽 5.8～6.5m，墙高 4.7～5.0m。渡槽下部结构采用扩基墩台或桩基墩台，桩径 1.2～2.0m。

渠道倒虹吸长为 296～2230m，管身段均采用多孔矩形箱涵结构，除界河倒虹吸为二孔两联外，其余均为三孔一联布置。单孔宽为 4.0～6.0m，高为 4.1～6.6m。

暗渠均位于石家庄市郊深挖方段。总长 785m，其中管身段长 570m，均采用三孔一联的矩形箱涵结构，单孔宽 6.6m，高 6.8m。

排洪涵洞位于曲逆河的中支和北支，上部为总干渠填方渠道，下部为箱形涵洞，洞身段分别采用六孔两联和九孔三联的箱涵结构，单孔尺寸为 3.9m×3.9m 和 3.8m×4.5m。

d. 左岸排水建筑物。共 106 座，其中排水渡槽 22 座，排水涵洞 19 座，排水倒虹吸 65 座。

排水渡槽上部槽身为矩形断面，1～6 孔，单孔宽 3.5～13m，侧墙高 1.3～4.9m，单跨长度为 10～26m，槽身总长 30～100m。槽身结构采用多侧墙矩形槽和多纵梁矩形槽两种形式，对部分荷载和跨度较大者，主梁采用预应力混凝土结构。下部结构一般采用重力墩，荷载较小者采用排架支承结构。基础除李家庄沟排水渡槽采用桩基础外，其余均采用扩大基础。

排水倒虹吸及排水涵洞管身段均为钢筋混凝土单联箱形结构，孔数 1～4 孔，最大断面尺寸 4.6m×4.6m。管身长 75～155m，每节长度 10～20m。根据需要，共有 8 座排水涵洞设置了消力池。

e. 渠渠交叉建筑物。共 29 座，其中灌渠渡槽 16 座，灌渠涵洞 2 座，灌渠倒虹吸 11 座。

灌渠渡槽槽身段为简支结构，跨数 2～7 跨，跨度 10.5～20.6m。上部结构采用矩形槽或 U 形槽两种形式。矩形槽断面为 3.3m×2.0m～1.15m×0.79m，U 形槽断面为 2.3m×2.0m～1.3m×0.9m，支承结构采用排架柱或重力墩结构，基础均采用钢筋混凝土扩大基础。

f. 控制工程。共 37 座，其中节制闸 13 座、退水闸 10 座、分水闸 14 座。

节制闸一般布置在渡槽和隧洞的进口，或者倒虹吸的出口。只有西黑山节制闸单独布置。闸室长度为 8～12m，孔数 2～3 孔，单孔宽 4.0～11.5m。

10 座退水闸除磁河古道和瀑河退水闸外，其余均结合大型河渠交叉建筑物布置，退水闸的设计流量为 30～85m³/s，退水闸中心线与总干渠的交角为 60°～70°，除沙河（北）退水闸布置 2 孔外，其余均为 1 孔，闸室段长 11.5～15.0m，单孔净宽 3～7m。其中瀑河退水闸还兼顾着分水闸的作用。

14 座分水闸中 13 座布置在总干渠右岸，1 座布置在总干渠左岸，分水流量为 1～65m³/s，分水角度为 60°～90°，分水闸均布置一孔，孔口宽度为 1～6.5m。分水流量大于 5m³/s 的分水闸有 5 座，采用开敞式水闸；另 9 座分水闸采用箱型涵洞式水闸，均与总干渠垂直布置，涵洞段长度均为 10m。

g. 公路、铁路交叉建筑物。共设置公路桥 130 座（较项目建议书阶段增加 13 座），1 座公路涵洞。130 座公路桥中，公路-Ⅰ级桥 5 座，公路-Ⅱ级桥 53 座，折减公路-Ⅱ级桥 72 座。行车道宽以净-7 和净-4.5 为主，少数为 2×净-11.5 和 2×净-9.75。

3 座铁路桥分别为朔黄（双线）、定曲、望唐铁路桥，桥长分别为 74.2m、73.12m、98.2m，均为 3 孔。桥梁上部结构为预应力混凝土简支梁。下部墩柱为钢筋混凝土圆形桥墩，基础采用扩大基础，两端设置耳墙式桥台。

2）应急供水连接段工程。

a. 岗南、黄壁庄水库为上下游串联水库，供水联合调度，由黄壁庄水库利用石津总干渠向中线总干渠供水。石津总干渠为石津灌区的主要输水渠道，现状输水流量 100m³/s。岗黄水库应急供水连接工程利用石津总干渠田庄电站现有节制闸节制，节制水位为 86.20m，经两级跌水与中线总干渠设计水位 76.10m 衔接。主要建筑物包括新建连接渠引水闸、跌水工程、连接涵洞和中线总干渠进水闸。

b. 沙河总干渠现状输水能力为 68m³/s，王快水库利用沙河总干渠向中线总干渠供水。沙河总干渠沿线多为砂质渠段，其中 11.62km 渠段渗漏十分严重，需要进行衬砌防渗。应急供水连接工程包括新建沙河总干渠中管头节制闸、连接渠中管头引水闸、连接渠、跌水和中线总干渠进水涵闸。沙河总干渠上节制闸设计流量 68m³/s，节制水位为 72.75m，经 1 级跌水与总干渠设计水位 71.517m 衔接。

c. 唐河总干渠现状输水能力为 36m³/s，西大洋水库利用唐河总干渠向南水北调中线总干渠供水。应急供水连接工程主要包括新建唐河总干渠淑闸节制闸、连接渠引水闸、跌水、引水涵洞和中线总干渠淑闸进水闸。唐河总干渠上节制闸设计流量 36m³/s，节制水位为 75.01m，经 1 级跌水与总干渠设计水位 69.7m 衔接。

（2）北京段。

1）北拒马河暗渠。渠首穿北拒马河中支和北支布置暗渠 1 座，暗渠长 1781m。根据暗渠运行管理、检修的要求，尤其是泵站事故和运行期退水的需要，在暗渠进口设置渠首节制闸和退水闸。

a. 渠首工程。包括渠首节制闸、退水闸、退水渠及与河北段连接的渠道。渠道为梯形断面，底宽 7.0m，边坡 1：3，纵坡 0.0000417。为了布置节制闸和退水闸，将河北段明渠末端扩宽为 12.3m，渠底高程降为 56.426m，边坡 1：2，设计水位 60.726m，加大水位 60.826m；渠道采用现浇 C20 混凝土全断面护砌，考虑冬季输水要求，混凝土护砌下设聚苯板防冻层。渠首节制闸闸室段设 2 孔整体式平底板开敞式闸室，每孔净宽 5.6m，底板顶高程 57.00m，闸室长 14m。

退水闸位于明渠右岸，与渠道正交，设计退水流量同渠道加大流量，为 60m³/s。退水闸工作闸门为双向挡水，可以防止北拒马河洪水倒灌。为单孔整体式平底板闸室，工作门后设胸墙，闸室底板顶高程 56.426m，闸前最大挡水水位 60.826m；闸室长 11m，闸孔净宽 5.6m。闸室后为长 28m、宽 5.6m、高 5.0m 的钢筋混凝土方涵，方涵穿过防洪堤防，与退水渠相接。退水渠出堤防后为梯形断面明渠，沿北拒马河中支东行排入中支河道，渠道总长约 2.6km。退水渠设计底宽 10m，边坡 1：2，纵坡 0.00016，渠道边坡按退水水位用浆砌石护砌，首部渠底干砌石护砌。

b. 北拒马河暗渠。全长 1708.52m。为 2 孔联体箱形钢筋混凝土方涵，每孔高 5m，宽 5.6m，底板厚 0.8m，边墙、顶板厚 0.7m，中隔墙厚 0.6m，进口底高程 57.00m，出口底高程 56.72m，纵坡 0.0001624。

2）惠南庄泵站。惠南庄泵站位于北京市房山区大石窝镇惠南庄附近，泵站前接北拒马河暗渠，后接 PCCP 管压力管道，全长 477.79m。加压泵站的设计规模为 60m³/s。泵站按正向进水布置，暗渠从南侧进入泵站前池，加压后由北侧出水，经压力管道输水至出水池——大宁调压池。泵站内顺序布置有前池进口闸（35m），前池（165m），进水池（29m），主、副厂房（66.35m），出水管道及建筑物（182.44m）等，站内辅助生产设施有变配电系统、加氯系统、前池抽水系统、厂区供水和水处理等系统，还有建设管理、交通、生活、后勤保障等房屋和设施。

泵站设计装机台数为 8 台，其中 2 台为备用，总流量 60m³/s，总扬程 63m。单泵设计流量 10m³/s，配套电机功率 8000kW，泵站总装机容量 64000kW。流量调节采用管路单、双管调度，水泵台数匹配及变频调速装置调节流量相结合的方式进行。

3）管道工程。管道布置自惠南庄泵站出口至大宁调压池，长 54.299km，其中 52.699km 为管道，另外 2.18km 为压力隧洞。

a. 管材。结合国内管材生产和工程运行的实际情况，选择钢管、球墨铸铁管、玻璃钢管、预应力钢筋混凝土管及预应力钢筒混凝土管（PCCP）共五种管材进行了比较。在超大口径（DN3000 以上）的压力管道中 PCCP 管具有较明显的优越性。因此，选用预应力钢筒混凝土管（PCCP 管）。

b. 管道设计参数。PCCP 管糙率取值为 0.0120，既满足设计要求，又留有必要的富余。管径 DN4000，工作压力 0.8～0.4MPa，设计压力 1.12～0.68MPa，覆土深度一般 3m，最大 10.5m，地面荷载汽-20 与 1m 堆土取大值，管芯厚度 260～380mm，钢筒厚度 2.0mm，保护层厚度 20mm，管节长 5m，管节参考重约 60t。

c. 管道平面布置。为保证供水安全，布置为 2 排 DN4000 PCCP 管，两管中心距 6.1m，管线穿越河、沟渠均采用下置方式，管线段需穿铁路 4 处，穿铁路处均改防护结构，防护结构内穿管道输水。穿现状主要等级公路 17 处，穿越方式 7 处为顶管施工，10 处为明挖施工。

为保证管道正常运行，在管线纵坡起伏变化的最高处，变坡以及其他可能产生负压的部位设置排气阀，排气阀间距 500~800m，共 98 处。

为确保 95% 的供水保证率及事故情况通过 70% 的流量，沿线共设连通设施 3 处，每处连通设 6 个蝶阀及 5 个蝶阀井。为便于检查、检修管道，在连通设施处设人孔，每处连通设 4 个人孔，共计 12 个人孔检查井。

在管线的低洼处，主要沟、河处设置 19 处泄水管和排空阀井及相应的排水设施。

管线转角大于 10° 的弯头需设置镇墩，共 45 处，连通设施、隧洞进出口、分水口、排空井处均需设镇墩，管线段共设镇墩 118 处。

d. 管道纵向布置。根据斜管抗滑稳定计算及镇墩计算，管线纵断布置竖向折角均控制在 5° 以下，即纵坡不大于 0.0875。管顶最大覆土深度不大于 10~10.5m。为防止洪水对管道的冲刷，沿线 6 处穿越河沟在管顶河槽段需布置格栅石笼及粗石料保护管道。

e. 管道横断面布置。两管外径之间净距为 1.5m。全线管道均铺设在未扰动的原状土地基上，管底铺设中、粗砂垫层，垫层厚度 0.3m；管沟支承角采用 90°；沟槽底宽 $B = 14.1$~14.4m；开挖边坡石方段 1:0.5，土方段 1:1。

f. 分水口。共设 4 处分水口，分水流量分别为燕化分水 $5.0m^3/s$、房山分水 $2m^3/s$、良乡分水 $3.5m^3/s$、长辛店分水 $3.5m^3/s$，并分别设 DN2000~DN1400 分水阀，相应配置 DN2000~DN1400 调流阀。为计量计价供水，各分水口处分别设置电磁流量计 DN2000~DN1400。

4）压力隧洞。共 2 座，即西甘池隧洞和崇青隧洞，长度分别为 1.8km、0.38km。为保证供水安全，设计采用双洞方案。纵坡 1/7000，整个洞身均属浅埋隧洞，按压力隧洞设计，设计压力分别为 1.0MPa、0.6MPa，最大流速为 2.19m/s。隧洞断面采用圆洞型式，设计为 2 孔直径 4m，两洞中心距为 16m（即 4 倍洞径）。压力隧洞采用组合衬砌型式，钢筋混凝土为外层和围岩初衬，根据山体岩石情况，采用不同的厚度；用钢板作为内层直接承受内水压力，钢板厚度采用 10mm。

5）大宁调压池。在压力管道出口和低压供水的永定河倒虹吸进口之间设调压池，以调节两段的供水水位和供水流量。调压池位于大宁水库副坝下游、永定河右堤西侧，总占地面积 $56100m^2$，总容积约 39 万 m^3。池顶高程 63m，池底高程 46.3~49.0m。其工作条件是：向大宁水库蓄水时最高水位 61.50m，向团城湖、南干渠输水时当设计流量 $30m^3/s$ 时，水位 56.40m；当加大流量 $35m^3/s$ 时，水位 58.92m；溢流时最高水位 62.00m。调压池南侧布置有上游压力管道出口。调压池北侧布置有分别向团城湖及南干渠输水的进水闸，共 4 孔，孔口尺寸 3.5m×3.8m。东北侧布置有调压池与大宁水库的连通闸，共 2 孔，孔口尺寸 2.7m×3.0m。

大宁调压池采用钢筋混凝土池方案，池宽 55.0m，长 96.2m，池底厚 600mm，池壁结构为扶臂式钢筋混凝土挡墙，墙高 16.7m。

6）永定河倒虹吸。永定河倒虹吸上游接大宁调压池，下游接卢沟桥有压箱涵。向团城湖分水设计流量为 30m³/s，加大流量为 35m³/s，向南干渠分水设计流量为 30m³/s，加大流量为 35m³/s。

永定河倒虹吸分别穿越大宁水库副坝、大宁水库库底、永定河右堤、永定河河底、永定河左堤及公路五环，包括进口闸室段和管身段，总长 2519m。倒虹吸管身段布置成 4 孔方涵，每孔尺寸 3.8m×3.8m。永定河倒虹吸在公路五环东侧分为两支：一支与卢沟桥有压箱涵相接通往团城湖；另一支向南干渠分水。两支均为 2 孔 3.8m×3.8m 方涵。倒虹吸进口高程 46.30m，出口高程 46.79m。根据管顶以上覆土高度不同采用不同的顶板厚度。

7）卢沟桥倒虹吸。卢沟桥倒虹吸上游与永定河倒虹吸两孔方涵顺接，下游与西四环暗涵连接。卢沟桥倒虹吸总长 5181m，设计流量 30m³/s，加大流量 35m³/s。

考虑今后城市发展需要，为市政管线留有余地，卢沟桥倒虹吸涵顶埋深多处于地面以下 3.00m，同时低于小流量水头线以下 1.5～2.00m。进口底高程 46.79m，出口底高程 45.49m。

管身横断面采用两孔一联的矩形箱型结构。每孔断面净尺寸为 3.8m×3.8m。采用排气、进人孔的型式进行检修、排气。排气、进人孔高于倒虹吸压力水头线，一般高于地面 2～4m。

卢沟桥倒虹吸基础处理均采用换填砂砾料方式。

卢沟桥有压箱涵需穿越铁路编组站，沿线共有 5 处与铁路交叉，穿铁路处分别需要以便梁顶进法和明挖施工法方式穿越。其中，明挖施工法 1 处，便梁顶进法施工 4 处，总长 283m，断面形式同上下游矩形箱涵。

8）西四环暗涵。位于西四环快速路下，结构型式为由断面 2—3.8m×3.8m 钢筋混凝土方涵和 2—φ4.0m 钢筋混凝土圆涵组成的有压暗涵，总长约 12.641km。

经对浅埋暗挖管棚法和盾构法两种施工方案的比选，推荐浅埋暗挖管棚法。

9）团城湖明渠。总干渠出西四环后接 885m 明渠段进入终点团城湖。渠道设计流量 30m³/s，加大流量 35m³/s。断面为半挖半填梯形断面，渠底宽 12m，纵坡 1/6108，边坡系数为 2.0。明渠末端渐变段与团城湖进水闸相连，终点渠底高程 47.0m，终点水位 49.0m。堤顶高程为渠道加大流量水位加 1.5m。另外，坡脚线以外两边各留 12.0m 宽的林带和保护区。

10）跨渠桥梁。末端团城湖明渠段需设桥梁 1 座，为公路-Ⅱ级。桥型为预应力空心板简支梁结构。

（八）天津干线工程

1．工程规模

南水北调中线工程天津供水区范围为永定新河以南地区，包括中心市区、塘沽区、大港区、东丽区、北辰区、津南区及静海县。

天津干线途经河北省保定、廊坊两市所辖 8 个县（市），考虑南水北调总体布局，天津干线除了上述天津市供水范围外，同时承担天津干线沿线保定市的徐水、容城、雄县、新城和廊坊市的固安、霸州、永清、安次等县的供水任务。

（1）天津干线规模。天津干线西黑山分水口设计流量为 50m³/s，加大流量为 60m³/s。输水规模分为 4 段，设计流量为 50～19.8m³/s，加大流量为 60～24m³/s。

（2）分水口门规模。天津干线在河北省境内布设 9 个分水口门，天津市境内布设 1 个分水口门为中心城区输水，其余水量送至天津干线末端，由市内配套工程输送到塘沽、大港等。其中，向河北省分水的口门总分水流量为 7.5m³/s，向天津分水口门规模为 31.0m³/s。

2. 总干渠工程总布置

（1）工程线路调整。天津干线全长 155.531km，其中河北省境内 131.515km（保定 76.107km、廊坊 55.408km），天津市境内 24.016km。途经河北省徐水、容城、新城、雄县、固安、霸州、永清、安次和天津市武清、西青、北辰共 11 个区（县）。

（2）输水方式比选。天津干线具有 64m 的自然落差，但落差分布不均，结合 PCCP 管与现浇普通钢筋混凝土箱涵各自的特点，考虑 64m 水头的利用方式，天津干线全管涵方案的输水形式可分为全 PCCP 管（以 PCCP 管为主）、PCCP 管与箱涵结合和全箱涵三种形式。对全箱涵无压接有压全自流方案和管渠结合方案分别进行工程布置和设计，并从技术、经济、管理等方面进行了全面综合的比较，推荐全箱涵无压接有压全自流方案。

（3）工程总布置。天津干线无压接有压全自流方案的总体布置为：无压输水段长 11.985km，包括进口引水渠（118m）、西黑山进口闸（69.2m）、宽矩形槽（258.8m）、无压箱涵（10975m）、东黑山陡坡（564m）。调节池段长 52m。有压输水段长 143.382km，其中 3 孔有压箱涵段长 136.671km，2 孔有压箱涵段长 6.419km，其余为王庆坨水库连接井（80m）、分流井（124m）、外环河出口闸（88m）。

天津干线无压接有压全自流方案主要以钢筋混凝土箱涵为主，考虑到箱涵属低水头建筑物，为避免由于操作尾闸或中间闸门而引起箱涵内产生水击压力，危及箱涵安全，在纵断布置上根据地形条件并满足水力压坡线要求，采用分段阶梯状设置保水堰井，以保证在任何工况下，有压段箱涵均处于有压状态。

其他主要建筑物有：西黑山进口闸 1 座，陡坡 1 座，调节池 1 座，检修闸 14 座，保水堰井 8 座，连接井和分流井各 1 座，外环河出口闸 1 座，分水口 9 处，西黑山沟左岸排水涵洞 1 座，交叉河渠倒虹吸 60 座，铁路保护涵 4 座，高速公路穿越 2 座，永久巡视道路 2.7km（天津干线渠首至渭保线），各类闸、井、分水口门管理站进出通道共 11km。

3. 主要建筑物

（1）西黑山进口闸。西黑山进口闸位于河北省徐水县西黑山村北的总干渠西黑山节制闸上游，是天津干线的首闸。西黑山节制闸与西黑山进口闸一起维持总干渠的定水位运行。

西黑山进口闸全长 104.2m，由引渠段、上游渐变段、闸室和消力池四部分组成。闸室为开敞式，2 孔，单孔净宽 3.5m，长 21.2m。为了便于调节流量，工作闸门采用弧形门，配液压启闭机；上、下游分别设一道检修闸门。在上游检修闸门前设拦污栅，配清污机，拦除漂浮杂物。在闸室靠下游侧设 5.0m 宽的交通桥，以保证总干渠巡视道路畅通。闸室建基面为湿陷性黄土，采用换填水泥土进行处理。

为防止冬季流冰影响天津干线输水，在西黑山进口闸前总干渠及天津干线引渠段各设一道拦冰索。

（2）矩形槽和无压涵洞（桩号 0+187.2～0+969.01）。西黑山进口闸和东黑山陡之间的连接段，底宽 5m，渠底纵坡 1/555，均匀流水深 3.07m。其中，桩号 0+360～0+883 段位置紧贴山脚下，为避免杂物及汛期山洪进入渠道，设计为无压暗涵，其余为开敞式矩形槽（长约

248.81m），净高5.0m，底板厚0.8m。对渠底座落在湿陷性黄土地基渠段，采用强夯法进行处理。

（3）东黑山陡坡（桩号0+969.01～1+533.01）。东黑山陡坡位于河北省徐水县东、西黑山村之间，地处丘陵与山前倾斜平原过渡带，由于地形落差在此处比较集中，500多m长度范围内地形落差达20多m，故采用陡坡的形式衔接上、下游的无压渠道。陡坡段全长564m，采用双槽平行，由进口段、陡坡段、消力池段组成。采用矩形槽或整体结构渠底纵坡为1/22，净宽5.0m，陡坡消力池长26m，池深2m。

（4）无压箱涵工程（桩号1+533.01～11+985）。桩号1+533.01～4+258段长2.725km，为1孔4.0m×4.3m钢筋混凝土箱涵，涵底纵坡1/400；桩号4+258～11+985段长7.727km，为3孔3.3m×3.3m钢筋混凝土箱涵，涵底纵坡1/1100。

（5）调节池（桩号11+985～12+037）。调节池位于徐水县文村东北，屯庄河以西约1km。调节池是连接无压箱涵和有压箱涵的建筑物，调节池的作用是在各种运行工况下实现无压流向有压流转换，保证无压段和有压段保持各自相对稳定的流态。

调节池段全长52m，其中，上、下游渐变段各长15m；调节池长22m。为保证在各种工况下无压段和有压段箱涵各自的流态，进、出口闸底板高程分别为21.81m和14.60m。调节池进、出口各设一道闸门，进口闸为3孔4.4m×3.3m涵闸，出口闸为3孔4.4m×4.4m涵闸，均配备平板钢闸门和卷扬启闭机。

（6）有压箱涵工程（桩号12+037～155+443）。布置3孔4.4m×4.4m箱涵和2孔3.7m×3.7m箱涵。箱涵底板多数地段建基面土质较好，仅需对其中2km范围内的饱和粉砂层采用震冲密实法进行处理。另对箱涵外壁涂聚合物涂料进行防腐。

（7）王庆坨水库连接井（桩号135+330～135+410）。根据天津市输配水工程总体规划，在武清区王庆坨镇西南设调蓄水库，即王庆坨水库。为满足向水库分水和接收水库补水的需要，在王庆坨水库附近设连接井，连接井上、下游分别接3孔4.4m×4.4m现浇钢筋混凝土箱涵，北侧设2孔3m×3m箱涵，与王庆坨水库相连接。

（8）分流井（桩号148+788～148+912）。分流井毗邻子牙河，是天津干线中控制性枢纽。主要功能为：向西河泵站、外环河泵站和子牙河分水；事故溢流、退水；保证上游箱涵处于有压状态。

分流井包括三部分：进口闸、水池、出口闸。进口闸为3孔4.4m×4.4m涵闸；出口闸为并列2孔4.2m×4.2m涵闸（至西河泵站）和2孔3.7m×3.7m涵闸（至外环河泵站），进、出口闸渐变段长12m，闸室段长12m。水池侧墙型式为扶臂式挡土墙结构，顺水流方向长76m，内侧最大净宽为50m；水池底板高程为−6.0～−3.96m，侧墙顶高程为4.9m。为保证上游箱涵处于有压状态，水池中设一宽50m的挡水堰（折线型实用堰），堰顶高程为−0.22m，流量为50m³/s时堰上水深为1.2m。结合溢流堰设1孔4.0m×2.5m（宽×高）退水闸，兼具事故退水和向子牙河补水功能。溢流堰下设宽4.0m侧槽和箱涵，可将事故水量引入子牙河。

（9）外环河出口闸（桩号155+331～155+419.045）。外环河出口闸位于天津市西青区外环河的西侧，闸后接市内配套泵站前池。外环河出口闸是天津干线终点的标志，在功能上相当于检修闸，双向挡水，静闭动启，正向挡水最高水位为末段箱涵顶高程0.3m，反向挡水最高水位为 0.0m。外环河出口闸全长 88.05m，为 2 孔 3.7m×3.7m 涵闸。为了使分流井至终点段的有压箱涵在全部运用工况中保证淹没和在停水时能够保水，出口设置宽 23.4m 的保水堰，堰顶高程-1.0m。

四、汉江中下游治理工程

（一）兴隆水利枢纽

1. 工程等别和标准

兴隆水利枢纽正常蓄水位 36.2m，水库总库容 4.85 亿 m³，规划灌溉面积 327.6 万亩，规划航道等级为Ⅲ级，枢纽主要建筑物包括 56 孔泄水闸、一线 1000t 级船闸和装机容量 37MW 的电站。兴隆枢纽的水利任务主要是灌溉和航运，同时兼顾发电。根据《水利水电工程等级划分及洪水标准》（SL 252—2000）有关规定，确定兴隆水利枢纽为Ⅰ等工程。枢纽永久性主要建筑物为 1 级建筑物，次要建筑物为 3 级建筑物，临时建筑物为 4 级建筑物。通航建筑物上闸首为 1 级建筑物，闸室和下闸首为 2 级建筑物，其他为 3 级建筑物。

兴隆水利枢纽设计、校核洪水流量采用本河段的最大安全泄量 19400m³/s，相应上游设计、校核洪水位（最高防洪水位）为 41.75m。

枢纽坝址区地质构造稳定，工程区为弱震环境，根据《中国地震动参数区划图》（GB 18306—2001），工程区地震动峰值加速度为 0.05g，地震动反应谱特征周期为 0.35s，相应地震基本烈度为Ⅵ度。

2. 工程布置

坝址轴线位于汉江右岸兴隆二闸下游约 950m 处，下距引江济汉出口约 3500m。

采用闸桥式枢纽集中布置方案。枢纽主体建筑物集中布置在主河槽及左岸低漫滩部位，两侧为滩地过流段，上部设交通桥连接主体建筑物与两岸堤防。坝轴线总长 2835m，自左至右依次为左岸滩地过流段长 1110m、通航建筑物段长 47m、泄水建筑物段长 958m，其中含 20m 门库段、电站厂房段（含安装场）长 107m，右岸滩地过流段长 613m。

施工导流采用左岸滩地开挖明渠导流、一次土石围堰全年施工方案。一期围右岸基坑，明渠导流、通航，枢纽主体建筑物集中在一期施工完成；二期直接在明渠截流戗堤上抛填形成过水土石坝，并利用一期围堰拆除和泄水建筑物上下游引渠开挖弃渣加大土坝断面，以满足渗透稳定要求。二期施工时明渠先预留施工通航通道，明渠最终截断、从枢纽蓄水到船闸通航，期间断航时间约 30 天。

3. 主要建筑物

主要建筑物包括泄水建筑物、通航建筑物、电站厂房、两岸滩地过流段和鱼道等。

（1）泄水建筑物。泄水闸设计过闸单宽流量约 19m³/s，拟定闸孔总净宽为 784m，共布置 56 孔。闸室采用整体式结构，两孔一联，单孔净宽 14m，闸顶顺流向总长度 33m。

泄水闸上游设水平混凝土防冲板兼做防渗铺盖，前接浆砌石护面及抛石防冲槽。闸下游采用底流消能设施。

（2）通航建筑物。兴隆枢纽河段远期通航标准为 1000t 级，枢纽通航建筑物采用单线一级船闸，按与Ⅲ（3）级航道标准配套，确定设计代表船队为 1 顶 4 驳 4000t 级船队，闸室有效尺寸采用 180m×23m×3.5m（长×宽×最小槛上水深）。

船闸布置于汉江主河槽左岸滩地，船闸轴线与坝轴线垂直，左岸接滩地过流段和交通桥，右侧接泄水闸。船闸由上闸首、闸室、下闸首和上下游引航道及导航、靠船建筑物组成。

（3）电站厂房。兴隆枢纽水电站为低水头河床径流式电站，水头范围为 1.0～7.15m。电站装机容量 37MW，安装四台贯流式水轮发电机组，单机容量 9.25MW，机组安装高程22.7m，水轮机直径 6.00m。

电站厂房布置于汉江主河槽右侧，轴线与坝轴线平行，前缘总长 107m，左侧接泄水闸门库段，右侧设置长 20m 厂前区平台接交通桥与右岸堤防相连。进厂交通由右岸交通桥从安装场端部进入安装场卸货平台，卸货后经厂内桥机转运就位。厂房主要由主厂房、副厂房、安装场、排沙洞、进出口连接段组成。

（4）两岸滩地过流段。滩地过流面设 50cm 厚干砌石护面，保护范围为交通桥轴线上游50m 至下游 75m，其余部分则种植草皮进行护面。

滩地过流段连接交通桥按与三级公路配套设计，通行标准为汽-20、挂-100。桥面总宽8.0m，行车道宽 6.0m。

（5）鱼道。鱼道采用单侧竖导式，设置在电站厂房右侧滩地上，进口位于电站厂房尾水渠右侧。鱼道有效段为直线段，长 461.60m、纵坡 1/62.5，过鱼池净宽 3.0m，设计水深 2.0m，共设 95 个过鱼池，单个过鱼池长 3.2m。

4. 地基处理

枢纽主体建筑物开挖基础均为第四系覆盖层，地基承载力和稳定计算均满足设计要求。一般采用放坡开挖。

船闸上闸首邻泄水闸侧采用悬臂式钢筋混凝土地连墙支护方案；电站厂房主机段基坑深度约 14.5m，拟采用加土锚的钢筋混凝土地连墙支护方案。

经综合比较分析，推荐地基加固处理方案为泄水闸、船闸和电站主体结构地基全部采用搅拌桩加固，搅拌桩采用格栅式布置，总桩数约 8 万根，总进尺约 68.5 万 m。

地基防渗采用悬挂式垂直防渗为主，并利用各建筑物上游混凝土护面兼作水平防渗铺盖的渗控方案。在各主体建筑物建基面上、下游端采用塑性混凝土防渗墙，主体建筑物两侧各设一道混凝土防渗墙，延伸入两岸高漫滩各 50m，以控制侧向绕渗。

（二）引江济汉

1. 线路规划

据以往多年的工作基础，进口主要集中在三处，即大埠街、龙洲垸和盐卡；出口主要集中在两处，即高石碑和红旗码头。

针对三个进口和两个出口，共拟 9 条线路进行同等深度的比较。即高Ⅰ线（原项目建议书推荐的高线）、高Ⅱ线、龙高Ⅰ线、龙高Ⅱ线、低Ⅰ线、低Ⅱ线、利用长湖Ⅰ线、利用长湖Ⅱ线和盐高线，并对其中项目建议书推荐的高线方案（高Ⅱ线、龙高Ⅰ线、龙高Ⅱ线和盐高线）进一步调整和重点比较，各线路方案主要参数见表 11-4-8，线路的主要工程量及投资汇总表见表 11-4-9。

表 11-4-8 各线路方案主要参数

渠线名	龙高Ⅰ线	龙高Ⅱ线	高Ⅱ线	盐高线
渠道长度/km	67.1	90.77	79.6	52.5
渠底宽度/m	60	60	56	80
渠底纵坡	1/33550	1/18042 1/21000	1/25079	1/52500
进口渠底高程/m	26.5	26.2 (25.0)	27	24
出口渠底高程/m	25	25.0 (26.0)	25.2	25.0
穿砂基长度/km	13.4	13.4	16.6	19.5
穿湖处理长度/km	3.89	0	3.89	3.49
泵站装机容量/kW	6×2100	6×1200 12×2100	6×2200	8×1700
年平均抽水电量/(万 kW·h)	954	5637	357	1579
涵闸座数	14	55	14	12
跨渠倒虹吸座数	4	4	4	2
船闸座数	20	13	29	17
橡胶坝座数	3	3	3	3
泵站座数	1	2	1	1
跨渠公路桥数	37	30	44	29
跨渠铁路桥数	1	1	1	0
主要交叉建筑物合计	80	108	96	64

表 11-4-9 各线路方案的主要工程量及投资汇总

项目	龙高Ⅰ线	龙高Ⅱ线	高Ⅱ线	盐高线
挖方/万 m³	5808.78	5899.28	7252.18	4471.27
填方/万 m³	1440.95	1080.10	2194.73	2256.92
混凝土/万 m³	137.63	108.41	159.70	124.95
钢筋/万 t	2.93	2.89	4.67	2.83
移民/人	7205	4501	8595	4359
房屋拆迁/万 m²	28.27	19.07	33.49	17.27
永久占地/万亩	2.22	1.33	2.68	1.73
临时占地/万亩	2.72	3.59	3.04	2.88
工程投资/亿元	47.29	51.63	57.96	50.17

注 龙高Ⅰ线为复审检查后的工程量及投资。

通过对进口位置、渠线地质条件、泥沙冲淤、自流条件、交叉建筑物及基础处理、移民征迁、环境影响、通航条件和对油田影响以及工程投资、运行费用等综合比较，推荐龙高Ⅰ线。

2. 工程等别

引江济汉工程设计引水流量 350m³/s，最大引水流量 500m³/s，泵站单站设计流量 200m³/s，由此确定引江济汉工程规模为大（1）型，工程等别为Ⅰ等。主要建筑物按 1 级建筑物设计，次要建筑物按 3 级建筑物设计，临时建筑物按 4 级建筑物设计。

荆沙铁路等级为 3 级，结合远期规划，改建时按 2 级设计，目前状况下，改线段上部建筑仍维持现有三级铁路标准。襄荆高速、汉宜高速按公路Ⅰ级设计，二级公路及三级公路按公路Ⅱ级设计，乡村农用公路（四级公路）按公路Ⅱ级设计。

拾桥河船闸设计最大船舶吨级为 100t，西荆河船闸设计最大船舶吨级为 300t，根据《船闸总体设计规范》（JTJ 305—2001），拾桥河船闸为Ⅵ级船闸，西荆河船闸为Ⅴ级船闸，干渠侧闸首按 1 级建筑物设计；闸室、另一闸首、导航墙度的级别同所在堤防，拾桥河按 3 级建筑物设计，西荆河按 4 级建筑物设计。

引江济汉干渠也是交通部门规划的两沙运河，引江济汉工程通航等级为Ⅲ（4）级（1000t级）航道。

龙洲垸船闸、高石碑船闸设计最大船舶吨级为 1000t，按Ⅲ级船闸设计。长江侧闸首及荆江大堤防洪闸闸室按 1 级建筑物设计，其他主要建筑物按 2 级建筑物设计，次要建筑物按 3 级建筑物设计，临时建筑物按 4 级建筑物设计。

3. 防洪标准

龙洲垸堤防、荆江大堤按 54 年型洪水设计，穿堤建筑物设计洪水位为 54 年型水位加 0.5m 超高；汉江干堤按 1964 年型洪水设计，穿堤建筑物设计洪水位为 1964 年型水位加 0.5m 超高。

穿长湖段渠道洪水标准按 50 年一遇洪水设计，设计洪水位 31.63m；200 年一遇洪水校核，校核洪水位 32.34m。

渠道穿过的河道均为堤防约束的河道。穿越河道时渠道的洪水标准均为 50 年一遇洪水设计，200 年一遇洪水校核，设计水位为堤防的保证水位。

4. 地震设防烈度

根据《中国地震动参数区划图》（GB 18306—2001），区内地震动峰值加速度为 0.05g，地震动反应谱特征周期为 0.35s。区内对应的地震基本烈度为Ⅵ度，相应设计烈度为Ⅵ度，可不进行抗震计算，依据有关规范采取必要的抗震措施。

5. 工程布置

工程区地处江汉平原中偏西部，渠首位于长江左岸荆州市李埠镇龙洲垸，渠线沿北东向穿荆江大堤，在荆州城西穿 318 国道、宜黄高速公路后，近东西向穿过庙湖、荆沙铁路、襄荆高速、海子湖后，折向东北向穿拾桥河，经过蛟尾镇北，穿长湖、西荆河后，在潜江市高石碑镇北穿过汉江干堤入汉江，全长 67.1km。渠道在拾桥河相交处分水入长湖，经田关河、田关闸入东荆河。沿线布置各类交叉建筑物 80 座。

引江济汉工程沿线穿过拾桥河、西荆河等较大河流和 60 余条灌溉、排水渠道及小河沟等，采取交叉建筑物与水系调整相结合的方案较为经济合理。

对影响面大或难以调整水系的较大河流和骨干沟渠，采取交叉建筑物的方式恢复原水系，采用跨渠倒虹管立交。经分析，引江济汉干渠以北的排渠和以南的灌渠需采取相应的恢复水系工程措施，排渠通过新建排渠排入就近已被恢复的排灌渠，灌渠就近从已被恢复的灌渠引水。共需新建排渠 43.5km，新建灌渠 35.2km，新建小型灌溉泵站 4 座。

6. 主要建筑物

主要建筑物包括引水渠道、进出口建筑物、河渠交叉建筑物、路渠交叉建筑物、东荆河节制工程、通航工程等。

(1) 引水渠道设计。渠道设计引水流量 350m³/s，最大引水流量 500m³/s；东荆河补水设计流量 100m³/s，加大流量 110m³/s。考虑三峡蓄水后的有利和不利影响，不满足供水保证率的月份考虑增建泵站抽水。泵站规模按满足 2～3 个月河道内水环境用水和灌溉期引水要求综合拟定，单站设计流量 200m³/s。

渠道采用宽浅式断面，底宽为 60m。进口渠底高程 27.0m，出口渠底高程 25.0m，纵坡 1/33550。挖方渠道的边坡为：粉细砂及淤泥质土 1:4，壤土及砂壤土 1:2.5，黏土 1:2；填方渠道的边坡为 1:2.5～1:3。渠道岸顶高程取渠内时最大流量的水位＋1.0m、设计流量时渠内水位＋1.5m 与河沟设计洪水位＋1.0m、校核洪水位＋0.5m 的外包值；通航时渠顶高程取渠内引水时最大流量的水位＋2.0m。渠道糙率采用 0.016。

渠堤顶宽 5m，两边设 4m 宽泥结石路面和 4m 宽沥青混凝土路面。渠道断面采用混凝土衬砌，衬砌厚 0.08m。渠道坡脚外 10m 内为管理用地。

连接河渠道设计：采用梯形断面，底宽 60m，纵坡为平坡。

(2) 进出口建筑物。进出口建筑物包括龙洲垸进水闸、沉砂池、沉螺池、龙洲垸泵站、泵站节制闸、荆江大堤防洪闸、高石碑出水闸、龙州垸船闸、高石碑船闸。沉砂池布置在龙洲垸进水闸后面，长 2km，宽 200m；沉螺池与沉砂池结合布置。

1) 龙洲垸进水闸。设计流量 350m³/s，最大引水流量 500m³/s。进水闸为涵洞式，闸底板高程 26.20m，总宽度 95.60m，过流总净宽 80.00m，闸孔数为 8 孔。单孔尺寸均为 10.0m×8.93m（宽×高），每二孔一联，共 4 联，涵闸顺流向总长 103m，共分 6 节。闸室段长 28m。

2) 龙洲垸泵站。泵站与泵站节制闸并排布置在渠道内，由泵房，进、出水建筑物等组成。泵站设计流量 200m³/s，采用立式轴流泵，机组台数为 6 台，总装机 12.6MW。

3) 泵站节制闸。设计流量 350m³/s，最大引水流量 500m³/s，平行布置在泵站左侧。节制闸为开敞式，底板高程 26.92m，总宽度 62.20m，过流总净宽 49m，闸孔数为 7 孔。闸室上下游两侧以 12° 平面扩散角与渠道相接。

4) 荆江大堤防洪闸。设计流量 350m³/s，最大引水流量 500m³/s。穿堤闸为涵洞式，总宽度 62.20m，过流总净宽 49m，闸孔数为 7 孔，孔口尺寸 7.00m×8.36m（宽×高），底板高程 26.89m。

5) 高石碑出水闸。设计流量 350m³/s，最大引用流量 500m³/s，推荐涵洞式，8 孔，单孔尺寸 8.0m×7.0m，每二孔一联，共 4 联，闸底板高程 25.04m。闸室长 20m，涵箱总长 104m。

6) 龙洲垸船闸。船闸主体工程长 468.4m，其中上闸首长 23.0m，闸室长 180.0m，闸室净宽 18.0m，下闸首长 25.4m，上、下游主导航墙长 160m，其延长线上各布置 6 个靠船墩，间距 22m，上、下游引航道底宽 40m。

7）高石碑船闸。船闸主体工程长 471.2m，其中上闸首长 25.1m，闸室长 180.0m，下闸首长 26.1m，上、下游主导航墙长 160m，其延长线上各布置 6 个靠船墩，间距 22m，上、下游引航道底宽 40m。

（3）河渠交叉建筑物。沿线穿过大小河流及沟渠 60 余条，其中流量较大的有拾桥河、殷家河、西荆河，其余均为当地灌溉、排水渠道，流量较小。根据地形、水位条件，交叉工程布置了平交、平交和立交相结合两种形式。渠道与拾桥河交叉推荐平交和立交相结合形式，其余推荐立交形式。

1）拾桥河交叉建筑物。拾桥河交叉建筑物采用平、立交结合方案，在拾桥河上布置了 2 个 $Q=650\text{m}^3/\text{s}$ 的泄水闸、2 个 $Q=60\text{m}^3/\text{s}$ 的 100t 级船闸，拾桥河左岸布置 1 个 $Q=230\text{m}^3/\text{s}$（相当于 1 年一遇，相应水位为 32.62m）的倒虹吸和 1 个 $Q=350\text{m}^3/\text{s}$ 的节制闸。

拾桥河左岸节制闸（兼通航孔）为开敞式结构，1 孔，孔口尺寸 60.00m×6.97m。拾桥河船闸按 Ⅵ 级航道标准，船闸闸室净宽为 8.0m，闸门采用横拉式闸门。由上闸首、下闸首、闸室、上下游导航墙及上、下游引航段组成，全长 705m，其主要建筑物均采用钢筋混凝土结构。拾桥河泄水闸闸室段长 22.50m，总宽 79.6m。闸孔数 8 孔，孔口尺寸 8.0m×5.6m（宽×高），两孔一联，共 4 联。分别设工作闸门和叠梁门一道。闸室后接长 18m 的消力池，池深 1.5m，池后设 50m 长、35cm 厚钢筋混凝土底板和 50m 长 10cm 厚的混凝土护底。倒虹吸由进口段、出口段及管身段三部分组成。管身为 8 孔 4.8m×4.0m 的方管，每四孔一联，管顶埋置于渠下 1.3m。

2）西荆河交叉建筑物。西荆河交叉建筑物由西荆河船闸、西荆河倒虹吸组成。在西荆河上、下游侧各布置一个船闸，倒虹吸紧靠船闸与船闸平行布置；按船闸过水流量 80m³/s，西荆河倒虹吸 170m³/s 流量设计。

西荆河船闸按 Ⅴ 级航道标准通航 300t 级船队设计。船闸由上闸首、下闸首、闸室、上游导航墙、下游导航墙等组成，全长 402.00m。

西荆河倒虹吸为 6 孔 4m×4m 的方管，每三孔一联，共两联，全长 225.0m，闸孔总过流净宽 24m。

3）倒虹吸。共 20 座，其中大于 100m³/s 的倒虹吸 6 座，50～100m³/s 的倒虹吸 2 座；10～50m³/s 的倒虹吸 5 座，5～10m³/s 的倒虹吸 3 座，5m³/s 以下的倒虹吸 4 座。倒虹吸均由进口段、出口段及管身段三部分组成。进口段设置了渐变段、沉砂池、进口闸室，进口闸室设有拦污栅。港南渠、港总渠两座倒虹吸需要控制流量，其进口闸室设工作兼检修闸门，出口设检修门，其余倒虹吸只在进出口设检修闸门。

（4）路渠交叉建筑物。渠道沿线共布置了 37 座公路桥和 1 座铁路桥（荆沙铁路桥），其中高速公路桥 2 座，二级公路桥 6 座，三级公路桥 14 座，四级公路桥（农用公路桥）15 座。

（5）东荆河节制工程。为满足东荆河沿岸取水设施取水水位，拟在东荆河冯家口、马口、黄家口建 3 座橡胶坝。扩建冯家口闸，扩建后冯家口闸设计流量 31.2m³/s，改建冯家口引水渠 0.806km，新建设计流量 18.0m³/s 的引水渠 3.485km 通向通顺河，新建设计流量 18.0m³/s 的通顺河节制闸和冯宝分水闸各 1 座（均为开敞式）。

（6）通航工程。引江济汉通航工程的通航标准为：限制性 Ⅲ 级航道，通航 1000t 级双排单列一顶二驳船队。

（三）闸站改造

1. 改造项目的确定及其分类

丹江口水库加坝调水后，除已建的王甫洲枢纽和拟建的兴隆枢纽的库区回水范围外，汉江中下游其他河段 $P=75\%$ 保证率以下的水位均有所下降。故改造范围为汉江中下游丹江口水库—汉江河口河段。重点对 241 座农业灌溉闸站进行分析，确定改造项目。其成果详见表 11-4-10。

表 11-4-10　　　　　　　　**灌溉闸站项目改造分类汇总表**　　　　　　　　单位：座

类　型	本次改造的 单项工程	典型设计的 小型泵站	兴隆库区 改善的项目	王甫洲库区 改善的项目	未受调水 影响的项目	总　　计
灌溉泵站	26	154	9	11	18	218
灌溉闸	5	0	7	0	11	23
合计	31	154	16	11	29	241

扣除王甫洲枢纽和兴隆枢纽库区回水范围内取水条件有所改善的农业灌溉闸站后及基本不受调水影响的项目，列入本次改造的项目有 185 处，其中需进行单项设计的闸站有 31 处，可列入典型设计的小型泵站共 154 处。

进行单项设计的闸站位于汉江左岸 13 处，右岸 18 处。结构型式上以闸站结合居多，共有 15 处，另为 11 处灌溉泵站和 5 处灌溉引水闸。从地市分布看，襄樊市 9 处，荆门市 7 处，潜江市 1 处，天门市 4 处，仙桃市 3 处，孝感市 7 处。上述闸站总灌溉受益面积 284.4 万亩，总人口 269 万人，2002 年农业总产值达 103 亿元，粮食总产量 154 万 t。

列入典型设计的小型泵站总灌溉受益面积 108.2 万亩，总设计流量 $158m^3/s$。这些改造项目规模较小，泵站的安装高程较低，受调水影响程度不大，故改造方案相对较简单。从地市分布看，襄樊市 25 处，荆门市 36 处，孝感市 45 处，武汉市 48 处。

2. 主要闸站改造方案

（1）单项设计的闸站。闸站改造所涉及的 31 个单项设计的闸站中，投资和规模相对较大是泽口和谢湾的两个闸站。因此，闸站改造方案的比选主要以泽口闸和谢湾闸改造方案为代表。

谢湾闸和泽口闸的改造方案可结合考虑，共可组合出以下四个方案。

方案一：泽口闸址处单独建泵站＋谢湾从兴隆渠自流引水。

方案二：徐鸳口站址处增建泵站＋谢湾从兴隆渠自流引水。

方案三：泽口闸址处合建泵站＋谢湾在泽口总干渠上增建二级泵站。

方案四：徐鸳口站址处增建泵站＋谢湾在泽口总干渠上增建二级泵站。

从工程管理、工程占地与移民拆迁、技术经济指标等方面进行比较分析，方案四工程占地和移民拆迁最少，这对保护当地宝贵的耕地资源、维护社会稳定非常重要；此外，泽口灌区徐鸳口泵站方案融自流、电灌于一体，调度比较灵活，可基本实现仙桃市、潜江市分灌区管理的要求。因此推荐方案四，即徐鸳口站址处增建泵站＋谢湾在泽口总干渠上增建二级泵站方案。

其他 29 处需单项设计的闸站规模大小不一，位置也较分散，其改造方案也不尽相同。钟祥以上基本以灌溉泵站为主，其改造方案主要为更换水泵、进水池和泵房拆除重建、更换泵站机组、降低水泵安装高程等；钟祥—仙桃的改造项目中，泵站和引水闸兼而有之，除较大的谢湾闸和泽口闸外，其他各闸站的改造方案主要为降低闸底、扩宽闸孔、增建泵站、更换泵站机组、降低水泵安装高程等；仙桃以下的改造项目全部为闸站结合的形式，其改造方案需按涵闸和泵站分别考虑，灌溉低闸和灌溉泵站的引提水条件谁受影响即对谁进行改造，如两者都受到影响则都进行改造。灌溉低闸的改造方案主要为降低闸底、扩宽闸孔等，灌溉泵站的改造方案主要为新建泵站、降低水泵安装高程等。

（2）典型设计的小型泵站。可进行典型设计的小型泵站改造项目共 154 个，因规模较小，故改造方案相对较简单，一般只需采取更换机电设备、整修引水渠或维修泵房等措施进行改造。

（3）各闸站改造工程规模。

1）谢湾灌区补充水源工程规模。考虑到谢湾闸大部分时间仍然可以自流引水灌溉，谢湾闸仍为谢湾灌区的主要水源工程，只是在引水能力不足时才考虑补充水源灌溉。谢湾灌区补充水源工程设计流量为 $Q=20\text{m}^3/\text{s}$。

2）泽口灌区补充水源工程规模。确定方法与谢湾闸基本类似，徐鸯口泵站设计流量为 $Q=87\text{m}^3/\text{s}$。

3）其他各闸站工程规模。根据汉江闸站的现状，沿江的灌溉闸站可以分为 3 种类型，即涵闸、闸站结合、泵站。通过水量平衡分析确定各闸站规模，大部分闸站的原规模基本可满足取水要求，仅个别项目规模发生变化。

3. 工程等别及标准

除泽口闸、谢湾闸外，大多数项目的改造方案是在原址加固或原址重建。主要建筑物的级别取决于灌区规模、泵站装机功率及流量、渠系上水闸的过闸流量以及闸站是否为穿堤建筑物等因素确定。位于汉江干堤上的穿堤建筑物级别，一般不低于 2 级。据此，31 个改造项目主要建筑物级别分属 2～5 级。

汉江干堤按 1964 年型洪水设防，穿堤建筑物设计洪水位为所在堤防的设计洪水位加 0.5m。

4. 工程布置与主要建筑物

（1）谢湾闸、泽口闸。经过多次现场探勘，并结合谢湾、泽口灌区的实际情况，两闸联合改造。从改造工程量、工程投资、取水条件、运行管理等方面进行分析比较，推荐谢湾二级泵站＋徐鸯口泵站方案。

谢湾二级泵站方案包括新建谢湾二级泵站、新建输水渠道及恢复渠道上的交通设施。谢湾二级泵站位于泽口灌区总干渠上，属堤后式泵站。泵站设计流量 $20\text{m}^3/\text{s}$，总装机容量 $4\times220\text{kW}$，采用贯流卧式机组。工程规模为Ⅲ等，主要建筑物级别为 3 级。

徐鸯口泵站方案包括新建徐鸯口进水闸（防洪闸）、徐鸯口泵站、深江节制闸，疏浚通北支渠及改建同心沟闸。进水闸设计流量 $87\text{m}^3/\text{s}$，泵站装机功率 $4\times1400\text{kW}$，设计流量 $87\text{m}^3/\text{s}$，深江节制闸设计流量 $140\text{m}^3/\text{s}$，级别为 2～3 级。

（2）襄樊市。需改造 9 处泵站，其特点是泵站流量小、扬程高。改造方案一般为：降低引水渠底高程和进水池底板高程，更换水泵型号，主要建设内容包括新建或改建泵房、增建引水渠、改建前池等。

（3）荆门市。需改造 7 个项目，多为闸站结合形式，其中仅杨堤闸位于荆门市，另 6 座均位于钟祥市。改造方案一般为按原规模功能拆除重建，杨堤闸为加固原有涵闸、新建潜水泵站补充差额流量。

（4）天门市。天门市有 4 个改造项目、其特点是进水低闸、排水高闸均位于汉江干堤，闸站结合满足灌区灌溉排涝需要，一般来说低闸引水（排水），高站（闸）排水，个别项目在高闸临江侧建有灌溉泵站。改造方案一般为按原规模功能拆除重建。

（5）仙桃市。仙桃市有 3 个改造项目。建筑物灌排特点同天门市。

（6）孝感市。孝感市有 7 个改造项目，泵站装机容量 $2 \times 210 \text{kW}$（郑家月）$\sim 3 \times 630 \text{kW}$（庙头）。改造方案基本上是拆除重建引水低闸、新建差额流量泵站以及疏浚引水渠。

（四）局部航道整治

1. 建设的必要性

南水北调中线一期工程以 2010 年为规划水平年，多年平均调水 95 亿 m^3。调水后，汉江中下游河道的水量明显减少，现状通航条件较好的中水期将大大缩短，而航行条件差的枯水期则过度延长，如不采取补偿工程，汉江中下游航道等级将由现状通航 500t 级驳船下降到仅通行 200t 级船舶。

（1）调水和引江济汉后汉江中下游水量变化特点。南水北调中线工程的实施将对汉江航运产生较大的不利影响，其根源在于调水后中下游河道水量的明显减少以及流量过程发生的变化。从总水量上看，丹江口水库现状下泄水量多年平均为 347 亿 m^3（1968—1999 年实测系列），加高调水 95 亿 m^3 后，相当于中下游的总水量减少 27.4%。调水后流量的变化过程具体反映在：

1）枯水。调水后各河段特枯流量均有所增加，以保证率 97% 流量为例，调水前为 $260 \sim 384 \text{m}^3/\text{s}$，调水后增至 $455 \sim 521 \text{m}^3/\text{s}$，这对航运是有利的。但是，航行条件差的枯水历时却显著增长，以小于 $800 \text{m}^3/\text{s}$ 流量的历时作为枯水期，汉江中下游各段从现状（实测）占总历时的 26%~42% 增长至 59%~84%，即由现状平均年出现 3.2~5.1 个月延长到调水后出现 7.0~10.1 个月。

2）中水。调水后汉江中下游通航条件较好的中水 $800 \sim 1800 \text{m}^3/\text{s}$ 的流量历时将缩短，由现状占 51.5%~60.6% 减小为仅占 6.7%~30.5%，即由平均每年 6.3~7.4 个月缩短为 0.8~3.7 个月。调水后中水流量和中水历时的缩短，将不利于航槽"落冲"演化过程的完成，从而加剧了航道的出浅机会及碍航程度，导致航运低水减载的几率增多。

3）洪水。调水方案实施后，丹江口水库由年调节水库转变为多年不完全调节水库，调节性能虽有增强，但弃水仍将发生。按 1956 年 5 月至 1998 年 4 月演算系列，采取加高大坝调水 95 亿 m^3 后，黄家港站多年平均弃水量为 54.85 亿 m^3，有 32 年发生弃水，其中超过 50 亿 m^3 有 15 年，超过 100 亿 m^3 有 7 年，最大弃水年为 1964 水文年，弃水 321.85 亿 m^3。调水后弃水洪峰会对浅滩和主槽产生突发性、高强度性破坏作用，尤其是在弃水洪峰过后，缺乏必要的中水历时冲刷航槽和维持航深，更易造成航道尺度不够等碍航现象发生。

4）水位。由于调水后下泄总水量减少，天然河道水位呈下降趋势，多年旬平均水位下降为 0.22~0.55m，枯水期（11 月至次年 3 月）下降值为 0.42~0.84m，最大旬平均水位下降为

1.52m。水位下降，尤其是枯水期水位下降，航深减少，加之航运效益较好的中水历时锐减，必然降低现有航道的通航等级。

（2）调水和引江济汉工程对汉江中下游航道的主要影响。

1）调水对已整治丹江口—皇庄段航道的影响。汉江丹江口—皇庄段航道整治工程主要是在现状中水流量大、中水期历时长的条件下，采取整治与疏浚相结合工程措施，通过整治建筑物固滩护岸、控制中低水河势、束水归槽，加速坝田淤积，以利于主槽的形成和冲刷，整治效果良好。

调水后，由于仍然存在大量弃水携带来的泥沙淤积于航槽内，靠现有整治工程在整治流量减少及中水流量锐减的情况下，由于整治线宽度大，造床作用弱，将难以达到原设计标准。通过天津水运工程科学研究所进行的动床物理模型试验充分证明：试验河段为王家嘴至薛家垴22km，现状航道整治条件下可达到设计水深1.6m、航宽80.0m的航槽归顺贯通，调水后该河段将会出现累计达2100～2590m的碍航浅滩，占该段总长的10%，必须采取补偿工程措施，以维持原设计标准。

2）调水对皇庄—兴隆段航道的影响。根据现状浅滩段流量与水深的关系衡量，调水后水量的减少直接导致航深减小，航道条件变差，通航等级明显下降。

皇庄—兴隆段现状通航500t级驳船（吃水1.6m），平均每年可航行241天，保证率达66%；而调水后仅出现95天，保证率下降到26%，缺水时间大大增长，将造成航道尺度（水深、航宽、弯曲半径）长期不足，导致500t级船舶长期不能通航，航道等级将下降Ⅴ级以下，仅能通行200t级船舶。

调水后，由于大量调走了中水期的水量，而弃水仍频繁发生，致使中水历时锐减，洪峰跌落过程加快，浅滩淤积的泥沙来不及被冲走，使碍航现象的发生频率大幅度增加，必须采取补偿工程措施。

3）调水对兴隆—高石碑（引江济汉出口）河段航道的影响。兴隆枢纽电站日平均最小发电流量为420m³/s。兴隆枢纽至高石碑段，区间无支流汇入，为不衔接段。根据兴隆水利枢纽调度原则，调水后该河段近80%时段来水将由兴隆枢纽电站下泄流量控制，枯水期来水量将明显减少，枯水历时将明显增长，航道出浅频率及碍航程度将大幅度增加，必须采取补偿工程措施。

4）调水和引江济汉工程对高石碑—河口段航道的影响。引江济汉工程实施后，可有效缓解调水与汉江航运需水之间的矛盾，汉江兴隆以下河段600～800m³/s的历时保证率较调水后有较大恢复和改善，但仍低于现状水平，尤其是枯水期减小幅度较大，难以达到利用引江济汉工程来完全解决调水对航运影响。

由于引江济汉工程本身不具备发电等综合利用效益，通过泵站抽水来补济汉江航运中水流量更是不现实的，因此必须结合局部航道整治工程，以解决调水对汉江兴隆以下河段航运的影响。

《南水北调工程总体规划》已将汉江中下游局部航道整治工程纳入南水北调中线一期工程的建设范畴，作为汉江中下游四项治理工程之一，也是南水北调中线工程重要的组成部分，它的建设能基本恢复汉江中下游航道的通航标准，对汉江航运的可持续发展具有重要作用。

2. 预测货运量

根据经济调查并对未来的综合运输结构进行定性分析，预测汉江湖北省河段未来水运的主要货种仍是矿物性建材、煤炭、燃油、金属矿石、非金属矿石、钢铁、水泥、木材、粮食、化肥、化工原料及制品和机电产品。其中矿产资源、矿建材料、化肥按比例增长法推算；其他货种则视不同情况，依其市场需求、销售方向、可能的运输方式等因素来分析确定其在汉江湖北省河段中的运量。

预测汉江湖北省河段 2010 年的货运量为 1846 万 t，2020 年的货运量为 2517 万 t，2030 年的货运量为 2921 万 t；预测汉江中下游河段 2010 年的货运量为 1724 万 t，2020 年的货运量为 2380 万 t，2030 年的货运量为 2762 万 t。

3. 工程范围

汉江中下游局部航道治理工程的范围为汉江丹江口以下至汉川的干流 574km 河段，与局部航道治理工程同步实施的兴隆水利枢纽库区、交通部门已安排近期实施的崔家营航电枢纽库区和已建的王甫洲水利枢纽库区已渠化，则不再安排工程。

4. 建设规模和标准

（1）建设规模：Ⅳ（2）级航道，以维持原通航 500t 级航道标准。

（2）通航保证率：97%。

（3）船型尺度：45.0m×10.8m×1.6m（长×型宽×设计吃水）。

（4）船队尺度：一顶四驳双排双列 112m×21.6m×1.6m（长×宽×吃水）。

（5）航道尺度：1.8m×80m×340m（水深×底宽×弯曲半径）。

其中，丹江口至襄樊河段与正在实施的航道整治工程标准一致，按Ⅳ（3）航道标准进行设计，双排单列二驳一推船队。

5. 整治原则和工程措施

丹江口—皇庄 270km 河段，与原整治工程的整治原则一样，仍采取整治与疏浚相结合的整治原则。在原整治工程的基础上，缩窄整治线宽度，采用加长原有丁坝和加建丁坝，并对原有挖槽进行浚深的工程措施，确保原设计和已达到的Ⅳ级航道标准。

皇庄—兴隆枢纽 110km 河段，河床质为砂质，现状航道特点是河床宽浅多变，洲滩消长不定，河势未能很好地控制。其整治原则为"以筑坝和护岸为主，堵汊并流、束水归槽，控制河势"。工程措施主要为筑坝和护岸。

兴隆枢纽—高石碑（引江济汉出口）3.5km 不衔接段，河床质为砂质，调水后由于水量不足，且缺乏中水流量塑床，其整治原则为"以疏浚为主，配合护岸等工程措施，以稳定航槽"。工程措施为疏浚、护岸。

高石碑—岳口段 59.5km，为引江济汉工程下游补水河段，河床质为砂质，现状航道特点是多为单一河槽，部分主导河岸已护砌，河势较为稳定，浅滩的碍航多是由于过渡段的变化，使得主泓频繁摆动而出浅。该段航道整治以过渡段整治为重点，其整治原则为"以筑坝和护岸工程为主，稳定和缩窄中枯水河床，束水归槽"。工程措施主要为筑坝、护岸。

岳口—汉川段 131km，河床质为砂质，河宽较窄，河势较为稳定，航道条件较好，主要是局部过渡段枯水期出浅碍航，其整治原则为"以疏浚为主，辅以护滩带工程，稳定航槽"。工程措施主要是疏浚、护滩。

表11－4－11

南水北调中线一期工程主要工程量汇总表

项　目		土石方开挖 /万 m³	土石方填筑 /万 m³	建筑物混凝土 /万 m³	渠道衬砌混凝土 /万 m³	钢筋钢材钢绞线 /t	永久占地 /亩	加压泵站 /MW	改造泵站总装机 /MW	整治量 /万 m³	疏浚量 /万 m³
水源工程	丹江口大坝加高	77.31	537.15	130.39		22309	463891				
	陶岔渠首枢纽	62.61	15.59	18.71		9552	795				
	小　计	139.92	552.74	149.1		31861	464686				
输水工程	陶岔—沙河南	16148	6863	251	177	208092	55224				
	沙河南—黄河南	16010	4163	359	152	297926	66880				
	穿黄工程	1722	392	46		49539	4084				
	黄河北—漳河南	15867	4070	300	177	210970	55316				
	穿漳工程	61	52	12		10325	259				
	漳河南—古运河	13840	4326	225	143	198202	58708				
	古运河—北拒马河	10744	3940	262	130	207277	50417				
	北京段	2191	1621	115		113911	1248	56			
	天津干线	4877	3465	447		372675	724				
	小　计	81460	28892	2017	799	1668916	292859	56			
汉江中下游治理工程	兴隆水利枢纽	722	137	59		39141	22995				
	引江济汉	5809	1441	58.3	79.3	37400	22192	12.6			
	部分闸站改造	119	66.7	9.5		7112	248		22.96		
	局部航道整治									135.4	144.4
	小　计	6650	1645	126.8	79.3	83653	45435	12.6	22.96	135.4	144.4
总　计		88250	31090	2292.9	859	1784430	802980	68.6	22.96	135.4	144.4

6.整治方案和工程布置

（1）丹江口—皇庄段。调水后二次整治的整治线和设计航轴线布置是在各滩群原设计并已形成的整治线范围内进行的适当调整，尽量利用疏浚整治后的稳定深槽、主导河岸、固定节点、稳定边滩，考虑调水后的影响，将整治线宽度缩窄，丹江口—王甫洲段由 300m 缩窄到 260m，王甫洲—襄樊段由 350m 缩窄到 280m，襄樊—皇庄段由 480～500m 缩窄到 300m。

根据二次整治调整后的整治线走向和位置，对已建丁坝加长、增建部分丁坝，并对原有挖槽浚深。

丹江口—皇庄段二次整治工程共布置加长丁坝 112 座，加建丁坝 47 座，共 159 座长 32819m，浚深原有挖槽 22 处长 40158m。

（2）皇庄—汉川段。整治线与设计航轴线的布置，主要根据河床的演变规律，顺其河势确定整治线在河槽中的位置，尽可能与现有中枯水航槽走向相一致，体现因势利导和综合利用的原则。

皇庄—岳口河段主要以丁坝和护岸为整治方式；岳口—汉川段以原河道作为整治线，主要为疏浚和护滩工程。整治工程共建丁坝 103 条长 33934m，新建、加固护岸（滩）23 处长 31530m，挖槽 12 处长 6150m。

五、主要工程量

南水北调中线一期工程主要工程量见表 11-4-11。

第五节 机电与金属结构

一、机电

（一）水力机械

1.水源工程

（1）丹江口大坝加高工程。丹江口大坝加高后，电站的最大水头由 67.2m 提高至 80.3m，给机组的运行带来了一系列的影响。拟定技术改造方案，以解决大坝加高后对水轮机产生的能量减少、空化及稳定性恶化等问题。

机组改造方案为：通过适当降低水轮机单位转速（如 $n_{11}=66～68r/min$ 左右），适当增大水轮机转轮直径（如 D_1 加大到 1.05 倍左右），两者结合提高真机运行单位转速的范围，改善新转轮的水力设计条件。由于 1 号、2 号、6 号发电机已改造，增设最大出力至 165MW，改造范围为除 3 号机外的 5 台水轮机和 4 号、5 号发电机，改造的主要内容包括：水轮机转轮、底环、活动导叶、发电机定子定位筋、铁芯和线棒、磁极绕组及引出线。机组设备改造总费用约 21400 万元，电站每年可获得 1530 万～1670 万元的经济效益。

（2）陶岔渠首枢纽工程。陶岔水电站正常运行水头范围为 6.0～24.86m，电站额定水头取为 13.5m，水轮机推荐采用灯泡贯流式水轮机。电站装机容量为 50MW，选用 2 台单机额定出力为 25MW 的机组，并设置水轮发电机组最大出力为 30MW。水轮机型号为 GZ-WP-500，额定转速为 125r/min，发电机型号为 SFG25－48/600。

2. 输水工程

（1）泵站。总干渠北京段采用管涵输水方案，在惠南庄设有一级加压泵站。

惠南庄泵站规模按流量 60m³/s 设计，水泵设计扬程为 58.20m。水泵采用卧式单级双吸离心泵，台数为 8 台。单机额定流量 10m³/s，泵站总装机 56MW。

（2）检修排水。总干渠各类建筑物的检修排水主要通过三种方式：一是通过埋设管道和阀门自流排至河道；二是临时将潜水泵投入建筑物内，将积水排回总干渠；三是设置竖井以布置检修排水设备。渡槽的检修主要选择方式一，倒虹吸主要选择方式二，重要的及排水量较大的隧洞、倒虹吸等建筑物可选择方式三。建筑物排水设施的设置则可根据建筑物的具体情况独立设置或分段全线统一设置。

（3）管线阀门设置。

1）北京段。惠南庄—大宁段。惠南庄—大宁段全线设置 3 处连通设施，每处连通设施内设 6 个连通阀，其中连通管上设置了 2 个工作蝶阀，在每根输水管道连通管的上下游分别设置 1 个工作蝶阀。在输水干管的末端至大宁调压池进口处设置 DN3600 电动蝶阀，在每根输水干管上分别设置 2 个电动蝶阀，互为备用。

PCCP 压力输水管道段共设 4 处分水口，每处分水口自上游至下游依次布置有工作电动蝶阀、调节阀、排气阀、电磁流量计以及检修蝶阀。选择网孔式调节阀。西四环暗涵 2 处左右，分水口在接入分水渠前各设一座阀门井，阀门井内设 DN2400 的电动蝶阀 2 台，1 台工作、1 台备用。

2）天津段。天津干线在河北省境内共有 9 个分水口给河北省沿线城镇供水。每个分水口处均设有分水支管、分水干管、检修阀井及流量计井，并配置了检修电动蝶阀、流量计及可调节电动蝶阀等设备。

3. 汉江中下游治理工程

（1）兴隆水利枢纽。电站水头范围为 1.0～7.15m，安装 4 台贯流式机组，机组单机容量 9.25MW，额定水头 4.49m，额定流量 248m³/s，水轮机额定转速为 75r/min。

（2）引江济汉工程。进口段渠首龙洲垸设有一级泵站，泵站规模按提水 200m³/s 流量设计。泵站扬程在 1.3～5.67m 范围内，选用全调节立式轴流泵。机组台数选用 6 台，单泵额定流量 33.33m³/s，单泵额定扬程 3.82m，电机额定功率 2100kW，其中 3 台为同步电动机，3 台为异步电动机。

在东荆河上设有马口、黄家口和冯家口三座充水式橡胶坝。马口、冯家口橡胶坝分别选用 4 台和 3 台流量 $Q=990$m³/h，扬程 $H=16.1$m 的水泵；黄家口橡胶坝选用 3 台流量 $Q=705$m³/h，扬程 $H=15.1$m 的水泵。

倒虹吸的检修排水，采用潜水泵抽排方式。

（3）闸站改造工程。

1）谢湾闸。对谢湾闸、泽口闸改造，采用新建谢湾二级泵站和徐鸳口泵站方案。徐鸳口泵站设 4 台轴流泵，水泵配套电机为三相交流同步电动机，额定容量 1400kW，额定电压 6000V。谢湾二级泵站设 4 台贯流泵，水泵配套电机额定容量 220kW，额定电压 400V。

2）其他泵站。更新改造的泵站项目分别为襄樊市 9 项、荆门市 5 项、天门市 3 项、仙桃市

2 项、孝感市 7 项共 26 座泵站。

（二）供电系统

1. 水源工程

（1）丹江口大坝加高工程。丹江口大坝加高工程，主要完成以下供电项目：

1）改建原 162m 高程上的垂直升船机 6kV 变电所。

2）改建右岸下游的斜面升船机 6kV 变电所及更换有关电气设备。

3）改建 18 号坝段 6kV 变电所及更换有关电气设备。

4）新增 44 号坝段一个 6kV 变电所。

5）改建贯穿泄洪闸、电厂段的 159m 高程电缆廊道内的设备移至 172.35m 高程电缆廊道。

6）改建坝顶门机供电。

7）户外、户内照明。

8）防雷、接地措施。

9）电站 6kV 厂用电部分设备更换。

10）输电线路改造。

11）电站 4 号主变压器更换。

（2）陶岔渠首枢纽工程。陶岔渠首枢纽出线电压等级为 110kV，出线回路数为一回，可送淅川县境内的香花 110kV 变电所与地方电网连接。发电机—变压器采用单元接线，发电机额定电压采用 10.5kV。

110kV 侧进线两回，出线一回，110kV 侧接线考虑了三个方案：变压器—线路组接线（方案一）、不完全单母线接线（方案二）和角形接线（方案三），推荐采用不完全单母线接线。

110kV 高压配电装置推荐采用全封闭组合电器（简称"GIS"）。

2. 输水工程

总干渠（不含北京段、天津段）供电系统将采用以 35kV 中心开关站和 35kV 输电线路构成的专用供电网络的供电方案，北京段和天津段全线采用 10kV 公用网供电方案。大型泵站采用 110kV 变电站供电的方案。

专用供电网络是在总干渠沿线设置 13 个 35kV 中心开关站，每个中心开关站从所在地区的电力系统中引 1 至 2 回 35kV 电源，再由中心开关站引出 2 回 35kV 线路分别向干渠的上下游两侧辐射。

总干渠上控制性用电建筑物，如节制闸、分水闸和退水闸等的降压变电站在专网供电方式下采用 π 形接线方式与 35kV 线路连接，其他负荷点降压站可视负荷大小等具体情况采用 T 形或其他简化的接线方式。中心开关站供电段末端的降压变电站母线上设有联络开关，并通过联络线路和相邻中心开关站供电网络相连。

总干渠 35kV 中心开关（变电）站供电系统监控方式采用全线全计算机监控方式。

3. 汉江中下游治理工程

（1）兴隆水利枢纽。兴隆水利枢纽电站主送湖北潜江和天门地区电网，以满足该地区不断增长的国民经济用电要求。电站出线电压等级为 110kV，出线回路数为一回，送潜江泽口

110kV 变电所，输电距离约 15～18km。

发电机变压器接线方式采用扩大单元接线。发电机额定电压采用 10.5kV，110kV 侧接线采用不完全单母线接线，110kV 高压配电装置选用 SF_6 全封闭组合电器。

（2）引江济汉工程。采用就近引接分散供电，即由地方引接 1 回 110kV 电源，在龙洲垸泵站建一座 110kV 变电所，为泵站内电气设备和船闸内电气设备供电；其他闸站就近引接电源（专用 10kV 线路），龙洲垸进水闸、拾桥河泄水闸、高石碑出口闸各设 1 台柴油发电机作为备用电源。

（3）闸站改造工程。各闸的电源通过沿线的 10kV 线路引至闸室附近的线路终端杆上的变压器，再由终端杆上的高压计量箱引动力电缆至闸室里的闸门动力控制柜，以控制各闸门启闭机。

（三）通信、控制和保护等系统

1. 水源工程

（1）丹江口大坝加高工程。

1）升船机电力拖动与控制系统。丹江口大坝加高工程将已有的斜面＋垂直的 2 座升船机的通航能力由原来的 150t 级改造为 300t 级，2 座升船机仍采用原来的形式，而金属结构及机械、电气设备全部更新。

a. 垂直升船机。垂直升船机电力拖动与控制系统主要包括主拖动系统，计算机监控系统及广播、工业电视系统等。

主提升机为移动式提升机，提升电机和行走电机均采用交流变频电机和交流变频传动装置进行调速。

监控系统设置 4 台上位机，采用 100Mbps 单以太网连接，其中 2 台上位集控主机与下位机之间通过 100Mbps 单环网连接，构成两层分布式集散控制系统结构。下位机包括主机房现地控制站、承船厢现地控制站及传动控制站共 3 个现地站。

b. 斜面升船机。斜面升船机电力拖动与控制系统主要包括主拖动（斜架车驱动）系统，计算机监控系统及广播、工业电视系统等。

主拖动系统主要由卷扬机构和摩擦驱动系统组成。卷扬电机和摩擦驱动电机均采用交流变频电机，配置交流变频传动装置，采用交流变频调速方式。

监控系统设置 4 台上位机，采用 100Mbps 单以太网连接，其中 2 台上位集控主机与下位机之间通过 100Mbps 单环网连接，构成两层分布式集散控制系统结构。下位机包括主机房现地控制站、斜架车现地控制站及传动控制站共 3 个现地站。

2）大坝闸门控制系统。

a. 泄水闸。大坝泄水闸共设有 11 扇泄洪深孔弧形工作闸门，每扇工作门由 1 台 2000kN 固定卷扬机启闭操作。每台闸门启闭机设 1 个现地控制站，控制和操作闸门的启闭运行。

设置 1 套集中监控设备，其与 11 个现地控制站之间通过 1 个以太网交换机连接，采集闸门相关信息和实现对各闸门的单控/成组控制。

b. 电站进口快速门。电站共 6 台机组，每台机组设置 1 套进水口快速闸门。每 2 套进水口快速闸门共用 1 套液压泵站即采用 2 机 1 泵的工作方式。每套液压泵站设置 1 套现地控制设备，实现对泵站及液压启闭机的控制和操作。

各快速闸门控制设备与电站计算机监控系统对应的机组现地控制单元通过硬线 I/O 和网络通讯方式进行连接，传送泵站和闸门设备运行信息，并接受和执行对应机组现地单元送来的控制命令。

（2）陶岔渠首枢纽工程。

1）计算机监控系统。陶岔渠首枢纽设置一套计算机监控系统，负责电站及引水闸设备的自动化监视和控制。主要监控对象包括 2 台水轮发电机组及其辅助设备、2 台主变压器、110kV 开关站设备、厂用电及全厂公用设备、3 扇引水闸门及其辅助设备等。计算机监控系统采用分层分布式结构。整个系统分为主控级和现地控制级两层。

2）继电保护系统。电站继电保护将根据国家标准《继电保护和安全自动装置技术规程》（GB 14285—1993）和国家电力公司、国家电网公司相关文件的要求进行配置。

每台发变组、110kV 母线及线路的保护装置分别组盘安装。10kV 厂用电系统的保护安装在 10kV 开关柜内，不另外组盘。

3）励磁系统。发电机采用自并励可控硅整流励磁方式。可控硅功率单元按 $N+1$ 冗余原则设计。采用直流起励方式，起励电源由电站蓄电池供给。

4）操作电源。配置一套 220V 直流电源，用于电站及闸门设备的操作、保护、信号和事故照明等负荷需要。

5）通信系统。陶岔渠首枢纽拟配置 SDH 光纤通信设备与中线干线工程的 SDH 光纤通信系统相连，并暂考虑在陶岔渠首枢纽和丹江口水源公司设置 SDH 微波通信系统以及配置相应的微波设备。在水源公司和陶岔渠首枢纽各设置一台行政和调度功能合二为一的程控交换机。

2. 输水工程

（1）通信系统。

1）通信系统服务对象及传输业务。总干渠通信系统服务对象主要有水量调度系统（包括计算机监控系统）、防洪及水文气象系统、工程安全及水质监测系统、图像监控系统、管理信息系统、电视会商系统、程控交换和语音调度系统等本工程专用的系统。

通信系统的任务就是为这些系统提供各级运行与管理机构之间各类传输业务的通信接口和传输通道，以满足调度和行政管理对通信的需要。

鉴于总干渠工程的特点及其重要性，经技术经济比较有必要建立总干渠工程专用通信网，公用通信网作为工程的无线通信方式或备用通信方式。水量调度系统中的计算机监控系统利用本专用通信网光缆中的光芯单独组网。

2）通信系统总体组成。总干渠工程专用通信网主要由通信传输系统、程控交换系统、通信网时钟同步系统、通信电源系统、通信网监测管理系统等部分组成。

通信传输系统又分为主干通信传输网和区段通信传输网两部分。主干通信传输系统采用 SDH 光纤通信方式。主干通信传输网担负各区段站点之间业务的长距离传输及电路的汇聚任务；区段通信传输网负责每个区段内沿渠道各闸站，管理处、所等通信站点的通信任务。

根据管理机构特点、功能和布置位置以及各类自动化系统数据流向的特点，总公司为整个工程的通信中心；各分公司为通信分中心；各管理处为本处辖段内话音、数据、图像及管理等信息的交换中心；各管理所和现地（闸）站是主要的通信用户，配置有各类数据、图像、话音通信终端设备。

程控交换系统主要完成各通信站点之间语音通信的任务，并实现工程各级管理机构之间，以及各级管理部门对现地闸站之间的语音调度任务。程控交换系统由各级行政和调度程控交换机组网连接构成，在各通信站点设置电话用户终端，利用通信传输网络组成一个语音交换为主的通信网络。

3）通信传输系统。对主干通信传输系统推荐选用主干通信相交环方案。共设五个主干 SDH 光纤相交环。主干通信传输设备选用二纤双向复用段保护工作方式。

采用具有综合业务传输平台（MSTP）的 SDH 光传输设备。主干通信传输系统选用 STM－64 等级（速率等级为 10Gbit/s）的传输容量，天津段主干环选用 STM－16 等级（速率等级为 2.5Gbit/s）的传输容量。

区段通信网络结构为环形拓扑结构，采用二纤单向通道保护工作方式。区段通信主要为各闸站与管理处、所之间，各管理处至分公司的业务提供传输通道。区段通信容量选用 STM－4（622Mbit/s）的通信等级。

由于 SDH 光纤通信传输网和计算机监控系统的主干和区段部分均采用环形结构，主干和区段环的光缆线路宜分开敷设。因此，在渠道左侧布置一条主干通信光缆，渠道右侧布置一条主干通信光缆和一条区段通信光缆。

4）程控交换系统。程控交换系统网络结构为全数字化的两级网：第一级由北京、天津、河北、河南、陶岔渠首枢纽五个汇接局组成。通过光通信传输通道以 E1（2M）接口连接。第二级由各分公司内的各个管理处组成，各管理处作为端局。端局分别通过光通信传输通道以 E1（2M）接口与所属的汇接局星型连接。

程控交换机通过工程专用通信传输网进行连接，在干线有限责任公司、各分公司、管理处和各闸站均设置电话用户终端，以实现总干渠上各级管理部门之间以及各级管理部门与各闸站之间的语音交换任务，组成一个以总公司和分公司（含陶岔渠首枢纽）为主的语音汇接交换中心，管理站（闸）为端局的程控交换网络。

（2）计算机监控系统。总干渠工程计算机监控系统由全线计算机监控系统和工业电视图像监控系统组成。

1）计算机监控系统。计算机监控系统单独组网，利用总干渠工程专用通信光缆提供的光芯作为传输介质，采用工业快速以太网传输技术，以 1000M 以太网交换机构成主干网络，以 100M 以太网交换机构成区段网络，从而构成全线计算机监控广域网，拓扑结构为环形。

全线计算机监控系统采用分层分布式结构，分别设置调度中心层、调度分中心层、现地控制层、管理监视站（管理处）和管理所层。调度中心层在北京设置 1 个调度中心，在陶岔渠首枢纽设置全线备调中心；调度分中心层在河南、河北、北京和天津设置 4 个调度分中心；现地控制层在沿线设置 276 个现地控制站；上述三层为调度控制层。分别用于对相应管辖区域内监控对象的运行控制监视和管理。

全线共设 13 个管理处、46 个管理所，负责对所辖的控制闸站进行远方监视。

2）工业电视图像监控系统。工业电视图像监控系统总体结构由现地控制站、管理所、管理监视站（管理处）、调度分中心、调度中心 5 级组成。现地各监控点图像、数据信号通过所属现地控制站、管理监视站、调度分中心逐级汇聚至调度中心，形成一个以调度中心为根节点的树状拓扑结构。

调度中心、调度分中心、管理监视站和管理所均设有对现地设备的监视控制功能。其中，调度中心应享有最高控制优先权，设置主控台；调度分中心、管理监视站及管理所均设置分控台，管理所控制权限最低。

3. 汉江中下游治理工程

（1）兴隆水利枢纽。

1）计算机监控系统。电站按全计算机监控系统设计。计算机监控系统采用全开放式分布式结构，分为电站主控级和现地控制级两层。

2）继电保护系统。电站依据国家标准配置继电保护以保证电力系统和电站内电力设备的安全运行。每台发电机、变压器、110kV 线路的保护装置分别组盘安装。10kV 厂用电系统的保护安装在 10kV 开关柜内，不另外组盘。

3）励磁系统。发电机组的励磁方式为自并励可控硅整流方式。励磁设备包括励磁变压器、可控硅整流器、灭磁设备、起励装置、励磁调节器及励磁控制、保护装置。

4）直流系统。电站直流系统电压等级采用 220V，配置 2 组蓄电池。充电装置采用高频开关整流电源，电源模块按 N+1 配置。直流配电网络采用单母线分段接线方式，直流负荷全部从直流盘辐射供电。

5）图像监控系统。兴隆水利枢纽电站、泄水闸和船闸区域各设置一套图像监控系统，对电站、泄水闸、船闸等部位进行图像监视。在枢纽内电站、泄水闸、船闸等各部位布置摄像头，在枢纽综合调度室、电站中控室、泄水闸集控室、船闸集控室分别布置一台图像监控工作站。

6）电力拖动和控制。

a. 船闸。兴隆船闸设置一套集控系统，主要由计算机监控系统设备、通航广播设备、工业电视系统设备等组成。

计算机监控系统采用分散控制、集中管理的二层分布式控制系统。

通航广播设备由扩音设备、扬声器等组成。其作用是指挥船舶安全过闸。

工业电视监视系统设备由硬盘录像机、监视器、信息传输设备和多个摄像机等组成。其作用是监视船闸安全运行。

b. 泄洪设施。兴隆泄水闸设置一套集控系统，包括 29 套现地控制设备（其中 54 孔泄水闸每 2 孔设置 1 套，2 孔排漂孔各分别设置 1 套）、2 台计算机及网络设备等，以实现对泄水闸及排漂孔的现地控制/远方集中监控。

泄水闸集控系统通过网络与枢纽综合调度系统进行数据通信。

7）枢纽综合调度系统。兴隆水利枢纽设置一套综合调度系统，与电站计算机监控系统、泄水闸集中控制系统、船闸集中控制系统、图像监控系统以及火灾自动报警系统通过计算机网络相连，实现兴隆水利枢纽各建筑物的设备运行集中监视和统一调度。

（2）引江济汉工程。

1）计算机监控系统。引江济汉进口段泵站设置一套计算机监控系统，负责泵站主要机电设备的自动化监视和控制。监控系统采用全开放式分布式结构，包括主控级和现地控制级两层。

2）继电保护系统。泵站依据国家标准配置继电保护以保证电力系统和泵站电力设备的安全运行。

主变压器、110kV线路及母线的保护装置分别组盘安装。10kV泵组电动机、厂用电系统的保护安装在10kV开关柜内，不另外组盘。

3）励磁系统。泵站同步电动机组的励磁方式为它励可控硅整流方式，励磁电源取自0.4kV厂用电。励磁设备包括励磁变压器柜、励磁调节及控制柜。

4）直流系统。泵站及节制闸直流系统电压等级采用220V，配置2组蓄电池。充电装置采用高频开关整流电源，电源模块按$N+1$配置。直流配电网络采用单母线分段接线方式，直流负荷全部从直流盘辐射供电。

5）图像监控系统。图像监控系统采用分级系统结构，包括控制级和现地级，设置泵站和节制闸2个分区。在泵站中控室及节制闸集控室分别布置一台图像监控工作站。

6）电力拖动和控制。

a. 泵站。引江济汉进口段泵站设有7扇上游检修闸门、7扇拦污栅、7扇下游快速门、7扇下游出口事故检修门。上游检修闸门和拦污栅采用双向门机操作，现地手动控制；下游快速工作闸门和事故检修闸门采用固定卷扬机操作，设有现地操作设备，其与泵站机组的联动运行由对应的泵站机组LCU完成。

b. 节制闸。泵站节制闸共设有5扇工作闸门，采用固定卷扬启闭机驱动，要求动水启闭。每台启闭机配置1套现地控制设备，共5套。泵站节制闸设置1套集中控制设备，完成5扇节制闸门的控制。

c. 防洪闸。荆江大堤设有2孔通航孔兼作防洪闸，由单向桥机操作，要求动水启闭。

（四）消防及暖通系统

1. 水源工程

（1）丹江口大坝加高。

1）消防。消防设计的范围是大坝坝面各建筑物。斜面升船机各建筑物增加室外消防设施。

枢纽公用消防以水灭火为主，灭火器灭火为辅，消防水源为左岸自来水厂，消防供水采用与生产、生活供水共水源、共管网的供水方式，由2个500m³的蓄水池和1座加压泵房（内设1套变频加压装置）联合供水。

2）暖通空调。重新设计并更新电站厂房原来的空调系统及设备，对大坝加高部分所增加的各部位建筑物配备通风（轴流风机）及空调设施（中央空调系统或分体式空调器）。

（2）陶岔渠首枢纽。

1）消防。消防设计的范围为电站厂房各部位及大坝启闭机房、配电房等。

消防水源为位于枢纽左岸自来水厂，在枢纽左岸205.00m高程适当位置设一容量为250m³的消防水池，供大坝、电厂及枢纽生活、管理区等部位的生产、生活、消防用水，干管沿大坝坝面管沟敷设。另外，将水库水加压作为电站厂房及其机电设备消防备用水源。

2）暖通空调。电站厂房、大坝各部位建筑物配备通风（轴流风机）及空调设施（中央空调系统或分体式空调器)。

2. 输水工程

(1) 消防。各级管理机构建筑物、北京惠南庄泵站、中心开关站和较大的闸站等除重要的生产用机电设备配有专用消防设施外,生活管理建筑和枢纽公用区以室内外消火栓和消防车机动灭火为主,辅以移动式灭火器灭火;其他闸站建筑物以移动式灭火器灭火为主。

(2) 暖通空调。泵站各部位、控制工程建筑物和各级管理机构建筑物采用中央空调系统或分体式空调器进行通风、空调。

3. 汉江中下游治理

(1) 兴隆水利枢纽。

1) 消防。消防范围包括泄水闸、电站厂房和船闸等生产及辅助建筑物、管理及生活区。本枢纽消防系统中,除重要的机电设备配有专用消防设施外,生活管理区建筑主要消防措施是消防车机动灭火和室内外消火栓灭火。

2) 暖通空调。对电站厂房各部位建筑物采用轴流风机、分体式空调器进行通风、空调。

(2) 引江济汉。

1) 消防。消防范围除包括进出口建筑物、河渠交叉建筑物、跨渠倒虹吸、路渠交叉建筑物、东荆河节制工程等主要建筑物外,还兼顾本工程其他生产、生活辅助性建筑物。

龙洲垸泵站内除重要的机电设备配有专用消防设施外,生活管理区建筑主要消防措施是消防车机动灭火和室内外消火栓固定灭火,并辅以移动式灭火器灭火。其他闸站主要由移动式灭火器灭火。

2) 暖通空调。采用轴流风机及分体式空调器对各部分房间进行通风、空调。

二、金属结构

(一) 水源工程

1. 丹江口大坝加高工程

丹江口水利枢纽初期工程各类金属结构自20世纪60年代投入运行至今已30多年,根据安全检测和复核计算结果,部分金属结构通过改造可继续使用,部分金属结构需重新制作或加固。

需改造和加固的主要设备有:泄洪堰顶事故检修门和工作门及两台4000kN门机,深孔弧形工作门,电站进水口拦污栅、检修门和快速门,供水口检修门和拦污栅等。

需重新制作的金属结构主要有:所有需加高部分的门槽埋件及加长的闸门吊杆,深孔事故检修门,深孔弧形工作门侧轨及门楣埋件,深孔弧形工作门2000kN固定卷扬机,电站快速工作门液压启闭机及泵站和电控系统,新增的坝顶5000kN门机及轨道,新增的液压自动挂钩梁和压载梁,新增的供水口检修门,所有金属结构设备的防腐等。需按300t级船型规模重新制作的升船机。

丹江口大坝金属结构与机械设备拆除工程量为5103.8t;升船机拆除工程量为1900t;钢闸门及埋件和机械设备制造工程量为4991.9t;安装工程量为8755.5t;闸门埋件水下修复1712m²;防腐蚀涂装工程量约为110970m²;升船机的制造、安装的工程量为3546t,见表11-5-1。

表 11-5-1　　　　　　　　　　丹江口大坝加高工程金属结构工程量表

序号	名　称	门槽 /孔	闸门 /扇	启闭机 /台	闸门和埋件重量 /t	启闭设备和轨道重量 /t	防腐涂装面积 /m²
一	金属结构及启闭机拆卸工程量						
	合计	123	81	11	3316.8	1787	
二	升船机拆卸工程量：1900t						
三	金属结构及启闭机制造工程量						
水下埋件检测 及修复	1712m²						110970
	合计	101	110	20	2857.6	2134.3	
四	金属结构及启闭机安装工程量						
	合计	101	110	20	5520.8	3260.3	
五	升船机制造、安装工程量：3546t						

2. 陶岔渠首枢纽工程

陶岔渠首枢纽涉及金属结构的建筑物包括引水闸和电站，引水闸建筑物共设 3 个孔口，分为进口段和出口段两部分。进口段每孔设 1 扇弧形工作闸门，采用液压启闭机一门一机操作，3 台液压机共用一套液压泵站，机房内设检修桥机，作检修液压机之用。为防止污物进入总干渠，在弧形工作闸门上游布置拦污栅与事故检修门共槽，1 扇事故检修闸门和 3 扇拦污栅由闸顶双向门机分别通过抓梁及吊杆进行操作。在出口段设有一道检修闸门槽，3 孔共用一套检修叠梁门，由设置在出口平台的单向门机通过抓梁进行操作。

电站建筑物进口和尾水均设置 2 个孔口，进口段前沿由小隔墩分 4 个拦污栅孔，顺水流向依次布置 4 扇拦污栅和 2 扇检修闸门，与引水闸进口共用闸顶双向门机，通过吊杆及抓梁起吊；尾水段布置 2 扇事故门，由设置在尾水平台上的 L 型门机通过抓梁操作。

金属结构工程总量 2125t，防腐涂装面积 31600m²。主要技术特性及工程量见表 11-5-2。

（二）输水工程

输水工程涉及金属结构设备的各类建筑物有节制闸 61 座，检修闸 196 座，退水闸 53 座，分水闸 71 座（含西黑山分水闸），控制闸 61 座，出口闸 2 座，其他闸 28 座。金属结构设备共计门槽 1879 孔，闸门 1387 扇，共配置启闭机 1174 台，金属结构总重 54700.9t（不含清污机及北京段液压机重量），防腐总面积 748359m²。

节制闸和控制闸的工作闸门及启闭机选择为弧形钢闸门和液压启闭机；分水闸、退水闸工作闸门及启闭机较多选择平面钢闸门和固定卷扬式启闭机，个别分水闸选择铸铁闸门，螺杆式启闭机；多孔共用的检修闸门选择叠梁和移动式启闭机。节制闸、分水闸及退水闸工作闸门有集中远程调度控制要求。

金属结构采用喷稀土铝加涂料防腐。

总干渠黄河北（含穿黄工程）的节制闸、控制闸和退水闸的闸门前及其门槽采取防冰冻措施或采用修建闸室保温措施。

陶岔渠首枢纽工程金属结构设备主要技术特性及工程量

表 11-5-2

名称	孔数	门体					埋件			门库		启闭机					抓梁	埋件
		形式	孔口尺寸—设计水头/m	数量	单重/t	总重/t	数量	单重/t	总重/t	数量	重量/t	形式	容量/kN	数量	单重/t	总重/t	总重/t	总重/t
一 引水闸																		
1. 进口拦污栅	3	平面活动式	7×7.8—4	3	25	75	3	35	105			双向门机	2×1000/300	1	270	270	8	32
2. 进口事故检修门	3	平面定轮门	7轮门门口事—32.2	1	85	85				1	4							6
3. 进口工作门	3	弧形门	7形门口工—32.2	3	80	240	3	20	60			液压机 检修桥机	2×630 100	3 1	26 10	78 10	6	5
4. 出口检修门	3	平面叠梁门	7×9.91—9.91	1	25	25	3	10	30			单向门机	2×160	1	40	40		6
二 电站																		
1. 进口拦污栅	2	平面固定式	8.5口拦污栅—4	2	60	120	2	10	20									
2. 进口检修门	2	平面滑道门	8.5口检修门—43.25	1	90	180	2	35	70	2	8	与引水闸共用	2×1000/300				8	17
3. 出口工作门	2	平面定轮门	8.5口工作门—41.95	2	100	200	2	30	60			单向门机	2×1000	1	190	190	8	
4. 厂房桥机轨道				2														30
5. 变压器轨道				1														20
6. 厂房钢屋架				1		85			15									
7. 出线塔				1		8			1									

输水工程各渠段金属结构工程量汇总表见表 11-5-3。

表 11-5-3   输水工程各渠段金属结构的工程量汇总表

序号	渠段名称	门槽/孔	闸门/扇	启闭机/台	闸门和埋件重量/t	启闭机和轨道重量/t	防冰压设备等/套	融冰设备/套
1	陶岔—沙河南	232	164	146	9042.9	3383	—	—
2	沙河南—黄河南	483	306	256	10468	2189	—	—
3	穿黄工程	14	11	10	598.8	184.7	8	32
4	黄河北—漳河南	482	346	275	12113	1634	—	—
5	穿漳工程	11	9	7	358	124.3	11	44
6	漳河北—古运河	243	191	152	4875	1146	22	—
7	古运河—北拒马河中支	244	195	171	4250	840	139	20
8	北京段	38	34	27	472（不含液压机、清污机）		17	2
9	天津段	132	131	130	3022.2（不含清污机）		3	4
	合　计	1879	1387	1174	54700.9		200	102

（三）汉江中下游治理工程

1. 兴隆水利枢纽

涉及金属结构设备的建筑物有泄水闸、电站、船闸及鱼道，其相应金属结构的工程量为 11536t，防腐面积约为 201000m²。

泄水闸共 56 孔，共设 5 扇平面事故检修门，由 2 台坝顶双向门机操作；设 56 扇弧形工作门，由液压启闭机操作；下游共设 3 扇浮式检修门。

电站建筑物布置 4 台机组和 3 孔排沙孔，电站进水口设斜面拦污栅，清污方式为进水口门机带清污机清污结合停机提栅清污；1 扇检修叠梁 4 孔共用，由设于电站进水口坝顶的 1 台门机带自动挂脱梁操作；4 扇尾水闸门为平面滑动门，由 1 台尾水门机操作。排沙孔工作门为平面滑动门，共 3 扇，由进水口门机回转吊操作；排沙孔检修门为平面滑动门，3 孔共用 1 扇，由尾水门机操作。

船闸上下闸首设工作人字闸门由设在闸顶的卧式摆缸液压启闭机操作；充、泄水阀门均为平板定轮门，由闸顶液压启闭机操作；闸顶设置有一台 L 形门机，用以操作上、下闸首检修叠梁和输水廊道检修阀门等，并兼作船闸检修起吊设备。上闸首人字闸门顶升式活动桥，由顶升油缸操作。

鱼道上游出口部位闸室设有平板闸门由固定卷扬式启闭机操作。

2. 引江济汉工程

涉及金属结构设备的主要包括进口控制建筑物、河渠交叉建筑物、出口控制建筑物三大部分。各类拦污栅、钢闸门共 286 扇；埋件 413 套；各类启闭设备包括自动挂脱梁，手、电葫芦，移动式启闭机，电动单梁起重机，固定卷扬机，液压启闭机，回转式清污机，移动抓斗式清污机共 237 台。

拦污栅、钢闸门总重 3910.93t，埋件总重 2227.1t，启闭设备总重 1951.6t，喷 Ce—铝防腐面积 111805.6m²。

3. 闸站改造工程

闸站改造范围仅限于丹江口水库—兴隆枢纽—汉江河口段的现有 31 座闸站。金属结构总重量为 1882.8t，防腐面积 36369.2m²。

主要工程是见表 11-5-4。

表 11-5-4　　　　　　　　　　闸站改造工程金属结构工程量表

名　称	门槽 /孔	闸门 /扇	启闭机 /台	金属结构及启闭设备重量 /t	防腐面积 /m²
闸站改造	272	253	126	1882.8	36369.2

第六节　工　程　管　理

一、工程运行管理体制

中线工程作为国家重大的水利基础设施，具有公益性和经营性双重特性。中线工程管理体制的建立应在服从公益性目标的基础上满足经营性的要求。南水北调中线工程建设与运行管理体制遵循"政府宏观调控、准市场机制运作、现代企业管理、用水户参与"的原则进行设计。在运行管理中需要确定三个层次的管理关系，即水资源的统一调度管理、丹江口水库的综合调度管理以及工程生产调度管理。

水资源的统一调度管理的具体任务是负责水资源调度中重大问题的决策和协调。

丹江口水库综合调度管理服从于水资源统一调度方案，在优先满足汉江中下游防洪和用水要求，按受水区需要确定北调水量。丹江口电站除在丰水期利用弃水发电和为汉江中下游供水时发电外，不再专为发电泄水。

工程生产调度管理包括水源的生产调度管理和总干渠输水生产调度管理。根据南水北调中线工程建设管理体制框架，分别组建中线水源公司和南水北调中线工程干线工程有限责任公司（简称"中线干线公司"）。在工程运行期，分别负责水源工程、干线输水工程的日常运行调度及工程维护管理。

二、管理机构、人员及职能

1. 水资源统一调度管理部门

水资源统一调度管理由水行政主管部门负责，人员编制暂按 20 人考虑。主要职能是负责水资源调度中重大问题的决策和协调。

2. 中线水源公司

由于涉及丹江口大坝新增功能和效益分割，中线水源公司机构设置还有待下阶段进一步研究确定。暂设两级管理机构，人员编制 295 人，负责丹江口水库的供水调度管理，库区水质保护等。

3. 中线干线公司

中线干线公司负责输水工程的统一调度运行，输水工程的维护管理、水费征收、水质保护等，共设立四级管理机构，人员总编制 4936 人。其中，二、三、四级管理机构按省（直辖市）、地（市）、县（市）行政区设立相应分支机构。

（1）一级管理机构。为中线干线公司，下设工程运行总调度中心。全面负责全线的供水计划和调度计划、工程技术管理、运行管理、水量水质监控、工程安全监测、水质保护、财务与资产管理、水政监察、信息化系统管理、水费征收及财务管理等。

（2）二级管理机构。以省（直辖市）划分设河南分公司、河北分公司、北京分公司、天津分公司。分公司协助总公司进行水量调度，协调和制定省（直辖市）内用水计划；负责省（直辖市）内水量水质监控、工程安全监测、信息化系统管理、工程技术管理、水费征收、财务与资产管理、水政监察等。在河南分公司设备用调度中心，在总调度中心出现异常情况下启用。

（3）三级管理机构。基本以地市划分设工程管理处，隶属所在省（直辖市）分公司。管理处所在地设在市内。根据地市界划分，适当合并后，河南分公司下设南阳、平顶山、郑州、焦作、新乡、安阳 6 个管理处；河北分公司下设邯郸、邢台、石家庄、保定 4 个管理处；考虑北京、天津段为管涵输水，管理维护任务相对较少，不设三级管理机构。全线共设 10 个管理处，各自负责所管渠段的供水计划制定、水量水质监控、工程安全监测、信息化系统管理、工程运行维护管理、财务与资产管理、水费征收等。

（4）四级管理机构。基本以县划分，结合建筑物及节制闸位置设现地工程管理所，隶属所在地市管理处，是中线工程最基层的管理单位。管理所负责所在渠段工程的工程维护管理、日常巡视检查、事故状态下现地控制、水量水质监控、工程安全监测等。全线共设 38 个管理所，其中河南分公司设 20 个管理所，河北分公司设 16 个管理所；考虑北京、天津分公司管理渠线太长，巡视维护不便，北京、天津分公司各设 1 个管理所，同时分公司兼部分管理所职能。

4. 湖北省南水北调管理局

初步考虑设立三级管理机构负责汉江中下游工程运行管理，人员编制 100 人。

一级机构为湖北省南水北调管理局，下设汉江中下游水资源管理调度中心。主要负责汉江中下游用水计划的制订，水量、水质统一管理，并对汉江沿岸取水设施进行监管，负责汉江中下游治理工程统一调度，负责与国家有关部门及水源公司协调丹江口水库的调度运行方案等。

二级机构为兴隆水利枢纽管理处、引江济汉工程管理处（分荆州、荆门和潜江三段），分别负责兴隆水利枢纽及引江济汉工程的运行维护管理。闸站改造由原单位管理，局部航道整治工程交由交通航运部门管理。兴隆水利枢纽管理处下设水库、船闸、水闸、电站 4 个管理所；引江济汉工程管理处下设进水闸、拾桥河枢纽、长湖枢纽、西荆河枢纽、高石碑出水闸、荆州市境内渠道、荆门市境内渠道 7 个管理所。

三级管理单位为管理所，负责各建筑物的运行、调度、日常维护、安全监测等管理工作。

三、管理设施

管理设施配置主要包括办公用房及其附属设施、交通工具、日常办公设备、工程检测和维护设施、工程安全防护设施等。

1. 办公用房及其附属设施

主要考虑办公及生产设施、文化福利设施、庭院及环境绿化设施。管理处及管理所设物资仓库及生产维修车间。调度中心根据中线水源公司、中线干线公司、湖北省南水北调管理局编制方案确定。水资源统一管理部门办公用房及其附属设施建筑面积 1080m²。中线水源公司办公用房及其附属设施建筑面积 33490m²，占地 9955m²。中线干线公司办公用房及其附属设施建筑面积 291504m²，占地 169380m²。湖北省南水北调管理局办公用房及其附属设施建筑面积 4670m²，占地 3200m²。

2. 交通设施

一、二级管理机构主要配备轿车、越野车、面包车。三级管理机构主要配备越野车、面包车及小型运输汽车。四级管理机构主要配备越野车、面包车、载重汽车及橡皮艇。

3. 其他管理设施

按照"管养分离"的原则，大的工程检修维护主要依靠社会力量，日常管理中根据需要配置工程经常性观测检测设施及日常维护所需设施。渠道沿线实行全封闭管理，两侧开口线或堤外坡脚线以外 13m 设置金属护网。各类建筑物管理范围外轮廓线设置金属护网（不包括河道内部分）。公路桥两侧设置金属护网。两岸渠堤埋设永久性里程碑及百米桩，在交叉建筑物处，拟设置标志牌。

4. 管理交通道路

为满足对总干渠渠道及河渠交叉建筑物的巡视、维护、物资运输要求，在总干渠明渠挖方段右岸第一级马道设置管理交通道路，填方及半挖半填渠道右岸堤顶设置管理交通道路。总干渠北京段在管涵一侧设置管理交通道路，天津干线段利用现有交通网络，局部设置连接管理交通道路。在河渠交叉建筑物等管理交通道路割段处，设对外连接交通道路。鉴于北方河道大部分时间无水，为方便管理，视河道情况布置穿河路（桥）。

四、管理范围和保护范围

1. 管理范围

管理范围是管理单位直接管理和使用的范围，包括渠道、各建筑物上下游防护工程（不包括河道整治工程）、建筑物各组成部分（不包括隧洞洞身段、管道或暗涵管身段、倒虹吸管身段顶部区域）、退水渠及下游消能防冲工程和两岸连接建筑物的覆盖范围，以及附属工程设施（含观测、交通、通信设施、测量控制标点、界碑里程牌及其他维护管理设施）、综合开发经营基地、管理单位生产、生活区。工程管理范围作为永久占地征用。总干渠工程以渠道两侧开口线或堤外坡脚线以外 13m 划定工程管理范围，建筑物一般按轮廓线外 30~50m 划定工程管理范围。

2. 保护范围

在管理范围外划定一定的宽度作为保护范围。渠道的保护范围为渠道管理线以外 200m；河渠交叉建筑物的保护范围与渠道相同；隧洞、管道、暗涵顶部区域及以外 50m 为保护范围。工程保护范围内，其土地产权性质不变。保护区外可根据需要加设准保护区，按环境保护要求进行管理。

五、调度运用原则

1. 丹江口水库综合调度

丹江口水库综合调度遵循水资源优化配置原则,遵循发电服从调水、调水服从生态、生态服从安全的原则。

(1)水库调度基本原则如下:

1)在遭遇 1935 年同大洪水时,新城以上民垸分洪配合,杜家台分洪,东荆河分流,保障汉江两岸遥堤、干堤安全,超 1935 年洪水,保证大坝安全。

2)在设计保证率 95% (年保证率)情况下,能保证中线既定的供水量。供水调度坚持水源区优先并兼顾北方受水区需要的原则。

3)发电调度服从供水,利用汉江中下游需丹江口水库补偿下泄的水量发电,不专门为发电下泄水量,仅当水库汛期面临弃水时,才加大发电,电站按预想出力发电。

4)航运最小下泄流量不小于 $200\mathrm{m}^3/\mathrm{s}$,日平均最小下泄流量不小于 $400\mathrm{m}^3/\mathrm{s}$。

(2)陶岔渠首枢纽供水调度。根据丹江口水库调度运行方式,按库水位高低,分区控制引水流量上限,尽可能提高枯水年调水量。

2. 总干渠供水调度与控制运行

总干渠供水调度按北方受水区需调水进行调度,供水优先顺序为生活类、工业类、其他类。供水调度考虑沿线调蓄工程的调蓄作用。渠道运行控制方式采用下游常水位(亦即闸前常水位)方式。

六、工程运用管理

1. 输水工程运用管理

为及时发现和处理问题,确保工程的正常运用,必须加强渠道及各类建筑物的检查及养护工作。管理所应建立检查养护制度及操作规程,按管理规章制度和工程安全监测要求进行养护。机电设备应制订专门管理规章和运行规程。铁路交叉工程交由铁路部门负责管理。公路桥由管理所根据管理制度对桥梁进行日常维护和监测,保证交通通畅和总干渠的安全。

2. 水质管理

丹江口库区水质保护应制定并实施丹江口库区及其上游水资源保护规划;加强生态环境建设,控制面源污染;强化管理,制定库区水质保护条例,永保一库清水。总干渠输水沿线建立水质测报系统,对可能发生的水污染事故拟定应急方案,并在保护区外加设准保护区(一级保护区外延 2km),按环境保护要求进行管理。

3. 水费征收和管理

水费征收实行容量水费(或基本水费)与计量水费相结合的两部制水费制度。南水北调中线工程水源公司负责水源区(陶岔渠首出口)水费计收工作,中线总公司负责输水总干渠各分水口门的水费计收工作。容量水费(或基本水费)按年初预缴,年末结算;计量水费根据用水户的月用水量,按月计量缴费。水费收入是专项资金,主要用于工程的还贷、运行管理费、工程设施的维修养护及更新改造费支出。

七、工程监测

工程监测的主要内容包括渠道和建筑物安全监测，渠道的水面线监测，水库及渠道的水量、水质、水土保持监测等。

1. 水源工程

水源工程的监测主要指大坝原有和加高工程的安全监测（包括变形监测、渗流及渗漏量监测、结构内力监测、水力学监测、地震监测、左右岸土石坝监测），水库的水量（实时监测整库水量、每个出水口设置一个监测断面、对发电用水及下泄洪水量进行监测）、水质监测（规划设置中心控制站 1 个、重点监测站 5 个、流动监测站 2 个），水土保持监测，水文泥沙观测及陶岔渠首枢纽变形、渗流、内观、强震、水力学、水质监测等。

2. 输水工程

（1）总干渠水面线监测。总干渠水面线监测主要是监测各种工况下渠道水面线实际变化情况，其监测断面主要布置在总干渠沿程存在较大水头损失的部位。

（2）水量监测。在陶岔渠首、沙河南岸、黄河北岸、漳河北岸、西黑山、北拒马河中支南岸、北京团城湖、天津外环河、总干渠分水口门等处分别设监测断面。

（3）水质监测。全线规划设置中心控制站 4 个，重点监测站 15 个，一般监测站 11 个，流动监测站 6 个。水质监测分为人工监测和自动监测两部分。人工监测项目根据监测站的功能和级别来制定。南水北调中线调水工程输水干线规划制定两级监测计划，一级监测计划适用于重点监测站，二级监测计划适用于一般监测站。

（4）渠道及建筑物安全监测。渠道及建筑物安全监测主要包括各主要建筑物及特殊渠段的变形监测，各大型建筑物基础渗压和地下水监测，各特殊渠段地下水和渗透稳定监测，各大型建筑物结构应力、钢筋应力、混凝土温度、接缝、裂缝、地基应力等监测，各大型倒虹吸外水压力和土压力监测，Ⅷ地震区典型建筑物地震效应监测等。

八、工程管理信息系统

总干渠工程管理信息系统覆盖总干渠工程各级管理及生产机构，包括各级行政管理机构、工程建设及生产管理机构（总公司、分公司、管理处、管理所），并与工程的设计、施工、监理等调水工程的参建单位建立连接。工程管理信息系统在体系结构上分为四层：总公司层、分公司层、管理处层和管理所层。总公司负责整个总干渠工程全线数据库的管理工作，是整个工程管理信息系统的核心及骨干层；分公司及管理处负责所辖区段的数据库的管理工作，是工程管理信息系统的分布层；管理所不设置单独的数据服务器，其所需信息取自所属分公司，是工程管理信息系统的接入层。在总公司、分公司、管理处及管理所等部位建立独立于其他系统的专用局域网，局域网间通过总干渠专用通信网连接构成工程管理信息系统网络。

总干渠工程管理信息系统以工程建设期间的工程建设管理和工程建成后的生产运行管理为核心，同时满足管理部门工作需求、各级领导决策参考需求以及广大职工信息交流和共享的需求，并向社会公众提供服务。工程管理信息系统包括工程建设管理、生产运行管理、电子政务、财务管理、人力资源管理、工程建设信息查询和办公自动化等子系统。

第七节 施 工 组 织 设 计

一、工程施工特点

南水北调中线一期工程项目多、渠线长、建筑物形式及工程自然环境多样化。水源工程、输水工程、汉江中下游治理工程施工各具特点。

丹江口大坝加高工程是在初期兴建的混凝土坝体上贴坡和加高，新老混凝土结合是大坝加高的关键技术，先后开展三次现场试验，基本确定施工工艺和质量控制要点。输水总干渠线路长，与河、渠、公路、铁路交叉建筑物多，沿线气象、水文、地形、地质条件变化大，并经过采煤区、膨胀土和湿陷性黄土区，穿黄工程采用盾构施工，部分渠段采用 PCCP 埋管、浅埋暗挖法和顶管法施工，施工技术涉及的行业多、领域广。引江济汉工程与总干渠工程具有相似特点，其穿湖渠段是工程难点。

二、施工导流

（一）丹江口大坝加高工程

丹江口枢纽初期工程已运行 30 年，在大坝加高施工期间仍然承担着汉江中下游防洪任务，必须确保大坝安全度汛及汉江中下游防洪安全。施工度汛标准采用 1000 年一遇洪水设计，与初期工程设计洪水相同；10000 年一遇洪水校核，10000 年一遇加大 20％洪水保坝。

溢流坝段加高混凝土工程量大，混凝土运输、浇筑及施工设备受工作面的限制，所有溢流坝段加高和坝顶启闭设备安装不能在一个枯水期内完成。因此，设计推荐溢流坝段分年、分批加高的施工方案。

2005 年（第 1 年）至 2007 年：溢流坝段堰孔溢流顶面未加高，大坝泄流能力不变，大坝度汛按丹江口初期运行期度汛要求执行。

2008 年：22～24 号溢流坝段 6 个堰孔加高至高程 152m。此时大坝由高程 113m 的 11 个深孔、高程 138m 的 14 个表孔和高程 152m 的 6 个表孔联合泄流。

2009 年：19～21 号坝段 6 个堰孔加高至高程 152m。此时大坝由高程 113m 的 11 个深孔、14～17 号坝段高程 138m 的 8 个表孔和 19～24 号坝段高程 152m 的 12 个表孔联合泄流。

2010 年：汛前大坝全部加高完毕。

（二）陶岔渠首枢纽

2006 年 10 月至 2009 年 10 月中旬，施工期间利用陶岔老闸拦挡丹江口水库库水，在 3—4 月及 7—9 月刁河灌区引水时，位于高程 152m 以下工作面停止施工；2009 年 10 月中旬至 2010 年 2 月底，新建渠首枢纽工程全面浇筑至设计顶高程后，拆除陶岔老闸。

陶岔渠首枢纽导流建筑物级别为 4 级，导流设计洪水标准为 10 年一遇。经分析丹江口水库实测库前水位，闸前施工导流设计挡水位为 157.00m。

下游围堰按挡北排河全年 10 年一遇洪水设计，相应流量 285m³/s，堰前水位为 144.00m。

（三）输水工程

1. 总体说明

河渠交叉建筑物（包括控制工程）一般需进行施工导流设计；渠渠交叉工程根据原渠道灌溉间歇时间确定施工导流方案；左岸排水工程规模不大，根据施工进度安排与水文资料分析，一般可以通过合理的安排施工期，避免修筑导流建筑物，暂不单独进行施工导流设计；公路交叉工程、铁路交叉工程均为干地施工，无施工导流问题。总干渠河渠交叉建筑物共 164 座，渠渠交叉建筑物共 133 座。

2. 建筑物级别、导流标准与时段

按规范规定，陶岔—沙河南渠段河渠交叉工程的施工导流建筑物级别一般为 4 级，但从导流围堰高度、相应库容及使用年限均属 5 级范围，考虑到工程区导流建筑物失事仅影响到建筑物工程本身的施工，且在采取适当的预防措施后，也不至于造成较大的经济损失，因此施工导流建筑物级别均由 4 级降为 5 级。按规范导流建筑物设计洪水标准为 5～10 年一遇洪水，综合考虑工程规模、投资及工程区地形、地貌及导流方式等各方面因素确定导流标准，除白河导流建筑物采用 10 年一遇洪水，其余建筑物采用 5 年一遇洪水。施工导流时段均为枯水期（11 月至次年 4 月、11 月至次年 5 月、10 月至次年 5 月）。

沙河南—黄河南（15 座）与黄河北—漳河南渠段（11 座）河渠交叉工程的导流建筑物级别为 4 级，沙河南—黄河南（19 座）与黄河北—漳河南渠段（26 座）河渠交叉工程的导流建筑物级别为 5 级。4 级建筑物采用 10 年一遇洪水，5 级建筑物采用 5 年一遇洪水。施工导流时段均为枯水期（每年 10 月 1 日至次年 5 月 31 日）。

穿黄工程导流建筑物为 4 级建筑物。导流标准采用全年 20 年一遇洪峰流量 $Q=11210$m³/s。相应天然水位 103.93m。新、老蟒河相应的临时建筑物为 4 级。导流建筑物设计洪水标准采用 5 年一遇洪水，相应的汛期洪峰流量分别为 400m³/s、164m³/s。

漳河河渠交叉工程的施工导流建筑物级别由 4 级降为 5 级。导流时段为枯水期，围堰设计洪水标准采用岳城水库自备电站设计下泄流量 $Q=71.1$m³/s。

漳河北—古运河南渠段河渠交叉工程中 17 座导流建筑物级别为 4 级，相应导流标准为 10～20 年一遇洪水。其他 12 座导流建筑物级别降为 5 级，其导流标准为 5 年一遇洪水。导流时段为每年的 9 月 1 日至次年 6 月 30 日，汛期河槽停止施工。

古运河—北拒马河中支南渠段河渠交叉建筑物中 10 座导流建筑物的级别为 4 级，导流建筑物洪水重现期按 10～20 年选用；其他 13 座河渠交叉建筑物按 5 级建筑物设计，导流建筑物洪水重现期按 5 年选用。施工导流时段为枯水期（每年 9 月 1 日至次年 6 月 30 日或每年 9 月 15 日至次年 6 月 30 日）。

北京段北拒马河暗渠施工导流建筑物按 4 级临时建筑物进行设计，导流设计标准采用 10 年一遇洪水；其他工程导流建筑物，按 5 级建筑物设计，导流建筑物洪水重现期按 5 年选用。施工导流时段为每年 10 月 1 日至次年 5 月 31 日。

天津干线中潮河、大清河、牤牛河、子牙河倒虹吸工程导流建筑物级别为 4 级，确定导流设计洪水重现期为 10 年。施工导流时段选定为每年 10 月 1 日至次年 5 月 31 日。

3. 导流方式

河渠交叉建筑物施工导流方式主要分为以下三种。

方式一：采用分期导流方案，一般分为两期。一期利用结合永久工程先期拓宽过的主河槽过流，二期泄流根据河渠交叉建筑的结构型式不同，分为利用一期已建成的涵洞或增加了渡槽墩台的束窄河床及一期整理过的束窄河床过流。

方式二：采用筑岛结合钢筋混凝土沉井的施工导流方案。

方式三：采用上、下游土石围堰一次性拦断原河床，开挖导流明渠泄水的施工导流方案。围堰挡水时段为枯水期，汛期基坑过水，汛后需对土石围堰进行恢复。采用该导流方式的河渠交叉建筑物施工期一般为两年，北排河排洪渡槽施工期为一个枯水期。

4. 导流建筑物设计

施工围堰均采用梯形断面，堰顶宽度依据交通和施工要求确定，宽度一般为 3～10m，堰顶高程不低于设计洪水位的静水位加波浪高度，安全超高 0.5m，迎、背水面坡度 1∶1.5～2.5。围堰防渗采用均质围堰、黏土铺盖、垂直防渗板墙及斜墙形式。导流明渠为倒梯形结构，根据地质条件确定明渠开挖边坡为 1∶0.5～1∶2。

穿黄隧洞施工期为缩窄原河床导流。黄河滩地上建筑物（渠道）汛期采用临时断面挡水，临时断面填筑平台高程 105.6m。北岸竖井工作平台平面尺寸为 70.8m×102.8m（横河流方向×顺河流方向）。

南岸竖井工作平台平面尺寸为 58.5m×88.0m（横河流方向×顺河流方向），竖井选用地下连续墙方案，内径采用圆形地下连续墙竖井。北岸工作井内径为 18.0m，外径为 20.8m；南岸工作井内径为 13.5m，外径为 15.9m。南、北岸竖井开挖底高程分别为 64.05m、55.5m。竖井地下连续墙底高程南、北岸分别为 54.0m、29.0m。挡水帷幕的结构型式采用自凝灰浆墙。

5. 导流工程量

输水总干渠交叉建筑物施工导流工程量见表 11 - 7 - 1。

表 11 - 7 - 1　　　　　　　输水总干渠交叉建筑物施工导流工程量表

序号	渠　　段	土方填筑/m³	开挖/m³	混凝土/m³	钢筋/t	高喷/m	钢板桩/m²	帷幕灌浆/m	垂直防渗/m²	复合土工膜/m²
1	陶岔—沙河南	2854680	2861440	6430	193				98800	70500
2	沙河南—黄河南	607704	766029		7860					
3	穿黄工程	116700	47950	8680	4430	34605		2370	33940	
4	黄河北—漳河南	549771	549467							
5	穿漳工程	153200	364800						57400	
6	漳河北—古运河	690161	665166						177122	
7	古运河—北拒马河	1363133	1425539							
8	北京段	17168	16836						9649	
9	天津干线	802932	802932		773	5043	5516		6304	27179
10	合计	7155449	7500159	15110	5396	47508	5516	2370	383215	97679

（四）汉江中下游治理工程

1. 兴隆水利枢纽

导流建筑物为 4 级。坝址段为平原河流，洪水来势较缓，上游丹江口水库可调控下泄流量，施工导流土石围堰洪水标准取下限为 10 年洪水重现期。

施工导流采用明渠导流方式。在左岸漫滩开挖导流明渠，中心滩地上修筑土石纵向围堰。一期围右岸，进行右岸基坑工程施工，导流明渠及左岸漫滩过流，明渠通航。二期采用土石坝体直接截断明渠，进行过水土坝的施工，由已完建的泄水闸泄流，船闸通航。

导流明渠采用复式断面。明渠总宽 450m，渠底高程 27.7m。

上、下游土石围堰采用黏土斜墙加黏土铺盖方案，纵向段采用黏土心墙加混凝土防渗墙方案，防渗墙深度 60m。

导流建筑物工程量：土方开挖 1743.2 万 m³，土石方填筑 329.18 万 m³，围堰拆除 244.8 万 m³。

2. 引江济汉工程

引江济汉工程包括渠道工程及几十座配套建筑物，其渠道施工基本上不存在施工导流问题，只有涵闸、虹吸管等交叉建筑物的施工存在导流问题。

引江济汉为Ⅰ等工程，渠道及渠上建筑物为 1 级，改建冯家口闸为 2 级，东荆河橡胶坝为 3 级，东荆河引水渠上新建引水闸为 4 级。相应的临时导流建筑物可分别选定为 4 级、5 级，采用土石围堰，洪水标准分别选定为 10 年一遇、5 年一遇。

根据各河流的水文特性，6—9 月为洪水期，4 月、5 月为汛前过渡期，10 月为汛后期，11 月至次年 3 月为枯水期。一般建筑物施工期为枯水期。

大型涵闸导流方式：为防止在汛期高水头下砂基础发生管涌破坏，对采用堤后式布置方案的龙洲垸进水闸、高石碑出水闸仍采用枯水期施工方案；荆江大堤节制闸布置在荆江大堤上，在一个枯水期内不可能建成挡水度汛，由于本围堰在施工期不仅保护着涵闸的施工，更主要的是作为长江（汉江）干堤的一部分，起着十分重要的防洪作用，因此，围堰的设计与施工应遵循同级江堤的标准实施。堰顶宽 8m，内外边坡 1：3，堰顶与现有堤防等高程。要求在汛前将闸室及拱涵混凝土浇出地面以上，并至少将闸体两侧土方回填与地面齐平，以防砂基发生管涌。

内河交叉建筑物导流方式：在拾桥河、西荆河上建有节制闸、泄水闸及船闸等建筑物。堤上节制闸采用一期导流，在外滩上填筑围堰抵挡施工洪水，在一个枯水期内完成闸体施工；对于跨河床的船闸、泄水闸，采用分期导流、分期施工的方式。在东荆河上建有三座橡胶坝，根据其规模及所在河床地形条件不同，马口坝采用二期导流、二期施工，施工工期为两个枯水期；黄家口坝及冯家口坝采用一期导流、一期施工，分别在一个枯水期内完成坝体施工。

倒虹吸管导流方式：与一般灌溉渠道交叉的倒虹吸管，在枯水期施工时，渠道中基本上没有水流，导流只需在渠道静水中填筑围堰即可，不需开挖导流明渠，单座倒虹吸管可在一个枯水期（11 月至次年 3 月）内完成；在河流上修建的倒虹吸管，在枯水期施工时，施工导流可根据工程布置及河流地形条件，采用填筑围堰拦截河流，同时开挖明渠导流（即一期明渠导流方式），或是采用分期导流方式；当建筑物位于渠道上，没有与其他水系连通时，可先施工建筑物后开挖相邻渠道，不需围堰的保护。

导流建筑物工程量：土方开挖 115.86 万 m³，土石方填筑 133.94 万 m³。

3. 部分闸站改造

部分闸站施工时需要在外江及内港侧修建施工挡水围堰，建筑物与防汛有关的结构施工主要安排在枯水期（11月至次年4月）进行。被保护的建筑物为2级时，围堰级别为4级，挡水标准为施工期10年一遇；被保护的建筑物为3级、4级时，围堰级别为5级，挡水标准为施工期5年一遇。

导流建筑物中，除深江闸（泽口闸徐鸳口方案）需采用导流明渠外，其他导流建筑物均为施工临时围堰，根据围堰布置场地条件，分别采用均质土和袋装土两种形式，待改造建筑物基本完工后，所有围堰均应拆除。

导流建筑物工程量：土方填筑 11.38 万 m³，围堰拆除 11.38 万 m³。

三、施工技术

（一）丹江口混凝土坝加高工程施工

1. 加高施工程序及施工方案

结合大坝加高工程特点及施工度汛要求，大坝按先贴坡后加高的程序进行。主要施工程序为：两岸非溢流坝段、深孔坝段、厂房坝段及表孔溢流坝段高程128m以下部位贴坡混凝土浇筑→两岸坝段加高混凝土浇筑→表孔溢流坝段高程128m以上堰面及坝顶加高混凝土浇筑。混凝土浇筑采用高架门机施工方案，高架门机布置在老坝顶高程162m，承担贴坡及加高混凝土浇筑和安装工程施工，坝顶加高施工时从河床向两岸退浇，自卸汽车从两岸供料。

在左岸小胡家岭及右岸军营分别布置混凝土拌和系统，配置出机口温度为7～10℃的预冷混凝土系统，混凝土施工年高峰强度为44.32万 m³，月高峰强度为6.6万 m³。

2. 新老混凝土结合措施

根据三次现场试验及仿真计算研究成果，为保证新老坝体共同作用，采用如下工程措施：

（1）浇筑贴坡混凝土时控制水库坝前水位不高于152m。

（2）适当提高混凝土标号，使其弹模值接近老混凝土弹模。

（3）为避免应力集中，根据实际情况拆除原坝体下游施工栈桥等老坝体突出部位混凝土。

（4）在未设置键槽的部位补设键槽，并设置接缝灌浆系统。

（5）加强新老混凝土结合面的处理，凿除老混凝土面碳化层，同时不损伤老混凝土，提高新老混凝土结合面胶结强度。

（6）采用严格的温控措施，包括控制贴坡混凝土最高温度不超过28℃、通水冷却、保温等措施。

3. 混凝土温控与防裂措施

（1）采用中、低热水泥，优化混凝土配合比，改善混凝土的性能，提高混凝土的抗裂能力。

（2）合理安排混凝土施工程序和施工进度，混凝土浇筑应做到短间歇连续均匀上升，贴坡混凝土相邻块高差控制在4～6m，不得出现薄层长间歇。

（3）控制坝体最高温度，采用预冷骨料及加冰拌和混凝土，控制夏季出机口温度为7～10℃，并通过其他温控措施，使坝体最高温度控制在设计允许最高温度范围之内。

（4）合理控制浇筑层厚及间歇期，贴坡混凝土浇筑层厚采用 1.5～2.0m，加高混凝土浇筑层厚采用 2.0～3.0m，层间间歇期应控制在 5～7 天。

（5）通水冷却。贴坡混凝土浇完后进行初期通水，并在一个月内将浇筑块温度降至 16～18℃。此外，对于高温季节浇筑的加高部分混凝土，从 10 月初开始通河水进行中期通水冷却，将坝体混凝土温度降至 20～22℃。

（6）加强表面保护及养护，坝体上、下游面新浇混凝土设置施工期永久保温层。

（二）陶岔渠首枢纽工程施工

1. 施工方案

引水闸高程 140m 以下上、下游各布置一台履带吊进行施工，高程 140m 以上部位采用布置在坝轴线上游的一台小高架门机或履带吊将坝体浇筑至坝顶。

左、右岸重力坝段混凝土用机动性好的履带吊浇筑混凝土。靠近水闸的 1 个坝段基础较低可用水闸上游的小高架门机浇筑。

电站厂房前期在上、下游各布置一台履带吊进行底板施工，底板以上部位用小高架门机承担施工。

2. 混凝土温控防裂措施

优化混凝土配合比，提高混凝土抗裂能力；基础约束区混凝土浇筑应安排在低温季节进行；采取措施降低混凝土最高温度，并辅以埋设水管通水冷却；加强表面保护及养护，应特别重视对重力坝上游面、引水闸及厂房外露面的保温工作，过冬前对孔口进行遮蔽；对新浇混凝土应及时进行洒水养护。

（三）输水总干渠工程施工

1. 料场选择

（1）土料场选择。总干渠所需的土料沿线分布广泛，储量丰富，质量可满足要求。地质部门共勘探了 73 个主要土料场，总储量为 22155 万 m³，规划选择了 38 个土料场，取土量为 5131 万 m³，取土占地面积 2081 万 m²。

（2）砂石料场选择。总干渠沿线共勘探了 54 个料场，其中天然骨料料场 24 个，人工料场 30 个。天然料场储量 11230 万 m³，人工料场储量 50797 万 m³。规划选择了 21 个天然骨料料场，30 个人工料场，规划料场总储量 44465 万 m³。部分采用购买的方式解决。

2. 主体工程施工程序

（1）河渠交叉建筑物为工程量相对较大的独立建筑物，其施工应先于相邻渠段的混凝土衬砌进行。

（2）路渠交叉工程担负着交通运输的重要任务，在其建设过程中，要建立临时交通设施，施工应优先于总干渠。

（3）为保证施工过程中农业灌溉用水，渠渠交叉工程可先于渠道施工，亦可根据灌溉季节，相机安排施工。

（4）分水闸处于渠道旁侧，可同时与渠道施工或在渠道土方开挖完成后进行施工。

（5）左岸排水倒虹吸及涵洞工程位于渠道下部，地形较低，为保证在渠道开挖与回填后能排除左岸洪水，排水建筑物应先于渠道开挖和回填施工，在建筑物施工完成后，再进行渠道回填及衬砌工程施工。

3. 主体工程关键施工技术

（1）总干渠渠道开挖。根据不同的开挖深度及部位采用不同开挖方法。开挖深度不大于5m 的渠段，主要采用 120～180HP 推土机开挖，运距 50～80m；开挖深度大于 5m 的渠段，挖深 0～8m，主要采用 6～12m³ 铲运机开挖，推土机、挖掘机配合，运距 300～500m；挖深大于8m 范围，采用 2～3m³ 挖掘机开挖，推土机配合，8～15t 自卸汽车运输至弃渣场。

（2）盾构隧洞施工。根据地形地质及水文条件和国内外工程经验，经多方案比选，穿黄工程隧洞拟定采用外径约 9m 的泥水平衡式盾构机，从北岸先行完成的竖井向南岸竖井推进，盾构到达南岸竖井后，进行必要的检修，继续向南掘进邙山隧洞段。掘进完成后采用钢模台车进行二次现浇混凝土衬砌。

（3）膨胀土、湿陷性黄土渠段施工。采用隔水材料及时封闭出露的膨胀土体，避免膨胀土体长时间裸露流失水分和遭遇降雨发生膨胀破坏。对部分高地下水位的强、中膨胀土渠段，在封闭时应做好排水措施，及时将裂隙中出渗的地下水排走，并保持膨胀土体的初始含水量不发生变化，避免膨胀土的性质发生变化。

湿陷性黄土一般为非自重状湿陷性黄土，采用强夯处理，正式施工前，应做强夯试验，以确定合理的强夯参数。

（4）施工降水。一般不透水渠段，主要采用明沟排水法，在基坑四周设超前排水沟，沟内设集水井用泵排到施工场地以外；在中等～强透水的中砂、含砾粗砂、砾砂层渠段及砂岩、砂砾岩段，采用明沟排水与降水井综合排水法。河北段、北京段根据水文地质条件，还采用了大口井降水和管井降水方法。

穿黄工程南岸明渠段深挖方段设置深井井点降水，井深 50m，井间距 20m，井径 38cm，提前 1 个月降水。为进一步排除饱和土层中的孔隙水，在水平开挖面上增设格子状的超前排水沟，排水沟间距 30～50m，排水沟尺寸为 0.5m×1.0m。

（5）PCCP 管施工。PCCP 管为北京段的特殊工程项目，采用控制节长与重量（节长 5m，最大重量 77t），现场生产，短途运输、分节安装方式组织施工。PCCP 管道段在穿越高速公路或其他公路时采用顶管法施工。

（6）土石方平衡。渠道土石方平衡原则：

1）总干渠沿线不宜考虑跨越车流较大的公路、铁路。

2）半挖半填渠段和填方渠段应优先利用本渠段可用的开挖料，填土不足部分考虑调运邻段可用的开挖料，运距大于 16km（桩号间距约 14km），仍不足时，考虑沿渠道两侧就地取土或从邻段就地取土，或在附近选择合理料场，集中取土。在中、强膨胀土及岩石段等开挖不满足填筑技术要求渠段，考虑邻段调运或集中料场取土。

就地取土厚度一般小于 3m，渠道两侧每侧取土宽度不超过 300m，表面 0.5m 厚耕植土就近堆存，开挖取土后把耕植土复原，还耕于民。集中料场平均取土深度岗地不超过 4.5m，平地不超过 3.0m，并尽可能做到还耕于民。

3）土方开挖弃料，土方首先考虑在总干渠两侧就地弃土，弃土厚度不宜大于 3m，宽度每侧不宜大于 300m。就地弃土不能满足弃土要求时，可选择附近凹地、沟谷、荒丘、低洼地等集中堆放，堆放平均高度以地面以上 15m 计。

4）石方开挖弃料，所开挖岩石一般级别较低，岩石性能较差，难以考虑石料利用，故石方全部作为弃料，集中堆放。

渠道全线填筑利用开挖料 16401 万 m^3，占开挖量的比例约为 20%，占填筑量的比例约为 55%。

（7）渠道衬砌施工。根据结构分块进行衬砌，施工时先衬渠底，后衬渠坡。渠底采用 $3m^3$ 自卸汽车或混凝土搅拌车运输，亦可在渠顶配溜槽运送混凝土至仓面。结合渠道两侧的公路情况，布置下渠底的临时道路。根据现状衬砌成套设备的研制和使用情况，结合渠道衬砌特点，将衬砌机方案作为备用方案。衬砌混凝土水平综合运距按 1.0km，深挖方渠段可根据实际情况适当延长。

（8）交叉建筑物混凝土施工。倒虹吸、排洪涵洞等采用分层现浇，施工顺序为底板→腹墙→顶板，可采用履带吊配吊罐入仓或泵送混凝土入仓。渡槽先施工灌注桩基础，承台、墩身和墩帽采用 10t 履带吊配 $3m^3$ 罐运输、浇筑。槽身段一般采用满堂脚手架立模现浇，有条件的可用移动模架或采用整梁预制吊装。桥梁施工根据结构情况和施工条件可采用满堂支架、整梁吊装、架桥机施工等多种方法。隧洞衬砌按分段长度采用钢模台车，全断面一次浇筑成型，混凝土运输用混凝土搅拌车（穿黄隧洞用电瓶机车）水平运输，大型混凝土泵入仓。

四、施工交通及施工总布置

（一）施工交通

1. 对外交通

南水北调中线工程各工程项目的现有对外交通条件均较好，工程区附近均有国家和地方公路干线经过，对外交通主要采用公路运输方案。对外连接公路的设计标准按三级公路标准。

根据工程类型的不同，对外交通分为两种类型进行规划：

（1）对于丹江口大坝加高工程、兴隆水利枢纽及陶岔渠首枢纽等枢纽工程项目，外来物资材料供应部位集中分布在各枢纽施工区，运输强度相对较大，同时需考虑重大件运输问题，因此，对外交通根据具体工程项目的道路条件分别进行对外交通规划。如：

丹江口大坝加高工程位于湖北省丹江口市，初期工程施工时修建的汉丹铁路、汉丹公路及近期开通的汉十高速公路与全国铁路和公路网相连接；汉江水运可直达坝址。现有交通设施可满足大坝加高工程施工外来物资运输要求，对外交通运输采用铁路、公路运输。

兴隆水利枢纽，水路依托汉江，可通行 100～300t 级船队；陆路左岸有省道汉宜公路和荷沙公路，右岸有汉宜高速、318 国道及襄岳省道，到坝址的垂直距离约 10km。坝址右侧有焦枝铁路通过，左侧有汉丹铁路经过。对外交通采用公路运输，分别从左右岸进场。

陶岔渠首左岸现有乡级公路直通左坝头，并与邓州市及淅川县相连。对外交通运输采用公路运输，利用左岸现有公路进场。

（2）对于中线总干渠、引江济汉等线性工程项目，其工程特点是线路长，建筑物数量多且布置分散，外来物资供应部位多且随总干渠线路分散分布，运输强度相对较小。根据工程特点需要分段进行对外交通规划。

在各段内以大型河渠交叉建筑物为核心，渠道段不单独设置对外交通公路。对外交通连接公路从各大型河渠交叉建筑物主要施工区修建至较近的等级公路（一般连接到三级公路标准以上的公路），新建长度一般在5km范围内。对外交通公路尽量利用原有公路并在原基础上加宽改造，使其达到三级对外公路的标准，满足施工进场要求。对外连接公路的设计标准按三级公路标准，行车道宽度7m，路基宽度8.5m，采用泥结碎石路面。

2. 场内交通

南水北调中线工程各工程项目的场内交通运输采用公路运输。

场内道路主要用于将本渠段内的各个建筑物连接起来，沟通建筑物基坑与弃渣场、料场、生活区、生产设施、施工工厂等满足混凝土施工运输，并与对外连接公路相接。

对于枢纽工程项目，场内道路在工程区内两岸布置，场内道路的路面宽按运输强度确定，并与地方道路规划相协调。

对于输水总干渠、引江济汉等线性工程项目，场内道路布置主要有如下特点：

（1）大型河渠交叉建筑物一般在河流两岸修建道路，便于施工及物资材料运输。

（2）与进场道路相衔接，渠道场内道路布置主要沿总干渠右侧布置。

（3）场内施工道路路基宽8m，路面宽7m，采用泥结碎石路面。

（二）施工总布置

对于枢纽工程项目，根据枢纽布置、施工程序、施工方法进行施工场地规划，施工布置采用两岸布置方式。

对于总干渠、引江济汉等线性工程项目，以及施工营地和弃土（渣）场的布置有以下特点。

1. 施工营地布置

根据工程规模和施工场地条件，按河渠交叉建筑物和渠道工程分别布置施工营地。其中：

（1）大型河渠交叉建筑物，在工程区附近布置施工营地，大多采用两岸布置方式。

（2）渠道工程分段布置施工营地。若两交叉建筑物之间的渠道长小于5km，渠道段不设施工营地，就近使用交叉建筑物的施工营地；若两交叉建筑物之间的渠道长超过5km，分段设置施工营地。

施工营地内根据工程需要可布置混凝土系统、综合加工厂、汽车机械停放场、保养场、仓库、办公及生活区等。

2. 弃土（渣）场布置

中线总干渠开挖弃土（渣）工程量巨大，渠道两侧多为耕地，弃土（渣）对当地群众的生产生活影响较大，合理规划弃土（渣）场是施工组织设计的重点。

弃土（渣）场分为两类：①沿渠道两侧就近弃土；②在荒地、低洼地布置弃渣场集中弃土。

就近弃土一般沿渠线两侧弃土，在渠道征地线以外200～300m范围内。对于深挖方渠段，开挖弃料较大，在荒地或低洼地布置弃土场集中弃土，一般在距离渠线3～5km范围内。

五、施工总进度

按照建设总目标及2006年年底应急供水工程通水的要求，石家庄以北总干渠于2003年12月开工，其他工程在2005年以后开工。南水北调中线一期工程施工总工期为82个月，丹江口大坝加高工程是南水北调中线一期工程的单项控制性工程，穿黄工程是南水北调中线总干渠最大的单项工程。

（1）水源工程的控制性工程是丹江口大坝加高工程，施工工期 66 个月。

（2）输水总干渠工程的控制性工程是穿黄工程，施工工期 51 个月。

1）陶岔—沙河南段总干渠施工总工期 47 个月，控制性工程是湍河渡槽工程，施工工期 41 个月。

2）沙河南—黄河南段总干渠施工总工期 48 个月，控制性工程是沙河渡槽工程，施工工期 42 个月。

3）黄河北—漳河南段总干渠施工总工期 40 个月，控制性工程是沁河渠道倒虹吸工程，施工工期 35 个月。

4）穿漳工程施工总工期 30 个月。

5）漳河北—古运河段总干渠施工总工期 36 个月，控制性工程是南沙河倒虹吸、七里河倒虹吸和洺河渡槽工程，施工工期 30 个月。

6）古运河—北拒马河中支南段总干渠施工总工期 37 个月，为满足 2006 年年底应急供水工程通水的要求，于 2003 年 12 月开始施工准备。控制性工程是滹沱河倒虹吸、漕河渡槽、岗头隧洞、釜山隧洞等工程，施工工期 36 个月。

7）北京段施工总工期 55 个月，为满足 2006 年年底应急供水工程通水的要求，于 2003 年 12 月开始施工准备，2006 年 12 月底具备应急通水条件，2007 年 1 月至 2008 年 6 月完成惠南庄泵站地面以上及泵站全部设备安装工程。

8）天津干线施工总工期 37 个月，为满足 2006 年年底应急供水工程通水的要求，天津干线渠首工程在 2006 年年底具备下闸挡水条件。

（3）汉江中下游工程的控制性工程是兴隆水利枢纽，施工工期 51 个月。

第八节　工程建设征地移民规划设计

一、建设征地实物指标

南水北调中线一期工程建设用地总面积 122.48 万亩（永久征地 80.30 万亩、临时用地 42.18 万亩），其中耕园地面积 89.38 万亩。征地范围内总人口 28.08 万人，其中农村人口 23.09 万人，房屋总面积 969.44 万 m²。涉及输电线路 1451km，通信线路 2329km，广播电视线路 920km，管道 281km，文物 609 处。规划生产安置人口 49.93 万人，规划搬迁建房人口 41.10 万人。

（一）水源工程

水源工程包括丹江口大坝加高（坝区）、丹江口水库、陶岔渠首枢纽三部分。工程建设用地总面积 46.92 万亩，其中永久征地 46.47 万亩，临时用地 0.45 万亩；房屋 632.73 万 m²，人口 22.64 万人。涉及输电线路 597km，通信线路 969km，广播电视线路 838km，管道 7km，文物 295 处。

1. 丹江口大坝加高（坝区）

丹江口大坝加高工程征地范围由永久征地范围和临时用地范围构成，征地总面积 6546 亩，其中永久征地面积 2227 亩，左岸主要布置砂石料系统、混凝土系统、金属结构拼装场、综合加工厂、砂石码头等，右岸主要布置坝壳料场、船闸安装基地、水电及仓库系统、办公生活区等；施工临时用地面积 4319 亩，主要布置 3 处土料场、2 处砂石料场和 1 处块石料场。

征地范围内总人口 2572 人，其中农村人口 825 人，房屋总面积 10.18 万 m^2。

2. 丹江口水库

丹江口水库征地范围包括水库淹没区及水库影响区，淹没影响人口 223498 人（淹没区 205628 人、影响区 17870 人），其中农村人口 201548 人，城镇人口 18800 人，工业企业员工 3150 人；房屋 621.21 万 m^2；土地面积 307.7km^2（453748 亩），其中淹没区 302.5km^2，影响区 5.2km^2。淹没涉及居民、单位的乡镇共计 37 座，其中城镇建成区受淹的 16 座，镇外单位受淹的乡镇 21 座，工业企业 160 家。

3. 陶岔渠首枢纽

陶岔渠首枢纽工程征地范围由永久征地范围和临时用地范围构成，征地总面积 996 亩，其中永久征地面积 795 亩，由枢纽工程占地及管理范围确定；临时用地 201 亩，由砂石料加工系统、施工机械停放场、土料场、骨料场及弃渣场等范围组成。

征地涉及陶岔、张家、武店、程营、桦栎扒 5 个村，5 个单位，1 家企业和 3 个村组副业。管理范围内人口 312 人，其中单位非农业人口 26 人。房屋面积 13475.7m^2。

（二）输水工程

输水干渠全长 1431.945km，征地范围由永久征地和临时用地构成，征地总面积 67.47 万亩，其中永久征地面积 29.29 万亩，包括渠道及两侧 13m，各类建筑物工程占地，管理范围、管理设施占地等；临时用地面积 38.18 万亩，包括施工道路、仓库、施工人员生产生活房屋、取土（料）场、弃土（渣）场等用地。

征地涉及 146 家单位，625 家工业企业。征地范围内人口 4.49 万人，其中农村人口 1.87 万人，城镇居民 2.62 万人；房屋 291.61 万 m^2。涉及输电线路 817km，通信线路 1319km，广播电视线路 82km，管道 261km，文物 284 处。

（三）汉江中下游治理工程

汉江中下游治理工程包括兴隆水利枢纽、引江济汉、部分闸站改造及局部航道整治 4 项，其中航道整治工程不涉及征地。工程征地总面积 8.09 万亩，征地范围内总人口 9505 人，房屋面积 45.10 万 m^2，输电线路 36km，通信线路 41km，管道 13km，文物 30 处。

1. 兴隆水利枢纽

征地范围包括库区和坝区。库区征地面积共 18404 亩，其中水库淹没征地面积 12730 亩，排渗工程征地面积 5674 亩。坝区征地面积共 11138 亩，其中永久征地 8228 亩，包括坝轴线为起点向上游 800m，向下游 1000m 堤外所有区域及以两岸堤防工程内坡脚为界向堤内延伸 100m 的区域，由于施工导流明渠及左岸弃渣场用地无法复耕，也作为永久征地；临时用地 2910 亩，包括右岸弃渣场、施工企业场地及料场等所占土地。

征地涉及居民 567 户 2237 人，征地搬迁房屋总面积为 13.14 万 m^2。

2. 引江济汉

引江济汉工程征地范围由永久征地和临时用地构成，征地总面积 49385 亩，其中永久征地 22192 亩，包括新修引水渠道、渠道两边各 10m 绿化带、沿线建筑物和专用航道、管理机构用地；临时用地 27193 亩，包括土料场、弃渣场、施工临时仓库、工棚、临时道路及施工围堰等。

征地涉及荆州、荆门、潜江 3 个地市的 3 个县（市、区），11 个乡（镇、农场），34 个行政村 1601 户 7205 人，征地搬迁房屋总面积 31.75 万 m^2，受影响的小型企事业单位共 6 家。

3. 部分闸站改造

新建、改建、扩建、重建闸站 31 处，征地总面积 1973 亩，其中永久征地 248 亩；临时用地 1725 亩，包括施工区辅助设施占地、取土场、堆料场、施工道路等。

征地涉及仙桃市郑场镇徐鸳村 13 户 63 人，搬迁居民房屋总面积 2124m^2。

二、农村移民安置规划

南水北调中线一期工程建设征地农村规划生产安置人口 49.93 万人，其中水源工程 27.41 万人，输水工程 21.16 万人，汉江中下游治理工程 1.36 万人。农村规划搬迁建房人口 35.21 万人，其中水源工程 29.78 万人，输水工程 4.34 万人，汉江中下游治理工程 0.97 万人。

（一）水源工程

1. 丹江口坝区

生产安置规划：生产安置人口以组为基本单位计算，人口自然增长率取 9‰，人口增长年限取 2 年，规划生产安置人口为 826 人。

移民生产安置方式均为种植业安置。安置移民的耕地主要为开垦荒地和调整集体耕园地，通过环境容量分析，规划可调整耕园地 556 亩，可开垦耕园地 141 亩，共计 697 亩。

迁建规划：结合生产安置规划和移民意愿，坝区移民安置采取就地后靠为主的方式安置。农村规划搬迁建房人口为 869 人，其中非农业人口 90 人。

农村移民建房采取集中建房及分散建房两种方式，其中集中建房 694 人，分散建房 175 人，迁建用地面积 97 亩。

2. 丹江口库区

生产安置人口：以组为基本单元计算，经计算全库区生产安置人口 256510 人。其中湖北省生产安置人口 120876 人，河南省生产安置人口 135634 人。

考虑生产安置人口自然增长率 9‰，增长年限 7 年，全库区规划生产安置人口 273231 人。其中湖北省生产安置人口 128797 人，河南省生产安置人口 144434 人。

县内移民安置规划：种植业是丹江口水库农村移民安置的主要途径，用于移民安置的耕园地以调整责任田、集体土地为主，辅以中低产地改造。经规划全库区在本县内调整耕园地 85302 亩，安置移民 61493 人。全库区符合投亲靠友、赡养安置条件的移民 1947 人，采取投亲靠友的方式安置。另外对淹没 10 亩以下或淹没耕园地比重小于本组 10% 的，由于影响较小不进行统筹生产安置规划，由涉及村组自行安置 4860 人。

全库区农村规划搬迁建房人口 303319 人，其中库区搬迁建房人口为 98388 人，外迁建房安置 204931 人。

库区县内搬迁建房人口为 98388 人，其中本村内建房 39116 人，出村本乡内建房 45563 人（含进镇人口 5549 人），出乡本县内建房 13709 人。集中建居民点安置 51320 人，规划集中居民点 440 个，分散建房安置 41519 人，进集镇建房安置 5549 人。

外迁移民安置规划：通过库区移民安置区环境容量分析，在充分征求地方政府意见基础上，通过规划需外迁规划生产安置人口 204931 人，其中河南省 122956 人，湖北省 81975 人。外迁移民以调整责任田为主进行安置。两省安置区共涉及 53 个县（区）（含省监狱管理局）291 个乡（镇、分场）。拟调整耕园地 290509 亩，人均耕园地 1.42 亩。

河南外迁移民 122956 人全部采用集中建居民点方式，共建居民点 592 个。湖北外迁移民采取集中与分散建房相结合的方式，集中建 65020 人，建居民点 392 个，分散建 16955 人。

3. 陶岔渠首枢纽

陶岔渠首枢纽工程永久占地范围内农村被征用的耕地数量少，农村居民搬迁在本村内就近迁建，采取集中建房方式进行安置。董营土坝征地较少，采取一次性补偿。

引丹灌区渠首工程包括库区引渠、渠首闸、引丹总干渠和下洼枢纽 4 个部分，其中库区引渠 4.4km，渠首闸、总干渠 4km，引丹灌区渠首段全长 8.4km。工程于 1969 年 1 月动工兴建，1974 年 8 月通水，1977 年完成渠首全部工程。考虑到原引丹灌区陶岔渠首工程兴建过程中地方政府的投入，加上陶岔渠首工程重建后，渠首段管理权限及机构形式的变化，根据国家有关政策、法律规定，需对引丹灌区管理局现有的房屋、设施等资产及管理人员 286 人进行安置，并考虑施工期对灌渠产量损失补助。根据有关方面协议，补偿 8000 万元用于引丹灌区职工安置及在施工期间对灌区产量造成的损失，为解决引丹灌区影响，居民饮水及引丹渠占地补偿 8363 万元。

（二）输水工程

1. 规划水平年

南水北调中线一期工程规划水平年按各段渠线建设计划分别确定规划水平年，沿线各省（市）人口年自然增长率统一采用 9‰。

2. 生产安置规划

生产安置人口：输水工程征地规划生产安置人口 211639 人，其中陶岔—沙河南段 26762 人，沙河南—黄河南段 51297 人，穿黄工程段 2624 人，黄河北—漳河南段 51565 人，漳河北—古运河段 37227 人，古运河—北拒马河中支段 41825 人，天津干线段 339 人，北京段和穿漳工程对当地影响较小未计算生产安置人口。

生产安置规划：农村移民生产安置采取种植业生产安置和养老保险等方式，根据土地资源情况合理调整本村、邻村以及本乡镇内耕园地，由近至远安置。安置移民主要为调整责任田，同时因地制宜进行种植业结构调整，并配套必要的水利设施，使其成为稳产高产良田。

鉴于总干渠征地呈带状分布，总体影响较小，生产安置原则上以本村安置为主，对征地影响大于 15% 的村进行统筹生产安置规划，各段根据安置方案，确定出村生产安置人口为 25106 人。

3. 迁建规划

输水工程农村规划搬迁建房人口为 5.31 万人，其中规划占房搬迁人口为 3.08 万人，规划占地不占房需搬迁建房人口为 2.23 万人。集中居民点 1.84 万人，分散建房 2.51 万人，进城镇建房 0.96 万人。

4. 临时用地复垦规划

根据国家对土地复垦的规定，工程完建后临时用地在交还地方前应进行复垦，输水工程临时用地面积 38.19 万亩，其中临时占用耕园地 32.58 亩，规划复垦面积 35.97 亩。

5. 影响区水利设施恢复规划

虽然工程已对大型灌渠、路桥进行复建，但仍存在总干渠截断灌溉支渠、低压线及渠边居民管线而产生的局部影响，为此采取增加机井、恢复或改建渠道等措施，尽量恢复灌溉、居民生产生活条件，本阶段暂按渠道建设长度 20 万元/km 估列影响区水利设施恢复投资。

（三）汉江中下游治理工程

1. 兴隆水利枢纽

规划水平年：根据兴隆水利枢纽的进度安排，规划基准年为 2004 年，确定移民规划水平年为 2008 年。

生产安置规划：生产安置人口计算以村为单位，年自然增长率为 3‰。规划生产安置人口 5264 人，其中坝区 2700 人，库区 2564 人。

库区通过有偿调整国营农场的土地，可以使原有居民的土地数量达到淹没前的水平。

坝区可调整漳湖垸、沙洋农场耕地 3120 亩，安置 2079 人。兴场村整体搬迁后还剩余耕地 1400 余亩，可调整部分给附近鲍嘴村移民，可解决坝区生产安置问题。

迁建规划：规划搬迁人口 2244 人，其中集中建居民点 2085 人，分散建房 159 人，建设用地总规模为 269 亩。

复垦规划：坝区临时占地总面积为 6547 亩，其中临时占用耕地面积 5799 亩。规划复垦面积 6527 亩。

2. 引江济汉

规划水平年：根据引江济汉工程总体进度安排，确定移民规划基准年为 2004 年，规划水平年为 2008 年，年人口自然增长率为 9‰。

生产安置规划：引江济汉工程征地规划生产安置人口为 8158 人。

征地对各行政村的影响较小，大部分移民可在本村内调整土地安置，少部分移民可在相邻村调整耕地进行安置，并通过调整种植结构、发展养殖业、推广农业科学技术等手段，妥善安置移民。

迁建规划：规划搬迁建房人口 7401 人，建设用地总规模为 888 亩。根据本工程占地特点，结合移民意愿，采取就近后靠的方式安置移民。

临时用地复垦规划：工程临时用地 27193 亩，其中耕地为 19270 亩。对原来不是耕地的土地也尽量采取复耕措施，规划复垦耕地 25791 亩。

3. 部分闸站改造

生产安置规划：现状条件下工程征地区有人均耕地 1.5 亩，工程永久征用耕地 248 亩，规划生产安置人口为 165 人，由于征用耕园地较少，移民均可在本村调整耕园地安置。

迁建规划：工程征地搬迁建房人口为 63 人，建设用地总规模 8 亩。移民在村内分散安置。

三、城（集）迁建规划

南水北调中线一期工程建设征地涉及城镇 30 座，其中水源工程 17 座，输水工程 13 座，规划搬迁建房人口 5.73 万人。

（一）水源工程

1. 丹江口坝区

居民迁建规划：城区交通局仓库移民新址规划安置坝区居民 138 户 624 人，化肥厂新址安置 153 户 763 人，分散购房 4 户 19 人，一次性补偿 12 户 51 人。

汉江集团下属单位的居民均在集团公司现有区域内部迁建安置。

单位迁建规划：汉江集团下属 11 个单位给予补偿后均由集团公司在其管辖的范围内统筹复建。

丹江口市及十堰市下属 17 个公司或单位分别采取选择新址复建、一次性补偿或按照统一标准补偿后，由其上级主管单位负责安置。

淅川县粮食局驻丹转运站、淅川县移民局招待所 2 个单位采取一次性补偿。

2. 丹江口库区

丹江口库区涉及 16 个城（集）镇，局部受淹城（集）镇依托旧城镇就近后靠，基本全淹城（集）镇就近选址迁建。规划建房总人口为 25225 人（包括农村进镇人口 5549 人），城（集）镇迁建规划建设用地规模为 290.32hm²。

3. 陶岔渠首枢纽

单位房屋及设施按照原规模、原标准的原则进行复建，九重供销社、陶岔信用社、陶岔烟站复建的位置与农村居民点在一起，集中布置在居民点的南侧一带，占地面积为 34 亩。

（二）输水工程

输水工程建设征地涉及城（集）镇 13 座，规划搬迁建房人口 26709 人，其中在本城镇内集中建房安置 23780 人，分散建房安置 2929 人。

对占地涉及镇外单位按原有规模就近选择新址进行复建，不需复建的进行一次性补偿。

（三）汉江中下游治理工程

汉江中下游治理工程征地不涉及城镇，仅引江济汉工程涉及镇外单位 2 家，规划在原址后靠重建。

四、工业企业复（改）建规划

南水北调中线一期工程征地涉及工业企业 803 家，其中水源工程 174 家，输水工程 625 家，汉江中下游治理工程 4 家。

（一）水源工程

1. 丹江口坝区

涉及丹江口市 3 家企业，其中规划 2 家企业异地全迁，1 家企业一次性补偿。

涉及汉江集团8家企业，其中4家企业异地迁建，3家企业对其占用部分的资产进行一次性补偿，1家企业由工程建设单位以租赁场地进行砂石料加工，其砂石料生产系统改造及租赁所需费用，纳入移民补偿投资。

涉及十堰市2家企业异地迁建。

2. 丹江口库区

160农工业企业淹没处理方案：异地迁建106家，后靠复建23家，一次性补偿30家，工程防护1家。

工业企业改建迁建规划方案：结合技术改造进行搬迁建设98家，转产或合并转产32家，关停破产29家，工程防护1家。

160家工业企业中规划搬迁至镇内32家，搬迁至镇外或非淹没城镇127家，工程防护1家。

3. 陶岔渠首枢纽

电灌站塑编厂一次性补偿。

（二）输水工程

输水工程建设征地涉及各类企业625家，房屋面积55.13万 m²。受影响企业的迁建按原标准、原规模或恢复原功能的原则进行复建，对污染、工艺落后的企业进行关、停、并、转，给予合理补偿；受影响企业在满足生产经营的条件下尽可能就近复建；对主要生产车间在永久征地范围内，又没有后靠条件的，按全部搬迁处理。

（三）汉江中下游治理工程

引江济汉工程受影响的企业除江汉油田外，涉及4家乡镇企业，规模不大，且主要生产车间在占地区外，可采取后靠恢复的方式处理。引江济汉工程穿过江汉油田，规划复建输油管线，并考虑停输油等损失费用。

五、专业项目复建规划

（一）水源工程

1. 丹江口坝区

公路：施工布置将原机耕道改建成施工道路，故原机耕道采取一次性补偿。

输变电线路：坝区施工占地范围内市属需复建10kV线路共计4.27km。10kV线路一次性补偿3.41km，35kV线路一次性补偿1.25km，补偿1基塔和配电变压器6台。

通信线路：通信线路规划复建8.74km。

有线电视线路：对左岸的有线电视线路采取一次性补偿，右岸有线电视线路规划复建长度为9.7km。

供水管道：复建供水管道0.9km。钢厂供水管道进行一次性补偿。

水文站：根据水文专业部门的意见，王家营水文站复建在大坝下游的左岸位置。对于毁损的水文设施，将在施工完毕后重新布设。

小水电：按国家发展改革委批复意见对汉江集团2×800kW小电厂不予补偿，对丹江口市属2×400kW小水电站给予补偿。

2. 丹江口库区

公路：全库区共规划改建复建等级公路 336.58km（其中抬高路基 21.71km，改线 314.87km），其中二级公路 38.05km，三级公路 112.26km，四级公路 185.77km；复建大桥 4880.1 延米/23 座，中桥 3111.0 延米/63 座。

库周交通：规划复建机耕道长度 1476.99km，桥梁 188 座 5821 延米，人行道 275.3km，人行渡口 316 处，临时停靠点 545 处。

码头：规划复建码头 55 座（其中 10 座为合并复建），其中城区内客运码头 9 座，货运码头 10 座，航道专用码头 1 座，农特产品专用码头 1 座，集镇客货综合码头 27 座，汽渡码头 7 座，另有 19 座码头不需复建，给予一次性补偿。

输变电线设施：规划新建 35kV 变电站 4 座，改造 1 座，迁建 1 座，工程加固 3 座（其中 2 座为 110kV 变电站）。规划复建 110kV 输电线路 47.7km，35kV 输电线路 113.0km，10kV 输电线路 686.2km，全库区共复建输电线路 846.9km。

电信设施：库区共复建通信线路 1228.85km，其中长途通信干线 40.64km，国防通信干线 18.57km，移动通信网线路 231.95km，县域基本网线路 937.69km，迁建电信分局 1 个，模块局 25 个。

广播及电视设施：复建广播电视线路 1010.09km，其中光缆 181.34km，电缆 548.76km，广播线 279.99km。复建广播电视站 1 处，有线电视机房 1 处。

水利水电工程：受淹的水电站、抽水站装机容量均不大，对各县供电影响也很小，因此，采用统一单价，按装机容量进行补偿；其他水利设施如灌溉干渠大多不需复建，采用统一单价，按长度进行补偿；为了保护县城库岸稳定，需对受淹没影响的护城灌河大堤进行加固和防护。

管道：规划对东风汽车集团和十堰市的 6 条管道部分支墩进行加固处理，对淹没线下的检修井进行加高和防渗处理；沿原管道走向新增设 1 条钢管输水管线 6.1km 至东风水厂加压泵站；新增设 1 条钢管输水管线 5.5km 至十堰市水厂加压泵站；武当山水厂复建规划将取水点后靠，新建一条供水管道与原管道相连长 3.0km。

水文站和河道观测设施：规划复建水文站 3 个，就地后靠水位站 23 个，迁建水位站 9 个。

水准网：规划复建一等水准路线观测长度 746.8km，二等水准路线观测长度 1659.7km，三等水准路线观测长度 402km，四等水准路线观测长度 296.2km。

地质灾害防治：根据地质灾害评估结论，对滑坡、坍岸等地灾区采取搬迁避让方案，对郧县县城采取工程措施进行库岸防护，鉴于丹江口库区复杂的地形地质条件、地质灾害本身的复杂性及认识的局限性，参考其他已建水库工程的实践经验，在投资估算中，预列地灾防治费用。

防护工程设计：为了减少丹江口水利枢纽大坝加高工程水库淹没损失，降低移民搬迁和移民安置难度，保护和充分利用土地资源，根据地方政府和专家审查意见，丹江口库区共研究了 15 处工程防护区。

库底清理规划：库底清理内容包括卫生清理、建（构）筑物清理、林地清理。

库区地震台增改建：根据国家有关条例及国家地震局相关规范（地震观测）要求，同时考虑到库区人口密集，水库地震对库区社会安定有一定影响，需要对现有地震监测设施进行升级改造，并在水库周缘合理布置新的台站，形成库区地震监测网。按 12 个数字台、监测运行 10 年，在丹江口复建一个地震监测系统运行管理中心。

3. 陶岔渠首枢纽

专业项目按原标准、原规模或恢复原功能的原则就近复建或恢复，陶岔桥梁由工程复建；规划线路以绕过管理区外重新布设确定规划长度，道路根据占地区内实际长度进行补偿。

（二）输水工程

规划复建输电线路 1600.68km，通信线路 3451.31km，广播及有线电视线路 207.55km，各类管道 469.46km，复建移民生产步行桥 441 座。

总干渠建设穿越河南省禹州市、许昌、焦作煤矿区和河北省北掌、鑫中、邢台煤矿区，根据总干渠占压煤矿补偿评审会意见，暂计列压煤补偿费 6000 万元，其中河南省 5000 万元，河北省 1000 万元。

（三）汉江中下游治理工程

1. 兴隆水利枢纽

水利工程：规划开挖排水沟 12km，对保丰闸、死马沟闸进行改建，兴建保丰泵站。

其他专业项目：规划复建通信线路 15km，50kVA 变压器 2 台套，复建 10kV 输电线 5km。对小型水利设施给予适当补偿。

2. 引江济汉

规划复建电力线路 24km，复建通信线路 24.8km，铁塔 40 座，输水类管道 11.7km，输油管道 4 条、规划建设移民步行桥 35 座。

3. 部分闸站改造

受影响的专项设施有电信线 100m、有线电视线 100m 及管道 120m。按原规模、原标准或恢复原功能的原则进行恢复。

六、文物保护方案

地面文物采取搬迁复建、原地保护、登记存档和部分建筑复建 4 种方案，地下文物采取考古勘探和考古发掘方案。地面文物 37 处，其中规划搬迁重建 23 处，原地保护 4 处，登记存档 9 处，部分建筑复建 1 处。地下文物 572 处，规划考古普通勘探面积 1403.38 万 m^2，重点勘探面积 11.20 万 m^2，考古发掘面积 154.30 万 m^2。

七、补偿投资概（估）算

根据征地实物指标和移民安置规划，按照《中华人民共和国水法》《中华人民共和国土地管理法》《大中型水电工程建设征地补偿和移民安置条例》、水利部《水利水电工程建设征地移民设计规范》（SL 290—2003）、《南水北调工程建设征地补偿和移民安置暂行办法》等有关规定以及国家、地方有关法规，征用耕园地补偿和安置补助倍数之和采用 16 倍，其中耕地补偿倍数按 6 倍计列，安置补助倍数按 10 倍计列。非耕地（包括林地、其他农用地等）按各省土地管理条例执行，有关税费标准按国家或地方公布的相关规定计取。价格水平年为 2004 年三季度，南水北调中线一期工程建设征地总投资为 4649518 万元，其中水源工程征地补偿投资为 2473359 万元，输水工程征地补偿投资为 1997852 万元，汉江中下游治理工程征地补偿投资为 178307 万元，以上投资含文物保护规划投资 88120.38 万元，总干渠占压煤矿暂列补偿费 6000 万元，引丹灌区影响暂列补偿投资 8000 万元，引丹灌区居民饮水及引丹渠占地补偿 8363 万元，管理机构征地费 15776.85 万元。

第九节 水土保持和环境影响评价

一、水土保持

(一)水土流失防治责任范围

依据《开发建设项目水土保持方案技术规范》(SL 204—1998)，建设项目水土流失防治责任范围包括项目建设区和直接影响区两个部分。

根据工程布置和对周围环境的影响，南水北调中线一期工程水土流失防治责任范围总面积为 90115.36 万 m²，其中项目建设区 55550.71 万 m²，直接影响区 34564.65 万 m²。

(二)水土流失预测

1. 扰动原地貌、损坏林草植被面积

根据各单项工程征占地资料，通过分区抽样进行实地调查，结合设计图纸，计算确定扰动地貌的面积、植被损坏面积。预测南水北调中线一期工程共扰动地表 53003.32 万 m²，其中永久占地 25219.46 万 m²、临时占地 27784.86 万 m²。

2. 损坏水土保持设施面积

南水北调中线一期工程涉及湖北、河南、河北、天津、北京等 5 省(直辖市)，按照 5 省(直辖市)的有关规定，结合各单项工程施工占地和工程施工特点，预测工程损坏水土保持设施面积。

南水北调中线一期工程共损坏水浇地、水田、梯田、林地、草地等各类水土保持设施 21557.35 万 m²，其中水源工程区 4495.67 万 m²、汉江中下游工程区 942.03 万 m²、总干渠工程区 16119.65 万 m²。

3. 弃渣量预测

工程施工产生的弃土、弃渣主要来自于大坝基础开挖、料场剥离层、渠道开挖、施工道路的土石方开挖以及占地移民安置建房等活动。工程总弃渣量 7.22 亿 m³。

4. 新增水土流失量预测

南水北调中线一期工程(包括工程建设和移民安置)将引起新增水土流失总量 1316.33 万 t。按工程组成划分，水源工程区产生新增水土流失量 133.56 万 t、汉江中下游工程区产生新增水土流失量 45.25 万 t、总干渠工程区产生新增水土流失量 1137.52 万 t；按水土流失产生时段划分，工程建设期新增水土流失量 1149.77 万 t、运行初期新增水土流失量 166.57 万 t；按扰动地表以及弃渣堆放产生的水土流失量分析，扰动地表引起新增水土流失量 332.73 万 t，弃渣堆放引起新增水土流失量 983.6 万 t。

（三）水土流失防治分区

根据南水北调中线一期工程的建设内容、分布及其施工方式、工艺，以《开发建设项目水土保持方案技术规范》（SL 204—1998）为标准，划分水土流失防治分区。

一级分区：考虑到工程项目众多，工程量大，影响因素复杂，按照工程所处地理位置及气候、植被区划，将南水北调中线一期工程的水土流失防治分区划分为 3 个一级区，即水源工程防治区、汉江中下游工程防治区、总干渠工程防治区。

二级分区：水源工程防治区分为 2 个二级分区，即水利枢纽防治区、库区移民安置防治区；汉江中下游工程防治区划分为 4 个二级分区，即水利枢纽防治区、输水渠道防治区、航道整治防治区、闸站改建防治区；总干渠工程防治区划分为 3 个二级分区，即山前平原防治区、丘陵垄岗防治区、滨河沙地防治区。

三级分区：在二级分区的基础上按移民安置工程和非移民安置工程两种类型进行划分。移民安置工程划分为 5 个三级分区，具体为迁建安置防治区、道路码头防治区、专业项目复建防治区、防护工程防治区、文物发掘保护防治区；非移民安置工程划分为 8 个三级分区，具体为主体工程区、取料场区、弃土弃渣场区、生产生活区、施工道路区、文物发掘保护、移民及专项设施迁建区和浸没影响防治区。

（四）水土保持措施总体布局

1. 水源工程防治区

（1）水利枢纽防治区。

1）主体工程区。在大坝施工过程中，基础开挖、削坡、混凝土拆除等产生的弃土石渣，应边开挖边运到弃渣场。为了保证输水水质的要求以及保护水土资源，对坝肩基础开挖的回填土形成一定的裸露边坡需采取防护措施。

管理调度中心是枢纽后期运行管理的主要场所，对环境的要求比较高，可采用乔、灌、草以园林化的格局进行立体绿化、美化，使空间产生丰富的起伏变化，既充分利用不同类型植物的功能，又能满足保持水土、绿化美化等多方面要求。

2）弃土弃渣场区。弃土弃渣场是水土流失防治的重点区域，应尽量选择凹地、汇水面积较小的沟头、坡地、荒地，并尽可能考虑集中堆放，弃渣前将表层腐殖土剥离且集中堆放，并采取必要的临时措施进行防护，待弃土弃渣场停止弃渣后，用于渣堆顶面的回填覆土。

山坡、沟头设置的弃土弃渣场应修建挡渣墙，平地设置的弃土弃渣场一般不采取工程拦挡措施。对于有防洪要求的弃渣场采用工程措施进行护坡，其余边坡采用灌草等植物措施护坡。渣堆顶面回填覆土后按不同植物整地要求对土地进行平整，并在弃土弃渣场顶面边缘设置挡水埂，然后复耕或种植林草，恢复植被。堆放高度相对较高的渣场，采用分级方式回填，高程每增加一定高度设置马道，马道内侧设排水沟，坡脚设置浆砌石挡渣墙。

3）取料场区。

a. 土料场：土料场施工前清除的表层腐殖土集中堆放，并采取必要的临时遮盖、排水措施。有防洪排水要求的土料场，根据地形在土料场四周设置临时排水沟和挡水土埂，防止外来洪水入侵土料场，排水与附近已有沟道连通。取土完成后，及时平整土地，把腐殖土均匀铺在表面，恢复为农田、林草地。

b. 砂石料场：为防止料场在开采过程中开挖面和剥离的覆盖层在雨季产生新的水土流失，沿征地界限开挖截排水沟，并与附近已有沟道连通。开采过程中，开采弃料集中堆放并采用临时挡护措施，同时，将开挖坡面上松动的岩石及时清除，防止日后产生安全隐患。将砂砾料场开采弃料均匀返回开采区，平整后用原表土覆盖，然后复耕或种植林草，恢复植被。

4）生产生活营地区。在施工场地平整时，对于可能发生水土流失的边坡采取挡土墙或边坡防护措施；砂石料冲洗水、机械冲洗水等尽量集中排放，通过沉淀池处理后循环使用或排入下游沟道；在施工企业、办公生活营地区主要布设绿化树种、草种，美化生活环境。生产生活区结束使用后，按要求及时进行施工迹地清理，恢复原有土地功能或平整覆土恢复为农田或林草地。

5）施工道路。地处平原区的施工道路挖填土方相对较小，在施工道路修筑的同时，在便道两边沿征地界线开挖排水沟。对边坡较陡，可能造成土石滚落到占地界以外地区的施工道路，在边坡下游占地界以内修建临时拦挡工程，拦挡工程一般采用挡土埂、干砌块石石坎或编织袋装土土坎；对有排水要求的施工道路，沿道路两侧修建排水沟。施工道路结束使用后，及时平整土地恢复为农田或林草地，或保留为农田路，对完工后交付地方永久使用的施工道路，采取永久性排水及绿化措施防治水土流失。

（2）移民安置防治区。

1）移民安置区。移民迁建集镇和集中居民点的水土保持措施，主要是针对迁建安置区"三通一平"及基础设施建设过程中的水土流失。该区域对环境和绿化的要求较高，因此，移民安置区应合理布设排水系统，以免径流汇集对其周边造成冲刷，引起水土流失。同时，应当以园林化的要求进行环境美化，做到常绿和落叶相结合，高干和矮冠、绿篱相结合，林、草、花与建筑物和谐配置，提高生态环境质量，充实绿色文化内涵，以减轻、减少水土流失。

农村分散移民安置包括生产安置和生活安置。在坡耕地改造梯田过程中，注重配套坡面水系，完善田间道路，既保持水土又可以改善生产条件。生活安置建房产生的弃渣数量不大，但是不能随意堆放，应做好回填利用，以保持水土、提高绿化面积、改善生活环境。

2）道路、码头区。在山区修筑的施工道路，对边坡较陡的路段，在边坡下游占地界以内修建临时拦挡工程，拦挡工程一般采用干砌块石石坎或编织袋装土土坎。施工道路均有排水要求，即沿道路两侧或道路上边坡坡面的等高线修建截、排水沟，同时，在道路两旁栽植乔灌护路林，以减轻其水土流失。

码头周边种植防护林或以园林格局进行绿化、美化，外连接道路采取排水及植树绿化等防护措施。

3）防护工程防治区。移民安置区防护工程一般采取建堤方案进行防护，其水土保持措施主要为：对新建堤防背水面进行草皮护坡，迎水面进行浆砌块石护坡；取土场在开采前首先做好周边截洪排水措施，对料场剥离层弃渣采取临时性挡护措施，便于料场开采结束后覆土恢复地表植被或垦殖；开挖弃渣运往弃渣场，并采取挡护、截排水以及植物防护措施，以减轻水土流失。

4）文物发掘保护区。文物发掘区均有防洪排水要求。根据地形在发掘区四周临时堆土外设置临时排水沟和挡水土埂、干砌石石坎或编织袋装土土坎；发掘区施工前清除的表层腐殖土集中堆放，并采取必要的临时防护、排水措施，发掘完成后，及时回填开挖土，平整土地，把腐殖土均匀铺在表面，恢复农田、林草地。

2. 汉江中下游工程防治区

（1）主体工程区。对汉江兴隆枢纽大坝左岸滩地过流段，右岸原上下游围堰范围内的高漫滩地，地表因施工被占压损坏，围堰拆除后，应采取必要的工程或植物措施加以防护，防止洪水期过流时对坡面的冲刷；引江济汉输水渠道开挖前将剥离的表土层及附着物分段集中堆放，并进行临时防护措施，待弃土场使用结束后，及时将堆积的表土运至取土坑、弃土场进行覆盖、复耕。渠堤外坡采用草皮护坡，渠道两边管理范围内植树。路渠交叉建筑物边坡采用浆砌石框格植草护坡，坡脚设置浆砌石衬砌排水沟。

对兴隆水利枢纽管理调度中心以及渠道管理处（所）可采用乔、灌、草以园林化的格局进行立体绿化、美化，使空间产生丰富的起伏变化，既充分利用不同类型植物的功能，又能满足保持水土、绿化美化等多方面要求。

（2）弃土弃渣场区、取料场区、生产生活营地区、施工道路的水土保持内容与水源工程水利枢纽防治相关内容相同。

（3）移民及专项设施迁建区。安置区内建房应集中布置，严禁乱占耕地。在"三通一平"过程中产生的废土、废渣不得任意向沟道倾倒，尽量用于平整宅基地，充分利用弃土。开挖地段应保持边坡稳定，必要时采取相应的工程措施加以防护，并对裸露面予以绿化。安置区建设应合理布设排水系统，以免径流汇集对其周边造成冲刷，引起水土流失。

拆迁工程完工后，对建筑垃圾进行分类，木头、砖头尽量回收利用，其余弃渣就地运至低地埋填平整。同时在拆迁安置区搞好绿化、美化，积极开展"四旁"植树和道路绿化，以美化环境。绿化时应采用安置地适生树种，做到适地适树，应种植一些常绿乔、灌木以及布置花卉、草坪等，以达到保持水土、恢复和改善景观的目的。

（4）文物发掘保护区。防护措施与水源工程文物发掘保护区相同。

（5）浸没影响防治区。根据兴隆水利枢纽不同区域的浸没影响程度，采用堤后设置截渗排水措施。因截渗沟穿越农田，渠线相对较长，沿沟产生弃土为砂壤土，考虑便于农田耕作，将弃土平铺在截渗沟两边的护渠路埂外的农田里，弃土平铺完整后及时交还当地复耕。此外，对裸露的护渠路埂表面采取植物措施，防止雨水侵蚀产生水土流失，危害排灌系统和影响正常的农业生产。

3. 总干渠工程防治区

（1）主体工程区。开挖渠道前将剥离的表土层及附着物分段集中堆积，并进行临时防护措施，当从一个取土坑取土结束或集中弃土场使用结束后，及时将堆积的表土运至取土坑、弃土场覆盖并进行复耕。在高填方渠段，主体工程设计的防护措施未实施前，对施工过程中可能造成水土流失的填筑边坡、堆土，应采取临时拦挡和排水防护措施。

管理处（所）是工程后期运行管理的主要场所，可采用乔、灌、草以园林化的格局进行立体绿化、美化，使空间产生丰富的起伏变化，既充分利用不同类型植物的功能，又能满足保持水土、绿化美化等多方面要求。

（2）弃土弃渣场区。总干渠工程在平原区沿线大部分为良田，应尽量减少弃土弃渣占地，根据土石方平衡成果，结合地形地貌，综合确定弃土弃渣场的位置、容量和数量，渠道沿线弃土应考虑作为沿线河道堤防建设、河道整治、公路建设和城镇建设等的建筑土料来源，使水土流失防治和弃土弃渣场资源化相结合。

河滩地设置的弃土弃渣场在临河侧修建拦渣墙，山坡、沟头设置的弃土弃渣场修建挡渣墙，平地设置的弃土弃渣场一般不采取工程拦挡措施。弃土弃渣坡面一般采取分级、削坡和植物防护措施，可能受到洪水冲刷的坡面采用砌石护坡。有排水要求的弃土弃渣场顶面、坡面和坡脚设置排水沟，将上游产生的汇水和弃土弃渣场产流集中排到下游沟道。弃土弃渣场停止使用后，应及时采取土地平整、覆土等土地整治措施，恢复为耕地。在施工过程中河渠交叉建筑物、左岸排水建筑物等施工区设置的临时土石方堆放或倒运场地，可能遭受雨洪水冲刷的，应设置临时防护和排水措施。

（3）取料场区、生产生活营地区、施工道路、文物发掘保护区的水土保持内容与水源工程水利枢纽防治区相关内容相同。

（4）移民及专项设施迁建区。水土保持防护措施与汉江中下游工程防治区相关内容相同。

（五）水土保持方案主要工程量

南水北调中线一期工程水土流失防治措施体系由预防措施和治理措施组成，其中水土流失治理措施包括工程措施、植物措施及临时措施。水土流失治理的主要工程量为：浆砌石护坡 1150889m³、干砌石护坡 72677m³、框格护坡 191080m³、垫层 13391m³、削坡开级 9968904m³、土方开挖 4424565m³、土方回填 2361324m³、浆砌石挡渣墙 257037m³、土埂填筑 1093087m³、浆砌石衬砌 677402m³、干砌石坎 83196m³、护坡 784547m²、方砖铺设 13049m²、表土剥离 1308796m³、混凝土挡渣墙 439m³、混凝土排水沟 2352m³、混凝土护坡 461m³、土埂填筑 1093087m³、土地平整 29278040m²、植苗造林 31266470 株、直播种草 45.49hm²、喷播种草 4270471m²、草皮铺种 428041m²、栽植花卉 74748m²、穴状整地 1511946 个、全面整地 348.06 万 m²、幼林抚育 335.88 万 m²、园林景点 8 个、植物防护 7099100m²、复耕 1622000m²、绿篱 45475m、沉沙池开挖 206 个、编织袋土填筑 416594m³、编织袋土拆除 136425m³、板式围挡 6190m、土工布覆盖 8084361m²。

（六）水土保持监测

1. 监测重点区段和重点项目

结合工程的特点，对主体工程区、取料场区、弃土弃渣场、左岸排水工程等地段扰动面进行植被类型、植被覆盖度、水土流失形式、水土流失面积、水土流失强度、水土保持设施的面积、数量等项目进行监测。根据水土流失预测中产生水土流失严重的地区来确定监测的重点区段，重点区段为土石山区、丘陵岗地区、滨河沙（滩）地区；重点单项工程，如总干渠左岸排水建筑物、渠道右侧冲刷区；重点工程类型，如高填坡面、坡地渣场和料场、全挖方渠段、退水建筑物出口段河道，以及工程建设涉及的填筑面、开挖面、弃渣场、土料场、石料场、施工便道、施工辅助设施等；同时对土壤侵蚀模数较大的地区也进行重点监测。

建设期，丘陵岗地区、土石山区重点以坡面水土流失、河（沟）岸扩张和河（沟）道淤积为主，主要监测弃土（渣）场水土流失、河（沟）道淤积及对下游的危害；山前平原阶地区以弃土（渣）对周边生态环境及景观影响为主，特别是监测河渠交叉河（沟）道弃土（渣）水土流失及影响；滨河沙（滩）地区重点监测风蚀的危害；左岸排水建筑物渠道右侧冲刷区重点监测冲刷范围和程度；填方段重点监测施工水土流失对滨河沙滩地下游区域及河道淤积的危害。

运行期重点监测内容有：明渠段坡面水土流失及植被恢复；高填坡面水蚀和风蚀对下游河滩淤积危害、对渠道坡面及稳定性的影响；高填方渠段植被恢复；平地堆渣场水蚀和风蚀造成的水土流失及对下游的危害、渣场植被恢复；退水建筑物运行对下游河道冲淤的影响。

2. 监测点布设及监测方法

根据工程总体布置情况和水土保持监测内容，初步选定进行地面定点布设水土保持监测设施，进行水土保持监测。工程建设中水土保持监测点的布设将根据工程实施情况，由有资质的水土保持监测单位制定水土保持监测实施方案。

根据各单项工程施工方式方法和环境现状特点，采取不同的水土保持监测方法。丹江口库区采用的水土保持监测方法有调查监测、地面观测、定性分析、宏观监测、巡查监测等；汉江中下游采用的水土保持监测方法主要有实地调查法、现场巡查法、定点监测法和综合分析法；总干渠沿线多为遥感调查、地面观测、调查监测、场地巡查，局部渠段根据项目区特点部分监测方法未采用，如北京段仅为定位观测和巡查等。

各监测方法依据《水土保持监测技术规程》（SL 277—2002）技术要求进行监测。

3. 水土流失监测信息系统

应用 GIS、RS、GPS 技术，建立工程范围内的"水土保持监测与管理信息系统"，对工程沿线的水土流失面积变化情况、不同地段水蚀、重力侵蚀和风蚀引起的水土流失量变化、水土流失强度变化对周边地区造成的危害、趋势以及水土保持状况等进行动态监测，同时还对工程区范围内突发水土流失事故进行动态监测。它与主体工程管理信息系统及其他信息系统等共同组成南水北调中线一期工程信息系统，通过网络实现各子系统之间及子系统与主体工程管理信息系统的自动连接，达到资源共享的目的，便于各级水土保持主管部门对水土流失进行宏观监控和工程管理部门对水土保持的宏观科学管理。

（七）水土保持投资估算

1. 编制原则

（1）遵循国家和地方水土保持法律、法规的有关规定。

（2）凡因主体工程建设活动造成直接和间接的水土流失影响，其防治费用均列入水土保持方案投资，主体工程投资中已列的水土保持投资，在水土保持专项投资中不重复计列。

（3）考虑各单项方案报告书审批进度不一致，对国家发展改革委或水利部已批复的单项工程水土保持方案投资，按批复核定的投资纳入总体方案投资；对已编报尚未批复的单项工程水土保持方案投资和不单独立项的单项工程水土保持方案投资，按水规总院 2005 年审查结果，列入总体方案投资。

（4）总体方案投资估算价格水平年与主体工程估算价格水平年一致，均统一采用 2004 年第三季度市场价格，在各单项方案投资单价中分别进行调整后，纳入总体方案。

2. 投资估算

南水北调中线一期工程水土保持总投资 123644 万元，其中包括工程措施费用、植物措施费用、临时措施费用、独立费用、基本预备费和水土保持设施补偿费等部分。

总体方案水土保持投资中，水源工程区各单项工程水土保持投资共 18618.20 万元，占总投资的 15％；汉江中下游工程区各单项工程水土保持投资共 6522.87 万元，占总投资的 5％；总干渠工程区各单项工程水土保持投资共 98503.30 万元，占总投资的 80％。

总体方案水土保持投资中，湖北省各单项工程水土保持投资共约 16818.88 万元，占总投资的 14％；河南省各单项工程水土保持投资共 64520.10 万元，占总投资的 52％；河北省各单项工程水土保持投资共 32917.37 万元，占总投资的 27％；北京市单项工程水土保持投资共 3756.24 万元，占总投资的 3％；天津市各单项工程水土保持投资共 5631.77 万元，占总投资的 5％。

二、环境影响评价

(一) 环境影响分析

1. 社会经济

中线工程供水水质优良，可满足地面水Ⅱ～Ⅲ类标准，对严重缺水的华北地区生活用水的补充作用十分明显，可改善受水区的生活用水紧张状态。用符合农用灌溉水标准的水源代替污水灌溉，可以改良土壤，减轻地下水的污染。饮用水水质的改善，可以改善环境卫生，保障人群健康。在供水改善与经济开发的双重作用下，将形成更大规模与更强实力的中心城市和产业基地，并有助于进一步开发受水区的优势资源，强化国家短缺的能源、原材料及综合产业的生产。

调水后，工业用水紧张局面得到极大缓解，不仅可以使受水区现有生产能力充分发挥效益，还可提高工业产品的质量，降低生产成本，提高市场竞争力，为受水区外向型经济的发展创造有利条件，为推动受水区经济开发带的开发和建设做出巨大贡献。水资源供需矛盾的缓解，有利于城市的社会安定团结，给受水区城市提供优质水源，有效改善用水条件，提高生活质量，有利于吸引外商投资，使整体国民经济效益得到提高，有利于城市经济的发展。可减少地下水超采，使地下水位持续下降的局面得到控制，改善城市生态环境。调水将大大促进受水区城市发展。

南水北调中线工程实施后，将会改善农业生态系统，改善农业灌溉条件，增加粮食产量，有利于调整种植结构，也有利于减少农产品污染状况。

2. 水文情势

丹江口大坝加高后水库库容增大，面积、回水长度增加，调蓄能力增强，水库调节性能由初期的完全年调节变为不完全多年调节。水库容蓄量增大，洪水期相应下泄量减小。水库各月坝前水位均有明显升高，丰水期水库水位升高幅度最小，枯水期水位升幅明显，平水期水库水位也有较大幅度上升。随着调水方案的实施，水库从丹江口大坝下泄的流量将会减少。与现状情况相比，水库下泄流量年内分配过程明显均化，下泄流量年际分配过程也趋于均化。

由于丹江口水库的多年调节作用，汉江中下游水量的变化趋于均化，相应水文要素的变幅减小；天然河道水位呈下降趋势，各断面流速总体呈下降趋势。兴隆水利枢纽使该河段水位明显抬高，水流流速减小，两岸用水和河道航运条件改善。

3. 水环境

大坝加高后水温的分布与大坝加高前一致，水温呈分层现象，大坝加高后库底水温年内增幅变小，垂向温差增大。大坝加高后的下泄水温在温度分层期会出现不同程度的降低。

大坝加高后，入库支流流速减慢，支流水质有一定程度变差，但水库整体水质仍能保持较好状态，可维持在Ⅰ类或Ⅱ类水质标准。

丹江口水库2010年、2030年两个水平年各水期的营养状况均处于中—富营养状况。局部库湾地区有可能进一步恶化并导致水体的富营养化，对此应尽早采取防止措施。

各入库河流在入库河段流速减缓，自净能力有所下降，因此，水环境容量有所减少，水环境容量研究以COD、总磷和氨氮为指标，总体分别减少6.9%、9.8%和10.5%。

调水后汉江中下游水环境容量减少，环境容量损失主要集中在丹江口水库坝下至高石碑河段，其中襄樊环境容量的损失量最大。高石碑以下河段由于有引江济汉工程调水的补给，环境容量损失较少。最枯月90%流量保证率条件下，由于调水后流量有所增加，水环境容量比现状也有增加，COD、氨氮和总磷总体增加比例分别为13.6%、11.8%和13.7%。

预计规划水平年面源污染负荷较现状不会增加。2010水平年，在工业污水完成达标排放而城镇生活污水不处理的情况下，调水对汉江中下游水环境质量影响较大；在工业污染源达标排放而城镇生活污水也处理达标的情况下，汉江中下游干流水环境质量均可满足Ⅱ类水域功能要求，水质有较大改善。2030水平年，城镇生活污水与工业污水全部达标排放，届时，除沙洋、仙桃、武汉有局部江段出现Ⅲ类水体外，其余江段均为Ⅱ类水体。如工业污水和城镇生活污水处理均不能达标排放，则汉江中下游水质没有保证。

连续30天最枯流量条件下，调水对汉江中下游水环境质量有较大的改善作用，而90%保证率月平均流量条件下调水95亿 m³ 对汉江中下游水质的影响较小。

兴隆水利枢纽建坝后兴隆水利枢纽段水质状况稍劣于建坝前水质状况，但总体水质差别不明显。

引江济汉工程对于控制汉江"水华"发生具有重要作用。

南水北调中线工程取水水源地水质良好，影响总干渠明渠段水质的污染源主要是风或风暴引起悬浮的地表尘土、空气中的干降尘、雨水中的湿沉降，以及局部渠段渠底反渗等，经预测，输水总干渠明渠段输水水质能够达到地表水Ⅱ类标准，满足供水要求。管道封闭输水不会明显改变水体溶解氧收支平衡状态，水体中的溶解氧含量仍能保持较好水平，不会出现厌氧状况。

4. 生态环境

水库水位上升后，小气候的改变对发展经济林会起到好的促进作用。

水库鱼类饵料生物量增加，鱼类生存空间扩大，有利于鱼类生长，鱼产量将会有较大的提高。

淹没的植被类型共21个，淹没的植物约287种，由于这些植被类型和植物在周边地区分布广泛，因此，这种损失是可以接受的。

水库将直接淹没国家级保护植物2种，省级保护植物2种。淹没将使这三种保护植物数量进一步减少，但不会对其种群构成威胁，影响较小。

对兽类的影响主要表现为淹没了一些动物的栖息地，动物被迫上移，由于外迁受到海拔高度、栖息生境多样性等多种限制，如若找不到适宜的外迁条件，则有的动物可能会发生生存危机。

对鸟类的影响不大，由于栖息面积的扩大，生活在水域及沿江河谷带的鸟类可能有增加的趋势。

工程对丹江口水库产漂流性卵的鱼类产卵场影响增大，而对产具黏性和具油球漂流性卵的鱼类繁殖影响相对要小，种群不会有大的影响。

调水后汉江中下游自然系统的平均生产能力和系统稳定性维护能力减少幅度不大，基本能维持自然系统的生态完整性。

调水后下泄流量减少，水位下降，下泄水温降低，将对汉江中下游水生生物尤其是鱼类种群组成、繁衍和生存产生不利影响。

受调水影响，丹江口到襄樊江段现有庙滩家鱼产卵场和襄樊产漂流性卵的其他经济鱼类产卵场可能消失。兴隆水库大坝对洄游性鱼类产生阻隔。

调水使汉江中下游地下水位降低，影响地下水循环补给规律，使区域江边湿地萎缩，局部消失，使一级阶地城区使用地下水受到影响。

调水后对缩小汉江中下游血吸虫病疫区，限制血吸虫病的流行是有利的。引江济汉工程建成后，取水口附近除建筑物占地范围土地功能发生改变外，渠线两岸其他的地段是旱田，为不适宜钉螺滋生的环境，工程设计中采取了进口隔栅措施、沉砂池加沉螺池复合工程措施和渠线硬化措施及管理，可以有效减少垸内钉螺面积，消除钉螺滋生地，防止血吸虫病流行。

调水对河口生态与环境的影响主要表现在流量的变化、泥沙冲淤减弱所引发的一系列生态问题。

工程实施后，总干渠沿线区域土地利用格局的改变对于维护干渠沿线的生态完整性有一定的负面影响，但影响不大，对区域内景观生态系统的影响在可以承受的范围之内。干渠施工排水在有些区域可能引起地下水位降低，可能会影响当地居民的取水和农田灌溉，也影响植被生长，但这种影响是暂时的。工程占地造成植被的损失和破坏以及地表土壤性状改变。干渠施工以及运营期的局部渠段，可能造成干渠一侧局部区域地表漫流性生态用水受阻，使植物生长受到影响。干渠衬砌在局部渠段可能引起对地下水的阻断，影响城市取用地下水、影响植被生长、甚至在局部区域引发土壤盐渍化。

干渠的施工运营可能对沿途的小型哺乳类野生动物产生阻断。

工程施工后，将南方丰富的水资源补充给北方城市，会减少北方城市对地下水的开采，也间接带来可用于绿化的水量增加。调水后，输水沿线和受水区浮游生物种类组成的基本架构不会发生大的变化，总生物量将大幅度升高；鱼类的区系组成不会有明显的变化，但种群结构将会发生变化。

5. 移民环境

移民补偿补助经费的投入，对当地和安置区的经济发展将产生积极的影响，将促进区域经济的发展。库区耕地实行坡改梯，旱改水，大力发展循环经济和生态经济，增加土地生态系统的物质、资金、劳动力的流量，使生态系统有序发展的功能进一步提高，改善生态环境。

移民资金的投入，为总干渠沿线社会经济发展提供了有利条件，同时有利于沿线县市调整产业结构。移民安置后其生活环境质量较搬迁前将有所提高。

20多万移民的搬迁和安置对环境产生较大的冲击；移民安置引起森林资源的减少和植被覆盖率的降低，如果处理不当，将使区域生态系统恶化，降低土地生产力和移民生活水平；移民安置产生水土流失；移民安置、城（集）镇迁建，专项设施重建和工业企业迁（改）建增加废水、废物、废气和噪声等对环境的影响；移民动迁安置将增加移民的心理压力。

总干渠工程永久占地对当地耕地资源造成损失，特别是对直接占压的乡村影响较大，增加了土地承载压力，对农业生产带来一定影响。通过土地的有偿转让、耕地调剂、复垦等措施后，安置区可基本满足移民的安置容量。

工程永久占地对区域土地利用的影响较小，总干渠沿线安置区的环境承载力可以满足移民安置的需要。移民建房对区域森林植被影响较小，产生的水土流失影响有限。工程永久占地使耕地资源减少，将对涉及占地乡镇经济产生影响；工程临时占地将对耕地土壤理化性质、肥力都造成破坏，将导致短期内农产品产量减少，但这种影响也是短时间的。

6. 施工环境

大坝加高工程施工废水及施工生活污水等如不经处理直接排放，将对大坝下游江段水质产生一定影响；施工车辆产生的噪声对交通道路两侧的敏感点影响较大；主体工程开挖、土料场开采产生的粉尘对施工区环境空气质量产生一定影响；施工造成水土流失。

工程施工对环境造成的影响主要集中在兴隆枢纽和引江济汉工程上，而闸站改造和航道整治工程施工对环境造成的影响较小。工程施工废水及施工生活污水等如不经处理直接排放，将对汉江水质产生一定影响；施工对声环境和大气环境影响不大。由于施工人员生活较集中，感染血吸虫病的机会增加，应加强施工人员的血吸虫病的预防工作。

施工废水对附近水环境影响较小，属于短期可逆影响。施工噪声和废气对距离施工现场较近的敏感点有短期影响。

7. 汉江中下游防洪

丹江口大坝加高，对汉江中下游削峰拦洪作用非常明显，进一步提高了防洪标准与防洪效益。减少了洲滩淹没概率，有利于河势稳定和洲滩利用，促进分蓄洪区和防护区经济的发展，改善该区域人民的生活环境质量。增加堤防安全，减轻防汛负担和防洪心理压力。减少洪灾及洲滩淹没发生的机会，缩小有螺面积，减少洪水引起钉螺扩散的机会，巩固灭螺效果，减少居民因分洪和防汛抢险而感染的机会，促进本地区血防工作。此外，还可减少分蓄洪区的启用机会，减少分洪引起瘟疫流行的可能，保障人群健康。

8. 供水

引江济汉工程实施后，结合闸站改造工程，可改善各灌区的灌溉用水和城镇供水的条件。

虽然调水95亿 m^3 后，汉江干流平均水位降低，但保证率95％～100％的水位都有所升高，特别是引江济汉工程的实施，使汉江高石碑以下河段年平均补水量达到21.9亿 m^3 以上，因此，调水后汉江干流沿岸水厂和工业自备水源的取水保证率都达到98％以上，较调水前有所提高。

（二）环境保护

1. 水质保护

建立并完善水资源保护的政策法规体系，制定库区污染控制标准，调整产业结构，推行清洁生产，加强污染源管理，建立健全水资源保护机构，强化水环境与水资源保护监督管理，加强能力建设，开展科学研究。

在工业污水达标排放的前提下，加强库周各县市生活污水处理厂和垃圾处理场的建设。

加强面源污染治理，包括调整农业结构；大力推进自然保护区、生态示范区建设；建设库岸生态防护带。

对于库湾及岸边局部水质较差的水域，除上述点源治理措施外，还可采用种植水生植物的措施来净化水质。

有效地控制工业污染，加强城镇污水处理设施建设，综合治理城镇污水。加强汉江中游鄂北岗地生态环境建设。大力推广和发展生态农业，建立汉江中下游农业生态示范区。加强汉江沿岸城市垃圾、农村粪便垃圾及养殖业污染源的管理。加强流动污染源的管理。汉江流域特别是汉江中下游地区全面禁磷。

建立并完善总干渠水源保护的政策法规体系。制定总干渠水质污染控制标准。总干渠明渠两侧划定一级、二级水源保护区。由专门的机构及各省市协同对总干渠水质保护进行统一管理。

建立渠岸保护带，在总干渠两侧设定保护栏、种植防护林。采取水土保持措施，防止面源污染。对输水总干渠沿线局部地下水和土壤受污染地段采取一定的处理措施。建立总干渠水质监测与管理信息系统，对总干渠水质进行实时监测。对可能发生的水污染事故，拟定应急方案。加强总干渠水质的环境管理和宣传教育工作，提高公众的环保意识。

2. 生态环境保护

恢复库区陆生植被，保护和恢复库区珍稀植物，发展库区经济植物，加强农村移民安置区生态能源建设，改变现有能源结构。

加速植树造林，恢复森林生境；防止移民搬迁及施工过程中对野生动物生境再次破坏；减少施工期对鸟类和其他动物的惊扰；禁止捕猎珍稀动物；合理安排水库蓄水时间，加强蓄水前后的生态控制措施。

建立鱼类救护和增殖放流站；开展科学研究；加强渔政管理。

加强水土保持，包括工程措施、植物措施和临时工程措施。

实施鱼类增殖放流，建立过鱼设施。通过生态补偿工程和加大人工对区域自然组分的抚育和投入予以补偿，以恢复自然生态系统结构的合理、功能的高效和关系的协调。

避免超计划占用林地，加强移民安置工作管理，禁止移民乱砍滥伐，安置中注意保护周边植被，尽可能减少对植被和土地的破坏。

施工过程中对大型树木进行移植，保存表层土壤。施工完成后，在临时占地上恢复表层土壤和植被，对永久占地破坏的植被进行生态补偿。优化取弃土场、施工临时道路和施工营地，尽量减轻植被生产力的下降程度，尽可能避免对生态完整性的影响。合理安排施工，减少对沿线动物的影响。

在填方渠段施工可能造成阻隔地表漫流渠段的坡面地貌处，采取措施消减对地表漫流性质生态用水的阻隔影响。可能产生地下水排泄受阻的渠段，采取地下水的导流措施，使地下水基本能够按照正常排泄。

建设陶岔渠首鱼类防逃设施。

3. 移民环境保护

农村移民安置区环境保护：调整农业生态结构，开展多种经营。扩大和改善移民环境容量；对移民安置区（生活、生产区）进行大范围的灭螺，对安置在江汉平原的移民进行一次全面的普及血吸虫病防治的教育。对安置在高氟地区的移民，要求使用符合生活饮用水标准的深井避免高氟水。提高移民素质，促使移民尽快融入当地社会经济环境。

重视并落实迁建的城（集）镇森林植被保护与恢复措施。迁建城（集）镇过程中，要严格控制水土流失。对城（集）镇迁建过程中产生的生产废水和生活废水要认真进行处理。

落实移民安置规划及各项政策，加强农田基本建设，合理、有计划地规划采取一系列农业和水利措施改造低产田，为移民生活达到原有水平创造条件。移民迁入新居前，应先进行卫生清理。加强饮用水源保护和管理，定期对饮用水消毒。特别要加强后靠移民饮用水源的管理，搞好饮用水源周围的卫生清理。

落实移民安置实施规划及各项政策，加强农村移民安置环境保护、城镇移民迁建环境保护和工矿企业迁建环境保护。

4. 施工区环境保护

对施工废水和生活污水进行处理，加强取水口水质保护。控制噪声源，对噪声敏感点采取防护措施。施工过程中采取除尘减尘措施减少粉尘、扬尘污染。减少燃油机械设备废气排放量。固体废物集中清理处置。

砂石料冲洗废水尽量考虑处理后的循环利用，对其余施工废水和生活污水进行处理。控制噪声源。对噪声敏感点采取防护措施。部分郊区及农村敏感点，环境噪声背景值较低，且居民点较为分散，可考虑给受噪声影响的居民适当发放噪声补偿费。在敏感点附近使用噪声较大的机械施工时，应避免夜间施工。施工过程中采取除尘减尘措施减少粉尘、扬尘污染。减少燃油机械设备废气排放量。对固体废物集中清理处置。加强对施工人员健康的保护。

（三）环保投资

南水北调中线一期工程环保专项投资为 10.23 亿元。

（四）评价结论

南水北调中线一期工程规模巨大，涉及范围广，影响的环境因素众多。工程建成后，对解决京津及华北水资源危机，改善生态环境，促进国民经济可持续发展，将发挥巨大效益。从环境保护宏观战略分析，主要受益区在总干渠沿线的受水地区，主要不利影响在丹江口库区和汉江中下游区。工程实施通过引江济汉、兴隆水利枢纽、航道整治和闸站改造等四项工程进行补偿，基本可减免调水对汉江中下游的不利影响；针对库区最为突出的移民安置问题，制订了库区移民以外迁到受益区的可持续安置方案。工程建设中考虑库区生态修复与保护工程等措施，可保证水源地的水质安全，且总干渠沿线采取严格的水质保护监督管理措施，可确保中线一期工程受水城市的饮用水安全。同时，通过建立南水北调中线一期工程生态与环境监测系统，随时掌握工程建设和运行中受水区和影响区生态环境的动态变化，及时调整所需采取的环境保护措施。另外，南水北调中线一期工程建设对水生生物、环境地质、地下水与土壤盐渍化、人群健康、陆生生物、泥沙冲淤与航运等方面影响，可通过加强监测、管理，并制订相应的环境保护减免措施，将其不利影响减小到最低限度。

综上所述，南水北调中线一期工程是解决黄淮海平原水资源危机的优选工程，工程建设产生的环境效益、经济效益、社会效益巨大，工程建设和运行对库区和汉江中下游产生的不利影响可通过制订的各项相应的补偿和保护措施减免。从生态环境保护可持续的角度分析，只要环境影响评价中提出的各项环境保护措施在工程建设和运行期间得到落实与实施，南水北调中线一期工程在生态环境上是可行的。

第十节　工程投资估算与经济评价

一、工程投资估算

（一）概述

南水北调中线一期工程可行性研究投资估算，按工程组成内容分为水源工程、输水工程、汉江中下游治理工程、水资源统一管理及其他专项投资估算五大部分。其中：

水源工程包括丹江口水利枢纽大坝加高、丹江口水库移民安置补偿、陶岔渠首枢纽、水源管理、陶岔管理、施工期电量损失费用、生态修复与保护和环境监测网站及环保科研费 7 项投资估算。

输水工程投资估算包括陶岔—沙河南段、沙河南—黄河南段、穿黄工程、黄河北—漳河南段、穿漳工程、漳河北—古运河段、古运河—北拒马河段、北京输水段、天津输水段、输水工程全线供电系统、输水工程全线通信系统、输水工程全线自动化监控系统、输水干线管理工程、输水工程全线冰期输水措施费用、输水工程全线施工控制网测量、环境监测网站及环保科研费、总干渠压矿影响补偿费、总干渠文物古迹保护费、输水工程征地增加 19 项投资估算。

汉江中下游治理工程投资估算包括引江济汉、兴隆水利枢纽、部分闸站改造、局部航道整治、生态修复与保护和环境监测网站及环保科研费 5 项投资估算。

水资源统一管理工程投资估算。

其他专项费用包括洪水影响评价专题研究、地质灾害评估、矿产资源占压调查、调度及控制运行研究、自动化与运行决策系统研究规划、膨胀土渠坡处理现场试验、建筑与景观规划专题研究、三维仿真信息系统、总干渠冰期输水研究、丹江口大坝加高工程冰期输水研究、移民管理决策支持系统、兴隆水利枢纽基础加固（搅拌桩）室内及现场试验研究、初步设计阶段审查费及《中线可行性研究总报告》编制费等项费用。

南水北调中线一期工程可行性研究投资估算中未包括水资源论证、林地使用可行性研究等项费用。

按 2004 年三季度价格水平计算，南水北调中线一期工程核定静态总投资为 13652179 万元，包括工程部分费用、水库移民补偿建设及施工场地征用费、环保专项费、水土保持专项费等部分。

（二）投资估算编制原则及依据

南水北调中线一期工程可行性研究投资估算其价格水平年为 2004 年三季度价格水平。

（1）水利部关于发布《水利建筑工程预算定额》《水利建筑工程概算定额》《水利工程施工机械台时费定额》《水利工程设计概（估）算编制规定》的通知。

（2）水建管"关于发布《水利水电设备安装工程预算定额》和《水利水电设备安装工程概算定额》的通知"。

（3）国家计委、建设部"关于发布《工程勘察设计收费管理规定》的通知"。

（4）南水北调中线一期工程可行性研究总报告中咨公司评估意见。

（5）南水北调中线一期工程可行性研究总报告水利部相关整改意见。

（6）南水北调中线一期工程可行性研究总报告审查意见。

（7）南水北调中线一期工程总干渠初步设计概（估）算编制大纲。

（8）南水北调中线一期工程可行性研究阶段设计文件、设计工程量及施工组织设计。

（9）由水规总院组织、各设计单位参加讨论的南水北调中线一期工程总体可行性研究阶段投资估算调整的有关原则。

（三）其他说明

1. 价格水平

南水北调中线一期工程可行性研究总报告于 2005 年 9 月通过水规总院组织的审查，其投资估算价格水平年确定为 2004 年三季度。

2. 各单项投资估算

丹江口水利枢纽大坝加高工程投资估算按《国家发展改革委关于核定丹江口水利枢纽大坝加高工程初步设计概算的通知》核定概算投资计列。陶岔渠首枢纽工程投资估算按 2005 年水规总院可行性研究报告预审意见及按中咨评估意见计列。

穿黄工程投资估算按《国家发展改革委关于核定南水北调中线一期工程穿黄初步设计概算的通知》核定概算投资计列。

古运河—北拒马河段投资估算按《国家发展改革委关于核定南水北调中线京石段应急供水工程（石家庄—北拒马河段）初步设计概算的通知》核定概算投资计列（含应急供水连接段 0.93 亿元），并计列防洪影响评价工程费用 5093 万元，其价格水平调整至 2004 年三季度。

北京输水段投资估算分别按发改投资〔2003〕2304 号、〔2004〕1642 号、〔2004〕2419 号、〔2004〕2421 号、〔2004〕2424 号核定的概算投资计列，并计列穿铁路及地铁工程（待批）项目 2.27 亿元和西四环监测费用 840 万元，其投资价格水平调整至 2004 年三季度。

黄河北—漳河南段、漳河北—古运河段、天津输水段投资估算按国家发展改革委单项可行性研究报告批复意见计列。

陶岔—沙河南段、沙河南—黄河北、穿漳工程、输水工程全线供电系统、输水工程全线通信系统、干线管理工程、输水工程全线自动化监控及水质监测系统、输水工程全线冰期输水措施费、环境监测网站及环保科研费、总干渠压煤补偿费用、总干渠文物古迹保护费用、输水工程征地增加投资估算按中咨公司评估意见计列。

汉江中下游治理工程投资估算、水资源统一管理、其他专项费用按中咨公司评估意见计列。

考虑到瀑河水库可视一期工程运行需要，适时建设，可行性研究投资估算中未包括瀑河水库投资 15.98 亿元。

（四）可行性研究投资估算

经审查核定，南水北调中线一期工程静态总投资见表 11-10-1。

二、经济评价

在工程规划、可行性研究、论证和审查以及中线工程规划修订和一期工程项目建议书阶段各阶段，设计单位在受水区各省（直辖市）的配合和支持下做了大量工作，对兴建中线工程的若干经济问题，尤其是水价问题进行了较为深入的研究，也为一期工程可行性研究中的经济分析与评价工作奠定了基础。中线一期工程可行性研究的经济评价工作主要根据中线工程前期工作总体进展情况，依据国务院原则批准的《南水北调工程总体规划报告》、长江设计院完成的《南水北调中线工程规划报告（2001 年修订）》《南水北调中线一期工程项目建议书》以及水利部发布的《水利建设项目经济评价规范》（SL 72—1994）、国家计委办公厅批准发行的《投资项目可行性研究指南（试行版）》、国家发展改革委、水利部颁布的《水利工程供水价格管理办法》等相关规范和文件进行，其分析评价原则与主要参数与项目建议书一致，内容上除包括国民经济评价、资金筹集方案分析和财务评价外，还按照经济社会可持续发展战略的要求，综合分析兴建南水北调中线一期工程的社会及其他综合效益。

（一）国民经济评价

1. 工程投资费用

国民经济评价中，中线一期工程的费用包括主体工程投资、配套工程投资和相应的年运行费、流动资金及更新改造费。其中：

主体工程投资按 2004 年第三季度价格水平估算的静态总投资 1365.218 亿元进行影子价格调整，即扣除工程投资中属于国民经济内部转移支付的计划利润、税金等有关费用，调整后的投资约为 1257.540 亿元。

配套工程投资采用中线一期工程受水区各省（直辖市）完成的配套工程规划，工程投资约为 716 亿元。

年运行费：主体工程年运行费按影子投资的 3% 计；城市自来水厂及以下的净配水工程年运行费，参考有关自来水厂规划设计和实际运行资料综合分析确定，按其固定资产投资的 15% 计算；其他配套工程年运行费参照主体工程年运行费率计算。

流动资金：主体工程和输水总干渠分水口至自来水厂的输配水工程，分别按其年运行费的 12.5% 估算流动资金；自来水厂及以下的净配水工程按其年运行费的 25% 估算流动资金。

更新改造费：按水利工程分类折旧年限，各类工程设施的经济使用年限为：建筑工程（钢筋混凝土坝、隧洞、渡槽、渠道、倒虹吸、涵洞、管道、泵站等）50 年，机电设备和金属结构 25 年。更新改造费在各类工程设施使用期满的前一年按更新改造计划投入。

2. 工程效益

中线一期工程经济效益主要表现为向京津华北地区提供城市生活及工业用水，兼顾环境及其他用水，同时丹江口大坝加高对汉江中下游地区的防洪、发电、航运等方面将产生不同程度的有利和不利影响。

表 11-10-1

南水北调中线一期工程静态总投资汇总表

单位：万元

序号	工程项目	建筑工程	机电及设备安装工程	金属结构及安装工程	临时工程	独立费用	一至五部分合计	基本预备费	工程静态总投资	水库淹没及工程占地处理投资	环保专项投资	水土保持专项投资费	移民环境投资合计	其他	合计
		1	2	3	4	5	6=1+2+3+4+5	7	8=6+7	9	10	11	12=9+10+11	13	14=8+12+13
一	水源工程	114805	43366	17974	10665	25558	212368	12232	224600	2473359	21811	18618	2513788	24414	2762802
1	丹江口大坝加高（坝区）	95414	37490	16091	9554	21570	180119	9006	189125	23726	652	1334	25712	4350	219187
2	移民安置（库区）									2429824	11444	16989	2458257		2458257
3	陶岔渠首枢纽工程	14015	3040	1883	866	2812	22616	2262	24878	19638	304	295	20237		45115
4	施工期电量损失													20064	20064
5	水源管理工程	3821	2141		175	760	6897	690	7587	171			171		7758
6	陶岔管理工程	1555	695		70	416	2736	274	3010						3010
7	生态修复与保护、环境监测网站及环保科研费										9411		9411		9411
二	输水工程	5660519	245725	99191	327633	711633	7044701	687912	7732613	1997852	32299	101333	2131486	136123	10000223
1	河南陶岔渠首—沙河南段	967865	25107	19835	54869	104006	1171682	128885	1300567	300798	3469	17603	321871		1622438
2	沙河—黄河南段	1066266	3072	21814	42755	102349	1236256	135988	1372244	354396	4043	18082	376521	36689	1785454
3	穿黄工程段	176496	3091	1358	28132	28814	237891	16653	254544	25077	763	744	26584	14471	295599
4	黄河北岸—漳河南段	892118	26678	25597	60532	175877	1180802	138045	1318847	374726	5124	19476	399326		1718173
5	漳河段	19905	1164	831	5362	3756	31019	3102	34121	1899	126	220	2246		36367
6	漳河北—古运河段	853050	11713	8909	48809	85453	1007934	100793	1108727	353294	5140	23436	381871	26779	1517377
7	古运河—北拒马河段	662574	23280	8463	43651	84864	822832	49620	872452	311094	2954	13480	327528	16631	1216611
8	北京输水段	389926	40568	6692	14460	52342	503988	30237	534225	68555	1067	3756	73378	31890	639493
9	天津输水段	599710	3793	4892	26212	55948	690555	69055	759610	74386	1847	4536	80769	9663	850042

序号	工程项目	建筑工程 1	机电及设备安装工程 2	金属结构及安装工程 3	临时工程 4	独立费用 5	一至五部分合计 6=1+2+3+4+5	基本预备费 7	工程静态总投资 8=6+7	水库淹没及工程占地处理投资 9	环保专项投资 10	水土保持专项投资费 11	移民环境投资合计 12=9+10+11	其他 13	合计 14=8+12+13
10	供电系统	4000	5274		210	790	10273	1027	11301						11301
11	自动化监控系统		23454		117	1243	24814	2481	27295						27295
12	通信系统		55305		1065	5005	61375	6137	67512						67512
13	干线管理工程	23609	20826		1068	4297	49800	4980	54780	14193			14193		68973
14	全线冰期输水措施费	5000	2400	800	391	500	9091	909	10000	1208			1208		11208
15	施工控制网测量					6389	6389		6389						6389
16	环境监测网站及环保科研费										7766		7766		7766
17	压矿影响补偿费									6000			6000		6000
18	总干渠文物古迹保护费									42198			42198		42198
19	输水工程征地增加									70028			70028		70028
三	汉江中下游治理工程	344970	54325	36377	79049	57507	572228	56267	628495	178306	48149	6394	232849	3165	864509
1	引江济汉	217019	20658	14185	23979	27411	303252	30325	333577	130281	2249	3101	135631	3165	472373
2	兴隆水利枢纽	85783	26465	19129	53056	21618	206051	20605	226656	45701	1514	2046	49261		275917
3	沿岸部分引水闸站改扩建	13636	7202	3063	2014	5146	31061	3106	34167	2324	240	613	3177		37344
4	局部航道整治	28532				3332	31864	2231	34095		211	634	845		34940
5	水质保护、生态修复、环境监测网站及环保科研费										43935		43935		43935
四	水资源统一管理工程	450	583		22	128	1183	118	1300						1300
五	其他					23343	23343		23343						23343
	静态总投资合计	6120744	343999	153542	417369	818169	7853823	756531	8610352	4649517	102259	126345	4878124	163702	13652178

（1）供水效益。中线一期工程多年平均向京津华北地区生活、工业直接供水 88.93 亿 m³（不含刁河灌区），同时，受水区在北调水的补充下，不仅可将原挤占的部分农业用水（约 18 亿 m³）归还农业，而且北调水在受水区产生的回归水经处理后（约 57 亿 m³）可用于农业或直接排入河道补充生态用水。中线一期工程的供水效益均按工业供水效益计算。

根据中线一期工程受水区各省（直辖市）城市水资源规划报告成果，2010 水平年至 2030 水平年工业万元产值取水量约为：北京市 16m³/万元，天津市 11m³/万元，河北省 27m³/万元，河南省 47m³/万元。

工业供水分摊系数根据 1995—1998 年中线工程论证和审查阶段对的研究成果，考虑 2000 年以后受水区工业生产的发展情况和供水项目建设情况，受水区各省（直辖市）工业供水分摊系数分别采用：北京市 1.90%，天津市 1.66%，河北省 1.78%，河南省 1.60%。

中线一期工程的工业及城市生活多年平均供水效益为 529.588 亿元，其中，北京市 118.631 亿元，天津市 123.745 亿元，河北省 190.394 亿元，河南省 96.817 亿元。

（2）防洪效益。丹江口大坝后期工程完建后，增加水库调节库容 65.6 亿～88.3 亿 m³，增加防洪库容 32.8 亿 m³（夏汛期）～26.29 亿 m³（秋汛期），可进一步提高丹江口水库的调洪能力，使汉江中下游防洪状况得到较大改善。配合杜家台分洪和堤防，可使汉江中下游地区的防洪标准由 20 年一遇提高到 100 年一遇，大大减少汉江中下游地区的洪灾损失；遇 1935 年同等大洪水，中游民垸基本无需分洪，还可确保遥堤安全，避免江汉平原大面积淹没和大量人口死亡的毁灭性灾害。

防洪直接经济效益按有、无丹江口大坝加高情况下减少的洪灾损失计算，防洪间接经济效益参考国内、外有关资料，按直接洪灾损失的 20% 计算。减少的直接洪灾损失按减淹面积乘亩均综合损失指标计算。

根据 1992 年湖北省水利勘测设计院按 1990 年财产和价格水平对汉江中下游地区洪灾损失的调查资料，考虑 1990—2003 年间的洪灾损失增长率和物价上涨率，并参考 1998 年大洪水长江中游溃决堤垸实际的洪灾损失资料，综合分析确定按 2003 年价格水平估算的洪灾损失综合指标，民垸 8349 元/亩，杜家台分洪区 5052 元/亩，洲滩 1836 元/亩，江汉平原 10386 元/亩。不同量级洪水下，丹江口大坝加高防洪直接损失详见表 11-10-2。据分析，丹江口大坝加高工程多年平均直接效益 5.22 亿元，间接效益 1.3 亿元，多年平均防洪经济效益 6.52 亿元。

表 11-10-2　　　　　　　　　　丹江口大坝加高防洪直接损失

项　目		民垸	杜家台分洪区	洲滩	江汉平原	合计
100～200 年一遇洪水	减少淹没耕地/万亩				660.0	660.0
	减免洪灾损失/亿元				685.5	685.5
100 年一遇洪水	减少淹没耕地/万亩	56.4	22.3	3.1		81.8
	减免洪灾损失/亿元	47.1	11.3	0.6		59.0
20 年一遇洪水	减少淹没耕地/万亩	1.7	25.0	9.7		36.4
	减免洪灾损失/亿元	1.4	12.6	1.8		15.8
10 年一遇洪水	减少淹没耕地/万亩		17.0	12.9		29.9
	减免洪灾损失/亿元		8.6	2.4		11.0

（3）对发电的影响分析。丹江口大坝加高后，对发电的影响包括丹江口水电站本身和汉江中下游干流梯级电站两部分。本节主要分析其建成向受水区供水后对丹江口水电站的影响。

1）大坝加高对丹江口水电站影响分析。丹江口大坝加高向受水区调水 95 亿 m³（含现状供水）后，电站多年平均发电量 33.78 亿 kW·h，多年平均水头 70.6m，运行水头范围 55～82m，电站在额定水头 63.5m 以上运行时间达 85.6％。1 号、2 号、4 号、5 号、6 号水轮机进行更新改造，4 号、5 号发电机进行更新改造后，6 台机组容量可全部发挥效益。与初期规模相比，约可提高容量效益 150MW，年损失电量 5.4 亿 kW·h，见表 11-10-3。

表 11-10-3 丹江口大坝加高运行期对电站影响分析表

项　目	机　组	1号	2号	3号	4号	5号	6号	年发电量/(亿 kW·h)
原设计	额定水头/m	63.5						38.3
现状	改造后额定水头/m	63.5						39.18
	水轮发电机组	部分更新改造	更改	未更新改造		部分更改		
	容量效益	部分发挥（750MW）						
	多年平均水头/m	59.4（运行水头 49～70）						
大坝加高后	多年平均水头/m	70.6（运行水头 55～82）						33.78
	容量效益	可全部发挥（900MW）						
	额定水头/m	63.5						
	水轮机	部分更新改造	不改造	部分更新改造				
	发电机	不改造			部分更新改造	不改造		

2）大坝加高对汉江中下游干流梯级电站影响分析。由于丹江口大坝加高后调蓄能力增强，可相应增加各梯级电站枯季电能和电站保证出力，但也同样会因调水后下泄流量减少而导致年发电量减少。

据汉江夹河以下干流河段综合利用规划报告，汉江中下游干流拟定丹江口大坝加高、王甫洲、新集、崔家营、雅口、碾盘山、华家湾、兴隆 8 级开发方案。其中丹江口大坝加高已开工建设，王甫洲水利枢纽已于 2000 年 11 月 4 台机组全部建成发电，其余各梯级枢纽在进行前期工作的设计中，均已考虑丹江口大坝加高建成后中线调水 95 亿 m³ 的影响，确定各站规模。

王甫洲水电站位于湖北省老河口市，于 2000 年 4 月投产发电，2001 年主体工程建成，具有发电和航运等功能。丹江口大坝加高调水 95 亿 m³ 后，将对电站的保证出力和年发电量造成影响。经调节计算，调水后，电站的保证出力由现状的 39.7MW 增至 39.9MW，增加 0.2MW；年发电量由 5.74 亿 kW·h 减至 4.31 亿 kW·h，减少 1.43 亿 kW·h。详见表 11-10-4。

表 11-10-4　　　　　　　丹江口大坝加高后对王甫洲水电站影响分析表

梯级名称	单位	现状	调水后
控制流域面积	km²	93886	
正常蓄水位	m	88	
调节性能		日调节	
利用落差（最大/最小水头）	m	10.3/3.7	
装机容量	MW	109	
保证出力	MW	39.7	39.9
年发电量	亿 kW·h	5.74	4.31
发电引用流量	m³/s	1680	

综上所述，丹江口大坝加高调水 95 亿 m³ 后，与现状比较，将对汉江干流已建成的梯级——丹江口水电站、王甫洲水电站造成影响，提高丹江口水电站的容量效益 150MW，减少丹江口和王甫洲水电站年发电量 6.83 亿 kW·h。

按等效替代法（即以等效替代火电站所需的年费用作为水电站取得的容量或电量效益）分别计算电站增加的容量效益和减少的电量效益。按当时的技术水平和价格水平，替代火电站造价采用 6000 元/kW，除煤耗以外的年运行费率采用 4%，煤耗采用 350g/(kW·h)，标煤价格采用 400 元/t。

3）容量效益。经初步估算，中线一期工程实施后，丹江口电站增加的容量 15 万 kW 可增加发电量 1.41 亿 kW·h，由此计算增加的容量效益年值为 1.31 亿元（875 元/kW）。

4）电量效益。参照华中电网火电站运行的相关指标，中线一期工程实施后所损失的电量 6.83 亿 kW·h 可由一个装机 12 万 kW 的火电站获得，由此，减少的电量效益年值为 1.73 亿元［约 0.25 元/(kW·h)］。

上述两项之和即为中线一期工程实施后对丹江口水电站及其下游已建水电站的发电影响，即减少发电效益 0.42 亿元。

（4）对航运的影响分析。丹江口大坝加高后，库区航道将得到较大改善，对大坝下游航道的影响有利有弊。

大坝加高后，坝上游达到Ⅳ级以上标准的深水航道可由现状 95km 沿长到 150km，淹没库区滩险 22 处。经初步估算，可减少航道整治投资约 13700 万元。另外，对于变动回水区 50 余 km 的航道，除水库消落低水位运用期外，航运条件也将得到较大改善。

对于坝下的汉江中下游航道，调水后，坝下各航段中、小流量（300～800m³/s）出现的频率增大，特枯流量（小于 300m³/s）出现的频率减少，中下游河势向单一、微弯型发展，这些变化对航运是有利的。但下泄流量的减少，使航道整治流量较现状有所降低，要达到相同标准，整治参数须作相应调整，从而增加航道整治工程量。为了保证最小通航流量，通过实施局部航道整治工程、兴建兴隆水利枢纽、引江济汉等工程后，可以满足Ⅳ级（部分航道可达到Ⅲ

级）航道条件要求，为汉江航运的发展创造有利的条件。

由于航运效益难以量化，故在国民经济评价中亦未计入这部分效益。

3. 国民经济评价指标

通过编制国民经济效益费用流量表，计算得到中线一期工程的经济内部收益率 13.44%，大于社会折现率 10%；经济净现值 563 亿元，大于 0；经济效益费用比 1.34，大于 1。各项指标均优于国家规定的标准值，实施中线一期工程在经济上是合理的。

4. 经济敏感性分析

敏感性分析主要研究当项目主要敏感因素发生变化时，项目经济效果相应发生的变化，据以判断这些因素对项目经济目标的影响程度。根据中线一期工程的具体情况，选定以下敏感因素及变化范围进行敏感性分析：

（1）工程投资分别增加 10%、20%。

（2）供水量分别减少 10%、20%。

（3）达到设计供水规模的时间推迟 5 年。

经分析，当上述敏感因素发生不利于工程的变化时，项目在经济上仍保持较好的经济效果，即经济内部收益率均大于 10%，经济净现值均大于零，经济效益费用比均大于 1，说明兴建中线一期工程的经济风险较小。

（二）资金筹集

中线一期工程主体工程和受水区配套工程投资规模大，涉及面广，影响地区多，筹集到可靠稳定的建设资金是工程顺利建成并发挥效益的关键所在。基本确定了主体工程的建设资金主要来源于中央预算拨款、南水北调工程基金以及银行贷款，不再考虑地方财政资金。其资金筹集方案均在《南水北调总体规划》确定的工程投资 920.2 亿元筹集方案的基础上，研究新增建设资金资金筹集方案。

根据国务院南水北调工程建设委员会第二次全体会议确定的资金筹集方案，中线一期工程主体工程建设资金主要来源于中央预算拨款、南水北调工程基金和银行贷款，分别占工程静态投资的 30%、25% 和 45%，约 314.0 亿元、200.2 亿元和 406.0 亿元。与之相比，与已落实的《南水北调总体规划》中工程投资 920 亿元相比较，可行性研究阶段主体工程的资金需求量总计增加 446.689 亿元，若仍维持《南水北调总体规划》各类资金也均有所增加。因此，这部分资金的筹集是本阶段资金筹措研究的主要内容。

根据国务院办公厅的通知，中线一期工程受水区在建设期应筹集基金为 200.2 亿元，其中北京市 54.3 亿元、天津市 43.8 亿元、河北省 76.1 亿元、河南省 26.0 亿元。从实际执行情况来看，除河北省的筹集额由 76.1 亿元减少到 56.1 亿元外，其他省市均可如数筹集。因此，以工程投资 920 亿元的资金筹集方案为基础，初拟的筹资方案中均不再考虑增加南水北调工程基金筹集量，增加的建设资金主要通过适度增加中央预算拨款和银行贷款来筹集。

2008 年 1 月 9 日国务院常务会议上研究确定，中线一期工程资金筹措中引入重大水利建设基金。以审计后水利部整改后的可行性研究阶段工程静态投资为基础，分别按未考虑价差预备费和考虑价差预备费两种情况，中线一期工程主体工程建设资金主要来源于中央预算拨款、南水北调工程基金、重大水利工程建设基金和银行贷款四方面，其中：

(1) 中央预算内资金，维持《南水北调总体规划》确定的额度312.6亿元。

(2) 南水北调工程基金，采用受水区各省（直辖市）实际筹集的数额180.2亿元。

(3) 银行贷款划分为两部分：一部分为按《南水北调总体规划》确定的建设期末贷款本息为407.2亿元（其中本金335.196亿元，利息72.004亿元），借款偿还期25年，按等额偿还，其中45％通过水费收入偿还，另外55％由南水北调工程基金偿还。另一部分为可行性研究阶段与总体规划阶段的工程投资差额，建设期末贷款本息644.547亿元，其中本金537.222亿元，建设期利息107.325亿元；若考虑价差预备费，贷款本息885.371亿元，其中本金741.412亿元，建设期利息143.959亿元，其贷款本息利用重大水利工程建设基金10年等额偿清。银行贷款年利率采用6.84％。

结合中线一期具体情况，汉江中下游治理工程、水源工程及输水工程资金来源具体如下：

(1) 汉江中下游工程。全部利用中央预算内资金。

(2) 水源工程。分别采用中央预算内资金和银行贷款，其中可行性研究阶段增加的投资全部利用银行贷款，其贷款本息全部由新设立的重大水利工程基金偿还。

(3) 输水工程。利用中央预算内资金、南水北调工程基金和银行贷款，其中中央预算内资金为满足汉江中下游工程和水源工程后的余额；银行贷款中总体规划所确定的贷款由45％水费和55％南水北调工程基金偿还，增加部分贷款由重大水利工程建设基金偿还。

按上述筹资方案，中线一期建设工程资金需求量，详见表11-10-5和表11-10-6。

另外，经分析，在上述筹资方案下，还款期所需的南水北调工程基金为18.054亿元/年、新设立的重大水利工程建设基金为91.092～124.987亿元/年。

（三）财务评价

财务评价是在国家现行财务制度和价格体系的条件下，从项目财务角度出发，分析计算项目的财务盈利能力和债务清偿能力，据以判别项目的财务可行性。

可行性研究报告在投资分摊的基础上，分别估算对水源工程、输水工程分水口门平均的供水成本和水价，分别对水源工程和输水工程进行财务分析与评价，此外，还对汉江中下游治理工程的年运行费进行估算。

1. 投资分摊

中线一期工程不仅向北京市、天津市以及河北省和河南省提供城市生活用水，而且丹江口大坝加高后，还可提高汉江中下游地区的防洪标准。根据中线一期工程的建设管理体制，丹江口大坝加高等水源工程、输水工程和汉江中下游治理工程建设所形成的新增资产分别由水源工程公司、中线干线公司和湖北省运作与管理。为了核算受水区各地区输水总干渠分水口门的供水成本和水价，可行性研究报告对输水工程投资在受水区河南省、河北省以及北京市、天津市进行了合理分摊，投资分摊采用的原则和方法与项目建议书阶段一致。

按照"谁受益、谁分摊"的原则，对输水工程投资在各受益地区之间进行了划分，详见表11-10-7。

表 11－10－5　中线一期工程资金构成表（未考虑价差预备费）

単位：亿元

部门或地区		中央预算内资金 (1)	南水北调工程基金 (2)	银行贷款 (3)									合计 (1)＋(2)＋(3)
				水费和南水北调工程基金偿还			重大水利工程建设基金偿还			小计 (3)			
				本金	建设期利息	小计	本金	建设期利息	小计	本金	建设期利息	小计	
输水工程	河南省	16.755	26.000	33.328	7.458	40.786	46.239	10.209	56.448	79.567	17.667	97.234	139.989
	其中：黄河以南	5.027	7.800	9.998	2.238	12.236	13.872	3.063	16.934	23.870	5.301	29.171	41.998
	黄河以北	11.729	18.200	23.330	5.220	28.550	32.367	7.146	39.513	55.697	12.366	68.063	97.992
	河北省	53.886	56.100	107.185	23.987	131.172	176.224	32.833	209.057	283.409	56.820	340.229	450.216
	北京市	36.774	54.300	73.147	16.369	89.516	104.246	22.406	126.652	177.393	38.775	216.168	307.242
	天津市	29.813	43.800	59.300	13.271	72.571	84.733	18.165	102.898	144.033	31.436	175.469	249.082
	小　计	137.228	180.200	272.961	61.085	334.046	411.442	83.613	495.055	684.403	144.698	829.101	1146.529
水源工程（含丹江口加高及移民补偿、渠首工程）		88.765		62.235	10.919	73.154	125.780	23.712	149.492	188.015	34.631	222.646	311.411
汉江中下游治理工程		86.607											86.607
合　计		312.600	180.200	335.196	72.004	407.200	537.222	107.325	644.547	872.418	179.329	1051.747	1544.547

表11-10-6

中线一期工程资金构成表（考虑价差预备费）

单位：亿元

部门或地区	中央预算内资金(1)	南水北调工程基金(2)	银行贷款									合计(1)+(2)+(3)
			水费和南水北调工程基金偿还			重大水利工程建设基金偿还			小计(3)			
			本金	建设期利息	小计	本金	建设期利息	小计	本金	建设期利息	小计	
输水工程 河南省	14.944	26.000	33.328	7.458	40.786	65.812	13.916	79.728	99.140	21.374	120.514	161.458
其中：黄河以南	4.483	7.800	9.998	2.238	12.236	19.743	4.175	23.918	29.741	6.412	36.154	48.437
黄河以北	10.461	18.200	23.330	5.220	28.550	46.069	9.741	55.810	69.399	14.961	84.360	113.021
河北省	48.061	56.100	107.185	23.987	131.172	239.175	44.753	283.928	346.360	68.740	415.100	519.261
北京市	32.798	54.300	73.147	16.369	89.516	147.205	30.541	177.746	220.352	46.910	267.262	354.360
天津市	26.589	43.800	59.300	13.271	72.571	119.561	24.760	144.321	178.861	38.031	216.892	287.281
小计	122.392	180.200	272.961	61.085	334.046	571.753	113.970	685.723	844.714	175.055	1019.769	1322.361
水源工程（含丹江口加高及移民补偿、渠首工程）	88.765	180.200	62.235	10.919	73.154	169.659	29.989	199.648	231.894	40.908	272.802	361.567
汉江中下游治理工程	101.443											101.443
合计	312.600	180.200	335.196	72.004	407.200	741.412	143.959	885.371	1076.608	215.963	1292.571	1785.371

表 11 - 10 - 7 中线一期工程输水工程投资分摊项目划分表

项 目		工程投资/亿元	参与分摊投资的地区
河南段	陶岔—沙河	168.520	河南（陶岔—沙河、沙河—黄河、黄河—漳河）、河北、北京、天津
	沙河—黄河	185.453	河南（沙河—黄河、黄河—漳河）、河北、北京、天津
	黄河—漳河	209.168	河南（黄河—漳河）、河北、北京、天津
河北段	漳河—古运河	157.608	河北（漳河—古运河、古运河—西黑山、西黑山—北拒马河）、北京、天津
	古运河—西黑山	77.251	河北（古运河—西黑山、西黑山—北拒马河）、北京、天津
	西黑山—北拒马河	49.116	河北（西黑山—北拒马河）、北京
北京段		66.423	北京
天津段		88.292	天津

中线一期工程多年平均北调水量为 88.93 亿 m³（不含向河南刁河灌区设计的供水量），采用"水量比例法"，依据各受益地市参与分摊的多年平均设计毛供水量的比例，对输水工程各段逐段进行投资分摊，各地市逐段参与分摊的水量、比例和投资额见表 11 - 10 - 8。

经分析计算，输水工程投资中，北京市将分摊 268.466 亿元，占 26.80%；天津市将分摊 217.646 亿元，占 21.73%；河北省将分摊 393.396 亿元，占 39.27%；河南省将分摊 122.322 亿元，占 12.21%，详见表 11 - 10 - 8。

表 11 - 10 - 8 中线一期工程输水工程投资分摊计算表

项 目		河南省	河北省	北京市	天津市	合计
河南省 陶岔—沙河段	参与分摊的水量/亿 m³	27.27	34.71	12.37	10.15	84.50
	分摊比例	0.32	0.41	0.15	0.12	1.00
	分摊额/亿元	54.385	69.223	24.67	20.242	168.520
河南省 沙河—黄河段	参与分摊的水量/亿 m³	18.42	34.71	12.37	10.15	75.65
	分摊比例	0.24	0.46	0.16	0.13	1.00
	分摊额/亿元	45.156	85.090	30.324	24.882	185.452
河南省 黄河—漳河段	参与分摊的水量/亿 m³	7.00	34.71	12.37	10.15	64.23
	分摊比例	0.11	0.54	0.19	0.16	1.00
	分摊额/亿元	22.781	113.043	40.287	33.056	209.167
河北省 漳河— 古运河段	参与分摊的水量/亿 m³		30.33	12.37	10.15	52.85
	分摊比例		0.57	0.23	0.19	1.00
	分摊额/亿元		90.443	36.893	30.272	157.608
河北省 古运河— 西黑山段	参与分摊的水量/亿 m³		15.00	12.37	10.15	37.52
	分摊比例		0.40	0.33	0.27	1.00
	分摊额/亿元		30.878	25.472	20.901	77.251

项 目		河南省	河北省	北京市	天津市	合计
河北省 西黑山— 北拒马河段	参与分摊的水量/亿 m³		2.74	12.37		15.11
	分摊比例		0.18	0.82		
	分摊额/亿元		4.720	44.397		49.116
北京市段	参与分摊的水量/亿 m³			12.37		12.37
	分摊比例			1.00		1.00
	分摊额/亿元			66.423		66.423
天津干线	参与分摊的水量/亿 m³				10.15	10.86
	分摊比例				1.00	1.00
	分摊额/亿元				88.292	88.292
合计/亿元		122.322	393.396	268.466	217.646	1001.831

2. 供水成本

按照中线一期工程的运行管理机构设置，中线水源公司与中线干线公司之间为买卖水的合同关系，因此，分别核算了水源工程和输水工程的供水成本，其中水源工程的供水成本是指丹江口水库由陶岔渠首调出水量的供水成本；输水工程则测算受水区总干渠沿线各地市分水口门处水量的平均供水成本以及全线平均的综合供水成本。

（1）水源工程供水成本。水源工程供水成本以丹江口大坝加高、库区淹没补偿、陶岔渠首枢纽等投资为测算基础，总成本费用包括材料、燃料及动力费，固定资产折旧费，工程维护费，工资福利及劳保统筹费和住房基金，管理费，电站发电损失补偿费，其他费用和利息净支出及水资源费，其中水资源费未定量计入。各项具体参数如下：

1）材料、燃料及动力费。按新增毛水量乘以 0.0001 元/m³ 计算，其中达效期内供水量按陶岔出口新增毛水量乘以各年供水负荷计算。

2）固定资产折旧费。按水源工程投资所形成的固定资产价值乘以综合折旧率 2.14% 计算。

3）工程维护费。按丹江口大坝加高和陶岔渠首枢纽投资（不含库区移民安置和工程占地）的 1.5% 计算。

4）工资福利及劳保统筹费和住房基金。按水源公司管理人员编制，职工人数 387 人，年工资 1 万元/人计算，同时考虑福利费（工资的 14%）、劳保统筹费（工资的 17%）、住房基金（工资的 10%）。

5）管理费。按工资福利及劳保统筹费和住房基金的 1.5 倍计。

6）电站发电损失补偿。丹江口大坝加高调水后，将减少丹江口电站多年平均发电量 5.4 亿 kW·h，按电站综合电价 0.176 元/(kW·h) 计。

7）其他费用。按 1)、3)～6) 项之和的 5% 计算。

利息净支出：包括生产经营期计入成本的固定资产贷款利息和流动资金贷款利息。

经分析估算，水源工程的供水成本费用如下：

a. 经营期内年平均供水总成本费用为 9.486 亿～10.640 亿元，其中经营成本为 1.616 亿～1.696 亿元，约占总成本费用的 17%。若按多年平均毛水量计算，单位供水成本为 0.110～

0.123 元/m³，其中经营成本为 0.019～0.020 元/m³。

b. 还贷期内年平均供水总成本费用为 11.368 亿～12.522 亿元，其中经营成本为 1.550 亿～1.631 亿元，约占总成本费用的 14％。按多年平均毛水量计算，单位供水成本为 0.139～0.153 元/m³，其中经营成本为 0.019～0.020 元/m³。

c. 还贷后年总成本费用为 8.322 亿～9.486 亿元，其中经营成本为 1.550 亿元。若按多年平均毛水量计算，单位供水成本为 0.101 元/m³，其中经营成本为 0.027 元/m³。

水源工程的供水成本费用汇总见表 11-10-9。

表 11-10-9　　　　　　　　　　水源工程供水成本费用汇总表

方　案 项　目	未考虑价差预备费			考虑价差预备费		
	经营期	还贷期	还贷后	经营期	还贷期	还贷后
1. 总成本费用/亿元						
（1）材料燃料动力费	0.009	0.008	0.009	0.009	0.008	0.009
（2）折旧费	6.664	6.664	6.664	7.738	7.738	7.738
（3）工程维护费	0.482	0.482	0.482	0.558	0.558	0.558
（4）职工福利及劳保统筹费和住房基金	0.055	0.055	0.055	0.055	0.055	0.055
（5）电站发电损失补偿	0.912	0.850	0.950	0.912	0.850	0.950
（6）管理费	0.082	0.082	0.082	0.082	0.082	0.082
（7）其他费用	0.077	0.074	0.079	0.081	0.078	0.083
（8）利息净支出	1.206	3.154	0.012	1.206	3.154	0.012
合　　计	9.486	11.368	8.332	10.640	12.522	9.486
其中：年运行费	1.616	1.550	1.656	1.696	1.631	1.736
2. 单位成本费用/（元/m³）	0.110	0.139	0.094	0.123	0.153	0.107
其中：年运行费	0.019	0.019	0.019	0.020	0.020	0.020

（2）输水工程供水成本。输水工程供水成本费用包括水源工程水费、动力费、工资福利及劳保统筹费和住房基金、折旧费、工程维护费、管理费、其他费用和利息净支出。年经营成本（年运行费）是指总成本费用扣除折旧费、利息净支出等费用以后的其他全部费用。各项成本费用取值具体如下：

1）水源工程水费。按水源工程水价乘以多年平均新增毛水量计算，其中达效期内供水量按毛水量乘以各年供水负荷计算。

2）动力费。主要指输水总干渠北京段提水泵站的所耗电量，经分析测算，北京段提水泵站年耗电量约为 1.476 亿 kW·h，电价按 0.57 元/（kW·h）计。

3）工资福利及劳保统筹费和住房基金。按干线公司职工人数 4933 人，年工资 1.5 万元/人，福利费率 14％，劳保统筹费率 17％，住房基金 10％计算。

4）折旧费。按输水工程投资所形成的固定资产价值乘以综合折旧率 2.14％计算。

5）工程维护费。按输水工程投资（扣除征地费用后）乘以维护费率 1.5％计算。

6）管理费。按工资福利及劳保统筹费和住房基金的 1.5 倍计算。

7）其他费用。按上述 1）～3）、5）、6）项之和的 5％计算。

8）利息净支出。包括生产经营期计入成本的固定资产贷款利息和流动资金贷款利息。

经分析估算，输水工程的供水成本费用如下：

1）经营期内年平均供水总成本费用为 55.672 亿～62.994 亿元，其中经营成本为 28.713 亿～32.258 亿元，约占总成本费用的 50％左右。若按多年平均毛水量计算，单位供水成本为 0.722～0.817 元/m^3，其中经营成本为 0.372～0.418 元/m^3。

2）还贷期内年平均供水总成本费用为 61.643 亿～68.633 亿元，其中经营成本为 30.574 亿～33.788 亿元，约占总成本费用的 50％左右。按多年平均毛水量计算，单位供水成本为 0.846～0.942 元/m^3，其中经营成本为 0.420～0.464 元/m^3。

3）还贷后年总成本费用为 52.173 亿～59.694 亿元，其中经营成本为 27.524 亿～31.269 亿元，约占总成本费用的 52％。若按多年平均毛水量计算，单位供水成本为 0.656～0.751 元/m^3，其中经营成本为 0.346～0.393 元/m^3。

输水工程的供水成本费用汇总见表 11－10－10。

根据各受益地区分摊投资和水量，按省市逐一测算其平均供水成本。若按多年平均北调水量（总干渠分水口门水量）计算，河南省、河北省、北京市和天津市的供水成本详见表 11－10－11。

表 11－10－10　　　　　　　　　　输水工程供水成本费用汇总表

项　　目 \ 方　案	未考虑价差预备费			考虑价差预备费		
	经营期	还贷期	还贷后	经营期	还贷期	还贷后
1. 总成本费用/亿元						
（1）水源工程水费	12.691	14.509	11.534	14.310	15.813	13.343
（2）动力费	0.816	0.771	0.841	0.816	0.771	0.841
（3）折旧费	24.536	24.536	24.536	28.299	28.299	28.299
（4）工程维护费	12.099	12.099	12.099	13.856	13.856	13.856
（5）职工福利及劳保统筹费和住房基金	0.696	0.696	0.696	0.696	0.696	0.696
（6）管理费	1.043	1.043	1.043	1.043	1.043	1.043
（7）其他费用	1.367	1.456	1.311	1.536	1.609	1.489
（8）利息净支出	2.424	6.533	0.113	2.437	6.546	0.126
合　　计	55.672	61.643	52.173	62.994	68.633	59.694
其中：年运行费	28.713	30.574	27.524	32.258	33.788	31.269
2. 单位成本费用/(元/m^3)	0.722	0.846	0.656	0.817	0.942	0.751
其中：年运行费	0.372	0.420	0.346	0.418	0.464	0.393

表 11-10-11　中线一期工程分地区供水成本及价格汇总表（未考虑价差预备费）　　单位：元/m³

项目、方案		地区	陶岔渠首	全线平均	河南省			河北省	北京市	天津市
					平均	黄河南	黄河北			
还贷期		供水成本	0.139	0.846	0.395	0.279	0.527	0.857	1.578	1.483
		综合水价	0.178	0.983	0.439	0.301	0.599	0.997	1.855	1.757
	两部制水价1	基本水价	0.045	0.268	0.087	0.044	0.140	0.275	0.542	0.535
		计量水价	0.133	0.715	0.352	0.257	0.458	0.722	1.313	1.221
	两部制水价2	容量水价	0.120	0.426	0.138	0.070	0.223	0.438	0.863	0.853
		计量水价	0.058	0.557	0.301	0.231	0.375	0.559	0.992	0.904
还贷后		供水成本	0.094	0.656	0.300	0.221	0.403	0.662	1.246	1.154
		综合水价	0.130	0.759	0.333	0.239	0.457	0.768	1.455	1.361
	两部制水价1	基本水价	0.041	0.245	0.079	0.042	0.128	0.251	0.495	0.490
		计量水价	0.089	0.515	0.254	0.197	0.329	0.517	0.959	0.871
	两部制水价2	容量水价	0.075	0.310	0.101	0.054	0.162	0.318	0.628	0.620
		计量水价	0.055	0.449	0.232	0.185	0.295	0.450	0.827	0.740
经营期平均		供水成本	0.110	0.722	0.352	0.262	0.472	0.772	1.439	1.341
		综合水价	0.147	0.835	0.391	0.283	0.535	0.895	1.682	1.581
	两部制水价1	基本水价	0.042	0.252	0.087	0.046	0.140	0.274	0.541	0.535
		计量水价	0.105	0.583	0.305	0.236	0.395	0.621	1.141	1.047
	两部制水价2	容量水价	0.091	0.350	0.120	0.064	0.194	0.380	0.749	0.740
		计量水价	0.056	0.486	0.271	0.219	0.341	0.515	0.933	0.841

（3）水价测算及分析。

1）综合水价测算。根据筹资方案，中线一期工程偿还贷款本金来源主要为利润、90%折旧费、南水北调工程基金及重大水利建设基金。供水价格在满足偿还贷款本息能力的前提下，按供水成本费用加净资产利润确定，其中利润按资本金的1%计提。各地区供水价格详见表11-10-11和表11-10-12。

表 11-10-12　中线一期工程分地区供水成本及价格汇总表（考虑价差预备费）　　单位：元/m³

项目、方案		地区	陶岔渠首	全线平均	河南省			河北省	北京市	天津市
					平均	黄河南	黄河北			
还贷期		供水成本	0.153	0.942	0.437	0.307	0.585	0.955	1.754	1.658
		综合水价	0.194	1.090	0.485	0.332	0.663	1.107	2.054	1.954
	两部制水价1	基本水价	0.052	0.306	0.099	0.050	0.160	0.314	0.620	0.613
		计量水价	0.142	0.784	0.386	0.281	0.502	0.793	1.434	1.341
	两部制水价2	容量水价	0.133	0.478	0.155	0.078	0.251	0.491	0.968	0.957
		计量水价	0.061	0.612	0.330	0.253	0.412	0.616	1.086	0.997

续表

项目、方案		地区	陶岔渠首	全线平均	河南省			河北省	北京市	天津市
					平均	黄河南	黄河北			
还贷后	供水成本		0.107	0.751	0.344	0.255	0.463	0.759	1.416	1.322
	综合水价		0.150	0.881	0.387	0.278	0.531	0.893	1.680	1.583
	两部制水价1	基本水价	0.048	0.280	0.091	0.049	0.147	0.288	0.567	0.561
		计量水价	0.102	0.601	0.296	0.229	0.385	0.605	1.112	1.022
	两部制水价2	容量水价	0.087	0.358	0.116	0.062	0.187	0.367	0.724	0.716
		计量水价	0.063	0.524	0.271	0.216	0.344	0.526	0.956	0.867
经营期平均	供水成本		0.123	0.817	0.399	0.280	0.535	0.875	1.621	1.521
	综合水价		0.166	0.952	0.445	0.303	0.610	1.022	1.911	1.808
	两部制水价1	基本水价	0.049	0.289	0.099	0.050	0.160	0.314	0.619	0.612
		计量水价	0.117	0.663	0.346	0.253	0.450	0.708	1.292	1.196
	两部制水价2	容量水价	0.104	0.399	0.137	0.069	0.221	0.433	0.854	0.844
		计量水价	0.062	0.554	0.308	0.234	0.389	0.589	1.057	0.963

2）用水户承受能力。根据受水区各省市的分析结果，若按工业水费支出占工业总产值的 1.4%～2%，居民水费支出占家庭平均收入的 2.5%～3%，分别测算用水户最大可承受水价，受水区内河南省、河北省、北京市和天津市的居民生活水价依次为 3.00 元/m³、4.50 元/m³、6.90 元/m³ 和 6.44 元/m³；工业水价中河南省和河北省分别为 3.50 元/m³、4.00 元/m³，北京市和天津市均在 7.00 元/m³ 左右。按照测算的受水区各省市分水口门水价，再加上总干渠分水口门至用户环节的水价，2010 年中线工程建成通水后，受水区各城市用水户的水价水平与各省市调价后的水价水平相当。总的说来，中线工程的供水价格城市用水户是可以承受的。

3）两部制水价。按照《水利工程供水价格管理办法》，水利工程供水应测算基本水价和计量水价的两部制水价（即基本水价）按补偿供水直接工资、管理费用和 50% 折旧费、维护费的原则核定；计量水价按补偿基本水价以外的其他成本费用和利润、税金的原则核定；而根据《城市供水价格管理办法》，城市供水应测算容量水价和计量水价的两部制水价（即容量水价用于补偿供水的固定资产成本；计量水价用于补偿供水的运营成本）。对这两种两部制水价进行初步测算，详见表 11-10-11 和表 11-10-12。

3. 财务评价

中线一期工程的财务收入主要为供水收入，水源工程财务收入按陶岔渠首新增的北调水量乘以水源工程供水价格计算；输水工程财务收入按总干渠分水口门水量乘以输水工程供水价格计算。

未考虑征收增值税或营业税以及以此为计征基础的城市维护建设税和教育费附加，仅按利润总额的 33% 计征的所得税。

供水收入扣除总成本费用、所得税以及应计提的 10% 的法定盈余公积金和 5% 的公益金后为企业所得到的未分配利润，这部分利润还贷期用于偿还银行贷款。

分别以中线工程水源公司、干线有限责任公司为财务核算单位，进行财务盈利能力分析和清偿能力分析。分析表明，中线一期工程可以做到"还本付息、收回投资、略有盈余"。

4. 汉江中下游治理工程年运行费估算

汉江中下游治理工程包括兴隆水利枢纽、引江济汉、部分闸站改造和局部航道整治工程。四项工程兴建后，丹江口水库下泄水量可基本满足汉江中下游灌溉、航运、生态环境等用水要求。工程投资 86.607 亿元，全部由国家投资，湖北省负责建设与运行管理，年运行管理费约为 1.3 亿元，不计入中线工程供水成本。

（四）综合效益分析与评价

财务评价和国民经济评价的各项指标计算结果表明，中线一期工程建成后可以做到"还本付息、收回投资、略有盈余"，兴建此工程经济上合理。同时还具有很大的社会、经济、环境等综合效益，主要体现在以下几方面：

（1）通过在全国范围内合理配置水资源，将南方地区的水资源优势转化为经济优势，以水资源的优化配置支持北方缺水地区经济社会的可持续发展，从而支持全国经济社会的可持续发展。

（2）改善京津华北平原受水区的缺水状况，促进工业基地的建设和发展，提高受水区人民生活质量，增强受水区农业发展后劲；加高丹江口水库大坝后，配合杜家台分洪和堤防，可使汉江中下游地区防御 1935 年洪水时，基本不使用分蓄洪区，大大减少该地区的洪灾损失；汉江中下游兴建兴隆枢纽、引江济汉工程及闸站改造工程等，可基本满足汉江中下游工农业、航运、生态环境等用水要求；采取以外迁安置为主的方式和实行开发性移民措施，可以较好地解决移民安置问题，并可从根本上解决丹江口库区长期以来遗留的老移民问题，有利于库区尽早摆脱贫困状态。

（3）显著改善受水区的生态与环境，为受水区经济、社会和环境协调发展创造良好条件。

第十一节　重要技术问题、专题

一、总干渠水头分配

（一）水头优化分配的目的

南水北调中线总干渠全长 1431.75km，其中，陶岔渠首—北拒马河（冀京界）渠段长 1196.167km，采用明渠输水；北京、天津渠段采用管涵输水，分别长 80.052km 和 155.531km。水头是指建筑物进出口水位差。在明渠段，水头对建筑物的规模和工程量影响十分显著。进行总干渠水头优化分配对于节省投资，合理地进行总干渠工程布置有着重要的意义。

水头优化分配主要针对明渠段进行。一般而言，水头越大，渠道和建筑物工程量越小。但是由于中线总干渠渠道线路长，建筑物数量大、类型多，其水头分配方案必须系统地考虑。对于渠道来说，不同的地形、不同的断面形式，对水头的要求不同。对于建筑物来说，不同的规模、长度以及不同的形式，对水头的敏感程度也不同。水头优化分配的目的就是如何将给定的水头优化分配到明渠和建筑物上，使得总干渠总投资最省。

（二）总干渠水头分配原则

水头分配的原则是以陶岔渠首和北拒马河总干渠设计水位为控制，将总水头在各渠段的明渠和建筑物上分配。考虑的主要因素包括总干渠沿线地面高程、建筑物形式、建筑物长度以及对水头增减的敏感性等，目标是总干渠总投资最省。

（三）水头优化分配方法

总干渠水头优化分配的基本方法是：根据渠首和渠段末端的设计水位确定总水头；根据地形等边界条件分段；作适当概化后，通过优化计算，分配出各渠段的总水头；将各渠段分别作为一个系统，采用动态规划的方法确定段内分段渠道和各个建筑物的水头分配值；采用敏感性分析方法，复核最后结果。

1. 控制点水位

中线总干渠陶岔渠首的设计水位根据丹江口水库水位和陶岔渠首闸的过水能力确定，综合考虑后，定为147.38m。北拒马河总干渠设计水位根据北京段管涵加压泵站前池水位反推而得，定为60.30m。

2. 确定分段

总干渠黄河南北两岸的地形特点不同，黄河南岸较高，黄河北岸较低。穿黄建筑物附近地形南北高差更是显著，两岸地形呈台阶状。因此，水头分配分为三个渠段进行，即黄河南渠段、穿黄工程段、黄河北渠段。

3. 需分配水头的建筑物

中线总干渠需分配水头的建筑物包括明渠渠道和各类建筑物。分配给渠道的水头主要用于沿程损失，以纵坡的形式体现。分配给建筑物的水头用于局部损失和沿程损失，以建筑物进出口水位差的形式体现。需分配水头的建筑物包括渡槽、倒虹吸、暗渠、隧洞、单独设置的节制闸等。

4. 渠段之间水头分配

以渠首和明渠末端总干渠设计水位为控制条件，将总干渠明渠段总水头87.08m分配到黄河以南、穿黄工程、黄河以北三个渠段上，以确定黄河南北两岸总干渠的设计水位。黄河以南渠段总水头确定的方法是固定陶岔渠首设计水位，调整黄河南岸总干渠水位，通过计算，寻求最优结果。黄河以北渠段总水头确定的方法是固定北拒马河总干渠设计水位，调整黄河北岸总干渠水位，通过计算，寻求最优结果。为计算方便，在分配过程中，各分段内渠道和建筑物所分配的水头按一定比例相对固定。穿黄工程段的总水头由上述两段的计算结果确定。

根据优化计算结果，黄河南岸总干渠设计水位为118.0m，黄河北岸总干渠设计水位为108.0m。三个渠段所分配的水头分别为：黄河以南渠段29.38m、穿黄工程段10.00m、黄河以北渠段47.70m。详见表11-11-1。

控制点	设计水位/m	渠段长/km			分配水头/m		
		总长	明渠长	建筑物长	总水头	明渠水头	建筑物水头
陶岔渠首	147.38	473.833	444.479	29.354	29.38	17.594	11.786
黄河南岸	118.00						
		19.305	14.597	4.708	10.00	2.100	7.900
黄河北岸	108.00						
		703.029	644.401	58.628	47.70	25.343	22.357
北拒马河中支南岸	60.30						
合　计		1196.167	1103.477	92.69	87.08	45.037	42.043

表 11-11-1　　　　　　　　　　大段水头分配主要成果

5. 渠段内水头分配

渠段内的水头分配主要是确定渠道和建筑物之间水头分配比例，具体确定各分段渠道的纵坡和各个建筑物水头分配值。渠段内总干渠总水头一定，渠段工程量与分配的水头、水面线与地面线的关系有关。将渠段内明渠渠道和建筑物串成一个系统，采用动态规划的方法，进行水头优化分配，力求总投资最省。

（1）主要计算参数。为了进行总干渠水头优化分配，首先对有关计算参数进行了试验、分析、研究。确定了如下主要计算参数。

1）糙率值。总干渠渠道全线采用混凝土衬砌，糙率值取 0.015，考虑到总干渠全线规模不同、水力半径变化较大，其糙率值变化可达 0.001，在计算中曾用有关试验公式对糙率值进行了复核计算，并对国内外已建工程的观测值进行了分析，结果表明，糙率值取 0.015 是合理的。

2）建筑物局部水头损失。总干渠上建筑物种类繁多，其中占用水头损失的建筑物主要有渡槽、倒虹吸、暗渠和隧洞等。建筑物的渐变段体型采用圆弧扭曲面或直线扭曲面。

3）建筑物水头与工程量的关系。在型式一定的条件下，建筑物的工程量可看作是所分配水头的函数。为了寻求建筑物工程量与水头之间的关系，对每种类型的建筑物在允许范围内，给定最大水头值、最小水头值、中间水头值，分别计算出相应的工程量。通过分析，绘制出建筑物水头-工程量关系曲线。

4）明渠工程量。影响明渠工程量的因素有渠线位置、边坡系数、纵坡、底宽及糙率。渠线位置由规划确定，边坡系数主要取决于沿线地质条件，糙率可预先确定。因而在进行渠道优化计算时，决策变量为底宽和纵坡，为二维动态规划问题。

（2）计算方法。

1）明渠梯形横断面。渠道横断面设计采用曼宁公式，可采用试算法，也可采用形参法。

2）明渠工程量计算模型。横断面类型：地面线全段高于堤顶线，工程量为全挖方；地面线全段低于渠底线，工程量为全填方；其他情况，工程量为半挖半填。工程量类型：一般挖方、深挖方（挖深大于 12m）、一般填方、利用料回填方、高填方（填高大于 8m）、衬砌混凝土。

3）优化 DP 模型。阶段变量：每一边坡系数、建筑物、流量改变处，都可划分为一个阶段，阶段内依测量纵断面划分成若干小段。①状态变量：以各阶段起始水位为状态变量；②决策变量：以各阶段坡降、底宽作为决策变量；③系统方程：根据水位、坡降以及水头损失关系构造系统方程；④目标函数：总投资最小；⑤约束条件：包括渠道坡降约束、建筑物水头约束、流速约束；⑥边界条件：渠首和渠末端的设计水位；⑦递推方程：逆序计算。

4）优化计算。采用离散微分动态规划法计算。

（3）渠段内水头分配结果。按照上述方法，求得各渠段内渠道的分段纵坡和各个建筑物的水头分配值。黄河南岸渠段渠道纵坡为 1/23000～1/28000，单个建筑物水头分配值为 0.06～0.66m；穿黄工程段渠道纵坡为 1/8000～1/10000，建筑物水头分配值为 7.40m；黄河北岸渠段渠道纵坡为 1/16000～1/30000，单个建筑物水头分配值为 0.07～0.87m。从分配结果上看，除穿黄工程段外，渠道的纵坡差别不大，一般都为 1/16000～1/30000，取值大小与渠段的位置、地形有关。一般来说，挖方渠道，若水面线与地面线配合较好（水面与地面大致齐平），则水头越多，工程量越省；深挖方渠道，水头过多，将增加工程量；填方渠道，水头越多，工程量越省。建筑物水头分配的大小与建筑物的规模、型式、长度有关。一般来说，长建筑物比短建筑物水头多，有压建筑物比无压建筑物水头多；规模大的建筑物比规模小的建筑物水头多。

（四）水头分配结果分析

从表 11-11-1 中可看出，黄河南渠段的平均坡降为 1/25263，黄河以北渠段的平均坡降为 1/25427，相差不大，而穿黄工程段的平均坡降达 1/6950，大大高出黄河南、北渠段。对此，曾做过专题研究复核。复核的思路是减少穿黄工程段的水头，增加黄河南、北两岸渠段的水头。复核结果显示，若减少穿黄工程段水头 1～2m，用于增加黄河以南渠段的水头，黄河以南渠段的工程量和投资不仅不能减少，反而将有较大的增加。这是因为黄河以南渠段渠首的设计水位已定，要增加水头，只能降低末端的水位，而黄河以南渠段大部分为挖方渠道，特别是末端，更是深挖方渠道。增加水头虽然减少了过水断面，却增加了开挖断面。若减少穿黄工程段水头 1～2m，用于增加黄河以北渠段的水头，黄河以北渠段的工程量和投资变化不大。这是因为黄河北岸附近大部分为填方渠道，增加水头，必须增加总干渠水面线的高度，导致过水断面减少，填方高度增加。而过高的填方对当地行洪排涝、总干渠运行均不利。复核说明渠段之间的水头分配是较优的。

对各个渠段内的水头分配结果也进行了复核。复核的思路是：①固定建筑物水头，调整渠道水头；②固定渠道水头，调整建筑物水头；③调整渠道与建筑物之间水头分配。复核结果显示，在较小范围内作上述调整，工程量和投资变化不大，变化幅度小于 0.2%；调整范围过大，则工程量和投资增加。复核说明大段内的水头分配结果是在优化的范围内。

（五）结语

中线总干渠水头分配对总干渠的工程量和投资影响显著，将渠道和建筑物作为一个系统综合考虑，进行水头优化分配，可以节省总干渠工程和投资。中线总干渠水头分配方案是通过优化计算得出的，经过多方面复核，是一个较优的分配方案。

二、局部线路比选

（一）禹州煤矿区段

禹州煤矿区段总体设计时为绕线，按审查意见增加隧洞线方案，线路走向如图 11-11-1 所示。

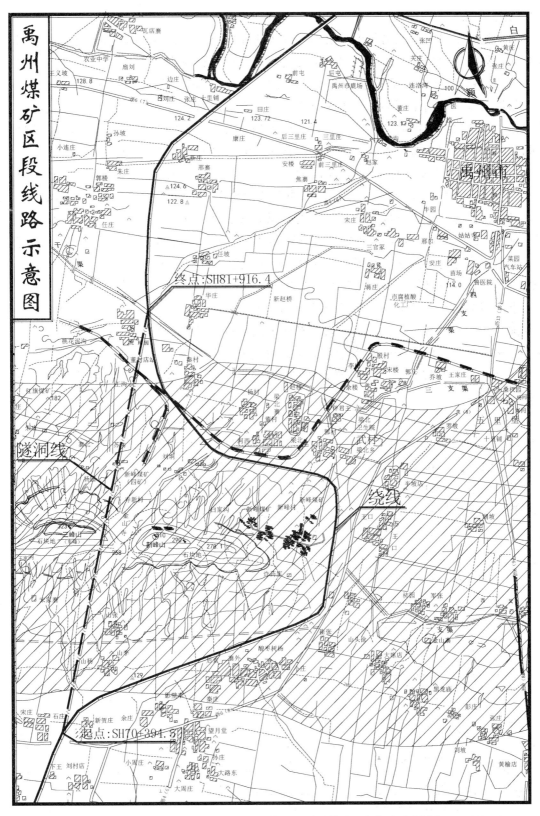

图 11-11-1　南水北调中线一期工程禹州煤矿区段线路示意图

1. 线路概况

南水北调中线总干渠在禹州市西南约 7km 处通过禹州矿区，在宋庄村附近进入禹州矿区，沿东北向在狮子口村东南出矿区范围。该渠段地面高程变化很大，东侧为三峰山（东峰）和新峰山，峰顶高程约 320m，禹州市东部地面高程为 108～115m，低于渠底 5～10m。

禹州煤田位于许昌市西部，主体部分位于禹州市，地跨郏县、登封、许昌、襄县等县市的部分乡镇。该煤田为东西向条带状分布，东西长约 75km，比较段内南北宽约 8km。因此不管采用哪条线都不能完全避开煤矿区，均存在通过煤矿采空区及压煤区的问题。

水规总院 2005 年 3 月对《南水北调中线一期工程总干渠（沙河南—黄河南）可行性研究报告》的预审意见："禹州段洞Ⅱ线洞身段和明渠段线路长、工程投资高，可予舍弃；洞Ⅰ线和绕线方案可根据许昌钧州煤炭设计院提出的《禹州煤矿渠段底下压煤、采空区分布核查报告》内容，对两线通过的地下煤层保护宽度、预留煤柱宽度和压煤量及通过的采空区性质、范围和采取的工程措施等进行比选，重新复核各自工程量及投资，提出推荐线路。"

线路研究主要在以往工作的基础上，对隧洞Ⅰ线和绕新峰山线进行比较。

两条线路的起点位于宋庄与贺庄之间，线路比选的终点在董村店东侧。该比较段设计流量 320m³/s，加大流量 380m³/s，在总体规划阶段及可行性研究阶段一直把绕线作为推荐线，该段分配水头为 0.443m，但考虑到洞线方案的隧洞长约 4.6km，由于水头太紧将导致洞身断面大，因此在该段线路方案比较时，假定水头调增为 0.557m，以使洞线方案的洞径较为合理。

2. 压煤情况

禹州段绕线方案主要影响新龙公司梁北矿、平煤集团新峰四矿、梁北镇郭村煤矿、梁北工贸公司煤矿的开采，洞线方案主要影响平煤集团新峰四矿及新龙公司梁北矿的开采。

为了查清渠线下的压煤量，委托许昌钧州煤炭咨询设计研究院进行了调查及计算，根据该院《禹州煤矿区渠段地下压煤、采空区分布核查报告》，禹州矿区段绕线压煤量为 3818.28 万 t，洞线压煤量为 2116.24 万 t。绕线段各矿压煤量见表 11-11-2。

表 11-11-2　　　　　　　　　　禹州矿区段地下压煤量表　　　　　　　　单位：万 t

矿 名		煤种	压煤数量			合 计
			B 级	C 级	D 级	
隧洞线	平煤集团新峰四矿	二₁		381.36		381.36
	平煤集团新峰四矿	五₂		106.63		106.63
	平煤集团新峰四矿	六₄		82.41		82.41
	新龙公司梁北矿	二₁		1545.84		1545.84
合 计						2116.24
绕 线	新龙公司梁北矿	二₁	2650.18	652.20		3302.38
	平煤集团新峰四矿	二₁	135.84			135.84
	平煤集团新峰四矿	五₂			0.73	0.73
	平煤集团新峰四矿	六₄		32.16		32.16

続表

矿名		煤种	压煤数量			合计
			B级	C级	D级	
绕线	梁北镇煤矿	六₂		12.71		12.71
	梁北镇煤矿	六₄		18.26		18.26
	梁北镇东峰煤矿	六₂		12.45		12.45
	梁北镇东峰煤矿	六₄		18.68		18.68
	梁北镇郭村煤矿	六₂		39.91		39.91
	梁北镇郭村煤矿	六₄		59.87		59.87
	梁北工贸公司煤矿	六₂	39.04			39.04
	梁北工贸公司煤矿	六₄	58.56			58.56
	梁北刘垌一组煤矿	六₄		3.09		3.09
	禹州市坤成煤矿	六₄		84.6		84.6
合计						3818.28

3. 采空区情况

(1) 绕线。主要穿过原新峰矿务局三矿、禹州市梁北镇郭村煤矿、梁北镇工贸公司煤矿、梁北镇福利煤矿的采空区。

绕线方案渠道存在有3段采空区，总长约为2.64km。新峰三矿形成的六₄、六₂煤层采空区，开采煤层平均煤厚1.2m，该矿始建于1949年前，该矿据调查为1965年闭井；郭村煤矿形成的六₄煤层采空区，开采平均煤厚1.0m，为1985—1994年形成的采空区；工贸公司及福利煤矿形成的六₂煤层采空区，开采平均煤厚1.2m，为1993—2003年形成的采空区。

(2) 隧洞线。隧洞线沿线主要穿过平煤集团新峰四矿、梁北镇杨园煤矿、梁北镇苏沟二组矿的采空区。新峰四矿六₄煤层采空区形成于1975—1991年，五₂煤层采空区形成于1972—1998年，二₁煤仍在开采。梁北镇杨园煤矿、梁北镇苏沟二组矿均于2003年关闭。

隧洞线方案存在3层采空区，分别为六₄、五₂、二₁煤采空区，采空区总长约2.13km（部分采空区叠加）。

4. 工程布置及工程设计

(1) 绕线。绕线渠道基本沿130m等高线布置，主要为半挖半填或浅挖方渠道，局部挖深较大。线路总长为11.522km，为全明渠段，渠道设计比降为1/20680。该段无河渠交叉建筑物，共布置有18座建筑物，包括9座左岸排水建筑物，1座渠渠交叉建筑物，7座公路桥和1座铁路桥。

渠道设计边坡为1:（2～3.5），设计底宽为21.5～14.0m。一般渠段采用现浇混凝土衬砌，坡厚10cm，底厚8cm；对于采空区段，采用预制混凝土衬砌，坡、底采用的厚度均为10cm。

(2) 隧洞线。该方案因为缺乏详细的测量及地质勘探资料，只是在1:10000的航测图上进行了布置。该段线路长约6.95km，隧洞长约4.6km，其余为明渠段。经初步水力计算，需洞径为9.5m×11.2m的城门洞形隧洞3条。该段具体设计需待地质情况查明后再做进一步的工作。

5. 存在问题

（1）根据对比分析，绕线、洞线方案均存在压煤问题，绕线压煤量为 3818.28 万 t，洞线压煤量为 2116.24 万 t。

（2）两条线均存在采空区处理问题，绕线处理长度为 2.64km，洞线处理长度约 2.13km（部分采空区叠加）。采空区尚无变形观测资料，因此采空区的处理范围及措施尚待进一步研究确定。

（3）隧洞线的测量及地质勘探工作正在进行之中，现阶段暂按绕线布置。

（二）潮河包嶂山段

潮河包嶂山段线路，起点位于新郑市梨园村，终点位于郑州市毕河村西，属嵩山山脉边缘岗地地貌。起点设计水位为 123.344m，终点设计水位 121.012m，水头差 2.332m。设计流量 310～300m³/s、加大流量 370～360m³/s。对本段线路方案，长江设计院和河南省设计院在以往的规划设计过程中，做过大量的方案比选工作。先后编制了《总干渠工程潮河渠段线路方案比较报告》（1997 年）和《潮河渠段线路方案比较报告》（2003 年），研究了绕岗线、切岗东线和切岗西线 3 条线路的明渠方案，以及西线隧洞方案。经过综合比较，推荐绕岗明渠方案。

根据水规总院对《南水北调中线一期工程总干渠总体设计》审查意见，仅对绕岗线明渠和切岗线隧洞两个方案作进一步比较。

1. 绕岗线明渠方案

（1）线路。绕岗线位于郑州市所辖的新郑市北，南起新郑市梨园村东南，设计桩号为 SH-133+194.6，于烈士陵园南过黄水河后向东经赵庄、崔黄庄北，过赵郭李南，渠线转向东北，沿白庙西北，抵中牟县三官庙后，沿高庄陈、绕过张庄镇，渠线基本上成为西北走向，经后吕坡西南，渠线逐渐拐向西至李家村南后一直西行，经张庄北，大湖南直至郑州市管城区的毕河，在毕河村南过潮河后与隧洞线终点汇合，终点设计桩号为 SH-181+024，如图 11-11-2所示。

（2）地形地貌。渠线沿岗坡 123m 等高线绕包嶂山北上，地形属嵩山山脉边缘岗坡地貌，地面坡度大约在 1/300，部分地面坡度达 1/30。渠线南段（梨园—三官庙）地形较高，一般高程为 125～130m，其中 RG6+000～RG10+470（RG0+000 为绕岗线测量桩号）段在第一次穿京广铁路前后长 4～5km，地面最高处达 140m，最大挖深为 24m，是绕岗线明渠最大挖深段。北段（三官庙—毕河村）地形较低，一般地面高程为 122m 左右。其余渠段设计水位均在地面上下，属于浅挖方渠道。

（3）纵横断面。绕岗线路全长 47.829km，其中占水头的有梅河、丈八沟和潮河 3 座渠道倒虹吸，二次穿京广铁路暗渠 2 座，这 5 座建筑物长 1230m，明渠段长 46.569km。设计水位起点为 123.344m、终点为 121.012m，水头差 2.332m，其中建筑物占 0.54m，明渠占 1.792m。以 SH-157+732 为界，分成 2 个流量段，SH-133+195～SH-157+732 段设计（加大）流量为 310（370）m³/s，SH-157+732～SH-181+024 段设计（加大）流量为 300（360）m³/s。渠道设计底宽 25～15.5m，内边坡系数 2～3.5，外边坡系数 1.5。纵比降分 3 段，分别为 1/28000、1/24000、1/26000。设计水深 7.0m，加大水深 7.632～7.678m。

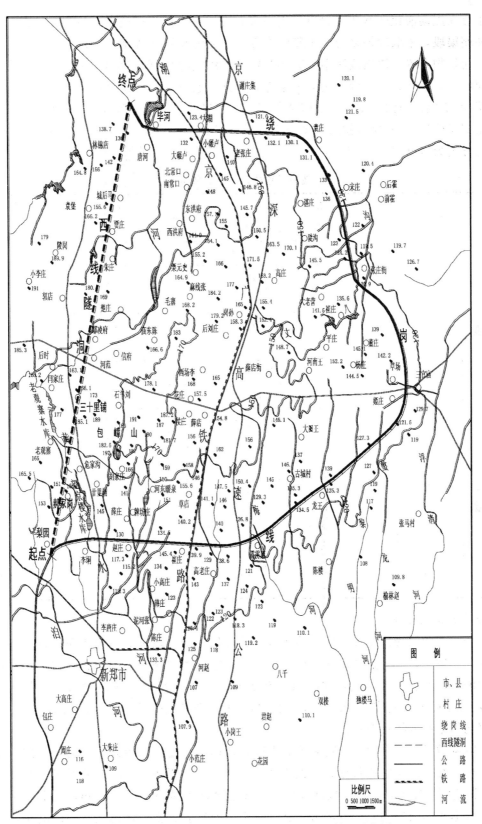

图 11-11-2　南水北调中线总干渠工程潮河比较段示意图

对于存在震动液化的沙质土渠道采用挤密砂桩、强夯法进行处理，对于强渗漏、可能盐渍化和易冲刷渠段，采取增铺复合土工膜防渗等工程措施和种草植树等措施处理。

（4）建筑物布置。绕岗线明渠方案共布置各类建筑物 63 座，其中河渠交叉建筑物 6 座：黄水河为河倒虹，梅河、丈八沟、潮河 3 座为渠倒虹，老张庄沟、大碾卢沟 2 座为河渡槽；左岸排水建筑物 17 座；梅河、丈八沟 2 座节制闸；分水口门有新郑市李垌、中牟县三官庙 2 座分水闸；路渠交叉建筑物 36 座（铁路交叉 2 座为二次穿京广线的暗渠，跨渠公路桥 34 座）。绕岗线路建筑物分类数量见表 11-11-3。

表 11-11-3　　　　　　　绕岗线路建筑物分类数量表

序号	建筑物类型		数量/座	备注
1	河渠交叉	渠道倒虹吸	3	占用总干渠水头
		河道倒虹吸	1	
		河渡槽	2	
		合计	6	
2	左岸排水	排洪渡槽	3	
		排洪倒虹	12	
		排洪涵洞	2	
		合计	17	
3	控制工程	分水口门	2	
		节制闸	2	
		合计	4	
4	铁路交叉	暗渠	2	占用总干渠水头
5	公路交叉	公路Ⅰ级	10	
		公路Ⅱ级	24	
		合计	34	
总　计			63	

2. 切岗线隧洞方案

（1）线路。隧洞线位于潮河西侧约 4km，该线路主要为隧洞，从起点梨园起直线向北，经河范、朱庄、贾庄，至终点毕河村直线连接，以尽量缩短线路长度。结合沿线地形、地面高程及布置隧洞上覆围岩厚度需要，线路前段有 2.125km 的明渠段，隧洞段（含隧洞进出口建筑物）长度 18.794km，尾部有 0.919km 明渠段。整个线路中隧洞长度占 86.1%，因此地面河流、建筑物等不影响线路布置。

（2）隧洞数量。隧洞数量与隧洞单洞直径直接相关，隧洞直径涉及当前施工技术水平和隧洞施工的可行性。已实施项目中，隧洞最大外径 14.1m（盾构法），本工程双洞方案隧洞外径 13.1m，虽然洞径偏大，但仍有成功先例。3 条隧洞方案隧洞外径 11.4m，与常规交通隧洞基本相当。考虑到国内外的施工技术水平已可在土层或软岩、土中修建大直径的隧洞，设计推荐采用双洞方案，以节约工程投资。

（3）隧洞输水形式。明流隧洞和压力隧洞两种输水形式，经水力学计算，明流隧洞（过水断面直径12.0m）和压力隧洞的洞径差别不大（过水断面直径11.90m），明流隧洞运行维护和检修较为方便，因此，设计推荐采用明流隧洞方案。

（4）工程布置。隧洞方案线路分成5段，南段连接明渠，隧洞进口建筑物、隧洞段（含黄水河暗渠段）、隧洞出口建筑物，以及北段连接明渠。

南段连接渠道长2125m，地面高程为122.6～134m，总干渠设计水位为123.344～123.259m、渠道底宽为23.1m，渠道边坡1：2，设计水深7m，加大水深7.67m。

隧洞进口段布置渐变段、检修闸室段，然后与隧洞段相接，长115m。渐变段长度为80m，检修闸室段整体长35m。

隧洞段长18564m，隧洞共设2条，采用圆形无压隧洞，单洞洞径12.0m，隧洞中心距25m，隧洞纵比降为1：8423。隧洞采用带盾构法施工，隧洞支护与衬砌采用预制装配式钢筋混凝土管片，管片厚度为55cm。

隧洞出口建筑物接隧洞末端，长115m，依次布置检修闸室段、渐变段、然后与北段相接，布置同进口。

北段连接渠道从小郭庄东南至毕河西，渠线长919m。地面高程由132.3m逐降至126.5m，设计水位121.049～121.012m，加大流量水深7.61m。

3．方案比选

（1）主要工程量。总干渠潮河段工程布置及规模表，见表11-11-4。潮河段绕岗线、隧洞线工程量总表，见表11-11-5。

表11-11-4　　　　　　　总干渠潮河比较段工程布置及规模表

序号	方案 项目	绕岗线明渠方案	隧洞线隧洞方案	备注
一	各方案线路长/km	47.829	21.838	
1	其中：隧洞/km		18.564	
2	暗渠及渠倒虹/km	1.235		
3	明渠长度/km	46.594	3.274	含隧洞连接段长度
二	渠道建筑物/座	63	5	
1	铁路暗渠/座	2		
2	河渠交叉/座	6		
3	左岸排水/座	17		
4	公路交叉/座	34	3	
（1）	公路-Ⅰ级/座	11	1	
（2）	公路-Ⅱ级/座	23	2	
三	分水口门/座	2	2	
四	节制闸/座	2		

表 11-11-5　　　　　　　　潮河段绕岗线、隧洞线工程量总表　　　　　　　单位：万 m³

序号	项目方案	开土方	开石方	填土方	混凝土	浆砌石
一	绕岗线明渠方案	2926.11	331.00	353.79	68.09	128.17
（一）	渠道工程	2734.40	327.90	222.70	29.30	123.30
（二）	渠道建筑物	191.71	3.10	131.09	38.79	4.87
1	河渠交叉	106.02	3.10	69.16	16.07	2.14
2	京广铁路暗渠	24.00		6.60	4.82	0.24
3	左岸排水 17 座	52.27		36.60	4.72	1.72
4	公路交叉 34 座	7.21		18.05	13.05	0.77
5	分水口门 2 座	2.21		0.68	0.13	
二	隧洞线隧洞方案	759.13	236.63	40.12	95.13	1.44
（一）	渠道工程	175.06		34.52	2.24	1.12
（二）	隧洞工程	543.24	236.63		87.88	
（三）	进出口渐变段	35.49		3.56	3.34	0.23
（四）	渠道建筑物	5.34		2.04	1.67	0.09

（2）工程投资。绕岗线明渠方案工程静态总投资为 335018.33 万元，切岗线隧洞方案工程静态总投资为 382616.61 万元。

（3）方案综合评价与结论。绕岗线明渠方案：施工相对简易、难度小，长期安全运用较为可靠，即使出现问题也容易修复，运行管理方便。虽然线路较长，永久占地相对较多，但其工程量小，投资小仍是突出优势。切岗线隧洞方案：切岗线虽避开了流动沙丘及地表沙化地区，工程占地与工程补偿投资小，但切岗线如此大流量的无压洞，其大洞径、超长洞、高地下水位等情况，国内不多见，施工技术复杂，难度大，现在切岗线隧洞方案的估算投资是按 2 台盾构机、6 年工期来考虑的，但很难保证在 2010 年前完成。如增加工作面需增加盾构机，投资将增加很多。

综合经济技术比较，绕岗线和切岗线 2 条线、2 个方案，技术上均可行，考虑工程投资和施工难度，推荐绕岗线方案。

（三）焦作市区段

焦作市区段原规划线路于 1994 年选定，并参照了焦作市发展规划，当时原渠线所经位置大部分为耕地，地面附属物较少。焦作改设地级市后，城市化进程发展很快。按照经河南省人民政府批准的焦作市区新的发展总体规划，在焦作市老城区的南边开发建设了新城区和开发区。老城区主要位于焦枝铁路以北，新城区位于焦枝铁路南侧，开发区在新城区的南边。新老城区以焦枝铁路为界，焦枝铁路高出地面 2～4m。原规划线路自西向东斜穿新市区。

近几年来,新城区发展很快,原线路位置已经建成有焦作市委、市政府、保险公司大楼及成片住宅区。为此,河南省设计院在2001年开始研究焦作市区线路方案,拟将渠线北移。

2004年2月河南省设计院在以往工作的基础上编制了《南水北调中线一期工程总干渠焦作市区段线路方案比较报告》。该报告共作了5条线路7个方案的比选。

线路比选的起点、终点在同一位置上(以下桩号、水位等与比较报告同),起点位于博爱县新蒋沟交叉点上游的东良仕村西侧,总干渠设计桩号HZ-12+400,终点为焦作市李河交叉点下游的白庄,设计桩号为HZ-45+163。比较线起点渠道设计水位为106.838m,终点设计水位104.461m,该段渠道设计流量265～260m³/s,设计水深7.0m,沿线主要交叉河流有蒋沟河、勒马河、幸福河、大沙河、白马门河、普济河、闫河、翁涧河、新河、李河等,总干渠设计底宽14～21m,边坡1:2～1:3.5。各线路位置如图11-11-3所示。

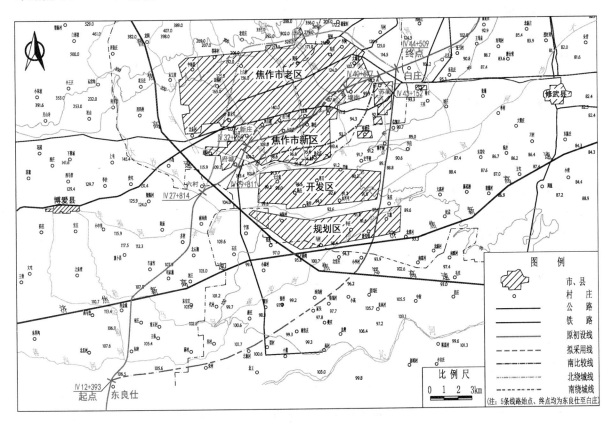

图11-11-3 焦作市区总干渠比较线路位置示意图

1. 原规划线

线路总长31.716km,其中:东良仕—府城段,长17.418km,地面高程105.4～111.4m;府城—苏蔺段为中心城区段,长度12.941km,位于焦枝铁路南约1.4km,地面高程99.0～104.4m;苏蔺—白庄段,长1.357km,地面高程99.0～106.1m。渠道为明渠方案(方案1),均为半挖半填,1994年定线时,中心城区段为城郊菜地,沿线只需拆迁零星农村房屋。20世纪90年代后期原线上开始城市建设,焦作市委、市政府机关已迁至新城区。若渠道仍走原线,已建的保险公司、丰泽花园小区等均需拆除。

2. 拟采用线

鉴于焦作市城市发展态势，焦作市政府于 2000 年 1 月 18 日以焦政函〔2000〕1 号文提出改线要求，经过多次现场查勘比较后，为减少拆迁量，将原线稍往北移较为合理。在原线以北，焦枝铁路南侧范围内选择了两条渠线进行比选。一条线路位置偏北，位于焦枝铁路南侧约 170m 处，另一条线路偏南，位于焦枝铁路南侧约 500m 处。从渠道的安全运行及水质保护出发，选定离铁路稍远一点的南线作为原线的比较线，即拟采用线，线路总长 32.116km。该段线路分 3 段：其中线路两端东良仕—府城、苏蔺—白庄段同原线；中间的府城—苏蔺段为原线向北偏移 400m，位于焦枝铁路南约 500m，长 13.341km，地面高程 99.9～106.1m，属半填半挖渠道。拟采用线经过焦作市区都市村庄，民房密集，拆迁量大一些，但房屋标准较低。参与该渠线比较的方案有两个：一为明渠（方案 2）；二为暗渠＋明渠（方案 3），其中暗渠段长 10.02km（暗渠长 8.745km）。

3. 南比较线

线路总长 31.844km，位于焦作市新城区。为避开新城区内的房屋密集区，在原线路南 1500m、新河以北又选了一条"南比较线"。该条线路分 3 段，其中东良仕—府城、苏蔺—白庄段同原线，府城—苏蔺段为中心城区段，长 13.069km，位于焦枝铁路南约 2.9km，地面高程 92～110m，属高填方。沿线拆迁主要为新建的工矿企业等房屋。根据地面高程与渠底的关系，南比较线分明渠（方案 4）和旱渡槽＋明渠（方案 5）两个方案，其中旱渡槽长 9.63km。

4. 北绕城线

线路总长 37.731km，比原线路增加约 6km，位于拟采用线以北 5.5km，起点在博爱县东良仕，终点亦为白庄西，起始点与以上线路同。东良仕—六村段，与拟采用线重合，长 15.421km，地面高程 105.4～110.5m，属半填半挖渠道，沿线拆迁的地面附属物为农村房屋。过六村以后，地面高程变化较大，从 140m 升高到 190m 左右，最高达 348m，渠道挖深多在 40～90m，因此该段在市区北部地形较高处采用隧洞方案，布置 3 条，单洞长 13.0km。隧洞进出口两端为明渠段，涉及少部分都市村庄和住宅楼的拆迁。该线路采用隧洞＋明渠方案（方案 6）。

5. 南绕城线

为绕开新老城区及开发区，在拟采用线南 12km 布置了南绕城线，该线路起点自博爱县东良仕北，向东过朱村、小李村后折向北，绕过城区至终点白庄西，与原规划线相接，线路总长 33.640km。南绕城线路大部分位于农村，地面附属物少，房屋建筑标准低，但该线地势过低，若全用明渠，渠道填方过高。线路前段及末段地面高程 106～99m，属半填半挖，渠道填方不大，拟采用明渠；中部地形较低，地面高程为 89～99m，最大填高达 18m 以上，拟采用旱地渡槽。该线路为旱渡槽＋明渠方案（方案 7），其中旱渡槽长 20.84km。

原规划线、拟采用线、南比较线 3 个全线明渠方案的投资分别为 25.215 亿元、21.539 亿元、24.063 亿元，技术上相对均较简单，投资均较其他方案低。以上 3 个方案中，南比较线局部填方高，对渠道和城市安全不利；原初步设计线将引起新城区新建楼群的大面积拆迁，对当地经济和社会影响较大；拟采用线投资最低，拆迁房屋多为近郊民房，拆迁任务相对简单，且该线路较其他两线路地面高程高，渠道半挖半填居多，从经济和安全两方面考虑，该方案为首选方案。各方案投资比较见表 11－11－6。

线　　路	方　　案	名　　称	估算投资/万元
原初设线	1	明渠	252154
拟采用线	2	明渠	215387
	3	暗渠＋明渠	387530
南比较线	4	明渠	240626
	5	旱渡槽＋明渠	270700
北绕城线	6	隧洞＋明渠	490418
南绕城线	7	旱渡槽＋明渠	374990

　　拟采用线的暗渠＋明渠方案投资为 38.753 亿元，居 7 个方案的第 2 位。此方案的最大优点是在城区部分修建暗渠，避免外水污染渠水；由于水头少，孔径大，孔数多，技术上可行但投资较大，经济上不合理。南比较线旱渡槽明渠方案投资为 27.070 亿元。南比较线不论是明渠方案，还是旱渡槽方案，从渠道安全、工程投资、与城区规划和未来发展等方面综合考虑均是不合适的。

　　南北两条绕城线，一条高线，一条低线。受地形条件限制，北线采用隧洞，长 13km，占该比较段线路的 35％；南线采用渡槽，长 20.84km，占该比较段线路的 62％。在投资上，北绕城线隧洞方案静态总投资 49.042 亿元，南绕城线旱渡槽方案静态总投资 37.499 亿元。南北绕城线均避开了焦作城区，虽然利于总干渠水质保护，但工程投资太大。

　　根据各方案比较，拟采用明渠方案投资最低，技术经济合理，且对焦作市新城区的发展影响最小。在水质保护方面，虽有人类活动对水质保护带来不利影响的潜在威胁，但通过辅以各种相应的工程措施和非工程措施，可以使水质得以很好保护。焦作市政府已经制订了相应的地方法规，通过人大立法，对总干渠水质加以保护；并在市区修建比较完善的排水排污管网，地面雨水集中后与总干渠立交排入河道，污水通过管道集中进入污水处理厂；焦作市已承诺出资在总干渠两侧增宽林带保护宽度（包括保护带范围内征地拆迁），改善生态环境，解决防止总干渠水质受污染问题；而且市区段渠道稍高出地面，污染物对总干渠不构成威胁。

　　以上 5 条线路布置所组合的 7 个方案，涵盖了可能的线路选择和方案。从现实情况出发，经过综合分析比较，推荐拟采用线，拟采用线的两方案（明渠方案和明渠＋暗渠结合方案）中，明渠＋暗渠结合方案，因水头有限致使过水断面大、投资大、工程布置不甚合理，虽有利于保护水质的一面，但毕竟投资过大，因此推荐拟采用明渠方案（方案 2）。

（四）焦作煤矿区段

　　中线工程总干渠在河南省焦作市以东穿过焦作煤矿区，渠段长 31.769km，起点位于焦作市墙南村北，距穿黄工程出口约 40km。在以往的规划中，采用的是预留煤柱的压煤方案。

　　近年来，煤矿区的开采情况发生了变化，规划线路下有新的开采矿井，且因机械化操作，难以预留煤柱，地表出现了较为严重的裂缝和塌陷。若渠线仍维持原方案，则对总干渠和矿井的安全均不利，必须拟定新的线路。主要作了两条线路 3 个方案的比选。

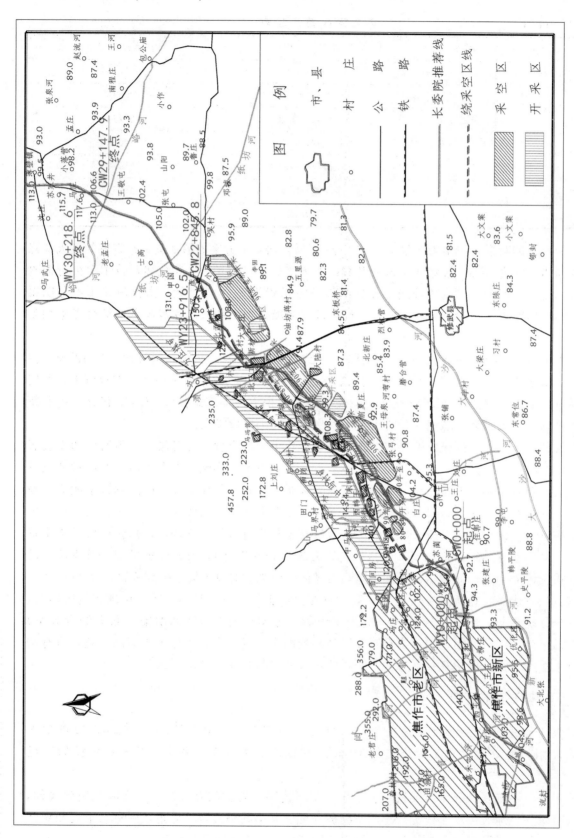

图 11-11-4 焦作煤矿区线路位置示意图

表11-11-7　　两条线路（3个方案）的建筑物布置表

局部采空区线 设计桩号	项目名称	形式	绕采空区线（明渠） 设计桩号	项目名称	形式	绕采空区线（明渠＋隧洞） 设计桩号	项目名称	形式
CW0+062.4	中原路	公路-Ⅰ级	WY0+062.5	中原路	公路-Ⅰ级	SD0+062.5	中原路	公路-Ⅰ
CW0+551.4	焦作市墙南	分水闸	WY0+235	李河（进口）	渠道倒虹	SD0+235	李河（进口）	渠道倒虹
CW0+565.4	李河（进口）	渠道倒虹	WY0+764	李河（出口）		SD0+764	李河（出口）	
CW1+094.4	李河（出口）		WY2+476.5	建设路	公路-Ⅰ级	SD2+476.5	建设路	公路-Ⅰ
CW2+981.4	新月待焦络联线	铁路桥	WY3+021	解放大道	公路-Ⅰ级	SD3+021	解放大道	公路-Ⅰ
CW3+065.4	中兴大道	公路-Ⅰ级		新月待焦络联线	铁路桥		新月待焦络联线	铁路桥
CW3+910.4	文昌大道	公路-Ⅱ级	WY3+891.2	碳素厂南	公路-Ⅱ级	SD3+891.2	碳素厂南	公路-Ⅱ
CW4+822.4	华光轮胎厂西北	公路-Ⅰ级	WY4+997.4	中兴大道	公路-Ⅰ级	SD4+600	隧洞	圆形无压洞
CW5+195.4	山门河（进口）	暗渠	WY5+693.2	文昌大道	公路-Ⅱ级			
CW5+568.4	山门河（出口）		WY5+986.4	山门河（进口）	暗渠	SD7+000		
CW7+543.4	演马庄西南	公路-Ⅰ级	WY6+509.4	山门河（出口）		WY7+683.6	西韩王北	公路-Ⅱ级
CW8+375.4	待王一方庄	铁路桥	WY7+683.6	西韩王北	公路-Ⅱ级	WY8+314.4	张田河东南	公路-Ⅱ级
CW8+927.4	演马庄南	公路-Ⅱ级	WY8+314.4	张田河东南	公路-Ⅱ级	WY9+141.7	东韩王北	公路-Ⅱ级
CW9+215.4	焦作市前夏庄	分水闸	WY9+141.7	东韩王北	公路-Ⅱ级	WY10+080.8	演马庄煤矿东北	公路-Ⅱ级
CW10+448.4	后夏庄沟	左排倒虹	WY10+080.8	演马庄煤矿东北	公路-Ⅱ级		待王一冯营	铁路桥
CW10+653.4	后夏庄北	公路-Ⅱ级		待王一冯营	铁路桥	SD10+697.0	后夏庄沟	左排倒虹
CW12+471.4	赵屯南	公路-Ⅱ级	WY10+697.0	后夏庄沟	左排倒虹	SD11+095.4	九里山西南	公路-Ⅱ
CW12+864.4	九里山坡水	左排倒虹	WY11+095.4	九里山西南	公路-Ⅱ级			

续表

局部采空区线 设计桩号	项目名称	形式	绕采空线（明渠） 设计桩号	项目名称	形式	绕采空区线（明渠＋隧洞） 设计桩号	项目名称	形式
CW13+802.4	东方水泥厂	公路-Ⅱ级	WY11+989.7	九里山东北	公路-Ⅱ级	SD11+989.7	九里山东北	公路-Ⅱ
CW14+533.4	安大铁路（进口）	渠道倒虹	WY15+236	煤矿学校	公路-Ⅱ级	SD15+236	煤矿学校	公路-Ⅱ
CW14+692.4	安大铁路（出口）			安大铁路桥	铁路桥		安大铁路桥	铁路桥
CW14+692.4	溃城寨河（进口）	渠道倒虹	WY16+071.1	溃城寨河（进口）	渠道倒虹	SD16+071.1	溃城寨河（进口）	渠道倒虹
CW15+083.9	溃城寨河（出口）		WY16+600.1	溃城寨河（出口）		SD16+600.1	溃城寨河（出口）	
CW14+717.4	溃城寨河	退水闸		安阳配站－古汉山	铁路桥		安阳配站－古汉	铁路桥
CW15+011.9	溃城寨	节制闸	WY17+270.6	冯营工人新村	公路-Ⅱ级	SD17+270.6	冯营工人新村	公路-Ⅱ
CW15+534.4	溃城寨南	公路-Ⅱ级	WY17+901.8	云台大道	公路-Ⅰ级	SD17+901.8	云台大道	公路-Ⅰ
CW16+112.4	李固－冯营	铁路桥		修方铁路桥	铁路桥		修方铁路桥	铁路桥
CW16+539.4	位村西	公路-Ⅱ级	WY18+352.9	位村河	排水渡槽	SD18+352.9	位村河	排水渡槽
CW17+264.4	云台大道	公路-Ⅰ级		狮子营－中铝（Q₁）	铁路桥		狮子营－中铝（桥1）	铁路桥
CW17+283.4	修方	铁路桥		白庄－方庄	铁路桥		白庄－方庄	铁路桥
CW17+696.4	中铝－狮子营	铁路桥	WY20+347.3	白庄煤矿	公路-Ⅱ级	SD20+347.3	白庄煤矿	公路-Ⅱ
CW17+849.4	位村沟	排水渡槽		狮子营－中铝（Q₂）	铁路桥		狮子营－中铝（桥2）	铁路桥
CW18+348.4	白庄－方庄	铁路桥	WY21+553.9	白庄南	公路-Ⅱ级	SD21+553.9	白庄南	公路-Ⅱ
CW19+368.4	北孟村南	公路-Ⅱ级	WY22+413.4	小官庄沟	左排倒虹	SD22+413.4	小官庄沟	左排倒虹
CW21+089.4	小官庄南	公路-Ⅱ级	WY22+556.5	小官庄东	公路-Ⅱ级	SD22+556.5	小官庄东	公路-Ⅱ
CW21+525.4	小官庄南沟	左排倒虹		中铝厂专线铁路	铁路桥		中铝厂专线	铁路桥
CW22+505.4	吴村矿	公路-Ⅱ级	WY23+333.3	吴村矿	公路-Ⅱ级	SD23+333.3	吴村矿	公路-Ⅱ

1. 方案布置

比选线路的起点位于苏蔺西南角,比选段终点为彦口村,坐标为:$X=3915486.228$,$Y=384506911.114$,分段桩号 HZ-64+905.7。两条线路长度稍有不同,均为 23km 左右。比较段起点设计水位为 104.822m,终点设计水位为 103.417m。

(1)穿采空区线。该段线路总长为 22.844km,其中明渠长度为 21.393km,建筑物长1.453km。地面高程一般为 105~115m。线路大部位于稳定或基本稳定的采空区,线路压恩村矿,主要经过韩王矿及演马庄矿老采空区、九里山矿无煤区或煤层不可利用区。

本段渠道设计流量为 265~260m³/s,渠道纵比降为 1/29000~1/27000。渠道设计底宽为18.0~21.0m,内边坡系数 2~3.5,设计水深 7m。

(2)绕采空区线。绕采空区线长度为 23.917km,其中明渠长度为 22.456km,建筑物长1.461km。绕采空区线位于穿采空区线以北 1~3km,地面高程一般为 104.5~120.6m。线路基本避开煤矿采空区,但要穿过大量的农村房屋和居民小区。

本段渠道设计流量为 265~260m³/s,渠道纵比降为 1/29000~1/25000。渠道横断面型式与绕采空区线基本相同。

两条线路位置及走向示意图如图 11-11-4 所示。

(3)绕采空区线明渠+隧洞方案。采用绕采空区线路,对其中地面高程为 120~138m 的渠段布置隧洞,洞身总长 2400m,坡降 1/10127,采用无压圆形 3 条隧洞,隧洞直径 10.5m。

两条线路(三个方案)建筑物布置见表 11-11-7。

2. 主要工程量

各方案主体建筑物工程量见表 11-11-8。

表 11-11-8　　　　　　　　各方案主体建筑物工程量表

序号	项目名称	单位	数量		
			局部采空区线	绕采空区线明渠方案	绕采空区线明渠+隧洞方案
1	土石方开挖	万 m³	1446.34	3724.73	3872.78
2	土石方填筑	万 m³	538.04	249.41	277.66
3	混凝土	万 m³	45.73	52.70	68.29
4	钢筋制作安装	万 t	1.91	2.43	5.46
5	砌体	万 m³	15.70	13.50	16.00
	主体工程量合计	万 m³	2047.72	4042.77	4240.19

3. 工程投资

各方案工程投资估算见表 11-11-9。

4. 方案比选

穿采空区线的优点是地面高程较合适,工程量小,拆迁房屋量少,缺点是由于穿过老或新采空区,局部地表变形仍未稳定,基础处理措施存在一定的不确定性。

绕采空区线的优点是能避开煤矿采空区,不再受采空区安全隐患的制约,其缺点是局部线路地面高程高，挖深大，工程量大；穿越村庄和居民点较多，拆迁安置工作量大。

表 11 - 11 - 9 各 方 案 投 资 估 算 表

序号	项 目 名 称	投资/万元		
		局部采空区线	绕采空区线 明渠方案	绕采空区线 明渠＋隧洞方案
一	工程部分	191727.77	200753.24	293659.27
1	建筑工程	86851.72	115630.08	191031.08
2	机电设备及安装	2338.49	2459.59	2062.33
3	金属结构设备及安装	2564.88	1751.59	2035.83
4	临时工程	5836.91	5161.25	11222.75
5	独立费用	27056.89	57500.44	55843.79
6	预备费	14957.88	18250.29	31463.49
7	采空区基础处理	52121.00		
二	移民环境投资	36461.70	75559.99	46146.53
	合 计	228189.47	276313.23	339805.80

从工程安全、技术难度和工期要求方面考虑，推荐绕采空区线路。绕采空区线的全明渠方案和明渠＋隧洞方案相比较，后者比前者总投资大 15.2%，因此，推荐绕采空区线的全明渠方案。

（五）天津干线北剧村北—大清河以东段

天津干线原来设计的大清河倒虹吸位置，现已被津保高速公路白沟连接线跨大清河的桥梁占用，因此天津干线穿越大清河的工程位置需进行调整。

1. 方案比选

结合附近的地形条件，考虑了如下三个线路方案，如图 11 - 11 - 5 所示。

方案一：在连接线大清河大桥上游穿越。该方案的优点是桥上冲刷深度小，有利于干线安全；缺点是河两岸都有拆迁，且大清河左岸为规划的工业小区，实施难度大。

方案二：在连接线大清河大桥下游穿越。相对于方案一，该方案受桥墩缩窄河道的影响，河道冲刷深度大；但只有河右岸的东李家营村有拆迁。

方案三：线路沿兰沟河右岸往东，至新盖房分洪闸上游，在王储村与西阳村之间穿越大清河，该方案的主要缺点是：①与方案二相比线路长度增加 390m；②王储与西阳之间的空当现已有一道高压线，施工期为满足施工要求仍需拆迁西阳村的 6 户民房，拆迁面积 1200m²；③干线工程距离新盖房分洪闸太近，处于大清河主流弯道处，水流条件复杂。

上述 3 个线路方案中，方案一和方案二线路长度相当，但方案一拆迁量大，实施难度大，方案三线路最长，且仍有拆迁，综合考虑，采用方案二。

2. 穿越位置的确定

天津干线位于津保高速公路白沟连接线大清河大桥下游，距离越远，冲刷深度受桥的影响

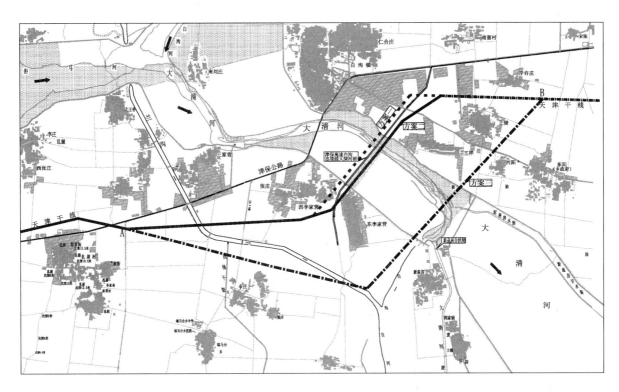

图 11 - 11 - 5 天津干线大清河段局部线路比选示意图

越小，但拆迁量越大，为尽量减小拆迁量，需确定满足施工需要的最小距离。根据施工场地要求，确定最小安全净距为 50m，由此确定天津干线与桥中心线距离为 70m。

按全管涵方案的选线要求，对穿越大清河以上、以下段的线路也进行了局部微调，调线桩号 XW - 54 + 001～XW - 63 + 000，调整后线路长度缩短 131.61m。

三、煤矿区渠道设计

（一）压煤渠段分布

1. 沙河南—黄河北段

本渠段由南向北依次通过禹州市和郑州两矿区。渠线所经矿区有的井田已经开采，形成地下采空区，其地面呈移动（塌陷）盆地；有的则尚未开采，为规划远景区或近期开采区。渠线经过开采区的地面塌陷区，存在两个特殊的工程地质问题：一是地面塌陷、变形破坏及稳定程度对渠体的影响；二是由于地表开裂引起渠水渗漏问题。因此渠线在穿越煤矿区时，需慎重对待采空区的地基处理问题。

（1）禹州矿区。开采历史悠久，为地方国营矿和地方集体矿共同开采，分别属于新峰矿务局和禹州市煤炭局，通过矿区长度为 19.3km，涉及矿井新峰矿务局的新峰一矿、新峰二矿、新峰三矿、新峰四矿 1 号井和 2 号井、梁北矿 6 个矿井以及禹州市煤炭局的郭村矿、董村矿和梁北村矿 3 个矿井。

1）新峰矿务局。

新峰一矿：渠线从井田东部经过。

新峰二矿：渠线从井田东部经过，已于 1957 年报废。

新峰三矿：渠线从井田东部经过，已于 1968 年报废。

新峰四矿 1 号井：渠线从井田东南角经过。

新峰四矿 2 号井：为新峰四矿 1 号井的在建接替井，渠线从井田东部经过。

梁北矿：为在建矿井。

2）禹州市煤炭局。

郭村矿：渠线从井田中央经过。

梁北村矿：渠线从井田北部经过。

董村矿：渠线从井田东北部经过，为个体集资兴建，时采时停。

（2）郑州矿区新郑井田。正在进行精查勘探，因缺乏资料，穿越矿区的长度及压煤量不详。

渠线经过禹州、郑州矿区段采空区分布情况见表 11-11-10。

表 11-11-10　　　　　　渠线经过禹州、郑州矿区段采空区分布情况表

项　目	矿　区	矿　区			郑州	备　注
		禹　州				
渠线穿煤矿区长度/km		19.3			7.3	
分布位置		二矿	三矿	郭村矿	梁北村矿	
起桩号		SH-74+275	SH-76+783	SH-77+997		
止桩号		SH-76+284	SH-77+997	SH-78+597		新峰二矿、三矿于 1985 年以前采完
采空区长度合计/km		3.8				
开采时间	1985 年以前	2.0				
	1986—1992 年			0.6	0.6	
	1993—1995 年			0.6		

2. 黄河北—漳河南段

总干渠焦作矿区段推荐线途经恩村井田、中马村煤矿、九里山煤矿、冯营煤矿、方庄煤矿、白庄煤矿、吴村煤矿。

（1）恩村井田。恩村井田位于焦作市东南部，距老市区约 7.5km，修武县西部，武陟县北部。恩村井田北以 F_4 断层组（凤凰岭断层）为界，西以二₁煤层-450m 底板等高线及 F_{11} 断层与焦南井田相邻，南以平陵、董村断层为界，东以二₁煤-900m 底板等高线为界，井田东西走向长 11km，南北宽 4～7km，面积 60km²，井田地质储量 61680 万 t，可采储量 12435 万 t。煤层标高-400～-900m，采深 500～1000m，1978 年 12 月河南省煤田地质三队提交了《焦作煤田墙南勘探区焦南恩村井田精查地质报告》。报告提交了探明二₁煤工业储量 55872 万 t，一₅煤 5807 万 t，总地质储量 61679 万 t。根据原能源部〔1991〕280 号文件关于"要抓紧恩村井田的地质补勘工作，为恩村井田开工建设创造条件"的精神，河南煤田地质局于 1992 年对恩村井田进行精补勘探；1996 年年底中咨公司和北京中咨能海咨询公司对"焦作矿区恩村井田开发水

文地质论证及项目建设技术经济评价"进行了论证评估；原煤炭部武汉设计研究院于 1997 年 4 月完成了《河南省焦作矿务局恩村矿井预可行性研究报告》。1998 年 3 月，原煤炭部对恩村矿井项目建议书进行了批复，同意"恩村矿井立项并开展可行性研究工作"。矿井设计生产规模 120 万 t/年，设计服务年限 74 年，规划建井时间 2015 年。

（2）中马村煤矿。中马村井田位于焦作煤田东部。井田范围西南以凤凰岭断层为界，与焦作市压煤区分开。东南以九里山断层为界，与韩王井田、演马庄井田相隔。东北以第十一勘探线为技术边界，与冯营井田毗邻。西北部以李河断层、李贵作断层、李庄断层为界与小马村井田为邻。井田走向长 9.7km，倾斜宽约 1.5km，面积 14.5km²。中马村矿为立井多水平开拓，分三个生产水平开采，标高分别为 −150m、−250m、−400m。矿井主采大煤，煤厚 0~13.53m，一般 4~6m。煤层倾角为 8°~15°。采煤方法为走向长壁倾斜分层全陷法。矿井一水平已采完 11、12、13、19 采区，二水平采完 21、23 两个采区，现开采范围集中在 25、27、29 和 39 等采区。截至 2001 年年底累计采出煤量 920.81 万 t。

（3）冯营煤矿。冯营矿位于焦作市东部，距焦作市 25km。井田范围东起冯营断层，与方庄井田相连，西至第十一勘探线与中马村井田毗邻。北起太行山南麓煤层露头，南至九里山断层与九里山井田相隔。井田走向长 6km，倾斜宽 2km，面积约 12km²。冯营矿分东西两翼上下山开采。可采煤层有大煤、二煤和三煤 3 个煤层，现主采大煤。大煤厚度 0~12.15m，平均 4.21m，煤层倾角 10°~25°。采煤方法为走向长壁倾斜分层人工假顶全陷法。矿井现二水平只剩下正在回采的下山二、四采区。截至 2001 年年底，累计采出煤量 1634.05 万 t。

（4）九里山煤矿。九里山煤矿位于焦作矿区东部，九里山南侧，西距焦作市 18km。该矿由焦作矿务局自行设计，自行施工。1970 年 7 月开始建井，1983 年 4 月简易投产，矿井设计生产能力 90 万 t/年，核定能力 65 万 t/年。井田西部以第 11 勘探线与演马矿相邻，东部以第 23 勘探线与古汉山矿相接，北到二₁煤隐伏露头，南达西仓上断层为界。井田走向 4.2~5.3km，倾斜 3~4.2km，面积 17.5km²。2003 年末矿井地质储量 14117 万 t，可采储量 67.57 万 t，剩余服务年限 60 年。开采二₁煤平均厚 6.24m，煤层倾角 10°~16°。煤层标高 −700~0m，冲积层厚度 80~95m，采深 100~300m，渠线经过地区为一水平 14、12、11 和 13 采区浅部。14 采区浅部开采时间为 1998—1999 年，12 采区浅部开采时间为 1985—2002 年，11 采区浅部开采时间为 1983—2000 年，13 采区浅部开采时间为 1989—2001 年。采煤方法为走向长壁倾斜分层人工假顶全陷法。

（5）方庄煤矿。方庄煤矿位于白庄井田西北、中州铝厂以西两三公里处，1958 年投产（1 号井），1980 年又建新井（2 号井），1 号井年产量 20 万 t，2 号井年产量 54 万 t，估计剩余服务年限约 10~15 年。推荐线路占压方庄深部井田煤炭资源。

（6）白庄煤矿。白庄煤矿位于河南省修武县方庄乡，距焦作市区 25km，井田范围西起界碑断层，东至白庄煤矿停采线，南自魏村断层，北达九里山断层和煤层露头。东西长 3km，南北宽 1km，面积约 3km²，井田内地势较平坦，地面标高 109.13~120.90m，北高南低，无地表水体。该矿为生产矿井，1979 年投产，设计生产能力 21 万 t/年，实际生产能力 35 万 t/年，剩余服务年限 3~5 年。

（7）吴村煤矿。辉县市吴村煤矿位于太行山南麓，焦作市东北端，修武县北部，辉县市西端，在古汉山井田浅部中心部位，距焦作市 25km，距修武县 15km。井田北部以煤层露头为界，西部与焦作白庄煤矿以 26 勘探线为界，深部以 −300m 为界，东部以赤庄断层与南程村勘探区为界，面积 5.38km²。井田内断层构造简单。本井田为山前冲积，洪积平原区，地势平坦，地面标高为 117～95m，地势由西北向东南变低。井田内地表水不发育，有纸纺河从井田中部穿过，由西北向东南经峪河流入卫河。

吴村煤矿主要开采煤层为二₁煤层，倾角 12°～18°，截至 2002 年年底，吴村煤矿保有储量 441 万 t，开采储量 250 万 t。该矿为生产矿井，1974 年投产，设计年生产能力 21 万 t，实际年产量 45 万 t。剩余服务年限约 3 年，推荐线路从井田西部穿过。

3. 漳河北—古运河段

漳河北至古运河渠段，途经凰家煤矿、邢台煤矿、伍仲煤矿、邢台劳武联办煤矿、亿东煤矿、鑫丰煤矿、兴安煤矿、磨窝煤矿，邵明煤田区贾村乡第三煤矿、华懋煤矿等 10 座煤矿。压煤渠段总长 10.37km。

4. 古运河—北拒马河中支段

总干渠古运河至北拒马河中支段，经过涞水煤田，渠轴线占压煤田长度约 0.5km。

（二）煤矿区渠段渠道设计

1. 压煤渠道段设计

压煤区的渠道设计，对于渠道本身没有特殊要求，对于以后煤矿开采时，要求给渠道留出足够的保护宽度及一定的保护煤柱，方能保证渠道的运行安全。根据 1994 年年底矿井采掘工程平面图、煤层赋存条件及近期地形资料、总干渠渠道线路等基本资料及《建筑物、水体、铁路及主要井巷煤柱留设与压煤开采规程》，对渠道的保护宽度及煤柱宽度分别做出计算。

（1）保护宽度确定。南水北调中线工程为大型输水工程，根据《建筑物、水体、铁路及主要井巷煤柱留设与压煤开采规程》第 43 条，受护面积的围护带宽度为 15m。确定穿越煤矿区保护宽度为渠道左右外轮廓线以外各 20m。

（2）保护煤柱计算。

1）移动角确定。《建筑物、水体、铁路及主要井巷煤柱留设与压煤开采规程》第 17 条规定："圈定建筑物保护煤柱的移动角按建筑物的允许地表变形值确定。建筑物的允许地表变形值采用下列数值：倾斜±3mm/m，曲率+0.2×10⁻³/m，水平变形+2mm/m。

各矿井移动角值按实测和《建筑物、水体、铁路及主要井巷煤柱留设与压煤开采规程》附录选取或按类比方法确定。

2）保护煤柱宽度的计算。根据本工程的特点，按《建筑物、水体、铁路及主要井巷煤柱留设与压煤开采规程》中的垂线法圈定保护煤柱边界，根据有关公式计算渠线保护煤柱宽度。

3）保护煤柱压煤量（储量计算）。根据计算的保护煤柱宽度，将煤柱划分为三角块段，采用三角块段法计算压煤量（储量）。

经计算，禹州矿区和郑州矿区保护煤柱宽度见表 11-11-11。禹州矿区保护煤柱压

表 11-11-11 禹州矿区和郑州矿区
保护煤柱宽度表

矿 区	矿井名	煤柱保护宽度/m
郑州矿区	新郑矿	870～1170
禹州矿区	新峰一矿	950～1530
	新峰四矿	700
	梁北矿	530～1290
	郭村矿	400～490
	梁北村矿	400～420
	董村矿	230

煤量为4737.2万t，预计采出煤量为3316.0万t；郑州矿区保护煤柱压煤量为3359.2万t，预计采出煤量为1067.2万t。

焦作矿区推荐线路总计压煤量为11407万t，预计可采出煤量3805万t。

漳河北—古运河段煤矿预留保护煤柱压煤损失总计为2664.4万t。

古运河—北拒马河中支段压煤约34万t，占煤田总储量的2%。

2. 煤矿采空区段渠道设计

总干渠通过禹州煤矿矿区的渠段，只经过开采厚度较小的煤层，开采煤层厚度只有0.6m左右，对地面的沉陷影响很小，并且在施工阶段已成为沉陷稳定区，所以渠道设计采取预制混凝土块衬砌，并铺设土工膜加强防渗。

通过郑州煤矿区的渠段，只经过未开采煤层，渠道设计同一般渠道设计。

经过焦作矿区的渠段，只通过压煤区，不通过采空区，该段渠道设计同一般渠道设计。

四、湿陷性黄土渠坡处理

黄土状土的湿陷类型，用计算自重湿陷量判定。按规定当自重湿陷量小于或等于7cm定为非自重湿陷性黄土；当自重湿陷量大于7cm时定为自重湿陷性黄土。

（一）分布

沙河南—黄河南渠段渠坡含有黄土类土的渠道长为185.180km，均为中或强湿陷性土，其中具中湿陷性段长178.434km，占湿陷性土地质段的96.36%；具强湿陷性段长6.746km，占湿陷性土地质段的3.64%。

黄河北—漳河南段渠坡含有黄土类土的渠道长为160.04km，约占渠线总长度的75.8%，其中不湿陷黄土渠段长度为17.93km，湿陷性黄土渠段长度为142.11km。

漳河—古运河段总干渠湿陷性黄土渠累计长度为4.528km，其中强湿陷渠段长1.028km，中等湿陷渠段长3.5km。

古运河—北拒马河中支段总干渠湿陷性黄土渠长1km，为中等湿陷性黄土。

（二）湿陷性黄土处理原则

湿陷性黄土属大孔隙土，非自重湿陷性黄土在渠道上覆压力大于湿陷起始压力时，遇水湿陷，渠基、渠坡就会沉降，渠道衬砌板产生附加内应力，衬砌板因强度不足而断裂破坏，渠道发生渗漏，影响总干渠输水的经济性和安全性。因此，应进行处理。

1. 挖方渠段

对挖方渠道基本将黄土层挖除，且渠基底面的自重应力与附加应力之和小于渠基下土的湿陷起始压力，即使浸水，也不湿陷。因此，对挖方渠段的非自重湿陷性黄土渠段，不进行处理。

2. 半挖半填渠段

根据渠底基面的自重应力与附加应力之和与渠基下土的湿陷起始压力的大小，分不同情况处理。当渠底基面的自重应力与附加应力之和小于湿陷起始压力时，可不处理。当渠底基面的自重应力与附加应力之和大于湿陷起始压力时，则按照湿陷系数和土层厚度计算湿陷量，湿陷量大于 50mm，对渠坡或渠底进行处理，否则不处理。

（三）处理方案比选

湿陷性地基处理方法一般有垫层法、夯实法、挤密法、预浸水法等。垫层法适用于地下水位以上的局部或整片处理，处理深度一般为 1～3m，适用于有防水要求的建筑物；挤密法适用于地下水位以上的局部或整片处理，处理深度一般为 5～15m；预浸水法适用于湿陷性很大的自重湿陷性黄土；夯实法适用于一般的湿陷性黄土，其中强夯法的处理深度可达 3～6m。

结合南水北调中线总干渠湿陷性黄土的湿陷类型、等级等实际情况，选取强夯法、挤密砂土桩两种方法进行比较。

1. 方案一：强夯法

（1）施工设备选择。起重机：单击夯击能 3000kN·m，配辅助门架的履带式起重机。夯锤：锤重 20t。

（2）强夯技术参数。夯击点布置：采用梅花形布置方案，间距 10m。夯击击数及遍数：采用 10 击 3 遍，最后 1 遍为满夯，两遍间歇时间为 4 周。

（3）处理设计。根据《湿陷性黄土地区建筑规范》（GBJ 25—1990），强夯法在处理湿陷性黄土时，土的含水量宜低于塑限含水量的 1%～3%。否则，应采取措施增加或降低含水量。

为了保证湿陷性黄土的有效处理深度，在半挖半填渠段，首先清除渠堤表土，然后强夯，达到设计标准后方可筑堤。渠底部位直接强夯，达到设计标准后开挖。

根据规范，基础处理范围超出基础外缘的宽度为设计处理深度的 1/2～2/3，并不宜小于 3m。

2. 方案二：挤密砂桩法

挤密砂桩通过振动或冲击，把砂土挤入土中将地基挤实，增加地基土的相对密度，提高地基的抗剪强度，减少基础的沉降，并使地基密实性均匀化。对湿陷性黄土而言，利用挤密砂桩破坏土体的大孔隙结构，消除渠基的湿陷性，从根本上避免或削弱湿陷现象的发生。

（1）设计参数。处理范围每边超出渠道坡脚线外的宽度为 10m，桩径 450mm，桩间距 2.5m×2.5m，桩长 8.0m。填料利用渠道开挖的泥砾。

（2）处理效果。处理后土体的大孔隙结构遭到破坏，基本消除湿陷。

不同方案的处理工程量见表 11 - 11 - 12。经分析，强夯法费用最低。因此，推荐采用强夯法对湿陷性黄土渠段进行处理。

表 11 - 11 - 12 　　　　　　　　　　　　湿陷黄土处理工程量表

主要工程量	处理方案		主要工程量	处理方案	
	强夯法	挤密砂桩法		强夯法	挤密砂桩法
砂桩数量/根		51648	强夯面积/m²	322800	
填料量/m³		65680	投资/元	1742	4089
总进尺/m		413184			

（四）处理措施布置

采用强夯法对湿陷性黄土渠段进行处理，基础处理范围超出基础外缘的宽度为设计处理深度的 1/2~2/3。沙河南—黄河南渠段累计处理长度 161.722km，黄河北—漳河南渠段累计处理长度 82.767km，强夯外缘超出基础 2~3m；漳河北—古运河段累计处理长度 2.69km，横向处理范围超出总干渠渠道设计外坡脚线以外宽度为 10m；古运河—北拒马河中支段累计处理长度 1km，强夯外缘超出基础外缘 6m。

五、穿黄工程方案比选及主要技术问题

（一）穿黄工程布置方案比选

项目建议书阶段穿黄工程对孤柏嘴线盾构隧洞方案、李村线盾构隧洞方案和李村线渡槽方案进行综合比选，经技术、经济综合分析，认为李村线盾构隧洞方案相对更为合理，选为推荐方案。

基于李村线盾构隧洞方案，就双洞方案和单洞方案进行比较。双洞（单洞）方案隧洞直径为 7.0m（9.0m），双层衬砌，外衬管片环厚度为 40cm（45cm），内衬为现浇预应力钢筋混凝土整体结构，厚度为 45cm（55cm）。两方案均能满足一期工程总干渠输水要求。考虑到：①穿黄工程地质条件复杂，双洞方案洞径较小，施工技术难度较低、风险较小，对于保证全线按期通水，双洞方案更为有利；②双洞方案具有一洞运行，另一洞检修的条件，具有运行调度灵活、供水风险较小等优势，推荐双洞方案。

基于双洞方案，对于黄河南岸邙山临河顶冲，岸坡高出水面约 80m 的地形特点以及北岸地下水埋藏浅、有砂土震动液化问题的地质条件，为了优选过河隧洞布置方案，主要研究了三个方案：

方案一：南岸斜洞进、北岸竖井出、退水建筑物在南岸。该方案布置以斜洞通过邙山，进口建筑物远离河岸，避免了大规模的临河边坡工程和护岸工程，但需设置退水洞为南岸明渠检修或事故退水。

方案二：南岸斜洞进、北岸竖井出、退水建筑物在北岸。该方案将退水建筑物设于北岸河滩明渠，其余布置与方案一相同。

方案三：南岸竖井进、北岸斜井出、退水建筑物在南岸。该方案进口竖井临河，渠道以大开挖通过邙山，设退水闸退水。该方案临河边坡和护岸工程规模大；北岸斜井位于北岸漫滩，施工期基坑支护以及砂土地基震动液化处理工程量大。

所研究的三个方案均属可行，以方案三工程投资最大，技术条件复杂，首先放弃；方案一与方案二总体布置相同，其中方案二退水闸在北岸，南岸渠道退水需通过穿黄隧洞，运行可靠性不如南岸退水的方案一。经综合比较，推荐方案一。

（二）主要技术问题

推荐方案主要建筑物顺流向自南向北包括南岸连接明渠、进口建筑物、穿黄隧洞、出口建筑物、北岸河滩明渠和北岸连接明渠等六部分，此外还有控导工程。该方案主要技术问题如下。

1. 水力衔接

双线穿黄隧洞进、出口闸室均按每洞一室布置，南岸连接渠道须通过分流段与进口闸室相

连，隧洞出口则须通过合流段与北岸河滩明渠相接。相应要解决 3 个水力学问题：①过流能力验证；②避免分流过程在隧洞进口前方产生吸气漩涡；③消除输送小于加大流量时的多余水头，减缓合流段水面波动。为此委托长江科学院开展水工模型试验，提出《南水北调中线穿黄隧洞（可行性研究方案）工程水力学试验研究报告》。通过水工试验，验证了过流能力达到设计要求，同时通过优化进、出口布置，实现了良好的水力衔接。

模型上游模拟了部分南岸明渠、进口截石坑、渐变段、连接段、进口闸室和部分穿黄隧洞，此外还模拟了退水闸进口段和部分退水洞；模型下游模拟了穿黄隧洞、出口竖井弯管段、侧堰段、出口闸室段、消力池段、出口渐变段和部分明渠，相应原型长度为 4730m。模型的几何比尺 $L_r=25$，按正态模型，并遵循重力相似准则，隧洞水头损失采用阻力阀控制。

通过对七组布置方案的验证和对比试验，对进口布置作了如下完善：

（1）进口安全栅底部悬空 5m 安装，单洞可输送设计流量 132.5m³/s。

（2）两闸室进口内边墩迎水端由大圆角改为小圆角。

（3）加大进口喇叭段顶缘椭圆曲线的长、短轴，形成大喇叭口形。

（4）各级流量出口明渠流速均小于设计抗冲允许流速。

（5）按完善后的布置，进口未见吸气漩涡，隧洞及进、出口也未发现负压。

（6）退水洞内断面加大至 4.2m×5.8m（宽×高）后，进口水流平顺，进流均匀，洞内为单一明流，可下泄设计流量 132.5m³/s。

2. 盾构机选型

穿黄隧洞为大型水底隧洞，单洞长 4250m，地下水位高，沿线主要为砂层和粉质壤土层，盾构的刀盘及盾尾必须有良好的密封性能，开挖面必须保持稳定，并且必须备有化学注浆设备，以备随时对土体进行加固处理。为此对盾构机选型开展了专题研究，提出了《穿黄隧洞盾构施工技术专题研究报告》。研究表明，对于穿黄隧洞可供选择的盾构为土压平衡盾构机和泥水加压盾构机。

进一步分析认为：穿黄隧洞沿线大部分为砂层，土压平衡盾构机需向土腔内加入塑化剂，以便使泥土压力可以很好地传递到开挖面，并有利于螺栓排土。在砂层中掘进时，刀盘与开挖面摩擦力大，不利于长距离掘进。

泥水加压盾构机刀盘与工作面充填泥浆，增加开挖面稳定性；刀头在泥水环境中工作，磨损量减小，对砂层和粉质壤土层均能较好适应，有利于长距离掘进。

考虑到与土压平衡盾构相比较，泥水加压盾构机在稳定开挖面土体方面更易控制，施工质量和精度更高，推荐采用泥水加压盾构机。

3. 工作竖井选型

穿黄隧洞采用盾构法施工，北岸工作竖井为盾构机始发提供通道及安装场地。南岸工作竖井为中继井，盾构机在此检修，并为穿行邙山斜洞做好准备。为了确保竖井开挖、混凝土浇筑具备干地施工条件，也为了防止井下地基在地下水作用下产生松动或流沙，工作竖井壁应同时具备良好的防水性能。

按形成垂直边壁工作竖井要求，重点比较了沉井方案和地下连续墙方案。两方案均有与穿黄工程类同规模的成功的工程实例。据分析，沉井方案可能出现的问题及风险有：①沉井制作、接高及下沉时会出现不均匀下沉及突沉现象；②由于沉井规模较大，下沉控制较困难，若因下沉困难而需采取措施时，无法保证工期。地下连续墙方案可能出现的问题及风险有：①粉细砂中成槽的坍孔问题；②墙体偏斜，混凝土浇筑质量不好，开挖时槽段接头漏水；③地下连续墙钢筋笼起吊及下沉就位困难，易造成塌孔；④用于槽段间连接的接头箱拔除困难。

北岸竖井穿过地层为粉质黏土、细砂、粉细砂及中砂，若采用沉井方案，井体下沉时，易出现下沉困难、偏斜、流沙等现象，下沉速度慢、工期较长。经从安全可靠、经济、施工方便和保证工期等方面综合比较后，选用地下连续墙方案。

4. 隧洞衬砌结构选型

隧洞衬砌结构型式是经过多层次比较后确定的。

(1) 单层衬砌与双层衬砌比较。穿黄隧洞是有压的输水隧洞，而盾构法施工过程形成的拼装式管片环（简称"外衬"）有许多接缝，作为过流表面，糙率较大，在内水压力直接作用下，受力条件比较恶劣，而且管片环接缝有张开趋势，存在内水外渗导致外围砂土渗透破坏的风险。考虑到设置内衬并以弹性排水层与外衬相隔，既起到减糙作用，还可增加一道防止内水外渗的屏障。内衬与外衬有弹性排水层相隔，外衬主要承担外部水土荷载，内衬主要承担内水压力，受力条件明确，结构安全度高。最后推荐采用双层衬砌。

(2) 双层衬砌结构型式比较。对于双层衬砌主要研究过两个方案。

方案一：双层衬砌联合受力。施工期外衬单独承受外围水土压力和施工荷载，运行期内、外衬共同承担内水压力和黄河河床冲淤变化等附加荷载。

方案二：双层衬砌单独受力。施工期外衬单独承受外围水土压力和施工荷载；运行期外衬除继续承受外围水土压力外，还承担黄河河床冲淤变化等附加荷载，内衬则承担内水压力。

两个方案技术上均属可行，考虑到穿黄隧洞工程规模大，是输水总干渠上的关键工程，其内、外水压差近 20m，结构受力条件较复杂，为确保工程满足正常使用和安全要求，推荐采用结构受力明确、结构安全度较高的方案二。

5. 隧洞衬砌结构设计

(1) 双层衬砌结构布置。外衬为拼装式钢筋混凝土管片结构，混凝土等级为 C50，外径 8.70m，内径 7.8m，厚度 45cm，管片环宽 1.2m，由 8 块管片组成，管片间沿环向采用 4 根 32mm 的直螺栓连接；内衬为现浇预应力混凝土结构，混凝土等级 C40，外径 7.80m，内径 6.9m，厚度 45cm，采用环锚（HM）预应力系统，单束锚索由 12 根钢绞线集合组成，锚索间距 40cm，借助弧形垫座将锚索导出预留槽外，只用一台千斤顶实现无台座张拉；内、外衬由弹性软垫层分隔，分别独立工作。穿黄隧洞典型断面如图 11-11-6 所示。

(2) 横向结构计算。选取北漫滩桩号 8 +741.13 剖面为典型断面，该断面埋藏较

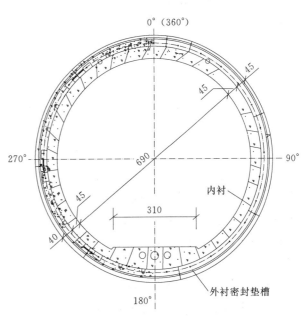

图 11-11-6 穿黄隧洞典型断面（尺寸单位：cm）

深，内水压较高，为控制性断面。

基于以往大量三维有限元计算成果，按常规采用平面杆系有限元法进行衬砌横向结构计算。计算图形中接头衬垫、地层约束、内外衬间软垫层均采用弹簧模拟，只承压，不抗拉，螺栓预紧力则以初始应变模拟。采用 Super Sap（93 版）有限元软件计算，并对计算得出的内力（轴力、弯矩）按规范方法进行结构设计。

采用分期应力计算，各期荷载组合见表 11-11-13。第一期为管片拼装完成工况，第二期为内衬施加预应力工况，第三期 1 为通水运行不考虑温度荷载工况，第三期 2 为通水运行考虑温度荷载和内衬混凝土收缩等效温度工况。

表 11-11-13 隧洞分期荷载组合表

工作阶段 \ 荷载	自重	螺栓预紧力	土压力	预应力	外水压	内水压	温度及混凝土收缩	荷载组合 工况	荷载组合 组合类别
第一期	√	√	√		√			施工	特殊
第二期	√	√	√	√	√			施工	特殊
第三期 1	√	√	√	√		√		运行	基本
第三期 2	√	√	√	√		√	√	运行	特殊

计算结果表明：

1）在第一期荷载组合下，外衬管片各断面内外侧应力均为压应力，满足抗裂要求。

2）对于第二期、第三期 1 和第三期 2 工况荷载组合，内衬各断面均全截面受压，外衬管片应力与第一期相差不大，表明由于软垫层相隔，预应力作用、内水压力、温度荷载主要由内衬承担，均很少外传到外衬管片。

3）隧洞变形较小，均小于衬砌圆环直径的 6‰（隧洞外径），满足变形控制指标要求。

4）管片环环向连接螺栓单根最大拉力为 6.1t，衬垫均呈受压状态，最小压力为 82.94t，各接缝始终处于闭合状态。

由此可见，双层衬砌独立工作的结构方案，受力条件明确，工作可靠，内、外衬均满足抗裂要求。

6. 隧洞纵向变形分析计算

隧洞纵向标准分段长为 9.6m，双洞方案各分段之间由 29 根 $\phi32$ 的螺栓相连，各衬段之间纵向约束小。纵向结构计算主要是计算当隧洞上方荷载发生变化时，引起隧洞的纵向沉降变形。分析表明，影响纵向沉降的原因主要是河床冲淤引起隧洞上方荷载的变化。

（1）穿黄工程断面典型冲淤形态和冲淤荷载。计算断面典型冲淤形态图分两类考虑。一类是根据河工模型试验成果选取一次性洪水过程中最不利的冲淤断面；另一类是按主槽整体摆动最不利位置确定的冲淤断面。

1）一次洪水过程典型冲淤形态。选设计洪水（洪峰流量 14970m³/s）情况下一次洪水过程冲淤最大冲刷深度为 7.8m。

另选取校核洪水（洪峰流量 17530m³/s）情况下一次性洪水过程冲淤最大冲刷深度为 8.48m。

2）河床主槽整体摆动冲淤形态。选取 82 放大型洪水（大水少沙型，洪峰流量 12418m³/s）一次洪水后的形态为初始形态。摆动后的最终形态按初始形态加深 2m 计，用以考虑小浪底水库清水冲刷影响，摆动的幅度按最不利的情况决定，但最大摆幅不超过 850m；河床主槽前后摆动形态如图 11-11-7 所示，相应的冲淤荷载图如图 11-11-8 所示。

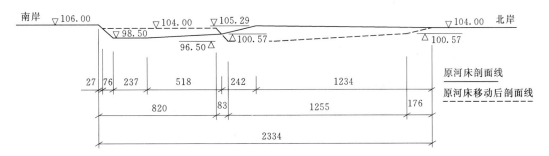

图 11-11-7　穿黄工程河床整槽摆动冲淤形态示意图

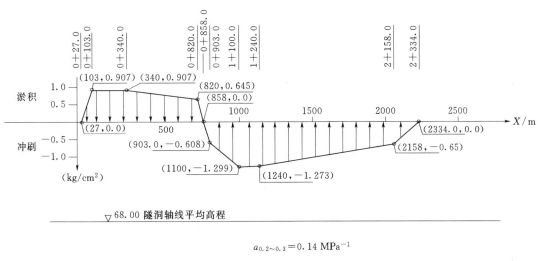

图 11-11-8　穿黄工程河床整槽摆动冲淤荷载计算简图

　　（2）计算模型。计算模型包括南岸施工竖井，沿隧洞纵向长度为 2400m，包含了通过粉质黏土和中、细砂层变化的洞段；计算剖面中土层自上而下概化为 Q_4^2、Q_4^1、Q_2、N 4 个岩土层，考虑了各土层厚度沿纵向的变化，各岩土层物理力学参数基于工程地质报告和大量土工试验成果采用。按此建立的三维计算模型的节点总数为 242500，单元数为 204960，自由度数为 727500，计算图形如图 11-11-9 所示。

　　（3）河床冲淤作用下隧洞纵向变形。采用大容量计算机，对上述三维模型按冲淤形态相应的荷载进行计算，计算分 3 种情况进行，情况 1 为设计洪水过程（按最大冲深 20m 放大），情况 2 为校核洪水过程（按最大冲深 20m 放大），情况 3 为整槽摆动，计算成果详见表 11-11-14。结果表明，主槽整体摆动工况为控制性工况，纵向变形最剧烈的部位位于冲淤过渡段上，隧洞衬砌接缝的最大纵向张开度和垂直错动量分别为2.67mm和2.16mm，小于接缝允许张开度4~6mm的防水要求，故隧洞衬砌满足结构变形和衬砌防渗要求。

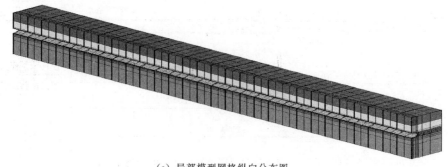

(a) 局部模型网格纵向分布图

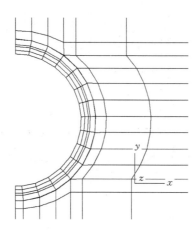

(b) 横剖面上衬砌及其周围部分土体网格图

图 11-11-9 穿黄隧洞纵向沉降计算模型

表 11-11-14 冲淤荷载作用下隧洞纵向变形（最大值）

工况	沉降量/mm	回弹量/mm	变形缝张开度/mm	变形缝垂直错动/mm	纵向拉应力/MPa	纵向压应力/MPa	跨缝螺栓拉应力/MPa
设计洪水	29.7	18.0	0.64	0.24	0.14	0.77	67
校核洪水	32.5	19.3	0.62	0.17	0.15	0.77	65
整槽摆动	150.1	75.9	2.67	2.16	0.55	4.00	280

7. 隧洞抗震评估

按中国地震局分析预报中心所做的地震动危险性分析，并依据抗震规范，穿黄隧洞采用50年超越概率5%的地震动参数计算，相应地震动加速度为0.158g。

按此地震动参数，中国水科院曾为穿黄隧洞进行动力响应分析。隧洞横向动力分析表明，由于隧洞埋藏深（最小深度为23m），动应力水平低；当地震沿隧洞纵向作用时，由于隧洞与工作竖井连接部位结构刚度不同，穿越土层条件及荷载也不尽相同，因此隧洞与竖井之间的变形一直令人关注。

隧洞纵向动力分析计算模型取自隧洞南岸竖井与其相连的隧洞段，围土与结构的动力相互作用以三个方向分布的弹簧分别模拟，弹簧系数按土层响应分析的收敛剪切刚度确定，地震波传递沿隧洞轴向传递。计算表明，土层与隧洞未相对滑动，隧洞衬砌弯曲应力和轴向应力分别为 0.38MPa 和 0.432MPa；竖井与隧洞水平向和竖向变位差分别为 1.44mm 和 0.5mm。

其后长江科学院进行了三维非线性有限元分析，地震响应计算采用地震系数法。计算表明隧洞各段纵向接缝最大张开度和垂直错动量分别为 0.29mm 和 0.22mm，即使与河床冲淤作用所引起的最大变形值叠加，仍满足设计防水要求。

以上分析计算表明，穿黄隧洞由于埋置较深，采用双层衬砌、独立工作的结构型式，无论沿横向或沿纵向均有良好的抗震性能，隧洞衬砌各工作阶段的应力与变形均满足设计要求。

8. 高边坡开挖降水方案研究

穿黄工程南岸连接明渠长约 4.63km，开挖后形成高边坡，由于地下水位远高于渠底，施工过程中土体孔隙水压力若不能很快消散，在渗流的动水压力或渗透力作用下，边坡将失稳。为此长江科学院受设计委托对此问题进行研究，提出《穿黄工程南岸渠段高边坡渗流计算及施工期排水措施优化研究》报告。

该项报告包括三部分内容：

（1）渠道运行期稳定渗流计算。通过对不同运行工况对应的渠道水位进行稳定渗流计算，评价运行期边坡的渗透稳定性。

（2）施工期无排水措施时非稳定渗流计算。通过非稳定渗流计算结果分析开挖速度、间歇期、单次开挖层高等因素对边坡内地下水渗流的影响。

（3）施工期排水措施的优化研究。

1）计算模型。计算断面取自桩号 4+958.57，为较大的渠道断面。模型沿渠道轴线方向取 60m，下边界取至基岩，上边界取至高程 140m，为开挖前天然地下水位附近，模型左右边界取至离渠道轴线各 500m，为定水头边界。采用地下水模拟计算软件 GMS 中的 MODFLOW 子程序包计算。

2）降水方案。拟定见表 11-11-15 所示的 6 个开挖降水方案。

表 11-11-15　　　　　　　　开挖降水井降水方案

降水方案	井列布置说明	井距/m	排距/m	抽水时间/d	井深/m	井径/m
方案 1	渠道两侧高程 140m 马道处双排井	20	160			
方案 2	高程 140m 马道处 2 排井及渠道中心 1 排井，三排呈梅花形布置	30	80	540	50	0.38
方案 3	高程 130m 马道处双排井	20				
方案 4	高程 130m 马道处双排井	15	106			
方案 5	高程 130m 马道处双排井	20		640		
方案 6	高程 120m 马道处双排井	20	62	540		

3）计算结果。

a. 井距：据地质资料抽水试验，沿渠道轴线方向的影响半径约为 30.7m，因此所拟井距不超过 30m 是比较合理的。

b. 排距：当开挖至渠底，地下水位降深 27.88m 较大，为取得较好的降水效果，应缩小排距。

c. 降水效果与施工条件综合比较：方案 1 渠道两侧在高程 140m 马道处设双排井，排距160m，井距 20m，与方案 2 在渠道两侧高程 140m 马道处设双排井，井距 30m，另在渠道轴线设 1 排井，井距 30m，工程量相同，但降水效果方案 1 不如方案 2，但方案 2 对施工布置会有一定影响。推荐方案 2，可在下一阶段结合施工条件进行进一步比选。

9. 砂土震动液化处理措施研究

北岸河滩明渠段跨越低漫滩、高漫滩，为填方段，地基为粉细砂，具中等透水性，地下水位高，存在饱和砂土震动液化问题。

（1）液化深度复核。地质报告对天然地基土液化深度判别结果：①桩号 9＋108～12＋608段最大为 12m；②桩号 12＋608～15＋500 段在洪水条件下最大为 8.0m，自然水位条件下为 0.0m。

对桩号 9＋014～15＋608 按 16 个钻孔标贯数据，采用液化深度标贯法判别得到液化深度：①桩号 9＋108～12＋500 段最大为 12～14m；②桩号 12＋500～15＋608 段为 0.0m。

重点需要对桩号 9＋108～12＋500 段进行地基加固处理。

（2）加固方案模拟。结合渠道工程特点，重点研究挤密砂桩方案和盖重方案。

1）挤密砂桩方案：对土体挤密效果、复合地基应力分布、排水减压效果等进行模拟。

2）盖重方案：对盖重使砂层有效应力增加进行模拟。

（3）计算分析代表性地层与计算模型。以桩号 11＋000 断面地层为代表，地表为人工填土，厚度 1.5m，其下依次为粉砂 6.5m、中砂 6.5m、细砂 5m、中砂 30.5m，再往下为基岩，其埋深为 50m。

（4）动力反应计算方法。采用加拿大 QUAKE/W 岩土结构动力分析程序计算。其中挤密砂桩方案分别就砂桩深度 12m 和 7m 分别建模。按应变问题计算，只考虑水平向地震，底部基岩边界为地震波输入边界，两侧采用阻尼吸收边界，水位取地表高程。

（5）计算结果及地基处理方案建议。

1）桩号 9＋108～12＋500 区间小部分区域可能液化深度为 7～14m；洪水情况下 12＋500～15＋500 区间的液化深度为 0～8m。故应主要对 9＋108～12＋500 区间进行地基加固。

2）砂桩深度 12m、7m 的方案都可以防止加固区域的砂层液化。7m 方案时，桩底部有一定范围的砂层可能液化。

3）建议加固区域内的砂桩间距统一采用 2.5m。

4）加固深度为 12m 和 7m 方案的渠坡顶部最大水平位移约为 0.21m（仅对应输入水平地震波），最大加速度约为 0.21g。总的位移不大，对渠坡抗震有利。

5）盖重方案渠坡下方粉砂层液化较严重，若在地面铺 3m 以上的非液化土层，可以防止液化对建筑物造成严重危害，与砂桩方案相比较，安全性较低。

六、丹江口大坝方案比选及主要技术问题

(一) 方案比选

丹江口大坝加高主要是对初期挡水建筑物进行加高和对通航建筑物改建。挡水建筑物除右岸土石坝因改线另做和左岸土石坝左端延长段不在初期工程上面加高外，其余都在初期工程上进行加高和改建。

大坝加高工程挡水建筑物总长 3.442km，其中混凝土坝长为 1141m，坝顶高程在初期工程的基础上加高 14.6～176.6m，混凝土坝有 58 个坝段，除右 11～右 13 坝段外，其余坝段均需在下游坝面加厚坝体断面和加高坝顶。

丹江口大坝混凝土坝初期工程的设计与施工中均考虑了大坝后期加高要求，初期工程的河床坝段已将后期加高方式考虑在内（后期加高无水下工程），根据试验研究和大量的计算分析及参考国外有关工程的成功经验，丹江口大坝采用贴坡浇筑混凝土加高方案。该方案需解决新老混凝土结合面对大坝加高工程的影响。

(二) 主要技术问题

丹江口大坝加高，不仅涉及水库规划方面的诸多问题，而且大坝加高同样涉及新老混凝土结合、泄洪消能、严格的温度控制、初期工程补强加固、初期工程工作状态复核、大坝应力分析等一系列复杂的技术问题。

1. 大坝加高后的泄流消能

大坝加高后上游水位抬高，加大了泄流时水流对坝下河床的冲刷能量，将加大对下游的冲刷，对坝下水流流态将造成一定的影响。设计中利用整体水工模型试验对大坝加高后泄流消能问题进行研究，对水工调度、泄流能力、下游防冲、下游水流流态进行了系统的分析研究。

2. 研究新老混凝土结合

选择现场试验研究新老混凝土结合问题。1994—1999 年先后进行了三次新老混凝土结合现场试验。第一次试验主要选择大坝加高的水泥和外加剂，第二次主要对斜面新老混凝土结合面结合情况进行研究，第三次主要对斜面、垂直面的新老混凝土结合状态和温控、保温措施进行研究。经过三次现场试验对大坝加高中的新老混凝土结合状态和影响结合状态的因素有了系统的认识。

结合现场试验对大坝加高施工过程中和加高后的应力状态进行仿真分析。经系列的分析计算表明：大坝加高后，新老混凝土结合面存在脱开的可能性，温控和保温措施对延缓结合面脱开有一定的帮助，但新老混凝土结合面脱开主要由年季节性气温变化引起，而且不同的季节其结合面脱开的部位有所不同。

由于新老混凝土结合面存在脱开的可能，因此，设计中就新老混凝土脱开后对大坝的应力、稳定的影响问题，采用非线性有限单元法进行了专门研究，研究结论认为：即使新老混凝土结合面脱开，只要结合面有部分接触，仍可取到较好的传力作用，只要大坝加高体形合理，大坝应力状态仍可满足现行规程规范要求。

3. 大坝加高后的地震响应

由于大坝加高的新老混凝土结合面存在脱开的可能，其结构特点与一般的整体大坝有所不同，加高后大坝的地震响应远较一般的坝体抗震问题复杂，因此，设计中对大坝加高后的地震响应问题也进行了专门研究。研究结论认为，即使大坝新老混凝土结合面脱开，在地震条件下，坝体应力和稳定均满足现行规范要求。

4. 初期工程混凝土坝的主要缺陷处理

丹江口大坝初期工程混凝土坝存在几项主要缺陷，如：113m 高程水平裂缝、143m 高程水平裂缝及转弯坝段反向变形、深孔胸墙表面混凝土脱落、5～7 坝段高程 157.5m 电缆廊道裂缝、34 坝段坝趾后部填塘混凝土沿主应力方向斜裂缝、左联 33～37 坝段大坝加高部分坝基下防空洞等对运行和后期大坝加高影响较大。对前期的遗留缺陷问题均进行了专项分析研究，提出了相应的处理措施。

5. 环保材料的性能专项特殊研究

由于丹江口水库为南水北调水源工程，专项委托武汉大学水利学院进行了几种新型复合材料的材料机械性能和摩擦系数试验研究。

6. 大坝基础灌浆技术研究

开展了河床坝段帷幕检测及耐久性研究，针对研究确定的补灌区，若采用降低水位或放空施工，虽有利于补灌效果，降低施工难度，但发电效益损失巨大。因此，帷幕补强灌浆需在水库正常蓄水的高水头及地下动水条件下进行，成幕难度大，且可能存在大坝稳定安全问题。通过对高水头帷幕补强灌浆一般特性分析、同工程设计与施工的系统调研、排水孔部分封堵条件下大坝稳定分析、现场灌浆试验等方法与手段，确定了丹江口高水头帷幕补强灌浆的灌浆材料、灌浆方法、灌浆压力、快速灌浆工艺、排水孔临时封堵措施等控制指标，确保了大坝基础灌浆帷幕补强和排水孔改造在水库正常蓄水的条件下顺利完成，质量检查满足大坝加高工程设计要求。

七、北京段 PCCP 管选型

（一）PCCP 管道糙率

对于长距离管道输水系统来说，水头损失是一个很重要的问题。当输水流量和管道直径已经确定时，水头损失大小的唯一影响因素就是管道糙率。如果选用的糙率比实际运行时的糙率小，则输水能力达不到设计要求；如果选用的糙率比实际运行时的糙率大，那么不但增大了工程投资，还会形成较大的剩余水头，给末端的消能带来负担。因此，糙率的选用对输水管线的水力学计算及工程布置和工程安全都是至关重要的。

影响糙率的因素有很多，一般来说，新管糙率较小，长期运行以后，糙率要变大；同种管材，管径越大，糙率越小；管材和管径一定时，流速越大，糙率越小；对于混凝土管，生产工艺越好，糙率越小。

从中国现状来看，机械化成批量生产的混凝土管道内壁都很光滑，管道安装对中误差也很小。据有关资料介绍，包括离心法制造的混凝土管在内，其糙率都不会超过 0.0125。

（1）已建工程糙率设计取值。收集到的国内外大口径 PCCP 管的满宁糙率系数设计取值见表 11-11-16。

表 11-11-16　　　　　国内外大口径 PCCP 管满宁糙率系数设计取值表

供水工程	管径/mm	设计糙率	供水工程	管径/mm	设计糙率
北京怀柔应急供水工程	DN2000	0.0125	深圳市供水网络工程	DN3000	0.0110
北京张坊应急供水工程	DN2000	0.0125	山西万家寨引黄供水工程	DN3000	0.0120～0.0125
呼和浩特市引黄供水工程	DN2000	0.0125	利比亚大人工河工程	DN4000	0.0116
哈尔滨磨盘山输水工程	DN2200	0.0115			

（2）工程试验值。PCCP 管是一种优质管材，它除了具有耐高压、寿命长和相对经济等优点外，还具有内壁光滑、糙率小的特点。大口径 PCCP 管采用嵌埋式工艺，其内模一般由整块钢板卷成，只有一道纵向接缝，内壁非常光滑。

1）根据山东省水利科学研究所的小型原型试验：直径 800mm 和 1600mm 的 PCCP 管的糙率分别为 0.0120 和 0.0107。

2）天津水科所为南水北调天津段 PCCP 管做的试验初步结论为：直径 1600mm PCCP 新管的糙率约为 0.0102～0.0103。

3）北京怀柔应急供水工程 PCCP 管段做的试验初步结论为：直径 1800mm PCCP 新管的糙率约为 0.0110。

4）北京张坊应急供水工程 PCCP 管段做的试验初步结论为：直径 1800mm PCCP 新管的糙率约为 0.0115。

（3）糙率计算分析。采用美国供水工程协会（AWWA）的 M9 手册《混凝土压力管》中的公式计算本工程不同流量对应的满宁糙率见表 11-11-17。

表 11-11-17　　　　　　不同流量对应的满宁糙率值表

工　况	流量/(m³/s)	流速/(m/s)	满宁糙率 n
设计流量	50	1.99	0.0115
加大流量	60	2.39	0.0114
小流量	20	0.80	0.119

经计算，流速降低，相应的满宁糙率 n 值明显增加。

已收集到的国内大口径 PCCP 管的满宁糙率系数设计取值多为 0.0115～0.0125。计算在设计流量（$Q=50\mathrm{m^3/s}$）工况下不同糙率所需管涵进出口水头差，计算结果见表 11-11-18，不同糙率与水头差的关系曲线如图 11-11-10 所示，由图 11-11-10 可知，糙率与水头差成正比，将糙率由 0.0115 提高到 0.0120，所需水头差由 34.95m 提高到 37.60m，增加了 2.65m，约增加了 7.5%。

表 11-11-18　　　　　　不同糙率取值与管涵进出口水头差关系表

流量/(m³/s)	糙率	管涵进口水位/m	大宁调压池水位/m	水头差/m
50	0.0115	91.35	56.40	34.95
50	0.0118	92.93	56.40	36.53
50	0.0120	94.00	56.40	37.60
50	0.0123	95.63	56.40	39.23
50	0.0125	96.72	56.40	40.32

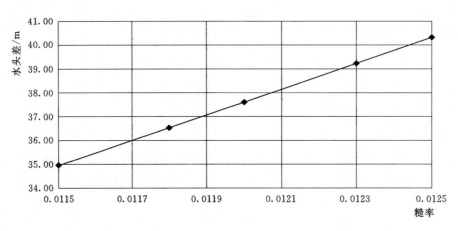

图 11-11-10　不同糙率与管涵进出口水头差关系曲线

考虑到中国制管业的工艺水平与国际先进水平存在一定距离，并且本工程管道接头较多，填缝砂浆经长期运行会有一定磨损，导致糙率有所增加，且中线大部分地段均为明渠自流，线路长水体中产生沉积物或有机生长物在所难免。因此，经综合分析，针对本工程为长距离输水工程，且有小流量自流的运用条件，因此，设计糙率取值为 0.0120 既满足设计要求又留有必要的富余。

（二）管径比选

管径的选用将决定工程设计、施工、投资等多方面，水泵和管道共同工作而又相互影响，是一个不可分割的完整系统。要用从整个系统达到最佳的状态观点来推求选择水泵和管道的最优参数（包括技术和经济方面）。北京市水利规划设计研究院和中国水利水电科学研究院共同完成了南水北调中线工程北京段管涵输水方案优化研究。该研究根据国内外主要泵站设备（水泵、电机和阀件等）的产品规格以及大型管道的生产加工能力及施工安装方法，选择不同水泵型号、台数以及不同的管道直径进行了管道水力学和水泵工况计算、施工组织设计比选及用电量计算等。通过多种方案的经济技术比较，2 排 DN4000 与 4 排 DN3000 方案均是可行的。

DN3000 管材国内已有多个工程采用，生产工艺成熟，并可采用铁路运输。选用 4 排 DN3000 方案，可在厂家生产管材，运输至施工现场，便于多个厂家协作，加快施工进度，缩短工期。但管材总价格较高，临时占地较多，管线布置较复杂，年运行费用高。

受国内铁路运输限制，管径超过 DN3000，即无法采用铁路运输。若选用 DN4000 管材必须在工程现场建厂生产，且将建厂费用摊入管材价格之内。经分析，南水北调工程管道用量较大，在现场建厂经济可行。

DN4000 管材是国内厂家设备的最大生产管径。选用 2 排 DN4000 方案，管材价格相对较低，临时占地较少，管线布置简单，年运行费用较低。经综合比选，推选 2 排 DN4000 管道为设计方案，管道部分投资比较见表 11-11-19。

（三）管道主要设计参数

预应力钢筒混凝土管（PCCP）分两种类型：内衬式管（LCP）与埋置式管（ECP）。LCP 的预应力钢丝直接缠绕在钢筒上，采用离心工艺成型，口径偏小（DN≤1200mm）；ECP 则缠

表 11 - 11 - 19　　2 - DN4000 与 4 - DN3000 管道部分主要工程投资估算比较表

项　目		建筑工程及设备安装		工程投资差值 /万元
		2 - DN4000	4 - DN3000	
土石方	石方开挖/m³	4952628	5922010	7235
	土方开挖/m³	7094494	8038970	1171
	石方填筑/m³	991829	1288330	788
	土方填筑/m³	6843428	7623350	1016
	中粗砂垫层/m³	248686	380730	2683
管道	管道及管件/m	55000	55000	37501
	管道阀件/万元	9933	13573	4604
泵站	泵站装机/kW	60000	68000	10120
施工	施工临时	差别不大	差别不大	0
占地	临时占地赔偿/亩	8741	9070	317
合计				65435
电费	年用电量/(万 kW・h)	16740	18972	1473
	20 年用电量/(万 kW・h)	334800	379440	29462
总　计				94897

注　1. 表中未计运行管理费及设备更新费。

　　2. 工程投资差值是指 4 排 DN3000 较 2 排 DN4000 增加的投资。

绕在钢筒外的混凝土层上，采用立式振动工艺成型，口径偏大（DN＞1200mm）。本工程采用接头为双胶圈的埋置式预应力钢筒混凝土管（ECP）。主要设计参数为：

管径：DN＝4000mm。

工作压力：0.8～0.4MPa。

设计压力：1.12～0.68MPa。

覆土深度：一般为 3m，最大为 10.5m。

地面荷载：汽-20 与地面 1m 堆土取大值。

管芯厚度：260～380mm。

钢筒厚度：2.0mm。

保护层厚度：20mm。

管节长：5m。

管节参考重：约 60t。

八、总干渠水力学及调度专题

（一）水力学及调度专题研究的任务

南水北调中线工程线路长，由多家设计院共同承担设计。而中线总干渠是一个完整的输水系统，因此各设计单位所承担的分段设计应能够相互衔接，共同满足总体设计的水头及水力学要求，以保证总干渠运行调度的有效和输水顺畅，达到设计的输水能力。因此，当各设计单位完成可行性研究阶段渠道及建筑物设计后，应该进行全线的水面线复核，检验分段设计成果是否与总体设计的要求一致，是否满足全线输水能力的要求，渠堤超高以及调度相关的分水闸、节制闸设计是否合理。

本专题涉及以下四方面的研究内容。

1. 丹江口水库以及汉江中下游的供水调度

丹江口水库有防洪、发电、灌溉（供水）、航运、养殖等综合利用任务，各项任务主次、满足程度所决定的调度原则和方法影响汉江中下游的供水量。

在优先满足汉江中下游用水的条件下，增加丹江口水库的北调水量，尽可能地满足北方需水，做到南北两利，这是研究丹江口水库及汉江中下游调度规划的目标。

2. 丹江口水库和受水区水量调度规则

中线工程调水量只是北方受水区的补充水源，北调水须与当地各种水源联合运用，实现丰枯互补，满足受水区的需求，提高供水保证率。如何实现这一目标是丹江口水库和受水区水量调度要解决的问题，也是中线工程的关键问题。水量调度涉及的主要任务如下：

（1）研究北调水、当地水相互补充、联合运用的可能性及调度方式。

（2）评价调度规则的供水效果、北调水和当地水利用效率、各水资源配置的合理性。

（3）确定受水区调蓄工程分布、合理的调蓄库容及相应的调度原则。

3. 中线总干渠输水调度规则初步研究

收集国内外已建调水工程的调度方式、运行和管理经验，结合南水北调中线工程的实际情况和输水要求，阐述中线总干渠调度原则。

中线工程全线采用集中控制方式，来自丹江口水库的水量信息、受水区用户的需水信息输入到水量分配调度模型；模型根据拟定的水量调度规则，分配各用水户的水量。再由总干渠输水控制系统，完成水量的输送。

当输水流量按供水计划发生改变时，需要对节制闸的开度进行调整，按设想的节制闸调度规则启闭，水流达到稳定状态时闸前水位维持设计水位。

对输水调度中的各种非常情况进行预测，并针对各种非常情况提出相应的对策。尽量减少非常情况对输水的影响。

4. 总干渠全线水力学计算及水面线复核

各设计段的渠道和建筑物的水头或型式与规划阶段有所调整，渠道过流能力还受设计糙率取值、公路桥、移民桥等桥墩的阻水影响，使用中线总干渠恒定流水力学模型，依据汇总的最新设计资料，分别拟定不同组合方案对全线水面线进行复核。

（二）专题研究结论

对汉江中下游供水、丹江口水库调度以及受水区的水量调度进行了阐述，提出了中线总干渠输水调度和节制闸启闭规则。根据中线一期工程可行性研究阶段最新设计成果对总干渠水面线进行了复核。

1. 丹江口水库补偿下泄

汉江中下游如兴建兴隆枢纽、进行部分闸站改扩建及局部航道整治等工程，同时兴建引江济汉工程，2010 水平年、2030 水平年多年平均分别要求下泄 162.2 亿 m³、165.7 亿 m³；$P=$ 85％年份分别为 173.3 亿 m³、179.44 亿 m³；$P=95$％年份分别为 185.0 亿 m³、193.7 亿 m³。

2. 丹江口水库调度

丹江口大坝加高后，水库综合利用任务调整为：防洪、供水、发电、航运及养殖。兴利任务以供水为主，发电服从于调水。

水库优先满足汉江中下游的用水，在此基础上按拟定的输水工程规模尽可能多向北方调水。并按库水位高低分区进行调度，尽可能使供水均匀，提高枯水年调水量。调度图上有五个分区：加大供水区、保证供水区、降低供水区和限制供水区。加大供水区以加大流量引水；保证供水区以设计流量引水；降低供水区以流量 260～300m³/s 引水；限制供水区以流量 135m³/s 引水。

在调度过程中，为体现汉江中下游用水优先并兼顾北方受水区供水需要的水资源配置原则，使特枯年份汉江中下游需水过程不受大的影响（避免集中破坏），采取以下措施：

（1）当库水位低于 150m，来水大于 350m³/s 时，下游按需水的 80％供水，但下泄流量不小于 490m³/s。

（2）当库水位低于 150m，同时水库来水小于 350m³/s 时，下泄流量按 400m³/s 控制。

利用汉江中下游需要丹江口水库补偿下泄的流量发电，不专门为发电下泄水量，仅当水库汛期面临弃水时，才加大下泄，电站按预定出力发电。

3. 中线工程运行调度与节制闸启闭规则

中线工程运行调度分为正常调度和非常调度。

正常调度分两个步骤进行：①确定供水计划，受水区用户可以根据当地水源情况拟定未来的需水计划，上报调度中心，调度中心根据收集的用户需水、丹江口水库的蓄水及预报来水，由水量配置模型安排未来各分水口门的分水量；②执行供水计划，按总干渠的输水调度规则，调整各节制闸和分水闸的开度，使分水口收到分配的供水量。

非常调度分多种情况，如检修调度、紧急事故调度。对不同情况制定相应的调度预案。

中线一期工程总干渠选用下游常水位（亦即闸前常水位）方式作为渠道的运行控制方式。在运行调度过程中，渠段下游节制闸前的水位维持在设计水位附近。

根据初步研究，中线工程渠道衬砌要求水位下降速率限制在 0.15m/h 和 0.30m/d 以内。因此，渠道水位的波动不应超过以上范围。

中线节制闸的启闭规则为：

（1）选取节制闸前的设计水位作为本渠段的下游常水位。

（2）当输水流量发生改变时，调整节制闸开度以适应新的输水流量。根据各节制闸新的过闸流量计算闸门开度调整值。按多级开启（或关闭）的操作方式将闸门开启（或关闭）到最终开度。

4. 总干渠水面线复核

通过对总干渠的设计水面线和加大水面线的复核，可以得出如下结论：

（1）整体可行性研究的渠道及建筑物设计成果满足总干渠的输水能力及渠堤超高的要求。

（2）渠道综合糙率取 0.015，能够包含公路桥、铁路桥及排洪槽墩的阻水影响。

（3）考虑移民桥桥墩的阻水影响时，将影响局部段的过流能力。若沿线桥梁数量继续增加，有可能导致总干渠全线过流能力不足。

九、总干渠冰期输水专题

（一）北方主要河渠冰期输水问题分析

南水北调中线总干渠跨度大，渠道流经地区因纬度高低不同等因素，冬季沿线将出现不同程度的冰情，尤其是黄河以北地区。为预测分析总干渠在冬季中可能出现的冰情、冰害，需对北方河渠冰期输水问题进行分析。

1. 南拒马河、大清河、白沟引河冰期输水观测分析

为了分析总干渠冬季输水冰情的变化规律及可能产生的冰害，同时也为南水北调中线总干渠冰期输水研究提供可借鉴的资料，长江科学院曾委托河北省大清河河务管理处在 1996 年 1 月 9 日至 3 月 15 日在大清河系北支的南拒马河、大清河和白沟引河的部分河段上开展了冰期输水原型观测：

（1）在河道断面平均流速为 0.24～0.68m/s 时最早出现的冰情现象是岸冰，当水体出现过冷时，水内冰及流冰花随之产生，随着负气温的加强，流冰花密度增加，同时夹杂着较薄的流冰或盘状冰。当流冰花、流冰密度达到一定程度时，在建筑物上游与弯道处开始出现流冰堆积。

（2）河道断面平均流速小于 0.1m/s 时，由岸冰发展形成冰桥再发展形成静态冰盖；而当断面平均流速大于 0.3m/s 时，主要是由流冰、流冰花堆积结合岸冰形成动态冰盖。

（3）水内冰沿水深分布多数情况上层较多，中间和底层冰较少。水内冰沿横断面分布，流速越大处，水内冰量越多；流速越小，水内冰量越少，岸冰下水内冰很少。

（4）冰水混流对水位的影响较小，一般为 0～3cm。

（5）当弗汝德数大于 0.09 时，可产生流冰、流冰花在冰盖前缘下潜现象，这是形成冰塞、冰坝的直接原因。

（6）观测期间，由于上游安格庄水库发电放水及停止发电放水，导致河道内流量及水位大起大落，冰情也因此变化剧烈，加剧了冰情、冰害的产生与发展。

2. 总干渠冰期输水对比分析

从黄河等北方天然河流冰期特征来看，冬季均有不同程度的冰情出现，尤其当河流中出现冰塞、冰坝等特殊冰情以后，会导致上游水位显著壅高，甚至导致凌洪泛滥，威胁河道两岸安全。

从京密引水渠、引滦入津、引黄济青、引黄济津等人工输水渠道冬季输水情况来看，同样会出现冰塞、冰坝等冰害，与天然河流不同之处在于，这些人工渠道可通过沿线的水工建筑物（如节制闸）实现输水过程的人为控制，从而减轻或避免冰害的发生。南水北调中线总干渠与上述河渠对比，具有其特殊性，主要表现如下：

（1）设计输水流量大，流速大（设计流速一般在 0.8m/s 以上）。

（2）沿线各类建筑物众多。

（3）设计水深大（设计水深一般为 4～8m）。

（4）总干渠渠首自丹江口水库引水，水温相对较高。

（5）渠道采取了不同的防护措施，渠道断面型式为规则混凝土衬砌渠道。

（二）总干渠冰期输水冰情及影响分析

南水北调中线总干渠输水线路自南向北跨越半个中国，结冰和解冻分别为自北向南和自南向北逐渐变化，往往出现南北冻融情况不同的复杂状态。在结冰期、封冻期和解冻开河期，总干渠沿程将出现各种不同的冰情。

采用数学模型模拟南水北调中线一期工程冰情，所用模型曾于 1998 年经过了京密引水渠原型观测资料的验算计算。在有充分和可靠资料的前提下，模型能够描述水流、水温的变化以及产冰的过程，模型的正确性和精度已经得到验证。

1. 中线一期工程冰情数值模拟条件

（1）资料分析。

1）气象资料分析。根据国家气象局提供的北京地区 20 年气候资料选定平冬（1979—1980 年）和冷冬（1976—1977 年）两个典型年，主要包括：①平冬典型年冬季 11 月 15 日至次年 3 月 15 日北京、保定、石家庄、邢台、安阳、郑州、南阳逐日 2:00、8:00、14:00、20:00 时气温、相对湿度、总云量、低云量、风速、风向、地温以及逐日蒸发量、降水量和日照时数；②冷冬典型年冬季 11 月 15 日至次年 3 月 15 日北京、保定、石家庄、邢台、安阳、郑州、南阳逐日 2:00、8:00、14:00、20:00 时气温、相对湿度、总云量、低云量、风速、风向、地温以及逐日蒸发量、降水量和日照时数；③平冬典型年冬季 11 月 15 日至次年 3 月 15 日北京、郑州逐日太阳直接辐射和散射辐射，安阳逐日太阳总辐射强度；④冷冬典型年冬季 11 月 15 日至次年 3 月 15 日北京、郑州逐日太阳直接辐射和散射辐射，安阳逐日太阳总辐射强度。

平冬典型年隆冬（12 月中旬至次年 1 月底）过后较冷，而冷冬年在隆冬期较冷，因此，两种典型年可相互补充，具有较好的代表性。

2）输水资料。根据总干渠 40 年冬季调水规划资料，以冬季入境河北的输水量大小选取 1970 年、1973 年两个典型年作为平输和少输的代表年份，起讫时间自当年 11 月至次年 3 月。1970 年冬季调水期间调水流量占渠道设计流量的 $73\%\sim83\%$；1973 年冬季调水流量占渠道设计流量的 $60\%\sim65\%$，在渠道冬季输水流量不为 0 的情况下基本为最小；平输和少输年份沿线流量相差 $27\sim50\mathrm{m}^3/\mathrm{s}$。这样选取，在首先保证渠道连续输水的情况下具有很好的代表性。

3）渠道设计资料。总干渠设计资料依据《南水北调中线一期工程总干渠总体设计》及附表集确定。

（2）模型初始条件、边值条件。

1）初始条件。按均匀流计算各典型年各渠段初旬输水流量的水力要素作为计算初始条件，保持上下游边界条件不变，在按非恒定流模拟运行 15 天后，以当时的计算水力要素，作为冰期输水模拟的初始条件。计算初始全渠水温均按 4℃考虑，水内冰浓度取值为零。

2）边界条件。上游边界条件为选定典型年的流量过程；下游边界采用局部均匀流阻力关系（曼宁公式）确定的流速和水深。对水温边界条件，由于没有渠首观测资料，渠首陶岔闸起点水温采用 4℃作为边界控制条件，其起点水内冰浓度取值为零。

3）内部边界条件。相邻渠段衔接处一般都有水流要素的改变和局部阻力的存在。计算中主要有以下几种：①断面过渡段；②分水口门；③倒虹吸等有压管道和被视为局部阻抗的短渡槽、涵洞等无压建筑物；④长渡槽、暗渠、隧洞等无压建筑物的进出口段。

（3）模型离散及数值格式。将总干渠各渠段加以剖分，长度元素为 500m 左右。明渠水力学计算采用应用广泛的普雷斯曼（Preissmann）四点隐式差分格式，局部线性化后用牛顿-拉夫森（Newton - Raphson）迭代求解至满足精度要求为止，迭代精度 10^{-4}。计算结果按原型每 6 小时输出一次。水温和冰情模拟计算采用特征差分格式求解，自上游向下游推算。考虑到渡槽中的流速远大于明渠，为避免插值点落入渠段元之外，在一个时间步长内插入了几个较小的子步长。与此相应，建立了多层特征差分格式。计算时间步长为 150s，空间步长等于或小于500m，视具体渠段而定。

2. 总干渠沿程冰情分析

根据总干渠沿程在不同气象、输水组合条件下得到的不同冰情特征，可将整个总干渠分为 4 个渠段进行讨论（表 11 - 11 - 20），为分析方便，对不同气象、输水组合条件，选取两组代表条件进行分析，分别为一般组合条件（平冬平输年）和不利组合条件（冷冬少输年）。

表 11 - 11 - 20　　　　　总干渠分段冰情特征

序号	分段	长度/km	可能出现的主要冰情	可能冰害
1	焦作以南	538	冰花、锚冰、岸冰等	
2	焦作—安阳	192	冰花、锚冰、岸冰、流冰等	局部冰塞
3	安阳—石家庄	220	冰花、锚冰、岸冰、流冰，大范围冰盖（不利组合条件）等	冰塞、冰坝
4	石家庄—北拒马河段	241	冰花、锚冰、岸冰、流冰，大范围冰盖（一般组合条件）等	冰塞、冰坝

（1）焦作以南段。该渠段所在地区纬度相对较低，气温相对较高，且由于丹江口水库的出库水温较高，水体内储有大量热量，因此该渠段不会出现大的冰情，可能会出现冰花、锚冰、岸冰等小冰情，一般不会对建筑物安全造成威胁。该渠段适合采用明渠输水，在一般情况可不采取防冰措施。如遇极端特殊寒冷年份，可在调度上采取一定措施，避免冰害产生，或采取一定的防冰措施。

（2）焦作—安阳段。在一般组合条件下，该渠段无冰情或短期零星流冰；在不利组合条件下，自焦作白庄附近出现流冰，同时伴随冰花、锚冰、岸冰等冰情。在水工建筑物（如渠倒虹、节制闸等）前可能因流冰堆积产生局部冰盖或冰塞，从而对建筑物的正常运行带来一定影响。建议采取一定的防冰、排冰措施。

（3）安阳—石家庄段。在一般组合条件下，该渠段渠道中以流冰为主，在建筑物前因流冰堆积可能形成局部冰盖或冰塞；在不利组合条件下，可形成一定范围短期冰盖，冰盖在形成和消融过程中可能出现冰塞、冰坝等冰害。冰塞、冰坝的形成会造成上游水位抬高，严重时引起渠水泛滥和供水中断。总之，该渠段冰情受气候影响较大，在冷冬年份可形成完整冰盖，在一般年份，以流冰为主，也可能部分渠段形成冰盖，因此冰情问题更加复杂。当流冰量不大时，可采取人工或机械排冰措施，若流冰量较大，建议采用退水闸退冰、大的分水口门分冰等工程措施。

（4）石家庄—北拒马河段。在一般组合条件下，该渠段可形成大范围冰盖。形成冰盖后，因来自上游明渠段产生的流冰、冰花的堆积作用，可造成冰塞等危害；在冰盖冻结或消融过程中也可能出现冰塞和冰坝等冰害。为防止结冰期和融冰期大量流冰带来危害，应采取人工、机械排冰，并结合退水闸退冰、大的分水口门分冰等工程措施。

总体看来，总干渠自南向北输水，在结冰、封冻、解冻三个冰期，沿程将出现不同的冰情；在同一时期，明渠、流冰、冰盖三种不同区域也可同时并存。从流冰情况来看，在不利组合条件下，流冰南界位于焦作白庄附近，在一般组合情况下，流冰南界位于河南河北交界附近。若沿线未采取分冰排冰措施，则越往北方流冰量会越大，到明渠末端北拒马河处，流冰量达到最大；若分水口门分水分冰时，最大流冰量将出现在石家庄的鹿泉金河和新乐曲阳河之间。从可能形成冰盖情况来看，在不利组合条件下，自安阳附近以北可能大范围封冻形成冰盖；在一般组合情况下，自石家庄附近以北可能大范围封冻。

在结冰期和解冻开河期，可能因冰花聚积或流冰堆积形成冰塞或冰坝等冰害。冰害的产生、发展及所造成的危害，与当地的气候条件、输水调度、建筑物布置形式、运行方式、防冰措施等综合因素有关。许多问题的认识和解决还需要今后作进一步的深入研究，包括在工程建成运行后，加强观测分析，不断积累运行经验，使问题逐步得到认识和解决。

3. 过流能力影响分析

（1）流冰对过流能力的影响。关于流冰对过流能力的影响，国内外尚无比较成熟的研究成果。针对该问题，进行了理论初步分析。

分析认为，对低浓度流冰而言，流冰对过流能力基本无影响或影响很小，大清河、京密引水渠的冰期输水资料也证实了这一点。对高浓度流冰而言，尚无定论，倾向认为流冰对过流能力有影响，且流冰密度越大，影响会越大，但由于本构关系还不清楚，还难以作出定量的估计，需要今后从理论、实验以及原型观测等方面作进一步的研究。

（2）冰盖下过流能力。冰盖下的过流能力取决于冰盖封冻的程度和渠道的糙率。

在相同水力坡度的情况下，当过流断面相同时流速降低，流量减少；当流量相同时，水位抬高，过流断面加大。

在形成冰盖的初期，水力坡度可以达到结冰前的 2.5～6 倍。忽略流速水头，也就是水面线纵坡可以达到渠底纵坡的 2.5～6 倍。在冰盖流后期，冰盖底面逐渐变光滑，水力坡度也随之变小，壅高的水面逐渐下落，但水面纵坡仍然大于渠底纵坡。这种情况对长渠道的输水能力是不利的。

4. 冰害初步模拟分析

自安阳以北，可能形成局部冰盖或一定范围冰盖，尤其是石家庄以北，在一般年份便可形成大范围冰盖。总干渠中长距离明流不断产生水内冰，流冰量将愈来愈大，有可能在众多的建筑物前受阻堆积，从而导致不同程度的冰害。

（1）局部稳定冰塞模拟。渠道形成冰盖、冰塞后会引起水面线的抬高，当上游水位超出渠顶时会引起水流的漫溢，甚至引起渠道的溃决。模型中在进行稳定冰盖计算时，需事先给出冰盖厚度及糙率，在进行冰塞计算时，给定的冰盖糙率和冰盖厚度仅作为计算的初始值，形成稳定冰塞后的沿程糙率及冰盖厚度将由程序计算得到，只是上、下游边界的冰盖厚度和糙率将保持初始值不变。

（2）冰害模拟成果分析。通过对初生冰盖的模拟可见：河渠中形成的冰盖与静水中形成的冰盖不同，主要是动力冰盖。初生冰盖在较高流速作用下，往往要经过反复的破碎、增厚的过程，才能形成平衡稳定冰盖。因此初生冰盖多具有较大的粗糙度，对过流能力影响大，而后期冰盖逐渐变光滑，对过流能力影响相对较小。为避免形成糙率较大的初生冰盖，可在冰盖形成过程中人为抬高水位，降低流速，当流速降低到一定程度时，冰花不再下潜，便可产生糙率较小的光滑冰盖。

通过对局部稳定冰塞的模拟可见：产生冰塞后，上游水位将大幅度壅高，壅水程度远胜于稳定冰盖。水位的壅高很容易使渠道水流漫溢，若上游渠道位于填方区，可能会导致渠堤溃决。因此在渠道输水过程中应尽可能避免冰塞产生，若万一产生严重冰塞时，应设法减小上游流量，并采取破冰、捞冰等抢险措施。建议在冰期应加强对冰情冰害的监测，并备有应对冰害情况下的排冰抢险预案。

（三）总干渠冰期输水调度及冰害防治措施研究

1. 总干渠冰期输水调度分析

通过前述对南水北调中线总干渠冰情的分析，冰期输水调度可考虑冰盖输水和无冰盖输水两种运行方式。

对于焦作以南渠段，在模拟条件下基本无冰情，可按正常方式输水。对于焦作—安阳段，冰情以流冰为主，不易形成冰盖，因此建议采用无冰盖输水方式。安阳—石家庄段，在一般年份以流冰为主，建议可采用无冰盖输水方式，而遇寒冷年份，可能形成一定范围短期冰盖，可根据具体情况选取输水方式。石家庄—北拒马河段，在一般年份便有可能形成冰盖，可考虑采用冰盖输水方式。

若采用冰盖下输水，应考虑到冰盖对过流能力的影响，且流速需控制在一定的范围内，流量及水位变幅不宜过大。采用无冰盖输水时，需根据渠段不同冰情情况，采取相应的分冰、排冰措施。总之，总干渠冰期输水方式的确定与气象条件、渠道条件及输水流量要求等因素有关，可根据具体情况采取适宜的输水方式。如遇特殊寒冷年份，建议冰期暂停输水。

2. 总干渠冰害及防治措施

（1）总干渠可能出现冰害。根据对总干渠的冰情模拟、分析，可能发生的冰害主要有以下几类：

1）冰塞、冰坝。渠道内产生的大量冰花顺流而下，在弯道、水工建筑物上游及桥梁上游等受阻，可能在一定条件下堵塞部分渠道断面而形成冰塞。在融冰期，大量的冰块堵塞倒虹吸、暗渠、渡槽、拦污栅等建筑物进口，也可能形成冰坝。冰塞、冰坝形成后，渠道内过流能力降低，上游水位壅高，严重时发生断水、渠道漫溢或决口等，影响输水安全和输水目标，特别是对于上游为填方渠道的渠段。

2）冰对渠道水工建筑物的危害。主要包括：①渠道水体由于过冷产生的冰花很容易黏附在桥墩等建筑物表面，形成锚冰，严重时将改变建筑物外形，影响过流断面和过流能力；②流冰、流冰花很容易在渠倒虹等交叉建筑进口聚集，严重时将形成堵塞；③闸门槽等启闭设备很容易被冰冻，影响其正常运行；④大块流冰对闸、桥的撞击破坏，冰对闸及渡槽的胀压力等。

3）对渠坡及渠道衬砌的破坏。在冰期输水期间，渠道内结冰及水位变动会对渠道衬砌产生较强的拖曳力，破坏衬砌。渠坡土体在冻融循环作用下产生的冻胀力会影响到渠坡及渠道衬砌的稳定，尤其对于黄河以北长约 120km 膨胀土渠段。地基冻胀力也会破坏渠道的衬砌。

（2）总干渠冰害防治措施。针对总干渠沿线不同渠段可能出现的冰情、冰害，结合各渠段的具体情况，有针对性地采取各种不同的预防和防治措施。

1）渠道防冰、排冰措施。对于大量产冰的渠段，尽量避免本地流冰泄向下游。在渠道内冰情严重时，如果没有形成人工冰盖输水的条件，应及时采取各种措施，消除冰害。首先，应充分利用沿线较大的分水口门、退水闸等措施，紧急排冰除险，避免冰花在渠道内大量堆积和堵塞建筑物的进口段，必要时应设置专门的退冰闸；其次，在节制闸、倒虹吸、桥梁等建筑物上游附近设置拦冰设施，及时排冰。

对于进行人工冰盖下输水的渠段，应采取措施防止大量流冰进入冰盖段前缘，产生冰塞危害。

在冰害防治方面应有冰情、冰害监测预测、预警系统，如设置水位超限无线电报警装置，无限通讯网络，遥感、遥测等。应备有排冰除险紧急预案，以应对冰期输水过程中出现的突发事件。

2）水工建筑物的防冰措施。对于总干渠沿线各种控制闸门、启闭机、拦污栅等，为了防止其结冰封冻，可以借鉴已有工程的经验，包括保温法、加热法、吹泡法和射流法、电脉冲法，微波振动等。有的工程利用潜水泵喷水扰动水体，使闸门前有一段水体不封冻，多年应用效果较好。也可采用聚苯板对闸门及桥墩、桥柱进行防护，防止流冰块的撞击和冰压力。工程上也有用保护涂料对建筑物表面进行冰害防护的。

3）基土冻胀及渠道衬砌破坏的防治。南水北调中线总干渠沿线，尤其是高纬度地区，在寒冷冬季，基土冻胀对渠道衬砌的破坏作用是一个不容忽视的问题。在渠道衬砌设计中应通过分段、分块衬砌来适应冻胀变形，在进行渠道防渗设计的同时应采取一定的抗冻胀措施，如采用聚苯板保温法、换填砂砾料法等。

（四）专题研究成果

1. 结论

通过对北方主要河渠冰期输水资料进行调研分析、对大清河等天然河渠冰期输水观测资料分析，以及通过采用长渠段一维非恒定流水－冰力学数学模拟分析，得出主要结论如下：

（1）总干渠自南向北输水，沿程将出现不同的冰情。

（2）总干渠安阳以南渠段一般无冰害发生。

（3）总干渠冰情的产生和变化与寒潮密切相关，大的流冰过程一般出现在强寒潮期间。

（4）总干渠沿程冰情与输水流量有一定关系。

（5）总干渠封冻后对过流能力影响明显，如当冰盖糙率为 0.015～0.03 时，同水位下渠道过流能力可减少 20%～60%。

（6）通过对冰害影响的初步模拟分析表明，若出现冰塞等冰害后，将迅速壅高上游水位，可导致水流漫渠，影响渠道安全，尤其对于填方渠段。

2. 建议

在总结北方河渠冰期输水经验和对总干渠沿程冰情冰害获得初步认识的基础上，在冰期输水调度、冰害防治措施及下一步工作等方面，建议重点开展以下几方面的研究：

（1）在输水调度方面。总干渠冰期输水调度应结合渠段不同冰情，采取冰盖输水或无冰盖输水方式；若采用冰盖下输水，应考虑到冰盖对过流能力的影响，且流速需控制在一定的范围内，流量及水位变幅不宜过大；采用无冰盖输水时，应适当加大流量，并根据渠段不同冰情情况，采取相应的分冰、排冰措施；如遇特殊寒冷年份，建议冰期暂停输水。

（2）在冰害防治措施方面。

1）南水北调总干渠沿线，尤其对于冰情严重的渠段，在进行渠道断面设计时应尽量考虑冰期输水因素，以尽可能减少水体潜热散失。对于冰情严重的渠段，考虑对其中的交叉建筑物进行优化设计，减轻冰害。

2）渠道及建筑物水位超高时应同时考虑常规设计和防冰要求。

3）渠道内交叉建筑物设计应参考有关设计规范的规定，依据各渠段情况进行具体设计，以防止或减轻输水建筑物的冰害。

4）北方地区在进行渠道防渗设计的同时应进行抗冻胀设计，渠道结构型式应能够适应冻胀变形。

5）对于人工除冰、机械排冰及工程排冰（如排冰闸）等多种措施，应视渠段具体冰情结合使用：对于流冰量不大的渠段主要考虑人工除冰措施，并辅以机械排冰措施；对于流冰量大、冰情严重的渠段，应以工程排冰措施为主，人工除冰、机械排冰措施为辅；对于进行人工冰盖下输水的渠段，在融冰期或输水过程中出现突发事件时，应有排冰除险的紧急预案。

6）节制闸、排冰闸、倒虹吸、渡槽等建筑物应有一定的防冰、排冰措施。

7）对于大量产冰的渠段，原则上应该就地处理，尽量避免本地流冰泄向下游。

（3）其他建议。

1）总干渠冬季输水防冰工作应结合气象部门的中、长期天气预报，在每一次大的寒潮来临前夕，总干渠沿线应根据各地实际情况采取必要的防冰害措施。

2）提高渠道内的输水水温可以消除或缓解冰情、冰害的发生，应就具体实施途径及其可行性做进一步深入的研究。

3）有必要进一步开展冰期输水的原型观测，如冰盖形成及消融过程的观测等。

4）下一阶段有必要结合设计在冰期输水调度、防冰、排冰措施等方面开展深入系统的研究。

5）有必要在冰情监测、冰期输水风险分析等方面进行研究。

6）冰水力学涉及许多尚不成熟、甚至仍不清楚的问题，如流冰对渠道过流能力影响、渠道输冰能力等，需做进一步研究。

十、供电系统专题研究

（一）电源及电力系统简况

南水北调中线工程总干渠及天津干线全长约 1432km，干渠供电系统需从沿线的地方电网中取用多个电源。因此，干渠途经的河南、河北、北京、天津 4 个省（直辖市）地区的电源分布及电力系统概况是供电系统设计的重要依据。

对南水北调中线工程总干渠及天津干线的供电方式进行了专题论证，主要有专网供电和公网供电两种方案比选。

（二）公网供电方案论证

1. 供电可靠性分析

公网供电方式下，干渠负荷点的供电可靠性主要取决于沿线电力系统可靠性的高低。由于35kV电压等级的输电线路等供电设备的元件可靠性参数较10kV电压等级高，因此，同一地区的电力系统中35kV网络的可靠性一般均高于10kV网络。采用35kV公网比采用10kV的公网方案具有更高的供电可靠性。

根据干渠沿线电力网的分布，干渠5~10km半径范围内可找到10kV电源，在10km半径范围内可找到35kV电源，即一般情况下35kV电源的引接距离要长于10kV电源。

在电源引接线路长度相当时，35kV的供电可靠性较10kV高；但结合区段分析时，由于公网35kV系统电源引接距离较长，地方35kV系统故障或停运时对干渠的影响范围大，而10kV电源引接距离较短，10kV系统故障或停运产生的影响范围较小。

2. 经济性比较

运行维修费方面，采用35kV电压等级其电源引接线路较长，而10kV供电电源引接线路较短，显而易见干渠供电系统采用10kV相对比较经济。

综上所述，从可靠性分析和经济性比较，干渠供电系统若采用公网供电方式，宜选用10kV分散供电方案。

（三）专网供电方案论证

1. 专网供电方案

总干渠及天津干线供电系统也可以采用专用供电网络，即由专用的开关（或变电）站及沿干渠辐射的专用输电线构成。根据干渠用电负荷统计和分布特点，其供电电压等级（即引接电源的电压等级）可从110kV、35kV和10kV中选择；沿干渠辐射的专用输电线路的电压等级可从35kV和10kV中选择。

（1）专用110kV中心降压变电站方案（专网方案一）。在总干渠及天津干线沿线，设置约11个区域110kV中心降压变电站，变电站从所在地区110kV系统引1至2回110kV电源线路，经降压变压器降至35kV，从35kV母线上引出2回35kV线路，分别向渠道的上、下游辐射输电，每侧辐射距离约60km。在35kV线路覆盖地段的每个负荷点设35kV降压变电站，站内设1台35/0.4kV降压变压器。

（2）专用35kV中心开关站方案（专网方案二）总干渠及天津干线沿线设置约14个区域35kV中心开关站，每个开关站从所在地区的35kV系统引1至2回35kV电源线路接至开关站母线上，再由开关站母线上引出2回35kV线路分别向渠道的上、下游辐射输电，每侧辐射距离约为60km；在35kV线路覆盖地段的每个负荷点处设35kV降压变电站，站内设1台35kV/0.4kV配电变压器。

在相邻两中心开关站之间，上游侧中心开关站供电的（向下游侧）末端35kV/0.4kV降压变电站和由下游侧中心开关站供电的（向上游侧）末端35kV/0.4kV降压变电站，各经一组断路器（CB）以一回35kV线路进行联络。

（3）专用35kV中心降压变电站方案（专网方案三）。在总干渠及天津干线沿线，按负荷点分布共设置约45个35kV/10kV中心变电站，从变电站的10kV母线引出2回10kV线路，分别向渠道的上、下游辐射送电，每侧辐射约15km；在10kV线路覆盖地段的每个负荷点处设10kV降压变电站，站内装设1台10/0.4kV降压变压器。

（4）专用10kV中心开关站方案（专网方案四）。在总干渠及天津干线沿线，共设置约55个10kV中心开关站，即从干渠沿线地区引来约55回10kV电源线；正常情况下每个10kV中心开关站向上、下游两侧供电范围合计约为30km（每侧约15km）；在10kV线路覆盖地段的每个负荷点处设10kV降压变电站，降压变电站设1台10/0.4kV降压变压器。

（5）专网方案中的大型泵站。干渠在北京段和天津段设有个别大型加压泵站，泵站负荷为3.9万～7万kW，根据电压等级与输电距离、输送容量的关系，考虑单独设立110kV变电所为其供电。

2. 专网供电方案选择

（1）专网输配电电压等级的选择。干渠供电系统电压包括引接电源电压和专网线路电压等级两部分。

引接电源电压等级。选择110kV和35kV电压等级，从电源的可靠性分析上是基本相当的。由于干渠上除泵站外的其他闸站用电负荷均较小，根据电压等级和输送容量的关系，35kV较110kV更适合作为专网引接电源电压等级。

专网线路电压等级选择。不同电压等级输电距离的计算和分析表明，专网方式下，供电系统的专用输电线路宜采用35kV电压等级。

（2）专网供电方案可靠性研究。可靠性的定性分析和定量计算均表明，35kV中心开关站（"π"接方式）的专网供电方案较其他专网方案而言，能较好地满足南水北调中线工程总干渠供电系统可靠性的要求。

（3）运行维修工作量比较。干渠供电系统的运行维修性能主要取决于对供电设备和输电线路的运行维修工作量。经综合比较分析，在其他指标相当的情况下，专网方案二总体而言较其他方案的设备运行维修工作量小。

（4）工程建设管理与运行调度。专网方案一和专网方案二的中心开关站或变电站及其系统建设仅与11～14个地方供电部门相关，而专网方案三和专网方案四则需分别与45个和55个地方供电部门相关，由于前者涉及的部门少，系统接入工作量小。

（5）经济性比较。

1）投资比较。共进行了四个方案比较，各方案的投资比较见表11-11-21。

表11-11-21　　　　　　　　　　专网接线方案投资比较表　　　　　　　　　　单位：万元

序号	项　　　目　＼　方　案	专网方案一	专网方案二	专网方案三	专网方案四
1	电源线路投资	15300	8200	14400	12000
2	中心开关（变电）站投资	5834	3304	10800	9405
3	35kV或10kV专用输电线路投资	27000	28000	19650	21000
4	降压变电站投资	36693	33858	28674	25839
5	投资合计	84827	73362	73524	68244

注　电源线路投资包括泵站电源110kV线路的投资；表中未计及泵站变电设备。

2）运行维修费比较。各专网方案的运行维修费用可以根据运行维护工作量加以比较，专网方案二的运行维修费用相对较低。

根据各接线方案投资比较表，结合运行维护费的比较结论，专网方案二的经济性相对较优。

（6）专网供电方案比较结论。

1）电压计算结果表明，35kV 线路的输电距离在 172～194km 内可满足电压降落的要求；而 10kV 线路的输电距离在大于 15km 以上时就不满足要求。结合负荷分布及运行方式等特点，总干渠及天津干线供电系统的专用输电线路应采用 35kV 电压等级。

2）经方案分析比较和可靠性计算，总干渠供电系统宜选用 35kV 中心开关站和中心开关站间互为备用的供电方案，该方案具有供电可靠性高、运行维护工作量小、工程建设管理与运行调度方便等优点。

综合上述结论，干渠供电系统若采用专网供电方式，宜选用专网方案二，即专用的 35kV 中心开关站、35kV 输电线路以及 35kV 降压变电站（"π"接方式）构成的供电系统接线方案。

（四）公网方案和专网方案的比较

1. 供电可靠性分析

可靠性计算中 10kV 元件可靠性指标如采用城市地区（北京市）的统计值，就单个闸站而言，公网和专网两个推荐方案的供电可靠性指标基本上处于同一水平。

公网方案二和专网方案二在全线的供电可靠性指标比较见表 11-11-22。数据表明专网方案二由于采用了 35kV 中心开关站和专用 35kV 输电线路（互为备用）的供电方式，其全线可靠性指标明显优于采用 10kV 分散供电的公网方案二。

表 11-11-22　　公网和专网供电方案全线供电连续性和充裕度指标比较表

方　案	LOLP	LOLE /（小时/年）	FLOL /（次/年）	D /（小时/次）
公网方案二	2.6204E-02	229.5469	579.5772	0.3961
专网方案二	6.9076E-03	60.5106	102.3660	0.5911

由于干渠长达 1400 多 km，跨越不同的行政地区和供电区域，因此有必要就地区间的差异对干渠电力系统供电可靠性的影响加以分析。

南水北调中线工程总干渠及天津干线沿线途经河南、河北、北京、天津四个省（直辖市）地区，10kV 中低压电网地区间的供电可靠性极不平衡，且主要表现在城市地区和农村地区的差别。

干渠供电系统若采用公网供电方式，如 10kV 分散供电方案（公网方案二），其供电可靠性必然受 10kV 电网地区差异的影响，干渠上的负荷点供电可靠性呈现出极不平衡的特征。

专网方案二中，干渠供电系统需引接电源数量少，仅为 14 个左右，因此可以有选择性地从地方 110kV 变电所引接专用电源线路，并设专用输电线路沿干渠辐射，供电系统受地区差异、城乡差异的影响极小，各负荷点的供电可靠性指标平衡一致。因此在除大型城市以外的地区，35kV 专网方案（专网方案二）较公网分散供电方案的可靠性要高得多。

2. 经济性分析

公网方案二较专网方案二的设备投资相比要少约 21136 万元。专网方案每个负荷点具有两个电源，在公网供电方式下，如要达到专网方案二的水平，公网方案二从系统引接电源点的数量远大于负荷点的数量，实际电源线路投资需要增加 15000 万元左右，从这种角度来讲两方案仅差 6000 万元左右。由于各地区间取用电源的费用标准存在着较大差异，因此公网方案二在系统接入方面存在着导致投资增加的不确定因素。

3. 工程建设管理与运行调度

干渠供电系统若采用公网方案二，则需和沿线供电部门签订至少 243 个供用电合同，涉及大量的基层供电管理部门，系统接入工作量非常大，为工程建设和管理带来许多不便。专网方案二仅需和地方供电部门签订 14 个供用电合同，相应的系统接入工作量小。

在运行调度方面，采用公网方案二，干渠负荷点为地方电网的直接用户，干渠的运行调度或管理部门对供电系统不具备运行调度的能力。另外，由于公网对干渠负荷点的供电是分散且一一对应的，干渠供电系统的管理不具备构成统一、完整体系的条件，对沿线闸站供电的集中监控也难以实现。而专网方案二采用专用的中心开关站和输电线路，且相邻的中心开关站间互为备用的供电方式，干渠供电系统可根据工程实际情况制定统一的安全运行方式，以实现供电专网的统一调度。在专网供电方式下，供电和自动化监控设备易于统一选型，全线供电系统的集中监控易于实现。

4. 公网供电方案的局限性

干渠供电系统若采用公网供电方式，除了在可靠性、经济性等方面存在差异性和不确定性外，在供电电能质量的保证、应付电力短缺的影响、整体规划以及统一协调管理方面都具有一定的局限性。

5. 公网、专网供电方案比较结论

通过可靠性、经济性、工程建设和工程管理等方面的详尽分析和比较，主要可归纳为以下几点结论：

（1）专网方案二的供电可靠性高于公网方案二，且可靠性指标分布平衡；公网方案二的供电可靠性受地区差异的影响大，分布极不平衡；但在经济发达的城市地区，二者的供电可靠性就单个闸站而言基本相当。

（2）公网方案二设备投资较少，但存在导致系统接入费用增加的不确定因素。

（3）专网方案二在工程建设、管理、系统运行调度、集中监控等方面都具有公网方案二不可比拟的优点；而公网方案二在供电质量、工程整体规划、统一协调管理等方面存在着诸多不利因素。

（4）结合输水工程特点，干渠供电系统宜采用专网方案二，即 35kV 中心开关站及 35kV 输电线路构成的专用输配电网络方案。位于大型城市地区的个别负荷点，在负荷较小、分布分散且不影响干渠供电专网系统的情况下，可采用公网方案二，即就近从城市 10kV 电网中直接引接电源供电的方式。

（五）国内大型调水工程及其他行业供电的调研

根据对国内大型调水工程供电方式的调研情况来看，多数调水工程，如东深供水工程、山西引黄如晋工程等都采用自成系统的专用供电网络。实践证明，采用了专用供电网络的调水工程，在供电可靠性、运行调度、集控和监控等方面都明显优于分散的供电方式。

国内电气化铁路的供电，同样采用自成系统的专用供电网络。由地方 110kV 电压等级以上的变电所取得电源，然后变压到特定的电压等级沿铁路向机车供电。

(六) 推荐方案

干渠供电系统总的来说应采用专网供电方式，北京段、天津段干渠位于总干渠的末端，负荷点数量较少，符合采用公网供电方案的条件，采用公网供电方式。

1. 总干渠 (除北京段、天津段) 干渠供电接线方案

南水北调中线工程总干渠 (除北京段、天津段) 供电系统将采用以 35kV 中心开关站和输电线路构成的供电网络 (专网方案二) 为主，个别大型泵站采用 110kV 变电站供电的方案。

2. 北京段、天津段干渠供电方案

供电可采用公网方案二，即利用 10kV 城网分散供电的方式。惠南庄大型泵站设泵站 110kV 变电所专门供电，并尽量考虑和附近闸站负荷点的供电相结合。

十一、计算机监控调度系统专题研究

(一) 概述

由于南水北调中线一期工程是特大型远距离调水工程，对全线计算机监控系统现地控制站和各级监控管理机构分布广，需要构建长距离的计算机监控系统网络。因此，计算机监控系统网络的可靠性、安全性、实时性、可维护性等是构建网络时首要考虑的问题。

可行性研究阶段计算机监控系统的网络构建方案已经通过水规总院组织的审查和复审，明确计算机监控系统采用物理独立的工业快速以太网方案。专题设计阶段重点就工业以太网交换机单独组网的方案又从技术和工程实际应用等方面作了进一步研究论证工作。

(二) 系统组网方案

计算机监控系统的网络构建方案主要有下列两种组网方案。

1. 方案一：采用专用 SDH 通信光传输平台进行组网

工程采用专用 SDH 光传输通信系统 (简称 "SDH 系统") 提供的多业务传输平台进行计算机监控系统组网，如图 11 - 11 - 11 所示。

（1）计算机监控系统中的每个现地站、管理所和管理处，通过 10/100M 以太网交换机接入 SDH 系统提供的独立的 10/100M 以太网接口板，利用 SDH 系统提供的共享 100M 区段以太网传输通道，进行数据传输。

（2）调度中心和分中心分别采用 2 台 100/1000M 以太网交换机＋路由器的接入方式，接入 SDH 系统提供的独立的 100/1000M 以太网接口板，利用 SDH 系统提供的共享 1000M 区段以太网传输通道，进行数据传输。

2. 方案二：采用光纤交换机物理独立组网

计算机监控系统采用工业以太网传输技术，以 1000M 以太网交换机构成主干网络，以

100M 以太网交换机构成区段网络，从而构成计算机监控系统环形拓扑结构的传输网，如图11-11-12 所示。

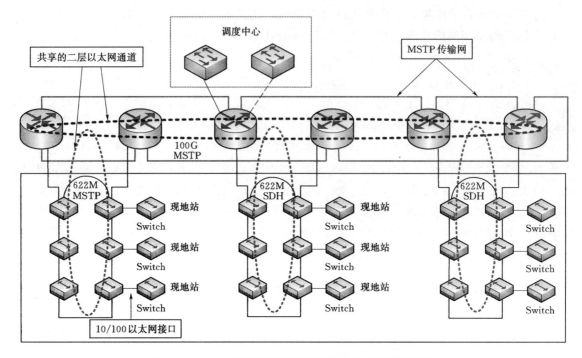

图 11-11-11　基于 SDH 进行计算机监控组网的结构图

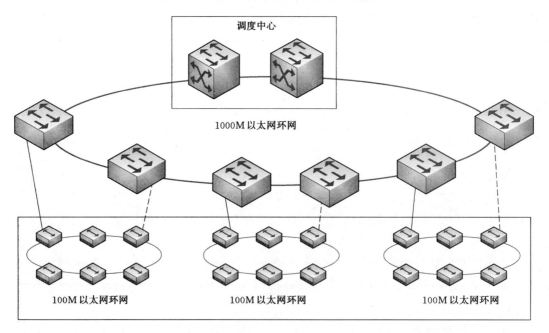

图 11-11-12　采用光纤交换机进行计算机监控系统物理独立组网的结构图

计算机监控系统主干网络和区段网络采用工程专用通信光缆的光芯作为传输介质，不单独敷设专用光缆。

（1）主干网络。计算机监控主干网络主要用于调度中心、调度分中心，采用 1000M 以太网环形结构。网络中继节点设置在节制闸现地控制站内。节点数量不超过 50 个。

（2）区段网络。总干渠区段网络采用 100M 以太网环形结构，使用总干渠左侧主干光缆中的 2 芯和总干渠右侧区段光缆中的 2 芯作为区段物理路由，设 15 个区段网络。

100M 区段网与 1000M 主干网的连接采用两条不同的物理链路进行耦合连接。每个区段采用 2 台 100M 网络交换机，用于区段网络与主干网络之间的连接。

（三）系统组网方案比较

计算机监控系统网络采用 TCP/IP 以太网技术，其组网方式可以采用 SDH 通信通道进行逻辑组网，也可以采用光纤交换机进行物理独立组网，两种方案在实现方式上有所差异，但其数据交换和传输机制均是以太网业务的本质没有变，因此，两种方案在技术上都是可行的，并在国内外都有成功应用实例。对采用 SDH 通信通道进行长距离逻辑组网方式在国内应用相对较多，对采用交换机进行长距离物理独立组网相对少一些，但作为实时监控网络采用交换机进行长距离物理独立组网有其自身优势，比较如下。

1. 长距离传输能力

采用光纤以太网交换机进行物理独立组网，能否进行长距离传输，主要取决于站间传输距离及网络设备串接能力。

（1）站间传输距离。站间传输距离取决于站和站间光接口传输能力。以太网的标准光接口与 SDH 设备光接口的传输距离类似。

在采用 1310nm 波长时，传输距离为 0～16km；在采用 1550nm 波长时，传输距离分为 2～40km 和 40～120km 两种。

实际传输距离可能因光纤的特性、光纤熔节点的数目和光纤老化程度，其裕度有所不同。

（2）网络设备串接能力。要完成长距离网络的传输，需要数十台交换机的串接才能完成，以太网技术当时已经具有 50 台交换机的串接能力。

SDH 方案的串接能力为 16 个节点。

因此，计算机监控系统采用光纤以太网交换机进行物理单独组网可以进行长距离传输。

（3）以太网长距离传输过去大多借用 SDH 的通道来组网的原因。SDH 通信系统是按照电话语音数据业务的传输要求而设计的，已经解决了长距离传输的问题，而以太网在初期是为计算机局域网设计的，没有考虑长距离传输的应用，因此，没有建立起野外长距离以太网环路保护机制。

由于 SDH 提供了良好的环路保护机制，解决了光链路自愈问题，且国内已有大量 SDH 传输网的存在，所以，基于长距离以太网业务的传输往往采用 SDH 的组网方式来实现。但是，随着计算机应用业务需求的扩大，推动了长距离以太网技术的不断进步，具有环路保护功能的长距离以太网已得到了大量应用。

2. 推荐物理独立组网的主要因素

上述两种方案都是可行的，但这两种方案用于计算机实时控制网络在技术上仍存在较大的差异，这种差异对本工程计算机监控系统的建设、运行和维护将会产生一定影响。

（1）系统建设过程中应考虑的因素。

1）在工程的实施过程中，若采用物理独立的以太网，其系统性能在设备出厂以前就可以单独通过试验加以检验。

若采用 SDH 通信通道进行逻辑组网，必须通过多个承包商进行出厂模拟联调和现场联调，对系统的性能加以检验。如此庞大的多系统联调实施起来存在一定的难度，也很难真实模拟检验。

2）网络管理系统。若采用物理独立的以太网，网管功能可以简单方便地集成到整个工业监控系统中，具有整体系统的监控能力。

若采用 SDH 通信通道进行逻辑组网，网管功能仅能在不同的系统中实现，一般难于实现统一网管功能。通信网络中关联设备的任何故障均会直接影响到建立在 SDH 上的监控系统以太网的运行，也就是说会影响整个南水北调工程的安全可靠运行。

（2）系统运行中需考虑的因素。

1）系统的可靠性。采用 SDH 通道来完成计算机监控系统组网，则参与监控系统的网络通讯设备器件数量将增加很多，将导致计算机监控系统的可靠性降低。

2）系统的安全性。无论采用逻辑上或物理上独立的以太网，都是为了提高系统安全性，保证本系统的运行不受其他系统的影响，但两种方案的安全性存在差异。

若采用物理独立的以太网，计算机监控系统与外部系统能做到完全隔离，彻底保证监控系统所有资源（包括带宽资源）的独享和运行安全，不会由于其他系统的调试和不正常运行影响计算机监控系统的安全运行。

若采用 SDH 通信通道进行逻辑组网，计算机监控系统与其他系统之间仅仅是采用虚拟通道（VC）进行了逻辑隔离，而其他则是采用的共享资源，同时由于其他系统有可能分期建设和投运，因此，有可能出现由于其他系统的调试和不正常运行影响计算机监控系统的安全运行。

3）以太网业务的适应性和实时性。若采用物理独立的以太网，以太网业务在以太网上直接传输，没有传输转换机制的问题，其传输效率较高。

若采用 SDH 通信通道进行逻辑组网，需要对以太网业务进行封装转换处理，其传输效率相对较低。总之，采用以太网交换机单独组网来传输以太网业务，其适应性更好，能较好地满足计算机监控系统实时性要求。

（3）系统维护中应考虑的因素。若采用物理独立的以太网，便于整个系统的故障定位、分析和处理（包括系统通信故障、网络设备故障、控制设备故障、电源等故障），可保障系统设备故障的准确定位和排除。

若采用 SDH 通信通道进行逻辑组网，由于采用不同的系统，其技术和设备上存在差异，对某些故障的判断往往需要不同的知识和经验，有时甚至难于实现快速定位、分析和处理。相对而言，采用物理独立的以太网组成的监控系统更有利于维护。

3. 应用及发展趋势

由于以太网业务需求的不断扩展和技术性能的不断提高，几乎所有的主流自动化控制设备制造商都支持以太网技术，而且，通信设备制造商为适应不断扩大的长距离以太网业务，也在不断改良其技术和设备。长距离光纤以太网技术在国内外控制领域已开始大量应用。

（四）监控系统组网推荐方案

综上所述，对计算机监控系统是借用 SDH 通信通道进行逻辑组网还是利用光纤交换机物理独立组网进行论证和比较，从系统组网安全性和可靠性出发，推荐计算机监控系统网络采用独立物理光纤组网方案，即主干网络利用 1000M 光纤以太网交换机，区段网络采用 100M 光纤以太网交换机，进行长距离组网，从而使计算机监控系统在物理上与其他综合管理系统进行完全隔离。

十二、通信系统专题研究

（一）概述

对可能采用的光纤通信、VSAT 卫星通信、微波通信、公用网通信等多种通信传输方式进行了分析和比选，初步确定了干线通信采用 SDH 光纤通信方式，二级通信采用 SDH 微波或光纤通信方式。通信传输系统分为干线通信和二级通信两部分。干线通信传输系统沿总干渠渠道布置，负责总干渠沿线管理总公司和各现地闸站之间的通信。二级通信负责各管理分公司、管理处与干线电路之间的通信。

根据通信站点布置特点和传输系统技术性能要求，干线通信系统又分为主干通信传输网和区段通信传输网两级结构。主干通信传输网担负通信网各区段之间业务的长距离传输及电路的汇聚任务；区段通信传输网则是在主干通信的每个中继段内另建的一条区间传输电路，负责每个中继段内沿渠道布置的各节制闸、退水闸、分水闸、泵站、管理所（处）等通信站点的通信任务。

项目建议书阶段，明确了干线通信传输系统采用 SDH 光纤通信方式，主干通信系统结构为线形链状结构，区段通信系统结构为二纤环型拓扑结构。

干线通信设计选用 STM-16 等级（速率等级为 2.5Gb/s）的 SDH 光传输设备，工作方式采用四纤主备线路倒换保护方式，光传输设备采用 1+1 保护配置。区段通信选用 STM-1 等级（通信速率为 155Mb/s）的 SDH 光纤通信系统。

考虑到工程拟设置 64 个管理处，相应需设置数目较多的程控交换机。程控交换系统的组网采用汇接方式，设置汇接局、端局和模块局三层网络。

（二）通信系统研究

为进一步提高通信网络的可靠性，并满足不断增多的通信业务传输要求，结合当代通信技术的最新发展，长江设计院对前阶段通信方案进行了深入研究。

新增了自建专用通信网和利用公用通信网两种方案的研究比选，明确了工程采用自建专用通信网方案，公用通信网作为工程的无线通信方式或备用通信方式。

工程通信传输系统采用 SDH 光纤通信方式，并针对 SDH 光纤通信系统的网络结构和通信容量选定等重点技术问题进行了研究比较，提出了详细完善的通信系统设计方案和分段实施规划，完成了《南水北调中线工程通信方案研究专题报告》，通过了由水规总院组织的审查。

（三）通信系统设置

1. 通信站点设置
根据拟设的管理机构特点、功能和布置位置以及各类自动化系统数据流向的特点，设置总公司为整个工程的通信中心；各分公司为通信分中心；各管理处为本处辖段内话音、数据、图像及管理等信息的交换中心；各管理所和现地（闸）站是主要的通信用户，配置有各类数据、图像、话音通信终端设备。

2. 通信系统任务

通信系统的任务就是建立起一个技术先进、组网灵活、安全可靠且功能完善的专用通信网络，为各类自动化系统和各工程管理机构之间的数据、图像和语音等业务提供相应的通信接口和高质量、高可靠的传输通道，以满足调度和行政管理的需要，保证各类自动化系统安全可靠运行，使整个调水工程达到现代化的管理水平。

3. 通信系统组成

南水北调中线一期工程通信系统是整个工程自动化调度系统的基础传输平台，主要由通信传输系统、程控交换系统、通信网时钟同步系统、通信电源系统、通信网监测管理系统等部分组成。

（1）通信传输系统。通信传输系统基于 SDH 的 MSTP 设备组网，分为主干通信和区段通信两部分。

主干通信沿工程总干渠考虑分段施工原则布置五个 SDH 光纤大环，相邻环与环之间采用相交方式连接，组成一个相互交叉连接的环状网络结构。

区段通信则依次挂在主干通信环下，与主干通信环相交于主干通信环的相邻两节点，构成一个环形网络，负责主干通信每个中继段内沿渠道布置的各节制闸、退水闸、分水闸、泵站、管理所（处）等通信站点的通信任务。

（2）程控交换系统。程控交换系统主要完成各通信站点之间语音通信任务，并实现工程各级管理机构之间，以及各级管理部门对现地闸站之间的语音调度任务。程控交换系统由各级行政和调度程控交换机组网连接构成，在各通信站点设置电话用户终端，利用通信传输网络组成一个语音交换为主的通信网络。

（3）通信网时钟同步系统。通信网时钟同步系统的任务是保证本工程专用通信网内各通信设备之间及与全球卫星定位系统（GPS）提供的同步时钟信号同步，以提高通信传输质量。

（4）通信电源。在输水工程的总公司、各分公司、各管理处、各管理所、各现地闸站均布置有通信设备，因此需配置相应的通信电源设备。通信电源系统包括高频开关通信电源和免维护蓄电池。

（5）通信网监测管理系统。通信网监测管理系统是对通信网内各类通信设备及其配套设备进行实时监测和管理的一套计算机网络和数据通信系统。

十三、工程管理专项研究

南水北调中线一期工程是缓解我国北方水资源严重短缺局面的重大战略性工程，总干渠渠线跨越长江、黄河、淮河、海河四大流域，横贯河南、河北、北京、天津4个省（直辖市），全长约1432km。工程运行管理所涉及的地区、部门、管理范围、调度目标等内容众多且复杂，现有管理规程不能涵盖跨流域调水工程的运行管理内容，也没有成熟的经验可以借鉴。因此，工程运行管理如何设计才能协调各地区、各部门的不同利益，调动各部门行之有效地运转，以及如何运用现代通信、调度技术进行工程调度和运用才能最大限度地保障工程的正常运行，发挥工程的预期效益是南水北调中线工程管理的重要内容。

围绕上述问题，南水北调中线工程运行管理设计主要由三个方面构成，一是管理体制设计，明确工程特性，确定管理层次；二是管理机构设置，明确机构职责，确定管理机构人员编制，配置相应管理设施；三是工程管理设计，明确主要管理内容，包括工程管理和保护范围的划定、调度运用原则的制定，以及工程运用管理、工程监测、管理信息系统的建立。

（一）管理体制

1. 设计依据

依据国务院批复的《南水北调工程总体规划》，工程建设与运行管理体制遵循"政府宏观调控，准市场机制运作，现代企业管理，用水户参与"的原则进行设计。

2. 设计原则

管理体制的设计围绕政府、市场、用水户三个主体，根据中线工程公益性、基础性的特点，确定三个层次的管理关系，按照市场经济规律的要求，推行"谁投资，谁受益"和"谁用水，谁出资"的机制，通过股份制形式明确工程管理中的责、权、利关系，理顺产权关系及相应的权益和义务，形成产权明晰、利益共享、风险共担的机制。

3. 设计内容

确定三个层次的管理关系，即水资源的统一调度管理、丹江口水库的综合调度管理以及工程生产调度管理，明确管理权责与管理范围。

（1）水资源的统一调度管理。由国家水行政主管部门负责中线一期工程水资源统一调度管理，范围包括丹江口水库上游水源区、汉江中下游及受水区。

（2）丹江口水库的综合调度管理。丹江口水库的综合调度由汉江集团负责。丹江口水库综合调度服从于水资源统一调度方案，遵守丹江口水库防洪、供水、发电、航运的开发任务。优先满足汉江中下游防洪和用水要求，按受水区需要确定北调水量。

（3）工程生产调度管理。工程生产调度包括水源的生产调度和总干渠输水生产调度。分别组建中线水源公司和中线干线公司，负责水源工程、干线输水工程的日常运行调度及工程维护管理。

（二）管理机构和设施

1. 设计依据

由于现有管理规程不能涵盖跨流域调水工程的运行管理内容，也没有成熟的经验可以借鉴，管理机构按照中线工程的任务与目标设置，赋予相应的管理职能，人员及有关设施配置。

2. 设计原则

管理机构本着精简、高效的原则进行设置，尽量简化机构，减少管理机构层次，优化岗位设置和职能配置。

根据国务院体改办精神，管理机构设置遵循管理、养、修分离的原则，工程维护及大修任务采取市场化办法，通过招标发包给其他企业承担。

3. 机构、人员与职能

（1）水资源统一调度管理部门。水资源统一调度管理由国家水行政主管部门负责。人员编制暂按 20 人考虑。主要职能是负责水资源调度中重大问题的决策和协调。

（2）中线水源公司。由于涉及丹江口大坝新增功能和效益分割，中线水源公司机构设置还有待进一步研究确定。目前暂设两级管理机构，人员编制 295 人，负责丹江口水库的供水调度管理、库区水质保护等。

（3）中线干线公司。中线工程输水渠道长，交叉建筑物众多，为了进行全面、系统地管理，按省、地市、县市行政区划设立四级管理机构，人员总编制 4936 人，分别负责沿线工程的运行管理。

（4）湖北省南水北调管理局。湖北省南水北调管理局人员编制 100 人，设三级管理机构，负责汉江中下游工程运行管理。

4. 管理设施

管理设施配置主要包括办公用房及其附属设施、交通工具、日常办公设备、工程检测和维护设施、工程安全防护设施等。为满足对总干渠渠道及河渠交叉建筑物的巡视、维护、物资运输要求，设置管理交通道路。

（三）工程管理

1. 设计依据

按照建筑物有关规范规程进行设计。

2. 设计原则

（1）工程管理仅考虑总干渠工程管理和保护范围的确定，水源工程及汉江中下游工程在各单项设计中根据管理需要另行确定。

（2）丹江口水库综合调度遵循水资源优化配置原则，遵循发电服从调水、调水服从生态、生态服从安全的原则。

3. 设计内容

（1）管理范围和保护范围。按渠道、建筑物安全管理的需要分别划定工程管理范围和保护范围。鉴于总干渠为城市供水的水源工程，为保证水源不受污染，在保护区外可根据需要加设准保护区，该区按环境保护要求进行管理。

（2）制定调度运用原则。分别制定丹江口水库综合调度和总干渠供水调度与控制运行原则。

（3）工程运用管理。包括工程运用管理、水质管理和水费征收管理。

（4）工程监测。包括渠道的水面线监测、水量、水质监测及渠道和建筑物安全监测。

（5）管理信息系统。管理信息系统是服务于总干渠工程的一个综合管理系统。工程管理信息系统在体系结构上分为四层：总公司层、分公司层、管理处层和管理所层。工程管理信息系统包括工程建设管理、生产运行管理、电子政务、财务管理、人力资源管理、工程建设信息查询和办公自动化等子系统。

第十二节　可行性研究阶段工作评述

一、本阶段主要工作

根据水利部有关文件精神，南水北调中线一期工程可行性研究工作由长委负责组织，长江设计院为《中线可行性研究总报告》的主编单位，各省（直辖市）设计院参与编制，以南水北调工程总体规划、中线一期工程项目建议书（修订本）、总干渠总体设计、各分段（项）工程可行性研究或初步设计成果及审查、审批意见为依据和基础，对工程规模、工程方案、调水水质、工程管理、水量水价、占地与移民、环境影响、文物保护等方面做了进一步的分析与论证，编制了《中线可行性研究总报告》。

本阶段主要工作有：对水文、地勘成果进行了全面整理、分析，确定了水源工程、输水工程和汉江中下游治理工程相关设计的水文参数和地质参数，查明了影响工程的主要地质条件和主要工程地质问题；对一期工程建设目标、任务、工程规模、总体布置进行了全面、系统的论证；对总干渠水面线及水力学设计作了进一步复核，对部分重要建筑物设计进行了典型复核；对总干渠供电、通信、计算机监控、安全及水质监测自动化系统的总体设计及施工组织总体设计进行了深化和优化；对工程占地及移民安置补偿单价和标准，进行了分析、协调，并按有关政策对补偿倍数进行了调整；对工程管理进行专题研究；对单项工程投资进行了分析、复核，并将价格水平年统一调整至 2004 年三季度；进行了工程总体经济评价，并对全线水价进行了统一测算。同时根据南水北调中线一期工程项目建议书审查意见，对重点技术问题进行了深入论证研究，包括丹江口水库分期蓄水可行性论证、总干渠运行调度研究、总干渠冰期输水研究、焦作煤矿区线路比选、潮河段绕岗或切岗方案比选、陶岔渠首闸是否建电站方案等。

二、解决的主要问题

（一）"引汉济渭"对中线一期工程可调水量的影响

渭河流域是陕西省最为发达的地区。随着经济社会的迅速发展，渭河成为陕西省水资源严重短缺的地区。"引汉济渭"是陕西省规划的由汉江上游引水，跨长江与黄河分水岭补给渭河的工程。

由于中线工程规划修订时，"引汉济渭"工程还没有提出完整的规划报告，更没有经过国家有关部门的审议，因此，在计算中线一期工程可调水量时未考虑"引汉济渭"的水量。

按陕西省的规划，渭河流域工农业生产需外流域年均补水 15 亿 m^3，河道内生态环境最低限度需年均补水 2 亿 m^3，即"引汉济渭"最低限度要求年均从汉江调水 17 亿 m^3（注：2014年国家发展改革委批复的陕西引汉济渭工程自汉江上游黄金峡和汉江支流三河口引水至汉中，年引水量 15 亿 m^3，该项目正在建设中）。若"引汉济渭"工程年均调水量 10 亿～20 亿 m^3，丹江口水库年均入库水量将减少 2.8%～5.5%，中线一期工程年均可调水量将减少至 95.73 亿～94.08 亿 m^3，年均减少 1.4 亿～3.1 亿 m^3；95%保证率的年可调水量由 61.73 亿 m^3 减少至 58.44 亿～55.15 亿 m^3，减少 3.29 亿～6.58 亿 m^3。

"引汉济渭工程"规模定为 15 亿 m^3，虽对中线枯水年调水量有影响，但对年均调水量影响较小。因此，整体可行性研究维持 95 亿 m^3 调水规模不变。鉴于 2013 年年底南水北调中线工程已全线建成通水，对南水北调中线二期调水量的影响分析和解决方案可在后续工程中研究处理。

（二）丹江口水库征地补偿与安置平衡问题

国务院南水北调工程建设委员会第二次会议纪要明确南水北调工程征地涉及的土地补偿和

安置补助倍数之和可按征用耕地前 3 年平均年产值 16 倍计列。由于丹江口库区与总干渠沿线移民安置区人均耕地数量不同，库区和安置区同时采用 16 倍时资金难以平衡，报告中采用增加生产安置补助费的方法解决。

（三）投资估算编制

《中线可行性研究总报告》编制之前，中线一期工程已划为若干单项或分段可行性研究独立进行，各段或各单项进展不一，通过审批的层次也不同。在《中线可行性研究总报告》编制中，存在可行性研究深度的投资与初步设计深度投资累加的问题和不同价格水平年投资累加的问题。对此，《中线可行性研究总报告》的投资编制按照国务院南水北调工程建设委员会办公室的建议进行调整，即投资估算价格水平年统一调整为 2004 年第三季度。

南水北调中线一期工程可行性研究总报告投资估算采用 2004 年三季度价格水平进行编制，工程静态总投资为 1366.89 亿元，其中工程部分 891.59 亿元，征地移民补偿及施工场地征用 451.69 亿元，环境保护专项 11.26 亿元，水土保持专项 12.35 亿元。

项目建议书投资估算采用 2004 年 1 月价格水平进行编制，工程静态总投资为 1105.33 亿元。

与项目建议书投资估算相比，静态总投资相差约 261.56 亿元。其主要原因如下：

（1）水库淹没及工程占地补偿投资由于国家政策及价格变化等原因增加 156.53 亿元。

（2）由于国家政策调整及有关部门要求，环境保护与水土保持中增加了总体工程监测及管理等投资 4.42 亿元。

（3）工程部分投资增加 100.61 亿元。

（四）关于焦作矿区线路问题

总干渠在河南省焦作市以东穿过焦作煤矿区，渠段长约 29km，起点位于焦作市墙南村北。受总干渠线路总体走向和地形控制，该段线路无法避开焦作矿区。规划采用的线路大部分布置在未开采的煤层上，原拟采用预留煤柱支撑的方式保证总干渠安全，但近年来采煤区已发展到原规划的总干渠线路下，不能按原计划预留煤柱。

项目建议书编制工作阶段，综合考虑矿区段的自然条件，经现场查勘并与煤矿部门协商，拟定了总干渠焦作矿区推荐线路，推荐线路主要从稳定采空区和无煤区通过。

可行性研究阶段河南省水利勘测设计研究院从工程安全及技术难度等方面综合比选，推荐采用北移绕开采空区线路方案，工程投资有一定增加。

（五）关于河南新郑包嶂山渠段线路问题

河南新郑包嶂山渠段线路，起点位于新郑市梨园村，终点位于郑州市毕河村西，属嵩山山脉边缘岗地地貌。在以往的规划设计过程中，主要比较了切岗和绕岗两类方案，项目建议书阶段推荐绕岗线路方案。

绕岗方案沿线部分区域曾分布有流动沙丘，经过多年土壤改良、植树造林，原有流动沙丘已基本稳定，虽然渠底、渠坡仍存在砂层振动液化的可能，但采取一定的工程措施后，可满足工程运行安全要求。

从工程布置、投资、施工难易、环境影响等方面综合比选后仍推荐绕岗线路方案。

三、主要技术结论

（一）工程建设必要性

京津华北平原的社会经济发展在我国占有极其重要的地位。该地区水资源严重短缺，缺水形势发展十分迅速，从基本不缺水发展到严重缺水，仅经过 20 多年的时间，人均水资源量少、水资源利用程度高、水源枯竭、水质恶化，大部分河道已成为季节性或常年无水的河道。资源性缺水，是这一地水资源现状的显著特点，随着人口的增长和经济社会的快速发展，水资源供需矛盾还将日益尖锐，干旱缺水、生态环境恶化已成为该地区面临的严重问题和经济社会发展的全局性制约因素。

为缓解京津华北地区的水资源危机，在加大节水力度和污水资源化的前提下，实施南水北调中线一期工程，调入汉江丹江口水库丰富的优质水，将南方的水资源优势转化为经济优势，对于防止京津华北平原暴发供水危机、维持社会的稳定和经济社会的可持续发展、改善生态环境极为重要，具有显著的社会、经济、环境效益。同时，丹江口大坝加高既可解决中线工程水源的调蓄要求，提高供水的稳定性和可靠性，又能大大提高汉江中下游的防洪标准，改善水源区用水和生态环境。

建设南水北调中线一期工程是解决京津华北地区水资源供需矛盾、促进地区经济繁荣和社会发展与保护生态环境的有效途径，也是支撑这一地区可持续发展的战略性基础设施。南水北调中线一期工程惠及子孙后代、利国利民，尽快全面实施非常必要。

（二）关于工程规划设计基本资料

中线工程前期工作历经 50 余年，国家、各级地方政府投入了大量人力与财力，进行了详细、深入的勘探、测量、规划、设计与科研工作，积累了丰富、翔实、可靠的基础资料与成果。

（1）水文泥沙。汉江流域水文、水位站已达 180 多个，且有 760 多个雨量站。流域主要水文站积累了 50 余年的实测水文资料系列，实测和调查的水文成果历经多次审查，有关工程所采用的汉江中下游水文分析计算成果合理可靠。长江流域干流不仅资料丰富，且中下游历经长江流域综合利用规划及防洪规划、三峡工程规划等多次大规模水文分析研究等，具有良好的水文基础资料条件。引江济汉工程水源区的水文分析充分利用了现有资料条件和过去历次分析成果，其水文成果是可靠的。

输水工程全线水文成果经多次进行协调讨论，并邀请国内知名水文专家对水文分析计算方法和设计成果进行了指导、协调和评审。沿线有"63·8""75·8""96·8"著名暴雨洪水的实测和调查资料作控制，并经多途径对全线成果的协调和审查，输水工程水文分析成果作为沿线交叉建筑物的设计依据是可靠的。

（2）地形地质。中线一期工程地形资料完备，工程区的地形资料可以满足设计要求。50 年来，水源工程完成的小口径钻探进尺已达 8 万余 m，大口径钻探 40 余 m，勘探平洞 6 个、总长近 300m，各种室内试验 4000 余组；输水工程完成的小口径钻探进尺达 46 万余 m，各种室内试验超过 14 万组；汉江中下游治理工程完成的小口径钻探进尺达 2 万余米，各种室内试验超过 3000 余组。此外，各工程还完成了大量的现场试验。对于工程所涉及的区域构造稳定性与地震、水库诱发地震、库岸稳定及浸没、特殊土（岩）分布区渠道边坡稳定性、渠道渗漏、饱和砂土振动液化、渠道通过煤矿区的特殊工程地质问题，也进行了大量的专题研究工作。勘察成果满足可行性研究阶段设计需要。

1）工程区的区域地质构造和地震情况已查明，根据地震危险性分析结果：丹江口水利枢纽大坝的设防概率水准取 $P_{100}=0.02$，相应的基岩水平加速度峰值为 $150g$；输水工程沿线地震动峰值加速度以 $0.10g$、$0.05g$ 为主；兴隆水利枢纽 50 年超越概率 10％的场地基岩水平峰值加速度为 $63.8g$，其他汉江中下游治理工程的区内地震动峰值加速度为 $0.05g$。

2）工程范围内的工程地质条件已基本查明，各工程区的工程地质条件以较好或好为主，工程地质条件较差或差的地段通过工程措施进行处理后，可以满足建筑物的要求，工程范围内不存在影响工程方案成立的工程地质问题。

3）工程区范围内地质灾害一般不发育，且规模小，一般不会对工程造成危害。工程的修建，在局部段易引发崩塌、滑坡等地质灾害，应予以处理。

（三）工程任务和规模

南水北调中线一期工程以 2010 年为规划水平年，从汉江丹江口水库引水，向受水区北京、天津、河北、河南等省（直辖市）的城市生活、工业供水，缓解城市与农业、生态用水的矛盾，可将城市不合理挤占的农业、生态用水归还于农业、生态，控制大量超采地下水、过度利用地表水的严峻形势，遏制生态环境继续恶化。

丹江口水库大坝加高后正常蓄水位 170m，水库的主要任务为防洪、供水、发电、航运。

汉江中下游治理工程的主要任务是消除或减免调水对汉江中下游用水、航运与环境可能产生的影响，还可改善当地用水条件。

输水工程的主要任务是通过北调水与当地各种水源、调蓄水库的联合运用，安全、可靠地将北调水输送到各分水口门，满足用户需求。

一期工程多年平均调水量 95 亿 m^3，输水总干渠渠首设计流量 $350m^3/s$，加大流量 $420m^3/s$。经过反复论证，一期工程建设规模是适中的，已纳入《南水北调工程总体规划》，并经国务院审议批准。

（四）工程布置和主要建筑物

中线一期工程由水源工程、输水工程和汉江中下游治理工程组成。

（1）水源工程。丹江口水库大坝工程包括右岸土石坝改线重建、左岸土石坝加高培厚、混凝土坝加高培厚，泄洪表孔堰顶抬高、通航建筑物扩建。

陶岔渠首闸易址新建渠首工程，右岸 3 孔水闸，左岸建电站，安装两台贯流式机组，电站装机容量为 50MW。两岸采用重力坝挡水。

（2）输水工程。线路为高线新开渠方案，起点为陶岔渠首，沿嵩山、伏牛山、太行山山前、京广铁路以西，经过河南、河北、北京、天津 4 个省（直辖市），跨越长江、淮河、黄河、海河四大流域，终点为北京团城湖、天津外环河，全长 1431.945km，其中陶岔渠首—北拒马河段长 1196.362km，采用明渠输水方案，北京段长 80.052km，采用 PCCP 管和暗涵相结合的输水型式；天津干线（从河北省徐水县西黑山至天津外环河）长 155.531km，采用暗涵输水型式。输水工程与交叉河流全部立交，全线共布置各类建筑物 1796 座。

（3）汉江中下游治理工程。兴建兴隆水利枢纽、引江济汉、部分闸站改造、局部航道整治。

中线一期工程充分利用了有利的自然和社会条件，工程布置和主要建筑物型式是以几十年来特别是近二十年来的设计与科研成果为基础的，对总干渠全线的水力学与调度、冰期输水、丹江口水库分期蓄水等重大关键问题进行了专项研究，中线一期工程的总体布置是合理、可行的，各类建筑物的选型、布置可以满足防洪、供水等要求。

（五）管理与运行调度

中线一期工程具有公益性和经营性双重特性。公益性主要表现在通过调水与受水区当地水资源相互补偿，缓解受水区缺水局面，控制地下水过度开采和水生态环境恶化的趋势，同时丹江口大坝加高也改善了汉江中下游的防洪形势。经营性主要表现在有偿调水，用水付费，以维持工程良性运行。必须处理好跨流域调水与当地水资源调配的关系，丹江口水库防洪调度与供水、发电调度之间的关系。

因此，中线一期工程的调度管理分三个层次。

（1）水资源统一管理。具体任务是负责水资源调度中重大问题的决策和协调，如协调汉江中下游用水和调水的关系、协调特殊年份的分水方案、制定限制受水区地下水超采的法规政策、协调调水收费与公益性用水的关系、参与水价制定等，此管理职责由国家水行政主管部门负责。

（2）丹江口水库综合调度。在服从水资源统一管理的前提下，实施丹江口水库综合调度，严格遵守丹江口水库防洪、供水、发电、航运的开发任务。在优先满足汉江中下游防洪和用水（生活、生产、生态等）要求的前提下，按受水区需要确定北调水量。丹江口电站除在丰水期利用弃水发电和为汉江中下游供水时发电外，不再专为发电泄水。

（3）总干渠工程输水调度。北调水是受水区的补充水源，必须同受水区当地各种水源（地表水、地下水）联合运用，丰枯互补，实现水资源的优化配置与合理利用，以达到城市供水保证率的要求。采用的北调水与当地水资源联合调度的原则与方法，可以基本保证受水区用户城市供水保证率达到 95％左右。

根据中线工程的实际情况，拟定下游常水位（即节制闸前常水位）方式作为中线工程总干渠运行控制方式，输水工程设计依此确定相关的设计条件。

（六）丹江口水库蓄水与移民安置方案

按照水利部要求，专门作了丹江口大坝加高后采取分期蓄水运行方式的专题研究，主要对 170m 一次蓄水方案与 170m 分期蓄水（先按 165m 运行，后提高至 170m 运行）方案的供水效益临界有效期、受水区配套工程建设周期、分期蓄水时机、分期蓄水移民问题进行了研究比较。

比较结果：一次蓄水方案其经济合理性明显优于分期蓄水方案。主要结论为：中线一期工程主要供水目标为京、津、冀、豫的城市用水。根据《南水北调城市水资源规划》分析成果，中线受水区 2010 水平年净缺水量为 78 亿 m³，考虑总干渠输水损失后，近期要求陶岔渠首调出水量为 95 亿 m³。一次蓄水至 170m 方案多年平均可调水量 97 亿 m³，保证率 95％年份可调水量 62 亿 m³，与受水区当地地表水、地下水配合运用，可以基本满足受水区 2010 水平年的用水要求。因此，从主体工程的建设目标分析，丹江口水库正常蓄水位必须在 2010 年达到 170m。虽配套工程可能滞后于主体工程建设，有条件适当延长移民安置的工作时间，但必须坚持"一次规划、一次审批、政策相同、标准相同、连续移民"的原则，否则，若采取分期蓄水的方案，必然导致分期移民，又一次人为地造成新老移民问题，给社会埋下不稳定隐患。因此，河南省、湖北省人民政府从保障社会稳定、构建和谐社会的角度出发，坚决反对分期移民。

鉴于此，推荐丹江口水库大坝加高后按一次蓄水至 170m 正常蓄水位、一次规划审批、连续安置移民的方案。

（七）冰期输水

输水总干渠自南向北输水，受冬季气温影响，总干渠黄河以北地区可能产生冰情，从河南安阳向北随着冬季气温的变化，均会产生冰花、冰凌或冰盖等现象，将对总干渠的冬季输水造成一定影响。研究结论认为：总干渠冰期输水时，在布置有适当的拦、排、清等排冰设施、设备的条件下，并配合恰当的调度方式，总干渠可以按原规划目标向受水区供水，即使出现特殊的极端情况，如总干渠发生冰塞、冰坝等较为严重的冰害问题，在目前条件下，采用工程和调度管理措施后，也是可以处理的，对受水区的用水并不会造成影响。

（八）防洪影响评价

按照水利部的有关规定，对有关过河建筑物均开展了防洪影响评价工作。评价的基本结论：中线一期工程建筑物对相关河流的防洪不会造成影响，工程防洪安全是有保障的。

（九）征地与移民

中线一期工程建设征地实物指标大部分按初步设计阶段深度开展了调查，工程建设总征地为 122.48 万亩，其中永久征地 80.30 万亩；淹没及影响人口 28.08 万人，其中丹江口库区 22.35 万人。调查成果得到有关各方及地方各级人民政府认可，可作为可行性研究阶段移民安置规划及补偿投资的依据。

移民安置本着以土为本，大农业安置的原则，通过环境容量分析，计算确定丹江口水库需外迁移民 20.49 万人，可较大程度缓解决库区周边环境压力，有利于库区可持续发展。外迁安置区亦有较充足的土地安置移民。输水工程以及汉江中下游引江济汉工程沿线征地呈带状分布，虽然征地总面积较大，但涉及乡村数量较多，对所涉及乡镇影响较小，移民均可在本乡镇内通过土地调整得到妥善安置。

（十）环境影响评价

南水北调中线一期工程不仅是我国经济建设中一项规模宏大的战略性基础设施工程，也是一项生态修复和环境保护的生态建设工程；对于缓解华北水资源危机，改善受水区生态环境，促进华北地区以及全国国民经济和社会的持续稳定发展具有重要的战略意义。

从环境保护宏观战略分析，主要受益区在总干渠沿线的受水地区，主要不利影响在丹江口库区和汉江中下游区。工程建设和运行对库区和汉江中下游产生的不利影响在制订的各项相应的补偿和保护措施中可以减免。没有制约工程建设的生态环境问题。

（十一）建设工期

中线一期工程总的建设目标为 2010 年全线建成通水，京石段的部分单项工程已于 2003 年 12 月开工兴建，建设总工期 82 个月。

中线一期工程规模巨大，但线长、点多，可以分段、分项分别实施。其中关键控制性工程项目为丹江口大坝加高和穿黄河工程，工期分别为 66 个月和 51 个月。经多年研究，工程施工中的主要技术问题已解决，施工进度与技术措施上没有制约工程建设目标实现的控制因素，可以如期实现 2010 年全线建成通水的总体建设目标。

（十二）工程投资

按 2004 年三季度价格水平估算，中线一期工程静态总投资为 1365.218 亿元，其中工程部分 877.405 亿元，征地移民补偿及施工场地征用 464.952 亿元，环保专项 10.226 亿元，水土保持专项 12.635 亿元。

（十三）经济评价

国民经济评价结果表明：经济内部收益率 13.44％，经济净现值 563 亿元，经济效益费用比 1.34，各项经济指标均优于国家规定的基准值，经济上是合理的。

按照拟定的筹资方案，并考虑水费分别偿还贷款本息的 45％（55％由南水北调基金偿还）和 100％两种情形，分别测算水价。

经营期水价按供水成本费用加净资产利润（净资产利润率取 1％）核定，水源工程供水价格为 0.157 元/m³；输水工程供水价格平均为 0.858～0.928 元/m³（其中北京为 1.623～1.765 元/m³）。还贷期（19 年）按满足偿还贷款本息反推，水源工程供水价格为 0.272 元/m³；输水工程供水价格平均为 1.228～1.553 元/m³（其中北京为 2.246～2.903 元/m³）；还贷后按供水成本（无固定资产贷款利息）费用加净资产利润（净资产利润率取 1％）核定，水源工程供水价格为 0.123 元/m³，输水工程供水价格平均为 0.747 元/m³（其中北京为 1.436 元/m³）。所测算的水价用户是可以承受的。

财务评价指标计算结果表明，在拟定的筹资方案和相应测算的供水价格下，若按经营期平均水价分析，水源工程和输水工程均具有一定的盈利能力，但清偿能力较差，建议应在用户的可承受能力内适当提高净资产利润率，以提高水价，增强工程的偿债能力；若按还贷期和还贷后的水价分析，中线一期工程可以做到"还本付息、收回投资、略有盈余"。

第十二章 中线一期工程初步设计

第一节 初步设计组织工作回顾

一、初步设计编制组织情况

（一）中线干线工程

根据国务院南水北调工程建设委员会有关文件，经国务院南水北调办批准，2004年7月13日正式成立中线建管局。中线建管局自成立之后积极参与南水北调中线干线工程的前期工作，如参加水利部组织的初步设计审查、中咨公司组织的项目评估、国家发展改革委组织的项目概算评审。

根据国务院南水北调工程建设委员会第二次全体会议关于调整工程项目初步设计组织管理工作的精神和2005年1月水利部办公厅、国务院南水北调办有关要求，中线建管局开始负责组织管理南水北调中线干线工程前期工作。

中线建管局遵照国务院南水北调《南水北调工程初步设计管理办法》，按照《南水北调中线干线工程初步设计管理办法》和上报国务院南水北调办的南水北调中线干线工程初步设计组织管理工作方案组织管理中线干线工程前期工作。

中线建管局负责组织管理的南水北调中线干线工程初步设计项目有陶岔—沙河南段工程、沙河—黄河南段工程、黄河北—漳河南段其他工程（除安阳段）、穿漳河工程、邯邢段工程、石家庄南段工程、天津干线工程等；已批复初步设计有滹沱河倒虹吸工程、漕河渡槽（含吴庄、岗头隧洞）工程、釜山隧洞工程、唐河倒虹吸工程、古运河枢纽工程、京石段河北境内其他工程、永定河倒虹吸工程、西四环暗涵工程、惠南庄泵站工程、京石段北京境内其他工程等；已报水利部审批的黄河北—漳河南安阳段工程仍由河南省南水北调办负责初步设计组织管理工作。

1. 制定初步设计管理办法

根据国务院南水北调工程建设委员会第二次全体会议精神和国务院南水北调办有关要求，

结合南水北调中线干线工程特性，2005年12月中线建管局组织编制完成并发布了《南水北调中线干线工程初步设计管理办法》。办法明确了组织管理机制，质量管理，进度管理，合同与支付，成果报审等方面的内容。

（1）组织管理机制。中线建管局是南水北调中线干线工程初步设计的责任单位，负责初步设计的组织管理工作，接受行政主管部门南水北调办的监督和检查。主要工作有制定南水北调中线干线工程初步设计组织方案、招标工作方案、设计招标分标方案；负责组织进行勘测设计招标，与承担设计的单位签订勘测设计合同，支付设计经费，并委托技术总负责单位对初步设计质量进行技术把关；负责中线干线工程初步设计技术规定、初步设计报告和重大设计变更报告的组织编制、初审和报送。

各承担单位为初步设计报告编制和成果质量的直接责任单位，按照合同约定和有关规程规范完成初步设计报告的编制工作，接受中线建管局和技术总负责单位的指导、监督和检查，接受国务院南水北调办等的审查和评审。

长江设计院在前期工作中为南水北调中线工程的技术总负责单位，中线建管局接管初步设计组织管理工作后，长江设计院仍为中线干线工程的技术总负责单位。长江设计院负责初步设计技术规定的编制，跟踪初步设计过程，适时进行中间检查，对中线干线工程初步设计成果质量进行技术把关；对设计单位编制完成（或编制过程中）的单元工程初步设计进行技术咨询，并提出咨询意见，及时向中线建管局反馈初步设计中的有关意见。长江设计院承担的设计项目，由中线建管局委托其他有资质的单位或聘请专家进行技术咨询，并提出咨询意见。

项目建设管理单位负责管辖范围内对工程设计的有关意见及建议，组织设计单位提出处理方案和措施；负责管辖范围内设计与建设之间有关问题的协调；负责管辖范围内初步设计阶段与有关行业部门的协调；负责管辖范围内配套工程与主体工程设计之间的协调。

（2）质量管理。各设计单位按照初步设计工作大纲、设计大纲和技术要求以及《水利水电工程初步设计报告编制规程》（DL 5021—1993）编制完成初步设计报告，涉及其他行业的设计内容应满足其他行业的标准和规范要求。

为加强初步设计工作统一管理，满足三种建管模式需要，各设计单位均应按批准的初步设计单元划分方案编制和报送初步设计报告。单元划分方案如有调整，项目法人应及时通知初步设计报告编制单位。

各设计单位应建立、健全勘测设计质量保证体系，实行项目责任制，并严格执行。项目责任人对项目的工作质量负总责。设计单位应设置设计总工程师，对勘测设计质量负直接责任，按专业设若干专业技术负责人，对本专业设计质量负直接责任。各设计单位质量责任人名单报项目法人备案。技术总负责单位应适时对设计单位的成果质量进行中间检查。

各设计单位完成初步设计报告后，由技术咨询单位进行技术咨询，并提出咨询意见。咨询意见认为提交的初步设计报告达到初步设计深度和要求后，报项目法人。咨询意见认为达不到初步设计深度和要求时，设计单位应限期对报告进行修改，补充完善后报项目法人。

（3）进度管理。项目法人根据南水北调工程总体进度安排和工期要求，按"轻重缓急、适度超前"的原则编制南水北调中线干线工程初步设计工作进度计划，并通知设计单位和技术咨询单位。初步设计工作进度计划一经确定，任何单位均不得随意变动。对确需调整的计划项目，由承担单位提出计划调整建议报告，经项目法人审批后，方可进行调整。

（4）合同与支付。根据国务院南水北调办对项目法人初步设计阶段投资建议计划的批复意见和总体进度要求，项目法人与勘测设计单位签订初步设计合同，支付勘测设计经费。对水利部组织的初步设计项目，其勘测设计费待有关单位清理完成后，项目法人按照国务院南水北调办和水利部的要求，依据国家批准概算确定的金额分别向有关单位拨付初设阶段设计经费。对项目法人组织的初步设计项目，由项目法人与各勘测设计单位签订初步设计阶段的勘测设计合同，根据合同约定按进度支付勘测设计费，并依法妥善处理地方主管部门与勘测设计单位签订的合同。

承担南水北调中线干线工程初步设计工作的各有关单位要加强南水北调工程经费的管理，保证经费专款专用，不得滞留、挪用。设计单位委托本行业或其他行业具备甲级资质的单位承担部分勘测设计工作，应报项目法人批准同意，其勘测设计成果质量必须由委托任务的设计单位负责，委托项目合同应报项目法人备案。

对多次未通过初审或审查，未按合同约定交付初步设计成果的设计单位，除按合同约定处理外，后果严重者，将依法追究其行政负责人和技术责任人的责任。

（5）成果报审。根据技术咨询单位的技术咨询报告，项目法人及时组织初审工作。初审通过后，办理相关的报审、报批工作。

2. 编制初步设计组织方案

为贯彻落实国务院南水北调工程建设委员会第二次全体会议精神，按照国务院南水北调办、水利部联合召开的初步设计组织管理工作移交会议的部署，在走访各有关单位，了解南水北调前期工作进展情况，征求了相关单位对初步设计组织工作、勘测设计合同签订、招标设计和施工图设计管理工作的意见和建议的基础上，中线建管局于2005年3月和5月分别编制并上报《南水北调中线干线工程勘测设计组织管理方案》《南水北调中线干线工程初步设计组织管理工作方案》。根据初步设计招标情况和工程建管模式、合同签订以及初步设计工作进展情况等，分别于2006年7月和2007年5月对初步设计组织管理工作方案进行了修改，并将修订后的南水北调中线干线工程初步设计组织管理方案上报国务院南水北调办。初步设计组织管理方案主要包括中线建管局组织管理的初步设计项目、初步设计管理办法、初步设计进展情况、存在的主要问题、设计单元划分情况、初步设计承担单位及管理机制、质量和进度管理、各类交叉建筑物报审核程序、初步设计成果初审和报批、初步设计进度安排、勘测设计合同签署及前期工作经费管理等内容，作为中线建管局前期工作的大纲。

2008年7月，中线建管局组织对南水北调中线干线工程初步设计质量和进度进行了全面梳理和检查后，制定并上报《提高南水北调中线干线工程初步设计质量、加快初步设计进度的具体保障措施》，从督促设计单位落实质量保证体系，严格做好初步设计成果咨询、初审等技术核查工作、抓好重大技术问题研究、加强与各省南水北调办及有关行业主管部门的协调、积极配合上级有关部门审查和评审、建立激励机制六个方面制定了质量、进度保障措施。

3. 编制初步设计技术规定

南水北调中线一期工程输水总干渠（含天津干线）全长约1432km，沿线交叉建筑物1800座，数量大、种类繁多，且承担设计的单位较多。为便于统一设计原则、设计标准、设计内容、技术方法和工作深度，衔接各系统之间的专业接口，依据国家现行有关标准、规范，结合南水北调工程总体规划和南水北调中线一期工程项目建议书、《中线可行性研究总报告》及上级主管部门对有关单项或分段工程审批意见，在长委 2005 年 11 月编制的初步设计大纲系列基础上，分析总结了以往初步设计工作经验，广泛征求了中线工程沿线各有关设计单位和有关院校、专家的意见，经修订、补充形成南水北调中线一期工程总干渠初步设计技术规定共 40 项。主要内容包括勘探、测量、水文、土建工程、供电、通信、监控、机电、金属结构、消防、安全监测、施工、水土保持、环境保护、工程管理、工程占地、概算编制、经济评价等方面。

技术规定由水规总院审查通过，并根据技术规定的重要性进行分类，一部分由国务院南水北调办批准颁布，一部分报国务院南水北调办备案后由中线建管局批准试行。2007 年 1 月至 2008 年 4 月陆续颁布实施了 34 项技术规定。在南水北调中线干线一期工程部分工程项目开始实施，京石段应急供水工程开始通水运行后，根据工程设计、建设和运行中的新问题，长江设计院于 2009 年 6 月至 2013 年 4 月陆续编制了《南水北调中线一期工程总干渠渠道设计补充技术规定》等 6 个初步设计技术规定，由水规总院审查通过，中线建管局颁布实施。

在颁布技术规定的同时要求配套使用技术规定，对于技术规定中未作规定的内容，应遵循国家现行有关规程、规范和标准，同时应执行经主管部门或业主单位认可的相关技术文件审查意见。

各设计承担单位以中线建管局发布的初步设计技术规定为依据，坚持原则，抓大放小、因地制宜进行设计，满足了初步设计质量要求，使初步设计工作得以顺利进行。

（二）汉江中下游治理工程

1. 前期初步设计组织管理工作概况

湖北省南水北调管理局认真落实《南水北调工程初步设计管理办法》《关于加强南水北调工程初步设计管理提高设计质量的若干意见》及《关于进一步加强南水北调工程初步设计组织管理规范和加快初步设计审查工作的通知》等有关要求，认真组织做好兴隆枢纽、引江济汉工程、部分闸站改造和局部航道整治工程初步设计工作的组织、管理、协调。

组织编制并上报《南水北调中线汉江中下游治理工程初步设计组织管理工作方案》，明确提出了汉江中下游治理工程初步设计工作的进度、目标、要求及保障措施。根据南水北调工程初步设计单元工程项目划分的有关要求，结合汉江中下游治理工程实际，制定了初步设计单元工程项目划分原则，将汉江中下游治理工程 4 个单项工程划分为 6 个设计单元工程，其中，兴隆水利枢纽工程为 1 个设计单元工程，引江济汉工程划分为 2 个设计单元工程，汉江中下游部分闸站改造工程为 1 个设计单元工程，汉江中下游局部航道整治工程划分为 2 个设计单元工程。

2. 前期初步设计管理工作措施

湖北省南水北调管理局采取以下工作措施保证初步设计工作的顺利开展。

（1）加强领导，明确责任。对设计工作，明确局长为设计管理工作的总负责，分管领导为设计管理工作的责任人，工程处为责任处室，对 4 个单项工程也分别明确了责任人，对部分项目设计管理工作组建督办专班。同时要求各设计单位加强领导、组织专班、充实力量、明确责任。

（2）明确目标，分解任务。设计工作目标和工作任务层层分解到局督办专班（专人）和设计单位。初步设计阶段研究制订初步设计工作计划，结合初步设计审查和审批计划，分解落实初步设计报告编制、初步设计报告修订完善和投资对比分析等工作，尽可能缩短相应的工作周期；建设过程中，以工程建设进度目标分解招标设计、招标文件及施工图设计进度目标。

（3）严控过程，确保质量。建立质量控制措施，明确项目负责人，对设计进度和质量进行管理。在初步设计开展之初，对初设大纲和设计思路进行研究和审查，提出处理意见和措施；在设计过程中及时了解工作进展情况，组织对主要技术方案进行研究；国务院南水北调工程专家咨询委员会两次对兴隆及引江济汉工程中设计和建设中涉及的重大技术问题进行咨询；认真做好设计工作阶段性成果的衔接和落实；及时组织项目法人初审，经初审完善后正式报国务院南水北调办。通过层层把关，保证设计质量，减少实施过程中的重大设计变更。

（4）加强沟通，及时协调。加大对各设计单位的协调工作力度，定期组织召开各设计标段设计承担单位参加的设计协调工作会，及时协调解决设计工作中出现的问题；注意加强与工程所在地政府的衔接和沟通。部分闸站改造工程由于与可行性研究批复时情况变化较大，组织设计单位进行了多次现场查勘，并与相关地市多次交换意见。同时在招标设计、施工图设计中认真研究地方政府提出的意见和要求；加强与有关部门的衔接，广泛听取和认真研究专项设施产权单位及各方面的不同意见，严格按照国务院南水北调办与交通部、铁道部、国家电网公司分别协商印发的相关文件精神，加强沟通，主动协调铁路、公路、电力、通信等相关部门，落实有关专项设计方案；及时向国务院南水北调办各主管部门汇报工作进展情况，争取各部门支持和及时指导，并请国家有关审查部门提前介入前期工作。

（5）循章立制，规范管理。严格按照国务院南水北调办印发的设计管理、设计变更管理规定及加强设计管理、控制工程投资的有关意见，加强设计管理；结合汉江中下游治理工程实际，组织制定了《湖北省南水北调工程设计管理细则》，并印发实施；研究制定《汉江中下游治理工程招标设计及施工图设计阶段勘测设计管理办法》，并印发实施。

3. 初步设计工作组织情况

（1）精心组织做好初步设计工作。按照国务院南水北调办对招标投标工作的要求，组织了汉江中下游治理工程设计招标工作，招标内容包括初步设计、招标设计、施工图设计及后续服务工作。

（2）设计变更管理工作。

1）组织做好引江济汉工程结合通航设计变更工作。根据批复的可行性研究报告，引江济汉工程结合通航工程一并建设，引江济汉工程和通航工程初步设计报告已分别由国务院南水北调办和交通部批复。但根据荆江大堤防洪要求，通水和通航工程穿荆江大堤建筑物须合并布置，考虑通航要求，所有穿堤建筑物需布置为开敞式，跨渠桥梁需抬高，部分渠道工程需结合航运设施（回旋水域等）布置。湖北省政府与国务院南水北调办和交通运输部就引江济汉结合通航工程的审批问题进行了专题协调。湖北省南水北调管理局和通航工程管理单位共同组织设计单位编制了引江济汉工程结合通航设计变更报告，报国务院南水北调办审批。

2）组织好设计变更管理工作，严格控制工程投资。湖北省南水北调管理局按照国务院南水北调办印发的《关于加强南水北调工程设计变更管理工作的通知》要求，切实加强设计变更管理。组织编制了兴隆枢纽施工期航道及通航安全维护方案，组织审查后上报国务院南水北调办，经批准后，委托相关单位实施。汛期洪水对围堰和导流明渠的冲刷比较严重，湖北省南水北调管理局组织设计单位对水毁工程进行了认真研究，提出了水毁工程处理方案，并报国务院南水北调办批复同意。同时对交通桥因通航要求引起的设计变更和围堰防渗墙因地质条件引起的变更及时组织专家审查，特别是通过组织围堰防渗墙嵌岩深度的专家咨询，对变更方案进行了优化，有效控制了工程投资。

（3）组织做好招标设计和施工图设计管理工作。湖北省南水北调管理局根据有关要求及《关于进一步加强南水北调工程质量管理和质量监督工作的意见》，组织做好招标设计和施工图设计管理工作。在引江济汉工程建设启动后，组织了拾桥河枢纽、膨胀土试验段、穿长湖试验段及高石碑枢纽的招标设计审查，除要求监理单位加强施工图审查外，还专题组织专家对兴隆枢纽主体土建工程施工图进行了审查。把好招标设计和施工图审查关，既保证了工程建设质量，又能有效控制工程投资。

（4）组织开展相关专题论证工作。对于可行性研究阶段遗留的防洪影响评价等问题，湖北省南水北调管理局认真对待，委托相关单位开展了引江济汉工程进、出口段防洪影响评价报告和引江济汉工程荆江大堤至高石碑段防洪影响评价报告编制工作，分别通过了长委和湖北省水利厅的批复；组织编制了汉江中下游局部航道整治工程防洪影响评价报告，经湖北省水利厅初审后报长委审查通过。

（三）中线水源工程

1. 前期工作管理情况

中线水源公司在国务院南水北调办的指导、协调、监督下，具体负责南水北调中线水源工程初步设计组织工作，是水源工程初步设计的责任单位，承担组织水源工程初步设计阶段勘测设计和上报相关成果。

2. 初步设计工作组织情况

（1）初步设计单元工程的划分。南水北调中线水源工程划分为4个设计单元工程，分别为丹江口大坝加高工程、丹江口大坝加高库区移民安置工程、陶岔渠首枢纽工程和中线水源调度运行管理系统工程。

（2）初步设计组织情况。

1）丹江口大坝加高工程：丹江口大坝加高工程初步设计于2005年4月29日经水利部批复，2005年9月26日大坝加高工程正式开工建设。丹江口大坝加高工程复杂，属南水北调中线一期的控制性关键工程，由中线水源公司委托长江设计院进行设计。

2）丹江口大坝加高库区移民安置工程：长江设计院于2004年10月底初步完成丹江口库区建设征地及移民安置规划初步设计阶段各项工作，并在此基础上编制完成了库区移民安置规划报告。

3）陶岔渠首枢纽工程：陶岔渠首枢纽工程初步设计报告由南水北调工程设计管理中心根据国务院南水北调办的工作安排，委托长江设计院编制完成，并通过审批。

4）中线水源调度运行管理系统工程。南水北调中线一期通信、调度、管理专项工程初步设计工作由中线水源公司委托长江设计院编制完成，并通过审批。

二、单项及设计单元工程划分

（一）中线干线工程

水利部在可行性研究阶段将南水北调中线干线工程共分为9个单项工程、21个设计单元，设计单元过大，设计周期较长，难于满足直管、代建、委托三种建管模式的需要，在《关于进一步做好南水北调东、中线一期工程前期工作的通知》的框架下，中线建管局对中线干线工程初步设计单元进行了划分，2005年3月、2006年7月分别将《南水北调中线干线工程设计单元划分建议》《南水北调中线干线工程设计单元划分方案》上报国务院南水北调办。2006年10月国务院南水北调办在《关于进一步加强南水北调东、中线一期工程初步设计工作的通知》中同意了中线建管局上报的设计单元划分成果。

南水北调中线干线工程共分为10个单项工程，81个设计单元。其中：京石应急供水工程，22个设计单元；漳河北—石家庄段工程，13个设计单元；穿漳河工程，1个设计单元；黄河北—漳河南段工程，11个设计单元；穿黄工程，2个设计单元；沙河南—黄河南段工程，11个设计单元；陶岔渠首—沙河南段工程，11个设计单元；陶岔渠首工程，1个设计单元；天津干线工程，6个设计单元；其他工程，3个设计单元。

（二）汉江中下游治理工程

汉江中下游治理工程划分为4个单项工程，6个设计单元。单项工程分别为兴隆水利枢纽工程、引江济汉工程、汉江中下游部分闸站改造工程和汉江中下游局部航道整治工程。

（三）中线水源工程

南水北调中线水源工程划分为4个设计单元工程，分别为丹江口大坝加高工程、丹江口大坝加高库区移民安置工程、陶岔渠首枢纽工程和中线水源调度运行管理系统工程。

三、初步设计招标情况

（一）中线干线工程

水利部、长委和各省（直辖市）南水北调办曾对上述中线建管局组织管理项目的设计承担单位做出了安排。从工程设计的连续性、资料的保有情况和尊重历史等因素考虑，中线建管局接管初步设计组织管理工作后，对设计承担单位进行了分工：①漳河北—石家庄南段工程，石家庄南段高邑县和赞皇县段部分工程和邯邢段工程中临城县1段工程2个设计单元采用公开招标选择设计承担单位，其他段工程按原分工由河北院和河北二院承担设计工作；②穿漳河工程按原分工由长江设计院承担；③黄河北—姜河北段工程按原分工由河南省设计院承担；④陶岔渠首枢纽工程、陶岔—沙河南段工程、沙河南—黄河南段工程、天津干线工程和专题专项工程采用公开招标方式选择设计承担单位、专题和专项工程；⑤中线干线自动化调度与运行管理决策支持系统工程和冰期输水专题等，通过招标选择初步设计承担单位。

（二）汉江中下游治理工程

汉江中下游治理工程勘测设计招标共划分为8个标段，其中，兴隆水利枢纽工程1个设计标段、引江济汉工程3个设计标段、部分闸站改造工程2个设计标段、局部航道整治工程2个设计标段。设计招标工作于2007年上半年全部完成。

（三）中线水源工程

丹江口大坝加高工程、丹江口大坝加高库区移民安置工程及通信、调度、管理专项工程初步设计工作由中线水源公司委托长江设计院编制完成。陶岔渠首枢纽工程由中线建管局根据国务院南水北调办的工作安排，委托长江设计院编制完成。

四、初步设计审查、评审情况

南水北调中线一期工程初步设计历经两个阶段，其中 2003—2006 年初步设计审查由水规总院进行审查，并由水利部负责初步设计报告的批复；2006—2011 年初步设计审查工作由国务院南水北调办委托水规总院进行审查，由国务院南水北调办进行初步设计批复。

（一）水利部委托初步设计审查组织情况

为把好南水北调工程前期技术质量关，使南水北调工程的设计报告质量能够满足国家规程、规范要求，保证国家拟定的开工项目能够按期开工，水规总院专门组建了南水北调中线一期工程初步设计项目审查组，并建立了审查工作机制，主要完成如下审查工作。

2003 年度完成京石段应急供水工程滹沱河倒虹吸、永定河倒虹吸工程初步设计报告的批复，共 2 项。

2004 年度完成京石段应急供水工程古运河枢纽、漕河段、西四环暗涵、惠南庄泵站、北拒马河暗渠、惠南庄—大宁段、卢沟桥暗涵、团城湖明渠、唐河倒虹吸、釜山隧洞工程初步设计报告的批复，共 10 项。

2005 年度完成的初步设计审查成果有穿黄工程、丹江口水利枢纽大坝加高工程初步设计报告的批复，共 2 项。

2006 年度完成总干渠安阳段、京石段应急供水工程（北京段）总干渠下穿铁路立交工程、总干渠膨胀岩（土）试验段工程（潞王坟段）、京石段应急供水工程西四环暗涵工程穿越五棵松地铁车站、京石段应急供水工程（石家庄—北拒马河段）生产桥工程初步设计报告审查意见，共 5 项。

（二）国务院南水北调办委托初步设计审查组织情况

根据国务院南水北调建委会三次会议确定的南水北调工程建设目标和国家发展改革委办公厅有关要求，南水北调工程初步设计批复工作由水利部转交国务院南水北调办。根据国务院南水北调办的要求，国务院南水北调办委托长江设计院对南水北调初步设计报告进行技术咨询和技术预审。同时国务院南水北调办委托水规总院承担南水北调初步设计报告审查工作。水规总院制定了《南水北调东、中线一期工程初步设计审查工作方案》，服务南水北调初步设计审查工作，主要完成如下审查工作。

2007 年度完成调度中心土建项目初步设计报告初审意见，干线工程自动化调度与运行管理决策支持系统初步设计报告初审意见，总干渠漳河北至古运河南段初步设计报告初审意见，干线工程管理总体建设方案审核意见及京石段应急供水工程工程管理专题初步设计报告初审意见，干线工程自动化调度与运行管理决策支持系统（京石应急段）初步设计报告初审意见，工程调度中心土建项目初步设计报告审查意见，京石段应急供水工程（北京段）工程管理专题初步设计报告和南水北调中线京石段应急供水工程（石家庄—北拒马河段）工程管理专题初步设计报告审查意见，干线工程自动化调度与运行管理决策支持系统（京石应急段）初步设计报告审查意见，天津干线天津市1～2段初步设计报告审查意见，干线工程自动化调度与运行管理决策支持系统初步设计报告复审意见（初稿），天津干线天津市1～2段初步设计报告审查意见（初稿），京石段应急供水工程（石家庄—北拒马河段）生产桥初步设计报告（修订稿）审核意见，天津干线天津市1段初步设计报告和2段初步设计报告审查工作报告，京石段应急供水工程（北京段）工程管理专题初步设计报告和京石段应急供水工程（石家庄—北拒马河段）工程管理专题初步设计报告审查工作报告，干线工程自动化调度与运行管理决策支持系统（京石应急段）初步设计报告审查工作报告，干线工程自动化调度与运行管理决策支持系统初步设计报告审查工作报告，关于南水北调中线京石段应急供水工程（石家庄—北拒马河段）生产桥初步设计报告审查工作报告，京石段应急供水工程（石家庄—北拒马河段）生产桥初步设计报告（修订稿）审查工作报告，共18项。

2008年度完成总干渠膨胀土试验段工程（南阳段）初步设计报告初审意见，汉江兴隆水利枢纽初步设计报告预审意见，京石段应急供水工程（北京段）永久供电工程初步设计报告审查意见（初稿），天津干线西黑山进口闸—有压箱涵段、保定市1段、保定市2段、廊坊市段初步设计报告审查意见（初稿），总干渠黄河北—羑河北初步设计报告、总干渠膨胀土试验段工程（南阳段）初步设计报告审查意见（技术部分），北京2008年奥运会应急调水实施方案审查意见，南水北调中线一期工程总干渠穿漳河交叉建筑物初步设计报告审查意见，京石段应急供水工程2008年临时通水运行实施方案审查意见，汉江兴隆水利枢纽初步设计报告审查意见，总干渠膨胀土试验段工程（南阳段）初步设计报告审查工作报告，穿漳河交叉建筑物初步设计报告审查工作报告，京石段应急供水工程2008年临时通水运行实施方案审查工作报告，共14项。

2009年度完成总干渠北汝河渠道倒虹吸段工程初步设计报告审查意见（初稿），沙河南—黄河南沙河渡槽段工程初步设计报告审查意见（初稿），京石段应急供水工程界河渠道倒虹吸延长工程设计专题报告审查意见（初稿），京石段应急供水工程厂城交通桥变更渠道倒虹吸设计报告审查意见（初稿），总干渠沙河南—黄河南沙河渡槽段工程初步设计报告复审意见（初稿），引江济汉工程初步设计报告审查意见（初稿），陶岔渠首—沙河南干渠工程湍河渡槽、澧河渡槽及白河倒虹吸初步设计报告审查意见（初稿），总干渠沙河南—黄河南禹州和长葛段工程初步设计报告审查意见（初稿），穿黄工程生产桥初步设计报告初审意见，总干渠沙河南—黄河南段第三标段郑州2段初步设计报告审查意见（初稿），陶岔渠首枢纽工程初步设计报告审查意见（初稿），天津干线西黑山进口闸至有压箱涵段、保定市1段、保定市2段、廊坊市段初步设计报告审查意见，应急供水工程（北京段）永久供电工程初步设计报告审查意见，陶岔渠首枢纽工程初步设计报告审查意见，总干渠沙河南—黄河南北汝河渠道倒虹吸段工程初步设计报告审查意见，总干渠沙河南—黄河南段郑州2段工程初步设计报告审查意见，河北省邯邢段初步设计报告审查意见，总干渠邢石界至古运河南渠段初步设计报告审查意见，沙河南—黄河南沙河渡槽段工程初步设计报告审查意见，引江济汉工程初步设计报告审查意见，穿黄工程生产桥初步设计报告审查，汉江兴隆水利枢纽初步设计报告审查工作报告，陶岔渠首枢纽工程初步设计报告审查工作报告，天津干线西黑山进口闸—有压箱涵段、保定市1段、保定市2段、廊坊市段初步设计报告审查工作报告，沙河南—黄河南郑州2段工程初步设计报告审查工作报告，沙河南—黄河南沙河渡槽段工程初步设计报告审查工作报告，北汝河渠道倒虹吸段工程初步设计报告审查工作报告，共28项。

2010年度完成总干渠陶岔渠首—沙河南段工程鲁山南1段初步设计报告审查意见，陶岔渠首—沙河南段工程鲁山南2段初步设计报告审查意见，沙河南—黄河南段工程郑州1段初步设计报告审查意见，陶岔渠首—沙河南段工程淅川段、镇平段、南阳段、方城段和叶县段初步设计报告审查意见，沙河南—黄河南鲁山北段、宝丰—郏县段、新郑南段和双泊河渡槽段工程初步设计报告审查意见，沙河南—黄河南段工程荥阳段初步设计报告审查意见，沙河南—黄河南沙河渡槽段、禹州和长葛段、潮河段及郑州2段公路桥、生产桥专题报告及两处铁路交叉建筑物初步设计报告审查意见，漳河北—古运河南段永久供电工程初步设计报告审查意见（初稿），汉江中下游局部航道整治工程初步设计报告审查意见（初稿），汉江中下游部分闸站改造工程初步设计报告审查意见（初稿），穿黄工程管理专题初步设计报告审查意见（初稿），陶岔渠首—沙河南段工程鲁山南2段初步设计报告审查工作报告，陶岔渠首—沙河南段工程鲁山南1段初步设计报告审查工作报告，沙河南—黄河南段工程郑州1段初步设计报告审查工作报告，沙河南—黄河南段工程荥阳段初步设计报告审查工作报告，共15项。

2011年度完成陶岔渠首—沙河南段工程淅川段、镇平段、南阳段、方城段和叶县段初步设计报告审查工作报告，沙河南—黄河南鲁山北段、宝丰—郏县段、新郑南段和双泊河渡槽段工程初步设计报告审查工作报告，汉江中下游部分闸站改造工程初步设计报告审查意见，穿黄工程管理专题初步设计报告审查意见，总干渠强膨胀土（岩）及深挖方中膨胀土（岩）渠段设计变更报告审查意见（初稿），引江济汉工程自动化调度运行管理系统初步设计报告审查意见（初稿），汉江中下游局部航道整治工程初步设计报告审查意见，京石段应急供水工程滹沱河等七条河流防洪影响处理工程初步设计报告审查意见（初稿），总干渠漳河北—古运河南段永久供电工程初步设计报告审查意见，穿黄工程管理专题初步设计报告审查工作报告，京石段应急供水工程滹沱河等七条河流防洪影响处理工程初步设计审查意见，引江济汉工程自动化调度运行管理系统初步设计报告审查意见，共12项。

自2003年起，还有60项设计变更报告通过了审查。

第二节　初步设计技术规定

一、编制技术规定的缘由

南水北调中线一期工程输水总干渠（含天津干线）全长约1432km，沿线交叉建筑物1800多座，数量大、种类繁多，承担设计的单位达数十家。各设计单位的设计理念、设计思路各有不同。为了把握统一的设计标准、设计内容、技术方法和工作深度，衔接各系统之间的专业接口，需要编制统一的初步设计技术规定，保证初步设计质量。

长江设计院作为中线干线工程的技术总负责单位，依据国家现行有关标准、规范，结合南水北调工程总体规划和南水北调中线一期工程项目建议书、《中线可行性研究总报告》及上级主管部门对有关单项或分段工程审批意见，在长委2005年11月编制的初步设计大纲系列基础上，分析总结了以往初步设计工作经验，广泛征求了中线工程沿线各有关设计单位和有关院校、专家的意见，编制了南水北调中线一期工程总干渠34个初步设计技术规定，由国务院南水北调专家委员会或水规总院审查通过，并由中线建管局于 2007 年 1 月至 2008 年 4 月陆续颁布实施。在南水北调中线一期工程初步设计接近尾声，部分工程项目已开始实施，京石段应急供水工程已开始通水运行时，根据工程设计、建设和运行中的新问题，为进一步规范并加强总干渠后续工程项目初设、招标设计以及施工详图阶段的设计，长江设计院于 2009 年 6 月至 2013 年 4 月又陆续编制了《南水北调中线一期工程总干渠渠道设计补充技术规定（试行）》等 6 个初步设计技术规定，经审查后，由中线建管局颁布实施。

南水北调中线一期工程总干渠初步设计技术规定主要内容包括勘探、测量、水文、土建工程、供电、机电、金属结构、消防、安全监测、施工、工程占地、概算编制、经济评价等方面。2007 年 1 月 25 日颁布了工程勘察、工程测量、物探、水文分析计算、安全监测、河道倒虹吸、渠道倒虹吸 7 个技术规定；2007 年 4 月 28 日颁布了跨渠公路桥设计、压力管道工程设计、供电设计、经济评价、消防设计设计、通信系统设计、计算机监控系统设计 7 个技术规定；2007 年 5 月 31 日颁布了分水口门土建工程设计、工程地质勘察、钻探、无压隧洞土建工程、暗渠土建工程设计、渠渠交叉建筑物土建工程设计 6 个技术规定；2007 年 9 月 6 日颁布了明渠土建工程技术规定；2007 年 9 月 29 日颁布了金属结构设计，涵洞式渡槽土建工程设计，节制闸、退水闸、排冰闸土建工程设计，梁式渡槽土建工程设计，水土保持设计，环境保护设计，左岸排水建筑物土建工程设计，工程管理范围和土建设施设计，施工组织设计，报告编制和图纸印刷及编号 10 个技术规定；2007 年 10 月 29 日颁布了概算编制技术规定；2008 年 4 月 1 日颁布了建设征地实物指标调查、建设征地移民规划设计及补偿投资概算编制 2 个技术规定；2009 年 6 月至 2013 年 4 月又陆续颁布实施了总干渠补充设计、渠道膨胀土处理施工、渠道填方施工、渠道水泥改性土施工、填方渠道缺口填筑施工、渠道混凝土衬砌防裂 6 个技术规定。

在颁布技术规定的同时要求配套工程使用技术规定，对于技术规定中未作规定的内容，应遵循国家现行有关规程、规范、标准，同时应执行经主管部门或业主单位认可的相关技术文件审查意见。

各设计承担单位以中线建管局发布的初步设计技术规定为依据，坚持原则，抓大放小、因地制宜进行设计，满足了初步设计质量要求，使初步设计工作得以顺利进行。

二、技术规定主要内容

（1）《南水北调中线一期工程总干渠初步设计工程勘察技术规定（试行）》（NSBD－ZGJ－1－1）。本技术规定发布时间为 2007 年 1 月 25 日。主要内容：①在对可行性研究阶段勘测资料和成果进行复核的基础上，开展初步设计阶段的勘察工作，查明明渠（或管涵）及各类建筑物地基的工程地质、水文地质条件，对主要工程地质问题作进一步分析研究，为优化渠线和各类建筑物的型式与布置、渠道及建筑物设计提供地质依据；②勘察工作除利用本工程已有的勘察成果外，还应搜集沿线有关工程的资料、吸收地区工程经验，注重地质、物探与勘探、室内试验与原位测试等成果资料的分析和应用，作出正确的工程地质评价，并提出有关地基处理与监测的建议。

（2）《南水北调中线一期工程总干渠初步设计工程测量技术规定（试行）》（NSBD－ZGJ－1－2）。本技术规定发布时间为 2007 年 1 月 25 日。主要内容：规定了总干渠基本控制测量、渠道线路（管涵）测量、渠道建筑物场地地形测量的基本原则、施测方法、精度指标以及相应的质量管理要求。

（3）《南水北调中线一期工程总干渠初步设计物探技术规定（试行）》（NSBD-ZGJ-1-3）。本技术规定发布时间为 2007 年 1 月 25 日。主要内容中物探工作布置应遵循的原则：①根据工程地质勘察要求，布置有关物探工作，物探采用的坐标系统、工作比例尺、工作范围应与地质勘察要求一致；②针对所布置的物探任务，收集有关地质、钻探、测量等资料，进行查勘和必要的试验，作出较符合实际的工作大纲，并在工作中不断细化。

（4）《南水北调中线一期工程总干渠初步设计水文分析计算技术规定（试行）》（NSBD-ZGJ-1-4）。本技术规定发布时间为 2007 年 1 月 25 日。主要适用于南水北调中线一期工程总干渠沿线交叉建筑物初步设计阶段水文分析计算。根据《水利水电工程初步设计报告编制规程》、南水北调中线一期工程总体可行性研究和分段可行性研究审查意见要求，初设阶段水文分析计算工作主要是对可行性研究阶段水文工作的补充和深化，重点应补充搜集相关资料，对水文成果作进一步复核。

（5）《南北调中线一期工程总干渠初步设计安全监测技术规定（试行）》（NSBD-ZGJ-1-5）。本技术规定发布时间为 2007 年 1 月 25 日。主要内容中安全监测初步设计工作内容及深度包括拟定各建筑物监测系统总体方案，确定监测部位，明确监测项目，完成监测仪器（测点）的总体布置；选定主要监测仪器及设备的数量，提出监测系统的分项经费概算及总概算。安全监测初步设计范围：本规定所规定的各大型交叉建筑物、特殊渠段等现地范围内的相关监测内容或项目。本规定不包括计量测量（如流量）、冰期输水监测、安全监测自动化设计及视频监视等内容。有关安全监测自动化设计要求及视频监视内容详见《南水北调中线一期工程总干渠自动调度与运行管理决策支持系统设计技术规定》。设计应突出重点和少而精的原则，做到方案合理，基本资料翔实可靠，设计数据选择正确，并尽量采用先进技术。

（6）《南水北调中线一期工程总干渠初步设计河道倒虹吸技术规定（试行）》（NSBD-ZGJ-1-6）。本技术规定发布时间为 2007 年 1 月 25 日。主要内容：对勘测资料的要求，以及建筑总体布置、水力设计、稳定分析、结构设计、河道整治及防护等初步设计技术规定。水文、勘测、金属结构、机电、安全监测、施工、环境保护、工程管理、概算等，执行相应专业设计技术规定。经分析论证河渠水位与河流泥沙不致影响建筑物安全运行，河渠交叉建筑物型式可选用河道倒虹吸，但对河道泥沙需进行必要的冲淤分析计算。

（7）《南水北调中线一期工程总干渠初步设计渠道倒虹吸技术规定（试行）》（NSBD-ZGJ-1-7）。本技术规定发布时间为 2007 年 1 月 25 日。主要内容：对勘测资料的要求，以及工程布置、水力计算、稳定分析、结构设计与河道防护等初步设计技术规定。水文、勘测、金属结构、机电、安全监测、施工、环境保护、工程管理、概算等，执行相应专业设计技术规定。

（8）《南水北调中线一期工程总干渠初步设计跨渠公路桥设计技术规定（试行）》（NSBD-ZGJ-1-8）。本技术规定发布时间为 2007 年 4 月 28 日。主要内容：总则、基本资料、工程规模及技术标准、总体布置、桥梁设计原则、桥梁方案设计、结构计算、工程量计算和提交成果等有关技术规定。

（9）《南水北调中线一期工程总干渠初步设计压力管道工程设计技术规定（试行）》（NSBD-ZGJ-1-9）。本技术规定发布时间为 2007 年 4 月 28 日。主要适用于南水北调中线总干渠北京段和天津干线上的管道、管道配件和附属设施的初步设计。主要内容：管道的工程布置、水力设计、结构计算、地基处理、河道防护等的设计。

（10）《南水北调中线一期工程总干渠初步设计供电设计技术规定（试行）》（NSBD－ZGJ－1－10）。本技术规定发布时间为 2007 年 4 月 28 日。主要内容：供电系统、中心开关（变电）站、专用输电线路、负荷点降压站设计和应提交的设计成果。总干渠供电初步设计应根据南水北调中线一期工程可行性研究总报告及批复文件确定的设计方案，明确设计范围，明确供电系统、中心开关（变电）站、专用输电线路、负荷点降压变电站初步设计阶段的设计内容与工作深度。沿线闸站、建筑物或设施的电气设计应包含在相关闸站、建筑物或设施的设计中。北京惠南庄泵泵站的供电设计参见泵站设计技术规定，与供电系统有关的消防设计参见消防设计技术规定，土建设计参见相应的设计技术规定。

（11）《南水北调中线一期工程总干渠初步设计经济评价技术规定（试行）》（NSBD－ZGJ－1－11）。本技术规定发布时间为 2007 年 4 月 28 日。仅适用于南水北调中线总干渠整体初步设计的经济评价。主要内容：国民经济评价、财务评价和综合效益分析与评价。

（12）《南水北调中线一期工程总干渠初步设计消防设计技术规定（试行）》（NSBD－ZGJ－1－12）。本技术规定发布时间为 2007 年 4 月 28 日。主要内容：南水北调中线一期工程总干渠上各建筑物消防、机电设备消防、消防电气及给水等的设计。

（13）《南水北调中线一期工程总干渠初步设计通信系统设计技术规定（试行）》（NSBD－ZGJ－1－13）。本技术规定发布时间为 2007 年 4 月 28 日。主要内容：南水北调中线一期工程总干渠通信系统的传输系统、程控交换、电源、综合网管等的设计。

（14）《南水北调中线一期工程总干渠初步设计计算机监控系统设计技术规定（试行）》（NSBD－ZGJ－1－14）。本技术规定发布时间为 2007 年 4 月 28 日。主要内容：南水北调中线一期工程总干渠计算机监控系统、图像监控系统等的设计。

（15）《南水北调中线一期工程总干渠初步设计分水口门土建工程设计技术规定（试行）》（NSBD－ZGJ－1－15）。本技术规定发布时间为 2007 年 5 月 30 日。主要内容：设计标准及基本资料、总体布置、水力设计、防渗排水设计、荷载及其组合与安全系数、稳定计算、分水闸结构设计、地基计算及处理设计等初步设计工作深度和技术要求。

（16）《南水北调中线一期工程总干渠初步设计工程地质勘察技术要求（试行）》（NSBD－ZGJ－1－16）。本技术规定发布时间为 2007 年 5 月 30 日。本技术要求明确了南水北调中线一期工程初步设计阶段工程地质勘察中地质工作的要求，主要内容：工程地质测绘比例、范围和内容，特殊土、特殊地质条件、边坡工程、隧洞、渡槽、倒虹吸及箱涵等勘察时应重点研究或应注意的问题，物理力学参数统计和建议值选取的原则，工程运行期水文地质条件变化及其对工程、环境影响的分析预测时应注意的问题，开展天然建筑材料地质工作的原则，对勘察成果的要求等。本技术要求是对《南水北调中线一期工程总干渠初步设计工程勘察技术规定（试行）》中有关技术规定的细化，应与其配合使用。

（17）《南水北调中线一期工程总干渠初步设计钻探技术规定（试行）》（NSBD－ZGJ－1－17）。本技术规定发布时间为 2007 年 5 月 30 日。主要内容：钻孔设计，钻孔质量要求，水文地质试验，标贯及触探、封孔、资料整理等技术要求。

（18）《南水北调中线一期工程总干渠初步设计无压隧洞土建工程设计技术规定（试行）》

（NSBD－ZGJ－1－18）。本技术规定发布时间为 2007 年 5 月 30 日。主要内容：隧洞布置、进出口建筑物、隧洞结构设计等初步设计工作深度和技术要求。

（19）《南水北调中线一期工程总干渠初步设计暗渠土建工程设计技术规定（试行）》（NSBD－ZGJ－1－19）。本技术规定发布时间为 2007 年 5 月 30 日。主要内容：暗渠水力设计，暗渠的平面布置、纵向布置，进出口建筑物和涵管结构设计等初步设计工作深度和技术要求。

（20）《南水北调中线一期工程总干渠初步设计渠渠交叉建筑物土建工程设计技术规定（试行）》（NSBD－ZGJ－1－20）。本技术规定发布时间为 2007 年 5 月 30 日。主要内容：设计标准，对设计基本资料的要求，针对渠渠交叉渡槽、渠渠交叉倒虹吸以及渠渠交叉涵洞的水力设计、纵横向布置、结构计算、稳定验算及地基处理等初步设计工作深度和技术要求。

（21）《南水北调中线一期工程总干渠初步设计明渠土建工程设计技术规定（试行）》（NSBD－ZGJ－1－21）。本技术规定发布时间为 2007 年 9 月 20 日。主要内容：设计标准，对设计基本资料的要求，总干渠线路布置，断面构造要求和布置方式，水力设计，边坡稳定计算与分析，特殊土类渠段边坡及渠基处理，填筑设计，衬砌及防渗、排水、防冻胀设计，渠道运行道路设计等技术规定。

（22）《南水北调中线一期工程总干渠初步设计金属结构设计技术规定（试行）》（NSBD－ZGJ－1－22）。本技术规定发布时间为 2007 年 9 月 29 日。主要内容：闸门、拦污栅、启闭机设备设计原则，金属结构防腐、防冰冻设计等。

（23）《南水北调中线一期工程总干渠初步设计涵洞式渡槽土建工程设计技术规定（试行）》（NSBD－ZGJ－1－23）。本技术规定发布时间为 2007 年 9 月 29 日。主要内容：涵洞式渡槽土建工程设计标准、对设计基本资料的要求、渡槽工程布置、渡槽涵洞的水力学设计、渡槽槽体、两端连接建筑物结构设计、涵洞上下游防冲设计等。

（24）《南水北调中线一期工程总干渠初步设计节制闸、退水闸、排冰闸土建工程设计技术规定（试行）》（NSBD－ZGJ－1－24）。本技术规定发布时间为 2007 年 9 月 29 日。主要内容：总则、设计标准、对设计基本资料的要求，以及节制闸、退水闸、排冰闸的工程布置、水力设计、稳定分析和土建结构设计等。

（25）《南水北调中线一期工程总干渠初步设计梁式渡槽土建工程设计技术规定（试行）》（NSBD－ZGJ－1－25）。本技术规定发布时间为 2007 年 9 月 29 日。主要内容：梁式渡槽土建工程设计标准与基本资料、总体布置、水力设计、荷载及其组合、渡槽稳定性计算、渡槽结构设计、冲刷计算与防护设计、工程量计算和提交成果等有关技术规定。

（26）《南水北调中线一期工程总干渠初步设计水土保持设计技术规定（试行）》（NSBD－ZGJ－1－26）。本技术规定发布时间为 2007 年 9 月 29 日。主要内容：总则、对设计基本资料的要求，以及水土保持措施、监测、施工组织设计和投资估算等初步设计的相关技术规定。

（27）《南水北调中线一期工程总干渠初步设计环境保护设计技术规定（试行）》（NSBD－ZGJ－1－27）。本技术规定发布时间为 2007 年 9 月 29 日。主要内容：总则、对设计基本资料的要求，以及水环境保护、地下水及土壤环境保护、生态保护、噪声与振动防治、大气环境保护、固体废物处置、人群健康保护、移民安置环境保护，规定环境管理、监理与监测、环境保护投资概算的内容与要求。

（28）《南水北调中线一期工程总干渠初步设计左岸排水建筑物土建工程设计技术规定（试

行）》（NSBD-ZGJ-1-28）。本技术规定发布时间为 2007 年 9 月 29 日。主要内容：左岸排水建筑物、土建工程设计标准、对设计基本资料的要求、工程布置以及渡槽、倒虹吸和涵洞的水力设计、纵横向布置、结构计算、地基处理等初步设计技术规定。

（29）《南水北调中线一期工程总干渠初步设计工程管理范围和土建设施设计技术规定（试行）》（NSBD-ZGJ-1-29）。本技术规定发布时间为 2007 年 9 月 29 日。主要内容：总则、基础资料、总干渠工程管理中的管理范围和保护范围、工程管理土建设施设计等技术规定。

（30）《南水北调中线一期工程总干渠初步设计施工组织技术规定（试行）》（NSBD-ZGJ-1-30）。本技术规定发布时间为 2007 年 9 月 29 日。主要内容：施工导流、料场选择与开采、主体工程施工、施工交通、施工工厂设施、施工总布置、施工总进度及主要技术供应。

（31）《南水北调中线一期工程总干渠初步设计报告编制和图纸印刷及编号技术规定（试行）》（NSBD-ZGJ-1-31）。本技术规定发布时间为 2007 年 9 月 29 日。主要内容：南水北调中线一期工程总干渠初步设计报告的组成、初步设计报告命名、建筑物命名、报告印刷要求等。

（32）《南水北调中线一期工程总干渠初步设计概算编制技术规定（试行）》（NSBD-ZGJ-1-32）。本技术规定发布时间为 2007 年 9 月 29 日。主要内容：南水北调中线一期工程总干渠初步设计概算编制原则、依据、价格水平确定、项目划分、基础价格计算、建筑安装工程单价编制等技术规定。

（33）《南水北调中线一期工程总干渠初步设计建设征地实物指标调查技术规定（试行）》（NSBD-ZGJ-1-33）。本技术规定发布时间为 2008 年 4 月 1 日。主要内容：总则、实物指标调查、资料收集、成果认定及成果提交等有关规定。

（34）《南水北调中线一期工程总干渠初步设计建设征地拆迁安置规划设计及补偿投资概算编制技术规定（试行）》（NSBD-ZGJ-1-34）。本技术规定发布时间为 2008 年 4 月 1 日。主要内容：编制依据、编制原则、规划水平年及价格水平，实物指标调查，拆迁安置规划设计，征地补偿标准和投资概算，提交成果等有关技术规定。

（35）《南水北调中线一期工程总干渠渠道设计补充技术规定（试行）》（NSBD-ZGJ-1-35）。本技术规定发布时间为 2009 年 6 月 24 日。主要内容：总干渠明渠工程和穿渠建筑物防渗、防冻胀、防扬压和渗透稳定安全设计等有关技术规定。

（36）《南水北调中线一期工程总干渠填方渠道施工技术规定（试行）》（NSBD-ZGJ-1-36）。本技术规定发布时间为 2011 年 3 月 14 日。主要内容：填方渠段的施工测量、基础处理、填筑材料、填筑标准、填筑与压实作业、复合土工膜施工、排水及反滤料施工、与建筑物相接处渠道填筑施工、施工期安全监测等方面的技术要求，填方渠段的保温板、逆止阀、混凝土面板衬砌等施工技术要求。

（37）《南水北调中线一期工程总干渠渠道水泥改性土施工技术规定（试行）》（NSBD-ZGJ-1-37）。本技术规定发布时间为 2011 年 11 月 23 日。主要内容：总则、一般规定、水泥改性土原材料、水泥掺量、水泥改性土生产工艺、水泥改性土填筑施工、水泥改性土施工检测及质量评定等技术规定。

（38）《南水北调中线一期工程总干渠填方渠道缺口填筑施工技术规定（试行）》（NSBD-ZGJ-1-38）。本技术规定发布时间为 2013 年 4 月 22 日。主要内容：填方缺口的沉降期要求及缩短沉降期的措施和规定。

（39）《南水北调中线工程渠道混凝土衬砌防裂技术规定》（NSBD－ZGJ－1－39）。本技术规定发布时间为 2013 年 4 月 22 日。经过南水北调渠道混凝土衬砌裂缝原因分析及预防措施专题研究，在《渠道混凝土衬砌机械化施工技术规程》（NSBD5—2006）及相关规程、规范的基础上，针对性地提出了渠道混凝土衬砌施工防裂措施。

（40）《南水北调中线一期工程总干渠渠道膨胀土处理施工技术要求》（NSBD－ZXJ－2－1）。本技术规定发布时间为：2010 年 12 月 24 日。主要内容：要求依托"南水北调中线一期工程总干渠膨胀土试验段（河南南阳段）试验研究"项目，对膨胀土现场鉴别方法、施工技术、施工控制指标、质量检测方法、安全监测等提出了较为具体的要求，供渠道膨胀土处理设计和施工参考。

第三节　丹江口大坝加高与陶岔渠首

一、丹江口大坝加高

（一）概述

汉江丹江口水利枢纽是中国 20 世纪 50 年代开工建设、规模巨大的水利枢纽工程，位于湖北省丹江口市汉江干流上，具有防洪、供水、发电、航运等综合利用效益，是开发治理汉江的关键工程，同时也是南水北调中线的水源工程。

1958 年 4 月，中共中央政治局决定兴建丹江口水利枢纽工程，同年 9 月正式开工兴建。

1965 年提出丹江口工程分期兴建的《汉江丹江口水利枢纽续建工程初步设计报告》，1966 年 6 月，国务院批复同意初期规模坝顶高程 162m，水库正常蓄水位 155m，后期规模水库正常蓄水位仍为 170m。此后，丹江口水利枢纽初期规模据此方案进行设计与施工。

丹江口水利枢纽初期工程包括挡水前缘总长 2.5km 的拦河大坝，一座装机容量 900MW 的水电站和一线能通过 150t 级船舶的升船机。

初期工程 1967 年 7 月大坝开始拦洪，11 月下闸蓄水，1968 年 10 月第一台机组发电，1973 年底全部建成。河床混凝土坝水下部分已按后期最终规模兴建，两岸混凝土坝及土石坝按初期规模建设。

丹江口水利枢纽初期工程运用几十年来，发挥了巨大的作用，取得了显著的经济效益及社会效益。根据《南水北调中线工程规划》（2001 年修订）的审查意见，要求加高丹江口水利枢纽大坝，将水库正常蓄水位从 157m 提高至 170m，相应增加库容 116 亿 m³。大坝加高后，通过优化调度，可提高汉江中下游防洪能力扩大防洪效益，近期（2010 水平年）可调水量 95 亿 m³，后期（2030 水平年）可调水量 130 亿 m³，可基本缓解京津华北地区用水的紧张局面。

根据水利部有关南水北调中线工程建设的部署，长江设计院编制了《汉江丹江口水利枢纽大坝加高工程初步设计报告》。

（二）水文

丹江口水利枢纽位于湖北省丹江口市，汉江干流与支流丹江汇合处下游约 800m，控制流域面积 95200km²。

汉江流域属副热带季风区，流域多年平均年降水量为 700～1100mm，汉江流域降水量年内分配不均匀，5—10 月降水占全年的 70％～80％，7—9 月 3 个月占年降水量的 40％～60％。丹江口坝址多年平均气温 15.8℃，极端最高气温 41.5℃，极端最低气温－12.4℃。

汉江丹江口以上流域 1956—1998 年多年平均年降水量 890.5mm，平均天然入库水量 387.8 亿 m³，约占汉江流域的 70％。入库径流以汛期为主，5—10 月来水量占年内来水总量的 79％以上。

汉江洪水由暴雨产生，洪水的时空分布与暴雨一致。夏、秋季洪水分期明显是本流域洪水的最显著特征。

（三）工程地质

丹江口水利枢纽初期工程混凝土坝河床坝段及坝基处理均按大坝加高后规模进行，经几十年蓄水考验，运行正常。

坝区岩体主要为扬子期变质岩浆岩、上元古界耀岭河群副片岩及白垩—第三系红色碎屑岩，无大断裂通过，较近的白河—石花街断裂（公路断裂）、两郧断裂、金家棚断裂等 9 条主要断裂距坝址均在 6km 以外，断层泥测年均大于 18 万年，不属于工程活动断裂。

2003 年，中国地震局批复的《丹江口水利枢纽大坝加高工程场地地震安全性评价报告》指出：丹江口水利枢纽大坝坝址的地震基本烈度复核评定为 Ⅵ 度。壅水建筑物（大坝）设防概率水准取 $P_{100}=0.02$（相当于年超越概率 0.0002），相应的基岩水平加速度峰值为 $150g$；非壅水建筑设防概率水准取 $P_{50}=0.05$（相当于年超越概率 0.001），相应的基岩水平加速度峰值为 $80g$；一般建筑设防概率水准取 $P_{50}=0.10$（相当于年超越概率 0.002），相应的基岩水平加速度峰值为 $60g$。

坝区分布的地层有上元古界副片岩、扬子期变质岩浆岩、上白垩统红色碎屑岩及第四系堆积物。副片岩呈一系列 NWW 走向的倒转紧密褶皱，侵入其中的岩浆岩岩体内断裂构造发育，倾角一般为 60°～85°，仅在右岸见有中缓倾角断裂。

坝区主要工程地质问题有断裂交汇带引起的不均匀沉降问题、坝基渗透稳定问题和大坝抗滑稳定问题等。

河床混凝土坝坝基岩体主要为微新变质岩浆岩，岩体中断裂构造发育，岩石较破碎。初期工程已按正常蓄水位 170m 要求专门对坝基进行了工程处理。初期工程竣工后，对大坝变形监测结果表明，大坝基础基本没有产生明显的沉陷变形，地质缺陷部位基础沉陷差最大为 0.6mm。渗流变化符合一般规律。

左岸混凝土坝连接段在初期工程中已对坝基有关地质缺陷进行了专门处理。加宽部位坝基为微新变质闪长玢岩及变质辉绿岩，力学强度较高，满足混凝土坝对坝基的要求。

原左岸土石坝加宽部位上元古界副片岩及上白垩统碎屑岩强度均能满足土石坝要求。

左岸土石坝延长段顺延于糖梨树岭山脊，地形平缓，具有良好的地形、地貌条件。坝基岩体为片岩夹大理岩、黏土岩、泥质粉砂岩及透镜状砾岩，地质构造简单，岩体较完整，透水性微弱，岩石强度较高，可以满足土石坝对坝基的要求。

左坝头副坝坝基岩体为含钙绿泥石片岩、砂质黏土岩及透镜状砾岩，地质构造简单，岩体较完整，透水性微弱，岩体强度较高，可以满足土石坝对坝基的要求。

左岸土石坝下游挡土墙加宽部位及延长段地基可利用弱风化下部或微新变质岩浆岩和副片岩。

右岸混凝土坝连接段1～7坝段加宽部位坝基变质辉长辉绿岩力学强度较高，整体能满足混凝土坝坝基要求，建议坝基置于微新岩体上。

右岸混凝土坝连接段右1～右13坝段坝基为变质辉长辉绿岩，微新岩体力学强度较高，整体能满足混凝土坝坝基要求，建议坝基置于微新岩体上。

右岸土石坝基本顺延西南山山脊布置，坝基岩体透水性小，强风化带岩体强度较高，能满足土石坝的要求，可将土石坝基础置于强风化岩体上，但需采用帷幕灌浆处理，帷幕深度以截断单位吸水量 $\omega \geqslant 0.05 \mathrm{L/(min \cdot m \cdot m)}$ 的透水岩体为宜。

右岸土石坝挡土墙可利用弱风化辉长辉绿岩作为持力层，岩体中发育的断裂倾角都大于80°，且构造岩胶结尚好，断裂规模小，对挡土墙的稳定不会产生不利的影响。

天然建筑材料复核或详查成果表明，防渗土料储量 125.6 万 m^3，砂砾石料储量 1657.8 万 m^3，块石料储量 94.78 万 m^3，储量、质量基本满足要求，运距均在 13km 以内，交通便利，开采条件较好。

（四）工程任务和规模

1. 防洪

汉江中下游受洪水威胁的人口约 1200 万，耕地约 1700 万亩，其中遥堤保护的人口约为 420 万、耕地 664 万亩。遥堤与武汉市堤为确保堤，属1级堤防。根据防洪标准，汉江中下游防洪标准为 1935 年同大洪水（相当 100 年一遇）。

2. 供水

（1）汉江上游地区需水量预测。丹江口水库以上即汉江上游现状（1999 年）灌溉面积 420 万亩，工业总产值 871.6 亿元，总人口 1133.7 万/人（其中非农业人口 204.1 万），城市化率约为 18%，牲畜 1089.2 万头，实际年耗水量为 19 亿 m^3。

（2）汉江中下游地区需水量预测。现状、2010 水平年、2030 水平年多年平均需汉江干流补充的水量分别为 103.5 亿 m^3、127.0 亿 m^3 和 141.8 亿 m^3。在实施汉江中下游工程（兴建兴隆水利枢纽、沿岸部分闸站改扩建、局部航道整治、兴建引江济汉工程）条件下，丹江口补偿下泄水量：2010 水平年 162.2 亿 m^3、2030 水平年 165.7 亿 m^3。

（3）特征水位复核及可调水量计算。丹江口水库正常蓄水位选择与枢纽规模论证紧密相关，在以前的设计中已进行了充分论证，且经中央批准，并已按此规模完成了水下部分施工。本次丹江口大坝加高工程设计，对 161m、165m、170m 三个正常蓄水位方案进行了复核比较，在满足汉江中下游防洪要求的前提下，推荐维持 170m 作为丹江口水利枢纽的正常蓄水位。

死水位确定为 150m，极限消落水位为 145m。

3. 发电

通过对丹江口初期工程正常蓄水位 157m、引水量 15 亿 m^3 方案进行了电力电量平衡计算，认为装机 900MW 是合理的。

4. 航运

汉江干流全长 1577km，陕西省洋县以下 1313km 为通航河段，占干流全长的 83%，其中，陕西境内 455km、湖北省境内 858km。

丹江口水利枢纽枢纽位于汉江干流上中游的结合部，上一梯级为规划兴建的孤山枢纽，下一级为已建的王甫洲枢纽。水运涉及的经济腹地包括上游陕西省汉中市、安康市，河南省南阳市，湖北省十堰市、襄樊市、荆门市等地区。

丹江口水利枢纽已建成运用，枢纽航运过坝设施由垂直、斜面升船机和中间渠道组成。

丹江口水利枢纽加高后最大通航流量仍采用 6200m³/s，下游最小通航流量为 200m³/s。上游最高通航水位为水库正常蓄水位 170m，最低通航水位 145m；下游最高通航水位 93.09m，最低通航水位为 88.3m。

（五）枢纽布置及建筑物

1. 设计标准

丹江口水利枢纽的任务是防洪、供水、发电和航运。正常蓄水位 170m，保坝洪水位 174.35m，总库容 339.1 亿 m³，供水任务为向华北跨流域调水，电站装机容量 900MW，过坝建筑物可通过 300t 级驳船。根据其规模，枢纽定为 I 等工程，大坝（包括副坝及左坝头副坝）、电站厂房等主要建筑物定为 1 级建筑物，通航建筑物的主要部分定为 2 级建筑物。挡水建筑物的洪水标准按 1000 年一遇洪水设计，按可能最大洪水（10000 年一遇洪水加大 20%）校核。大坝地震设计烈度定为 Ⅶ 度。

2. 坝轴线及主要建筑物形式

丹江口枢纽大坝加高工程是在初期工程的基础上进行加高，各建筑物轴线除右岸土石坝需改线另建、左岸土石坝尖山段坝轴线需局部调整以及左坝端坝线需向左延伸 200m 外，其余轴线均与初期工程相同。

挡水建筑物河床部位为混凝土坝，两岸为混凝土连接坝段及土石坝。混凝土坝位于河床地段初期工程为宽缝重力坝，位于两岸与土石坝连接地段初期工程为实体重力坝，右岸土石坝大坝加高改线另建的坝型为黏土心墙土石坝。左岸土石坝初期工程除左联段为黏土心墙土石坝外，其余均为黏土斜墙土石坝，大坝加高工程实施后，除左联坝段由心墙上接斜墙和糖梨树岭（后期续建延长段）为黏土心墙坝外，其余仍为黏土斜墙土石坝。

电站厂房为坝后式厂房，初期工程已按大坝加高运用要求设计，并已完建。

通航建筑物仍然采用初期工程的型式，即上游采用垂直升船机，下游为斜面升船机，两机之间用中间渠道连接，用垂直升船机过坝的布置形式。

3. 枢纽总体布置

丹江口水利枢纽大坝加高工程挡水建筑物由河床及岸边的混凝土坝和两岸土石坝所组成，总长 3442m。此外在上游库区内布置有董营副坝，在左坝头穿铁路处离左岸土石坝坝头 200m 左右设有左坝头副坝，两副坝均为均质土坝。

混凝土坝分为 58 个坝段，自右向左分别为：右岸联结坝段（右 13～右 1，1～7）长 339m；泄洪深孔坝段（8～13），长 144m；溢流表孔坝段（14～24），长 264m；厂房坝段（25～32），长 174m；左岸接坝段（33～44），长 220m。混凝土坝全长 1141m。

右岸（续建工程）土石坝与右岸混凝土坝右 5、右 6 坝下游面横缝处正交连接。经直线段约 140m 后再用圆弧向上游偏转，沿老虎沟上游侧山顶接至张蔡岭，全长 877m。

左岸土石坝由五个不同半径的圆弧段和若干个直线段所组成。右端与混凝土坝左岸连接段上游面正交相接，左端与糖梨树岭相接，全长 1424m。

电站厂房位于 25～32 坝段下游，6 台机组，单机容量 150MW，共 900MW。此外初期工程已利用 8 坝段泄洪深孔右边 1 号孔改建成自备防汛电厂引水，2 台 20MW 防汛自备电厂布置在混凝土坝右岸连接坝段下游岸边。

改建后的通航建筑物仍然布置在初期工程通航建筑物 3 坝段的位置上。

4. 枢纽建筑物

枢纽工程需加高的部位，主要是对初期挡水建筑物进行加高和对通航建筑物改建。挡水建筑物除右岸土石坝因改线另做和左岸土石坝左端延长段不在初期工程上面加高外，其余都在初期工程上进行加高和改建。

（1）混凝土坝。混凝土坝顶高程 176.6m，加高后的最大坝高 117m（位于 27 坝段）。

右联混凝土坝：（右 13～右 1，1～7）共 20 个坝段。其中右 3～1 坝段，坝轴线呈弧线，向上游转弯 60°，形成反拱状。初期工程除 2 和 3 坝段为宽缝重力坝外，其他均为实体重力坝，加高工程一般只加高坝顶和扩大下游面坝体。由于右 5、右 6 坝段下游面要与改线另建的右岸土石坝正交连接，为改善混凝土坝与土石坝连接处的防渗条件，需在新扩大的下游坝面设置三道混凝土短齿墙。其基础防渗连接可通过初期工程右 6、右 7 坝段的基础横向廊道进行帷幕灌浆，使上游帷幕与土石坝帷幕相连。

深孔坝段（8～13）：在初期工程中，深孔的体型尺寸、消能方式均考虑了与后期相结合的方式，并已按后期运用条件设计和施工，因此加高工程只需加高坝顶和加大孔口以上（高程 120m 以上）的下游面坝体，将吊物孔、通气孔向上延伸。无水下工程。

深孔坝段共 6 个坝段，每个坝段长 24m，各设两个泄洪深孔，共计 12 孔（其中 8 坝段右侧深孔已改建为自备防汛电厂的进水口，现存 11 孔），孔底高程 113m，孔口尺寸 5m×6m。泄洪深孔采用压力短管型式后接明槽，挑流消能。有压段末端设弧形工作门，事故检修门设在进口外缘。

表孔坝段（14～24）：每个坝段长 24m，其中 18 坝段为非溢流坝，与下游纵向围堰连成隔墙，将表孔坝分隔成 14～17 坝段和 19～24 坝段两部分。各坝段设置两个 8.5m 宽的表孔，共计 20 孔。初期工程堰顶高程 138m，闸墩厚 3.5m，长 30.5m，采取堰面接鼻坎挑流消能型式，鼻坎高程 108m，其底宽已按后期要求施工。工作闸门采用平板门。按照初期防洪调度要求，由于 19～24 坝段表孔当洪水大于 1935 年洪水（$P=1\%$）时才运用，使用概率少；当时预计初期工程建成后不久将加高，为便于大坝加高的施工，19～24 坝段溢流坝下游坝坡初期工程中仍保留原柱状浇筑块大台阶形状。

经比选，选定大坝加高后堰顶高程 152m，1000 年一遇洪水设计情况下其堰顶水头与初期设计水头相同，故堰面曲线型式仍按初期采用，闸墩高程由 162.0m 抬高至 176.6m，鼻坎高程由 108m 抬高至 115m，底宽仍用初期工程已建底宽，因而无水下工程。此外，为避免 24 坝段左边孔挑流水舌危及坝后厂房安全，在本次大坝加高设计中，将左边墙向河床偏转 7°。

厂房坝段（25～32）：25坝段为溢流表孔与厂房坝段的连接坝段，长12m；32坝段为对应厂房的安装场坝段，长24m；26～31坝段为电站引水坝段，长均为23m，埋设直径7.5m引水钢管各一条。上游设喇叭形进口，高程115～123m，设有拦污栅，平板检修门和平板工作门。下游高程102m设有厂坝平台，并用铅垂缝将厂坝分开。大坝加高只需加高坝顶及加厚高程102m厂坝平台以上的下游坝体，无水下工程。

左联混凝土坝（33～44）：33～36坝段上游面为铅直面，37～39坝段上游坝坡渐变成1：0.25，40～44坝段上游坝坡1：0.25，其中40～42坝段共设置了土石坝防渗的四道混凝土齿墙。初期工程中上游面与土石坝防渗满足了后期继续运用要求，加高工程只需根据挡水、挡土要求加高坝顶和扩大下游面坝体。

通航建筑物：位于3坝段，初期工程虽按150t级通航，但初期工程的基础是按照2×150t级方案一次建成的。故加高工程按300t级规模扩建，其总体布置不变，对土建部分只进行加高和部分改建。

（2）两岸土石坝。两岸土石坝坝顶高程176.6m，上游坝坡1：2.75～1：2.5，下游坝坡1：2.5～1：2.25，顶宽10m，上设1.4m高防浪墙（包括人行道高0.2m），上下游护坡均采用预制混凝土块。

右岸土石坝：根据地形条件通过对三条坝线比较确定为改线另建的黏土心墙防渗坝，最大坝高60m。为避免左坝头下游坡脚落入通航建筑物中间渠道内，需设置高达30.75m的混凝土挡土墙。挡土墙长约97.94m。

左岸土石坝：初期工程已经过加固处理，其防渗体均能满足后期运用水头要求，加高工程须沿上游坝坡方向顺延，加高坝顶和扩大下游坝体，并向左端延长200m。最大坝高71.6m。除左端延长坝段为黏土心墙防渗外，其余在初期工程上面加高的防渗体均采用斜墙防渗型式并与初期工程防渗体相接（与左联土石坝段心墙顶部连接，其余与斜墙顶部连接）。为避免左联土石坝加高后的下游坡体越过初期工程的下游挡土墙落入开关站，需将初期工程的下游挡土墙加高和延长，加高后的下游混凝土挡土墙最大墙高50m，总长80m。

（3）电站厂房。包括引水建筑物、主厂房、副厂房、主变压器场地、安装场、尾水渠、操作管理大楼、开关站及厂外场地等，初期工程均按后期运用要求设计并建成。大坝加高工程中再无施工任务。电站装机6台，单机容量150MW，总装机容量900MW。

引水建筑物包括进口拦污栅和压力钢管，布置在厂房坝段的26～31坝段；主厂房位于25～31坝段后面，安装场位于主厂房左侧、32坝段下游；操作管理大楼紧邻安装场，在33坝段后面；厂坝平台为主变压器场地，并布置有上游副厂房，尾水平台布置有下游副厂房，开关站边缘距主厂房约300～400m，位于左岸芭茅沟处。

（4）通航建筑物。升船机初期工程按150t级规模设计，自1973年11月建成并投入运行以来，运行情况良好，主要运行参数及指标均达到初期设计要求，升船机初期工程的基础按照2×150t级方案一次建成，设备则采用分期兴建。过坝方式为铁驳船干运，其他船湿运。承船厢尺寸干运为33.24m×10.70m，湿运为24.0m×10.7m×0.9m。

大坝加高工程按300t级规模扩建，过坝方式及总体布置不变，承船厢尺寸干运为34m×10.6m，湿运为28m×10.6m×1.4m，大坝加高工程对土建部分只需进行加高改造，重点是设备的改建，其工程造价低，无技术难题。

升船机布置在右岸二级、三级阶地和马家湾河漫滩的沿江狭长地带，采用垂直升船机与斜面升船机两级联合运行的型式。建筑物全线在平面上成一折线，上段为垂直升船机轴线，与坝轴线垂直相交并跨越 3 号坝段中心，下段为斜面升船机轴线，下游从河漫滩出口接汉江。

上游垂直升船机与水库相连，下游为下水式斜面升船机接下游引航道，垂直升船机与斜面升船机之间有中间渠道可供错船。升船机全线长 1093m，从上游到下游依次由上游导航、防护建筑物，垂直升船机，中间渠道，斜面升船机和下游引航道 5 个主要部分组成，另还有外港等附属设备。

通航建筑物需改建的部分主要有：垂直升船机承重支墩的墩身、墩帽要相应加高、扩大；斜面升船机上下游斜坡道需延长，相应的轨道梁需重建；改造驼峰系统及绳道；改建升船机机房；扩建外港；近期增设 3 艘港作轮；金属结构及机电设备需重建或改建。

扩建后的升船机推轮过坝时，年单向通过能力为 96.2 万 t；推轮不过坝时，年单向通过能力为 140.0 万 t。

（5）副坝。库区董营副坝为均质土坝，坝长 265m，最大坝高约 3m，上游边坡 1：2.5，下游边坡 1：2.25。上游采用混凝土预制块护坡，下游采用草皮护坡。

左坝头副坝位于距左岸土石坝左坝头 200m 穿铁路处，为均质土坝，坝长约 300m，最大坝高 5m，上游边坡 1：2.5，下游边坡 1：2.25，上下游均采用混凝土预制块护坡。

（6）枢纽主要工程量。混凝土浇筑量 130.39 万 m^3，混凝土拆除量 4.53 万 m^3，设备拆除量 3687t，钢筋 9097t，金结安装 12948.5t，土方填筑 537.15 万 m^3，土石方开挖 77.30 万 m^3。

（六）混凝土坝加高新老混凝土结合措施

1. 新老混凝土结合问题

混凝土坝大坝加高工程除加高坝顶外，尚需在下游坝坡贴坡加厚。加高坝顶工程除妥善处理原坝顶新老混凝土结合面及新浇混凝土底部受老混凝土约束的温控防裂措施外，一般可按常规施工。而下游坝坡面贴坡混凝土除受底部老混凝土或基岩约束外，还受下游坝坡老混凝土的约束，对新混凝土产生约束应力，同时新混凝土收缩将对老坝体产生应力，特别是对坝踵产生拉应力，结合面因收缩也可能脱开，存在联合受力问题，因而要研究新老混凝土结合问题。

混凝土坝加高的所谓新老混凝土结合问题，实际上是解决坝体的整体性和坝体各部位的应力要求等问题。具体要求解决 3 个方面的问题：

（1）处理好新老混凝土联合受力问题。

（2）妥善解决加高后的坝体和坝基应力，满足大坝安全要求。

（3）尽可能减少新浇混凝土因温度收缩对坝体应力产生的不利影响，避免或减少混凝土裂缝，尤其是危害性裂缝。

河床混凝土坝因下部坝体已按正常蓄水位 170m 要求建成，有足够的坝底宽度和厚度，上部坝体贴坡加厚，对坝踵应力不利影响甚小。两岸混凝土坝坝体尺寸按初期工程运用要求设计，大坝加高工程需对下游坝坡面贴坡加厚，应全面满足前述要求。

根据丹江口水利枢纽大坝实际情况，其加高形式有 3 种：①直接贴坡浇筑方案；②宽槽回填方案；③分纵缝柱状块浇筑。前两种方案相比各有所长，第一种施工方法简单，但存在施工期温度应力问题；第二种施工程序较多，但可避免施工期的温度应力。综合分析 3 种方法，选择较有利方案加高大坝。

根据试验研究和大量的计算分析及参考国外有关工程的成功经验，丹江口大坝新老混凝土结合措施采取以直接浇筑为主，在竖直接合面无键槽部位采用人工补凿键槽，溢流坝段堰面采用宽槽回填为辅的总体方案，并根据各类坝段各自的特点，相应采取不同的处理措施及手段。

2. 河床混凝土坝新老混凝土结合措施

（1）深孔坝段。深孔 8～13 坝段高程 120m 以下已满足后期施工要求。为方便施工，在下游坡采取直接贴坡浇筑混凝土方案对坝体进行加厚，原深孔明流段墩墙 2 号纵缝在高程 120m 墙顶并缝处理。

（2）厂房坝段。厂房坝段 25～32 坝段及左联段的 33 坝段，在高程 102m 厂坝平台以上贴坡加厚。保留原 2 号纵缝，将贴坡混凝土分成两部分，分别采用柱状浇筑，3 坝块原施工栈桥台阶应部分挖除，以防产生水平裂缝。

（3）溢流坝段。14～17 坝段：这 4 个坝段已形成初期溢流面，堰顶高程 138m，后期堰顶加高至高程 152m，在曲线平缓的溢流面上加高，采用柱状浇筑。原 1 号纵缝已在高程 100m 并缝，保留 2 号纵缝。

18～24 坝段：19～24 坝段溢流面尚保留台阶状，1 号纵缝已经并缝，其余纵缝现尚在下游坡面出露。

为简化溢流面施工，尽可能保留 2、3 号纵缝继续上升，4 号纵缝并缝处理，原 3 坝块及并仓后的 4、5 坝块可按柱状法浇筑上升，2 号纵缝上游堰体加高仍按柱状浇筑。

18 坝段现基本上成三个柱状体大台阶状，可参照 19～24 坝段措施处理。

溢流坝新浇堰体混凝土与闸墩结合措施：溢流坝初期工程闸墩已由高程 138m 堰顶伸至高程 162m 坝顶。加高工程堰顶需由高程 138m 升高至 152m，由于闸墩高达 24.6～34.9m，厚度只有 3.5m，在与墩顶梁板连成框架的条件下，还要求闸墩侧面必须与新浇溢流面堰体混凝土结成整体受力。为确保闸墩与堰体混凝土结成整体，比较了宽槽回填方案和加强温控的整体浇筑方案，经分析比较，采取综合措施进行处理，即堰体仍按加强温控整体浇筑，但在与闸墩接合面顶部 2～3m 留设浅宽槽，待新浇混凝土温度降至准稳定温度后，选择有利时机进行宽槽回填。

3. 两岸混凝土坝新老混凝土结合措施

参考国外混凝土坝加高工程的经验，结合实际情况，两岸混凝土坝加高拟定了四种施工方案进行比较，即全断面宽槽回填方案、直接贴坡浇筑方案、斜坡面直接浇筑直立面宽槽回填方案、人工补凿键槽后再直接贴坡浇筑等四个方案。经过分析比较，主要采用贴坡直接浇筑方案浇筑两岸坝段下游坡面混凝土。

为改善加高后运用期坝体及坝基应力状况，采取以下施工和结构措施：

（1）控制浇筑施工时库水位。

（2）结构上少量加大贴坡混凝土的厚度，贴坡与加高部分结合部增设并缝钢筋。

（3）采用较高标号的混凝土，提高其早期弹模。

（4）从严采用温控标准。

采取以上措施后，用直接贴坡浇筑方案施工的坝体和坝踵应力，可得到有效的控制。

4. 混凝土坝加高新老混凝土结构应力分析

新老混凝土结合面受年气温变化影响较大，有脱开的可能，为此研究了新老混凝土界面不同连接情况下坝体应力及变形情况。采用有限元法进行计算，计算结果表明，即使缝面脱开，缝宽不大，如结合面竖直缝缝面及斜缝缝面设置梯形键槽，整个坝体能联合受力，坝踵及坝体应力均能得到有效控制，坝体应力状态满足规范要求。

（七）基础处理设计

1. 混凝土坝基础开挖

初期工程混凝土坝坝基一般开挖至新鲜或微风化岩石，对一般地质缺陷均加深开挖或尽可能挖除。

河床 8～33 坝段坝基开挖及处理均已按后期规模设计施工，质量满足设计要求。

左右岸连接坝段坝基开挖质量要求与河床相同，但开挖宽度只满足初期要求，加高工程需在现坝趾加宽坝基。

2. 坝基础渗流控制

（1）"排灌型"孔改建。由于左右岸连接坝段坝基不存在较大地质缺陷，基岩透水性甚微，坝高相对较低，同时考虑到大坝加高时在大坝挡水技术上有补灌成常规防渗帷幕的施工条件，因此，初期工程在右 13～右 7（右半部）、右 4～2 及 33～42 坝段大坝基础廊道内设一排"排灌型"帷幕兼排水孔，其中右 13～右 7、右 4～右 1 及 37～41 坝段"排灌型"孔设在基础廊道上游侧，1～2、33～37 及 42 坝段"排灌型"孔设在基础廊道下游侧。"排灌型"孔在接触段及局部透水性较大的孔段（透水率不小于 0.5Lu）均进行了灌浆，其余孔段未灌浆，钻孔深度一般达到排水孔的设计深度。

大坝加高后，为确保降低坝基扬压力，保证大坝稳定安全，须改善坝基防渗和排水条件，为此，将左右岸连接坝段基础廊道的"排灌型"孔改建为完整的防渗帷幕和排水幕，防渗标准为透水率不大于 1Lu。

（2）坝基排水孔检修。对 3～32 坝段坝基排水孔全部进行孔深检测，对河床坝段重点检查，确定其是否产生淤堵、塌孔等破坏，对孔内沉积物取样分析鉴定。根据检测结果决定进行扫孔，或采取其他处理措施。

3. 两岸混凝土坝基础加宽部分固结灌浆

初期工程混凝土坝踵、坝趾一定范围内的基岩普遍进行了固结灌浆加固处理，施工质量基本良好。

两岸混凝土坝后期加高需加宽坝趾基础，为改善后期加高的坝体应力、提高基础加宽部分基岩的弹性模量、减少变形，坝趾加宽部分采用固结灌浆加固处理。

固结灌浆处理范围除混凝土坝基础加宽部分外，坝基范围以外适当的范围内，根据开挖后的实际情况也进行固结灌浆，以利坝基应力的扩散。

固结灌浆孔排距为 2.5m×2.5m，固结灌浆深度为 5～10m。

4. 两岸土石坝基础防渗

除左坝头副坝为均质坝外，右岸新建土石坝与左岸土石坝延长段均为黏土心墙土石坝，黏土心墙通过截水槽与基础防渗帷幕相接。根据新建土石坝基础地质条件，结合后期加高工程土石坝的要求，确定新建土石坝防渗帷幕灌浆的设计原则为：有效地防止坝基集中渗漏和坝端绕坝渗漏，控制基岩渗透水力比降，满足基岩渗透稳定要求。

大坝加高工程新建土石坝基础防渗标准为透水率不大于 5Lu。

（八）安全监测设计

大坝的安全监测范围包括坝体、坝基、坝肩，以及对大坝安全有重大影响的近坝区岸坡和其他与大坝安全有直接关系的建筑物和设备。监测项目有：变形监测（坝体水平与垂直位移、挠度、倾斜、接缝和裂缝等），渗压渗流监测及水质分析，应力应变及温度监测（温度监测含坝基温度、新、老混凝土温度、库水温及气温等），上下游水位及冲淤监测，水力学监测，坝体地震反应监测，金属结构及闸门监测，此外必须对初期工程已有的库区监测设施进行重新调整和更新改造，使之适应后期续建工程水位升高的监测需要。

（九）机电及金属结构

1. 水电厂机组改造

电站首台机组于 1968 年 10 月 1 日投产发电。从 1995 年 3 月开始，丹江口水电站逐步对水轮机进行了改造，1 号、2 号、6 号机组由原有的 HL220 转轮改造为东方电机厂的 HLD187 转轮，3 号机组由原有的 HL220 转轮改造为上海希科水电设备有限公司的 HL695 转轮，4 号、5 号机组仍为 HL220 转轮。由于 3 号机组 HL695 转轮完全按大坝加高条件进行改造设计，因此，改造范围暂不考虑 3 号机组。

4 号、5 号机组 HL220 转轮在当初设计选型中主要是以原苏联 PO702 型转轮进行选型设计，该转轮本身在强度上满足丹江口大坝加高至 170m 水位后的强度要求，并将水轮机额定水头确定为 63.5m，所以在确定机组容量、尺寸、厂房规模方面给大坝加高后机组的运行创造了充分的条件。在当初选型过程中，由于电站前期运行水头范围仅为 49.2～67.2m，加权平均水头为 59.3m，且南水北调工程具体实施日期尚未确定，为充分考虑电站初期的发电效益，真机转轮在转速选型比较中采用了 100r/min 的同步转速，即将水轮机最优效率区放在了初期电站加权平均水头 59.3m 附近。

1 号、2 号、6 号机组 HLD187 转轮基本是在 HL220 转轮使用寿命期满后进行改造的，改造过程中，考虑了在额定水头时水轮机增设最大出力至 165MW，水轮机最优效率区放在了 56.76m 水头附近。与 HL220 转轮相比，HLD187 更适用于低水头区域。

3 号机组 HL695 转轮的改造完全按大坝加高后的条件进行，并考虑了在额定水头时水轮机增设最大出力至 173.4MW，水轮机最优效率区放在大出力（165MW）、69.5m 高水头（大坝加高后加权平均水头为 71m）附近。该转轮采用了先进的水轮机设计技术，参数水平较高。

2. 自备防汛电厂水轮机改造

自备防汛电站原有水轮机采用东方电机厂制造的 HLD75 转轮。电站水头变幅范围为 47～65m，额定水头 54.8m。丹江口大坝加高后，电站的最大水头为 78m，最小水头为 53m，平均水头为 68m。大坝加高后水头条件与初期水头条件变化很大，且最小水头接近原水轮机额定水头。水头的大幅度提高不仅将在强度、水轮机运行区域变化导致的空化特性和水力稳定性方面给机组带来问题，还会给电站引水压力钢管带来强度问题。

采用对电站的水轮机进行改造解决上述问题。

3.升船机及闸门启闭机的电力拖动与控制

升船机及闸门启闭机更新改造的项目主要有：升船机改建，两级升船机的电力拖动与控制系统更新改造；电站进水口快速闸门控制系统更新；泄水闸深孔闸门控制系统更新。

4.供电

丹江口大坝加高工程，主要供电改造设计如下：

丹江口大坝加高后，原垂直升船机 6kV 变电所将被拆除，需重新建设。

斜面升船机 6kV 变电所址不变，由于现阶段用电设备容量增大，提升主机电机两台，每台 400kW，比原来增加 600kW，加之原设备陈旧老化需要更新换代。

改建 18 坝段 6kV 变电所及更换有关电气设备，门机共 3 台，安装于 176.6m 坝顶，其中 2 台 400t 门机为原有设备，1 台 500t 门机为新增设备，门机仍用滑线供电。

根据需要在 44 坝段建一栋综合楼，相应需新建一个 6kV 变电所为综合楼供电。

丹江口大坝加高后，原贯穿泄洪坝段及厂房坝段的 159.0m 高程电缆廊道需封堵，廊道内电气设备全移至高程 172.35m 的电缆廊道内。

在 172.35m 高程的廊道上游侧设有横向廊道通向 18 坝段变电所和垂直升船机变电所。下游侧设有通向 7 坝段和 32 坝段电缆竖井的支廊道。32 坝段电缆竖井与安装场电缆室的联系廊道维持原状。

在 7～33 坝段坝顶照明，利用门机电源定滑块固定杆装设灯具，每间隔一柱（24m）在杆顶上装 3×250W 灯具一套。各建筑物内照明均分别由供动力电源的变电所供电。在 1 坝段调度楼，垂直、斜面升船机变电所，左、右坝头电梯井，18 坝段变电所，44 坝段综合楼内分别设置一至多块照明分电箱。

防雷接地充分利用大坝自然接地体，在现有建筑物和电气设备处外露于混凝土面的接地装置用 50×5 扁钢垂直引至各新建建筑物及设备处。

为提高 6kV 厂用电系统可靠性，更换厂用变压器，由 SP7－3200/15.75 更新为 S9－5000/15.75，电压等级、布置地点不变。

更换 6kV 厂用开关柜Ⅰ段和Ⅱ段母线设备，共更换开关柜 16 块。

大坝加高工程开工后，需改建坝区内 6 回 220kV 输电线路总计 1.39km，4 回 110kV 输电线路总计 4.8km，重新敷设 1 条 10kV 地下直埋电缆 250m。

丹江口大坝加高工程中考虑更换 4 号主变压器 1 台。

5.金属结构

丹江口水利枢纽金属结构设备（除升船机以外）在初期工程修建时已考虑了与后期工程相结合，考虑设备运用所存在问题，加高后部分金属结构需拆卸重新安装，部分设备更新或改造。制造（采购）重新安装的和部分重新制作（采购）和安装的金属结构与机械设备项目包括：升船机设备，泄洪堰顶闸门、深孔事故门及深孔启闭机，电站进水口拦污栅、闸门及启闭机，供水口闸门，自备防汛电厂引水钢管等。

（十）施工

1.施工期度汛

（1）丹江口大坝加高工程施工期度汛与新建水利水电工程施工期度汛的条件和要求不一

样，加高施工时，既要保证工程的安全度汛和汉江中下游防洪安全，又要尽量满足初期工程各项功能的正常运行。

结合工程实际，考虑到工程加高施工期间，大坝正在按初期规模运行，混凝土坝与 1.2km 长的土石坝同时挡水，其施工度汛标准采用 1000 年一遇洪水设计，10000 年一遇洪水校核，10000 年一遇加大 20％洪水保坝。

（2）按确定的度汛标准、加高工程施工方案和施工总进度，经多方案比较，推荐溢流堰孔按分年、分批加高的施工度汛方案。

第 1 年～第 3 年：溢流堰孔溢流顶面未加高，大坝泄流能力不变，大坝度汛按丹江口初期运行期度汛要求执行。

第 4 年：22～24 号溢流坝段 6 个堰孔加高至高程 152m。此时大坝由高程 113m 的 11 个深孔、高程 138m 的 14 个表孔和高程 152m 的 6 个表孔联合泄流。

第 5 年：19～21 号坝段 6 个堰孔加高至高程 152m。此时大坝由高程 113m 的 11 个深孔、14～17 号坝段高程 138m 的 8 个表孔和 19～21 坝段高程 152m 的 12 个表孔联合泄流。

第 6 年：汛前大坝全部加高完毕。

（3）施工期不同时段的库水位控制。

第 1 年～第 3 年枯水期，主要进行大坝贴坡施工，考虑初、后期荷载叠加的坝体结构受力条件，限制库水位不高于 152m。1 号坝段和右 1 坝段混凝土拆除时，库水位随拆除高程降至 142.5m；汛前限制水位 149m（同初期运行）。

第 4 年和第 5 年枯水期主要进行大坝加高施工，坝体结构受力对库水位无特殊限制，水库蓄水位提高至初期正常蓄水位 157m。此时坝体泄流能力减少，汛前限制水位降低为 145m。

2. 料场

（1）丹江口大坝大坝加高工程主体混凝土量 130.39 万 m³，包括临建工程及施工损耗等混凝土总量约 139 万 m³，共需净料 220 万 m³。混凝土高峰月浇筑强度左岸 3.8 万 m³，右岸 3.4 万～3.5 万 m³。混凝土骨料由羊皮滩料场和七里岩料场提供。

（2）土石坝料源。左岸有陈家港、艾家沟和肖家沟 3 个土料场，土料总储量为 48.6 万 m³；右岸有五峰岭土料场，土料总储量为 69.9 万 m³。

3. 主体工程施工

（1）土石方工程施工。土石方开挖量为 77.31 万 m³，其中岩石开挖量为 28.67 万 m³。混凝土拆除工程量 4.53 万 m³。土石坝填筑总工程量为 537.15 万 m³，其中左岸土石坝填筑 261.51 万 m³，右岸土石方填筑 267.0 万 m³，副坝填筑工程量为 7.09 万 m³。

（2）混凝土工程施工。根据丹江口大坝加高工程的施工条件，河床坝段混凝土施工研究了有栈桥和无栈桥两类施工方案，每类方案又分为不同浇筑机械及不同布置形式等几个施工方案。经分析比较，推荐高架门机无栈桥施工方案，即将高架门机等混凝土浇筑机械布置在高程 162m 坝顶上浇筑混凝土。

混凝土施工年高峰强度为 44.32 万 m³，月高峰强度为 6.6 万 m³。

（3）大坝加高施工措施。

1）贴坡浇筑：大坝新老混凝土的结合是丹江口大坝加高工程的一个关键技术问题。为进一步研究直接贴坡的施工工艺及温控措施等，先后组织在右 5、右 6 坝段进行了三次贴坡现场试验，并配合进行了大量的室内试验、温度应力计算，取得了一些研究成果，主要如下：

a. 贴坡混凝土施工过程中，应采取有效措施凿除老混凝土碳化层，结合面铺抹高标号水泥砂浆，确保新老混凝土结合质量。

b. 贴坡混凝土浇筑宜在低温季节，采取初期通水冷却等措施将混凝土最高温度控制在28℃范围内，施工过程中做好保温工作，以利于新老混凝土结合。

c. 试验坝块两侧暴露在空气中，大坝直立面因年气温变化产生较大拉应力而开裂，缝宽为0.2～0.6mm，大坝实际施工时，左、右侧坝体基本上同时上升，温度条件将有较大改善。

d. 适当加大贴坡混凝土厚度以减少年气温变化的影响。

2）分缝浇筑：河床坝段原则上考虑混凝土分纵缝施工。14～17 号坝段新浇的溢流堰分一条纵缝，即沿初期老坝第二条纵缝向上延伸；19～24 号坝段新浇的溢流堰分二条纵缝，沿初期老混凝土坝的第二、第三条纵缝向上延伸。26～32 号坝段沿老坝第二条纵缝继续向上分缝，其余纵缝并缝后上升。纵缝设接缝灌浆系统，冬季待新混凝土降至稳定温度后，进行接缝灌浆。

3）温度控制：坝体稳定温度场主要考虑年平均气温及太阳辐射的影响，新浇贴坡混凝土平均稳定温度约为16℃。根据有关规范及工程经验，坝体加高部位上下层温差标准采用15～17℃，贴坡部位可适当加严。基础温差16～18℃。根据坝体最高温度标准、基础温差标准、温度应力计算分析及有关工程经验，并结合加高工程的特点，坝体允许最高温度见表12－3－1。

表 12－3－1　　　　　　　　坝 体 允 许 最 高 温 度　　　　　　　　单位：℃

部位	12月至次年2月	3月、11月	4月、10月	5月、9月	6—8月
月贴坡部位	23	27	28		
加高部位	23	27	31	33	33～36

4. 混凝土温控与防裂措施

（1）改善混凝土的性能，提高混凝土的抗裂能力。

（2）合理安排混凝土施工程序和施工进度，混凝土浇筑应做到短间歇连续均匀上升，贴坡混凝土相邻块高差控制在 4～6m，不得出现薄层长间歇，贴坡混凝土应安排在每年 10 月至次年 4 月浇筑；5 月至 9 月底停止浇筑。

（3）控制坝体最高温度，采用预冷骨料及加冰拌和混凝土，做到夏季出机口温度 7～10℃，并通过其他温控措施，使坝体最高温度控制在设计允许最高温度范围之内。

（4）合理控制浇筑层厚及间歇期，贴坡混凝土浇筑层厚采用 1.5～2.0m，加高混凝土浇筑层厚采用 2.0～3.0m，层间间歇期应控制在 5～7 天。

（5）通水冷却。初步拟定贴坡混凝土在混凝土浇筑后一个月内进行初期通水将浇筑块温度降温至 16～18℃。此外，对于高温季节浇筑的加高部分混凝土，从 10 月初开始通河水进行中期通水冷却，将坝体混凝土温度降至 20～22℃。

（6）表面保护及养护。应根据设计表面保护标准确定不同部位、不同条件的表面保温要求。尤其应重视基础约束区，贴坡部位及其他重要结构部位的表面保护。

5. 施工总工期

根据拟定的施工程序及施工方法，大坝加高工程施工总工期为 5 年半，其中包括施工准备工期 9 个月。

河床坝段的贴坡和加高混凝土施工是控制施工总进度工期的关键部位。

(十一)设计概算

按 2004 年下半年价格水平计算,静态总投资 242734 万元(其中工程部分总投资 214326 万元,征地环境部分总投资 28408 万元)。

二、丹江口大坝加高移民安置工程

(一)丹江口坝区移民安置

2005 年 10 月,在丹江口大坝加高工程建设期间,因施工临时用地范围发生变更,部分永久征地条件发生变化等情况,长江设计院进行了复核。复核后临时用地总面积减少了 33 亩。永久征地实物和主要规划成果与可行性研究阶段相比变化不大。

2006 年 3 月,中咨公司组织专家对总体可行性研究报告进行了评审。2008 年 10 月,国家发展改革委批复了总体可行性研究报告。批复的总体可行性研究报告中坝区移民补偿投资 23726 万元,按 2004 年物价,比前阶段核定的投资 21603 万元增加了 2123 万元。

2009 年 7 月,受中线水源公司委托,长江设计院补充完善 2004 年编制的报告,对投资增加的部分进了物价调整,编制完成了坝区移民安置规划补充报告。2009 年 10 月,中线水源公司组织湖北省移民局、汉江集团、丹江口市移民局及有关涉及单位,对报告进行讨论后提出了咨询意见。2010 年 1 月,南水北调工程设计管理中心委托水规总院对报告进行评审,提出了评审意见。2010 年 5 月,南水北调工程设计管理中心组织专家对报告进行了审查,提出了审查意见。根据三次咨询、评审、审查意见分别进行修改后,长江设计院编制完成了《南水北调中线一期工程丹江口大坝加高工程初步设计阶段坝区建设征地移民安置规划补充报告》(审定稿)。由于从总体可行性研究批复后到补充报告编制完成前,上述项目中有的还未实施,有的正在实施,有的已实施完毕或即将完毕。针对这些项目实施的进度,按 2008 年物价,逐项进行了物价调整。调整后坝区移民补偿投资增加了 449 万元。

(二)丹江口水库移民安置

1. 水库淹没总体情况

丹江口大坝加高工程坝前正常蓄水位 170m 方案,淹没影响涉及河南、湖北 2 省 6 个区(县)的 40 个乡(镇)、441 个村、2372 个村民小组、15 座城(集)镇、585 家单位、161 家工业企业及若干专业项目。淹没影响区土地面积 307.7km²(淹没区 302.5km²、影响区 5.2km²),其中耕园地 25.64 万亩、林地 6.58 万亩。淹没影响各类人口 22.43 万人,其中农户(含建成区农户)20.37 万人、居民 0.89 万人、单位 0.86 万人、工业企业 0.31 万人。各类房屋面积 623.98 万 m²,其中农户(含建成区农户)490.63 万 m²、居民 30.93 万 m²、单位 64.60 万 m²、工业企业 37.82 万 m²。淹没影响等级公路(四级及以上,下同)247.47km,其中大中型桥梁 35 座 2174 延米;机耕道 999.71km;码头 86 处,停靠点 383 处;电力线路 580.33km,电信线路 954.86km,广播电视线路 820.45km;水电站 9 座,总装机容量 3940kW;抽水泵站 138

座，总装机容量 27899kW；供水管道 30.80km；水文、水位站 35 个；Ⅰ～Ⅳ等水准点 92 个。

2. 水库移民安置规划

丹江口水库移民安置规划包括农村移民安置规划、城（集）镇迁建规划、工业企业迁建规划、专业项目复建规划、库区地震监测系统建设规划、地质灾害防治规划、库底清理规划、移民补偿投资及迁建进度计划等。丹江口水库移民涉及的环境保护规划、水土保持规划和文物古迹保护规划由专业部门单独编制。

至规划设计水平年（2013 年），丹江口水库生产安置人口 28.61 万人［含城（集）镇新址征地规划生产安置人口 2695 人］，总搬迁安置人口 34.49 万人（含农村、居民、单位、企业、集镇新址占地等搬迁安置人口），将迁建 16 个城（集）镇，复建和一次性补偿 160 家工业企业、609 家单位［含随迁单位 1 家、城（集）镇新址占地单位 8 家、集中居民点新址占地涉及单位房屋 22 家］及若干专业项目，补偿补助各类房屋 1245.33 万 m²。农村移民安置区涉及两省 16 个省辖市的 58 个区（县）（含湖北省监狱管理局，下同）、248 个乡镇、1207 个村和 107 个单位（包括农场、林场、监狱农场，下同）。水库建设征收和划拨给移民的生产用地共 93.10 万亩。移民安置补偿总投资 473.53 亿元。

（1）农村移民安置规划。包括生产安置规划和搬迁安置规划。

1）生产安置规划。全库区农村生产安置人口 258706 人，规划生产安置人口 283380 人，安置区域涉及 2 省 16 个省辖市的 58 个区（县）、248 个乡镇、1207 个村和 107 个单位。

a. 安置方式。种植业安置 280871 人，移民生产用地 38.84 万亩（耕园地 36.65 万亩、其他土地 2.19 万亩），人均安置标准 1.39 亩（耕园地 1.31 亩、其他土地 0.08 亩）；投亲靠友安置 2493 人；进养老院和自谋职业安置 16 人。

b. 安置去向。县内安置 55520 人，其中：种植业安置 53020 人，安置区域涉及 2 省 2 个省辖市的 6 个区（县）、44 个乡镇、283 个村和 26 个单位，移民生产用地 6.97 万亩（耕园地 6.58 万亩、其他土地 0.39 万亩），人均安置标准 1.31 亩（耕园地 1.24 亩、其他土地 0.07 亩）；投亲靠友安置 2484 人；进郧县安阳镇养老院安置 3 人，在丹江口市六里坪镇自谋职业安置 13 人。出县外迁安置 227860 人，除河南省淅川县试点村移民 9 人投亲靠友外，其他 227851 人全部在省内种植业安置，调地区域涉及 2 省 15 个省辖市的 52 个区（县）共 204 个乡镇、924 个村和81 个单位，安置移民的生产用地共 31.87 万亩（其中耕园地 30.07 万亩、其他土地 1.80 万亩），人均安置标准 1.40 亩（耕园地 1.32 亩、其他土地 0.08 亩）。

2）搬迁安置规划。全库区农村规划搬迁安置人口 317235 人，其中淹没影响区人口 224212人、淹地不淹房需搬迁人口 93023 人。

a. 建房方式 3 种。进集镇建房 6743 人；分散建房 30473 人；修建集中居民点 1399 个，集中建房 280019 人。

b. 安置去向。县内建房 88717 人，其中进集镇建房 6743 人；分散建房 30464 人；建集中居民点 401 个，集中建房 51510 人。出县外迁建房 228518 人，除河南省试点村移民 9 人因投亲靠友分散建房外，其他 228509 人全部在省内集中建房，共规划集中居民点 998 个。

（2）城（集）镇迁建规划。大坝加高后，有 37 个乡镇的居民和单位受淹没（影响），其中建成区受淹（影响）的城（集）镇 15 个，分别为河南省淅川县的马蹬场镇、老城集镇，湖北省丹江口市的六里坪镇、均县镇、土台乡、浪河镇、丁家营镇、大坝办事处，郧县的城关镇、柳陂镇、辽瓦镇、茶店镇，郧西县的天河口镇，张湾区的方滩镇和黄龙镇。其他 22 个乡镇仅有镇外单位受淹。

河南省淅川县滔河集镇建成区虽然没有被淹没，但由于水库蓄水后，集镇成为三面环水、一面靠山的绝地，且周边农村移民大部分出县外迁，失去了发展空间和服务对象，拟对集镇内的行政单位予以搬迁。因此，全库区共有 16 个城（集）镇纳入迁建范围，依据现状性质和功能，划分为县城、建制镇、集镇 3 级，其中县城 2 个，分别为丹江口市大坝办事处和郧县城关镇；建制镇 8 个，分别为淅川县老城镇，丹江口市六里坪镇、均县镇、浪河镇、丁家营镇，郧县柳陂镇、茶店镇和张湾区黄龙镇；集镇 6 个，分别为淅川县马蹬场镇、滔河乡集镇，丹江口市土台乡集镇，郧县辽瓦场镇，郧西县天河口场镇和张湾区方滩乡集镇。16 个城（集）镇总迁建用地规模 223.22hm²，其中滔河集镇按搬迁的行政单位原占地面积，并考虑部分公共道路后，建设用地 12.20hm²；大坝办事处按试点搬迁的居民、单位及试点后规划进镇的单位占地统计，建设用地 9.79hm²；老城、丁家营、茶店 3 个集镇由于进镇复建单位无淹没人口或淹没人口较少，与大坝办事处一致，建设用地规模计算方法为居民按 80m²/人计算、单位采用 2003 年调查的占地面积，共计 8.30hm²；其他 11 个城（集）镇，规划人均建设用地按县城 70m²/人、建制镇和集镇 80m²/人计算，迁建用地面积共 192.93hm²。除滔河、大坝之外的 14 个城（集）镇规划总人口规模为 27081 人。

16 个城（集）镇中，完成了马蹬、六里坪、均县、土台、浪河、郧县城关、柳陂、辽瓦、天河口、方滩、黄龙等 11 个城（集）镇的迁建详规，这 11 个城（集）镇的淹没处理方式为：就地后靠 3 个，分别为六里坪、土台和黄龙镇，其中六里坪镇新址位于岗河支流铁环沟、杨家川一带，可与六里坪老镇区连成一片；异地迁建 8 个，分别为马蹬、均县、浪河、柳陂、郧县城关、辽瓦、天河口和方滩集镇。老城、滔河、丹江口市大坝办事处、丁家营、茶店等 5 个城（集）镇由于淹没影响比重较小，未开展迁建详规，其新址征地费和基础设施建设费按 11 个城（集）镇的综合指标推算，实施时由地方政府确定具体迁建方案。

全库区淹没影响 585 家单位，除 7 家位于郧县县城坍岸范围内，由于库岸综合治理后不需搬迁外，剩余 578 家单位规划迁往镇内 288 家、迁往镇外 290 家。另规划马蹬场镇随迁单位 1 家。

老城、六里坪、浪河、土台、郧县城关、柳陂、天河口、黄龙和方滩等 9 个局部受淹的城（集）镇，现有功能相对完整性将遭到破坏，需对旧城区因淹没而中断的道路、市政管线等设施进行规划，恢复其功能。

（3）工业企业迁建规划。全库区淹没影响工业企业 161 家，户口在厂人数 3150 人，淹没影响区总占地面积 2905.50 亩，各类房屋 37.82 万 m²。按地域划分：淅川县 36 家，丹江口市 65 家，武当山特区 11 家，郧县 47 家，张湾区 2 家。按淹没程度划分：全淹企业 98 家，部分受淹企业 59 家，影响企业 4 家。按经济成分划分：国有企业 37 家，集体企业 71 家，私有企业 53 家。按生产状况划分：全年生产企业 137 家，季节性生产企业 14 家，已停产企业 10 家。按行业划分：化工（医药）行业 17 家，建材（含有色、冶金）行业 66 家，机电行业 38 家，轻纺（含轻工、纺织、皮革、塑料、印刷、饲料）18 家，食品行业 14 家，其他行业 8 家。按所在位置划分：镇内 52 家，镇外 109 家。161 家工业企业中，规模相对较大的企业有 14 家。

根据企业受淹没影响程度和丹江口水库作为水源区的要求，按照国家产业政策，结合企业及主管部门提出的规划方案，工业企业淹没处理方案为：异地迁建93家，后靠复建25家，一次性补偿42家，工程防护1家（即位于郧县县城坍岸范围内、由于库岸综合治理后不需搬迁，下同）。工业企业改建迁建规划方案为：结合技术改造进行搬迁建设93家，转产或合并转产25家，关停破产42家，工程防护1家。按搬迁去向划分：工程防护1家，迁至镇内15家，迁至城（集）镇工业园区44家，迁至镇外和非淹没集镇101家。

（4）专业项目复建规划。专业项目主要包括公路、港口码头、电力设施、电信设施、广播电视、水利水电、供水管道、水文站网、防护工程等。

全库区共规划复（改）建等级公路326.33km（其中大中型桥梁78座、11376.6延米），各类码头54座，库周道路1594.49km；新建、迁建、改造、加固35kV变电站7座，加固110kV变电站2座，复建电力线路822.01km，通信线路1255.54km，广播电视线路1011.29km；复建供水管道14.80km，对受淹没影响的宋岗电灌站和湖北省清泉沟泵站进行复建和改造；复建水文站3个，水位站32个，库周水准观测路线3104.7km；对影响城（集）镇安全的郧县县城和郧县安阳集镇库岸进行治理，整治库岸总长度5883.74m，其中郧县县城5345.00m、安阳镇538.74m。

（5）库区地震监测系统建设规划。初期工程库区地震活动证明，丹江口库区具有诱发水库地震的地质构造条件。大坝加高后，水库库容将大幅度增加，有可能再次产生水库诱发地震。水库诱发地震一般对大坝主体工程不会产生大的危害，但对一些附属工程的危害是不可忽视的，特别是对库区人民生命财产的影响应引起高度重视。因此，规划建设水库地震监测预警系统，由遥测地震监测台网、深部地下水动态监测和资料分析等3个子系统组成，实时监视库区地震活动动态，为水库调度运行和防震减灾决策提供依据。

（6）地质灾害防治规划。对已发现的蓄水后不稳定滑坡、坍岸体上的居民进行了搬迁处理。但鉴于丹江口库区复杂的地形地质条件，可能还存在一些没有发现的地质隐患，因此预列地质灾害监测防治费5000万元，用于对一些现阶段尚未发现或预测到的重要地质灾害体进行必要的安全监测或工程治理。

（7）库底清理规划。库底清理包括建筑物清理、卫生清理和林木清理。

建筑物清理和卫生清理范围：①农村地区为便于管理，清理范围包括初期工程土地征用线以上的淹没区、淹没影响区、淹没线上需要搬迁的区域等3部分；②其他地区清理范围为移民迁移线至初期工程土地征用线之间区域。林地清理范围包括正常蓄水位170m至初期工程土地征用线之间的成片林地（不含用材林、下同）、零星树木和初期工程土地征用线以下的成片林地。

全库区共清理房屋963.47万m²，卫生清理307.7km²，林地4.14万亩、零星树木226.13万株。

（8）移民补偿投资。丹江口水库移民补偿总投资共4735267.43万元，其中：

1）移民静态补偿投资4385294.49万元。

按类别划分：试点规划移民补偿投资283315.10万元，其中国家发展改革委按2007年第三季度价格水平批准的投资270804.47万元；将移民试点中与移民个人利益相关的，如房屋、附属物、土地（不包括居民点基础设施和4个专业项目）等补偿标准调整到为库区移民规划初步设计标准一致，增加投资 12510.63 万元；按 2008 年平均价格水平，非试点项目补偿总投资为 4101979.39 万元。

按项目划分：农村移民安置补偿费 2332398.95 万元，城（集）镇迁建补偿费 147825.32 万元，工业企业迁建补偿费 84844.86 万元，专业项目恢复（改）建补偿费 307965.48 万元，库底清理费 13823.18 万元，其他费用 224311.61 万元，基本预备费 337039.71 万元，库区地震台网建设费 3202.39 万元，地质灾害监测、防治费 5000.00 万元，湖北省丹龙工贸化工有限公司补偿及污染防治费 3000.00 万元，有关税费 925883.00 万元。

2）建设期价差补偿。根据国务院南水北调办有关规定，试点规划投资不计算价差。

非试点项目建设期为 5 年（2009—2013 年），以分年度的直接费［含农村移民安置补偿费、城（集）镇迁建补偿费、工业企业迁建补偿费、专业项目恢复改建补偿费、库底清理费］、实施管理费、实施机构开办费、技术培训费、监理监测评估费、地震台网建设费为计算基数，按总体可行性研究报告中计列的年综合价格指数 2.5% 计算，建设期价差补偿共计 161703.50 万元。

3）建设期贷款利息。2014 年底前为南水北调中线一期工程建设期。中线水源公司将贷款 610000 万元用于丹江口水库建设征地移民安置，贷款时间为 2008 年 11 月至 2011 年 1 月，贷款年利率执行人民银行公布同期长期贷款利率 5.94%，按季计息和付息，计算建设期贷款利息为 188269.44 万元。

（9）移民迁建进度及分年投资计划。由于初步设计规划期间试点移民搬迁基本完成，仅对非试点项目的迁建进度及分年投资计划做出安排。

全库区非试点规划生产安置人口（含城集镇新址征地规划生产安置人口 2695 人）263326 人，计划 2010 年安置 142409 人、2011 年安置 120917 人，分别占 54.08%、45.92%。

全库区非试点规划搬迁安置人口 317559 人，其中农村 294150 人、城（集）镇 19763 人、工业企业 3646 人。计划 2010 年安置 150324 人、2011 年安置 149413 人、2012 年安置 17822 人，分别占 47.34%、47.05%、5.61%。

全库区非试点复建房屋面积 959.61 万 m^2，其中农村 816.61 万 m^2、城（集）镇 99.95 万 m^2，工业企业 43.05 万 m^2。计划 2010 年复建 423.09 万 m^2、2011 年复建 447.18 万 m^2、2012 年复建 89.34 万 m^2，分别占 44.09%、46.60%、9.31%。

全库区非试点项目静态补偿总投资为 4101979.39 万元，2009 年已经下拨两省 214500.00 万元，计划 2010 年安排 2793335.69 万元、2011 年安排 851419.57 万元、2012 年安排 194595.78 万元、2013 年安排 48128.36 万元，分别占 5.23%、68.10%、20.76%、4.74%、1.17%。

三、陶岔渠首

（一）概况

陶岔渠首枢纽工程是南水北调中线工程的引水渠首，位于河南省淅川县九重乡陶岔村，也是丹江口水库的副坝。初期工程于 1974 年建成，并承担引丹灌溉任务。陶岔渠首枢纽的主要任务是引水和挡水，同时兼顾灌溉和发电。陶岔渠首枢纽设计作为一个设计单元。

（1）引水。陶岔渠首枢纽其首要任务是满足中线一期工程（设计水平年 2010 年）引水 95 亿 m³ 的要求和输水总干渠节制闸的调度运行要求，同时还应兼顾后期的引水需要。

（2）挡水。陶岔渠首枢纽也是丹江口水库的副坝，丹江口水库大坝加高后，陶岔渠首枢纽设计洪水位（1000 年一遇）172.2m，校核洪水位（10000 年一遇加大 20%）174.35m，以承担常年挡水的任务。

（3）灌溉。丹江口水利枢纽初期工程时承担河南刁河灌区 150 万亩农田的灌溉任务，现状实灌面积约 80 万亩。大坝加高后仍应承担河南刁河灌区的灌溉任务，灌区设计灌溉面积 150 万亩，多年平均灌溉引水量 6 亿 m³，灌溉保证率 75%。

（4）发电。由于渠首枢纽上下游最大水头差达 25.3m，仍维持可行性研究中增加发电功能的结论。渠首电站调度运行方式需首先服从中线一期工程引水的需要，装机容量 50MW，年发电量 2.52 亿 kW·h，水轮机最大过水能力 420m³/s。

（5）特征水位选择。①正常蓄水位：从满足防洪、供水要求，特别是提高枯水年供水保证程度，近远期兼顾，减少库区淹没损失等方面综合考虑，大坝加高设计中推荐正常蓄水位 170m 方案；②防洪限制水位：160（163.5）m 方案；③死水位：150m，为使一般枯水年供水连续，不遭大的破坏，确定极限死水位为 145m。

（6）调度运行方式。根据丹江口水库调度运行方式，按库水位高低分区控制引水流量，尽可能使供水过程均匀，提高枯水年调水量。在服从丹江口水库整体调度运行（分区调度）要求基础上，按南水北调中线一期工程受水区需水要求引水，引水闸最低引水水位为水库极限消落水位（145m），最高引水水位为水库正常蓄水位（170m）。渠首电站利用中线工程引水流量发电，最小发电水头为 5m，水头低于 5m 时机组停机，最大发电水头为 25.3m。当上下游水头差为 5~25.3m 时，总干渠引水流量通过渠首电站发电下泄，否则电站停止发电（此时须启用备用电源确保枢纽正常运行），通过渠首闸过流满足受水区引水要求。

（二）工程建设条件

1. 水文气象

丹江口水库位于湖北省丹江口市，枢纽工程位于汉江干流与支流丹江汇合处下游约 800m。

汉江流域属副热带季风区，丹江口坝址多年平均气温 15.8℃，极端最高气温 41.5℃，极端最低气温 -12.4℃。汉江丹江口以上流域 1956—1998 年多年平均年降水量 890.5mm，平均天然入库水量 387.8 亿 m³，约占汉江流域的 70%。

2. 工程地质

枢纽地处丹江口水库丹库东部，位于汤山与禹山之间的垭口地带。汤山、禹山系剥蚀残山，第四纪冲洪积平原环绕其周。区内主要地貌单元有剥蚀残山、垄岗、水系及人工地貌等。

工程区属岩溶中等发育地区。地表岩溶形态以石芽、溶沟为主；钻孔揭露的岩溶形态以溶隙为主，其次为溶洞、溶孔，见少量规模较大的溶洞，未见现代岩溶管道系统。

陶岔渠首工程区处于相对稳定地块之上。地震活动微弱。地震基本烈度为 Ⅵ 度，场地地震动峰值加速度为 0.05g。

枢纽存在的主要工程地质问题有：岩溶渗漏问题、基础变形问题、边坡稳定问题。

（三）工程布置和主要建筑物

1. 工程等别及洪水标准

主要建筑物引水闸、河床式电站、两岸连接坝段、上游引渠段及闸下游消能建筑物等挡水建筑物均为1级建筑物。挡水建筑物设计洪水位和校核洪水位与丹江口大坝相同。闸下消能设计标准为丹江口水库正常蓄水位，引水闸引加大流量 $420m^3/s$。工程抗震按Ⅶ度设防。

2. 引水闸过流能力

参考丹江口水库调度图，并考虑最终规模，拟定渠首闸过流能力设计的控制条件如下：

丹江口水库在死水位150m时，陶岔引水闸应能满足一期工程设计流量 $350m^3/s$ 的过流要求，此时闸下干渠相对应的水位为149.076m。

丹江口水库水位156m时，陶岔引水闸应能满足一期工程加大流量 $420m^3/s$ 的过流要求，此时闸下干渠相对应的水位为149.751m。

按一期工程丹江口水库调度图，当水库水位位于148～163m时，过闸流量为 $260m^3/s$。在确定闸孔尺寸时考虑丹江口水库水位148m引水流量 $260m^3/s$ 这一要求。

丹江口水库水位156m时，陶岔引水闸应能满足后期工程设计流量 $630m^3/s$ 的过流要求，此时闸下干渠相对应的水位为151.00m。

丹江口水库水位160m时，陶岔引水闸应能满足后期工程加大流量 $800m^3/s$ 的过流要求，此时闸下干渠相对应的水位为152.00m。

3. 闸下游水位流量关系

闸下游的水位流量关系是由总干渠的设计、运行条件决定的。当总干渠正常运行工况下，应以渠首后第一个节制闸（刁河节制闸）前常水位（146.801m）作为控制水位反推渠首水位。当丹江口水库低水位运行工况时，应选取淇河节制闸作为控制点以保证丹江口水库在低水位时正常引水。淇河节制闸位于淇河渠倒虹的出口处，距渠首74.7km，该点设计水位143.00m（1985国家高程基准）。确定陶岔渠首枢纽下水位流量关系时，将 $420m^3/s$ 以下流量分为12级，对每一级流量，以淇河节制闸前水位为起始断面水位，向上游推算至陶岔闸下，由此确定闸下水位流量关系。

4. 闸线、坝型选择

进行了原闸线上游约70m的上闸线、原闸线和原闸线下游约70m处的下闸线三条闸线比较。

从地质条件分析，上、原、下三条闸线，基岩顶板线依次抬高，即下闸线基岩顶板线最高，原闸线次之，上闸线最低，下闸线较为有利。三条闸线岩溶均较发育，但程度有所不同，下闸线相对较好，但下闸线构造相对发育。从坝肩及基础防渗来看，三条线均无可靠防渗依托，没有本质差别。

从挡水建筑物长度看，上闸线轴线长度最长，原、下闸线相近。

从工程建设条件比较，三条闸线工程建设条件除老闸利用方式不同以外没有本质差别。

经综合分析认为：即使不考虑老闸利用，原、下闸线仍优于上闸线，而且在新建工程中适当考虑利用老闸可进一步节约工程投资。因此，无论是否建电站，上闸线劣势明显，经过进一步的工程布置和方案设计，并结合老闸的利用方式问题，推荐下闸线和重力坝坝型。

5. 工程布置

就电站的位置比较了三种方案。第一方案：闸室布置在右岸、厂房布置在渠道中间。第二方案：厂房布置在右岸、闸室布置在渠道中间。第三方案：闸室布置在左岸、厂房布置在渠道中间。考虑到运行期间，一般情况通过电站向下游供水时间占主导地位，为便于水流衔接，推荐第一方案，且工程量较省。

陶岔渠首枢纽推荐工程布置方案，闸坝顶高程176.6m，轴线长265m，共分15个坝段。其中1～5坝段为左岸非溢流坝，坝段宽均为16m，轴线长80m；6坝段为安装场坝段，坝段宽度为31m，轴线长31m；7～8坝段为厂房坝段，7坝段宽16m，8坝段宽19m，轴线长35m；9～10坝段为引水闸室段，各段宽均为15.5m，轴线长31m；11～15坝段为右岸非溢流坝，除11坝段宽为16m外，其余均为18m，轴线长88m。

6. 主要建筑物

左岸1～6坝段、右岸11～15坝段为混凝土挡水坝段，各坝段以横缝分为各自独立的结构，其基本剖面均为三角形，上游面直立，下游面坡比1：0.7，坝顶宽6m，设上、下游人行道及栏杆。

引水闸坝段布置在渠道中部右侧，本阶段采用3孔闸，孔口尺寸为7m×6.5m（宽×高）。引水闸边孔为整体式结构，每段宽15.5m，中墩厚2.5m，孔口宽7m，闸总宽36m。闸室顺水流向长45.5m，引水闸闸底板厚2.5m，底板顶高程140m，底板上游段设齿槽，以布置基础防渗帷幕、灌浆廊道。

闸室上游面与左、右岸挡水坝段上游面在同一平面内，闸室顶宽24.6m，上游侧设交通道宽6m，交通道下游设门机，门机下游侧设工作闸门启闭机房。

进水闸孔中部拦污栅和平板检修门，拦污栅和检修门共槽，闸孔出口设弧形工作门。闸后设消力池，消力池顺水流向长50m、宽36m，池底段高程139.5m，采用透水底板型式，池上游段底板厚1m，下游段底板厚0.5m，底板设间排距2m×2m的排水孔和长5m的锚筋，消力池后设尾坎，坎高1.5m，坎顶高程141m与原渠道底相接。

电站布置采用河床径流式电站，电站厂房型式为灯泡贯流式，安装2台25MW发电机组，装机容量为50MW。机组装机高程136.20m，水轮机直径5.00m。厂房左侧设有安装场。

电站厂房部分，包括引水渠、进水口、拦污栅、检修闸门、主厂房、副厂房、尾水平台、事故工作闸门及尾水渠。

电站进水口为河床式进水口，进水口采用斜向布置倾角为80°，设置固定式机组2台，机组段共长35.00m，安装场长31.00m，电站厂房总长66.00m。

引水渠和尾水渠宽度与电站厂房宽度相同，宽度均为35.00m。

坝基及两岸一定范围设置灌浆帷幕进行垂直防渗，左、右岸帷幕线沿线表层黏土厚度较大，渗透系数小，可以满足防渗标准，因此仅需对坝基及两岸基岩采用帷幕灌浆处理，坝基帷幕后需设排水。

对坝基及上游一定范围内揭露的岩溶洞穴采用混凝土回填后，将大坝上游临近区域渠底及渠道边坡灰岩出露带岩溶发育范围采用混凝土铺盖封闭。

坝基固结灌浆加固处理区域主要有：闸室底板、电站厂房坝段及左右岸重力坝坝基上下游各 1/4 区域，以及坝基开挖后岩体裂隙集中发育区、断层破碎带及其两侧影响带等区域。

电站装机容量为 50MW，根据电站的运行方式及电站在电网中的作用，选用 2 台灯泡贯流式水轮发电机组，单机额定出力为 25MW。

选用水轮机型号为 GZ－WP－500，发电机与灯泡贯流式水轮机相匹配。

（四）工程概算

主要工程量为土石方开挖 64.53 万 m³，土石方填筑 10.42 万 m³，混凝土工程 16.93 万 m³。

按 2004 年三季度价格水平计算，工程静态总投资分别为建电站方案为 68251 万元、不建电站方案为 34827 万元。建电站方案投资中的 34827 万元列入南水北调中线一期工程投资中，建电站方案与不建电站方案差额投资 33423 万元由承担建设单位自筹解决。

第四节　总干渠工程

一、陶岔—沙河南段

（一）工程建设条件

1. 水文气象

总干渠陶岔—沙河南沿线穿过大小河流 131 条，其中河渠交叉建筑物中心线（简称"交叉断面"）以上集水面积大于 20km² 河流（简称"交叉河流"）30 条，交叉断面以上集水面积小于 20km² 的河流（简称"左岸排水"）101 条。

渠段地处北亚热带北缘，受季风进退影响，四季分明，雨量较充沛，多年平均年降雨量 838mm。本段总干渠沿线多年平均气温 14.4～15.1℃，实测极端最高气温 41.3～43.3℃，实测极端最低气温 －14.4～－18.1℃，实测最大积雪深度 27.0cm，实测最大冻土深度 12.0～6.0cm。

交叉断面附近有水文站实测流量资料的刁河、湍河，交叉断面的设计洪水，直接采用流量系列进行频率分析，计算不同频率的设计洪峰流量和各时段洪量。无实测流量资料河流设计洪水，按照《水利水电工程设计洪水计算规范》（SL 44—2006）中有关规定，采用暴雨途径计算交叉断面设计洪峰、洪量、洪水过程线。上游有水库的河流需考虑调蓄影响河流。

全年施工的汛期设计洪水直接采用年最大设计洪水。非汛期施工洪水根据暴雨洪水年内分布情况，唐白河水系需分析 11 月至次年 4 月、11 月至次年 5 月的非汛期分期设计洪水；沙颍河水系需分析 11 月至次年 5 月、10 月至次年 5 月的非汛期分期设计洪水；陶岔—鲁山段左岸排水需分析 11 月至次年 4 月的非汛期分期设计洪水。

2. 工程地质

渠段起始于南阳盆地的西部边缘地区，沿伏牛山脉南麓山前岗丘地带及山前倾斜平原，总体呈北东方向过汉淮分水岭的方城垭口至平顶山市叶县保安镇逐渐呈弧形折转北西向，穿越伏牛山东部山前古坡洪积裙及淮河水系冲积平原后缘地带。总体上南阳盆地地势北高南低，地貌形态以低矮的垄岗与河谷平原交替分布为特征，间夹基岩残丘。

渠段位于华北平原地震带的南端，地震活动将起伏衰减。根据中国地震局分析预报中心《南水北调中线工程沿线设计地震动参数区划报告》，总干渠桩号 $0+000\sim88+000$ 段地震动峰值加速度为 $0.05g$，地震基本烈度为Ⅵ度；桩号 $88+000\sim103+000$ 段地震动峰值加速度为 $0.10g$，地震基本烈度为Ⅶ度；桩号 $103+000\sim145+000$ 段地震动峰值加速度为 $0.05g$，地震基本烈度为Ⅵ度；桩号 $145+000\sim239+042$ 段地震动峰值加速度小于 $0.05g$，地震基本烈度小于Ⅵ度。

渠段存在的主要工程地质问题有：膨胀土（岩）、渠道边坡稳定性、渠道施工基坑涌水和涌砂、渠道渗漏、渠道衬砌抗浮稳定及高填方渠段地基稳定问题。

（二）工程总体布置

南水北调中线一期工程陶岔—沙河南段总干渠是中线输水工程的首段，位于河南省南阳市、平顶山市境内。起点位于陶岔渠首闸后 300m，终点位于沙河南岸鲁山县薛寨北，线路长 238.742km，沿线经过河南省南阳市淅川、邓州、镇平、方城 4 县市及卧龙、宛城 2 个城郊区和平顶山市的叶县、鲁山县，共 8 个县（市、区）。供水范围包括南阳、平顶山、漯河、周口等 4 个省辖市及 9 个县级市和县城。供水对象以城市供水为主，还包括中线一期工程唯一的农业供水对象，即河南省刁河灌区。该段共分配北调水量 14.84 亿 m^3，占河南省分配水量的 39%，其中城市供水 8.84 亿 m^3，刁河灌区农业供水 6 亿 m^3。

总干渠陶岔—沙河南段是中线输水工程的起始段，全长 238.742km，其中渠道长 227.748km，建筑物长 10.994km。总干渠采用明渠输水，沿线共布置各类大小建筑物 437 座，其中河渠交叉建筑物 30 座，左岸排水建筑物 101 座，渠渠交叉建筑物 45 座，铁路交叉建筑物 4 座，公路交叉建筑物 227 座，分水口门 11 座，节制闸 10 座，退水闸 9 座。本渠段渠首设计水位 147.38m，终点沙河南设计水位 132.37m，总水头 15.01m。

陶岔—沙河南段分为四个流量段，陶岔—彭家的设计流量和加大流量分别为 $350m^3/s$ 和 $420m^3/s$；彭家—大寨的设计流量和加大流量分别为 $340m^3/s$ 和 $410m^3/s$；大寨—辛庄的设计流量和加大流量分别为 $330m^3/s$ 和 $400m^3/s$；辛庄—叶县段末端的设计流量和加大流量分别为 $320m^3/s$ 和 $380m^3/s$。经长江设计院对黄河以南渠段总干渠规模复核，大寨—辛庄渠段加大流量偏大 $10m^3/s$；辛庄—叶县段末端设计流量偏大 $5m^3/s$。

（三）设计单元及工程位置

陶岔—沙河南段总干渠共划为 11 个设计单元开展初步设计，设计单元分别为：淅川段、镇平段、南阳段、方城段、叶县段、湍河渡槽、白河倒虹吸、澧河渡槽、南阳膨胀土试验段、鲁山南 1 段、鲁山南 2 段，并分成三个标段进行了设计招标，长江设计院承担了陶岔—鲁山段的初步设计，含 9 个设计单元，黄委设计院承担了鲁山南 1 段的初步设计，中水北方公司承担了鲁山南 2 段的初步设计。

（1）淅川段工程。淅川段工程位于河南省淅川县、邓州市境内，起自于河南省淅川县陶岔渠首，至邓州市朱岗村北、邓州市与镇平县交界处止。渠段线路总体走向由西南向东北：从陶岔渠首开始，由西向东利用 4km 已建引丹干渠，在肖楼分水闸处转向北过刁河、格子河、堰子河，在冀寨东北处渠线转为由西向东过湍河、严陵河，然后向北抵达渠段终点，全长 51.8km。

（2）镇平段工程。镇平段工程位于河南省镇平县境内，渠段线路总体走向由西南向东北：起自于河南省镇平县马庄乡许庄村西南、镇平县与邓州市交界处，自西南向东北在镇平县张林乡柳河村西南穿过矼石河、鲁家村东北穿过黄土河、姚寨村东北穿过蔡河，在侯集镇东北穿过西赵河，从安子营镇北穿过淇河后，至彭营乡张庄村东北、潦河西岸止，全长 35.825km。

（3）南阳段工程。南阳段工程位于河南省南阳市南阳县、宛城区境内，渠段线路总体走向由西南向东北：起自于河南省彭营乡张庄村东北、潦河河南，自西南向东北穿过潦河后进入南阳县境，从潦河乡赵家沟村东北进入宛城区，在荆岗乡董庄村东穿过十二里河后，由李庄村北进入南阳县，在蒲山镇蔡寨村东北至新店乡后寨村西之间穿过白河、新庄村北穿过白桐灌渠后转向东，由贾庄村东穿过白条河西支、阡陌营村北穿过白条河西支后，从红泥湾乡魏山镇村东北穿过小清河支流至河道东岸止，全长 36.826km。

（4）方城段工程。位于河南省方城县境内，渠段线路总体走向由西南向东北：起自于河南省方城县博望乡向庄村西南、小清河支流北岸外，由西南向东北过小清河支流、小清河、东赵河、潘河、在方城县西南东八里沟穿过江淮分水岭方城垭口，然后向北在独树镇南过贾河，继续向北抵达至后三里河村西北的三里河北岸、方城县与叶县交界处止，全长 60.783km。

（5）叶县段工程。总干渠叶县段工程位于河南省南阳市叶县境内，渠段线路总体走向由南向北：起点位于三里河北岸叶县县和叶县交界处，由南向北从保安镇东侧通过，沿伏牛山东麓向西北行进，跨过府君庙河、澧河，抵达渠段终点叶县鲁山县交界处，全长 30.266km。

（6）湍河渡槽工程。位于河南省邓州市小王营与冀寨之间。西距内乡至邓州公路 3km，南距邓州市 26km，北距内乡县 20km。湍河渡槽顺渠水流向总长 1030m，主要建筑物由右岸渠道连接段（包括退水闸在内）、进口渐变段、进口闸室段、进口连接段、槽身段、出口连接段、出口闸室段、出口渐变段、左岸渠道连接段 9 段组成，在右岸渠道连接段右侧设有退水闸一座。

（7）白河倒虹吸工程。白河渠道倒虹吸工程总长 1337m，位于河南省南阳市蒲山镇蔡寨村东北，距南阳市城北约 15km。工程轴线从进口渐变段首为起点至出口渐变段末为终点，长度为 1337m。工程主要建筑物由进口至出口依次为：进口渐变段、退水闸及过渡段、进口检修闸、倒虹吸管身、出口节制闸（检修闸）、出口渐变段。

（8）澧河渡槽工程。澧河渡槽工程位于河南省平顶山市叶县的澧河上，是南水北调中线总干渠跨越澧河的大型河渠交叉建筑物，全长 860m。段内建筑物结合总干渠布置有一座节制闸和退水闸。澧河渡槽主体建筑物包括退水闸段长 114m，进口渐变段长 45m，进口节制闸室长 26m，进口过渡段长 20m，渡槽段长 540m，出口过渡段长 20m，出口检修闸室长 15m，出口渐变段长 70m，出口明渠段长 10m 等。

（9）南阳膨胀土试验段工程。位于陶岔—沙河段南阳市境内，起点位于南阳市卧龙区靳岗乡孙庄东，终点位于南阳市卧龙区靳岗乡武庄西南，全长 2.05km。

（10）鲁山南 1 段工程。该渠段线路位于河南省平顶山市鲁山县境内，渠段线路总体走向由东南至西北：起点位于鲁山县杨蛮庄东北，线路位于昭平台南干渠以北，与昭平台南干渠基本平行，终点位于沙河南岸鲁山县西盆窑村东北，全长 13.451km。

（11）鲁山南 2 段工程。鲁山南 2 段工程位于平顶山市鲁山境县内，途经张良、马楼 2 乡。渠段起点位于鲁山县西盆窑村东北，终点位于沙河南岸鲁山县薛寨北。总体走向是东南至西北方向，渠段起点位于西盆窑东北公路桥下游约 40m，在昭平台南干渠与澎河干渠之间一路向西，过五道庙村后线路折向西北，在龟山东南侧过澎河，于龟山东北侧穿过后沿昭平台南干渠朝西北方向前行，在庹村西南向北折，从庹村和商裕口村之间穿过，至释寺村西重新折向西北，在 311 国道与沚河交叉处上游约 350m 处穿越沚河，后与 311 国道平行向西，至渠段终点，全长 9.780km。

（四）渠道设计

陶岔—沙河南渠段总干渠渠线总长 238.742km，分配水头 15.01m，其中渠道分配水头 9.13m，建筑物分配水头 5.88m，根据沿线地形和各控制点水位要求，并参照总干渠水头优化分配分析成果，拟定渠道各段纵坡，渠道基本采用均一纵坡 1：25000，局部石方段纵坡为 1：17000。本段渠道横断面，根据不同地形条件，分别按全挖、全填、半挖半填构筑方式拟定断面框架，然后按各段地质情况，经边坡稳定分析成果，根据设计流量、纵坡及合理的水力参数，进行分段横断面设计计算。本段渠道土渠边坡系数 2.0～3.5，石渠边坡系数 0.5～1.5。

（1）根据各渠段地形地质条件、控制点水位、水头分配、水面线复核，通过水力计算和实用经济断面分析确定的渠道纵横断面布置和断面要素。土质渠道纵断面渠底比降采用 1：25000，石质渠道采用 1：17000，渠道综合糙率采用 0.014；横断面采用梯形断面型式，土质挖方渠道一级马道以下边坡系数为 2.0～3.5，填方、半挖半填渠道内坡边坡系数为 2.0～2.75，外坡边坡系数为 1.75～2.5；石质渠道开挖边坡系数为 0.5～2.0；挖方渠道的超高值取 1.0m（不含路缘石高度），填方渠道超高值取 0.8m（不含路缘石高度），半挖半填渠道超高值根据填高和连接情况，取 1.0m 或 0.8m（不含路缘石高度）。

（2）衬砌型式为现浇混凝土板（C20，F100，W6），土质渠道渠坡板厚 10cm，渠底板厚 8cm，采用矩形分缝形式；防渗采用全断面复合土工膜；排水措施根据不同渠段渠外地下水位分布和变化情况，采用衬砌板下设砂石排水垫层、暗管集水、逆止式自流内排，或内排与自动抽排相结合及移动泵抽排等形式。

（3）膨胀土渠段采用换填非膨胀土料措施进行处理，换填土料以利用开挖弱膨胀土改性为主。弱膨胀土渠段过水断面换填厚度为 0.6～1.0m；中膨胀土渠段过水断面换填厚度为 1.2～1.5m，一级马道以上换填厚度为 1.0m；强膨胀土渠段过水断面换填厚度为 2.0m，一级马道以上换填厚度为 1.5m；中、强膨胀土渠段两侧换填范围至开口线以外截流沟。

（五）建筑物设计

陶岔—沙河南渠段总干渠建筑物工程有河渠交叉、左岸排水、渠渠交叉、控制工程和路渠交叉 5 种类型。本渠段共布置各类建筑物 431 座，其中河渠交叉建筑物 30 座、左岸排水建筑物 101 座、渠渠交叉建筑物 43 座、控制建筑物 30 座、路渠交叉建筑物 227 座。陶岔—沙河南段建筑物分类统计见表 12－4－1。

表 12 - 4 - 1 　　　　　　　　　　陶岔—沙河南段建筑物分类统计

序号	建筑物类型		数量	序号	建筑物类型		数量
1	河渠交叉建筑物	梁式渡槽	7	4	跨渠公路桥	公路-Ⅰ级	18
		涵洞式渡槽	2			公路-Ⅱ级	195
		渠道倒虹吸	12			城-A级	6
		河道倒虹吸	6			3.5kN/m²	4
		排洪涵洞	2			小计	223
		排洪渡槽	1	5	控制工程	节制闸	10
		小计	30			退水闸	9
2	左岸排水建筑物	排水渡槽	4			分水口门	11
		排水倒虹吸	79			小计	30
		排水涵洞	15	6	渠渠交叉	渡槽	8
		渠道倒虹吸	2			倒虹吸	34
		河道改道	1			引水渠	1
		小计	101			小计	43
3	铁路交叉建筑物	铁路桥	2		总计		431
		渠道暗渠	2				
		小计	4				

1. 河渠交叉建筑物

（1）总干渠以梁式渡槽的形式跨越刁河、严陵河、十二里河、贾河、草墩河等 5 条河流。渡槽由进口连接渠段或退水闸段、进口渐变段、进口闸室段、进口连接段、渡槽槽身、出口连接段、出口检修闸、出口渐变段、出口连接渠道等建筑物组成。上部结构采用带拉杆的预应力钢筋混凝土开口箱梁矩形槽结构型式，双线双槽布置，下部结构采用空心墩加混凝土灌注桩基础的结构型式；十二里河和贾河渡槽采用 30m 跨度，其余渡槽主跨采用 40m 跨度。

（2）总干渠以涵洞式渡槽的形式穿越潦河，渡槽由退水闸过渡段、进口渐变段、进口检修闸室段、进口连接段、渡槽槽身段、出口连接段、出口检修闸、出口渐变段、出一口连接渠道等建筑物组成。渡槽上部结构采用双槽分缝设拉杆的钢筋混凝土矩形槽结构型式，下部结构采用矩形箱涵的结构型式。

（3）总干渠以渠道倒虹吸的型式穿越西赵河、淇河、白条河、东赵河、清河、潘河、黄金河、脱脚河和府君庙河 9 条河流。工程由进口渐变段、进口检修闸、倒虹吸管身段、出口控制闸、出口渐变段等建筑物组成，其中清河倒虹吸在渐变段前布置退水闸段。各倒虹吸均采用钢筋混凝土矩形箱涵的结构型式和主要断面尺寸，箱涵为二孔一联、共 4 孔。

（4）北排河以排洪渡槽形式跨越总干渠。北排河排洪渡槽工程包括开挖排子河排洪河道、北排河河道扩挖和排洪渡槽等，与总干渠斜交方。渡槽由进口渐变段、进口弯道过渡段、进口连接段、槽身段、出口连接段、陡坡段、消力池段、海漫段、出口浆砌石衬砌段组成；渡槽上部支撑结构采用 3×30m 的预应力钢筋混凝土箱梁，下部结构采用圆端形空心板墩，地基处理采用钻孔灌注桩；基本同意新开河道和扩挖疏浚河道采用梯形断面形式和全断面浆砌石衬砌。

（5）堰子河、僵石河、黄土河、菜河、小清河支流和小清河 6 条河流采用河道倒虹吸形式穿越总干渠。各河道倒虹吸的建筑物布置，结构型式均采用钢筋混凝土矩形箱涵结构，二孔一联或三孔一联布置。

（6）格子河和冀寨东洼采用排洪涵洞形式穿越总干渠，各排洪涵洞的建筑物布置和结构型式，均采用钢筋混凝土矩形箱涵结构，二孔一联或三孔一联布置。

2. 左岸排水建筑物

陶岔—沙河南段工程共布置 101 座左岸排水建筑物，主要有排水倒虹吸、排水涵洞、排水渡槽、渠道倒虹吸座、改道工程等。排水涵洞和排水倒虹吸主要由洞（管）身段、进出口段及上下游河道整治防护段组成，倒虹吸和涵洞采用钢筋混凝土箱涵结构型式；排水渡槽主要由进口段、槽身段、出口段及总干渠运行维护路交通桥组成，渡槽上部结构采用预应力钢筋混凝土多纵梁式或整体矩形槽式结构，下部结构采用圆柱单排架或空心墩接桩基础形式；改道工程由原河封堵、新挖明渠和出口消能段组成。

3. 渠渠交叉建筑物

渠渠交叉工程只考虑设计流量大于 $0.8\mathrm{m}^3/\mathrm{s}$ 的渠道，对于设计流量小于 $0.8\mathrm{m}^3/\mathrm{s}$ 的渠道不设交叉工程。建筑物形式主要是根据灌渠的渠底高程、水位与总干渠的渠底高程、水位的相互关系，可选择灌渠渡槽、灌渠倒虹吸或灌渠涵洞。

4. 公路交叉工程

根据公路等级确定桥梁等级。

5. 铁路交叉工程

根据交叉处地形地貌地质情况及渠道加大设计水位，堤顶（一级马道）设计标高、渠道防洪堤顶标高以及交叉点的铁路既有轨面标高，铁路交叉建筑物的形式包括预应力混凝土梁桥和钢筋混凝土箱桥。

6. 控制建筑物设计

控制建筑物包括分水口门、节制闸、退水闸。

二、沙河南—黄河南段

（一）工程建设条件

1. 水文气象

沙河南—黄河南渠段沿途与 131 条河流和左岸排水沟交叉。其中交叉断面以上集水面积大于 $20\mathrm{km}^2$ 的河流 34 条，交叉断面以上集水面积小于 $20\mathrm{km}^2$ 的河流 97 条。

本渠段属温带大陆季风型气候区，夏秋两季受太平洋副热带高压控制，炎热多雨，冬春两季受西伯利亚和蒙古高压控制，干旱少雨。多年平均气温 14.3～14.8℃；多年平均降雨量632～828mm；多年平均水面蒸发量为 1300～1400mm。降雨年内分配不均，60%～70%集中在汛期 6—9 月，且往往集中在几场暴雨中。非汛期中小河流经常断流。

集水面积大于 $20\mathrm{km}^2$ 的 34 条河流河渠交叉工程设计洪水计算 5 年一遇、10 年一遇、20 年一遇、50 年一遇、100 年一遇、300 年一遇设计洪峰流量、洪量和洪水过程线；集水面积小于

20km² 的 97 条左岸排水工程计算 5 年一遇、10 年一遇、20 年一遇、50 年一遇、100 年一遇、200 年一遇设计洪峰流量、洪量和洪水过程线。对于有实测资料的沙河、北汝河、颍河、双洎河、贾鲁河、贾峪河 6 条河流设计洪水，根据水文站实测流量和雨量资料计算，经过分析比较，除颍河采用雨量资料间接推求设计洪水成果外，其余 5 条采用流量资料计算成果。无实测流量资料的山丘区交叉河流，根据 1984 年水文图集，经过检验的暴雨和产汇流参数计算，由推理公式计算设计洪峰流量；平原坡水区的交叉河流和左岸排水，采用平原排水模数公式计算设计洪峰流量，用概化过程线计算设计洪水过程线，对上游有大中型水库的交叉河流设计洪水，按洪水地区组成，分别计算各区片的设计或相应洪水，选其中组合较大的洪水作为设计洪水成果。

另根据施工要求，分别计算了非汛期 1—5 月、10—12 月、10 月至次年 5 月 3 个分期的 5 年一遇、10 年一遇、20 年一遇施工设计洪水；根据实测纵横断面资料推算了交叉河流水位流量关系，用总干渠 1/5000 带状地形图和实地丈量河沟断面宽度，推算了左岸排水河沟水位流量关系；根据区段内实测泥沙资料推算了交叉断面年输沙量。

2. 工程地质

沙河南—黄河南渠段位于中朝准地台豫西断隆的东部，新构造分区属豫皖断块区。本渠段断裂构造以北西向为主，多为前第四纪断裂。临近本渠段的第四纪新构造断裂有郑州断裂和通过郑州市的老鸦陈断裂，老鸦陈断裂为晚第四纪活动断裂，位于渠线以东。

依据长委编制的《南水北调中线工程沿线地震加速度图》 （1：100 万），渠段桩号 NA9＋050～NA29＋000（包括鲁山、宝丰南）地震动峰值加速度小于 0.05g，相当于地震基本烈度小于Ⅵ度；桩号 NA29＋000～NA101＋500（包括宝丰县、禹州市）地震动峰值加速度 0.05g，相当于地震基本烈度Ⅵ度；桩号 NA101＋500～NB97＋100（包括禹州市、长葛市、新郑市、中牟县、郑州市、荥阳市）地震动峰值加速度 0.10g，相当于地震基本烈度Ⅶ度。

本渠段渠道主要工程地质问题有：膨胀土（岩）、湿陷性黄土、采空区塌陷、压煤问题、渠道渗漏、渠道边坡稳定性、渠道施工基坑涌水和涌砂问题，以及局部渠底衬砌抗浮稳定及高填方地基稳定问题。

（二）工程总体布置

南水北调中线一期工程总干渠沙河南—黄河南渠段起点为沙河南，终点为黄河南穿黄工程段起点。渠线途经平顶山市的鲁山县、宝丰县、郏县，许昌市的禹州市、长葛市，郑州市的新郑市、中牟县，郑州市管城区、二七区、中原区，以及荥阳市等 11 个县（市、区）。渠段长235.243m，其中渠道长 216.598km，建筑物长 18.645km。沿线共布置各类建筑物 359 座，其中河渠交叉建筑物 32 座、左岸排水建筑物 95 座、渠渠交叉建筑物 15 座、分水口门 14 座、节制闸 13 座、事故闸 1 座、退水闸 9 座、公路桥 170 座、铁路交叉 10 座，另有生产桥 82 座。

沙河南—黄河南渠段起点沙河南岸设计水位为 132.37m，终点黄河南岸设计水位为118.0m，总水头差为 14.37m。起点设计流量 320m³/s、加大流量 380m³/s；终点设计流量265m³/s、加大流量 3320m³/s，渠道纵比降 1/23000～1/28000。

（三）设计单元及工程位置

沙河南—黄河南渠段分为沙河渡槽段、鲁山北段、宝丰—郏县段、北汝河倒虹吸工程、禹州和长葛段、新郑南段、双洎河渡槽工程、潮河段、郑州2段、郑州1段、荥阳段11个设计单元。

（1）沙河渡槽段工程。沙河渡槽段工程位于河南省鲁山县薛寨村北，在娘娘庙与楼张之间跨越沙河，再以偏东北方向至终点鲁山坡流槽出口50m止。渠段总长11.9631km，其中明渠长2.8881km，建筑物长9.075km，段内有各类建筑物12座，其中河渠交叉建筑物1座，统称沙河渡槽；左岸排水建筑物5座；控制建筑物2座（节制闸、退水闸各1座）；跨渠公路桥4座。

渠段起点总干渠设计水位125.37m，终点设计水位123.489m，总设计水头差1.881m，其中渠道占用水头0.111m，建筑物占用水头1.77m。本段渠道设计流量320m³/s、加大流量380m³/s。本段渠道纵坡1/26000。

沙河渡槽全长9075m，由沙河梁式渡槽、沙河—大郎河箱基渡槽、大郎河梁式渡槽、大郎河—鲁山坡箱基渡槽、鲁山坡落地槽组成。在右岸进口渐变段前设退水闸一座。沙河梁式渡槽长1675m，由进口渐变段、渡槽段、出口渐变段组成；沙河—大郎河箱基渡槽长3560m，箱基渡槽每20m一节，共178节；大郎河梁式渡槽段长490m，槽身采用预应力钢筋混凝土U型槽结构型式，共4槽；大郎河—鲁山坡箱基渡槽段长1820m，箱基渡槽纵向每20m一节，共91节；鲁山坡落地槽轴线长1530m，其中进口连接段长145m（包括检修闸），落地槽长1335m，出口渐变段长50m。退水闸布置在渡槽渐变段前总干渠右岸，退水闸设计流量160m³/s，单孔，孔宽6m，孔高4.5m。

（2）鲁山北段工程。鲁山北段工程渠段起点为沙河渡槽段工程的终点，位于鲁山坡流槽出口50m处，终点为鲁山县和宝丰县交界处。渠段起点由沙河渡槽段设计单元鲁山坡流槽出口50m开始，绕鲁山坡的东侧至辛集，沿东北方向平行于焦枝铁路经漫流村西，至鲁山与宝丰县交界处止。本渠段全长7.744km，全部为明渠段。沿线共布设各类交叉建筑物18座，其中左岸排水建筑物10座、渠渠交叉建筑物3座；跨渠公路桥5座。

渠段起点总干渠设计水位130.489m，终点设计水位130.191m，总设计水头差0.298m。本段内断面设计流量均为320m³/s、加大流量380m³/s。本段渠道纵坡均为1/26000。

（3）宝丰—郏县段工程。宝丰—郏县段工程起点位于平顶山市鲁山与宝丰县交界处，亦为鲁山北段工程的终点，终点位于兰河涵洞渡槽出口100m处。本设计单元渠线由鲁山与宝丰县交界处开始，在乌峦赵西北穿越焦枝铁路，在大温庄南过应河，到沃沟张南偏向东北，穿越宝丰编组站后在高庄东北穿玉带河、净肠河，而后渠线继续往东北向穿行，接连穿越石河、北汝河，在安良镇南过肖河后，渠线向东至兰河涵洞渡槽出口100m处为本段终点。本单元渠段长42.2506m，扣除自成设计单元的北汝河渠倒虹工程段后，渠段长40.7686km，其中明渠段长38.3176km。沿线共布设各类交叉建筑物68座，另有生产桥14座，共82座。68座建筑物中有河渠交叉建筑物8座，左岸排水建筑物16座，渠渠交叉建筑物8座，控制工程6座（节制闸2座、分水口门3座、退水闸1座），铁路暗渠1处，铁路桥2座，跨渠公路桥27座。

渠段起点总干渠设计水位130.191m，终点设计水位127.166m，渠道占用水头1.482m，建筑物占用水头1.036m。本段有2个流量段，设计流量320～315m³/s、加大流量380～375m³/s。该段渠底纵比降为1/26000、1/24000两种。

（4）北汝河倒虹吸工程。北汝河渠道倒虹吸工程是沙河南—黄河南段的一个设计单元。北汝河渠道倒虹吸设计单元由进出口明渠和跨北汝河的渠道倒虹吸工程及退水闸组成，总长

1482m，其中明渠长200m，进、出口各100m，渠倒虹总长1282m，管身水平投影总长1143m。本设计单元设计流量315m³/s，加大流量375m³/s，北汝河渠道倒虹吸占用水头0.50m，明渠占用水头0.007m。进出口明渠段为高填方段，最大填高11.4m。

北汝河渠道倒虹吸由进口渐变段、进口检修闸、管身段、出口节制闸和出口渐变段和退水闸及连接段组成。倒虹吸管身横向为两联，每两孔一联，管身箱形钢筋混凝土结构，左右对称布置，单孔孔径为7.0m×6.95m（宽×高）。节制闸设在倒虹吸出口，退水闸位于倒虹吸进口上游总干渠右岸，闸轴线与总干渠中心线夹角为50°，退水闸设计流量157.5m³/s，单孔净宽6.0m。

（5）禹州和长葛段工程。禹州和长葛段工渠段起点位于兰河涵洞渡槽出口100m处，终点在长葛和新郑市交界处。渠道起点由兰河涵洞渡槽出口100m处开始渠线向东，在刘楼转向东北，采用绕线绕过新峰山，在秦村南穿过平禹铁路，在禹州市后屯西过颍河，向东在井庄与孟坡之间穿过小南河，在狮子口穿过十字河，绕过禹州市至马堂村附近过石良河，进入长葛市境内，在芝芳西过小洪河，从陉山东侧绕过陉山，至娄庄西长葛与新郑市交界处结束，与新郑和中牟段工程起点相接。渠段全长53.70km，其中明渠段长52.323km、建筑物长1.377km，沿线共布设各类交叉建筑物83座，其中河渠交叉建筑物5座，左岸排水建筑物25座，渠渠交叉建筑物2座；控制建筑物8座（节制闸2座、事故闸1座、退水闸1座、分水口门4座），铁路桥2座；跨渠公路桥41座。

渠段起点总干渠设计水位127.166m，终点设计水位124.528m，总设计水头差2.638m，其中渠道占用水头2.025m，建筑物占用水头0.613m。本段起点断面设计流量315m³/s，加大流量375m³/s，终点断面设计流量305m³/s，加大流量365m³/s。该段渠底纵比降1/24000~1/26000。

（6）新郑南段工程。新郑南段工程位于许昌市的长葛和郑州市的新郑两市交界，终点是双洎河渡槽工程设计单元的起点，渠线过娄庄西后向东北，穿过沂水河、双洎河支，过大通铁路后与双洎河渡槽段工程设计单元起点相接，渠段全长16.183km，其中明渠段长15.190km、建筑物长0.993km。沿线共布设各类交叉建筑物19座，其中河渠交叉建筑物2座；左岸排水建筑物7座，渠渠交叉建筑物1座，控制建筑物1座（沂水河退水闸），铁路交叉工程1处（大通铁路渠倒虹），跨渠公路桥7座。

渠段起点总干渠设计水位124.528m，终点设计水位123.524m，设计水头差1.004m，其中渠道占用水头0.584m、建筑物占用水头0.42m。本段设计流量305m³/s，加大流量365m³/s。该段渠底纵比降均为1/26000。

（7）双洎河渡槽工程。双洎河渡槽工程起点位于双洎河渡槽前150m，终点为新密铁路倒虹吸出口296.4m。本单元渠段长1.8494km，其中明渠长772.4m、建筑物长1077m。段内有各类建筑物6座，其中河渠交叉建筑物、左岸排水建筑物、铁路交叉建筑物、公路交叉、节制闸和退水闸各1座。

渠段起点设计水位123.524m，终点设计水位123.154m，总设计水头差0.370m，其中双洎河渡槽占用水头0.22m、新密铁路渠倒虹占用水头0.12m、渠道占用水头0.030m。本段设计流量305m³/s、加大流量365m³/s，渠道纵坡为1/26000，均为填方渠道。

（8）潮河段工程。潮河段工程起点位于黄水河右岸的梨园村，终点位于中牟与郑州交界处。本渠段长 45.847km，其中明渠长 45.244km、建筑物长 0.603km。共布置各类建筑物 63 座，其中河渠交叉建筑物 5 座，左岸排水建筑物 17 座；控制建筑物 4 座（节制闸 2 座、分水口门 2 座），铁路桥 2 座，跨渠公路桥 35 座。

渠段起点总干渠设计水位 123.154m，终点设计水位 121.145m，总设计水头差 2.009m。其中渠道占用水头 1.759m，建筑物占用水头 0.25m。本段起点断面设计流量 305m³/s、加大流量 365m³/s，终点断面设计流量 295m³/s、加大流量 355m³/s。该段渠底纵比降 1/24000～1/26000。

（9）郑州 2 段工程。郑州 2 段工程起点为潮河段设计单元末端，终点位于郑州市西南金水河与贾鲁河之间郑湾村附近，即沙河南—黄河南第三设计标段的终点，全长 21.961km。段内有各类建筑物 34 座，其中河渠交叉建筑物 4 座，左岸排水建筑物 6 座，公路交叉建筑物为 19 座，控制建筑物 5 座（退水闸 1 座，节制闸 2 座、分水口门 2 座）。

郑州 2 段工程起点设计水位 121.145m，终点设计水位 119.775m。设计单元渠道跨 2 个流量段，渠道设计流量为 295～2285m³/s，加大流量为 355～2345m³/s。本设计段渠道占用水头 0.810m，渠道纵比降为 1/26000～1/23000，建筑物占用水头 0.56m。

（10）郑州 1 段工程。郑州 1 段工程位于河南省郑州市中原区境内，起点位于郑州市郑湾附近，终点位于郑州市董岗附近，渠段线路总长 9772.97m、其中渠道长度 9431.97m、须水河渠倒虹吸长度 341m。渠段内共有建筑物 23 座，其中大型河渠交叉建筑物 3 座，左岸排水建筑物 3 座，控制工程 3 座，路渠交叉建筑物 14 座。另有须水河 35kV 中心开关站 1 座。

本渠段起止点控制设计水位分别为 119.775m 和 119.236m，总水头差为 0.539m。其中占用水头的河渠交叉建筑物只有 1 座，为须水河渠倒虹吸，长 341m，设计水头 0.13m；明渠段长 9.432km，纵坡 1/23000，占用水头 0.409m。本渠段设计流量 285～265m³/s，加大流量 345～320m³/s。

（11）荥阳段工程。荥阳段工程起点为郑州市董岗村西北，终点为荥阳市王村乡王村变电站南（穿黄工程进口 A 点），总干渠线路总长 23.973km。荥阳段以明渠为主，自流输水，沿途与河流、渠道、公路、铁路交叉时采用立交方式穿越。荥阳段共布置建筑物 38 座，包括 2 座河渠交叉、5 座左岸排水、1 座渠渠交叉、2 座分水口门、1 座节制闸、1 座退水闸、1 座铁路桥、15 座公路桥、10 座生产桥。

荥阳段渠道起点与终点设计流量 265m³/s，加大流量 320m³/s，起点设计渠水位高程 119.927m；终点设计渠水位高程 118.71m，设计水头差为 1.236m，设计纵坡为 1/23000。

（四）渠道设计

（1）渠道纵断面设计。总干渠采用明渠输水方案，各渠段纵坡主要根据总体设计所确定的控制点水位、水头优化分配方案、渠线所经过的地形和地质条件确定，渠道纵比降一般为 1/20000～1/29000。

（2）渠道横断面设计。本段渠道过水断面采用梯形断面。为增强渠道抗冻稳定性，过水断面采用弧形坡脚。根据不同的地形条件，分别采用全挖、全填、半挖半填三种不同形式。

1）全挖方土渠断面。一级马道以下采用单一边坡，边坡范围值为 1:2～1:3.5，一级马道高程为渠道加大水位加 1.5m 安全超高；一级马道以上每增高 6m 设二级、三级等各级马道，边坡范围值为 1∶1.5～1∶2.75。一级马道宽 5m，兼作运行维修道路，以上各级马道宽度均为 2m。

2）全填方渠段。堤顶兼作运行维护道路，顶宽为 5m，堤顶高程为渠道加大水位加上相应的安全超高，并满足堤外设计洪水位加上相应超高及堤外校核洪水位加上相应超高，取三者计算结果之最大值。其过水断面为单一边坡，范围值为 1∶2～1∶2.5。堤外坡自堤顶向下每降低 6m 设一级马道，马道宽取 2m。填土外坡一级边坡为 1∶1.5，二级和二级以上边坡为 1∶2。

3）半挖半填渠道过水断面也采用单一边坡，填方段外坡布置、堤顶宽度及其高程的确定同全填方断面的规定。

（3）边坡。根据渠道地质勘探与试验确定的各渠段岩性和岩土物理力学指标，参照已有工程经验，通过分析计算，确定渠道边坡系数。考虑到总干渠渠道规模大，混凝土衬砌施工及混凝土板抗滑稳定的要求，土渠坡边坡系数设计值不小于 2.0。

（4）底宽和水深。本渠段渠道综合糙率采用 0.015，在确定了渠道流量、水深、边坡、纵坡、糙率的情况下确定渠道底宽为 13～34m。本渠段设计水深采用 7.0m。

（5）设计堤顶高程。渠岸高程全挖方渠段为第一级马道顶面高程，全填方或半挖半填渠段为堤顶高程。堤顶（渠岸或一级马道）高程按渠道加大流量水位加渠道安全超高确定。堤顶高程除满足上述渠道加大流量水位要求外，还须以堤外洪水位校验堤顶超高。相对于堤外设计洪水位和校核洪水位的堤顶超高，分别不小于 1.0m 和 0.5m。

（6）渠道衬砌与防渗。本渠段以全断面混凝土衬砌作为主要防渗减糙措施，在坡脚处均采用现浇混凝土弧形坡脚。衬砌顶部高程，挖方渠道为一级马道，填方或半挖半填渠道为堤顶高程。渠坡现浇混凝土衬砌板厚 10cm，渠底混凝土板一般厚 8cm，对于较大河流滩地渠道和与建筑物连接部位，根据实际情况适当加大混凝土板厚度，渠坡为 22cm，渠底仍为 8cm。混凝土衬砌板下铺设二布一膜复合土工膜加强防渗。

（7）渠道防冻胀措施。安阳渠段的标准冻深值为 18.2cm。冬季基土冻胀对渠道混凝土衬砌有破坏作用。对季节冻土标准冻深大于 10cm 渠段，进行渠道的设计冻深和冻胀量计算，当渠道的设计冻胀量大于 1cm 时，采取抗冻胀措施。防冻胀为全断面防冻，采用砂砾料置换作为防冻胀采用方案，置换厚度为 20cm、25cm、30cm 三种。

（五）建筑物设计

1. 河渠交叉建筑物

（1）渠道倒虹吸工程。渠道倒虹吸工程主要由进口渐变段、进口检修闸、管身段、出口控制闸（或出口节制闸）、出口渐变段组成。控制闸或节制闸设在下游便于调节倒虹吸进口水位与流态，使倒虹吸进口经常处于淹没状态。进口检修闸采用叠梁钢闸门，检修门采用叠梁式闸门，起吊设备为电动葫芦；出口控制闸（节制闸）采用弧形钢闸门，液压启闭机启闭。

（2）河道倒虹吸工程。河道倒虹吸工程由进口连接段、管身段以及出口消能防冲等连接段组成。建筑物规模选择除受洪水大小影响因素外，还考虑了现状河道地形、地貌、主槽宽度、有无堤防及堤距、今后河道治理规划、工程布置以及修建工程后不恶化当地现有防洪除涝标准。

（3）涵洞式渡槽工程。涵洞式渡槽主体工程由上部渡槽与下部涵洞组成，渡槽工程主要由进口渐变段、进口节制闸、进口连接段、槽身段、出口连接段、检修闸闸室段和出口渐变段组成；涵洞工程由上游连接段、涵洞洞身段以及下游的消能防冲等连接段组成。

（4）渠道暗渠工程。渠道暗渠工程主要由进口渐变段、进口检修闸、洞身段、出口检修闸及出口渐变段五部分组成。进口检修闸采用平板钢闸门，液压式启闭机启闭；出口检修闸采用叠梁钢闸门，电动葫芦启闭。

（5）梁式渡槽工程。渡槽工程主要由进口渐变段、进口检修闸、槽身段、出口检修闸和出口渐变段组成。进、出口检修闸，其功能是配合建筑物进行事故处理或检修；进口检修闸设置事故检修闸门及液压启闭机；出口检修闸设置检修闸门及台车。

2. 左岸排水建筑物

左岸排水建筑物是指总干渠与集流面积小于 $20km^2$ 河流的交叉建筑物，其建筑物的形式根据河沟底高程、洪水位与总干渠渠底高程和渠水位的关系，可以有排水倒虹吸、排水涵洞、排水渡槽三种形式。

（1）排水建筑物形式主要是根据河沟的底部高程、洪水位与总干渠的底部高程、渠水位及河、渠流量大小的相互关系，来选择建筑物形式。从大的方面讲分为上排式和下排式。

（2）排水倒虹吸的建筑物轴线选定顺河道走势布置不强行与总干渠中心线正交，以求得进、出口有较好的流态，保持河岸稳定，提高泄流能力。对无沟形、无明显沟形或宽浅河沟，有条件采取正交的，则采取建筑物轴线与总干渠中心线正交。

（3）建筑物长度的确定，对于排水倒虹吸在保证总干渠和排水建筑物安全的前提下，尽量减少建筑物长度。

（4）建筑物进口不设拦污栅、工作闸门、检修门。

（5）排水倒虹吸工程进口不设沉砂池，对于河床质易冲刷和水流高含沙量河流，为减轻管内清淤工作量，进口设小型拦砂坎。根据左排倒虹吸沟道土质及颗分情况，为防止管内淤积，工程布置时适当加大管内流速。

3. 渠渠交叉建筑物

渠渠交叉工程只考虑设计流量大于 $0.8m^3/s$ 的渠道，对于设计流量小于 $0.8m^3/s$ 的渠道不设交叉工程。建筑物形式主要是根据灌渠的渠底高程、水位与总干渠的渠底高程、水位的相互关系，可选择灌渠渡槽、灌渠倒虹吸或灌渠涵洞。

4. 公路交叉工程

根据公路等级确定桥梁等级。

5. 铁路交叉工程

根据交叉处地形地貌地质情况及渠道加大设计水位，堤顶（一级马道）设计标高、渠道防洪堤顶标高以及交叉点的铁路既有轨面标高，铁路交叉建筑物的形式包括预应力混凝土梁桥和钢筋混凝土箱桥。

6. 控制建筑物设计

控制建筑物包括分水口门、节制闸、退水闸。

三、穿黄工程

穿黄工程位于郑州市以西约 30km 处，于孤柏山湾横穿黄河。按南水北调中线总干渠一期工程总体设计，穿黄工程起自黄河南岸荥阳县王村的 A 点，终点为北岸温县马庄东的 S 点，全长约 19.3km，工程等别为Ⅰ等；主要建筑物包括南岸连接明渠、退水建筑物、穿黄隧洞、北岸河滩明渠、北岸连接明渠等，按 1 级建筑物设计。穿黄工程共分为 2 个设计单元，穿黄主体工程为 1 个单元，穿黄工程管理为 1 个单元。

（一）水文

穿黄河段位于小浪底水库与花园口之间，穿黄工程以上黄河集水面积约 71.6 万 km²。对穿黄河段的洪水有较大调蓄控制作用的主要为黄河上的三门峡、小浪底水库和在伊洛河上的陆浑、故县水库。

（1）穿黄设计洪水。在小浪底、三门峡、陆浑、故县四库联合作用下，各穿黄断面的洪峰流量，以 1958 年典型洪水为最大，选定以 1958 年为典型计算的设计洪水成果作为各穿黄断面设计洪水成果。穿黄断面设计洪峰流量见表 12-4-2。

表 12-4-2 穿黄断面设计洪峰流量

设计频率/%	0.1	0.2	0.33	1	5	10	20
设计洪峰流量/(m³/s)	17530	15780	14970	12950	11210	10140	9430

（2）穿黄施工设计洪水。全年施工设计洪水频率为 5%，相应流量为 11210m³/s（表 12-4-2），非汛期各月、各时段施工设计洪峰流量见表 12-4-3。

表 12-4-3 穿黄断面非汛期各月、各时段施工设计洪峰流量 单位：m³/s

设计频率	1 月	2 月	3 月	4 月	5 月	6 月	11 月	12 月	11 月至次年 4 月	11 月至次年 5 月
1%	1480	1830	4110	4290	2800	3880	5420	2370	5480	5500
5%	1210	1520	2950	3020	2330	2930	3590	1880	3860	3900
10%	1090	1370	2440	2470	1960	2500	2820	1640	3160	3200
20%	960	1210	1940	1940	1690	2060	2090	1400	2480	2530

（3）穿黄断面水位—流量关系见表 12-4-4。

表 12-4-4 穿黄断面水位—流量关系

设计频率 /%	设计流量 /(m³/s)	水位（85 基准以上）/m		
		2001 年现状	河道最大冲刷	运行 50 年后
20	9430	103.75	103.10	104.25
10	10140	103.83	103.19	104.33
5	11210	103.93	103.32	104.43
1	12950	104.09	103.51	104.59
0.33	14970	104.27	103.73	104.77
0.2	15780	104.34	103.81	104.84
0.1	17530	104.47	103.99	104.97

（4）新蟒河设计洪水。焦作市水利局曾对新蟒河下段按 5% 的洪水标准整治，过流能力为 860m³/s，超标洪水在与穿黄工程交叉处前漫入黄河，故设计洪峰流量采用 860m³/s。

（5）老蟒河设计洪水。穿黄工程以上老蟒河集水面积 316.7km²，无实测水文资料，采用平原地区排涝公式计算。设计洪峰流量见表 12-4-5。

表 12-4-5　　　　　　　　穿黄工程老蟒河交叉断面设计洪峰流量

设计频率/%	0.33	1	2	20
设计洪峰流量/(m³/s)	388	309	252	123

（6）区域排涝流量。新蟒河与老蟒河之间区域、老蟒河与清风岭之间区域均为平原地区，无实测流量资料，根据《水利水电工程设计洪水计算规范》（SL 44—1993）有关规定，结合本地区地形与产、汇流情况，按其集水面积及 5 年一遇的排涝标准计算得：

1）新蟒河与老蟒河之间区域：集水面积 42.0km²，5 年一遇排涝流量为 25.5m³/s。

2）老蟒河与清风岭之间区域：集水面积 2.4km²，5 年一遇排涝流量为 2.83m³/s。

（二）工程地质

（1）区域地质与地震。穿黄工程区位于华北断块南部的二级构造豫皖断块的北部边缘。断裂规模均较小，第四纪尤其晚更新世以来活动性较弱。据国家地震局分析预报中心鉴定，场地 50 年超越概率 10% 和 5% 对应的地表基岩面峰值加速度分别为 0.119g 和 0.158g，地震设计基本烈度为Ⅶ度。

（2）工程地质条件。穿黄河段南有邙山临河，北岸滩地宽广，邙山以南及青风岭以北为冲积平原。全新统（alQ₄）主要为砂层，分布于黄河河床、漫滩和冲积平原；全新统及上更新统（alQ₃）砂层分布于北岸漫滩，上更新统（alQ₃）黄土、黄土状粉质壤土层和砂层分布于南岸邙山坡和北岸青风岭至 S 点一带；中更新统（al-plQ₂）为粉质壤土，在河床、南岸漫滩埋藏于全新统及上更新统之下，在南岸邙山坡为上更新统黄土覆盖，出露于邙山北坡，受靠湾河水淘刷、降水入渗等因素影响下，长期稳定性较差，常见于岸坡后缘的错落台阶以及拉裂缝等变形现象，目前处于临界稳定状态。下伏基岩为上第三系黏土岩、粉砂岩、砂岩、砂砾岩。除新蟒河、老蟒河之间地下水受蟒河污水影响，地下水对混凝土有弱结晶类腐蚀，其余第四系和上第三系含水层中地下水和黄河水对混凝土均不具腐蚀性。

（3）建筑物工程地质条件评价。

1）穿黄隧洞。过黄河隧洞段穿越的主要地层为 Q₂ 粉质壤土、Q₄ 砂层。砂层洞段可能液化的最大深度为 16m，隧洞布置应低于可能液化深度，砂层中的石英颗粒含量较高、夹砂砾石透镜体，Q₂ 粉质壤土中含钙质结核，局部呈层状，应考虑其对盾构机刀具的磨损；穿黄隧洞北段自 Q₂ 粉质壤土、粉质黏土进入 Q₄ 中细砂层，应考虑地层性状不同对隧洞纵向变形的影响。邙山隧洞段围土由 Q₃ 黄土状粉质壤土和 Q₂ 粉质壤土、古土壤组成，地下水位高于洞底 24.25～28.5m。饱和（黄土状）粉质壤土自稳性差，采用矿法施工时需预先排水，并超前支护。南岸竖井建筑物地基上部为 Q₄² 粉细砂，厚约 8m，隧洞出口段竖井位于低漫滩，地基为粉细砂，具中等透水性，施工时均要注意基坑涌水、涌砂问题。退水闸出口位于临河岸坡，黄河贴岸冲刷，须采取防护措施。

2）南岸连接明渠段。边坡由上更新统黄土及黄土状粉质壤土组成，其中有软黄土，地下水位较高，需采取措施人工降低地下水，并采取适当的加固措施，保证施工期和运行期边坡的稳定性。

3）北岸连接段。北岸河滩明渠段跨越低漫滩、高漫滩，为填方段，地基为粉细砂，具中等透水性；隧洞出口段竖井施工要注意基坑涌水、涌砂问题；北岸河滩明渠段地基存在饱和砂土震动液化问题，可能液化深度为 12.0～8.0m。

北岸连接明渠段地基为 Q_3 黄土状粉质壤土，具弱湿陷性。

4）天然建筑材料。穿黄工程所需土料，南岸可用邙山开挖弃土，北岸可用陈家沟土料；所需砂砾石料，北岸可用丹河砂砾石料；所需石料，北岸可用馒头山灰质白云岩、灰岩，南岸可用东竹园石英砂岩、陈门灰岩、草店硅质细砂岩。

（三）工程任务和规模

（1）工程范围。按南水北调中线总干渠一期工程总体设计，穿黄工程起自黄河南岸荥阳县王村的 A 点，终点为北岸温县马庄东的 S 点，全长约 19.3km。

（2）工程任务和规模。穿黄工程是南水北调中线总干渠穿越黄河的关键性工程，工程的主要任务是安全有效地将中线调水从黄河南岸输送到黄河北岸；在水量丰沛时，视需要相机向黄河补水。根据南水北调工程总体规划，中线工程多年平均调水量 130 亿 m^3，最终规模设计流量为 $440m^3/s$，加大流量 $500m^3/s$。工程采取分期建设方式进行。一期工程多年平均调水量 95 亿 m^3，相应穿黄工程设计流量为 $265m^3/s$，黄河南岸 A 点水位为 118m，黄河北岸 S 点水位为 108m，可利用水头为 10m；加大流量为 $320m^3/s$，S 点水位按 108.71m 控制，A 点水位反推得到 118.754m。

（3）工程规划。

1）穿黄工程调度运用控制方式。穿黄工程段与总干渠全线的运用控制方式完全相同，采用闸前常水位的运用方式。当渠道流量小于设计流量时，节制闸下闸挡水，通过调节闸门开度，控制通过的流量，并控制闸前水位在设计水位附近；当通过不小于设计流量时，节制闸闸门全开。在正常调度情况下，穿黄隧洞出口节制闸用于控制枯河节制闸至穿黄隧洞出口之间约 15km 渠段的水流状态；下游沁河节制闸用于调节穿黄隧洞出口节制闸至沁河倒虹之间约 20km 渠道水流。

根据中线总干渠总体设计，除在 A 点上游约 15km 的索河涵洞式渡槽进口及距 S 点下游约 36km 的闫河渠道倒虹吸进口各布置 1 座退水闸外，在穿黄隧洞进口前方设置退水闸。如果出现事故或紧急情况，需要关闭枯河节制闸和沁河节制闸，以及隧洞进出口的事故闸门时，则开启穿黄退水闸和沁河退水闸紧急退水，保护渠道和建筑物。

2）渠道衔接布置。根据南水北调中线工程总体布置，与穿黄工程 A 点相衔接的南岸相邻渠道设计参数为：渠道底宽 19.00m，底高程 111.00m，纵坡 1/25000，边坡 1：2.0；与穿黄工程 S 点处相衔接的北岸相邻渠段设计参数为：渠道底宽 20.50m，底高程 101.00m，纵坡 1/28000，边坡 1：2.0。

（4）工程与桃花峪水库的关系。穿黄工程位于桃花峪库区中上部，与坝址相距约 20km。隧洞方案从地下穿过黄河，渡槽方案以纵坡 1/1100 跨过黄河，两方案主体工程长度均为

3.5km。设计时均考虑穿黄工程缩窄行洪断面和桃花峪水库滞洪运用对其影响，相应 1000 年一遇洪水条件下，穿黄工程断面处的滞洪水位为 106.86m。不会影响水库的开发。

（5）穿黄工程与穿黄河段治导规划关系。穿黄工程修建后，将 9.9km 宽的河道压缩为 3.5km，穿黄工程出口以北为北岸河滩明渠。为了保证工程安全，必须对穿黄河段进行整治，使之与上下游的河道整治工程相衔接，以保证下游驾部工程和上游河段的河势稳定。

（四）穿黄线路与过河建筑物方案

（1）穿黄线路。穿黄线路自下而上，曾研究过牛口峪线、孤柏嘴线、李村线和李寨线等多条线路，可行性研究阶段审定上线（李村线）作为穿黄工程线路。

（2）过河建筑物方案。

1）穿黄隧洞方案研究。在初步设计阶段曾补充研究过深埋于基岩中的常规隧洞方案和盾构隧洞方案，因该方案存在施工防水问题，难以用常规方法施工，且投资较大，故很快便放弃了。选定盾构隧洞方案后，通过对总体布置方案比较，推荐采用穿黄隧洞南岸斜井进、北岸竖井出、退水洞设在南岸入黄河的方案。选定总体布置方案后，对穿黄隧洞又研究了单洞方案和双洞方案。考虑到穿黄工程是中线的关键性工程，应有更高的运用灵活性，故推荐采用双洞方案。隧洞方案布置按河床冲刷深度 20m 考虑。在隧洞衬砌结构型式上，以双层衬砌单独受力方案为代表。

2）穿黄渡槽方案研究。曾对多种类型渡槽型式进行分析比较，初步设计阶段选出 U 型渡槽、箱形渡槽和矩形薄腹梁渡槽作重点比较。比较认为，三种渡槽方案技术上均属可行，而 U 型渡槽方案水流条件好，结构简单，受力明确，自重仅 1590t，可采用造桥机现浇施工或架桥机预制吊装施工，且投资最小，选为穿黄渡槽的代表方案。渡槽方案布置按河床冲刷深度 25m 考虑。

3）推荐方案。对隧洞方案和渡槽方案经技术经济等因素的综合比较，从隧洞方案对黄河冲淤变化、河势影响、生态与环境影响、施工及运行风险相对较小，且为该河段开发留有较大余地等方面考虑，推荐穿黄工程初步设计阶段采用隧洞方案。

（五）穿黄工程总布置及主要建筑物

（1）穿黄工程主要建筑物。

1）南岸连接明渠。南岸连接明渠位于邙山黄土丘陵区，长度 4628.57m；渠道底宽 12.5m，渠底纵坡 1/8000，坡比 1：2.25，采用混凝土衬砌和土工膜防渗；渠道采用放坡开挖，综合坡比 1：2.6，自 A 点向着隧洞进口，坡高 20～50m。

2）进口建筑物。进口建筑物包括截石坑、进口分流段、进口闸室段、退水建筑物和斜井段，分布长度 1030m。截石坑长 100m；进口分流段长度 80m；进口闸室为双孔闸室，长度 50m，底宽 6m，各设一道事故检修闸门；退水建筑物包括闸前段、退水闸室、退水隧洞、消力池、砌石海漫、块石护底等 6 段，退水泄入黄河主河床；退水闸室设有检修闸门和挡水门各一扇。

3）穿黄隧洞段。穿黄隧洞为直径 7.0m 的双线隧洞，包括过河隧洞段和邙山隧洞段，共长约 4250m，其中过河隧洞段长 3450m。北、南两岸各设工作竖井，施工后期位于北岸的竖井改造为弯管段与出口闸室相连，南岸工作竖井则予拆除；邙山隧洞段，为一斜洞，上端设有渐变段与进口闸室相接，下端与过河隧洞段相连；隧洞外层为装配式普通钢筋混凝土管片结构，厚

40cm，管片宽度 1.6m；内层为现浇预应力钢筋混凝土整体结构，厚 45cm，标准分段长度为 9.6m，隧洞内衬在与北岸和南岸施工竖井衔接的洞段以及地层变化洞段将局部加密；内、外层衬砌由弹性防排水垫层相隔。隧洞布置有完善的渗漏水与渗压力、衬砌变形与应力以及隧洞沉降等监测设施，能随时监控隧洞运行和检修期工作状态。盾构隧洞采用泥水平衡盾构机自北向南推进。

4）出口建筑物。出口建筑物由出口竖井、闸室段（含侧堰段）、消力池段及出口合流段等组成，分布长度 227.9m。出口竖井内部除布置流道外，尚布置隧洞检修排水设施和部分监测设施；出口闸室内边墙设有露顶侧堰，闸室内设有平板检修闸门和弧形工作闸门，通过调节闸门开度以满足总干渠对 A 点水位的要求。闸后的消力池可消除各级流量闸后剩余水头。出口建筑物地基采用振冲碎石桩处理。

5）北岸河滩明渠。北岸河滩明渠全长 6127.50m，上接隧洞出口渐变段，下连北岸连接明渠段，位于黄河北岸河滩上，为填方渠道，渠底宽度 8m，渠底纵坡 1/10000，边坡内外坡比 1∶2.25，最大填方高度 9.7m。其间有新蟒河渠道倒虹吸和老蟒河河道倒虹吸等交叉建筑物。部分低漫滩渠段地基主要为砂壤土、粉细砂，地基震动液化问题采用挤密砂桩方案处理。

6）新蟒河渠道倒虹吸和老蟒河河道倒虹吸。总干渠在北岸滩地以倒虹吸型式从新蟒河下方穿越，总长 647m，其中进、出口渐变段长度分别为 80m 和 100m，进、出口闸室段各长 15m，倒虹吸管长 437m，均为钢筋混凝土结构。新蟒河渠道倒虹吸按双管布置，单管为矩形断面 6.8m×6.8m，壁厚 1m。地基存在砂土震动液化问题，经方案比较采用振冲碎石桩处理。老蟒河以倒虹吸管形式从北岸河滩明渠下方穿越，共布置 4 孔倒虹吸管，每孔断面为 6.0m×6.0m（宽×高）。

7）北岸连接明渠。北岸连接明渠位于黄河以北阶地，过水断面、纵坡与河滩明渠相同，为半挖半填渠道，分布长度 3835.74m，对填方高度大于 3m 的渠段地基采用灰土挤密桩法处理。

（2）跨渠交叉建筑物。穿黄线路全长 19.3km，复建的跨渠公路桥和渡槽规模及标准见表 12-4-6。

表 12-4-6　　　　　　　　跨渠公路桥和渡槽复建规模及标准

县	线路名称	隶属关系	等级	桥面宽度	交叉桩号	荷载标准	备注
荥阳（南岸）	河沟北	村	四级	4.5m+2×1m	1+414	公路-Ⅱ级	汽-10，履带-50
	李村南干渠		主干渠		3+003		渡槽
	石化路	市交通局	二级	9m+2×1.5m	3+190	公路-Ⅱ级	汽-20，挂-100
	李村北干渠		主干渠		4+553		渡槽
温县（北岸）	4号路	县	三级	7m+2×1m	11+031	公路-Ⅱ级	汽-10，履带-50
	司马路	县	四级	7m+2×1m	12+591	公路-Ⅱ级	汽-20，挂-100
	1号路	县	二级	9m+2×1.5m	15+430	公路-Ⅱ级	汽-20，挂-100
	陈家沟西路	县	四级	4.5m+2×1m	16+309	公路-Ⅱ级	汽-10，履带-50
	新洛路	县	二级	9m+2×1.5m	17+899	公路-Ⅱ级	汽-20，挂-100

（3）穿黄河段控导工程。根据穿黄工程与黄河的关系，位于穿黄工程轴线上的孤柏嘴工程采用钢筋混凝土灌注桩透水坝结构。工程全长4000m，其中藏头段长1500m、导流弯道段长2000m、送流段长500m。灌注桩沿治导线布置，桩顶高程与设计水位齐平。设计桩径0.8m，桩中心距1.1m，桩长32m。张王庄和金沟工程不在工程范围内。

（六）穿黄工程施工组织设计

1. 施工条件

（1）自然条件。穿黄工程位于河南省温县与孟县交界区，根据孟县气象站实测资料，多年平均气温14.10℃，年平均地面温度16.7℃。每年6—9月为高温季节，多年月最大冻土深度20cm，多年平均月最大风速14.1m/s，实测最大风速22.0m/s。

（2）主要工程量。土方开挖1646.50万m³，洞挖58.34万m³；土方填筑358.60万m³；浆砌石33.26万m³，砂石料45万m³，混凝土106.29万m³，钢筋3.985万t，钢绞线0.7682万t。

（3）施工场地。南岸邙山陡坡临河，坡顶平缓，高程130～179.5m，对水下填筑后可布置南岸竖井施工场地；北岸为冲积平原，高程102～103m，因地势较低，可利用弃渣回填形成北岸竖井施工场地。

（4）对外交通。南岸距陇海铁路上街站9km，北岸距焦作站62km，对外交通较为便利。

（5）主要建材及水电。水泥由郑州长城铝业水泥厂供应，钢材及其他物资均由郑州市场采购。施工用水和生活用水以地下水作为水源。施工用电从南北两岸地方电力系统架线至施工区变电所。

（6）天然建筑材料。南岸有东竹园块石料场，距穿黄工程约20.0km；北岸陈家沟清风岭土料场，土料储量为2000万m³，可满足北岸明渠段填方要求，距总干渠约1.5km；北岸丹河砂砾料场，运距约60km，储量、质量满足工程要求；馒头山石料场位于北岸博爱县馒头山村，运距约70km，质量和储量满足要求。

2. 施工导流

（1）导流标准。穿黄隧洞采用20年一遇全年最大日平均流量11210m³/s。新、老蟒河交叉建筑物，导流建筑物取为5级建筑物，按5年一遇洪水设计，相应洪峰流量分别为400m³/s和123m³/s。

（2）导流方式。地上结构物汛期采用水工建筑物临时断面挡水；穿黄隧洞采用加高南、北岸工作竖井供汛期挡水，全年施工。新、老蟒河交叉建筑物采用一次拦断河床，设上、下游围堰和旁引式明渠的导流方式。

（3）导流建筑物。南、北岸工作竖井选用地下连续墙方案，按导流标准竖井顶修至高程106.0m，其中北岸竖井墙体厚1.4m，内径为18.0m，墙高77m；南岸竖井墙体厚1.2mm，内径为13.5m，墙高49m；井内采用腰梁加固。

3. 穿黄工程施工

（1）穿黄隧洞施工。穿黄隧洞全长4250m，内径为7.0m，外径为8.7m，衬砌厚度为0.85m，其中一次衬砌为预制钢筋混凝土管片厚0.40m，二次衬砌为现浇钢筋混凝土厚度0.45m。采用泥水平衡盾构机施工，南、北岸设工作竖井，盾构机由北向南掘进，至邙山隧洞段进口处出洞，月平均进尺 200m。隧洞内衬施工：拟用穿行式钢模台车由隧洞中部向进、出口方向同时进行。闸室施工：进、出口闸室和渐变段混凝土建筑物，断面不大，可采用 10t 左右小型轮胎吊车配 1～2m³ 卧罐或混凝土泵垂直运送混凝土。

（2）明渠施工。①开挖施工：南岸连接明渠开挖前，除在基坑四周设置超前排水沟外，在高程 140m 马道上设置井点降水，井深 50m，井间距 20m，采用台阶开挖，台阶高度一般 4～5m，主要采用 2～3m³ 挖掘机直接开挖，辅以 120～180 马力推土机集渣，15～20t 自卸汽车装运至渣场；②填筑施工：渠堤填筑最大高度 15m，采用分区分层填筑，2～3m³ 挖掘机配 15～20t 自卸汽车装运，120～180 马力推土机平料，20t 轮胎碾碾压；③混凝土施工：渠道混凝土衬砌采用衬砌机施工，垂直运输采用履带吊配 3m³ 混凝土罐，水平运输采用 10～15t 自卸汽车。

（3）新蟒河渠道倒虹吸和老蟒河河道倒虹吸施工。开挖与混凝土施工方法同渠道施工。倒虹吸基础碎石桩，采用振冲法施工。倒虹吸及渠道混凝土浇筑采用搭设支架立模现场浇筑。

（4）孤柏嘴护湾工程施工。孤柏嘴护湾工程设计总长为 4000m，为水中修筑，采用不抢险的钢筋混凝土透水桩坝结构，拟采用填土进占，修筑长 4000m、顶宽 15～20m 的施工平台，顶高程为 104.5m，采用土方填筑；以此作为交通运输通道，进行钻孔桩。

4. 穿黄工程施工总进度

按拟定的施工方法，穿黄工程总工期为 51 个月。

（七）工程占地与移民规划

穿黄工程全线占地共计 8266.2 亩，其中永久占地为 4585.9 亩，临时用地为 3680.3 亩。按分布地域分，黄河以南 4307.0 亩，黄河以北 3959.2 亩（黄河河滩地 732.2 亩）。按土地类别分，全线占用耕地 6962.8 亩（永久 3434.6 亩、永久河滩地 329.4 亩、临时 3198.9 亩），永久占用各类园地 2 亩，占用各类林地 579.7 亩。全线占地区内共有 60 户，276 人，其中农业人口 271 人，涉及各类房屋 35568.6m²。因工程占地，需规划生产安置人口为 2719 人，结合当地政府和群众意愿，全在本村安置。工程占地补偿静态总投资 13975.45 万元。

（八）环境保护

穿黄工程施工活动对水质、环境空气质量、噪声环境、人群健康及水土保持等环境因子均有影响，采取水质保护、环境空气保护、固体废物处理、人群健康保护等措施。环境保护投资：按 2004 年一季度价格水平计算，穿黄工程环境保护投资 1129.95 万元。

（九）水土保持

穿黄工程造成的水土流失主要集中在施工期，因此，根据主体工程建设特点，结合工程总体布置、施工组织设计、项目区地形地貌特点以及水土流失防治责任范围，水土流失防治分区首先划分为工程建设区和直接影响区，工程建设区又分为主体工程区、料场、弃渣场、施工营地附企区、施工道路、工程运行管理区 6 个防治区，采取水土流失防治措施。水土保持措施主要工程量为：土方开挖 15759m³、浆砌石 13277m³、干砌石 358m³、乔木 65864 株、灌木 63483 株、种草 2306240m²、塑料防雨篷布 124100m²、编织袋土方 1860m³。

水土保持工程总投资 1951.54 万元。

（十）穿黄工程投资

（1）设计概算。按 2004 年 5 月市场价格水平编制的工程静态总投资为 293455.45 万元（不含控导工程），含控导工程静态总投资为 309266.47 万元。

（2）年运行费。经测算，穿黄工程年运行费，约为 4398 万元。

四、黄河北—漳河南段

（一）工程建设条件

1. 水文气象

黄河北—漳河南渠段总干渠穿越黄河流域沁河和海河流域漳卫河水系，大小交叉河流和排水沟 110 条，其中流域面积大于 $20km^2$ 的 37 条，面积小于 $20km^2$ 的 73 条。

渠段内气温自南向北变幅不大，平均气温 13.4～15.2℃，全年 1 月温度最低，平均气温 −1.6～1.0℃，渠段抗冻设计气候类型属于寒冷气候区；7 月气温最高，平均气温 26.5～32.1℃。

段内 37 条交叉河流和 73 条左岸排水沟道，除 4 条交叉河流有实测流量资料外，其余 33 条交叉河流和 73 条排水沟道均无实测流量资料，采用雨量资料间接推算设计洪水。在 106 条河流和沟道中，分别属于山丘和平原排涝河道。无实测流量资料的河流绝大多数集水面积在 $200km^2$ 以下，因此采用山丘区交叉河流及左岸排水根据 1984 年图集有关参数，用推理公式计算设计洪水。

2. 工程地质

渠段位于中朝准地台华北断拗与山西断隆的交接部位，渠线附近的第四纪新断裂构造多为隐伏的区域控制性断裂，以走向 NNE 和近 EW 向为主。

依据中国地震局分析预报中心编制的《南水北调中线工程沿线设计地震动参数区划报告》，本渠段桩号 Ⅳ0＋000～Ⅳ19＋800（包括温县、博爱、焦作）地震动峰值加速度为 0.10g，桩号 Ⅳ19＋800～Ⅳ98＋440（包括武陟、修武）、AY0＋000～AY15＋770（包括安阳市、安阳县）地震动峰值加速度为 0.15g，以上各段相当于地震基本烈度Ⅶ度；桩号 Ⅳ98＋440～Ⅳ196＋752（包括新乡、辉县、卫辉、淇县、鹤壁、汤阴）、AY0＋000～AY15＋770（安阳洪河以北海村南）地震动峰值加速度为 0.20g，相当于地震基本烈度Ⅷ度。

本渠段有 6 个方面的工程地质问题：黄土湿陷问题、膨胀岩土的胀缩变形问题、焦作矿区场地稳定问题、焦作矿区场地稳定问题、饱和砂土地震液化问题、渠道渗漏问题、地下水位壅高问题、泥（水）石流、季节性冻土等问题。

（二）工程总体布置

黄河北—漳河南段渠线途经焦作市的温县、博爱县、焦作市区、修武县，新乡市的辉县市、凤泉区、卫辉市，鹤壁市的淇县、鹤壁市区，安阳市的汤阴县、安阳县、安阳市区等 12 个县市。渠段总长 237.074km，其中明渠长 220.471km、建筑物长 16.603km，沿渠线共布置各类交叉建筑物 339 座，另有生产桥 77 座。

渠道起止点设计水位分别为 108.00m 和 92.19m，总水头差 15.81m，渠道纵比降为 1/20000～1/29000。起点设计流量 265m³/s，加大流量 320m³/s；终点设计流量 235m³/s，加大流量 265m³/s。

（三）设计单元及工程位置

黄河北—漳河南渠段分为 11 设计单元，即温博段、沁河渠道倒虹吸段、焦作 1 段、焦作 2 段、辉县段、石门河渠道倒虹吸段、膨胀岩（潞王坟）试验段、新乡和卫辉段、鹤壁段、汤阴段、汤阴段工程。

（1）温博段工程。渠线由穿黄工程终点温县北张羌村西 S 点开始，呈西北方向行至北冷西转向正北，于徐堡东北过沁河，进入博爱县，经白马沟村西向北至西金城村与东金城村之间通过，然后转向东北，在聂村东北过大沙河。本渠段全长 26.616km，其中明渠段长 25.329km，沿线共布置各类交叉建筑物 32 座（不包括属于 2 设计单元的沁河渠道倒虹吸工程），其中河渠交叉建筑物 6 座，左岸排水建筑物 4 座，渠渠交叉建筑物 2 座，控制建筑物 3 座（节制闸 1 座，分水口门 2 座），跨渠公路桥 17 座。渠段起点设计水位 108.000m，终点设计水位 105.916m，总设计水头差 2.084m。起始断面设计流量 265m³/s，加大流量 320m³/s；终止断面设计流量 265m³/s，加大流量 320m³/s。

（2）沁河渠道倒虹吸段工程。沁河是黄河三门峡至花园口区间北岸最大支流，总干渠在河南省温县白马沟村与沁河相交，交叉断面以上流域面积 12870km²。100 年一遇洪峰流量 4000m³/s，300 年一遇天然洪峰流量 7690m³/s。沁河渠道倒虹吸工程由进口渐变段、进口检修闸、倒虹吸管身段、出口控制闸和出口渐变段等组成。工程全长 1183m，其中管身水平投影长 1015m，水平管段管顶高程为 94.00m。倒虹吸设计流量 265m³/s，加大流量 320m³/s，设计水头 0.62m。倒虹吸管身横向为 3 孔箱形钢筋混凝土结构，单孔孔径 6.9m×6.9m（宽×高）。

（3）焦作 1 段工程。起点位于河南省博爱县聂村东北大沙河渠倒虹出口，终点为焦作市苏蔺西李河渠倒虹出口。总长 13.513km，其中明渠长 11.598km、建筑物长 1.915km。沿线共布置各类交叉建筑物 18 座，其中河渠交叉建筑物 5 座，控制建筑物 3 座（节制闸、退水闸，分水口门各 1 座），跨渠公路桥 9 座，铁路桥 1 座。渠段起点设计水位 105.916m，终点设计水位 104.686m，总设计水头差 1.23m。起始断面设计流量 265m³/s，加大流量 320m³/s；终止断面设计流量 265m³/s，加大流量 320m³/s。

（4）焦作 2 段工程。起点位于焦作市苏蔺西李河渠倒虹吸出口，终点为修武县土高村南纸坊河渠倒虹出口，全长 25.545km，其中明渠段长 24.025km、建筑物长 1.520km。沿线共布设各类交叉建筑物 40 座，其中河渠交叉建筑物 3 座，左岸排水建筑物 3 座，控制建筑物 4 座（节制闸、退水闸各 1 座、分水口门 2 座），铁路桥 12 座，跨渠公路桥 18 座。渠段起点设计水位 104.686m，终点设计水位 102.961m，总设计水头差 1.725m。起始断面设计流量 265m³/s，加大流量 320m³/s；终止断面设计流量 260m³/s，加大流量 310m³/s。

（5）辉县段工程。起点位于河南省辉县市纸坊河渠倒虹工程出口，即焦作 2 段的终点，终点位于新乡市孟坟河渠倒虹出口。渠段总长 48.951km，扣除独立成设计单元的石门河渠道倒虹吸工程段后，辉县段总长为 47.622km，其中明渠长 43.631km、建筑物长 3.991km。沿线共布设各类交叉建筑物 68 座，其中河渠交叉建筑物 7 座，左岸排水建筑物 18 座，渠渠交叉建筑物 2 座，控制建筑物 8 座（节制闸 3 座、退水闸 3 座、分水口门 2 座）；跨渠公路桥 31 座、铁路桥 2 座。渠段起点设计水位 102.961m，终点设计水位 98.939m，其中本设计段渠道占用水头 1.676m（扣除石门河设计段），渠道纵比降范围为 1/20000～1/28000；建筑物占用水头 1.74m（扣除石门河渠倒虹）。设计流量 260m³/s，加大流量 310m³/s。

（6）石门河渠道倒虹吸段工程。石门河倒虹吸枢纽工程位于河南省辉县市赵固乡大沙窝村西北约 1.5km 的石门河上，是南水北调一期工程黄河北—漳河南段一座大型交叉建筑物，因其单项工程投资大、工期长，被单独列为一设计段。石门河段工程由倒虹吸段工程和出口明渠段工程组成。渠段总长 1329m，其中石门河倒虹吸长 1176m，出口明渠段长 153m。

（7）膨胀岩（潞王坟）试验段工程。潞王坟试验段位于新乡市潞王坟乡政府附近，长 1.5km。段内无交叉河流，为全明渠段。共布置交叉建筑物 2 座，即 2 座桥。本段起点设计水位为 98.755m；终点设计水位为 98.680m。渠道纵比降采用 1/20000，总水头差为 0.075m。

（8）新乡和卫辉段工程。黄河北—羑河北段第 8 设计单元新乡和卫辉段是黄河北—漳河南段的组成部分，由 2 段组成，中间被膨胀岩（潞王坟）试验段分隔开。第 1 段起点位于河南省新乡市凤泉区孟坟河渠倒虹工程出口，终点位于膨胀岩（潞王坟）试验段始端，长 4.693km，为全明渠段。第 2 段起点位于膨胀岩（潞王坟）试验段末端，终点位于鹤壁市淇县沧河渠倒虹出口导流堤末端。渠段总长 27.280km，其中明渠长 25.496km、建筑物长 1.784km。本渠段共布设各类交叉建筑物 39 座，其中河渠交叉建筑物 4 座，左岸排水建筑物 9 座，渠渠交叉建筑物 2 座，控制建筑物 4 座（节制闸 1 座、退水闸 1 座、分水口门 2 座），跨渠公路桥 20 座。渠段起点设计水位 98.939m，终点设计水位 97.061m，总设计水头差 1.877m。本段设计流量 250～260m³/s、加大流量 300～310m³/s。

（9）鹤壁段工程。起点位于河南省鹤壁市淇县沧河渠倒虹出口导流堤末端开始，即新乡和卫辉段的终点，终点为新乡卫辉市和鹤壁淇县的行政区划边界。渠段总长 30.848km，其中明渠长 29.384km、建筑物长 1.464km。沿线共布设各类交叉建筑物 49 座，其中河渠交叉建筑物 4 座；左岸排水建筑物 14 座，渠渠交叉建筑物 4 座，控制建筑物 5 座（节制闸和退水闸各 1 座、分水口门 3 座），跨渠公路桥 21 座、铁路桥 1 座。渠段起点设计水位 97.061m，终点设计水位 95.362m，总设计水头差 1.089m。起始断面设计流量 250m³/s，加大流量 300m³/s；终止断面设计流量 245m³/s，加大流量 280m³/s。

（10）汤阴段工程。起点位于新乡卫辉市和鹤壁市淇县的行政区划边界，终点位于安阳市汤阴县羑河渠倒虹工程出口渐变段末端后 10m，亦即黄河北—羑河北段的终点。渠段总长 21.317km，其中明渠长 19.997km、建筑物长 1.320km。沿线共布置各类交叉建筑物 31 座，其中河渠交叉建筑物 3 座，左岸排水建筑物 9 座，渠渠交叉建筑物 4 座，控制建筑物 3 座，跨渠公路桥 11 座、铁路桥 1 座。渠段起点设计水位 95.362m，终点设计水位 94.045m，总设计水头差 1.317m。本段设计流量 245m³/s，加大流量 280m³/s。

（11）安阳段工程。安阳段工程南起羑河渠道倒虹吸出口，北接穿漳工程的起点，全长 40.322km，其中渠道累计长 39.359km、建筑物长 0.963km。沿渠共布置有各类交叉建筑物 76 座，其中河渠交叉建筑物 3 座、左岸排水建筑物 16 座、渠渠交叉建筑物 9 座、分水口门 2 座、公路桥 25 座、生产桥 18 座、铁路桥 1 座、节制闸和退水闸各 1 座。渠道起点设计水位 94.045m，终点设计水位 92.192m，总设计水头差 1.855m。起始断面设计流量 245m³/s，加大流量 280m³/s；终止断面设计流量 235m³/s，加大流量 265m³/s。

（四）渠道设计

（1）渠道纵断面设计。总干渠采用明渠输水方案，各渠段纵坡主要根据总体设计所确定的控制点水位、水头优化分配方案、渠线所经过的地形和地质条件确定，渠道纵比降一般为 1/20000～1/29000。

（2）渠道横断面设计。黄河北—漳河南段渠道过水断面采用梯形断面。为增强渠道抗冻稳定性，过水断面采用弧形坡脚。根据不同的地形条件，分别采用全挖、全填、半挖半填三种不同形式。

1）全挖方土渠断面。一级马道以下采用单一边坡，边坡范围值为 1∶2～1∶3.5，一级马道高程为渠道加大水位加 1.5m 安全超高；一级马道以上每增高 6m 设二级、三级等各级马道，边坡范围值为 1∶1.5～1∶2.75。一级马道宽 5m，兼作运行维修道路，以上各级马道宽度均为 2m。

2）全填方渠段。堤顶兼作运行维护道路，顶宽为 5m，堤顶高程为渠道加大水位加上相应的安全超高，并满足堤外设计洪水位加上相应超高及堤外校核洪水位加上相应超高，取三者计算结果之最大值。其过水断面为单一边坡，范围值为 1∶2～1∶2.5。堤外坡自堤顶向下每降低 6m 设一级马道，马道宽取 2m。填土外坡一级边坡为 1∶1.5，二级和二级以上边坡为 1∶2。

3）半挖半填渠道过水断面也采用单一边坡，填方段外坡布置、堤顶宽度及其高程的确定同全填方断面的规定。

（3）边坡。根据渠道地质勘探与试验确定的各渠段岩性和岩土物理力学指标，参照已有工程经验，通过分析计算，确定渠道边坡系数。考虑到总干渠渠道规模大，混凝土衬砌施工及混凝土板抗滑稳定的要求，土渠坡边坡系数设计值不小于 2.0。

（4）底宽和水深。本渠段渠道综合糙率采用 0.015，在确定了渠道流量、水深、边坡、纵坡、糙率的情况下，确定渠道底宽为 8.0～29m。本渠段设计水深采用 7.0m。

（5）设计堤顶高程。渠岸高程全挖方渠段为第一级马道顶面高程，全填方或半挖半填渠段为堤顶高程。堤顶（渠岸或一级马道）高程按渠道加大流量水位加渠道安全超高确定。堤顶高程除满足上述渠道加大流量水位要求外，还须以堤外洪水位校验堤顶超高。相对于堤外设计洪水位和校核洪水位的堤顶超高，分别不小于 1.0m 和 0.5m。

（6）渠道衬砌与防渗。本渠段以全断面混凝土衬砌作为主要防渗减糙措施，在坡脚处均采用现浇混凝土弧形坡脚。衬砌顶部高程，挖方渠道为一级马道，填方或半挖半填渠道为堤顶高程。渠坡现浇混凝土衬砌板厚 10cm，渠底混凝土板一般厚 8cm，对于较大河流滩地渠道和与建筑物连接部位，根据实际情况适当加大混凝土板厚度，渠坡为 22cm，渠底仍为 8cm。安阳渠段采用在混凝土衬砌板下铺设二布一膜复合土工膜加强防渗。

（7）渠道防冻胀措施。安阳渠段的标准冻深值为 18.2cm。冬季基土冻胀对渠道混凝土衬砌有破坏作用。对季节冻土标准冻深大于 10cm 渠段，进行渠道的设计冻深和冻胀量计算，当渠道的设计冻胀量大于 1cm 时，采取抗冻胀措施。防冻胀为全断面防冻，采用砂砾料置换作为防冻胀采用方案，置换厚度为 20cm、25cm、30cm 三种。

（五）建筑物设计

1. 河渠交叉建筑物

（1）渠道倒虹吸。渠道倒虹吸工程主要由进口渐变段、进口检修闸、管身段、出口控制闸（或出口节制闸）、出口渐变段组成。控制闸或节制闸设在下游便于调节倒虹吸进口水位与流态，使倒虹吸进口经常处于淹没状态。进口检修闸采用叠梁钢闸门，起吊设备为电动葫芦；出口控制闸（节制闸）采用弧形钢闸门，液压启闭机启闭。

（2）河道倒虹吸。河道倒虹吸工程由进口连接段、管身段以及出口消能防冲等连接段组成。建筑物规模选择除受洪水大小影响因素外，还考虑了现状河道地形、地貌、主槽宽度、有无堤防及堤距、今后河道治理规划、工程布置以及修建工程后不恶化当地现有防洪除涝标准。

（3）涵洞式渡槽。涵洞式渡槽主体工程由上部渡槽与下部涵洞组成，渡槽工程主要由进口渐变段、进口节制闸、进口连接段、槽身段、出口连接段、检修闸闸室段和出口渐变段组成，汤河涵洞式渡槽的进口设总干渠节制闸，进口右岸联合布置有总干渠退水闸；涵洞工程由上游连接段、涵洞洞身段及下游的消能防冲等连接段组成。

（4）渠道暗渠。渠道暗渠工程主要进口渐变段、进口检修闸、洞身段、出口检修闸及出口渐变段五部分组成。进口检修闸采用平板钢闸门，液压式启闭机启闭，出口检修闸采用叠梁钢闸门，电动葫芦启闭。

2. 左岸排水建筑物

左岸排水建筑物是指总干渠与集流面积小于 $20km^2$ 河流的交叉建筑物，其建筑物的型式根据河沟底高程、洪水位与总干渠渠底高程和渠水位的关系，可以有排水倒虹吸、排水涵洞、排水渡槽三种形式。

（1）排水建筑物形式主要是根据河沟的底部高程、洪水位与总干渠的底部高程、渠水位及河、渠流量大小的相互关系，来选择建筑物型式。从大的方面讲分为上排式和下排式。

（2）排水倒虹吸的建筑物轴线选定顺河道走势布置不强行与总干渠中心线正交，以求得进出口有较好的流态，保持河岸稳定，提高泄流能力。对无沟形、无明显沟形或宽浅河沟，有条件采取正交的，则采取建筑物轴线与总干渠中心线正交。

（3）建筑物长度的确定，对于排水倒虹吸在保证总干渠和排水建筑物安全的前提下，尽量减少建筑物长度。

（4）建筑物进口不设拦污栅、工作闸门、检修门。

（5）排水倒虹吸进口不设沉砂池，对于河床质易冲刷和水流高含沙量河流，为减轻管内清淤工作量，进口设小型拦砂坎。根据左排倒虹吸沟道土质及颗分情况，为防止管内淤积，工程布置时适当加大管内流速。

3. 渠渠交叉建筑物

渠渠交叉工程只考虑设计流量大于 $0.8m^3/s$ 的渠道，对于设计流量小于 $0.8m^3/s$ 的渠道不设交叉工程。建筑物型式主要是根据灌渠的渠底高程、水位与总干渠的渠底高程、水位的相互关系，可选择灌渠渡槽、灌渠倒虹吸或灌渠涵洞。

4. 公路交叉工程

根据公路等级确定桥梁等级。

5. 铁路交叉工程

根据交叉处地形地貌地质情况及渠道加大设计水位，堤顶（一级马道）设计标高、渠道防洪堤顶标高以及交叉点的铁路既有轨面标高，铁路交叉建筑物的形式包括：预应力混凝土梁桥和钢筋混凝土箱桥。

6. 控制建筑物

控制建筑物包括分水口门、节制闸、退水闸。

五、穿漳河工程

总干渠穿漳河工程位于河南省安阳市安丰乡施家河村与河北邯郸市讲武城之间。处于南水北调中线工程的中间部位，华北地区最南端，是南水北调工程进入河北、北京的门户。东距京广线漳河铁路桥约 2km，距 107 国道约 2.5km，南距安阳市 17km，北距邯郸市 36km。工程由南向北依次为南岸连接渠段、进口渐变段、进口检修闸、管身段、出口节制闸、出口渐变段、北岸连接渠段组成，全长 1081.81m。

工程等级为Ⅰ等工程，其南北岸连接渠道、进出口渐变段、进口检修闸、管身段、出口节制闸、退水闸和排冰闸的闸首控制段及南北岸裹头等为 1 级建筑物，退水闸泄槽、消力池、海漫、防护堤等次要建筑物为 3 级建筑物。

（一）水文

漳河是海河流域南运河水系的主要支流，发源于太行山。漳河有清漳河和浊漳河两大支流，清漳河分为东、西支，浊漳河分西、北、南三源，清浊两支于漳河村汇合后称为漳河，后经岳城水库出太行山东流，于河北省馆陶县徐万仓东南汇入卫河。总干渠漳河交叉断面上游干流建有岳城水库，南水北调总干渠在岳城水库下游 11.4km 处穿越漳河，交叉断面以上流域呈扇形，集水面积为 18142km^2。

（1）设计洪水。根据岳城水库溢洪道及泄洪洞调洪运用复核成果，库水位在 152.5m 以下时由泄洪洞泄洪，库水位在 152.5m 以上时由溢洪道泄洪，库水位超 50 年一遇控制水位154.48m，且入库洪水流量大于溢洪道泄流量时溢洪道和泄洪洞共同泄洪，总干渠漳河交叉断面的设计洪水见表 12-4-7。

表 12-4-7   漳河交叉断面设计洪水

$P/\%$	0.33	1	2	5	20
流量/(m³/s)	11700	7840	3000	1500	1500
水位/m	87.20	85.81	83.81	82.79	82.79

（2）施工设计洪水。漳河交叉建筑物的分期施工洪水受岳城水库下泄洪水影响。统计岳城水库 1962—2005 年河道下泄流量，分析 11 月至次年 5 月、11 月至次年 6 月、10 月至次年 5月、10 月至次年 6 月四个分期 5%、10%、20%经验频率对应的流量，漳河交叉断面分期设计洪水见表 12-4-8。

表 12 - 4 - 8

时　段	频　率			时　段	频　率		
	$P=5\%$	$P=10\%$	$P=20\%$		$P=5\%$	$P=10\%$	$P=20\%$
11月至次年5月	262	203	141	10月至次年5月	318	250	176
11月至次年6月	288	232	168	10月至次年6月	330	266	195

表 12 - 4 - 8　　漳河交叉断面分期设计洪水　　单位：m³/s

(二) 地质

(1) 区域地质与地震。工程区处于河北平原地震带的西南部边缘，该地震带近代地震活动空间分布不均匀，所有 $M>6$ 级地震均集中在北部的邢台和东南部的菏泽一带，工程区周边 10km 范围内，历史上无5级以上的地震记载。场区的地震动峰值加速度为 $0.15g$，反应谱特征周期为 0.35s，相应地震基本烈度为Ⅶ度，地震设计基本烈度为Ⅶ度。

(2) 工程地质条件。勘察区内，漳河两岸地势平坦，河谷为碟形谷，宽约 2.5km。枯水期水面宽约 70m，两侧为漫滩及一级阶地。工程区内主要由上第三系（N）及第四系（Q）地层组成，上部为砾岩，多无胶结，局部钙质胶结。第四系（Q）由粉质壤土、砂壤土、粉细砂、中砂组成，总厚度 3.0～12.0m，由粉质壤土、砂壤土、粉细砂、中砂组成。分布于漫滩及河床。

(三) 线路及过河方案

轴线位置采用可行性研究阶段选定的轴线，在离河道 Y 形交叉下游约 200m 处。

南水北调中线工程总干渠漳河渠段设计流量为 235m³/s，加大流量 265m³/s。而漳河 100年一遇设计洪水流量为 7840m³/s，渠道设计流量远小于河道设计洪水流量，且交叉位置总干渠渠底高程为 85.19～85.87m，与河道 100 年一遇洪水位 85.76m 相差甚小。因此，交叉形式不宜采用河道倒虹。

由于交叉断面处漳河设计洪水位 85.76m、校核洪水位 87.07m，相对南水北调主干渠底高程 85.19～85.87m，行洪时梁底和部分槽身淹没在水下，因此不宜布置梁式渡槽。

根据穿漳工程的建设条件，建筑物输水形式主要比较了渠道倒虹吸和涵洞式渡槽两种形式。

渠道倒虹吸方案上游进口采用扭曲面渐变段混凝土挡墙与上游渠道连接，为保证进口有一定的淹没度并使得闸底板落于相对承载能力较好的地基上，进、出口斜管段采用 1：4 坡比，与进、出口闸室连接处上缘为椭圆形，河床主管段与斜管段均为钢筋混凝土方箱钢结构，进出口斜管段渐变段扭曲斜墙与上下游渠道连接。

涵洞式渡槽结构为混凝土钢构式整体结构，由进口段、槽身段和出口段组成。渡槽按双槽布置，进口设节制闸闸门 2 扇，闸室段后接过渡段，以适应地基基础的变化和闸门与渡槽之间的连接，槽身段由上部槽身段和下部涵洞组成，渡槽底板兼作涵洞顶板，上部槽身为双槽，单槽净宽 10m。

经过整体布置、防洪影响、环境影响、经济评价等方面综合比较，推荐方案为三联孔倒虹吸，河底口门宽 470m 的方案，其结构型式工程量最省，且运行方便灵活，可单中孔运行，双边孔运行，全孔运行，检修方式灵活有较好的可操作性。

（四）工程总布置及主要建筑物

1. 工程总布置

穿漳河工程由南至北顺总干渠流向依次为南岸连接渠道、进口渐变段、进口检修闸段、管身段、出口节制闸段、出口渐变段、北岸连接渠道，其中南岸连接渠道设退水闸、排冰闸各1座，拦冰索1道，工程轴线总长1081.81m（水平投影）。

2. 主要建筑物

南岸连接渠道长93.14m。与南岸总干渠结构型式一致，该段设有退水闸、排冰闸，进口渠道渠底宽17m，渠道纵坡为1/28000，内坡1：2，采用混凝土衬砌，下设复合土工膜，外坡1：1.5～1：3，高程88.29m以下采用浆砌石护坡，以上采用格栅草皮护坡。

进口渐变段长46m，底宽17～23.7m，为钢筋混凝土悬臂式挡墙结构，挡墙坡面由1：2坡度斜墙渐变成直立式。

退水闸设在南岸连接渠道，轴线与干渠轴线呈58°斜交，退水闸孔口尺寸4.5m×5.5m（宽×高），为平底实用堰，闸底和闸顶高程分别与渠底及渠顶高程相同，闸室长度为15m，排冰闸与退水闸并排设置，排冰闸孔口尺寸为5m×0.6m（宽×高）。

进口检修闸室为三孔一联的形式，为开敞式钢筋混凝土闸室，闸室长12m，底板厚2.5m，中墩厚1.5m，边墩厚1.5～2.0m，闸孔宽为6.9m，设平板事故门2扇，闸室两侧设门库2座。

虹吸管管身段长619.18m（水平投影），管身为钢筋混凝土箱形结构，三孔一联，单孔尺寸6.9m×6.9m（高×宽），顶板、底板、中隔墙及边墙厚均为1.3m。进口斜管段长66.91m（水平投影），斜管段坡比1：4.0；下部设进口加强段以利斜管与水平段对接，加强段长15.41m（水平投影）。平管段长451.58m，出口加强段长17.01m（水平投影）；出口斜管段长68.27m（水平投影），斜管段坡比1：4.0。

出口节制闸室为三孔一联的形式，长22m，宽27.6m，结构型式与进口检修闸基本相同，底板厚2.5m，中墩厚1.7m，边墩厚1.7～2.0m，闸孔宽6.9m，设露顶式弧形工作门3扇，叠梁式检修门2扇。

出口渐变段长66m，底宽23.7～24.5m，为钢筋混凝土悬臂式挡墙，挡墙坡面由1：2坡度斜墙渐变成直立式。

北岸连接渠道长223.49m与北岸总干渠渠道结构型式一致，渠底宽24.5m，渠道纵坡为1/26000，内外坡均为1：2，内坡为混凝土护坡，下设复合土工膜。

护岸工程范围为离穿漳河工程轴线以下1.31～1.81km，长度约500m。护岸由护脚平台、脚槽、坡身、排水沟等部分组成。

（五）工程施工组织设计

1. 施工条件

（1）自然条件。据工程区右岸邻近的安阳气象站1951—1995年的观测资料统计，多年平均降水量599.6mm，年平均气温为13.7℃，历年最高气温为41.7℃（1955年7月24日），历年最低气温为−21.7℃（1951年1月12日）。历年平均风速为2.3m/s，最大风速20m/s。历年最大冻土深度35cm，日照时数235.9h。

（2）主要工程量。土方开挖 54.74 万 m^3，土方填筑 68.51 万 m^3，干、浆砌石及钢筋石笼 7.75 万 m^3，砂砾石垫层 0.99 万 m^3，振冲碎石桩 7.87 万 m。另围堰土方开挖 22.25 万 m^3，土方填筑 15.32 万 m^3，拆除 14.23 万 m^3。

（3）施工场地。两岸滩地宽广，布置各种生产、生活设施。

（4）对外交通。左右岸各有一条便道与 107 国道相连，长均约 3km，经改扩建后可作为左右岸对外交通运输通道。

（5）主要建材及水电。施工电力采用河南安阳县安丰乡农村电网专线，水泥采用河北及河南省正规水泥厂满足国家规定检验标准产品。钢材采用河北邯郸钢铁厂产品。

（6）天然建筑材料。土料场位于工程区附近，分左、右岸两个料场。右（南）岸料场位于固岸村与吉村之间漳河的二级阶地上，运距 1.5km，产地面积 0.84km^2，为粉质黏土及重粉质壤土，具中等压缩性及低压缩性，总储量 283 万 m^3。左（北）岸料场位于讲武城漳河的一级阶地上，运距 2.5～3km，产地面积 1km^2，为重粉质壤土及中粉质壤土，具有弱湿性、低压缩性，总储量 324 万 m^3。

2. 施工导流

采用分期导流方案。在主河槽右侧（顺水流方向）的河床上修筑一期纵向围堰，并与上下游一期横向围堰形成一期基坑，同时结合主体工程的开挖整理主河槽左侧（顺水流方向）河床，使之满足一期过流。当一期基坑的防渗系统完成后，进行一期主体工程的施工。在一期工程中对河床进行整理，能满足二期过流。一期土石围堰拆除之前，于一期纵向围堰的右侧紧邻一期纵向围堰干地施工二期纵向围堰，围堰完工后拆除一期上下游围堰，同时填筑主河槽上的二期上下游横向围堰形成二期基坑。二期围堰的防渗系统建成后开挖基坑，修建二期主体工程。

3. 工程施工

两岸渠道土方填筑采用进占法卸料，采用 2～3m^3 装载机配 10t 自卸汽车装载运输，100～120 马力推土机平料，碾压采用 10～15t 轮胎碾。

管身段的混凝土施工以履带式起重机吊 3m^3 卧罐入仓。混凝土均采用 10t 自卸汽车运输。钢筋、模板的吊运由履带式起重机完成。进、出口建筑物及退水闸和排冰闸用汽车吊施工，两岸渠道式结构用自卸汽车入仓，斜坡段用溜槽入仓，渠道混凝土振捣采用平板振捣器。

4. 工程施工总进度

穿漳河工程施工总工期 30 个月，其中施工准备期 6 个月，一期工程施工期 9 个月，二期工程施工期 15 个月；工程筹建期 4 个月（不计入总工期）。

（六）工程占地与移民规划

工程建设征地涉及土地共计 1428.0 亩（永久征地为 200.9 亩、临时用地为 1227.1 亩），其中河南省 1195.2 亩（永久征地 99.5 亩、临时用地 1095.7 亩），河北省 232.8 亩（永久征地 101.4 亩、临时用地 131.4 亩）。河南安阳县安丰乡北丰、施家河 2 个村规划生产安置人口共 5 人。工程建设征地补偿静态总投资 1664.41 万元。

（七）工程投资

按 2007 年第四季度价格水平计算，工程静态总投资 36856 万元。

六、漳河北—石家庄段

（一）工程建设条件

1. 水文气象

漳河北—石家庄段所在地区属暖温带半湿润地区，受季风控制，四季分明，历年冬夏季较长，春秋季较短。渠段沿线同期气温南北差异不大，多年平均气温 12.6～13.4℃，多年平均降雨量沿线变化规律不明显，变化范围为 480～570mm，多年平均水面蒸发量为 1512～2159mm。

本渠段西侧太行山浅山区为华北地区暴雨多发区，流域洪水的年际变化是全国最大的地区之一。

设计洪水按有实测流量资料、无实测流量资料以及上游有大、中型蓄水工程三种情况进行了分析计算。上游无大型水利工程控制，且在交叉断面附近有实测流量资料的河流，直接采用流量系列分析计算；上游有水库工程控制的河流，采用全流域控制的方法计算，综合分析选定设计成果；无实测流量资料的河流，其设计洪水通过暴雨途径推求，根据流域面积和河道特征的不同，分别采用瞬时单位线法、推理公式法和铁一院法。依据有关标准和规范的有关要求，洪水分析计算标准为：流域面积大于 20km² 的河流按 300 年一遇、100 年一遇、50 年一遇、20 年一遇、10 年一遇、5 年一遇 6 个重现期；流域面积小于 20km² 的河流按 200 年一遇、100 年一遇、50 年一遇、20 年一遇、10 年一遇、5 年一遇 6 个重现期。

汛期施工设计洪水分为 50 年一遇、20 年一遇、10 年一遇、5 年一遇 4 个标准。非汛期按 9 月 1 日至次年 6 月 30 日、9 月 1 日至次年 6 月 15 日、9 月 15 日至次年 6 月 30 日、9 月 15 日至次年 6 月 15 日共 4 个时段分析计算，设计洪水重现期为 20 年一遇、10 年一遇和 5 年一遇或根据施工组织设计的具体要求分别选取。

非串流区天然河道水面线采用河道恒定非均匀流计算公式，即伯努力能量方程式，由下游断面向上游断面逐段推算水位。串流区由于洪水排泄过程不同于单向为主的交叉河沟排洪过程，洪水流态具有平面二维水流特性，串流区内洪水的水深、水位、流速等水力要素不仅沿纵向变化，而且有横向变化，水位流量关系的计算已超出一维非恒定流或恒定流的范围，因此对串流区内交叉河流天然状态下的设计水位采用了二维非恒定流数学模型方法。坡水区因无天然沟形，水位流量关系计算比较困难，采用均匀流法。

2. 工程地质

穿漳河渠段地处太行山东麓与华北平原过渡带，穿越倾斜平原、岗地、丘陵三类地貌区。渠段位于三级构造单元太行山隆起的东部边缘，渠线附近的区域断裂多为隐伏的控制性断裂，以走向 NNE 和 NWW 为主。各断裂带第四纪以来活动微弱。

根据 2004 年 4 月国家地震局分析预报中心复核的《南水北调中线工程沿线设计地震动参数区划报告》，总干渠河北省南段桩号（0+000）～63+848 段地震动峰值加速度为 0.15g，桩号 63+848～（166+703）段地震动峰值加速度为 0.10g，相应地震基本烈度均为Ⅶ度。桩号（166+703）～（236+934.9）段地震动峰值加速度为 0.05g，相应地震基本烈度为Ⅵ度。

本段总干渠存在的主要工程地质问题有：膨胀土（岩）的胀缩性、黄土状土的湿陷性、饱和砂土的地震液化、煤田采空区的变形以及渗漏、地下水对边坡稳定的影响等。

（二）工程总体布置

1. 漳河北—石家庄邯邢段

河北省邯邢渠段起自河北省与河南省交界处的漳河北岸，止于邢台与石家庄市交界的梁村村西，途经河北省邯郸、邢台2市及所属8个县（市），分别为磁县、邯郸市、邯郸县、永年县、沙河市、邢台市、邢台县、内丘县、临城县。渠段全长172.751km，其中渠道长162.107km、建筑物长10.644km。共布置各类建筑物336座，其中河渠交叉建筑物20座、左岸排水建筑物73座，渠渠交叉建筑物8座，路渠交叉建筑物195座（其中铁路交叉工程6座、公路桥109座、生产桥80座），控制工程40座。

邯邢渠段输水规模分为3段。其中漳河北—沁河南段设计流量235m³/s，加大流量265m³/s；沁河南—南大郭段设计流量230m³/s，加大流量250m³/s；南大郭—邢石界段设计流量220m³/s，加大流量240m³/s。

2. 漳河北—石家庄段石家庄南段

石家庄南段总干渠线路起点位于邢台与石家庄市交界的梁村村西，终点至石家庄市西郊田家庄村西古运河枢纽前（京石应急供水段起点）。本渠段设计流量220m³/s，加大流量240m³/s。

本渠段途径石家庄市高邑、赞皇、元氏鹿泉、桥西区和新华区6个县（市、区），渠线总长65.793km，其中渠道长60.710km、建筑物长5.083km。共布置各类建筑物152座，其中河渠交叉建筑物9座，左岸排水建筑物19座，渠渠交叉建筑物11座，路渠交叉建筑物72座（铁路交叉工程2座、公路桥53座、生产桥17座），暗渠1座，控制工程40座（节制闸2座、退水闸2座、分水口门6座）。

（三）设计单元及工程位置

1. 漳河北—石家庄段邯邢段

邯邢段共分9个设计单元，即磁县段、邯郸市—邯郸县段、永年县段、洺河渡槽、沙河市段、南沙河渠道倒虹吸、邢台市段、邢台县—内丘县段、临城县段、京石段应急供水连接工程。

（1）磁县段工程。磁县段工程总干渠线路以冀豫交界处的漳河北为起点，沿京广铁路西侧的太行山东麓自南向北，经过磁县，至磁县与邯郸县交界的河北村村西为终点。渠段长40.056km，其中渠道长38.986km，建筑物长1.07km（包括岳城铁路倒虹吸150m，滏阳河渡槽302m，马磁铁路倒虹吸194m，牤牛河南支渡槽424m）。共布设各类建筑物80座，其中大型河渠交叉建筑物4座，左岸排水建筑物18座，渠渠交叉建筑物4座，公路渠交叉建筑物44座，铁路交叉建筑物2座，控制工程8座。

河北省磁县段渠道横断面形式均为梯形断面。受地形起伏变化影响，渠道分为全挖、全填、半挖半填三种工程形式，其长度分别为11.825km、5.152km和22.009km。渠道均为土质渠道，局部渠段土岩混杂。

磁县段工程渠道起点设计水位91.870m，终点设计水位89.720m，设计流量235m³/s，加大流量265m³/s，总水头2.15m，其中建筑物分配水头0.594m、渠道分配水头1.556m。渠道设计纵坡为 1/23000～1/28000。

（2）邯郸市—邯郸县段工程。邯郸市—邯郸县段工程起自磁县与邯郸县交界的河北村村西，沿京广铁路西侧的太行山东麓自南向北，经过邯郸市和邯郸县，至邯郸县与永年县交界的西两岗村西为终点。渠段长 21.112km，其中渠道长 20.501km。本渠段共布置各类建筑物 43 座，其中大型河渠交叉建筑物 2 座、左岸排水建筑物 9 座、路渠交叉建筑物 26 座、控制工程 6 座。

渠道纵坡 1/25000～1/26000，总水头为 1.182m，其中渠道占用水头 0.804m、建筑物占用水头 0.378m。

邯郸市—邯郸县段输水规模分为 2 段。其中磁县、邯郸县界—沁河设计流量 235m³/s，加大流量 265m³/s；沁河南—邯郸县与永年县界设计流量 230m³/s，加大流量 250m³/s。

（3）永年县段工程。永年县段工程分为洺河南和洺河北 2 段。洺河南段以邯郸县与永年县交界的西两岗村西为起点，沿京广铁路西侧的太行山东麓自南向北，至洺河南岸为终点，渠段长 15.439km；洺河北段以洺河北岸起点，至永年县与沙河市交界的邓上村村西为终点，渠段长 1.823km。共布置建筑物 30 座，其中大型河渠交叉工程 1 座、左岸排水工程 9 座、控制工程 1 座、路渠交叉工程 19 座。

渠道纵坡 1/17000～1/28000，总水头 0.707m，其中洺河南段占用水头 0.628m、洺河北段占用水头 0.079m。渠段设计流量 230m³/s，加大流量 250m³/s。

（4）洺河渡槽工程。洺河是滏阳河的支流，发源于太行山麓，流域面积 3214km²，工程交叉断面以上集流面积 2211km²。洺河渡槽工程位于永年县城西约 10km，总长 829m，由进口渐变段、洺河节制闸、跨河渡槽、退水闸及排冰闸、出口渐变段组成。洺河渡槽的设计流量 230m³/s，加大流量 250m³/s。洺河退水闸设计流量按洺河渡槽设计流量的 50% 确定，退水流量 115m³/s。

进出口渐变段采用直线扭曲面，进口渐变段长 50m，出口渐变段长 75m。渐变段结构由靠闸室的重力式挡土墙渐变为坡面式贴坡护坡。进口节制闸闸室长 22.0m，为三孔一联开敞式整体钢筋混凝土结构，孔口尺寸 7.0m（宽）×7.5m（高）。跨河渡槽长 640m，共 16 跨，单跨长 40.0m。渡槽纵坡 i=1/3900，设计水深 5.66m，加大水深 6.06m。槽身为 3 槽，单槽横向过水断面尺寸为 7.0m（宽）×6.8m（高）。出口检修闸室长 12.0m，结构型式、孔口尺寸与进口节制闸相同。退水闸、排冰闸布置在渡槽进口渐变段上游右岸，由进口、闸室、陡坡、消力池、退水渠组成。退水闸中心线与总干渠轴线交角 62°。排冰闸布置在退水闸与渡槽进口渐变段之间，与退水闸平行布置。

（5）沙河市段工程。沙河市段线路以邯郸市与邢台市交界的邓上村村北为起点，沿京广铁路西侧的太行山东麓自南向北，经过沙河市，至南沙河南岸为终点，渠段长 14.261km，其中渠道长 14.031km。沙河市段共布设各类建筑物 27 座，其中大型河渠交叉建筑物 1 座、左岸排水建筑物 7 座、渠渠交叉建筑物 1 座、铁路暗渠 1 座、路渠交叉建筑物 16 座、控制工程 1 座。

渠道水面纵坡为 1/15720～1/25000。根据邯邢渠段水头优化成果，渠道长 14.031km，占用水头 0.641m。沙河市段设计流量 230m³/s，加大流量 250m³/s。

（6）南沙河渠道倒虹吸工程。南沙河是滏阳河流域一条主要河流，发源于太行山东麓。南沙河渠道倒虹吸工程由进口连接渠道、南段倒虹吸、中间明渠、北段倒虹吸、出口连接渠道 5

部分组成，其中南、北段倒虹吸分别由进口渐变段、进口检修闸、管身、出口节制闸（检修闸）、出口渐变段 5 部分组成。南沙河渠道倒虹吸长 4395m，输水设计流量 230m³/s，加大流量 250m³/s。

1）进出口连接渠道。进口连接渠道长度 50.0m，出口连接渠道长度 10.0m。渠道设计断面为梯形，进口渠道设计底宽 21.0m，边坡 1：2.5，出口渠道设计底宽 20.0m，边坡 1：2.5。

2）南段倒虹吸工程。工程全长 1250m，由进口渐变段、进口闸室段、管身段、出口闸室段和出口渐变段 5 部分组成。进口渐变段长 70m，进口闸室段长 15m，分 3 孔布置，每孔净宽 6.0m。管身段长 1070m，倒虹吸管为三孔一联，单孔过水断面尺寸 6.6m×6.5m。出口闸室段长 15m，分 3 孔布置，每孔净宽 6.0m。检修闸设置 2 扇检修闸门。出口渐变段长 80m。

3）中间明渠段。长 2030m，为挖方渠道，底宽 21.0m，纵坡 1/25000，一级马道以下边坡 1：2.5，一级马道至地面边坡 1：2.0，两侧防洪堤内边坡 1：2.5。

4）北段倒虹吸工程。工程全长 1055m，由进口渐变段、进口闸室段、管身段、出口闸室段和出口渐变段 5 部分组成。进口渐变段长 70m，进口闸室段长 15m，分 3 孔布置，每孔净宽 6.0m。管身段长 870m，倒虹吸管为三孔一联，单孔过水断面尺寸 6.6m×6.5m。出口闸室段长 20m，该闸为总干渠节制闸，闸室分 3 孔布置，每孔净宽 6.0m。出口渐变段长 80m。

（7）邢台市段工程。邢台市段线路以南沙河北岸为起点，沿京广铁路西侧的太行山东麓自南向北，经过邢台市西郊，至会宁村西南为终点。渠段长 15.898km，其中渠道长 15.033km。渠段共布设备类建筑物 27 座，其中大型河渠交叉建筑物 2 座、左岸排水建筑物 2 座、路渠交叉建筑物 18 座、控制工程 5 座。

渠道水面纵坡为 1/19700～1/25000。渠道长 15.033km，占用水头 0.642m；建筑物长 0.865km，占用水头 0.470m。邢台市段输水规模分为 2 段，其中南沙河倒虹吸北岸—南大郭设计流量 230m³/s，加大流量 250m³/s；南大郭—邢台市桥西区与邢台县交界段设计流量 220m³/s，加大流量 240m³/s。

（8）邢台县—内丘县段工程。邢台县—内丘县段线路以邢台市、县交界的会宁村西南为起点，进入邢台县后穿西沙窝沟，在东良舍北穿白马河，张夺村东跨越小马河，内丘县城西过李阳河，至内丘县与临城县交界的西邵明村西为止。此段渠道经过邢台县、内丘县等 2 个县，全线总长 31.666km，其中渠道长 29.754km、建筑物长 1.912km。本渠段建筑物布置有大型河渠交叉工程、左岸排水工程、控制工程和路渠交叉工程等 4 种类型。共布置建筑物 63 座，其中大型河渠交叉工程 5 座，左岸排水工程 11 座，控制工程 8 座，路渠交叉工程 39 座（包括铁路交叉工程 2 座、公路交叉工程 22 座）。

渠道水面纵坡为 1/18000～1/25000。本段渠道总水头 2.302m，其中建筑物分配水头 1.034m，渠道分配水头 1.268m。渠段设计流量 220m³/s，加大流量 240m³/s。

（9）临城县段工程。临城县段线路以内邱县与临城县交界的西邵明村西为起点，沿京广铁路西侧的太行山东麓自南向北，经过邢台市所属临城县，至邢台市与石家庄市交界的梁村村北为终点。渠段长 27.171km，其中渠道长 26.379km。渠段布置各类建筑物 60 座，其中大型河渠交叉建筑物 3 座、左岸排水建筑物 17 座、渠渠交叉建筑物 3 座、路渠交叉建筑物 30 座、控制工程 7 座。

临城县段工程采用明渠自流输水方案，渠道水面纵坡为 1/18000～1/26000。根据水头优化成果，渠道长 26.379km，占用水头 0.110m；建筑物长 0.792km，占用水头 0.418m。总干渠临城县段设计流量 220m³/s，加大流量 240m³/s。

2. 漳河北至石家庄段—石家庄南段

总干渠邢石界—古运河南渠段共分高邑—元氏段、鹿泉市段和石家庄市区段等 3 个设计单元。本渠段设计流量 220m³/s，加大流量 240m³/s。

（1）高邑县—元氏县段工程。总干渠高邑县—元氏县段工程位于石家庄市高邑县、赞皇县、元氏县境内，起点位于邢台市和石家庄市交界，终点位于石家庄市元氏县与鹿泉市交界。起点总干渠桩号 172+000，终点总干渠桩号为 212+180。高邑县—元氏县段全长 40.741km，其中渠道长 38.282km。

（2）鹿泉市段工程。总干渠鹿泉市段工程位于鹿泉市境内，起点位于元氏县和鹿泉市交界处后黄家营村，终点位于石家庄市和鹿泉市交界处台头村。鹿泉市段全长 12.786km，其中渠道长 11.459km。

（3）石家庄市区段工程。总干渠石家庄市区段工程位于石家庄市桥西区和新华区，起点位于鹿泉市与石家庄市交界处的台头村。石家庄市区段全长 12.266km，其中渠道长 10.969km。

（四）渠道设计

（1）渠道纵断面设计。总干渠采用明渠输水方案，渠段纵坡主要根据总体设计所确定的控制点水位、水头优化分配方案、渠线所经过的地形和地质条件确定，渠道纵比降为1/16200～1/30000。

（2）渠道横断面设计。本段渠道过水断面采用梯形断面。渠道全长 162.107km，其中土质渠段 147.114km、岩质渠段 14.993km。根据不同的地形条件，分别采用全挖、全填、半挖半填 3 种不同形式，其中全挖方渠道长 85.450km、全填方渠道长 10.433km、半挖半填渠道长 66.224km。

1）全挖方渠道加大水位加安全超高为一级马道高程，一级马道宽度为 5m。一级马道以下渠道为单一边坡梯形断面；一级马道以上，土渠渠道坡高每增加 6.0m 增设一级马道，马道宽 2.0m；石质渠道坡高每增加 8.0m 增设一级马道，马道宽 1.0m。

2）全填方渠道横断面形式与全挖方渠道第一级马道以下部分相同。堤顶宽度 5.0m，填方较高时，两侧外坡堤顶以下每降低 6.0m 设置一级马道，马道宽 2.0m。

3）半挖半填渠道内坡断面形式为单一边坡的梯形断面，填方外坡布置形式同全填方断面。

（3）边坡。根据渠道地质勘探与试验确定的各渠段岩性和岩土物理力学指标，参照已有工程经验，通过分析计算，确定渠道边坡系数。考虑到总干渠渠道规模大，混凝土衬砌施工及混凝土板抗滑稳定的要求，土渠坡边坡系数设计值不小于 2.0。

（4）底宽和水深。本渠段渠道综合糙率采用 0.015，在确定了渠道流量、水深、边坡、纵坡、糙率的情况下，确定渠道底宽为 15.0～26.5m。本渠段设计水深采用 6.0m。

（5）设计堤顶高程。对于全挖方和半填半挖（以挖方为主）渠道，一级马道高程按渠道加大水位加 1.0m 的超高值确定；对于全填方和半挖半填（以填方为主）渠道，按渠道加大水位加 1.2m 的超高值确定。填方和半挖半填渠道当渠堤要抗御渠外洪水时，堤顶高程按照渠内水位要求的堤顶高程和渠外洪水要求堤顶高程的较大值确定。

（6）渠道衬砌与防渗。渠道过水断面采用混凝土衬砌减糙。土质渠段渠底、渠坡衬砌混凝土厚度分别为8cm、10cm；岩质渠段渠底现浇混凝土衬砌板厚度12cm，边坡系数为1.0～1.5滑模混凝土衬砌厚度15cm，边坡系数小于1.0模筑混凝土衬砌厚度20cm。对于渗透系数不小于$1×10^5$cm/s的土质渠道、全填方、膨胀土及煤矿区等特殊渠段，在混凝土衬砌板下铺设复合土工膜等防渗材料加强防渗。

（7）渠道防冻胀措施。总干渠渠线长，从开工建设到全线竣工时间长，在渠道无水以及冬季检修等工况下，为了保证渠道衬砌板不发生冻胀破坏，需全断面采取防冻胀措施。地下水位低于渠底需要防冻胀的渠段渠坡铺设聚苯保温板防冻胀，铺设聚苯板渠段长104.438km；地下水位高于渠底需防冻胀的渠段采用全断面置换砂砾料，置换砂砾料防冻胀渠段长42.675km。

（8）渠道排水。总干渠河北省邯邢渠段共有51.932km渠段的地下水位高出渠道设计渠底高程。经分析设置排水段长58.913km，其中石渠段长14.993km、岩质渠基段长3.164km、土渠段长40.756km。石渠段和岩质渠基段全部采用内排；土渠段自流外排段长19.898km，内排段长20.858km。

（9）特殊土处理。邯邢渠段总干渠经过特殊地质结构的渠段51.58km，其中膨胀土渠段42.01km、砂土液化渠段2.74km、湿陷性黄土渠段6.83km。这些渠段需采取不同地基处理措施，以保证总干渠安全运行。另有压煤渠段11.21km，需采取保护煤柱措施。

膨胀土渠段过水断面的膨胀土采取换土封闭和压重双重措施，保证过水断面边坡稳定。一级马道以下换土厚度依据膨胀土的膨胀等级选取不同的厚度，强、中、弱膨胀土的换土厚度分别为2.5m、2.0m、1.0m。对一级马道以上的强、中膨胀土的换土厚度分别为1.5m、1.0m；弱膨胀土只考虑混凝土框格防护和坡面排水等保护措施。

对总干渠饱和砂土液化渠段比较了强夯法、振冲与强夯结合法、混凝土框格围封法以及复合载体夯扩桩4种处理方法。选择投资最省的复合载体夯扩桩为推荐方案。

总干渠湿陷性黄土处理比较了强夯法、挤密砂土桩两种方法。经过综合比较，选择强夯法作为推荐方案。

渠线经过已取得开采权的凰家煤矿、邢台煤矿、伍仲煤矿、邢台劳武联办煤矿、亿东煤矿、鑫丰煤矿、前升煤矿、兴安煤矿、磨窝煤矿、邵明煤田区贾村乡第三煤矿、华懋煤矿11座煤矿，压煤段总长11.21km。渠段避开了邵明煤田采空区和邢台沙河市上郑村附近铁矿开采区，并从拟建北掌煤田首采区西侧边缘通过。

（五）建筑物设计

1. 漳河北—石家庄段邯邢段

（1）河渠交叉建筑物。本渠段共布置大型河渠交叉建筑物20座，其中渠道梁式渡槽5座、渠道倒虹吸6座、排洪渡槽3座、河道倒虹吸3座、排洪涵洞3座。

1）渠道倒虹吸工程。渠道倒虹吸工程主要由进口渐变段、进口检修闸、管身段、出口控制闸（或出口节制闸）、出口渐变段组成。控制闸或节制闸设在下游便于调节倒虹吸进口水位与流态，使倒虹吸进口经常处于淹没状态。进口检修闸采用叠梁钢闸门，检修门采用叠梁式闸门，起吊设备为电动葫芦；出口控制闸（节制闸）采用弧形钢闸门，液压启闭机启闭。

2）河道倒虹吸工程。河道倒虹吸工程由进口连接段、管身段以及出口消能防冲等连接段组成。建筑物规模选择除受洪水大小影响因素外，还考虑了现状河道地形、地貌、主槽宽度、有无堤防及堤距、今后河道治理规划、工程布置以及修建工程后不恶化当地现有防洪除涝标准。

3）梁式渡槽工程。梁式渡槽工程由进口段（包括进口渐变段、进口检修闸、进口连接段）、槽身、出口段（包括出口连接段、出口检修闸、出口渐变段）组成。上部结构为三槽一联带拉杆预应力钢筋混凝土矩形槽，渡槽下部支承结构为实体重力墩灌注桩基础。

4）排洪渡槽。渡槽由渡槽、进出口涵洞、进水闸组成。上部槽身为多纵梁两槽矩形槽或单槽带拉杆矩形槽。渡槽下部支承结构型式为钢筋混凝土薄壁墩，灌注桩基础。

5）排洪涵洞。涵洞由进口防护段、进口连接段、洞身段、出口连接段、出口防冲段及尾渠段等组成。结构型式为三孔一联钢筋混凝土箱涵结构。

（2）左岸排水建筑物。左岸排水建筑物根据河沟底高程、洪水位与总干渠渠底高程和渠水位的关系，可以有排水倒虹吸、排水涵洞、排水渡槽3种形式。本渠段73座排水建筑物中，排水倒虹吸47座、涵洞12座、渡槽14座。

1）排水建筑物形式主要是根据河沟的底部高程、洪水位与总干渠的底部高程、渠水位及河、渠流量大小的相互关系，来选择建筑物形式。从大的方面讲分为上排式和下排式。

2）排水倒虹吸的建筑物轴线选定一般顺河道走势布置不强行与总干渠中心线正交，以求得进出口有较好的流态，保持河岸稳定，提高泄流能力。对无沟形、无明显沟形或宽浅河沟，有条件采取正交的，则采取建筑物轴线与总干渠中心线正交。

3）建筑物长度的确定，对于排水倒虹吸在保证总干渠和排水建筑物安全的前提下，尽量减少建筑物长度。

4）建筑物进口不设拦污栅、工作闸门、检修门。

5）排水倒虹吸进口不设沉砂池，对于河床质易冲刷和水流高含沙量河流，为减轻管内清淤工作量，进口设小型拦砂坎。根据左排倒虹吸沟道土质及颗分情况，为防止管内淤积，工程布置时适当加大管内流速。

（3）渠渠交叉建筑物。渠渠交叉工程只考虑设计流量大于 $0.8m^3/s$ 的渠道，对于设计流量小于 $0.8m^3/s$ 的渠道不设交叉工程。本渠段共设置渠渠交叉建筑物8座，其中灌渠渡槽3座、灌渠涵洞2座、灌渠倒虹吸3座。交叉建筑物设计流量 $1.0\sim70m^3/s$。

建筑物型式主要是根据灌渠的渠底高程、水位与总干渠的渠底高程、水位的相互关系，可选择灌渠渡槽、灌渠倒虹吸或灌渠涵洞。

（4）公路交叉工程。本段共计布置公路交叉工程189座，其中省级以上公路桥12座；县级公路桥11座，乡、村级公路桥56座，专用公路桥12座，城区公路桥18座，生产生活便桥80座。根据交叉部位渠道型式布置桥梁和隧洞。

（5）铁路交叉工程。邯邢段总干渠与铁路交叉共6处，从南向北依次为讲武城—岳城水库专用线（讲岳铁路）、马头—磁山铁路（马磁铁路）、邯郸—长冶铁路（邯长铁路）、沙河—午汲铁路（沙午铁路）、官庄—东庞煤矿铁路（官东铁路）和内丘—磨窝煤矿铁路（内磨铁路）。穿铁路建筑物中有倒虹吸3座、暗渠2座、梁式桥1座。

（6）控制建筑物。本渠段共设有控制性建筑物40座，其中节制闸8座，退水闸9座，排冰闸10座，分水闸13座（12座永久分水闸、1座临时分水闸）。

2. 漳河北—石家庄段—石家庄南段

（1）大型河渠交叉建筑物。本渠段共布置大型河渠交叉建筑物9座，其中渡槽1座、渠道倒虹吸7座、排洪涵洞1座。

（2）华柴暗渠。华北柴油机械厂位于石家庄市新规划的城市三环路（现南防洪堤位置）以西的上庄村东，防洪堤与该厂家属楼之间的现状最小距离为140m，为方台沟流域洪水的主要行洪通道。总干渠在该段与石家庄三环路并行，根据石家庄市城市防洪规划要求，渠道左堤脚距华柴厂家属楼之间的距离最低要保证现状行洪通道的宽度，因此明渠渠道从该位置穿过需拆迁该厂部分家属楼和其他附属设施。考虑到拆迁安置困难，经综合比较，该渠段由明渠调整为暗渠，暗渠长720m，暗渠洞身为三孔一联钢筋混凝土箱涵结构。

（3）左岸排水建筑物。本渠段共布置左岸排水建筑物19座，按类型分渡槽2座、涵洞1座、倒虹吸16座。

（4）渠渠交叉建筑物。本渠段沿途穿越平旺、槐南、八一、冶河、计三渠5个灌区，共截断分干渠、支渠、斗渠共30条，影响灌溉面积14.65万亩。本次设计按照灌渠合并后修建渠渠交叉建筑物、下游修建连接渠对截断灌区进行恢复的原则，通过合并与增减渠渠交叉建筑物对总干渠截断的灌区均进行了恢复，共设渠渠交叉建筑物11座。

（5）公路交叉建筑物和生产桥。本渠段布置公路交叉建筑物和生产桥共计70座，其中公路-Ⅰ级桥13座、公路-Ⅱ级桥57座。副桥涵建筑物共计134座，其中副桥3座、副涵131座。根据《公路工程技术标准》（JTG B01—2003）标准划分，本渠段主桥均为大、中桥，副桥为中桥，副涵为涵洞。

（6）公路连接路。本渠段公路连接路包括沛河、沟北南和西龙贵3条。

（7）铁路交叉工程。本渠段穿越的铁路有2条，即石太铁路联络线和石太铁路。石太铁路联络线为国铁Ⅰ级铁路，正线数目为双线；石太铁路为国铁Ⅰ级铁路，有石太铁路正线、大郭村车站联络线及河北省物资局专用线等6股道。设置两处暗涵，石太铁路联络线和暗涵石太铁路暗涵。

（8）控制建筑物。本渠段共布置控制工程12座，其中节制闸2座、退水闸2座、排冰闸2座、分水口门6座。

1）节制闸。节制闸按满足调节总干渠水位的要求确定，控制的渠段长度尽可能均衡，并与大型交叉建筑物结合布置，其相对位置主要取决于大型交叉建筑物的结构型式、运用和检修要求。本渠段节制闸均与大型渠道倒虹吸组成枢纽，布置于倒虹吸的出口，兼作倒虹吸的工作闸，以保证倒虹吸进、出口淹没和总干渠调度运行的要求。根据上述原则并结合分水口门的布置情况，本渠段布置的2座节制闸分别为槐河（一）节制闸和洨河节制闸，均位于相应的渠道倒虹吸出口。

2）退水闸。本渠段交叉河流基本上为东西走向，西高东低。根据河道的流向，以及从利于退水运用、工程管理和对大型交叉建筑物的安全考虑，确定退水闸布置于总干渠的右岸侧，并靠近大型交叉建筑物的进口。闸址距建筑物进口的距离，则是根据退水渠道对主体建筑物的影响、河道状况以及地形、地质条件等因素择优确定。根据渠段间河道的退水条件，考虑退水闸之间的距离以及使每个退水闸担负的总干渠长度尽量均衡，本渠段布置的2座退水闸分别为槐河（一）退水闸和洨河退水闸，位于相应渠道倒虹吸进口的上游。

3）排冰闸。排冰闸闸址确定原则基本同退水闸。本渠段布置的2座排冰闸为槐河（一）排冰闸和汶河排冰闸，位于相应渠道倒虹吸进口的上游。由于排冰闸设计为单孔，为便于工程管理、减小工程规模并相应减少占地面积，排冰闸与退水闸并联单独设置，布置在退水闸的下游。

4）分水口门。本渠段共布置了分水口门6处，从上游向下游依次为沛河、北马、赵同、万年、上庄和南新城，担负着向石家庄城镇和工业供水的任务。除北马和南新城分水口门布置在总干渠左岸外，其余4座均位于总干渠的右岸。

七、京石段工程河北段

南水北调中线京石段应急供水工程任务，是利用南水北调中线总干渠以西河北省太行山区的岗南、黄壁庄、王快、西大洋4座大型水库的调蓄水量，挤占水库农业和生态用水，视北京缺水情况，按王快、岗黄、西大洋先后次序供水，利用南水北调中线总干渠京石段总干渠应急输水进入北京市，以缓解近期北京市水资源短缺状况。本段工程还担负着在南水北调中线工程全线贯通后向北京、天津、河北部分区域供水的任务。

京石段工程河北段包括：京石段工程—河北段和京石段工程—连接工程段。

（一）工程建设条件

1. 京石段工程—河北段

（1）水文气象。京石段工程河北渠段所在地区属暖温带半湿润地区，受季风控制，四季分明，冬夏季较长，春秋季较短。渠段沿线同期气温南北差异不大，多年平均气温为 $13.0\sim11.7℃$，多年平均降雨量沿线变化规律不明显，变化范围为 $468\sim552mm$，多年平均水面蒸发量为 $1512\sim1928mm$。

本渠段西侧太行山浅山区为华北地区暴雨多发区，尤以保定段西侧的大清河浅山区是暴雨中心和暴雨高值区。根据水文站实测冰情资料，本渠段冬季存在流冰、岸冰和封冻情况，最大冰层厚度为 $0.30\sim0.49m$。

水文分析主要成果有：大型交叉河流5年一遇、10年一遇、20年一遇、50年一遇、100年一遇及300年一遇设计洪峰流量、洪量、洪水过程线，小型交叉河流及坡水区5年一遇、10年一遇、20年一遇、50年一遇、100年一遇及200年一遇设计洪峰流量、洪量、洪水过程线。有实测流量资料的交叉河流中，南、北拒马河设计洪水根据水文站实测洪水系列用频率法计算，其余河流上游建有大型水库，水库设计洪水采用上级审定的最新成果，并考虑了水库下泄洪水与区间洪水的地区组成。无实测流量资料的河流，按流域面积的大小分别采用瞬时单位线法和推理公式法，坡水区则采用铁道部第一设计院等三单位提出的方法。

（2）工程地质。本渠段位于太行山东麓与华北平原的接壤地带。沿线范围内地形总体呈西高东低之势，南部处于平缓区，北部处于丘陵区。渠段地貌为倾斜平原及丘陵两种地貌形态，其间夹河流地貌。依据《中国地震动参数区划图》（GB 18306—2001）划分：石家庄市至正定县境内的地震动峰值加速度为 $0.1g$，地震动反应谱特征周期值为 $0.40s$，相当于地震基本烈度Ⅶ度区；新乐市以北至满城县境内地震动峰值加速度 $0.05g$，地震动反应谱特征周期值为 $0.45s$，相当于地震基本烈度Ⅵ度区；徐水县、易县地震动峰值加速度为 $0.1g$，地震动反应谱特征周期值为 $0.40s$；涞水县、涿州市地震动峰值加速度为 $0.15g$，地震动反应谱特征周期值为

0.40s，相当于地震基本烈度Ⅶ度区。

本渠段存在的主要工程地质问题有：饱和砂土的地震液化、渠道压煤问题、小规模断层及构造破碎带、地下水局部影响等问题。

2. 京石段工程—连接工程段

（1）水文气象。应急供水工程各连接段所处位置气候温和，属暖温带大陆性季风气候区，四季分明。沿线多年平均气温 13.0～11.7℃，由南向北呈递减趋势，极端最低气温－17.8～－26.7℃，沿线最大冻土深由南向北显著递增，最大冻土深为 54～88cm。多年平均降雨量为 468～552mm，年降水量的 70% 以上集中在汛期。

依据具有长系列径流、降雨资料的黄壁庄、保定站进行 4 库以上流域的年径流系列代表性分析，认定 4 库 1956—2001 年年径流量系列具有较好的代表性。据此进行频率分析计算，则得到岗南等 4 库以上流域 75%、90%、95% 3 个保证率的设计天然年径流量分别为 17.13 亿 m^3、13.32 亿 m^3 和 12.04 亿 m^3。

（2）工程地质。各工程区均地处太行山东麓与华北平原的接壤地带，属倾斜平原区地貌，地势平坦开阔，总体西高东低。

依据 2004 年 4 月国家地震局分析预报中心对南水北调工程地质段地震危害性复核报告中的《南水北调中线工程沿线地震加速度图》，3 个连接段工程区的地震动峰值加速度均为 0.05g，相应地震基本烈度为Ⅵ度。

本渠段存在的主要工程地质问题有：局部存在溶蚀裂隙、地下水局部影响等。

（二）工程总体布置

1. 京石段工程—河北段

京石段应急供水工程河北段起点位于石家庄市西郊田庄村附近的古运河暗渠进口前，终点位于北拒马河中支南岸。渠道途经石家庄市的新华区、正定、新乐，保定市的曲阳、定州、唐县、顺平、满城、徐水、易县、涞水、涿州等 12 个县（市）。渠段总长 227.391km，其中渠道长 201.047km，建筑物长 26.344km。渠道沿线布置交叉建筑物共 445 座，其中控制建筑物 37 座、河渠交叉建筑物 24 座、隧洞 7 座、左岸排水建筑物 105 座、渠渠交叉建筑物 31 座、公路桥 130 座、生产桥 110 座、铁路交叉建筑物 1 座。起止点设计水位分别为 76.408m 和 60.300m，总水头差为 16.108m。起止点设计流量分别为 220m^3/s 和 50m^3/s。

（1）石家庄市区段工程。石家庄市区渠段自古运河暗渠进口田庄分水闸前起，一次穿过古运河和石太高速公路，在田庄电站以西穿石津渠后，线路折向东，经杜北南至北高基南，线路折向北，沿北偏东方向在滹沱河南岸进入正定县界。穿滹沱河后经西柏棠与野头村之间，再经邢家庄、永安村、于家庄、吴兴西、李家庄东、西杜村西、南化东进入新乐市界。经西安丰、大寨西，至大寨村北穿磁河，经马石桥、义合庄东、内营与西名村之间后，线路沿东北向经何家庄西，在中同村东穿沙河（北），经赤支村东、良庄西、安庄东、南大岳西，在北大岳村北穿朔黄铁路后进入保定曲阳县界。本段线路经石家庄市西郊、正定、新乐 3 个县（市），全长 57.402km。

（2）保定市段工程。保定市段线路基本是沿京广铁路西侧北上，经过平原、低山丘陵和冲积扇 3 种地貌段。线路经曲阳、定州、唐县、顺平、满城、徐水、易县、涞水、涿州等 9 县（市）。

2. 京石段工程—连接工程段

南水北调中线京石段应急供水工程（石家庄—北京拒马河段）连接工程由石津干渠连接

段、沙河干渠连接段和唐河干渠连接段 3 个连接段组成。

石津干渠连接段：石津干渠应急供水连接工程利用现有田庄电站节制闸，经新建石津干渠连接段与中线总干渠衔接，石津干渠连接段总长 275.7m，应急供水设计引水流量为 25m³/s，岗南、黄壁庄水库联合调度运用，由黄壁庄水库利用石津总干渠向中线总干渠供水。

沙河干渠连接段：王快水库利用沙河总干渠经新建沙河干渠连接段向中线总干渠供水。沙河干渠连接段总长 214.2m，应急供水设计引水流量为 20m³/s。

唐河干渠连接段：西大洋水库利用唐河总干渠经新建唐河干渠连接段向南水北调中线总干渠供水，唐河干渠总长 197.4m，应急供水设计引水流量为 20m³/s。

（三）设计单元及工程位置

1. 京石段工程—河北段

南水北调中线一期工程京石段应急供水工程（河北段）的初步设计工作由河北院承担，包括由河北省南水北调办组织、水利部批复的古运河枢纽工程、滹沱河倒虹吸工程、唐河倒虹吸工程、釜山隧洞工程、漕河渡槽段工程、河北段其他工程等 6 个主体设计单元，以及由中线建管局组织、国务院南水北调办批复的河北段工程管理和河北段生产桥 2 个专题。

（1）古运河枢纽工程。古运河枢纽工程位于河北省石家庄市郊区，距市中心 7km。古运河枢纽工程由上游渠道工程、古运河暗渠工程及田庄分水闸工程三部分组成，建筑物总长 657.7m。

（2）滹沱河渠道倒虹吸工程。位于河北省正定县西柏棠乡新村村北，交叉断面处上游距黄壁庄水库 25.5km，下游距京广铁路桥 4.6km，线路走向 NE43°。滹沱河倒虹吸工程由进出口明渠段、穿河渠道倒虹吸、退水闸、附属建筑物 4 部分组成，建筑物轴线长 2993.64m。

（3）唐河倒虹吸工程。位于唐河左侧。工程由进、出口明渠、穿河倒虹吸、退水闸 4 部分，主要建筑物有进、出口明渠，倒虹吸的进出口渐变段、检修闸、倒虹吸管、节制闸，导流堤和退水闸，总长 1534.4m。

（4）釜山隧洞工程。釜山隧洞进口位于河北省徐水县北河庄村东南 0.5km 处，出口位于易县东楼山村西南 1.5km，采用双洞线方案，两洞之间岩体厚度为 18m。隧洞工程全长 2664m，分为进口段、洞身段、出口段。

（5）漕河渡槽段工程。位于保定市满城县境内，根据工程总体布置，该渠段线路全长 9319.7m。该渠段共布置大小建筑物 7 座，其中隧洞 2 座，即吴庄隧洞和岗头隧洞；大型河渠交叉建筑物 1 座，即漕河渡槽；左岸排水建筑物 2 座，即大楼西南沟排水涵洞（兼交通）、大楼西沟排水涵洞；水流控制工程 2 座，即岗头节制闸和漕河退水闸，其中岗头节制闸结合岗头隧洞进行布置，不单独设置。另外漕河渡槽段还包括吴庄隧洞和漕河渡槽之间 2101.7m 的土渠以及漕河渡槽和岗头隧洞之间 745m 的石渠。

（6）河北段其他工程。南水北调中线京石段应急供水工程（河北段）除去古运河枢纽工程、滹沱河倒虹吸工程、唐河倒虹吸工程、漕河渡槽段工程、釜山隧洞工程等 5 个设计单元工程外，均为河北其他段工程。

2. 京石段工程—连接工程段

南水北调中线京石段应急供水连接工程为一个主体设计单元，由 3 个连接段组成，均位于河北境内。

（1）石津干渠连接段。石津总干渠为石津灌区的主要输水渠道，现状输水流量 $100m^3/s$。石津干渠连接段应急供水连接工程利用现有田庄电站节制闸，同时关闭田庄电站进水闸。经新建连接段与中线总干渠衔接。石津干渠连接段主要建筑物包括新建连接渠引水闸、连接涵洞和中线总干渠进水闸。

（2）沙河干渠连接段。王快水库利用沙河总干渠向引江总干渠供水，沙河总干渠现状输水能力 $68\sim80m^3/s$。沙河干渠连接段包括沙河干渠连接工程、沙河干渠局部渠段衬砌防渗工程、西河流倒虹吸工程 3 项内容。

1）沙河干渠连接工程包括新建沙河干渠节制闸、沙河干渠连接段引水闸、陡坡段、消力池、引水涵洞和和中线总干渠进水闸。

2）由于沙河总干渠沿线多为砂质渠段，其中 11.62km 渠段渗漏严重、老化失修、冲坑较多、渠道破烂不堪、渠道输水损失大、水资源浪费严重。为保证向北京供水水量，该段渠道需要进行衬砌防渗。

3）为避免曲阳县城孟良河污水进入沙河总干渠，在沙河干渠与孟良河交汇处新建西河流倒虹吸，使清水污水分家，保证向北京输水水质。西河流倒虹吸工程由进口检修闸、倒虹吸管身段、出口工作闸、沙河干渠防护、孟良河防护等工程组成。

（3）唐河干渠连接段。西大洋水库利用唐河总干渠向南水北调中线总干渠供水，唐河总干渠现状输水能力为 $36.0m^3/s$，唐河干渠连接段工程主要包括新建唐河干渠节制闸、唐河干渠连接渠引水闸、连接涵洞和中线总干渠进水闸。

（四）渠道设计

应急供水工程的配套工程包括沙河干渠严重渗漏段的防渗、修建各输水干渠与南水北调中线总干渠的连接渠道及相应的节制、引水建筑物等。

南水北调中线应急供水工程是南水北调中线总干渠的一部分，因此京石段工程河北段的规模、分水口门设置等仍以南水北调中线一期工程要求确定。本渠段渠道分段规模见表 12-4-9。

表 12-4-9 京石段工程河北段渠道分段规模

序号	起止地点	渠段长度/m	设计流量/(m^3/s)	加大流量/(m^3/s)
1	起点—田庄	40	220	240
2	田庄—永安村	15045	170	200
3	永安村—留营	46826	165	190
4	留营—中管头	5264	155	180
5	中管头—郑家佐	66850	135	160
6	郑家佐—西黑山	17190	125	150
7	西黑山—瀑河	13320	100	120
8	瀑河—三岔沟	57977	60	70
9	三岔沟—冀京界	1748	50	60

根据 4 座水库应急供水的分析成果，结合北京市应急供水要求以及北京市段自流能力确定：岗南、黄壁庄水库应急工程连接段设计流量为 $25m^3/s$；王快、西大洋水库应急工程连接段设计流量均为 $20m^3/s$。

京石段应急供水工程河北段渠段总干渠渠线总长 227.391km，分配水头 16.108m，其中建筑物分配水头 7.818m、渠道分配水头 8.290m，渠道水面坡降 1/16000～1/30000。根据沿线地形和各控制点水位要求，并参照总干渠水头优化分配分析成果，拟定渠道各段纵坡，土渠段纵坡一般为 1/25000，石渠段一般为 1/20000。本段渠道横断面，根据不同地形条件，渠道横断面分别按全挖、全填、半挖半填构筑方式拟定断面框架，然后按各段地质情况，经边坡稳定分析成果，根据设计流量、纵坡及合理的水力参数，进行分段横断面设计计算。渠道土质边坡系数为 2.0～3.0，其中大部分渠段为 2.5 或 2.0，细砂基础段为 1：3.0；岩石段边坡，根据其风化程度，结构面产状等因素分析确定，边坡系数一般为 0～1.5。

（五）主要建筑物

京石段应急供水工程河北段渠段共布设总干渠交叉建筑物 445 座，其中河渠交叉建筑物 24 座、隧洞 7 座、左岸排水建筑物 105 座、渠渠交叉建筑物 31 座、公路交叉建筑物 130 座、生产桥 110 座、铁路交叉建筑物 1 座、控制建筑物 37 座。

（1）河渠交叉工程。结合每一座河渠交叉建筑物的地形、水位条件，进行了不同穿越方式的比较，经过技术经济合理性分析论证，本渠段共布置河渠交叉建筑物 24 座，其中梁式渡槽 3 座、渠道倒虹吸 17 座、暗渠 2 座、排洪涵洞 2 座。

（2）隧洞工程。根据总干渠的总体布置及线路走向，渠线在穿越山丘高地时，经对穿山隧洞和绕行渠道两方案的经济技术比较，确定本渠段需设置的隧洞工程有 7 座，自上游起依次为雾山（一）、雾山（二）、吴庄、岗头、釜山、西市、下车亭。

（3）左岸排水工程。左岸排水工程均采用河穿渠交叉型式，共布置建筑物（包括右岸排水的白莲峪沟排水倒虹吸）105 座，其中排水渡槽 23 座、排水涵洞 18 座、排水倒虹吸 64 座。

（4）渠渠交叉工程。本渠段共设有渠渠交叉建筑物 31 座，其中灌渠渡槽 15 座、灌渠涵洞 2 座、灌渠倒虹吸 14 座。

（5）公路交叉工程。本渠段与总干渠交叉的公路共 130 条，一级公路 4 条、二级公路 19 条、三级公路 17 条、四级公路 90 条。

（6）铁路交叉工程。本渠段共布设铁路交叉建筑物 1 座，为朔黄铁路交叉工程。采用总干渠穿越铁路的涵洞形式。

（7）生产桥工程。共 110 座，其中 66 座下承式系杆拱桥、44 座 T 梁板桥。经过招标设计和桥型比选专题论证，考虑到工期、社会影响、技术难度等因素，经中线建管局批准全部采用了梁式桥的优化方案。生产桥设计荷载全部为公路-Ⅱ级，桥宽分为净 5+2× 0.25、净 4.5+2×1.0、净 4.5+2×0.5、净 3.5+2×0.5、净 2.5+2×0.25 几种。生产桥桥梁结构以现浇箱梁主跨加预制小边跨为主，部分桥梁采用连续箱梁结构，中跨跨径 35 ～50m，边跨跨径 8～20m。

（8）控制工程。本渠段共有控制建筑物 37 座，其中节制闸 13 座、退水闸 11 座、分水口门 13 座。

八、京石段工程北京段

京石段应急供水工程是先期建设南水北调中线一期工程石家庄至北京段。在 2007—2010 年向北京市实现应急供水，待 2010 年南水北调中线一期工程全线竣工后，还承担向北京市输送来自丹江口水库汉江水的任务，实现安全可靠、持续稳定、清洁卫生的供水目标。

为缓解北京的供水危机，确保 2008 年奥运会的顺利举办，京石段应急供水年供水量 3 亿～5 亿 m³，供水保证率 95％。

（一）工程建设条件

1. 水文气象

南水北调中线工程北京段总干渠渠线交叉的河流和山洪沟共有 32 条，包括 2 条城市河道，其中天然河沟流域面积大于 20km² 有 9 条，小于 20km² 有 21 条。

总干渠沿线气候属于暖温带半湿半干旱季风气候，年平均气温在 11～12℃，极端最高气温达 43.5℃。极端最低气温达－27.4℃。干渠沿线多年平均降水量在 595mm 左右，其中 6—8 月降水量占全年的 75％以上。最大冻土深为 0.5～0.8m，多年平均冻土深 0.47m。

总干渠河渠交叉断面以上集流面积大于等于 20km² 的河渠交叉建筑物设计洪水标准为 100 年一遇，校核洪水标准为 300 年一遇。

2. 工程地质

北京段线路位于华北大平原北端，平原与山地交界处。丘陵区基岩岩性主要为灰岩、碎屑岩、花岗岩及少量片麻岩，山坡及坡麓地带有砂壤土及黄土类土分布，沟谷为砂、砾、卵石沉积；平原区则主要为砂卵石层。

北京段处于华北凹陷的西北缘，构造形迹明显，断裂构造以北东向为主，最主要的断裂构造为黄庄—高丽营和八宝山断裂；新生代以来，构造活动主要特征为断块升降；平原区持续下降，形成较厚的第四系松散沉积物。根据 2001 年 1∶400 万《中国地震动峰值加速度区划图》圈定，北京引水线路段以大石河一带为界，北部区地震动峰值加速度为 0.2g，抗震设防烈度Ⅷ度，南部区地震动峰值加速度为 0.15g，抗震设防烈度Ⅶ度。

本渠段存在的主要工程地质问题有：倒虹吸局部基础存在不均匀沉降、隧洞沿洞线存在多处破碎带、强风化岩、地下水局部影响等。

（二）工程总体布置

总干渠在房山区北拒马河中支南进入北京境内，穿北拒马河中支、北支，经房山山前丘陵区，过大石河、小清河、永定河，于丰西铁路编组站北端进入市区，沿石高速公路南侧向东，在岳各庄桥向北沿西四环路下北上，穿过新开渠、地铁五棵松站、永定河引水渠，至终点团城湖，全长 80km。沿线设房山、燕化、良乡、王佐、长辛店、南干渠、新开渠、永引渠、第三水厂、团城湖调节池等 10 个分水口。北京段首端设计流量 50m³/s，加大流量 60m³/s；末端设计流量 30m³/s，加大流量 35m³/s。全线基本为管涵加压输水形式，输水流量小于 20m³/s 时，重力自流输水；输水流量大于 20m³/s 时，启动泵站加压输水。

京石段应急供水工程建设规模执行南水北调中线一期工程的标准。除末端外，北京段总干渠沿线不设明渠，小流量全线管涵自流（$Q \leqslant 20\mathrm{m}^3/\mathrm{s}$），大流量从惠南庄泵站加压输水。

（三）设计单元及工程位置

北京段共分为 10 个单元工程，分别为北拒马河暗渠、惠南庄泵站、惠南庄—大宁输水干线、大宁调压池、永定河倒虹吸、卢沟桥暗涵、西四环暗涵、团城湖明渠和穿铁路、穿地铁五棵松站等工程。

（1）北拒马河暗渠工程是总干渠穿越北拒马河中支和北支的交叉建筑物，是南水北调中线总干渠进入北京的第一个单项工程。上游接总干渠河北段明渠，下游为惠南庄泵站，总长 1781m。主要包括渠首连接段、渠首节制闸、退水排水系统、渠首防洪围堤、暗渠及专用交通路、机电控制及管理用房等，其中暗渠为 2 孔 5.6m×5.0m 钢筋混凝土箱涵。渠首兼有为惠南庄泵站提供事故安全退水及排除渠道上游浮冰的功能。

（2）惠南庄泵站是南水北调中线工程总干渠唯一的一座大型加压泵站，位于北京市房山区大石窝镇惠南庄村东。泵站前池上游接北拒马河暗渠，泵站出水钢管后为至大宁调压池的输水干线，工程长度 477.8m。

（3）惠南庄—大宁输水干线工程位于北京市房山区，管线共穿越铁路 4 条、等级公路 19 条、河流 27 条。全长 56.4km。主要建筑物包括输水干管、压力隧洞（西甘池隧洞和崇青隧洞）、分水口（房山、燕化、良乡、王佐、长辛店等 5 处）、三处连通设施以及阀井、排水井等。

（4）大宁调压池工程位于大宁水库副坝下游，上接惠南庄—大宁输水干线 PCCP，下游为永定河倒虹吸进口。主要作用是调节供水水位、供水流量并承担进城段和南干渠段输水工程的分水任务。遇下游输水工程发生事故时，可为上游惠南庄泵站提供应急调整运行工况的时间。调度中多余的水量可退至大宁水库。

（5）永定河倒虹吸工程穿越大宁水库副坝、大宁水库、永定河右堤、永定河主河道、永定河左堤及西五环路至丰台晓月苑，全长 2519m。主要包括倒虹吸进水闸至大宁水库退水闸、倒虹吸及配套排气、放空、检修建筑物。采用 4 孔过水断面为 3.8m×3.8m 钢筋混凝土箱涵，其中 2 孔箱涵与卢沟桥暗涵相接，输水至终点团城湖，设计流量为 $30\mathrm{m}^3/\mathrm{s}$，加大流量为 $35\mathrm{m}^3/\mathrm{s}$；另 2 孔箱涵与北京市配套工程南干渠相接，设计流量为 $35\mathrm{m}^3/\mathrm{s}$。

（6）卢沟桥暗涵位于北京市丰台区，上游接永定河倒虹吸，下游与西四环暗涵连接。暗涵经晓月苑小区、卢沟桥大队，穿越京西铁路编组站后，沿京石高速路向东，至永定路跨线桥西南侧与西四环暗涵相接，全长 5280m。

（7）西四环暗涵是穿越北京市城区的大型地下输水建筑物，上接卢沟桥暗渠，下接团城湖明渠，主要在西四环主路下通过，全长 12.64km。

（8）团城湖明渠位于中线总干渠末端，颐和园南侧，是北京段唯一的一段明渠，也是南水北调与颐和园过渡连接的景观工程。工程起点与西四环暗涵出口闸相接，经过金河、金河路和船营村，穿过颐和园围墙后进入团城湖下游京密引水渠昆南段，总长为 885m。主要包括明渠、出口团城湖闸、分水口、金河排水倒虹吸、船营公路桥等。

（9）穿铁路立交工程是北京段总干渠与现有铁路的 11 处交叉，总长 506m。分别为穿琉周支线、燕化专用线、良陈支线、京广西长线、丰Ⅰ—丰Ⅴ联络线（1）、大型机械公司专用线、丰Ⅰ—丰Ⅴ联络线（2）、京广线、丰沙上行线、西长线、大台支线。

（10）穿地铁五棵松站工程位于北京地铁一号线五棵松站下方，全长 200m。

专项设施迁建是指在北京段总干渠建设时须对产生影响的输变电线路，通信线路、给水管线、排水管线、热力管线、燃气管线、燕化管线、华油天然气、丰台编组站液化气管线等进行移改迁建或保护。

（四）建筑物设计

1. 北拒马河暗渠

（1）建设规模。北拒马河暗渠是总干渠重要的组成部分，由渠首枢纽和北拒马河暗渠两部分组成，渠首枢纽是兼有连接、控制、输水及防洪安全等功能的综合性工程；北拒马河暗渠是穿越北拒马河中、北支的交叉输水建筑物。

北拒马河暗渠中明渠连接段、渠首节制闸、北拒马河暗渠的设计流量为 $50m^3/s$，加大流量为 $60m^3/s$；渠首退水系统设计流量 $25m^3/s$。

（2）工程布置。

1）方案选定。渠首枢纽位于河北省涿州市东城坊镇西疃村北，北拒马河中支南一级阶地上。暗渠上接渠首节制闸，进入北京市房山区大石窝镇境内后，向北偏东方向过北拒马河中支，至中、北支间阶地，于南河村西侧向东北转向，穿北拒马河北支至北支北岸阶地后，于惠南庄兴旺养殖场东侧转向正北进入惠南庄泵站。

总干渠过北拒马河中、北支采用无压钢筋混凝土暗渠输水，纵坡约 1/6000，2 孔 5.6m×5m。退水方案为渠首退水与泵站退水结合，退水流量 $25m^3/s$，退水口设在总干渠右岸，向拒马河中支河道退水。退水闸为涵洞式水闸。

2）总体布置。起点为河北段明渠终点（冀京界点），终点为惠南庄泵站前池进口闸前，本段总干渠长度 1781.05m，由渠首枢纽、退水系统、暗渠三个部分组成。

a. 渠首枢纽。渠首枢纽主要包括明渠连接段、进口节制闸、防洪围堤以及机电控制管理用房、厂内交通道路等部分。

渠首明渠连接段全长 38.3m。梯形断面明渠长 13.3m，渠道底宽 12.7m。渠道边坡为 1：2。渐变段长 25m，顺接河北段明渠与渠首明渠连接段。右岸设退水系统，布置退水闸。

为了退水闸顺利排除渠道浮冰，在明渠段设置钢制栓柱，冰期在渠道内设置浮箱式导冰设施。

节制闸包括进口段、闸室段及闸后连接段，长 56.7m。

在渠首的东、北、西侧修建防洪堤，与河北段明渠东、西侧堤防连接，形成封闭的堤防。在北防洪堤的西（河道上游）、东（河道下游）端设有导流堤。

枢纽防洪堤外侧设绿化林带、排水沟和防护围网，与河北段相连，实现封闭管理，以保护供水水质。

b. 退水系统。退水系统包括退水闸、退水暗涵及退水明渠。

进口设在明渠连接段右岸桩号 BH0＋035 处，退水系统中心线与该处总干渠中心线正交。退水闸椭圆型进口翼墙段长 8.2m，退水闸闸室段长 14m，闸室后退水暗涵从东防洪堤下穿过，长 27m，为 1 孔箱形结构。后接退水明渠，渠底宽 6.6m，边坡 1：2～1：3，纵坡 0.0012。渠道向东从中支南岸滩地上进入中支靠南的分岔中，沿该段河床经疏挖形成退水渠道。退水系统全长 2022.728m，其中明渠段长 1973.528m。

冬季上游渠道出现冰凌时，退水闸前应安装浮筒导冰设施，加强观测，必要时应安排人工疏导浮冰进入退水闸。

c. 暗渠。北拒马河暗渠全长 1686.05m，纵坡 0.0001645，暗渠为 2 孔联体箱形钢筋混凝土方涵，每孔高 5m，宽 5.6m，沿线于中支北阶地设有 2 对通气人孔井。因暗渠全线处于河床和阶地上，渠顶采取防冲保护措施。

渠首枢纽至惠南庄泵站在暗渠东侧平行布置，距总干渠中心线约 25m。总长 1830.415m，行车道宽 5m，混凝土路面。过中支、北支河床处设漫水桥，中、北支漫水桥长度分别为 310m、95m，桥面宽 7m。

2. 惠南庄泵站

（1）建设规模。惠南庄泵站的设计输水能力为总干渠北京段渠首加大流量 60m³/s，泵站的设计装机流量为 60m³/s，设计扬程 58.20m，总装机功率为 56MW。

惠南庄泵站包括前池进口闸、前池、进水池、主厂房、副厂房、出水管道、测流站及相应机电设备，以及厂用变电站、油库、加氯间、抽水泵房、机修车间、仓库、空调通风机房等生产辅助设施，厂区内还有与北京惠南庄管理所共同使用的管理、交通、生活、后勤保障等房屋和设施。泵站段输水工程总长度 477.79m，总建筑面积 24139m²，占地面积 159126m²。

（2）工程布置。

1）基本特征值。

a. 进口（北拒马河暗渠终点）。北拒马河暗渠为 2 孔净宽 5.6m，高 5m 现浇钢筋混凝土方涵，末端接点处内底高程为 56.720m，加大流量（60m³/s）水位为 60.341m，设计流量（50m³/s）水位为 60.357m，小流量自流（20m³/s）水位为 60.155m。

b. 小流量输水管进口。根据惠南庄—大宁段初步设计，DN3000 小流量输水管进口处管中心高程为 55.950m，水位为 60.100m。

c. 出口（惠南庄—大宁段工程起点）。根据惠南庄泵站—大宁调节池输水干线设计，接点处为 2 排 DN4000 PCCP，接点管中心高程为 55.300m，管中心间距为 6.100m。

d. 设计流量及其范围。惠南庄泵站的装机流量 60m³/s。干渠输水流量小于等于 20m³/s 时，可以不用启动泵站加压，从前池利用小流量输水管绕过机组，进入泵站出水管，重力自流至大宁调压池。泵站的扬水流量需要满足 20～60m³/s 间各种流量运行情况。

e. 设计扬程。设计扬程为 58.2m。

2）厂区总体布置。惠南庄泵站位于北京市房山区大石窝镇惠南庄村东，北拒马河北支的北岸Ⅰ级阶地上，距渠首（冀京界点）约 1.8km。工程区地质构造简单，由第四系全新统砂壤土层、卵石层组成，建筑物基础持力层均位于卵石层层，地基承载力 450kPa，工程地质性质良好。厂区占地利用惠南庄村东侧南北向矩形的一块农田，现状地面高程为 65.4～67.0m，均为耕地和果树林地，地势平坦开阔。

惠南庄泵站建筑物中心线与该段总干渠中心线相同。起点为与北拒马河暗渠的接点，惠南庄泵站终点为惠南庄—大宁段输水管线起点，相应惠南庄—大宁段桩泵站段工程长度 477.79m。泵站厂内地坪设计高程为 68.50m。

根据总干渠的线路布置及站址具体情况，泵站采用正向进水布置。

泵站各建筑物根据其功能要求，主要分为 3 个分区：与供水直接有关的建筑物构成泵站的主要生产区；为泵站运行提供支持的厂用变电站、绝缘油库、柴油发电机房、加氯间、抽水泵房、空调通风机房、检修车间、仓库等建筑物构成辅助生产区；管理运行必要的办公生活区，包括办公综合楼、食堂、锅炉房、供水泵房、车库、门卫等管理、生活、后勤保障等房屋。根据总体设计，为方便管理，节约土地，将惠南庄管理所设在厂区内，因此办公综合楼、食堂等生活管理房屋考虑惠南庄管理所的使用要求。

总干渠来水经北拒马河暗渠从厂区的南面进入泵站厂区，顺水流顺序布置有前池进口闸、前池、进水池（间）、进水管、主厂房、副厂房、出水管、测流站等建筑物，小流量输水管从前池取水，绕过主副厂房，并入出水管道。以上建筑物构成泵站主要生产区。

惠南庄泵站厂区南北向长 420m，东西向宽 300m，占地面积 189 亩。厂外交通及绿化占地 45 亩。

3. 惠南庄—大宁段

（1）工程规模。惠南庄—大宁段输水干线的输水规模设计流量为 50m³/s，加大流量为 60m³/s。

调压池规模按下游一条涵管出现事故后，上游泵站紧急调整运行流量需时 30min 计算，有效调蓄容积为 2.63 万 m³。

（2）工程布置。惠南庄—大宁段输水干线段上接惠南庄泵站出水管末端，下接大宁调压池，全长 56.479km（包括大宁调压池的长度 120m），占北京段总干渠长度的 70%。惠南庄—大宁段段输水干线工程运行方式为当流量不大于 20m³/s 时，自流输水；当流量大于 20m³/s 时，从惠南庄泵站加压至大宁调压池输水。

输水干线总长 56.479km，由 54.179km 长的 2-DN4000m PCCP 压力管道、2.180km 长的 2 孔 DN4000m 压力隧洞、大宁调压池（控制范围长 120m）、管道附属建筑物及永久巡线路组成。

自惠南庄泵站出水钢管接输水干管；管道沿低山、丘陵地带布置，管线穿越河、沟渠均采用下置方式；为缩短管线长度、减少深挖石方段、减少折点及施工难度，布置了 2 座压力隧洞（西甘池隧洞与崇青隧洞），在隧洞进、出口管线中心距在 6.1～20.0m 之间渐变与隧洞连接；输水干管末端设控制蝶阀井，井后管线与大宁调压池南壁 2-DN3600 钢管对接，终点至大宁调压池。输水干线需穿铁路 4 处，穿现状主要等级公路 17 处，穿主要沟、河 27 条，与各类地下管线交叉 194 条，设置排气阀井 98 处（其中设置进人孔、排气阀井 27 处），设置排空阀井及相应的排水设施 19 处，连通设施 3 处及设置分水口 4 处。全线设水平折弯 79 处，纵向折弯 69 处。

主要建筑物包括：PCCP 管道；压力隧洞；大宁调压池；管道附属建筑物，包括分水口建筑 4 处、连通建筑 3 处、排气阀井建筑 98 处、排水建筑 19 处、末端阀井 1 座；穿铁路建筑、穿公路建筑；压力管线穿越河道时管顶的河道防护工程及永久巡线路。

西甘池隧洞位于北京市房山区岳各庄乡西甘池村与皇后台村之间，长 1800m；崇青隧洞位于北京市房山区大苑上村东南，长 480m。两座隧洞均为 2 条平行的内径为 4m 的圆形输水隧洞，双洞中心距为 20m，结构型式为成洞后安装 PCCP。

大宁调压池工程位于大宁水库副坝下游，上接惠南庄—大宁输水干线 PCCP，下游为永定河倒虹吸进口。调压池为钢筋混凝土圆池结构，直径 81m。

4. 永定河倒虹吸

（1）工程规模。永定河倒虹吸工程是南水北调中线京石段应急供水工程（北京段）总干渠穿越永定河的建筑物，倒虹吸上游接大宁调压池，采用 4 孔矩形钢筋混凝土方涵穿过永定河，其中 2 孔方涵的下游接卢沟桥低压暗涵向团城湖供水，2 孔方涵向南干渠分水。

永定河倒虹吸工程进口位于大宁水库副坝下游的大宁调压池北侧。起点设在进水闸、退水闸上游翼墙前缘，即完成大宁调压池北侧墙。进口段两侧翼墙与大宁调压池东、西池壁垂直连接。进口段长 18.79m，闸室段长 15m，闸室下游接钢筋混凝土暗涵，暗涵段长 2485m，永定河倒虹吸总长 2518.79m。永定河倒虹吸过水断面采用 4 孔钢筋混凝土方涵，每孔宽 3.8m，高 3.8m。

建筑工程主要包括倒虹吸进水闸及闸上游进口段、倒虹吸管身段、退水闸及闸后退水涵渠。

（2）工程布置。

1）永定河倒虹吸线路比选。由于永定河滞洪水库进水闸正位于 1996 年选定的倒虹吸轴线上，线路需进行局部调整。在滞洪水库进水闸的上、下游各布置一条倒虹吸轴线进行方案比较。经水流条件、工程量等综合比较，因闸上游方案为具有不易冲刷、工程量小等优点，确定为选用方案，该线路穿大宁副坝，永定河左、右堤防，总长 2518.79m。

2）输水方式比选。对永定河倒虹吸输水方式进行孔数、管材、断面形式的比选，孔数进行了 2 孔、3 孔、4 孔 3 个方案的比较。推荐永定河倒虹吸采用 4 孔矩形钢筋混凝土方涵，过水断面尺寸为 3.8m×3.8m。

3）倒虹吸总体布置。永定河倒虹吸工程包括进口段、闸室段、管身段，总长 2518.79m。

在大宁水库副坝下游设有大宁调节池。永定河倒虹吸进口闸室设在大宁调节池北侧，共 4 孔。其中 2 孔箱涵与卢沟桥暗涵相接，输水至终点团城湖，设计流量为 30m³/s，加大流量为 35m³/s；另 2 孔箱涵与北京市配套工程南干渠相接，设计流量为 35m³/s。在倒虹吸进口东侧，设有退水闸，闸后为钢筋混凝土箱涵接退水明渠，箱涵断面尺寸为 2.7m×3m。明渠底宽 10.75m，边坡 1：2，总长 83m。退水闸与进水闸平行布置，相距 4.5m，中间采用分水尖分隔水流。进口两侧采用弧形翼墙与调压池池壁挡墙相接。为便于与上游压力管道中心线和下游卢沟桥暗涵中心线顺接，永定河倒虹吸中心线设在进城段 2 孔方涵的轴线上。

5. 卢沟桥暗涵

（1）工程规模。由供水方案确定永定河倒虹吸采用 4 孔低压暗涵，其中 2 孔供团城湖、2 孔供南干渠。卢沟桥暗涵上游与永定河倒虹吸中向团城湖供水的两孔箱涵相接，设计流量为 30m³/s，加大流量为 35m³/s。

（2）工程布置及建筑物。

1）暗涵工程。

a. 平面布置。卢沟桥暗涵进口位于北京市丰台区晓月苑小区南侧，与永定河倒虹吸北侧的两孔箱涵对接。经晓月苑小区、卢沟桥大队，自西南向东北方向穿越京西铁路编组站后，至京石高速路南侧绿化带内，与其并行向东，终点与西四环暗涵相接。卢沟桥暗涵全长

5268.788m，工程起点与永定河倒虹吸相接，至永定路跨线桥西侧与下游西四环暗涵连接。

b. 纵断面布置。总干渠北京段采用小流量自流输水和大流量有压输水的运行方式，卢沟桥暗涵的纵断面设计受全线小流量重力自流的条件控制。为保证涵内顶低于小流量自流水头线1.5～2.0m，同时尽可能减少挖土方量，暗涵分5段设计，分别为进口连接段、上游涵身段、穿雨水管涵段、下游涵身段和出口连接段。进口连接段长45m。起始段与永定河倒虹吸相接后以7.5‰的坡将管底抬升至高程46.803m，涵内顶低于小流量自流水头线1.533m，涵顶覆土约4.5m。上游涵身段顺小流量水头线以$i=0.0002$的纵坡坡向下游，长2565m；为保证暗涵顶与其上的雨水管间垂直交叉的距离大于0.5m，设置穿雨水管涵段，过雨水管涵段总长135m。下游涵身段长2455m，涵内顶低于小流量自流水头线1.76～2.6m，涵顶覆土约4m。出口连接段长68.788m。为与西四环暗涵相接，高程由45.157m降至40.737m。

c. 横断面布置。经过输水方式、断面形式和管身材料的比选后确定卢沟桥暗涵采用钢筋混凝土箱涵形式，二孔一联箱涵内净空尺寸为宽3.8m，高3.8m。箱涵顶板、底板厚550mm，边墙厚550mm，中隔墙均为500mm，涵内四角处防止应力集中设倒角300mm×300mm。根据涵顶覆土不同，以涵顶覆土4m为分界进行结构计算，结果采用两种配筋方式。

穿铁路段总长206m。根据北京铁路局北京勘测设计院提供方案，采用过水箱涵外套防护结构的断面形式。过水箱涵结构为：箱涵顶、底板和边墙厚均为400mm，中隔墙为500mm，涵内四角设倒角300mm×300mm。过水箱涵与外部防护结构间留有空隙，使内外结构分别受力。

穿公路段总长225m。箱涵采用2个单孔的复合式衬砌型式，一衬喷射混凝土厚300mm，二衬模筑混凝土厚550mm，涵内四角设倒角300mm×300mm。

管身15m设一变形缝，缝宽2cm。采取二孔一联共同设置一道橡胶止水带方案，缝内嵌高密度聚乙烯闭孔泡沫塑料板，变形缝内部迎水面周围用双组分聚硫密封胶嵌缝，深20mm。

d. 排气阀井、排气井及放空井。暗涵为低压供水，为排除涵内积存的气体，消除在闸门关闭时有可能产生的水锤现象，在卢沟桥暗涵纵向折点的顶端及平铺管段间隔600m左右分别设排气阀井或排气井。在全线共设排气阀井5处、排气井4处。

卢沟桥暗涵涵底高程分别高于上游永定河倒虹吸和下游西四环暗涵涵底高程，为总体线路纵剖面"分水岭"。因此，在卢沟桥暗涵线路纵向最低点处设放空井，配合总体线路在遇突发故障时统一进行强排抽水，缩短排空时间，以供检修。

2）穿铁路工程。卢沟桥暗涵需穿越丰台铁路编组站，由于编组站的占地范围广，铁路间空阔场地多。为节省工程投资，在间距较远的铁路线间仍采用大开挖的施工方法。与铁路集中交叉共5处，需分5次通过，共穿越12条铁路线，工程总长累计206m。根据铁路部门的意见，为将在工程施工时对铁路的正常运营影响减少到最低限度，只有1处为明挖防护结构施工，其余4处均采用暗挖防护结构的施工方法。

3）穿公路工程。卢沟桥暗涵共穿越大小公路14条，其中主要交通道路4条，初步确定采用浅埋暗挖的施工方法通过。第一段长150m，为穿越丰台西路和卢沟桥路段，暗涵连续穿越3条上、下京石高速路的辅路。第二段长75m，为绕过新建跨京石的丰北路匝道桥桥台，暗涵在桥墩与桥台间穿过。由于桥墩与桥台之间的间距只有26m，明挖施工会影响桥墩和桥台的安全，受桥下净空影响，不便于打桩，只有采用浅埋暗挖的施工方法。穿公路浅埋暗挖段工程总长累计 225m。在 2 处穿公路暗挖段的上下游分别留有 15m 为连接渐变段。

6. 西四环暗涵

（1）工程规模。根据北京城市水资源联合调度的需要，在新开渠和永引渠处设分水口门。

预计近期新开渠下游凉水河需水流量为 $1\sim4m^3/s$，考虑留有一定发展余地及调度的灵活性，将新开渠分水口规模定为 $5m^3/s$，该分水口兼作退水之用。

永引渠分水口主要是通过永引渠向城市水系补水，有为城区工业、河道补充清水和作为南水北调干渠弃水多重功能。分水口规模为 $20m^3/s$。

考虑到城市用水规模以及新开渠和永引渠分水，推荐进城段输水规模为 $30m^3/s$，加大流量为 $35m^3/s$。

（2）工程布置。西四环暗涵上接卢沟桥暗渠，下接团城湖明渠，为总干渠的最后控制性工程。前期经过比选确定南水北调总干渠终点设在颐和园内团城湖。通过比较西四环路由、玉泉路路由和西五环路由，确定路由为西四环路由。暗涵进口位于丰台区大井村西京石高速路永定路立交桥西南角，穿越永定路立交及京石高速路后沿高速路北侧向东北约 1.4km 由岳各庄桥进入四环路下，沿四环路向北约 11km 在四海桥处离开四环路北行约 500m 与团城湖明渠相接。在西四环段采用市政设计院设计的西四环中心线为南水北调总干渠中心线。工程沿线穿越主要的公路、桥梁及管线 82 处。

本工程总长为 12.64km，其中暗挖施工段长 11.15km，明挖施工段长 1.39km，出口闸长 100.2m。

（3）主要建筑物。

1）暗涵涵身。暗涵涵身段由明挖法施工的输水方涵和暗挖法施工的输水隧洞两部分组成。其中明挖段涵洞主要为京石路段和暗涵出口段，总长 1.39km；暗挖段主要为穿京石路段和西四环路段，总长 11.15km。明挖箱涵段总长约为 1396m。方涵的过水断面尺寸为 2 孔 3.8m×3.8m。穿京石高速路暗挖段总长约为 185.8m，采用方涵，过水断面尺寸与相邻的明挖段相同，为 2 孔 3.8m×3.8m。暗挖段圆涵过水断面采用 2 孔直径 4.0m。暗涵断面尺寸由小流量（$20m^3/s$）控制。

2）出口闸。西四环暗涵出口闸设在西四环暗涵末端，下游与团城湖明渠相接。出口闸设计流量为 $30m^3/s$，加大流量为 $35m^3/s$。西四环暗涵出口闸全长 100.20m，设斜坡连接段、水平连接段、闸室段、出口渐变段。

3）出口闸房。总体建筑共分为两部分，西四环暗涵出口闸房；机电设备、办公用房。闸房与设备办公用房采用外廊连接在一起。西四环暗涵出口闸房共两层，一层是闸室，二层是启闭机房，各房子的空间要求满足了水工闸室的需要。机电设备、办公用房共两层，各房子的空间要求满足了水工闸室及办公的需要。房屋结构型式为钢筋混凝土框架结构，基础形式为柱下独立基础。

4）分水口。永引渠分水口主要是通过永引渠向城市水系补水，并作为南水北调总干渠退水的通道，具有双重功能。分水口设在总干渠两侧与永引渠交汇处，分左右 2 个分水口，可分别向河道分水，分水流量各为 $10m^3/s$。新开渠为北京市城区排洪河道，南水北调总干渠穿越处为 2 孔 4.0m×4.5m 方涵。

5）施工竖井及暗挖进出口、排气阀、通气孔和排水检修进人孔。本工程共设暗挖进出口 3

处，施工竖井 13 处。

7. 团城湖明渠

（1）工程规模。渠道从西四环暗涵出口闸末端开始，经过金河、金河路和船营村，穿过颐和园围墙后进入团城湖下游京密引水渠，明渠段输水规模为设计流量为 30m³/s，加大流量为 35m³/s。

（2）工程布置。渠道由位于大潮市场内的西四环暗涵出口闸末端开始，经过金河、金河路和船营村，穿过颐和园围墙后进入团城湖下游京密引水渠昆南段，渠道总长为 885m，其中明渠段长 777.8m、团城湖闸（包括暗涵段）长 107.2m。起点渠底高程 47.140m，设计水位 49.187m，终点渠底高程 46.95m，设计水位 49.080m，设计堤顶高程 51.00m，渠道全线采用统一纵坡为 0.000244。

主要建筑物 3 座。金河倒虹吸为左岸排水工程，新建船营公路桥为金河路跨总干渠建筑物，末端为团城湖闸。

（3）主要建筑物。

1）明渠段。团城湖明渠的明渠段长 777.8m，工程起点与西北四环路相邻，终点与世界文化遗产颐和园园墙相望，因此对明渠及其他建筑物设计需考虑与周围景观相协调。渠底宽为 12m，边坡 1∶2，堤顶高程为 51.00m。为与周围环境相协调采用复式断面，上开口宽 36m 左右，在水位以下 0.8m 左右（高程 48.84～48.65m）处设二层台，由于二层台宽度变化，使水边线富于变化，给河道绿化美化创造了有利的条件。为确保渠道水质，采用全封闭设计，渠道中心线两侧 25m 处各设一道封闭围网。

2）团城湖闸。明渠末端为团城湖闸，其功能为明渠检修闸。设计流量为 30m³/s，加大流量为 35m³/s。闸最高挡水位为团城湖最高水位 49.5m，闸底高程 46.95m，门高 2.9m，闸下游（团城湖侧）设检修门槽。该闸设进口连接段、翼墙段、直墙段、闸室段及出口暗涵段。以暗涵方式下穿颐和园围墙，出口设在京密引水渠昆南段右岸。

3）金河倒虹吸。金河为颐和园南侧的排水河道，金河倒虹吸管身段长 55.6m，采用单孔 3.0m×2.0m 钢筋混凝土方涵。进出口设连接段与现状金河顺接。考虑到金河的水质现状，封闭护栏外顺接直墙段盖板封闭，长 85m，盖板厚 250mm。

4）船营桥、金河路及田间路改建。船营桥为金河路跨越总干渠的建筑物，通过调整金河路平面走向，对金河路进行局部改建，桥与明渠夹角为 60°。采用梁桥方案。桥长 25m，宽 6.2m，荷载标准为汽-20，挂-100。桥面高程 51.8m。采用灌注桩基础，上部为 25m 单跨简支预应力箱梁结构。金河路改建长 551m，路面宽 6.2～5m，采用沥青混凝土路面。

8. 穿铁路立交工程

穿铁路立交工程是北京段总干渠与现有铁路的 11 处交叉，总长 506m。分别为穿琉周支线、燕化专用线、良陈支线、京广西长线、丰Ⅰ—丰Ⅴ联络线（1）、大型机械公司专用线、丰Ⅰ—丰Ⅴ联络线（2）、京广线、丰沙上行线、西长线、大台支线。

9. 穿地铁五棵松站工程

穿地铁五棵松站工程位于北京地铁一号线五棵松站下方，全长 200m，为双孔直径 4m 的暗挖圆形钢筋混凝土涵洞，上下游侧均与西四环暗涵相接。施工方法与西四环暗涵基本相同，但地铁站体须采用洞室注浆加固。

10. 专项设施迁建

专项设施迁建是指在北京段总干渠建设时须对产生影响的输变电线路，通信线路，给水管线、排水管线、热力管线、燃气管线、燕化管线、华油天然气、丰台编组站液化气管线等进行移改迁建或保护。

九、天津干线

（一）工程建设条件

1. 水文

与天津干线相交叉的行洪、排沥河、渠共有 48 条，均属大清河水系。

天津干线位于海河流域中东部，属于温带大陆性季风气候区。冬季多西北风，气候寒冷干燥，雨雪稀少；春季蒸发量大，多风，降雨量少；夏季降雨量增多，气候湿润；秋季天高气爽，降水较少。本项目区年平均气温 12.9℃，全年 1 月平均气温最低，月平均−3.0℃，极端最低气温−17.8℃，封冻期由 11 月至次年 2 月，最大冻土深度 58cm。

本项目区多年平均降水量为 548mm。降水量年内分配不均匀，6—9 月为汛期，降水量占全年降水量的 80%以上。

控制集水面积在 20km² 以上的河流（不包括天津段），与总干渠交叉建筑物按 100 年一遇洪水设计，300 年一遇洪水校核；交叉断面以上控制集水面积在 20km² 以下的左岸排水工程，按 50 年一遇洪水设计，200 年一遇洪水校核。根据已批复的《天津城市防洪规划》，天津城市防洪标准为 200 年一遇。因此天津市内交叉河渠设计洪水最高标准按 200 年一遇。对于有实测资料的河道，采用实测资料推求设计洪水。京广铁路以西属山前地带，设计洪水采用推理公式计算，并用相邻流域的设计洪水成果进行了验证。对京广铁路以东的交叉河流设计洪水计算采用《河北省平原地区中小面积除涝水文修订报告》中所列的方法。大清河、兰沟河、子牙河设计洪水采用海河流域防洪规划成果。

2. 工程地质

天津干线自西向东通过太行山东麓的山前丘陵区东缘（渠首—东黑山）、山前冲洪积倾斜平原（东黑山—广门营）、河北冲积平原（广门营—天津外环河）3 个大的地貌单元，河北冲积平原又分为冲洪积平原（广门营—信安镇）和冲积海积平原（信安镇—天津外环河）。

工程区主要断裂有：徐水西断裂、牛东断裂、大城断裂、沧东断裂、大兴断裂、涞水断裂、安新断裂、涞水西断裂、天津断裂和海河断裂。天津干线处于地质构造相对稳定区。

桩号 0＋000～9＋522.7 段，地震动峰值加速度为 0.05g，相当于地震基本烈度Ⅵ度；桩号 9＋522.7～112＋300 段，地震动峰值加速度为 0.10g，相当于地震基本烈度Ⅶ度；桩号 112＋300～155＋419 段，地震动峰值加速度为 0.15g，相当于地震基本烈度Ⅶ度，全区地震动反应谱特征周期为 0.40s。

天津干线段存在的主要工程地质问题有：软黏土问题、黄土状土的湿陷性问题、地下水位壅高和浸没问题、地基变形及不均匀沉降问题、临时边坡稳定与施工降水问题、土的腐蚀性问题、冻土问题等。

（二）工程总体布置

天津干线工程西起河北省保定市徐水县西黑山村北，东至天津市外环河西，全长

155.352km，途经河北省保定市的徐水、容城、雄县、高碑店，廊坊市的固安、霸州、永清、安次和天津市的武清、北辰、西青共 11 个区（县）。

天津干线首部西黑山口门的设计流量为 50.0m³/s，加大流量为 60.0m³/s。

根据天津干线沿线分水口位置、规模及其供水对象的重要性及河北省分水口门同时引水流量不大于 5m³/s 的规定，同时考虑工程调度运行安全，将流量规模相近段进行合并并适当取整，由此综合确定了南水北调中线一期工程天津干线的分段流量规模。

考虑到南水北调中线来水通过 8.46km 的管道可以直接把引江水输送到天津市区三大水厂，而为滨海地区供水需要通过 71km 的长距离管道输水，因此根据《天津市南水北调中线市内配套工程规划》和引江引滦共同供水区的调度原则，引江水将优先供给中心城区，因此在加大和设计流量下，中心城区供水都按 27m³/s 考虑，而天津干线末端出口的加大与设计流量则分别为 28m³/s、18m³/s。

天津干线分段流量规模具体详见表 12-4-10 和表 12-4-11。

表 12-4-10　　　　　　　　天津干线分段流量规模明细表

序号	分水口门名称	桩号/(km+m)	供水目标	分水流量/(m³/s)
1	徐水县郎五庄南	XW19+190	徐水县城	1
2	容城县北城南	XW40+523	容城县城 安新县城	1
3	高碑店市白沟	XW57+809.5	高碑店市白沟工业区	0.5
4	雄县口头村	XW63+586	雄县县城	0.7
5	固安县王铺头	XW78+949	分水口附近地下水高氟区农村	0.1
6	霸州市三号渠东	XW84+800	霸州市县城	2.1
7	永清县西辛庄西	XW100+030	分水口附近地下水高氟区农村	0.1
8	霸州市信安	XW113+848	霸州市胜芳工业区	1.9
9	安次区得胜口	XW122+017	分水口附近地下水高氟区农村	0.1
10	西河分流井	XW148+730.918	中心城区及新四区	3.1
11	天津干线末端出口	XW155+305.074	滨海地区、静海县	1.8

注　河北省的 9 个分水口门限制同时引水流量不大于 5m³/s。

表 12-4-11　　　　　　　　天津干线分段流量规模表

桩号/(km+m)	设计流量/(m³/s)	加大流量/(m³/s)
XW0+000～XW84+800	50	60
XW84+800～XW113+848	47	57
XW113+848～XW148+730.918	45	55
XW148+730.918～XW155+305.074	18	28

天津干线采用全箱涵无压接有压全自流输水方案，全长 155.352km。初步设计阶段经总体布置优化，调节池以上以无压流输水为主，称为无压段，长 10.538km；调节池以下全部为有

压流输水，称为有压段，长 144.654km。

天津干线沿线共与 62 条河渠交叉，其中行洪排涝河渠 49 条（流域面积大于 20km² 的河渠 22 条，流域面积小于 20km² 的河渠 27 条），灌溉渠道 13 条，设计均采用立体交叉形式。河渠交叉建筑物中，除西黑山沟采用左岸排水涵洞即天津干线在排水沟之上穿越外，其余均为从交叉的河渠下面穿过，即采用暗渠或倒虹吸方式。

天津干线共与京广、京九、津霸和京沪（津浦）4 条铁路交叉，均位于有压箱涵输水段内，京广铁路、京沪（津浦）铁路交叉形式均采用先顶进单孔保护涵结构，再浇筑输水箱涵的形式；京九铁路、津霸铁路交叉形式均采用先实施分离式小净距 3 孔暗挖隧道，之后再浇筑输水箱涵的形式。箱涵底板与保护涵之间设减振层，以防铁路动荷载影响输水箱涵。根据工程维护和施工的需要，箱涵主体与保护涵之间留有间隙，端部封闭。

天津干线共与 107 条（次）公路交叉，其中，高速公路 5 条，分别为张石高速公路、京深高速公路、津保高速公路、京沪高速公路和大广（规划）高速公路；国、省干道 7 条，分别为京广公路（107）、津保公路、津保高速公路白沟连接线、津同公路（112）、京开公路（106）、廊大公路、京福公路（104）。张石高速公路、京广公路、京深高速公路、津保公路（北剧）、津保高速公路白沟连接线、津保公路（白玛）、津同公路（板北）、京开公路、廊大（泊）公路、津同公路（磨汉港）、津保高速公路等 11 座交叉建筑物采用管棚暗挖法施工，京沪高速公路采用管幕法结合顶进方案施工，西青道采用明挖加盖挖施工方法；其他 94 条（次）公路均采用破路施工。

天津干线主要以现浇钢筋混凝土箱涵为主，总长 135.150km，其中无压输水箱涵总长 6.310km，有压输水箱涵总长 128.840km。主要建筑物共有 268 座，分别为西黑山进口闸枢纽（含排冰闸）1 座、陡坡 1 座、调节池 1 座、检修闸 4 座、保水堰井 8 座、王庆坨连接井 1 座、分流井 1 座、外环河出口闸 1 座、通气孔 69 座（其中 1 号通气孔与东黑山村东检修闸结合布置）、分水口 9 处、西黑山沟左岸排水涵洞 1 座、倒虹吸 61 座、铁路涵 4 座、公路涵 107 座。

（三）设计单元划分及规模

1. 天津干线设计单元划分情况

依照中线建管局统一划分，南水北调中线一期工程天津干线初步设计阶段共划分为 6 个设计单元，依次为西黑山进口闸至有压箱涵段、保定市 1 段、保定市 2 段、廊坊市段、天津市 1 段和天津市 2 段。

2. 天津干线各单元工程规模

根据天津干线沿线分水口门位置、分水规模、供水对象的重要性以及供水调度原则及设计单元划分情况，确定天津干线分单元的分段流量规模，具体详见表 12 - 4 - 12。

表 12 - 4 - 12　　　　　　　　天津干线分单元分段流量规模表

设计单元	桩号/（km＋m）	设计流量/（m³/s）	加大流量/（m³/s）
西黑山进口闸至有压箱涵段	XW0＋000～XW15＋200	50	60
保定市 1 段	XW15＋200～XW60＋842	50	60
保定市 2 段	XW60＋842～XW75＋927	50	60

设计单元	桩号/(km+m)	设计流量/(m³/s)	加大流量/(m³/s)
廊坊市段	XW75+927～XW84+800	50	60
	XW84+800～XW113+848	47	57
	XW113+848～XW131+360	45	55
天津市1段	XW131+360～XW148+730.918	45	55
	XW148+730.918～XW151+021.365	18	28
天津市2段	XW151+021.365～XW155+305.074	18	28

（四）主要建筑物

1. 西黑山进口闸至有压箱涵段

南水北调中线一期工程天津干线西黑山进口闸至有压箱涵段全长 15.208km，全部位于河北省境内。段内建筑物包括输水箱涵、西黑山进口闸枢纽 1 座、东黑山陡坡 1 座、调节池 1 座、保水堰 1 座、检修闸 1 座、大型河渠交叉建筑物 3 座、其他河（渠）渠交叉建筑物 7 座、公路交叉建筑物 10 座、通气孔 6 座。

（1）输水箱涵。天津干线西黑山进口闸至有压箱涵段输水箱涵长 10.388km，包括无压输水箱涵和有压输水箱涵。初设阶段对无压输水箱涵共选定 13 个典型断面，有压输水段箱涵共选定 7 种典型断面，进行了典型断面计算。无压输水箱涵结构有单孔结构型式（5.5m×5.0m）和双孔结构型式（3.5m×4.0m、3.5m×3.7m、3.7m×3.7m、3.7m×4.0m、4.4m×4.5m），有压输水箱涵结构均为 3 孔结构型式（4.4m×4.4m）。

为防止管道内出现明满流过渡情况的发生，无压暗涵水面以上一般不小于涵洞断面面积的 15%。有压暗涵纵向断面布置结合管道流量过渡过程研究成果确定，正常输水条件下，管道最小内水压力包络线应高于管顶 2.0m。

（2）天津干线西黑山进口闸枢纽。天津干线西黑山进口闸枢纽工程全长 836.155m，主要建筑物有西黑山进口闸、矩形输水明槽、无压箱涵、排冰闸及蓄冰池。

西黑山进口闸及其下游矩形槽、无压输水箱涵设计流量均为 50m³/s，加大流量均为 60m³/s。闸前设计水位为 65.289m，加大水位为 65.808m。蓄冰池容积 1.0 万 m³。

进口闸为 3 孔 2.5m 开敞式节制闸，选用弧形钢闸门调节控制流量。矩形输水明槽长 133m，单孔矩形槽结构，净宽 6.0m；无压箱涵段长 481.155m，单孔箱涵结构，净空尺寸为 6.0m×4.6m。

西黑山进口闸上游右侧设一座排冰闸及临时容冰的蓄冰池。排冰闸由进口矩形槽、排冰闸主体、出口矩形槽及蓄冰池组成。排冰闸为开敞式、单孔、闸室长 8m、闸孔宽 4.0m。由于工程区附近没有较大河道，无法向下游退水排冰，建造蓄冰池，用以贮存冰块和水。

（3）东黑山陡坡。东黑山陡坡工程由进口段、陡坡段、消力池段和下游连接段 4 部分组成。设计流量 50m³/s，加大流量 60m³/s。水平投影总长度为 902.345m。

进口段水平投影总长 213.845m，由进口矩形槽段、进口渐变段、进口检修闸、溢流侧堰段、进口连接段 5 部分组成。

陡坡段水平投影长 404.748m，单孔净宽 5.0m。

消力池段水平投影长 82.629m，由斜坡段、水平段、渐变段 3 部分组成。其中斜坡段和水平段均采用矩形单槽结构，渐变段采用单孔箱涵结构。

下游连接段水平投影长 201.123m，由单孔无压箱涵段、出口检修闸、汇合口渐变段 3 部分组成，均采用单孔箱涵结构。

（4）文村北调节池。调节池是天津干线的主要建筑物，是天津干线无压段与有压段的连接建筑物，其上游为天津干线 2 孔 4.4m×4.5m 无压箱涵，下游为 3 孔 4.4m×4.4m 有压箱涵。调节池的功能是保障各种运行工况下使无压流和有压流各自流态相对稳定，使两种流态在此平稳过渡转换，同时可在此处进行不同孔数输水切换及单孔检修关门断水。

根据天津干线工程总体布置，调节池工程由上游渐变段、检修闸段、扩散段、进口渐变段、斜坡段、调节池段和下游渐变段 7 部分组成，全长 175.36m。

上游渐变段长 11.5m，为 2 孔 4.4m×4.5m C30 钢筋混凝土箱涵，中墙厚由 0.45m 渐变至 0.9m。

检修闸段长 15m，宽 11.7m，为 C30 钢筋混凝土开敞式结构。

扩散段长 15m，为 1 孔 C30 钢筋混凝土矩形槽结构，是两孔检修闸与进口渐变段的过渡连接段。底板顶高程 23.53m，进口净宽为 9.7m，出口净宽为 12.92m。

进口渐变段长 20m，为 3 孔 C30 钢筋混凝土矩形槽结构，单孔孔径在宽度上由 3.9m 渐变至 5.0m。

斜坡段为进口渐变段与调节池段之间的过渡连接段，长 55.86m，C30 钢筋混凝土结构，3 孔，单孔宽 5.0m。斜坡坡比为 1∶7，底板顶高程由 23.53m 渐变至 15.55m。

调节池段为 C30 钢筋混凝土结构，顺水流方向长 25.0m，垂直水流方向宽 20.8m，分 3 孔，单孔宽 5.0m。在出口处 3 扇 5.0m×4.4m 闸门，闸门下游设 1.5m 宽通气孔。

下游渐变段长 18.0m，为 3 孔 C30 钢筋混凝土箱涵结构。箱涵孔径从 5.0m×4.4m 渐变至 4.4m×4.4m，箱涵底板顶高程由 15.55m 渐变至 16.05m，其后接下游有压输水箱涵。

（5）屯庄南 1 号保水堰井。屯庄南 1 号保水堰井设计流量 50m³/s，加大流量 60m³/s。

保水堰井功能：①对于较长的有压箱涵段，不同输水流量所需水头不同，保水堰井具有自动调节水头，分段消耗富余水头，分段控制有压箱涵内水压力的功能；②输水系统停水时，起到分段保水作用，避免长距离有压输水系统的小流量、长时间充水情况；③分段检修时，带闸门保水堰井具有检修控制水流和连通的作用；④有压输水系统末端遇突发事故（如泵站停电），保水堰井具有分段减弱水击能量，分段隔断或减小水击波，起到调压井作用；⑤流量变化时，保水堰井具有减弱水力振荡波的作用；⑥根据地势变化布置保水堰井，减小了箱涵埋深，减少了工程投资；⑦阶梯式布置保水堰井，利于水力惯性控制，缩短了检修闸门关闭时间，便于运行管理。

屯庄南保水堰井由上游渐变段箱涵、堰井段、明槽段和下游渐变段箱涵 4 部分组成，总长度为 83m。

（6）东黑山村东检修闸。根据天津干线线路及工程布置要求，位于单孔箱涵与 2 孔箱涵连接处附近设立东黑山村东检修闸，其功能主要是在天津干线输水箱涵检修时节制相邻区段的水，为避免浪费水量，利用预留的检修进人孔，向相邻孔内进行抽排箱涵中的积水。在运用过程中，还可利用该进人孔进行补气和排气。

东黑山村东检修闸为 2 孔 3.5m×4.0m 涵闸，前后接输水箱涵渐变段。闸室段长为 15.0m，设 2 孔 3.5m×3.5m 的钢闸门，检修井内设钢梯、水下设爬梯和集水井、外设钢梯。

（7）通气孔。西黑山进口闸至有压箱涵段设置通气孔共 6 座，其中最后一座坐落在有压箱涵上，其他均坐落在无压箱涵上。

通气孔是为解决因掺气和水锤带来的对保证输水稳定，解决运行过程中水锤以及补排气中的安全问题，解决检修进人的需要。

（8）河渠交叉建筑物。此次设计对西黑山沟左岸排水涵洞以及 3 条河渠交叉建筑物作了单项设计。

a. 西黑山沟与天津干线交叉时采用左岸排水涵洞型式，为天津干线河渠交叉建筑物之一。该建筑物主要功能为排除西黑山沟洪水。

根据行洪特点及交通要求，西黑山沟左岸排水涵洞设计为 2 孔涵洞，单孔断面尺寸 3.0m×2.5m。

b. 曲水河倒虹吸总长 200m，为 2 孔 3.3m×3.3m 钢筋混凝土箱涵结构。倒虹吸由进口渐变段、进口连接段、河槽管身段和出口渐变段组成，上下游承接 2 孔 3.5m×3.5m 的明流箱涵。倒虹吸设计流量 50m³/s，加大流量 60m³/s。

c. 中瀑河倒虹吸全长 1610m。倒虹吸工程设计流量为 50m³/s，加大流量为 60m³/s。倒虹吸断面型式为 2 孔 4.0m×4.0m 箱涵。

d. 屯庄河倒虹吸水平长度 90m。倒虹吸设计流量 50m³/s，加大流量 60m³/s，采用 3 孔 4.4m×4.4m 现浇钢筋混凝土箱形结构。进口底高程 15.61m，出口底高程 15.59m。

天津干线西黑山进口闸至有压箱涵段的其他河渠交叉建筑物有东黑山沟及利民渠、易水灌区三干二支、三干四支、三干五支和三干六支 5 条灌溉渠道交叉建筑物。6 座交叉建筑物均采用暗渠或压力箱涵型式，且均不需设下卧段。

（9）公路交叉建筑物。西黑山进口闸至有压箱涵段共与 10 条公路交叉，根据交叉公路级别，除张石高速公路涵采用明挖＋管棚方法施工外，其他 9 条均采用破路明挖、按现状路面恢复的施工方法施工。

2. 保定市 1 段

天津干线保定市 1 段全长 45.642km，全线均为有压钢筋混凝土箱涵自流输水，主要建筑物包括有压输水箱涵、各类交叉建筑物及保水堰、分水口、检修闸、通气孔等。保定市 1 段共穿越 13 条行洪排涝河渠、3 条灌溉渠道、35 条乡村级以上公路、1 条铁路。共布置保水堰 3 座，检修闸 1 座，通气孔共 22 座，分水口 3 座。

（1）输水箱涵。保定市 1 段全线均为有压钢筋混凝土箱涵自流输水，输水箱涵结构采用三孔一联 4.4m×4.4m 现浇普通钢筋混凝土结构型式。

（2）保水堰井。保定市 1 段共布置 3 座保水堰，分别为郑村北（2 号）保水堰井、沙河东（3 号）保水堰井、兰沟河西（4 号）保水堰井。

保水堰井分为无闸门（奇数堰）和有闸门（偶数堰）两种形式。均由上游渐变段箱涵、堰井段、明槽段和下游渐变段箱涵组成。其中 3 号为无闸门堰井，总长度为 85m；2 号、4 号保水堰井为有闸门堰井，总长度分别为 94m 和 80m。

（3）检修闸。保定市1段工程设置一座检修闸，为京广铁路西检修闸，其功能主要是在天津干线输水箱涵检修时节制相邻区段的水，利用预留的检修进人孔，向相邻孔内进行抽排箱涵中的积水。检修闸除具有检修时的节制作用外，还具有正常运用时的通气孔及进人孔的功能。京广铁路西检修闸生产区在建筑物工程管理范围内设置，四周以2m高的砖砌围墙进行围护。

（4）通气孔。根据线路及工程总体布置要求，保定市1段设计单元位于有压输水箱涵段，设置通气孔共22座。通气孔用以消除有压箱涵充水和运行过程中掺气和水锤带来的危害，对有压箱涵及时补气、排气，避免管道内形成负压，产生气囊，同时满足检修进人的需要。通气孔顶高程满足最高水位（事故压坡线）以上0.5m，生产场区在建筑物工程管理范围内设置，四周以2m高的砖砌围墙进行围护。

（5）分水口设计。本段布置3个分水口，向沿线的部分河北省城镇供水分别为徐水县郎五庄南分水口、容城县北城南分水口、高碑店市（白沟新城）白沟分水口。

分水口布置在分水一侧，充分利用箱涵的重力水头。供水工艺流程为：利用箱涵余压，通过每孔箱涵上的分水支管，汇流入分水干管，并送至分水口场区围墙外。分水口由分水支管、分水干管、调节室、检修阀井、管道沟及管道沟检修井等组成。考虑管路检修及沉降等因素，沿管道布设管道沟。生产区在建筑物工程管理范围内设置，四周以2m高的砖砌围墙进行围护。

（6）河渠交叉建筑物。天津干线保定市1段共与13条行洪排涝河渠及3条灌溉渠道交叉，为保证输水水质，天津干线与各类河渠全部立交。所有的河渠交叉均为箱涵从交叉的河渠下穿过。综合考虑河道地形差异及计算冲刷深度，确定倒虹吸最小埋置深度为河道最大冲刷深以下0.5m。

为确保工程安全，对河道两侧河坡进行护砌，范围为倒虹吸基坑开挖上口边线两侧各5m，护砌材料为M10浆砌石。

为满足倒虹吸通气及检修时进人和排水要求，在大清河等4座大型倒虹吸进出口连接段各设一处通气检修孔。

（7）铁路交叉建筑物。保定市1段与京广铁路有1处交叉，天津干线与京广铁路交叉采用顶进框构保护涵方案，由框构保护涵来承担铁路荷载及外土压力、地下水压力；输水箱涵从框构保护涵内穿过，内水压力由箱涵承担。保护涵与过水箱涵之间设柔性隔离层。

（8）公路交叉建筑物。本段共穿越35条乡村级以上公路，其中，穿越高速公路1条，在徐水县东史端村北穿越京深高速公路；穿越国道1次，在徐水县高林营附近穿越107国道；穿越省级公路2次，即在容城县北剧附近穿越津保公路，在容城县东西李家营之间穿越津保高速白沟连接线。

由于天津干线采用全箱涵方案，工程建成后箱涵埋于地下，根据沿线公路的等级标准及周围地形条件，确定公路穿越工程设计原则：①高速公路采用暗挖施工；②应河北省交通管理部门的要求，河北省境内的国、省干道采用暗挖施工；③县级以下公路一律采用破路施工，工程完工后，恢复原状；④对于规划的公路，立足于公路施工前先实施天津干线工程。

天津干线保定市1段与规划道路和其他县级以下级别的交通道路交叉共31处，穿越公路的箱涵设计断面考虑相应公路的设计荷载，县级以下公路均采用破路施工，施工期间道路交通设置临时辅道或临时绕行道路，工程完工后按原标准进行恢复。对于规划的高等级公路，立足于公路施工前先实施天津干线工程。

3. 保定市 2 段

天津干线保定市 2 段全长 15.085km，全线均为有压钢筋混凝土箱涵自流输水，主要建筑物包括有压输水箱涵、各类交叉建筑物及分水口、通气孔等。保定市 2 段共穿越 3 条行洪排涝河渠、1 条灌溉渠道、14 条乡村级以上公路（含规划公路）。除有压箱涵外，共有各类建筑物 26 座，其中河渠交叉建筑物 4 座、公路交叉建筑物 14 座、分水口 1 座、通气孔 7 座。

（1）输水箱涵。本段全线均为有压钢筋混凝土箱涵自流输水，经水力计算和综合比较论证，箱涵结构采用三孔一联 4.4m×4.4m 现浇普通钢筋混凝土结构型式。箱涵底板厚为 0.65m，顶板厚为 0.55m，边墙厚为 0.55m，中墙厚为 0.45m。

（2）河渠交叉建筑物设计。本工程段输水线路与 4 条河渠交叉，其中 1 条为灌溉渠道，均从河渠底部穿过，全部采用倒虹吸立体交叉形式。

胜利渠倒虹吸全长 75m，与胜利渠交角为 56°。雄固霸沟倒虹吸全长 98m，与雄固霸沟交角为 48°。大庄排干倒虹吸全长 75m，与大庄排干近正交。津保公路北排干倒虹吸全长 190m，与津保公路北排干交角为 44°。

胜利渠、雄固霸沟和大庄排干倒虹吸管身断面均为 3 孔钢筋混凝土箱形结构，孔口尺寸为 4.4m×4.4m。顶板、边墙和中墙厚均为 0.65m，底板厚 0.75m。津保公路北排干倒虹吸与津保公路涵（白玛）为同一个建筑物，详见津保公路涵（白玛）部分。

（3）公路交叉建筑物设计。天津干线保定市 2 段共穿越 14 条乡村级以上公路（含规划公路），其中国省干道 2 条，分别为津保公路（白玛段）和津同公路（板北段），其余 12 条为乡村级公路。各公路穿越均采用公路暗涵形式，其中津保公路涵（白玛）结合津保公路北排干布置采用倒虹吸形式。

12 条乡村级公路涵结构设计同箱涵，均采用坡路埋涵方案，箱涵施工完毕后按现状标准恢复道路。

津保公路涵（白玛）位于河北省雄县白玛村南，因与津保公路北排干紧邻，故其布置与穿越北排干应一起考虑。根据地形、地质、布置及施工等条件，经综合分析论证，采用倒虹吸形式，与津保公路交叉角为 44°。津保公路涵（白玛）长 190m。

津同公路涵（板北）位于河北省雄县板北村，采用公路暗涵形式，与津同公路交叉角为 28°。津同公路涵（板北）总长 150m。

津保公路涵（白玛）和津同公路涵（板北）均采用 3 孔 4.4m×4.4m 整体浇筑的钢筋混凝土封闭式框构结构。

（4）通气孔设计。根据线路及工程布置要求，本工程段有压箱涵段平均 2km 布置一座通气孔，沿线共布置 7 座。

通气孔采用 3 孔，孔口尺寸均为 4.4m×1.5m。通气孔工作平台高程高出最高水位（事故压坡线）以上 0.5m，工作平台上采用通气性良好的钢格栅盖板。

（5）分水口设计。天津干线保定市 2 段设置有一个分水口，即雄县口头分水口，分水规模为 0.5m³/s。

分水口布置在箱涵的右侧。供水工艺流程为：利用箱涵余压，通过每孔箱涵上的分水支管，汇流入分水干管，并送至分水口场区围墙外 12m 处。

4. 廊坊市段

天津干线廊坊市段全长 55.433km，全线均为有压钢筋混凝土箱涵自流输水，主要建筑物包括有压输水箱涵、各类交叉建筑物及保水堰、分水口、检修闸、通气孔等。廊坊市段共穿越 21 条行洪排涝河渠、3 条灌溉渠道、33 条乡村级以上公路、2 条铁路。共布置主要建筑物 93 座，分别为检修闸 1 座、保水堰井 4 座、通气孔 24 座、分水口门 5 座、河渠交叉倒虹吸 21 座、灌渠交叉倒虹吸 3 座、铁路交叉建筑物 2 座、公路交叉建筑物 33 座，各类闸、井、分水口门管理站进出通道公路共 11.876km。

（1）输水箱涵。本段输水箱涵长约 50.01km，全为有压钢筋混凝土箱涵自流输水，箱涵结构采用三孔一联 4.4m×4.4m 现浇普通钢筋混凝土结构型式。

（2）保水堰井。本段共设置了 4 座保水堰井，按照各保水堰井坐落的地域名称将其分别署名为：郑村排干西（5号）保水堰井、牤牛河东（6号）保水堰井、渠头村北（7号）保水堰井、堂二里北（8号）保水堰井。

保水堰井分为无闸门（奇数堰）和有闸门（偶数堰）两种形式。均由上游渐变段箱涵、堰井段、明槽段和下游渐变段箱涵组成。其中 5 号、7 号为无闸门堰井，总长度分别为 83m 和 76m；6 号、8 号为有闸门堰井，总长度分别为 100m 和 80m。

（3）检修闸。天津干线廊坊市段设置京九铁路西检修闸。其功能主要是在输水箱涵检修时节制相邻区段的水，为避免浪费水量，利用预留的检修进人孔，向相邻孔内进行抽排箱涵中的积水。在运用过程中，还可利用该进人孔进行补气和排气。因此，检修闸除具有检修时的节制作用外，还具有正常运用时的通气孔及进人孔的功能。

（4）通气孔。廊坊市段位于有压输水箱涵段，设置通气孔共 24 座。

通气孔是为解决因掺气和水锤带来的对保证输水稳定，解决运行过程中水锤以及补排气中的安全问题，解决检修进人的需要。

设置该建筑物可避免气囊易引起过流断面减小，造成输水流量降低，可满足有压输水箱涵的补气和排气需要，利用通气孔在检修时的进人需要，在检修时还可利用该设施向邻孔和附近沟渠排水的需要。

（5）分水口设计。根据《南水北调中线一期工程总干渠总体设计》（长江设计院 2003 年 4 月），天津干线沿线的部分河北省城镇由天津干线供水。按河北省的规划，经与天津市协商，由天津干线为河北省城镇输水总规模 $5m^3/s$，在河北省境内布设 9 个分水口。天津干线廊坊市段布置 5 个分水口。

分水口布置在分水一侧，充分利用箱涵的重力水头。供水工艺流程为：利用箱涵余压，通过每孔箱涵上的分水支管，汇流入分水干管，并送至分水口场区围墙外。分水口由分水支管、分水干管、调节室、检修阀井、管道沟及管道沟检修井等组成。

（6）河渠交叉建筑物。天津干线廊坊市段与 21 条行洪排涝河渠及 3 条灌溉渠道交叉，为保证输水水质，天津干线廊坊市段与各类河渠全部立交。根据天津干线廊坊市段水位交叉河渠和底高程情况，均为箱涵从交叉的河渠下穿过。

为满足倒虹吸通气及检修时进人和排水要求，在牤牛河等 3 座大型倒虹吸进出口连接段各设一处通气检修孔。

为便于检修排水，在倒虹吸河槽段底板上每孔设 1 处集水坑。

（7）铁路交叉建筑物。天津干线廊坊市段共与2条铁路相交叉，分别是京九铁路和津霸铁路。天津干线廊坊市段与京九铁路和津霸铁路交叉均采用浅埋暗挖隧道方案，箱涵底板与隧道结构之间设减振层，以防框构动荷载影响输水箱涵。

（8）公路交叉建筑物。天津干线廊坊市段工程共与33条乡村级及以上公路（含规划公路）交叉，其中高速公路1条，即津保高速公路；国省干道3条，分别为京开公路（106）、廊大公路、津同公路（磨汊港）。京开公路（106）、廊大公路、津同公路（磨汊港）、津保高速公路共4座公路交叉建筑物采用大管径夯管管幕法施工，其余均采用破路施工方案。

5. 天津市1段

根据总体布置，天津市1段全长19.661km，建筑物有压输水箱涵、连接井、分流井、各类交叉建筑物及检修闸、通气孔等。本段主要建筑物包括：连接井1座、分流井1座、检修闸1座、通气孔9座、河渠交叉建筑物7座、铁路交叉建筑物1座、公路（含规划公路）交叉建筑物13座。

（1）输水箱涵设计。天津市1段输水箱涵长19661.365m。其中3孔4.4m×4.4m箱涵段长7297.141m（埋深3～5m），分流井长131m，2孔3.6m×3.6m箱涵段长2233.224m（埋深2～4m）。

（2）王庆坨连接井。王庆坨连接井位于天津市武清区清北排干以西，紧邻天津市西部防线，连接井全长82m。其主要功能为在天津干线检修时可将箱涵内的水体排入市内配套工程，为检修创造条件。

王庆坨连接井工程由进口渐变段、进口闸段、井身段、出口闸段、出口渐变段、分水闸段6部分组成。

进口渐变段为3孔4.4m×4.4m有压箱涵，长12m。边墙宽由0.55m渐变为1m，中墙宽由0.5m渐变为1.1m，底板厚0.65m。

进口闸室底板厚度1.8m，顺水流向长度18m，底板垂直流向长度18.4m。

连接井井身段顺水流向长度22m，垂直流向长度21.5m。连接井采用整体式矩形槽结构，边墙顶宽1.0m，底宽1.8m，墙顶高程8.39m。

出口渐变段布置与进口渐变段基本相同。

分水闸长15m，前为5.6m长箱涵段，中间闸室段长5m，后接4.4m长箱涵段。分水闸室底板厚度1.2m，垂直流向长度11.5m。在闸门下游侧设宽1.5m的检修井。

（3）子牙河北分流井。分流井是天津干线重要的控制性建筑物，位于子牙河北岸，其主要功能为：向西河泵站、外环河泵站和子牙河分水，泵站事故时向子牙河退水，保证上游箱涵处于有压状态。

分流井长度为131m。分流井上游连接3孔4.4m×4.4m箱涵，下游连接子牙河倒虹吸2孔3.8m×3.8m和2孔3.6m×3.8m四孔一联箱涵。

分流井进口闸段由上游渐变段和闸室组成。上游渐变段长度为10m。闸室段为3孔4.4m×4.4m涵闸，闸室顺水流方向长14m，垂直水流方向宽19.20m。

分流井水池设保水堰，垂直水流方向宽度为50m，堰顶高程为0.90m。水池顺水流方向长76.30m，最大净宽50m。

出口闸段由闸室和下游渐变段组成。闸室段为2孔3.8m×3.8m与2孔3.6m×3.8m四孔一联涵闸，闸室顺水流方向长 18.70m，垂直水流方向宽 22.30m。下游渐变段为 2 孔 3.8m×3.8m 与 2 孔 3.6m×3.8m 四孔一联箱涵，长度为 12m。

（4）检修闸。本段内有 1 座检修闸，即津浦铁路南检修闸，长 46.321m。津浦铁路南检修闸为 2 孔 3.6m×3.6m 涵闸，闸室长 15m，宽 10.3m。前后接连接渐变段。

（5）通气孔。为满足充水排水、排气、补气的要求，以及防止在闸门启闭时产生脱空、负压现象，本段内共设有 9 座通气孔。通气孔结构布置主要依据本部位箱涵结构体型以及功能需要进行布置的。下部的过水断面与输水箱涵相同，上部为通气进人孔。

通气孔顶部四周布置 1.5m 宽的工作平台，通气孔采用通气性良好的钢格栅盖板。

工作平台通过通气孔竖井与下部的输水箱涵相连。通气孔竖井为 3 孔 4.4m×1.5m 的混凝土箱型结构，每孔单独与下部的箱涵相连，构成各自封闭运行，下部输水箱涵分段长度 15.0m。

（6）河渠交叉建筑物。本段内天津干线与 7 条河渠交叉，分别是：南大河、清北排干、王庆坨排干、卫河、杨河村第五排干、子牙河、北排干，均为天津干线以倒虹吸形式从交叉河渠下穿过，除子牙河、卫河按大型河渠交叉建筑物单独进行设计外，其余均计入箱涵工程。卫河倒虹吸长 150m，由进口连接段、进口斜坡段、河槽管身段、出口斜坡段和出口连接段组成。子牙河倒虹吸全长 816.47m，由上下游连接段、穿堤段、滩地平管段、斜管段、河槽段组成。

（7）铁路交叉建筑物。本段内天津干线共与一条铁路相交叉，即津浦铁路，交叉地点位于天津市西青区杨柳青发电厂以东，津浦铁路涵采用顶进框构保护涵的设计方案。

（8）公路交叉建筑物。本段内天津干线共穿越 13 条公路（含规划公路），其中高速公路 1 条，即京沪高速公路；国道 3 条，分别为津同公路、京福公路、西青道；有 2 条为规划公路，其余 7 条现状为普通村道或堤顶道路。根据沿线公路的等级标准及周围地形条件，除京沪高速公路涵采用管幕法结合顶进整体框构方案，西青道公路涵采用明挖加盖挖施工方案，其余公路交叉建筑物均采用破路施工，箱涵建成后，对路面按原标准进行恢复。

6. 天津市 2 段

天津市 2 段起点位于西青区西青道以南、奥森物流公司东侧，之后沿春光路向南穿过阜盛道至元宝路，后折向东沿元宝路，穿过星光路、曹庄排干，至外环河西约 200m 处折向北，至天津干线终点。天津市 2 段全长 4283.709m，其中 2 孔 3.6m×3.6m 现浇钢筋混凝土箱涵，长4211.209m；外环河出口闸，长 72.5m，为 2 孔 3.6m×3.6m 涵闸；1 座通气孔；外环河出口闸后接市内配套泵站的前池。本段内天津干线只与 1 条排涝河渠相交叉，天津干线以倒虹吸形式穿越。本段内共涉及 4 条道路，穿越公路段采用坡路埋涵方案，箱涵建成后对道路按原标准进行恢复。

天津干线与规划中的京沪高速铁路正线相交叉 1 次，与规划京沪高速铁路西站联络线相交叉 2 次。由于京沪高速铁路及其联络线在此处均为高架铁路，交叉穿越方案为京沪高速铁路上跨天津干线。

（1）输水箱涵设计。本段输水箱涵长 4211.209m，设计纵坡 1/9329，全部为 2 孔 3.6m×3.6m 钢筋混凝土箱涵，箱涵埋深 2～4m。为适应地基不均匀沉陷、温度和湿度的变化及地震作用对箱涵的影响，箱涵每隔一定长度设永久的变形缝，变形缝间距 15m，缝宽 30mm，变形缝内设有止水带、填缝材料和嵌缝密封材料。

（2）外环河出口闸工程。外环河出口闸是天津干线末端建筑物，位于天津市西青区外环线六号桥附近，北临阜盛道，南临元宝路，东临外环河，距天津市中心约5km，为南水北调中线工程天津干线的终点，亦为市内配套工程的起点。该闸上游接2孔3.6m×3.6m有压箱涵，下游接市内配套工程拟建的外环河泵站前池。

根据《天津市输配水工程规划》，由拟建的外环河泵站向塘沽区、大港区等用户供水，设计流量为18m³/s，加大流量为28m³/s。

外环河出口闸由进口渐变段、闸室段、出口扩散段、保水堰段4部分组成。进口渐变段长15m，闸室段长15m，宽11.3m，为2孔3.6m×3.6m钢筋混凝土结构。出口扩散段长26m。保水堰段长16.5m，保水堰为钢筋混凝土实用堰，堰后设长平顺段，与泵站前池相接。

（3）曹庄排干倒虹吸。本段内天津干线只与1条排涝河渠相交叉，即曹庄排干，天津干线以倒虹吸形式穿越曹庄排干。

曹庄排干倒虹吸位于天津市西青区中北镇元宝路下方，东距外环线约1.5km。曹庄排干倒虹吸长75m，为2孔3.6m×3.6m钢筋混凝土箱涵结构。倒虹吸设计流量18m³/s，加大流量28m³/s。倒虹吸共分为5段，每段长15m，分别为上游平管段、上游斜坡段长、主槽段、下游斜坡段、下游平管段。

（4）路面拆建工程。本段内共涉及4条道路，本段起点至阜盛道段沿行春光路（长约630m）、元宝路（长约2900m）布置，此外，分别与中北工业园阜盛道、星光路相交叉，交叉角度为正交。穿越公路段采用坡路埋涵方案，箱涵建成后对道路按原标准进行恢复。

（5）通气孔。本段内设置一座通气孔，通气孔工作平台高程为5.78m，下部箱涵为2孔3.6m×3.6m方涵。通气孔竖井垂直水流方向宽3.6m，同输水箱涵尺寸；顺水流方向长1.5m，工作平台上采用通气性良好的钢格栅盖板，尺寸为1700mm×500mm×100mm。

通气孔内布置钢梯，箱涵部位布置对水流影响较小的爬梯并与上部钢梯相接。

第五节　汉江中下游治理工程

南水北调中线工程调水后丹江口水库下泄水量减少，对汉江中下游地区两岸取水及航运将产生一定的影响。为减少或消除调水对汉江中下游地区的不利影响，满足汉江中下游地区生活、工业、农业、生态和航运用水要求，必须实施汉江中下游治理工程措施。

南水北调中线汉江中下游治理工程包括兴隆水利枢纽、引江济汉、部分闸站改造、局部航道整治四项治理工程。

兴隆水利枢纽的作用是壅高水位、增加航深，以提高罗汉寺、兴隆闸站的供水保证率，保证汉北和兴隆灌区长远发展的需要，同时改善华家湾至兴隆河段的航道条件。

引江济汉工程的主要任务向汉江兴隆以下河段补充因南水北调中线调水而减少的水量，同时改善该河段的生态、灌溉、供水和航运用水条件。

汉江中下游部分闸站改造工程的任务是对因南水北调中线一期工程调水影响的闸站进行改造，恢复和改善供水条件。

汉江中下游局部航道整治工程建设能基本恢复汉江中下游航道的通航标准，对汉江航运的可持续发展具有重要作用。

一、兴隆水利枢纽工程

（一）工程建设条件

兴隆水利枢纽坝址 2010 水平年多年平均流量 1060m³/s，多年平均年径流量 335 亿 m³。丹江口建库前（1951—1967 年），兴隆坝址处年输沙量为 1.19 亿 t，丹江口建库后（1968—2003 年），丹江口以上来沙基本上全被拦在丹江口水库内，兴隆坝址处年输沙量为 0.19 亿 t，不到建库前的 16%。

根据《中国地震动参数区划图》（GB 18306—2001），工程区地震动峰值加速度 0.05g，相应地震基本烈度为Ⅵ度。

兴隆库区不存在矿产压覆、水库诱发地震等问题，水库渗漏量较小，不影响水库的成立；水库区的主要工程地质问题是岸坡稳定性和水库蓄水后引起的浸没加重问题。

水库区左岸旧口以上、右岸沙洋县及其以上除沟、渠、塘堰等局部地带外，其他大部分地区基本不存在浸没问题，左岸旧口以下及右岸沙洋以下堤内目前已存在轻微浸没现象，局部较为严重。

坝址区广泛分布第四系松散冲积堆积物。因此坝址区的主要工程地质问题均与工程区深厚覆盖层相关，主要有地基强度、不均匀变形与抗冲刷问题、渗漏与渗透变形、饱和砂土震动液化及人工边坡稳定等问题。

（二）设计单元及工程位置

兴隆水利枢纽工程设计作为一个设计单元，兴隆水利枢纽由拦河水闸、船闸、电站厂房、鱼道、两岸滩地过流段及其上空的连接交通桥等建筑物组成。兴隆水利枢纽的开发任务以灌溉和航运为主，兼顾发电。枢纽正常蓄水位 36.2m，相应库容 2.73 亿 m³，规划灌溉面积 327.6 万亩，规划航道等级为Ⅲ级，电站装机容量 40MW。

兴隆水利枢纽位于汉江下游湖北省天门市（左岸）和潜江市（右岸）境内，上距丹江口水利枢纽 378.3km，下距河口 273.7km，是汉江干流规划中最下一级梯级。

（三）枢纽工程设计

枢纽总布置：在汉江主河槽和左岸低漫滩上布置泄水闸，紧邻泄水闸右侧布置电站厂房，船闸布置在厂房安装场右侧的滩地上，与安装场间距为 80m，该段不过流，为厂房与船闸间挡水坝段，鱼道位于船闸与电站厂房之间。船闸与右岸汉江堤防之间、泄水闸与左岸汉江堤防之间则为滩地过流段，主体建筑物与两岸堤防之间采用交通桥连接。在坝轴线上自右至左依次布置右岸滩地段长 741.5m，船闸段长 47m，挡水坝段长 80m（含鱼道），电站厂房段（含安装场）长 112m，泄水闸右门库段长 19m，56 孔泄水闸段长 953m，左岸门库段长 19m，左岸滩地过流段长 858.5m，坝轴线全长 2830m。

泄水闸由 56 孔组成，每孔净宽 14m，闸段总长 953m，闸孔总净宽 784m，采用二孔一联结构型式，泄水闸底板顺流向长 25m。泄水闸工作门为弧形钢闸门。

电站装机容量 40MW，安装 4 台贯流式水轮发电机组，单机容量 10MW，水轮机直径 6.55m。电站厂房总长 112m、宽 74m。

通航建筑物由船闸主体段和上、下游引航道组成，线路总长 1456m。船闸主体段由上、下闸首和闸室组成，总长 256m，航槽净宽 23m，结构均采用整体式 U 形结构。

工程采用全年明渠导流方案。导流明渠布置在左岸漫滩上，待明渠具备通水条件后，一期围主河床及右岸，在围堰保护下，进行泄水闸、电站厂房及船闸等主体工程施工，导流明渠及左岸高漫滩过流，明渠通航；二期采用土石坝体直接截断明渠，进行过水土石坝的施工，由已完建的泄水闸泄流，船闸通航。

二、引江济汉工程

（一）工程建设条件

1. 水文气象

工程区域属亚热带季风气候，四季分明，具有霜期短，日照长，雨量充沛等特点，区内多年平均降水量 1070mm，多年平均蒸发量 1240mm 左右，多年平均气温 16.2℃，极端最高气温 40℃以上，极端最低气温为−15℃左右，风向以东北风及偏北风为主，夏季以偏南风为主，年平均风速 2.4～2.6m/s。

龙洲垸进口断面设计洪水采用枝城设计洪水成果，考虑支流的加入与松滋口的分流后分析得到。宜昌站设计洪水以三峡水利枢纽初步设计成果为基础，通过加入 1998 年等长江大洪水，对资料系列延长后，补充复核得到。枝城站洪水频率计算成果直接借用宜昌站有关统计参数，仅对枝城各时段洪量的均值进行修正。

出水口断面设计洪水由丹江口水库调洪后的下泄洪水过程经洪流演进至碾盘山后与丹碾区间设计洪水过程线相加而得。出口河段设计洪水为 18400～19400m³/s。

根据引江济汉交叉河流水文基本资料的不同，分别采用不同的方法计算交叉断面的设计洪水成果，并根据交叉断面堤防现状、排涝成果对设计洪水成果进行分析，选用合理的设计洪水成果。

对无水文基本资料的西荆河、殷家河、拾桥河、太湖港等交叉河流采用设计暴雨推求设计洪水的方法分析计算交叉断面设计洪水成果；对其他河流交叉河流设计洪水，则采用平原湖区排水模数的经验公式计算设计洪峰流量。

出水口河段的汉江流量由引江济汉干渠工程规模论证分析确定。

2. 工程地质

工程区位于扬子准地台的江汉盆地西部的江陵凹陷，地壳稳定性中等偏好。根据《中国地震动参数区划图》（GB 18306—2001），工程区地震动峰值加速度为 0.05g，地震动反应谱特征周期 0.35s，相应的地震基本烈度为Ⅵ度。

工程区地势总体较平坦，地貌形态可分为垄岗状平原、岗波状平原、湖沼区，低平冲积平原及人工地形区。

工程区存在的主要工程地质问题有：膨胀土、边坡稳定、坝基土层承载力较低、地基土渗透变形，河滩土层抗冲刷和坝基抗滑稳定、施工基坑涌水和涌砂等问题。

（二）设计单元及工程位置

引江济汉工程初步设计报告编制分通水、通航2部分，初步设计共划分2个设计单元。通水设计报告由湖北省南水北调管理局组织湖北省水利水电规划勘测设计院（简称"湖北省设计院"）、长江设计院和中水淮河公司编制，湖北省设计院为设计协调和总承单位。通航设计报告（引江济汉工程初步设计通航部分及干渠公路桥梁）由湖北省交通厅组织湖北省交通规划设计院编制。

引江济汉是从长江上荆江河段附近引水至汉江兴隆河段、补济汉江下游流量的一项大型输水工程。工程的主要任务是向汉江兴隆以下河段（含东荆河）补充因南水北调中线调水而减少的水量，同时改善该河段的生态、灌溉、供水和航运用水条件。

引江济汉引水干渠进口为龙洲垸，出口为高石碑。渠首位于荆州市李埠镇龙洲垸长江左岸江边，干渠线路沿北东向穿荆江大堤，在荆州城西伍家台穿318国道、红光五组穿宜黄高速公路后，近东西向穿过庙湖、荆沙铁路、襄荆高速、海子湖后，折向东北向穿拾桥河，经过蛟尾镇北，穿长湖，走毛李镇北，穿殷家河、西荆河后，在潜江市高石碑镇北穿过汉江干堤入汉江。

（三）工程设计

引水干渠全长67.23km，进口渠底高程26.10m，出口渠底高程25.0m，干堤渠底纵坡1/33550，渠底宽60m。渠道在拾桥河相交处分水入长湖，经田关河、田关闸入东荆河。

干渠设计引水流量350m³/s，最大引水流量500m³/s，补东荆河设计流量100m³/s，加大流量110m³/s。渠道内坡坡比1∶2～1∶3.5，外坡坡比1∶2.5。

引江济汉沿线各类建筑物共计82座（不含24座人行桥），其中各种水闸13座、泵站1座、船闸2座、东荆河橡胶坝3座、倒虹吸30座（河渠交叉26座、渠渠交叉4座）、公路桥32座、铁路桥1座。

引江济汉干渠沿线主要建筑物有沉沙池、沉螺池、龙洲垸泵站、泵站节制闸、荆江大堤防洪闸、港南渠分水闸、庙湖分水闸、拾桥河枢纽建筑物（拾桥河上游泄洪闸、下游泄洪闸、倒虹吸、码头、左岸节制闸）、后港分水闸、后港船闸、西荆河枢纽建筑物（船闸、西荆河倒虹吸）、高石碑枢纽建筑物（高石碑出水闸）等。

东荆河节制工程：东荆河节制工程是南水北调引江济汉工程的重要组成部分。东荆河节制工程包括刘岭闸、田关闸整险加固、新建马口橡胶坝、黄家口橡胶坝、冯家口橡胶坝、新建冯家口闸、疏挖火脑沟故道、新建一屋嘴桥、改建火脑沟桥、钱家湾堵汊及新建通顺河节制闸等。

沉沙池、沉螺池：沉沙池、沉螺池布置在渠首，沉沙池工作段长度选用2200m，池底高程为24.6m，底宽为200m。沉螺池布置在沉沙池内，属于沉沙池的一部分，螺池工作段长度300m，实际沉螺池工作段长度采用300m，宽350m，渠底高程24.60m。

龙洲垸泵站：龙洲垸泵站近期设计总流量200m³/s，远期设计总流量250m³，7台立式轴流泵，其中一台为远期预留，总装机容量1.96万kW。

泵站节制闸：节制闸与泵站并列布置在渠道内，中间以导水墙隔开，节制闸位于渠道左侧，其中心线与渠道中心线相距62m。节制闸设计引水流量350m³/s，最大引水流量500m³/s，共7孔，单孔宽7m。

荆江大堤防洪闸：设计引水流量350m³/s，最大引水流量500m³/s，共2孔，单孔宽32m。

拾桥河泄洪闸：设计流量740m³/s，校核流量1030m³/s，开敞式平底闸形式，共设8孔，单孔宽8m。

拾桥河倒虹吸：设计流量240m³/s，8孔，单孔孔口尺寸4.8m×4.0m。

驳岸：驳岸（码头）布置在拾桥河下游泄洪闸左岸，长63m，宽16.9m，设2台固定式起吊设备，吊幅15m，调重5t。

拾桥河左岸节制闸：设计引水流量350m³/s，最大引水流量500m³/s，1孔，孔宽60m。

后港船闸：按Ⅴ级航道、300t级船闸设计。

西荆河船闸：按Ⅴ级航道、300t级船闸设计。

西荆河倒虹吸：设计流量210m³/s，共6孔，单孔宽4.4m。

高石碑出水闸：设计引水流量350m³/s，最大引水流量500m³/s，共8孔，单孔宽8m。

倒虹吸设计流量为3～249m³/s。其中100m³/s以上的倒虹吸5座；50～100m³/s的倒虹吸3座；10～50m³/s的倒虹吸7座；5～10m³/s的倒虹吸7座；10m³/s以下的倒虹吸15座。现浇混凝土方管，管内流速1.5m/s。

公路桥、铁路桥复建工程：设置原则为对现有高速公路、一级公路及二级公路按公路等级标准以"拆桥还桥，改路还桥"为原则还建桥梁；县、乡道路按三级公路标准还建桥梁；村、镇道路按四级公路标准还建；桥面宽度值结合道路现状和"十一五"改扩建规划选用。桥梁布设间距以1～2km为控制范围，对渠道沿线道路进行改道、合并，重新恢复其路网功能。

三、汉江中下游部分闸站改造工程

（一）工程建设条件

1. 水文气象

闸站改造项目区属亚热带季风气候，多年平均降水量869～1209mm，多年平均蒸发量1246～1447mm，多年平均气温15.4～18.1℃。

要确定丹江口水库调水前后汉江水位下降以及实施兴隆枢纽、引江济汉工程补水后引起的各闸站引提水条件的变化及取水保证率的变化情况，需首先推求汉江中下游干流沿程流量过程。具体计算方法为：需水以2010年为设计水平年，由丹江口水库的不加坝不调水的下泄过程和加坝调水95亿m³的补偿下泄过程，以及引江济汉补偿入流过程并考虑2010水平年汉江干流的河道内和河道外需水，逐级演算至汉江出口断面，即得到汉江干流各控制断面现状和调水后1956—1997年共42年的来水流量过程。

初步设计阶段根据可行性研究阶段审查意见，收集了2007年各控制站实测水文资料，对可行性研究阶段水位流量关系进行了复核，结合实际情况对水位流量关系进行了调整。

由于丹江口水库加坝调水后汉江水位下降，对农作物灌溉影响较大。本次以4月为代表，通过分析2010年丹江口水库加坝调水前后各站不同保证率的旬平均水位的变化，来分析丹江口水库加坝调水的影响。

根据可行性研究阶段审查意见，分析了日平均与旬平均水位修正系数，将灌溉期各控制站最高、最低运行水位时段由旬修正到了日。水位推求考虑了兴隆枢纽和王甫洲枢纽库水位的影响。

根据汉流域洪水特性，结合各闸站施工要求，本次主要分析其枯水期12月至次年3月、12月至次年4月各闸站断面分期设计洪水位。

2. 工程地质

工程区地处汉江中下游，位于南襄盆地和江汉平原，主要地形地貌有低山、丘陵、垄岗和河谷、冲积平原地形，地势总体为北高南低，西高东低，汉江沿岸发育有一至三级阶地。

根据《中国地震动参数区划图》（GB 18306—2001），工程区地震动峰值加速度为0.05g或小于0.05g，地震动反应谱特征周期为0.35s，相应的地震基本烈度为Ⅵ度。

汉江中下游部分闸站改造工程分布于襄樊市、荆门市、潜江市、天门市、仙桃市、孝感市。工程地质条件较好，一般不存在重大的工程地质问题。

汉江中下游部分闸站改造工程存在的主要工程地质问题有：局部崩岸或滑塌、渗透变形、流沙、边坡稳定、基坑突涌和抗滑稳定、不均匀沉降等问题。

（二）设计单元及工程位置

2006年，在编制汉江中下游治理工程初步设计组织管理方案时，考虑到谢湾、泽口闸可行性研究阶段推荐的是联合改造方案，同时考虑作为闸站改造中两个最大的项目，具备先行开工建设的条件，因此将闸站改造工程划分为谢湾、泽口闸改造和其他闸站改造工程2个设计单元。

汉江中下游部分闸站改造工程的任务是对因南水北调中线一期工程调水影响的汉江中下游闸站进行改造，恢复和改善供水条件。初设阶段31座闸站改造包括新建谢湾倒虹吸、泽口闸改造（新建徐鸳口泵站、新建深江节制闸、扩挖同兴渠、重建胜利二闸、疏挖胜利闸连接渠），拆除重建泵站19座，拆除重建引水闸1座，闸站联合改建8座，改建涵闸1座。工程区地处汉江中下游，从地市分布看，襄樊市9处、荆门市7处、潜江市1处、天门市4处、仙桃市3处、孝感市7处。

（三）工程任务和规模

1. 汉江中下游干流供水区基本情况

汉江中下游干流供水范围包括襄樊市、荆门市、荆州市、孝感市和武汉市所辖的19个县（市、区），天门市、潜江市、仙桃市3个省直管市，以及"五三""沙洋"等农场的全部或部分范围，自然面积2.35万km²。包括罗汉寺、兴隆、泽口等15个灌区和武汉市、襄樊市、仙桃市等17个城市［包括县（市、区）等］。

根据统计年鉴分析，汉江中下游干流供水区内现有耕地面积1217.8万亩，其中水田659.2万亩，有效灌溉面积985.7万亩，总人口1526.2万人，其中非农业人口658.7万人，城市化率达43%，工业总产值达4687亿元，城市人均年可支配收入12730元。

2. 汉江中下游干流取水水源工程

据调查，汉江中下游沿岸直接从干流取水的水源工程共有216座公用或自备水厂和241座农业灌溉闸站，总设计流量达 $1060\mathrm{m}^3/\mathrm{s}$。农业灌溉泵站的数量以襄樊市、孝感市、武汉市居多，但其规模大都较小，且较分散；荆门市、潜江市、天门市、仙桃市的农业灌溉闸站数量虽然不多，但规模较大，几大引水灌溉闸大都分布于此。如荆门市的马良闸、潜江市的兴隆闸和谢湾闸、天门市的罗汉寺闸、仙桃市的泽口闸等。

3. 工程主要任务

总体来讲，丹江口水库加坝调水后，除已建的王甫洲枢纽和在建的崔家营航电梯级及兴隆枢纽的库区回水范围外，汉江中下游其他河段 $P=75\%$ 保证率以下的水位均有所下降。在对汉江中下游对改造闸站全面分析、进行分类的基础上，对因南水北调中线一期工程调水影响的部分闸站进行改造，恢复和改善其供水条件。

4. 各闸站改造工程规模

（1）谢湾闸改造补充水源工程。泽口灌区的百里长渠片即谢湾灌区，主要供水水源工程为谢湾闸，其直灌面积为 21.94 万亩。该片灌溉范围相对独立，可单独进行水资源供需平衡分析，以此确定补充水源工程规模。

以跨东荆河建倒虹管自流引水方案为代表进行分析，其设计流量采用试算的方法确定。当谢湾涵闸引水流量小于倒虹管引水设计流量时，为避免引水倒流入汉江，谢湾闸关闭。经水资源供需平衡分析，确定谢湾灌区补充水源工程的设计流量为 $20\mathrm{m}^3/\mathrm{s}$。

（2）泽口闸改造补充水源工程。

1）徐鸳口自灌闸。徐鸳口自灌闸以减轻徐鸳口泵站运行成本为主要目的，其工程规模确定以汉江同期水位下泽口闸和徐鸳口闸引水流量达到 $156\mathrm{m}^3/\mathrm{s}$（泽口闸设计引水流量）满足泽口灌区灌溉需求来确定。经分析，确定徐鸳口自灌闸的设计流量为 $30\mathrm{m}^3/\mathrm{s}$。

结合考虑通北排区的排水问题，其排水设计流量相应为 $30\mathrm{m}^3/\mathrm{s}$，相当于通北排区毛咀闸上 2 年一遇的排涝流量。要使通北片排涝达到 10 年一遇的排涝标准，除徐鸳口自排闸部分时段可向汉江排水 $30\mathrm{m}^3/\mathrm{s}$ 外，其多余水量仍可通过胜利二闸或毛咀闸排水入通顺河下游。

2）徐鸳口增建泵站。泽口闸灌溉范围为总干渠直灌片、北干渠片和南干渠片 3 片，其直灌面积 122 万亩。泽口闸改造增建泵站规模通过对泽口灌区泽口闸部分进行供需平衡分析确定。

徐鸳口泵站及相应闸站运用条件：当泽口闸的引水流量小于灌区（122 万亩）灌溉流量，大于总干渠片和南干渠片（64.3 万亩）灌溉流量时，则关闭毛咀闸和徐鸳口自灌闸，开总干深江节制闸和南干深江闸，泽口闸灌溉总干渠片和南干渠片，而徐鸳口泵站抽水灌溉北干渠片；当泽口闸的可引流量小于总干渠直灌片和南干渠片（64.3 万亩）提水设计流量时，关闭总干渠上的深江节制闸和徐鸳口自灌闸，徐鸳口泵站开机提水，灌溉南干渠片和北干渠片，此为确定泵站规模的控制工况。泽口闸则灌溉深江节制闸以上总干渠两侧的直灌面积。

经供需平衡分析，确定泽口闸灌溉部分补充水源工程的设计流量为 $80\mathrm{m}^3/\mathrm{s}$。

（3）其他各闸站工程。根据汉江闸站的现状，沿江的灌溉闸站可以分为 3 种类型，即涵闸、闸站结合、泵站。根据新情况、新变化及分析的水位成果，重新对各闸站进行水量平衡分析，以复核各闸站的工程规模。

通过复核，多数闸站的规模与可行性研究阶段成果一致，闸站的原规模基本可满足取水要求，故大部分闸站的工程规模维持现状不变。下游的汉川市拟对汉北区、汉南区两区内水源工程分别进行整合和理顺，从区内水资源整体需求出发，充分利用区域上游汉江水位相对较高的优势，适当增加区域上游龚家湾和郑家月闸站的规模，同时置换减少下游闸站的规模，故项目的规模较可行性研究发生了一定变化。

刘家河泵站在2003年已按原设计条件（未考虑丹江口水库加坝调水影响）已进行了改造，仅更换了机电设备，故在丹江口水库加坝调水后仍不能满足设计水位要求，改造方案为在外江高闸处增设灌溉泵站，经复核其增建泵站规模为$4m^3/s$。

沿山头闸站设计灌溉面积23万亩，由于汉江水位下降，原有涵闸引水能力降低，改造方案为对涵闸进行整修，在外江增建泵站，经水量供需平衡分析，确定增建泵站的设计流量为$13m^3/s$。

（四）工程改造方案及总布置

进行典型设计的小型闸站改造项目共154座，因规模较小，泵站的安装高程较低，受调水影响程度不大，故改造方案相对较简单，一般只需采取更换机电设备、整修引水渠或维修泵房等措施进行改造。可行性研究阶段分别在襄樊市、荆门市和孝感市选择孙蔡泵站、跃进泵站和太和电灌站等3个有代表性的闸站进行了典型设计，其余闸站根据典型设计进行类比估算投资，投资共计1396万元。初步设计阶段维持可行性研究阶段方案不变，考虑物价上涨因素，投资调整为1618万元。

（1）谢湾闸改造。谢湾闸位于汉江干堤右岸，为谢湾灌区的进水闸，设计引水流量$30m^3/s$，设计灌溉面积30.0万亩。

选定谢湾自流（倒虹管）、谢湾二级泵站、谢湾一级泵站共三个方案进行比较，推荐谢湾自流（倒虹管）方案。

推荐方案总体布置：由兴隆一、二闸引汉江水入兴隆河，利用黄场节制闸节制兴隆河尾渠，通过黄场闸前的沿堤河向东引水至汉江干堤，在该处建设跨东荆河倒虹管，同时开挖输水明渠连接百里长渠，通过倒虹管和明渠将水引入谢湾灌区干渠—百里长渠。设计流量$20m^3/s$。

谢湾倒虹管位于汉江干堤上，总长961.2m，倒虹管为$4m×4m$钢筋混凝土方涵，与兴隆河沿堤河连接进水渠段长225m，连接百里长渠段渠道长度1.21km。

为保证渠道输水安全及交通要求，同时要重建兴隆河上的农桥7座，整治兴隆河两岸小型涵闸26座，新建72座小型涵闸，新建交通桥2座。兴隆河上的配套建设内容由潜江市自筹资金解决。

（2）泽口闸改造。泽口闸为仙桃市泽口灌溉引水闸，位于汉江干堤右岸。设计灌溉流量$150m^3/s$，灌溉潜江、仙桃两市124.7万亩农田。

泽口闸改造方案在可行性研究阶段与谢湾闸改造方案进行联合比选，并推荐了徐鸳口闸站方案。初级阶段仍采用可行性研究推荐方案。

工程总体布置：在泽口总干渠新建深江节制闸，在距泽口闸36km地汉江右岸兴建徐鸳口泵站（设计流量为$80m^3/s$），泵站出水经6.2km长的同兴渠入北干渠，其中经同兴闸入毛嘴闸上游，经胜利二闸入毛嘴闸下游。为满足过流要求，需扩挖同兴渠，重建胜利二闸（设计流量为$30m^3/s$）及疏挖胜利二闸下游至北干渠约500m的连接渠。

（3）襄樊市闸站改造。襄樊市闸站改造包括9处泵站：勤岗泵站、靠山寺泵站、刘家沟泵站、龚家河泵站、回流湾泵站、茶庵泵站、卢湾泵站、鲢鱼口泵站、荣河泵站。站址位于汉江边的河汉岗地。

勤岗泵站，位于谷城冷集镇，1979年建成。泵站装机1台75kW，设计流量0.2m³/s，设计扬程24m，设计灌溉面积0.1万亩。

靠山寺泵站，位于谷城冷集镇，1973年6月建成。泵站装机2台132kW，设计流量0.40m³/s，设计扬程为44m，设计灌溉面积0.13万亩。

刘家沟泵站，位于谷城县城关镇，于1978年建成。泵站装机1台75kW，设计流量0.1m³/s，设计扬程34.21m，设计灌溉面积0.1万亩。

龚家河泵站，位于谷城城关镇，1969年3月建成。泵站装机2台，1×75kW+1×55kW，设计流量0.30m³/s，设计扬程19.5m，设计灌溉面积0.22万亩。

回流湾泵站，位于谷城庙滩镇，1965年建成。泵站装机3台，1×100kW+1×75kW+1×55kW，设计流量0.7m³/s，设计扬程28m，设计灌溉面积0.7万亩。

茶庵泵站，茶庵泵站位于樊城区太平镇，1974年5月建成。泵站装机2台，1×100kW+1×55kW，设计流量0.5m³/s，设计灌溉面积0.52万亩。

芦湾泵站，位于樊城区太平镇，1973年建成。泵站装机1台100kW，设计流量0.25m³/s，设计扬程12.35m，设计灌溉面积0.3万亩。

鲢鱼口泵站，位于樊城区茨河镇，1977年建成。泵站装机1台75kW，设计流量0.1m³/s，设计扬程33m，设计灌溉面积0.15万亩。

荣河泵站，位于宜城市小河镇，1983年5月建成，1988年扩容增建。泵站装机10台，8×215kW+2×185kW，设计流量7.52m³/s，设计灌溉面积7.33万亩。

9座泵站特点是泵站流量小、扬程高。可行性研究改造方案一般为：降低引水渠、泵站进水池底板，新建防洪墙，更换泵型等。针对各泵站存在引水渠引水能力不足、水泵机组吸出高度不适应前池水位下降的问题，经方案比例，推荐泵站原址拆除重建方案。

除荣河泵站外，其他8座泵站规模都很小，且都位于汉江滩地，建防洪墙的造价高于重建泵房，采取对8座规模较小的泵站不新建防洪墙，只配备3台移动泵车，用于高水位有灌溉需要时提水灌溉。

（4）荆门市闸站改造。荆门市闸站改造包括7处闸站：漂湖闸站、双河闸站、中山闸站、沿山头闸、迎河泵站、皇庄中闸、杨堤闸。

漂湖闸站，位于钟祥市胡集镇，1959年建站。装机容量3×630kW+1×220kW，原泵站流量5.5m³/s，灌溉面积6.5万亩。

双河闸站，位于钟祥市双河镇，1978年5月建成并投入运行。设计流量4.5m³/s，灌溉面积5.0万亩。

中山闸站，位于钟祥市洋梓镇。泵站现装机容量2×310kW，原设计灌溉保证率85%，扬程29.0m，流量1.9m³/s，灌溉面积2万亩。

以上3座闸站原设计方案为泵房拆除重建、引水闸维修，由于汉江设计水位下降，复核涵闸引水能力不足，改造方案调整为引水闸和泵房拆除重建。

沿山头闸，位于钟祥市洋梓镇，距皇庄水文站7km。为2孔涵闸，灌溉总面积23万亩。可行性研究阶段推荐采用拆除重建引水闸方案。降低闸底板高程0.3m、闸孔扩宽0.3m，疏挖渠道 5km。由于原方案不能满足春灌期间的灌溉需求，经方案比较，推荐维修整治引水闸、外江侧新建差额流量 13m³/s 的泵站。

迎河泵站，位于钟祥市洋梓镇。原设计装机容量 1×240kW，设计流量 0.95m³/s，设计灌溉面积 1.5 万亩。

皇庄中闸，位于钟祥市城区，集引水、排涝为一体的穿堤涵闸。设计引水流量为 3.8m³/s，排涝流量为 65m³/s。

杨堤闸，位于沙洋县马良镇。闸底板高程 37.32m，单孔，闸孔尺寸 1.2m×1.5m，设计引水流量 1.0m³/s，设计灌溉面积 0.9 万亩。

以上 3 座闸站原改造方案为原址原规模拆除重建。经复核，维持原改造方案，皇庄中闸增加了地基处理措施。

（5）仙桃市闸站改造。仙桃市闸站除泽口闸外，还包括卢庙闸站和鄢湾闸站。

卢庙闸站，位于仙桃市郑场镇，包括卢庙闸和卢庙泵站，设计灌溉面积 10 万亩。可行性研究阶段改造方案为老闸拆除重建＋新建泵站。经复核，维持可行性研究阶段方案。

鄢湾闸站，地处仙桃市长淌口镇、汉江干堤右岸，灌溉面积 3.47 万亩，设计流量 4.50m³/s。可行性研究阶段推荐涵闸拆除重建＋泵站改建方案。初步设计阶段，经复核维持可行性研究阶段方案。

（6）天门市闸站改造。包括 4 处闸站：彭市闸站、彭麻闸站、杨家月泵站、刘家河闸站。

彭市闸站，彭市闸位于天门市彭市镇境内汉江左岸。灌溉面积 4.6 万亩，灌溉流量 4.8m³/s，设计排水流量 8.94m³/s。彭市电灌站位于彭市闸外江出水口，装机功率 2×55kW。可行性研究阶段推荐拆除重建彭市闸、原移动式提水泵站在彭市闸外江侧改建为潜水式泵站。经复核，维持可行性研究阶段方案不变。

彭麻闸站，位于天门市麻洋镇，由麻洋闸、彭麻泵站组成。均位于汉江左岸，两者相距 350m。泵站设计灌溉面积 8.8 万亩。可行性研究阶段推荐进水闸维修加固＋拆除重建泵站方案。经复核，维持可行性研究阶段方案不变。

杨家月泵站，位于天门市多祥镇汉江左岸，灌溉面积 1 万亩，设计流量 1m³/s，装机容量 220kW。可行性研究阶段推荐原址拆除重建泵房及出水管道、更换机电设备。经复核，维持原方案，并进一步优化原方案，出水管由二级改为一级跨堤。

刘家河闸站，位于天门市多祥镇汉江干堤左岸。灌溉面积 3.7 万亩。刘家河闸站由低闸和高、低站组成。灌溉时，刘家河低闸引水，刘家河高站提灌。可行性研究阶段改造方案是在高、低站间设置压力箱涵式连通管，通过低站提水进入压力箱涵，再由箱涵进入高站灌溉渠道。根据现场踏勘及与地方政府反复协商，拟在高闸外江侧新建潜水泵，直接提水进入高站灌溉渠道。原高、低闸站改造已列入大型泵站改造的，不列入本项目改造范围。

（7）孝感市闸站改造。孝感市闸站改造项目为汉川市的 7 处闸站：杜公河闸站、龚家湾闸站、郑家月闸站、杨林闸站、小分水闸站、庙头泵站、曹家河泵站。

通过对汉北、汉南两区内水源工程分别进行了整合和理顺，从区内水资源整体需求出发，充分利用区域上游汉江水位相对较高的优势，适当增加区域上游闸站的规模，减少下游闸站的规模，对可行性研究阶段的设计方案进行了局部调整。

杜公河闸站，位于汉江干堤左岸，灌溉面积 3.5 万亩。可行性研究阶段改造方案为，进水闸原址拆除重建，在距原泵站 50m 处增建差额流量泵站，差额流量 5m³/s。经复核改造方案调整为，进水闸不拆除只进行加固改造，恢复其灌排使用功能；同时在外江侧增建泵站取水，流量 $2.4m^3/s$，泵站出水渠与现有防洪闸进口连接，闸站联合运用，满足汉江水位降低后的灌溉用水要求。

龚家湾闸站，位于汉江干堤左岸。建筑物包括泵站、高水闸、灌溉节制闸、低水闸等。设计灌溉面积8万亩，设计灌溉流量 $9m^3/s$。可行性研究阶段推荐拆除重建引水低闸，并增建差额流量泵站，差额流量为 $5m^3/s$。经复核仍采用可行性研究阶段推荐方案，差额流量泵站差额流量为 $8m^3/s$。

郑家月闸站，位于汉江干堤右岸。设计灌溉面积5万亩，设计灌溉流量 $5.1m^3/s$，排涝面积6万亩。可行性研究阶段，郑家月闸站推荐增建差额流量泵站方案，差额流量为 $6.5m^3/s$，引水闸不改造。经复核改造方案调整为拆除重建引水低闸，并增建差额流量泵站，补充差额流量 $6m^3/s$。

杨林闸站，位于汉江干堤右岸。建筑物包括泵站、高水闸、灌溉节制闸、进水闸等。排涝面积15万亩，灌溉面积8万亩，设计灌溉流量 $12.0m^3/s$。可行性研究阶段改造方案为拆除重建进水闸、增建差额流量泵站方案，流量为 $5.0m^3/s$。经复核改造方案调整为：进水闸不拆除，只进行加固改造，同时在外江侧增建差额流量泵站取水，流量为 $3.0m^3/s$。泵站出水渠与现有防洪闸进口连接，闸站联合运用，满足汉江水位降低后的灌溉用水要求。

小分水闸站，位于汉川市分水镇，进水闸取水口位于汉江干堤左岸桩号 $103+121$，建筑物包括灌溉排涝泵站、高水闸、灌溉节制闸、进水闸等。灌溉面积5.1万亩，排涝面积16万亩。可行性研究阶段改造方案为拆除重建进水闸、增建差额流量泵站，差额流量 $3.0m^3/s$。经复核改造方案调整为在外江侧增建差额流量泵站取水，差额流量为 $3.0m^3/s$。

庙头闸站，位于汉江干堤右岸。灌溉面积18万亩。可行性研究阶段改造方案为，在距老泵站 $94.0m$ 处增建差额流量泵站，差额流量 $12.2m^3/s$。经复核改造方案调整为：在引水闸旁扩建一孔闸，在距老泵站 $94.0m$ 处增建差额流量泵站取水，差额流量为 $11.0m^3/s$。

曹家河泵站，位于汉川市新河镇、汉江干堤左岸，由进水闸（低闸）、泵站、节制闸等建筑物组成。可行性研究阶段推荐增建差额流量泵站、引水低闸原址拆除重建方案。为节省工程投资，同时又能满足枯期灌溉的需要，经现场调研，设计方案调整为，利用现有渠系将汉川电厂冷却弃水引至灌溉渠道，满足新河镇枯期4万亩农田灌溉的需要，替代可行性研究阶段推荐的增建差额流量泵站方案。对曹家河引水低闸只需进行加固改造，满足其功能即可。

（五）设计概算

按照2010年一季度价格水平，工程初步设计概算核定静态总投资54558万元。其中建筑工程投资18521万元，机电设备及安装工程11405万元，金属结构设备及安装工程3993万元，临时工程3150万元，独立费用9637万元，基本预备费2802万元，移民、水保及环保部分投资5050万元。

四、汉江中下游局部航道整治工程

南水北调中线一期工程从丹江口水库调水后，汉江中下游河道的水量明显减少，通航条件较好的中水期历时将缩短，通航水位有不同程度的下降，局部航道通航等级相应下降。为了减免因调水对汉江航运产生的不利影响，国务院批复的《南水北调工程总体规划》中安排兴建兴隆水利枢纽、引江济汉、汉江中下游部分闸站改造及局部航道整治等工程。局部航道整治工程是南水北调中线一期工程的组成部分，实施后能基本恢复汉江中下游航道现状标准，对汉江航运可持续发展具有重要作用。

（一）设计单元划分

勘察设计阶段，局部航道整治工程分为 2 个设计单元，汉江中下游局部航道整治工程丹江口至襄樊段为第一个设计单元（一标段），汉江中下游局部航道整治工程襄樊至汉川段为第二个设计单元（二标段），勘察设计单位分别为广西壮族自治区交通勘察设计研究院和湖北省交通规划设计院，其中湖北省交通规划设计院为总体单位。

（二）初步设计主要内容

根据《南水北调中线一期工期汉江中下游局部航道整治工程工程可行性研究报告》及相关专题报告、批复和相关国家和行业现行规范和标准，初步设计文件包括设计说明书、设备及材料、工程概算、设计图纸共 4 个部分。设计说明书由总论、自然条件、河床演变与碍航特性、总体设计、整治工程、疏浚工程、炸礁工程、护岸工程、通航建筑物、航标工程、配套工程、专项工程、通航安全、环境保护与水土保持、节能、工程量汇总、施工条件、方法和进度、工程征地、经济效益分析、存在的问题及建议等共 21 个章节组成。初步设计的主要成果简述如下。

1. 可行性研究报告以来的主要工作

（1）考虑整治河段较长，沿线基本水文（位）站较少分布距离较远，故在工程河段沿线共设置了 14 处临时水尺，对浅滩枯水期（2008 年 11 月 17 日至 2009 年 3 月 15 日）水位进行了连续观测，并根据基本站与临时水尺的水位相关关系对浅滩设计水位进行了调整。

（2）安排进行了兴隆至汉川段一维水沙数学模型、黄家场滩段及麻洋滩滩段二维水沙数学模型计算分析和兴隆枢纽至新泗港 20km 河段定床及动床物理模型试验，对整治方案、整治参数进行了研究、优化，对整治效果进行了验证。

（3）对整治河段进行了河道地形测量，根据最新河道测图，对可行性研究以来的河床演变进行了补充、重点分析。

（4）安排进行了初步设计阶段工程河段的地质勘察，共完成钻孔 133 个，进尺 1529.90m；取原状样 95 件，常规土工试验 95 件，扰动样 206 件，筛分试验 206 件，标准贯入试验 142 段次。

（5）根据最新的河道地形测图，对工程布置方案进行了优化调整，对工程结构进行了优化、比选。

2. 可行性研究报告批复执行情况

根据 2008 年 9 月 8 日国家发展改革委批复"局部航道整治工程整治范围为汉江丹江口以下至汉川断面的干流河段，不包括已建的王甫洲库区、待建的崔家营、兴隆库区。丹江口至襄樊河段按内河 Ⅳ（3）级航道标准，襄樊至汉川按内河 Ⅳ（2）级航道标准进行整治设计"。汉江中下游局部航道整治工程初步设计的航道标准及工程范围与可行性研究批复意见完全一致。

3. 初步设计设计概要

（1）建设规模与标准。汉江中下游局部航道整治的范围为丹江口—汉川 574km 河段，通过采取不同工程措施，使调水后本河段航道维持现有的 500t 级通航标准。

1）丹江口至襄樊段工程建设标准为：

航道等级：Ⅳ（3）级。

通航保证率：97%。

设计船型尺度：45.0m×10.8m×1.6m（长×宽×设计吃水）。

船队尺度：双排单列二驳一推船队尺度：111.0m×10.8m×1.6m（长×宽×设计吃水）。

航道尺度：50m×1.8m×330m（双线航宽×水深×弯曲半径）。

2）襄樊至汉川段工程建设标准为：

航道等级：Ⅳ（2）级。

通航保证率：97%。

设计船型尺度：45.0m×10.8m×1.6m（长×宽×设计吃水）。

船队尺度：一顶四驳双排双列 112.0m×21.6m×1.6m（总长×宽×吃水）。

航道尺度：80m×1.8m×340m（双线航宽×水深×弯曲半径）。

（2）建设方案。

1）丹江口—襄樊段。局部整治工程主要为：加长原有整治建筑物和加建整治建筑物来缩窄整治线宽度，并通过对局部浅点进行疏浚，对个别卵石堆进行平堆等工程措施，达到维持原航道等级和设计标准。

2）襄樊—汉川段。根据各河段特点，采取针对性的工程措施：襄樊至皇庄采用加长原有丁坝和加建丁坝及护岸工程，并对部分卵石河床浅滩进行疏浚挖槽；皇庄至兴隆采取筑坝整治和护岸，以控制河势，稳定和缩窄中枯水河床，堵汊并流，束水归槽；兴隆至高石碑连接段通过护滩和护岸工程措施来解决该段航道水深、航宽不足和河势稳定问题；高石碑至岳口段主要以筑坝为主，固滩护岸，稳定和缩窄中枯水河床，束水归槽；岳口至汉川以护滩带和抛石护脚为主，部分滩段辅以疏浚挖槽。

建设方案共加长丁坝 63 座，总长 11463m；新建丁坝 138 座，长 39553.8m；新建护滩带 48 处，总长 7098.8m；新建及加固护岸护岸 33 处，总长 36394.5m；护滩 1 处，长 1000m，镇脚 7 处，总长 7606m；疏浚挖槽 7 处，总长 6363.8m。

（3）外部建设条件。

1）外部交通条件。汉江中下游河段航道工程交通十分便利。铁路主要有汉丹线、襄渝线、焦柳线、长荆铁路；公路有汉宜高速公路、京珠高速公路、襄荆高速公路、汉十高速公路襄十段、107 国道、207 国道、209 国道、316 国道、318 国道和其他省、县级路网，沿线 95% 以上的村镇通了公路；水运可依托汉江，常年通行 500 吨级船队；港口有丹江口、老河口、襄樊、宜城、钟祥、沙洋、潜江、天门、仙桃、汉川、武汉等。

2）供水、供电及通信条件。工程河段供电、供水及通信、医疗卫生、生活设施、供应条件以及当地劳动力的雇佣等，均由沿线的市、县、区、镇提供并保障。

3）征迁条件。本工程建设内容中有护岸工程、丁坝（护滩带）根部护岸及抛泥区占用部分河滩地，无基本农田征地及房屋拆迁。

4）行洪条件。根据湖北省设计院 2010 年 12 月编制的《南水北调中线一期工程汉江中下游局部航道整治工程防洪评价报告》（报批稿），报告通过收集航道整治工程涉及河段的地形，水文，河道演变和防洪工程资料后进行分析，利用平面二维数学模型计算后，综合评价得出以下主要结论：

a. 汉江中下游丹江口至汉川局部航道整治工程是南水北调中线一期工程的重要组成部分，符合《长江流域综合利用规划简要报告》和《汉江夹河口以下干流综合利用规划报告》提出的航道建设标准，工程实施后可使调水后河段维持现有通航标准，因此本工程实施是可行的。

b. 采用平面二维水流数学模型分析计算得出各河段水位，通过对典型断面在不同流量条件下的行洪断面面积的变化和断面平均水位变化情况进行分析后可知，洪水期航道整治工程占用河道过水断面面积的比例很小，洪水期造成的河道断面平均水位壅高值也较小，不会对防洪安全产生明显不利的影响。

c. 丹江口水库建库后，清水下泄引起下游河段横向变形较大，河床冲刷下切，且河段冲淤尚未完全达到平衡，如遇大洪水年，河床的再造床作用仍将十分剧烈。但由于近年来险工段抛石护岸工程和襄樊至皇庄段航道整治工程对主槽的控导作用，河势总体逐渐趋于稳定。航道整治工程的主要作用是使水流归槽，使航道水深、航宽满足通航要求。航道整治工程实施后，低水流量条件下对河势的影响主要表现为稳定边滩，束水冲槽，有利于主槽的稳定；在洪水流量条件下，航道整治工程对河道整体的水流流向、流速和水位影响都很小，故不会对河势变化造成明显不利影响。但部分河段由于主槽流速增大可能会使岸坡发生冲刷崩退，威胁堤防安全，应根据历史险情和堤防护岸工程规划情况，优化调整航道整治工程设计，适当增加护岸范围。

d. 经二维数学模型计算，在洪水条件下航道整治工程不会对两岸堤防安全造成明显不利影响。航道整治工程的实施总体上有利于滩地的防护，但部分险工段对岸的丁坝工程会使主槽流速增大，可能会影响局部岸坡稳定，存在着对堤防安全的威胁隐患。应根据历史险情和堤防护岸规划，对航道整治工程附近的险段进行守护。工程建设单位还应对丁坝工程附近河床冲刷情况加强观测，必要时对其附近受影响的堤防堤脚进行防护。

e. 航道整治工程设计符合兴隆水利枢纽和引江济汉工程的防洪、航运等方面的要求，不会对兴隆水利枢纽和引江济汉工程的运行产生明显不利影响。在沿程各水文测站附近没有布置工程，上下游整治工程对水位和流速的影响范围很小，不会对各水文（位）站观测造成影响。

f. 航道整治工程在施工过程中，如需在河道堤防管理范围内堆放建筑材料和施工车辆通行堤顶路面，必须先向河道堤防管理部门提出申请，服从河道堤防管理要求。施工弃渣严格放置于抛泥区中，不准在滩地上随意堆放，避免对防汛抢险造成不利影响。对数学模型计算结果分析，各河段汛期断面平均水位壅高值为 $0.002 \sim 0.020\mathrm{m}$，工程的实施引起的水位壅高值不会对防洪安全造成明显不利影响。

g. 航道整治工程实施后，将提高航道等级，有利于沿程港口及码头的正常运行。航道整治工程实施对洪水位影响很小，使枯水位略有抬升，对沿程的涵闸泵站取水和排水不会产生明显不利影响。

（4）工程概算。按 2010 年第一季度工程所在地人工及材料市场价格，丹江口—襄樊段概算投资 3235.06 万元，襄樊—汉川段概算投资 42906.74 万元，局部航道整治总投资为 46141.8 万元。

第六节　自动化调度与运行管理
决策支持系统

一、概述

南水北调中线干线工程自动化调度与运行管理决策支持系统是南水北调中线干线工程运营管理的神经系统，对中线干线工程的高效运行、可靠监控、科学调度和安全管理起着至关重要作用。

南水北调中线干线工程采用明渠及暗涵方式输水，沿途无在线调蓄设施，通过对全线的众多节制闸、退水闸、分水闸等进行实时自动控制，实现中线不同调度时段的供水计划，适时安全输水到各用水户。南水北调中线干线工程具有线路长、覆盖范围大、地域分布广、用户多、全线都有本地水与客水的混合配置问题的特点，同时具有自动化控制要求高、实时性强、系统庞杂、管理复杂等特点，需采用先进的信息采集技术、信息处理技术、自动化控制技术、计算机网络技术、通信技术以及现代化的运营、维护、管理技术与理念，建设一套完善的、先进的南水北调中线干线工程自动化调度与运行管理决策支持系统（简称"自动化调度系统"）对中线干线工程进行运营、维护和管理，保证全线调水安全，最大程度避免产生调度弃水，使宝贵的水资源得到充分利用。

二、建设目标、任务、内容与原则

（一）建设目标

以南水北调中线干线工程调水任务为核心，以全线闭环自动控制为重点，运用先进的水利技术、通信技术、信息技术和自动控制等技术，建设服务于自动化调度监控、水质监测、工程安全监测及运行维护、工程管理等业务的信息化作业平台和调度会商决策支撑环境，实现调水过程自动化和运行管理信息化，保障全线调水安全。系统建成后，通过逐步扩展完善，能够适应中线干线工程的长期运营发展；并通过不断优化完善调度运行方案，最大限度地发挥工程投资效益。

（二）建设任务

为满足全线输水安全、水量统一调度、工程运行安全、水资源充分利用的需求，系统建设任务主要包括：涉及南水北调中线干线工程调水各个方面的业务应用系统、应用支撑平台以及数据存储、计算机网络、通信网络、实体系统运行实体环境等基础设施建设。系统建设区域范围包括整个南水北调中线干线工程范围以及相应的各级管理机构。

（三）建设内容

自动化调度系统其建设内容涵盖全线 1400 多 km、300 余座控制性建筑物以及 60 余个管理机构。既有沿全线 1400 多 km 敷设的通信管道、光缆等线路工程，又有在现地 300 余个闸站安装的监控监测数据采集以及通信网络等硬件设备，还有安装在近 60 个管理机构的数据存储、通信网络、服务器等设备以及部署在上述管理机构的水量调度业务处理、闸站监控、安全监测自动化、水质监测、三维仿真、办公自动化等业务应用系统，以及配合应用系统显示和调度会商决策的大屏幕系统、模拟屏系统、视频会议系统等。

（四）建设原则

自动化调度系统是一项规模庞大、结构复杂、技术难度大、功能众多、涉及面广、建设周期长的系统工程，系统建设时应遵循以下原则：

（1）需求牵引，突出重点。系统开发建设坚持以需求为导向的原则，通过全面需求分析，进行系统设计和建设，在满足水量调度、运行管理、综合办公、决策支持的同时，突出重点建设内容。

（2）统一设计，分步实施。统一设计便于统一系统的建设规模、标准和技术要求，在此基础上根据中线干线工程实施情况，按照分步实施、分段部署、逐级集成的方式开展，保证系统能够尽快投入使用。

（3）实用先进，安全可靠。在保证实现系统业务功能的前提下，技术上适度超前，重点考虑完整的系统安全方案以保障系统安全可靠运行。

（4）统一标准，扩展开放。在充分考虑系统开放性、可扩展性、易维护性的基础上，编制统一的技术标准体系，为系统功能扩展和适应南水北调工程运行后的需求发展奠定基础。

（5）平台公用，资源共享。为各个业务系统提供统一公用的基础平台，实现信息和资源的高度共享，避免出现信息孤岛，避免重复开发和资源浪费。

（6）经济实用原则。系统设计考虑经济实用，提出经济合理、注重实用的技术方案，尽可能节约工程投资。

三、系统总体框架

自动化调度管理系统逻辑构成包括：应用系统、应用支撑平台、基础设施、组织管理、技术保障 5 部分，自动化调度系统总体框架如图 12-6-1 所示。各部分主要内容如下所述。

（一）应用系统

应用系统是用户直接使用的与业务有关的各子系统集合，主要的业务应用包括：自动化调度与监控、水质监测系统、工程安全监测及运行维护、工程管理系统、综合办公系统、决策综合支持系统等 6 部分（图 12-6-1）。

（二）应用支撑平台

应用支撑平台的作用是实现资源的有效共享和应用系统的互联互通，为应用系统的功能实现提供技术支持、多种服务及运行环境。应用支撑平台是实现应用系统之间、应用系统与其他平台之间进行信息交换、传输、共享的核心。主要包括：应用组件、公共服务、应用交互、基础支撑 4 个部分。

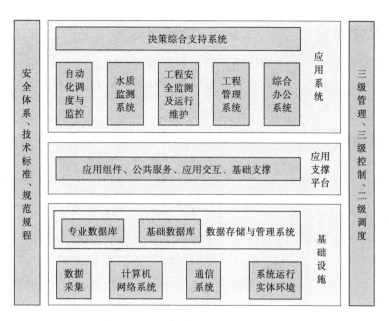

图 12-6-1　自动化调度系统总体框架

（三）基础设施

基础设施主要是完成各类信息从采集到数据的传输、加工处理、存储和展示等全过程的软硬件设备以及软硬件设备运行所需要的实体环境的有机组合，是自动化调度系统建设的基础。包括数据采集系统、通信系统、计算机网络系统、数据存储与管理系统以及系统运行实体环境。

基础设施建设根据南水北调中线水调工作流程和业务需求，建立完善的数据采集体系，以自动、人工等方式广泛采集系统所需的水调、工程安全监测、水质监测、工程防洪和综合管理等各种信息。建立覆盖南水北调中线干线沿渠建筑物及各级管理机构的通信系统和计算机网络系统，将采集的数据及时传输到数据处理中心进行加工处理，提供给上层系统或保存数据库中，供上层系统随时调用。

（四）组织管理

南水北调中线干线工程采用总公司、分公司、管理处三级机构进行管理，组织架构具有集权程度高的特点，组织管控要将效率作为关注的焦点，需要有严格管理控制制度，保证总公司的决策在各级管理机构得到贯彻执行，因此必须利用先进的计算机技术、通信网络技术和数据库技术对生产控制系统和经营管理信息系统进行有效集成，以实现管控一体化。

（五）技术保障

在项目建设前要做好工程设计、技术标准、操作规程制定等工作，同时还应对工程建设的管理从制度上和组织上给予落实，建立严密的工程建设组织管理体系、工程运行维护管理体系和人才培训与引进机制。要按照基本建设管理的有关规定，实施计划进度管理和过程控制。要建立和采用完善的标准体系，在系统设计开发和运行维护的各个阶段，严格按照有关标准进行，保证工程建设和运行的规范化和标准化。

四、总体设计思路

总体设计思路主要包括：①全线闭环自动控制，实现自动化统一调水；②加强水质及安全监测，保障安全输水；③完善会商环境，应对突发事件决策支持；④支撑平台技术，保障系统扩展性；⑤建设专用通信网络，保障调度信息畅通。

五、应用系统设计

（一）建设目标

（1）实现全线水量自动化调度。

（2）实现对沿线渠道水质的全面监测，并对水质状况做出分析评价和水质预报。

（3）实现对干线输水工程及现地闸站的远程视频监视和安全防范监控，对所有建筑物、重要渠段的水位、压力、渗漏、冰情、结构、环境等进行自动监测，对可能影响渠道工程安全的水雨情进行跟踪和评估。

（4）实现工程的运行维护管理。

（5）实现覆盖各级机构的办公自动化。

（6）实现决策会商，为领导决策和专家会商重要议题提供支持。对干线水量调度、工程安全、工程管理等各种专题的方案进行评估。

（7）实现应急事件快速响应机制。当工程安全、防洪及水质等因素出现异常时，及时生成预警、评估和应急方案，并依据应急方案进行应急处理，从而确保调水安全。

（二）应用系统的组成

应用系统由自动化调度监控、工程安全监测及运行维护、水质监测、综合办公、工程管理、决策综合支持几大部分组成。每一部分以一个业务目标为核心，由多个系统协同完成。应用系统层次功能结构如图 12-6-2 所示。

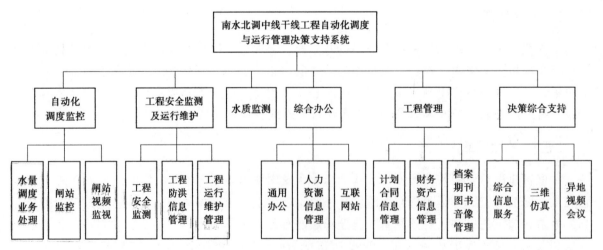

图 12-6-2　应用系统层次功能结构

（三）应用系统子系统设计

（1）自动化调度监控。自动化调度监控部分包括水量调度业务处理系统、闸站监控系统、闸站视频监视系统3部分内容。

1）水量调度业务处理系统。水量调度业务处理系统是自动化调度系统的核心应用系统，是建立在数据采集、通信传输、工作实体环境和数据存储管理体系上，以应用服务平台为基础，紧密结合闸站监控、工程安全监测、工程防洪、水质监测、闸站监视、财务办公等应用系统，在综合信息服务与会商决策支持下，完成水量调度的业务处理功能。

2）闸站监控系统。闸站监控系统是自动化调度系统关键系统之一，担负着全线所有闸站的生产运行任务。在设计中本着安全输水、精确量水的思想，制定出完善的控制策略和存储机制；运用先进的三层架构，构造高效、快捷的监控服务体系。

3）闸站视频监视系统。建设覆盖260余座闸站的现地视频采集系统和安全防范报警系统，建设覆盖总公司、各分公司的远程视频监视系统，建设覆盖各管理处的远程视频监视和安防监控系统，开发服务于其他业务系统的视频监视功能。通过授权可以在各级调度部门实现对每个闸站现地情况进行全方位的监控，具有远程可视、可调、可控、可管的功能。

（2）工程安全监测及运行维护。工程安全监测及运行维护主要包括工程安全监测系统、工程防洪信息管理系统、工程运行维护管理系统3部分内容。其中，工程安全监测系统接收各类工程险情报警、分析并采取应急抢护措施；工程防洪信息管理系统收集工程的防洪信息；工程运行维护管理系统对工程进行人工巡检，并根据巡检状况及工程安全自动监测的情况制定维护计划并执行。

1）工程安全监测系统。工程安全监测系统包括：总公司安全监测中心应用系统及运行环境建设，渠首、河南、河北、北京、天津5个分公司安全监测分中心应用系统及运行环境建设；47个管理处工程安全监测应用系统及运行环境建设；各现地监测站信息采集系统的建设。

2）工程防洪信息管理系统。工程防洪信息管理系统包括沿线交叉河流水文、气象信息的查询，对大的降雨、洪水过程进行监视，并针对超标准洪水提出处理方案，确保工程安全调水。

3）工程运行维护管理系统。工程运行维护管理系统开发建设以计算机网络和地理信息系统为基础，可以实现中线干线工程运行巡查维护作业便捷化、管理考核规范化、突发事件响应及时化，维护方案制定自动化；保障整个南水北调中线干线工程安全运行，为工程运用调度决策提供支持。

（3）水质监测。水质监测系统负责监测全线的水质状况。通过监测站网的布设，利用固定监测、自动监测和移动监测等多种手段，获取原始水质监测数据和基础信息，对采集到的数据进行合理性分析验证和整理编制，利用水质模型进行水质评价和统计分析，对水质安全状况作出预警预测，同时对监测资料进行整汇编，提供信息服务。

（4）决策综合支持。决策综合支持系统主要为进行调水决策和应对突发事件决策，提供包括信息支持、辅助决策、异地会商、结果模拟等功能的调度会商环境和决策支持平台，初步形成对应急事件快速反应体系的技术保障。主要包括综合信息服务系统、三维仿真系统、异地视频会议系统等。各系统的作用为：会商决策支持系统、综合信息服务系统、应急响应系统向参加会商的领导和有关人员提供各种信息支持和辅助决策功能；三维仿真系统可以模拟演示决策执行后的效果，供决策者参考；异地视频会议系统提供会商环境，是决策会商支持系统的硬件基础，可将发言人图像和会商决策支持系统信息显示界面图像同时传输到各个会场，形成会商讨论的环境。

（5）工程管理。中线工程的正常运行有赖对日常的工程管理工作进行信息化管理，中线工程管理包括对计划合同、财务资产以及工程档案的管理。建设覆盖总公司、各分公司、各管理处的计划合同信息管理系统、财务资产信息管理系统，实现计划合同管理、财务资产管理的信息化、数字化；建设覆盖总公司、各分公司的工程档案信息管理系统，提高工程管理能力和信息化水平。

（6）综合办公。综合办公部分包括通用办公、人力资源信息管理、中线互联网站子系统。通过综合办公系统，提高中线建管局管理效率、提升管理水平、规范业务流程，面向领导决策和全员应用，最终实现南水北调中线干线综合办公管理的信息化、数字化、流程化、网络化。

（7）应用系统间业务关联。应用系统间业务关联主要存在于以水量调度业务处理系统为核心的处理过程中。业务关联是指两系统间业务有连续性或交叉性的部分，两个或两个以上系统会因信息交互触发系统的业务过程联动，包括指令下达和执行反馈、综合会商、决策会商等。

六、应用支撑平台设计

（一）建设目标

针对南水北调中线工程的特点，充分考虑水量调度业务处理、闸站监控、工程安全监测与管理、工程运行维护管理、水质监测、工程防洪信息管理、综合办公、综合信息服务等应用系统的通用性、共用性的技术需求，搭建统一的开发与运行环境，构建各系统共用的应用组件，实现跨系统数据、流程的交互，解决各业务应用系统建设在技术层面的统一布局问题，实现各应用系统的快速搭建的同时保障稳定性、扩展性，保障各系统之间的互联、互通、互操作，满足应用系统变化快、要求高的发展需要，并形成可供复用的软件资源，减少重复开发和投资，保证南水北调中线干线自动化调度与运行管理决策支持系统长期、有序、高效的运行，为实现中线全线自动化调度提供基础支撑平台。

（二）应用支撑平台的组成

应用支撑平台位于"南水北调中线干线工程自动化调度与运行管理决策支持系统"三层框架的中间层。它是连接基础设施和应用系统的桥梁，其作用是实现资源的有效共享和应用系统的互联互通。

应用支撑平台承担着保障系统长期可持续运行的任务，由应用组件、公共服务、应用交互、基础支撑4个部分组成。应用支撑平台组成结构如图12-6-3所示。

基础支撑层：由多种商用中间件系统组成的支撑层是整个系统开发、运行的环境。

应用交互层：提供对应用系统间数据、流程的交互服务。

公共服务层：由多种商用中间件组成，是各个应用系统共用的一些商业软件产品。

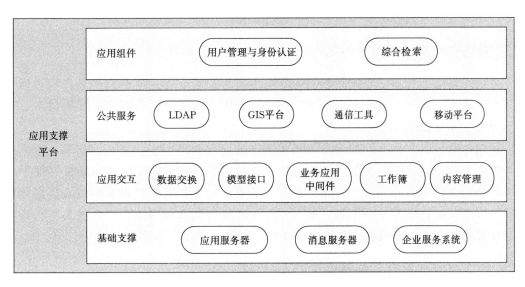

图 12-6-3　应用支撑平台组成结构

应用组件层：针对应用系统所需的一些通用、共性功能进行抽象封装后形成的、切合应用系统需求的、以软件组件形式提供的应用组件。

（三）应用支撑平台子系统设计

应用支撑平台由 10 个子系统构成，服务于上层的业务应用系统，连接下层的基础支撑平台，是自动化调度与运行管理决策支持系统的中枢神经。包括：①数据交换子系统；②统一用户管理子系统；③身份认证子系统；④综合检索子系统；⑤业务应用中间件组织子系统；⑥模型接口子系统；⑦流程管理子系统；⑧内容管理子系统；⑨GIS 服务子系统；⑩移动办公子系统。

七、数据存储与管理系统设计

（一）建设目标

（1）通过建设总公司数据中心和河南、河北、渠首分公司数据分中心，建立起完善的网络数据存储与管理体系，提高数据管理效率，降低数据管理成本，为应用系统提供数据服务。

（2）建设包括水量调度数据库、闸站控制数据库、工程安全与管理数据库、水质数据库、工程防洪数据库、闸站视频监视数据库及三维视景模型数据库等应用系统专业数据库以及综合办公综合数据库，建设空间地理信息数据库和沿线地区社会经济和生态数据库、公用基础信息数据库等基础数据库和元数据库。通过基础数据库、专业数据库以及元数据库建设，建立覆盖整个工程的分布式数据库管理系统和数据更新机制，保证数据的完整性和一致性。

（3）利用具有高可用性、高可靠性、高可扩充性的大容量存储设备和管理软件，建设数据中心和各数据分中心的数据存储平台，建立数据存储管理机制，实现高性能的数据存储管理功能。

（4）建设各数据中心数据存储平台的本地备份系统和异地远程容灾系统，通过制定合理的备份策略，建立起完备的数据备份机制，为数据安全管理提供可靠的保障。

（二）数据存储与管理系统的组成

（1）数据库系统。数据库系统主要是对基础数据库和专业数据库进行管理，数据库系统主要功能有数据库模式定义、数据库建设、数据更新维护、数据库用户管理、代码维护、数据库性能优化管理、元数据管理等。

（2）数据存储平台。数据存储平台主要功能有数据存储平台、数据存储管理、数据本地安全备份与恢复、数据的远程容灾备份与恢复等。数据存储管理主要是完成对数据存储平台的管理，对由总公司数据中心和河南、河北、北京、天津、陶岔数据分中心等组成的数据存储体系进行统一管理，包括存储和备份设备、数据库服务器及网络基础设施，提供底层平台，实现对数据的物理存储管理和安全管理。

（三）数据存储与管理系统子系统设计

（1）数据库管理系统设计。南水北调数据存储与管理系统的数据库从逻辑上可划分为专业数据库、基础数据库和元数据库，如图 12-6-4 所示。

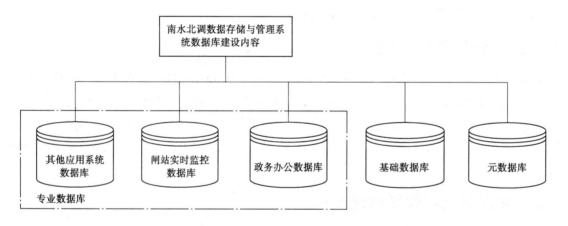

图 12-6-4　数据存储与管理系统数据库建设内容

数据库管理系统的主要功能包括建库管理、数据输入、数据查询输出、数据维护管理、代码维护、数据库安全管理、数据库备份恢复、数据库外部接口等，是数据更新、数据库建立和维护的主要工具，也是在系统运行过程中进行原始数据处理和查询的主要手段。数据库系统设计采用实体主导型，数据库维护管理系统开发可采用 Web 或 C/S 方式，其中数据库的外部数据接口可在后期根据应用需求情况完成。

根据各个业务应用系统的需求，数据库采用分布式管理，在总公司数据中心和各分公司数据分中心分别建立水调业务处理、工程安全监测与管理、水质监测与分析、工程防洪、行政管理与办公信息等数据库。同时考虑到整个输水工程的日常维护管理及各地市分水口门的水质监测管理，在 47 个管理处建立工程安全监测数据库和视频监视数据库。

（2）数据存储平台设计。数据中心存储系统包括存储服务器、光纤交换机、磁带库、备份服务器、NAS 服务器等硬件设备以及存储系统管理软件、存储系统优化软件、备份管理软件等管理软件系统。

八、计算机网络系统设计

(一)建设目标

计算机网络系统是自动化调度系统监控信息的载体,根据各个应用系统对网络实时性、安全可靠性、带宽要求建设计算机网络。采用以高速路由器和高性能三层交换机为核心的组网技术,建设覆盖总公司、各分公司、各管理处、各现地站的包括控制专网、业务内网和业务外网的广域网络,以及覆盖总公司、各分公司、各管理处及局域网络;建设基于 NTP 协议的包括总公司、河南分公司节点的时间同步系统,实现网内设备时间同步;建设覆盖总公司、各分公司的二级网络管理系统,实现网元级网管、网络级网管、运维管理等功能;建立包括计算机病毒防范制度、数据保密及数据备份制度在内的网络管理体系;建立包括访问控制、边界防护、主机防护、网段隔离、认证授权、入侵检测、漏洞扫描、网站防篡改、终端集中管理、病毒防范、安全管理平台等的安全防护体系,提供可靠网络防范措施和解决手段。

(二)计算机网络系统的总体结构和组网模式

(1)总体结构。根据南水北调中线干线工程的运行组织方式,计算机网络系统可以分为广域网和局域网。

广域网:采用与应用系统流量拓扑特性相一致的星型结构进行组网,以最大限度地降低网络时延。

局域网:为了实现控制专网、业务内网的安全隔离,避免来自 Internet 的网络攻击,需要将局域网划分成受控区和非受控区,将受控区的主机终端与非受控区访问 Internet 的主机终端完全分开,而且受控区和非受控区采用完全独立的综合布线系统。

(2)组网模式。计算机网络系统的组建主要有以高速路由器为核心的组网技术和以高性能三层 LAN 交换机为核心的组网技术两种。

考虑到南水北调中线干线工程的重要性,从网络的可扩展性和可管理性角度出发,本工程计算机网络系统的骨干网、区域网采用路由器组网,接入网和局域网采用三层交换机组网模式,以达到效能和成本的最佳统一。

(三)分项系统网络结构设计

(1)控制专网和业务内网的网络结构。控制专网和业务内网均采用核心网、骨干网、区域网、接入网的分层结构进行建设,各层节点的选择与各级机构的设置相对应。控制专网设置 2 个核心层节点,分别是北京总公司和河南分公司;5 个骨干层节点,包含北京、河北、河南、天津、渠首分公司;区域网包含 47 个管理处区域层节点;接入网包含 256 个现地站通信站点。

(2)业务外网网络结构。业务外网设置包含总公司和河南分公司 2 个核心层节点,包含北京、河北、河南、天津、渠首 5 个分公司接入层。

在全网设置统一的 Internet 出口,即在总公司和河南分公司节点均设置一个 Internet 出口。

业务外网的每个节点均配置单台设备,但骨干层节点设备均以双链路方式上连到 2 个核心节点设备,以实现链路冗余。区域层和接入层设备则利用 MSTP 来提供传输层的保护。

（3）局域网网络结构。局域网包括 1 个总公司局域网、5 个分公司局域网、47 个管理处局域网，共 53 个部门网。

根据功能和安全要求，总公司、分公司、管理处的局域网可以分为受控区（包括受控Ⅰ区、受控Ⅱ区）和非受控区。

受控Ⅰ区：容纳远程闸站监控子系统。

受控Ⅱ区：包括应用系统子区和网管子区。

非受控区：为总公司、分公司工作人员提供 Internet 服务的区域。

（4）计算机网络管理系统建设方案。计算机网络管理系统采用集中-分布式的管理模式，建设分级分权的网络管理系统。网络系统管理中心的层级划分依从各级组织机构的划分，可以设置两个网络管理层次：①一级网管中心（总公司及河南分公司）；②二级网管中心（分公司）。

整个南水北调中线干线工程的计算机网络系统管理系统包含网元级网管、网络级网管和运维管理系统 3 大部分。

南水北调网元级网管具备 4 大基本功能：网络的故障管理、网络的配置管理、网络的性能管理、网络的安全管理。此外还包含网络测试分析功能、拓扑管理和报表管理。

网络级的网管系统是整个网络管理系统的核心管理平台，它肩负着全网网络、主机、系统等所有资源的统一监控、管理和维护的重任。针对网络设备的网元级管理系统只是其中一个子系统。

网络级的网管主要包括配置管理、性能管理和告警管理 3 方面管理功能。此外，系统还具备日志管理、设备管理、远程控制和软件分发功能模块，以便于整个网络系统的运行和维护。

九、通信系统设计

（一）通信系统设计目标

通信系统作为整个自动化调度系统最为重要的基础设施，负责中线干线工程各级管理机构之间及管理机构与现地闸站之间的语音、数据、图像等各种信息的传递，为生产运营管理、工程维护管理、水资源调度、综合办公等提供通信服务。

（二）通信系统的组成

总公司为整个工程的通信中心，各分公司为通信分中心，各管理处为本处所辖段内语音、数据、图像及管理等信息的处理中心，各现地站设置有各类语音、数据、图像通信终端设备，全线共设置 309 个通信站点。通信系统分为通信管道工程、通信光缆工程、通信电源系统、程控交换系统、通信传输系统、时钟同步系统、综合网管系统 7 部分进行建设。

（三）通信系统子系统设计

（1）通信管道工程。通信管道由干线通信管道、引接通信管道、本地通信管道 3 部分组成，其中，干线通信管道指沿渠两岸建设的管道；引接通信管道指连接干线管道与本地管道之间的管道；本地通信管道指进入市、地、县城区内的管道，是连接各级管理机构的管道。

干线管道沿渠道两侧埋设，管道容量按照 1 用 1 备设置，即通常情况下沿渠道左右岸分别预埋 2 孔硅芯管；针对渠道建筑物，考虑到光缆二次施工难度大、扩容困难、光缆布放后可维护性差，在重点地段，尤其是穿黄工程和西四环暗涵，管道容量按照 2 用 1 备设置，即埋设 3 孔硅芯管，在沿渠右岸预留备份光缆。引接通信管道、本地通信管道容量亦按照 1 用 1 备考虑。

（2）通信光缆工程。通信电缆系统应能满足自动化调度系统现地闸室、通信站点及水质自动监测站、降压站等语音链路的需要。充分考虑网络冗余要求、预期系统制式、传输系统容量、网络可靠性、新业务发展、光缆结构等因素，左右岸光缆及引接段光缆均采用 24 芯，其中穿黄段考虑安全因素和光缆维护较困难，障碍修复时间较长，采用 36 芯光缆。

干线光缆以总公司、各分公司、各地市管理处为主要节点进行组环，采用相交环方式，以提高光缆网络的安全性。区段光缆以管理处和现地站通信站点为节点组环，采用以汇聚节点相切的方式，且应接入两个主干/汇聚节点。

光缆采用硅芯管敷设方式为主，其他敷设方式为辅。明渠段在一级马道或巡渠路下硅芯管方式敷设，倒虹吸采用顶部结构外侧硅芯管并混凝土包封方式，渡槽段采用槽身顶部安装电缆桥架并在桥架内敷设硅芯管，暗渠及无压隧洞段采用内顶部预埋吊架并吊装硅芯管。

通过建设光缆自动监测系统，使光缆维护由被动式维护向主动式维护转变，为光缆集中维护和管理提供了有效手段。自动监测系统由监测中心和监测站组成，监测中心分两级，即监测中心、监测分中心两级，监测站根据线路距离和光缆汇聚情况共设置 12 个。

（3）通信电源系统。通信电源系统要为各通信设备和数据设备提供安全可靠的电源保障。总公司、分公司站点设置 UPS 电源系统和直流电源系统，普通闸站不单独配置 UPS 电源系统，而是采用直流电源系统，各闸站蓄电池组、整流模块等配置根据闸站具体需求配置。

（4）程控交换系统。采用程控交换系统组建电话专网，设置一套行政调度合一的程控交换系统。电话交换网络按二级组网结构设置：第一级为由设在总公司、各分公司的交换机组成，各交换机之间通过 E1 电路相连，形成网状结构；第二级由设在各管理处的交换机组成，各交换机均与其所属的上级管理机构通过 E1 电路相连，形成星形结构。

为保证调度业务可靠，采用电脑调度台和键盘调度台两种方式进行电话调度。应用中以电脑调度台方式为主，键盘调度台为备用。

（5）通信传输系统。中线干线通信传输系统采用基于 SDH 的 MSTP 技术组建，主干传输容量为 10G，按照骨干层和区域层两层结构组建。骨干层主要负责总公司与分公司之间、分公司与汇接管理处之间的业务信息传递与交换，区域层主要负责现地闸站与管理处之间的业务信息接入，及管理处至分公司之间的电路汇聚和转接。

在总公司配置 1 套子网级网管系统，负责管理整个传输网络，从全网的角度来控制和协调所有网元的活动，主要面向通道和电路的管理；在各分公司分别配置网元级网管系统各 1 套，用于分公司所辖本地网管理，直接对单个网元进行监测与配置。

（6）时钟同步系统。采用分布式多基准钟控制的混合同步组网方式，共划分为北京、河北、河南、渠首 4 个同步区，每个同步区设立区域基准钟，同步区内采用主从同步方式，在同步区间采用准同步的方式。本工程以 GPS 定时信号作为基准时钟源，以铷原子钟作为备用时钟源，保证全网各区域基准时钟的同步性。

时钟同步系统按照集中监控管理、分级维护的原则设计统一的网管系统，并纳入通信综合网管系统进行统一管理。在总公司建设时钟同步系统监控管理中心，在河南、河北、渠首分公司分别配置一套本地网管系统，通过以太网将网管设备与时钟同步设备连接起来。

（7）综合网管系统。南水北调中线干线工程通信网综合网管系统是建立在程控交换、通信传输、通信时钟同步、计算机网络、通信电源等专业网管之上的一套系统，综合网管系统负责对各专业网管进行统一监测管理，实现全专业网络监控、运行分析、运维管理、业务支撑、配置信息管理等功能，此外对计算机网络系统专业网管进行统一监测管理。系统集中在总公司进行建设，与各专业网管系统进行接口数据采集，分公司、管理处等通过反拉终端的形式，实现逐级监控。

十、系统运行实体环境设计

（一）系统运行实体环境设计目标

系统运行实体环境是支撑全程业务运行、满足总调中心、网络中心、数据中心、通信中心、备调中心及分调中心、网络分中心、通信分中心、数据分中心及相关机房等对环境需求的集成体。包括系统硬件运行环境、业务人员的工作环境、综合决策会商环境及各级管理机构、现地站的相关机房环境。系统运行实体环境设计目标是，保证整个系统正常运行，展现系统运行状况，满足业务人员的工作需要。

（二）系统运行实体环境的组成

系统运行实体环境分为调度会商实体环境工程、机房工程、综合布线系统工程三部分。

（三）通信系统设计

（1）调度会商实体环境工程。调度会商中心是以水量调度控制及会商等需求为主，视频会议、国际学术交流、接待参观等为辅的重要场所。中线工程在总公司、各分公司等处设置会商中心，在各级管理机构都设有调度监控中心。

（2）机房工程。中线干线自动化调度系统工程在总公司、分公司等管理机构设有通信、网络、数据机房及通信网管中心，在管理处等管理机构设综合机房，在现地闸站设综合机房。

机房工程设计以整体机房建设为理念，机房工程主要包括总公司、各分公司、各管理处机房建设工程，包括建筑装修、空调通风、消防系统以及照明配电新风防雷接地等电气工程。

（3）综合布线系统工程。综合布线系统是南水北调中线干线工程各级管理机构办公楼自动化工程的基础设施，综合布线系统为各级管理机构办公楼计算机网络系统、通信系统的数据、语音传输提供了物理介质，为用户内部之间以及内部与外部交流提供了手段。综合布线系统涵盖总公司、各分公司、各管理处办公楼，按照控制专网、业务内网、业务外网分别进行布线。

十一、投资概算及实施计划

（一）投资概算

南水北调中线干线工程自动化调度与运行管理决策支持系统的投资概算由应用系统、应用支撑平台、数据存储与管理系统、计算机网络系统、通信系统、系统运行实体环境以及建设期贷款利息七大部分组成。京石应急段按 2006 年第四季度市场价格水平计算，京石应急段以外按 2008 年第四季度市场价格水平计算，工程静态总投资 213118 万元。

南水北调中线干线工程自动化调度与运行管理决策支持系统作为南水北调中线干线工程的一部分，其建设资金按中央预算拨款、南水北调工程基金和银行贷款三种渠道筹集，其中银行贷款比例为 23％。

（二）实施计划

南水北调中线干线工程自动化调度系统的建设进度也应与整个工程的建设进度相适应。按照"需求牵引，突出重点"和"统一设计，分步实施"的建设原则和指导思想，中线干线自动化调度系统建设的实施要随着南水北调中线干线工程主体建设进度进行。根据主体工程实施情况，自动化调度系统的进度安排按 2008—2010 年和 2010—2013 年划分为两阶段。

2008—2010 年主要进行京石应急段自动化调度系统的建设，2010—2013 年主要进行其余段自动化调度系统建设，并与京石段系统互联，建成整个输水干线的自动化调度系统。

第七节　初步设计阶段工作评述

一、主要工作

中线一期工程初步设计阶段项目划分为总干渠工程、水源工程和汉江中下游治理工程。根据南水北调工程初步设计管理的有关要求，结合各工程实际，按照初步设计单元工程项目划分原则，南水北调中线干线工程共分 10 单项工程，81 个设计单元。其中：①京石应急供水工程，22 个设计单元；②漳河北—石家庄段工程，13 个设计单元；③穿漳河工程，1 个设计单元；④黄河北—漳河南段工程，11 个设计单元；⑤穿黄工程，2 个设计单元；⑥沙河南—黄河南段工程，11 个设计单元；⑦陶岔渠首—沙河南段工程，11 个设计单元；⑧陶岔渠首工程，1 个设计单元；⑨天津干线工程，6 个设计单元；⑩其他工程，3 个设计单元。

南水北调中线水源工程划分为 4 个设计单元工程，分别为丹江口大坝加高工程、丹江口大坝加高库区移民安置工程、陶岔渠首工程和中线水源调度运行管理系统工程。

汉江中下游治理工程共 4 个单项工程，划分为 6 个设计单元工程，其中，兴隆枢纽工程为 1 个设计单元工程，引江济汉工程划分为 2 个设计单元工程，部分闸站改造工程划分为 2 个设计单元工程，局部航道整治工程为 1 个设计单元工程。

各初步设计承担单位以南水北调工程总体规划、中线一期工程项目建议书（修订本）、总干渠总体可行性研究设计、各分段（项）工程可行性研究及审查、审批意见为依据和基础，对工程规模、工程方案、调水水质、工程管理、水量水价、占地与移民、环境影响、文物保护等方面做了进一步的调查、分析计算与论证，进一步深化、优化、细化设计，合理确定工程设计方案，编制了各单元工程的初步设计报告，并上报水利部或者国务院南水北调办，水规总院受国务院南水北调办的委托，对各单元初步设计报告进行了审查。根据初审意见，各设计承担单位对初步设计报告进行了修改、补充和完善，并按规定和审查意见重新编制完成了初步设计报告。在通过复审的基础上，报国务院南水北调办进行批复。

主要工作如下：

（1）对水文、地勘成果进行了全面整理、分析，对总干渠渠道工程的工程及水文地质条件、河渠交叉建筑物工程及水文地质条件、左岸排水建筑物工程及水文地质条件、公路交叉建筑物工程及水文地质条件、渠渠交叉建筑物工程及水文地质条件、天然建筑材料和进行了详细勘探与分析，确定了水源工程、输水工程和汉江中下游治理工程相关设计的水文参数和地质参数，对影响工程的地质问题进行了专题研究。

（2）确定了建设工程任务、供水范围、总干渠规模、分水口门规模、设计水位、总干渠调度运用方式，对总干渠的纵横断面、边坡、底宽和水深、堤顶高程、渠道衬砌、防渗和排水设计、渠道防冻胀措施等进行了全面设计。

（3）经过对建筑物的水力和结构计算，确定了建筑物的选址、建筑物型式、布置、结构、地基处理的措施、范围等，确定了倒虹吸及涵洞的渗控措施。

（4）对总干渠及各类建筑物工程安全监测、机电和金属结构的总体设计及施工组织总体设计进行了优化与设计，确定了基本方案；对工程占地及移民安置补偿单价和标准，进行了协调，并按有关政策对补偿倍数进行了调整；对干线自动化调度与运行管理决策支持系统工程、调度中心土建项目、通信专项工程、调度专项工程管理等工程进行专项设计。

（5）各承担单位在初步设计审查完成后，根据审查意见，对设计报告进行了修改完善，调整了设计概算，再正式呈送相关部门报批。

二、解决的主要问题

（一）膨胀土渠坡处理

1. 膨胀土渠坡概述

南水北调中线工程总干渠长约 1432km，其中总干渠明渠段渠坡或渠底涉及膨胀土（岩）累计长度约 380km。

自 20 世纪 50 年代以来，在渠道工程中开始认识到膨胀土的危害性。早期采用的刚性支护方案很快被证明不适用于膨胀土渠道，从 70 年代起，主要研究换填处理和防渗处理。单一采用土工膜等防渗方案在渠道运行时被证明也存在不足之处，即土工膜下方土体的含水率随时间增长，逐步由天然稳定含水率 22% 左右上升到 30% 左右，不但土体强度下降，土体还产生明显的膨胀，引起混凝土衬砌开裂变形。因此，国内外已经建成的膨胀土地区渠道基本都采用换填处理方法，如采用石灰改性土，砾质土和水泥土等。

南水北调中线工程膨胀土渠道问题更复杂，不仅渠坡高度最大达 47m，远高出膨胀土地区已建渠道 5～10m 的高度，而且岩性变化频繁、水文地质条件复杂多变，不仅面临边坡稳定问题，还存在深挖方段的卸荷、吸水膨胀等问题。南阳膨胀土试验揭示，膨胀土地层中存在大量的软弱结构面（裂隙），裂隙面光滑，抗剪强度低，对渠道边坡稳定影响大；裂隙产状虽有一定规律，但具有很强的区域性；裂隙的密度、延展性与膨胀土（岩）的膨胀特性、地层埋置深度存在一定的关系；裂隙面厚度极薄，分布复杂，常规工程地质钻孔勘察难以准确查明坡体中的结构面。南水北调中线工程总干渠南阳试验段从 2008 年开工到 2010 年年底，发生大小滑坡几十处，既有坡面0～4m范围内的浅层滑坡，也有深达十几米深的深层滑坡，滑坡基本特点都是沿着膨胀土的裂隙结构面或土（岩）界面滑动。

2. 膨胀土基本特性研究

通过对南阳盆地膨胀土的大量勘察研究，结合南阳膨胀土试验段渠道开挖期间的连续跟踪观测、系统取样、详细测量，以及试验渠道模拟运行期的监测分析，并通过对河北邯郸、邢台等地典型膨胀土的现场调查和室内分析试验，对膨胀土的颜色、裂隙、孔洞、地下水、含水率、孔隙比的分带性进行了深入研究。研究认为：

（1）膨胀土颜色在垂直方向上一般可分出2～3个带，相应地，各带膨胀性也有所差异。

（2）膨胀土长大裂隙和大裂隙发育密度在垂直方向上具有明显的规律性，一般在3～10m范围内最发育，该深度基本反映大气环境能够作用的范围，与上层滞水分布范围也有一定的对应性。

（3）膨胀土中分布由植物根系演变而来的孔洞，它们呈近似垂向分布，由地表向下逐渐减少。

（4）膨胀土一般分布上层滞水，其埋深多1～3m，厚度多0.5～2m，与地质结构、地貌部位等有关。与此相应，土体含水量垂向上也呈规律性变化。

（5）根据膨胀土裂隙特征、地下水分布、受大气环境影响程度，垂向上可分为三个带：大气影响带、过渡带和非影响带，其中过渡带分布有上层滞水，且长大裂隙发育，土体综合强度低，是控制膨胀土开挖边坡稳定性的关键部位。

3. 膨胀土渠坡处理措施研究

膨胀土渠段处理措施，既要实现一级马道以下渠坡既不产生滑动失稳，不产生能导致衬砌结构损坏的变形；也要实现一级马道以上膨胀土渠坡稳定，在设计年限内不产生大的变形破坏。

膨胀土边坡失稳主要有两种类型：浅层滑动和深层滑动。在实际工程中，浅层滑动是膨胀土渠坡最为常见的破坏模式，主要发生在浅层大气影响范围内，并主要受土体裂隙控制，滑体厚度一般2～6m；深层滑动则主要由软弱结构面控制。膨胀土在非饱和状态下的吸力是影响土体强度的重要因素，含水量增大导致吸力降低、抗剪强度（主要是黏聚力）衰减，这是导致滑坡的重要原因之一。另外，含水量的变化还会导致膨胀土出现胀缩裂隙，这也是影响膨胀土边坡稳定的重要因素。

（1）处理原则。

1）膨胀土渠坡处理设计，应综合考虑膨胀土级别、土体结构与工程特性、环境地质条件、大气影响深度等影响因素。

2）含水量变化使膨胀土体产生湿胀干缩变形，并使土的工程性质恶化。因此，膨胀土渠坡设计的关键是如何防水保湿，保持土体含水量相对稳定。

3）膨胀土渠坡设计应充分考虑到土体强度的变化特性。在不同分带应考虑采用不同的土体力学参数进行边坡稳定计算。稳定分析时应根据膨胀土边坡的特点，综合考虑多裂隙性、上层滞水、坡顶拉裂缝（可考虑是否充水）、后缘膨胀力等影响因素。

4）膨胀土渠坡施工，应采取"先做排水，后开挖边坡，及时防护，必要时及时支挡"的原则，以防边坡土体暴露时间较长产生湿胀干缩效应及风化破坏。

5）应精心设计防排水设施，使影响膨胀土渠坡稳定的地面水、地下水能顺畅排走，防止积水浸泡坡脚；所有截水沟、排水沟均应铺砌并采取防渗措施，以防冲、防渗。

6）弱膨胀土可做填方渠道填料，临水侧可采用水泥改性土或非膨胀土进行处理，中强膨胀土不宜做填料。

（2）膨胀土渠坡坡比拟定。

1）以工程地质类比法为主，并辅以力学分析验算边坡稳定性。南水北调中线工程膨胀土渠坡坡比的设计建议值，见表12-7-1。

表12-7-1　　　　膨胀土渠坡设计坡比建议值

膨胀性	边坡高度/m	建议坡比
强	<5	1:2.0
	5~10	1:2.25~1:2.5
	10~20	1:2.5~1:2.75
	>20	1:2.5~1:3.5
中	<5	1:2.0
	5~10	1:2.0~1:2.25
	10~20	1:2.25~1:2.5
	>20	1:2.5~1:3.0
弱	<5	1:1.5~1:2.0
	5~10	1:2.0
	10~20	1:2.0~1:2.25
	>20	1:2.25~1:2.5

2）膨胀土渠坡稳定分析时，潜在滑动面的位置与土体裂隙面、软弱结构带等密切相关，不同部位的力学参数应根据潜在滑动面所处土体的性状选取合适的力学参数。

3）采用力学分析验算法拟定膨胀土渠坡坡比时，先根据土体力学参数，采用常规方法分析渠坡的整体稳定性；在整体稳定性满足要求的条件下，再根据渠坡膨胀土的特性、渠坡特点、处理措施等，分析膨胀土浅层破坏模式的稳定性，最终确定综合坡比。

（3）膨胀土渠坡表层开挖防护处理措施。膨胀土渠道断面浅层失稳处理措施主要目的在于尽量隔绝膨胀土与外界的接触，保护边坡膨胀土体，防止膨胀土体含水量发生变化。处理措施可采用换填非膨胀土或水泥改性土方案，该方案在渠道设计开挖断面的基础上按换填厚度超挖，回填非膨胀土或水泥改性土。

膨胀土渠坡的处理厚度应综合考虑膨胀土级别、裂隙发育程度、大气影响深度、渠坡高度、渠坡特征等确定。一级马道以下渠坡建议处理厚度见表12-7-2。一级马道以上渠坡处理厚度可根据膨胀土强度及坡高适当减少。

表12-7-2　　　　　　　　　　一级马道以下渠道建议改性处理厚度

渠道挖深/m	弱膨胀土	中膨胀土	强膨胀土	渠道挖深/m	弱膨胀土	中膨胀土	强膨胀土
<10	0.6	1.2	1.5	30~40	1.6	2.2	2.7
10~20	1.0	1.5	2.0	40~50	2.0	2.5	3.0
20~30	1.3	2.0	2.5				

（4）膨胀土渠坡综合防护加固处理。由于膨胀土渠坡的稳定不仅和土体的膨胀性大小有关，更与土体的地下水、裂隙发育程度、渠坡坡高等关系密切，因此，膨胀土渠坡的处理不仅仅要采取换填措施对土体表层进行防护，更要根据工程地质条件、环境地质条件、地区气候条件、边坡高度、渠坡特征等，通过技术经济比较确定采取综合防护加固处理措施。

1）膨胀土渠坡地表排水以防渗和拦截并及时输排为原则。雨水在坡顶入渗条件好，若不做好防排水处理，雨水渗入渠坡，渠坡含水量增大，容易产生滑坡。为防止渠道坡顶雨水入渗导致边坡土体含水量发生变化，坡顶应采用水泥改性土、削坡余料、非膨胀土等进行换填，或者在坡顶一定深度内铺设土工膜，防止地表水渗入坡体，对坡体带来隐患。同时为防止坡顶雨水汇积，在渠道坡顶两侧开挖截流沟，并且为防止截流沟积水渗入渠道对边坡产生破坏，渠道两侧截流沟内铺设进行防渗处理，同时应保证截流沟两侧排水通畅。

2）膨胀土中的地下水以尽快汇集、及时疏导引出为原则。在土中分布两种形式的地下水：上层滞水及透镜状地下水。

膨胀土中的上层滞水是一种普遍现象，埋深多1～3m，分布于土体中的孔洞及部分裂隙中，没有统一的地下水位，断续分布于地下一定深度范围内，水量不丰。在施工开挖期对上层滞水需开挖盲沟进行适当引排，避免在坡脚部位积水而软化土体、引起或诱发边坡失稳；运行期对上层滞水一般不需专门处理。

若膨胀土地层内局部含有透镜状富水层，渠坡开挖后，地下水渗流持续不断，对边坡稳定、处理层施工均有一定影响，需设置盲沟专门引排处理。

部分膨胀土渠段渠底板下分布富水的第三系砂岩、砂砾岩或砂层。若承压含水层顶板与渠底板之间土层较薄，承压水可能通过土体中的孔洞进入基坑，对施工造成不利影响，需采取降水井或集水井进行降水处理。

3）一级马道以上膨胀土渠坡的坡面防护主要是防止降雨和地表水对坡面的冲刷，避免坡面产生雨淋沟破坏。由于膨胀土具有湿胀干缩的特性，膨胀土渠坡宜采取结构防护与植草相结合的方式。

4）当膨胀土渠坡存在较大的裂隙面或软弱夹层可能导致规模较大的滑坡时，可采取支挡措施进行边坡加固。支挡结构要根据地形地貌、土层结构与性质、边坡高度、滑坡范围的大小与厚度以及受力条件和危害程度来选择相应的结构型式。

4. 沿线膨胀土渠段的加固处理措施设计

（1）表面防护。膨胀土处理主要针对挖方或半挖半填渠道；处理措施采用了换填非膨胀土或水泥改性土方案，即在渠道设计开挖断面的基础上按换填厚度超挖，回填非膨胀土或水泥改性土。改性土利用开挖的弱膨胀土弃料，掺3％～5％水泥拌和改性。

1）弱膨胀土渠坡。弱膨胀土渠坡采取的保护措施为：一级马道以上采用浆砌石支撑格构进行坡面防护，格构空腔植草；一级马道以下渠坡采用水泥改性土换填，换填厚度采用1.0m。

2）中膨胀土渠坡。中膨胀土渠坡采取的保护措施为：一级马道以上采用1.0m厚的非膨胀土或水泥改性土对膨胀土渠坡进行保护，水泥改性土坡面采用浆砌石支撑格构进行坡面防护，格构空腔植草；一级马道以下渠坡采用水泥改性土换填，换填厚度采用1.2m或1.5m。对于中膨胀土渠段坡顶至截流沟之间的绿化区，亦采用1.0m厚的非膨胀土或改性土换填。

3）强膨胀土渠坡。强膨胀土渠坡采取的保护措施为：一级马道以上采用1.5m厚的非膨胀土或水泥改性土对膨胀土渠坡进行换填，坡面采用浆砌石支撑格构进行坡面防护，格构空腔植草；一级马道以下渠坡采用水泥改性土换填，换填厚度采用2.0m。对于强膨胀土渠段坡顶至截流沟之间的绿化区，亦采用1.5m厚的非膨胀土或改性土换填。

（2）深层支护。考虑到膨胀土渠坡的涉水性，膨胀土渠坡深层加固技术主要采用抗滑桩进行加固。根据膨胀土渠坡的结构特点、深层滑动的特性并结合膨胀土施工顺序，分别在一级马道处采用抗滑桩＋坡面梁支护方案或悬臂式抗滑桩方案，桩径1.0～1.5m，桩长根据计算确定。

对于开挖过程中揭露的长度大于15m缓倾角裂隙面，当其坡面出露高程位于一级马道以上时，由于抗滑桩施工受到施工条件限制，可采用坡面梁加土锚支护方案。锚杆直径为25～

30mm，土锚锚固段长度一般为 16～20m 时，每根土锚的设计锚固力一般在 20t 左右。考虑二次高压注浆时锚固力约提高约 1.5 倍，具体设计参数根据现场试验确定，坡面梁长度与土锚数量根据边坡剩余下滑力及缓倾角裂隙面的位置具体情况确定。

（二）矿区场地稳定问题

1. 禹州矿区

由于禹州矿区段主要受已形成采空区的影响，地面沉陷盆地已经或正在形成，井下工作面巷道受到破坏，采场上部覆岩已经垮落，冒落带业已形成，无法采用井下充填法对采空区进行充填，只能采用地面充填处理措施。因此设计采用注浆法对采空区进行加固处理。注浆后地表的变形速度明显减缓，可将破碎岩体的承载力提高 30%～50%，减少 50%～80% 的残余变形。

2. 焦作矿区

焦作矿区绕采空区线的高边坡地质段主要集中在山门河附近，该处挖深普遍超过 30m，最大挖深 40m 左右。山门河暗渠前后的地质情况有较大差异。暗渠前地质情况较好，计算结果一级坡放至 1∶2.5 时可满足设计要求，按普通渠道设计。暗渠后渠道挖深 35～40m，地层结构为卵石与重粉质壤土互层，壤土层较厚，地质条件较差，通过对各种坡型的边坡稳定计算，对方案做了进一步的优化，一级坡放缓至 1∶3，同时需将二级、三级马道分别加宽至 5m，4 级、5 级、6 级边坡分别比原方案放缓 0.25。

（三）丹江口大坝加高

丹江口大坝加高工程为国内唯一的高坝在正常运行状态下实施大规模加高的特大型水利枢纽工程。从总体上讲，丹江口大坝加高必须解决：初期工程的状态分析研究，大坝加高期间必须保证初期工程正常运行，大坝加高后新、老坝体的协同工作状态及安全性问题。

长江设计院除了在设计质量上严格要求外，组织并参与了大坝加高涉及的新老混凝土结合措施、初期工程混凝土缺陷检查与处理、大坝在运行状态下加高的施工组织等重大技术问题的研究工作；提出了以设置梯形键为主要措施解决新老坝体联合受力问题及无论接合面脱开与否确保大坝正常工作的设计理念；明确了结合初期工程施工资料，按水平缝、劈头缝、纵向缝分类研究初期大坝裂缝产生的缘由以及对加高工程的影响特点，根据影响特点进行处理设计的设计思路；确定了确保枢纽防洪度汛、优先缺陷处理，大坝加高协调推进的施工组织原则。在大坝设计中针对坝基开挖及老混凝土拆除、混凝土施工、新老混凝土结合面构造及处理、闸墩加固施工、老坝体 143m 高程裂缝处理、坝基帷幕灌浆、顶闸门支承滑块材料、金属结构防腐蚀、水下金属结构埋件的检测与修补、升船机设备等领域开展了新材料、新工艺、新方法、新设备的研究，为丹江口大坝加高工程的顺利实施奠定基础。

（四）沙河渡槽工程

南水北调中线工程沿线规划有几十座渡槽，由于南水北调中线工程总干渠为自流输水，水头紧张，可以分配给各座渡槽的水头损失较小，因而槽身过水断面很大。沙河渡槽水面总宽为 32m，水深大于 6m，水荷载巨大。再加上工程所在处地形、地质条件复杂，因此，大型渡槽施工方案、施工工艺及装备研究不仅可解决中线工程大型渡槽施工问题，为中线工程大型渡槽的实施提供技术及装备保障，而且还可以推进我国大型渡槽施工及管理水平的提高，填补国内无大型渡槽施工装备之空白。

以沙河渡槽的气象、水文、地质条件为依据，分析比较采用各种槽身结构型式、跨度、施工方案的优劣，最终确定沙河渡槽结构安全、技术先进、经济合理的设计方案。对于大流量、大断面的沙河预应力渡槽，与矩形槽相比，采用 U 形槽的结构型式不仅能降低槽身自重，节省工程投资，而且能明显改善槽内水力条件及槽身应力分布。大跨度预应力渡槽的跨度最大可以达到 45～50m，而其工程投资与施工方案有密切关系，对于采用架槽机施工的沙河渡槽来说，30m 是较优的跨度选择。采用有限元对渡槽进行仿真分析，可以弥补结构力学法计算中无法考虑到的结构受力的空间性，提高大型渡槽设计的可靠性。通过分析研究，对于沙河渡槽，采用 30m 跨度、槽内净宽 8m、净高 7.4m、槽壁 35cm、槽底板 90cm 的大跨度三向预应力 U 形薄壳渡槽能够承载南水北调施工运行期各种复杂荷载的作用，槽身结构是安全可靠的。对于沙河大型三向预应力渡槽，槽身三向预应力钢筋的分级张拉顺序对槽身吊装及架设过程中的应力分配有重要影响。本工程成功解决了该问题，能够控制渡槽槽身在施工及运行各阶段不出现较大拉应力，保证了渡槽的安全运行。经分析研究，对沙河 30m 跨预应力 U 形薄壳渡槽采用渡槽槽身预制场预制，大型架槽机进行槽身架设的施工方案是技术可行的，该研究成果突破了架槽机起吊架设 1200 吨位大型结构的技术限制，填补了我国大型预应力渡槽预制架设施工的空白。

（五）超大口径 PCCP 输水管道

北京段输水工程首次在国内采用 4m 直径的超大口径 PCCP 管道，工程实现了一套集总体布局、水力分析、结构设计、生产制造、运输安装、安全监测、水压试验、渗漏检测等为一体的深槽、长距离、大口径、重型 PCCP 输水管道系统关键技术体系。①提出了可保证超大口径 PCCP 的结构安全性、耐久性和输水可靠性的设计和检验方法；②首次给出了适合大口径管道摩阻损失的水力学计算公式，提出了一种 PCCP 管道糙率测算的新方法，提出了超大口径 PCCP 管材各项指标对管道结构影响的敏感性分析，并给出了不同受力情况与不同制造厂设备能力相适应的最优管型；③开发了无溶剂环氧煤沥青自动喷涂技术，研制了补偿平衡式缠丝机、无动力倾管机等 4m 直径 PCCP 制造专用设备，解决了超大口径 PCCP 管道的制造难题；④研发了自装卸管道运输车就位、小龙门起重机对接的超大口径 PCCP 管线沟槽安装工艺，重型、超大口径管道洞内运输安装与混凝土衬砌同步施工技术，解决了重型、超大口径 PCCP 管道的运输及安装难题；⑤提出了适合 PCCP 工程的涂层保护和阴极保护联合保护系统，显著提高了管道的可靠性和耐久性。

（六）北京西四环暗涵工程

西四环暗涵工程位于北京市西四环路下，是国内首次在城市快速路下砂卵石地层中修建的长距离大规模输水隧洞。工程周边环境复杂，加之所处地层为第四系砂卵石，自稳能力差。在设计过程中，根据西四环暗涵所处地层及周边环境的实际情况，经深入研究比选，因地制宜地从盾构和浅埋暗挖两大工法中，选定适合在无水砂砾石地层中操作的浅埋暗挖法作为西四环暗涵工程的施工方法，并制定了不同地层加固方案。通过工程实践证明，采用浅埋暗挖法施工，有效地降低了地表沉降，保证了工程安全，并节约了工程投资。同时扩展了水利输水工程设计与施工综合技术，为城市复杂条件下修建输水工程积累了丰富、宝贵的经验。

三、初步设计单项、单元工程汇总

根据南水北调工程初步设计管理的有关要求，结合各工程实际，按照初步设计单元工程项目划分原则，南水北调中线工程共分16个单项工程，91个设计单元。具体见表12-7-3。

表12-7-3　　　　　　　　　南水北调中线一期工程设计单元工程划分表

单项工程		设计单元工程		地理位置
序号	名　称	序号	名　称	
一	陶岔渠首枢纽工程	1	陶岔渠首枢纽工程	河南省淅川县
二	陶岔渠首—沙河南段工程	2	淅川县段工程	河南省淅川县、邓州市
		3	湍河渡槽工程	河南省邓州市
		4	镇平县段工程	河南省镇平县
		5	南阳市段工程	河南省南阳市
		6	膨胀土（南阳）试验段工程	河南省南阳市
		7	白河倒虹吸工程	河南省南阳市
		8	方城段工程	河南省方城县
		9	叶县段工程	河南省叶县
		10	澧河渡槽	河南省叶县
		11	鲁山南1段工程	河南省鲁山县
		12	鲁山南2段工程	河南省鲁山县
三	沙河南—黄河南段工程	13	沙河渡槽工程	河南省鲁山县
		14	鲁山北段工程	河南省鲁山县
		15	宝丰至郏县段工程	河南省宝丰县郏县
		16	北汝河渠倒虹吸工程	河南省宝丰县
		17	禹州和长葛段工程	河南省禹州长葛市
		18	潮河段工程	河南省新郑市
		19	新郑南段	河南省新郑市
		20	双洎河渡槽工程	河南省新郑市
		21	郑州2段工程	河南省郑州市
		22	郑州1段工程	河南省郑州市
		23	荥阳段工程	河南省荥阳市
四	穿黄工程	24	穿黄工程	河南省荥阳市温县
		25	工程管理专项	河南省荥阳市温县

单项工程		设计单元工程		地理位置
序号	名　称	序号	名　称	
五	黄河北—漳河南段工程	26	温博段工程	河南省温县博爱县
		27	沁河渠道倒虹工程	河南省温县
		28	焦作1段工程	河南省焦作
		29	焦作2段工程	河南省焦作
		30	辉县段工程	河南省辉县市
	黄河北—漳河南段工程	31	石门河倒虹吸工程	河南省辉县市
		32	新乡和卫辉段工程	河南省新乡市、鹤壁市
		33	鹤壁段工程	河南省鹤壁市
		34	汤阴段工程	河南省安阳市
		35	膨胀岩（潞王坟）试验段工程	河南省新乡市
		36	安阳段工程	河南省安阳市
六	穿漳河工程	37	穿漳河工程	河南省安阳市 河北省邯郸市
七	漳河北—石家庄段	38	磁县段工程	河北省磁县
		39	邯郸市至邯郸县段工程	河北省邯郸市（县）
		40	永年县段工程	河北省永年县
		41	洺河渡槽工程	河北省永年县
		42	沙河市段工程	河北省沙河市
		43	南沙河倒虹吸工程	河北省沙河市、邢台市
七	漳河北—石家庄段	44	邢台市段工程	河北省邢台市
		45	邢台县和内丘县段工程	河北省邢台县、内丘县
		46	临城县段工程	河北省临城县
		47	高邑县至元氏县段工程	河北省高邑县、元氏县
		48	鹿泉市段工程	河北省鹿泉市
		49	石家庄市区段工程	河北省石家庄市
八	京石段	50	古运河枢纽工程	河北省石家庄市
		51	滹沱河倒虹吸工程	河北省正定县
		52	唐河倒虹吸工程	河北省曲阳县
		53	漕河渡槽段工程	河北省定州市
		54	釜山隧洞工程	河北省保定市满城县
		55	河北境内其他总干渠工程	河北省
		56	京石段应急供水连接工程	河北省
		57	北拒马河暗渠工程	河北省、北京市
		58	惠南庄泵站工程	北京市
		59	惠南庄—大宁段工程	北京市

续表

单项工程		设计单元工程		地理位置
序号	名　　称	序号	名　　称	
八	京石段	60	大宁调压池	北京市
		61	永定河倒虹吸工程	北京市
		62	卢沟桥暗涵工程	北京市
		63	团城湖明渠工程	北京市
		64	北京段铁路交叉工程	北京市
		65	北京市穿五棵松地铁工程	北京市
		66	西四环暗涵工程	北京市
		67	北京段永久供电工程	北京市
		68	北京段工程管理专项	北京市
		69	河北段工程管理专项	河北省
		70	河北段生产桥建设	河北省
		71	专项设施迁建	河北省、北京市
		72	中线干线自动化调度与运行管理决策支持系统工程（京石应急段）	河北省、北京市
九	天津干线工程	73	西黑山进口闸至有压箱涵段工程	河北省
		74	保定1段工程	河北省保定市
		75	保定2段工程	河北省保定市
		76	廊坊段工程	河北省廊坊市
		77	天津市1段工程	天津市
		78	天津市2段工程	天津市
十	中线干线专项工程	79	中线干线自动化调度与运行管理决策支持系统工程	全线
		80	南水北调中线干线工程调度中心土建项目	
		81	通信专项工程	
			调度专项工程	
			管理专项工程	
十一	丹江口大坝加高工程	82	丹江口大坝加高工程	湖北省丹江口市
十二	丹江口大坝加高移民安置工程	83	丹江口坝区移民安置	河南、湖北两省6个区县
		84	丹江口水库移民安置	
十三	兴隆水利枢纽工程	85	兴隆水利枢纽工程	
十四	引江济汉工程	86	主体工程	湖北省
		87	自动化调度运行管理系统	
十五	汉江中下游部分闸站改造工程	88	汉江中下游部分闸站改造工程	湖北省潜江市、仙桃市
十六	汉江中下游局部航道整治工程	89	汉江中下游局部航道整治工程丹江口至襄樊段	湖北省丹江口市、襄樊市
		90	汉江中下游局部航道整治工程襄樊至汉川段	湖北省襄樊市、汉川市

西线篇

第十三章　西线前期工作综述

第一节　南水北调西线工程的由来

　　为了解决黄河资源性缺水的问题，1952年8—12月，黄委组织考察了从长江通天河引水到黄河源的线路。同年10月，毛泽东主席第一次视察黄河，时任黄委主任王化云向毛泽东汇报："将来建设社会主义，黄河水少，满足不了西北、华北用水的需要，想从长江上游通天河调水入黄河。"毛泽东说"你这位黄河（指王化云）考虑的好远呀！"思索后又说"南方水多，北方水少，如有可能，借点水来也是可以的。"从此开启了南水北调工程前期工作的序幕。

　　1958年8月，中共中央在北戴河召开政治局扩大会议，通过并发出《关于水利工作的指示》，明确提出"首先是以南水（主要指长江水系）北调为主要目的，即将江、淮、河、汉、海各流域联系为统一的水利系统规划"。这是"南水北调"一词，第一次见诸中共中央文件。1958—1961年，黄委对西部调水地区进行了大规模的引水线路查勘，同时，中国科学院中国西部地区南水北调综合考察队亦对自然环境进行了科学考察。

　　1979年2月，水电部成立南水北调规划办公室，并提出南水北调规划工作按西线、中线、东线三项工程分别进行。西线规划由黄委负责。这是国务院部委第一次按地域命名南水北调工程并明确其前期工作的负责单位。1978—1985年，黄委派出多个南水北调考察队，对通天河、雅砻江、大渡河调水到黄河上游的引水线路进行考察研究。

　　1987年7月，国家计委经研究决定将南水北调西线工程列入"七五""八五"超前期工作项目。1987—1995年，黄委和有关部委、科研单位参加了青藏高原考察，取得了大量的基础资料，进行了大量的科研、设计和论证工作。

　　1995年6月，水利部向国家计委提出对西线工程下一步前期工作的建议：从1996年下半年开始南水北调西线工程规划阶段工作，2000年提出《南水北调西线工程规划报告》，规划工作仍由黄委负责。1996年国家计委办公厅同意黄委在基本完成南水北调西线工程超前期工作的基础上，开展该工程的规划工作。1996—2001年黄委进行规划工作，其成果纳入国家计委和水利部编制的《南水北调工程总体规划》，并经国务院批复，标志着南水北调西线工程由此进入国家水利工程基本建设程序。

第二节 南水北调西线工程研究工作历程

围绕向黄河上游调水的目标，在西部地区开展了大范围的调水工程方案研究。随着经济社会发展、国家综合实力增强、科学技术进步，对各类调水方案的认识不断深化，方案研究思路不断调整和发展。按照研究的时间和内容大体可分为五个阶段：1952—1961年大范围选线阶段；1978—1985年初步研究阶段；1987—1996年超前期研究阶段；1996—2001年规划阶段；2001年至今的项目建议书阶段。

一、1952—1961年大范围选线阶段

1952年南水北调西线工程开始初步研究。1958—1961年，结合引水线路布置开展了大规模的基本资料调查，黄委共组织了2000多人次到西部地区查勘。

调研的调水河流有怒江、澜沧江、金沙江、通天河、雅砻江、大渡河、岷江、涪江、白龙江；供水范围除黄河外，东至内蒙古乌兰浩特、西抵新疆喀什。引水地点上至通天河楚玛尔河，下至金沙江虎跳峡，涉及怒江沙布（西藏察隅县）、金沙江箐头（云南维西县）、白龙江舟曲。在引水河段内研究了数十条引水线路，初选出6条代表性自流引水线路。各引水线路示意如图13-2-1所示，代表性引水线路主要指标见表13-2-1。

表13-2-1　　南水北调西线工程1952—1961年研究代表性引水线路指标表

引水线路	玉树—积石山	恶巴—洮河	翁水河口—定西	石鼓—渭河	怒江—定西	怒江—洮河
调水河流	通天河 雅砻江 大渡河	金沙江 雅砻江 大渡河 岷江 涪江等	金沙江 雅砻江 大渡河等	金沙江 雅砻江 大渡河 岷江 涪江等	怒江 澜沧江 金沙江 雅砻江 大渡河	怒江 澜沧江 金沙江 雅砻江 大渡河
主要 调水坝址	河东八庄 桑珠寺 日思墩 白衣寺	恶巴	翁定河口 卧龙河口 麦地龙 成都坝河	石鼓 玄洼 耳子 葛坝	沙布 箐头 虎跳峡	沙布 大燕子岩 虎跳峡
坝址高程 /m	3520 3430		2000 1900 1900 1850	1820 1700 1700 1550	2090 1620 1750	2090 1920 1750
年调水量/亿m³	250	545	1420	1420	1216	1186
引水高程/m	4160	3120	2150	1850	2250	2540
出口高程/m	3688	2500	1850	1500	1950	2300
引水水库/座	7	5	5	5	6	7
最大坝高/m	640	200	190	80	710	790
线路全长/km	497	6400	6710	6244	3808	3227
隧洞总长/km	34	51	57	85	139	168

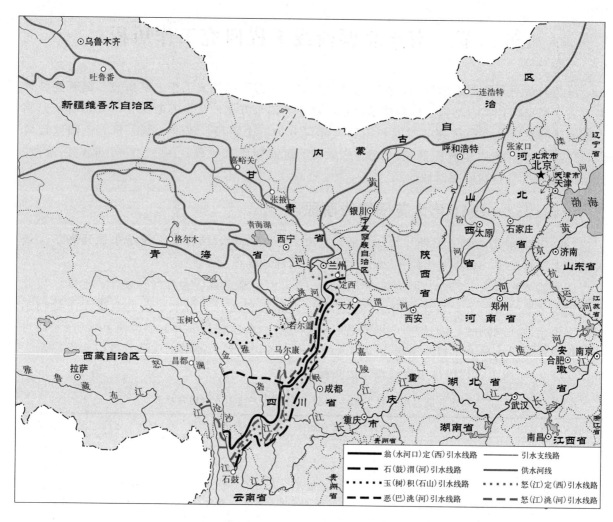

图 13-2-1　1958—1961 年西部调水线路示意图

二、1978—1985 年初步研究阶段

根据全国五届人大政府报告精神和水利部的部署，黄委开展了西线调水的初步研究工作，组织技术人员 4 次赴西线工程现场查勘。基于技术经济和调水影响的考虑，缩小了研究范围，先研究距黄河较近、调水量适宜、工程规模较小、工程艰巨性及困难相对较低的通天河、雅砻江、大渡河调水。1989 年完成了《南水北调西线工程初步研究报告》。

研究的调水河段包括通天河楚玛尔河口—巴塘曲口、雅砻江宜牛—甘孜、大渡河河源—双江口河段，共布置 30 多个引水坝址、100 多个调水方案。考虑到长江上游、黄河上游水力资源十分丰富，可自建抽水动力电源，比较认为：抽水方案可有效控制坝高和隧洞长度，大幅降低建设费用，故初选的代表性方案均为抽水方案。主要有从通天河联叶枢纽引水到黄河支流多曲（简称"联—多线"）、雅砻江仁青里枢纽引水到黄河支流达日河（简称"仁—达线"）、从大渡河斜尔尕枢纽引水到黄河支流贾曲（简称"斜—贾线"）的方案。各引水方案示意如图 13-2-2 所示；主要指标见表 13-2-2。

表 13 - 2 - 2　　　　　　　　　　**1978—1985 年初选的代表性引水方案指标表**

项目		引水线路		
名　称	单位	通天河联一多线	雅砻江仁一达线	大渡河斜一贾线
引水枢纽		联叶	仁青里	斜尔尕
引水高程	m	3980	3800	3100
入黄高程	m	4440	4150	3450
年调水量	亿 m³	100	50	50
枢纽坝高	m	205	200	250
线路全长	km	94	92	80
明渠长度	km	10	50	56
隧洞长度	km	29	30	24
最长段隧洞长	km	29	19	24
抽水扬程	m	495	485	358
泵站装机容量	万 kW	288	140	105
年用电量	亿 kW·h	168	82	61
抽水动力电源		黄河官仓、门堂	雅砻江两河口	大渡河独松、马奈

三、1987—1996 年超前期规划研究阶段

在前述引水方案研究工作的基础上，1987 年 7 月国家计委正式下达《关于开展南水北调西线工程超前期工作的通知》，决定开展从通天河、雅砻江、大渡河调水方案的超前期规划研究工作，研究论证调水工程的可能性和合理性。

该阶段的调水河段主要研究了通天河（包括金沙江）巴塘曲口以上河段、雅砻江甘孜以上河段、大渡河双江口以上河段。

在众多方案综合比选基础上，初选通天河同加坝址引水 100 亿 m³ 到雅砻江再到黄河的自流方案（简称"同—雅—黄自流方案"），雅砻江长须坝址引水 45 亿 m³ 到黄河支沟恰给弄的自流引水方案（简称"长—恰自流方案"），大渡河斜尔尕坝址引水 50 亿 m³ 到黄河贾曲的抽水方案（简称"斜—贾抽水方案"），三条河共调水 195 亿 m³。1996 年上半年完成了《南水北调西线工程规划研究综合报告》，并报水利部。各引水方案示意图如图 13 - 2 - 3 所示，各引水方案主要指标见表 13 - 2 - 3。

表 13 - 2 - 3　　　　　　　　　**1987—1996 年初选引水方案工程指标表**

引水线路	通天河 同—雅—黄自流方案	雅砻江 长—恰自流方案	大渡河 斜—贾抽水方案
调水坝址	同加	长须	斜尔尕

引水线路	通天河 同—雅—黄自流方案	雅砻江 长—恰自流方案	大渡河 斜—贾抽水方案
坝址高程/m	3860	3795	2915
年调水量/亿 m³	100	45	50
引水高程/m	4116	3933	3160
出口高程/m	3880	3880	3540
水库总库容/亿 m³	324.2	134	90
最大坝高/m	302	175	296
线路全长/km	288.9	131	29.8
隧洞总长/km	288.7	131	28.5
抽水设计扬程/m			458.2
装机容量/万 kW			125.4
年用电量/(亿 kW·h)			71.08

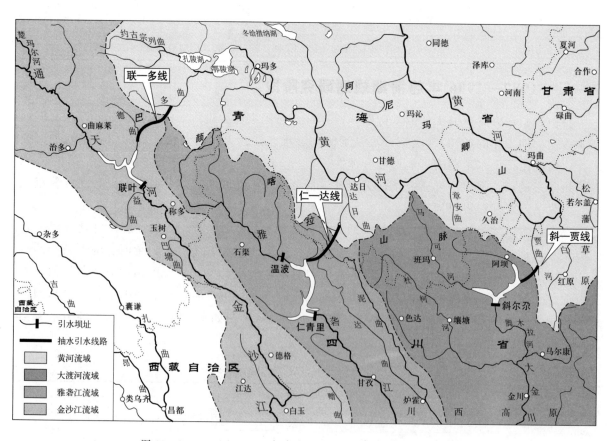

图 13-2-2　1978—1985 年南水北调西线工程代表性方案示意图

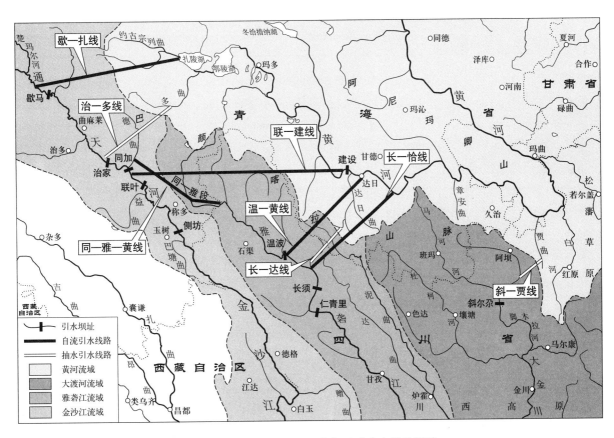

图 13-2-3　1987—1996 年初选引水方案示意图

四、1996—2001 年规划阶段

（一）工程规划

从 1996 年下半年开始进行南水北调西线工程规划阶段的工作。要求在超前期规划研究的基础上，进一步比选调水工程方案，选择第一期工程，为西部大开发提供水资源保障。研究范围进一步缩小到 30 万 km^2。

引水河段：通天河为治家—侧坊河段，雅砻江为长须—阿达河段，大渡河重点研究支流杜柯河、玛柯河和阿柯河。研究的引水枢纽坝址 20 多个，重点研究 12 个，比较分析 30 多条引水线路，重点比选 12 条，组成了两种总体布局方案。

综合考虑调水河流地区调水区和受水区水资源供需形势、可调水量及调水影响、工程地质及工程施工条件、技术经济可行性等因素，明确了由近及远、从小到大、先易后难、分期建设的规划思路，经过引水形式（含抽水、抽水＋自流、自流）和引水线路比选论证，推荐三条河自流引水 170 亿 m^3 的总体工程布局。工程分三期实施：第一期工程从雅砻江、大渡河支流自流调水 40 亿 m^3，进入黄河支流贾曲，简称达—贾自流线路；第二期工程从雅砻江干流阿达坝址自流调水 50 亿 m^3，经过一期工程且与一期工程线路平行，简称阿—贾自流线路；第三期工程从通天河干流侧坊自流调水 80 亿 m^3，进入雅砻江，在雅砻江干流阿达坝址以后，经过二期工程且与二期工程线路平行，简称侧—雅—贾自流线路。各引水线路主要指标见表 13-2-4。

表 13 - 2 - 4　**南水北调西线工程规划阶段段总体布局方案综合指标表**

序号	项目	单位	第一期（达一贾自流线路）						第二期（阿一贾自流线路）	第三期（侧一雅一贾自流线路）	合计
			阿安	仁达	上杜柯	亚尔堂	克柯	小计	阿达	侧坊	
一	坝址		达曲	泥曲	杜柯河	玛柯河	阿柯河		雅砻江	金沙江	
1	调水河流		达曲	泥曲	杜柯河	玛柯河	阿柯河		雅砻江	金沙江	
2	坝址径流量	亿 m³	11.4	12.7	16.3	16.1	4.15	60.6	70.7	124	170
3	年调水量	亿 m³	7	8	11.5	11.5	2	40	50	80	170
4	最大坝高	m	115	108	104	123	63		193	273	
5	正常蓄水位	m	3704	3697	3580	3518	3533		3628	3804.7	
6	死水位	m	3620	3615	3540	3495	3495		3584	3770	
7	总库容	亿 m³	3.52	2.77	5.13	6.73	0.58		49.9	167.1	
8	调节库容	亿 m³	3.3	2.6	3.8	3.4	0.5		25	53.8	
二	引水线路		达曲—泥曲	泥曲—杜柯河	杜柯河—玛柯河	玛柯河—阿柯河	阿柯河—贾曲		阿达—贾曲	侧坊—贾曲	
1	线路全长	km	13.6	73	36.2	55.4	82.1	260.3	304	508.1	1072.4
2	隧洞长度	km	13.6	73	36.2	55.4	65.9	244.1	287.8	489.9	1021.8
3	最长段隧洞长	km	13.6	73	36.2	55.4	50.4		73	73	
4	洞径	m	5	6.64	8.21	9.4	9.58		10.4	9.58	
5	明渠长度	km					16.1	16.1	16.1	18.1	50.3
三	工程投资										
1	总投资	亿元			468.9			468.9	641.45	1929.27	3039.6
2	总工期	年			7				10	15	
3	单方水投资	元/m³			11.7				12.8	24.1	

2001年完成的《南水北调西线工程规划纲要及第一期工程规划》，由南水北调西线工程规划纲要、一期工程规划两篇组成，5月通过了水利部审查。2002年相关成果纳入《南水北调工程总体规划》，由国务院正式批复，与南水北调东线、中线共同构成了我国"四横三纵"的南水北调工程总体格局及南北调配、东西互济的水资源配置网络。南水北调西线工程总体布局规划如图13-2-4所示。

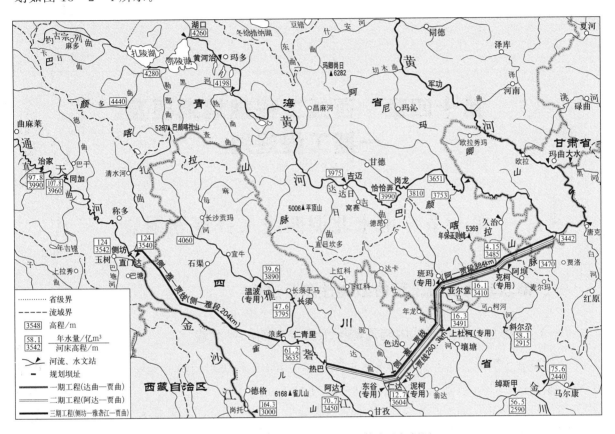

图13-2-4　南水北调西线工程总体布局规划图

（二）后续水源研究

西线工程规划调水170亿 m³，可以满足一定时期黄河用水需求，但从长远考虑黄河流域及其周边经济、环境的可持续发展，研究西线工程的后续水源是十分必要的。选取西南诸河研究了30多个坝址、20多个引水线路方案。经分析比选，形成了南水北调西线工程的后续水源方案。

初选的方案是：自西南诸河到通天河侧坊水库，之后的线路和西线工程衔接，与侧坊—阿达—贾曲方案的线路平行布置。初选坝址至通天河侧坊段线路长268.2km，通天河侧坊—黄河贾曲段线路长508.1km，线路总长776.3km，调水量200亿 m³。

后续水源研究，仅对调水工程技术上的可能性进行了探讨，未展开其他方面的研究。

第十四章　西线工程规划纲要及一期工程规划

第一节　南水北调西线工程规划纲要

一、南水北调西线工程的必要性和紧迫性

（一）黄河上中游及邻近内陆河地区水资源供需形势严峻

黄河是我国西北、华北地区的重要水源。黄河多年平均天然河川径流量 580 亿 m^3，人均水量仅为全国的 25%，耕地亩均水量仅为全国的 17%，水资源贫乏。1991—1997 年，黄河年平均天然河川径流量为 448 亿 m^3，较多年平均值减少了 23%。但耗水量却大为增加，由 20 世纪 50 年代年均耗水量 122 亿 m^3，到 1991—1997 年增加到 309 亿 m^3。

黄河下游河段断流从 1979 年的 21 天，延长到 1997 年的 226 天；河道断流的长度从 1978 年的 104km，延伸到 1997 年的 704km，同时主要支流渭河、汾河、伊洛河、沁河、大汶河等均出现过断流。据黄河近海河段的利津水文站实测径流量，1950—1959 年平均年径流量 480 亿 m^3，而 1991—2000 年平均年径流量 120 亿 m^3，入海水量大为减少。

同时，城市缺水日趋严重，如呼和浩特、西安、太原、咸阳、铜川等城市都存在不同程度的缺水和地下水超采现象。

在大力节水的条件下，通过供需平衡，工业、城镇生活和生态环境用水的缺口还很大。黄河上中游地区缺水量预测见表 14-1-1。

表 14-1-1　　　　　　　黄河上中游地区缺水量预测　　　　　　单位：亿 m^3

项　目	2010 年	2020 年	2030 年	2050 年
正常来水年份	40	80	110	160
中等枯水年份	100	140	170	220

另外，黄河流域邻近的河西走廊黑河、石羊河等地区，年降水量仅 100mm 左右，而年蒸发量却高达 2000mm。仅黑河流域缺水达 4.1 亿 m³，预测 2010—2020 年，黑河、石羊河地区缺水仍较严重，需要从外流域调水补充。

（二）南水北调西线工程是西部大开发的重大基础设施

南水北调西线工程规划调水 160 亿～170 亿 m³，为西部大开发经济社会发展的宏观规划提供了重要依据。南水北调西线工程的建设，直接关系到西部大开发的战略部署。因此，南水北调西线工程是西部大开发的重大基础设施。

（三）南水北调西线工程在黄河治理开发中的重要作用

黄河洪水威胁依然是心腹之患，水资源供需矛盾十分突出，生态环境恶化尚未得到有效遏制。洪水威胁、供需矛盾突出和生态环境恶化三大问题之所以如此突出，主要原因是黄河具有"水少，沙多，地上悬河"的特点。解决水资源不足对进一步搞好黄河的治理开发具有极为重要的作用。

（四）南水北调西线工程是国家南水北调战略布局的重要组成部分

南水北调东线、中线、西线三条调水线路，与长江、黄河、淮河和海河形成相互联结的"四横三纵"总体格局。利用黄河贯穿我国从西部到东部的天然优势，通过黄河对水量重新调配，可协调东、中、西部经济社会发展对水资源需求关系，达到我国水资源南北调配、东西互济的优化配置目标（图 14-1-1）。南水北调西线工程在此水资源网络的总体格局中，具有十分重要的作用。

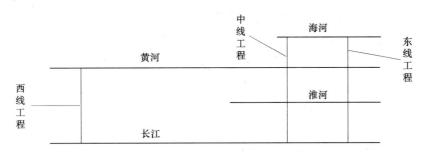

图 14-1-1　南水北调工程总体布局示意图

二、规划的指导思想及规划任务

（一）指导思想

紧密结合西部大开发的战略部署，以缓解西北地区水资源短缺、加强生态建设和环境保护为目标，为西北地区协调发展提供水资源保障。

由于西线调水工程地处青藏高原，寒冷缺氧、地质条件复杂，调水工程方案要统筹规划，分期实施，从小到大、由近及远、技术上可行、经济上合理，逐步实施从邻近的长江上游调水，同时应重视调水对当地经济社会和生态环境的影响。

（二）规划范围

调水河流地区，除涉及长江上游通天河及其支流雅砻江、大渡河外，由于考虑调水对引水枢纽下游梯级发电的影响，计算分析至长江的三峡、葛洲坝。

调水工程区，涉及通天河、雅砻江、大渡河的引水河段与黄河上游玛曲以上河段之间的整个区域。

受水区，主要涉及黄河上中游的青海、甘肃、宁夏、内蒙古、陕西、山西6省（自治区）。

（三）规划目标与任务

1. 规划目标

南水北调西线工程，主要解决西北地区缺水问题，基本满足黄河上中游6省（自治区）和邻近地区未来50年的用水需求，同时促进黄河的治理开发，必要时相机向黄河下游供水，缓解黄河下游断流等生态和环境问题。

2. 规划任务

南水北调西线工程规划任务书要求："规划的主要任务，在超前期规划研究工作的基础上，进一步比选南水北调西线工程开发方案、合理规模、开发顺序，选择一期工程并提出本期工程开发建设安排意见"。

三、调水河流和调水工程区概况

（一）调水河流概况和引水河段的选取

南水北调西线工程研究的调水河流主要为长江上游的通天河、雅砻江和大渡河（简称"三条河"）及其支流，三条河水量丰沛，人烟稀少，与黄河上游相距较近，可以引水的范围较大。

（1）通天河。长江发源于青海省唐古拉山脉中段的各拉丹冬山，右岸支流当曲汇口以上河段称沱沱河，当曲汇口以下至玉树附近的巴塘曲汇口河段称通天河，巴塘曲汇口以下至四川省宜宾河段称金沙江，宜宾以下河段称长江。

通天河直门达以上干流全长1145.9km，流域面积14.06万km²，多年平均径流量124亿m³，到金沙江渡口多年平均径流量570亿m³。

（2）雅砻江。雅砻江是金沙江中段左岸最大支流，在攀枝花市汇入金沙江。雅砻江干流全长1637km，流域面积12.8万km²，河口处多年平均径流量604亿m³。

（3）大渡河。大渡河是金沙江左岸岷江的最大支流，于乐山市汇入岷江，岷江于宜宾市汇入长江干流。大渡河干流全长1062km，流域面积7.74万km²，河口处多年平均径流量495亿m³。

三条河多年平均径流量共1669亿m³。

（二）引水河段选取

经综合比选，三条河的引水河段为：通天河楚玛尔河口—直门达河段，直门达多年平均径流量为124亿m³；雅砻江宜牛—甘孜河段，甘孜多年平均径流量87亿m³，以及支流达曲阿安以上和泥曲仁达以上河段，阿安和仁达多年平均径流量 24 亿 m³；大渡河足木足河亚尔堂—斜尔尕河段，斜尔尕多年平均径流量 58 亿 m³，以及支流绰斯甲河上杜柯—雄拉河段，雄拉多年平均径流量 27 亿 m³。三条河引水河段共有多年平均径流量 320 亿 m³，占三条河多年平均径流量 1669 亿 m³ 的 19%。

（三）调水工程区概况

调水工程区位于青藏高原东南部，东起松潘草地、西至楚玛尔河口、南临川西高原、北抵阿尼玛卿山，在北纬 $31°30'\sim35°00'$、东经 $94°50'\sim102°30'$ 的范围内，面积近 30 万 km²。

调水工程区行政上分属于青海省的玉树、果洛与四川省的甘孜、阿坝 4 个藏族自治州所在地区，以及甘肃省甘南藏族自治州的部分地区。

1. 气候特征

（1）太阳辐射强，日照时间长。年日照时数绝大多数地区均超过 2000h。

（2）气温在地区间、年内变化较大，冬季长而寒冷，夏季短而凉爽。极端最低气温在 $-40\sim-30℃$。

（3）降水分布不均，干、湿季分明。西北部伍道梁站年降水量仅 265.6mm，到东部壤塘、阿坝一带年降水量达 700mm 以上。全年降水主要集中在 5—10 月，占年降水量 85%~90%。

（4）湿度低，蒸发较大。本区地势高、气温低、大气中水汽含量少，多年平均相对湿度 60% 左右。年蒸发量 1200~1600mm，水面蒸发量达 800mm 左右，陆面蒸发量 300mm 左右。

（5）气压低、含氧量少。海拔 3000~4500m 的地区，地面气压为 600~700hPa，相当于海平面气压的 60%~70%；空气中含氧量相当于海平面的 60%~72%。

（6）灾害性天气多。本区气候环境恶劣，寒冷、雪灾、大风、霜冻、雷暴与冰雹、沙尘暴等灾害性天气比较频繁。

2. 水文特征

调水河流径流的补给来源主要为大气降水，只有通天河河源区有少量冰川融水补给，约占 10% 左右。径流量主要集中在 6—10 月，占年径流量 75%~80%。径流的年际变化以通天河变化较大，雅砻江和大渡河变动幅度较小。

降水强度较小，暴雨出现几率稀少。洪水过程具有涨落缓慢，洪峰低、洪量大、洪水历时较长、年际变化较小等特征。

调水河流含沙量均在 1kg/m³ 以下。

3. 地形地貌特征

区内海拔在 3000m 以上，属高山区或极高山区。巴颜喀拉山走向自西北到东南，是长江、黄河的分水岭，其南侧的大渡河、雅砻江、通天河河床（高程 3000~4000m）比北侧的黄河河床（高程 3500~4500m）低 80~500m。总体地势西北部较高，海拔多在 4000m 以上，起伏小，河谷宽浅，属轻微切割—中等切割高山区。东部和南部地势逐渐降低，但起伏大，河谷深窄，峡谷居多，属中等切割—深切割高山区。

（四）区域地质条件

调水工程区位于青藏高原东南部，地质条件比较复杂。本区主要为三叠系砂板岩地层，褶皱强烈，活动断裂较为发育，以北西向断裂为主；本区处于可可西里—金沙江强地震带内；区内多年冻土和季节冻土发育。但调水工程主要处于强震带内地震活动水平相对较低地区，地震强度和活动性相对较弱，地震基本烈度一般为Ⅶ～Ⅷ度；区域构造活动性以基本稳定类型为主，其他为稳定类型，而且东部较西部稳定；广泛分布的砂、板岩抗压强度一般为40～100MPa，属中等坚硬—坚硬岩类；冻土主要对明渠、渡槽、厂房等地面建筑物有一定影响，而对深埋长隧洞影响甚微。

主要工程地质问题包括：①活断裂问题；②冻土与冻害问题；③深埋长隧洞工程地质问题；④水库诱发地震和库岸坡变形问题。

（五）社会经济现状

1. 人口分布

截至1997年，本区总人口约72万人，其中农牧业人口58万人，占总人口的81.7%。全区人口密度为2.4人/km²，其中通天河流域人口密度最小，为0.75人/km²；大渡河足木足以上河段人口密度最大，为4.5人/km²。河谷区人口多于山区。

2. 工农业生产状况

由于受地理位置和气候条件限制，经济不发达，1997年全区工农业总产值19亿元（其中工业总产值6亿元），人均2639元，工农业生产远低于全国平均水平。农业生产以畜牧业为主。

3. 交通

本区交通落后，对外交通主要依靠四川—青海、四川—西藏、青海—西藏公路和兰州—若尔盖、若尔盖—成都等几条干线公路，以及州县与部分县乡之间的支线公路。

4. 社会形态

本区为藏族等少数民族聚居区，对喇嘛教的广泛信仰是藏族聚居区的主要特征，喇嘛教在社会形态中起着十分重要的作用。

四、可调水量分析

（一）引水枢纽径流量

1. 参证水文站

引水枢纽处河川径流系列取用临近水文站的实测资料推求。三条河引水枢纽分别选择临近通天河的直门达、雅砻江的甘孜、支流达曲的朱倭、支流泥曲的朱巴、大渡河足木足河的足木足、绰斯甲河的绰斯甲6个水文站作为主要参证站。

三条河参证站多年平均径流量见表14-1-2。

2. 专用水文站

在雅砻江干流长须枢纽上游的温波枢纽设立温波专用水文站，在大渡河支流杜柯河上杜柯枢纽和麻尔曲亚尔堂枢纽附近分别设立上杜柯和班玛两个专用水文站。其中温波专用水文站自1992年开始观测，上杜柯和班玛两个专用水文站自1999年开始观测。2001年起，又在雅砻江支流达曲、泥曲分别设置东谷和泥柯专用水文站，在大渡河支流阿柯河设置了安斗水文站，进行水文观测。

表 14 - 1 - 2 三条河参证站多年平均径流量

调水河流	测站	集水面积/km²	资料系列	多年平均径流量/亿 m³
通天河	直门达	137704	1957—1996 年	124
雅砻江	甘孜	32925	1956—1996 年	87
	朱倭	4284	1959—1996 年	14
	朱巴	6860	1959—1996 年	20
大渡河	足木足	19896	1959—1996 年	76
	绰斯甲	14794	1960—1996 年	56

3. 引水枢纽年径流量

依据通天河、雅砻江和大渡河干支流实测水文资料，参照新增设的专用水文站的短期观测资料，采用多种方法推算求得各引水枢纽的年径流量。各引水枢纽多年平均径流量见表 14 - 1 - 3。

（二）可调水量分析

1. 引水枢纽下泄流量

为维持引水枢纽下游的生态和环境需水量。现阶段规划引水枢纽下泄流量不小于或接近调水前最小月平均流量。各引水枢纽最小下泄流量见表 14 - 1 - 4。

表 14 - 1 - 3 各引水枢纽多年平均径流量

调水河流	引水枢纽	集水面积/km²	多年平均径流量/亿 m³
通天河	侧坊	137704	124
	同加	130120	108
	治家	125197	98
雅砻江	阿达	28418	71
	仁青里	25794	61
	长须	22024	48
	阿安	3541	11
	仁达	4574	13
大渡河	斜尔尕	15766	58
	上杜柯	4918	16
	亚尔堂	5056	16
	克柯	1626	4

表 14 - 1 - 4 各引水枢纽最小下泄流量

单位：m³/s

调水河流	引水枢纽	最小月平均流量	引水枢纽下泄流量
通天河	侧坊	44.5	70
	同加	38.7	70
	治家	35.1	55
雅砻江	阿达	36.6	40
	仁青里	31.6	35
	长须	20.5	25
	阿安	7.5	5
	仁达	7.3	5
大渡河	斜尔尕	3.14	40
	上杜河	6.1	5
	亚尔堂	8.7	5
	克柯	2.2	2

2. 引水枢纽可供调水量

将引水枢纽断面径流量扣除枢纽以上流域各行业用水量、水库蒸发渗漏损失水量和下泄水量后，剩余水量即为引水枢纽的可供调水量，详见表14-1-5。

表14-1-5　　　　　　　　　各引水枢纽可供调水量　　　　　　　　　单位：亿 m³

调水河流	引水枢纽	多年平均径流量	枢纽以上工农业用水	水库损失水量	最小下泄水量	可供调水量
通天河	侧坊	124	1.67	1.5	22.1	98.7
	同加	108	0.74	3.0	22.1	82.2
	治家	98	0.64	2.5	17.3	77.6
雅砻江	阿达	71	0.69	0.6	12.6	57.1
	仁青里	61	0.49	2.1	11.0	47.4
	长须	48	0.37	1.6	7.9	38.1
	阿安	11	0.16	0.1	1.6	9.1
	仁达	13	0.21	0.1	1.6	11.1
大渡河	斜尔尕	58	0.71	0.5	12.6	44.2
	上杜河	16	0.17	0.1	1.6	14.1
	亚尔堂	16	0.23	0.2	1.6	14.0
	克柯	4	0.017	0.03	0.63	3.3

3. 引水枢纽可调水量

通过引水水库径流的长系列调蓄计算，得出多年平均调水量，即可调水量。各引水枢纽的可调水量见表14-1-6。

表14-1-6　　　　　　　　　各引水枢纽可调水量　　　　　　　　　单位：亿 m³

调水河流	引水枢纽	多年平均径流量	可供调水量	可调水量
通天河	侧坊	124	98.7	80
	同加	108	82.2	75
	治家	98	77.6	70
雅砻江	阿达	71	57.1	50
	仁青里	61	47.4	45
	长须	48	38.1	35
	阿安	11	9.1	7
	仁达	13	11.1	8
大渡河	斜尔尕	58	44.2	40
	上杜河	16	14.1	11.5
	亚尔堂	16	14.0	11.5
	克柯	4	3.3	2

主要引水枢纽可调水量占河川径流量的比例见表 14-1-7。

表 14-1-7　　　　　　　主要引水枢纽可调水量占河川径流量的比例

调水河流	引水枢纽	多年平均径流量 /亿 m³	可调水量 /亿 m³	引水枢纽可调水量占河川径 流量的比例 /%
通天河	侧坊	124	80	65
雅砻江	阿达	71	50	70
雅砻江和大渡河的 5 条支流	阿安、仁达、上杜柯、 亚尔堂、克柯	60	40	67

经计算：通天河侧坊引水枢纽可调水 80 亿 m³，雅砻江阿达引水枢纽可调水 50 亿 m³，雅砻江、大渡河支流 5 个引水枢纽可调水 40 亿 m³，可调水量占引水枢纽处河川径流量的 65%～70%。

五、调水工程方案及工程总体布局

(一) 调水工程方案

1. 规划原则

在三条河引水河段内共研究了 20 余座引水枢纽，分析比较了 30 多条引水线路，根据工程规划区的自然环境特点，工程方案规划考虑以下原则：

(1) 可调水量要基本满足黄河上中游 6 省 (自治区) 和邻近地区未来几十年经济社会发展对水资源逐步增长的需求。

(2) 尽量减小调水河流对生态环境等的负面影响。

(3) 统筹规划，分期实施。

(4) 工程规模适当，技术上可行，经济上合理。

(5) 工程控制性能好、输水线路短。

2. 代表性方案

在三条河引水河段和各枢纽调水条件分析比较的基础上，提出了三条河规划的 12 个代表性方案，其中 9 个自流方案、3 个抽水方案。即雅砻江调水的长须枢纽自流引水到黄河支流恰给弄 (简称 "长—恰线")、长须枢纽抽水到黄河支流达日河 (简称 "长—达线")、仁青里枢纽自流引水到黄河支流章安河 (简称 "仁—章线")、仁青里枢纽自流引水到黄河岗龙 (简称 "仁—岗线")、阿达枢纽自流引水到黄河支流贾曲 (简称 "阿—贾线") 的方案；大渡河调水的大渡河自流达曲阿安枢纽引水到黄河支流贾曲 (简称 "达—贾线")、大渡河支流杜柯河上杜柯枢纽支流引水到黄河支流贾曲 (简称 "上—贾线")、大渡河支流足木足河斜尔尕枢纽抽水到黄河支流贾曲 (简称 "斜—贾线") 的方案、通天河调水的治家枢纽抽水到黄河支流达曲 (简称 "治—多线")、同加枢纽自流引水经雅砻江到黄河岗龙 (简称 "同—雅—岗线")、同加枢纽自流引水经雅砻江到黄河支流章安河 (简称 "同—雅—章线")、侧坊自流引水经雅砻江到黄河支流贾曲 (简称 "侧—雅—贾线") 的方案。各方案调水量及投资见表 14-1-8。

表 14-1-8 代表性引水线路方案调水量及投资

河流	方案	静态投资 /亿元	可调水量 /亿 m³	单方水静态投资 /元	备 注
雅砻江	长—恰线	323	35	9.2	自流方案
	长—达线	408	35	11.7	抽水方案
	仁—章线	521	45	11.6	自流方案
	仁—岗线	394	45	8.8	自流方案
	阿—贾线	641	50	12.8	自流方案
大渡河	达—贾线	469	40	11.7	自流方案
	上—贾线	261	25	10.5	自流方案
	斜—贾线	417	40	10.4	抽水方案
通天河	治—多线	824	70	11.8	抽水方案
	同—雅—岗线	1232	75	16.4	自流方案
	同—雅—章线	1499	75	20.0	自流方案
	侧—雅—贾线	1930	80	24.1	自流方案

（二）工程方案比选

1. 比选原则

（1）统筹规划、全面分析、综合比较、科学选比。

（2）调水方案的总体布局，要有利于统一规划、分步实施。

（3）调水工程技术、经济条件相对优越。

（4）充分考虑调水与经济社会发展、生态建设、环境保护的相互作用和相互制约关系，减小对调水河流地区产生的不利影响。

2. 自流方案与抽水方案的利弊分析

以大渡河达—贾线联合自流方案与斜—贾线抽水方案为例。两方案都是调水 40 亿 m³，自流方案静态投资大，运行费用低；抽水方案静态投资小，但运行费用高。自流方案的主要优点是，输水建筑物比较单一，有利于施工、运行、管理。从建设、管理、运行及经济方面分析，根据当前开凿隧洞技术的发展，权衡利弊，推荐采用自流方案。

3. 比选结果

在遵循以上比选原则的前提下，重点从方案的工程规模、可调水量、工程地质条件、技术可行性、海拔、施工条件及经济指标等因素比选，三条河调水较好的 5 个方案为：

大渡河：达—贾线联合自流方案。

雅砻江：仁—章线自流方案和阿—贾线自流方案。

通天河：同—雅—章线自流方案和侧—雅—贾线自流方案。

（三）调水工程总体布局及工程分期

1. 总体布局

通过对三条河代表方案的分析比较，把三条河引水方案作为一个整体进行总体布置比较，提出了本阶段重点研究方案，以确定工程开发建设的形式和先后次序。

三条河 5 个引水方案有两种组合的布局方案（图 14-1-2），即：

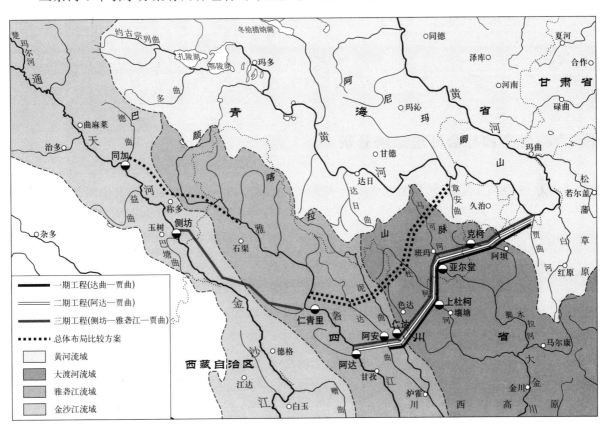

图 14-1-2 西线调水推荐的工程布局方案及其分期图

布局方案一：达—贾线联合自流线路，调水 40 亿 m³，静态投资 469 亿元；仁—章线自流线路，调水 45 亿 m³，静态投资 521 亿元；同—雅—章线自流线路，调水 75 亿 m³，静态投资 1499 亿元；共调水 160 亿 m³，静态投资 2489 亿元。

布局方案二：达—贾线联合自流线路，调水 40 亿 m³，静态投资 469 亿元；阿—贾线自流线路，调水 50 亿 m³，静态投资 641 亿元；侧—雅—贾线自流线路，调水 80 亿 m³，静态投资 1930 亿元；共调水 170 亿 m³，静态投资 3040 亿元。

2. 总体布局方案比选

采用经济比较和多目标决策评价方法对方案进行定量分析后，两种布局方案的动态经济指标大体相当。比较认为布局方案二有以下特点：

（1）布局方案二具有下移、集中的特点。

1）下移。布局方案二相对于布局方案一，引水枢纽和输水线路整体下移，海拔高程处于

3500m 左右，该区有森林、农田，适宜于人类活动，对施工、运行和管理都有利。

2）集中。布局方案二的达—贾线先期实施后，后期实施的雅砻江、通天河输水线路相当一部分要从达—贾线近旁通过，引水工程高度集中，在实施过程中可以互相联系，由近及远、逐步实施。后期工程可充分利用一期工程线路的地质资料和处理措施，节省后期工程大量的勘测、交通及施工等基础工程费用。

（2）布局方案二与远景后续水源澜沧江、怒江调水线路衔接较好。

根据规划阶段的工作深度，推荐布局方案二。

3. 工程分期

遵循由低海拔到高海拔、由小到大、由近及远、由易到难的规划思路，在布局方案二中，选择达—贾线联合自流方案为一期工程，阿—贾线自流方案为二期工程，侧—雅—贾线自流方案为三期工程。

六、生态和社会环境影响分析

（一）对自然生态的影响分析

1. 对水文情势影响

西线工程调水后，对下游水文情势的影响表现在对调水河流总体水量影响、对引水枢纽以下临近河段及下游径流量影响。

三条河调水 170 亿 m³，占所在河流河川径流量的 5%～14%，从河流总体看，调水量所占比例不大，但占引水枢纽处河川径流量的比例较大，达 65%～70%。三条河调水量占河川径流量比例见表 14-1-9。

表 14-1-9　　　　　　　　三条河调水量占河川径流量比例

项　　目	通天河	雅砻江	大渡河
调水量/亿 m³	80	65	25
调水河流河川径流总量/亿 m³	570（渡口）	604	495
调水量占调水河流河川径流总量比例/%	14.0	10.8	5.0
引水枢纽河川径流量/亿 m³	124（侧坊）	95	36
调水量占引水枢纽河川径流量比例/%	64.5	68.4	69.4

为减少调水对生态环境影响，工程规划引水枢纽的下泄流量不小于或接近调水前最小月平均流量。因此，西线调水后，能维持河川径流量在自然生态可承受的变化范围内，枢纽下游河道水量的减少不会导致下游生态环境恶化。

三条河调水地区河流纵横，水系发育，两岸支流汇入较多，径流沿程增加较快。雅砻江、通天河干流水量减少较大河段仅为引水枢纽以下的临近河段，在距离引水枢纽 4～10km 即开始有支流汇入，水量增加约 2 亿～4 亿 m³；在距离引水枢纽 14～50km 河段，水量增加约 14 亿～16 亿 m³。

三条河枢纽下游河谷大部分河床很窄，调水后径流量减小引起的水面宽度变化较小，对下游的影响主要表现为水深变浅。

2. 对地下水位影响

调水后，引水枢纽以下10～50m河道水位有所下降，由于河道两岸为陡峻的石质边坡，河道仍为地下径流量汇集地带，由降雨补给的两岸地下水位不会产生明显变化。

3. 对水质影响

由于三条调水河流一般水质为Ⅰ～Ⅱ类，局部河段丰水期为Ⅲ类。预测调水后，局部河段水质略有下降，但不会引起水质类别的变化。

4. 对局地气候及干旱河谷影响

调水后，三条河引水枢纽以下10～50km以内，水面面积无明显变化，故水面蒸发量变化不显著，临近地区的气温、湿度变化也不显著，对风向和风速也不会有大的影响。可以预测，调水对引水枢纽以下临近地区的局地气候不会产生明显影响。

三条河修建大型水库后，坝址上游蓄水面积增加，会对局地气候产生有利影响。

三条河中下游地区的局部河段为山势高耸、相对高差较大的河谷地带，特殊的地理位置及高山峡谷地貌，受大气环流的影响，形成干旱河谷。但调水不可能改变引水枢纽下游的地形条件和大气季风环流形势，对降雨量、蒸发量和空气湿润度等因子影响也很小，同时由于干旱河谷距引水枢纽200km以上，沿程径流不断汇入，因此调水不会加剧下游干旱河谷的危害。

5. 对下游生态影响

（1）对陆生生物的影响。植物生长主要受土壤类型、气候条件等主要环境因素的影响，生态用水依靠降水补给。西线调水仅造成引水枢纽以下10～50km河段水量减少明显，对土壤类型、局地气候和地下水的影响微弱。因此，不会对引水枢纽以下临近河段两岸植物种群的生态用水带来影响。由于陆生野生动物对植被资源有较强的依赖性，故调水对长江上游陆生动物的种群结构、数量以及珍稀物种都不会产生不利影响。

（2）对水生生物的影响。三条河调水后将导致引水枢纽以下的局部河段流量剧减，水生生物栖息环境缩小，将造成上述河段水生生物种群缩小，鱼类区系组成、种群结构等都有可能随之受到影响。

根据水生生物普查资料，调水工程的引水枢纽以下临近河段，未发现特有珍稀物种和洄游鱼类、鱼类产卵场，现有水生生物资源优势较低，调水后该河段水量减少，将对水生生物产生局部不利影响。

6. 对环境地质影响

西线调水工程的实施对区域环境地质不会产生影响。由于修建调蓄水库，应重视水库诱发地震、库岸稳定问题以及输水建筑物的冻土及冻害问题等。

（二）对社会、经济的影响分析

1. 对工农业用水影响

预测2030年，通天河、雅砻江、大渡河工农业需水量分别占全河多年平均径流量的1.3％、5.1％和7.1％。南水北调西线工程从通天河调水80亿m³，雅砻江调水65亿m³，大渡河调水 25 亿 m³ 后，三条河仍有足够的河川径流量，满足下游经济社会发展对水的需求。因此，调水对三条河的工农业用水基本无影响。

2. 对漂木影响

长江上游实施保护天然林资源，目前已经全面禁伐，未来几十年可能有部分人工速生林和工业原料林间伐。若按禁伐前的运量，考虑对漂木的影响，通天河调水 80 亿 m³，仅对石鼓河段漂木在枯水期有所影响；雅砻江调水 65 亿 m³，对沙堆—雅江河段漂木在枯水期有所影响；大渡河调水 25 亿 m³ 后，对下游漂木没有影响。

3. 对航运影响

从水深和水量方面分析，由于下游河段天然径流大，调水后河流水深和水量变化很小，对航运基本上没有影响。

4. 对水力发电的影响

据《长江流域综合利用规划要点报告》及全国水力资源普查资料，按 2050 水平年，调水 170 亿 m³，计算到长江葛洲坝，长江干流和支流受调水影响的水电梯级共 69 座，规划装机容量 1.3 亿 kW，年发电量 7704 亿 kW·h。

各调水方案对下游梯级电站影响指标，见表 14-1-10。

表 14-1-10　　　　　　　　　各调水方案对下游梯级电站影响指标

计算方案	调水前	调水后	差值	损失率	影响梯度水库/座
	年发电量/(亿 kW·h)	年发电量/(亿 kW·h)	年发电量/(亿 kW·h)	年发电量/%	
2020 年雅砻江和大渡河的5 条支流共调水 40 亿 m³	2291	2260	31	1.3	9
2030 年雅砻江和大渡河共调水 90 亿 m³	4603	4267	336	7.3	23
2050 年三条河共调水 170m³	7704	6587	1117	14.5	69

5. 对人群健康影响

调水工程区为布氏杆菌病、鼠疫、炭疽病流行区。甘孜州属于青藏高原喜马拉雅旱獭鼠疫自然疫源地。施工期施工人员大规模的流动、聚集作业，成为易感人群，有可能会受到上述传染病流行的影响，应采取有效的防治措施。

6. 施工活动对三江源头自然保护区影响

通天河引水河段位于三江源头自然保护区内，调水工程对自然保护区的影响主要集中在施工期。工程施工期进行施工爆破、开挖等一系列施工活动，将迫使野生动物迁移到远离施工活动范围以外区域，应制定切实可行的自然保护区环保措施。

（三）综合评价

南水北调西线工程对区域生态的影响利大于弊，生态环境方面某些潜在的不利影响通过采取相应的措施后，可以得到缓减。因此，从环境角度分析，西线调水工程的兴建是可行的，不存在制约工程建设的重大因素。

七、效益分析

（一）供水对象和供水范围

1. 供水对象

西线调水的供水对象主要是经济社会发展和生态环境用水，适当兼顾农业灌溉用水。同时，向黄河干流补水（黄河上中游支流用水减少了入黄水量）。

2. 供水范围

南水北调西线工程调水的供水范围主要是青海、甘肃、宁夏、内蒙古、陕西、山西6省（自治区）的部分缺水地区；还向黄河流域邻近的甘肃河西走廊地区供水，必要时，还可以相机向黄河下游补水。西线工程供水范围涉及的省（自治区）和城镇见表14-1-11。

表14-1-11　　　　　西线工程供水范围涉及的省（自治区）和城镇

项　　目	省（自治区）	城　　镇
直接供水范围	青海	兴海等沿黄城镇以及塔拉滩生态环境建设等
	甘肃	兰州、白银、皋兰、榆中、靖远、环县、武威、民勤、古浪、靖远以及河西走廊等
	宁夏	银川、吴忠、青铜峡、石嘴山、盐池，中卫、中宁、灵武、同心等
	内蒙古	呼和浩特、乌海、托克托、包头、准格尔旗、东胜、阿拉善左旗
	陕西	西安、宝鸡、咸阳、铜川、渭南、韩城、合阳、大荔、澄城、白水、蒲城、定边、靖边、横山、榆林、吴堡、府谷等
	山西	太原、忻州、古交、清徐、临汾、霍州、永济、运城、侯马、孝义等
向黄河干流补水		（支流用水减少了入黄水量）

3. 增供水量的配置

在2050年以前，黄河干流骨干水利枢纽已全部生效，对西线调水量有足够的调节能力，供水的配套工程已经建成或完善。在全河水资源统一管理基础上，调水170亿m^3的初步配置方案为：流域内供水150亿m^3，其中城镇生活用水35亿m^3、工业用水52亿m^3、生态环境用水53亿m^3、农业供水10亿m^3；向流域外河西走廊地区供水20亿m^3。

（二）社会效益分析

受水区的社会效益主要包括以下几个方面：

（1）促进地区经济发展，缩小地区差距，为西部大开发奠定基础。

（2）增加就业机会，缓解劳动力就业压力。

（3）促进矿产资源开发，把资源优势转化为经济优势。

（4）为土地资源开发提供水资源保障。

（5）调整生产力布局，提高区域水资源及环境承载能力。

（6）加快实施水资源的有效合理配置，促进水资源可持续利用。

（7）为区域经济结构调整和产业升级提供水资源支撑。

（8）为加快城市化进程提供水资源保障。

（三）生态环境效益分析

南水北调西线工程实施后受水区的生态环境效益，主要包括以下几个方面：

（1）因地制宜，退耕还林还草，增加植被改善生态环境。

（2）促进防沙治沙，为遏制土地沙漠化创造条件。

（3）增加河川径流量，改善水环境。

（4）提供可靠水源，改善人民生活环境。

（四）经济效益分析

南水北调西线工程调水后产生的经济效益主要包括城镇生活、工业供水经济效益，生态环境供水效益，农业灌溉供水经济效益和黄河干流增加的水力发电经济效益。对 2050 水平年调水 170 亿 m³ 进行经济效益计算，价格水平为 2000 年第一季度。

1. 工业、城镇生活供水经济效益

2050 水平年调水 170 亿 m³，其中工业增供水量 62 亿 m³，生活增供水量 35 亿 m³，计算的工业供水经济效益 605 亿元、生活供水经济效益 342 亿元，折合单方水经济效益 9.8 元。

2. 生态环境经济效益

生态环境用水主要为林牧业灌溉和水土保持、退耕还林还草用水，调水 170 亿 m³ 时，生态环境配置用水量 63 亿 m³，初步估算直接经济效益为 63.41 亿元，折合单方水效益 1.01 元。

3. 农业灌溉经济效益

南水北调西线工程规划阶段仅对种植业计算灌溉经济效益。2050 水平年，调水 170 亿 m³，灌溉增供水量 10 亿 m³，增加灌溉面积 313 万亩，增产粮食 94 万吨，经济效益 7.5 亿元，折合单方水经济效益 0.8 元，亩均经济效益 241 元。

4. 水力发电经济效益

根据黄河的水电梯级规划指标计算，2050 水平年，调水入黄河后，涉及梯级电站 40 座，扩大装机容量 1674 万 kW，增加年发电量 767 亿 kW·h，替代火电装机容量 1841 万 kW，替代年发电量 805 亿 kW·h，经计算水力发电经济效益 221 亿元。

5. 综合经济效益

南水北调西线工程到 2050 水平年，调水 170 亿 m³ 的直接经济效益：工业、城镇生活 947 亿元，生态环境 63 亿元，农业灌溉 7.5 亿元，水力发电 221 亿元，综合经济效益合计 1239 亿元。

（1）影响的水力发电电能指标。调水方案影响的电能指标见表 14-1-12。

表 14-1-12　　　　　　　　　调水 170 亿 m³ 减少的电能指标

水平年	调水量 /亿 m³	影响梯级数	装机容量 /万 kW	保证出力 /万 kW	年发电量 /(亿 kW·h)
2050	170	69	1814	971	1117

（2）水力发电经济损失计算。2050水平年，黄河干流增加发电年值221亿元，长江69座梯级电站损失发电年值246亿元，电能净损失年值25亿元。

（五）综合评价

2050水平年，调水170亿m³入黄河，将产生显著的社会、生态环境效益和经济效益，综合经济效益1239亿元，但调水对调水河流地区产生一定的经济损失，扣除可以量化的发电损失年值246亿元，净效益为993亿元，折合单方水经济效益约6元。

第二节　一期工程规划

一期工程达—贾线联合自流方案位于青藏高原东部边缘地带，引水枢纽处在海拔3500m左右，位于大渡河的支流阿柯河、麻尔曲、杜柯河和雅砻江支流泥曲、达曲。工程在四川省甘孜、色达、壤塘、阿坝县，青海省的班玛县和甘肃省的玛曲县境内。

一、可调水量

从雅砻江、大渡河的5条支流调水，5条支流的5座引水枢纽处多年平均径流量60亿m³，可调水量40亿m³，占多年平均径流量的67%（表14-2-1）。

表14-2-1　　　　　　　　　　　　可调水量

调水河流	引水枢纽	多年平均径流量/亿m³	可调水量/亿m³
达曲	阿安	11	7
泥曲	仁达	13	8
杜柯河	上杜柯	16	11.5
麻尔曲	亚尔堂	16	11.5
阿柯河	克柯	4	2
共计		60	40

二、工程规划布局

（一）规划思路

（1）黄河支流贾曲注入黄河的汇口高程3442m，为一期工程输水线路的出口，是控制性高程点。

（2）一期工程要自流输水入贾曲汇口，引水枢纽和输水线路要合理布局，尽量降低坝高和缩短输水线路的长度。

（3）要充分利用支流、支沟多的有利地形条件，增加输水线路长隧洞的自然分段，有利于组织施工。

（二）工程布局

工程由"五坝七洞一渠"串联而成（图 14-2-1）。

（1）"五坝"指调水河流的 5 座引水枢纽，即达曲的阿安、泥曲的仁达、杜柯河的上杜柯、麻尔曲的亚尔堂、阿柯河的克柯枢纽。枢纽坝高分别为 115m、108m、104m、123m、63m，均为混凝土面板堆石坝（表 14-2-2）。每座引水枢纽利用下泄水量和落差建一座小型电站，供当地用电。

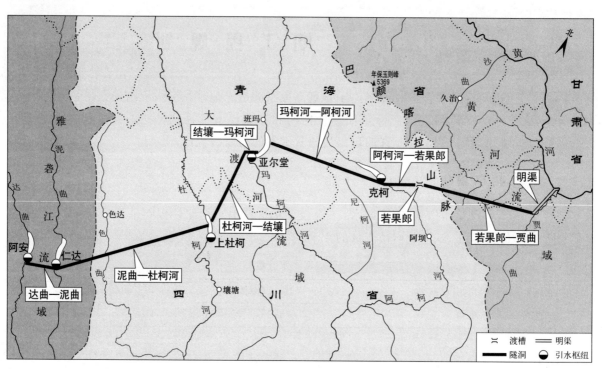

图 14-2-1 南水北调西线工程一期工程布局图

表 14-2-2   引 水 枢 纽 工 程 指 标

项　　目	枢 纽 指 标				
引水枢纽	阿安	仁达	上杜柯	亚尔堂	克柯
坝顶高程/m	3709	3702	3585	3523	3538
坝址高程/m	3604	3604	3491	3410	3485
最大坝高/m	115	108	104	123	63
坝顶长度/m	440	450	323	269	250
总库容/亿 m³	3.52	2.77	5.3	7.08	0.64
调节库容/亿 m³	3.3	2.6	3.8	3.4	0.5

初步地质勘察表明，5 座枢纽处未发现大的构造断裂，岩性为砂岩、板岩或砂板岩的互层。

（2）"七洞"，输水线路全长 260.3km，入黄河高程 3442m，其中隧洞长 244.1km，通过支流使隧洞自然分为 7 段，最长洞段为雅砻江、大渡河之间的分水岭，即泥曲—杜柯河段，长73km，均采用圆形明流洞。输水线路各项指标见表 14-2-3。

表 14-2-3　　　　　　　　　　　　输 水 线 路 各 项 指 标

项　　目	线　路　指　标				
引水线路	达曲—泥曲	泥曲—杜柯河	杜柯河—麻尔曲	麻尔曲—阿柯河	阿柯河—贾曲
引水流量/(m³/s)	26.6	57.1	100.8	144.6	152.2
线路长度/km	13.6	73.0	36.2	55.4	82.1
隧洞长度/km	13.6	73.0	3.0、33.2	55.4	15.5、50.4
最长段洞长/km	13.6	73.0	33.2	55.4	50.4
洞径/m	5.00	6.64	8.21	9.40	9.58
隧洞比降	1/3000	1/3000	1/3000	1/3000	1/3000

地质上，输水线路主要部分处于稳定区，地震烈度大部分为Ⅶ度，部分线路为Ⅵ度和Ⅷ度。主要地质问题，输水线路要穿过北西—南东向的 22 条断层，其中有 3 条据推测可能为活断层。

（3）"一渠"为隧洞出口后贾曲—黄河段 16km 明渠。

按 2000 年第一季度价格水平，一期工程静态总投资 469 亿元。

三、供水范围

主要向黄河兰州—河口镇河段的甘肃、宁夏、内蒙古、山西、陕西等省（自治区）供水 30 亿 m³，向黄河干流补水 10 亿 m³。供水量配置见表 14-2-4。

表 14-2-4　　　　　　　　　　　　一期工程供水量配置

河　段	省（自治区）	城　　镇	增供水量/亿 m³			
			工业用水	生活用水	生态环境用水	合计
兰州—河口镇	甘肃	定西、通渭、渭源、会宁、陇西等	8	5	7	20
	宁夏	银川、吴忠、青铜峡、石嘴山、盐池、中卫、中宁、灵武、同心、海原等				
	内蒙古	呼和浩特、包头、托克托、乌海、阿拉善左旗等				
	陕西	榆林、定边、靖边、横山等				
龙门—三门峡	陕西	西安、宝鸡、咸阳、铜川、渭南、韩城、合阳、大荔等	6	4		10
	山西	太原、临汾、永济、运城等				
黄河干流补水		支流用水减少了入黄水量			10	10
合计			14	9	17	40

四、经济分析

（一）经济效益

一期工程 2020 水平年，调水 40 亿 m^3 产生的直接经济效益由 3 部分组成：生态经济效益（林牧业）17 亿元，工业、城镇生活供水经济效益 200 亿元和水力发电经济效益 31 亿元，合计 248 亿元。

（二）经济损失

2020 水平年，调水 40 亿 m^3，影响已建和规划的梯级 9 座，损失装机容量 62 万 kW、损失保证出力 23 万 kW、损失年发电量 30 亿 kW·h，按建设燃煤火电站替代工程所需折算年费用为 8 亿元。

综上所述，2020 水平年，调水 40 亿 m^3 入黄河，将产生显著的社会、生态环境效益和经济效益，综合经济效益 248 亿元，但调水对调水河流地区产生一定的经济损失，扣除可以量化的发电损失年值 8 亿元，净效益为 240 亿元，折合单方水经济效益约 6 元。

（三）国民经济评价

工程费用：一期工程的投资费用包括主体工程投资 416 亿元、配套工程投资 426 亿元和年运行费等。

根据一期工程经济效益、损失和费用计算，国民经济主要评价指标为经济净现值 61 亿元，经济效益费用比为 1.1，经济内部收益率 13%。

一期工程经济内部收益率大于国家规定的 12% 的社会折现率，经济净现值大于零，经济效益费用比大于 1。工程方案在经济上是合理的。

（四）国民经济评价敏感性分析

为分析不确定因素对国民经济评价指标的影响，主要分析了以下因素对计算结果的影响：①投资增加 20%；②效益减少 20%；③投资增加 20%，同时效益减少 20%。

敏感性分析表明，虽然经济内部收益率均小于 12%。但都大于具有社会公益性质项目的较低社会折现率 7%，说明一期工程作为社会公益性质项目具有一定的经济抗风险能力。

（五）调水入黄后成本水价初步分析

按主体工程全部由国家投资建设或多渠道资金筹措，其调水入黄河（未计入配套工程投资）的成本水价初步测算 0.7～1.0 元/m^3。

综上所述，南水北调西线工程是支持西部大开发公益性很强的基础设施，建议国家对一期工程的投资提供优惠政策，以国家投资为主。规划 2010 年左右开工，因此要加紧可行性研究和初步设计等前期工作。南水北调西线工程的实施，必将带动大柳树枢纽、古贤水利枢纽等一批基础设施的建设。

五、政策与管理建议

（一）工程性质

西线工程具有巨大的社会效益和生态环境效益，是一项支撑西部大开发的战略性公益性基础设施，国家在工程建设投资的安排上提供优惠政策，投资以国家为主。

（二）管理体制

必须在黄河水资源统一调度和管理的基础上，采用新思路、新机制，建设和管理南水北调西线工程。加强南水北调的立法工作，对工程布局、实施方案、投资结构、管理体制、环保责任等重要问题加以规范，保证工程顺利实施，稳定运行。

（三）水价

一期工程引水入黄河，初步匡算，其成本水价 $0.7 \sim 1.0$ 元 $/m^3$，到用户的水价更高。因此长江水与黄河水混合后，重新核定水价，分区域、行业、用途制定不同的成本水价，建立合理的水价机制，按市场经济规律运行。

前 期 工 作 大 事 记

1952 年

1952 年 10 月 30 日，毛泽东主席视察黄河，听取黄委主任王化云关于引江济黄设想的汇报后说："南方水多，北方水少，如有可能，借点水来也是可以的"。第一次提出了南水北调的宏伟设想。

1958 年

1958 年 3 月 14 日，毛泽东主席在中共中央政治局成都会议讲话中提出："打开通天河、白龙江，借长江水济黄，丹江口引汉济黄，引黄济卫，同北京连起来了。"

1958 年 3 月 25 日，《中共中央关于三峡水利枢纽和长江流域规划的意见》中指出："由于汉江丹江口工程条件比较成熟，应争取在 1959 年作施工准备或者正式开工。"

1958 年 8 月 29 日，中共中央发布《关于水利工作的指示》，指出"全国范围的较长远的水利规划，首先是以南水（主要是长江水系）北调为主要目的，即将江、淮、河、汉、海各流域联为统一的水利系统的规划，……应加速制定。"

1958 年 9 月 1 日，汉江丹江口水库动工兴建。水电部在批准丹江口水利枢纽初步设计任务书时明确指出：引水灌溉唐白河流域是主要任务之一，同时指出引汉济黄济淮应作为远景考虑。

1973 年

1973 年，丹江口水利枢纽初期工程建成。同年 6 月，湖北省清泉沟引丹灌溉渠首工程建成并开始引水。

1974 年

1974 年 1 月 18 日，在 1974 年赴日本展出的中华人民共和国展览会国内预展会上，中央领导同志在审查丹江口水利枢纽模型时，相关同志介绍：丹江口水库目前水库蓄水位可到 157m，汉淮分水岭是 148m，将来完全可以把水引到华北，这是实现毛主席南水北调宏伟理想的一条比较好的通道。

1974 年 4 月，陶岔老闸引汉灌溉渠首及引渠工程建成。陶岔渠首也是远景引汉济淮济黄总干渠渠首，位于河南省境内，距丹江口 30km，近期任务是灌溉河南邓县、新野、淅川三县 150 万亩耕地。

1980 年

1980 年 7 月 22 日，中共中央副主席邓小平同志视察了丹江口水利枢纽工程，详细询问了丹江口水利枢纽初期工程建成后防洪、发电、灌溉效益与大坝二期加高情况。

1982 年

1982 年 2 月，国务院批转《治淮会议纪要》，提出在淮河治理中举办南水北调工程的任务，并把调水入南四湖的规划列入治淮十年规划设想。

1982 年 11 月 15 日，淮委主任李苏波给中央写信，反映了南水北调东线方案的必要性、可行性与迫切性及实施意见。认为抽引长江水，利用京杭大运河送到华北，是黄淮海平原综合治理的一项关键性战略措施，东线工程有 80％ 在淮河流域，可与治淮规划的防洪、排涝、灌溉、航运、水产等结合，工程可综合利用。

1983 年

1983 年 3 月 28 日，国务院印发〔83〕国办函字 29 号文，将《关于抓紧进行南水北调东线第一期工程有关工作的通知》发给国家计委、国家经委、水电部、交通部，江苏省、安徽省、山东省、河北省人民政府，天津、北京、上海市人民政府。

1985 年

1985 年 3 月 11—12 日，副总理万里、李鹏主持召开治淮会议，其中对南水北调东线工程进行讨论。会议基本同意淮委提出的南水北调东线工程设计任务书，由水电部报国家计委审批。

1988 年

1988 年 6 月 9 日，国务院总理李鹏对国家计委报告的批示：同意国家计委的报告，南水北调必须以解决京津华北用水为主要目标，按照"谁受益、谁投资"的原则，由中央和地方共同负担。

1991 年

1991 年 3 月，七届人大四次会议通过《国民经济和社会发展十年规划和第八个五年计划纲要》，明确提出："'八五'期间要开工建设南水北调工程"。

1992 年

1992 年 10 月 12 日，中共中央总书记江泽民在中国共产党第十四次全国代表大会上的报告中提出："集中必要的力量，高质量、高效率地建设一批重点骨干工程，抓紧长江三峡水利枢纽、南水北调、西煤东运新铁路通道等跨世纪特大工程的兴建。"

1995 年

1995 年 6 月 6 日，国务院总理李鹏主持召开国务院第 71 次总理办公会议，研究南水北调问题。

1996 年

1996 年 3 月，根据 1995 年国务院第 71 次总理办公会议研究南水北调问题会议纪要的精神，经国务院领导同志批准，成立南水北调工程审查委员会，邹家华副总理任审查委员会主任，姜春云副总理、陈俊生国务委员、全国政协钱正英副主席任审查委员会副主任，何椿霖、陈锦华、甘子玉、叶青、钮茂生、陈耀邦、陈同海、王武龙任常务委员。

1996 年 4 月 9—19 日，南水北调工程审查委员会办公室组织部分委员、专家实地考察了南水北调中线工程；4 月 22—28 日，实地考察了南水北调东线工程。

1996 年 7 月 5 日，政协全国委员会办公厅向中共中央办公厅、国务院办公厅报送了全办发〔1996〕50 号文，论述了南水北调的必要性和重大意义，提出南水北调以优先兴建中线工程为宜，中线加高丹江口水库大坝、调水 145 亿 m³ 方案利大弊小，推荐工程在"九五"期间立项，"九五"末或"十五"开始正式开工建设，并就投资、水价、节水、防治污染、经营管理等方面提出了建议。

1999 年

1999 年 6 月，中共中央总书记江泽民在黄河治理开发工作座谈会的讲话中指出："为从根本上缓解我国北方地区严重缺水的局面，兴建南水北调工程是必要的，要在科学选比、周密计划的基础上抓紧制定合理的切实可行的方案。"

2000 年

2000 年 9 月 27 日，国务院总理朱镕基主持南水北调工程座谈会，听取水利部南水北调有关问题的汇报。李岚清、温家宝、王忠禹等国务院领导和中财办、国家计委、经贸委、科技部、财政部、国土资源部、建设部、交通部、农业部、环保总局、国研室、气象局、中咨公司等单位领导参加会议，并邀请了钱正英、张光斗、潘家铮、何璟、徐乾清、朱尔明、陈志恺等专家。

2000 年 10 月 9—11 日，党的十五届五中全会通过《中共中央关于制定国民经济和社会发展第十个五年计划的建议》，建议提出："加紧南水北调工程的前期工作，尽早开工建设。"

2001 年

2001 年 9 月 4—6 日，中共中央政治局委员、国务院副总理温家宝考察南水北调东线工程。

2002 年

2002 年 8 月 23 日，国务院总理朱镕基主持召开国务院第 137 次总理办公会议，听取了水利部副部长张基尧关于南水北调工程总体规划的汇报。会议审议并通过《南水北调工程总体规划》，原则同意成立国务院南水北调工程领导小组，原则同意江苏三阳河、山东济平干渠工程年内开工。

2002 年 12 月 23 日，国务院印发国函〔2002〕117 号文，正式批复《南水北调工程总体规划》。

2002年12月25日，国家计委国印发计农发〔2002〕2842号文，批复江苏三阳河、潼河、宝应站工程可行性研究报告；同日印发计农发〔2002〕2843号文，批复山东济平干渠工程可行性研究报告。

2002年12月27日，南水北调工程开工典礼在北京人民大会堂和江苏省、山东省施工现场同时举行。这标志着南水北调工程进入实施阶段。

2003 年

2003年2月28日，按照国务院要求，国务院南水北调办筹备组正式成立，开展筹备工作。

2003年7月31日，国务院决定成立国务院南水北调工程建设委员会。

2003年8月4日，国务院批准国务院南水北调办主要职责、内设机构和人员编制，明确国务院南水北调办承担南水北调工程建设期的工程建设行政管理职能。

2003年8月13日，中共中央组织部副部长沈跃跃宣布中共中央关于张基尧等同志任职通知。中央决定，成立国务院南水北调办党组，张基尧同志任国务院南水北调办党组书记，李铁军、宁远任国务院南水北调办党组成员；张基尧同志任国务院南水北调办主任，李铁军、宁远同志任副主任。

2003年8月14日，国务院南水北调工程建设委员会第一次全体会议在京召开。中共中央政治局常委、国务院总理温家宝主持会议并发表重要讲话，国务院副总理、建设委员会副主任曾培炎、回良玉出席会议并讲话，建设委员会全体成员出席了会议。会议听取了国务院南水北调办主任张基尧代表建设委员会办公室向会议做的关于南水北调工作情况的汇报，审议并原则通过提请建设委员会第一次全体会议审议的建设委员会工作规则、2003年拟开工项目及中央投资、东线治污规划实施意见、加强前期工作有关问题。

2003年12月3日，国家发展改革委印发发改农经〔2003〕2089号文，批复了中线京石段应急供水工程可行性研究报告，并要求部分京石段应急供水工程年内开工。

2003年12月9日，国务院南水北调工程建设委员会印发国调委发〔2003〕3号文，批复中线建管局组建意见。

2004 年

2004年3月23日，国务院南水北调工程建设委员会印发国调委发〔2004〕2号文，批复南水北调中线水源工程项目法人组建方案，同意成立中线水源公司。

2004年4月21日，国务院南水北调工程建设委员会专家委员会成立，并在京召开第一次全体会议。第一届专家委员会主任由两院院士潘家铮担任，秘书长为张国良（2005年）、汪易森（2006—2011年）。

2004年5月1日，中共中央总书记、国家主席胡锦涛视察南水北调东线的源头——江都水利枢纽。

2004年6月10日，国务院南水北调工程建设委员会印发国调委发〔2004〕3号文，批复南水北调东线江苏境内工程项目法人的组建方案，同意成立江苏水源公司。

2004年7月9日，国务院南水北调工程建设委员会印发国调委发〔2004〕4号文，批复南水北调东线山东干线有限责任公司组建方案，同意成立公司。

2004 年 7 月 15 日，南水北调中线干线工程建设管理局成立。

2004 年 10 月 25 日，国务院南水北调工程建设委员会第二次全体会议在京召开，对南水北调东线一期、中线一期工程建设目标等重大事项作出明确决策。

2004 年 11 月 15 日，国家发展改革委印发发改农经〔2004〕2529 号文，批复了中线一期穿黄河工程可行性研究报告；同日印发发改农经〔2004〕2530 号文，批复了中线一期丹江口水利枢纽大坝加高工程可行性研究报告。

2005 年

2005 年 1 月 27 日，国务院南水北调工程建设委员会印发《南水北调工程建设征地补偿和移民安置暂行办法》（国调委发〔2005〕1 号）。

2005 年 5 月 12 日，国务院南水北调办公室印发国调办建管〔2005〕32 号文，对中线一期主体工程中采取委托制方式进行建设管理项目的部分行政监督管理工作，分别委托河南、河北、天津、北京等省（直辖市）南水北调办承担。

2005 年 5 月 30 日，国家发展改革委印发发改农经〔2005〕922 号文，正式批复《南水北调中线一期工程项目建议书》。

2005 年 5 月 18 日，国务院南水北调办将东线山东、江苏境内工程的部分行政管理工作分别委托山东省南水北调建管局、江苏省南水北调办承担。

2005 年 7 月 26 日，国务院南水北调办将中线汉江中下游治理工程建设的部分行政管理工作委托湖北省南水北调办承担。

2005 年 9 月 24 日，水利部在京组织专家对南水北调中线一期工程可行性研究总报告进行审查。

2005 年 9 月 26 日，南水北调中线水源地——丹江口水利枢纽加高工程开工建设。

2005 年 9 月 27 日，南水北调中线穿黄工程开工建设。

2005 年 10 月 20 日，国家发展改革委印发发改农经〔2005〕2108 号文，正式批复《南水北调东线一期工程项目建议书》。

2005 年 10 月 28 日，南水北调东线一期工程长江—骆马湖段（2003 年度）工程开工建设。

2005 年 11 月 16 日，湖北省政府明确湖北省南水北调管理局为汉江中下游四项治理工程的项目法人。

2005 年 11 月 15—20 日，水利部在京组织专家对南水北调东线一期工程可行性研究总报告、水土保持总体方案报告书及环境影响报告书进行审查。

2005 年 12 月 31 日，南水北调东线济平干渠工程试通水成功。

2006 年

2006 年 2 月 10 日，国务院印发国函〔2006〕10 号文，批复《丹江口库区及上游水污染防治和水土保持规划》。

2006 年 3 月 1 日，南水北调东线一期工程泗阳站、刘老涧二站工程设计、皂河二站工程勘察设计合同签署。这是南水北调主体工程首次采取招标方式公开选择初步设计单位，中标单位为上海勘测设计研究院、江苏省水利勘测设计研究院。

2006 年 3 月 21 日，中咨公司在京召开《南水北调中线一期工程可行性研究总报告》专家评估会。

2006年7月3日，国家环境保护总局印发环审〔2006〕323号文，批复《南水北调中线一期工程环境影响复核报告书》。

2006年7月5日，国务院南水北调办印发《关于建立南水北调中线干线工程建设协调会制度有关事项的通知》。

2006年7月14—18日，中咨公司在京召开《南水北调东线第一期工程可行性研究报告》专家评估会。

2006年7月19日，国务院南水北调办组织召开南水北调中线干线工程建设第一次协调会，专题研究中线京石段应急供水工程建设问题。

2006年9月21日，国务院南水北调办组织召开南水北调中线干线工程建设第二次协调会，贯彻落实"加快南水北调中线京石段应急供水工程建设动员会"精神，研究中线干线工程建设有关问题。

2006年11月2日，国家环境保护总局印发环审〔2006〕561号文，批复《南水北调东线第一期工程环境影响报告书》。

2007 年

2007年2月3日，国务院南水北调办、水利部联合召开2007年南水北调工程建设第一次前期工作协商会议，交流南水北调东、中线一期工程前期工作进展情况，协商总体可行性研究评估后需要进一步完善的有关问题，研究南水北调工程受水区用水等有关工作。

2007年6月，北京市南水北调办、北京市发展改革委、北京市规划委和北京市水务局联合发布《北京市南水北调配套工程总体规划》。

2007年9月21日，国务院南水北调办与水利部联合召开2007年第二次南水北调前期工作协商会，结合南水北调东、中线一期工程建设实际情况对总体可行性研究修改完善的有关事宜进行了沟通和协商，并就总体可行性研究的修改原则及具体修改意见取得共识。

2007年9月25日，河南省政府常务会议审议通过《河南省南水北调受水区供水配套工程规划》。

2008 年

2008年5月20日，南水北调中线京石段应急供水工程通过国务院南水北调办组织的临时通水验收。至此，中线先期开工建设的京石段应急供水工程具备临时通水条件。

2008年9月18日，河北省黄壁庄水库提闸放水，经石津灌渠进入南水北调中线京石段应急供水工程总干渠，标志着向北京应急供水工作启动。

2008年9月28日，南水北调中线京石段应急供水工程建成通水仪式在北拒马河暗渠工程现场举行。河北省岗南、黄壁庄两水库的水，经南水北调中线京石段工程抵达北京。

2008年10月21日，国务院第32次常务会议审议批准《南水北调中、东线一期工程可行性研究总报告》。会议要求认真总结南水北调工程开工以来的经验，坚持"三先三后"原则，确保工程建设质量，控制好工程建设投资，努力加快工程建设，使南水北调工程经得起历史和人民的检验。

2008年10月31日，国务院南水北调工程建设委员会第三次全体会议在北京召开。中共中央政治局常委、国务院副总理、国务院南水北调工程建设委员会主任李克强，中共中央政治局委员、国务院副总理、国务院南水北调工程建设委员会副主任回良玉主持会议并作重要讲话。李克强强调，建设南水北调工程是党中央、国务院统筹我国经济社会发展全局作出的重大战略决策，事关我国经济社会发展大局。国务院有关部门和工程沿线省市要以科学发展观为指导，加强领导，精心组织，团结共建，密切配合，加快南水北调工程建设。

2008年11月25日，湖北省在武汉召开丹江口库区移民试点工作动员会议，标志着南水北调中线水源地丹江口库区移民试点工作全面启动。

2008年12月8日，国家发展改革委批复南水北调中线一期工程可行性研究报告和南水北调东线一期工程可行性研究报告。

2008年12月，国家发展改革委明确国务院南水北调办以国务院批准的南水北调东、中线一期工程可行性研究总报告确定的总投资为控制目标，主要负责单项工程初步设计审批和概算核定、工程总投资控制以及工程建设管理等工作。

2008年12月26日，河南省召开南水北调中线工程黄河北连线建设誓师动员大会，动员全省各级地方政府和社会各界关心支持南水北调工程建设，激励广大工程建设者在南水北调工程建设中建功立业。中线黄河北—姜河北工程同日开工建设，标志着河南省南水北调黄河以北干线工程已进入全面实施阶段。

2009 年

2009年2月26日，南水北调中线兴隆水利枢纽工程开工建设，标志着南水北调东、中线七省（直辖市）全部开工。

2009年5月26日，南水北调中线京石段应急供水工程圆满完成国务院确定的应急供水任务，对缓解首都北京的缺水状况，确保北京供水安全起到重要作用。

2009年6月20日，南水北调中线丹江口大坝加高工程实现坝顶全线贯通，两台500吨级坝顶门机具备启闭闸门条件，标志着丹江口大坝加高工程实现重大阶段性目标。

2009年7月28日，南水北调中线河南郑州段工程开工建设，标志着中线黄河以南工程建设进入新阶段。

2009年7月29日，南水北调中线天津干线河北境内工程开工建设，标志着中线一期工程天津干线天津、河北两省（直辖市）境内工程全面开工建设。

2009年11月16日，南水北调东线江苏段泗洪站枢纽工程开工建设，标志着东线江苏段新开辟的运西线工程进入全面实施阶段。

2009年12月1日，国务院南水北调工程建设委员会第四次全体会议在北京召开，总结建委会第三次全体会议以来南水北调工程建设工作，研究存在的问题，部署2010年工程建设任务。中共中央政治局常委、国务院副总理、国务院南水北调工程建设委员会主任李克强主持会议并讲话。李克强强调，要坚持节约资源、保护环境的基本国策，加强统筹协调，优质高效地开展工作，把南水北调工程建成节约利用水资源、保护生态环境的惠民工程。

2010 年

2010年3月25日，南水北调东线穿黄工程顺利贯通，标志着东线工程建设取得阶段性成果。

2010 年 3 月 31 日，丹江口大坝需要加高的 54 个坝段全部加高到顶，标志着南水北调中线源头工程——丹江口大坝加高工程取得重大阶段性胜利。

2010 年 4 月 13 日，南水北调中线一期工程邯郸至石家庄段开工建设，标志着中线一期工程河北境内所有项目全部开工建设。

2010 年 7 月 24 日，中央决定，鄂竟平同志任国务院南水北调办党组书记、主任，免去张基尧同志国务院南水北调办党组书记、主任职务。同时，蒋旭光同志任国务院南水北调办党组成员、副主任，免去宁远同志国务院南水北调办党组成员、副主任职务。

2010 年 10 月 21—22 日，南水北调东线一期济平干渠工程顺利通过设计单元工程完工验收。

2010 年 11 月 19 日，国务院南水北调办召开南水北调工程建设进度（第一次）协调会。

2011 年

2011 年 3 月 1 日，国务院南水北调工程建设委员会第五次全体会议在北京召开。中共中央政治局常委、国务院副总理、建委会主任李克强主持召开建委会第五次会议并讲话。李克强强调，要按照加快建设资源节约型、环境友好型社会的要求，加强水资源节约、保护和优化配置，努力把南水北调工程建成质量优、效益好、惠民生的放心工程。

2011 年 4 月 12—13 日，国务院南水北调办在河南省平顶山市组织召开南水北调工程建设进度（第二次）协调会。

2011 年 7 月 11 日，南水北调中线京石段工程 2011 年向北京市输水协议正式签订，为中线京石段工程向北京第三次输水拉开帷幕。

2011 年 7 月 22—23 日，国务院南水北调办在山东组织召开南水北调工程建设进度（第三次）协调会。

2011 年 10 月 27—28 日，国务院南水北调办在河北省石家庄市组织召开南水北调工程建设进度（第四次）协调会。

2011 年 12 月 31 日，东线穿黄隧洞出口闸及出口连接段工程最后一仓混凝土浇筑完成，标志着东线穿黄河工程主体工程全部完工。

2012 年

2012 年 3 月 20 日，中共中央政治局常委、国务院副总理、国务院南水北调工程建设委员会主任李克强主持召开国务院南水北调工程建设委员会第六次全体会议并讲话。中共中央政治局委员、国务院副总理、国务院南水北调工程建设委员会副主任回良玉出席会议并讲话。

2012 年 4 月 24—25 日，国务院南水北调办在河南省焦作市组织召开南水北调工程建设进度（第五次）协调会。

2012 年 6 月 4 日，国务院批复实施《丹江口库区及上游水污染防治和水土保持"十二五"规划》。

2012 年 7 月 17—18 日，国务院南水北调办在江苏省南京市组织召开南水北调工程建设进度（第六次）协调会，暨现场建管机构座谈会。

2012年9月16—17日，中共中央政治局委员、国务院副总理、国务院南水北调工程建设委员会副主任回良玉在河南省南阳市考察南水北调工程。

2012年9月30日，国务院批复实施《丹江口库区及上游地区经济社会发展规划》。

2012年10月25—26日，国务院南水北调办在湖北武汉组织召开工程建设进度（第七次）协调会。

2012年11月20日，国务院南水北调办印发了国调办设计〔2012〕262号文，批复南水北调中线水源工程供水调度运行管理专项工程初步设计报告，至此南水北调东、中线一期工程初步设计全部批复完毕。

附　　录
南水北调前期工作重要文件目录

一、总体规划

1. 国务院关于南水北调工程总体规划的批复（国函〔2002〕117 号）

2. 国务院批转南水北调办等部门关于《南水北调东线工程治污规划实施意见》的通知（国函〔2003〕104 号）

3. 国务院关于丹江口库区及上游水污染防治和水土保持规划的批复（国函〔2006〕10 号）

二、项目建议书

4. 国家发展改革委关于南水北调中线一期工程项目建议书的批复（发改农经〔2005〕922 号）

5. 国家发展改革委关于南水北调东线一期工程项目建议书的批复（发改农经〔2005〕2108 号）

三、可行性研究

6. 关于报送南水北调中线一期工程可行性研究总报告及审查意见的函（水规计〔2005〕587 号）

7. 关于报送南水北调东线一期工程可行性研究总报告及其审查意见的函（水规计〔2006〕46 号）

8. 关于报送南水北调东、中线一期工程可行性研究报告修改成果的函（水规计〔2007〕444 号）

9. 国家环保总局关于南水北调中线一期工程环境影响复核报告书的批复（环审〔2006〕323 号）

10. 国家环保总局关于南水北调东线第一期工程环境影响报告书的批复（环审〔2006〕561 号）

11. 关于南水北调中线京石段应急供水工程（石家庄—北拒马河段）水土保持方案的批复（水保〔2006〕535 号）

12. 关于南水北调中线一期工程可行性研究总报告的咨询评估报告（咨农水〔2006〕430 号）

13. 关于南水北调东线第一期工程（可行性研究总报告）的咨询评估报告（咨农水〔2006〕1196 号）

14. 印发国家计委关于审批江苏三阳河、潼河、宝应站工程可行性研究总报告的请示的通

知（计农经〔2002〕2842号）

15. 印发国家计委关于审批山东省济平干渠工程可行性研究总报告的请示的通知（计农经〔2002〕2843号）

16. 国家发展改革委关于南水北调东线骆马湖至南四湖江苏境内工程可行性研究报告的批复（发改农经〔2004〕1106号）

17. 国家发展改革委关于南水北调东线韩庄运河工程可行性研究报告的批复（发改农经〔2004〕1107号）

18. 国家发展改革委关于南水北调东线一期南四湖水资源控制和水质监测工程、骆马湖水资源控制工程可行性研究报告的批复（发改农经〔2004〕3060号）

19. 国家发展改革委关于南水北调东线一期长江至骆马湖段（2003）年度工程可行性研究报告的批复（发改农经〔2004〕3061号）

20. 国家发展改革委关于南水北调东线一期穿黄河工程可行性研究报告的批复（发改农经〔2006〕276号）

21. 印发国家发展改革委关于审批南水北调中线京石段应急供水工程可行性研究报告及今年拟开工单项工程有关问题的请示通知（发改农经〔2003〕2089号）

22. 印发国家发展改革委关于审批南水北调中线一期穿黄河工程可行性研究报告的请示的通知（发改农经〔2004〕2529号）

23. 印发国家发展改革委关于审批丹江口水利枢纽大坝加高工程可行性研究报告的请示的通知（发改农经〔2004〕2530号）

24. 国家发展改革委关于南水北调中线一期工程总干渠黄河北至漳河南段工程可行性研究报告的批复（发改农经〔2005〕2126号）

25. 国家发展改革委关于南水北调中线一期工程总干渠漳河北至古运河南渠段工程可行性研究报告的批复（发改农经〔2006〕759号）

26. 国家发展改革委关于南水北调中线一期工程天津干线工程可行性研究报告的批复（发改农经〔2007〕1541号）

27. 国家发展改革委关于南水北调中线一期工程穿漳河建筑物工程可行性研究报告的批复（发改农经〔2008〕1067号）

四、项目划分

28. 关于进一步加强南水北调东、中线一期工程初步设计工作的通知（国调办投计〔2006〕100号）

29. 关于南水北调东、中线一期工程项目划分和2010年初步设计审批工作计划有关事宜的通知（综投计〔2009〕78号）

五、初步设计审批职能

30. 关于印发南水北调东、中线一期工程项目初步设计组织管理工作交接方案的通知（办调水〔2005〕32号）

31. 关于南水北调东、中线一期工程初步设计及重大设计变更审批工作的通知（综投计

〔2006〕23号）

32. 关于调整南水北调东线一期截污导流工程审批方式的通知（发改农经〔2007〕2288号）

33. 关于南水北调东、中线一期工程初步设计审批有关工作的通知（综设〔2008〕83号）

34. 关于南水北调中线一期陶岔渠首枢纽工程建设管理有关事宜的通知（国调办投计〔2008〕187号）

35. 国家发展改革委办公厅对调整南水北调东、中线一期工程初步设计概算核定工作职责分工的意见（发改办投资〔2008〕2683号）

六、初步设计组织管理

36. 关于加强南水北调工程勘测设计招投标工作的通知（国调办投计〔2006〕4号）

37. 关于印发《南水北调工程初步设计管理办法》的通知（国调办投计〔2006〕60号）

38. 关于印发《南水北调工程项目管理预算编制办法（试行）》的通知（国调办投计〔2008〕154号）

39. 关于印发《南水北调工程价差报告编制办法（试行）》的通知（国调办投计〔2008〕155号）

40. 关于进一步加强南水北调工程初步设计组织管理、规范和加快初步设计审查工作的通知（综投计〔2009〕52号）

41. 关于进一步加强南水北调东、中线一期工程投资控制管理措施的通知（综投计〔2010〕104号）

42. 关于进一步做好南水北调东、中线一期工程投资控制分析工作的通知（综投计函〔2010〕299号）

43. 关于进一步明确南水北调东、中线一期工程初步设计审查审批工作计划的函（综投计函〔2010〕315号）

七、初步设计协调

44. 关于转发《国家发展改革委办公厅关于协调解决南水北调东、中线一期工程跨渠交通桥问题基本原则的复函》的通知（综投计〔2007〕85号）

45. 关于进一步加强南水北调工程建设与公路交通工程建设协调工作的通知（国调办投计〔2007〕94号）

46. 关于进一步做好南水北调工程永久供电、临时供（用）电工程建设及电力专项设施迁建协调工作的通知（国调办投计〔2008〕28号）

47. 关于进一步做好南水北调工程建设与铁路工程建设协调工作的通知（国调办投计〔2008〕57号）

48. 关于进一步做好南水北调工程建设与城市道路建设协调工作的通知（国调办投计〔2008〕151号）

49. 关于南水北调工程跨渠桥梁建设与管理有关意见的（国调办建管函〔2008〕31号）

50. 关于南水北调东、中线一期主体工程输水河道与航运相结合项目初步设计报告审查有关事宜的通知（综投计函〔2009〕116号）

51. 转发国家电网公司关于加快推进南水北调供电工程建设的通知（综投计函〔2010〕312号）

52. 关于《南水北调东线一期工程建筑与环境总体规划报告》的批复（国调办投计〔2007〕129号）

53. 关于南水北调中线干线工程建筑环境规划报告有关意见的函（综投计函〔2008〕179号）

八、初步设计概算审批

54. 关于南水北调工程建设中城市拆迁补偿有关问题的通知（国调委发〔2005〕2号）

55. 关于南水北调工程建设征地有关税费计列问题的通知（国调委发〔2005〕3号）

56. 关于明确对调整南水北调东、中线一期工程初步设计概算价格水平年意见的函（国调办投计函〔2008〕15号）

57. 关于南水北调东、中线一期工程耕地占用税计列标准的通知（综投计函〔2009〕264号）

58. 关于南水北调东、中线一期工程初步设计概算编制有关事宜的函（设管技函〔2008〕40号）

59. 关于南水北调工程跨渠桥梁技术审查有关事宜的函（设管技函〔2008〕54号）

60. 关于南水北调工程村道和机耕道跨渠桥梁维护费补助有关意见的函（国调办投计函〔2012〕68号）

《中国南水北调工程　前期工作卷》
编辑出版人员名单

总 责 任 编 辑：胡昌支

副总责任编辑：王　丽

责 任 编 辑：李金玲　蒋　学

审 稿 编 辑：孙春亮　方　平　王　丽　李金玲　吴　娟
　　　　　　　蒋　学　周玉枝　李潇培

封 面 设 计：芦　博

版 式 设 计：芦　博

责 任 排 版：吴建军　郭会东　孙　静　丁英玲　聂彦环

责 任 校 对：梁晓静　黄　梅

责 任 印 制：崔志强　焦　岩　王　凌　冯　强